Kapitelübersicht. Ausführliches Inhaltsverzeichnis Seite IX bis XVIII

FRIEDRICH

TABELLENBUCH INFORMATIONS- UND KOMMUNIKATIONSTECHNIK

- **Auf die Neuordnung der Elektro- und IuK-Berufe abgestimmt**
- **Für die Berufsausbildung in Schule und Betrieb (Berufsschule, Berufsfachschule, Fachoberschule, Berufliches Gymnasium)**
- **Für das Studium an Akademien und Fachhochschulen**
- **Für die Weiterbildung (besonders Fachschulen) und die Berufspraxis**
- **Für die betriebliche und außerbetriebliche Weiterbildung**

FRIEDRICHS FACH- UND TABELLENBÜCHER

Begründet von Direktor Wilhelm Friedrich
Fortgeführt von Dipl.-Ing. Adolf Teml, Lage
Herausgegeben von Prof. Dr. Antonius Lipsmeier, Karlsruhe

FRIEDRICH

TABELLENBUCH INFORMATIONS- UND KOMMUNIKATIONS-TECHNIK

- **Kommunikationstechnik**
- **Informationstechnik**
- **Technische Mathematik/Technische Grundlagen**
- **Datenschutz/Arbeits- und Umweltschutz**

Bearbeitet von

G. Dohr, G. Freiburger, K. Lampe, E. Loritz, H. Milde, H. Morlock, H. Rohlfing, M. Scheurmann, J. Schlosser, H. Schmidt, J. Stockhardt, F. Tornau, F.-P. Zantis, M. Zirkel

1.–8. Auflage
Gesamtumfang 536 Seiten
Dümmlerbuch 5310

FERD. DÜMMLERS VERLAG · BONN

Herausgeber: Dr. Antonius Lipsmeier, Professor für Berufspädagogik, Universität Karlsruhe (TH)

Autoren:
G. Dohr, Kap. 8.7, 9, 16
Dr. Ing. G. Freiburger, Kap. 11, 12, 13
E. Loritz, Kap. 4.9 bis 4.13
H. Milde, Kap. 2.4, 4.14, 10
H. Morlock, Kap. 6
H. Rohlfing, Kap. 1, 2.1 bis 2.3, 2.5, 2.6, 3.1 bis 3.4, 4.1 bis 4.8
M. Scheurmann, Kap. 15
J. Schlosser, Kap. 7.4
H. Schmidt/F.-P. Zantis, Kap. 14
H. Schmidt/K. Lampe, Kap. 17
J. Stockhardt, Kap. 7.1 bis 7.3
Dr. F. Tornau, Kap. 3.5
F.-P. Zantis, Kap. 5
M. Zirkel, Kap. 8.1 bis 8.6

Wichtiger Hinweis
Die Erkenntnisse in der Technik unterliegen laufendem Wandel durch Forschung und Normung. Die Autoren dieses Werkes haben große Sorgfalt darauf verwendet, dass die gemachten Angaben dem derzeitigen Wissensstand entsprechen. Das entbindet den Benutzer aber nicht von der Verpflichtung, anhand von Originalunterlagen (insbesondere von Normen) zu überprüfen, ob die dort gemachten Angaben von denen in diesem Buch abweichen, und seine Verwendung in eigener Verantwortung zu bestimmen.

DIN-Normen und andere technische Regelwerke
Sofern in diesem Tabellenbuch auf DIN-Normen, VDE-Bestimmungen oder andere technische Regelwerke verwiesen wird, so handelt es sich um die bei Redaktionsschluss vorliegenden Ausgaben. Diese wurden für die Zwecke dieses Buches – mit Erlaubnis des DIN (Deutsches Institut für Normung) – gekürzt und bearbeitet. Für den Anwender einer Norm ist jedoch nur die Norm selbst in ihrer neuesten Ausgabe maßgebend. DIN-Normen sind zu beziehen beim Beuth-Verlag, Burggrafenstr. 6, 10787 Berlin.

ISBN 3-427-**5310**1-5 Dümmlerbuch 5310

Zeichnungen: H.-J. Zedow

Satz: Konrad Triltsch, Würzburg

Printed in Germany by Franz Spiegel Buch GmbH, Ulm

Vorwort zu Friedrichs Tabellenbuch Informations- und Kommunikationstechnik

(1) Dieses neu konzipierte Tabellenbuch für Informations- und Kommunikationstechnik, das zu dem eingeführten und weiterhin lieferbaren Friedrichs Tabellenbuch Elektrotechnik/Elektronik mit dem Schwerpunkt Energietechnik hinzutritt, wendet sich an

- **die Berufe**
  - Kommunikationselektroniker/in (Industrie, Telekom),
  - Büroinformationselektroniker/in (Handwerk),
  - Fernmeldeanlagenelektroniker/in (Handwerk),
  - Radio- und Fernsehtechniker/in (Handwerk);
- **die neu eingeführten Ausbildungsberufe**
  - Informations- und Kommunikations-System-Elektroniker/in,
  - Fachinformatiker/in der Fachrichtungen Anwendungsentwicklung bzw. Systemintegration,
  - Informatikkaufmann/frau;
- **alle, die in den Bereichen der Informations- und Kommunikationstechnik tätig sind, insbesondere in der:**
  - Informationstechnik,
  - Übertragungstechnik,
  - Datenverarbeitungstechnik,
  - Sende- und Empfangstechnik,
  - Netzwerktechnik,
  - Endgeräte- und Vermittlungstechnik,
  - Melde- und Signaltechnik,
  - Computertechnik,
  - Audio/Fernsehtechnik;
- **alle Interessierte, die sich privat mit dieser Technik befassen.**
- **Nicht zuletzt ist das Tabellenbuch – gemäß der Tradition der Friedrich-Tabellenbücher – ein unverzichtbares Nachschlagewerk für gestandene Meister, Techniker und Ingenieure.**

(2) Durch bewusst ausführliche und klare Stoffdarbietung ermöglicht dieses Tabellenbuch die Verwendung
- auf unterschiedlichen Ausbildungsebenen (Facharbeiter, Meister, Techniker, Ingenieur);
- in unterschiedlichen Schulformen und -stufen (Berufsschule, Berufsfachschule, Fachschule, Fachoberschule);
- Fachhochschule, Berufsakademie;
- in den verschiedenen Formen der Erwachsenenbildung und Weiterbildung, z. B. Umschulung, Fortbildung;
- in Lehrwerkstatt und überbetrieblicher Ausbildung;
- in allen Bereichen der einschlägigen beruflichen Praxis.

(3) Zur Didaktik/Methodik: Friedrichs Tabellenbuch Informations- u. Kommunikationstechnik
- ist auf die **einschlägigen Ausbildungsordnungen und Rahmenlehrpläne** abgestimmt;
- ist nicht auf reines Zahlenmaterial beschränkt, sondern integriert die Tabellen – soweit sinnvoll und möglich – in **technologische Zusammenhänge**;
- fördert über das Erlernen von Nachschlagetechniken den Aufbau von **Wissensnetzen und -strukturen** beim Lernenden;
- fördert durch Aufbau, Gestaltung und Stoffdarbietung in besonderem Maße **handlungsorientiertes Lernen,** das für die Berufsausübung von entscheidender Wichtigkeit ist;
- unterstützt **selbstständiges Lernen** und Einarbeiten in neue Sachverhalte;
- ermöglicht angesichts der thematischen Breite **ganzheitliches und fächerübergreifendes Lernen**;
- erschließt durch viele **Nachschlagehilfen** und ein durchgängiges System von am Rand vermerkten Querverweisen den vielseitigen Inhalt;
- passt zu allen **gängigen Fachkunden/Technologien**;
- erleichtert durch **übersichtliche Grafiken, Diagramme und Abbildungen** den Einblick in komplizierte Sachverhalte;
- ist durchgehend **zweifarbig** und der **neuen Rechtschreibung** angepasst;
- verwendet **chlorfrei gebleichtes Papier** und ist in einen haltbaren und umweltfreundlichen Hardcover-Einband gebunden, dessen Veredlungsfolie aus PE-Kunststoff keine Entsorgungs- und Recycling-Probleme bereitet.

Nachschlagesystem und Nachschlagehilfen im FRIEDRICH

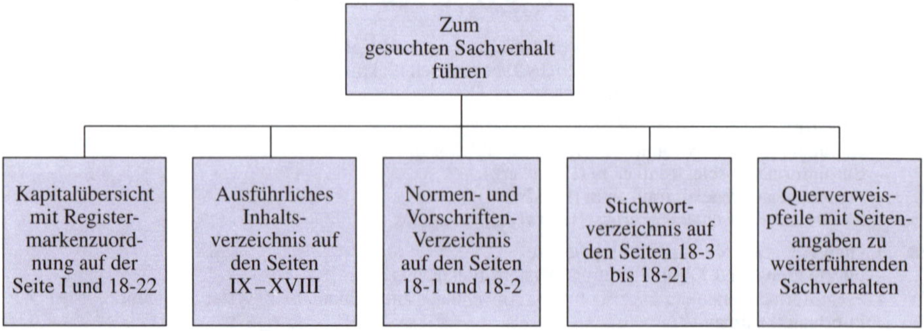

Unterstützende Nachschlagehilfen:

- Fein verästelte Dezimalklassifikation;
- kapitelweise Seitenzählung;
- Registermarken für Großkapitel;
- Zweifarbendruck in Text und Bild;
- Seitenverweise mit Pfeilen am Rand;
- alle Normen und Bestimmungen mit Ausgabedatum sowie mit direkter Zuordnung zum Sachzusammenhang; ferner in Kap. 18 die Tabelle der zitierten Normen.

FRIEDRICH und Kammer- bzw. PAL-Prüfungen

In zunehmendem Maße wird die Fähigkeit und Motivierung des Auszubildenden, sich allein, also ohne personelle Hilfestellung, in neue Aufgaben schnell einzuarbeiten, als wichtiges Lernziel der Ausbildung betrachtet; strukturierendes Denken/handlungsorientiertes Lernen/Stoffbeherrschung, also Lernziele, die nach der Neuordnung hoch bewertet werden sollen, werden bei Benutzung des FRIEDRICH gefördert.

Dass gerade etwas umfangreichere Nachschlagewerke hierzu einen besonderen Beitrag leisten können, ist unbestritten; aber nicht nur auf den Umfang kommt es an, sondern vor allem auf eine den neueren Lernzielen in der Berufsausbildung entsprechende Aufarbeitung der Inhalte sowie auf ein auch für sog. schwächere Schüler erlernbares Nachschlagesystem. Beides leistet der FRIEDRICH. Deshalb findet der FRIEDRICH auch mehr und mehr Verwendung in den Ausbildungsabschlussprüfungen, und fast alle (nach der Neuordnung) erlassenen Prüfungsordnungen der Kammern sowie Überlegungen des PAL sehen solche generellen Freigaben vor.

Dank an Mitarbeiter, Benutzer und Leser

Verfasser, Herausgeber und Verlag würden sich freuen, wenn die zahlreichen Benutzer in der beruflichen Aus- und Weiterbildung auf allen Ebenen sowie in der Praxis wie bisher Vorschläge für die weitere Verbesserung dieses Standardwerkes unterbreiten könnten. Diese Vorschläge sollen bei späteren Auflagen nach Möglichkeit berücksichtigt werden, damit sie möglichst vielen Benutzern zugute kommen.

Im Frühjahr 1997 — Herausgeber, Verfasser und Verlag

INHALT

1 Mathematische Grundlagen 1-1 bis 1-18

2 Physikalische Grundlagen 2-1 bis 2-17

3 Grundlagen der Elektrotechnik 3-1 bis 3-36

4 Bauelemente und Grundschaltungen der Elektrotechnik 4-1 bis 4-40

6 Computertechnik 6-1 bis 6-64

7 Signalübertragung 7-1 bis 7-46

16 Datenschutz 16-1 bis 16-12

17 Schaltzeichen und Symbole 17-1 bis 17-30

18 Anhang 18-1 bis 18-22

1 Mathematische Grundlagen

1.1 Zeichen und Begriffe

1.1.1 Mathematische Zeichen[1)]

$+$	plus
$-$	minus
$\cdot$	mal
$/ -$	durch
$=$	gleich
$\neq$	ungleich
$=_{def}$	definitionsgemäß gleich
$\approx$	ungefähr gleich
$\triangleq$	entspricht
$<$	kleiner als
$>$	größer als
$\leq$	kleiner oder gleich
$\geq$	größer oder gleich
$\ll$	klein gegen
$\gg$	groß gegen
∞	unendlich
π	pi, $\pi=3{,}14159\ldots$
e	$e=2{,}71828\ldots$
$\sqrt{\ }$	Quadratwurzel aus
$\sqrt[n]{\ }$	n-te Wurzel aus
x^n	x hoch n, n-te Potenz von x
$n!$	n Fakultät, $n! = 1 \cdot 2 \cdot 3 \cdot \ldots n$
$(x)_s$	s unter x, $(x)_s = x \cdot (x-1) \cdot \ldots (x+1-s)$

$\binom{x}{s}$	x über s, $\binom{x}{s} = \frac{(x)_s}{s!}$
$[x]$	größte ganze Zahl kleiner oder gleich x
$\parallel$	parallel zu
$\perp$	orthogonal zu
$\uparrow\uparrow$	gleichsinnig parallel
$\uparrow\downarrow$	gegensinnig parallel
$\triangle(ABC)$	Dreieck ABC
$\cong$	kongruent zu
$\sim$	proportional zu
$\sphericalangle(g, h)$	Winkel zwischen g und h
$\overline{AB}$	Strecke von A nach B
$d(A, B)$	Abstand von A und B
$\odot(P, r)$	Kreis um P mit Radius r
$\sum_{i=1}^{n} x_i$	Summe über x_i von $i=1$ bis n
$\prod_{i=1}^{n} x_i$	Produkt über x_i von i gleich 1 bis n
lim	Limes (Grenzwert)
$f \simeq g$	f ist asymptotisch gleich g
$f(x)$	Funktion der Veränderlichen x
Δf	Delta f, Differenz zweier Werte

$\frac{df(x)}{dx} = f'$	$df(x)$ nach dx, f Strich Ableitung von f
$\int_a^b f(x)\,dx$	Integral über $f(x)\,dx$ von a bis b
$\lvert z \rvert$	Betrag von z
z^* oder $\bar{z}$	Konjugierte von z
Re z	Realteil von z
Im z	Imaginärteil von z
i oder j	Imaginäre Einheit $i^2 = j^2 = -1$
exp	Exponentialfunktion $\exp x = e^x$
log	Logarithmus
lg	dekadischer Logarithmus
ln	natürlicher Logarithmus
sin	Sinus
cos	Cosinus
tan	Tangens
cot	Cotangens
Arcsin	Arcussinus
Arccos	Arcuscosinus
Arctan	Arcustangens
Arccot	Arcuscotangens
sinh	Hyperbelsinus
cosh	Hyperbelcosinus
tanh	Hyperbeltangens
coth	Hyperbelcotangens
…	und so weiter bis

1.1.2 Zeichen der Mengenlehre[2)]

$x \in M$	x ist Element von M
$x \notin M$	x ist nicht Element von M
$x_1, \ldots, x_n \in A$	$x_1, \ldots, x_n$ sind Elemente von A
$\{x \mid \varphi\}$	die Menge (Klasse) aller x mit φ
$\{x \mid x<6\}\ \mathbb{N}$	Menge aller x, für die gilt: x ist eine natürliche Zahl und x ist kleiner als 6
$\{x_1, \ldots, x_n\}$	die Menge mit den Elementen $x_1, \ldots, x_n$
$\{1,2,3,4\} = A$	Menge A wird gebildet aus den Elementen 1, 2, 3, 4
$\emptyset$	leere Menge (enthält kein Element)
$A \subseteq B$ oder	A ist Teilmenge von B
$A \subset B$	A sub B
$A \subsetneqq B$	A ist echt enthalten in B (also A ist nicht gleich B)
$A \cap B$	A geschnitten mit B (die Elemente, die A und B gemeinsam sind)
$A \cup B$	A vereinigt mit B (die Elemente, die in wenigstens einer der Mengen A, B liegen)
$A \setminus B$ oder $A-B$	A ohne B (enthält die nicht in B liegenden Elemente von A) Differenzmenge von A und B
$A \Delta B$	symmetrische Differenz von A und B

$\langle x, y \rangle$ oder (x, y)	Paar von x und y (geordnetes Paar)
$A \times B$	A Kreuz B (kartesisches Produkt von A und B)
id_A	Identitätsrelation auf A (enthält die Paare $\langle x, y \rangle$ mit $x \in A$)
$D(f)$	Definitionsbereich von f
$W(f)$	Wertebereich von f
$f \mid A$	Einschränkung von f auf A
$f(x)$ oder xf	f von x, Bild von x unter f (Funktionswert an der Stelle x)
$\mathbb{N}$ oder N	Menge der natürlichen Zahlen
$\mathbb{Z}$ oder Z	Menge der ganzen Zahlen
$\mathbb{Q}$ oder Q	Menge der rationalen Zahlen
$\mathbb{R}$ oder R	Menge der reellen Zahlen
$\mathbb{C}$ oder C	Menge der komplexen Zahlen
$\mathbb{N}^*, \mathbb{Z}^*, \mathbb{Q}^*, \mathbb{R}^*, \mathbb{C}^*$	Menge der von Null verschiedenen Zahlen der Mengen $\mathbb{N}, \mathbb{Z}, \mathbb{Q}, \mathbb{R}, \mathbb{C}$
$\mathbb{Z}_+, \mathbb{Q}_+, \mathbb{R}_+$	Mengen der nicht negativen Zahlen der Mengen $\mathbb{Z}, \mathbb{Q}, \mathbb{R}$
$\mathbb{Z}_+^*, \mathbb{Q}_+^*, \mathbb{R}_+^*$	Mengen der positiven Zahlen der Mengen $\mathbb{Z}, \mathbb{Q}, \mathbb{R}$

1) Weitere Zeichen siehe DIN 1302: 1994-4
2) Weitere Zeichen siehe DIN 5473: 1992-7

1.2 Rechenoperationen

1.2.1 Grundrechenarten

Addieren (Zusammenzählen)	Multiplizieren (Malnehmen)
4 + 19 = 23 1. Summand plus 2. Summand gleich Summenwert	7 · 3 = 21 Multiplikator mal Multiplikand gleich Produktwert
Subtrahieren (Abziehen)	**Dividieren (Teilen)**
39 – 14 = 25 Minuend minus Subtrahend gleich Differenzwert	15 / 3 = 5 Dividend durch Divisor gleich Quotientwert

1.2.2 Bruchrechnen

Arten von Brüchen

Echter Bruch	Unechter Bruch	Gemischte Zahl	Gleichnamige Brüche	Ungleichnamige Brüche
$\frac{3}{7}$	$\frac{8}{7}$	$2\frac{3}{7}$	$\frac{1}{7}; \frac{3}{7}; \frac{6}{7}$	$\frac{2}{5}; \frac{3}{7}; \frac{7}{9}$
Zähler kleiner als Nenner	Zähler größer als Nenner	Ganze Zahl und Bruch	Nenner alle gleich	Nenner alle ungleich

Umwandlung einer gemischten Zahl in einen unechten Bruch:

$$2\frac{3}{7} = \frac{2 \cdot 7}{7} + \frac{3}{7} = \frac{14}{7} + \frac{3}{7} = \frac{17}{7}$$

Umwandlung eines echten Bruchs in einen Dezimalbruch:

$$\frac{9}{11} = 9 / 11 = 0{,}818181\ldots$$

Umwandlung eines Dezimalbruchs in einen echten Bruch und kürzen:

$$0{,}875 = \frac{875}{1000} = \frac{7 \cdot 125}{8 \cdot 125} = \frac{7}{8}$$

Erweitern eines Bruches mit 6:

$$\frac{8}{17} = \frac{8 \cdot 6}{17 \cdot 6} = \frac{48}{102}$$

Addieren und Subtrahieren der Brüche

Ungleichnamige Brüche müssen zunächst gleichnamig gemacht werden (Hauptnenner bilden):

$$\frac{2}{3} + \frac{1}{4} - \frac{1}{2} = \frac{8}{12} + \frac{3}{12} - \frac{6}{12} = \frac{5}{12}$$

Gleichnamige Brüche: Zähler addieren oder subtrahieren

$$\frac{1}{5} + \frac{2}{5} + \frac{3}{5} = \frac{6}{5} = 1\frac{1}{5}$$

$$\frac{7}{8} - \frac{3}{8} - \frac{1}{8} + \frac{2}{8} = \frac{5}{8}$$

Multiplizieren und Dividieren der Brüche

Ganze Zahl mit Bruch multiplizieren:

$$\frac{5}{6} \cdot 3 = \frac{5 \cdot 3}{6} = \frac{15}{6} = 2\frac{1}{2}$$

Zähler mal ganze Zahl

Bruch mit Bruch multiplizieren:

$$\frac{2}{3} \cdot \frac{4}{11} = \frac{2 \cdot 4}{3 \cdot 11} = \frac{8}{33}$$

Zähler mal Zähler, Nenner mal Nenner

Bruch durch ganze Zahl dividieren:

$$\frac{8}{9} / 4 = \frac{8}{4 \cdot 9} = \frac{8}{36} = \frac{2}{9}$$

Nenner mal ganze Zahl

Bruch durch Bruch dividieren:

$$\frac{3}{8} / \frac{4}{5} = \frac{3}{8} \cdot \frac{5}{4} = \frac{15}{32}$$

Zählerbruch mal Kehrwert des Nennerbruchs

1.2.3 Prozentrechnen[1)]

„Prozent“ (%) heißt „von Hundert“. Die Gesamtmenge wird dabei immer gleich Hundert gesetzt, so dass die Teilmenge als „Teile von Hundert“ (Prozentsatz) erscheint.

5 W	sind	2,5%	von	200 W
Prozentwert		Prozentsatz		Grundwert

[1)] Siehe DIN 5477: 1983-2

1.3 Arithmetik/Algebra

1.3.1 Addition

Kommutativgesetz: In einer Summe dürfen die Summanden vertauscht werden.	$a + c + b = a + b + c$	**Assoziativgesetz:** Die Summanden lassen sich zu Teilsummen zusammenfassen.	$(a + b) + c = a + (b + c)$

1.3.2 Subtraktion

Gleichartige Zahlen werden subtrahiert, indem die Beizahlen voneinander subtrahiert werden.	$6a - 4a$ $= (6 - 4) \cdot a = 2a$	Nur gleichartige Zahlen lassen sich voneinander subtrahieren.	$6a - 2b - 3a = 3a - 2b$

1.3.3 Addition und Subtraktion

Sind Rechenzeichen und Vorzeichen gleich, so wird der absolute Betrag der Zahl addiert.	$(+6a) + (+4a)$ $= 6a + 4a = 10a$ $(+6a) - (-4a)$ $= 6a + 4a = 10a$	Sind Rechenzeichen und Vorzeichen ungleich, so wird der absolute Betrag der Zahl subtrahiert.	$(+6a) + (-4a)$ $= 6a - 4a = 2a$ $(+6a) - (+4a)$ $= 6a - 4a = 2a$

1.3.4 Klammern

Eine Klammer, vor der das Zeichen + steht, darf man fortlassen.	$a + (b - c) = a + b - c$	Steht vor einer Klammer das Zeichen –, so kehren sich beim Fortlassen alle Vorzeichen in der Klammer um.	$a - (b - c) = a - b + c$
Bei mehreren Klammern von innen nach außen auflösen.	$a - [b + (c - d)]$ $= a - [b + c - d]$ $= a - b - c + d$		

1.3.5 Multiplikation

Kommutativgesetz: In einem Produkt lassen sich die Faktoren vertauschen.	$b \cdot c \cdot a$ $= a \cdot b \cdot c = abc$	**Distributivgesetz:** Eine Summe wird mit einem Faktor multipliziert, indem jedes Glied der Summe mit dem Faktor multipliziert wird.	$a\,(b - c) = a \cdot b - a \cdot c$ $= a\,b - a\,c$
Assoziativgesetz: Beim Multiplizieren dürfen Faktoren vertauscht und zu Teilprodukten zusamengefasst werden.	$6a \cdot 3b = 6 \cdot a \cdot 3 \cdot b$ $= 6 \cdot 3 \cdot a \cdot b$ $= 18 \cdot a \cdot b = 18a\,b$		
Das Produkt zweier Zahlen mit gleichem Vorzeichen ist positiv, das Produkt zweier Zahlen mit verschiedenen Vorzeichen ist negativ.	$(+a) \cdot (+b) = +(a\,b)$ $(-a) \cdot (-b) = +(a\,b)$ $(+a) \cdot (-b) = -(a\,b)$ $(-a) \cdot (+b) = -(a\,b)$	Algebraische Summen werden miteinander multipliziert, indem jedes Glied der einen Summe mit jedem Glied der anderen Summe multipliziert wird.	$(a + b)\,(c + d)$ $= a\,c + a\,d + b\,c + b\,d$ $(a + b)\,(c - d)$ $= a\,c - a\,d + b\,c - b\,d$ $(a - b)\,(c + d)$ $= a\,c + a\,d - b\,c - b\,d$ $(a - b)\,(c - d)$ $= a\,c - a\,d - b\,c + b\,d$
Haben mehrere Glieder einer Summe einen gemeinsamen Faktor, so lässt er sich ausklammern.	$a\,x + b\,x - c\,x$ $= x\,(a + b - c)$	**Binomische Formeln** $(a + b)^2 = (a + b)\,(a + b) = a^2 + 2a\,b + b^2$ $(a - b)^2 = (a - b)\,(a - b) = a^2 - 2a\,b + b^2$ $(a + b)\,(a - b) = a^2 - b^2$	

1.3 Arithmetik/Algebra

1.3.6 Division

Der Quotient zweier Zahlen mit gleichem Vorzeichen ist positiv, der Quotient zweier Zahlen mit ungleichem Vorzeichen ist negativ.	$+a/+b=+(a/b)$ $-a/-b=+(a/b)$ $-a/+b=-(a/b)$ $+a/-b=-(a/b)$	Eine Summe wird durch eine Zahl dividiert, indem jeder Summand durch die Zahl dividiert wird.	$\frac{a+b}{c}=\frac{a}{c}+\frac{b}{c}$

1.3.7 Potenzieren

Ein Produkt aus gleichen Faktoren kann als Potenz geschrieben werden. a Basis oder Grundzahl n Exponent oder Hochzahl a^n Potenz c Potenzwert	$a\cdot a\cdot a=a^3$ $a^n=c$	Potenzen mit gleichen Basen werden dividiert, indem die Basis mit der Differenz der Exponenten potenziert wird.	$\frac{a^m}{a^n}=a^{m-n}$ Umkehrung: $a^{m-n}=\frac{a^m}{a^n}$
Addieren und Subtrahieren lassen sich nur Potenzen mit gleichen Basen und Exponenten.	$3a^3+2a^2+6a^3-4a^2$ $=3a^3+6a^3+2a^2-4a^2$ $=9a^3-2a^2$	Potenzen mit gleichen Exponenten werden dividiert, indem der Quotient der Basen mit dem gemeinsamen Exponenten potenziert wird.	$\frac{a^n}{b^n}=\left(\frac{a}{b}\right)^n$ Umkehrung: $\left(\frac{a}{b}\right)^n=\frac{a^n}{b^n}$
Potenzen mit gleichen Basen werden multipliziert, indem die Exponenten addiert werden.	$a^m\cdot a^n=a^{m+n}$ Umkehrung: $a^{m+n}=a^m\cdot a^n$	Eine Potenz mit negativem Exponenten ist gleich dem reziproken Wert der gleichen Potenz mit positivem Exponenten.	$a^{-b}=\frac{1}{a^b}$
Potenzen mit gleichen Exponenten werden miteinander multipliziert, indem das Produkt der Basis mit dem gemeinsamen Exponenten potenziert wird.	$a^n\cdot b^n=(ab)^n$ Umkehrung: $(ab)^n=a^n\cdot b^n$	Eine Potenz wird potenziert, indem die Basis mit dem Produkt der Exponenten potenziert wird.	$(a^m)^n=a^{m\cdot n}$ $(a^m)^n=(a^n)^m$

1.3.8 Radizieren

Die Wurzelrechnung ist eine Umkehr der Potenzrechnung. a Radikand (Basis) n Wurzelexponent x Wurzelwert	$\sqrt[n]{a}=x$ Umkehrung: $x^n=a$	Eine Potenz wird radiziert, indem die Wurzel aus der Basis gezogen wird und der Wurzelwert mit dem Exponenten der Basis potenziert wird.	$\sqrt[n]{a^x}=(\sqrt[n]{a})^x$
Ein Produkt wird radiziert, indem jeder Faktor radiziert wird und die Wurzelwerte miteinander multipliziert werden.	$\sqrt[n]{a\cdot b}=\sqrt[n]{a}\cdot\sqrt[n]{b}$	Jede Wurzel läßt sich in eine Potenz mit Bruchzahlen als Exponenten umwandeln. Der Wurzelexponent steht im Nenner des Potenzexponenten.	$\sqrt[n]{a^x}=a^{\frac{x}{n}}$
Ein Faktor vor dem Wurzelzeichen wird unter der Wurzel mit dem Wurzelexponenten potenziert.	$a\cdot\sqrt[n]{b}=\sqrt[n]{a^n\cdot b}$	Eine Wurzel wird radiziert, indem die Wurzelexponenten multipliziert werden und mit dem neuen Exponenten aus der Basis die Wurzel gezogen wird.	$\sqrt[n]{\sqrt[x]{a}}=\sqrt[n\cdot x]{a}$ $\sqrt[n]{\sqrt[x]{a}}=\sqrt[x]{\sqrt[n]{a}}$
Ein Bruch wird radiziert, indem die Wurzel des Zählers durch die Wurzel des Nenners dividiert wird.	$\sqrt[n]{\frac{a}{b}}=\frac{\sqrt[n]{a}}{\sqrt[n]{b}}$		

1.3 Arithmetik/Algebra

1.3.9 Logarithmieren

Das Logarithmieren ist die zweite Umkehrung der Potenzrechnung.

a Basis; *b* Numerus; *n* Logarithmus

$$\log_a b = n$$

Lies: log *b* zur Basis *a* gleich *n*

Umkehrung:

$a^n = b$

Logarithmensysteme [1)]

Basis	Bezeichnung	Kennzeichen
e = 2,71828…	natürliche Logarithmen	ln
2	binäre Logarithmen	lb
10	dekadische Logarithmen	lg

Beispiele:

lg 1000	= 3,	da 10^3	= 1000
lg 100	= 2,	da 10^2	= 100
lg 10	= 1,	da 10^1	= 10
lg 1	= 0,	da 10^0	= 1
lg 0,1	= – 1,	da 10^{-1}	= 0,1
lg 0,01	= – 2,	da 10^{-2}	= 0,01
lg 0,001	= – 3,	da 10^{-3}	= 0,001

Rechenregeln

Rechnungsart	wird zurückgeführt auf	Regeln
Multiplizieren	Addieren	$\lg(a \cdot b) = \lg a + \lg b$
Dividieren	Subtrahieren	$\lg \frac{a}{b} = \lg a - \lg b$
Potenzieren	Multiplizieren	$\lg a^n = n \cdot \lg a$
Radizieren	Dividieren	$\lg \sqrt[n]{a} = \frac{1}{n} \cdot \lg a$

1.3.10 Gleichungen ersten Grades mit einer Unbekannten / Formelumstellen

Bestimmungsgleichungen enthalten bekannte und unbekannte Größen (Variable); sie sind gelöst, wenn anstelle der Unbekannten eine Zahl eingesetzt werden kann. Zur Lösung darf auf beiden Seiten der Gleichung die gleiche Rechenoperation mit der gleichen Zahl durchgeführt werden.

Beispiele:

$x + 5 = 10$; $x + 5 - 5 = 10 - 5$; $x = 10 - 5$; $x = 5$
$x - 8 = 3$; $x - 8 + 8 = 3 + 8$; $x = 3 + 8$; $x = 11$
$x \cdot 9 = 36$; $x \cdot 9/9 = 36/9$; $x = 36/9$; $x = 4$
$x/6 = 7$; $(x/6) \cdot 6 = 7 \cdot 6$; $x = 7 \cdot 6$; $x = 42$

Für das Umstellen physikalischer Formeln gelten gleiche Gesetzmäßigkeiten wie für das Lösen von Gleichungen; das Formelzeichen der gesuchten Größe ist dabei die Unbekannte und die Formel ist nach dieser Größe hin umzustellen. Dann sind die bekannten Größen (Zahlenwert und Einheit) einzusetzen und die Unbekannte lässt sich errechnen.

Beispiele:

$R_1 + R_2 = R_g$; $R_1 + R_2 - R_2 = R_g - R_2$; $R_1 = R_g - R_2$
$U \cdot I = P$; $U \cdot I/U = P/U$; $I = P/U$
$U/I = R$; $(U/I) \cdot I = R \cdot I$; $U = R \cdot I$

1.3.11 Gleichungen ersten Grades mit zwei Unbekannten

Zwei Unbekannte lassen sich nur dann eindeutig bestimmen, wenn zwei verschiedene Gleichungen (I und II) gegeben sind. Bei der Auflösung stellt man aus ihnen eine dritte Gleichung mit nur einer Unbekannten her.

Gleichsetzungsmethode

I $3x + 2y = 18 \Rightarrow y = (18 - 3x)/2$
II $4x + y = 19 \Rightarrow y = 19 - 4x$

$(18 - 3x)/2 = 19 - 4x$; $18 - 3x = (19 - 4x) \cdot 2$;
$18 - 3x = 38 - 8x$; $8x - 3x = 38 - 18$;
$5x = 20$; $x = 4$

Einsetzen von $x = 4$ in **I** oder **II** ergibt $y = 3$.

Einsetzungsmethode

I $3x + 2y = 18$
II $4x + y = 19 \Rightarrow y = 19 - 4x$

$3x + 2\,(19 - 4x) = 18$; $3x + 38 - 8x = 18$;
$-5x = -20$; $x = 4$

Additions- bzw. Subtraktionsmethode

I $3x + 2y = 18$
II $4x + y = 19 \Rightarrow \cdot\, 2 \Rightarrow 8x + 2y = 38$

Erweiterte Gleichung **II** von **I** abziehen

$3x - 8x + 2y - 2y = 18 - 38$; $-5x = -20$;
$x = 4$

1) Umrechnungen
$\ln n \approx 2{,}3026 \lg n$ bzw. $\lg n \approx 0{,}4343 \ln n$;
$\mathrm{lb}\, n \approx 3{,}3219 \lg n$ bzw. $\lg n \approx 0{,}3010\, \mathrm{lb}\, n$;
$\mathrm{lb}\, n \approx 1{,}4427 \ln n$ bzw. $\ln n \approx 0{,}6932\, \mathrm{lb}\, n$

1.3 Arithmetik/Algebra

1.3.12 Gleichungen zweiten Grades (quadratische Gleichungen)

Bei rein-quadratischen Gleichungen kommt die Unbekannte nur in der 2. Potenz (z.B. x^2) vor. Diese Gleichungen sind durch Wurzelziehen zu lösen, wobei sich immer zwei Werte (positiv und negativ) ergeben.	Beispiele: $x^2 = 25;\quad \sqrt{x^2} = \sqrt{25};\quad x = \sqrt{25};\quad x = \pm 5$ Ergebnis ± 5, da $(+5)\cdot(+5) = 25$ und $(-5)\cdot(-5) = 25$ $15 + 3x^2 = x^2 + 47;\quad 3x^2 - x^2 = 47 - 15;\quad 2x^2 = 32;$ $x^2 = 16;\quad x = \sqrt{16};\quad x = \pm 4$
Bei gemischt-quadratischen Gleichungen kommt die Unbekannte in der 1. und 2. Potenz vor (x und x^2). Gegebene Gleichung: $x^2 + ax = -b$. Man bringt sie auf die Normalform $x^2 + ax + b = 0$ und löst sie nach der Formel $x = -\frac{a}{2} \pm \sqrt{\left(\frac{a}{2}\right)^2 - b}$ Für a und b sind die gegebenen Zahlenwerte einzusetzen.	Beispiel: $2x^2 + x + 13 = x^2 - 5x + 40;$ $2x^2 - x^2 + x + 5x = 40 - 13$ Normalform: $x^2 + 6x - 27 = 0 \quad (a = 6,\ b = -27)$ eingesetzt: $x_1 = -\frac{6}{2} + \sqrt{\left(\frac{6}{2}\right)^2 + 27};\quad x_1 = -3 + \sqrt{9 + 27}$ $x_1 = -3 + \sqrt{36} = -3 + 6 = 3;\quad x_1 = 3$ $x_2 = -3 - \sqrt{36} = -3 - 6 = -9;\quad x_2 = -9$

1.3.13 Rechenverfahren mit komplexen Zahlen

Addition	Sowohl die Realteile als auch die Imaginärteile werden addiert	$\underline{z} = \underline{z}_1 + \underline{z}_2 = (a + \mathrm{i}b) + (c + \mathrm{i}d)$ $\underline{z} = (a + c) + \mathrm{i}(b + d)$ [1]
	Die Summe konjugiert komplexer Zahlen ist reell	$\underline{z} = \underline{z}_1 + \underline{z}_1^* = (a + \mathrm{i}b) + (a - \mathrm{i}b)$ $\underline{z} = 2a$
Subtraktion	Sowohl die Realteile als auch die Imaginärteile werden subtrahiert	$\underline{z} = \underline{z}_1 - \underline{z}_2 = (a + \mathrm{i}b) - (c + \mathrm{i}d)$ $\underline{z} = (a - c) + \mathrm{i}(b - d)$
	Die Differenz konjugiert komplexer Zahlen ist rein imaginär	$\underline{z} = \underline{z}_1 + \underline{z}_1^* = (a + \mathrm{i}b) - (a - \mathrm{i}b)$ $\underline{z} = \mathrm{i}2b$
Multiplikation	Die Multiplikation komplexer Zahlen besteht aus der Multiplikation mit ihren Gliedern	$\underline{z} = \underline{z}_1 \cdot \underline{z}_2 = (a + \mathrm{i}b)\cdot(c + \mathrm{i}d)$ $\underline{z} = (ac - bd) + \mathrm{i}(bc + ad)$
	Die Beträge werden multipliziert, und die Argumente werden addiert	$\underline{z} = \underline{z}_1 \cdot \underline{z}_2 = z_1 \cdot \mathrm{e}^{\mathrm{i}\varphi_1} \cdot z_2 \cdot \mathrm{e}^{\mathrm{i}\varphi_2}$ $\underline{z} = z_1 \cdot z_2 \cdot \mathrm{e}^{\mathrm{i}(\varphi_1 + \varphi_2)}$
	Das Produkt konjugiert komplexer Zahlen ist reell	$\underline{z} = \underline{z}_1 \cdot \underline{z}_1^* = (a + \mathrm{i}b)\cdot(a - \mathrm{i}b)$ $\underline{z} = a^2 + b^2$
Division	Durch Erweitern mit der konjugiert komplexen Zahl wird der Divisor reell gemacht, und dann wird wie üblich dividiert	$\underline{z} = \frac{\underline{z}_1}{\underline{z}_2} = \frac{(a + \mathrm{i}b)}{(c + \mathrm{i}d)} = \frac{(a + \mathrm{i}b)(c - \mathrm{i}d)}{(c + \mathrm{i}d)(c - \mathrm{i}d)}$ $\underline{z} = \frac{ac + bd}{c^2 + d^2} + \mathrm{i}\,\frac{bc - ad}{c^2 + d^2}$
	Die Beträge werden dividiert, und die Argumente werden subtrahiert	$\underline{z} = \frac{\underline{z}_1}{\underline{z}_2} = \frac{z_1 \cdot \mathrm{e}^{\mathrm{i}\varphi_1}}{z_2 \cdot \mathrm{e}^{\mathrm{i}\varphi_2}} = \frac{z_1}{z_2} \cdot \mathrm{e}^{\mathrm{i}(\varphi_1 - \varphi_2)}$
Potenzieren	Der Betrag wird in die n-te Potenz erhoben, und das Argument wird mit n multipliziert	$\underline{z}^n = (z \cdot \mathrm{e}^{\mathrm{i}\varphi})^n = z^n \cdot \mathrm{e}^{\mathrm{i}n\varphi}$ $\underline{z}^n = z^n \angle n\varphi$ [2]
Radizieren	Aus dem Betrag wird die Wurzel gezogen, und das Argument wird durch den Wurzelexponenten dividiert	$\sqrt[n]{\underline{z}} = \sqrt[n]{z \cdot \mathrm{e}^{\mathrm{i}\varphi}} = \sqrt[n]{z} \cdot \mathrm{e}^{\mathrm{i}\frac{\varphi}{n}} = \sqrt[n]{z}\ \angle\frac{\varphi}{n}$

[1] In der Elektrotechnik schreibt man j, um Verwechselungen mit der Stromstärke i zu vermeiden.
[2] Sprich: Versor $n\,\varphi$.

1.4 Winkel/Winkelfunktionen

1.4.1 Winkeleinheiten nach DIN 1315: 1982-8

Radiant (Bogenmaß)	Die Winkeleinheit Radiant (rad) ergibt sich für die Größe eines Zentriwinkels in einem beliebigen Kreis aus dem Verhältnis der Kreisbogenlänge zum Kreisradius. Für einen Vollwinkel gilt: 1 Vollwinkel = 2π rad
Grad (Altgrad)	Der Grad (°) ist der 360ste Teil eines Vollwinkels: $1° = 1/360$ Vollwinkel $= \pi/180$ rad. Der Grad wird unterteilt in Minute (′) und Sekunde (″): $1° = 60' = 3600''$
Gon (Neugrad)	Das Gon ist der 400ste Teil eines Vollwinkels: 1 gon = 1/400 Vollwinkel $= \pi/200$ rad. Das Gon wird geteilt durch Vorsätze: 1 cgon = 1/100 gon = 0,01 gon; 1 mgon = 1/1000 gon = 0,001 gon

Umrechnungstabelle für Winkeleinheiten

	rad	Vollwinkel	gon	mgon	°	′	″
1 rad	1	0,159	63,66	$63{,}66 \cdot 10^3$	57,296	$3{,}438 \cdot 10^3$	$206{,}26 \cdot 10^3$
1 Vollwinkel	6,283	1	400	$400 \cdot 10^3$	360	$21{,}6 \cdot 10^3$	$1{,}296 \cdot 10^6$
1 gon	$15{,}7 \cdot 10^{-3}$	$2{,}5 \cdot 10^{-3}$	1	1000	0,9	54	3240
1°	$17{,}45 \cdot 10^{-3}$	$2{,}778 \cdot 10^{-3}$	1,111	1111,11	1	60	3600
1′	$290{,}89 \cdot 10^{-6}$	$46{,}2 \cdot 10^{-6}$	$18{,}52 \cdot 10^{-3}$	18,52	$16{,}67 \cdot 10^{-3}$	1	60
1″	$4{,}848 \cdot 10^{-6}$	$700 \cdot 10^{-9}$	$308{,}6 \cdot 10^{-6}$	$308{,}6 \cdot 10^{-3}$	$277{,}8 \cdot 10^{-6}$	$16{,}67 \cdot 10^{-3}$	1

1.4.2 Winkelfunktionen

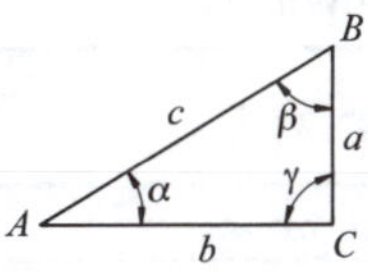

Dreieck *ABC* heißt rechtwinkliges Dreieck ($\gamma = 90°$). Die längste Seite *c* ist die **Hypotenuse**, die Seiten *a* und *b*, die Schenkel des rechten Winkels, sind die **Katheten**. Für den spitzen Winkel α ist *b* die Ankathete und *a* die Gegenkathete; für den spitzen Winkel β ist *a* die Ankathete und *b* die Gegenkathete. Rechtwinklige Dreiecke, welche gleiche Winkel aufweisen, sind **ähnliche Dreiecke**; ihre Seitenverhältnisse heißen Winkelfunktionen (trigonometrische Funktionen).

Winkelfunktion	Anwendung für Winkel α		Anwendung für Winkel β	
Sinus $= \dfrac{\text{Gegenkathete}}{\text{Hypotenuse}}$	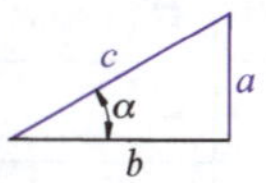	$\sin\alpha = \dfrac{a}{c}$	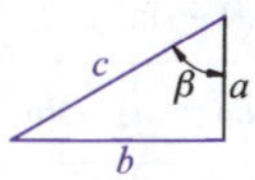	$\sin\beta = \dfrac{b}{c}$
Cosinus $= \dfrac{\text{Ankathete}}{\text{Hypotenuse}}$	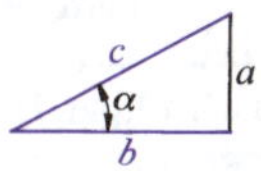	$\cos\alpha = \dfrac{b}{c}$	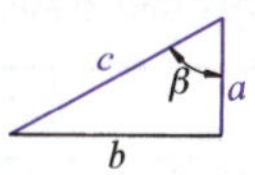	$\cos\beta = \dfrac{a}{c}$
Tangens $= \dfrac{\text{Gegenkathete}}{\text{Ankathete}}$	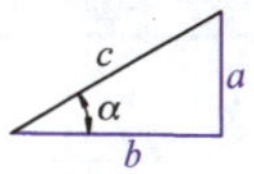	$\tan\alpha = \dfrac{a}{b}$	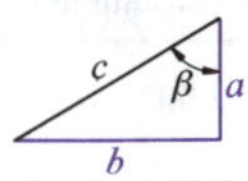	$\tan\beta = \dfrac{b}{a}$
Cotangens $= \dfrac{\text{Ankathete}}{\text{Gegenkathete}}$	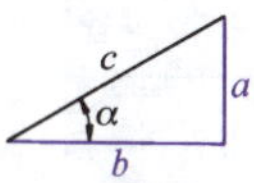	$\cot\alpha = \dfrac{b}{a}$	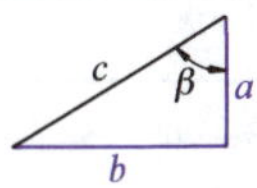	$\cot\beta = \dfrac{a}{b}$

1.4 Winkel/Winkelfunktionen

1.4.3 Funktionskurven und Funktionswerte bestimmter Winkel

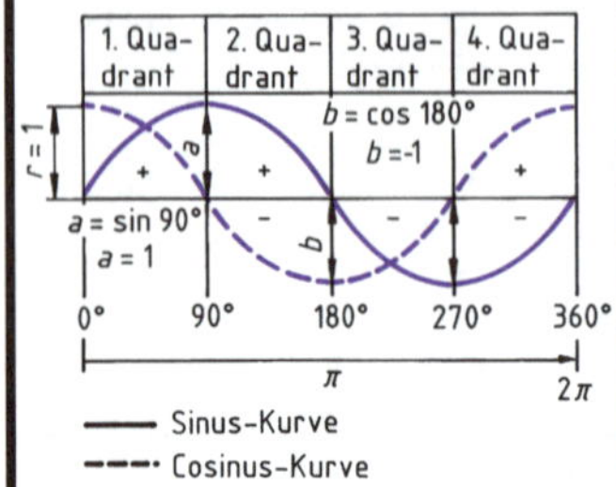

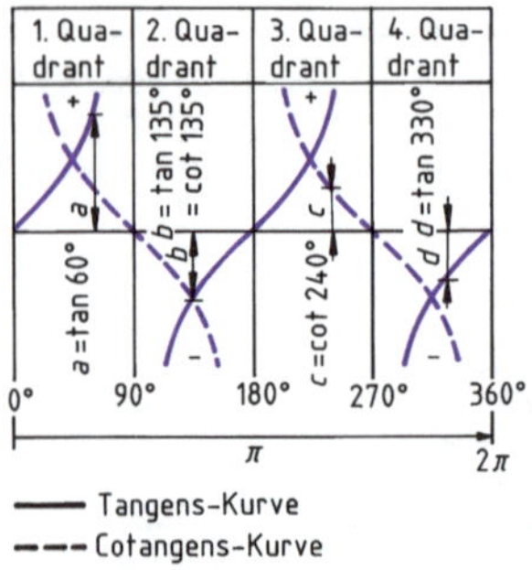

	$-\alpha$	$360° \cdot n + \alpha$	$180° \cdot n + \alpha$
sin	$-\sin\alpha$	$\sin\alpha$	
cos	$\cos\alpha$	$\cos\alpha$	
tan	$-\tan\alpha$		$\tan\alpha$
cot	$-\cot\alpha$		$\cot\alpha$

n = ganzzahlig

Trigonometrische Funktionswerte wichtiger Winkelgrößen

	0°	30°	45°	60°	90°	180°	270°	360°
sin	0	1/2	$1/2\sqrt{2}$	$1/2\sqrt{3}$	1	0	−1	0
cos	1	$1/2\sqrt{3}$	$1/2\sqrt{2}$	1/2	0	−1	0	1
tan	0	$1/3\sqrt{3}$	1	$\sqrt{3}$	$\pm\infty$	0	$\pm\infty$	0
cot	$\pm\infty$	$\sqrt{3}$	1	$1/3\sqrt{3}$	0	$\pm\infty$	0	$\pm\infty$

Beziehung der Winkelfunktionen in den Quadranten

	$90° \pm \alpha$	$180° \pm \alpha$	$270° \pm \alpha$	$360° \pm \alpha$
sin	$\cos\alpha$	$\mp\sin\alpha$	$-\cos\alpha$	$\pm\sin\alpha$
cos	$\mp\sin\alpha$	$-\cos\alpha$	$\pm\sin\alpha$	$\cos\alpha$
tan	$\mp\cot\alpha$	$\pm\tan\alpha$	$\mp\cot\alpha$	$\pm\tan\alpha$
cot	$\mp\tan\alpha$	$\pm\cot\alpha$	$\mp\tan\alpha$	$\pm\cot\alpha$

1.4.4 Beziehung zwischen den Winkelfunktionen für gleiche Winkel

$$\tan\alpha = \frac{\sin\alpha}{\cos\alpha}; \qquad \cot\alpha = \frac{\cos\alpha}{\sin\alpha}; \qquad \sin^2\alpha + \cos^2\alpha = 1; \qquad \tan\alpha\,\cot\alpha = 1$$

	$\sin\alpha$	$\cos\alpha$	$\tan\alpha$	$\cot\alpha$
$\sin\alpha$	–	$\sqrt{1-\cos^2\alpha}$	$\tan\alpha/\sqrt{1+\tan^2\alpha}$	$1/\sqrt{1+\cot^2\alpha}$
$\cos\alpha$	$\sqrt{1-\sin^2\alpha}$	–	$1/\sqrt{1+\tan^2\alpha}$	$\cot\alpha/\sqrt{1+\cot^2\alpha}$
$\tan\alpha$	$\sin\alpha/\sqrt{1-\sin^2\alpha}$	$\sqrt{1-\cos^2\alpha}/\cos\alpha$	–	$1/\cot\alpha$
$\cot\alpha$	$\sqrt{1-\sin^2\alpha}/\sin\alpha$	$\cos\alpha/\sqrt{1-\cos^2\alpha}$	$1/\tan\alpha$	–

1.4.5 Berechnung rechtwinkliger Dreiecke

Gegeben	Ermittlung der anderen Größen	Gegeben	Ermittlung der anderen Größen
a, α	$\beta = 90° - \alpha,\ b = a \cdot \cot\alpha,\ c = \frac{a}{\sin\alpha}$	a, b	$\tan\alpha = \frac{a}{b},\ c = \frac{a}{\sin\alpha},\ \beta = 90° - \alpha$
b, α	$\beta = 90° - \alpha,\ a = b \cdot \tan\alpha,\ c = \frac{b}{\cos\alpha}$	a, c	$\sin\alpha = \frac{a}{c},\ b = c \cdot \cos\alpha,\ \beta = 90° - \alpha$
c, α	$\beta = 90° - \alpha,\ a = c \cdot \sin\alpha,\ b = c \cdot \cos\alpha$	b, c	$\cos\alpha = \frac{b}{c},\ a = c \cdot \sin\alpha,\ \beta = 90° - \alpha$

1.5 Elementare Funktionen

Graphen	Gleichungen	Graphen	Gleichungen

1.5.1 Gerade (lineare Funktion)

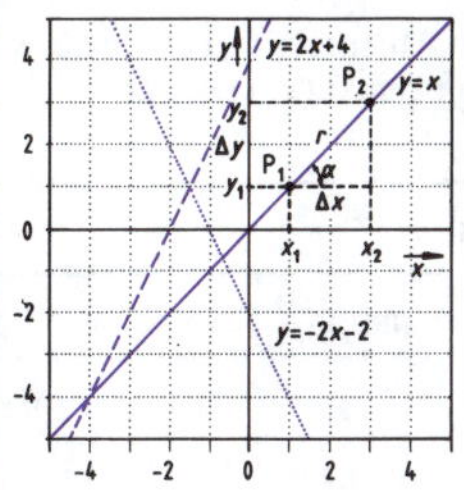

$y = a \cdot x + b$

Steigung $a = \tan\alpha$

$\tan\alpha = \dfrac{y_2 - y_1}{x_2 - x_1}$

Abstand $\overline{P_1P_2} = r$

$r = \sqrt{(\Delta y)^2 + (\Delta x)^2}$

$\Delta y = y_2 - y_1$

$\Delta x = x_2 - x_1$

1.5.2 Parabel (quadratische Funktion)

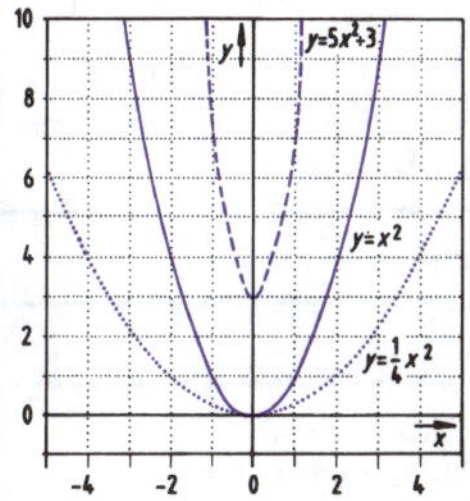

$y = a \cdot x^2 + b$

1.5.3 Wurzelfunktion (irrationale Funktion)

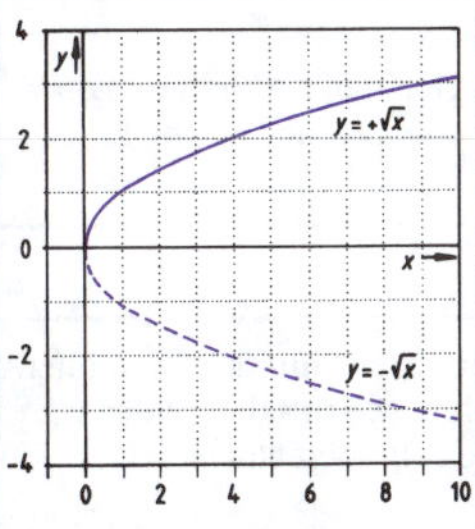

$y = \pm\sqrt{x}$

$y = +\sqrt{x}$ mit $x \geq 0$ ist Spiegelfunktion von $y = x^2$ mit $x \geq 0$; $y = -\sqrt{x}$ mit $x > 0$ ist Spiegelfunktion von $y = x^2$ mit $x < 0$.

1.5.4 Hyperbel (gebrochen rationale Funktion)

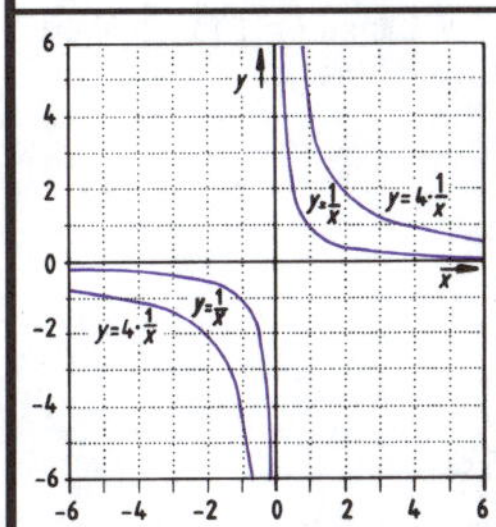

$y = a \cdot \dfrac{1}{x}$

$y = a \cdot x^{-1}$

1.5.5 Exponentialfunktion

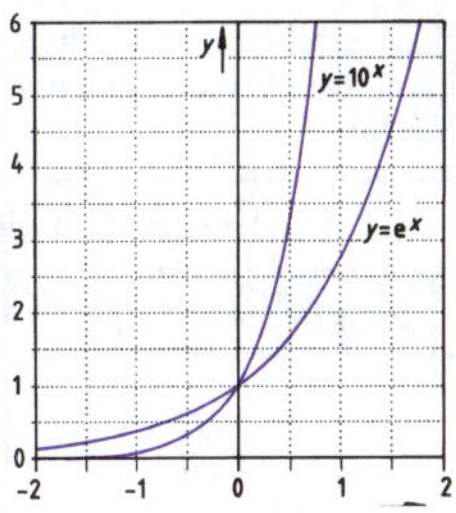

natürliche Exponentialform:

$y = \mathrm{e}^x$

natürliche Zahl

$\mathrm{e} = 2{,}71828\ldots$

$x = \ln(y)$

Zehnerexponentialform:

$y = 10^x$

$x = \lg(y)$

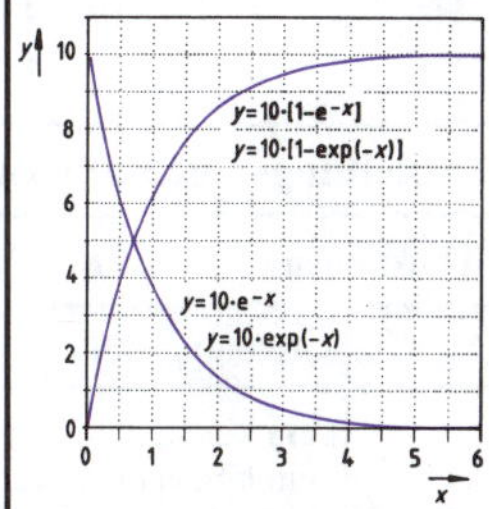

$y = a \cdot \mathrm{e}^{-x}$

$y = a \cdot \exp(-x)$

$x = -\ln\left(\dfrac{y}{a}\right)$

$y = a \cdot [1 - \mathrm{e}^{-x}]$

$y = a \cdot [1 - \exp(-x)]$

$x = -\ln\left(1 - \dfrac{y}{a}\right)$

1.5.6 Logarithmusfunktion

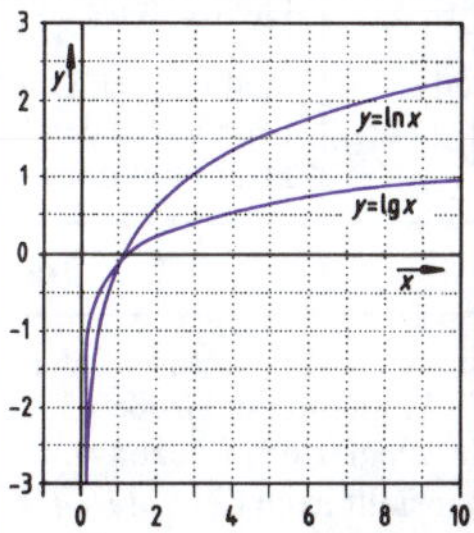

natürliche Logarithmen:

$y = \log_e(x) = \ln(x)$

Zehnerlogarithmen:

$y = \log_{10}(x) = \log(x)$

Die logarithmischen Funktionen sind Spiegelfunktionen der entsprechenden Exponentialfunktionen.

1.5.7 Ellipse/Kreis

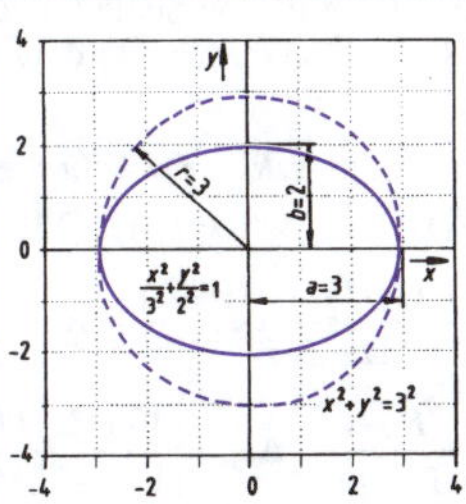

Ellipse:

$\dfrac{x^2}{a^2} + \dfrac{y^2}{b^2} = 1$

$y = \pm\dfrac{b}{a}\sqrt{a^2 - x^2}$

Kreis $(a = b = r)$:

$x^2 + y^2 = r^2$

$y = \pm\sqrt{r^2 - x^2}$

1

1.6 Differenzialrechnung

Die Ableitung $f'(x)$ einer stetigen Funktion $y = f(x)$ ist gleich dem Differenzial-Quotienten

$$\frac{\mathrm{d}y}{\mathrm{d}x} = \frac{\mathrm{d}f(x)}{\mathrm{d}x} = \lim_{\Delta x \to 0} \frac{f(x+\Delta x) - f(x)}{\Delta x} = \lim_{x_1 \to x} \frac{f(x_1) - f(x)}{x_1 - x} = \lim_{x_1 \to x} \frac{y_1 - y}{x_1 - x}$$

Ist $y = f(x)$ als Kurve im kartesischen Koordinatensystem dargestellt, so ist die Ableitung $f'(x) = \mathrm{d}y/\mathrm{d}x = \tan\alpha$. Dabei ist α der Winkel, welchen die Tangente an die Kurve im Berührungspunkt (x, y) mit der positiven Richtung der x-Achse bildet.

1.6.1 Ableitungen elementarer Funktionen

Funktion	Ableitung	Funkt.	Ableitung	Funkt.	Ableitung	Funktion	Ableitung
C (Konst.)	0	$\sqrt{x}$	$1/(2 \cdot \sqrt{x})$	$\log_a(x)$	$1/[x \cdot \ln(a)]$	$\cot(x)$	$-1/[\sin^2(x)]$
x	1	$\sqrt[n]{x}$	$1/(n \cdot \sqrt[n]{x^{n-1}})$	$\lg(x)$	$(1/x) \cdot \lg(e)$	$\mathrm{Arcsin}(x)$	$1/(\sqrt{1-x^2})$
x^n	$n \cdot x^{n-1}$	e^x	e^x	$\sin(x)$	$\cos(x)$	$\mathrm{Arccos}(x)$	$-1/(\sqrt{1-x^2})$
$1/x$	$-1/x^2$	a^x	$a^x \cdot \ln(a)$	$\cos(x)$	$-\sin(x)$	$\mathrm{Arctan}(x)$	$1/(1+x^2)$
$1/(x^n)$	$-n/(x^{n-1})$	$\ln(x)$	$1/x$	$\tan(a)$	$1/[\cos^2(x)]$	$\mathrm{Arccot}(x)$	$-1/(1+x^2)$

1.6.2 Ableitungsregeln für zusammengesetzte Funktionen

Festlegung: u, v, w sind Funktionen von x; u', v', w' sind ihre Ableitungen nach x.

Funktion	Ableitung	Ableitungsregel oder Anmerkung
$u + C$	u'	ein konstanter Summand (hier: C) fällt beim Ableiten weg
$C \cdot u$	$C \cdot u'$	ein konstanter Faktor (hier: C) bleibt beim Ableiten erhalten
$u + v - w$	$u' + v' - w'$	eine algebraische Summe wird gliedweise abgeleitet
$u \cdot v$	$v \cdot u' + u \cdot v'$	Produktregel
$\frac{u}{v}$	$\frac{v \cdot u' - u \cdot v'}{v^2}$	Quotientenregel
$y = f(u)$ $u = g(x)$	$y' = f[g(x)]$ $y' = f'(u) \cdot u'(x)$	Kettenregel: Die Ableitung von y nach x ist gleich der Ableitung von y nach u mal der Ableitung von u nach x. Für eine „Kette" aus mehr als zwei Funktionen verfährt man analog.

1.6.3 Fehlerrechnung

Eine Größe x wird gemessen und ist aufgrund der Ungenauigkeit des Messverfahrens mit dem absoluten Fehler $\pm\Delta x$ behaftet. Wird nun mit der Größe $x \pm \Delta x$ eine Größe $y = f(x)$ berechnet, so ruft der Fehler $\pm\Delta x$ einen Fehler $\pm\Delta y$ hervor (Fehlerfortpflanzung). Der Fehler $\pm\Delta y$ lässt sich wie folgt berechnen:

$y' = f'(x) = \mathrm{d}y/\mathrm{d}x$ umgestellt nach $\mathrm{d}y$: $\mathrm{d}y = f'(x) \cdot \mathrm{d}x = y' \cdot \mathrm{d}x$

Für einen kleinen absoluten Fehler Δx gilt: $\Delta x \approx \mathrm{d}x$ und $\Delta y \approx \mathrm{d}y$.

Beispiel: Mit einer Schleifdrahtbrücke soll der unbekannte Widerstand R_x bestimmt werden. Die Brücke ist abgeglichen, wenn für die Schleiferstellung auf dem Messdraht der Länge $l = 1$ m ein Wert von $l_3 = (38 \pm 0{,}2)$ cm gemessen wird. Der Vergleichswiderstand ist $R_N = 300\ \Omega$.

Gesucht: absoluter Fehler von R_x

Lösung: Die Abgleichbedingung $R_x = f(l_3)$ für die Brücke lautet:

$R_x = R_N \cdot (l_3/l_4) = R_N \cdot [l_3/(l - l_3)]$ Differenzieren (Quotientenregel)

$$\frac{\mathrm{d}R_x}{\mathrm{d}l_3} = R_N \frac{(l - l_3) \cdot 1 - l_3 \cdot (0-1)}{(l - l_3)^2} = R_N \frac{l - l_3 + l_3}{(l - l_3)^2} = \frac{R_N \cdot l}{(l - l_3)^2}$$

$$\Delta R_x \approx \mathrm{d}R_x = \frac{R_N \cdot l}{(l - l_3)^2} \cdot \Delta l_3 = \frac{300\ \Omega \cdot 100\ \mathrm{cm}}{(100-38)^2\ \mathrm{cm}^2} \cdot (\pm 0{,}2\ \mathrm{cm}) = \pm 1{,}56\ \Omega$$

1.7 Integralrechnung

Die Integralrechnung ist die Umkehrung der Differenzialrechnung. Ist eine gegebene Funktion $f(x)$ die Ableitung einer Funktion $F(x)$, also $F'(x) = f(x)$ oder $\mathrm{d}F(x) = f(x)\,\mathrm{d}x$, so ist $F(x)$ eine Stammfunktion (Integralfunktion oder Integral) von $f(x)$. Zu einer Funktion gibt es unendlich viele Stammfunktionen; sie differieren um den Wert einer Konstanten C. Der allgemeine Ausdruck $F(x) + C = \int f(x)\,\mathrm{d}x$ für alle Integrale der Funktion $f(x)$ heißt unbestimmtes Integral.

1.7.1 Allgemeine Integrationsregeln

$\int C \cdot f(x)\,\mathrm{d}x = C \cdot \int f(x)\,\mathrm{d}x$	Ein konstanter Faktor C lässt sich vor das Integralzeichen ziehen
$\int (u + v - w)\,\mathrm{d}x$ [1] $= \int u\,\mathrm{d}x + \int v\,\mathrm{d}x - \int w\,\mathrm{d}x$	Eine Summe von Funktionen lässt sich gliedweise integrieren
$\int u\,\mathrm{d}v$ [1] $= uv - \int v\,\mathrm{d}u$	Partielle Integration (Integration nach Teilen)
$\int f(x)\,\mathrm{d}x = \int f[g(t)] \cdot g'(t)\,\mathrm{d}t$	Substitution: $x = g(t)$; $\mathrm{d}x = g'(t)\,\mathrm{d}t$. Nach t integrieren, dann t durch x ausdrücken

1.7.2 Wichtige Integrale [2]

$\int x^n\,\mathrm{d}x = \frac{x^{n+1}}{n+1}$	$\int \frac{\mathrm{d}x}{a^2 + x^2} = \frac{1}{a} \operatorname{Arctan}\left(\frac{x}{a}\right)$	$\int \frac{\mathrm{d}x}{\sqrt{a^2 - x^2}} = \operatorname{Arcsin}\left(\frac{x}{a}\right)$
$\int \frac{\mathrm{d}x}{x} = \ln\lvert x \rvert$	$\int \frac{\mathrm{d}x}{a^2 - x^2} = \frac{1}{2a} \ln\left\lvert \frac{a+x}{a-x} \right\rvert$	$\int \frac{\mathrm{d}x}{\sqrt{a^2 + x^2}} = \ln\left\lvert (x + \sqrt{x^2 + a^2}) \right\rvert$
$\int \frac{\mathrm{d}x}{\cos^2(x)} = \tan(x)$	$\int \frac{\mathrm{d}x}{x^2 - a^2} = \frac{1}{2a} \ln\left\lvert \frac{x-a}{x+a} \right\rvert$	$\int \frac{\mathrm{d}x}{\sqrt{x^2 - a^2}} = \ln\left\lvert (x + \sqrt{x^2 - a^2}) \right\rvert$
$\int \frac{\mathrm{d}x}{\sin^2(x)} = -\cot(x)$	$\int \sin^2(x)\mathrm{d}x = \frac{x}{2} - \frac{1}{4} \cdot \sin(2x)$	$\int a^x\,\mathrm{d}x = \frac{a^x}{\ln(a)}$
$\int \sin(x)\mathrm{d}x = -\cos(x)$	$\int \tan(x)\mathrm{d}x = -\ln\lvert\cos(x)\rvert$	$\int e^x\,\mathrm{d}x = e^x$
$\int \cos(x)\mathrm{d}x = \sin(x)$	$\int \cot(x)\mathrm{d}x = \ln\lvert\sin(x)\rvert$	$\int e^{-x}\,\mathrm{d}x = -e^{-x}$

1.7.3 Bestimmte Integrale

Das bestimmte Integral der Funktion $y = f(x)$ zwischen den Grenzen a und b [3] wird bestimmt zu $\int_a^b f(x)\mathrm{d}x = [F(x)]_a^b = F(x)\big|_a^b = F(b) - F(a)$ und gibt den Inhalt der Fläche (positiv oder negativ) an, die zwischen der Kurve $y = f(x)$, der x-Achse und den Ordinaten $x = a$ und $x = b$ liegt.

1.7.4 Regeln für bestimmte Integrale

$\int_a^b f(x)\mathrm{d}x = -\int_b^a f(x)\mathrm{d}x$	Vertauschen der Grenzen ändert das Vorzeichen
$\int_a^b f(x)\mathrm{d}x = \int_a^c f(x)\mathrm{d}x + \int_c^b f(x)\mathrm{d}x$	Zerlegung des Integrationsintervalls
$\int_a^b [u(x) + v(x) - w(x)]\mathrm{d}x = \int_a^b u(x)\mathrm{d}x + \int_a^b v(x)\mathrm{d}x - \int_a^b w(x)\mathrm{d}x$	Das Integral einer Summe von Funktionen ist gleich der Summe der einzelnen Integrale

[1] u, v, w sind Funktionen von x.
[2] Die Integrationskonstante C ist beim Integral weggelassen.
[3] Die Funktion $y = f(x)$ muß im Intervall $[a, b]$ definiert sein.

1.8 Fourierzerlegungen

Eine periodische Funktion $f(t)$ lässt sich durch eine **Fourierreihe** folgender Form entwickeln:

$$s_n(t) = \frac{a_0}{2} + \sum_{k=1}^{n} a_k \cdot \cos(k\omega t) + \sum_{k=1}^{n} b_k \cdot \sin(k\omega t)$$

$\omega = \frac{2\pi}{T}$ Kreisfrequenz

T Periodendauer

$$s_n(t) = \frac{a_0}{2} + a_1 \cdot \cos(\omega t) + a_2 \cdot \cos(2\omega t) + \ldots + a_n \cdot \cos(n\omega t) + b_1 \cdot \sin(\omega t) + b_2 \cdot \sin(2\omega t) + \ldots + b_n \cdot \sin(n\omega t)$$

Die **Fourierkoeffizienten** a_k und b_k ($k = 0, 1, 2, 3, \ldots$) der Fourierreihe $s_n(t)$ zur Annäherung der Funktion $f(t)$ bestimmen sich aus den Beziehungen:

$$a_k = \frac{2}{T}\int_0^T f(t) \cdot \cos(k\omega t)\,dt \qquad b_k = \frac{2}{T}\int_0^T f(t) \cdot \sin(k\omega t)\,dt$$

Für eine gerade Funktion mit $f(-t) = f(t)$ gilt:

$$a_k = \frac{4}{T}\int_0^{T/2} f(t) \cdot \cos(k\omega t)\,dt \qquad b_k = 0 \qquad (k = 0, 1, 2, 3, \ldots)$$

Für eine ungerade Funktion mit $f(-t) = -f(t)$ gilt:

$$a_k = 0 \qquad b_k = \frac{4}{T}\int_0^{T/2} f(t) \cdot \sin(k\omega t)\,dt \qquad (k = 1, 2, 3, \ldots)$$

Zusammenstellung von Fourierzerlegungen

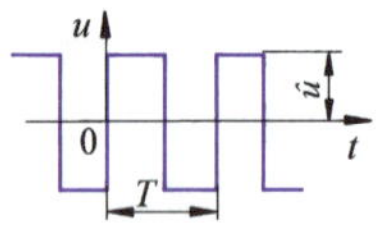	**Rechteckwechselspannung** $u(t) = \frac{4 \cdot \hat{u}}{\pi} \cdot \left(\sin\omega t + \frac{1}{3}\sin 3\omega t + \frac{1}{5}\sin 5\omega t + \frac{1}{7}\sin 7\omega t + \ldots\right)$
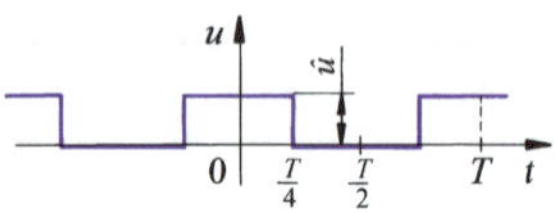	**Rechteckmischspannung** $u(t) = \frac{\hat{u}}{2} + \frac{2 \cdot \hat{u}}{\pi} \cdot \left(\cos\omega t - \frac{1}{3}\cos 3\omega t + \frac{1}{5}\cos 5\omega t - \frac{1}{7}\cos 7\omega t + \frac{1}{9}\cos 9\omega t - \ldots\right)$
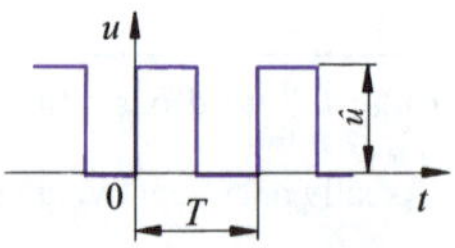	**Rechteckmischspannung** $u(t) = \frac{\hat{u}}{2} + \frac{2 \cdot \hat{u}}{\pi} \cdot \left(\sin\omega t + \frac{1}{3}\sin 3\omega t + \frac{1}{5}\sin 5\omega t + \frac{1}{7}\sin 7\omega t + \frac{1}{9}\sin 9\omega t + \ldots\right)$
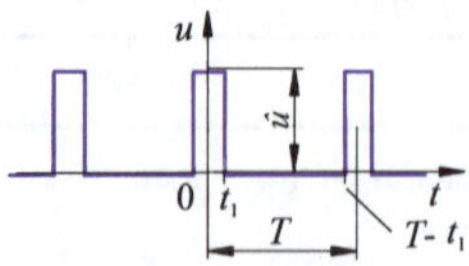	**Rechteckimpulse** $u(t) = \frac{2 \cdot \hat{u}}{\pi} \cdot \left(\frac{\omega \cdot t_1}{2} + \sin\omega t_1 \cdot \cos\omega t + \frac{1}{2}\sin 2\omega t_1 \cdot \cos 2\omega t + \frac{1}{3}\sin 3\omega t_1 \cdot \cos 3\omega t + \frac{1}{4}\sin 4\omega t_1 \cdot \cos 4\omega t + \ldots\right)$
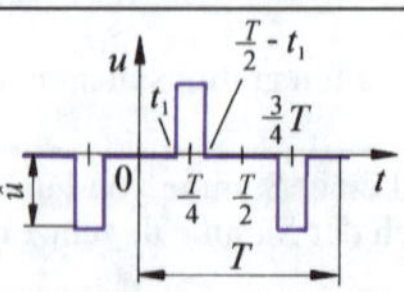	**Rechteckimpulse** $u(t) = \frac{4 \cdot \hat{u}}{\pi} \cdot \left(\cos\omega t_1 \cdot \sin\omega t + \frac{1}{3}\cos 3\omega t_1 \cdot \sin 3\omega t + \frac{1}{5}\cos 5\omega t_1 \cdot \sin 5\omega t + \frac{1}{7}\cos 7\omega t_1 \cdot \sin 7\omega t + \ldots\right)$

1.8 Fourierzerlegungen

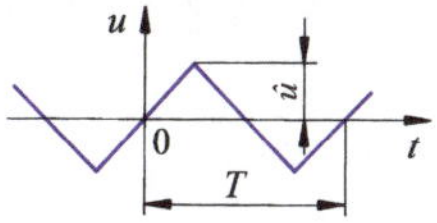

Dreieckwechselspannung

$$u(t) = \frac{8 \cdot \hat{u}}{\pi^2} \cdot \left(\sin \omega t - \frac{1}{3^2} \sin 3\omega t + \frac{1}{5^2} \sin 5\omega t - \frac{1}{7^2} \sin 7\omega t + \frac{1}{9^2} \sin 9\omega t - \ldots \right)$$

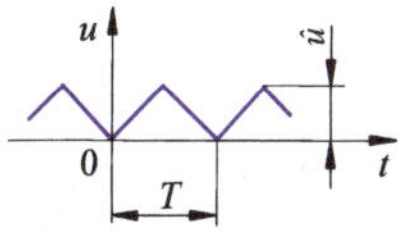

Dreieckmischspannung

$$u(t) = \frac{\hat{u}}{2} - \frac{4 \cdot \hat{u}}{\pi^2} \cdot \left(\cos \omega t + \frac{1}{3^2} \cos 3\omega t + \frac{1}{5^2} \cos 5\omega t + \frac{1}{7^2} \cos 7\omega t + \frac{1}{9^2} \cos 9\omega t + \ldots \right)$$

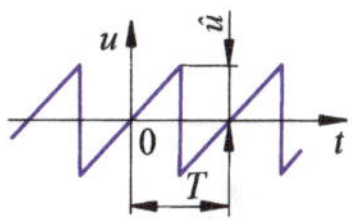

Sägezahnwechselspannung

$$u(t) = \frac{2 \cdot \hat{u}}{\pi} \cdot \left(\sin \omega t - \frac{1}{2} \sin 2\omega t + \frac{1}{3} \sin 3\omega t - \frac{1}{4} \sin 4\omega t + \frac{1}{5} \sin 5\omega t - \frac{1}{6} \sin 6\omega t + \ldots \right)$$

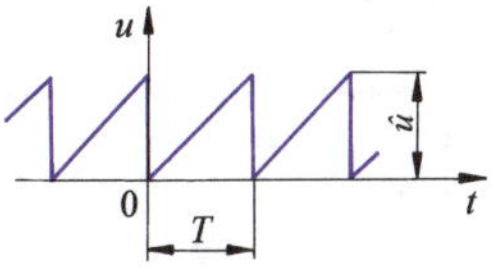

Sägezahnmischspannung

$$u(t) = \frac{\hat{u}}{2} - \frac{2 \cdot \hat{u}}{\pi} \cdot \left(\sin \omega t + \frac{1}{2} \sin 2\omega t + \frac{1}{3} \sin 3\omega t + \frac{1}{4} \sin 4\omega t + \frac{1}{5} \sin 5\omega t + \ldots \right)$$

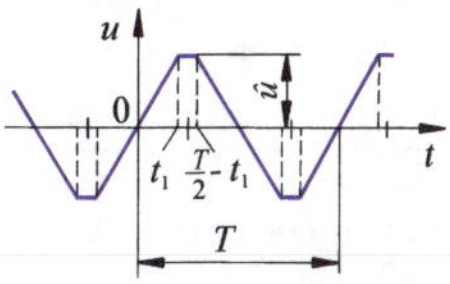

Trapezwechselspannung

$$u(t) = \frac{4}{\pi} \cdot \frac{\hat{u}}{\omega \cdot t_1} \cdot \left(\sin \omega t_1 \cdot \sin \omega t + \frac{1}{3^2} \sin 3\omega t_1 \cdot \sin 3\omega t + \frac{1}{5^2} \sin 5\omega t_1 \cdot \sin 5\omega t + \frac{1}{7^2} \sin 7\omega t_1 \cdot \sin 7\omega t + \ldots \right)$$

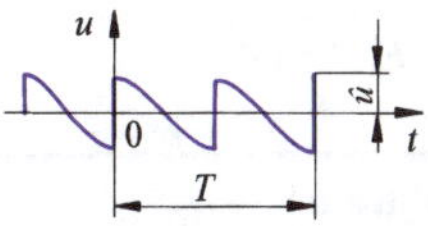

$u(t) = \hat{u} \cdot \cos \omega t$ für $0 < \omega t < T/2$

$$u(t) = \frac{4 \cdot \hat{u}}{\pi} \cdot \left(\frac{2}{1 \cdot 3} \sin 2\omega t + \frac{4}{3 \cdot 5} \sin 4\omega t + \frac{6}{5 \cdot 7} \sin 6\omega t + \frac{8}{7 \cdot 9} \sin 8\omega t + \frac{10}{9 \cdot 11} \sin 10\omega t + \ldots \right)$$

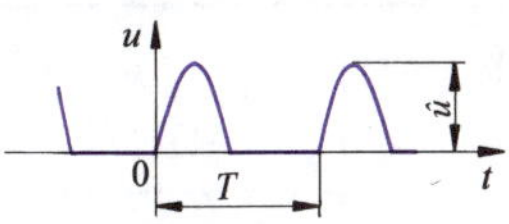

Einweggleichgerichtete Sinusspannung

$$u(t) = \frac{\hat{u}}{\pi} + \frac{\hat{u}}{2} \sin \omega t - \frac{2 \cdot \hat{u}}{\pi} \cdot \left(\frac{1}{1 \cdot 3} \cos 2\omega t + \frac{1}{3 \cdot 5} \cos 4\omega t + \frac{1}{5 \cdot 7} \cos 6\omega t + \frac{1}{7 \cdot 9} \cos 8\omega t + \ldots \right)$$

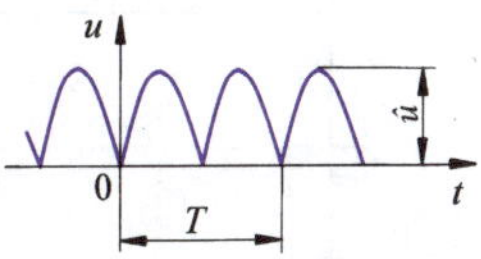

Doppelweggleichgerichtete Sinusspannung

$$u(t) = \frac{2 \cdot \hat{u}}{\pi} - \frac{4 \cdot \hat{u}}{\pi} \cdot \left(\frac{1}{1 \cdot 3} \cos 2\omega t + \frac{1}{3 \cdot 5} \cos 4\omega t + \frac{1}{5 \cdot 7} \cos 6\omega t + \frac{1}{7 \cdot 9} \cos 8\omega t + \frac{1}{9 \cdot 11} \cos 10\omega t + \ldots \right)$$

1.9 Laplace-Transformation

Die Laplace-Transformation ist die Abbildung einer Originalfunktion $f(t)$, für die für alle Zeitpunkte $t < 0$ gilt: $f(t) = f(+0) = 0$, in die komplexe Bildfunktion $F(s)$ mit der Definitionsgleichung:

$$F(s) = \mathrm{L}\{f(t)\} = \int_0^{\infty} f(t)\,\mathrm{e}^{-st}\,\mathrm{d}t \qquad (s = \sigma + \mathrm{j}\omega;\ \text{komplexe Variable}).$$

Für die Rücktransformation der Bildfunktion $F(s)$ in die zugehörige Originalfunktion $f(t)$ gilt die komplexe Umkehrformel:

$$f(t) = \mathrm{L}^{-1}\{F(s)\} = \frac{1}{2\pi\mathrm{j}} \int_{\sigma_0 - \mathrm{j}\infty}^{\sigma_0 + \mathrm{j}\infty} F(s)\,\mathrm{e}^{st}\,\mathrm{d}s$$

Die Ausführung der Vorwärts- als auch Rückwärtstransformation nach obigen Gleichungen ist im Allgemeinen zu kompliziert, wird aber mit Hilfe von Transformationsregeln sowie einer Tabelle **korrespondierender Funktionen** einfacher durchführbar. Die Schreibweise $F(s)$ •—○ $f(t)$ bzw. $f(t)$ ○—• $F(s)$ bedeutet, dass es sich bei den Funktionen $f(t)$ bzw. $F(s)$ um korrespondierende Funktionen handelt.

1.9.1 Transformationsregeln

Lineare Operationen	$a \cdot f(t)$ ○—• $a \cdot F(s)$ $[f_1(t) + f_2(t)]$ ○—• $[F_1(s) + F_2(s)]$ $\sum_{i=1}^{n} a_i \cdot f_i(t)$ ○—• $\sum_{i=1}^{n} a_i \cdot F_i(s)$	Ähnlichkeitssatz	$f(a \cdot t)$ ○—• $\frac{1}{a} F\left(\frac{s}{a}\right)$ $F(a \cdot s)$ •—○ $\frac{1}{a} f\left(\frac{t}{a}\right)$
Verschiebungssatz	$f(t-a)$ ○—• $F(s)\,\mathrm{e}^{-as}$ $[f(t-a) = 0$ für $t < a]$	Dämpfungssatz	$f(t)\,\mathrm{e}^{-at}$ ○—• $F(s+a)$
Differenziationssatz	$f'(t)$ ○—• $s \cdot F(s) - f(+0)$ $f''(t)$ ○—• $s^2 \cdot F(s) - s \cdot f(+0) - f'(+0)$ … $f^{n}(t)$ ○—• $s^{n} \cdot F(s) - s^{n-1} \cdot f(+0) - s^{n-2} \cdot f'(+0) - \ldots - s \cdot f^{(n-2)}(+0) - f^{(n-1)}(+0)$	Integrationssatz	$\int_0^t f(\tau)\mathrm{d}\tau$ ○—• $\frac{1}{s} F(s)$
		Faltungssatz	$\int_0^t f_1(\tau) \cdot f_2(t-\tau)\mathrm{d}\tau$ ○—• $F_1(s) \cdot F_2(s)$
Endwertsatz	$\lim_{s \to 0} s\,F(s) = \lim_{t \to \infty} f(t)$	Anfangswertsatz	$\lim_{s \to \infty} s\,F(s) = \lim_{t \to 0} f(t)$

1.9.2 Korrespondenzen der Laplace-Transformation [1)]

Nr.	Bildfunktion $F(s)$	Originalfunktion $f(t)$	Nr.	Bildfunktion $F(s)$	Originalfunktion $f(t)$
1	1	$\delta(t) = \frac{\mathrm{d}\varepsilon(t)}{\mathrm{d}t}$ (Impulsfunktion)	5	$\frac{T}{1 + T \cdot s}$	$\mathrm{e}^{-t/T}$
2	$\frac{1}{s}$	$\varepsilon(t)$ (Einheitssprungfunktion)	6	$\frac{1}{s(1 + T \cdot s)}$	$1 - \mathrm{e}^{-t/T}$
3	$\frac{1}{s^2}$	t (Anstiegsfunktion)	7	$\frac{T^2}{(1 + T \cdot s)^2}$	$t \cdot \mathrm{e}^{-t/T}$
4	$\frac{1}{s^{n}}$	$\frac{t^{n-1}}{(n-1)!}$; $n \in \mathbb{N}$	8	$\frac{1}{1 + T \cdot s}$	$\frac{1}{T}\,\mathrm{e}^{-t/T}$

⟸ 1-1

1) Voraussetzung für die Beispiele ist der eingeschwungene Zustand des Netzwerkes zur Zeit $t < 0$.

1.9 Laplace-Transformation

Nr.	Bildfunktion $F(s)$	Originalfunktion $f(t)$	Nr.	Bildfunktion $F(s)$	Originalfunktion $f(t)$
9	$\frac{1}{s+a}$	e^{-at}	22	$\frac{s+a}{(s+a)^2+\omega^2}$	$e^{-at}\cdot\cos(\omega t)$
10	$\frac{1}{s-a}$	e^{at}	23	$\frac{as+b}{s^2+\omega^2}$	$a\cdot\cos(\omega t)+\frac{b}{\omega}\sin(\omega t)$
11	$\frac{1}{s(s+a)}$	$\frac{1}{a}\cdot(1-e^{-at})$	24	$\frac{2\omega^2}{s(s^2+4\omega^2)}$	$\sin^2(\omega t)$
12	$\frac{1}{s(s-a)}$	$\frac{1}{a}\cdot(e^{at}-1)$	25	$\frac{s^2+2\omega^2}{s(s^2+4\omega^2)}$	$\cos^2(\omega t)$
13	$\frac{1}{s^2(s-a)}$	$\frac{e^{at}-1-at}{a^2}$	26	$\frac{\omega}{s^2-\omega^2}$	$\sinh(\omega t)$
14	$\frac{1}{(s+a)^2}$	$t\cdot e^{-at}$	27	$\frac{s}{s^2-\omega^2}$	$\cosh(\omega t)$
15	$\frac{s}{(s+a)^2}$	$(1-at)\cdot e^{-at}$	28	$\frac{\omega^3}{(s^2+\omega^2)^2}$	$\frac{\sin(\omega t)-\omega t\cdot\cos(\omega t)}{2}$
16	$\frac{1}{(s+a)^n}$	$\frac{t^{n-1}\cdot e^{-at}}{(n-1)!}$; $n\in\mathbb{N}$	29	$\frac{\omega\cdot s}{(s^2+\omega^2)^2}$	$\frac{t\cdot\sin(\omega t)}{2}$
17	$\frac{\omega}{s^2+\omega^2}$	$\sin(\omega t)$	30	$\frac{1}{(s+a)(s+b)}$	$\frac{e^{-at}-e^{-bt}}{b-a}$
18	$\frac{s}{s^2+\omega^2}$	$\cos(\omega t)$	31	$\frac{s+b}{(s+b)^2+a^2}$	$e^{-bt}\cdot\cos(at)$
19	$\frac{s\cdot\sin(\alpha)+\omega\cdot\cos(\alpha)}{s^2+\omega^2}$	$\sin(\omega t+\alpha)$	32	$\frac{1}{(s+b)^2+a^2}$	$\frac{1}{a}\cdot e^{-bt}\cdot\sin(at)$
20	$\frac{s\cdot\cos(\alpha)-\omega\cdot\sin(\alpha)}{s^2+\omega^2}$	$\cos(\omega t+\alpha)$	33	$\frac{1}{s(s^2+\omega^2)}$	$\frac{1}{\omega^2}[1-\cos(\omega t)]$
21	$\frac{\omega}{(s+a)^2+\omega^2}$	$e^{-at}\cdot\sin(\omega t)$	34	$\frac{1}{s(s^2-\omega^2)}$	$\frac{1}{\omega^2}[\cosh(\omega t)-1]$

Beispiel:
An eine *RC*-Reihenschaltung wird zur Zeit $t=0$ eine Spannung $u(t)=U_0\cdot\varepsilon(t)$ (Spannungssprung) angelegt. Wie groß ist der Strom $i(t)$, wenn der Kondensator zur Zeit $t=0$ ungeladen ist, d. h. $u_C(0)=0$ V ist?

Lösung:

$$U_0\cdot\varepsilon(t)=u_R(t)+u_C(t)=i(t)\cdot R+\frac{1}{C}\cdot\int_0^t i(\tau)\,d\tau \quad \text{(Originalfunktion)}.$$

Die Transformation in den Bildbereich erfolgt durch die Operatoren $d/dt=s$ und/oder $\int_0^t dt=1/s$

$$U(s)=U_0\cdot\frac{1}{s}=I(s)\cdot R+\frac{1}{C}\cdot\frac{1}{s}\cdot I(s)=I(s)\cdot\left[R+\frac{1}{C\cdot s}\right],$$ damit wird der Bildstrom

$$I(s)=\frac{U_0}{s(R+1/Cs)}=\frac{U_0}{R\cdot s}\,\frac{1}{1+1/RCs}=\frac{U_0}{R}\,\frac{1}{s+1/RC},$$ mit $\frac{1}{RC}=a$ und $\frac{1}{s+a}$ $\bullet\!-\!\circ$ e^{-at} (Nr. 9)

ist der gesuchte Strom $i(t)=\frac{U_0}{R}\cdot e^{-t/(RC)}$.

1.9 Laplace-Transformation

1.9.3 Berechnung von *RLC*-Netzwerken

In *RLC*-Netzwerken lassen sich die Teilströme $i_k(t)$ und die Teilspannungen $u_k(t)$ einfacher berechnen, wenn man das lineare Gleichungssystem des Bildbereichs unter Umgehung des Differenzialgleichungssystems des Zeitbereichs direkt aufstellt. Für den Fall, dass für alle $t < 0$ gilt: $i_k(t) = 0$ und $u_k(t) = 0$, erhält man die Korrespondenzen

$$i_k(t) \circ\!\!-\!\!\bullet\ I_k(s) \qquad D^{(n)} \cdot i_k(t) \circ\!\!-\!\!\bullet\ s^n \cdot I_k(s)$$

$$u_k(t) \circ\!\!-\!\!\bullet\ U_k(s) \qquad D^{(n)} \cdot u_k(t) \circ\!\!-\!\!\bullet\ s^n \cdot U_k(s)$$

(D = Derivation; Symbol für die Ableitung)

und die symbolischen Widerstände (Bildwiderstände).

Element	Differenzialgleichung	Bildspannung	Symbolischer Widerstand
R	$u_R(t) = R \cdot i(t)$	$U_R(s) = R \cdot I(s)$	$Z_R(s) = R$
C	$u_C(t) = \frac{1}{C} \cdot \int_0^t i(\tau)\,d\tau$	$U_C(s) = \frac{I(s)}{C \cdot s}$	$Z_C(s) = \frac{1}{C \cdot s}$
L	$u_L(t) = L \cdot \frac{di(t)}{dt}$	$U_L(s) = L \cdot s \cdot I(s)$	$Z_L(s) = L \cdot s$

Beispiel:

An die unten skizzierte *RL*-Schaltung wird zur Zeit $t = 0$ die Spannung $u(t) = U_0 \cdot \varepsilon(t)$ gelegt. Wie groß ist der Strom $i(t)$, wenn die Anfangsbedingung $i(0) = 0$ A gilt?

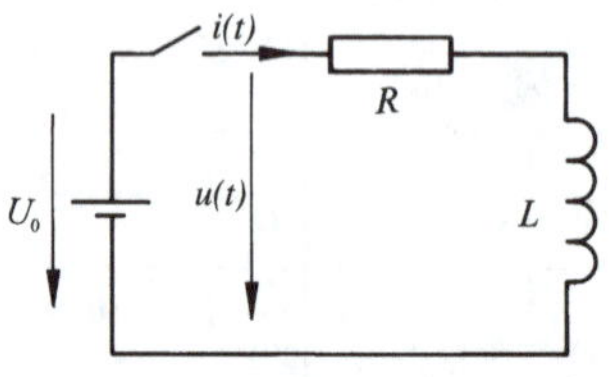

Originalkreis

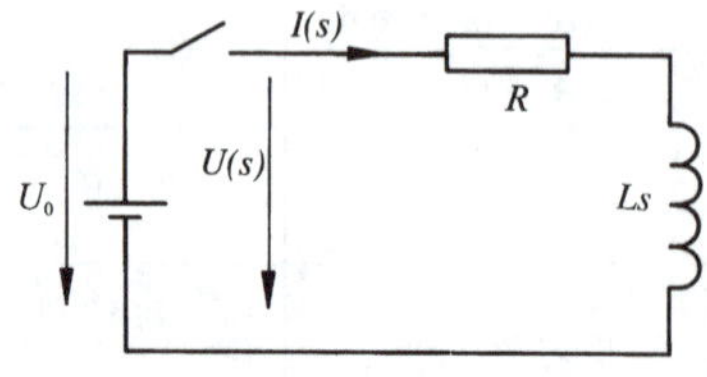

Bildkreis

Lösung:

$U(s) = R \cdot I(s) + Ls \cdot I(s) = I(s) \cdot [R + Ls] = \frac{U_0}{s}$. Damit wird der Bildstrom

$$I(s) = \frac{U_0}{s \cdot (R + Ls)} = \frac{U_0}{Rs(1 + Ls/R)} = \frac{U_0}{R}\,\frac{1}{s(1 + Ls/R)} = \frac{U_0}{R}\,\frac{R/L}{s(s + R/L)}.$$

Mit Nr. 11: $\frac{1}{s(s+a)} \bullet\!\!-\!\!\circ \frac{1}{a}(1 - e^{-at})$ und daraus $\frac{a}{s(s+a)} \bullet\!\!-\!\!\circ (1 - e^{-at})$.

Damit erhält man den gesuchten Strom $i(t) = \frac{U_0}{R} \cdot (1 - e^{-(R/L) \cdot t})$.

1.10 Flächenberechnungen

Quadrat	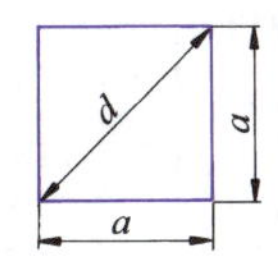	Fläche $A = a^2$ Umfang $U = 4 \cdot a$ $d = \sqrt{2} \cdot a$ $d = 1{,}4142 \cdot a$	Kreis	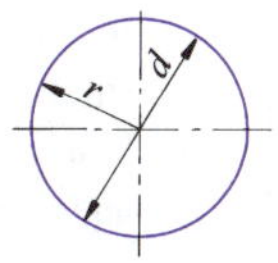	$A = \pi \cdot r^2$ $A = \frac{\pi \cdot d^2}{4}$ $U = \pi \cdot 2 \cdot r = \pi \cdot d$
Recht-eck	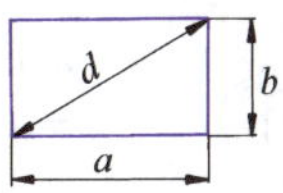	$A = a \cdot b$ $U = 2 \cdot (a + b)$ $d = \sqrt{a^2 + b^2}$	Kreis-ring	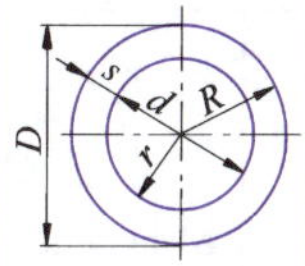	$A = \pi \cdot (R^2 - r^2)$ $A = \frac{\pi}{4}(D^2 - d^2)$ $s = R - r$ $A = \pi \cdot (d + s) \cdot s$
Rhom-bus (Raute)	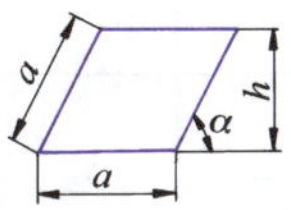	$A = a \cdot h$ $U = 4 \cdot a$ $h = a \cdot \sin\alpha$	Kreis-aus-schnitt	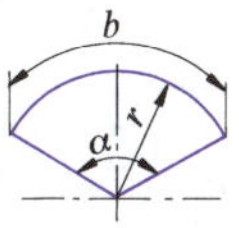	$A = \frac{b \cdot r}{2}$ $b = \frac{\pi \cdot r \cdot \alpha}{180°}$
Paral-lelo-gramm	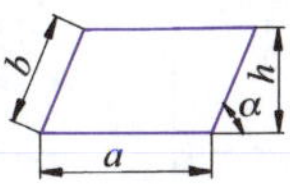	$A = a \cdot h$ $U = 2 \cdot (a + b)$ $h = b \cdot \sin\alpha$	Kreisab-schnitt	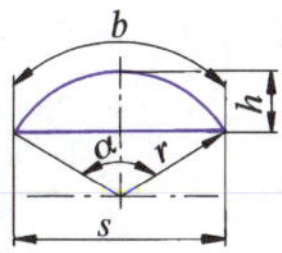	$A = \frac{b \cdot r - s \cdot (r - h)}{2}$ $b = \frac{\pi \cdot r \cdot \alpha}{180°}$ $s = 2 \cdot \sqrt{2 \cdot h \cdot r - h^2}$ $s = 2 \cdot r \cdot \sin(\alpha / 2)$
Trapez	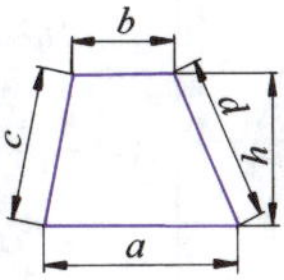	$A = \frac{a + b}{2} \cdot h$ $U = a + b + c + d$	Ellipse	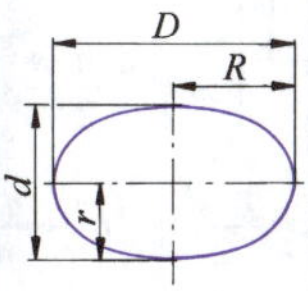	$A = \frac{\pi \cdot D \cdot d}{4}$ $U = \pi \cdot \frac{D + d}{2}$ $U = \pi \cdot \sqrt{2 \cdot (R^2 + r^2)}$
Dreieck	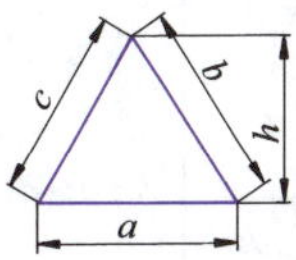	$A = \frac{a \cdot h}{2}$ $U = a + b + c$	Vieleck	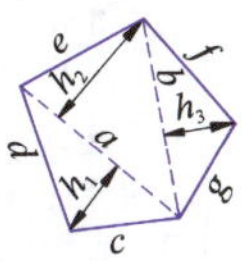	Zerlegung in Dreiecke: $A = A_1 + A_2 + A_3$ $A = \frac{a \cdot h_1 + a \cdot h_2 + b \cdot h_3}{2}$ $U = c + d + e + f + g$

1.11 Körperberechnungen

Würfel (Kubus)	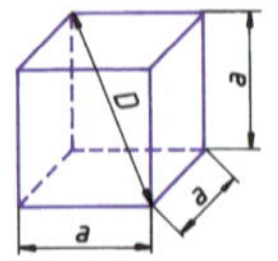	Volumen $V = a^3$ Oberfläche $A = 6 \cdot a^2$ Kantenlänge $a = \sqrt[3]{V}$ Raumdiagonale $D = a \cdot \sqrt{3}$	Prisma	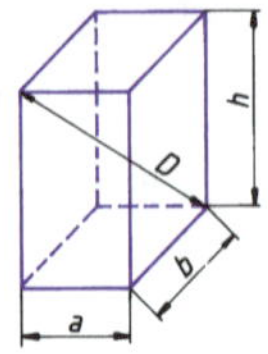	$V = a \cdot b \cdot h$ $A = 2(a \cdot b + a \cdot h + b \cdot h)$ $D = \sqrt{a^2 + b^2 + h^2}$
Zylinder	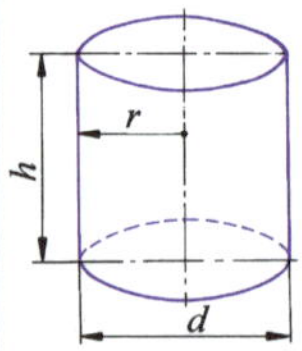	$V = \pi \cdot r^2 \cdot h$ $V = \frac{\pi \cdot d^2}{4} \cdot h$ Mantelfläche A_M: $A_M = \pi \cdot d \cdot h$ Oberfläche A: $A = \pi \cdot d \cdot h + \frac{\pi \cdot d^2}{2}$	Hohlzylinder	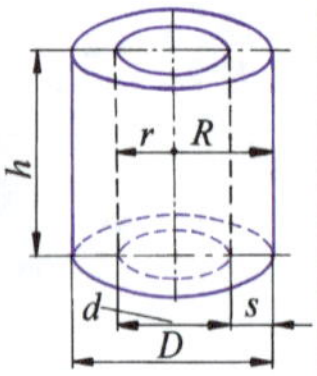	$V = \pi \cdot (R^2 - r^2) \cdot h$ $V = \frac{\pi \cdot h}{4}(D^2 - d^2)$ $s = R - r$ $A = \pi \left\{h \cdot (D + d) + \frac{D^2 - d^2}{2}\right\}$
Pyramide	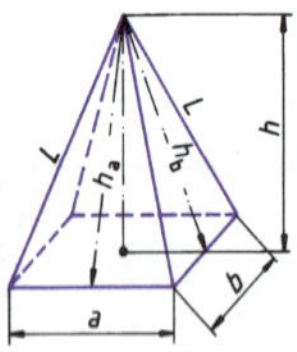	$V = \frac{a \cdot b \cdot h}{3}$ $h_a = \sqrt{h^2 + 0{,}25 \cdot b^2}$ $h_b = \sqrt{h^2 + 0{,}25 \cdot a^2}$ $L = \sqrt{h_b^2 + 0{,}25 \cdot b^2}$ $A = a \cdot b + b \cdot h_b + a \cdot h_a$	Pyramidenstumpf	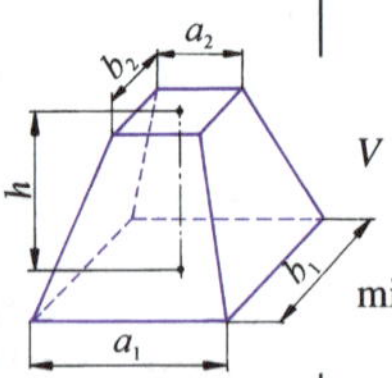	$V = \frac{h}{3}(A_1 + A_2 + \sqrt{A_1 \cdot A_2})$ mit: $A_1 = a_1 \cdot b_1$ $A_2 = a_2 \cdot b_2$
Kegel	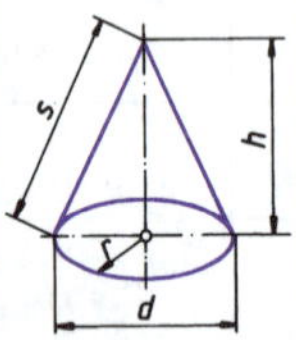	$V = \frac{\pi \cdot d^2 \cdot h}{12}$ $s = \sqrt{h^2 + 0{,}25 \cdot d^2}$ $A = \frac{\pi \cdot d \cdot s}{2} + \frac{\pi \cdot d^2}{4}$ $A = \frac{\pi \cdot d}{2}\left(\sqrt{h^2 + \frac{d^2}{4}} + \frac{d}{2}\right)$	Kegelstumpf	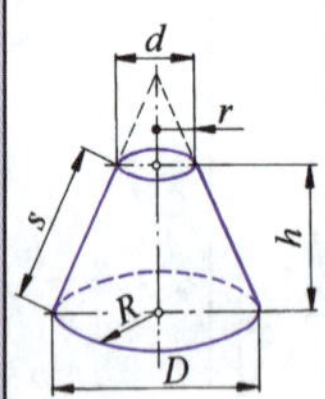	$V = \frac{\pi \cdot h}{12} \cdot (D^2 + D \cdot d + d^2)$ $s = \sqrt{h^2 + (R - r)^2}$ $A = \frac{\pi \cdot s}{2}(D + d) + \frac{\pi}{4}(D^2 + d^2)$
Kugel	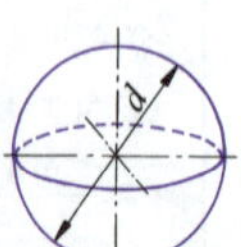	$V = \frac{\pi \cdot d^3}{6}$ $V = \frac{4}{3}\pi \cdot r^3$ $A = \pi \cdot d^2$	Zylindrischer Ring	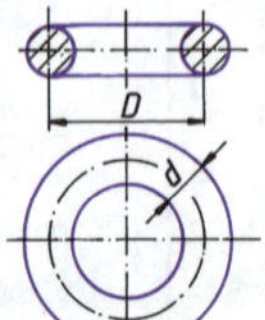	$V = \frac{\pi \cdot d^2}{4} \cdot \pi \cdot D$ $A = \pi \cdot d \cdot \pi \cdot D$

2 Physikalische Grundlagen

2.1 Einheiten und Zeichen

2.1.1 Das internationale Einheitensystem

Die **SI-Einheiten** (Système International d'Unités) wurden auf der 11. Generalkonferenz für Maß und Gewicht (1960) angenommen. Die **Basiseinheiten** sind definierte Einheiten der voneinander unabhängigen Basisgrößen als Grundlage des SI-Systems.

Basisgröße	Basiseinheit Name	Zeichen
Länge	das Meter	m
Masse	das Kilogramm	kg
Zeit	die Sekunde	s
elektrische Stromstärke	das Ampere	A
Temperatur	das Kelvin	K
Lichtstärke	die Candela	cd
Stoffmenge[1]	das Mol	mol

Definition der Basiseinheiten

1. Meter: 1 m ist die Länge der Strecke, die Licht im Vakuum während des Intervalls von 1/299 792 458 Sekunden durchläuft.

2. Kilogramm: 1 kg ist die Masse des in Paris aufbewahrten Internationalen Kilogrammprototyps (ein Platin-Iridium-Zylinder).

3. Sekunde: 1 s ist das 9 192 631 770-fache der Periodendauer der Strahlung des Nuklids Caesium ^{133}Cs.

4. Ampere: 1 A ist die Stärke eines Gleichstromes, der zwei lange, gerade und im Abstand von 1 m parallel verlaufende Leiter mit sehr kleinem kreisförmigen Querschnitt durchfließt und zwischen diesen die Kraft $0{,}2 \cdot 10^{-6}$ N je Meter ihrer Länge erzeugt.

5. Kelvin: 1 K ist der 273,16te Teil der Temperaturdifferenz zwischen dem absoluten Nullpunkt und dem Tripelpunkt des Wassers. (Beim Tripelpunkt sind Dampf, Flüssigkeit und fester Stoff im Gleichgewicht).

6. Candela: 1 cd ist die Lichtstärke, mit der $1/6 \cdot 10^{-5}$ m^2 der Oberfläche eines schwarzen Strahlers bei der Temperatur des erstarrenden Platins (2046,2 K) bei 1,013 bar senkrecht zu seiner Oberfläche leuchtet.

7. Mol: 1 mol ist die Stoffmenge eines Systems bestimmter Zusammensetzung, das aus ebenso vielen Teilchen besteht, wie Atome in $12 \cdot 10^{-3}$ kg des Nuklids Kohlenstoff ^{12}C enthalten sind.

Einheiten nach DIN 1301-2: 1978-2

Zeichen	Einheit	Bemerkungen
rad	Radiant	1 rad = 1 m/m
sr	Steradiant	1 sr = 1 m^2/m^2
m	Meter	
m^2	Quadratmeter	
m^3	Kubikmeter	
s	Sekunde	
Hz	Hertz	1 Hz = 1 s^{-1}
kg	Kilogramm	
N	Newton	1 N = 1 kg · m/s^2
Pa	Pascal	1 Pa = 1 N/m^2
J	Joule	1 J = 1 N · m = 1 W · s
W	Watt	1 W = 1 J/s
C	Coulomb	1 C = 1 A · s
V	Volt	1 V = 1 J/C
F	Farad	1 F = 1 C/V
A	Ampere	
Wb	Weber	1 Wb = 1 V · s
T	Tesla	1 T = 1 Wb/m^2
H	Henry	1 H = 1 Wb/A
Ω	Ohm	1 Ω = 1 V/A
S	Siemens	1 S = 1 Ω^{-1}
K	Kelvin	
°C	Grad Celsius	1 °C = 1 K[2]
mol	Mol	
cd	Candela	
lm	Lumen	1 lm = 1 cd · sr
lx	Lux	1 lx = 1 lm/m^2
Bq	Becquerel	1 Bq = 1 s^{-1}
Gy	Gray	1 Gy = 1 J/kg

Einheiten außerhalb des SI nach DIN 1301-1: 1985-12

gon[3]	Gon	1 gon = (π/200) rad
l	Liter	1 l = 1 dm^3
min	Minute	1 min = 60 s
h	Stunde	1 h = 60 min
d	Tag	1 d = 24 h
a	Gemeinjahr	1 a = 365 d = 8760 h
t	Tonne	1 t = 10^3 kg = 1 Mg
bar	Bar	1 bar = 10^5 Pa
a	Ar	1 a = 10^2 m^2
ha	Hektar	1 ha = 10^4 m^2
eV	Elektronvolt	1 eV = 1,602189 · 10^{-19} J
u	atomare Masseneinheit	1 u = 1,6605655 · 10^{-27} kg
Kt[4]	metrisches Karat	1 Kt = 0,2 g

[1] Nach DIN 1301 gilt Mol als SI-Basiseinheit
[2] Als Temperaturdifferenz
[3] Siehe auch S. 1-7
[4] Nicht international genormt

2

2.1 Einheiten und Zeichen

Nicht mehr zugelassene Einheiten nach DIN 1301-3: 1979-10

Å	Ångström	1 Å = 10^{-10} m
g	Neugrad	1 g = 1 gon
c	Neuminute	1 c = $(\pi/2) \cdot 10^{-4}$ rad
cc	Neusekunde	1 cc = $(\pi/2) \cdot 10^{-6}$ rad
dyn	Dyn	1 dyn = 10^{-5} N
p	Pond	1 p ≈ $9{,}81 \cdot 10^{-3}$ N
atm	physikalische Atmosphäre	1 atm = 101 325 Pa = 1,01325 bar
at	technische Atmosphäre	1 at = 98 066,5 Pa = 0,980665 bar
Torr	Torr	1 Torr = 1,333 mbar
erg	Erg	1 erg = 10^{-7} J
cal	Kalorie	1 cal = 4,1868 J
PS	Pferdestärke	1 PS = 735,498 W
°K	Grad Kelvin	1 °K = 1 K
grd	Grad	1 grd = 1 K
sb	Stilb	1 sb = 10^4 cd/m²

Vorsätze vor Einheiten nach DIN 1301-1: 1985-12

da	Deka	= 10^1	= zehnfacher	Wert
h	Hekto	= 10^2	= hundertfacher	Wert
k	Kilo	= 10^3	= tausendfacher	Wert
M	Mega (Meg)	= 10^6	= millionfacher	Wert
G	Giga	= 10^9	= milliardenfacher	Wert
T	Tera	= 10^{12}	= billionenfacher	Wert
P	Peta	= 10^{15}		
E	Exa	= 10^{18}		
d	Dezi	= 10^{-1}	= zehnter	Teil
c	Zenti	= 10^{-2}	= hundertster	Teil
m	Milli	= 10^{-3}	= tausendster	Teil
µ	Mikro	= 10^{-6}	= millionster	Teil
n	Nano	= 10^{-9}	= milliardster	Teil
p	Piko	= 10^{-12}	= billionster	Teil
f	Femto	= 10^{-15}		
a	Atto	= 10^{-18}		

Beispiel: 1 mA = 0,001 A; 1 MW = 1 000 000 W

2.1.2 Allgemeine Formelzeichen [1]

Formelzeichen	Bedeutung	SI-Einheit
$\alpha, \beta, \gamma, \vartheta, \varphi$	ebener Winkel, Drehwinkel	rad
Ω, ω	Raumwinkel	sr
l	Länge	m
b	Breite	m
h	Höhe, Tiefe	m
δ, d	Dicke, Schichtdicke	m
r	Halbmesser, Radius, Abstand	m
d, D	Durchmesser	m
s	Weglänge, Kurvenlänge	m
A, S	Flächeninhalt, Oberfläche	m²
S, q	Querschnitt, Querschnittsfläche	m²
V	Volumen, Rauminhalt	m³
t	Zeit, Zeitspanne, Dauer	s
T	Periodendauer	s
τ, T	Zeitkonstante	s
f, ν	Frequenz, Periodenfrequenz	Hz
ω	Kreisfrequenz, Winkelfrequenz	s^{-1}
n, f_r	Umdrehungsfrequenz, (Drehzahl)	s^{-1}
ω, Ω	Winkelgeschwindigkeit	rad/s
α	Winkelbeschleunigung	rad/s²
λ	Wellenlänge	m
α	Dämpfungskoeffizient, (-belag)	m^{-1}
β	Phasenkoeffizient, (-belag)	m^{-1}
γ	Ausbreitungskoeffizient	m^{-1}
v, u, w, c	Geschwindigkeit	m/s

Formelzeichen	Bedeutung	SI-Einheit
a	Beschleunigung	m/s²
g	örtliche Fallbeschleunigung	m/s²
m	Masse	kg
ϱ, ϱ_m	Dichte	kg/m³
v	spezifisches Volumen	m³/kg
J	Trägheitsmoment	kg · m²
F	Kraft	N
F_G, G	Gewichtskraft	N
M	Kraftmoment, Drehmoment	N · m
M_T, T	Torsionsmoment	N · m
p	Bewegungsgröße, Impuls	kg · m/s
L	Drall, Drehimpuls	kg · m²/s
p	Druck	Pa
p_{abs}	absoluter Druck	Pa
p_{amb}	umgebender Atmosphärendruck	Pa
p_e	atmosphärische Druckdifferenz, Überdruck	Pa
σ	Normalspannung (Zug, Druck)	N/m²
τ	Schubspannung	N/m²
ε	Dehnung, rel. Längenänderung	1
γ	Schiebung, Scherung	1
E	Elastizitätsmodul	N/m²
G	Schubmodul	N/m²
K	Kompressionsmodul	N/m²
μ, f	Reibungszahl	1
W, A	Arbeit	J
E, W	Energie	J
P	Leistung	W
η	Wirkungsgrad	1

[1] Weitere Formelzeichen siehe DIN 1304-1: 1994-3

2.1 Einheiten und Zeichen

Fortsetzung: Allgemeine Formelzeichen

Formelzeichen	Bedeutung	SI-Einheit
Q	elektrische Ladung	C
e	Elementarladung	C
φ, φ_e	elektrisches Potenzial	V
U	elektrische Spannung	V
E	elektrische Feldstärke	V/m
C	elektrische Kapazität	F
ε	Permittivität	F/m
ε_0	elektrische Feldkonstante	F/m
ε_r	Permittivitätszahl	1
I	elektrische Stromstärke	A
J	elektrische Stromdichte	A/m^2
Θ	elektrische Durchflutung	A
V, V_m	magnetische Spannung	A
H	magnetische Feldstärke	A/m
Φ	magnetischer Fluss	Wb
B	magnetische Flussdichte	T
L	Induktivität, Selbstinduktivität	H
L_{mn}	gegenseitige Induktivität	H
μ	Permeabilität	H/m
μ_0	magnetische Feldkonstante	H/m
μ_r	Permeabilitätszahl	1
Λ	magn. Leitwert, Permeanz	H
R	elektrischer Widerstand, Wirkwiderstand, Resistanz	Ω
G	elektrischer Leitwert, Wirkleitwert, Konduktanz	S
ϱ	spezifischer elektr. Widerstand	Ω · m
γ, σ, κ	elektrische Leitfähigkeit	S/m
X	Blindwiderstand, Reaktanz	Ω
B	Blindleitwert, Suszeptanz	S
$\underline{Z}$	Impedanz (komplex)	Ω
Z, $\lvert\underline{Z}\rvert$	Scheinwiderstand	Ω
$\underline{Y}$	Admittanz (komplex)	S
Y, $\lvert\underline{Y}\rvert$	Scheinleitwert	S
Z_w, Γ	Wellenwiderstand	Ω
P, P_p	Wirkleistung	W
Q, P_q	Blindleistung	W [1]
S, P_s	Scheinleistung	W [2]
φ	Phasenverschiebungswinkel	rad
δ	Verlustwinkel	rad

Formelzeichen	Bedeutung	SI-Einheit
λ	Leistungsfaktor	1
d	Verlustfaktor	1
k	Klirrfaktor, Oberschwingungsgehalt	1
F	Formfaktor	1
m	Anzahl der Phasen (Stränge)	1
N	Windungszahl	1
T, Θ	thermodynamische Temperatur	K
$\Delta T, \Delta t, \Delta\vartheta$	Temperaturdifferenz	K
t, ϑ	Celsius-Temperatur	°C
α_l	Längenausdehnungskoeffizient	K^{-1}
α_v, γ	Volumenausdehnungskoeffizient	K^{-1}
Q	Wärme, Wärmemenge	J
Φ_{th}, Φ, Q	Wärmestrom	W
λ	Wärmeleitfähigkeit	W/(m · K)
α, h	Wärmeübergangskoeffizient	$W/(m^2 \cdot K)$
k	Wärmedurchgangskoeffizient	$W/(m^2 \cdot K)$
a	Temperaturleitfähigkeit	m^2/s
C_{th}	Wärmekapazität	J/K
c	spezifische Wärmekapazität	J/(kg · K)
A_r	relative Atommasse	1
M_r	relative Molekülmasse	1
z_B	Ladungszahl eines Ions, Wertigkeit eines Stoffes B	1
I_v	Lichtstärke	cd
Φ_v	Lichtstrom	lm
η	Lichtausbeute	lm/W
Q_v	Lichtmenge	lm · s
L_v	Leuchtdichte	cd/m^2
E_v	Beleuchtungsstärke	lx
H_v	Belichtung	lx · s

2.1.3 Römische Ziffern

I = 1	VI = 6	XX = 20	LXX = 70	CC = 200	DCC = 700	M = 1000
II = 2	VII = 7	XXX = 30	LXXX = 80	CCC = 300	DCCC = 800	MCC = 1200
III = 3	VIII = 8	XL = 40	XC = 90	CD = 400	CM = 900	MCD = 1400
IV = 4	IX = 9	L = 50	XCIX = 99	D = 500	CMXC = 990	MDCC = 1700
V = 5	X = 10	LX = 60	C = 100	DC = 600	CMXCIX = 999	MM = 2000

253 = CCLIII   1997 = MCMXCVII

[1] Einheit auch var.
[2] Einheit auch VA.

2.1 Einheiten und Zeichen

2

2.1.4 Indizes nach DIN 1304-1: 1994-3

Index	Bedeutung	Index	Bedeutung
0	Leerlauf, fester Bezugswert	k	Kurzschluss
1	primär, Eingang, Anfangszustand	K	Kommutator
2	sekundär, Ausgang, Endzustand	lin	linear
		Lo	Last (load)
		mag	magnetisch
		max	maximal
		min	minimal
a	außen	nom	Nennwert
abs	absolut	or	Ursprung, Anfang (origo)
alt	wechselnd, alternierend	par	parallel
amp	Amplitude	qu	Ruhe, Pause
as	asynchron	rcf	Gleichrichtwert
		rel	relativ
A	Anlauf, Anzug	rev	umkehrbar
b	Basis, Blind-	rot	Läufer, Rotor
dif	differenziell	ser	Reihe, Serie
dyn	dynamisch	sin	sinusförmig
eff	effektiv	stat	stationär, statisch
el	elektrisch	str	Ständer, Stator
ext	außen, extern	syn	synchron
E	Erde, Erdschluss	t	Augenblickswert
f	Feld, Erregung	th	Wärme, thermisch
G	Generator	tot	total
h	Haupt-	v	Verlust
H	Hysterese	var	veränderlich
id	ideell	zul	zulässig
indi	indirekt		
indu	induziert	δ	Luftspalt
ini	Anfangswert	σ	Streuung
inst	augenblicklich	Δ	Differenz
is	isoliert		

2.1.5 Das griechische Alphabet

$A\ \alpha$ Alpha	$B\ \beta$ Beta	$\Gamma\ \gamma$ Gamma	$\Delta\ \delta$ Delta	$E\ \varepsilon$ Epsilon	$Z\ \zeta$ Zeta
$H\ \eta$ Eta	$\Theta\ \vartheta$ Theta	$I\ \iota$ Iota	$K\ \kappa$ Kappa	$\Lambda\ \lambda$ Lambda	$M\ \mu$ My
$N\ \nu$ Ny	$\Xi\ \xi$ Xi	$O\ o$ Omikron	$\Pi\ \pi$ Pi	$P\ \varrho$ Rho	$\Sigma\ \sigma$ Sigma
$T\ \tau$ Tau	$\Upsilon\ \upsilon$ Ypsilon	$\Phi\ \varphi$ Phi	$X\ \chi$ Chi	$\Psi\ \psi$ Psi	$\Omega\ \omega$ Omega

2.1.6 Konstanten der Physik

Größe und Formelzeichen		Zahlenwert und Einheit
Atomare Einheitsmasse	m_a	$1{,}6605 \cdot 10^{-27}$ kg
Avogadro-Konstante (Loschmidt-Konstante)	N_A	$6{,}0221 \cdot 10^{26}\ \frac{1}{\text{kmol}}$
Boltzmann-Konstante	k	$1{,}38066 \cdot 10^{-23}\ \frac{\text{J}}{\text{K}}$
Elektrische Feldkonstante	$\varepsilon_0 = \frac{1}{\mu_0 \cdot c_0^2}$	$8{,}8542 \cdot 10^{-12}\ \frac{\text{F}}{\text{m}}$
Elektronenradius	r_0	$2{,}8179 \cdot 10^{-15}$ m
Elementarladung	e	$1{,}602 \cdot 10^{-19}$ C
Fallbeschleunigung (Normwert)	g_n	$9{,}80665\ \frac{\text{m}}{\text{s}^2}$
Faraday-Konstante	F	$9{,}6485 \cdot 10^{7}\ \frac{\text{C}}{\text{kmol}}$
Gravitationskonstante	G	$6{,}67 \cdot 10^{-11}\ \frac{\text{m}^3}{\text{kg} \cdot \text{s}^2}$
Lichtgeschwindigkeit im Vakuum	c_0	$2{,}99792458 \cdot 10^{8}\ \frac{\text{m}}{\text{s}}$
Magnetische Feldkonstante	μ_0	$4\pi \cdot 10^{-7}\ \frac{\text{Vs}}{\text{Am}}$ $1{,}256637 \cdot 10^{-6}\ \frac{\text{Vs}}{\text{Am}}$
Magnetisches Flussquant	$\Phi_0 = \frac{h}{2e}$	$2{,}0678 \cdot 10^{-15}$ Tm^2
Massenverhältnis Proton/Elektron	$\frac{m_p}{m_e}$	1836,15
Molare Gaskonstante	R_0	$8{,}315\ \frac{\text{J}}{\text{mol} \cdot \text{K}}$
Molares Normvolumen des idealen Gases	V_0	$22{,}414\ \frac{\text{m}^3}{\text{kmol}}$
Nullpunkt der Kelvin-Temperaturskala		−273,16°C
Planck-Konstante	h	$6{,}6261 \cdot 10^{-34}$ Js
Ruhemasse des Elektrons	m_e	$9{,}1095 \cdot 10^{-31}$ kg
des Neutrons	m_n	$1{,}6749 \cdot 10^{-27}$ kg
des Protons	m_p	$1{,}6726 \cdot 10^{-27}$ kg
Rydberg-Konstante	R_∞	$1{,}0973 \cdot 10^{7}\ \frac{1}{\text{m}}$
spezifische Elementarladung	$\frac{e}{m_e}$	$1{,}7588 \cdot 10^{11}\ \frac{\text{C}}{\text{kg}}$
Stefan-Boltzmann-Konstante	σ	$5{,}671 \cdot 10^{-8}\ \frac{\text{W}}{\text{m}^2 \cdot \text{K}^4}$
Wellenwiderstand des Vakuums	$\Gamma_0 = \sqrt{\frac{\mu_0}{\varepsilon_0}}$	$376{,}7304\ \Omega$

2.2 Grundbegriffe der Mechanik

2.2.1 Kräfte

Die **Kraft** ist die Ursache für eine Form- oder Bewegungsänderung eines Körpers. Die physikalische Größe Kraft kann als das Produkt der Masse m eines Körpers und der Beschleunigung a, die er unter Einwirkung der Kraft F erfahren würde, dargestellt werden.

Vektorielle Schreibweise:
$\vec{F}_R = \vec{F}_y + \vec{F}_x$; $\vec{F}_y$ und $\vec{F}_x$ sind die Komponenten der Kraft $\vec{F}_R$ im rechtwinkligen Koordinatensystem. β ist der Winkel zwischen F_R und der Abszisse. Er gibt die Wirkrichtung an.

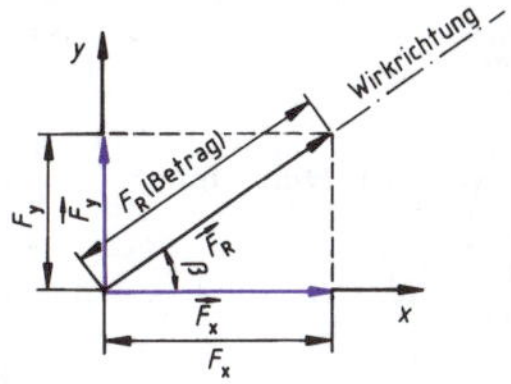

Algebraische Schreibweise:
$F_x = F_R \cdot \cos\beta$; $F_y = F_R \cdot \sin\beta$; $F_R^2 = F_x^2 + F_y^2$ (Beträge)

Beispiele für Kräfte

Beschleunigungskraft

$F = m \cdot a$

- F Beschleunigungskraft in N
- m Masse in kg
- a Beschleunigung in m/s²

Gewichtskraft

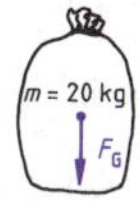

$F_G = m \cdot g$

- F_G Gewichtskraft in N
- m Masse in kg
- g Fallbeschleunigung in m/s²

Federkraft

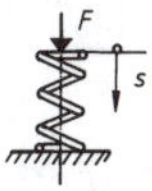

$F = c \cdot s$

- F Federkraft in N
- c Federsteifigkeit in N/mm
- s Federweg in mm

wobei $c = \tan\alpha = \dfrac{F}{s}$ ist

Schnittkraft beim Drehen

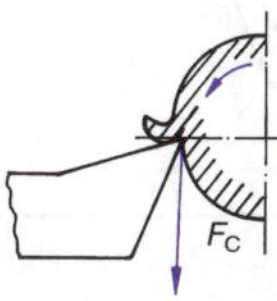

$F_c = k_c \cdot q$

- F_c Schnittkraft in N
- k_c spezifische Schnittkraft in N/mm²
- q Spanungsquerschnitt in mm²

2.2.2 Drehmoment

Zwei in Bezug auf einen Punkt im Abstand r wirkende parallele, aber entgegengesetzt gerichtete Kräfte sind bestrebt, den Körper um diesen Punkt in eine Drehbewegung zu versetzen. Das Produkt aus der Kraft F und dem Abstand r des Angriffspunktes der Kraft zum Drehpunkt heißt **Drehmoment**. Das Drehmoment ist ein Vektor und wird durch die Angabe des Betrages und der Richtung (nämlich der Achse) vollständig beschrieben. Der positive Richtungssinn ist dem Drehsinn im Sinne einer Längsbewegung einer Rechtsschraube zugeordnet.

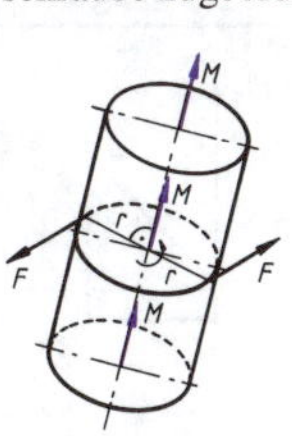

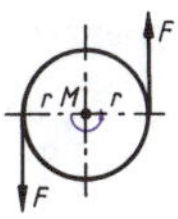

Momentenvektor
am Körper — senkrecht zur Zeichenebene

Vektorielle Schreibweise: $\vec{M} = \vec{r} \cdot \vec{F}$

Algebraische Schreibweise: $M = r \cdot F \cdot \sin\alpha$

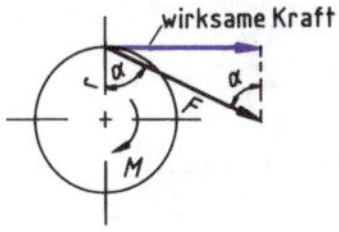

Nur die Komponente der Kraft $\vec{F}$, die senkrecht zum Abstand $\vec{r}$ wirkt, wird für die Größe des Momentes wirksam. Für den Sonderfall, dass $\alpha = 90°$ ist ($\sin\alpha = 1$), wird

$$M = r \cdot F$$

Befindet sich ein Körper in Ruhe (Gleichgewicht), so ist die Summe der Momente gleich Null.

2.2 Grundbegriffe der Mechanik

2.2.3 Bewegungslehre

Geradlinig gleichförmige Bewegung

$$v = \frac{s}{t}$$

v Geschwindigkeit in $\frac{\text{m}}{\text{s}}$
s Weg in m
t Zeit in s

Weg-Zeit-Diagramm

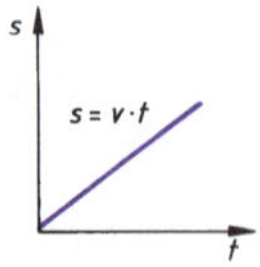

Geschwindigkeit-Zeit-Diagramm

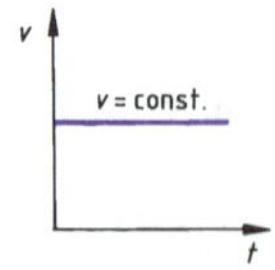

Beschleunigung-Zeit-Diagramm

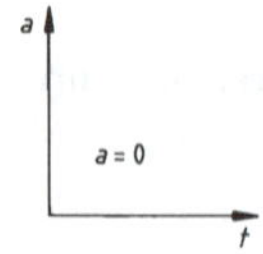

Gleichmäßig beschleunigte Bewegung (ungleichförmige Bewegung)

$$v = a \cdot t$$

$$s = \frac{v \cdot t}{2}$$

$$s = \frac{a \cdot t^2}{2}$$

v Geschwindigkeit in $\frac{\text{m}}{\text{s}}$
a Beschleunigung in $\frac{\text{m}}{\text{s}^2}$
t Zeit in s
s Weg in m

Weg-Zeit-Diagramm

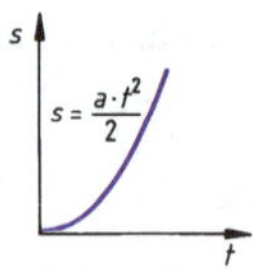

Geschwindigkeit-Zeit-Diagramm

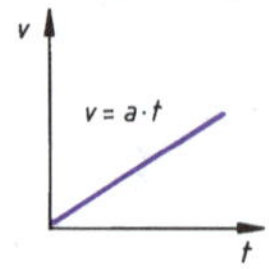

Beschleunigung-Zeit-Diagramm

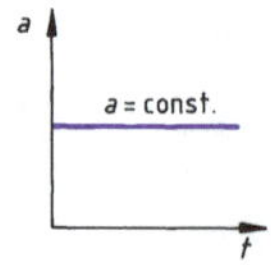

Sonderfall: Freier Fall

$$v = g \cdot t$$

$$s = \frac{g \cdot t^2}{2}$$

$$v = \sqrt{2 \cdot g \cdot s}$$

v Geschwindigkeit in $\frac{\text{m}}{\text{s}}$
g Fallbeschleunigung in $\frac{\text{m}}{\text{s}^2}$ ($g = 9{,}81\ \text{m/s}^2$)[1]
t Zeit in s
s Weg in m

Sonderfall: Bewegung auf geneigter Ebene

$$v = g \cdot t \cdot \sin\alpha$$

$$s = \frac{g \cdot t^2 \cdot \sin\alpha}{2}$$

$$v = \sqrt{2 \cdot g \cdot s \cdot \sin\alpha}$$

α Neigungswinkel
v Geschwindigkeit in $\frac{\text{m}}{\text{s}}$
g Fallbeschleunigung in $\frac{\text{m}}{\text{s}^2}$
t Zeit in s
s Weg in m

Gleichförmige Kreisbewegung

$$\omega = \frac{\varphi}{t}$$

$$v = r \cdot \omega = \frac{d \cdot \omega}{2}$$

$$\omega = 2 \cdot \pi \cdot n$$

$$f = \frac{n}{t}$$

$$f = \frac{1}{T}$$

φ Winkel in rad
t Zeit in s
v Umfangsgeschwindigkeit in m/s
r Radius in m
d Durchmesser in m
n Umdrehungsfrequenz in 1/s
ω Winkelgeschwindigkeit in 1/s
f Frequenz in Hz
T Umlaufzeit in s

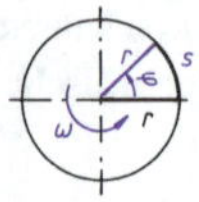

Weg-Zeit-Diagramm

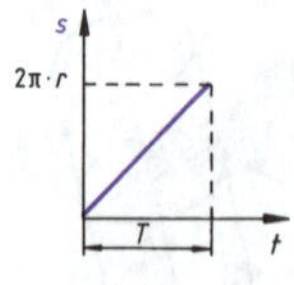

Geschwindigkeit-Zeit-Diagramm

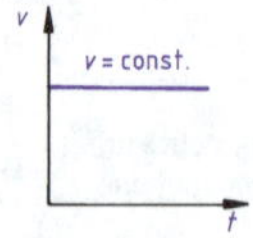

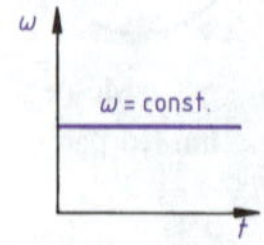

[1] $g \approx 9{,}78\ \text{m/s}^2$ am Äquator, $g \approx 9{,}83\ \text{m/s}^2$ an den Polen (in Meereshöhe)

2.2 Grundbegriffe der Mechanik

2.2.4 Arbeit, Energie, Wirkungsgrad, Leistung

Arbeit 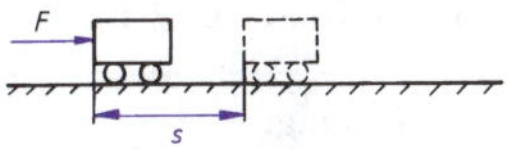 	$W = F \cdot s$	W Arbeit in Nm F Kraft in N s Weg in m
	Eine Arbeit wird verrichtet, wenn längs eines Weges s eine Kraft F wirkt.	
Potenzielle Energie 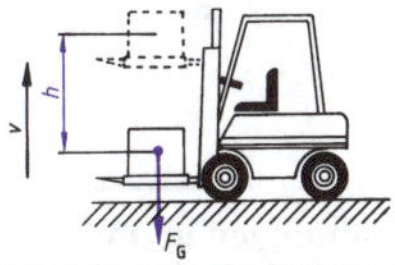 	$W_p = F_G \cdot h$ $W_p = m \cdot g \cdot h$	W_p potenzielle Energie in Nm F_G Gewichtskraft in N h Höhe in m g Fallbeschleunigung in m/s^2 m Masse in kg
Kinetische Energie 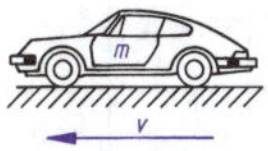 	$W_k = \frac{1}{2} \cdot m \cdot v^2$	W_k kinetische Energie in Nm m Masse in kg v Geschwindigkeit in m/s
Rotationsenergie  	$W_k = W_{rot} = \frac{1}{2} \cdot J \cdot \omega^2$	W_k kinetische Energie in Nm W_{rot} Rotationsenergie in Nm J Massenträgheitsmoment in kg m^2 ω Winkelgeschwindigkeit in 1/s
Energieerhaltungssatz 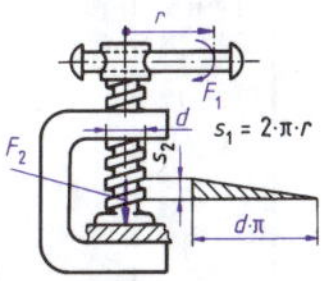 	$F_1 \cdot s_1 = F_2 \cdot s_2$ $W_1 = W_2$	F_1, F_2 Kräfte in N s_1, s_2 Wege in m W_1, W_2 Energien in Nm
Wirkungsgrad 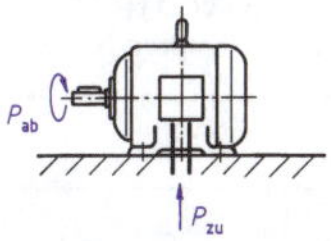 	Einzelmaschine $\eta = \frac{W_{ab}}{W_{zu}} = \frac{P_{ab}}{P_{zu}}$ Zusammenschaltung mehrerer Maschinen $\eta_{ges} = \eta_1 \cdot \eta_2$	η Wirkungsgrad η_1, η_2 Einzelwirkungsgrade η_{ges} Gesamtwirkungsgrad W_{ab} abgegebene Arbeit in Nm W_{zu} zugeführte Arbeit in Nm P_{ab} abgegebene Leistung in Nm/s P_{zu} zugeführte Leistung in Nm/s
Antriebsleistung 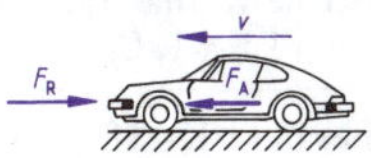 	Leistung ist der Quotient aus der Arbeit W und der Zeit t. $P = \frac{W}{t} = F_A \cdot v$	P Leistung in Nm/s oder W F_A Antriebskraft in N (bei konstanter Geschwindigkeit gleich groß der entgegenwirkenden Reibungskräfte F_R in N) v Geschwindigkeit in m/s
Leistung bei Rotationsbewegung 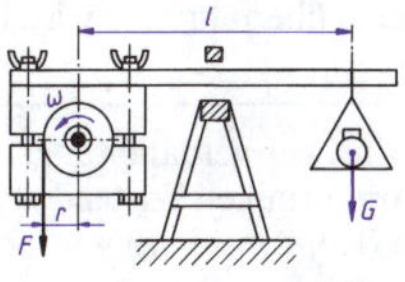 	$P = M \cdot \omega$ $P = F \cdot r \cdot \omega$	P Leistung in Nm/s oder W M Drehmoment in Nm F Kraft im Abstand r in N r Wellenradius in m ω Winkelgeschwindigkeit in 1/s

2.3 Wärmetechnische Grundlagen

2.3.1 Temperatur

Den Wärmezustand eines Stoffes kennzeichnet die Temperatur (T, t, ϑ). Einheiten der Temperatur sind Kelvin (K) und Grad Celsius (°C), in Ländern mit englischem Maßsystem auch Grad Fahrenheit (°F).

Umrechnungen:

$T = 273 + t_C$

$t_C = \frac{5}{9} \cdot (t_F - 32)$

$t_F = \frac{9}{5} \cdot t_C + 32$

T Temperatur in K
t_c Temperatur in °C
t_F Temperatur in °F

Beispiel:

$t_c = 20\ °C$

$T = ?\ K$

Lösung:

$T = 273 + t_C$
$T = 273 + 20\ °C$
$T = 293\ K$

Temperaturmessung

Messgerät	Anwendungsbereich °C	Grundprinzip
Pentanthermometer Alkoholthermometer Quecksilberthermometer	−190 … +20 −110 … +50 −30 … 750	Wärme dehnt Flüssigkeit, deren Stand in einem engen Rohr zeigt Temperatur
Bimetallthermometer Stabausdehnungsthermometer	−30 … 400 bis ≈ 1000	Unterschiedliche Längenausdehnung bei Erwärmung verschied. Metalle
Elektrische Widerstandsthermometer	bis 750	ΔT bewirkt ΔR und damit ΔI
Thermoelemente	−200 … 1600	Kontaktspannung
Strahlungspyrometer	−40 … 1300	Wärmestrahlung wirkt auf Fotoelemente

Thermoelement-Spannungen in µV bei 0 °C Bezugstemperatur nach DIN IEC 584-1: 1984-1

Messtemperatur °C	Typ R	Typ J	Typ K	Typ T	Typ E
−100		−4632	−3553	−3378	−5237
−50	−226	−2431	−1889	−1819	−2787
0	0	0	0	0	0
100	647	5268	4095	4277	6317
200	1468	10777	8137	9286	13419
300	2400	16325	12207	14860	21033
400	3407	21846	16395	20869	28943
500	4471	27388	20640		36999
600	5582	33096	24902		45085
700	6741	39130	29128		53110
800	7949	45498	33277		61022
1000	10503	57942	41269		76358
1300	14624		52398		
1600	18842				

Typ R: Platin-13% Rhodium/Platin; **Typ J:** Eisen/Kupfer-Nickel; **Typ K:** Nickel-Chrom/Nickel; **Typ T:** Kupfer/Kupfer-Nickel; **Typ E:** Nickel-Chrom/Kupfer-Nickel.[1)]

2.3.2 Wärmemenge

Größe	Formelzeichen	Einheit	Bedeutung
Wärmemenge	Q	J (Joule)	Maß für die in einem Körper enthaltene Wärme (Energie). 4186,8 J erwärmen 1 Liter Wasser um 1 K = 1 °C
Spezifische Wärmekapazität	c	$\frac{J}{kg \cdot K}$	Wärmemenge, die 1 kg eines Stoffes um 1 K = 1 °C erwärmt
Spezifische Schmelzwärme	L_f	$\frac{J}{kg}$	Wärmemenge, die 1 kg eines Stoffes bei Schmelztemperatur vom festen in den flüssigen Zustand überführt; sie wird beim Erstarren des Stoffes wieder frei
Spezifische Verdampfungswärme	L_V	$\frac{J}{kg}$	Wärmemenge, die 1 kg eines Stoffes bei Verdampfungstemperatur vom flüssigen in den dampfförmigen Zustand überführt; sie wird beim Verflüssigen (Kondensieren) wieder frei

1) **Typ S:** Platin-10% Rhodium/Platin und **Typ B:** Platin-30% Rhodium/Platin 6% Rhodium siehe DIN IEC 584-1.

2.3 Wärmetechnische Grundlagen

Formel	Formelzeichen	Beispiel	Lösung
$Q = m \cdot c \cdot \Delta T$	Q Wärmemenge in J m Masse, Stoffmenge in kg c spezifische Wärmekapazität in J/(kg · K) ΔT Temperaturunterschied in K	**Beispiel:** $\Delta T = 200$ K $m = 50$ kg $c = 389{,}3$ J/(kg · K) $Q = ?$ J	**Lösung:** $Q = m \cdot c \cdot \Delta T$ $Q = 50\ \text{kg} \cdot 389{,}3\ \frac{\text{J}}{\text{kg} \cdot \text{K}} \cdot 200\ \text{K}$ $Q = 3{,}893 \cdot 10^6$ J

Mischtemperatur von Flüssigkeiten

$$t = \frac{m_1 \cdot c_1 \cdot t_1 + m_2 \cdot c_2 \cdot t_2}{m_1 \cdot c_1 + m_2 \cdot c_2}$$

m_1	Menge Stoff 1 in kg	c_1	spezifische Wärmekapazität von Stoff 1
m_2	Menge Stoff 2 in kg	c_2	spezifische Wärmekapazität von Stoff 2
t_1	Temperatur Stoff 1 vor dem Mischen	t	Temperatur nach dem Mischen
t_2	Temperatur Stoff 2 vor dem Mischen		

Erwärmen eines Stoffes und Überführen vom festen in den dampfförmigen Zustand

$$Q = m \cdot c \cdot \Delta T + m \cdot L_f + m \cdot L_V$$

Q	Wärmemenge in J	L_f	Schmelzwärme
m	Stoffmasse in kg	L_V	Verdampfungswärme
c	spez. Wärmekapazität	ΔT	Temperaturunterschied

Wärmeeigenschaften von Stoffen

Spezifische Wärmekapazität c, Schmelzwärme L_f, Verdampfungswärme L_V bei 1013 mbar

Stoff	c $\frac{\text{kJ}}{\text{kg} \cdot \text{K}}$	Schmelzpunkt °C	L_f $\frac{\text{kJ}}{\text{kg}}$	L_V $\frac{\text{kJ}}{\text{kg}}$
Aluminium	0,896	658	355,9	11723
Blei	0,130	327	23,86	921,1
Eisen (rein)	0,440	1530	272,1	6364
Gold	0,130	1060	66,99	1758
Graphit	0,712	≈3600	16750	50242
Konstantan	0,410	≈1280		
Kupfer	0,381	1080	209,3	4647
Messing	0,389	≈900	167,5	
Nickel	0,452	1450	293,1	6196
Platin	0,134	1770	113,0	2512
Silber	0,234	961	104,7	2177
Silizium	0,741	1410	141,5	14068
Wolfram	0,134	3380	191,8	4815
Zinn	0,230	232	58,62	2596
Alkohol	2,428	–114	104,7	858
Benzol	1,738	5,5	127,3	389
Maschinenöl	1,675			
Quecksilber	0,138	–38,9	11,72	301
Schwefelsäure	1,382	10,5	108,9	511
Wasser	4,187	0,0	333,7	2258
Ammoniak	2,060	–77,7	339,1	1369
Kohlenstoffdioxid	0,825	–56	184,2	574
Luft	1,001			197
Stickstoff	1,043	–210	25,96	199
Wasserstoff	14,24	–259,2	58,62	461

Wärmeleitfähigkeit λ in $\frac{\text{W}}{\text{m} \cdot \text{K}}$ (bei Temperatur)[1]

Stoff	λ b. 20 °C	Stoff	λ b. 20 °C
Aluminium	209,4	Alkohol	0,186
Blei	35	Benzol	0,151
Bronze	25,5…58	Glyzerin	0,279
Eisen, rein	73,3	Transformatorenöl	0,128
Gold	310,5	Toluol	0,151
Grauguss	58		
Konstantan	22,7	Bakelit	0,233
Kupfer	383,8	Hartgewebe	0,35
Manganin	21,9	Hartpapier	0,291
Messing	81,4…116	Kunsthorn	0,174
Neusilber	24,9	Plexiglas	0,174
Nickel	88	Polyamide	0,35
Platin	70,8	Pressstoffe, Typ 11, 12, 16, 30, 54	0,314
Quecksilber	9,3	Typ 74	0,372
Silber	418,6	PVC	0,163
Stahl	35		
Wolfram	167,5		λ b. 0 °C
Zink	116,4	Ammoniak	0,0218
Zinn	65	Acetylen	0,0205
Asphalt	0,7	Chlor	0,000792
Eichenholz		Kohlenstoffdioxid	0,0143
radial	0,174	Luft	0,0243
axial	0,372	Wasserstoff	0,123
Fensterglas	1,16	Glasfaser	0,0326
Graphit	139,4	Steinwolle	0,035
Porzellan	0,81…1,86		
Putzmörtel	0,93		
Ziegelstein	0,464		

[1] λ hängt bei festen Stoffen wenig, bei Gasen und Flüssigkeiten stark von der Temperatur ab.

2.3 Wärmetechnische Grundlagen

2.3.3 Wärmeleitung

Größe	Formelzeichen	Einheit	Bedeutung
Wärmestrom	Φ	W	Wärmemenge, die innerhalb einer Zeiteinheit durch eine senkrecht zur Strömungsrichtung liegende Fläche strömt
Wärmeleitfähigkeit	λ	$\frac{W}{m \cdot K}$	Wärmestrom, der durch einen Querschnitt von 1 m^2 eines 1 m langen Körpers strömt, wenn der Temperaturunterschied 1 K beträgt

$$\Phi = \frac{Q}{t}$$

$$\Phi = \lambda \cdot \frac{S}{\delta} \cdot \Delta T$$

Φ Wärmestrom in W
Q Wärmemenge in J
t Zeit in s
λ Wärmeleitfähigkeit in W/(m · K)[1)]
S Fläche der Wärmeleitung in m^2
δ Dicke in m
ΔT Temperaturunterschied in K

2.3.4 Wärmestrahlung

Welche Strahlungsmenge ein Körper absorbiert oder reflektiert, hängt stark von der Farbe und Oberflächenbeschaffenheit des Körpers ab.

$$\varepsilon = \frac{\text{absorbierte Strahlung}}{\text{ankommende Strahlung}}$$

$$\Phi = \varepsilon \cdot \sigma \cdot A \cdot T^4$$

ε Emissionsgrad
Φ Wärmestrom in W
σ Strahlungskonstante (Stefan-Boltzmann-Konstante)
$\sigma = 5{,}671 \cdot 10^{-8} \ \frac{W}{m^2 K^4}$
A Oberfläche des Strahlers in m^2
T Temperatur in K

Emissionsgrade ε von Oberflächen

Werkstoff	ε
absolut schwarzer Körper	1
Aluminium (walzblank)	0,04
Gold, Silber (poliert)	0,025
Glas	0,93
Heizkörperlack	0,92
Kupfer (poliert)	0,035
Kupfer (oxidiert)	0,76
Porzellan	0,93
Papier, Holz, Dachpappe	0,92
Stahl (poliert)	0,28
Stahl (Gusshaut)	0,8
Zink (grau oxidiert)	0,24

2.3.5 Ausdehnung durch Wärme

Der **Längen-Ausdehnungskoeffizient** α_1 gibt die Längenzunahme der Längeneinheit eines Körpers bei 1 K Temperaturerhöhung an.

Der **Volumen-Ausdehnungskoeffizient** γ gibt die Volumenzunahme der Volumeneinheit eines Körpers bei 1 K Temperaturerhöhung an.

Längenausdehnung	Volumenausdehnung
$\Delta l = l_0 \cdot \alpha_1 \cdot \Delta T$	$\Delta V = V_0 \cdot \gamma \cdot \Delta T$

Δl Längenzunahme in m
ΔV Volumenzunahme in m^3
l_0 Länge (in kaltem Zustand) in m
V_0 Volumen (in kaltem Zustand) in m^3
α_1 Längen-Ausdehnungskoeffizient in 1/K
γ Volumen-Ausdehnungskoeffizient in 1/K
ΔT Temperaturzunahme in K

Längen-Ausdehnungskoeffizient α_1 (für 0 … 100 °C)
Volumen-Ausdehnungskoeffizient γ (bei 18 °C)

Stoff	α_1 in 1/K	Stoff	γ in 1/K
Aluminium	$23{,}8 \cdot 10^{-6}$	Alkohol	$1{,}10 \cdot 10^{-3}$
Bronze	$17{,}5 \cdot 10^{-6}$	Benzol	$1{,}06 \cdot 10^{-3}$
Eisen (rein)	$12{,}3 \cdot 10^{-6}$	Glyzerin	$0{,}50 \cdot 10^{-3}$
Glas (ca.)	$6{,}5 \cdot 10^{-6}$	Petroleum	$0{,}99 \cdot 10^{-3}$
Gold	$14{,}2 \cdot 10^{-6}$	Quecksilber	$0{,}18 \cdot 10^{-3}$
Graphit	$7{,}9 \cdot 10^{-6}$	Schwefelsäure	$0{,}57 \cdot 10^{-3}$
Konstantan	$15{,}2 \cdot 10^{-6}$	Wasser	$0{,}18 \cdot 10^{-3}$
Kupfer	$16{,}5 \cdot 10^{-6}$		
Manganin	$17{,}5 \cdot 10^{-6}$	Für feste Stoffe ist $\gamma \approx 3 \cdot \alpha_1$	
Messing	$18{,}4 \cdot 10^{-6}$		
Nickel	$13{,}0 \cdot 10^{-6}$		
Silber	$19{,}5 \cdot 10^{-6}$	Für alle Gase ist $\gamma \approx 1/273$	
Silizium	$7{,}6 \cdot 10^{-6}$		
Wolfram	$4{,}5 \cdot 10^{-6}$		

[1)] Werte siehe Seite 2-9

2.4 Akustik

Als **Schall** werden mechanische Schwingungen und Wellen in festen Körpern, Flüssigkeiten und Gasen mit Frequenzen im Bereich von 16 bis 20000 Hz bezeichnet.

Infraschall nennt man mechanische Schwingungen und Wellen mit niedrigeren Frequenzen als 16 Hz, **Ultraschall** solche mit Frequenzen über 20 kHz.

Zur Beschreibung von Schallereignissen genügt die Betrachtung von sinusförmigen Schwingungen und Wellen z.B. in der Form:

$$p = \hat{p} \cdot \sin(\omega t + \varphi)$$

Kompliziertere Schallereignisse können aus mehreren Sinusschwingungen zusammengesetzt gedacht werden.

2
⟹ 3-16
⟹ 1-12

Akustische Grundgrößen

Zustandsbeschreibung von Punkten			Zustandsbeschreibung in Fläche A senkrecht zur Richtung von ξ, v bzw. F		
Auslenkung	ξ	Abweichung eines Punktes von seiner Ruhelage	Volumenänderung		$\Delta V = \xi \cdot A$
Schnelle	v	Geschwindigkeit, mit der sich ein Punkt um seine Ruhelage bewegt	Schallfluss	q	$q = v \cdot A$
Kraft	F	Kraft, die auf einen Punkt einwirkt	Schalldruck	p	$p = F/A$

Mechanische Grundelemente schwingungsfähiger Systeme

(mechanische „Bauelemente")

Erscheinung	Zusammenhang bei linearer Bewegung	Beispiele	Begriffe in der Akustik	Formelzeichen	Zusammenhang bei Sinusschwingungen
Strömungsreibung	$F = z \cdot v$	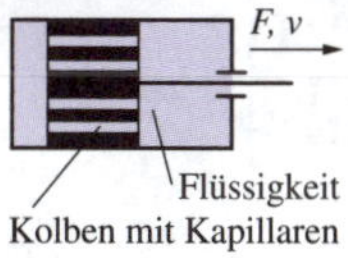 Stoßdämpfer, Kapillaren, Poren	Standwert	z	$\frac{F}{v} = z$
	$F = \frac{1}{h} v$		Mitgang	h	$\frac{v}{F} = h$
Massenträgheit	$F = m \cdot a = m \cdot v \cdot t$		Masse	m	$\frac{v}{F} = \frac{1}{j\omega m}$
Feder	$F = \frac{1}{n} \cdot \xi = \frac{1}{n} \cdot \frac{v}{t}$	 Federstab	Nachgiebigkeit	n	$\frac{v}{F} = j\omega n$

F Kraft
v Geschwindigkeit
a Beschleunigung
z, h Proportionalitätsfaktoren
t Zeit
ξ Federweg
$1/n$ Federkonstante

F Kraft
v Schnelle
j imaginäre Einheit
ω $2\pi f$
f Frequenz

2.4 Akustik

Schwingungsfähiges System aus Feder und Masse	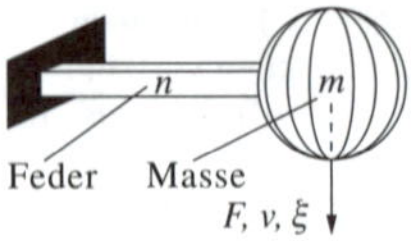	Hohlraumresonator (Helmholtz-Resonator) Schwingungsfähiges System aus Feder, Masse und Reibung (Dämpfung)	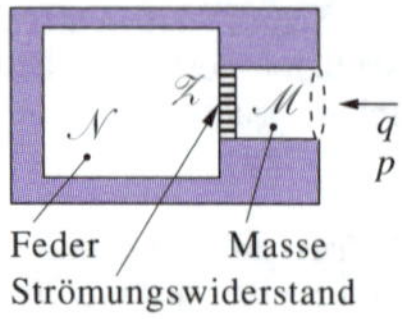
Resonanzfrequenz $f_0 = \dfrac{1}{2\pi\sqrt{m \cdot n}}$	mechanische Impedanz $\dfrac{v}{F} = \mathrm{j}\omega n + \dfrac{1}{\mathrm{j}\omega m}$	Resonanzfrequenz $f_0 = \dfrac{1}{2\pi\sqrt{\mathcal{M} \cdot \mathcal{N}}}$ Güte: $Q = \dfrac{1}{\mathcal{Z}}\sqrt{\dfrac{\mathcal{M}}{\mathcal{N}}}$	akustische Impedanz $\dfrac{p}{q} = \mathcal{Z} + \mathrm{j}\omega\mathcal{M} + \dfrac{1}{\mathrm{j}\omega\mathcal{N}}$

Körperschall ist Schall, der sich in festen Körpern ausbreitet. Dabei sind unterschiedliche Schwingungsmoden möglich, z.B.:

Dichtewelle

Biegewelle

Oberflächenwelle

Luftschall wird durch Schwankungen des Luftdruckes, die sich als **Schallwellen** ausbreiten, verursacht.

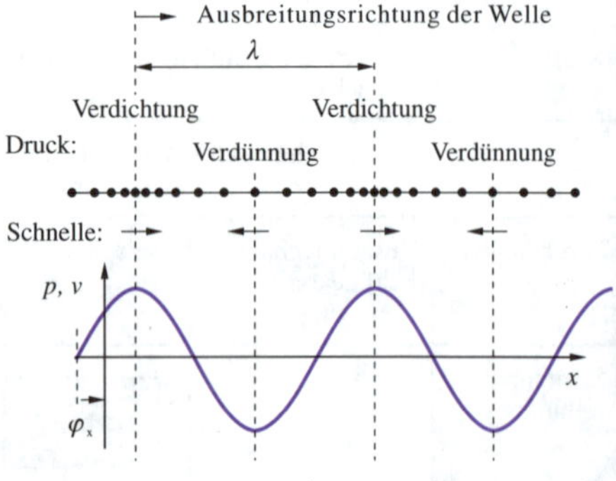

$$p = \hat{p} \cdot \sin\left(\omega \frac{x}{c} + \varphi_x\right)$$

Wellenlänge	λ	räumlicher Abstand zwischen zwei aufeinanderfolgenden gleichen Schwingungsphasen in der Welle	$\lambda = c / f$
Frequenz	f	zeitlicher Abstand zwischen zwei aufeinanderfolgenden gleichen Schwingungsphasen	
Schallgeschwindigkeit	c	Ausbreitungsgeschwindigkeit der Wellen	

Mit wellenförmiger Schallausbreitung muß man rechnen, wenn die Abmessungen des schwingenden Körpers (z.B. Luftkörper im Raum) in Ausbreitungsrichtung einen Wert von $> \lambda/4$ erreichen.

In der Schallwelle wird in Ausbreitungsrichtung Energie transportiert. Die dabei in der Fläche (A) senkrecht zur Ausbreitungsrichtung auftretende Leistung (P) nennt man **Schallintensität** (J)	$J = P/A$ $= \dfrac{F \cdot v}{A}$ $= p \cdot v$	J Schallintensität in W/m^2 P Leistung in W A Fläche in m^2 F Kraft in N p Schalldruck in N/m^2 v Schnelle in m/s

2.4 Akustik

Medium	Dichte ϱ kg/m³	Schall-geschwindigkeit c m/s	Wellenlänge bei 16 Hz λ m	1000 Hz	20000 Hz
Chlor[1]	2,96	214	13,38	0,214	0,011
Luft[1]	**1,182**	**343**	**21,44**	**0,343**	**0,017**
Sauerstoff[1]	1,314	326	20,38	0,326	0,016
Stickstoff[1]	1,15	349	21,81	0,349	0,017
Wasserstoff[1]	0,0819	1308	81,75	1,308	0,065
Xenon[1]	5,37	176	11,00	0,176	0,009
Wasser (bei 10 °C)	1000	1440	90	1,44	0,072
Tannenholz (trocken)	478	4180	261,25	4,18	0,209
Blei	11300	1250	78,13	1,25	0,063
Messing	8500	3200	200,00	3,20	0,160
Stahl	7800	5050	315,63	5,05	0,253
Glas	2700	5200	325,00	5,20	0,260

Im ungestörten Medium breiten sich Schallwellen von Punktquellen ausgehend nach allen Richtungen gleichmäßig aus. Es entstehen **Kugelwellen**. In sehr großer Entfernung von der Quelle geht ein Ausschnitt aus der Kugelwelle in eine **ebene Welle** über. Beliebige Wellenformen kann man sich aus der Überlagerung von vielen elementaren Kugelwellen (nach Betrag und Phase addiert) zusammengesetzt vorstellen.
Die räumliche Verteilung von Schalldruck und Schallschnelle bezeichnet man als **Schallfeld**. Zur Darstellung dienen Flächen gleicher Phase (z. B. die Verbindung der gleichzeitigen Druckmaxima), die sog. **Wellenfronten.**

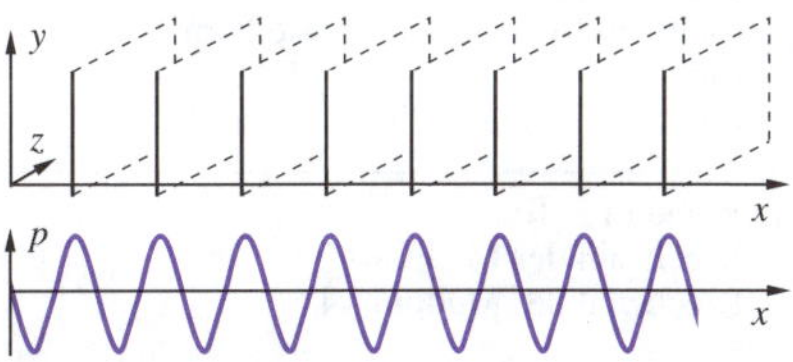

Fresnel-Huygenssches Prinzip

Jede Störung in einem homogenen Medium ist Ausgangspunkt von neuen elementaren Kugelwellen, die sich zu den bereits vorhandenen Wellen mit Betrag und Phase addieren.
Dadurch werden von der primären Schallwelle
- Teile **absorbiert**, d. h., ihre Energie wird in Wärme gewandelt, oder innerhalb des Hindernisses breitet sich eine neue Welle aus;
- Teile **reflektiert**, d. h., sie läuft in das ursprüngliche Medium zurück und
- Teile um Kanten des Hindernisses **gebeugt**.

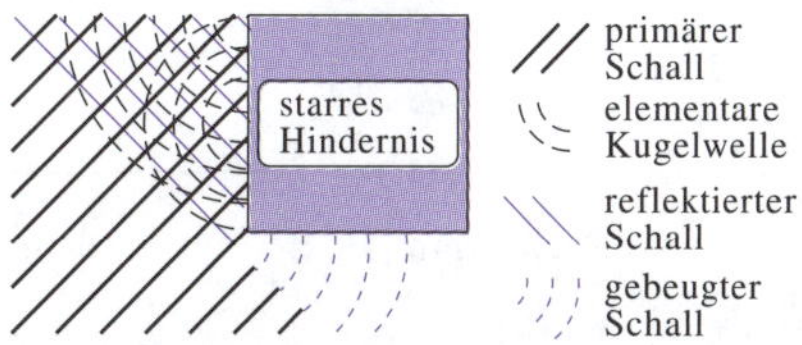

Stehende Wellen bilden sich aus, wenn Schallwellen zwischen parallelen Reflektoren mit zur Wellenlänge harmonischem Abstand mehrfach reflektiert werden:

Beispiel: schwingende Saite

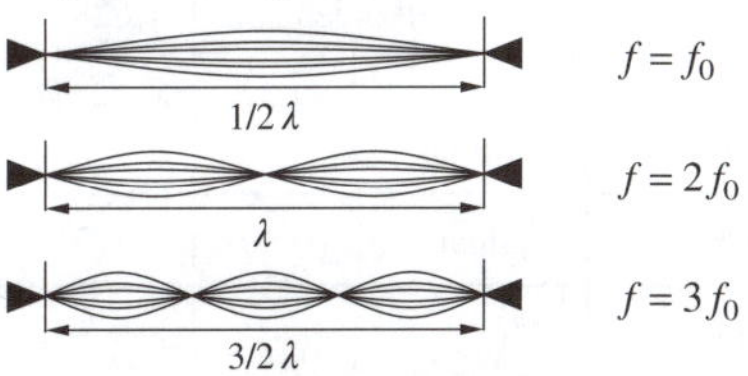

Beispiel: einseitig geschlossenes Rohr

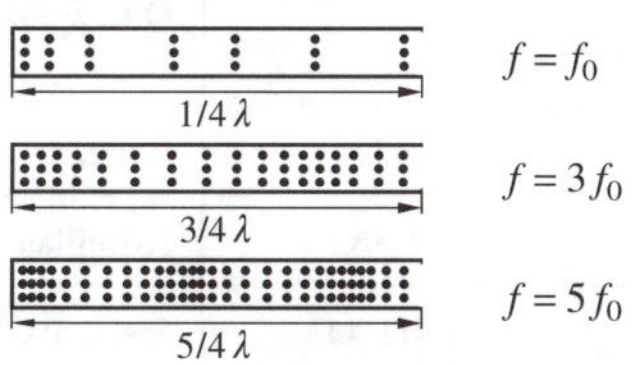

[1] Temperatur: 20 °C, Gleichdruck: 10^5 Pa

2.5 Optik

2.5.1 Reflexion

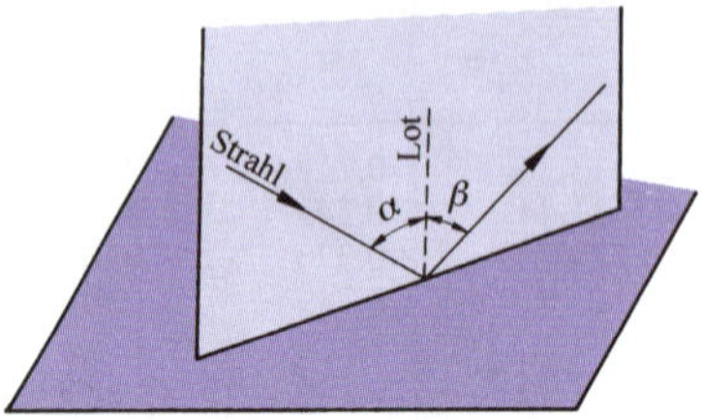

Fällt ein Lichtstrahl auf eine ebene, spiegelnde Fläche, so wird er reflektiert. Der reflektierte Strahl liegt mit dem einfallenden Strahl und dem Einfallslot in einer Ebene. Beide Strahlen bilden mit dem Einfallslot gleiche Winkel.

$$\alpha = \beta$$

α Einfallswinkel

β Reflexionswinkel

2.5.2 Brechung

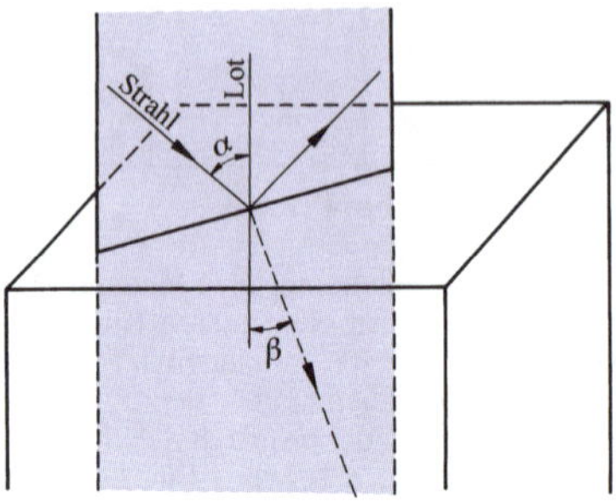

Fällt ein Lichtstrahl auf eine ebene Grenzfläche zwischen durchsichtigen Medien, so dringt ein Teil eines schräg einfallenden Lichtstrahls unter Richtungsänderung („brechen") in das andere Medium. Der gebrochene Strahl liegt in einer Ebene mit dem einfallenden Strahl und dem Lot.

Der Stoff mit der größeren Brechzahl heißt optisch dichter; der andere optisch dünner. Beim Übergang vom dichteren zum dünneren Medium ($n_2 < n_1$) wird der Strahl vom Einfallslot weg gebrochen. Der Brechungswinkel β im optisch dünneren Medium kann höchstens 90° werden, darüber tritt **Totalreflexion** auf

$$\frac{\sin\alpha}{\sin\beta} = \frac{c_1}{c_2} = \frac{n_2}{n_1}$$

$$n_1 = \frac{c_0}{c_1}$$

$$n_2 = \frac{c_0}{c_2}$$

α Einfallswinkel im Medium 1
β Brechungswinkel im Medium 2
n_1 Brechzahl des Mediums 1
n_2 Brechzahl des Mediums 2
c_1 Lichtgeschwindigkeit im Medium 1
c_2 Lichtgeschwindigkeit im Medium 2
c_0 Lichtgeschwindigkeit im leeren Raum

$$\sin\alpha_T = \frac{n_2}{n_1}$$

α_T Winkel für Totalreflexion
n_2 Brechzahl des Mediums 2
n_1 Brechzahl des Mediums 1

Brechzahlen [1]

Medium	Brechzahl	Medium	Brechzahl	Medium	Brechzahl
leerer Raum Luft (0 °C; 1,013 bar)	1	Quarzglas	1,459	Schwefelkohlenstoff	1,628
Wasser	1,333	Benzol	1,508	Flintglas	1,752
Alkohol	1,362	Kronglas	1,515	Diamant	2,473
Plexiglas	≈ 1,44	Steinsalz	1,544		

[1] Für gelbes Licht der Wellenlänge 589,3 µm

2.5 Optik

2.5.3 Konkavspiegel und Konvexspiegel

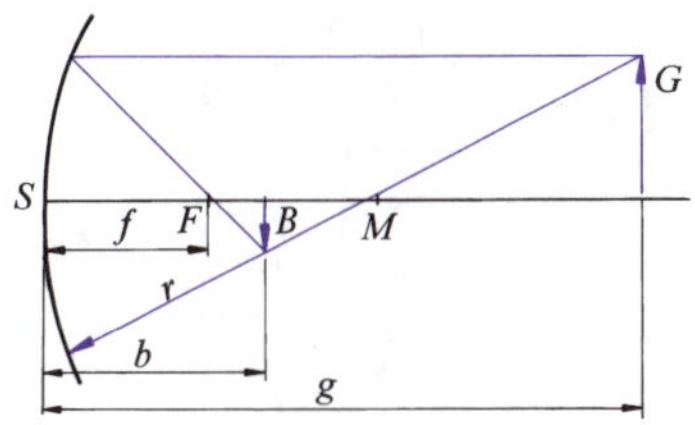

Konkavspiegel

Beim **Konkavspiegel** spiegelt die hohle Seite. Ein **reelles (wirkliches) Bild** entsteht, wenn

a) der Gegenstand G zwischen ∞ und M liegt. Dann entsteht das Bild B zwischen M und F;

b) der Gegenstand zwischen M und F liegt. Dann entsteht das Bild B zwischen M und ∞.

$$\frac{1}{f} = \frac{1}{g} + \frac{1}{b}$$

$$f = \frac{r}{2}$$

$$\frac{G}{B} = \frac{g}{b}$$

- M Krümmungsmittelpunkt
- r Krümmungsradius in m
- S Scheitel oder Pol
- F Brennpunkt (in F vereinigen sich parallel zur Achse ankommende Strahlen)
- f Brennweite in m
- G Gegenstandsgröße in m
- B Bildgröße in m
- g Gegenstandsabstand in m
- b Bildabstand in m

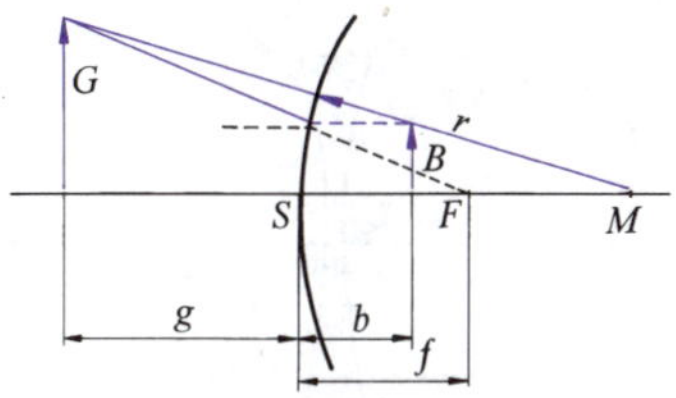

Konvexspiegel

Ein **virtuelles (scheinbares) Bild** entsteht beim Konkavspiegel, wenn der Gegenstand G zwischen F und S liegt. Das Bild rückt bei der Bewegung des Gegenstands von F nach S aus dem Unendlichen von der dem Brennpunkt entgegengesetzten Seite her bis S an den Spiegel heran.

Auch der **Konvexspiegel** erzeugt nur virtuelle Bilder B, die von S bis F wandern, wenn der Gegenstand von S bis ins Unendliche bewegt wird.

Die obigen Spiegelformeln gelten auch für virtuelle Bilder und für den Konvexspiegel, wenn für virtuelle Bilder die Bildweite b und für Konvexspiegel auch die Brennweite f negativ gerechnet werden.

2.5.4 Prisma

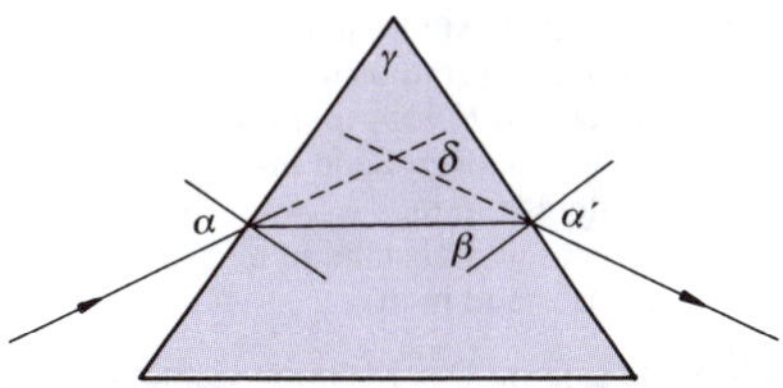

Ein Prisma besteht aus zwei zueinander geneigten brechenden Ebenen, die den Neigungswinkel (brechenden Winkel) γ einschließen. Bei einem symmetrischen Strahlenverlauf im Prisma (Einfallswinkel α = Austrittswinkel α') erreicht der Ablenkungswinkel δ einen kleinstmöglichen Wert.

$$n = \frac{\sin\left(\frac{\gamma + \delta}{2}\right)}{\sin\left(\frac{\gamma}{2}\right)}$$

- n Brechzahl des Prismenwerkstoffs
- γ Prismenwinkel („brechender Winkel")
- δ Ablenkungswinkel

2.5 Optik

2.5.5 Konvexlinsen (Sammellinsen)

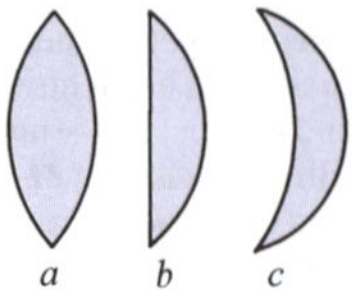

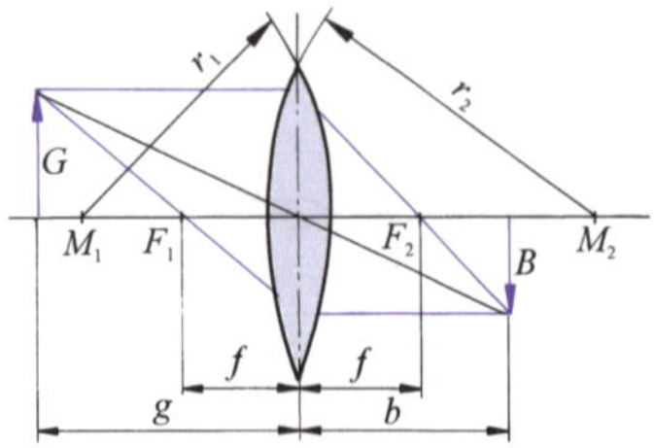

Konvexlinsen sind in der Mitte dicker als am Rande.
a bikonvexe Linse
b plankonvexe Linse
c konkavkonvexe Linse

Ein **reelles Bild *B*** entsteht bei Konvexlinsen, wenn
a) der Gegenstand *G* zwischen ∞ und $2f$ liegt. Dann entsteht das Bild *B* zwischen *F* und *M*;
b) der Gegenstand *G* zwischen $2f$ und *f* liegt. Dann entsteht das Bild *B* zwischen *M* und ∞.

Ein **virtuelles Bild *B*** entsteht zwischen $-\infty$ und der Linse, wenn der Gegenstand *G* zwischen *F* und der Linse liegt.

2.5.6 Konkavlinsen (Zerstreuungslinsen)

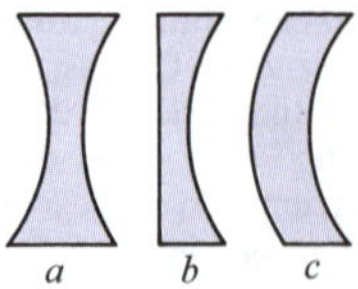

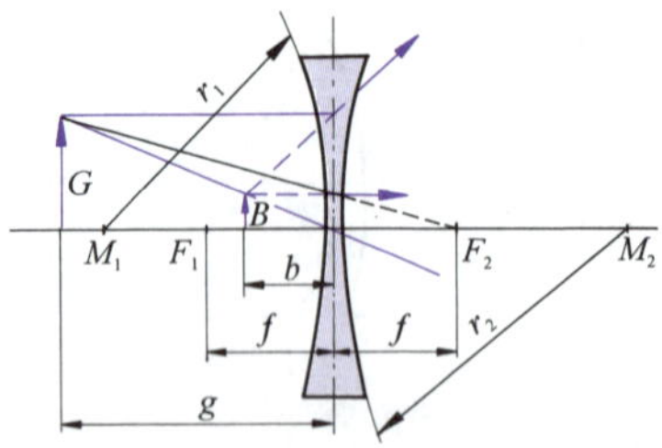

Konkavlinsen sind am Rande stärker als in der Mitte.
a bikonkave Linse
b plankonkave Linse
c konvexkonkave Linse

Ein **virtuelles Bild *B*** entsteht bei Konkavlinsen zwischen dem Brennpunkt *F* und der Linse, wenn der Gegenstand *G* zwischen ∞ und der Linse liegt. Wenn der Gegenstand auf der anderen Seite der Linse liegt (virtueller Gegenstandsabstand), dann entsteht
a) **ein reelles Bild**, wenn der Gegenstand zwischen Linse und Brennpunkt *F* liegt. Das Bild entsteht dann zwischen Linse und ∞;
b) **ein virtuelles Bild**, wenn der Gegenstand zwischen dem Brennpunkt *F* und ∞ liegt. Dann wandert das Bild von ∞ bis zum Brennpunkt *F*.

$$\frac{1}{f} = (n-1)\left(\frac{1}{r_1} + \frac{1}{r_2}\right)$$

$$\frac{1}{f} = \frac{1}{g} + \frac{1}{b} = D$$

$$\frac{G}{B} = \frac{g}{b}$$

f	Brennweite in m
n	Brechzahl des Mediums der Linse
M_1; M_2	Krümmungsmittelpunkt
r_1; r_2	Krümmungsradius in m
D	Brechwert (Dioptrie) in m^{-1}
G	Gegenstandsgröße in m
B	Bildgröße in m
g	Gegenstandsabstand in m
b	Bildabstand in m

Die obigen Formeln umfassen bei entsprechenden Vorzeichen alle Linsen: Der Krümmungsradius ist bei konvexer Krümmung positiv, bei konkaver Krümmung negativ; der Bildabstand wird bei reellen Bildern positiv, bei virtuellen Bildern negativ; Sammellinsen haben eine positive Brennweite; Zerstreuungslinsen haben eine negative Brennweite.

2.6 Farblehre

2.6.1 Licht und Farbe

Licht ist eine elektromagnetische Strahlung. Das Sonnenlicht z. B. beinhaltet das gesamte Spektrum des sichtbaren Lichts der Wellenlängen zwischen 380 nm und 780 nm. Dieses „weiße“ Licht besteht aus unendlich vielen Lichtarten; jeder Wellenlänge entspricht ein bestimmter Farbton. Beim Durchgang durch ein Prisma lassen sich die Farben voneinander trennen; denn sie haben eine ungleiche Brechbarkeit. Die wichtigsten Farben des Spektrums heißen Spektralfarben.

Spektralfarben

Farbempfindung (Farbton)	Wellenlängen in 10^{-9} m	Frequenzen in 10^{12} Hz
Violett	400 – 420	750 – 715
Blau	420 – 490	715 – 610
Grün	490 – 575	610 – 520
Gelb	575 – 585	520 – 510
Orange	585 – 650	510 – 460
Rot	650 – 750	460 – 400

Die Körperfarben, d. h. die Farben, in denen die Oberflächen von Körpern im weißen Licht erscheinen, entstehen dadurch, dass verschiedenartige Anteile des weißen Lichts von den Körpern verschieden stark absorbiert werden und die eigentliche Körperfarbe durch Reflexion des restlichen Teils zustande kommt. Man nennt deshalb die Körperfarben auch Subtraktionsfarben. Wird z. B. ein grüner Gegenstand mit weißem Licht angestrahlt, so reflektiert er nur Licht im Wellenlängenbereich von 490 nm bis 575 nm. Absorbiert ein Körper alle Strahlen, so erscheint er schwarz.

2.6.2 Farbmischung, Farbart, Leuchtdichte

Durch additive Farbmischung der Spektralfarben entstehen Mischfarben eines bestimmten Farbtons. Durch Mischung der drei Primärfarben Rot ($\lambda = 700$ nm), Grün ($\lambda = 546{,}1$ nm) und Blau ($\lambda = 435{,}8$ nm) kann jeder beliebige Farbton und Weiß erzielt werden.

Jeder Farbton besitzt eine bestimmte Farbsättigung. Für den Farbton Grün z. B. ergibt sich in abnehmender Farbsättigung die Reihenfolge

Die Farbsättigung kennzeichnet den Weißanteil in der Farbe. Farbton und Farbsättigung ergeben zusammen die Farbart.

Die einzelnen Farbtöne und ihre Sättigungsgrade lassen sich in einem Farbkreis (siehe Bild) darstellen. Am Umfang des Kreises sind alle Farbtöne 100% gesättigt (also ohne Weißanteil); zur Mitte hin nimmt die Farbsättigung ab und im Mittelpunkt (am Weißpunkt) ist 0% Farbsättigung vorhanden. Die Farben, die sich im Farbkreis gegenüberliegen, sind Komplementärfarben; sie ergeben als Mischfarbe Weiß.

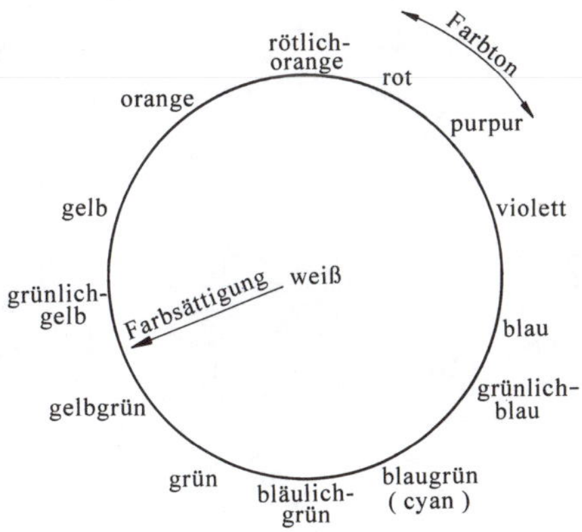

Für die Wiedergabe ist neben der Farbart noch die Helligkeit einer farbigen Fläche oder eines farbigen Punktes wesentlich. Die Größe zur Beschreibung der Helligkeitsgrade ist die Leuchtdichte L. Ein Farbfernsehsystem muß in der Lage sein, Farbarten und Leuchtdichten zu übertragen.

⟹ 11 - 1

3 Grundlagen der Elektrotechnik

3.1 Strom und Spannung

3.1.1 Gekürzte Schreibweise von Strom und Spannung nach DIN 40 004: 1983-7

Grafisches Symbol	Bezeichnung	Benennung
	DC	Gleichstrom, Gleichspannung
	AC	Wechselstrom, Wechselspannung
	UC	Gleich- und Wechselstrom, Gleich- und Wechselspannung

3.1.2 Nennspannungen für elektrische Betriebsmittel nach DIN IEC 38: 1987-5

Gleichspannungen < 750 V		Wechselspannungen < 120 V	
bevorzugte Werte in V	ergänzende Werte in V	bevorzugte Werte in V	ergänzende Werte in V
6; 12; 24; 36; 48; 60; 72; 96; 110; 220; 440	2,4; 3; 4; 4,5; 5; 7,5; 9; 15; 30; 40; 80; 125; 250; 600	6 12 24 48 110	5 15 36; 42 60; 100

3.1.3 Zeitabhängige Ströme (Spannungen)

Gleichstrom

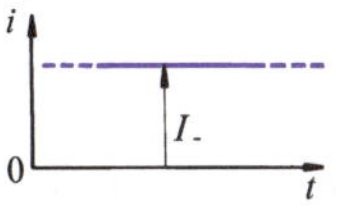

Der Augenblickswert des Stromes ist zeitlich konstant

Wechselstrom

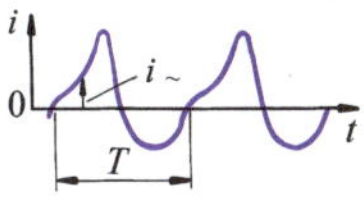

Strom mit periodischem Zeitverlauf und arithmetischem Mittelwert Null

Frequenzmoduliert

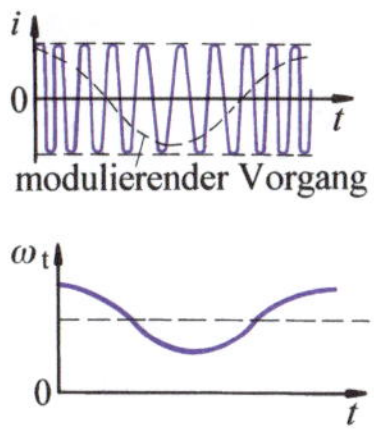

Frequenz ändert sich zeitlich mit dem modulierenden Vorgang. Amplitude ist konstant

Phasenmoduliert

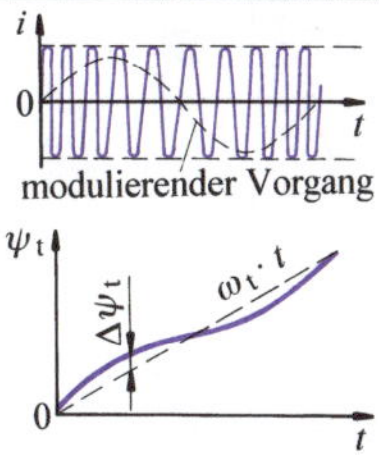

Phasenabweichung des modulierten vom unmodulierten Strom ändert sich mit dem modulierenden Vorgang

Sinusstrom

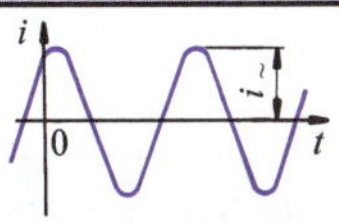

Zeitlich sinusförmiger Verlauf

Mischstrom

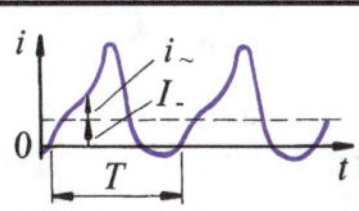

Überlagerung von Gleich- und Wechselstrom

Pulsstrom

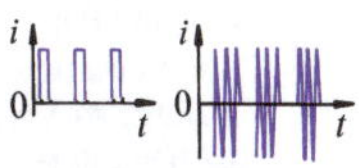

Periodischer Strom aus einer Folge gleicher Impulse

Amplitudenmoduliert

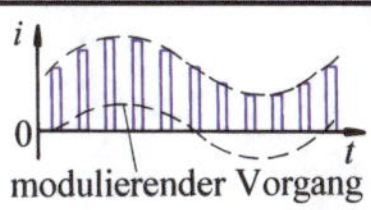

Höchstwert der Stromimpulse ändert sich zeitlich

Drehstrom

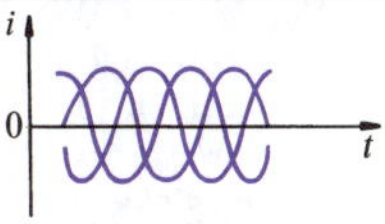

Drei Sinusströme gleicher Frequenz, Amplitude und Betragsunterschiede der Nullphasenwinkel

Amplitudenmoduliert

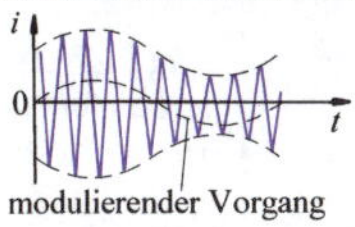

Stromamplitude ändert sich zeitlich mit einem modulierenden Vorgang. Trägerfrequ. ist konstant

Frequenzmoduliert

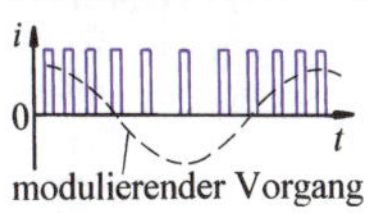

Die Verschiebung der Impulse aus der Ruhelage ändert sich mit dem modulierenden Vorgang

Phasenmoduliert

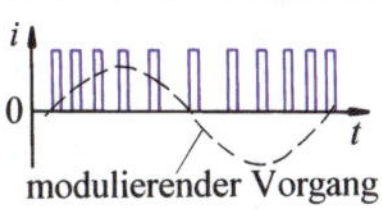

Die Verschiebung der Impulse aus der Ruhelage ändert sich mit dem modulierenden Vorgang

3

3.2 Elektrische Leistung und Arbeit

3.2.1 Elektrische Leistung

Strom	Berechnung	Erklärung
Gleichstrom	$P = U \cdot I$ $P = I^2 \cdot R$ $P = \frac{U^2}{R}$	P Leistung in W U Spannung in V I Strom in A R Widerstand in Ω
Sinusförmiger Wechselstrom	$S = U \cdot I$ $P = U \cdot I \cdot \cos\varphi = S \cdot \cos\varphi$ $Q = U \cdot I \cdot \sin\varphi = S \cdot \sin\varphi$ $\lambda = \cos\varphi = \frac{P}{S}$ $\lambda = \frac{P}{S}$	S Scheinleistung in VA[1] P Wirkleistung in W[2] Q Blindleistung in var[3] λ, $\cos\varphi$ Leistungsfaktor (bei Sinusstrom) λ Leistungsfaktor
Leistungsdreieck	$S = \sqrt{P^2 + Q^2}$ $\cos\varphi = \frac{P}{S}$ $\sin\varphi = \frac{Q}{S}$ $\tan\varphi = \frac{Q}{P}$	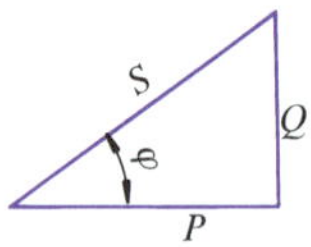
Drehstrom bei symmetrischer Belastung	$S_{Str} = U_{Str} \cdot I_{Str}$ $S = 3 \cdot U_{Str} \cdot I_{Str}$ $S = 1{,}73 \cdot U \cdot I$ $P = 1{,}73 \cdot U \cdot I \cdot \cos\varphi$ $Q = 1{,}73 \cdot U \cdot I \cdot \sin\varphi$ $\lambda = \cos\varphi = \frac{P}{S}$ $P_{\triangle} = 3 \cdot P_{Y}$	S_{Str} Scheinleistung eines Stranges in VA U_{Str} Strangspannung in V I_{Str} Strangstrom in A S Gesamtscheinleistung der drei verketteten Stränge in VA U Außenleiterspannung in V I Außenleiterstrom in A P Wirkleistung in W Q Blindleistung in var λ, $\cos\varphi$ Leistungsfaktor (bei Sinusstrom)
	Bei gleicher Leiterspannung ist die aufgenommene Leistung $P_{\triangle}$ bei einem Verbraucher in Dreieckschaltung das Dreifache der Leistung P_{Y} in der Sternschaltung.	

⇐ 3-17

3.2.2 Elektrische Arbeit

El. Arb.	Berechnung	Erklärung
Arbeit	$W = P \cdot t$ Umrechnungen: 3600 Ws = 1 Wh 1000 Wh = 1 kWh	W elektrische Arbeit in Ws P elektrische Leistung in W t Zeit in s Ws Wattsekunde Wh Wattstunde kWh Kilowattstunde
Leistungsmessung mit Uhr und Zähler	$P = \frac{n}{C_Z \cdot t}$	n Zählerscheibenumdrehungen t Umdrehungen entsprechende Zeit C_Z Zählerkonstante in Umdr./kWh (vom Leistungsschild)
Wirkungsgrad	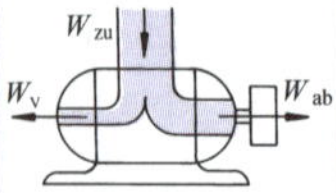 $\eta = \frac{W_{ab}}{W_{zu}}$ im stationären Zustand auch: $\eta = \frac{P_{ab}}{P_{zu}}$	η Wirkungsgrad W_{ab}, W_{zu} abgegebene bzw. zugeführte Arbeit in kWh P_{ab}, P_{zu} abgegebene bzw. zugeführte Leistung in kW
Elektrische Arbeit und Wärme	$Q_N = Q_S \cdot \eta_w$ Durch die bei der Energieumwandlung in Wärmegeräten entstehenden Verluste ist die Nutzwärme kleiner als die Stromwärme.	Q_N Nutzwärme in J Q_S Stromwärme in J η_w Wärmewirkungsgrad Einer elektrischen Wärme von **1 Ws entspricht** eine Wärmearbeit (Stromwärme) von **1 J;** der elektrischen Arbeit von **1 kWh entspricht** die Stromwärme von **3,6 · 10⁶ J**.

[1] VA = Voltampere [2] W = Watt [3] var = Voltampere reaktiv

3.3 Grundgesetze im Gleichstromkreis

3.3.1 Leiterwiderstand

Leitwert u. Widerstand	$G = \frac{1}{R}$	G Leitwert in S R Widerstand in Ω $1\,\text{S} \cdot 1\,\Omega = 1$
Leitfähigkeit u. spezifischer Widerstand	$\gamma = \frac{1}{\varrho}$	γ Leitfähigkeit in $\text{m}/(\Omega\,\text{mm}^2) = \text{S m}/\text{mm}^2$ ϱ spezifischer Widerstand in $\Omega\,\text{mm}^2/\text{m}$ ebenfalls gebräuchlich: für γ: $1\,\text{S m}/\text{mm}^2 = 10^6\,\text{S/m} = 10^4\,\text{S/cm}$ für ϱ: $1\,\Omega\,\text{mm}^2/\text{m} = 10^{-6}\,\Omega\,\text{m} = 10^{-4}\,\Omega\,\text{cm}$
Widerstand eines Leiters	$R = \frac{l}{\gamma \cdot S}$ $R = \frac{\varrho \cdot l}{S}$	R Widerstand in Ω l Leiterlänge in m γ Leitfähigkeit in $\text{m}/(\Omega\,\text{mm}^2)$ S Leiterquerschn. in mm^2 ϱ spezif. Widerstand in $\Omega\,\text{mm}^2/\text{m}$
Widerstand und Temperatur	$\Delta R = \alpha \cdot R_k \cdot \Delta T$ $R_w = R_k \cdot (1 + \alpha \cdot \Delta T)$	ΔR Widerstandsänd. in Ω α Temperaturbeiwert in 1/K R_k Kaltwiderstand in Ω R_w Warmwiderstand in Ω ΔT Temperaturänd. in K
Stromdichte	$J = \frac{I}{S}$	J Stromdichte in A/mm^2 I Strom in A S Leiterquerschnitt in mm^2

In den Tabellenangaben ist für die festen Stoffe der Temperaturbeiwert α_{20} für eine Temperatur von 20 °C aufgeführt. Damit kann nur von einer Kalttemperatur $t_k = 20$ °C ausgegangen werden. Bei anderen Temperaturen können die folgenden Beziehungen verwendet werden.

$$R_w = R_k \cdot \frac{\tau + t_w}{\tau + t_k}$$

$$\tau = \frac{1}{\alpha_{20}} - 20\text{ K}$$

$$\Delta t = \frac{R_w - R_k}{R_k} \cdot (\tau + t_k)$$

R_w Warmwid. in Ω
R_k Kaltwid. in Ω
τ Temp.ziffer in K
t_w Temperatur der warmen Wicklung in °C
t_k Temp. der kalten Wicklung in °C
Δt Übertemp. in °C

Werte der Temperaturziffer:
$\tau_{\text{Kupfer}} = 235$ K
$\tau_{\text{Alumin.}} = 245$ K

Leitfähigkeit γ, spezifischer Widerstand ϱ, Temperaturbeiwert α (bei 20 °C)

Stoff	γ in $\frac{\text{m}}{\Omega\,\text{mm}^2}$	ϱ in $\frac{\Omega\,\text{mm}^2}{\text{m}}$	α in $\frac{1}{\text{K}}$
Metalle			
Aluminium	36	0,0278	0,00403
Bismut	0,83	1,2	0,0042
Blei	4,84	0,2066	0,0039
Cadmium	13	0,0769	0,0039
Eisendraht	6,7…10	0,15…0,1	0,0065
Gold	43,5	0,023	0,0037
Kupfer [1]	58	0,01724	0,00393
Magnesium	22	0,045	0,0039
Nickel	14,5	0,069	0,0060
Platin	9,35	0,107	0,0031
Quecksilber	1,04	0,962	0,0009
Silber	61	0,0164	0,0038
Tantal	7,4	0,135	0,0033
Wolfram	18,2	0,055	0,0044
Zink	16,5	0,061	0,0039
Zinn	8,3	0,12	0,0045
Legierungen			
Aldrey (AlMgSi)	30,0	0,033	0,0036
Bronze I	48	0,02083	0,0040
Bronze II	36	0,02778	0,0040
Bronze III	18	0,05556	0,0040
Konstantan (WM 50) [2]	2,0	0,50	±0,00001
Manganin	2,32	0,43	0,00001
Messing	15,9	0,063	0,0016
Neusilber (WM 30)	3,33	0,30	0,00035
Nickel-Chrom	0,92	1,09	0,00004
Nickelin (WM 43)	2,32	0,43	0,00023
Platinrhodium	5,0	0,20	0,0017
Stahldraht (WM 13)	7,7	0,13	0,0048
Wood-Metall	1,85	0,54	0,0024
Sonstige Leiter			
Graphit	0,046	22	−0,0013
Kohlenstifte homog.	0,015	65	

Flüssigkeiten (Mittelwerte bei 18°C)	% [3]	$\gamma\left(\frac{\text{S}\cdot\text{cm}}{\text{cm}^2}\right)$	$\varrho\left(\frac{\Omega\cdot\text{cm}^2}{\text{cm}}\right)$	$\alpha\left(\frac{1}{\text{K}}\right)$
Kalilauge	5	0,24	4,2	−0,02
KOH	10	0,38	2,6	−0,02
	20	0,42	2,4	−0,02
Kochsalzlösung	5	0,067	14,5	−0,02
NaCl	10	0,121	8,27	−0,02
	20	0,195	5,12	−0,02
Natronlauge	5	0,198	5,1	−0,02
NaOH	10	0,314	3,19	−0,02
	20	0,337	2,97	−0,02
Schwefelsäure	5	0,193	5,18	−0,02
H_2SO_4	10	0,366	2,74	−0,02
	20	0,601	1,67	−0,02

[1] Kupfer der Sorte E-Cu 58 mit einer Reinheit von mind. 99,90%
[2] Cu 55%, Ni 44%, Mn 1%.
[3] Gehalt der Lösung in Gewichtsprozenten

3.3 Grundgesetze im Gleichstromkreis

3.3.2 Gesetze in einfachen und verzweigten Stromkreisen

Gesetz	Bildliche Darstellung	Berechnung	Erklärung
Ohmsches Gesetz	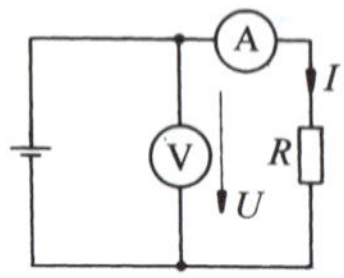	$I = \frac{U}{R}$	I Strom in A U Spannung in V R Widerstand in Ω 1 Ω = 1 V / 1 A
Reihenschaltung von Widerständen	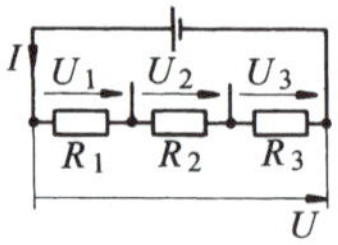	$U = U_1 + U_2 + U_3 + \ldots$ $R = R_1 + R_2 + R_3 + \ldots$ $I = \frac{U}{R} = \frac{U_1}{R_1} = \frac{U_2}{R_2} = \frac{U_3}{R_3}$	U Gesamtspannung in V U_1, U_2 Teilspannungen in V R Gesamtwiderstand in Ω R_1, R_2 Teilwiderstände in Ω
Spannungsfall auf Leitung	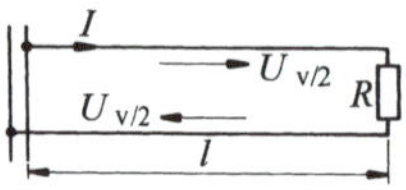	$U_v = R_{Ltg} \cdot I$ $U_v = \frac{2 \cdot l}{\gamma \cdot S} \cdot I$ $u_v = \frac{U_v \cdot 100}{U}$	U_v Spannungsfall in V R_{Ltg} Leitungswiderstand in Ω I Strom in A l einfache Leiterlänge in m γ Leitfähigkeit des Leitungswerkstoffes in S m/mm² S Leitungsquerschnitt in mm² u_v Spannungsfall in % U Nennspannung in V
Parallelschaltung von Widerständen	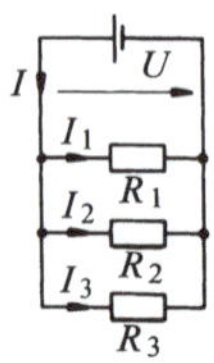	$I = I_1 + I_2 + I_3 + \ldots$ $G = G_1 + G_2 + G_3 + \ldots$ $\frac{1}{R} = \frac{1}{R_1} + \frac{1}{R_2} + \frac{1}{R_3} + \ldots$ $U = I \cdot R = I_1 \cdot R_1 = I_2 \cdot R_2$ **1. Sonderfall:** 2 Widerstände parallel $R = \frac{R_1 \cdot R_2}{R_1 + R_2}$ **2. Sonderfall:** *n* gleiche Widerstände R_n parallel $R = \frac{R_n}{n}$	I Gesamtstrom in A I_1, I_2 Teilströme in A R Gesamtwiderstand in Ω G Gesamtleitwert in S G_1, G_2 Einzelleitwerte in S R_1, R_2 Einzelwiderstände in Ω
Reihen- und Parallelschaltung von Widerständen mit unterschiedlichen Temperaturbeiwerten	Reihenschaltung 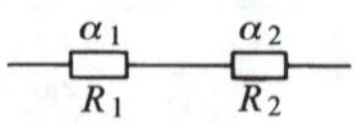	$\alpha = \frac{\alpha_1 \cdot R_1 + \alpha_2 \cdot R_2}{R_1 + R_2}$	α Gesamttemperaturbeiwert in 1/K R Gesamtwiderstand in Ω α_1, α_2 Temperaturbeiwerte der Einzelwiderstände in 1/K R_1, R_2 Einzelwiderstände in Ω
	Parallelschaltung 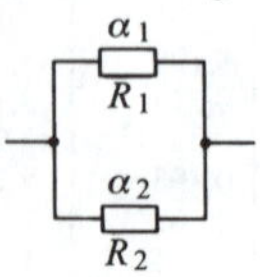	$\alpha = R \frac{\alpha_1 \cdot R_2 + \alpha_2 \cdot R_1}{R_1 \cdot R_2}$	

3.3 Grundgesetze im Gleichstromkreis

Gesetz	Bildliche Darstellung	Berechnung	Erklärung
1. Kirchhoffscher Satz (Knotenpunktregel)	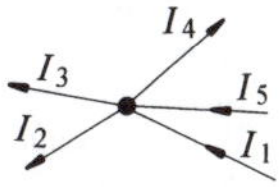	In jedem Stromverzweigungspunkt (Knotenpunkt) ist die Summe ($\sum$) aller zufließenden Ströme gleich der Summe aller abfließenden Ströme $\sum I_{zu} = \sum I_{ab}$	**Beispiel:** $I_1 = 3$ A; $I_2 = 6$ A; $I_3 = 2$ A; $I_4 = 1{,}5$ A; $I_5 = ?$ A **Lösung:** $I_1 + I_5 = I_2 + I_3 + I_4$ $I_5 = I_2 + I_3 + I_4 - I_1$ $I_5 = 6\ \text{A} + 2\ \text{A} + 1{,}5\ \text{A} - 3\ \text{A}$ $I_5 = 9{,}5\ \text{A} - 3\ \text{A}$ $I_5 = 6{,}5$ A
2. Kirchhoffscher Satz (Maschenregel)	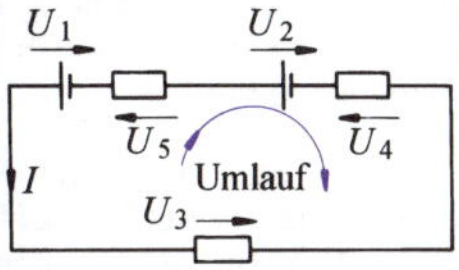	In jedem geschlossenen Stromkreis (Masche) ist die Summe aller Spannungen gleich Null. Spannungen, deren Richtung mit dem gewählten Umlaufsinn übereinstimmen, erhalten positives Vorzeichen, die anderen negatives Vorzeichen $\sum U = 0$	**Beispiel:** $U_1 = 4{,}5$ V $U_2 = 1{,}5$ V $U_4 = 1$ V $U_5 = 3$ V $U_3 = ?$ V **Lösung:** $U_1 + U_2 - U_5 - U_4 - U_3 = 0$ $U_3 = U_1 + U_2 - U_4 - U_5$ $= 4{,}5\ \text{V} + 1{,}5\ \text{V} - 3\ \text{V} - 1\ \text{V}$ $U_3 = 2$ V
Messbereichserweiterung	**Spannungsmesser** 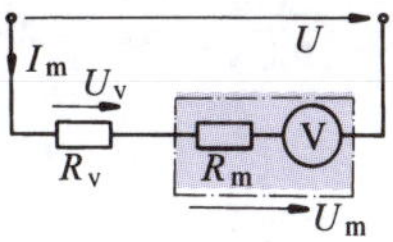	$R_v = \frac{U - U_m}{I_m}$ $n = \frac{U}{U_m}$ $R_v = R_m \cdot (n-1)$	U_m Messbereichsendwert vor der Erweiterung in V U Messbereichsendwert nach der Erweiterung in V I_m Strom für Vollausschlag in A R_m Widerstand des Messwerkes in Ω R_v Vorwiderstand in Ω n Messbereichserweiterungsfaktor
	Strommesser 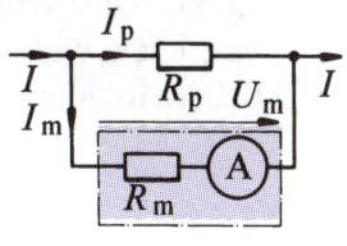	$R_p = \frac{U_m}{I - I_m}$ $R_p = \frac{R_m \cdot I_m}{I - I_m}$ $n = \frac{I}{I_m}$ $R_p = \frac{R_m}{n-1}$	R_p Nebenwiderstand (Shunt) in Ω U_m Spannung am Messwerk bei Vollausschlag in V I Messbereichsendwert nach der Erweiterung in A I_m Messbereichsendwert vor der Erweiterung in A R_m Widerstand des Messwerkes in Ω n Messbereichserweiterungsfaktor
Unbelasteter Spannungsteiler	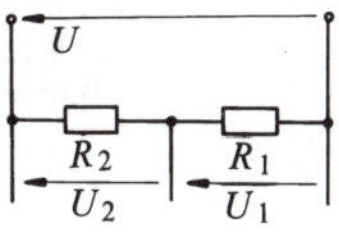	$\frac{U_1}{R_1} = \frac{U_2}{R_2}$ $U_2 = \frac{R_2}{R_1 + R_2} \cdot U$	U_1, U_2 Teilspannungen in V R_1, R_2 Teilwiderstände in Ω U Gesamtspannung in V

3.3 Grundgesetze im Gleichstromkreis

Gesetz	Bildliche Darstellung	Berechnung	Erklärung
Belasteter Spannungsteiler	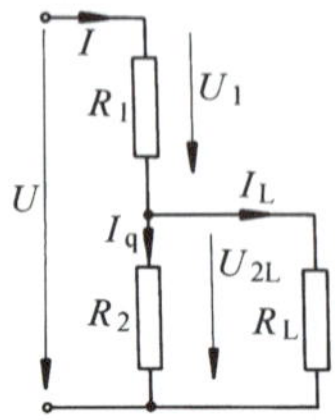	$U_{2L} = \dfrac{U}{\dfrac{R_1 \cdot (R_2 + R_L)}{R_2 \cdot R_L} + 1}$ $R_2 = R_L \cdot \dfrac{U}{U_{2L}} \cdot \dfrac{U_{20} - U_{2L}}{U - U_{20}}$ $R_1 = R_2 \left(\dfrac{U}{U_{20}} - 1 \right)$ $q = \dfrac{I_q}{I_L}$	U_{2L} Teilspannung bei Belastung mit R_L in V U Gesamtspannung in V R_1, R_2 Teilwiderstände in Ω R_L Belastungswiderstand in Ω U_{20} Teilspannung ohne Belastung (Leerlauf) in V I_L Laststrom in A I_q Querstrom in A q Querstromverhältnis
	Kennlinien eines Spannungsteilers 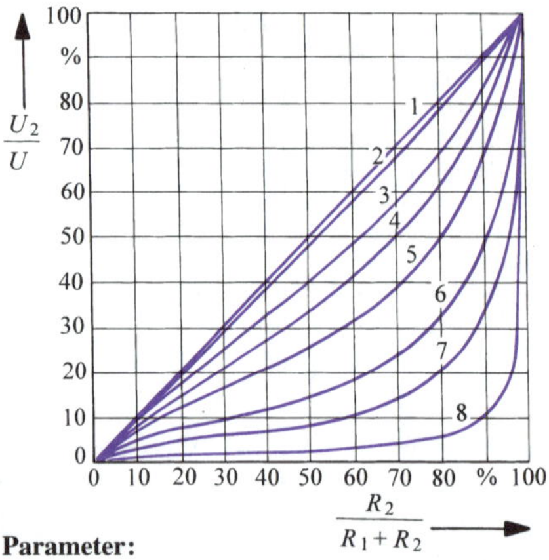 **Parameter:** 1 $R_L = \infty$ 2 $R_L = 5\,(R_1 + R_2)$ 3 $R_L = R_1 + R_2$ 4 $R_L = 0{,}5\,(R_1 + R_2)$ 5 $R_L = 0{,}25\,(R_1 + R_2)$ 6 $R_L = 0{,}1\,(R_1 + R_2)$ 7 $R_L = 0{,}05\,(R_1 + R_2)$ 8 $R_L = 0{,}01\,(R_1 + R_2)$		Die Ausgangsspannung weicht weniger von der Leerlaufspannung ab, wenn der Lastwiderstand gegenüber dem Teilerwiderstand groß ist. **Beispiel:** Spannungsteiler an $U = 100$ V liegend hat im Leerlauf eine Spannung $U_{20} = 30$ V. Bei Belastung mit $R_L = 70\ \Omega$ darf die Spannung auf $U_{2L} = 25$ V absinken. $R_1 = ?\ \Omega$; $R_2 = ?\ \Omega$. **Lösung:** $R_2 = R_L \cdot \dfrac{U}{U_{2L}} \cdot \dfrac{U_{20} - U_{2L}}{U - U_{20}}$ $R_2 = 70\ \Omega \cdot \dfrac{100\ \text{V}}{25\ \text{V}} \cdot \dfrac{30\ \text{V} - 25\ \text{V}}{100\ \text{V} - 30\ \text{V}} = 20\ \Omega$ $R_1 = R_2 \left(\dfrac{U}{U_{2L}} - 1 \right) = 20\ \Omega \cdot \left(\dfrac{100\ \text{V}}{30\ \text{V}} - 1 \right)$ $R_1 = 46{,}67\ \Omega$
Brückenschaltung	**Wheatstonesche Brücke** 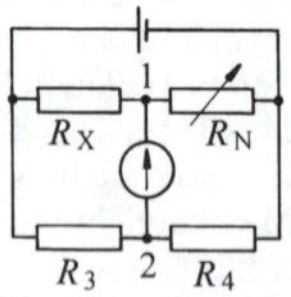	Für den Abgleich ($I_{12} = 0$) gilt: $\dfrac{R_X}{R_N} = \dfrac{R_3}{R_4}$	R_X unbekannter Widerstand in Ω R_N Vergleichswiderstand in Ω R_3, R_4 Brückenwiderstände in Ω
	Schleifdrahtbrücke 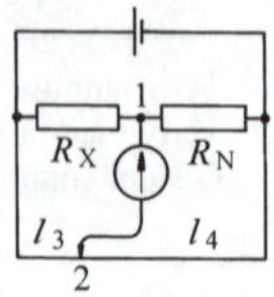	Für den Abgleich ($I_{12} = 0$) gilt: $\dfrac{R_X}{R_N} = \dfrac{l_3}{l_4}$	R_X unbekannter Widerstand in Ω R_N Vergleichswiderstand in Ω l_3, l_4 Längen des Widerstandsdrahtes bis zum Abgriff in m

3.3 Grundgesetze im Gleichstromkreis

Gesetz	Bildliche Darstellung	Berechnung
Stern-Dreieck-Umwandlung		$R_{12} = \frac{R_{10} \cdot R_{20}}{R_{30}} + R_{10} + R_{20}$ $R_{23} = \frac{R_{20} \cdot R_{30}}{R_{10}} + R_{20} + R_{30}$ $R_{31} = \frac{R_{10} \cdot R_{30}}{R_{20}} + R_{10} + R_{30}$
Dreieck-Stern-Umwandlung		$R_{10} = \frac{R_{12} \cdot R_{31}}{R_{12} + R_{31} + R_{23}}$ $R_{20} = \frac{R_{12} \cdot R_{23}}{R_{12} + R_{31} + R_{23}}$ $R_{30} = \frac{R_{31} \cdot R_{23}}{R_{12} + R_{31} + R_{23}}$

Gesetz	Bildliche Darstellung	Berechnung	Erklärung
Dreieck-Stern-Umwandlung (Forts.)	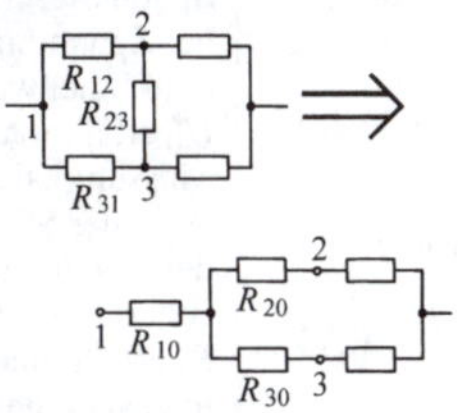	**Beispiel:** $R_{12} = 20\ \Omega$; $R_{23} = 30\ \Omega$; $R_{31} = 50\ \Omega$	**Lösung:** $R_{10} = \frac{R_{12} \cdot R_{31}}{R_{12} + R_{31} + R_{23}}$ $R_{10} = \frac{20\ \Omega \cdot 50\ \Omega}{20\ \Omega + 30\ \Omega + 50\ \Omega} = 10\ \Omega$ $R_{20} = \frac{30\ \Omega \cdot 20\ \Omega}{100\ \Omega} = 6\ \Omega$ $R_{30} = \frac{30\ \Omega \cdot 50\ \Omega}{100\ \Omega} = 15\ \Omega$
Spannungserzeuger	**Belasteter Spannungserzeuger** 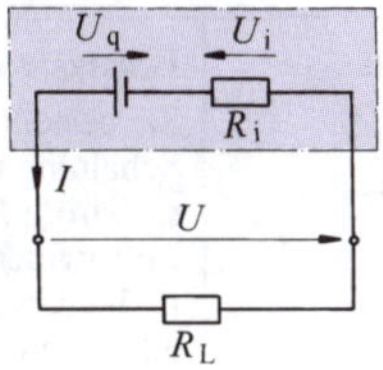	$U = U_q - I \cdot R_i$ $I = \frac{U_q}{R_i + R_L}$ $U_0 = U_q$ $I_K = \frac{U_q}{R_i}$ $R_i = \frac{U_q}{I_K}$ $R_i = \left\| \frac{\Delta U}{\Delta I} \right\|$	U Klemmenspannung in V U_q Quellenspannung in V U_0 Leerlaufspannung in V I_K Kurzschlussstrom in A ΔI Stromänderung in A ΔU durch ΔI verursachte Klemmenspannungsänderung in V I Strom in A R_i innerer Widerstand in Ω R_L Lastwiderstand in Ω P_{max} maximale Leistung am Lastwiderstand
	Leistungsanpassung	$R_L = R_i$ $U = \frac{U_0}{2}$ $I = \frac{U_0}{2 \cdot R_L}$ $P_{max} = \frac{U_0^2}{4 \cdot R_L}$	Die größtmögliche Leistungsentnahme aus einem Spannungserzeuger ergibt sich bei Leistungsanpassung, wenn der Lastwiderstand gleich dem Innenwiderstand ist

3.3 Grundgesetze im Gleichstromkreis

Gesetz	Bildliche Darstellung	Berechnung	Erklärung
Spannungserzeuger (Forts.)	**Reihenschaltung** 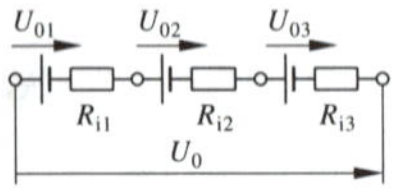	$U_0 = U_{01} + U_{02} + U_{03} + \ldots$ $R_i = R_{i1} + R_{i2} + R_{i3} + \ldots$	U_0 Gesamtleerlaufspannung U_{01}, U_{02} Einzelleerlaufspannungen R_i Gesamtinnenwiderstand R_{i1}, R_{i2} Einzelwiderstände I Gesamtstrom
	Parallelschaltung 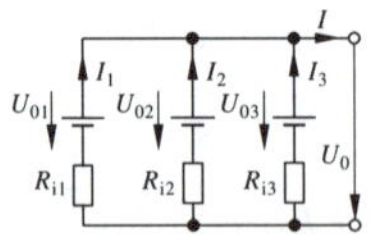	$I = I_1 + I_2 + I_3 + \ldots$ $\frac{1}{R_i} = \frac{1}{R_{i1}} + \frac{1}{R_{i2}} + \frac{1}{R_{i3}} + \ldots$	Bei **unterschiedlichen Leerlaufspannungen** der einzelnen Spannungserzeuger fließen in der Parallelschaltung auch im Leerlauf Ausgleichsströme
Ersatzspannungsquelle/ Ersatzstromquelle	Netze, die mehrere Spannungserzeuger ($U_{01}, U_{02}, U_{03}, \ldots$), mehrere Schaltglieder mit festen Widerständen ($R_1, R_2, R_3, \ldots$) und einen veränderlichen Lastwiderstand R_L enthalten, lassen sich durch die Ersatzspannungsquelle bzw. durch die Ersatzstromquelle berechnen		
	Beispiel: 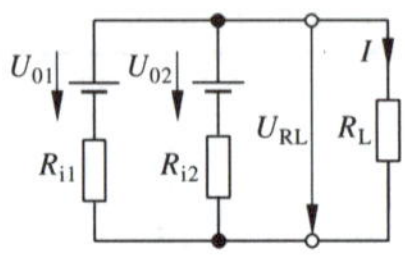 $U_{01} = 12\ V$ $R_L = 15\ \Omega$ $R_{i1} = 3\ \Omega$ $U_{R_L} = ?\ V$ $U_{02} = 6\ V$ $I = ?\ A$ $R_{i2} = 1\ \Omega$ 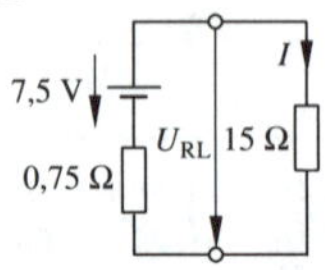	**Lösung: Ersatzspannungsquelle** $U_{01} - I_0 \cdot R_{i1} = U_{02} + I_0 \cdot R_{i2}$ $U_{01} - U_{02} = I_0\,(R_{i1} + R_{i2})$ $I_0 = \frac{U_{01} - U_{02}}{R_{i1} + R_{i2}} = \frac{12\ V - 6\ V}{3\ \Omega + 1\ \Omega} = 1{,}5\ A$ $U_0' = U_{02} + I_0 \cdot R_{i2}$ $= 6\ V + 1{,}5\ A \cdot 1\ \Omega = 7{,}5\ V$ $R_i' = \frac{R_{i1} \cdot R_{i2}}{R_{i1} + R_{i2}} = \frac{3\ \Omega \cdot 1\ \Omega}{3\ \Omega + 1\ \Omega} = 0{,}75\ \Omega$ $I = \frac{U_0'}{R_i + R_L} = \frac{7{,}5\ V}{0{,}75\ \Omega + 15\ \Omega}$ $I = 0{,}476\ A$ $U_{R_L} = I \cdot R_L = 0{,}476\ A \cdot 15\ \Omega$ $U_{R_L} = 7{,}14\ V$	**Ersatzspannungsquelle** Sie besteht aus einem Spannungserzeuger mit der Spannung U_0' und dem Innenwiderstand R_i'. U_0' erhält man durch Messung oder Berechnung der Spannung an den Klemmen für $R_L = \infty$ (Leerlaufspannung); R_i' erhält man, indem man sich die einzelnen Spannungserzeuger des Netzes kurzgeschlossen denkt und den Widerstand an den Klemmen (R_L nicht angeschlossen) bestimmt
	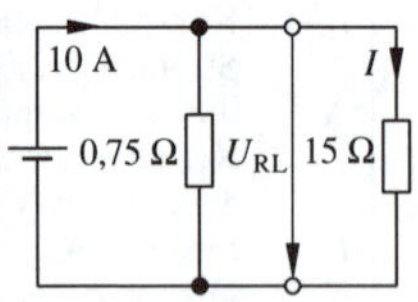	**Lösung: Ersatzstromquelle** $I' = \frac{U_{01}}{R_{i1}} + \frac{U_{02}}{R_{i2}} = \frac{12\ V}{3\ \Omega} + \frac{6\ V}{1\ \Omega}$ $I' = 4\ A + 6\ A = 10\ A$ Berechnung von R_i': siehe Ersatzspannungsquelle $R_i' = 0{,}75\ \Omega$ $R_{ers} = \frac{R_i' \cdot R_L}{R_i' + R_L} = \frac{0{,}75\ \Omega \cdot 15\ \Omega}{0{,}75\ \Omega + 15\ \Omega}$ $R_{ers} = 0{,}714\ \Omega$ $U_{R_L} = I' \cdot R_{ers} = 10\ A \cdot 0{,}714\ \Omega$ $U_{R_L} = 7{,}14\ V$ $I = \frac{U_{R_L}}{R_L} = \frac{7{,}14\ V}{15\ \Omega} = 0{,}476\ A$	**Ersatzstromquelle** Sie besteht aus einer Schaltung mit einem Ersatzstrom I' und einem Innenwiderstand R_i'. I' fließt, wenn man die Klemmen des Netzes kurzschließt (Kurzschlussstrom für $R_L = 0$). R_i' lässt sich durch die gleiche Vorgehensweise wie bei der Ersatzspannungsquelle festlegen

3.3 Grundgesetze im Gleichstromkreis

3.3.3 Elektrisches Feld und Kondensator

Gesetz	Bildliche Darstellung	Berechnung	Erklärung
Elektrisches Feld	**Elektrische Feldstärke** 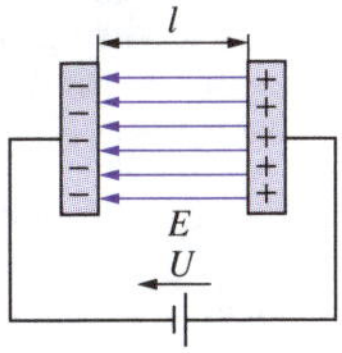	$E = \frac{F}{Q} = \frac{U}{l}$	Die **Richtung der Feldstärke** ist festgelegt durch die Richtung der Kraft auf eine positive Ladung im elektrischen Feld. E elektr. Feldstärke in V/m U Spannung zwischen geladenen Körpern in V l Abstand der Körper in m F Kraft auf einen geladenen Körper in N Q Ladung des Körpers in As
	Elektrische Durchschlagfestigkeit Die Durchschlagfestigkeit ist die in einem homogenen elektrischen Feld Durchschlag bewirkende Feldstärke in kV/cm oder kV/mm. Zur Berechnung wird bei einer sinusförmigen Wechselspannung der Effektivwert verwendet.		
	Elektrische Verschiebung	$D = \frac{Q}{A} = \varepsilon \cdot E = \varepsilon_0 \cdot \varepsilon_r \cdot E$ $\varepsilon_0 = 0{,}885419 \cdot 10^{-11}\ \mathrm{F/m}$	D elektrische Flussdichte in $\mathrm{As/m^2}$ Q elektrische Ladung in As A Fläche in $\mathrm{m^2}$ ε Permittivität in As/(Vm) = F/m ε_0 elektrische Feldkonstante in F/m ε_r Permittivitätszahl
Kapazitäten von Kondensatoren			
Plattenkondensator	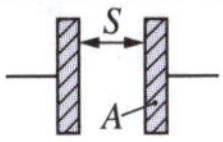	$C = \varepsilon_0 \cdot \varepsilon_r \cdot \frac{A}{s}$	C Kapazität in F ε_r Permittivitätszahl des Stoffes zwischen den parallelen Platten A Fläche einer Platte in $\mathrm{m^2}$ s Abstand der Platten in m
Zylinderkondensator	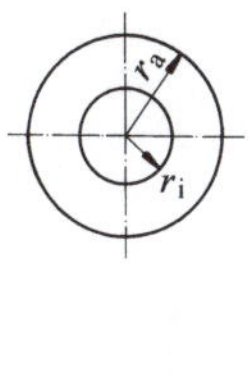	$C = \varepsilon_0 \cdot \varepsilon_r \cdot \frac{2 \cdot \pi \cdot l}{\ln \frac{r_a}{r_i}}$	l Länge der koaxialen Zylinder in m r_a Innenradius des äußeren Zylinders in mm r_i Außenradius des inneren Zylinders in mm ln natürlicher Logarithmus ε_r Permittivitätszahl des Stoffes zwischen den Zylindern
Kugelkondensator	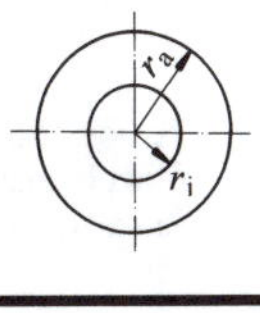	$C = \varepsilon_0 \cdot \varepsilon_r \cdot 4\pi \cdot \frac{r_i \cdot r_a}{r_a - r_i}$	r_i Außenradius der inneren Kugel in m r_a Innenradius der äußeren Kugel in m ε_r Permittivitätszahl des Stoffes zwischen den Kugeln

3

⇒ 1-5

3.3 Grundgesetze im Gleichstromkreis

Gesetz	Bildliche Darstellung	Berechnung	Erklärung
Parallele Zylinder mit gleichen Radien	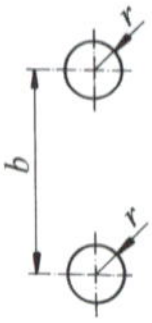	Für den Fall $b \gg r$: $C = \dfrac{\pi \cdot \varepsilon_0 \cdot \varepsilon_r \cdot l}{\ln \dfrac{b-r}{r}}$	l Länge des Zylinders in m b Abstand der Zylindermittellinien in m r Zylinderradius in m ε_r Permittivitätszahl des Stoffes zwischen den Zylindern ln natürlicher Logarithmus
Zylinder gegenüber Ebene	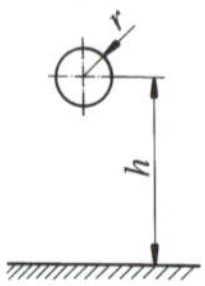	Für den Fall $h \gg r$: $C = \dfrac{2 \cdot \pi \cdot \varepsilon_0 \cdot \varepsilon_r \cdot l}{\ln \dfrac{2 \cdot h}{r}}$	l Länge des Zylinders in m h Abstand der Zylindermittellinie/Ebene in m r Zylinderradius in m ε_r Permittivitätszahl des Stoffes zwischen Zylinder und Ebene
Ladung von Kondensatoren		$Q = I \cdot t$ $Q = C \cdot U$	Q Ladung in As I Strom in A t Zeit in s C Kapazität in F (F = As/V) U Spannung in V
Energie e. gelad. Kondensators		$W_{el} = \dfrac{1}{2} \cdot C \cdot U^2$	W_{el} elektrisch gespeicherte Energie in Ws C Kapazität in F U Spannung in V
Parallelschaltung von Kondensatoren	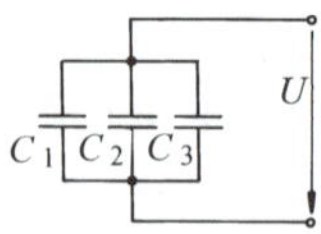	$Q = Q_1 + Q_2 + Q_3 + \ldots$ $C = C_1 + C_2 + C_3 + \ldots$ $U = \dfrac{Q}{C} = \dfrac{Q_1}{C_1} = \dfrac{Q_2}{C_2} = \ldots$	Q Gesamtladung in As Q_1, Q_2 Einzelladungen in As C Gesamtkapazität in F C_1, C_2 Einzelkapazitäten in V U Spannung in V
Reihenschaltung von Kondensatoren	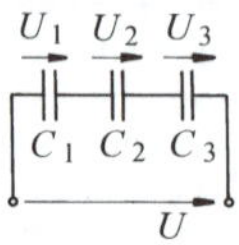	$U = U_1 + U_2 + U_3 + \ldots$ $\dfrac{1}{C} = \dfrac{1}{C_1} + \dfrac{1}{C_2} + \dfrac{1}{C_3} + \ldots$ $Q = C \cdot U = C_1 \cdot U_1 = C_2 \cdot U_2$ Für den speziellen Fall der Reihenschaltung aus zwei Kondensatoren: $C = \dfrac{C_1 \cdot C_2}{C_1 + C_2}$	U Gesamtspannung in V U_1, U_2 Einzelspannungen in V C Gesamtkapazität in F C_1, C_2 Einzelkapazitäten in F Q Ladung in As
Kapazitätsänderung von Kondensatoren bei Erwärmung		$\Delta C = \alpha \cdot C_K \cdot \Delta T$ $C_w = C_K \cdot (1 + \alpha \cdot \Delta T)$ **Reihenschaltung**: $\alpha = \dfrac{\alpha_2 \cdot C_1 + \alpha_1 \cdot C_2}{C_1 + C_2}$ **Parallelschaltung**: $\alpha = \dfrac{\alpha_1 \cdot C_1 + \alpha_2 \cdot C_2}{C_1 + C_2}$	ΔC Kapazitätsänderung in F α Temperaturkoeff. in 1/K C_K Kap. im kalten Zustand in F ΔT Temperaturänderung in K C_w Kapazität im warmen Zustand in F α Gesamttemperaturkoeffizient in 1/K α_1, α_2 Temperaturkoeffizienten der Einzelkapazitäten in 1/K C_1, C_2 Einzelkapazitäten in F

3.3 Grundgesetze im Gleichstromkreis

3.3.4 Magnetisches Feld und Spule

Art	Bildliche Darstellung	Berechnung	Erklärung
Durchflutung	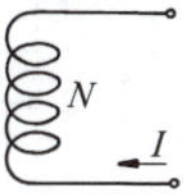	$\Theta = N \cdot I$	Θ Durchflutung in A (= magnetische Spannung) N Windungszahl I Strom in A
Magn. Feldstärke	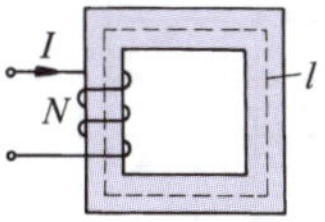	$H = \frac{N \cdot I}{l}$	H magnetische Feldstärke in A/m N Windungszahl I Strom in A l mittlere Feldlinienlänge in m
Magn. Fluss u. magn. Flussdichte	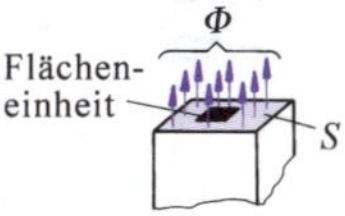	$B = \frac{\Phi}{S}$	Die magnetische Flussdichte ist die Anzahl der Feldlinien, die senkrecht durch eine Flächeneinheit hindurchtreten. B magn. Flussdichte in T 1 T = 1 Tesla = 1 Vs/m^2 Φ magn. Fluss in Wb 1 Wb = 1 Weber = 1 Vs S Fläche in m^2
Magn. Feldstärke, Flussdichte, Permeabilität	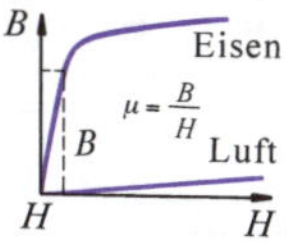	$B = \mu \cdot H$ $B = \mu_0 \cdot \mu_r \cdot H$ $\mu = \mu_0 \cdot \mu_r$ $\mu_0 = 1{,}2566 \cdot 10^{-6} \frac{Vs}{Am}$	B magnetische Flussdichte in T H Feldstärke in A/m μ Permeabilität in Vs/(Am) μ_0 magn. Feldkonstante μ_r Permeabilitätszahl **in Luft:** $B = \mu_0 \cdot H$ μ_0 konstant, $\mu_r \approx 1$ **in Eisen:** $B = \mu \cdot H$ μ nicht konstant
Hysteresekurve	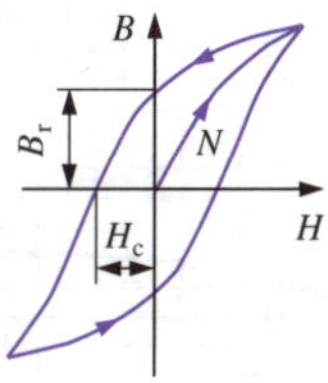	Die von der Hysteresekurve eingeschlossene Fläche entspricht den Ummagnetisierungsverlusten	N Neukurve B_r magn. Remanenz (Restmagnetismus) H_c Koerzitivfeldstärke
Entmagnetisieren		Einbringen des magnetischen Gegenstandes in das Magnetfeld einer vom Wechselstrom durchflossenen Spule; dann entweder den Strom verringern oder den Gegenstand langsam aus dem Spulenfeld entfernen	
Anforderungen an Magnetwerkstoffe		Für Elektromagnete: Werkstoffe mit geringer Remanenz, geringer Koerzitivfeldstärke (kleine Ummagnetisierungsverluste) und großer Permeabilitätszahl. Für Dauermagnete: Werkstoffe mit großer Remanenz und großer Koerzitivfeldstärke	

Magnetisierungskurven

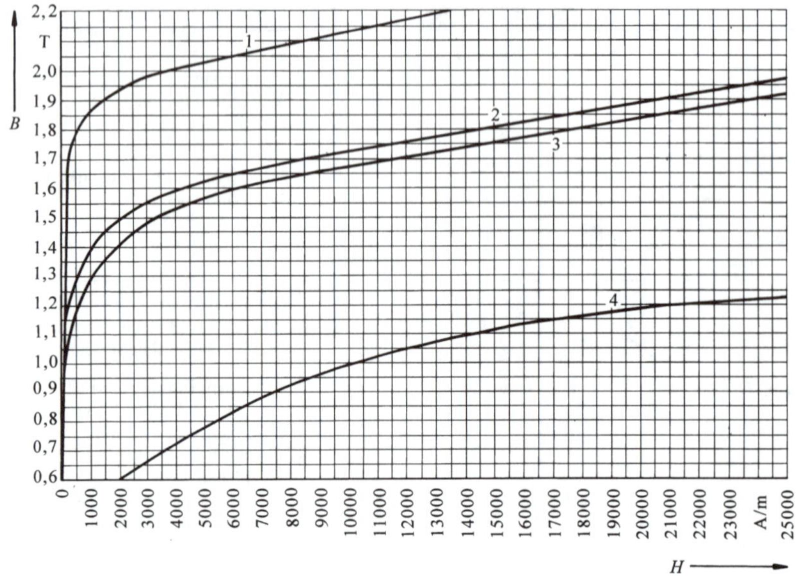

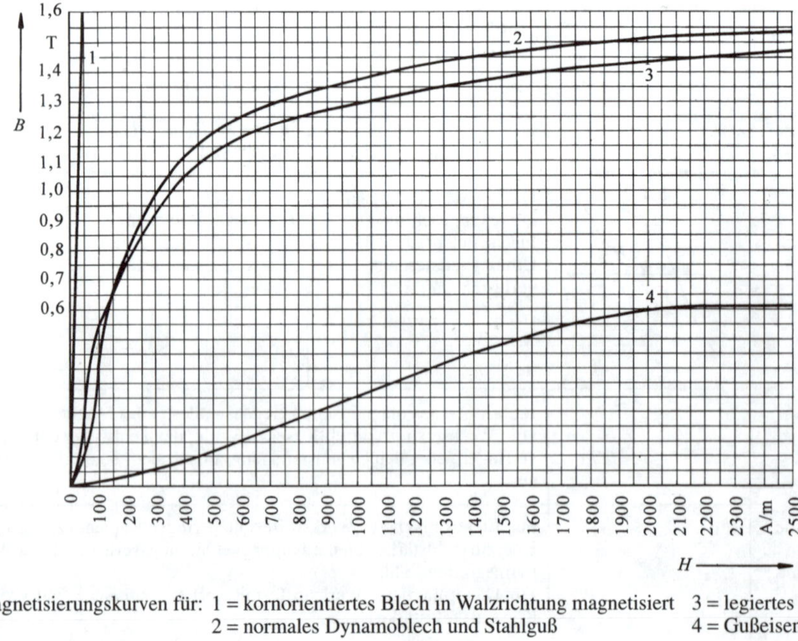

Magnetisierungskurven für: 1 = kornorientiertes Blech in Walzrichtung magnetisiert 3 = legiertes Blech
2 = normales Dynamoblech und Stahlguß 4 = Gußeisen

3.3 Grundgesetze im Gleichstromkreis

Art	Berechnung
Magn. Widerstand u. Leitwert	$R_{mag} = \frac{\Theta}{\Phi} = \frac{l}{\mu \cdot S}$ $\Lambda = \frac{1}{R_{mag}} = \frac{\mu \cdot S}{l}$ $\Phi = \Theta \cdot \Lambda$ R_{mag} magnetischer Widerstand in A/Wb Θ Durchflutung in A Φ magn. Fluss in Wb l mittlere Feldlinienlänge in m μ Permeabilität in Wb/(A · m) S Fläche in m^2 Λ magnetischer Leitwert in Wb/A
Magn. Kreis mit Luftspalt (o. Streuung)	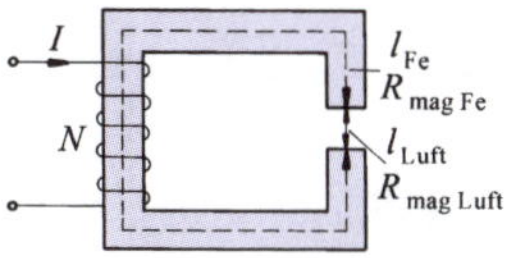 $R_{mag\,ges} = R_{mag\,Fe} + R_{mag\,Luft}$ $V_{ges} = V_{Fe} + V_{Luft}$ $\Theta = H_{Fe} \cdot l_{Fe} + H_{Luft} \cdot l_{Luft}$ $R_{mag\,ges}$: gesamter magn. Widerstand in A/Wb $R_{mag\,Fe}$; $R_{mag\,Luft}$: magn. Einzelwiderstände in A/Wb V_{ges}: magn. Gesamtspannung in A V_{Fe}; V_{Luft}: magn. Teilspannungen in A Θ: Durchflutung (Wicklung) in A H_{Fe}; H_{Luft}: magn. Feldstärken in A/m l_{Fe}; l_{Luft}: mittlere Feldlinienlängen in m
Linke-Hand-Regel (Motorregel)	Hält man die linke Hand so, dass die Feldlinien (vom Nordpol kommend) auf die Handfläche der Hand auftreffen und zeigen die ausgestreckten Finger in Stromrichtung, dann gibt der abgespreizte Daumen die Bewegungsrichtung des Leiters an
Kraft im Magnetfeld	$F = \frac{B^2 \cdot S}{2 \cdot \mu_0}$ F Kraft in N μ_0 magn. Feldkonstante B magn. Flussdichte in T S Fläche in m^2

Art	Berechnung
Kraft auf stromdurchfloss. Leiter im mag. Feld	$F = B \cdot l \cdot I \cdot z$ wenn $B \perp l$ F Kraft in N B magn. Flussdichte in T l wirksame Leiterlänge in m z Leiterzahl I Strom in A
Kraft auf parallele Stromleiter	Parallele Leiter mit gleicher Stromrichtung ziehen sich an; parallele Leiter mit entgegengesetzter Stromrichtung stoßen sich ab $F = \frac{\mu_0}{2\pi} \cdot \frac{l}{b} \cdot I_1 \cdot I_2$ F Kraft in N μ_0 magn. Feldkonstante l Leiterlänge in m b Leiterabstand in m I_1; I_2 Leiterstrom in A
Rechte-Hand-Regel (Generatorregel)	Hält man die rechte Hand so, dass die Feldlinien (vom Nordpol kommend) auf die Innenfläche der Hand auftreffen und zeigt der abgespreizte Daumen in die Bewegungsrichtung, so geben die ausgestreckten Finger die Richtung des Induktionsstromes an
Induktionsgesetz	$U_{indu} = -N \frac{\Delta\Phi}{\Delta t}$ U_{indu} induzierte Spannung in V N Windungszahl $\frac{\Delta\Phi}{\Delta t}$ zeitliche Veränderung des magn. Flusses in Wb/s **Beispiel:** $N = 3000$; $\Phi_1 = 2 \cdot 10^{-4}$ Vs; $\Phi_2 = 4 \cdot 10^{-4}$ Vs; $t_1 = 0{,}1$ s; $t_2 = 0{,}2$ s; $U_{indu} = ?$ V 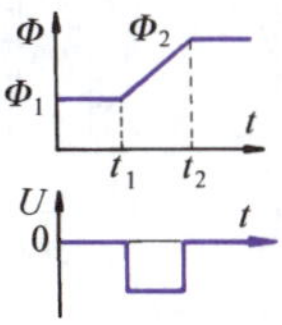 **Lösung:** $U_{indu} = -N \frac{\Delta\Phi}{\Delta t} = -N \frac{\Phi_2 - \Phi_1}{t_2 - t_1}$ $U_{indu} = -3000 \frac{(4 \cdot 10^{-4} - 2 \cdot 10^{-4})\,\text{Vs}}{(0{,}2 - 0{,}1)\,\text{s}}$ $U_{indu} = -3000 \cdot \frac{2 \cdot 10^{-4}}{0{,}1}$ V $U_{indu} = -6$ V

⇒ 3-11

3.3 Grundgesetze im Gleichstromkreis

Art	Berechnung	Erklärung	Art	Berechnung	Erklärung
Induktion der Bewegung	$\lvert U_{\text{indu}} \rvert = B \cdot l \cdot v \cdot z$ wenn $v \perp B$	$\lvert U_{\text{indu}} \rvert$ induzierte Spannung in V l wirksame Leiterlänge in m v Geschw. in m/s z Leiterzahl B mag. Flussdichte in T	Selbstinduktivität von Spulen	$L = N^2 \cdot \frac{\mu_0 \cdot \mu_r \cdot S}{l}$ $L = N^2 \cdot \Lambda$	L Selbstinduktivität in H 1 H = Wb/A N Windungszahl Λ magn. Leitwert in Wb/A
Selbstinduktionsspannung	$U_L = -L \cdot \frac{\Delta I}{\Delta t}$	U_L Selbstinduktionsspannung in V L Induktivität in H $\frac{\Delta I}{\Delta t}$ zeitliche Änderung des Stromes in A/s	Energie einer stromdurchfloss. Spule	$W_{\text{mag}} = \frac{1}{2} \cdot L \cdot I^2$	W_{mag} magn. gespeicherte Energie in Ws L Selbstinduktivität in H I Strom in A

Selbstinduktivitäten

Konzentrisches Kabel	Leiter gegen Masse	Doppelleitung	Erklärung
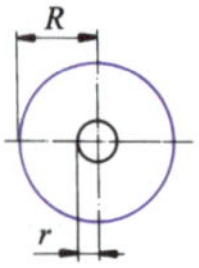 $L = 0{,}2 \cdot 10^{-6} \cdot l \cdot \ln\left(\frac{R}{r}\right)$	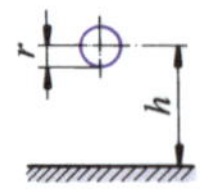 $L = 0{,}2 \cdot 10^{-6} \cdot l \cdot \ln\left(\frac{2h}{r}\right)$	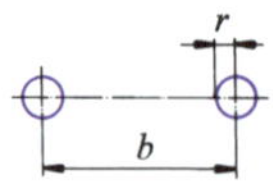 $L = 0{,}4 \cdot 10^{-6} \cdot l \cdot \ln\left(\frac{b}{r}\right)$	L Induktivität in H l Leiterlänge in m

⇐ 1-5

Art	Bildl. Darstellung	Berechnung	Erklärung
Einlagige Spule	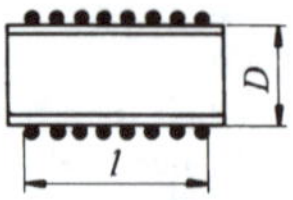	$L = 10^{-6} \cdot N^2 \cdot \frac{D^2}{l}$	L Induktivität in H N Windungszahl D Windungsdurchmesser in m l Spulenlänge in m
Mehrlagige Spule	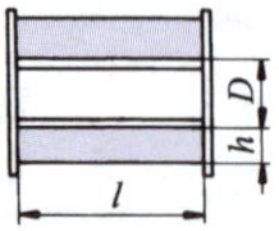	$L \approx 10^{-6} \cdot N^2 \cdot D \cdot \left[\frac{D}{2(l+h)}\right]^n$ $n = 0{,}75$ für $0 < \frac{D}{2(l+h)} < 1$ $n = 0{,}5$ für $1 \leq \frac{D}{2(l+h)} < 3$	L Induktivität in H N Windungszahl D Durchmesser in m l Spulenlänge in m h Wicklungshöhe in m
Magnetisch nicht gekoppelte Spulen			
Reihenschaltung	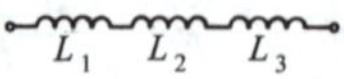	$L = L_1 + L_2 + L_3 + \ldots$	L Gesamtinduktivität in H L_1, L_2, L_3 Einzelinduktivitäten in H
Parallelschaltung	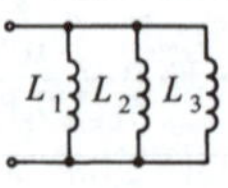	$\frac{1}{L} = \frac{1}{L_1} + \frac{1}{L_2} + \frac{1}{L_3} + \ldots$	L Gesamtinduktivität in H L_1, L_2, L_3 Einzelinduktivitäten in H

3.3 Grundgesetze im Gleichstromkreis

Magnetisch gekoppelte Spulen

	gleicher Wicklungssinn	entgegengesetzter Wicklungssinn	Berechnung und Erklärung
Reihenschaltung	$L = L_1 + L_2 + 2\,L_{\mathrm{mn}}$	$L = L_1 + L_2 - 2\,L_{\mathrm{mn}}$	$L_{\mathrm{mn}} = k \cdot \sqrt{L_1 \cdot L_2}$ L_{mn} gegenseitige Induktivität in H k Kopplungsgrad (0 … 1 je nach Kopplung) L_1 Selbstinduktivität der Spule 1 in H L_2 Selbstinduktivität der Spule 2 in H
Parallelschaltung	$L = \dfrac{L_1 \cdot L_2 - L_{\mathrm{mn}}^2}{L_1 + L_2 - 2\,L_{\mathrm{mn}}}$	$L = \dfrac{L_1 \cdot L_2 - L_{\mathrm{mn}}^2}{L_1 + L_2 + 2\,L_{\mathrm{mn}}}$	

3.3.5 Kondensator und Spule im Gleichstromkreis

Art	Bildl. Darstellung	Berechnung	Erklärung
Kondensator im Gleichstromkreis	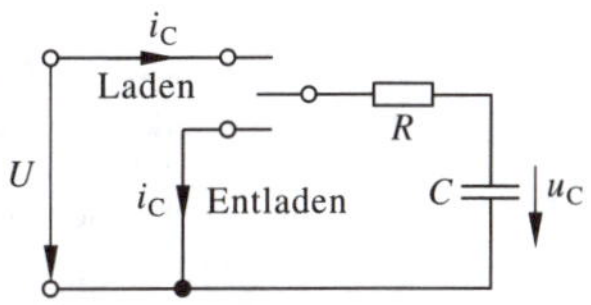 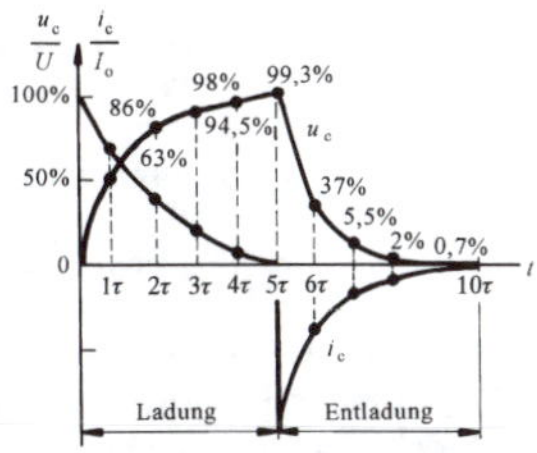	$\tau = R \cdot C$ $I_0 = \dfrac{U}{R}$ **Ladung:** $i_C = \dfrac{U}{R} \cdot e^{-\frac{t}{\tau}}$ $u_C = U \cdot (1 - e^{-\frac{t}{\tau}})$ **Entladung:** $i_C = -\dfrac{U}{R} \cdot e^{-\frac{t}{\tau}}$ $u_C = U \cdot e^{-\frac{t}{\tau}}$	τ Zeitkonstante in s R Widerstand in Ω C Kapazität in $F = \mathrm{As/V}$ I_0 Strom im Einschaltaugenblick in A U angelegte Gleichspannung in V i_C Strom in A e natürliche Zahl (2,71828…) u_C Kondensatorspannung in V t Zeit in s
Spule im Gleichstromkreis	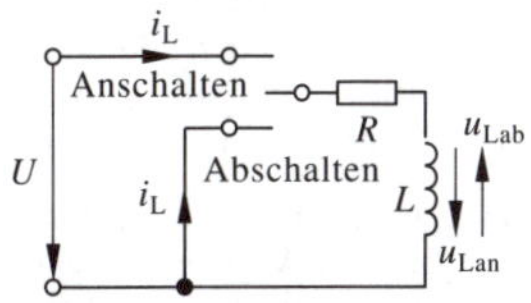 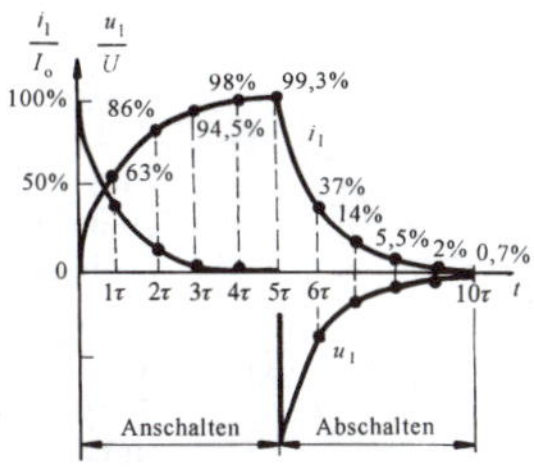	$\tau = \dfrac{L}{R}$ $I_0 = \dfrac{U}{R}$ **Anschalten**: $i_L = \dfrac{U}{R} \cdot (1 - e^{-\frac{t}{\tau}})$ $u_L = U \cdot e^{-\frac{t}{\tau}}$ **Abschalten**: $i_L = \dfrac{U}{R} \cdot e^{-\frac{t}{\tau}}$ $u_L = -U \cdot e^{-\frac{t}{\tau}}$	Die Spule wird beim Abschalten von einem Verbraucher zu einer Spannungsquelle, die versucht, den Strom in gleicher Richtung weiter fließen zu lassen. Dabei hat sich die Polung der Spannung an der Spule umgekehrt. τ Zeitkonstante in s L Induktivität in $\mathrm{H} = \mathrm{Vs/A}$ R Widerstand in Ω I_0 Strom nach dem Ausgleichsvorgang in A U angelegte Gleichspannung in V i_L Strom in A u_L Spulenspannung in V e natürl. Zahl (2,71828…) t Zeit in s

3.4 Grundgesetze im Wechselstromkreis

3.4.1 Wechselströme und Wechselspannungen

Formelzeichen zeitabhängiger Ströme entsprechend DIN 5483-2: 1982-9

Formel-zeichen	Bedeutung
Augenblickswerte	
i	Augenblickswert
$\|i\|$	Betrag des Augenblickswertes
$\hat{i}$, i_m	Maximalwert (Scheitelwert, Amplitude)
$\hat{\hat{i}}$, i_{mm}	Spitzenwert (größter Maximalwert)
$\check{i}$, i_{min}	Minimalwert
$\check{\check{i}}$, i_v	Talwert (kleinster Minimalwert)
$\hat{\underset{\vee}{i}}$, i_e	Schwingungsbreite, Schwankung (Spitze-Tal-Wert) [1)]
Mittelwerte	
$\bar{I}$, I_{ar}	arithmetischer (ztl. linearer) Mittelwert
I, I_q, I_{eff}	Effektivwert (quadrat. Mittelwert)
I_g	geometrischer Mittelwert
$\overline{\|i\|}$, I_r	Gleichrichtwert
Anteile und Werte an Mischgrößen	
I_0, I_-	Gleichstrom, Gleichstromanteil
$i_\sim$, i_a	Wechselstrom, Wechselstromanteil
$\hat{i}_a$, $i_{a,m}$	Maximalwert des Wechselstromanteils
$\hat{\hat{i}}_a$, $i_{a,mm}$	Spitzenwert des Wechselstromanteils
$\overline{\|i_a\|}$, $I_{a,r}$	Gleichrichtwert des Wechselstromanteils

Effektivwert: Der Effektivwert I eines Wechselstromes ist der sich aus den Augenblickswerten i ergebende Dauerwert, der in einem ohmschen Widerstand die gleiche Wärmearbeit erzeugt wie ein Gleichstrom der gleichen Höhe.

Gleichwert: Der Gleichwert (arithmetische Mittelwert) $\bar{i}$ oder $\bar{I}$ eines Wechselstromes ist der gleichbleibende Wert, von dem aus die Summe aller größeren Augenblickswerte gleich der Summe aller kleineren Augenblickswerte ist.

Gleichrichtwert: Der Gleichrichtwert $\overline{|i|}$ eines Wechselstromes ist der über eine Periode genommene arithmetische Mittelwert der Beträge $|i|$ der Augenblickswerte des Wechselstromes.

Scheitelfaktor: Der Scheitelfaktor eines Wechselstromes ist das Verhältnis des Scheitelwertes $\hat{i}$ zum Effektivwert I.

Formfaktor: Der Formfaktor ist das Verhältnis des Effektivwerts I zum Gleichrichtwert $\overline{|i|}$.

Kurvenform	Scheitelfaktor $\frac{\hat{i}}{I}$	Formfaktor $\frac{I}{\overline{\|i\|}}$
Sinus	$\sqrt{2} = 1{,}41$	1,11
Rechteck	1,00	1,00
Dreieck	$\sqrt{3} = 1{,}73$	1,15
Halbkreis	1,22	1,04

Sinusförmiger Wechselstrom

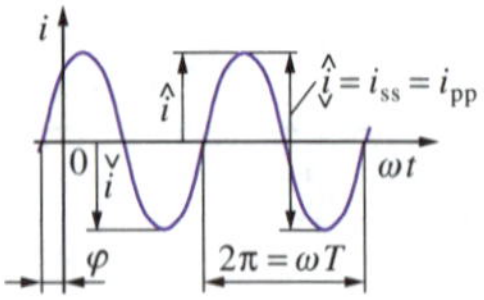

$$i = \hat{i} \cdot \sin(\omega t + \varphi)$$

$$\omega = 2 \cdot \pi \cdot f$$

$$f = \frac{1}{T}$$

- f Frequenz in Hz
- T Periodendauer in s
- t Zeit in s
- ω Winkelgeschwindigkeit in rad/s
- i Augenblickswert des Stromes in A
- $\hat{i}$ Maximalwert des Stromes (auch Scheitelwert oder Amplitude genannt) in A
- $\check{i}$ Minimalwert des Stromes in A
- φ Phasenverschiebungswinkel in rad

Zusammenschaltung sinusförmiger Wechselspannungen und -ströme

Sinusförmige Wechselspannungen oder -ströme gleicher Freqűenz werden addiert bzw. subtrahiert, indem im Zeigerdiagramm die zugehörigen Zeiger **geometrisch** addiert bzw. subtrahiert werden.

Beispiel: Zwei dem Betrage nach gleiche Spannungen $U = 2$ V mit einem gegenseitigen Phasenverschiebungswinkel von 60° sollen addiert werden. Gesamtspannung = ? V

Lösung:

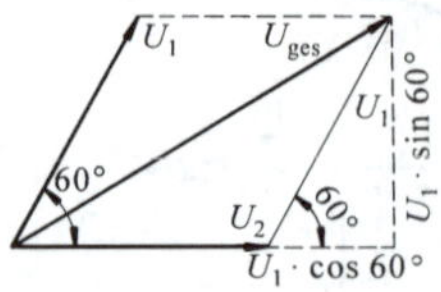

Wahl eines Maßstabes M = 1 V/cm, dann mit einem Winkel von 60° zueinander die beiden Spannungszeiger zeichnen (je 2 cm lang) und diese geometrisch zusammensetzen (Prinzip: Kräfteparallelogramm). Ergebnis: $U_{ges} = 3{,}45$ V

[1)] Verwendet wird auch als Index angehängtes pp oder ss (peak-peak, Spitze-Spitze).

3.4 Grundgesetze im Wechselstromkreis

3.4.2 Transformator

Art	Bildl. Darstellung	Berechnung	Erklärung
Transformator	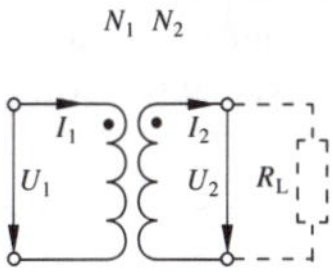	$ü = \frac{N_1}{N_2}$ **Übertrager**: $ü^2 = \frac{Z_1}{Z_2}$ $\frac{U_1}{U_2} \approx \frac{N_1}{N_2}$ $\frac{I_1}{I_2} \approx \frac{N_2}{N_1}$	$ü$ Übersetzungsverhältnis U_1 Eingangsspannung in V U_2 Ausgangsspannung in V I_1 Eingangsstrom in A I_2 Ausgangsstrom in A N_1 Windungszahl der Eingangswicklung N_2 Windungszahl der Ausgangswicklung Z_1 eingangsseitiger Wechselstromwiderstand in Ω Z_2 ausgangsseitiger Wechselstromwiderstand in Ω
Kurzschlussspannung	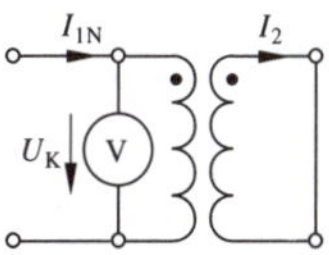	$u_K = \frac{U_K}{U_N} \cdot 100\%$	Die Kurzschlussspannung U_K ist die Spannung mit Nennfrequenz, die bei kurzgeschlossener Ausgangswicklung an die Eingangswicklung gelegt werden muss, um in der Eingangswicklung den Nennstrom zu erhalten. Sie wird in Prozenten der Nenn-Eingangsspannung angegeben. u_K Kurzschlussspannung in % U_K Kurzschlussspannung in V U_N Nennspannung in V
Dauerkurzschlussstrom		$I_{Kd} = \frac{I_N}{u_K} \cdot 100\%$	I_{Kd} Dauerkurzschlussstrom in A I_N Nennstrom in A u_K Kurzschlussspannung in %

3.4.3 Dreiphasenwechselstrom (Drehstrom)

Art	Bildl. Darstellung	Berechnung	Erklärung
Sternschaltung [1]	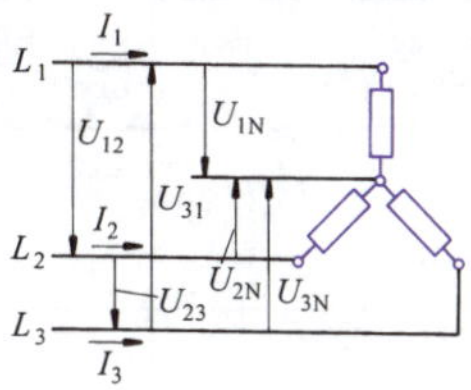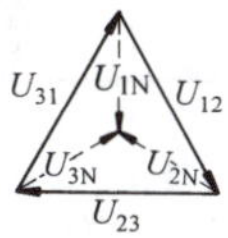	$I = I_{Str}$ $U = U_{Str} \cdot \sqrt{3}$ $S = 3 \cdot U_{Str} \cdot I$ $= \sqrt{3} \cdot U \cdot I$ $P = 3 \cdot U_{Str} \cdot I \cdot \cos\varphi$ $= \sqrt{3} \cdot U \cdot I \cdot \cos\varphi$ $Q = 3 \cdot U_{Str} \cdot I \cdot \sin\varphi$ $= \sqrt{3} \cdot U \cdot I \cdot \sin\varphi$	U Außenleiterspannung U_{12}, U_{23}, U_{31} U_{Str} Strangspannung U_{1N}, U_{2N}, U_{3N} I Außenleiterstrom I_1, I_2, I_3 I_{Str} Strangstrom I_{12}, I_{23}, I_{31} $\sqrt{3}$ Verkettungsfaktor S Scheinleistung P Wirkleistung Q Blindleistung
Dreieckschaltung [1]	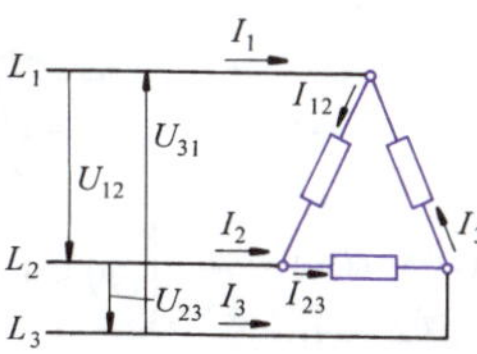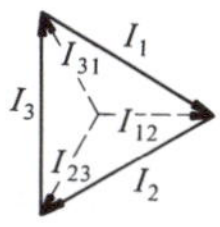	$I = I_{Str} \cdot \sqrt{3}$ $U = U_{Str}$ $S = 3 \cdot U \cdot I_{Str}$ $= \sqrt{3} \cdot U \cdot I$ $P = 3 \cdot U \cdot I_{Str} \cdot \cos\varphi$ $= \sqrt{3} \cdot U \cdot I \cdot \cos\varphi$ $Q = 3 \cdot U \cdot I_{Str} \cdot \sin\varphi$ $= \sqrt{3} \cdot U \cdot I \cdot \sin\varphi$	

⇒ 3-2

[1] Bei symmetrischer Belastung.

3.4 Grundgesetze im Wechselstromkreis

3.4.4 Gleichwertige Reihen- und Parallelschaltungen

Für eine bestimmte Frequenz ist eine Reihenschaltung durch eine gleichwertige Parallelschaltung ersetzbar und umgekehrt.

Umrechnung einer Reihenschaltung in eine Parallelschaltung	**Umrechnung einer Parallelschaltung in eine Reihenschaltung**
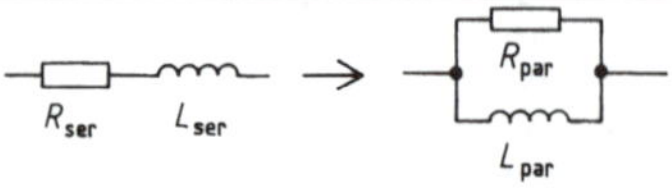	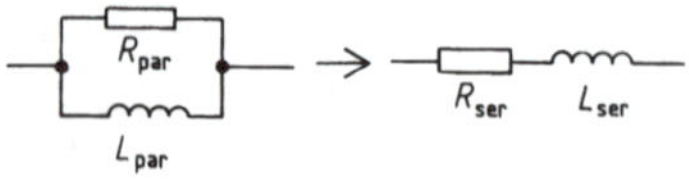
$R_{par} = \frac{R_{ser}^2 + (\omega L_{ser})^2}{R_{ser}}$ $L_{par} = \frac{R_{ser}^2 + (\omega L_{ser})^2}{\omega^2 L_{ser}}$	$R_{ser} = \frac{R_{par} \cdot (\omega L_{par})^2}{R_{par}^2 + (\omega L_{par})^2}$ $L_{ser} = \frac{L_{par} \cdot R_{par}^2}{R_{par}^2 + (\omega L_{par})^2}$
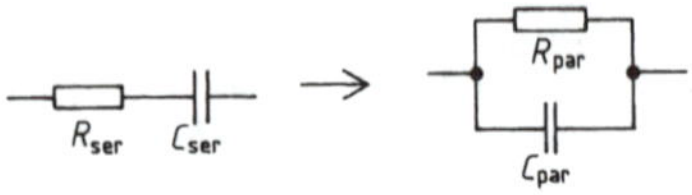	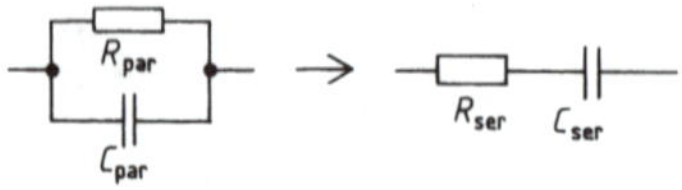
$R_{par} = \frac{R_{ser}^2 + \left(\frac{1}{\omega C_{ser}}\right)^2}{R_{ser}}$ $C_{par} = \frac{\frac{1}{\omega^2 C_{ser}}}{R_{ser}^2 + \left(\frac{1}{\omega C_{ser}}\right)^2}$	$R_{ser} = \frac{R_{par} \cdot \left(\frac{1}{\omega C_{par}}\right)^2}{R_{par}^2 + \left(\frac{1}{\omega C_{par}}\right)^2}$ $C_{ser} = C_{par} \cdot \left[1 + \left(\frac{1}{\omega C_{par} \cdot R_{par}}\right)^2\right]$

3.4.5 Komplexe Darstellung von Wechselgrößen

1-6

Nach DIN 5483-3: 1994-9 kennzeichnet man komplexe Größen durch Unterstreichen der Formelzeichen. So ist in komplexer Darstellung $\underline{i} = \hat{i} \cdot \sin(\omega t)$ und $\underline{u} = \hat{u} \cdot \sin(\omega t + \varphi)$, und es gilt für die komplexen Effektivwerte

$$\underline{I} = I \cdot e^{j\varphi_i} = I \exp(j\varphi_i) = I \underline{/\varphi_i} \quad \text{bzw.} \quad \underline{U} = U \cdot e^{j\varphi_u} = U \exp(j\varphi_u) = U \underline{/\varphi_u}\,^{1)}.$$

Komplexe Darstellung von Schaltungen

Schaltung	Impedanz $\underline{Z}$ Admittanz $\underline{Y}$	Scheinwiderstand $\lvert\underline{Z}\rvert = Z$ Scheinleitwert $\lvert\underline{Y}\rvert = Y$	Phasenverschiebungswinkel φ
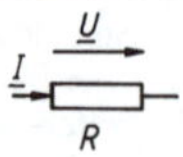	$\underline{Z} = R$ $\underline{Y} = G = \frac{1}{R}$	$Z = R$ $Y = G = \frac{1}{R}$	$\varphi = 0°$
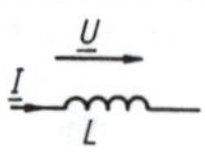	$\underline{Z} = jX_L = j\omega L$ $\underline{Y} = -jB_L = \frac{1}{j\omega L} = -j\frac{1}{\omega L}$	$Z = \omega L$ $Y = \frac{1}{\omega L}$	$\varphi_Z = +90°$ $\varphi_Y = -90°$
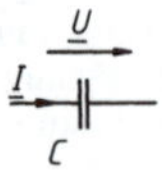	$\underline{Z} = -jX_C = \frac{1}{j\omega C} = -j\frac{1}{\omega C}$ $\underline{Y} = jB_C = j\omega C$	$Z = \frac{1}{\omega C}$ $Y = \omega C$	$\varphi_Z = -90°$ $\varphi_Y = +90°$
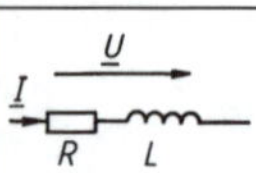	$\underline{Z} = R + j\omega L$ $\underline{Y} = \frac{R}{R^2 + (\omega L)^2} - j\frac{\omega L}{R^2 + (\omega L)^2}$	$Z = \sqrt{R^2 + (\omega L)^2}$ $Y = \sqrt{\frac{R^2 + (\omega L)^2}{[R^2 + (\omega L)^2]^2}}$	$\varphi_Z = +\text{Arctan}\,\frac{\omega \cdot L}{R}$ $\varphi_Y = -\text{Arctan}\,\frac{\omega \cdot L}{R}$

1) Die Nullphasenwinkel φ_i bzw. φ_u geben die Winkel der Zeiger gegen die reelle Achse an.

3.4 Grundgesetze im Wechselstromkreis

Komplexe Darstellung von Schaltungen (Forts.)

Schaltung	Impedanz $\underline{Z}$ Admittanz $\underline{Y}$	Scheinwiderstand $\lvert\underline{Z}\rvert = Z$ Scheinleitwert $\lvert\underline{Y}\rvert = Y$	Phasenverschiebungswinkel φ
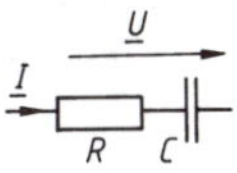	$\underline{Z} = R - \mathrm{j}\,\dfrac{1}{\omega C}$ $\underline{Y} = \dfrac{R(\omega C)^2}{(R\omega C)^2+1} + \mathrm{j}\,\dfrac{\omega C}{(R\omega C)^2+1}$	$Z = \sqrt{R^2 + \left(\dfrac{1}{\omega C}\right)^2}$ $Y = \sqrt{\dfrac{[R(\omega C)^2]^2 + (\omega \cdot C)^2}{[(R\omega C)^2+1]^2}}$	$\varphi_Z = -\,\mathrm{Arctan}\,\dfrac{1}{\omega \cdot C \cdot R}$ $\varphi_Y = +\,\mathrm{Arctan}\,\dfrac{1}{\omega \cdot C \cdot R}$
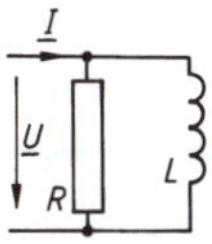	$\underline{Z} = \dfrac{R(\omega L)^2}{R^2+(\omega L)^2} + \mathrm{j}\,\dfrac{R^2\omega L}{R^2+(\omega L)^2}$ $\underline{Y} = \dfrac{1}{R} - \mathrm{j}\,\dfrac{1}{\omega L}$	$Z = \sqrt{\dfrac{[R(\omega L)^2]^2 + [R^2\omega L]^2}{[R^2+(\omega L)^2]^2}}$ $Y = \sqrt{\left(\dfrac{1}{R}\right)^2 + \left(\dfrac{1}{\omega L}\right)^2}$	$\varphi_Z = +\,\mathrm{Arctan}\,\dfrac{R}{\omega \cdot L}$ $\varphi_Y = -\,\mathrm{Arctan}\,\dfrac{R}{\omega \cdot L}$
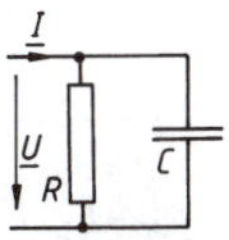	$\underline{Z} = \dfrac{R}{1+(R\omega C)^2} - \mathrm{j}\,\dfrac{R^2\omega C}{1+(R\omega C)^2}$ $\underline{Y} = \dfrac{1}{R} + \mathrm{j}\omega C$	$Z = \sqrt{\dfrac{R^2 + (\omega C R^2)^2}{[1+(\omega C R)^2]^2}}$ $Y = \sqrt{\left(\dfrac{1}{R}\right)^2 + (\omega C)^2}$	$\varphi_Z = -\,\mathrm{Arctan}\,\omega \cdot C \cdot R$ $\varphi_Y = +\,\mathrm{Arctan}\,\omega \cdot C \cdot R$

Schaltung	Scheinwiderstand/Phasenverschiebungswinkel
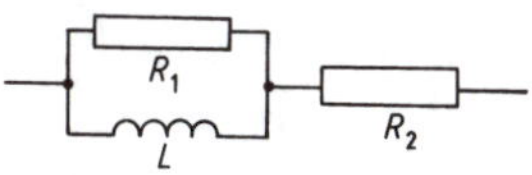	$Z = \sqrt{\left[R_2 + \dfrac{R_1(\omega L)^2}{R_1^2+(\omega L)^2}\right]^2 + \left[\dfrac{R_1^2\omega L}{R_1^2+(\omega L)^2}\right]^2}$ $\tan\varphi = \dfrac{R_1^2\omega L}{R_2[R_1^2+(\omega L)^2] + R_1(\omega L)^2}$
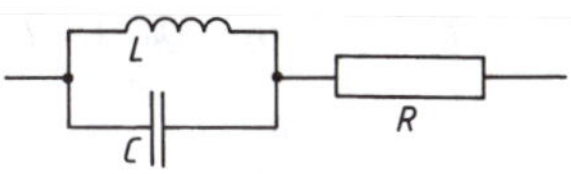	$Z = \sqrt{R^2 + \left[\dfrac{\omega L}{1-\omega^2 LC}\right]^2}$ $\tan\varphi = \dfrac{\omega L}{R(1-\omega^2 LC)}$
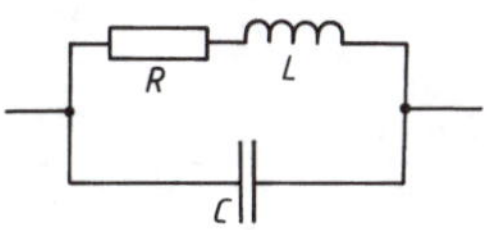	$Z = \sqrt{\left[\dfrac{\dfrac{R}{(\omega C)^2}}{R^2 + \left(\omega L - \dfrac{1}{\omega C}\right)^2}\right]^2 + \left[\dfrac{\dfrac{L}{C}\left(\omega L - \dfrac{1}{\omega C}\right) - \dfrac{R^2}{\omega C}}{R^2 + \left(\omega L - \dfrac{1}{\omega C}\right)^2}\right]^2}$ $\tan\varphi = \dfrac{\omega^2 \cdot L \cdot C}{R}\left(\omega \cdot L - \dfrac{1}{\omega C}\right) - R \cdot \omega \cdot C$
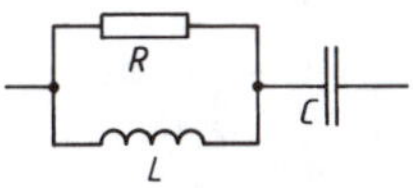	$Z = \sqrt{\left[\dfrac{R \cdot (\omega L)^2}{R^2+(\omega L)^2}\right]^2 + \left[\dfrac{R^2 \cdot (\omega L)}{R^2+(\omega L)^2} - \dfrac{1}{\omega C}\right]^2}$ $\tan\varphi = \dfrac{R^2 \cdot (\omega L) - \dfrac{R^2+(\omega L)^2}{\omega C}}{R \cdot (\omega L)^2}$

3.4 Grundgesetze im Wechselstromkreis

3.4.6 Widerstandsschaltungen

Schaltung	Strom/Spannung	Widerstand/Leitwert	Leistung
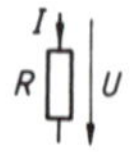	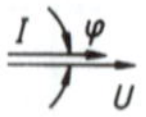 $I = \frac{U}{R}$ $\varphi = 0°$ (rein ohmsch)	$R = \frac{U}{I}$ $G = \frac{I}{U} = \frac{1}{R}$	$P = U \cdot I$ $P = \frac{U^2}{R}$ $P = I^2 \cdot R$
	 $I = \frac{U}{X_L}$ $\varphi = +90°$ (rein induktiv)	$X_L = \omega \cdot L = 2\pi \cdot f \cdot L$ $B_L = \frac{1}{2\pi \cdot f \cdot L}$	$Q_L = U \cdot I$ $Q_L = \frac{U^2}{X_L}$ $Q_L = I^2 \cdot X_L$
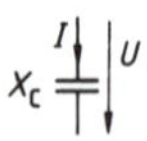	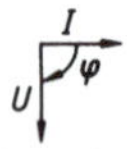 $I = \frac{U}{X_C}$ $\varphi = -90°$ (rein kapazitiv)	$X_C = \frac{1}{\omega \cdot C} = \frac{1}{2\pi \cdot f \cdot C}$ $B_C = 2\pi \cdot f \cdot C$	$Q_C = U \cdot I$ $Q_C = \frac{U^2}{X_C}$ $Q_C = I^2 \cdot X_C$
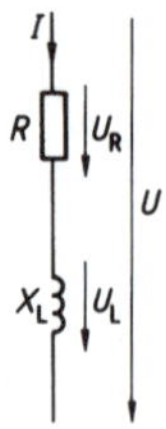	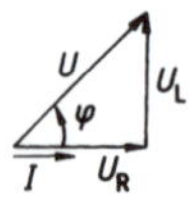 $I = \frac{U_R}{R}$ $I = \frac{U_L}{X_L}$ $I = \frac{U}{Z}$ $U^2 = U_R^2 + U_L^2$ $\cos\varphi = \frac{U_R}{U}$; $\sin\varphi = \frac{U_L}{U}$ $\tan\varphi = \frac{U_L}{U_R}$	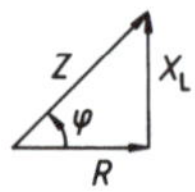 $Z^2 = R^2 + X_L^2$ $\cos\varphi = \frac{R}{Z}$; $\sin\varphi = \frac{X_L}{Z}$ $\tan\varphi = \frac{X_L}{R}$	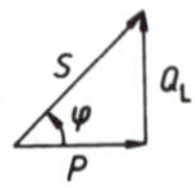 $P = U_R \cdot I$ $Q_L = U_L \cdot I$ $S = U \cdot I$ $S^2 = P^2 + Q_L^2$ $\cos\varphi = \frac{P}{S}$; $\sin\varphi = \frac{Q_L}{S}$ $\tan\varphi = \frac{Q_L}{P}$
	$0° < \varphi > +90°$ (Reihenschaltung, induktiv)		
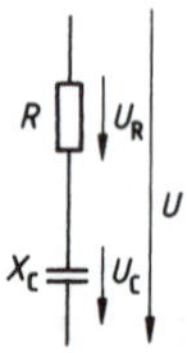	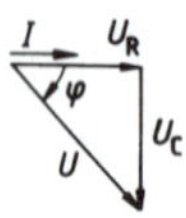 $I = \frac{U_R}{R}$ $I = \frac{U_C}{X_C}$ $I = \frac{U}{Z}$ $U^2 = U_R^2 + U_C^2$ $\cos\varphi = \frac{U_R}{U}$; $\sin\varphi = \frac{U_C}{U}$ $\tan\varphi = \frac{U_C}{U_R}$	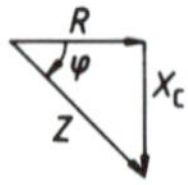 $Z^2 = R^2 + X_C^2$ $\cos\varphi = \frac{R}{Z}$; $\sin\varphi = \frac{X_C}{Z}$ $\tan\varphi = \frac{X_C}{R}$	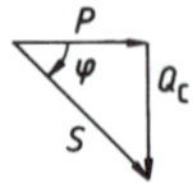 $P = U_R \cdot I$ $Q_C = U_C \cdot I$ $S = U \cdot I$ $S^2 = P^2 + Q_C^2$ $\cos\varphi = \frac{P}{S}$; $\sin\varphi = \frac{Q_C}{S}$ $\tan\varphi = \frac{Q_C}{P}$
	$-90° < \varphi > 0°$ (Reihenschaltung, kapazitiv)		
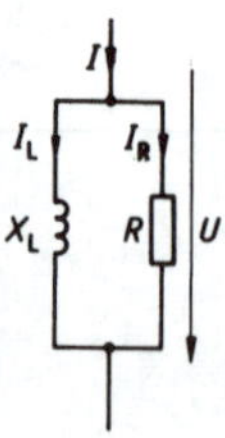	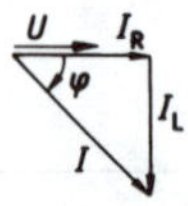 $U = I_R \cdot R$ $U = I_L \cdot X_L$ $U = I \cdot Z$ $I^2 = I_R^2 + I_L^2$ $\cos\varphi = \frac{I_R}{I}$; $\sin\varphi = \frac{I_L}{I}$ $\tan\varphi = \frac{I_L}{I_R}$	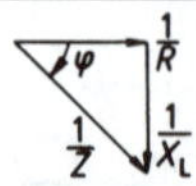 $\left(\frac{1}{Z}\right)^2 = \left(\frac{1}{R}\right)^2 + \left(\frac{1}{X_L}\right)^2$ $\cos\varphi = \frac{Z}{R}$; $\sin\varphi = \frac{Z}{X_L}$ $\tan\varphi = \frac{R}{X_L}$	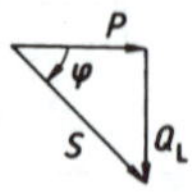 $P = U \cdot I_R$ $Q_L = U \cdot I_L$ $S = U \cdot I$ $S^2 = P^2 + Q_L^2$ $\cos\varphi = \frac{P}{S}$; $\sin\varphi = \frac{Q_L}{S}$ $\tan\varphi = \frac{Q_L}{P}$
	$-90° < \varphi > 0°$ (Parallelschaltung, induktiv)		

3.4 Grundgesetze im Wechselstromkreis

Schaltung	Strom/Spannung	Widerstand/Leitwert	Leistung
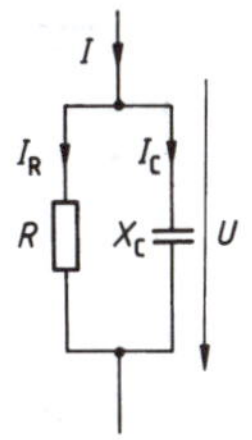	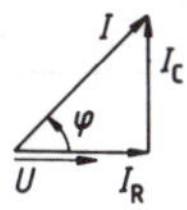 $U = I_R \cdot R$ $U = I_C \cdot X_C$ $U \hat{=} I \cdot Z$ $I^2 = I_R^2 + I_C^2$ $\cos\varphi = \frac{I_R}{I}$; $\sin\varphi = \frac{I_C}{I}$ $\tan\varphi = \frac{I_C}{I_R}$	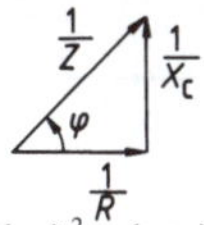 $\left(\frac{1}{Z}\right)^2 = \left(\frac{1}{R}\right)^2 + \left(\frac{1}{X_C}\right)^2$ $\cos\varphi = \frac{Z}{R}$; $\sin\varphi = \frac{Z}{X_C}$ $\tan\varphi = \frac{R}{X_C}$	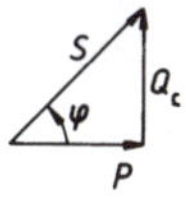 $P = I_R \cdot U$ $Q_C = I_C \cdot U$ $S = U \cdot I$ $S^2 = P^2 + Q_C^2$ $\cos\varphi = \frac{P}{S}$; $\sin\varphi = \frac{Q_C}{S}$ $\tan\varphi = \frac{Q_C}{P}$
	$0° < \varphi > +90°$ (Parallelschaltung, kapazitiv)		
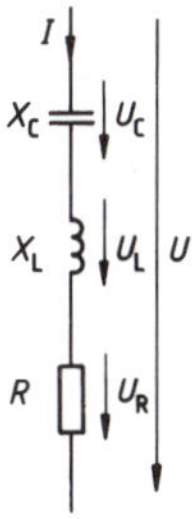	induktiv $U_b = U_L - U_C$ 	$X = X_L - X_C$ 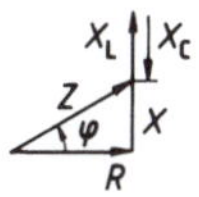	$Q_b = Q_L - Q_C$ 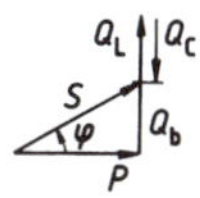
	kapazitiv $U_b = U_C - U_L$ 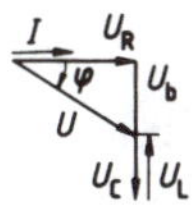	$X = X_C - X_L$ 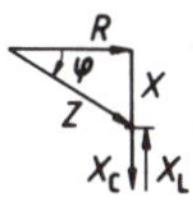	$Q_b = Q_C - Q_L$ 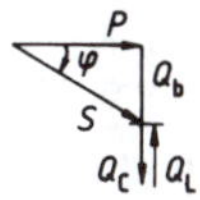
	$U^2 = U_R^2 + U_b^2$ $\cos\varphi = \frac{U_R}{U}$; $\sin\varphi = \frac{U_b}{U}$ $\tan\varphi = \frac{U_b}{U_R}$	$Z^2 = R^2 + X^2$ $\cos\varphi = \frac{R}{Z}$; $\sin\varphi = \frac{X}{Z}$ $\tan\varphi = \frac{X}{R}$	$S^2 = P^2 + Q_b^2$ $\cos\varphi = \frac{P}{S}$; $\sin\varphi = \frac{Q_b}{S}$ $\tan\varphi = \frac{Q_b}{P}$
	$-90° < \varphi > +90°$ (Reihenschaltung, kapazitiv oder induktiv)		
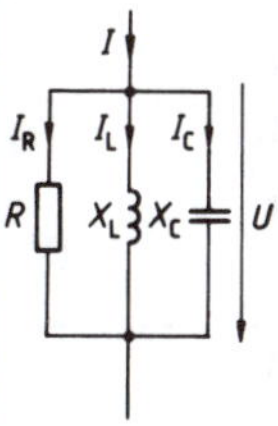	induktiv $I_b = I_L - I_C$ 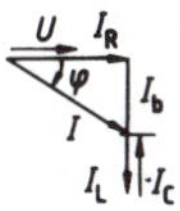	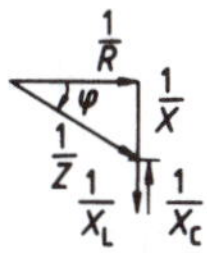 $\frac{1}{X} = \frac{1}{X_L} - \frac{1}{X_C}$	$Q_b = Q_L - Q_C$ 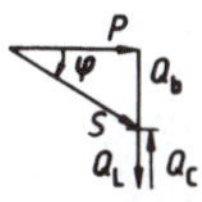
	kapazitiv $I_b = I_C - I_L$ 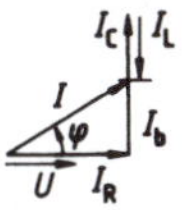	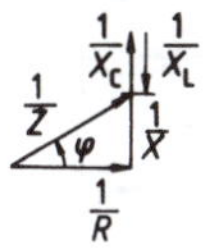 $\frac{1}{X} = \frac{1}{X_C} - \frac{1}{X_L}$	$Q_b = Q_C - Q_L$ 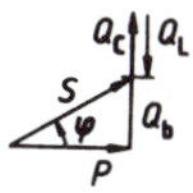
	$I^2 = I_R^2 + I_b^2$ $\cos\varphi = \frac{I_R}{I}$; $\sin\varphi = \frac{I_b}{I}$ $\tan\varphi = \frac{I_b}{I_R}$	$\left(\frac{1}{Z}\right)^2 = \left(\frac{1}{R}\right)^2 + \left(\frac{1}{X}\right)^2$ $\cos\varphi = \frac{Z}{R}$; $\sin\varphi = \frac{Z}{X}$ $\tan\varphi = \frac{R}{X}$	$S^2 = P^2 + Q_b^2$ $\cos\varphi = \frac{P}{S}$; $\sin\varphi = \frac{Q_b}{S}$ $\tan\varphi = \frac{Q_b}{P}$
	$-90° < \varphi > +90°$ (Parallelschaltung, induktiv oder kapazitiv)		

3.4 Grundgesetze im Wechselstromkreis

3.4.7 Ortskurven mit Amplituden- und Phasengang

Schaltung/Gleichung	Ortskurve	Amplitudengang	Phasengang
Wirkwiderstand $\underline{Z} = R$ 	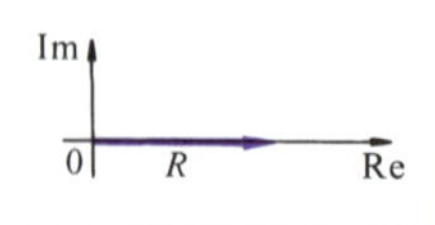	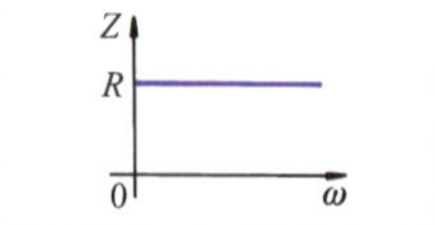	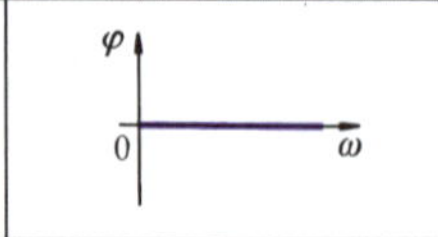
Wirkleitwert $\underline{Y} = \frac{1}{R} = G$	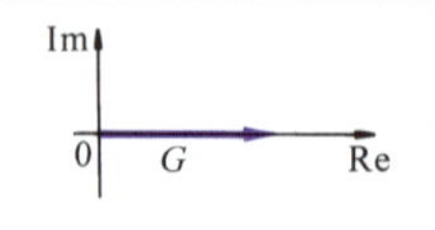	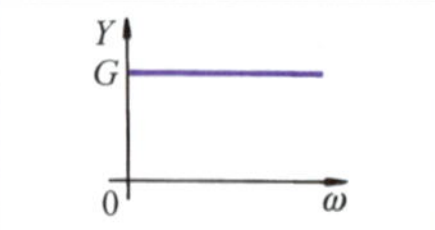	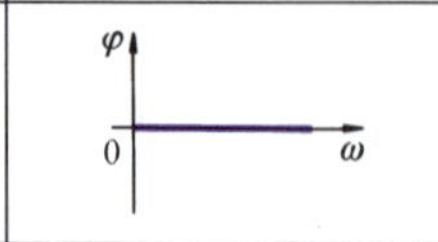
induktiver Blindwiderstand $\underline{Z} = +\,\mathrm{j}X_L = +\,\mathrm{j}\omega L$ 	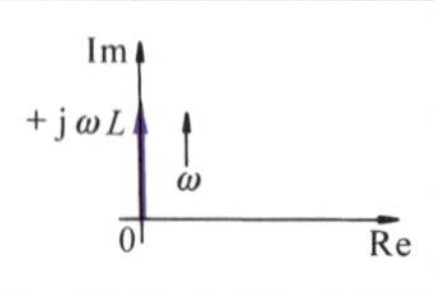	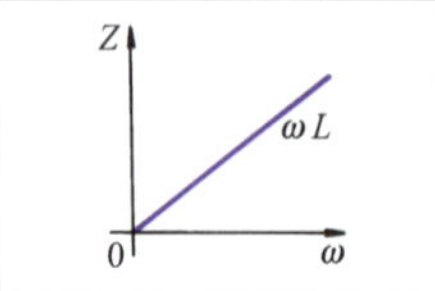	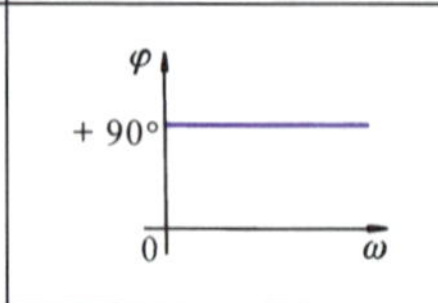
induktiver Blindleitwert $\underline{Y} = -\,\mathrm{j}B_L = -\,\mathrm{j}\frac{1}{\omega L}$	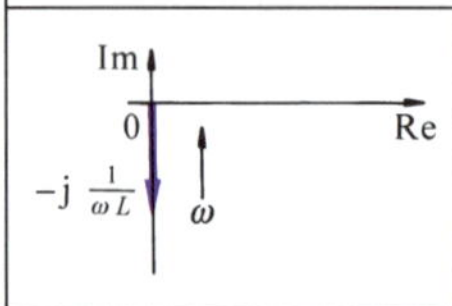	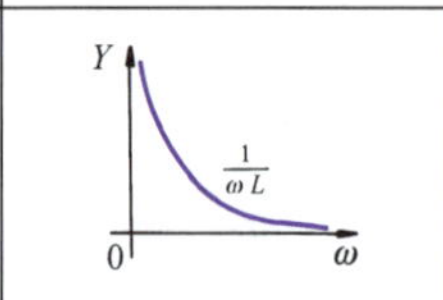	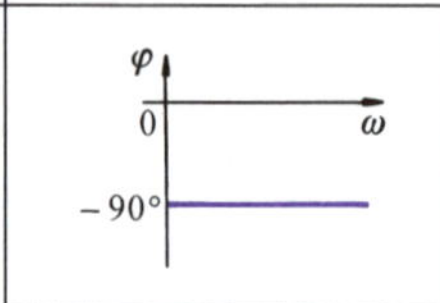
kapazitiver Blindwiderstand $\underline{Z} = -\,\mathrm{j}X_C = -\,\mathrm{j}\frac{1}{\omega C}$ 	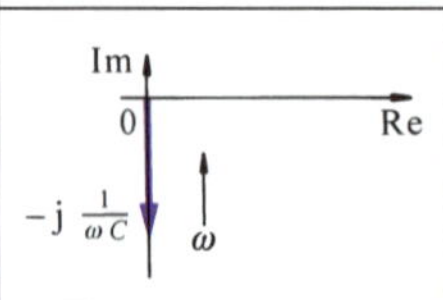	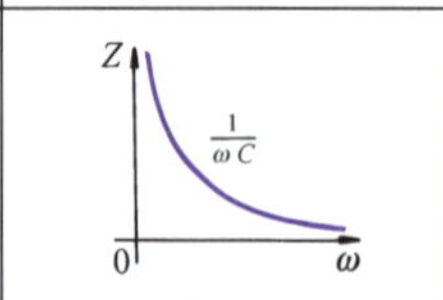	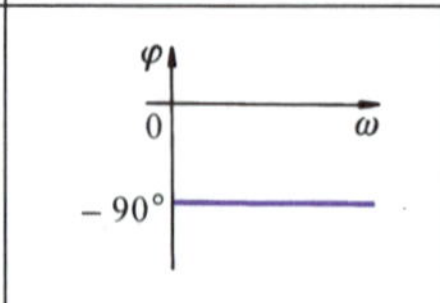
kapazitiver Blindleitwert $\underline{Y} = +\,\mathrm{j}B_C = +\,\mathrm{j}\omega C$	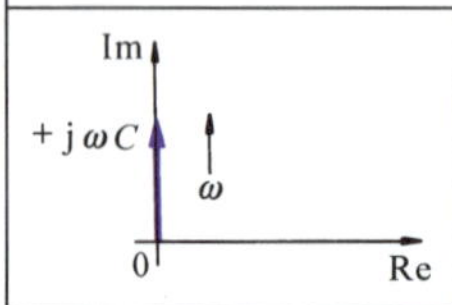	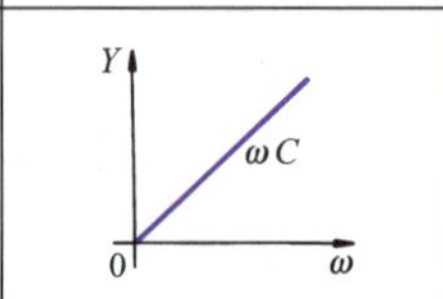	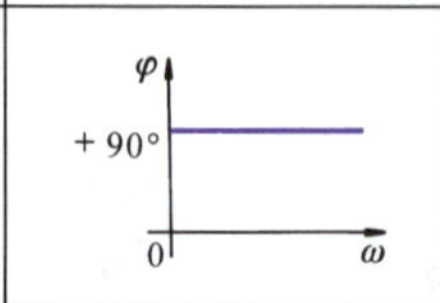
Scheinwiderstand $\underline{Z} = R + \mathrm{j}X_L$ 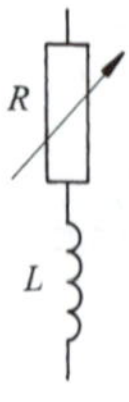	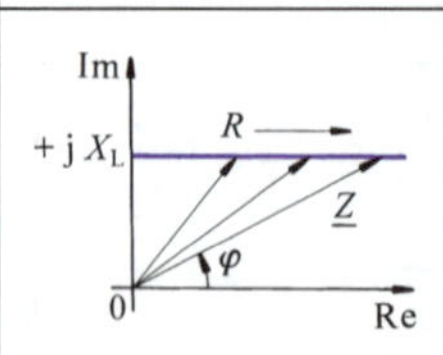	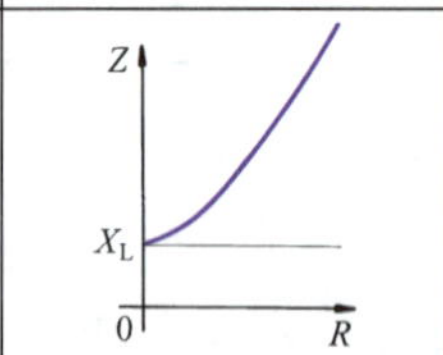	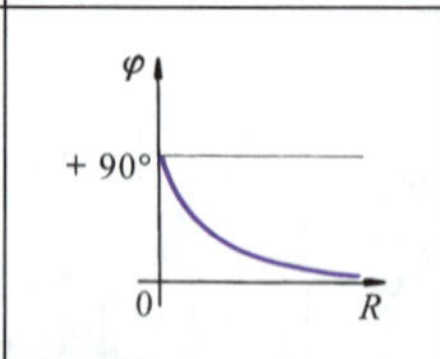
Scheinleitwert $\underline{Y} = \frac{1}{R + \mathrm{j}X_L}$	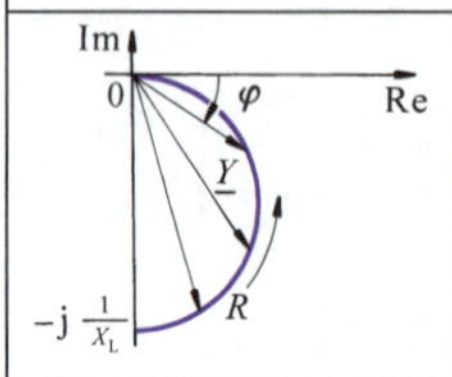	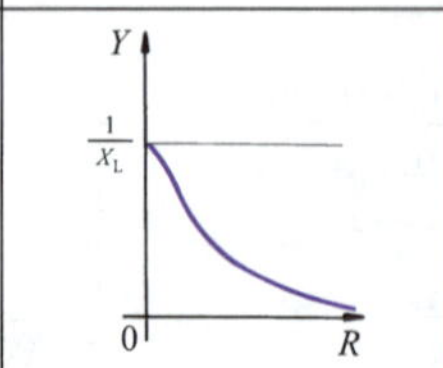	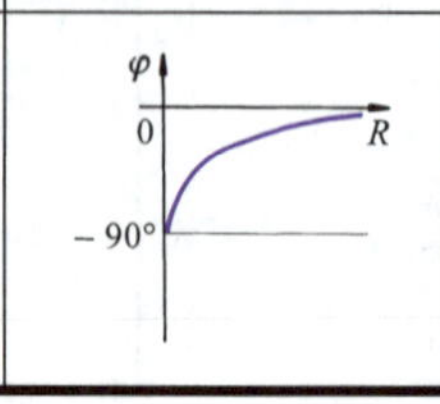

3.4 Grundgesetze im Wechselstromkreis

<table>
<tr><th>Schaltung/Gleichung</th><th>Ortskurve</th><th>Amplitudengang</th><th>Phasengang</th></tr>
<tr><td rowspan="2">Scheinwiderstand
$\underline{Z} = R - \mathrm{j} X_C$
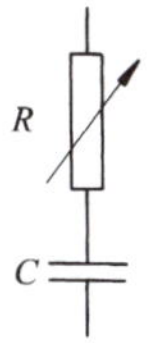
Scheinleitwert
$\underline{Y} = \dfrac{1}{R - \mathrm{j} X_C}$</td>
<td>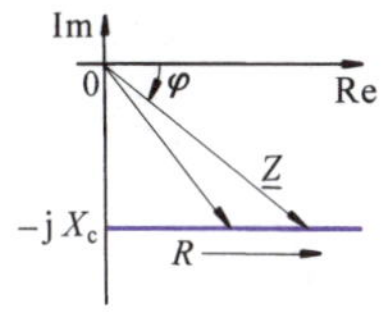</td>
<td>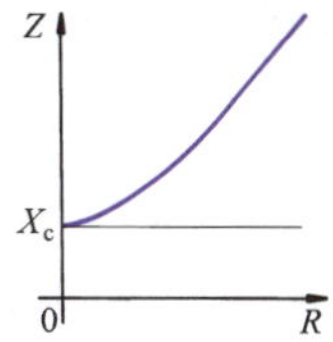</td>
<td>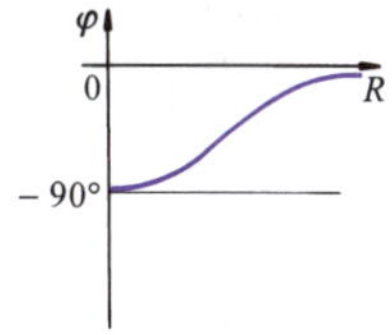</td></tr>
<tr><td>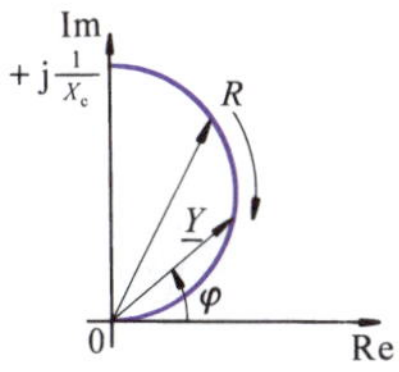</td>
<td>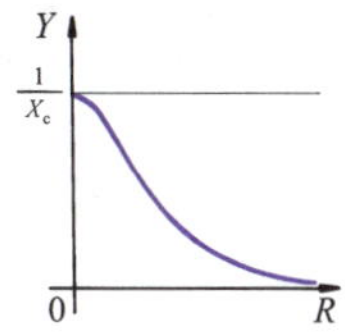</td>
<td>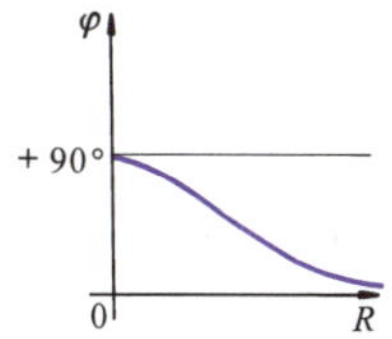</td></tr>
<tr><td rowspan="2">Scheinwiderstand
$\underline{Z} = R + \mathrm{j}\omega L$
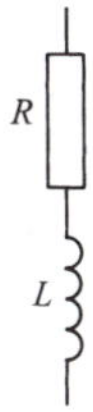
Scheinleitwert
$\underline{Y} = \dfrac{1}{R + \mathrm{j}\omega L}$</td>
<td>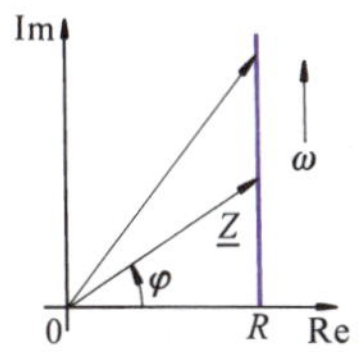</td>
<td>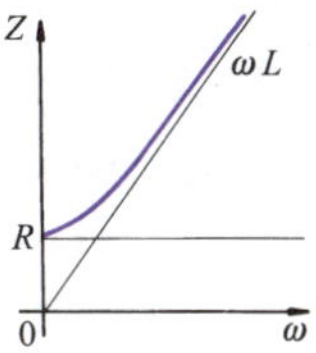</td>
<td>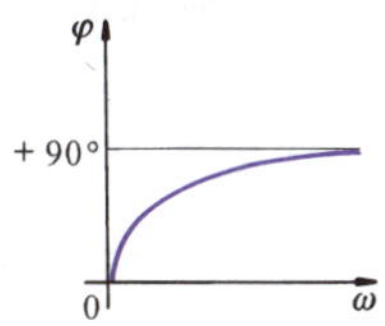</td></tr>
<tr><td>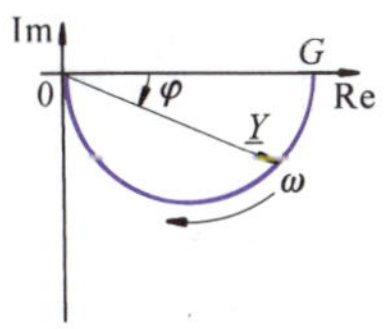</td>
<td>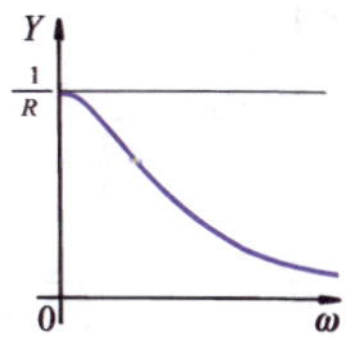</td>
<td>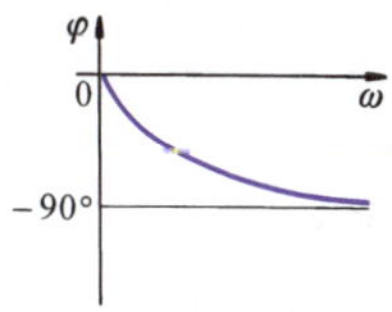</td></tr>
<tr><td rowspan="2">Scheinwiderstand
$\underline{Z} = R - \mathrm{j}\,\dfrac{1}{\omega C}$
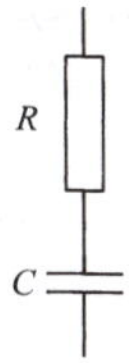
Scheinleitwert
$\underline{Y} = \dfrac{1}{R - \mathrm{j}\,\dfrac{1}{\omega C}}$</td>
<td>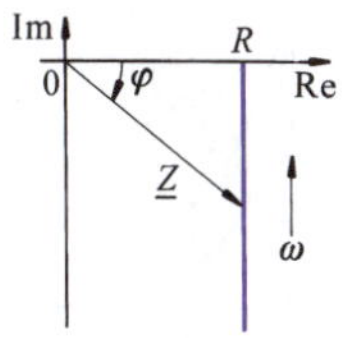</td>
<td>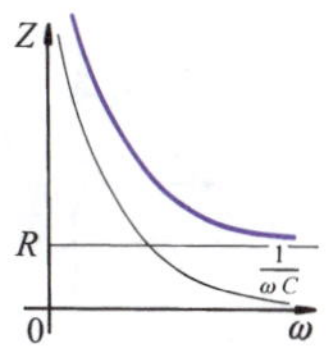</td>
<td>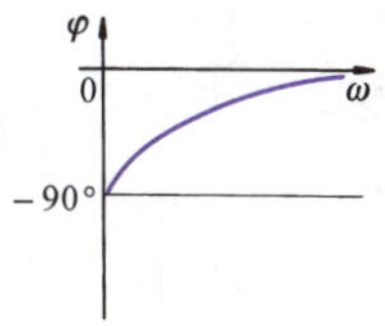</td></tr>
<tr><td>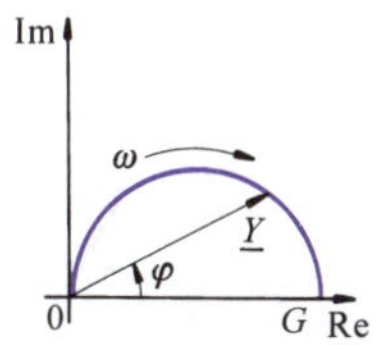</td>
<td>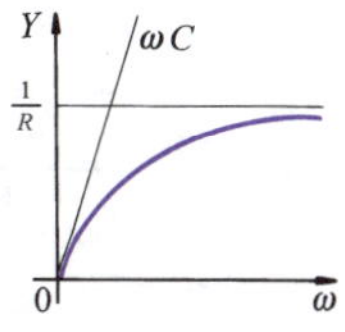</td>
<td>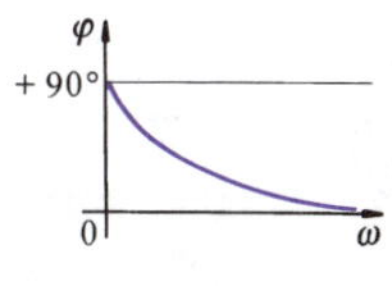</td></tr>
</table>

3.4 Grundgesetze im Wechselstromkreis

Schaltung/Gleichung	Ortskurve	Amplitudengang	Phasengang
Scheinwiderstand $\underline{Z} = \dfrac{1}{\dfrac{1}{R} - \mathrm{j}\,\dfrac{1}{\omega L}}$ 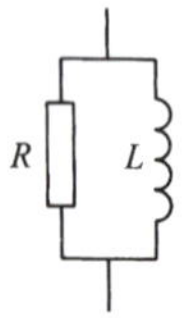	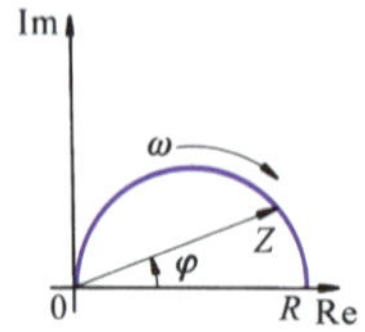	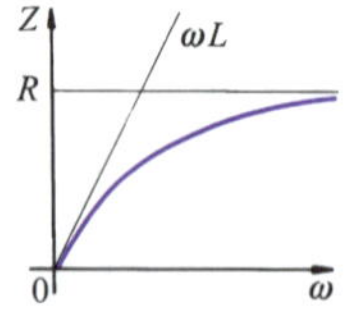	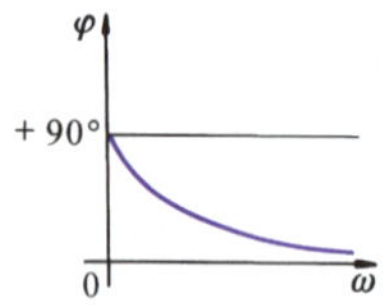
Scheinleitwert $\underline{Y} = \dfrac{1}{R} - \mathrm{j}\,\dfrac{1}{\omega L}$	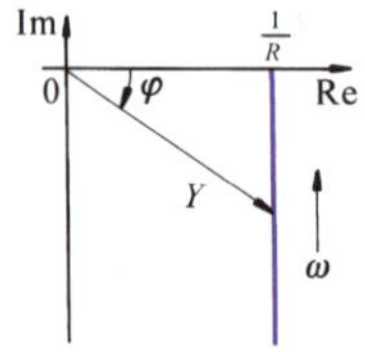	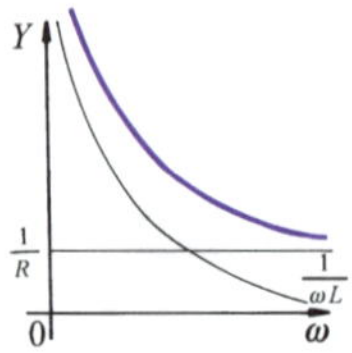	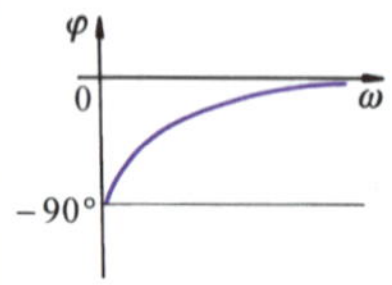
Scheinwiderstand $\underline{Z} = \dfrac{1}{\dfrac{1}{R} + \mathrm{j}\omega C}$ 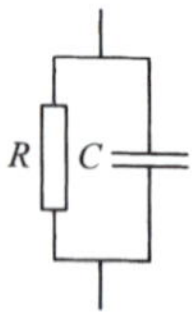	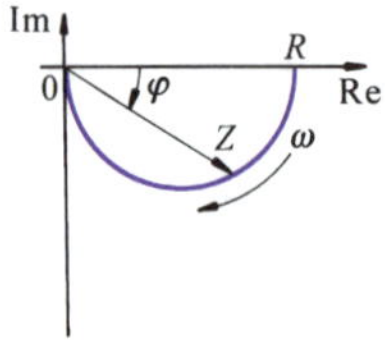	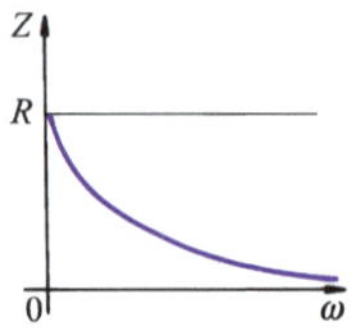	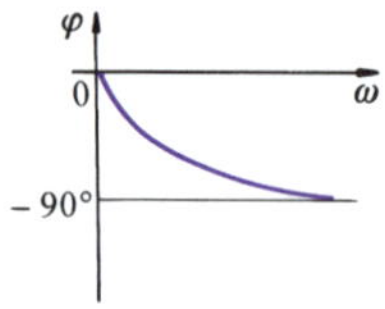
Scheinleitwert $\underline{Y} = \dfrac{1}{R} + \mathrm{j}\omega C$	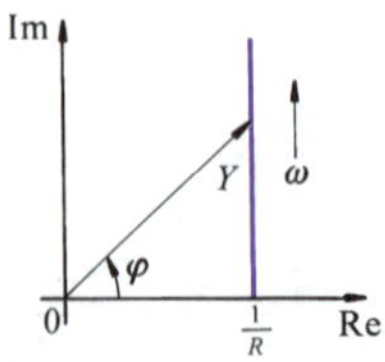	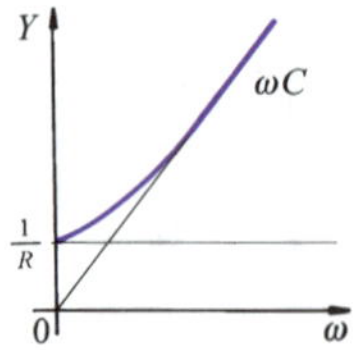	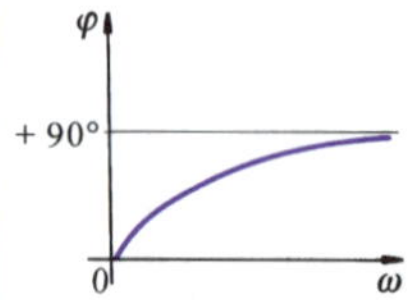
Scheinwiderstand $\underline{Z} = R + \mathrm{j}\left(\omega L - \dfrac{1}{\omega C}\right)$ 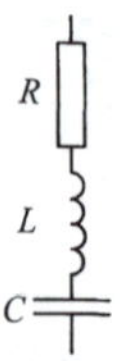	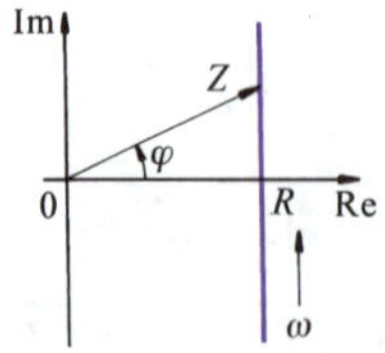	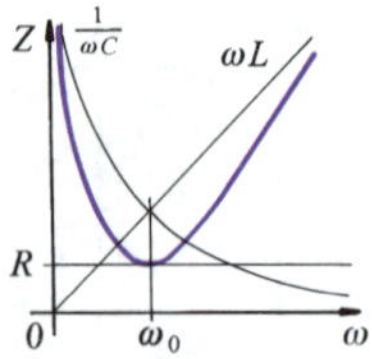	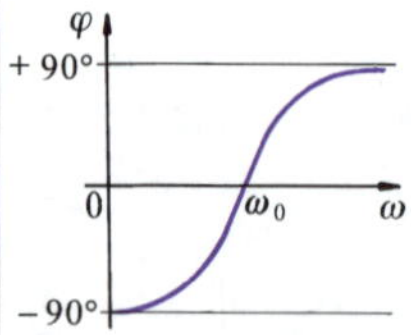
Scheinleitwert $\underline{Y} = \dfrac{1}{R + \mathrm{j}\left(\omega L - \dfrac{1}{\omega C}\right)}$	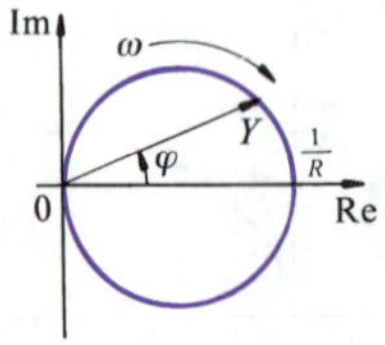	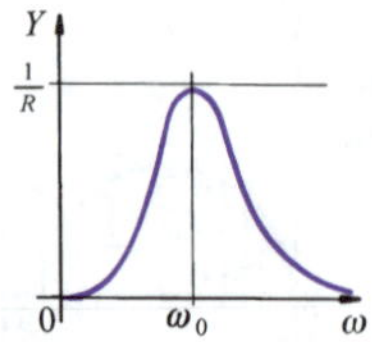	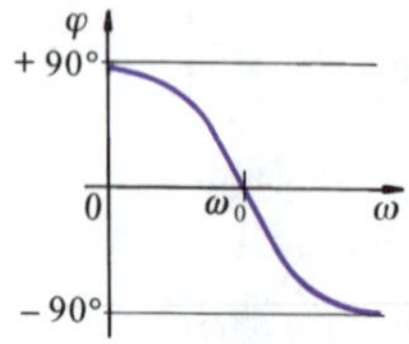

3.4 Grundgesetze im Wechselstromkreis

3

Schaltung/Gleichung	Ortskurve	Amplitudengang	Phasengang
Scheinwiderstand $\underline{Z} = \dfrac{1}{\dfrac{1}{R} + \mathrm{j}\left(\omega C - \dfrac{1}{\omega L}\right)}$ 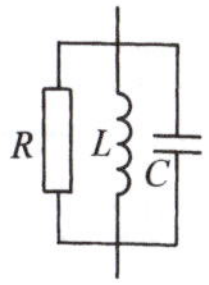	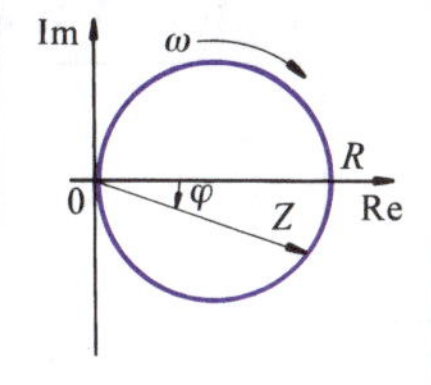	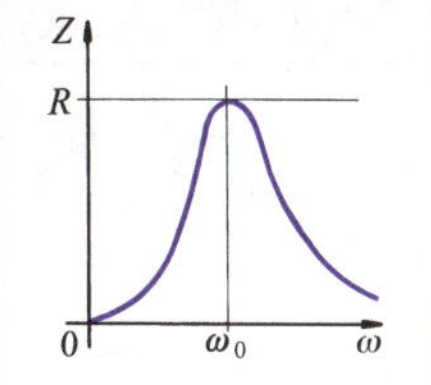	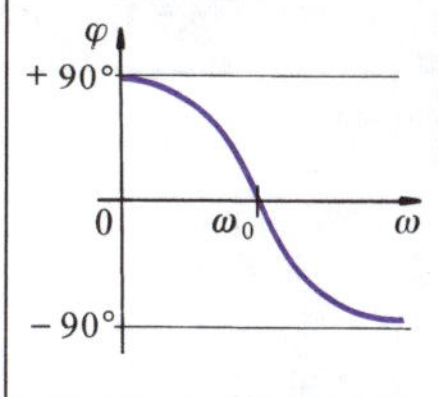
Scheinleitwert $\underline{Y} = \dfrac{1}{R} + \mathrm{j}\left(\omega C - \dfrac{1}{\omega L}\right)$	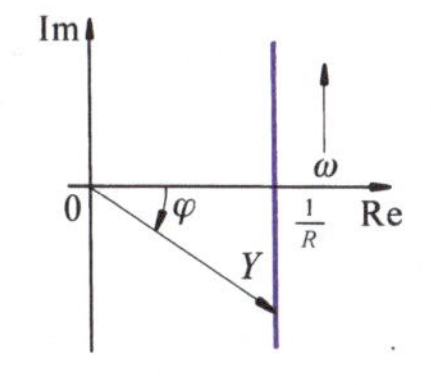	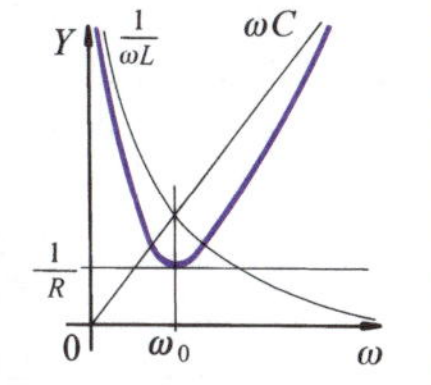	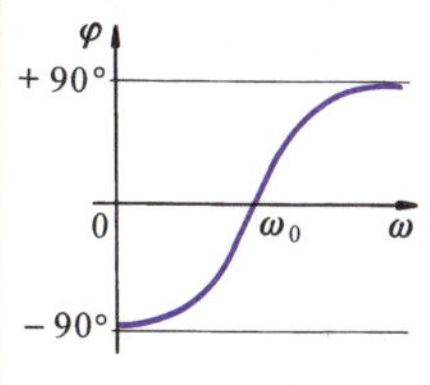
Scheinwiderstand 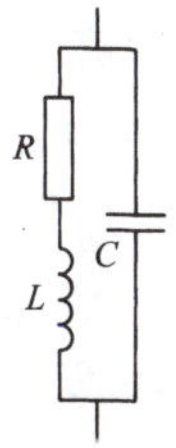	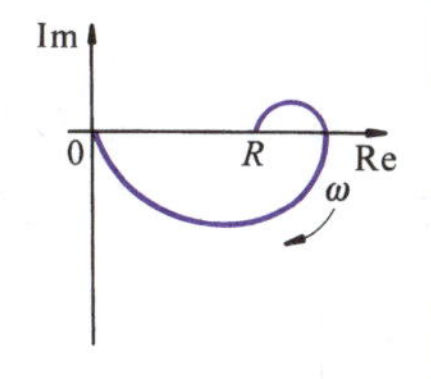	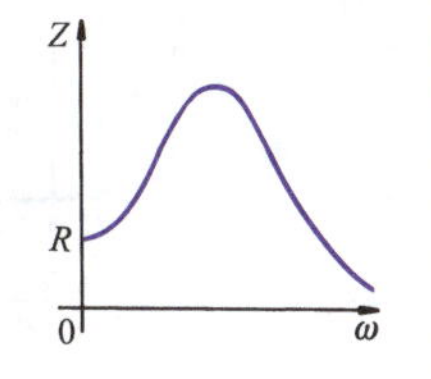	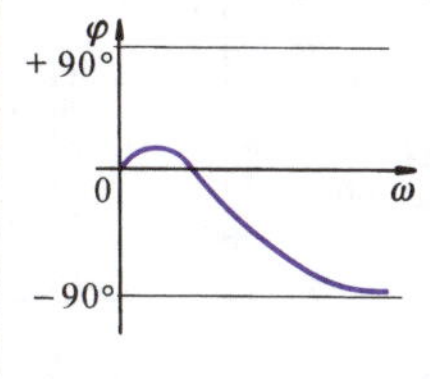
Scheinleitwert	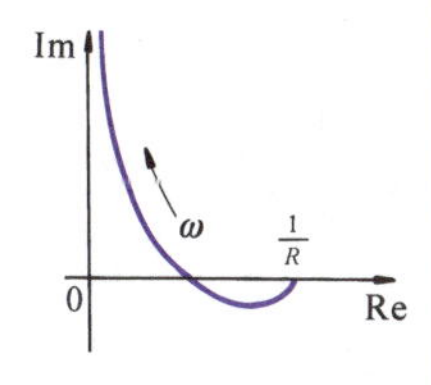	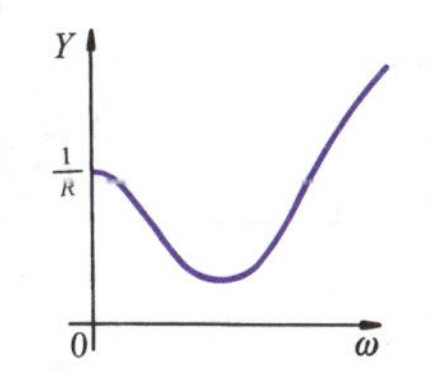	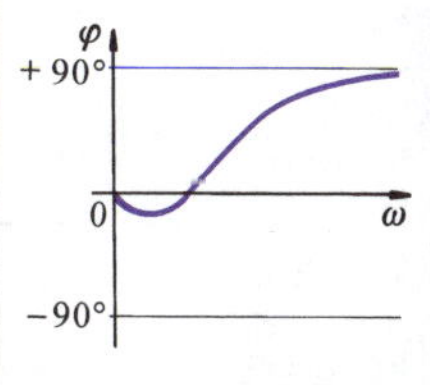
Scheinwiderstand 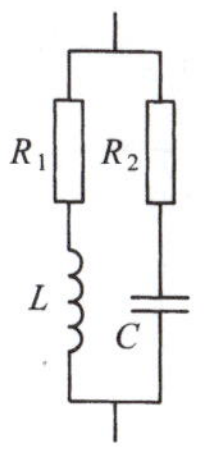	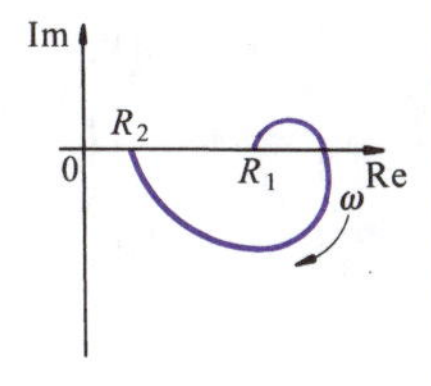	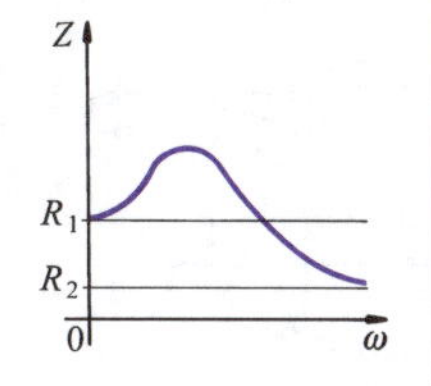	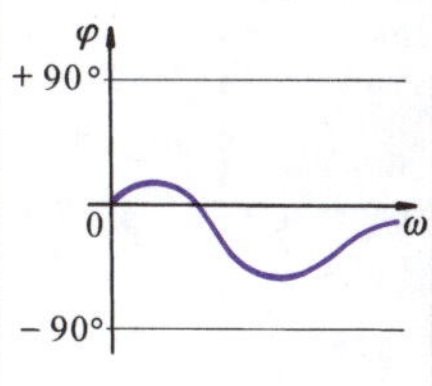
Scheinleitwert	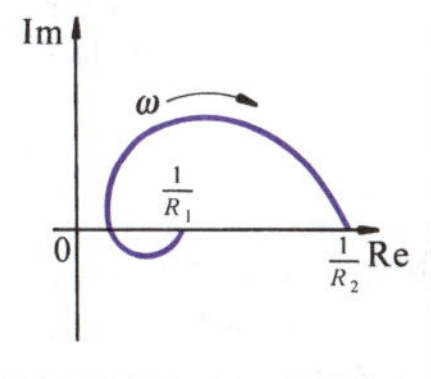	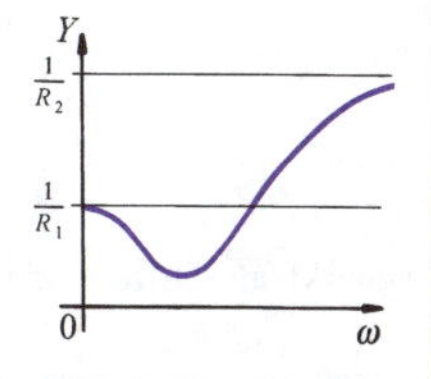	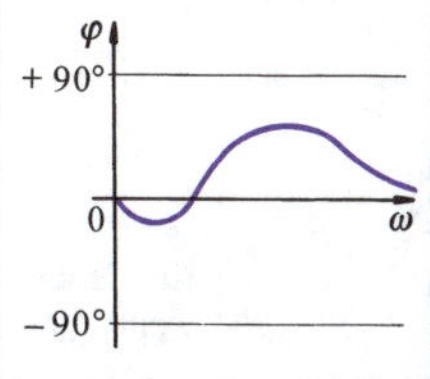

3.4 Grundgesetze im Wechselstromkreis

3.4.8 Hoch- und Tiefpässe

	RC- bzw. *RL*-Hochpässe	*RC*- bzw. *RL*-Tiefpässe
Schaltung	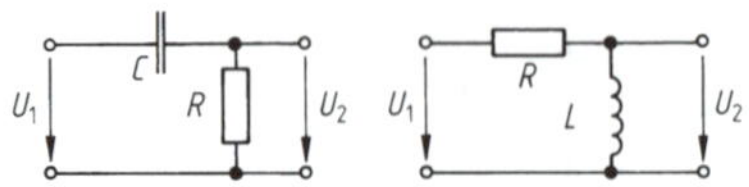	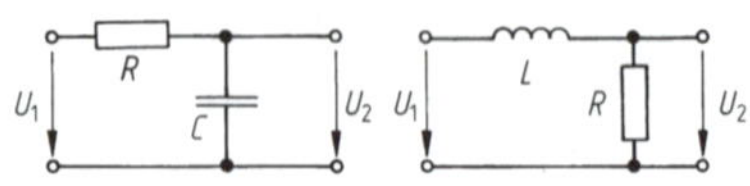
Frequenzverhalten	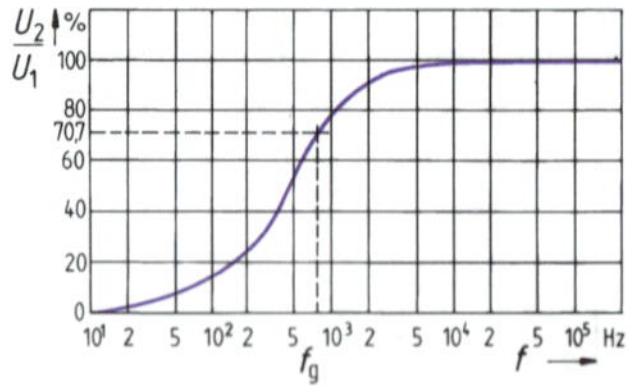	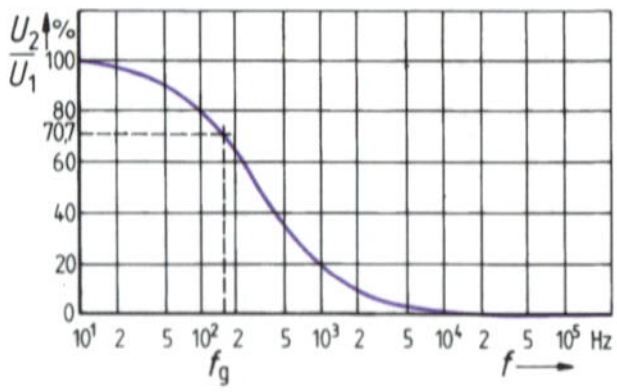
Phasenlage zw. Eingangs- und Ausgangsspannung	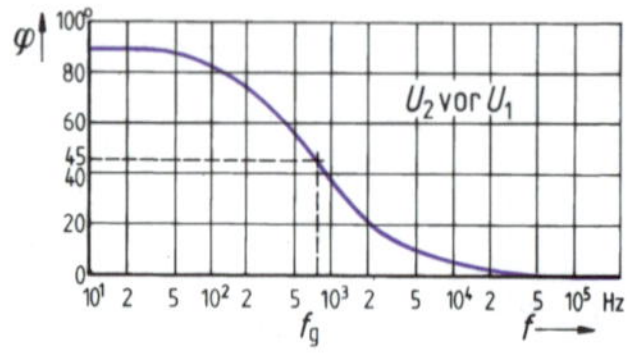	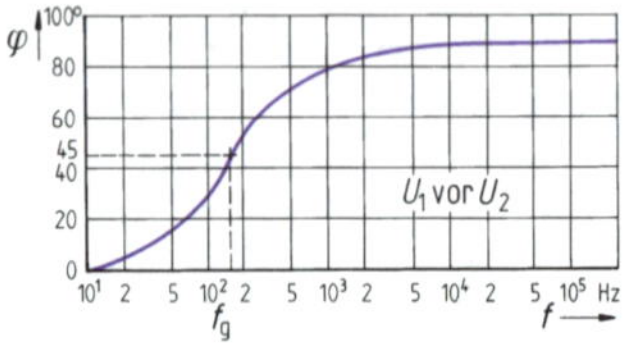
Spannungsverhältnis	$\frac{U_2}{U_1} = \frac{R}{\sqrt{R^2 + X_C^2}}$ $\frac{U_2}{U_1} = \frac{X_L}{\sqrt{R^2 + X_L^2}}$	$\frac{U_2}{U_1} = \frac{X_C}{\sqrt{R^2 + X_C^2}}$ $\frac{U_2}{U_1} = \frac{R}{\sqrt{R^2 + X_L^2}}$
Grenzfrequenz	$f_g = \frac{1}{2\pi \cdot R \cdot C}$ $f_g = \frac{R}{2\pi \cdot L}$	$f_g = \frac{1}{2\pi \cdot R \cdot C}$ $f_g = \frac{R}{2\pi \cdot L}$
Verhalten bei Rechtecksignalen unterschiedlicher Impulsdauer	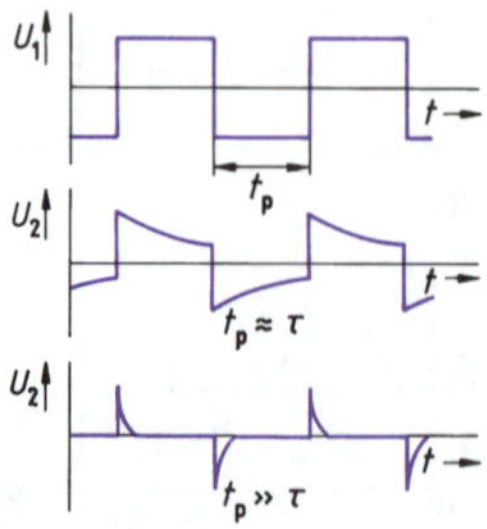 t_p Impulsdauer τ Zeitkonstante $\tau = R \cdot C$ $\tau = \frac{L}{R}$ Ein Hochpass wirkt als Differenzierglied, wenn $t_p \gg \tau$.	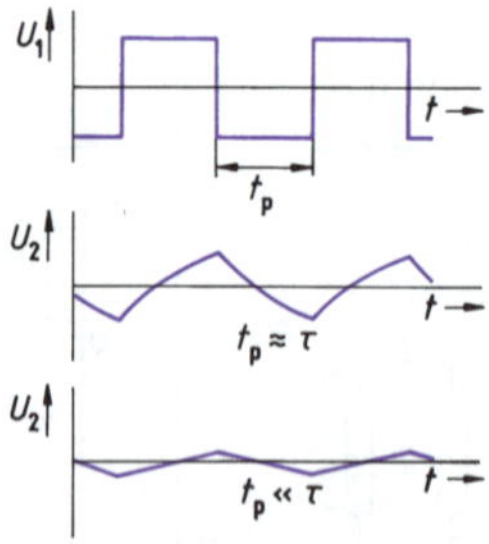 t_p Impulsdauer τ Zeitkonstante $\tau = R \cdot C$ $\tau = \frac{L}{R}$ Ein Tiefpass wirkt als Integrierglied, wenn $t_p \ll \tau$.

3.4 Grundgesetze im Wechselstromkreis

3.4.9 Ersatzschaltung für Spulen und Kondensatoren

Art	Bildl. Darstellung	Berechnung	Art	Bildl. Darstellung	Berechnung
Spulen	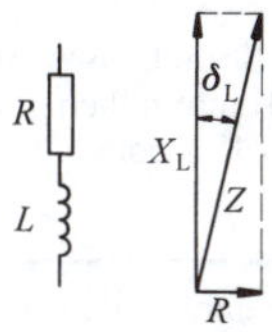	$X_L = \omega \cdot L$ $\tan\delta_L = \frac{R}{\omega \cdot L}$ $d_L = \tan\delta_L$ $Q_L = \frac{1}{d_L}$	Kondensatoren	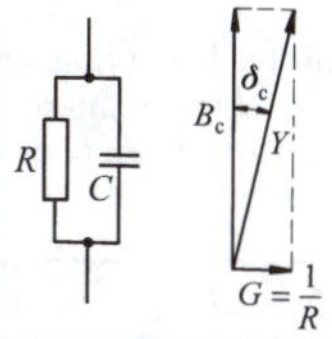	$B_C = \omega \cdot C$ $\tan\delta_C = \frac{1}{R \cdot \omega \cdot C}$ $d_C = \tan\delta_C$ $Q_C = \frac{1}{d_C}$
Erklärung	X_L ind. Blindwiderstand in Ω L Induktivität in H d_L Verlustfaktor ω Kreisfrequenz in 1/s R Verlustwiderstand in Ω δ_L Verlustwinkel Q_L Güte		Erklärung	d_C Verlustfaktor ω Kreisfrequenz in 1/s R Verlustwiderstand in Ω δ_C Verlustwinkel B_C kap. Blindleitwert in S C Kapazität in F Q_C Güte	

3.4.10 Schwingkreise

⇒ 3-25

	Schaltbild	Scheinwiderstandsverlauf	Operatorendiagramm	Berechnung
Reihenschwingkreis	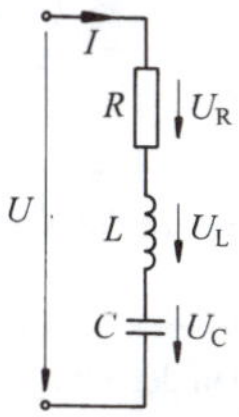	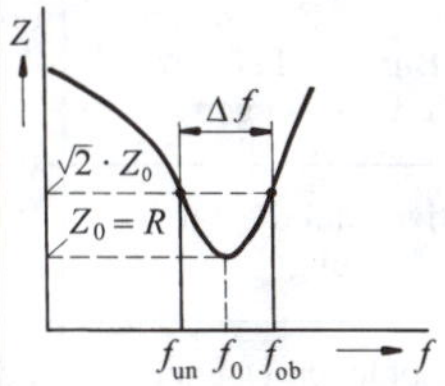	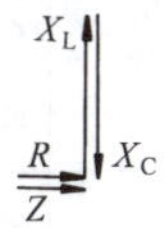bei Resonanz $X_L = X_C$ $\omega \cdot L = \frac{1}{\omega \cdot C}$	$f_0 = \frac{1}{2\pi \cdot \sqrt{L \cdot C}}$ $Q = \frac{\omega_0 \cdot L}{R} = \frac{1}{R} \cdot \sqrt{\frac{L}{C}}$ $U_{Lrsn} = U_{Crsn} = Q \cdot U$ $\Delta f = f_{ob} - f_{un} = \frac{f_0}{Q} = f_0 \cdot d$
Parallelschwingkreis	Bei der Berechnung müssen der Wirkwiderstand R_{sp} und die Induktivität L_{sp} der Schwingkreisspule (die in Reihe liegen!) in R und L der Parallelschaltung umgerechnet werden.			Es gilt angenähert: $L = L_{sp}$ $R = \frac{L_{sp}}{C \cdot R_{sp}}$
	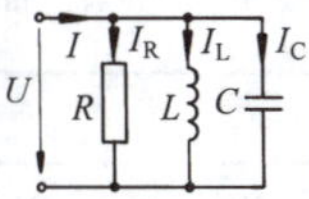	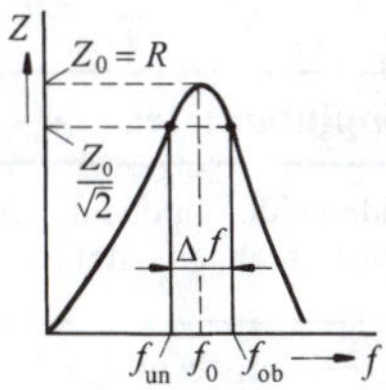	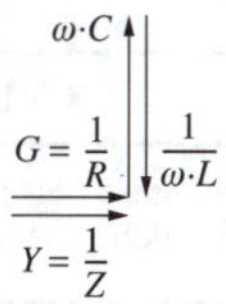bei Resonanz	$f_0 = \frac{1}{2\pi \cdot \sqrt{L \cdot C}}$ $Q = \frac{R}{\omega_0 \cdot L} = R \cdot \sqrt{\frac{C}{L}}$ $I_{Lrsn} = I_{Crsn} = Q \cdot I$ $\Delta f = f_{ob} - f_{un} = \frac{f_0}{Q} = f_0 \cdot d$

Erklärung	f_0 Resonanzfrequenz in 1/s L Induktivität in H f_{ob} obere Grenzfrequenz in Hz U anliegende Spannung in V I zufließender Strom in A d Dämpfungsfaktor	ω_0 Resonanzkreisfrequenz in 1/s R Verlustwiderstand in Ω f_{un} untere Grenzfrequenz in Hz U_{Lrsn}, U_{Crsn} Spannung an L und C bei Resonanz in V	I_{Lrsn}, I_{Crsn} Strom in L und C bei Resonanz in A Q Güte C Kapazität in F Δf Bandbreite in Hz

3.5 Elektromagnetische Verträglichkeit (EMV)

Eine elektrische Spannung U hat im Raum ein elektrisches Feld E, einen Strom I, ein magnetisches Feld H zur Folge. Ein Maß für die von den Feldern transportierte Leistung je Flächeneinheit ist der poyntingsche Vektor S.

$$S = E \times H$$

Wird diese Leistung infolge hoher Spannung und Ströme des verursachenden Stromkreises (Störquelle) zu groß, kann die Funktionsfähigkeit mikroelektronischer Schaltung (Störsenke) empfindlich gestört, ja sogar zerstört werden. Die zu steuernden oder zu regelnden Prozesse geraten außer Kontrolle. Die Folgen können unüberschaubar werden.

Beeinflussungsweg	Frequenzspektrum	Art	Gegenmaßnahmen
Störquelle	schmalbandig (diskret. Spektrum)	Funksender, HF-Generator (Schweiß-, Mikrowellengeräte), getaktete Einrichtungen (Mikroprozessoren, Netzgeräte)	wenn möglich, Verringern des nach außen abgegebenen Energieanteils (z. B. Schirmung). Mit abnehmender Wellenlänge Verkleinern der Spaltbreite. Die abgestrahlte Energie steigt etwa mit der 3. Potenz der Spalt(Maschen)weite
	breitbandig	Schaltgeräte, Halbleiter, Kommutator-Motoren, Zündanlagen, Zweipunktregler, Blitz- und elektrostatische Entladungen	wenn möglich, Begrenzen der Überspannung am Entstehungsort
Kopplung	schmal- und breitbandig	kapazitiv, induktiv, galvanisch, Strahlung	Verkleinern der Kopplung
Störsenke	schmalbandig	Funkempfänger, Datenübertragungsanlagen, frequenzcodierte Einrichtungen	Erhöhen der Störfestigkeit durch schaltungstechnische Maßnahmen
	breitbandig	Steuer- und Regeleinrichtungen	Mindestforderungen: $\text{Störabstand} = \frac{\text{Störschwelle}}{\text{Störsignal}} > 6\ \text{dB}$

3.5.1 Kopplungsarten

Die Erscheinung der Beeinflussung ist stets an beide Feldkomponenten E und H gebunden. Wird eine der beiden genügend klein, ist es möglich die Verhältnisse rechnerisch überschaubar zu gestalten.

Feldverhältnis	Spannungseinkopplung	Rechenmodell
$E \gg H$	kapazitiv	kapazitiver Spannungsteiler
$E \ll H$	induktiv	Transformator
$E \approx H$	induktiv und kapazitiv, Strahlung	kapazitiver Spannungsteiler und Trafo, Antenne

3.5 Elektromagnetische Verträglichkeit (EMV)

Feld/ Frequenz	Kopplungs-form	Leiteranordnung	Charakteristik	Gegenmaßnahmen
Nahfeld quasi-statisch ≤30 MHz	kapazitiv	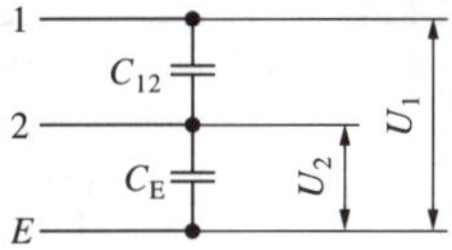	zeitlich veränderliche Störspannung U_1 verursacht störende Spannung U_2 infolge Stromfluss über Koppelkapazität C_{12}	– elektr. Schirmung – Reduzieren von C_{12} durch Vergrößern des Abstandes $\overline{12}$ – Vergrößern von C_E durch z. B. Abstandsverringerung $\overline{2E}$
	induktiv	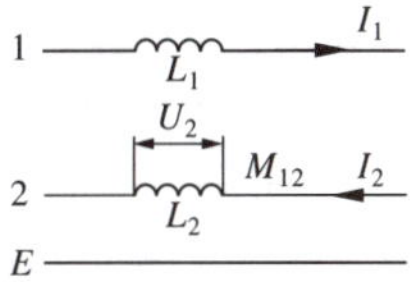	induktive Leitungskomponente der störenden Leitung 1 induziert bei zeitlich veränderl. Strom I_1 in der gestörten indukt. Leitungskomponente 2 eine Störspannung U $M_{12} = \sqrt{L_1 \cdot L_2}$	– magnetische Schirmung – Reduzieren von M durch Vergrößern des Abstandes $\overline{12}$ – paariges Verdrillen der Leitung 2 mit Rückleitung (etwa 30 Schläge/ 1 m) – Verringern von L_1, rechteckige Leiterquerschnitte (Sandwichleitung) ⟹ 3-14
–	galvanisch	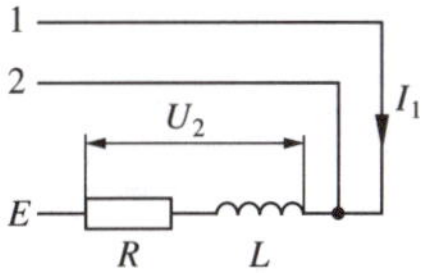	haben Störquelle und Störsenke eine gemeinsame Rückleitung, verursacht der Strom des Störers I_1 eine Spannung U_2 im gestörten Kreis (ohmscher Anteil kann durch hohen Rückleitquerschnitt minimiert werden; induktiver Anteil bei schnellem Lastwechsel kritisch)	– Vermeiden, zumindest Verringern der Länge der gemeinsamen Rückleitung – galvanische Trennung der Rückleitung 1+2 – Reduzieren von L (Sandwichleitung; Rückleitung nicht magn. Material) – sternförmiges Erdungssystem ⟹ 3-18
Fernfeld dynamisch >30 MHz	elektro-magnetische Welle (Strahlung)	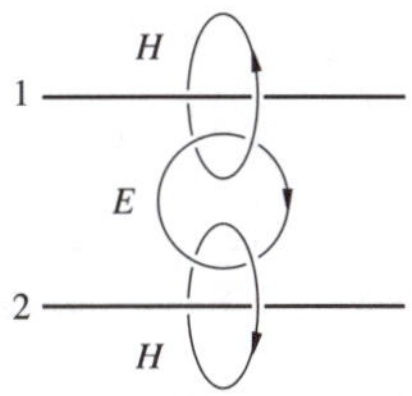	genügend schnell veränd. Ströme und Spannungen erzeugen schnell veränd. el. und magn. Felder, die senkrecht aufeinander stehen, sich gegenseitig aufbauen und sich über den Wellenwiderstand Z_0 des Raumes ausbreiten. $Z_0 = E/H = 377\ \Omega$. Beim Auftreffen der Welle auf die gestörte Leitung 2 werden Spannungen und in deren Folge Ströme verursacht	– Schirmung der Senke (Problemstellen sind Lüftungsöffnung und Stoßfugen). Mit abnehmender Wellenlänge Verringern der Maschenweite. Entscheidend ist der freie Maschenquerschnitt. Die Schirmdämpfung ist für ferromagn. Materialien am höchsten, da beide Feldkomponenten E und H gedämpft werden. Schirmfoliendicken sollen größer als die frequenzabh. Eindringtiefe sein (Skineffekt)

3.5 Elektromagnetische Verträglichkeit (EMV)

3.5.2 Überspannungsbegrenzung

Gleichstromkreis

Begrenzungs-schaltung	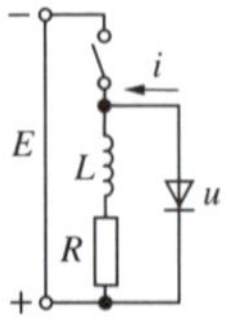	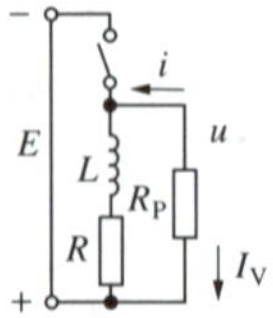	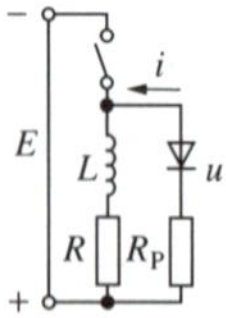	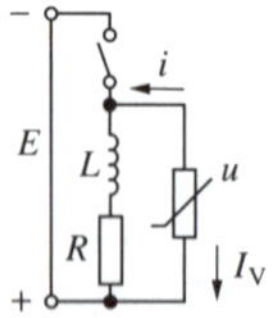
Begrenzungs-element	Diode	Widerstand	Diode und Widerstand	Varistor
Prinzipieller zeitlicher Verlauf der Spulenspannung *u* nach dem Abschalten	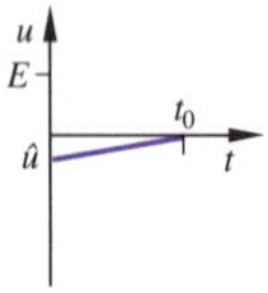	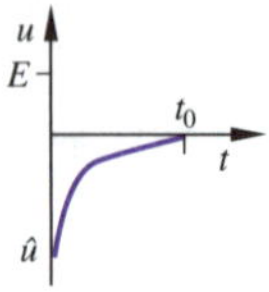	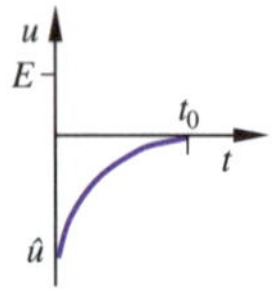	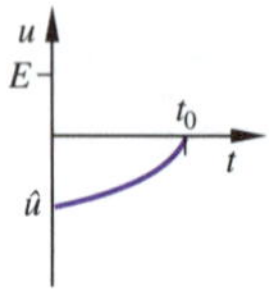
Prinzipieller zeitlicher Verlauf des Spulenstromes *i* nach dem Abschalten	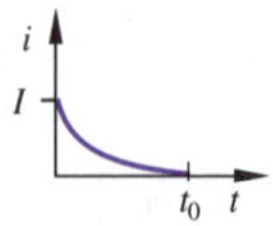	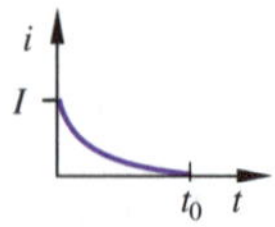	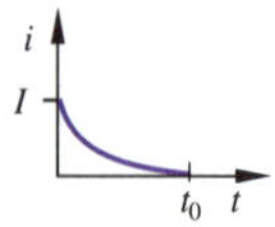	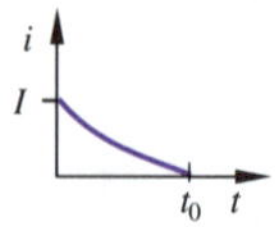
Erreichbare Richtwerte für $\gamma = \frac{\hat{u}}{E}$	–0,5 bis 0	–5 bis –3	–5 bis –1	–5 bis –1,5
$\frac{t_0}{4 \cdot \tau_L}$	1	0,2 bis 0,25	0,2 bis 0,5	0,1 bis 0,25
Stromaufnahme der Begrenzungselemente	0	$\frac{E}{R_p}$	0	$\frac{1}{\left(\frac{E}{K}\right)^{\beta}}$
Bemerkungen	Keine Anzugsverzögerung bei langsamen Schaltorganen, große Rückfallverzugszeit, kleinste Abschaltspannung, keine Dauerverluste, hoher Einschaltstrom bei schnellem Schaltorgan	Keine Anzugsverzögerung, mittlere Rückfallverzugszeit, mittlere Abschaltspannung, hoher Dauerverlust	Keine Anzugsverzögerung, große Rückfallverzugszeit, mittlere Abschaltspannung, keine Dauerverluste	Keine Anzugsverzögerung, geringe Rückfallverzugszeit bei geringerer Abschaltspannung, erhebliche Dauerverluste, preisgünstig

3.5 Elektromagnetische Verträglichkeit (EMV)

Begrenzungsschaltung	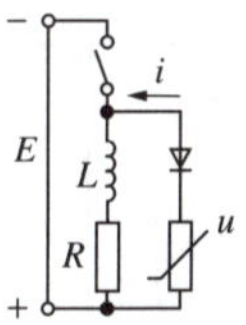	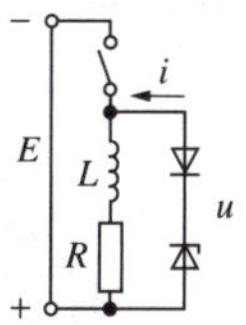	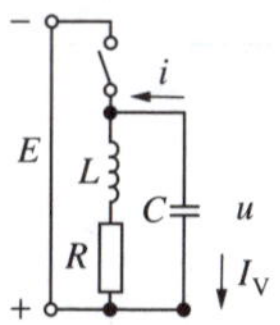	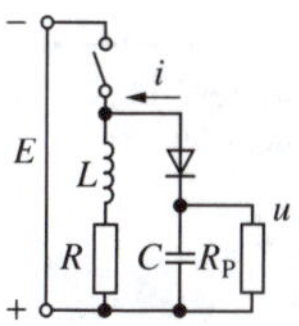
Begrenzungselement	Diode und Varistor	Diode und Zenerdiode	Kapazität schwingend bemessen	Kapazität, Diode und Widerstand
Prinzipieller zeitlicher Verlauf der Spulenspannung u nach dem Abschalten	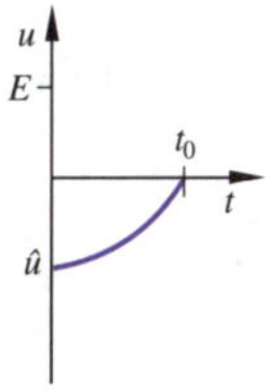	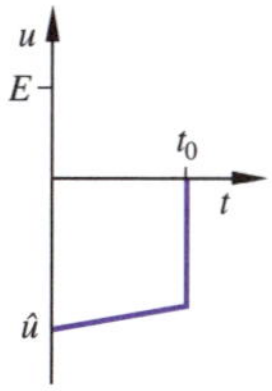	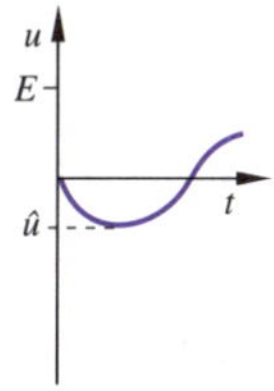	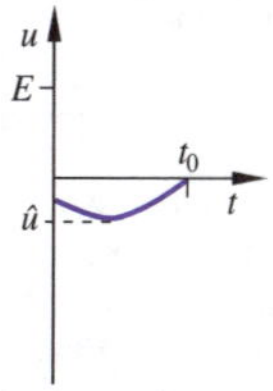
Prinzipieller zeitlicher Verlauf des Spulstromes i nach dem Abschalten	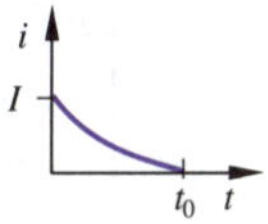	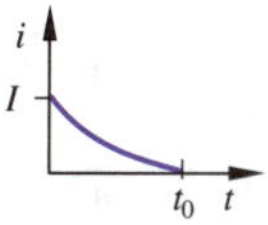	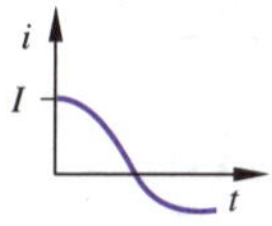	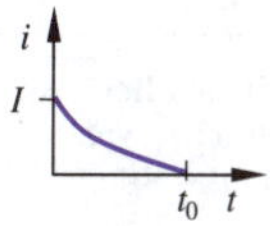
Erreichbare Richtwerte für $\gamma = \frac{\hat{u}}{E}$	–5 bis –0,5	–5 bis –0,5	bis –2	–5 bis –0,5
$\frac{t_0}{4 \cdot \tau_L}$	0,1 bis 0,5	0,06 bis 0,35	bis 4	0,06 bis 0,6
Stromaufnahme der Begrenzungselemente	0	0	$\frac{E}{R_i}\, e^{-t/\tau}$	0
Bemerkungen	Keine Anzugsverzögerung, geringe Rückfallverzugszeit, kleine Abschaltspannung, keine Dauerverluste	Keine Anzugsverzögerung, geringe Rückfallverzugszeit, geringe Abschaltspannung, geringes Volumen	Große Anzugsverzögerung, Einschaltstromstoß bei hoher Abschaltspannung, große Rückfallverzugszeit, ungeeignet	Keine Anzugsverzögerung, geringe Abschaltspannung bei geringer Rückfallverzugszeit (Optimum abhängig vom Induktivitätswert), Scheitelwert der Spannung tritt nicht sofort auf, große Kondensatoren erforderlich, elektrisch ideal – mechan. voluminös

3.5 Elektromagnetische Verträglichkeit (EMV)

	Wechselstromkreis		
Begrenzungs-schaltung	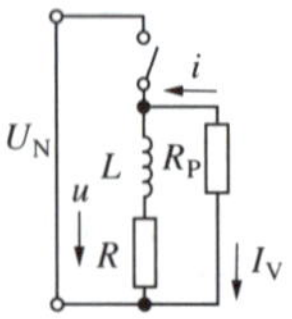	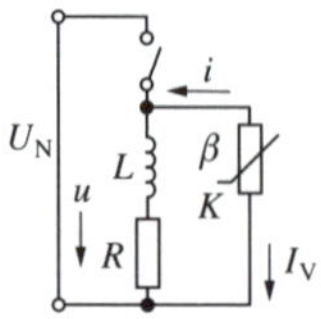	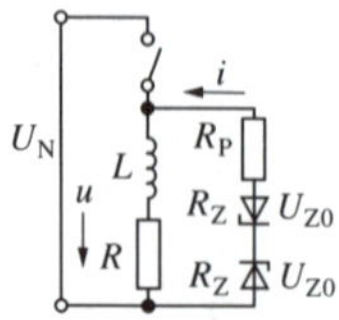
Begrenzungs-element	Widerstand	Varistor	Gegengeschaltete Zenerdioden mit Widerstand
Prinzipieller zeitlicher Verlauf der Spulenspannung u nach dem Abschalten	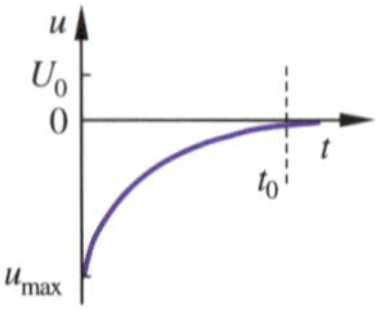	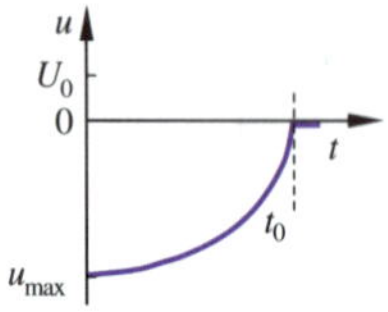	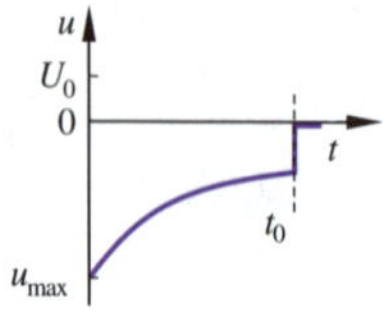
Prinzipieller zeitlicher Verlauf des Spulenstromes i nach dem Abschalten	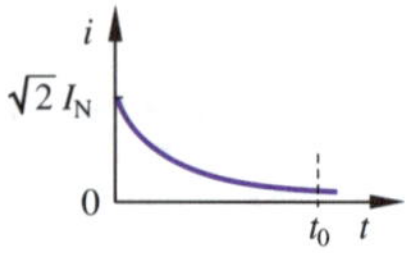	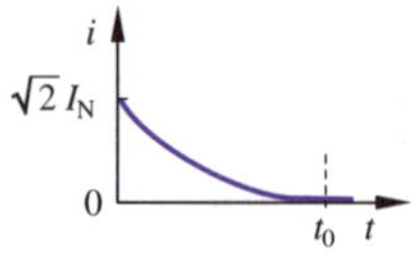	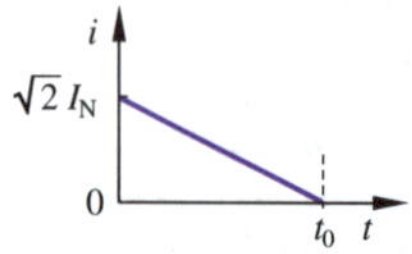
Maximalwert der Spulenspannung $\hat{u}$	$-\sqrt{2}\,U_N\,\frac{R_p}{R}\cos\varphi$	$-K\,(\sqrt{2}\cdot I)^{\beta}$	$-\sqrt{2}\,U_N\,\frac{R}{R_s}\cos\varphi - U_{zo}$
Realisierbare Wertebereiche u_{max}/U_N	–3 bis –5	–2 bis –4	–1,5 bis –2,5
Stationäre Stromaufnahme der Begrenzungsschaltung	$\frac{\sqrt{2}\cdot I}{u_{max}/U_N}$	$\frac{2^{\frac{1+\beta}{2\beta}}}{(u_{max}/U_N)^{1/\beta}}\cdot f_1(\beta)$	für $U_{zo} > \sqrt{2}\cdot U_N$ vernachlässigbar
Bemerkungen	einfachste und billigste Anordnung, jedoch schlechte Begrenzung der Abschaltüberspannungen und relativ hoher stationärer Verluststrom I_v; Rückfallverzugszeiten erheblich größer als im unbeschalteten Zustand; für Störschutzbeschaltung nicht zu empfehlen wegen Linearität zwischen Strom und Spannung	billig, kleine Abmessungen, nur geringfügige Rückfallverzugszeit; kleinstmöglicher Wert der Spulenüberspannung 2 U_N, da sonst stationärer Verluststrom I_v zu groß; nur für Geräte mit kleiner Leistung geeignet	Anwendung empfiehlt sich nur, wenn mit der verfügbaren Zenerdiode nicht genügend große U_{zo}/U_N-Werte realisiert werden können $R = R_{\tau} + R_p$

3.5 Elektromagnetische Verträglichkeit (EMV)

Begrenzungsschaltung	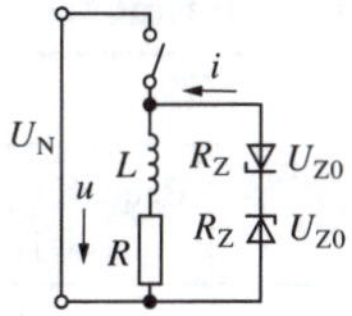	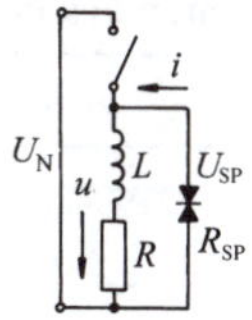	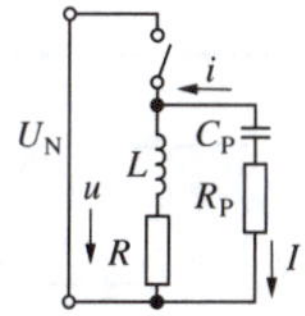
Begrenzungselement	Gegengeschaltete Zenerdioden	Gegengeschaltete Selenventile	*RC*-Glied schwingend bemessen
Prinzipieller zeitlicher Verlauf der Spulenspannung *u* nach dem Abschalten	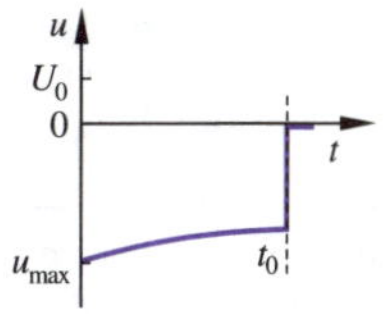	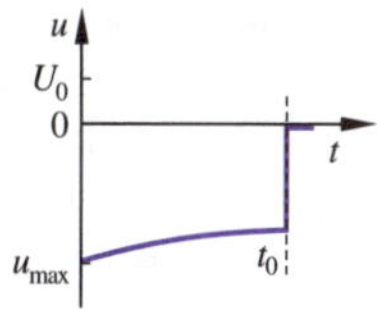	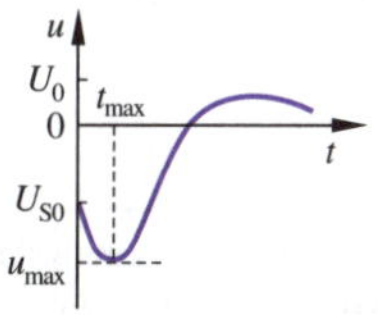
Prinzipieller zeitlicher Verlauf des Spulenstromes *i* nach dem Abschalten	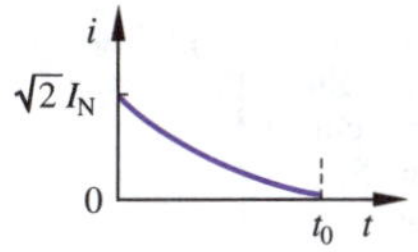	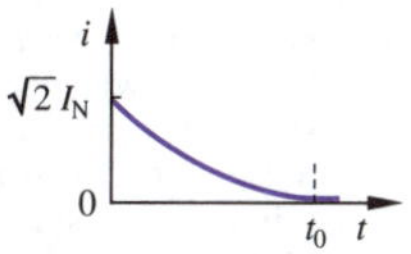	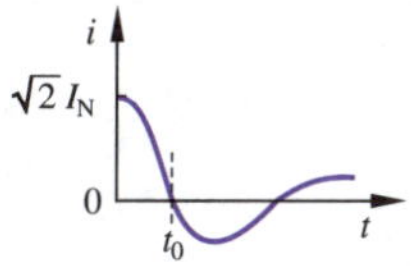
Maximalwert der Spulenspannung u_{max}	$-\sqrt{2}\,U_N \dfrac{R_z}{R_s}\cos\varphi - U_{zo}$	$-\sqrt{2}\,U_N \dfrac{R_{sp}}{R_s}\cos\varphi - U_{sp}$	$f(R, C_p, R_p, L)$
Realisierbare Wertebereiche u_{max}/U_N	–	–	–
Stationäre Stromaufnahme der Begrenzungsschaltung	für $U_{zo} > \sqrt{2}\cdot U_N$ vernachlässigbar	für $U_{sp} > \sqrt{2}\cdot U_N$ vernachlässigbar	$\dfrac{\omega C_p U_N}{\sqrt{1+(\omega C_p R_p)^2}}$
Bemerkungen	kleine Abmessungen, kaum Vergrößerungen der Rückfallverzugszeit, teuer und nicht universell einsetzbar. Nur für Geräte kleinster Leistung und Nennspannung unter 100 Volt geeignet	kostengünstige Beschaltungsvariante, jedoch im Bereich größerer Leistungen relativ aufwendig, da viele Selenplatten in Reihe zu schalten sind	zur Überspannungsbegrenzung sehr gut geeignet; preisgünstig, mäßiger Raumbedarf, Blindstrom kompensierend, Rückfallverzugszeit des beschalteten Gerätes klein; $u_{s\,max}$ tritt nicht sprunghaft auf, für alle Leistungsklassen geeignet, Strom und Spannung schwingen gedämpft auf den Endzustand von Null ein

⇒ 3-27

3.5 Elektromagnetische Verträglichkeit (EMV)

3.5.3 Erreichen des notwendigen Störabstandes

Störsenke

Maßnahmen im beeinflussten System	Voraussetzung	Bauteil
Signalsiebung am Eingang	die Frequenzspektren von Nutz- und Störsignal müssen genügend weit auseinander liegen	Filter; z. B. *RC*-Siebglieder für geringe, *LC*-Glieder für große Übergangssteilheiten
Reduzieren der Arbeitsgeschwindigkeit	der Grad der Reduzierung wird durch die notwendige Arbeitsgeschwindigkeit begrenzt	– Schaltkreise mit niedriger Arbeitsgeschwindigkeit sind störfester – Integrationskondensator am Eingang
Erhöhen des Leistungshubes zwischen *L* und 0-Zustand	Nutzsignalpegel genügend groß	– lineare oder nichtlineare Spannungsteiler am Systemeingang
Verdrosseln von Stromversorgungseingängen	kurzzeitige Netzspannungseinbrüche sowie überlagerte Störspannungsverläufe sollen nicht zu Systemstörungen führen, Sperrschaltungen symmetrisch ausführen	vgl. Entstörschaltungen für Netzleitungen

Störquelle

Zur Sicherstellung des nötigen Störabstandes sind in DIN VDE 08753-3 frequenzabhängige Störpegel/-spannungen vorgegeben.

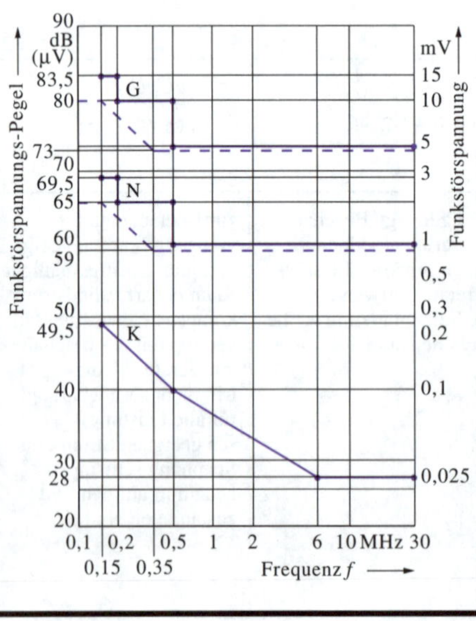

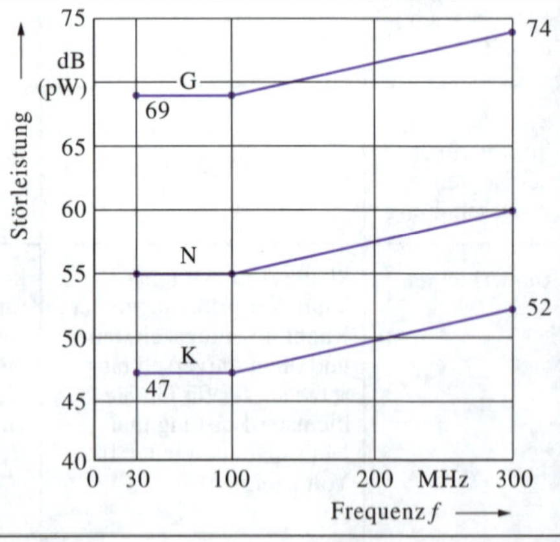

Die Buchstaben in den Störschutzzeichen geben die Einhaltung der in den Bildern angegebenen Pegel an.

3.5 Elektromagnetische Verträglichkeit (EMV)

Schaltkontakt		z.B. für Klingel, el. Zählwerk 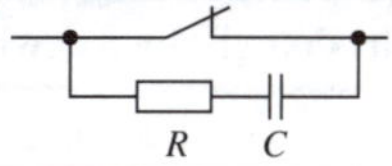	$C = 0{,}1$ bis $1\ \mu F$ $R = 20$ bis $100\ \Omega$
Geräte der Schutzklasse I (C_K = Koppelkapazität zum Gehäuse)		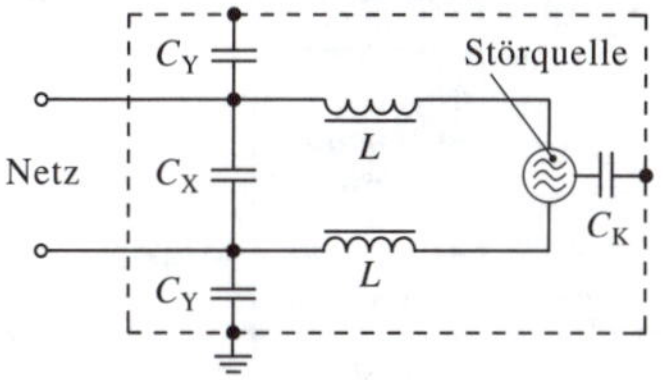	ortsveränderliche Geräte $C_X = 0{,}1\ \mu F$ $C_Y \leq 7500$ pF ortsfeste Geräte $C_X = 0{,}1\ \mu F$ $C_Y \leq 35\,000$ pF
Geräte der Schutzklasse II (C_K = Koppelkapazität zum Gehäuse)		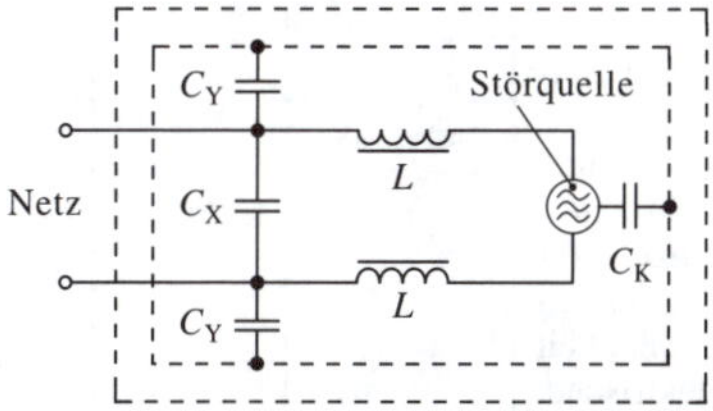	$C_X = 0{,}1\ \mu F$ $C_Y \leq 2500$ pF
Leuchtröhre mit Hochspannungsanlage		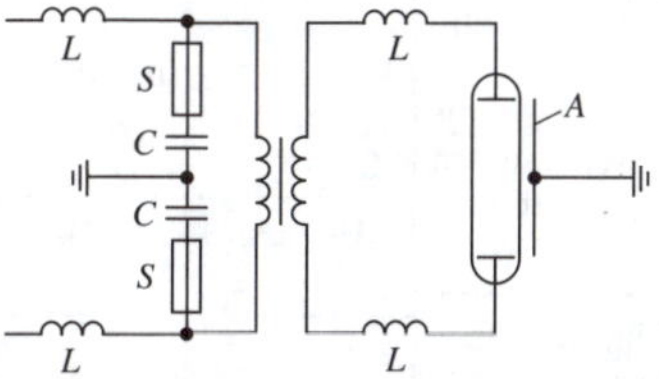	$C = 0{,}1$ bis $0{,}5\ \mu F$ $L = 30$ bis 50 mH A Röhrenfassung S Sicherung
Thyristorsteuerung		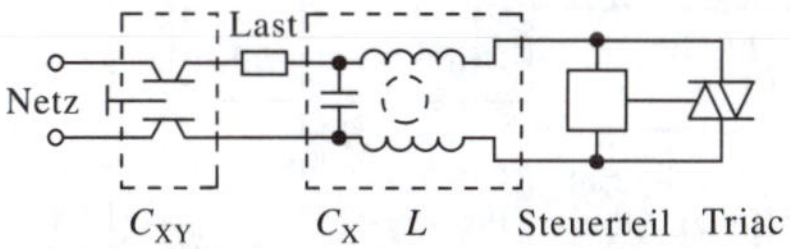	Hochwertige Entstörung durch Breitband-Vierpol-Kondensator C_{XY} (0,2 F + 2 × 2500 pF)
Motor oder Generator mit Stromwender	ortsbeweglich	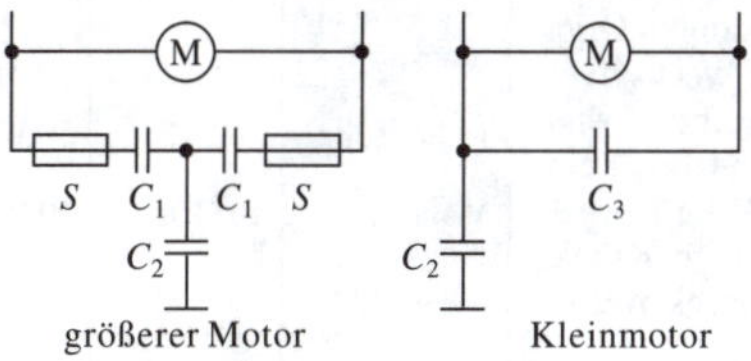	$C_1 = 0{,}1$ bis $2\ \mu F$ $C_2 = 5000$ pF $C_3 = 0{,}02$ bis $0{,}1\ \mu F$ S Sicherung
	ortsfest	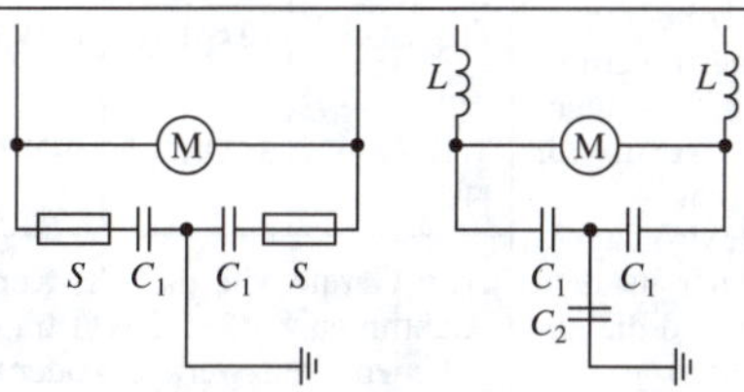	$C_1 = 0{,}5$ bis $4\ \mu F$ $C_2 = 5000$ pF $L = 100$ mH S Sicherung

3.5 Elektromagnetische Verträglichkeit (EMV)

⇐ 3-9 3-13

3

3.5.4 Physiologische Auswirkungen

Ein elektrisches, ein magnetisches und damit auch ein elektromagnetisches Feld üben eine Kraftwirkung auf elektrische Ladungsträger aus (vgl. Felddefinition). Die Kraftwirkung ist abhängig von der Feldrichtung, so dass bei Wechselfeldern die Ladungsträger im Takt des Wechselfeldes bewegt werden. Diese Bewegung äußert sich bei genügend hohen Frequenzen in mechanischer Reibungswärme. Elektrische Ladungsträger können neben Elektronen und Protonen auch positive und negative Ionen (z.B. dissoziierte Salze) und elektrisch unsymmetrische Moleküle (z.B. Wasser) sein; Wasser besitzt ein elektrisches Dipolmoment.
In menschlichen, tierischen und pflanzlichen Zellen sind sowohl an Zellwänden elektrische Ladungsträger als auch in den Zellen gelöste Salze und Wasser vorhanden. Demzufolge können bei genügend hohen Feldstärken und Frequenzen unzulässig hohe Erwärmungen mit bleibenden Schäden für den Organismus entstehen. Maß für die Schädlichkeit dieser Hochfrequenzstrahlung sind die elektrische, magnetische Feldstärke und die Leistungsflussdichte *S* (poyntingscher Vektor) bei elektromagnetischen Wellen und deren Frequenzen.
Die Eindringtiefe elektromagnetischer Strahlung und damit der unmittelbar erwärmte Bereich in der Zellstruktur von Lebewesen hängt maßgeblich von der Frequenz der Strahlung ab.

Strahlungsquelle	Frequenz in MHz	Eindringtiefe in cm
Mobilfunk	500	1 bis 10
Radar	1000 bis 35 000	0,1

Wie bei allen Erwärmungsprozessen spielt die Einwirkzeit sowie die Größe der betroffenen Oberfläche eine wesentliche Rolle.
Eine Erhöhung der Temperatur des gesamten Organismus um 1 °C lässt verändertes Stoffwechselverhalten, veränderte Wärmeregulierung und Verhaltensveränderungen erwarten. Die in den Körper eingestrahlte Leistung darf deshalb 0,4 W/kg Körpergewicht nicht überschreiten. Für Säuglinge, Kranke und ältere Menschen ist ein Fünftel dieses Wertes, also 0,08 W/kg einzuhalten.
Bei Strahlungsfrequenzen unter 10 MHz überwiegt der Effekt der Verschiebung von Ladungsträgern an Zellwänden gegenüber der Erwärmung. Das ungestörte Vorhandensein dieser Ladungsträger ist für einen reibungslosen Stoffwechsel notwendig.
Darüber hinaus können Strahlungen elektromagnetische Geräte, wie z.B. Herzschrittmacher aus dem notwendigen Rhythmus bringen. Hier sind die zulässigen Strahlungswerte zu unterschreiten.

Strahlungsquelle	maximale Frequenz	zulässiger Strahlungswert	einzuhaltender Mindestabstand in m
Nieder-spannungs-Trafostation			0
Hochspannungsleitung	50/60 Hz	5 kV/m 80 A/m = 100 µT	
380 kV			10 (von Trassenmitte)
220 kV			0
110 kV			0
Rundfunksender			
MW	1,4 MHz	73,5 V/m	350 bei 1,8 MW Sendeleistung
KW	10 MHz	27,5 V/m	220 bei 750 kW Sendeleistung
UKW	108 MHz	2 W/m²	250 bei 100 kW Sendeleistung
CB-Funk	27 MHz	2 W/kg	0 für Sendeleistung bis 4 W
Fernsehsender			
VHF	216 MHz	2 W/m²	150
UHF	890 MHz	4 W/m²	75
Mobilfunk D-Netz			
Basisgerät		4 W/m²	60
Handy (Antenne direkt am Kopf)	960 MHz	2 W/kg	0 m bei 2 W Sendeleistung
Mikrowelle	2,45 GHz	50 W/m²	0,01 – 0,02
Warensicherungs- und Suchgeräte	10 GHz	10 W/m²	0
Radar			
Flugradar	10 GHz	10 W/m²	200 m bei 20 kW Sendeleistung
Verkehrsradar	35 GHz	10 W/m²	0,5 bei 100 mW Sendeleistung

Alle Geräte, die das CE-Kennzeichen nach EG-Richtlinien 89/336/EWG tragen, halten die angegebenen Grenzwerte ein oder unterschreiten diese.

4 Bauelemente und Grundschaltungen der Elektrotechnik

4.1 Kennzeichnung von Bauelementen

4.1.1 Anwendungsklassen und Zuverlässigkeitsangaben für Bauelemente der Nachrichtentechnik und Elektronik nach DIN 40 040: 1987-4

Die auf den Bauelementen angegebenen Kurzzeichen bestehen aus einer Buchstabenkombination.

Beispiel: **H S F / J U / V N Z**

Klimatische Anwendungsklasse:
- untere Grenztemperatur (H)
- obere Grenztemperatur (S)
- Feuchtebeanspruchung (F)

Zuverlässigkeit:
- Ausfallquotient (J)
- Beanspruchungsdauer (U)

Mechanische Anwendungsklasse:
- mechanische Beanspruchung (V)
- Luftdruck (N)
- Sonderbeanspruchung (Einzelbestimmung) (Z)

Untere Grenztemperatur

1. Kennbuchstabe	ϑ_{min} °C	1. Kennbuchstabe	ϑ_{min} °C
A	freigehalten	G	−40
B	freigehalten	H	−25
C	freigehalten	J	−10
D	freigehalten	K	0
E	−65	L	+ 5
F	−55	Z	Einzelbest.

Obere Grenztemperatur

2. Kennbuchstabe	ϑ_{max} °C	2. Kennbuchstabe	ϑ_{max} °C
A	400	N	90
B	350	P	85
C	300	Q	80
D	250	R	75
E	200	S	70
F	180	T	65
G	170	U	60
H	155	V	55
J	140	W	50
K	125	Y	40
L	110	Z	Einzelbest.
M	100		

Feuchtebeanspruchung

3. Kennbuchstabe	Höchstwert der relativen Luftfeuchte in %: Jahresmittel	30[1] Tage im Jahr	60[1] Tage im Jahr	übrige[2] Tage	Bemerkungen zu Bauelementen
A	≤100	–	–	–	Bauelemente dauernd nass
C	≤ 95	100	–	100	Bauelemente betaut
R	≤ 90	100	–	95	Bauelemente betaut
D	≤ 80	100	–	90	Bauelemente betaut
E	≤ 75	95	–	85	Bauelemente selten und leicht betaut
F	≤ 75	95	–	85	Bauelemente nicht betaut
G	≤ 65	–	85	75	Bauelemente nicht betaut
H	≤ 50	–	75	65	Bauelemente nicht betaut
J	≤50				Bauelemente nicht betaut
Z	siehe Einzelbestimmung				

Zuverlässigkeit

Der Bezugszuverlässigkeitsangabe liegt als Bezugsbeanspruchung zugrunde:

Umgebungstemperatur 40 °C, relative Luftfeuchte 65% (Jahresmittel der Feuchteklasse C bei 40 °C), mechanische Beanspruchung wie Kennbuchstabe W, Luftdruck wie Kennbuchstabe N.

⟹ 4-2

[1] Über das Jahr verteilt.
[2] Gelegentlich unter Einhaltung des Jahresmittels.

4-1

4.1 Kennzeichnung von Bauelementen

Ausfallquotient (Ausfälle je 10^9 Stunden)

4. Kennbuchstabe	Ausfallquotient	4. Kennbuchstabe	Ausfallquotient
D E	0,1 0,3	P Q	10000 30000
F G	1 3	R S	100000 300000
H J	10 30	T U	1000000 3000000
K L	100 300	V W	10000000 30000000
M N	1000 3000	Z	siehe Einzelbestimmung

$$\text{Ausfallquotient} = \frac{\text{Ausfallsatz}}{\text{zugeh. Beanspruchungsdauer}}$$

$$\text{Ausfallsatz} = \frac{\text{Anz. ausgefallener Bauelemente}}{\text{Gesamtzahl der Bauelemente}}$$

Der Ausfallsatz gilt innerhalb der angegebenen **Beanspruchungsdauer**.

Beanspruchungsdauer

5. Kennbuchstabe	Beanspruchungsdauer in h	5. Kennbuchstabe	Beanspruchungsdauer in h
Q R	300000 100000	U V	3000 1000
S T	30000 10000	W Z	300 s. Einz.

Mechanische Beanspruchung (Grenzwerte)

6. Kennbuchstabe	Schwingbeanspruchung: Frequenz von – bis Hz	Schwingbeanspruchung: Beschleunigung m/s^2	Schockbeanspruchung: Beschleunigung m/s^2	Schockbeanspruchung: Zeit ms
Q	10–2000	500	1000	6
R	10–2000	200	1000	6
S	10–2000	100	500	11
T	10– 500	100	300	18
U	10– 55	50	300	18
V	10– 55	50	150	11
W	10– 55	20	150	11
Z	siehe Einzelbestimmung			

Richtdaten zur mechanischen Beanspruchung von Bauelementen in Geräten und Anlagen

Kennbuchstabe	Beispiele des Bauelementeeinsatzes
Q	an Verbrennungsmotoren angebaut
R	für Bordelektronik (erschwerte Flugbedingungen)
S	für Bordelektronik (normale Flugbedingungen)
T	in tragbaren Geräten (z. B. Polizeifunkgeräte, Rangierfunkgeräte)
U	in Schiffsanlagen und in Autorundfunkempfängern
V	in ortsfesten Stromerzeugern, in nicht erschütterungsfreien Anlagen
W	in erschütterungsfreien Geräten und Anlagen (in Spezialverpackung)

Luftdruck

7. Kennbuchstabe	untere Druckgrenze in mbar (10^2 N/m^2)	max. Betriebshöhe über NN in m
N	840	1000
R	700	2200
S	600	3500
T	530	4300
U	300	8500
V	85	16000
W	44	20000
Y	20	26000
Z	siehe Einzelbestimmung	

Sonderbeanspruchung

8. Kennbuchstabe	Beispiele für Sonderbeanspruchungen
Z	Spritzwasser, Regen, Schnee, Schwallwasser, Strahlwasser, Druckwasser
	Trockenheit, Meeres- o. Industrieluft, Isolierstoffausdünstung in Räumen
	Staub, Sandsturm, Schimmel, Insekten, Sonnenstrahlung, andere Strahlung

4.1 Kennzeichnung von Bauelementen

4.1.2 Kurzschreibweise von Datumsangaben für Kondensatoren und Widerstände nach DIN IEC 62: 1993-3

Bei Datumsangaben auf den Bauelementen wird zuerst das Jahr, dann der Monat angegeben.

Kurzschreibweise für die Jahresangabe [1]									
1990	A	1994	E	1998	K	2002	P	2006	U
1991	B	1995	F	1999	L	2003	R	2007	V
1992	C	1996	G	2000	M	2004	S	2008	W
1993	D	1997	H	2001	N	2005	T	2009	X

Kurzschreibweise für die Monatsangabe					
Januar	1	Mai	5	September	9
Februar	2	Juni	6	Oktober	0
März	3	Juli	7	November	N
April	4	August	8	Dezember	D

Beispiel: G5 entspricht Mai 1996

4.1.3 Reihen für die Nennwerte von Widerständen und Kondensatoren nach DIN IEC 63: 1985-12

Vorzugswerte				Vorzugswerte mit kleiner zulässiger Abweichung							
E3	E6	E12	E24	E48	E96	E48	E96	E48	E96	E48	E96
zulässige Abweichung				zulässige Abweichung							
über 20%	±20%	±10%	±5%	±2%	±1%	±2%	±1%	±2%	±1%	±2%	±1%
1,0	1,0	1,0	1,0	100	100	178	178	316	316	562	562
			1,1		102		182		324		576
		1,2	1,2	105	105	187	187	332	332	590	590
			1,3		107		191		340		604
	1,5	1,5	1,5	110	110	196	196	348	348	619	619
			1,6		113		200		357		634
		1,8	1,8	115	115	205	205	365	365	649	649
			2,0		118		210		374		665
2,2	2,2	2,2	2,2	121	121	215	215	383	383	681	681
			2,4		124		221		392		698
		2,7	2,7	127	127	226	226	402	402	715	715
			3,0		130		232		412		732
	3,3	3,3	3,3	133	133	237	237	422	422	750	750
			3,6		137		243		432		768
		3,9	3,9	140	140	249	249	442	442	787	787
			4,3		143		255		453		806
4,7	4,7	4,7	4,7	147	147	261	261	464	464	825	825
			5,1		150		267		475		845
		5,6	5,6	154	154	274	274	487	487	866	866
			6,2		158		280		499		887
	6,8	6,8	6,8	162	162	287	287	511	511	909	909
			7,5		165		294		523		931
		8,2	8,2	169	169	301	301	536	536	953	953
			9,1		174		309		549		976

4.1.4 Normzahlen und Normzahlen-Hauptwerte-Reihen nach DIN 323-1: 1974-8

R5	R10	R20	R5	R10	R20	R5	R10	R20	R5	R10	R20	R5	R10	R20
1,00	1,00	1,00	1,60	1,60	1,60	2,50	2,50	2,50	4,00	4,00	4,00	6,30	6,30	6,30
		1,12			1,80			2,80			4,50			7,10
	1,25	1,25		2,00	2,00		3,15	3,15		5,00	5,00		8,00	8,00
		1,40			2,24			3,55			5,60			9,00

[1] Die Kurzzeichen wiederholen sich in einem 20jährigen Zyklus.

4.1 Kennzeichnung von Bauelementen

4.1.5 Farbkennzeichnung von Widerständen nach DIN IEC 62: 1993-3

Die Widerstandswerte und die Toleranz von Widerständen werden durch Farbkennzeichnungen dargestellt. Die Kennzeichnung erfolgt durch umlaufende Farbringe auf dem Widerstandskörper, aber auch durch Punkte oder Striche. Der erste Ring liegt näher an dem einen Ende des Widerstandes als der letzte Ring am anderen Ende. Farbkennzeichnung des Temperaturkoeffizienten nur, wenn der Widerstandswert (3 Ziffern) und die Toleranz gekennzeichnet sind.

Als Ziffern gibt man in Farbkennzeichnung in der Regel die Werte einer E-Reihe an.

⇐ 4-3

Beispiel:

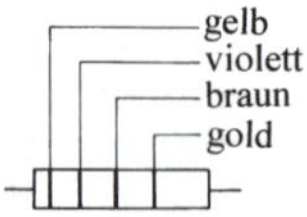

1. Ziffer = 4
2. Ziffer = 7
Multiplikator = 10^1
Toleranz = ± 5%

$R = 470\ \Omega \pm 5\%$

Farbe	Widerstandswert in Ω Zählende Ziffern	Multiplikator	Toleranz in %	Temperaturkoeffizient (10^{-6}/°C)
Schwarz	0	10^0	–	±250
Braun	1	10^1	± 1	±100
Rot	2	10^2	± 2	± 50
Orange	3	10^3	–	± 15
Gelb	4	10^4	–	± 25
Grün	5	10^5	± 0,5	± 20
Blau	6	10^6	± 0,25	± 10
Violett	7	10^7	± 0,1	± 5
Grau	8	10^8	–	± 1
Weiß	9	10^9	–	–
Gold	–	10^{-1}	± 5	–
Silber	–	10^{-2}	±10	–
Keine	–	–	±20	–

4.1.6 Buchstaben- und Ziffernkennzeichnung für Kapazitäts- und Widerstandswerte nach DIN IEC 62: 1993-3

Kondensatoren Kennbuchstabe	Multiplikator	Widerstände Kennbuchstabe	Multiplikator
p	10^{-12} Pico	R	10^0 –
n	10^{-9} Nano	K	10^3 Kilo
µ	10^{-6} Mikro	M	10^6 Mega
m	10^{-3} Milli	G	10^9 Giga
F	10^0 –	T	10^{12} Tera

⇐ 2-1

Kennzeichnung von zweiziffrigen Werten

Kondensatoren Kapazitätswert	Kennzeichnung	Widerstände Widerstandswert	Kennzeichnung
0,39 pF	p 39	0,39 Ω	R 39
3,9 pF	3 p 9	3,9 Ω	3 R 9
39 pF	39 p	39 Ω	39 R
390 pF	390 p	390 Ω	390 R
0,39 nF	n 39	0,39 kΩ	K 39
3,9 nF	3 n 9	3,9 kΩ	3 K 9
39 nF	39 n	39 kΩ	39 K
390 nF	390 n	390 kΩ	390 K
0,39 µF	µ 39	0,39 MΩ	M 39
3,9 µF	3 µ 9	3,9 MΩ	3 M 9
39 µF	39 µ	39 MΩ	39 M
390 µF	390 µ	390 MΩ	390 M
390 µF	m 39	0,39 GΩ	G 39
3 900 µF	3 m 9	3,9 GΩ	3 G 9
39 000 µF	39 m	39 GΩ	39 G
390 000 µF	390 m	390 GΩ	390 G

Kennzeichnung von dreiziffrigen Werten

Kondensatoren Kapazitätswert	Kennzeichnung	Widerstände Widerstandswert	Kennzeichnung
3,96 pF	3 p 96	3,96 Ω	3 R 96
39,6 pF	39 p 6	39,6 Ω	39 R 6
396 pF	396 p	396 Ω	396 R

Zulässige Abweichungen

Die zulässigen Abweichungen in % (bzw. in pF für Kapazitätswerte < 10 pF) werden durch große Buchstaben angegeben.

Buchstabe	zul. Abw.	Buchstabe	zul. Abw.	Buchstabe	zul. Abw.
E	±0,005	G	± 2	Q	+30 −10
L	±0,01	J	± 5		
P	±0,02	K	±10	T	+50 −10
W	±0,05	M	±20		
B	±0,1	N	±30	S	+50 −20
C	±0,25				
D	±0,5			Z	+80 −20
F	±1				

Beispiele:

6 p 8 D ≙ 6,8 pF ± 0,5 pF
27 pF ≙ 27 pF ± 1%
8 R 2 K ≙ 8,2 Ω ± 10%
96 R 7 G ≙ 96,7 Ω ± 2%

4.2 Widerstände

4.2.1 Schicht-Festwiderstände

Schichtmaterial	Kohle			Kohle- gemisch	Metall	Metall- oxid	Metall- glasur
Anforderungen	allgemein	erhöht	erhöht	allgemein	erhöht	erhöht	erhöht
DIN	44051	44052	44055	44054	44061	44063	44064
Anwendungs- klasse	FKF (FHF)	FKF	FKF	FKF	EKF	FHF FZF	FHF
Widerstandswerte- Reihe	E 24	E 24	E 24	E 24	E 24 E 96	E 24	E 24 E 48
Widerstands- abweichung bei Anlieferung	±2% ±5%	±2% ±5%	±1% ±2%	± 2% ±10%	±0,5% ±1% ±2%	±2% ±5%	±0,5% ±1% ±2%
Temperaturkoeffi- zient in 10^{-6}/K (zwischen 20 °C und 70 °C)	–150 bis –1500			±1300	B[1]: 0±100 C: 0± 50 D: 0± 25 E: 0± 15	±250	B[1]: 0±100 C: 0± 50
ΔR_{zul} nach 1000 h Dauerprüfung bei P_{70}	$\le\pm(5\% \cdot R$ $+0{,}1\,\Omega)$ bis 1 MΩ $^{+10}_{-5}\% \cdot R$ über 1 MΩ	$\le\pm(2\% \cdot R$ $+0{,}05\,\Omega)$ bis 1 MΩ $^{+4}_{-2}\% \cdot R$ über 1 MΩ	$\le\pm(1\% \cdot R$ $+0{,}05\,\Omega)$ bis 1 MΩ $^{+2}_{-1}\% \cdot R$ über 1 MΩ	$\le(^{+2}_{-9}\% \cdot R$ $+0{,}1\,\Omega)$	$\le(^{+1}_{-0,5}\% \cdot R$ $+0{,}05\,\Omega)$	$\le\pm(2\% \cdot R$ $+0{,}1\,\Omega)$	$\le\pm(1\% \cdot R$ $+0{,}1\,\Omega)$
ΔR_{zul} nach 8000 h Dauerprüfung bei P_{70}	$\le(^{+10}_{-5}\% \cdot R$ $+0{,}1\,\Omega)$ bis 1 MΩ $^{+20}_{-5}\% \cdot R$ über 1 MΩ	$\le(^{+4}_{-2}\% \cdot R$ $+0{,}05\,\Omega)$ bis 1 MΩ $^{+8}_{-2}\% \cdot R$ über 1 MΩ	$\le(^{+2}_{-1}\% \cdot R$ $+0{,}05\,\Omega)$ bis 1 MΩ $^{+4}_{-1}\% \cdot R$ über 1 MΩ	$\le(^{+4}_{-15}\% \cdot R$ $+0{,}1\,\Omega)$	$\le(^{+2}_{-0,5}\% \cdot R$ $+0{,}05\,\Omega)$	$\le(^{+4}_{-3}\% \cdot R$ $+0{,}1\,\Omega)$	$\le\pm(2\% \cdot R$ $+0{,}1\,\Omega)$

Baugröße	Belast- bar- keit W	Höchste Dauer- span- nung[2] V	Zul. Span- nung gegen Um- gebung[3] V	Wärme- wider- stand K/W
Kohleschichtwiderstände nach DIN 44051: 1983-9				
AC (0204)	0,21	200	210	400
CC (0207)	0,34	250	210	250
DC (0309)	0,4	300	210	210
EC (0411)	0,53	350	250	160
FC (0414)	0,57	350	250	150
HC (0617)	0,71	500	250	120
KC (0922)	1,13	750	250	75
LC (0933)	1,31	750	250	65
Kohleschichtwiderstände nach DIN 44052: 1983-9				
AC (0204)	0,14	150	210	400
CC (0207)	0,22	150	210	250
DC (0309)	0,26	150	210	210
EC (0411)	0,34	250	250	160
FC (0414)	0,37	250	250	150
HC (0617)	0,45	350	250	120
KC (0922)	0,73	500	250	75
LC (0933)	0,85	750	250	65
Kohleschichtwiderstände nach DIN 44055: 1983-9				
CC (0207)	0,22	150	210	250
DC (0309)	0,26	150	210	210
EC (0411)	0,34	250	250	160
HC (0617)	0,45	350	250	120

Baugröße	Belast- bar- keit W	Höchste Dauer- span- nung[2] V	Zul. Span- nung gegen Um- gebung[3] V	Wärme- wider- stand K/W
Kohlegemischschichtwiderstände nach DIN 44054: 1983-9				
AC (0207)	0,27	250	500	205
BC (0309)	0,32	250	750	170
CC (0411)	0,45	350	750	120
DC (0615)	1,0	500	1000	85
Metallschichtwiderstände nach DIN 44061: 1983-9				
A[4] (0204)	0,21	200	210	400
C[4] (0207)	0,34	250	210	250
D[4] (0309)	0,4	300	210	210
E[4] (0411)	0,53	350	250	160
F[4] (0414)	0,57	350	250	150
H[4] (0617)	0,71	350	250	120
Metalloxidschichtwiderstände nach DIN 44063: 1983-9				
CV (0411)	0,66	350	400	160[5]
NV (0414)	0,66	350	400	160[5]
DV (0617)	1,0	500	400	105[5]
EV (0922)	2,5	500	400	70[5]
FV (0933)	3,0	600	400	60[5]
Metallglasurwiderstände nach DIN 44064: 1983-9				
A[4] (0207)	0,5	350	500	170
B[4] (0309)	0,65	350	750	130
C[4] (0617)	1,0	500	750	85

[1] Diese Buchstaben sind der 2. Kennbuchstabe der Baugrößenbezeichnung. [2] Gleichspannung oder eff. Wechselspannung.
[3] Gleichspannung oder Scheitelwert der Wechselspannung, Prüfspannung 1 min. [4] 2. Kennb. zur Kennz. des Temperaturkoeff.
[5] Gilt für ϑ_0=175 °C . Bei ϑ_0=220 °C gilt für Baugröße EV 65 K/W und für Baugröße FV 50 K/W.

4

4.2 Widerstände

4.2.2 Rechteckige Chip-Widerstände mit Metallglasur

Baugröße	Belastbarkeit (bei 70 °C) in W	Zul. max. Dauerspannung[1] in V	Zul. Spannung gegen Umgebung[2] in V	Maße in mm *L* min	*L* max	*W* min	*W* max	*H* min	*H* max	*T*	*t*
Widerstände der Stabilitätsklasse 1 nach DIN 45921 – 1019: 1990-7											
RR 0805[3]	0,063	100	200	1,8	2,2	1,05	1,4	0,5	0,7	≤0,6	0,1 bis 0,6
RR 1206[3]	0,125	200	300	3,0	3,4	1,40	1,8	0,5	0,7	≤0,75	0,2 bis 0,7
Widerstände der Stabilitätsklasse 2 nach E DIN 45921 – 1015: 1991-4											
RR 0603[3]	0,0625	50	100	1,5	1,7	0,75	0,95	0,35	0,55	≤0,5	0,1 bis 0,5
RR 0805[3]	0,125	100	200	1,8	2,2	1,05	1,4	0,5	0,7	≤0,6	0,1 bis 0,6
RR 1206[3]	0,25	200	300	3,0	3,4	1,40	1,8	0,5	0,7	≤0,75	0,1 bis 0,7

⇐ 3-3

Temperaturkoeffizienz der Widerstandswerte

3. Kennbuchstabe der Baugrößenbezeichnung	Temperaturkoeffizientenbereich 10^{-6}/K	Zul. relative Änderung des Widerstandswertes im Temperaturbereich 20 bis 70 °C	20 bis 125 °C	20 bis −55 °C
A	0±200	±1,0	±2,10	±1,50
B	0±100	±0,5	±1,05	±0,75
C	0± 50	±0,25	±0,525	±0,375

Die Widerstandswerte entsprechen den Reihen E24 und E96.

⇐ 4-3

SMD-Chip-Widerstand
(SMD: Surface Mounted Device)

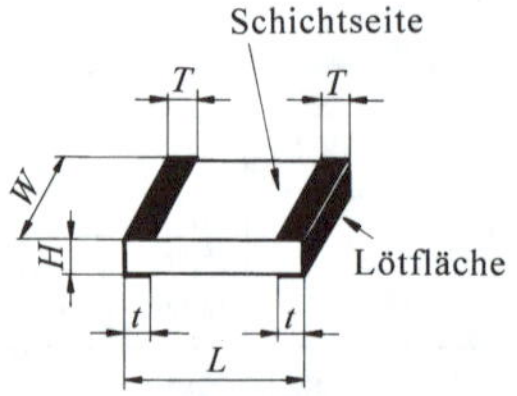

4.2.3 Zylindrische Chip-Widerstände mit Metallschicht nach E DIN 45921 – 1016: 1991-4

Baugröße	Belastbarkeit (bei 70 °C) in W	Zul. max. Dauerspannung[1] in V	Zul. Spannung gegen Umgebung[2] in V	Maße in mm *L* min	*L* max	*D* min	*D* max	t_1 max	t_2 max	*l*[4] min	*l*[4] max
RC 2211[3] (0102)	0,20	100	150	1,9	2,2	1,0	1,1	0,05	0,05	0,35	0,45
RC 3715[3] (0204)	0,25	200	300	3,3	3,7	1,2	1,5	0,1	0,05	0,5	0,9
RC 6123[3] (0207)	0,40	250	350	5,2	6,1	1,9	2,3	0,2	0,05	0,8	1,4

⇐ 3-3

Temperaturkoeffizienz der Widerstandswerte

3. Kennbuchstabe der Baugrößenbezeichnung	Temperaturkoeffizientenbereich 10^{-6}/K	Zul. relative Änderung des Widerstandswertes im Temperaturbereich 20 bis 70 °C	20 bis 125 °C	20 bis −55 °C
B	0±100	±0,5	±1,05	±0,75
C	0± 50	±0,25	±0,525	±0,375
D	0± 25	±0,125	±0,26	±0,188
E	0± 15	±0,075	±0,158	±0,113

Die Widerstandswerte entsprechen der Reihe E96.

⇐ 4-3

SMD-MELF-Widerstand
(MELF: Metal Elektrode Face Bonding)

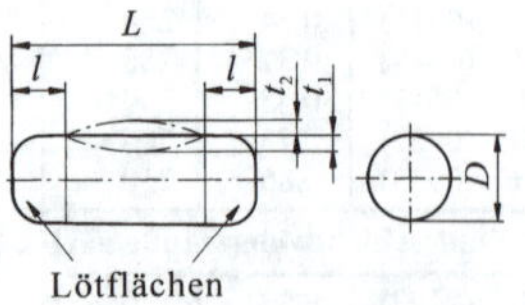

[1] Gleichspannung oder Effektivwert der Wechselspannung.
[2] Gleichspannung oder Scheitelwert der Wechselspannung.
[3] Hier steht der 3. Kennbuchstabe der Baugrößenbezeichnung zur Kennzeichnung des Temperaturkoeffizienten.
[4] Lötbarer Bereich.

4.3 Heißleiter

Genormte Heißleiter

Bauart	direkt geheizt, Scheibenform, Größe 0505	direkt geheizt, Heißleiterperle, Größe 0206	direkt geheizt, Scheibenform, Größe 0303
DIN	44071: 1976-12	44072: 1976-12	44073: 1978-8
Anwendungsklassen	FKF, HKF, HHH	FEE	HKF
Nennwiderstandswerte R_N bei 25 °C = R_{25}	von 10 Ω bis 100 kΩ Reihe E 6	von 1 kΩ bis 1 MΩ Reihe E 6	von 100 Ω bis 100 kΩ Reihe E 6
Zulässige Abweichung des Widerstandswertes	±10% ±20%	±10% ±20%	±10% ±20%
Belastbarkeit P in W bei 25 °C	0,6	0,1	0,2
Wärmeleitwert G_{th} in mW/K bei 25 °C	≥0,6	>0,55	≥2
Thermische Abkühlzeitkonstante τ_{th} in s[1]	(20 ± 5)	7 (Richtwert)	(15 ± 5)

Mittlere *B*-Werte und Widerstandswert-Temperatur-Charakteristik

R_{25} in Ω	Mittl. *B*-Wert K	R_{85}/R_{25} (mittel)	R_{25} in kΩ	Mittl. *B*-Wert K	R_{85}/R_{25} (mittel)
Scheibenform, direkt geheizt, nach DIN 44071					
10	2670	0,22	1	3700	0,13
15	2760	0,21	1,5	3790	0,12
22	2850	0,20	2,2	3870	0,11
33	2940	0,19	3,3	3960	0,11
47	3010	0,18	4,7	4040	0,10
68	3100	0,18	6,8	4120	0,10
100	3180	0,17	10	4210	0,09
150	3270	0,16	15	4250	0,09
220	3360	0,15	22	4290	0,09
330	3450	0,14	33	4330	0,09
470	3530	0,14	47	4360	0,09
680	3610	0,13	68	4400	0,08
			100	4440	0,08
Heißleiterperle, direkt geheizt, nach DIN 44072					
1000	2610	0,23	47	3855	0,11
1500	2805	0,21	68	4005	0,11
2200	2970	0,19	100	4060	0,10
3300	3040	0,18	150	4130	0,10
4700	3550	0,14	220	4230	0,09
6800	3600	0,13	330	4290	0,09
10000	3665	0,13	470	4350	0,09
15000	3625	0,13	680	4400	0,08
22000	3730	0,12	1000	4250	0,09
33000	3830	0,12			
Scheibenform, direkt geheizt, nach DIN 44073					
100	2800	0,21	4,7	3900	0,11
150	3000	0,19	6,8	4000	0,105
220	3000	0,19	10	4000	0,105
330	3150	0,17	15	4100	0,10
470	3150	0,17	22	4100	0,10
680	3300	0,16	33	4150	0,097
1000	3300	0,16	47	4150	0,097
1500	3400	0,15	68	4300	0,09
2200	3400	0,15	100	4300	0,09
3300	3900	0,11			

Bauformen

Heißleiter nach DIN 44071

Form A Form B

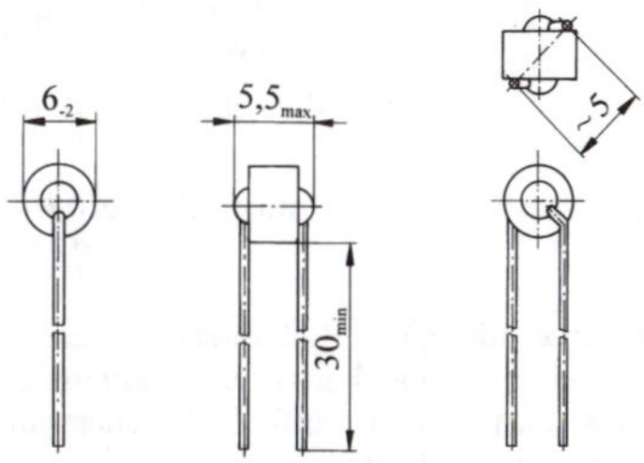

Heißleiter nach DIN 44072

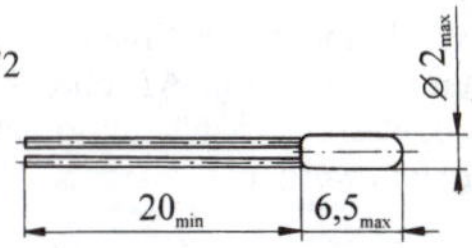

Heißleiter nach DIN 44073

Form A Form B

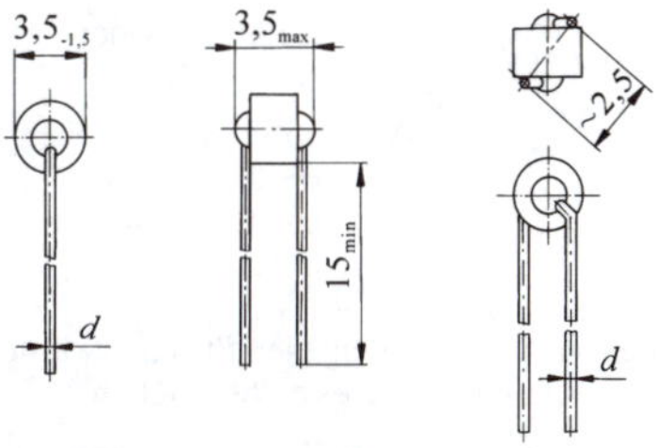

[1] Zeit, in der sich die Temperatur eines Heißleiters bei Nulllast um 63,2% der Gesamtdifferenz zwischen Anfangs- und Endtemperatur ändert.

4.3 Heißleiter

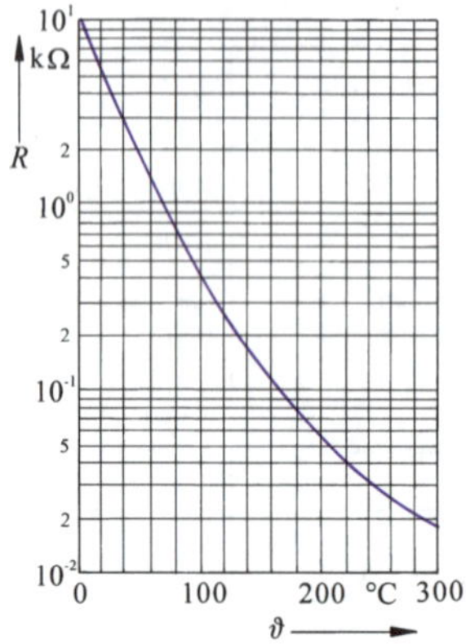

⇐ 1-1

$$R_1 = R_2 \cdot e^{B\left(\frac{1}{T_1} - \frac{1}{T_2}\right)}$$

$$R_1 = R_2 \cdot e^{\alpha_R \cdot \Delta T \cdot \frac{T_2}{T_1}}$$

$$\alpha_R = \frac{-B}{T^2}$$

R_1	Heißleiterwiderstand bei der Temperatur T_1 in K
R_2	Heißleiterwiderstand bei der Bezugstemp. T_2 in K
B	Materialkonstante in K
α_R	Temperaturkoeffizient in 1/K

Soll bei der Anwendung des Heißleiters für dessen Widerstandswert die Umgebungstemperatur maßgebend sein, so darf keine wesentliche Eigenerwärmung (Stromwärme) auftreten.

Wird eine durch Eigenerwärmung erzeugte Übertemperatur von ΔT über Umgebungstemperatur zugelassen, so müssen folgende Grenzwerte eingehalten werden:

$$I = \sqrt{\frac{G_{th} \cdot \Delta T}{R_{HL}}}$$

$$U = \sqrt{G_{th} \cdot R_{HL} \cdot \Delta T}$$

I	Strom in A
U	Spannung in V
G_{th}	Wärmeleitwert in W/K
R_{HL}	Heißleiterwiderstand in Ω
ΔT	Differenz zwischen Heißleiter- und Umgebungstemp. in K

Die Parallelschaltung vom eigenen Strom erwärmter Heißleiter ist ohne weiteres nicht möglich.

4.4 Kaltleiter (PTC-Widerstände)

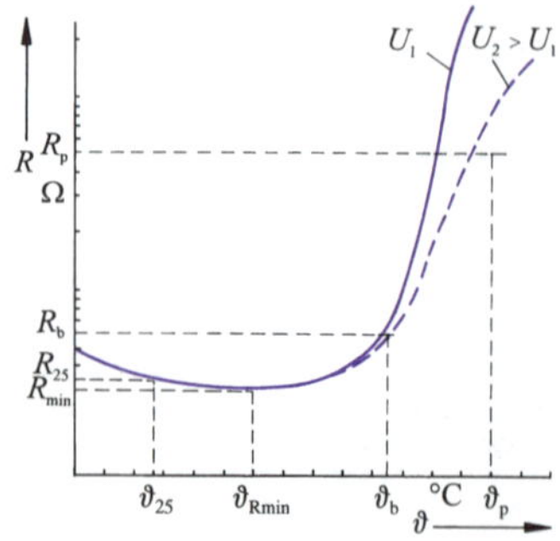

$R_N = R_{25}$	Nennwiderstandswert bei 25 °C
R_{min}	kleinster Nulllast-Widerstandswert
R_b	Bezugswiderstandswert (steiler Anstieg)
R_p	Widerstandswert bei max. Spannung
α_R	Temperaturkoeffizient in %/K

$$\alpha_R \approx 230 \cdot \lg\left(\frac{R_p}{R_b}\right) \cdot \frac{1}{\vartheta_p - \vartheta_b}$$

Anwendungsmöglichkeiten

1. Der Kaltleiter wird an eine Spannung ≤1,5 V gelegt und hat jeweils die Temperatur seiner Umgebung. Hierzu gehört die Verwendung für Temperaturmess- und -regelaufgaben.
2. Der Kaltleiter wird an höhere Spannungen gelegt und heizt sich elektrisch auf. (Beschreibung des elektrischen Zustands durch die **stationäre Stromspannungskennlinie**.) So kann der Kaltleiter als Zeitglied, Überlastungsschutz oder Stromstabilisator eingesetzt werden.

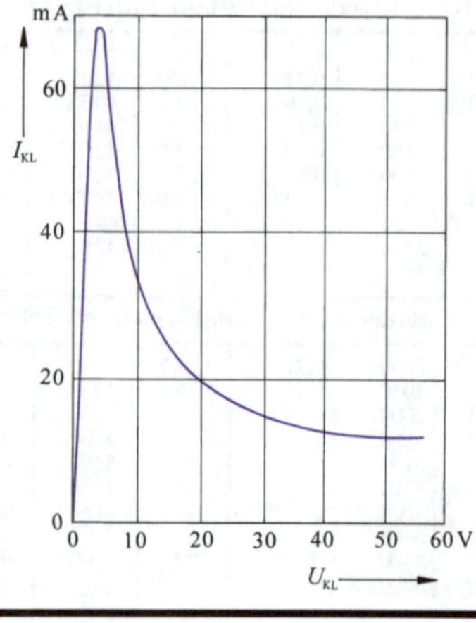

4.5 Spannungsabhängige Widerstände

4.5.1 VDR-Widerstände

Der rechnerische Zusammenhang zwischen Spannung und Strom als zugeschnittene Größengleichung lautet:

$$\frac{U}{\mathrm{V}} = C \cdot \left(\frac{I}{\mathrm{A}}\right)^{\beta}$$

U angelegte Spannung
C Formkonstante
I Strom
β Werkstoffkonstante

C kennzeichnet den Widerstand bei einer bestimmten Spannung, β den Anstieg der Spannung mit dem Strom.

Kennlinien

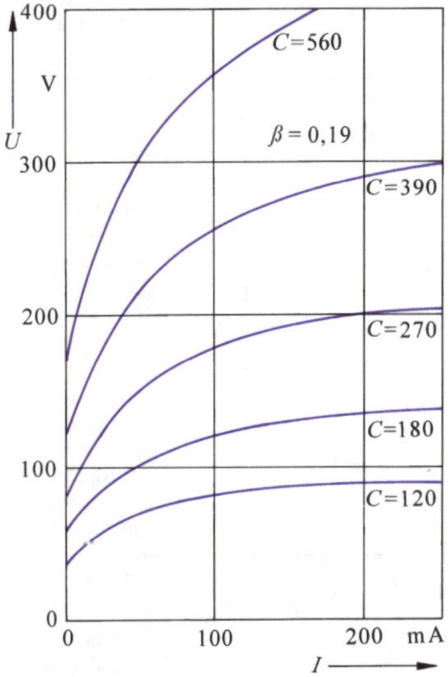

Übliche **Bauformen** spannungsabhängiger Widerstände sind Scheibenform (mit und ohne Mittelloch) oder Stabform. Die **Anwendung** erfolgt als Spannungsbegrenzer zur Verhinderung von Überspannungen (parallel zum gefährdeten Bauteil geschaltet), zur Spannungsstabilisierung sowie zur Funkenlöschung bei Kleinstmotoren.

Kenngrößen und -werte spannungsabhängiger Widerstände

Kenngröße		Kennwerte
Werkstoffkonstante	β	0,14 bis 0,40
Formkonstante	C	14 bis 1100
Maximale Spannung	U	6 bis 25000 V
Maximaler Strom	I	0,09 bis 100 mA
Max. Verlustleistung	P_{tot}	0,8 bis 4 W

4.5.2 Metalloxid-Varistoren

Metalloxid-Varistoren zeichnen sich durch eine Z-Dioden-ähnliche Charakteristik (siehe Kennlinie) und sehr hohe Belastbarkeit aus. Ihr Widerstand von über 1 MΩ bricht bei Überspannung in weniger als 50 Nanosekunden im Extremfall auf weniger als 1 Ω zusammen.

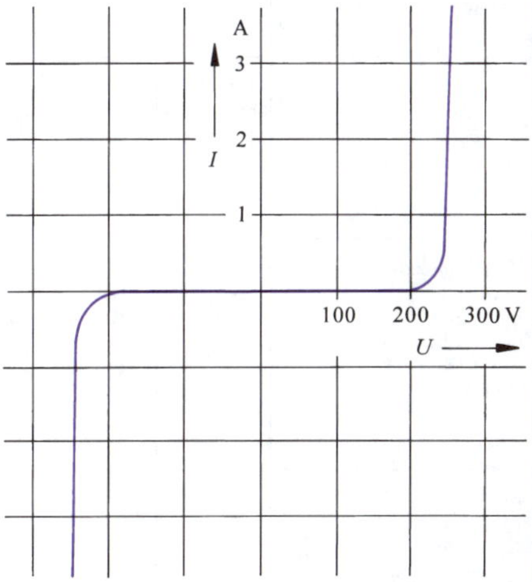

4.5.3 Funkenlösch-Schaltungen

Funkenlöschung mit Varistor

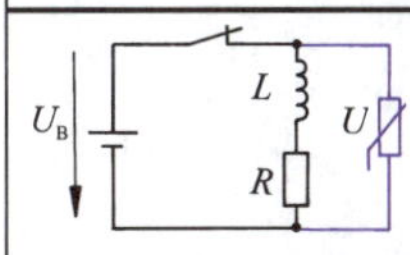

Der Varistor muss die magnetische Energie der abgeschalteten Spule absorbieren

Funkenlöschung mit Diode (Freilaufdiode)

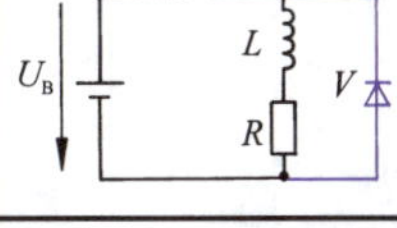

Die Sperrspannung U_R der Diode muss mindestens 50% über U_B liegen

Funkenlöschung mit *RC*-Glied

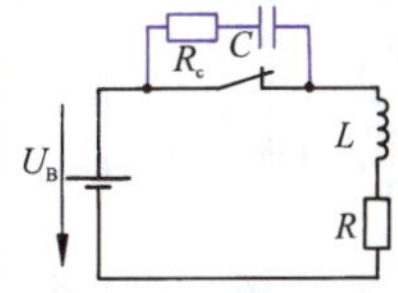

Dimensionierung:

$R_C = R$

$C \geq \frac{L}{R^2}$

⇐ 3-9

4.6 Kondensatoren

4.6.1 Kondensatorarten

Kondensator-art	Kurz-bezeich-nung	Kapazi-täts-bereich	Kapazi-täts-toleranz in %	Tempe-ratur-bereich in °C	Temperatur-beiwert in 1/°C	U_N in V	tan δ ≈ $\cdot 10^{-3}$	Anwendung und Eigenschaften
Keramik-Konden-satoren Klasse 1	P 100 NP 0 N 033 bis N 5600[1]	0,5 pF bis 390 pF	± 5 ±10 ±20	−55 bis +125	$(-5600$ bis $+100) \cdot 10^{-6}$	30 bis 1000	0,15 bis 2,5	Schwingkreis- und Filterkondensatoren. Koppel- und Entkoppelkondensatoren. Kleine Verluste
Keramik-Konden-satoren Klasse 2	A bis F[2]	190 pF bis 15000 pF	±20 −20 bis +50 −20 bis +80	−55 bis +125	Temperatur-abhängigkeit der Kapazität nicht linear	30 bis 1000	≤35	Elektrische Eigenschaften schlechter als bei Klasse 1. Geringer Platz-bedarf
Papierkonden-satoren (auch mit Misch-dielektrikum Papier/Kunst-stofffolie) Beläge: Alu-Folie	P	100 pF bis 1 µF	± 5 ±10 ±20	−55 bis +125	$\pm 500 \cdot 10^{-6}$ (Richtwert)	1250– 600 ~	13	In der Leistungs-elektronik der Mess-, Regel- und Steuerungstechnik. Gute Impulsbelast-barkeit und Be-lastung mit Wechsel-spannung
Metall-papierkon-densatoren mit aufge-dampften Alu-Belägen	MP	470 pF bis 100 µF	±10 ±20	−55 bis +110	$\pm 500 \cdot 10^{-6}$ (Richtwert)	bis 6300	13	In der Leistungs-elektronik als Motorkonden-satoren zur Dreh-felderzeugung, zur Blindstromkom-pensation und zur Entstörung
Polyester-kondensa-toren (Poly-esterfolie mit Alu-Belägen)	KT	47 pF bis 20 µF	± 5 ±10 ±20	−55 bis +100	$+500 \cdot 10^{-6}$	1000– 300 ~	6 bis 30	In der Elektronik sowie HF-Technik, Koppel- und Ent-koppelkondensato-ren, Schwingkreise, Filter, Zeitglieder. Geringe Verluste, gute Impulsbelast-barkeit, hohe Tem-peraturbeständig-keit
Polyester-kondensato-ren mit auf-gedampften Belägen (M)	MKT	0,01 µF bis 100 µF	± 5 ±10 ±20	−55 bis +100	$+500 \cdot 10^{-6}$	1000– 250 ~		
Polycarbonat-kondensa-toren (Poly-carbonatfolie mit Alufolie als Belag)	KC	100 pF bis 10 µF	± 2,5 ± 5 ±10 ±20	−55 bis +125	$+100 \cdot 10^{-6}$	1000–	2 bis 10	Anwendung wie KT- und MKT-Kon-densatoren, aber kleinere Verlustfak-toren und bessere Temperaturbestän-digkeit; sie können die weniger tempe-raturbeständigen Styroflex-Konden-satoren ersetzen

1) Die Zahlen bezeichnen den Temperaturbeiwert (P = positiv, N = negativ).
2) Die Buchstaben bezeichnen die Kapazitätsabweichung im Kategorietemperaturbereich.

4.6 Kondensatoren

Kondensator-art	Kurz-bezeich-nung	Kapazi-täts-bereich	Kapazi-täts-toleranz in %	Tempe-ratur-bereich in °C	Temperatur-beiwert in 1/°C	U_N in V	tan δ ≈ $\cdot 10^{-3}$	Anwendung und Eigenschaften
Polycarbonat-kondensatoren mit metalli-sierter Poly-carbonatfolie	MKC MKV	100 pF bis 10 µF	± 2,5 ± 5 ±10 ±20	−55 bis +125	$+100 \cdot 10^{-6}$	50 bis 400	3	Besonders für *RC*-Glieder und Zeitkreise ge-eignet
Styroflex-kondensatoren mit Polystyrol-folie	KS MKS	2 pF bis 10 µF	±0,5 ±1 ±2,5	−55 bis +70	$-(120 \pm 60) \cdot 10^{-6}$	630– 210 ~	0,1 bis 1	In HF-Kreisen und Integratoren, da gute HF-Eigen-schaften und geringe Verluste. Niedrige Grenztemperatur
Polypropylen-kondensatoren mit Polypro-pylenfolie	KP	300 pF bis 0,15 µF	± 1 ± 2,5 ± 5 ±10 ±20	−55 bis +85	$-(180 \pm 80) \cdot 10^{-6}$	630– 220 ~	0,3 bis 3	Wie Styroflexkon-densatoren, aber mit einem erweiter-ten Temperatur-bereich
Metallisierte Polypropylen-kondensatoren	MKP	0,01 µF bis 30 µF	±20	−55 bis +105	$-50 \cdot 10^{-6}$	63 bis 400	0,2 bis 1	In der Leistungs-elektronik
Lackfolien-kondensatoren mit Lackfilm auf Alufolie	MKU (MKL) (MKY)	1 nF bis 100 µF				250– 100 ~	1	In der Industrie-Elektronik zur Siebung, für Filter, Koppelkonden-satoren
Glimmerkon-densatoren (Di-elektrikum be-steht aus Glim-merplättchen)		10 pF bis 1 µF	±5	−55 bis +100	$+100 \cdot 10^{-6}$	bis 20000	0,2	In Hochspannungs-kreisen, Sende-schwingkreise
Aluminium-Elektrolyt-Kon-densatoren (Di-elektrikum ist Aluminiumoxid)		0,1 µF bis 470000 µF	±20	−55 bis +125	$\pm 3{,}5 \cdot 10^{-3}$	6 – bis 450 –	100 bis 2000	Sieb- und Glättungs-kondensatoren, in Zeitschaltungen, als Koppelkonden-satoren
Tantal-Elektrolyt-Kondensatoren (Dielektrikum ist Tantaloxid)		0,1 µF bis 2500 µF	±10 ±20	−55 bis +125	$+1 \cdot 10^{-3}$	2,5 – bis 600 –	20 bis 100	Wie Alu-Elkos, jedoch bessere elektrische Eigen-schaften, größere Temperaturbeständig-keit. Polare und uni-polare Ausführung
Double Layer Nass-Konden-satoren (Gold Capacitor)		0,1 F bis 22 F	−20 bis +80	−25 bis +85		1,8 2,4 5,5		Als Speicherschutz für IC-Speicher (Mikro-Computer)

4.6.2 Kapazitäten für Kondensatoren bis 1000 V nach DIN 41311: 1971-3

Für Kondensatoren bis 1 µF entsprechen die Kapazitäten den Reihen E6 und E12, in Ausnahmen auch E24.

4.6.3 Nenngleichspannungen für Kondensatoren nach DIN 41312: 1967-6

Für alle Kondensatorarten entsprechen die Nenngleichspannungen den Werten der Reihe R5, in Ausnahmen auch R10.

⟹ 4-3

4

4.7 Schalenkernspulen

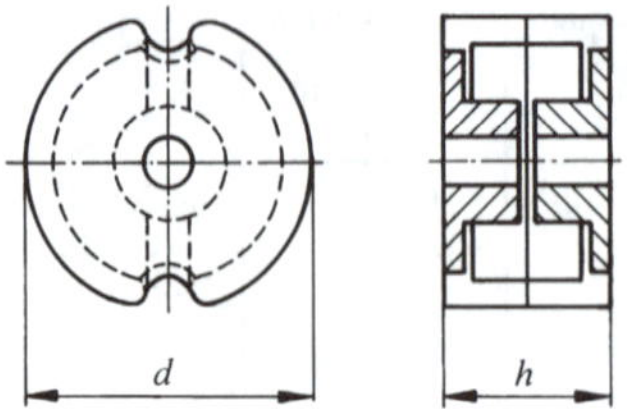

Kenngrößen von Schalenkernen

Größe	d mm		h mm		$\sum \frac{l}{A}$	l_e	A_e	V_e
	min	max	min	max	cm^{-1}	cm	cm^2	cm^3
9	9	9,3	5,2	5,4	12,4	1,24	0,10	0,124
11	10,9	11,3	6,4	6,6	9,56	1,55	0,16	0,25
14	13,8	14,2	8,2	8,5	7,89	2,0	0,25	0,50
18	17,6	18,2	10,4	10,7	5,97	2,6	0,44	1,14
22	21,2	22,0	13,2	13,6	4,97	3,15	0,63	1,98
26	25,0	26,0	15,9	16,3	4,0	3,75	0,94	3,52
30	29,5	30,5	18,6	19,0	3,30	4,5	1,36	6,12
36	34,0	36,2	21,4	22,0	2,64	5,3	2,01	10,65

$\sum \frac{l}{A}$ magnetischer Formfaktor in cm^{-1}

3-11

l_e magnetisch wirksame Weglänge in cm
A_e magnetisch wirksamer Querschnitt in cm^2
V_e magnetisch wirksames Volumen in cm^3

$$\mu_e = \frac{L \cdot \sum \frac{l}{A}}{\mu_0 \cdot N^2}$$

$$\Lambda = A_L = \frac{L}{N^2}$$

μ_e relative effektive Permeabilität[1)]
L Induktivität
N Windungszahl
μ_0 magnetische Feldkonstante
A_L Induktivitätsfaktor
Λ magnetischer Leitwert

Beispiel: Schalenkern 9×5

Werkstoff	A_L nH	s[2)] mm	μ_e	Werkstoff	A_L nH	s[2)] mm	μ_e
U17	10	1,20	10,0	N48	200	0,04	200
K12	16	0,80	15,9	N26	250	0,03	249
K1	25	0,45	24,9	K1	95	0	95
	40	0,26	39,8	N26	1200	0	1190
M33	40	0,37	39,8	N30	2500	0	2490
	63	0,20	63	T38	5000	0	4970
N48	100	0,10	100				
	160	0,06	159				

1) Auch Permeabilitätszahl μ_r genannt.
2) Gesamtluftspalt

4.8 Geräteschutzsicherungen

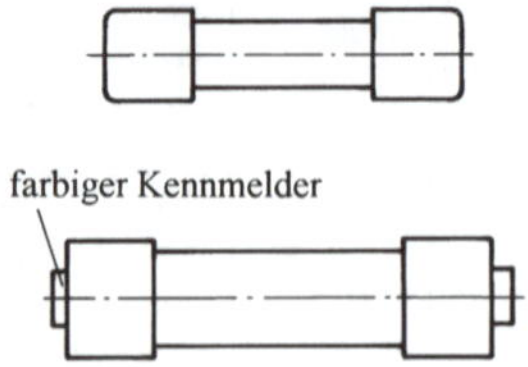

verwechselbar
Größe: 5×20 mm

unverwechselbar
Größen: 5×20 mm
5×25 mm
5×30 mm

Nennströme I_n in A

0,025	0,032	0,04	0,05	0,056	0,063	0,071	0,08
0,09	0,10	0,112	0,125	0,14	0,16	0,18	0,2
0,224	0,25	0,28	0,315	0,355	0,4	0,45	0,5
0,56	0,63	0,71	0,8	0,9	1	1,12	1,25
1,4	1,6	1,8	2	2,5	3,15	4	5
6,3	8	10					

Kennbuchstaben für Zeit-Strom-Charakteristik

FF T	superflink träge	F TT	flink superträge	M	mittelträge

Farbkennzeichnung

Die Farbcodierung erfolgt entsprechend dem Farbcode für Widerstände. Die Ringe 1 und 2 werden für die ersten beiden Ziffern, der Ring 3 für den Multiplikator eingesetzt. Bei dreistelligen Nennströmen entfällt die Farbkennzeichnung für die dritte Stelle. Der 4. Farbring gibt die Strom-Zeit-Charakteristik an.

superflink (FF) flink (F) mittelträge (M)	schwarz rot gelb	träge (M) superträge (TT)	blau grau

Kennmelderfarben

Nennstrom I_n	Kennmelderfarbe	Nennstrom I_n	Kennmelderfarbe	Nennstrom I_n	Kennmelderfarbe
80 mA 100 mA 125 mA	grau rot violett	315 mA 400 mA 500 mA	schwarz braun weiß	1,25 A 1,6 A 2 A	violett orange blau
160 mA 200 mA 250 mA	orange blau gelb	630 mA 800 mA 1 A	grün grau rot	2,5 A 4 A 6,3 A	gelb braun grün

Nennausschaltvermögen für Wechselstrom

Kennbuchstabe	Ausschaltvermögen	Kennbuchstabe	Ausschaltvermögen
B C D	50 A 80 A 300 A	E G	1000 A 1500 A

4.9 Dioden

4.9.1 Wirkungsweise und Eigenschaften

Schaltzeichen und Aufbau	Dioden sind bis auf wenige Ausnahmen Sperrschichtbauelemente. Bei der Erzeugung einer p-Zone und einer n-Zone in einem Einkristall bildet sich infolge Rekombination von Ladungsträgern in der Grenzschicht zwischen den Zonen eine Sperrschicht 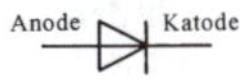 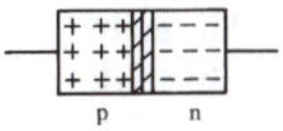
Strom-Spannung-Kennlinie	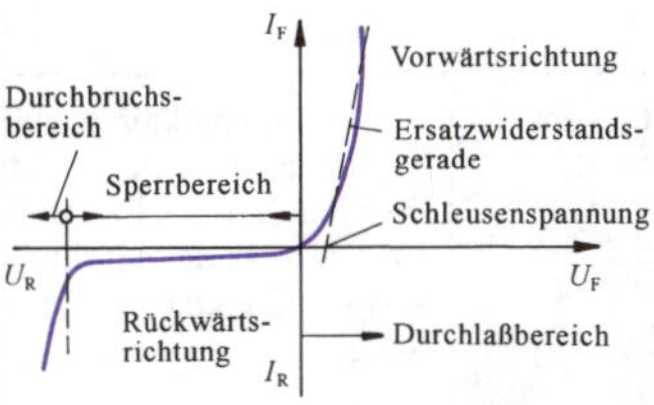
Ventilwirkung der Diode	– **Negative Spannung** an der Anode gegenüber der Katode: Verbreiterung der Sperrschicht (Raumladungszone). Bei Raumtemperatur fließt ein geringer Sperrstrom I_R (nA-Bereich für Si-Dioden). Mit Erreichen der Durchbruchspannung $U_{(BR)}$ steigt der Strom schlagartig an (Lawinendurchbruch) und führt i. A. zur Zerstörung. – **Positive Spannung** an der Anode: Verringerung der Sperrschichtbreite, bis mit Erreichen der Schleusenspannung der Durchlassstrom I_F einsetzt, der bei weiterer Spannungserhöhung exponentiell ansteigt
Durchlasskennlinie	kann näherungsweise mit Schleusenspannung U_{TD} und Ersatzwiderstand r_T beschrieben werden: $U_D = U_{TD} + r_T \cdot I_F$ mit $r_T = \Delta U_F / \Delta I_F$ Schleusenspannung bei Si 0,6 … 1,0 V. Ersatzwiderstand von Dotierung, Geometrie und Lebensdauer der Ladungsträger abhängig

Dynamische Eigenschaften	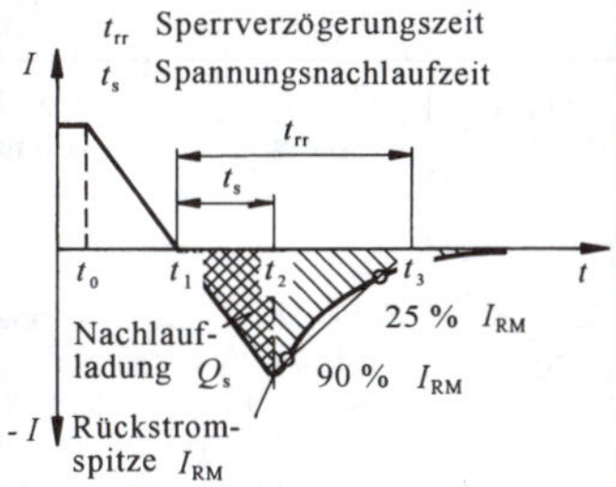 Während der Sperrverzugszeit t_{rr} fließt bis zu einigen µs ein größerer Strom in Rückwärtsrichtung, bis die freien Ladungsträger in der Sperrschicht (Träger-Staueffekt, TSE) ausgeräumt sind. Das plötzliche Abreißen des Rückstroms bei zu schnellem Umschalten der Spannung kann durch im Stromkreis vorhandene Induktivitäten zu Spannungsspitzen bzw. HF-Schwingungen führen. Bedämpfung durch Kondensator oder *RC*-Glied parallel zur Diode (TSE-Beschaltung, Angabe der Werte teilweise im Datenblatt) Dioden mit entsprechend kleiner Sperrverzugszeit: schnelle Gleichrichter
Temperaturabhängigkeit	**Sperrstrom:** $I_R = I_R\,(T_0)\,\exp\,[c\,(T - T_0)]$ T_0 = Bezugstemperatur $c = 0{,}04 \ldots 0{,}06\ \mathrm{K^{-1}}$ für Si **Durchbruchspannung:** Erhöhung mit ca. 0,1% $\mathrm{K^{-1}}$ **Schleusenspannung:** Verringerung ca. 1,3 mV $\mathrm{K^{-1}}$ Kennlinien nach Datenblatt: 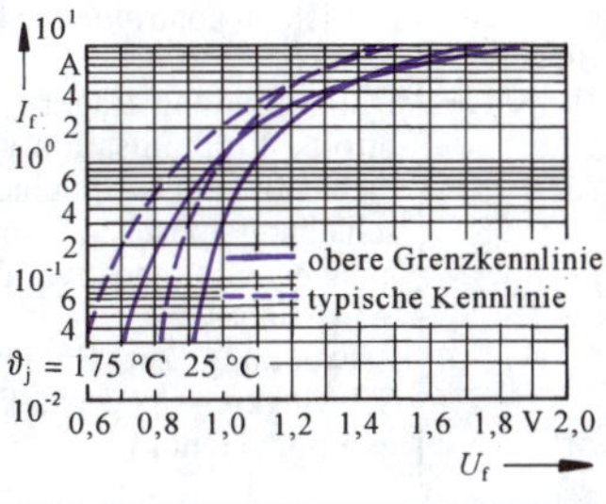

4.9 Dioden

4.9.2 Diodenarten hinsichtlich Aufbau

Diodenart	Aufbau
Flächendioden	pn-Übergang flächenhaft, Dauergleichströme von einigen 100 mA bis einige 100 A
Spitzendioden	Ein Draht (Gold, Molybdän, Wolfram) wird auf einen n-dotierten Kristall aufgesetzt und mit einem Formierstromstoß einlegiert (halbkugelförmiger pn-Übergang). Relativ kleine Sperrschichtkapazität (Anwendung im GHz-Bereich)
Schottky-Dioden	Sperrschichtbildung ähnlich der Spitzendiode, aber es wird die Ausbildung von Potenzialbarrieren und Verarmungsrandschichten genutzt (Zwischenschichteffekt): – niedrige Schleusenspannung (0,3 bis 0,4 V), – scharfer Kennlinienknick von Durchlass- in Sperrrichtung, – streng exponentieller Kennlinienverlauf, – niedrige Sperrströme, – geringes Rauschen, – kleine Schaltzeiten (UHF- bzw. Subnanosekundengebiet)
PIN-Dioden	Zwischen p- und n-Gebiet ist eine eigenleitende oder schwach leitende p- oder n-Schicht angeordnet. Dadurch größere zulässige Sperrspannung (bis 1000 V). Hauptsächlich Nutzung des vom Strom über mehrere Zehnerpotenzen steuerbaren Widerstands (MHz bis GHz)
Lawinendioden (Impatt-)	Betrieb im kontrollierten Durchbruchsbereich. Durch Ladungsträgervervielfachung infolge Stoßionisation und Laufzeitmechanismen wird eine Phasenverschiebung zwischen Strom und Spannung erzeugt (negativer differenzieller Widerstand). Anwendung zur Entdämpfung von Schwingkreisen (Verstärkung, Schwingungserzeugung)
Tunneldioden	Es wird ein extrem hoch dotierter pn-Übergang benutzt, wodurch eine Bänderüberlappung auftritt. Die *U/I*-Kennlinie steigt im Durchlassbereich steil an und geht nach Erreichen des Höckerstroms (bei ca. 50 mV) in einen negativen Widerstandsbereich über. Nach dem Talstrom (bei ca. 0,3 V) Kennlinie wie bei normaler Diode. Keine Sperreigenschaften. Anwendung in Verstärkern und Oszillatoren (Entdämpfung)

4.9.3 Diodenarten hinsichtlich Funktion

Diodenart	Funktion
Gleichrichter	Infolge geknickter Kennlinie (großer Strom in Durchlassrichtung, kleiner Strom in Sperrrichtung) hauptsächlich Einsatz zur Gleichrichtung von Wechselspannungen (Netz-, NF-, HF-Spannung)
Leistungsgleichrichter	Für Ströme im Ampere-Bereich
Schaltdioden	Im Datenblatt spezielle Angaben zum Verhalten beim Übergang vom Durchlass- in den Sperrbereich (Sperrverzugszeit bzw. -ladung, Vorwärtserholzeit, Kapazität, Serieninduktivität)
Kapazitätsdioden 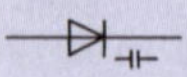	Die in der Sperrschicht auftretende Raumladung wirkt als Kapazität. Mit Vergrößerung der Sperrspannung wird die Sperrschicht breiter und damit die Kapazität kleiner. $C_j = K\,(U_R + U_d)^n$ *K* Konstante, U_R Sperrspanng., U_d Diffus.-Sp. Der ebenfalls spannungsabhängige Exponent kann durch die Technologie beeinflusst werden ($n = 0{,}15 \ldots 0{,}75$)

4.9 Dioden

Diodenart	Funktion
Kapazitätsdioden (Fortsetzung)	Ersatzschaltung: 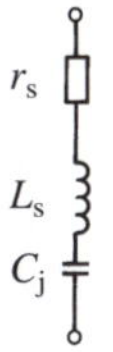 r_s Serienwiderstand (0,5 … 5 Ω) L_s Serieninduktivität (1 … 10 nH) C_j Sperrschichtkapazität (5 … 500 pF) Wesentlich für die Schaltungstechnik sind der Kapazitätshub C_{max}/C_{min} (bei definierten Sperrspannungen) und der Gütefaktor Q (spannungs- und frequenzabhängig) $Q = 1/\omega\, C_j\, r_s$ 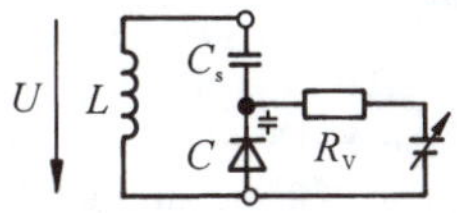 Parallel-Resonanzkreis mit Kapazitätsdiode
Z-Dioden 	Kennlinie: 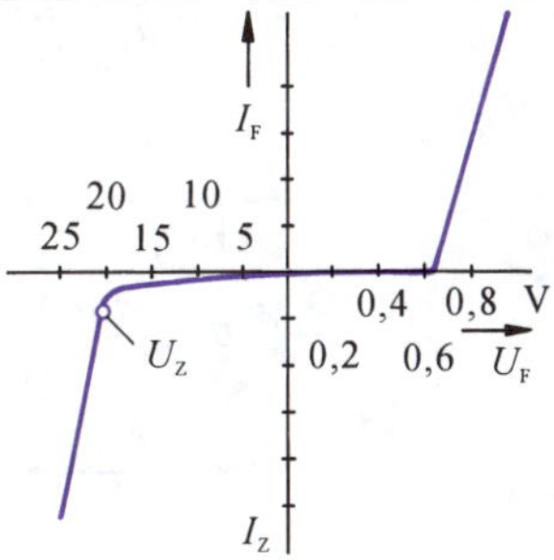 Z-Dioden werden im Durchbruchbereich betrieben Da der Strom bei nur geringer Erhöhung der Spannung steil ansteigt, muss er durch äußere Schaltungsmaßnahmen begrenzt werden. Der zulässige Strom ergibt sich aus der Verlustleistung
Z-Dioden (Fortsetzung)	Die Z-Spannung wird mit der Dotierung bestimmt (ca. 3 … 200 V). Anwendung zur Stabilisierung oder Begrenzung von Spannungen, Verschiebung von Potenzialen. Wichtig für die Schaltungsdimensionierung sind differenzieller Widerstand (ggf. einschließlich des thermischen Anteils) $r_z = \mathrm{d}U_z/\mathrm{d}I_z$ und Temperatur-Koeffizient der Z-Spannung $TK_{UZ} = \mathrm{d}U_z/U_z \cdot \mathrm{d}T$. r_z hat ein Minimum bei ca. 7 V. Festlegung des zulässigen Stroms durch einen Vorwiderstand R_V. $I_{z\,min}$ beträgt ca. 5 … 10% von $I_{z\,max}$. Z-Dioden können in Reihe geschaltet werden, wodurch mit Spannungen von jeweils 5 … 10 V ein kleiner differenzieller Widerstand erreichbar ist 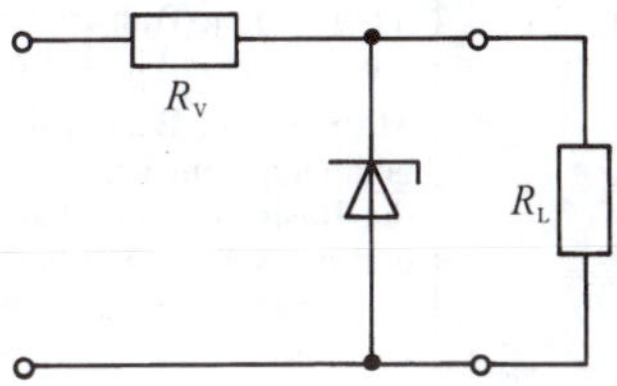 Schaltung zur Spannungsstabilisierung
Referenzelemente	Enthalten zusätzlich zur Z-Diode eine Reihenschaltung von Siliziumdioden, die den positiven Temperaturkoeffizienten kompensieren ⇒ 4-29 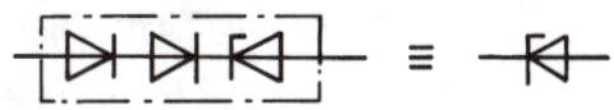
Se-Überspannungsbegrenzer	Selengleichrichterplatten, die oberhalb einer bestimmten Sperrspannung in ihrer Sperrkennlinie einen Bereich mit niedrigem differenziellem Widerstand aufweisen. Betrieb wie Z-Dioden. Nennspannungen in Stufen von 20 V Gleich- oder 25 V Wechselspannung

4.10 Transistoren

4.10.1 Aufbau, Wirkungsweise, Bezeichnungen

⇐ 17-18

4

Schaltzeichen und Aufbau (Bipolartransistor)

Das einkristalline Halbleiterbauelement besteht aus 3 aufeinander folgenden Zonen wechselnden Leitungstyps (npn oder pnp). Die Zonen bzw. ihre Anschlüsse werden als Emitter (E), Basis (B) und Kollektor (C) bezeichnet.

Ohne Berücksichtigung der Steuervorgänge kann man den Aufbau auch als zwei gegeneinander geschaltete Dioden betrachten. Die Emitter-Basis-Diode wird also in Durchlassrichtung und die Kollektor-Basis-Diode in Sperrrichtung betrieben.

Am häufigsten wird die Emitterschaltung angewendet (Emitter auf Bezugspotenzial)

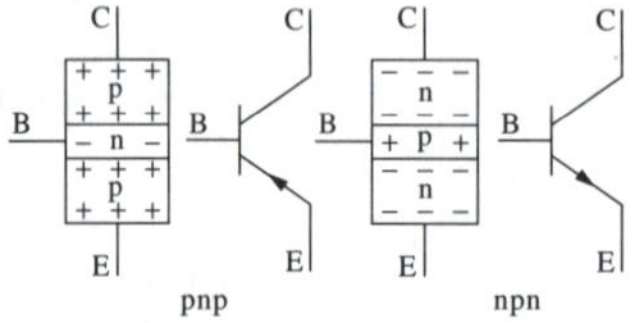

Wirkungsweise

Bei positiver Kollektor-Emitter-Spannung am npn-Transistor fließt zunächst nur der relativ kleine Reststrom.

Mit positiver Basis-Emitter-Spannung gelangen vom Emitter Elektronen in die Basiszone. Da diese sehr schmal und nur schwach dotiert ist, rekombinieren nur wenig Elektronen und gelangen zum Kollektor.

Beim pnp-Transistor müssen die Spannungen umgepolt werden, und an die Stelle der Elektronen treten Löcher.

In Emitterschaltung kann also der Kollektorstrom von einem relativ kleinen Basisstrom gesteuert werden.

Das Verhältnis I_C zu I_B wird als statische Stromverstärkung bezeichnet:

$$B = I_C / I_B \ .$$

Werte je nach Typ und Exemplar 10 bis mehrere Hundert

Definition der Ströme

Unabhängig vom Leitungstyp und der tatsächlichen Stromrichtung gelten die Zählpfeile in Richtung auf das Bauelement. Der Zahlenwert ist also positiv, wenn die Bewegungsrichtung mit der Pfeilrichtung übereinstimmt oder negative Ladungsträger entgegengesetzt fließen

Definition der Ströme (Fortsetzung)

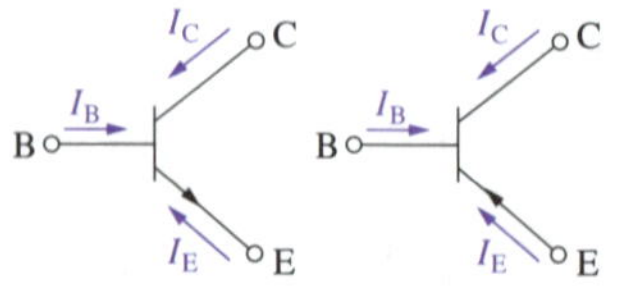

Definition der Spannungen

Es wird ein Doppelindex benutzt. Bezugspotenzial ist dabei immer der mit dem 2. Index bezeichnete Messpunkt

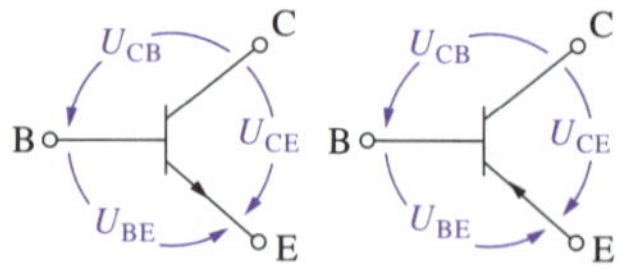

Definition der Sperrspannungen und Ströme

Für die Auswahl eines Transistors sind auch Sperrspannung und Reststrom von Bedeutung. Zu ihrer Kennzeichnung wird zusätzlich wie bei der Definition der Spannungen ein 3. Indexbuchstabe benutzt. Er charakterisiert die Verbindung des 3. Anschlusses mit dem an 2. Stelle genannten

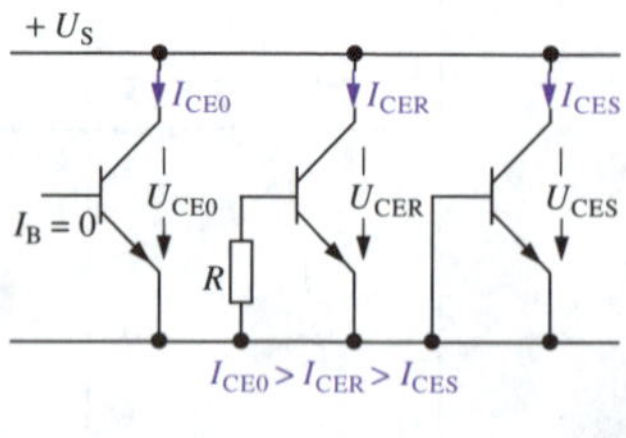

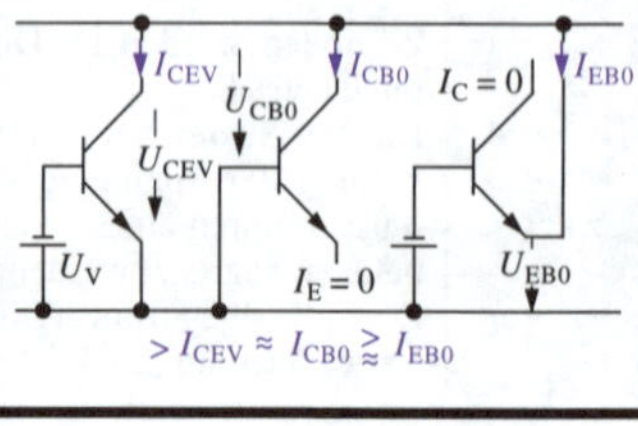

4.10 Transistoren

4.10.2 Arten von Transistoren

Aufbau

= 16

Bipolar-transistoren	Sperrschichtbauelemente. Die beiden pn-Übergänge sind so nahe beieinander, daß sie sich gegenseitig beeinflussen. Die Zonenfolge (npn oder pnp) ergibt die Polarität der Betriebsspannung. Herstellung der Sperrschichten durch Legierung, Diffusion oder Ionenimplantation sowie kombinierte Technologien (Mesatransistor, Epitaxie-Planartransistor)
Feldeffekt-transistoren	FET können als Sperrschicht- oder Zwischenschicht- (Isolierschicht-) Bauelemente aufgebaut sein. Prinzip: Die Kanaldicke im leitenden Kanal (Source-Drain) wird mit der Steuerelektrode (Gate) verändert. FET werden auch als steuerbare Widerstände betrachtet (Angabe des Drain-Source-Widerstands im durchgeschalteten Zustand)

= 18

Schaltzeichen	Kennlinien

Sperrschicht-FET
N-Kanal (1) P-Kanal (2)

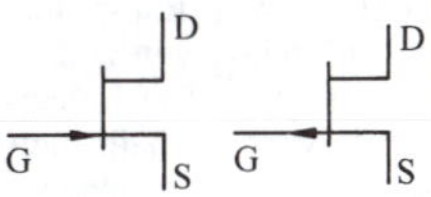

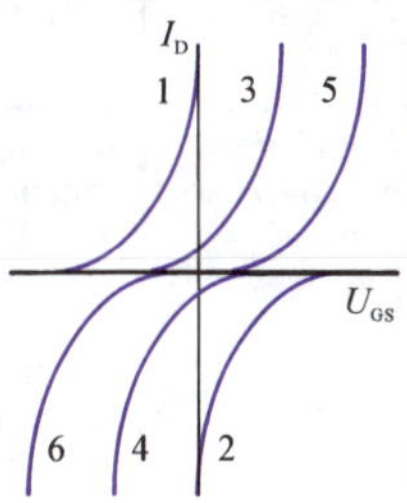

Isolierschicht-FET
– Verarmungstyp
N-Kanal (3) P-Kanal (4)

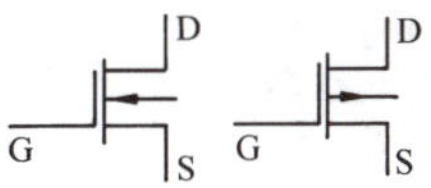

– Anreicherungstyp
N-Kanal (5) P-Kanal (6)

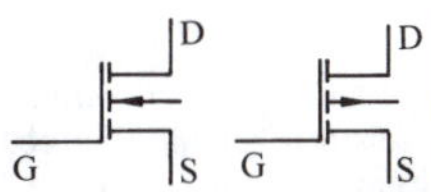

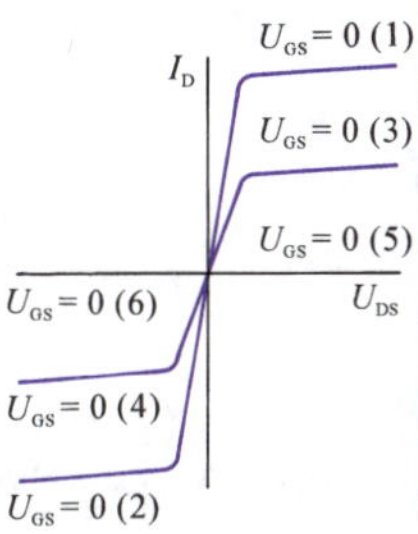

Funktion

NF-Transistoren	Angabe der Daten für vorwiegende Anwendung im Niederfrequenzbereich (Kollektor-Emitter-Strom und Spannung, Sättigungsspannung, Verlustleistung, Transitfrequenz)
HF-Transistoren	Neben den Angaben wie für NF-Transistoren enthält das Datenblatt Vierpolparameter für eine Ersatzschaltung. Weitere Unterteilungen in: Video-, ZF-, UKW-, VHF- oder UHF-Transistoren ⇒ 4-22
Kleinleistungs-transistoren	Sind für eine Verlustleistung bis zu einigen 100 mW ausgelegt (Angabe von Verlustleistung bzw. Wärmewiderstand bei definierter Umgebungs-, Gehäuse- oder Sperrschichttemperatur)
Leistungs-transistoren	Die Verlustleistung beträgt ca. 1 bis einige 100 Watt. Zur Wärmeabführung entsprechend gestaltete Gehäuse und Montage auf Kühlflächen oder -körpern
Schalt-transistoren	Im Gegensatz zur Anwendung in Verstärkern an den Aussteuergrenzen betrieben. Das Datenblatt enthält neben den Angaben zu Strom, Spannung, Verstärkung (bei Sättigungsspannung) und Verlustleistung Werte für das dynamische Verhalten: Anstiegs- Abfall-, Verzögerungs- und Speicherzeit von Kollektorstrom bezüglich Basisstrom ⇒ 4-26
Darlington-transistoren	Anordnung einer Kettenschaltung von zwei Transistoren in einem Gehäuse (große Stromverstärkung, großer Eingangswiderstand). Für den Schalterbetrieb sind dabei i.A. besondere Maßnahmen erforderlich. Auch Ketten- oder Reihenschaltung diskreter Transistoren (Kaskode-, Gegentaktschaltung), vorteilhaft mit unterschiedlichen Leitungstypen

4.10 Transistoren

4.10.3 Kennlinien und Kenngrößen

Eingangskennline $I_B = f(U_{BE})$

Die Eingangskennlinie ist einer Diodenkennlinie ähnlich (Schleusenspannung ca. 0,7 V)

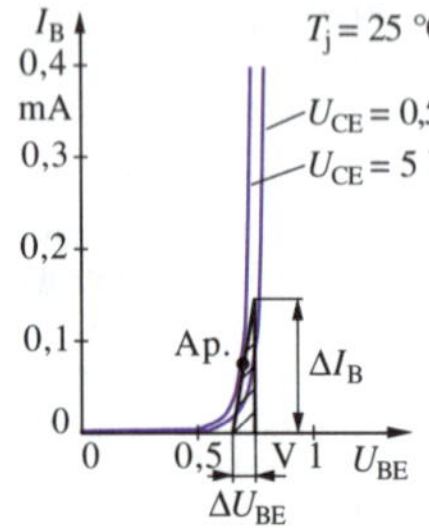

Spannungsrückwirkung

$$\mu = \frac{\Delta U_{BE}}{\Delta U_{CE}} \quad \text{bei } I_B = konst.$$

$\mu = 10^{-4} \ldots 10^{-6}$ für $U_{CE} > 1$ V

Differenzieller Eingangswiderstand

$$r_{BE} = \frac{\Delta U_{BE}}{\Delta I_{BE}} \quad \text{bei } U_{CE} = konst.$$

Temperaturkoeffizient

von U_{BE}: 2 … 3 mV/K

Ausgangskennlinienfeld $I_C = f(U_{CE})$

Parameter I_B bzw. U_{BE} (für lineare Verstärkung I_B besser)

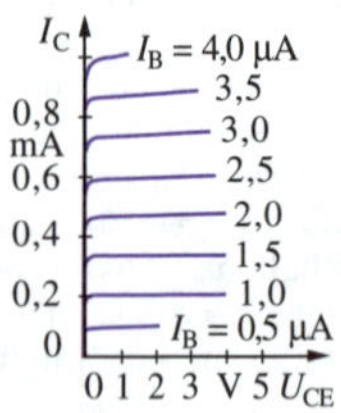

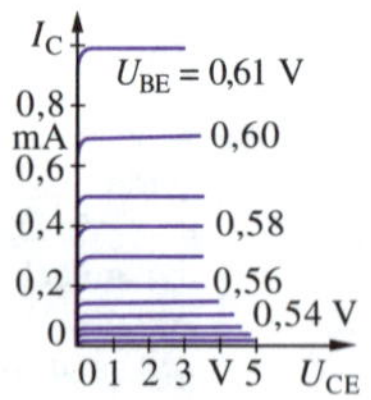

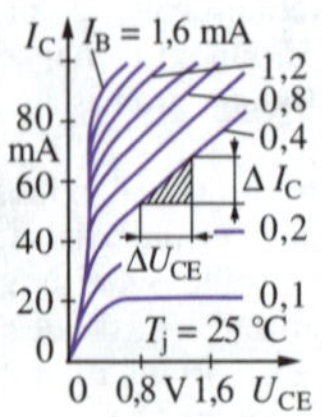

Bei kleinem U_{CE} (ca. U_{CEsat}) wächst I_C mit U_{CE} an, danach aber nur noch wenig.

Dynamischer Leerlaufausgangswiderstand

$$r_{CE} = \frac{\Delta U_{CE}}{\Delta I_{CE}} \quad \text{bei } I_B = konst.$$

Statische Stromverstärkung

Gleichstromverstärkung

$$B = \frac{I_C}{I_B} \quad \text{bei } U_{CE} = konst.$$

Dynamische Kurzschluss-Stromverstärkung

Wechselstrom- oder Kleinsignalverstärkung

$$\beta = \frac{\Delta I_C}{\Delta I_B} \quad \text{bei } U_{CE} = konst.$$

Steuerkennlinien $I_C = f(I_B)$, $I_C = f(U_{BE})$

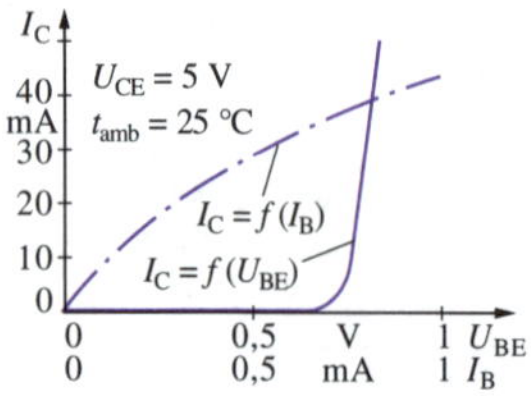

Steuerkennlinien können auch vom Ausgangskennlinienfeld abgeleitet werden

Normierte Stromverstärkung

B unterliegt großen Exemplarstreuungen und hängt von I_C und vom Transistortyp ab. Die Abhängigkeit von I_C wird deshalb meistens in normierter Form angegeben (bezogen auf einen bestimmten Arbeitspunkt). β stimmt mit B im mittleren Bereich weitgehend überein, wird aber bei steigender Frequenz kleiner.

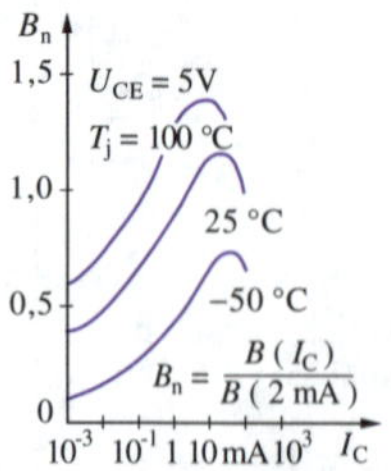

Mit höheren Frequenzen nimmt die Wechselstromverstärkung ab, bei der Grenzfrequenz f_G auf $1/\sqrt{2}$ des Wertes bei 1 kHz

4.10 Transistoren

Transitfrequenz

f_T: $\beta = 1$, ist von I_C und U_{CE} abhängig

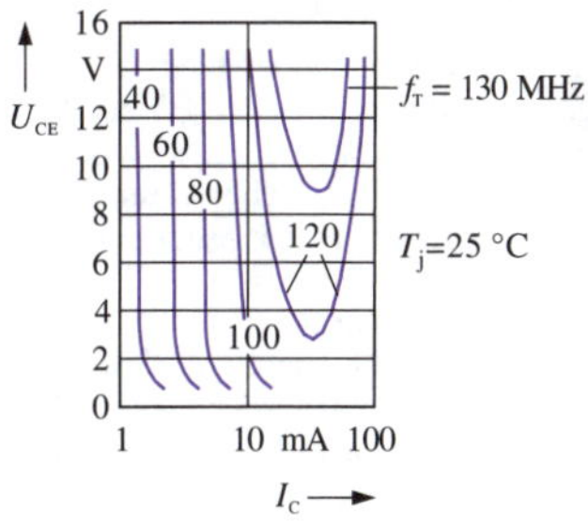

Transistorrauschen

Zur Vereinfachung nimmt man den Transistor als rauschfrei an und verlagert das Rauschen in den Innenwiderstand R_G der Signalquelle.
Den Faktor, mit dem man die Rauschleistung von R_G multiplizieren muss, bezeichnet man als Rauschzahl F (meistens Angabe als 10 lg F [dB])

4.10.4 Grenzwerte

Absolute Grenzwerte

In den Datenblättern angegebene Grenzwerte sind i. A. absolute Grenzwerte. Ihre Überschreitung kann zur Zerstörung oder zumindest Veränderung der Parameter führen.

Grenzwerte sind:
- maximale Spannungen (U_{CE}; U_{EB} ca. 5 V)
- maximale Ströme (I_C, I_B)
- maximale Verlustleistung P_{tot} bzw. Sperrschichttemperatur t_j

Die Grenzwerte für U_{CE} und I_C kann man direkt ins Ausgangskennlinienfeld eintragen

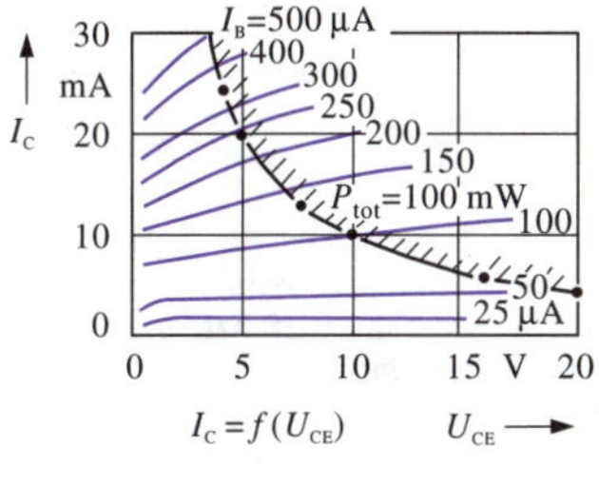

Verlustleistungshyperbel

Bei Vernachlässigung der Verlustleistung im Basiskreis erhält man aus

$$I_C = \frac{P_{tot}}{U_{CE}} \quad \text{und} \quad P_{tot} = \frac{t_j - t_u}{R_{thU}}$$

die Verlustleistungshyperbel als dritte Begrenzung des Arbeitsbereichs

Durchbruchspannung

Die zulässige Kollektor-Emitter-Spannung hängt vom äußeren Widerstand im Basiskreis (U_{CER} bzw. U_{CES}) oder einer Basisvorspannung in Sperrichtung (U_{CEV}) ab

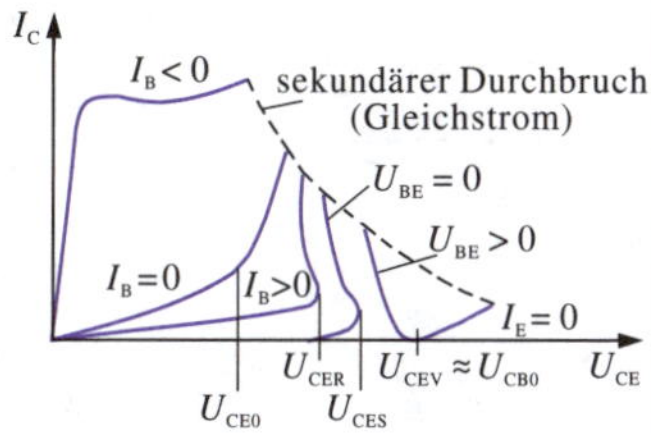

2. Durchbruch (second break down)

Kann durch örtliche Überhitzung (z. B. Einschnürungseffekte) bzw. bei Impuls- oder Schalterbetrieb eintreten.

Vor allem Leistungs- und Schalttransistoren enthalten dazu Angaben in den Datenblättern (SOAR-Bereich, siehe Transistoren als Schalter).

⇒ 4-29

Der maximal zulässige Impulsstrom kann größer als der max. Gleichstrom sein.

Für die thermische Stabilität sind Maßnahmen zur Abführung der Verlustleistung nötig

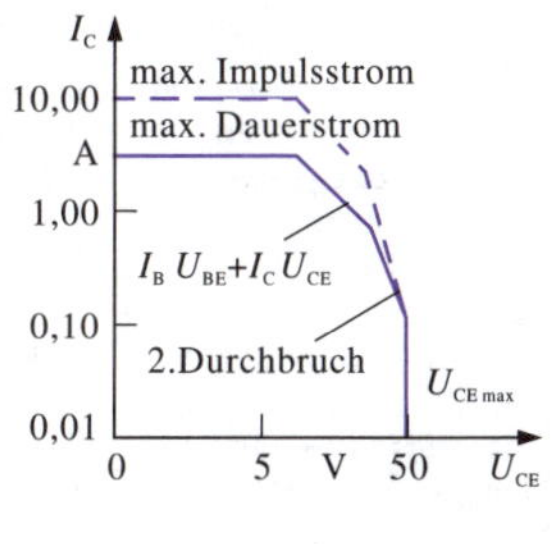

4.10 Transistoren

4.10.5 Transistor-Grundschaltungen

HF-Ersatzschaltung nach Giacoletto

Im Gegensatz zu den Vierpolkoeffizienten sind die Elemente der physikalischen Ersatzschaltung, die bis zu Frequenzen von $f < f\alpha/2$ meist ausreichend genau ist, über einen größeren Frequenzbereich weitgehend frequenzunabhängig.

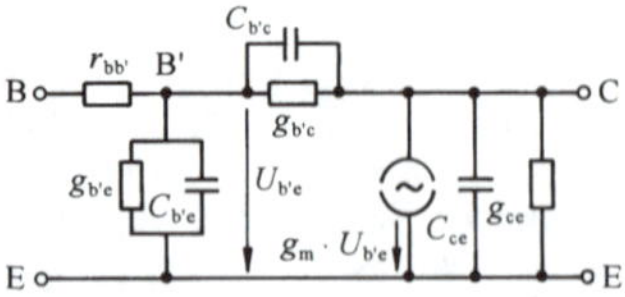

$r_{bb'}$	Basisbahnwiderstand
$g_{b'e}$	Leitwert zwischen B′ und E
$g_{b'c}$	Leitwert zwischen B′ und C
g_{ce}	Leitwert zwischen C und E
g_m	Koeffizient der gesteuerten Einströmung (innere Steilheit)
$u_{b'e}$	Spannung zwischen B′ und E
$C_{b'e}$	Kapazität zwischen B′ und E
$C_{b'c}$	Kapazität zwischen B′ und C
C_{ce}	Kollektor-Emitter-Kapazität
$f\alpha$	Grenzfrequenz der Kurzschluss-Stromverstärkung in Basisschaltung

Transistor-Grundschaltungen (in Klammern typische Werte)

Bezeichnung	Emitterschaltung	Kollektorschaltung	Basisschaltung
Schaltung Anm.: $r_{BE} = h_{11}$ $\frac{1}{r_{CE}} = h_{22}$ $\beta = h_{21}$	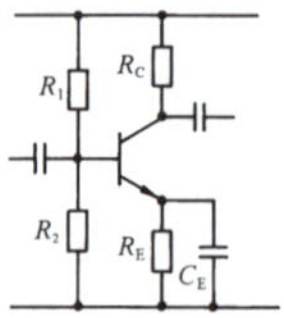	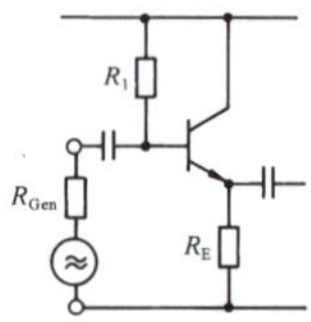	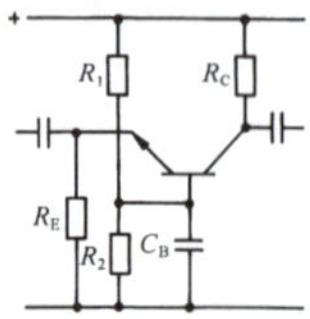
Spannungsverstärkung	$A_u = \beta \frac{R_c \mathbin{//} r_{CE}}{r_{BE}}$ (100 … 10 000)	$A_u = 1 - \frac{r_{BE}}{\beta(R_E \mathbin{//} r_{CE}) + r_{BE}}$ (< 1)	$A_u = \beta \frac{R_c \mathbin{//} r_{CE}}{r_{BE}}$ (100 … 10 000)
Stromverstärkung ohne Berücksichtigung von R_1 und R_2	$A_i = \beta \frac{r_{CE}}{r_{CE} + R_c}$ (10 … 500)	$A_i = \beta \frac{r_{CE}}{R_E + r_{CE}}$ (10 … 500)	$A_i = \frac{\beta}{1+\beta}$ (< 1)
Leistungsverstärkung	$G = A_u \cdot A_i$ (1000 … 100 000)	$G = A_u \cdot A_i$ (10 … 500)	$G = A_u \cdot A_i$ (100 … 10 000)
Eingangswiderstand	$r_1 = r_{BE} \mathbin{//} (R_1 \mathbin{//} R_2)$ (10 Ω … 5 kΩ)	$r_1 = (r_{BE} + \beta R_E) \mathbin{//} R_1$ (500 Ω … 5 MΩ)	$r_1 = \frac{r_{BE}}{\beta} \mathbin{//} R_E$ (< 1 Ω … 1 kΩ)
Ausgangswiderstand	$r_2 = R_C \mathbin{//} r_{CE}$ (10 Ω … 500 kΩ)	$r_2 = R_E \mathbin{//} \frac{r_{BE} + R_{Gen}}{\beta}$ (10 Ω … 1 kΩ)	$r_2 = R_c \mathbin{//} r_{CE}$ (100 kΩ … 10 MΩ)
Phasenlage von u_1 und u_2	180°	0°	0°

Bezeichnung der Schaltung entsprechend dem jeweils am Bezugspotenzial liegenden Anschluss.

Emitterschaltung:
- höchste Leistungsverstärkg. bei gleichem Lastwiderst.
- Eingangswiderstand zwischen dem von Basis- und Kollektorschaltung
- Ausgangswiderstand sinkt mit zunehmendem Generatorwiderstand, steigt bei Basis- und Kollektorschaltung.

Basisschaltung:
- kleinste Rückwirkung des Ausgangs auf den Eingang
- gegenüber Emitterschaltg. geringere Auswirkg. von Exemplarstreug., Alterung, Temperatur u. Betriebssp.
- durch um β höhere Grenzfrequenz gute HF-Eignung

Kollektorschaltung:
- wegen hohen Eingangs- und niedrigen Ausgangswiderstands vorwiegend als Impedanzwandler angewendet

4.10 Transistoren

4.10.6 Arbeitspunkteinstellung und Stabilisierung

Schaltung	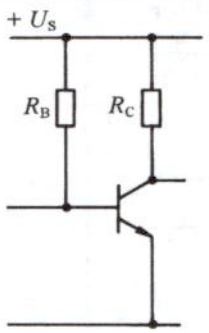	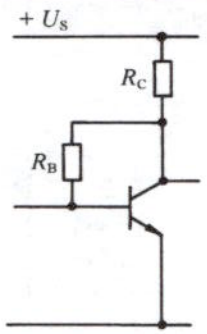	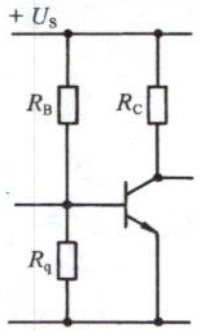	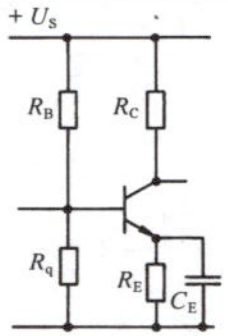	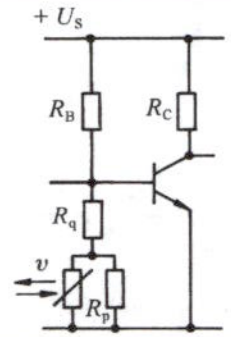	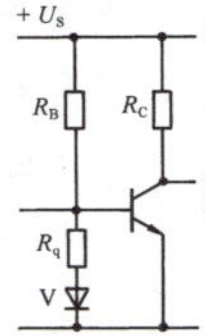
Bemessung	$R_B = \frac{(U_S - U_{BE})\,B}{I_C}$	$R_B = \frac{(U_{CE} - U_{BE})\,B}{I_C}$	$R_B = \frac{(U_S - U_{BE})\,B}{(n+1)\,I_C}$ $R_q = \frac{U_{BE} \cdot B}{n \cdot I_C}$ $n = \frac{I_q}{I_B}$	$R_B = \frac{(U_S - U_{BE} - U_E)\,B}{(n+1)\,I_C}$ $R_q = \frac{(U_{BE} + U_E)\,B}{n \cdot I_C}$ $R_E = \frac{U_E}{I_C + I_B}$ $n = \frac{I_q}{I_B}$ $C_E = \frac{1}{2\pi\, f_u\, R_E}$ $(-3\,\text{dB})$	$R_B = \frac{(U_S - U_{BE})\,B}{(n+1)\,I_C}$ $R_q = \frac{U_{BE} \cdot B}{n \cdot I_C} - \frac{R_p \cdot R_\vartheta}{R_p + R_\vartheta}$ $R_p \approx \frac{1}{\sqrt{\frac{0{,}9 \cdot \alpha_T \cdot n \cdot I_B}{R_{th\,JG} - R_\vartheta}} - \frac{1}{R_\vartheta}}$ $R_\vartheta \approx R_{ein}$ $n = \frac{I_q}{I_B}$	$R_B = \frac{(U_S - U_{BE})\,B}{(n+1)\,I_C}$ $R_q = \frac{(U_{BE} - U_V)\,B}{n \cdot I_C}$ $n = \frac{I_q}{I_B}$
Stabilisierung des Arbeitspunktes	Exemplarstreuungen der Stromverst. B, Toleranz von R_B, Betriebsspannungs- und Temperaturänderungen wirken sich voll auf I_C aus	Gute Stabilisierung des Arbeitspunktes gegen Exemplarstreuungen von B und U_{BE} und gegen Temperatur- und Betriebsspannungsänderungen bei geringster Belastung der Betriebsspannungsquelle. Verstärkungsrückgang infolge Gegenkopplung	Exemplarstreuungen der Stromverst. B und Temperaturverhalten von I_{CBO} bei $I_q > I_B$ ohne wesentlichen Einfluß auf I_C. Exemplarstreuungen und Temperaturverhalten der Spannung U_{BE} wirken sich auf I_C aus. Großer Einfluss der Toleranzen von R_B und R_q und Betriebsspannungsänderungen auf I_C	Sehr gute Stabilisierung des Arbeitspunktes gegen Exemplarstreuungen von B und U_{BE}, gegen Änderungen der Temperatur und Betriebsspannung und gegen Toleranzen von R_B und R_q. Verringerung des Aussteuerungsbereiches um U_E. C_E überbrückt R_E für Wechselspannungen	Sehr gute Arbeitspunktstabilisierung bis zu hohen Temperaturen. Vorteilhafte Anwendung in Endstufen mittlerer und großer Leistung, weil R_E dort zu viel Leistung beansprucht. Transistor und Heißleiter sind thermisch zu koppeln. R_q und R_p linearisieren den Heißleitereinfluss	Sehr gute Stabilisierung des Arbeitspunktes gegen große Schwankungen der Betriebsspannung, gute Stabilisierung gegen Temperaturschwankungen
Wirkungsweise	–	Bei Anstieg des Kollektorstromes nimmt der Spannungsfall an R_C zu und folglich die Basis-Emitter-Spannung ab	–	Bei Anstieg des Kollektorstromes nimmt der Spannungsfall an R_E zu und als Folge die Basis-Emitter-Spannung ab	Bei Erwärmung nimmt die Leitfähigkeit von R_ϑ zu und damit die Basis-Emitter-Spannung ab	Die Spannungsänderung der Diode ist bei großer Stromänderung infolge hoher Betriebsspannungsschwankungen nur gering

4

4

4.10.7 Vierpolkenngrößen und Ersatzschaltungen

Vierpol:
- Schaltung mit zwei Ein- und zwei Ausgängen
- passiv: abgegebene Signal-Wirkleistung kleiner/gleich der aufgenommenen
- aktiv: abgegebene Signal-Wirkleistung größer als aufgenommene

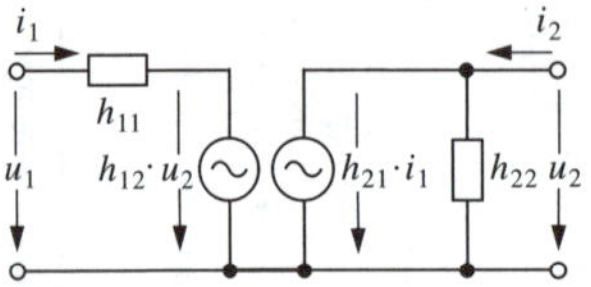

- Beschreibung durch vier voneinander unabh. Größen, davon mind. eine Energiequelle
- Minuszeichen vor Größe: Richtungsumkehr
- Ersatzschaltungen gelten i.A. nur für bestimmte Anwendungen
- Besonders geeignet: h-, y- und S-Parameter

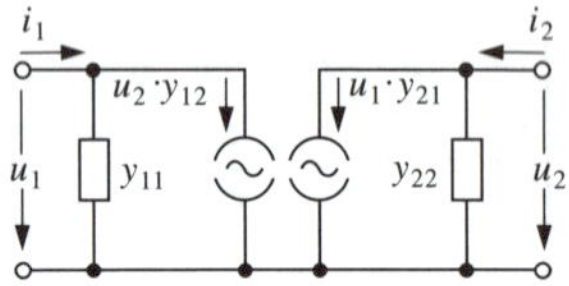

h-Parameter-Ersatzschaltung	$u_1 = h_{11} \cdot i_1 + h_{12} \cdot u_2$ $i_2 = h_{21} \cdot i_1 + h_{22} \cdot u_2$ 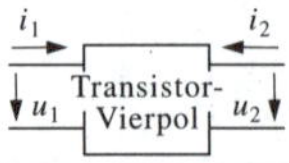	y-Parameter-Ersatzschaltung	$i_1 = y_{11} \cdot u_1 + y_{12} \cdot u_2$ $i_2 = y_{21} \cdot u_1 + y_{22} \cdot u_2$ 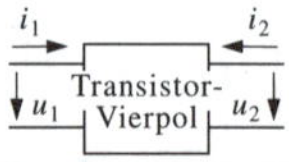
Kurzschluss-Eingangswiderstand	$h_{11} = \frac{u_1}{i_1}$ bei $u_2 = 0$ 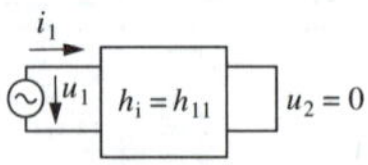	Kurzschluss-Eingangsleitwert	$y_{11} = \frac{i_1}{u_1}$ bei $u_2 = 0$ 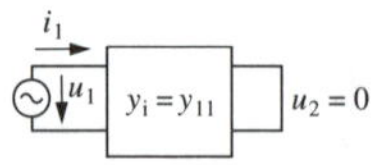
Leerlauf-Spannungsrückwirkung	$h_{12} = \frac{u_1}{u_2}$ bei $i_1 = 0$ 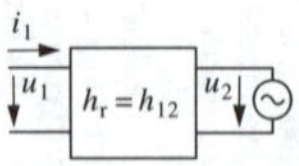	Kurzschluss-Rückwärtssteilheit	$y_{12} = \frac{i_1}{u_2}$ bei $u_1 = 0$ 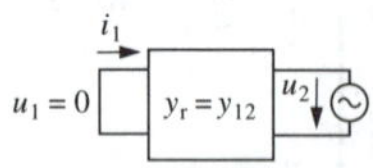
Kurzschluss-Stromverstärkung	$h_{21} = \frac{i_2}{i_1}$ bei $u_2 = 0$ 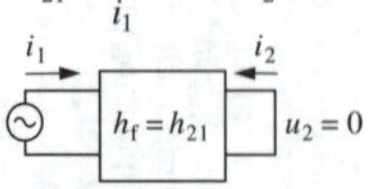	Kurzschluss-Vorwärtssteilheit	$y_{21} = \frac{i_2}{u_1}$ bei $u_2 = 0$ 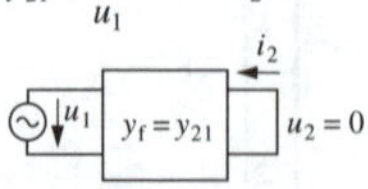
Leerlauf-Ausgangsleitwert	$h_{22} = \frac{i_2}{u_2}$ bei $i_1 = 0$ 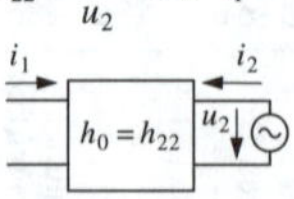	Kurzschluss-Ausgangsleitwert	$y_{22} = \frac{i_2}{u_2}$ bei $u_1 = 0$ 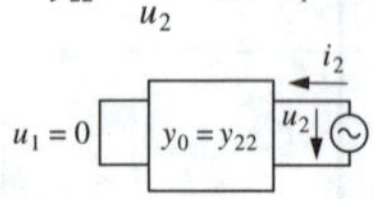

Zusammenhang zwischen *h*- und *y*-Parametern

$$h_{11} = \frac{1}{y_{11}} \qquad h_{12} = -\frac{y_{12}}{y_{11}} \qquad \Delta h = \frac{y_{22}}{y_{11}}$$

$$h_{21} = \frac{y_{21}}{y_{11}} \qquad h_{22} = \frac{\Delta y}{y_{11}}$$

$$y_{11} = \frac{1}{h_{11}} \qquad y_{12} = -\frac{h_{12}}{h_{11}} \qquad \Delta y = \frac{h_{22}}{h_{11}}$$

$$y_{21} = \frac{h_{21}}{h_{11}} \qquad y_{22} = \frac{\Delta h}{h_{11}}$$

4.10 Transistoren

Mit *S*- (Streu-) Parametern werden die komplexen Leistungswellen beschrieben, die an Ein- und Ausgang eines Vierpols zu- und ablaufen. Ihre Angabe erfolgt als Bezug auf den Wellenwiderstand Z_0 jeweils bei Anpassung auf der anderen Seite.

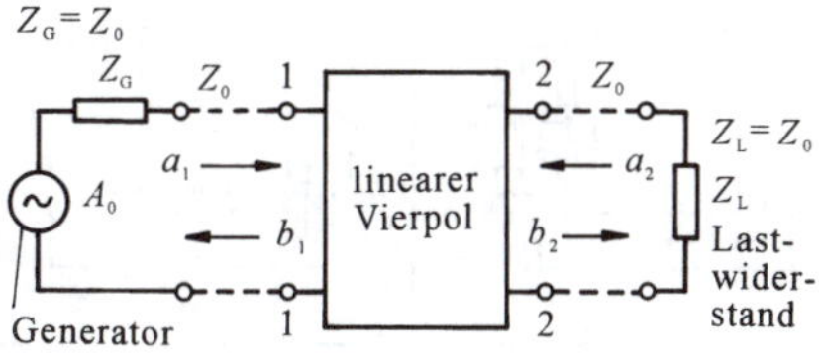

Wellen eines Vierpols

S-Parameter-Ersatzschaltung	Zulaufende Welle: $b_1 = S_{11}a_1 + S_{12}a_2$ Ablaufende Welle: $b_2 = S_{21}a_1 + S_{22}a_2$
Eingangsreflexionsfaktor	$S_{11} = \frac{b_1}{a_1}$ bei $a_2 = 0$
Rückwärtsübertragungsfaktor	$S_{12} = \frac{b_1}{a_2}$ bei $a_1 = 0$
Vorwärtsübertragungsfaktor	$S_{21} = \frac{b_2}{a_1}$ bei $a_2 = 0$
Ausgangsreflexionsfaktor	$S_{22} = \frac{b_2}{a_2}$ bei $a_1 = 0$

Zusammenhang zwischen *S*- und *y*-Parametern

$$S_{11} = \frac{(1 - y'_{11})(1 + y'_{22}) + y'_{12}\,y'_{21}}{(1 + y'_{11})(1 + y'_{22}) - y'_{12}\,y'_{21}}$$

$$S_{12} = \frac{-2\,y'_{12}}{(1 + y'_{11})(1 + y'_{22}) - y'_{12}\,y'_{21}}$$

$$S_{21} = \frac{-2\,y'_{21}}{(1 + y'_{11})(1 + y'_{22}) - y'_{12}\,y'_{21}}$$

$$S_{22} = \frac{(1 + y'_{11})(1 - y'_{22}) + y'_{12}\,y'_{21}}{(1 + y'_{11})(1 + y'_{22}) - y'_{12}\,y'_{21}}$$

Die *y*-Parameter sind auf Z_0 normiert, also $y'_{IK} = y_{IK} + Z_0$.

Berechnung einer Transistorstufe

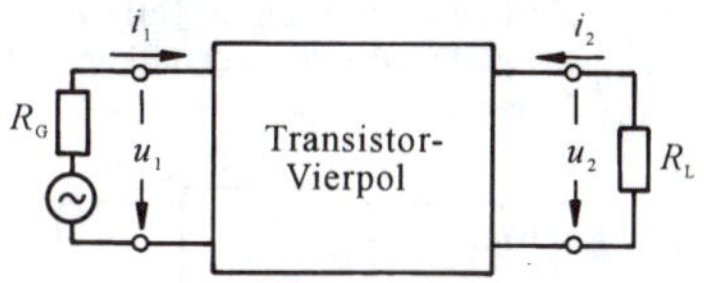

Eingangswiderstand	Ausgangswiderstand
$z_i = \frac{h_{11} + R_L \cdot \Delta h}{1 + R_L \cdot h_{22}}$	$z_o = \frac{h_{11} + R_G}{\Delta h + R_G \cdot h_{22}}$
$z_i = \frac{1 + R_L \cdot y_{22}}{y_{11} + R_L \cdot \Delta y}$	$z_o = \frac{1 + R_G \cdot y_{11}}{y_{22} + R_G \cdot \Delta y}$
$z_i = Z_o \frac{1 + S_{11}}{1 - S_{11}}$	$z_o = Z_o \frac{1 + S_{22}}{1 - S_{22}}$

Stromverstärkung	Spannungsverstärkung
$A_i = \frac{h_{21}}{1 + R_L \cdot h_{22}}$	$A_u = \frac{R_L \cdot h_{21}}{h_{11} + R_L \cdot \Delta h}$
$A_i = \frac{y_{21}}{y_{11} + R_L \cdot \Delta y}$	$A_u = \frac{-R_L \cdot y_{21}}{1 + R_L \cdot y_{22}}$

Leistungsverstärkung

$$G = \frac{R_L \cdot h_{21}^2}{(1 + R_L \cdot h_{22})(h_{11} + R_L \cdot \Delta h)}$$

$$G = \frac{R_L \cdot y_{21}^2}{(1 + R_L \cdot y_{22})(y_{11} + R_L \cdot \Delta y)}$$

$$G = \left|\frac{S_{21}}{S_{12}}\right| \cdot (k - \sqrt{k^2 - 1})$$

mit

$$k = \frac{1 + |\Delta S|^2 - |S_{11}|^2 - |S_{22}|^2}{2 \cdot |S_{12} \cdot S_{21}|}$$

(Stabilitätsfaktor ≥ 1)

und

$$\Delta h = h_{11} \cdot h_{22} - h_{12} \cdot h_{21}$$
$$\Delta y = y_{11} \cdot y_{22} - y_{12} \cdot y_{21}$$
$$\Delta S = S_{11} \cdot S_{22} - S_{12} \cdot S_{21}$$

$$G_{u\,max} = \frac{|S_{21}|^2}{(1 - |S_{11}|^2)(1 - |S_{22}|^2)}$$

(maximale unilaterale Verstärkung)

4.10 Transistoren

4.10.8 Rückkopplung

Prinzip

Zurückführung eines Teils des Ausgangssignals eines Verstärkers auf den Eingang.

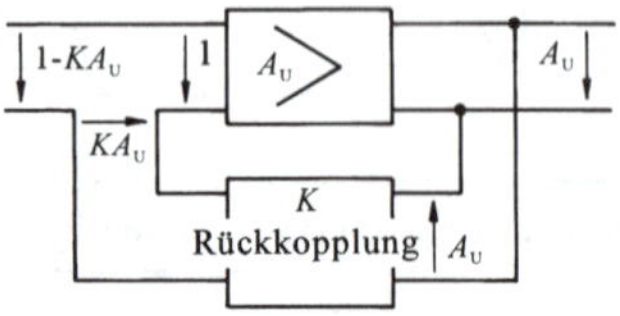

Der K-fache Teil der Ausgangsspannung KA_u wird auf den Eingang (normierte Eingangsspannung = 1) zurückgeführt.

K	Rückkopplungsgrad
KA_u	Schleifenverstärkung
$1 - KA_u$	Rückkopplungsfaktor

Bei Phasenlage des zurückgeführten Signals gegenüber dem Eingangssignal
- gegenphasig: Gegenkopplung
- gleichphasig: Mitkopplung

Gegenkopplung

Abnahme der Verstärkung und der Verzerrungen, Änderung des Ein- und Ausgangswiderstands, Verringerung des Einflusses von Betriebsspannungsschwankungen, Temperaturänderungen, Stromverstärkung (Exemplarstreuungen, Alterung).
Spannungs- oder Stromgegenk., Serien- oder Parallelgegenk., frequenzabhängige Rückkopplung (Frequenzgangkorrektur, Filter)

Mitkopplung

Anwendung zur Schwingungserzeugung und Entdämpfung von Filterschaltungen
Schwingbedingungen: gleichphasig und $KA_u = 1$ (meistens frequenzabhängig)

$$\Sigma 1 = A_u R_i R_2 + R_i (R_o + R_1 + R_2) + R_2 (R_o + R_2)$$
$$\Sigma 2 = A_u R_i R_f + R_i (R_o + R_f + R_L) + R_f (R_o + R_L)$$
$$\Sigma 3 = A_u R_i R_2 + R_i (R_o + R_1 + R_2) + R_2 (R_o + R_1)$$
$$\Sigma 4 = R_i R_2 (A_u + 1) + (R_o + R_1)(R_i + R_2)$$
$$\Sigma 5 = A_u R_i R_1 + (R_o + R_L)(R_i + R_1 + R_2) + R_1 (R_i + R_2)$$
$$\Sigma 6 = \frac{R_i [R_1 (A_u + 1) + R_o + R_L]}{R_2 (R_o + R_1 + R_L) + R_1 (R_o + R_L)}$$
$$\Sigma 7 = R_o (R_i + R_2) + R_i R_1 (A_u + 1) + R_1 (R_o + R_2)$$

Serien-Gegenkopplung

Spannungs-Gegenkopplung

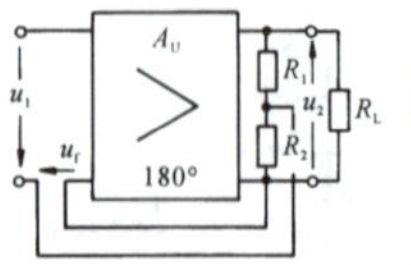

$$A'_u = \frac{A_u R_i (R_1 + R_2) + R_o R_2}{\Sigma 1} = \frac{u_2}{u_1} \approx \frac{R_1 + R_2}{R_2} \downarrow$$

$$R'_i = \frac{\Sigma 3}{R_o + R_1 + R_2} \uparrow$$

$$R'_o = \frac{R_o [R_i (R_1 + R_2) + R_1 R_2]}{\Sigma 4} \downarrow$$

Strom-Gegenkopplung

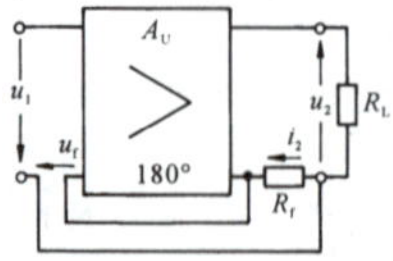

$$G'_Ü = \frac{A_u R_i + R_f}{\Sigma 2} = \frac{i_2}{u_1} \approx \frac{1}{R_f} \downarrow$$

$$R'_i = R_i + \frac{R_f (R_i A_u + R_o + R_L)}{R_o + R_f + R_L} \uparrow$$

$$R'_o = R_o + \frac{R_i R_f (A_u + 1)}{R_i + R_f} \uparrow$$

Parallel-Gegenkopplung

Spannungs-Gegenkopplung

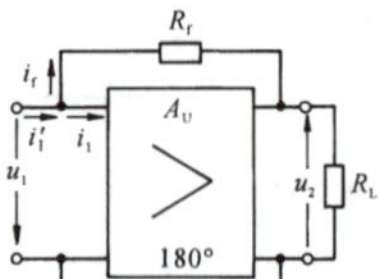

$$R'_Ü = \frac{R_i (A_u R_f + R_o)}{R_i (A_u + 1) + R_o + R_f} = \frac{u_2}{i_1} \approx R_f \downarrow$$

$$R'_i = \frac{R_i (R_o + R_f)}{R_i (A_u + 1) + R_o + R_f} \downarrow$$

$$R'_o = \frac{R_o (R_i + R_f)}{R_i (A_u + 1) + R_o + R_f} \downarrow$$

Strom-Gegenkopplung

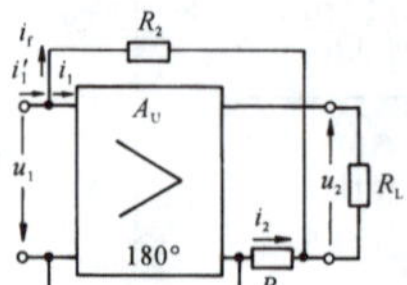

$$A'_i = \frac{R_i [A_u (R_1 + R_2) + R_2]}{\Sigma 5} = \frac{i_2}{i_1} \approx \frac{R_1 + R_2}{R_1} \downarrow$$

$$R'_i = \frac{R_i}{1 + \Sigma 6} \downarrow$$

$$R'_o = \frac{\Sigma 7}{R_i + R_1 + R_2} \uparrow$$

↓ = wird kleiner ↑ = wird größer

4.10 Transistoren

4.10.9 Kopplungsarten

Gleichstromkopplung

Auch als galvanische oder direkte Kopplung bezeichnet, ist frequenzunabhängig und ermöglicht die Verstärkung von Gleich- und Wechselgrößen.

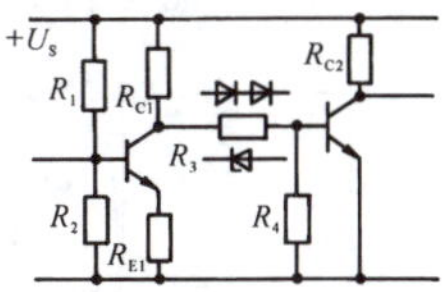

Kopplung über Spannungsteiler setzt die Verstärkung im gleichen Maße herab wie die Gleichspannung. Vermeidung durch Anwendung von zusätzlichen Transistoren, Dioden oder Z-Dioden. Optimale Lösung mit Komplementär-Transistoren.

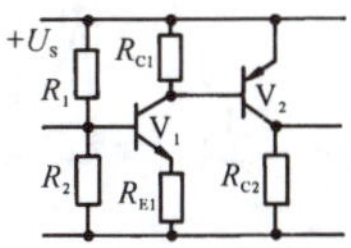

Verschiebungen des Kollektorpotenzials durch Änderung der Sperrschichttemperatur werden in den folgenden Stufen weiter verstärkt.
Deshalb sind zusätzliche Schaltungsmaßnahmen zur Arbeitspunkt-Stabilisierung erforderlich: Gegenkopplung, Gegentaktschaltungen.

***RC*-Kopplung**

Arbeitspunktverschiebungen bleiben ohne Auswirkung auf die folgende Stufe – relativ geringer Aufwand.

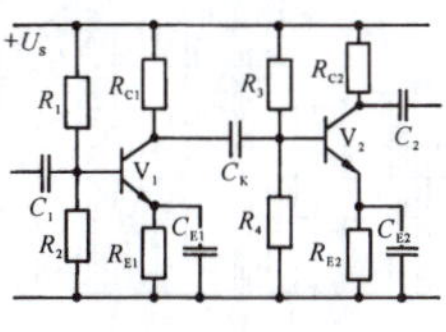

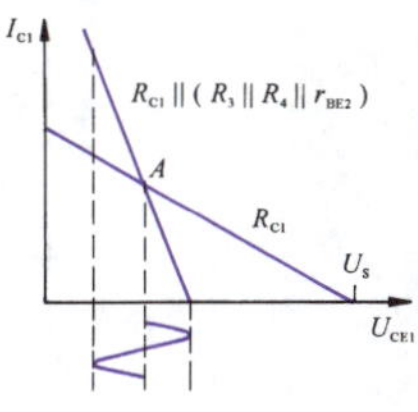

***RC*-Kopplung (Forts.)**

Dynamisch wirkt C_K als Kurzschluss, also sind $R_3 // R_4 // r_{BE2}$ zum Ausgangswiderstand R_{C1} parallel geschaltet (steilere Arbeitskennlinie). Für symmetrischen Aussteuerbereich ist der Arbeitspunkt *A* mit der I_{B2}-Einstellung bezügl. der R_{C1}-Geraden nach links zu verschieben.
Niedrige untere Grenzfrequenzen erfordern große Koppelkondensatoren.
Für Verstärkungsabfall von 3 dB gilt: $C = 1/2\,\pi\,f_u (R_{C1} + R_{i2})$.
Bei Fehlanpassung häufig zusätzliche Stufen erforderlich.

Übertrager-Kopplung

Unterschiedliche Ein- und Ausgangswiderstände werden mit dem Übersetzungsverhältnis angepasst.

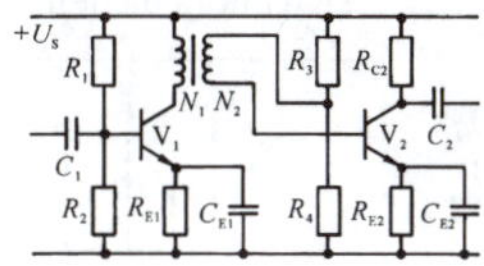

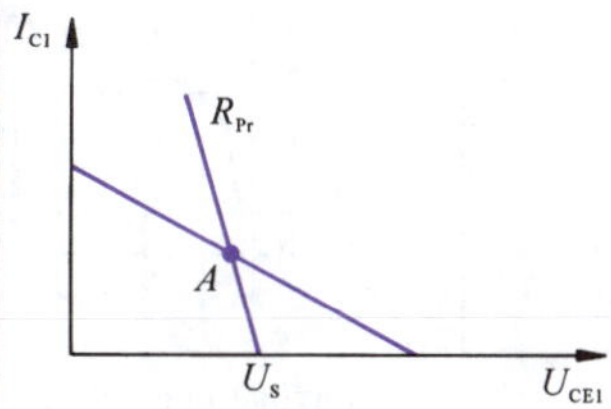

$$Z = R_{Pr} + \ddot{u}^2 \,[\, R_{Sek} + (\, R_3 \,||\, R_4 \,) + r_{BE2} \,]$$

Als ohmscher Widerstand ist nur die Primärwicklung wirksam – steile Widerstandsgerade R_{Pr}.
Der Eingangswiderstand der folgenden Stufe wird auf die Primärseite transformiert, so dass die dynamische Arbeitskennlinie nur noch mit der Steigung 1/*Z* durch den mit I_{B1} eingestellten Arbeitspunkt *A* verläuft.
Bei der Auswahl von V_1 ist zu berücksichtigen, dass U_{CE} größer als U_S sein kann (bei Vollaussteuerung bis 2 U_S).
Nachteil: Größe, Gewicht und Preis des Übertragers.
Primär- und Streuinduktivität begrenzen übertragbares Frequenzband nach unten und oben.
Einsatz abgestimmter Schwingkreise: Bandfilterkopplung

4.10 Transistoren

4.10.10 Transistoren als Schalter

Arbeitsbereich

Während im Verstärkerbetrieb eine lineare Abhängigkeit der Ausgangsspannung von der Eingangsspannung angestrebt wird, sind die Aussteuerungsgrenzen beim Schalterbetrieb bedeutsam

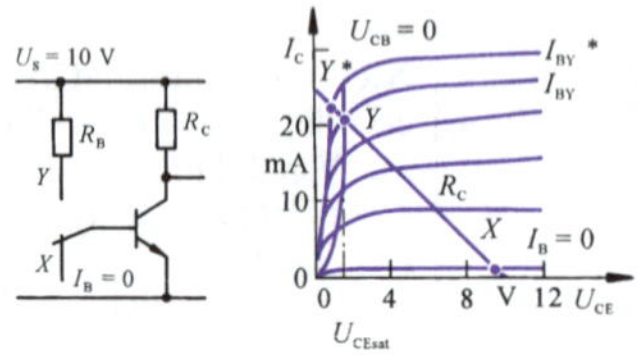

Aussteuerungsgrenzen

Punkt X: $I_B = 0$, $I_C = I_{CE0}$
Punkt Y: $U_{CE} = U_{CEsat}$, I_C vergrößert sich mit I_B nicht mehr

Schaltzeiten

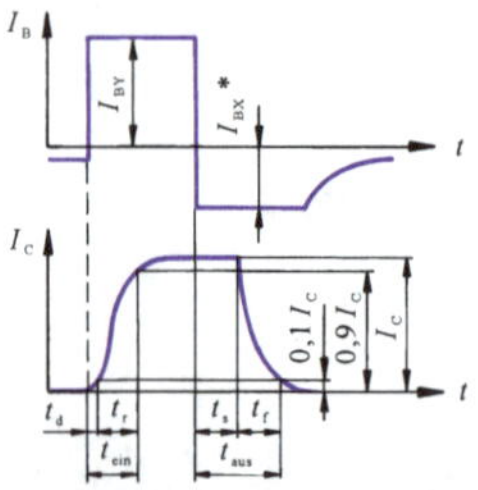

t_d Verzögerungszeit (delay time)
t_s Speicherzeit (storage time)
t_r Anstiegszeit (rise time)
t_f Abfallzeit (fall time)

Großer Übersteuerungsfaktor I_{BY*}/I_{BY} verkürzt t_{ein}, verlängert aber t_{aus}. Entgegengesetzt gerichteter Ausräumstrom (Ausräumfaktor I_{BX*}/I_{BY}) verringert t_{aus}

Begrenzung der Übersteuerung

mit Kondensator (einige pF) parallel zum Basiswiderstand (nur Einschaltvorgang überst.). Entladung führt beim Abschalten auch zu kleinerem t_{aus}

Verlustleistung

Kurzzeitige Überschreitung der statischen Verlustleistung um ein Vielfaches ist zulässig, wenn die während des Umschaltens entstehende Wärme

Verlustleistung (Forts.)

von den Wärmekapazitäten aufgenommen werden kann, ohne die Sperrschichttemperatur zu erreichen. Begrenzung der Spannung beim Abschalten von Induktivitäten durch Parallelschalten eines *RC*-Gliedes, einer Freilaufdiode o. a. Bauelemente

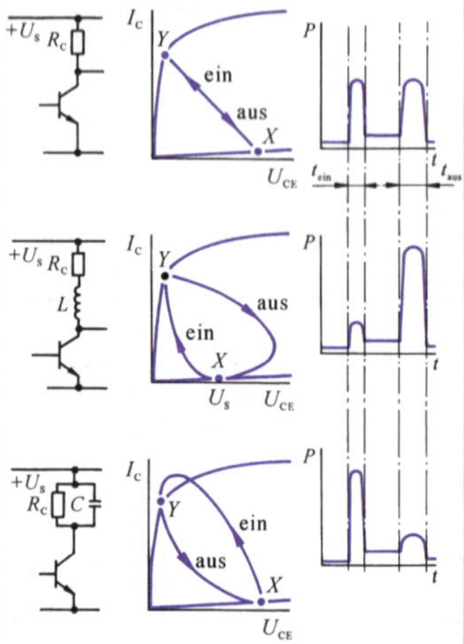

Zulässiger Betriebsbereich

Zumindest bei Leistungsschalttransistoren wird ein zulässiger Betriebsbereich (SOAR-Kurve) angegeben. Darin sind alle Werte erlaubt, wenn die Verweilzeit bzw. das Tastverhältnis nicht überschritten wird

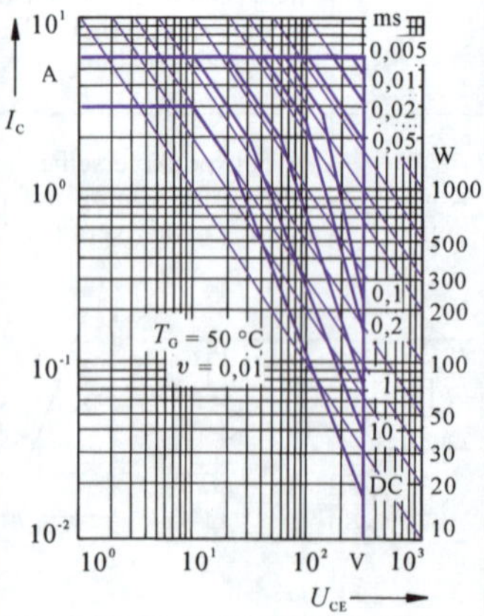

4.10 Transistoren

4.10.11 Wärmeableitung

Wärme-Ersatzschaltung

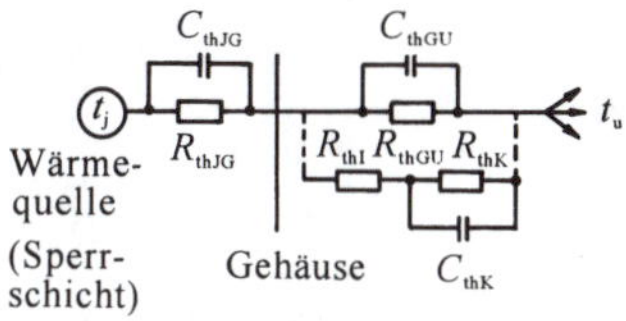

t_j	Sperrschichttemperatur
t_u	Umgebungstemperatur
R_{thJG}	Wärmewiderstand zwischen Sperrschicht und Gehäuse
R_{thGU}	Wärmewiderstand zwischen Gehäuse und Umgebung
R_{thK}	Wärmewiderstand des Kühlkörpers
C_{th}	Wärmekapazität (i.A. nicht berücksichtigt)
P_{tot}	Gesamtverlustleistung

maximal zulässige Verlustleistung:

$$P_{tot} = \frac{t_j - t_u}{R_{th}}$$

ohne Kühlmaßnahmen: $R_{th} = R_{thGU}$

Reduzierung des Wärmewiderstands zur Umgebung mittels Kühlblech oder Kühlkörper:

$$R_{th} = R_{thJG} + R_{thGK} + R_{thK}$$

Wärmewiderstand für quadratische Kühlbleche Kantenlänge S

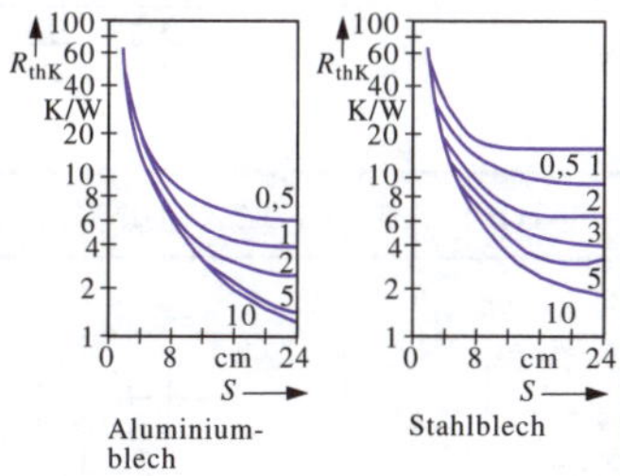

(Blechdicke in mm)

Anordnung

senkrecht (geschwärzt: ×0,85, waagerecht: ×1,15)
Impulsförmige Verlustleistung kann gemittelt werden bei

$$T \gg \tau_{thJ} \ (\tau_{thJ} = R_{thJG} \cdot C_{thJG})$$

4.10.12 Gehäuse von Dioden und Transistoren

MELF

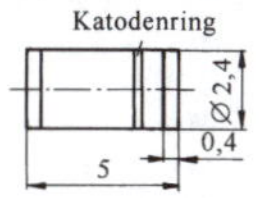

MiniMELF

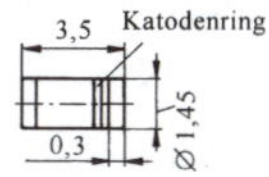

SMB

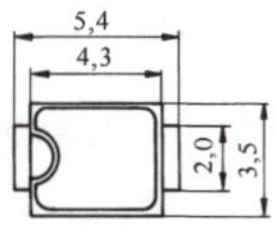

SMC

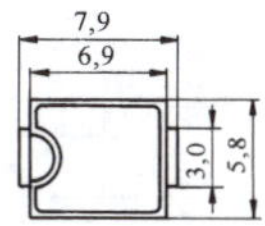

SOT-23

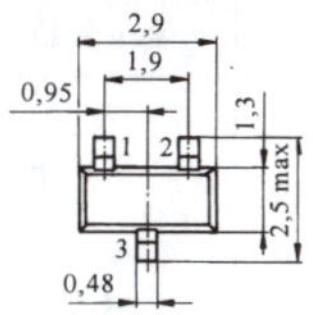

$R_{thJC} = 140 \ldots 425$ K/W

SOT-143

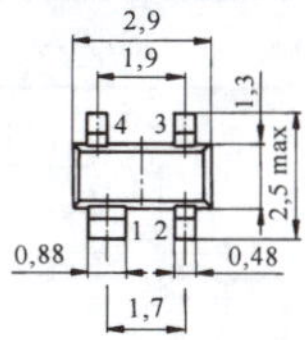

$R_{thJC} = 135 \ldots 420$ K/W

SOT-89

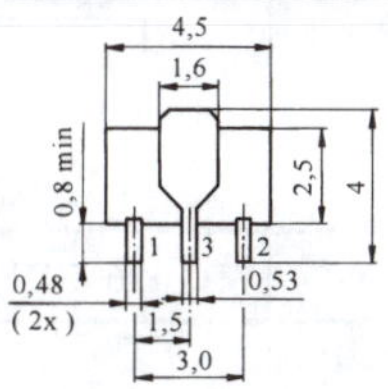

$R_{thJS} = 65 \ldots 125$ K/W

SOT-223

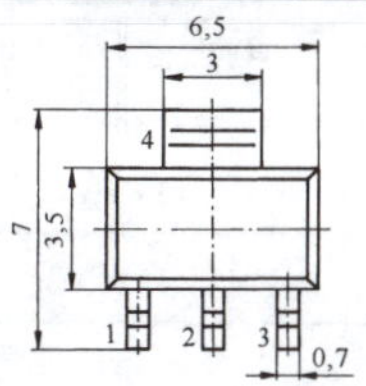

$R_{thJS} = 35 \ldots 105$ K/W

DPAK

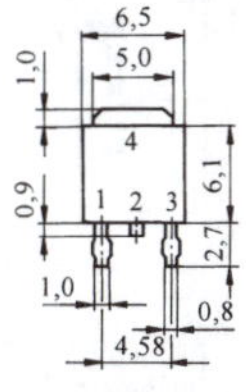

$R_{thJS} = 6 \ldots 9$ K/W

D²PAK

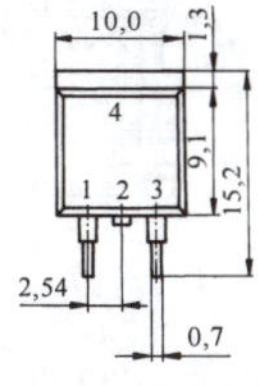

$R_{thJS} = 0,8 \ldots 1,25$ K/W

4

4.10 Transistoren

Glasgehäuse DO-35

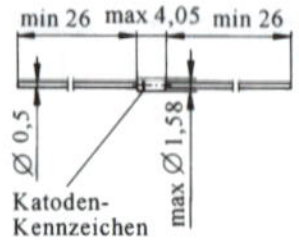

$R_{thJU} \leq 800$ K/W

Glasgehäuse DO-7

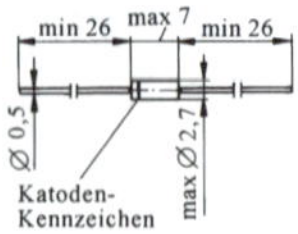

$R_{thJU} \leq 800$ K/W

Metallgehäuse DO-13

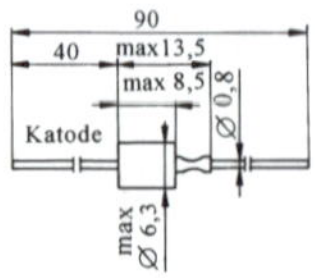

$R_{thJU} \leq 100$ K/W

TO-92 DIN 41 868 Typ 10 D 3

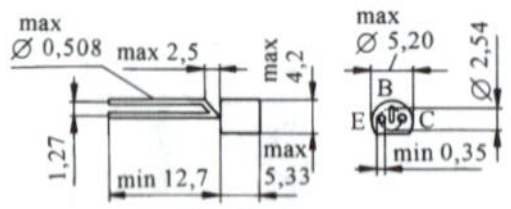

$R_{thJU} = 200 \ldots 500$ K/W

TO-18 DIN 41 868 Typ 18 A 3

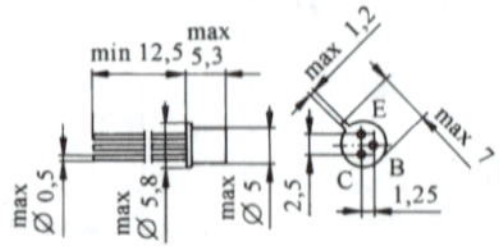

$R_{thJG} \leq 200$ K/W
$R_{thGU} \approx 300$ K/W

TO-15 DIN 41 868 Typ 5 C 3

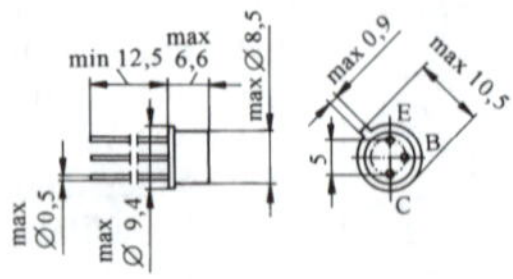

$R_{thJG} = 25 \ldots 60$ K/W
$R_{thGU} \approx 170$ K/W

SOT-9

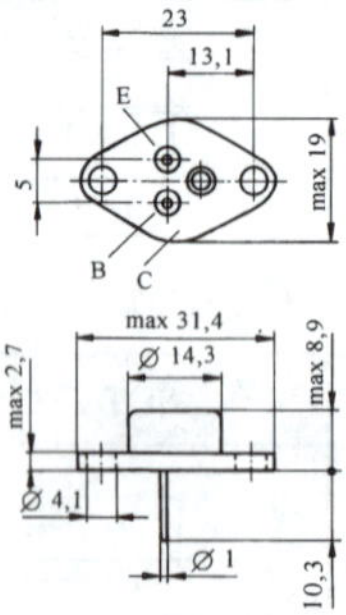

$R_{thJG} = 4 \ldots 13$ K/W

TO-3 DIN 41 872 Typ 3 A 2

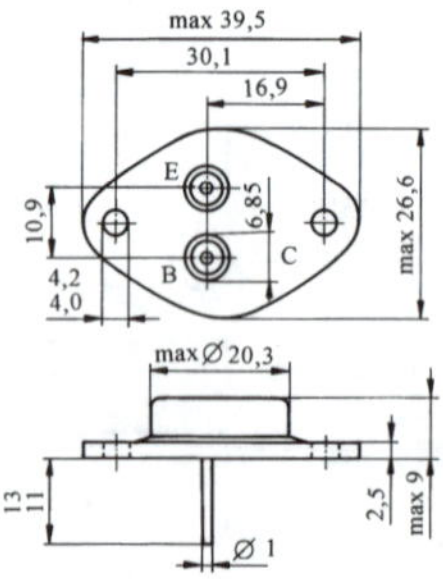

$R_{thJG} = 1 \ldots 6$ K/W

SOT-25

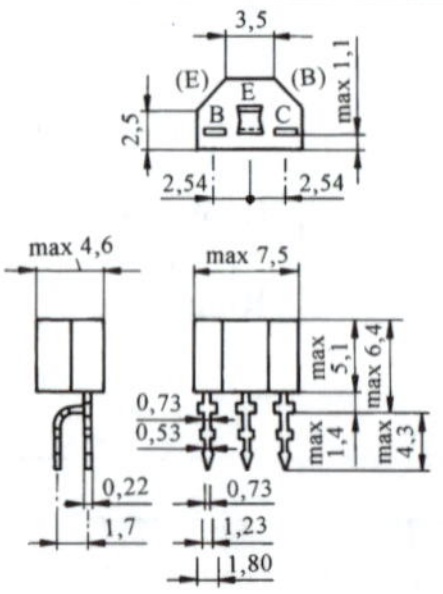

$R_{thJG} = 4 \ldots 13$ K/W

TO-202

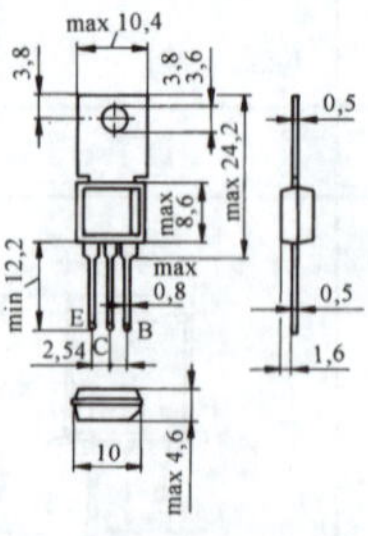

$R_{thJG} = 8 \ldots 13$ K/W
$R_{thGU} \approx 60$ K/W

TO-126 DIN 41 869 Typ 12 A 3

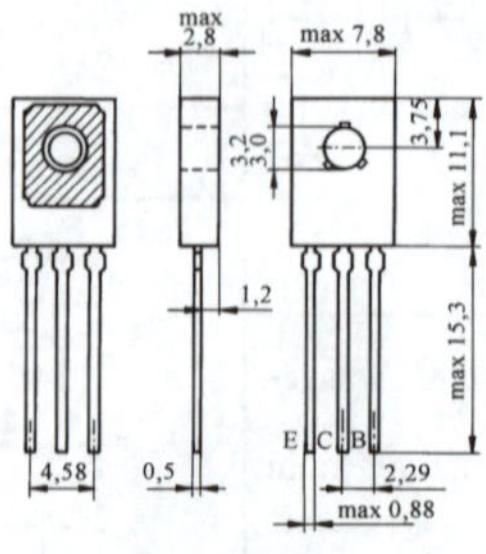

$R_{thJG} = 3 \ldots 10$ K/W
$R_{thGU} \approx 95$ K/W

TO-220 DIN 41 869 Typ 14 A 3

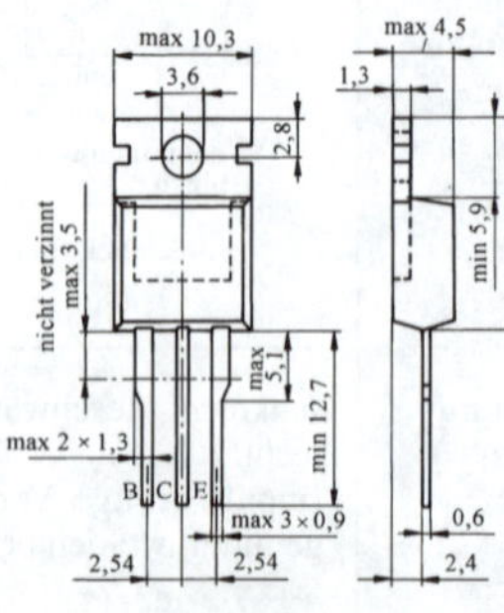

$R_{thJG} = 1 \ldots 4$ K/W
$R_{thGU} \approx 70$ K/W

Anmerkung: Die genauen Wärmewiderstandswerte sind abhängig vom jeweiligen Halbleitertyp und müssen dem Datenblatt entnommen werden.

4.11 Integrierte Schaltungen

4.11.1 Arten und Anwendungsgebiete

Halbleiterblockschaltungen (HBS)	Auch als Festkörper- oder monolithische Schaltungen bezeichnet, im engeren Sinne als integrierte Schaltungen (IS)-Integrated Circuits (IC). Auf Kristallplättchen (i. A. Si) werden durch unterschiedliche Dotierung Dioden, Transistoren, kleine Kondensatoren und Widerstände hergestellt u. mit isolierten Leiterbahnen verbunden (z. T. mehrere Ebenen). Anwendung für alle elektronischen Funktionen ohne große Widerstände, große Kondensatoren und Induktivitäten. Lineare (analoge) und digitale Schaltungen. Steigerung der Zuverlässigkeit durch die Integration. Reduzierung der Abmessungen und der Kosten
Dünnschichtschaltungen	Auf isolierende Substrate (Keramik oder Glas) aufgebrachte (i. A. aufgedampfte) passive Bauelemente. Einsatz als Bindeglied zwischen HBS und Leiterplatten, für engtolerierte bzw. Spezialschaltungen, Hybridschaltungen
Dickschichtschaltungen	Passive Bauelemente werden als Pasten auf Keramikplatten aufgetragen (Siebdruck) und eingebrannt. Anwendung wie Dünnschichtschaltungen
Hybridschaltungen	In Dünn- oder Dickschichtschaltungen sind aktive Bauelemente (Dioden, Transistoren, HBS) eingesetzt

4.11.2 Grundschaltungen in analogen IS

Differenzverstärker

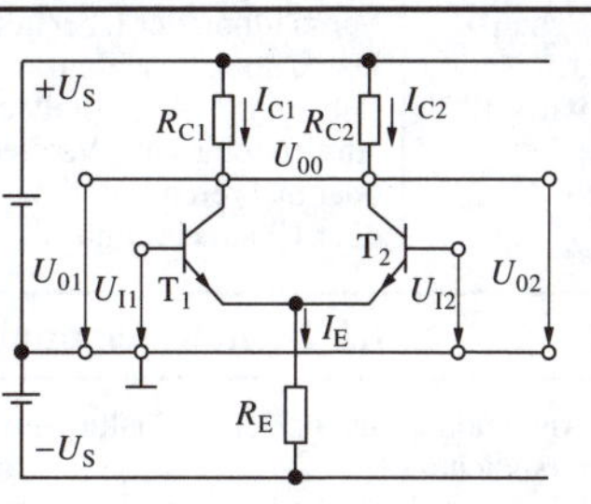

Differenzverstärker (Forts.)	Durch den symmetrischen Aufbau werden Temperatur- und Speisespannungsänderungen reduziert, weitere Verbesserung durch Kostantstromquelle anstelle R_E, ggf. Abgleich der Bauelemente bei Exemplarstreuungen. Einsatz vorteilhaft in gleichstromgekoppelten Verstärkern (insbesondere OPV), als Modulator und als Begrenzer. Differenzverstärkung (Leerl.): $V_{UD0} = \beta \dfrac{R_C \,//\, r_{CE}}{2 r_{BE}}$ bei $U_{IC} = \text{konst.}$ $U_{IC} = U_{I1} = U_{I2}$ Gleichtaktverstärkung (Leerl.): $V_{UC0} = \dfrac{R_C}{2 R_E}$ bei $U_{ID} = 0$ $U_{ID} = U_{I1} - U_{I2}$ Gleichtaktunterdrückung: $k_{CMR} = \dfrac{V_{UD}}{V_{UC}}$
Stromquellen (-spiegel)	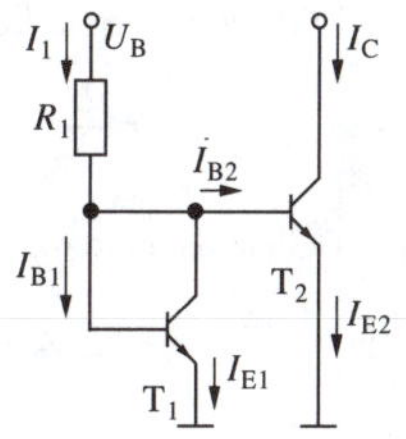 Die Ströme I_C und I_1 verhalten sich bei genügend großem B wie die Flächen der zugehörigen Basis-Emitter-Übergänge: $I_C = \dfrac{A_2}{A_1} I_1 \quad \left(B \gg 2 \dfrac{A_2}{A_1} \right)$ Zum Erzeugen von I_1 wird eine Referenzspannung benutzt. Für kleine Ströme: Emitterwiderstand zu T_2
(Referenz-) Spannungsquellen	Temperaturkompensation durch Reihenschaltung von Diode und Z-Diode (Referenzelement), danach ggf. Impedanzwandler. Sehr kleine TK-Werte über einen gro-

4.11 Integrierte Schaltungen

(Referenz-) Spannungsquellen (Forts.)

ßen Temperaturbereich haben Bandgap-Referenzquellen: Die Differenz der U_{BE} von zwei bei unterschiedlichen Strömen betriebenen Transistoren wird mit einem OPV gebildet

4

Operationsverstärker (OPV)

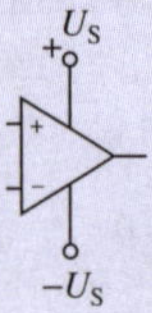

⇐ 17-19

Gleichspannungsverstärker mit großer Verstärkung (>80 dB), Eingang fast immer mit Differenzverstärker (Gleichtaktunterdrückung 60 … 90 dB), relativ große Bandbreite.
Durch die große Verstärkung wird der OPV mit einem Rückkopplungsnetzwerk betrieben, das das statische und dynamische Übertragungsverhalten bestimmt (Betrachtung als Vierpol).
Betrieb meistens mit zwei gegenpoligen Betriebsspannungen.

Differenzverstärkung:

$$V_{UD} = \frac{U_0}{U_{ID}} \quad \text{bei } U_{IC} = \mathit{konst.}$$

Gleichtaktverstärkung:

$$V_{UC} = \frac{U_0}{U_{IC}} \quad \text{bei } U_{ID} = 0$$

Gleichtaktunterdrückung:

$$k_{CMR} = \frac{V_{UD}}{V_{UC}}$$

Betriebsspannungs-Unterdrückung:

$$k_{SV} = \frac{\Delta U_0}{\Delta U_S} \quad \Delta(+U_S) = \Delta(-U_S)$$

Eingangs-Offsetspannung:

$$U_{E0} = U_{ID} \quad \text{bei } U_0 = 0$$

(ggf. Einstellung erforderlich)

Verstärkungs-Bandbreite-Produkt:

Frequenz bei $V = 1$

Zur Gewährleistung der Stabilität des OPV mit Gegenkopplung muß V ab der 3-dB-Grenzfrequenz mit 20 dB/Dekade je Verstärkerstufe abfallen (ggf. interne oder externe Frequenzgang-Kompensation)

OPV (Forts.)

Anstiegsgeschwindigkeit (Slew rate):

$$S_r = \frac{\Delta U}{\Delta t} \quad \text{bei } 0{,}1\, U_0 \ldots 0{,}9\, U_0$$

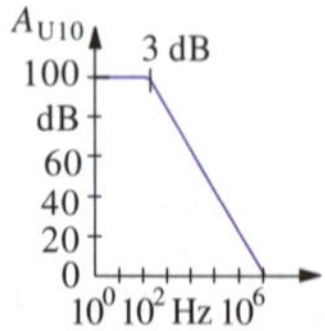

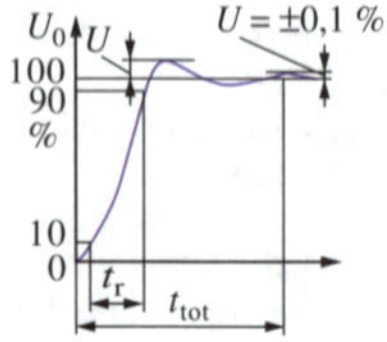

Einschwingverhalten

Anwendung von OPV:
- lineare, frequenzunabhängige Übertragung (Verstärker, Addierer, Subtrahierer, Strom-Spannungswandler)
- lineare, frequenzabhängige Übertragung (Integratoren, Differenzierer, aktive Filter)
- stetig lineare Verstärkung (steuerbare Verstärker, Multiplizierer, Dividierer, Mischstufen)
- unstetige Übertragung (Begrenzer, Analogschalter, A/D-Wandler)
- zeitabhängige Übertragung (Abtast- und Halteschaltungen, Analogschalter)

Komparator

Schaltzeichen wie OPV

Spezieller OPV mit kleinerer Verstärkung (keine Gegenkopplung) und kurzer Ansprechzeit (Maßnahmen zur Vermeidung der Übersteuerung).
Das Ausgangssignal ist i. A. binär (Übergang zur Digitaltechnik).
Anwendung zum Vergleich mit einer oder mehreren Referenzgrößen (Über- oder Unterschreitung)

4.11.3 Digitale Schaltungen

Anwendung als logische Schaltungen und Halbleiterspeicher.
Elemente, logische Grundschaltungen und Baureihen: siehe Abschnitt 5. (Digitaltechnik)

⇐ 5- 5-

4.12 Optoelektronik

4.12.1 Fotozellen, Fotovervielfacher und Fotowiderstände

Fotozellen

21

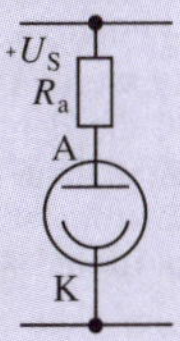

Beim Auftreffen von Lichtquanten auf die meistens mit Cäsium bedampfte Fotokatode werden Elektronen freigesetzt und von der Anode angezogen (äußerer Fotoeffekt).

Der Fotoelektronenstrom ist für Vakuum-Fotozellen proportional dem Lichtstrom, also der auftreffenden Strahlungsleistung.

Kennlinien der Vakuum-Fotozelle:

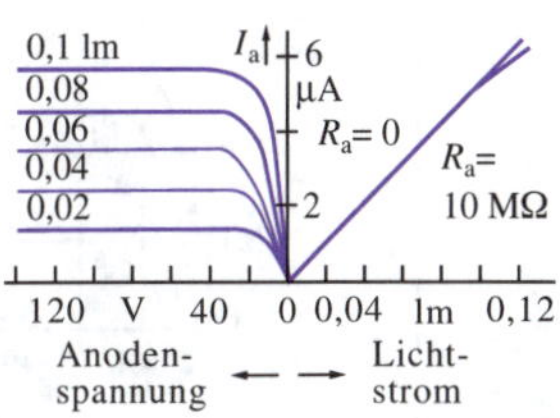

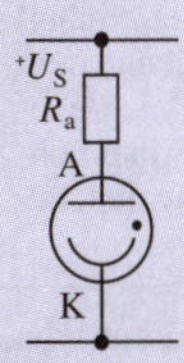

In gasgefüllten Fotozellen treffen die Elektronen auf dem Weg zur Anode auf Gasmoleküle und lösen durch Ionisation neue Ladungsträger aus.

Dadurch etwa die dreifache Empfindlichkeit, aber der Strom ist von der Anodenspannung abhängig und nicht mehr proportional zum Lichtstrom

Fotovervielfacher

Im Fotovervielfacher sind eine Vakuum-Fotozelle und ein Sekundärelektronen-Vervielfacher kombiniert. Die emittierten Fotoelektronen werden vom elektrischen Feld beschleunigt und lösen beim Auftreffen auf die folgende Elektrode Sekundärelektronen aus, die an der nächsten Elektrode noch mehr Elektronen erzeugen.

Mit bis zu 14 Stufen kann man eine Verstärkung um mehrere Zehnerpotenzen erreichen

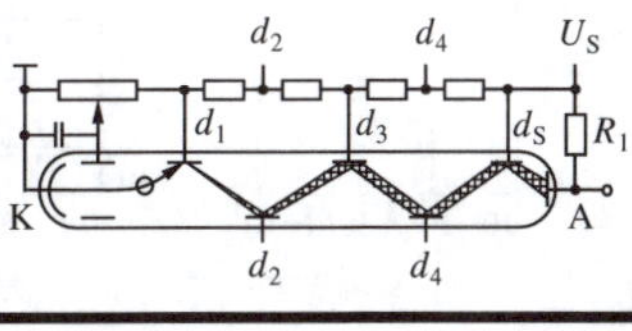

Fotowiderstände

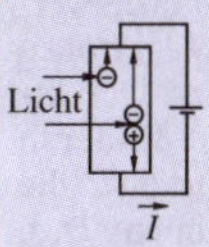

Bestehen aus Mischkristallen, haben keine Sperrschicht und können im Gleich- und Wechselstromkreis eingesetzt werden.
Je nach Basismaterial (meist polykristallines Silizium) und Dotierung liegt die maximale Fotoempfindlichkeit im Bereich von ultravioletter bis infraroter Strahlung.

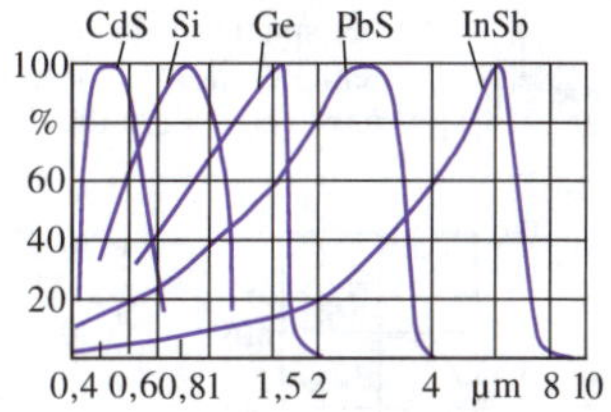

Fotowiderstände zeichnen sich durch höchste Lichtempfindlichkeit unter den fotoelektronischen Bauelementen aus.
Ihre Widerstandsänderung in Abhängigkeit von der Beleuchtungsstärke reicht von etwa $10^2\ \Omega$ bis $10^8\ \Omega$.

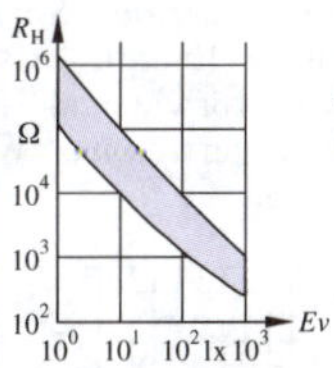

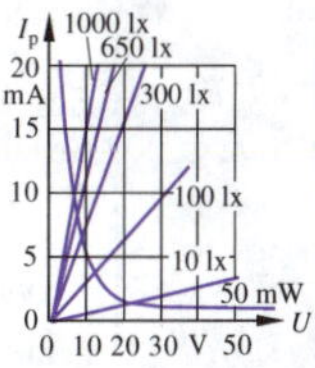

Temperaturkoeffizient: <1%/K

Zeitkonstante: bis zu 1 ms

Ein Ansteigen des Hellwiderstandes und Verringern des Dunkelwiderstandes mit zunehmendem Alter kann durch künstliche Alterung verringert werden.
Maximal zulässige Temperatur (für CdS-Fotowiderstände): 70 °C.

Zulässige Verlustleistung bei t_u = 40 °C: 50 … 200 mW (Begrenzung durch Serienwiderstand zweckmäßig).

Betriebsspannung: 50 … 350 V

4.12 Optoelektronik

4.12.2 Fotoelemente, Solarzellen, Fotodioden und Fototransistoren

Fotoelemente

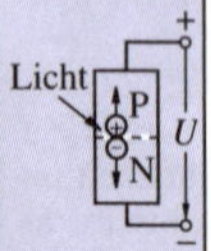

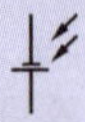

Bestehen aus Dioden, deren Sperrschicht dicht unter der Oberfläche angeordnet ist.
Durch Einstrahlung von Photonen werden in der n-leitenden Zone Elektronen und in der p-leitenden Zone Defektelektronen angesammelt. Dadurch entsteht eine Potenzialdifferenz, die Fotospannung (Leerlaufspannung U_L).
Zweite Betriebsart: Anlegen einer Sperrspannung an pn-Übergang. Durch Lichteinwirkung entstehende Ladungsträger vergrößern den Sperrstrom

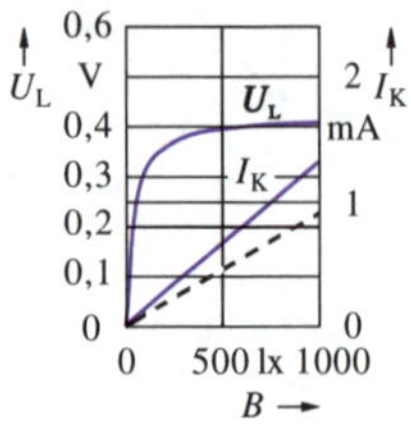

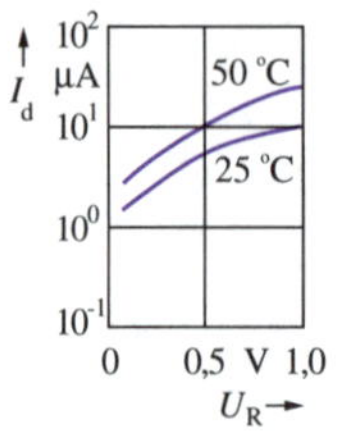

Dunkelstrom $I_d = f(U_R)$

Solarzellen

Sind großflächige Fotoelemente. Sie dienen zur direkten Umwandlung von Strahlungsenergie (Sonnenlicht) in elektrische Energie. Als Basismaterial wird vorwiegend einkristallines Silizium verwendet (Wirkungsgrad $\eta \approx 12\%$).

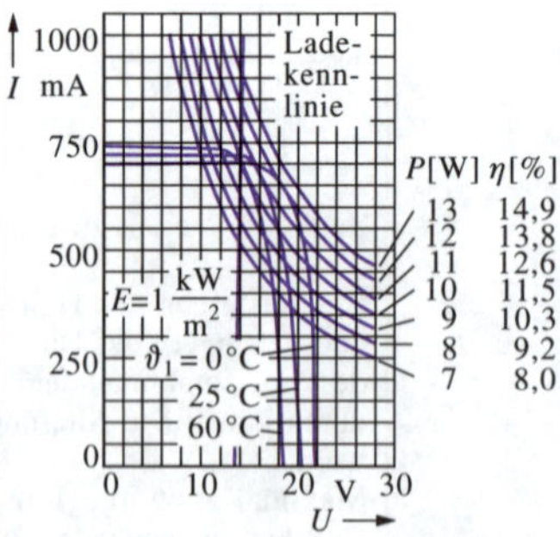

Kostensenkung ggf. mit amorphem Silizium ($\eta \approx 6\%$).
Spannung pro Zelle 0,5 … 0,6 V, für größere Spannungen Reihenschaltung (Solarbatterie).
Parallelschaltung der Zellen ist zulässig

Fotodioden

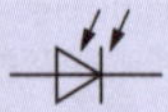

Bestehen aus einem Halbleiter-pn- oder Metall-Halbleiter-Übergang und werden in Sperrichtung betrieben. Durch in das Raumladungsgebiet der Diode einfallende Strahlung werden Ladungsträgerpaare erzeugt, die den Sperrstrom vergrößern (innerer lichtelektrischer Effekt). Der Fotostrom ist der Beleuchtungsstärke proportional.

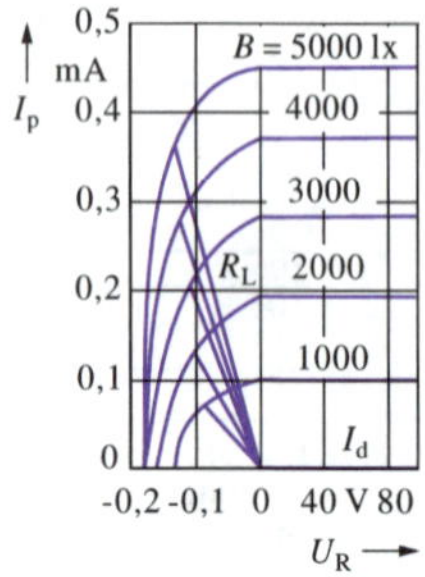

Die maximale Arbeitsfrequenz hängt von der Sperrschichtkapazität und dem Lastwiderstand ab. Große Ansprechempfindlichkeit und kleine Ansprechzeit haben Schottky- und Avalanche-Fotodioden

Fototransistoren

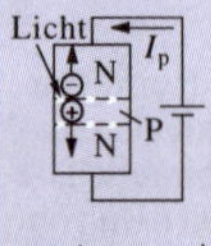

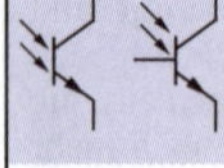

Werden ähnlich wie herkömmliche Transistoren betrieben.
Die Steuerung erfolgt mit der strahlungsempfindlichen Basis-Kollektor-Sperrschicht.
Die Fotoempfindlichkeit ist gegenüber der Fotodiode um den Verstärkungsfaktor größer, die Schaltgeschwindigkeit kleiner.
Bei herausgeführtem Basisanschluss kann der Arbeitspunkt eingestellt werden

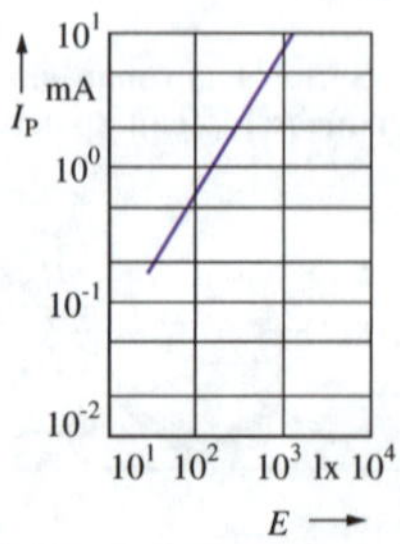

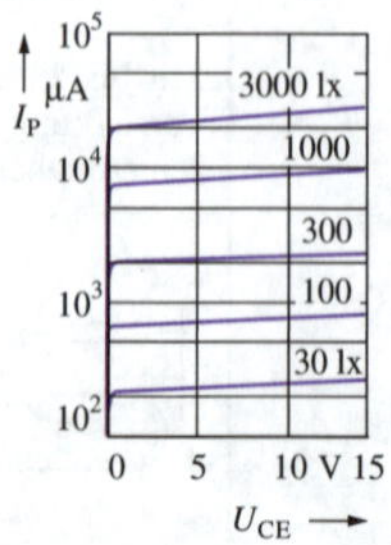

4.12 Optoelektronik

Typische Werte von Fotosensoren

	Lichtempf. Fläche cm^2	Empfind-lichkeit nA/lx	max. Fotostrom mA	Betriebs-spannung V	Verlust-leistung mW	Grenz-frequenz kHz
Vak.-Fotozelle	1 … 6	1 … 5	$5 \cdot 10^{-3}$	50 … 150	250	10^5
Gasgef. Fotoz.	1 … 10	0,1 … 1	$5 \cdot 10^{-3}$	90	250	10
Fotovervielf.	1 … 100	10^7 … 10^9	1 … 2	1000 … 3000	500	10^5
Fotowiderstand	0,01 … 3	10^4 … 10^7	–	0,1 … 400	… 100	einige Hz
Fotoelement	0,01 … 2	20 … 2000	0,1 … 50	1	5 … 50	… 0,5
Fotodiode	0,01 … 0,2	4 … 100	10	10 … 50	… 100	10^3
Fototransistor	0,01	500 … 5000	0,1 … 10	10 … 50	… 300	… 100

4.12.3 Anzeigeelemente

Lumineszenzdioden (LED)

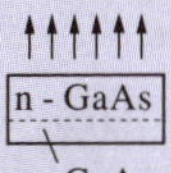

Lumineszenzdioden (Leuchtdioden) geben bei Betrieb in Durchlassrichtung je nach Material (GaAs), Dotierung und Technologie Licht im Infrarotbereich sowie in den Farben rot, orange, gelb, grün oder blau ab.
Die Durchlassspannung ist größer als bei Si-Dioden (von der Farbe abhängig).
Die zulässige Sperrspannung beträgt ca. 3 V.
Wesentlicher Parameter für LED ist die Lichtstärke bei einem bestimmten Durchlassstrom, z.B. bei 20 mA:

rote LEDs	1 … 1000 mcd
grüne LEDs	1 … 200 mcd

Flüssigkristallanzeigen (LCD)

Flüssigkristalle bestehen aus einer organischen Flüssigkeit, die sich in einem bestimmten Temperaturbereich wie ein Kristall verhält. Im elektrischen Feld dreht er z.B. die Polarisationsebene (Drehzelleneffekt).

Im Anzeigeelement wird der Flüssigkristall zwischen durchsichtigen Elektroden und Polarisationsfolien angeordnet (Abstand 10 … 100 µm).

Je nach Ausrichtung der Polarisationsfilter, Anordnung der Lichtquelle und ggf. eines Reflektors erscheint ein Symbol bei Beleuchtung und anliegender Spannung hell oder dunkel.

Zur Vermeidung der Elektrolyse werden Flüssigkristallanzeigen mit Wechselspannung betrieben

Vakuum-Fluoreszenz-Anzeigen (VFD)

Aufbau wie Trioden: direkt geheizte Katode (Heizspannung 1 … 3 V), netzförmige Steuerelektrode (Gitter), leitende Fluoreszenzschicht als Anode.
Negatives Potenzial der Steuerelektrode gegenüber der Katode (3 … 6 V): kein Leuchten.
Anzeigen mit wenigen Stellen: Anodensegmente einzeln herausgeführt und angesteuert.
Ab ca. 6 Stellen: Multiplexverfahren (gemeinsame Anode und getrennte Steuerelektroden)

Plasma-Anzeigen

Arbeiten prinzipiell wie Gasentladungsröhren. Der Raum zwischen zwei parallel angeordneten Glasplatten (Abstand ca. 80 µm) ist mit Gas gefüllt (z.B. Neon), auf Innenseiten der Glasplatten matrixförmige dünne Elektroden.
Bei einer Spannung von 80 … 150 V an den Zeilen-und Spaltenelektroden bildet sich an Kreuzungspunkten ein leuchtendes Plasma, das außer sichtbarem auch UV-Licht aussendet.
Leuchtfarbe durch Fluoreszenzschicht auf den Innenflächen.
Betrieb der Plasma-Anzeigen mit Gleich- oder Wechselspannung (DC- oder AC-Typ), der DC-Typ ist flimmerfrei

Elektrolumineszenz-Anzeigen

Bei der Plasmaanzeige ähnlichem Aufbau ist zwischen den Elektroden eine dünne mit Mangan dotierte Zinksulfidschicht angeordnet, die beidseitig durchsichtige Isolierschichten trennen

4.12 Optoelektronik

4

Typische Werte von Anzeigeelementen

	Einheit	LED	LCD	VFD	Plasma-A.	Elektrolum.
Betriebsspannung	V	1,3 … 4	3 … 15	6 … 150	80 … 150	120 … 240
Leistungsaufnahme	mW/cm²	10 … 100	0,01 … 1	5 … 100	50 … 120	10 … 20
Leuchtdichte	mcd/cm²	5 … 5000	(1 … 10)[1]	70	70	10
Ansprechzeit	µs	1 … 10	10^4 … 10^5	10	10	100
Umgebungstemp.	°C	–30 … 85	–10 … 60	–20 … 70	–30 … 90	–30 … 60
Farbe		infrarot, rot orange, gelb grün, blau	entspr. Lichtquelle bzw. Filter	rotbraun orange, gelb grün, blau	rot gelb orange	rot orange blau

4.12.4 Optokoppler

Prinzip

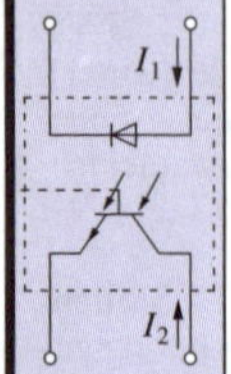

⇐ 17-17

Optoelektronische Koppelelemente übertragen elektrische Signale bei Vermeidung einer galvanischen Verbindung (Isolation von bestimmten Baugruppen): Umwandlung eines elektrischen Signals in ein optisches (Strahlungssender), das in einem Strahlungsempfänger wieder ein elektrisches Signal erzeugt.
Optischer Übertragungskanal (Isolationsstrecke): Luft, Glas, Kunststoff oder Lichtwellenleiter

Ausführungen

– geschlossene Elemente
– offene Elemente (Gabel-und Reflexkoppler)

Vorteile zu anderen Koppplungsarten

– kaum Rückwirkung
– keine galvanische Verbindung
– große Modulationsbandbreite
– geringe Störbeeinflussung

Kenngrößen

– Stromübertragungsverhältnis $CTR = I_2/I_1$
Angabe in Prozent (10 … 1000)
– Grenzfrequenz
Abfall von CTR auf 50%
– maximale zulässige Isolationsspannung U_{is} zwischen Emitter- und Detektoranschlüssen (1 … 25 kV)
– Isolationswiderstand R_{is} (10^{10}. . .10^{13} Ω)
– Isolationskapazität C_{is} (0,2 … 4 pF)

4.13 Magnetfeldabhängige Bauelemente

Hallgeneratoren

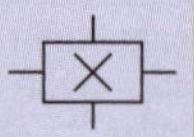

Einem Halbleiterplättchen wird über zwei gegenüberliegende Stirnseiten ein Strom I eingespeist. Bei Einwirkung eines Magnetflusses B senkrecht zur Fläche entsteht an den beiden Längsseiten durch die Lorentz-Kraft eine Spannungsdifferenz, die Hallspannung U_h:

$$U_h = \frac{R_h}{d} I B$$

R_h Materialkonst.
d Plättchendicke

Material: InAs, InSb

Leerlaufspannung: 0,1 … 1 V

Anwendung (meistens in Brückenschaltung):
– Messung von Magnetfeldern
– kontaktlose Signalgabe
– Multiplikation, Modulation

Feldplatten

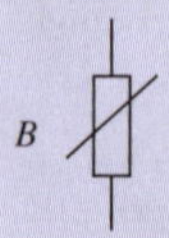

Magnetisch steuerbare Halbleiterwiderstände (Magnetowiderstand), deren Strombahnen vom Magnetfeld um den Hallwinkel gedreht werden.
Für große Signalspannungen bei kleinem Strom besser als Hallgenerator (mäanderförmige Streifen), aber größere Temperaturabhängigkeit

Material: InSb, z.T. mit NiSb-Nadeln

Widerstand: einige Ω … kΩ bei 25 °C, $B = 0$

Widerstandsänderung ≈ 20-fach

Anwendung (Brückenschaltung) vorzugsweise zur Positionserfassung

[1] Kontrastverhältnis > 20

4.14 Stromversorgungsschaltungen

Stromversorgung und Sicherheit

Stromversorgungsschaltungen haben die Aufgabe, vorhandene Energiequellen (Netz, Batterien) an die Erfordernisse der informationsverarbeitenden Schaltungen (Betriebsmittel) anzupassen:

- Bei Netzanschluss muß gleichgerichtet, Restwelligkeit (Brummen) beseitigt (gesiebt) und ggf. gegen Belastungs- und Eingangsschwankungen geregelt werden.
- Batteriespannungen müssen ggf. auf andere Werte umgeformt werden.

Im Zusammenhang mit dem unmittelbaren Kontakt zu Energieversorgungssystemen mit gefährlichen Spannungen und der Steuerung der Energiezufuhr kommen den Stromversorgungsschaltungen in Bezug auf den Schutz

- gegen elektrischen Schlag (gefährlichen Strom durch Körper von Menschen oder Nutztieren) und
- gegen gefährliche Überhitzung von Teilen des versorgten Gerätes

besondere Bedeutung zu.

4.14.1 Schutz gegen elektrischen Schlag

Bei der elektrischen und mechanischen Dimensionierung von Schaltungen und Geräten sind zu berücksichtigen:

DIN EN 60065: 1994-4
Sicherheitsbestimmungen für netzbetriebene elektronische Geräte und deren Zubehör für den Hausgebrauch und ähnliche allgemeine Anwendung.
(Klassifikation VDE 0860, IEC 65:1985 + A1:1987 + A2:1989 + A3:1992 modifiziert)

DIN EN 60335-1: 1994-5
Sicherheit elektrischer Geräte für den Hausgebrauch und ähnliche Zwecke
(Klassifikation VDE 0700 Teil 1)

DIN EN 60950: 1993-11
Sicherheit von Einrichtungen der Informationstechnik einschließlich elektrischer Büromaschinen
(Klassifikation VDE 0805, IEC 950:1991, modifiziert + IEC 950 A1:1992)

Schutzklassen

(nach DIN 57100-410: 1983-11 sowie DIN EN 60065, DIN EN 60335-1 und DIN EN 60950)

Schutzklasse	Hauptmerkmale der Betriebsmittel	Kennzeichnung	Voraussetzungen für die Sicherheit bei defekter Basisisolierung
0	Betriebsmittel, bei denen der Schutz gegen elektrischen Schlag allein auf der Basisisolierung beruht	–	Umgebung frei von Erdpotenzial (in Deutschland nicht zugelassen)
I	Betriebsmittel besitzt einen Schutzleiteranschluß zur Ableitung gefährlicher Ströme	–	Anschluss des Schutzleiters an den Schutzleiter der festen Installation
II	Zusätzliche Isolierung, die den Schutz gegen elektrischen Schlag im Falle eines Versagens der Basisisolierung sicherstellt	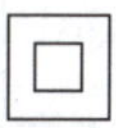	keine
III (nicht vorgesehen in DIN EN 60065)	Schutzkleinspannung und Anschluss an eine Stromversorgung mit Sicherheitstransformator, andere von geerdeten Netzen sicher trennende Einrichtungen oder Batterien		keine Verbindung mit Stromkreisen, die die Spannung über den Wert der Schutzkleinspannung erhöhen können

Basisisolierung: Isolierung von unter Spannung stehenden Teilen zum Schutz gegen elektrischen Schlag.

Schutzkleinspannung: Spannung, bei der keine Gefahr eines elektrischen Schlages besteht. Werte sind in einschlägigen Standards unterschiedlich festgelegt, höchstens aber 50 V_{EFF} Wechselspannung oder 120 V Gleichspannung.

4.14 Stromversorgungsschaltungen

Aufbau eines Netzanschlusses mit Schutzleiter

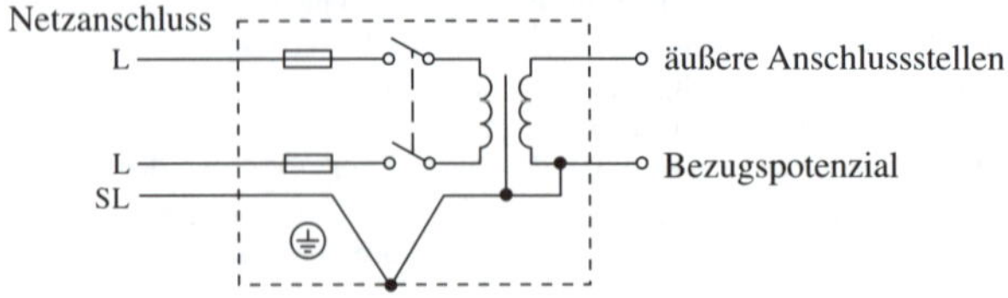

Aufgaben des Schutzleiters:	Potenzialausgleich, Ableitung von Fehlerströmen bei Isolationsdefekt.
Kennzeichnung des Schutzleiters:	Isolation: Farbe grün/gelb, Anschlussstelle: ⏚
Querschnitt des Schutzleiters:	Die vorgelagerte Sicherung muss ausgelöst werden können.
Steckverbinder:	Schutzleiterkontakt muss vor allen anderen Kontakten schließen bzw. nach allen anderen Kontakten öffnen.

4.14.2 Berechnungsgrundlagen für Gleichrichterschaltungen

Bezeichnung	Einpuls-Mittelpunktschaltung M1U		Zweipuls-Mittelpunktschaltung M2U		Zweipuls-Brückenschaltung B2U	
Schaltung	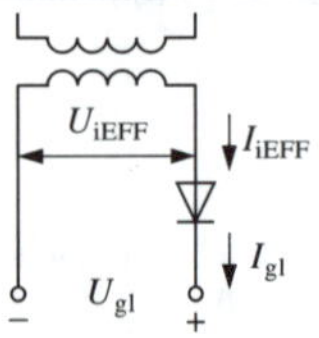		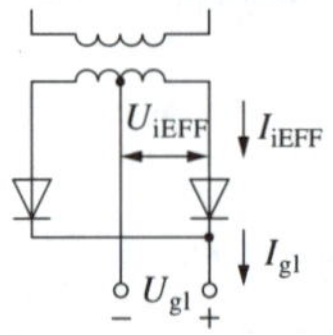		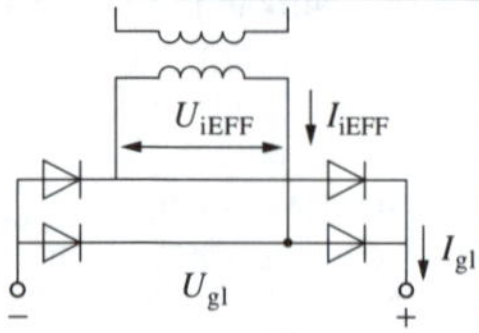	
Belastung	R, (L)	mit U_G	R, (L)	mit U_G	R, (L)	mit U_G
	Erforderliche Kennwerte der einzelnen Diode					
$U_{RRM}/U_{gl} >$	3,45	2,65	3,45	2,5	1,73	1,25
$U_{RRM}/U_{iEFF} >$	1,56	3,12	3,12	3,12	1,56	1,56
$I_{FAVM}/I_{gl} >$	1,0		0,5		0,5	
	Charakteristische Werte der Schaltung					
U_{iEFF}/U_{gl}	2,22	0,85	1,11	0,8	1,11	0,8
I_{iEFF}/I_{gl}	1,57	2,1	0,78 (0,71)	1,11	1,11 (1,0)	1,57
$P_t/U_{gl} \cdot I_{gl} >$	3,1	1,73	1,48 (1,34)	1,48	1,24 (1,11)	1,24
U_{BrEFF}/U_{gl}	1,21	bis 0,05	0,48	bis 0,05	0,48	bis 0,05
f_{Br}/f	1	1	2	2	2	2

mit:
- U_{gl} arithmetischer Mittelwert der Gleichspannung
- I_{gl} arithmetischer Mittelwert des Gleichstromes
- P_t Typenleistung des Transformators
- I_{FAVM} Dauergrenzstrom
- U_{RRM} periodische Spitzensperrspannung

Die in Industrienetzen zulässige Überspannung von 10% ist in den Tabellenwerten bereits berücksichtigt.

Die Werte für Widerstandsbelastung und induktive Belastung sind meist gleich. Ergeben sich mit Glättungsdrossel

$$L > 0{,}2 \frac{U_{Br}}{I_{gl} \cdot f_{Br}}$$

Abweichungen, so sind diese in Klammern getrennt aufgeführt.

Bei Belastung mit Gegenspannung, z.B. mit Kondensatoren, Akkumulatoren oder Gleichstrommotoren gelten die unter U_G aufgeführten Werte.

4.14 Stromversorgungsschaltungen

4.14.3 Glättung und Siebung

Glättung

Bei Belastung sinkt die Ausgangsspannung ab. Der Gleichspannung wird eine Wechselspannung (Brummspannung) überlagert.

Einpuls-Mittelpunktschaltung

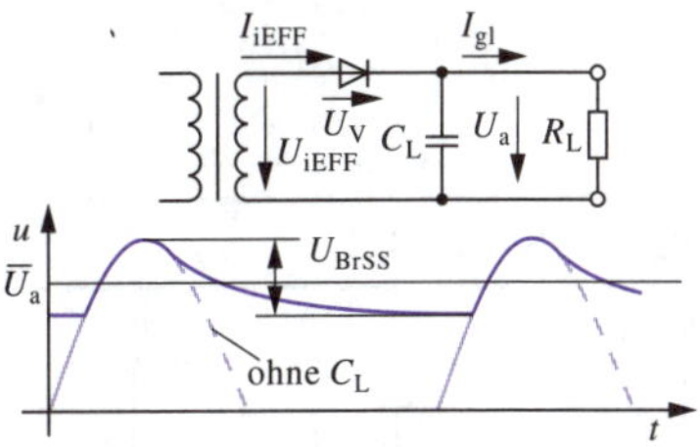

Leerlauf-Ausgangsspannung	$U_{a0} = \sqrt{2}\, U_{iEFF} - U_V$
Brummspannung	$U_{BrSS} \approx \dfrac{I_{gl}}{f \cdot C_L}$
Periodischer Spitzenstrom	$I_{DS} \leq \dfrac{U_{a0}}{\sqrt{R_i \cdot R_L}}$
Einschaltspitzenstrom	$I_{DE} \leq \dfrac{U_{iEFF}\,\sqrt{2}}{R_i}$

Zweipuls-Brückenschaltung

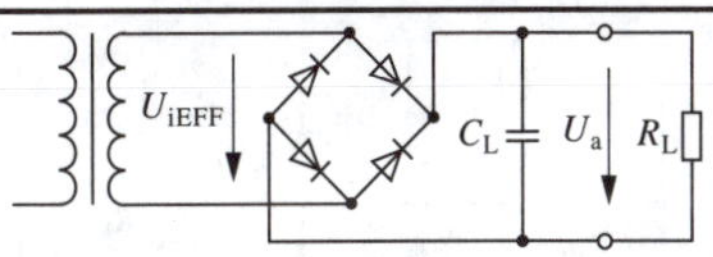

Leerlauf-Ausgangsspannung	$U_{a0} = \sqrt{2}\, U_{iEFF} - 2U_V$
Brummspannung	$U_{BrSS} \approx \dfrac{I_{gl}}{2f \cdot C_L}$
Periodischer Spitzenstrom	$I_{DS} \leq \dfrac{U_{a0}}{\sqrt{2R_i \cdot R_L}}$
Einschaltspitzenstrom	$I_{DE} \leq \dfrac{U_{iEFF}\,\sqrt{2}}{R_i}$

Siebung

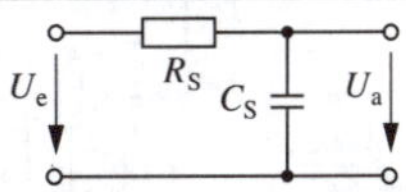

$G = \dfrac{\Delta U_e}{\Delta U_a} \approx \omega_{Br}\, R_S\, C_S$

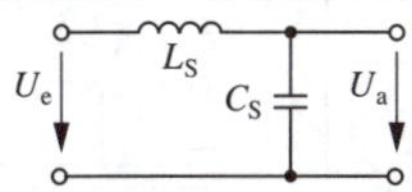

$G = \dfrac{\Delta U_e}{\Delta U_a} \approx \omega_{Br}^2\, L_S\, C_S$

4.14.4 Spannungsvervielfachung

Spannungsverdopplung nach Delon
(auch Greinacher-Schaltung genannt)

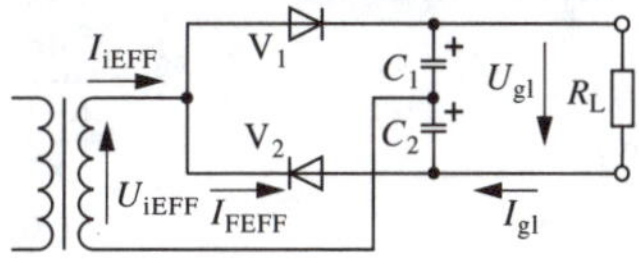

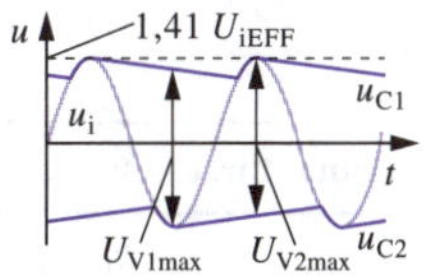

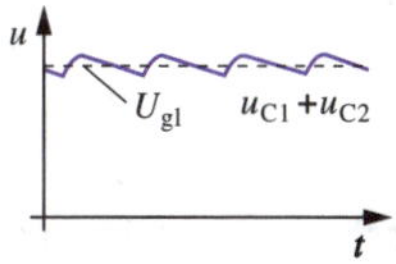

$U_{V1,\,V2\,max} \leq 2{,}82\, U_{iEFF}$ $\quad U_{gl} \leq 2{,}82\, U_{iEFF}$

$f_{Br} = 2\, f_i$ $\quad I_{FRMS} = 0{,}5\, I_{iEFF}$

Spannungsverdopplung nach Villard
(auch einstufige Kaskade genannt)

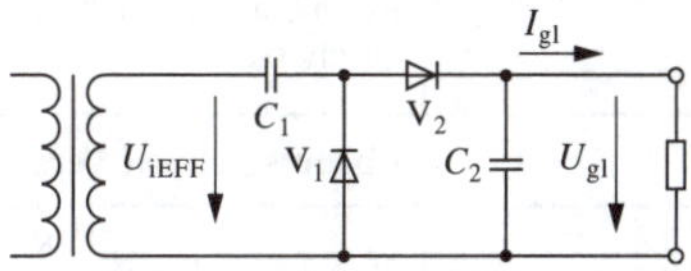

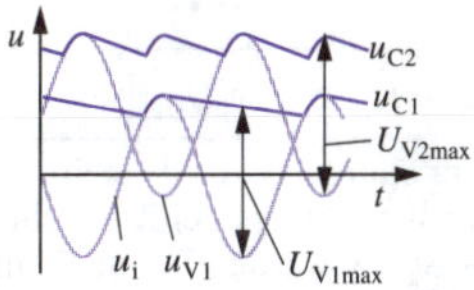

$U_{gl} \leq 2{,}82\, U_{iEFF}$

$U_{V1,\,V2\,max} \leq 2{,}82\, U_{iEFF}$

$U_{BrSS} \approx \dfrac{I_{gl}}{2f \cdot C_2}$

Spannungsvervielfachung nach Villard
(auch Kaskaden- oder Siemens-Schaltung genannt)

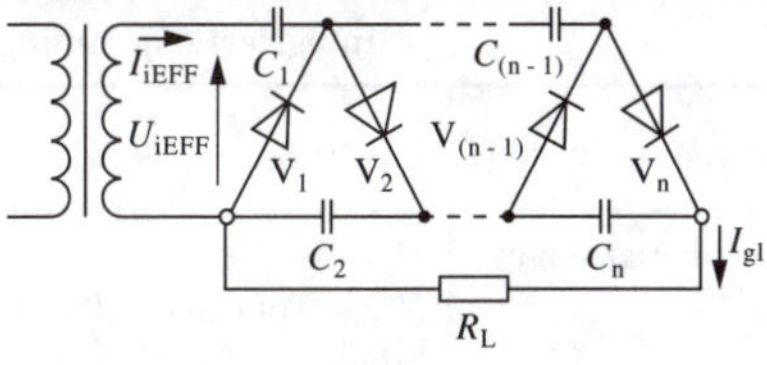

$U_{C1} \leq 1{,}41\, U_{iEFF}$ $\quad U_{C2-Cn} \leq 2{,}82\, U_{iEFF}$

$U_{gl} \leq n \cdot 1{,}41\, U_{iEFF}$ $\quad U_{Vn\,max} \leq 2{,}82\, U_{iEFF}$

$U_{BrSS} \approx \dfrac{n \cdot I_{gl}}{2f \cdot C}$ $\quad$ mit $C = C_1 = C_2 = \ldots C_n$

Diodenstr.: $I_{FRMS} = I_{gl}$ $\quad$ Eingangsstr.: $I_{iEFF} = n \cdot I_{gl}$

4.14 Stromversorgungsschaltungen

4.14.5 Analoge Transistorregler

Glättungstransistor

Richtwerte: $U_{CE} \geq U_{CEsat}$; $U_{CE} \geq 2\text{ V}$; $U_{BE} \approx 0{,}7\text{ V}$

$I_L \approx I_C$

$I_B \approx I_L / \beta$

$I_{R1} \geq 10\, I_B$

$X_{C1} < R_1 < R_2$

$$\frac{U_a + U_{BE}}{U_e} = \frac{R_2}{R_1 + R_2}$$

$$R_1 = \frac{U_{R1}}{I_{R1}} \geq \frac{1{,}3\text{ V}}{10\, I_L}\,\beta$$

Glättungsfaktor: $G = \dfrac{u_{EBr}}{u_{ABr}} \approx \omega_{Br}\, R_1\, C_1$

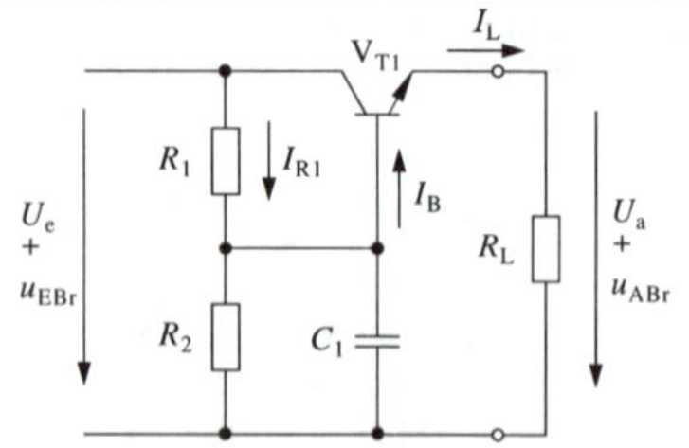

Transistorregler mit Emitterfolger als Stellglied

Ausgangsspannung	$U_a \approx (U_Z + U_{BE\,T2})\,\dfrac{R_1 + R_2}{R_2}$
Eingangsspannung	$U_e - \hat{U}_{Br} \geq U_a + U_{CEsat\,T1}$
Sicherheit	Der Transistor T_1 ist im gestörten Betrieb (z.B. bei Kurzschluss über R_L) nicht gegen Überlastung geschützt

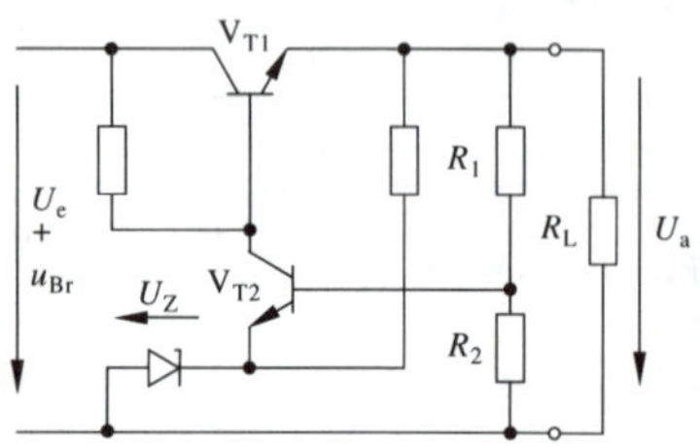

Transistorregler mit Verstärker in Emitterschaltung als Stellglied

Ausgangsspannung	$U_a \approx (U_Z + U_{BE\,T2})\,\dfrac{R_1 + R_2}{R_1}$
Eingangsspannung	$U_e - \hat{U}_{Br} \geq U_a + U_{CEsat\,T1}$
Sicherheit	Bei Sättigung von T_2 steigt I_{CT1} nicht weiter an, bei Kurzschluss am Ausgang werden T_2 und damit auch T_1 vollständig gesperrt. Nach Beseitigung des Kurzschlusses (bzw. nach dem Einschalten) wird die Schaltung über R_S gestartet

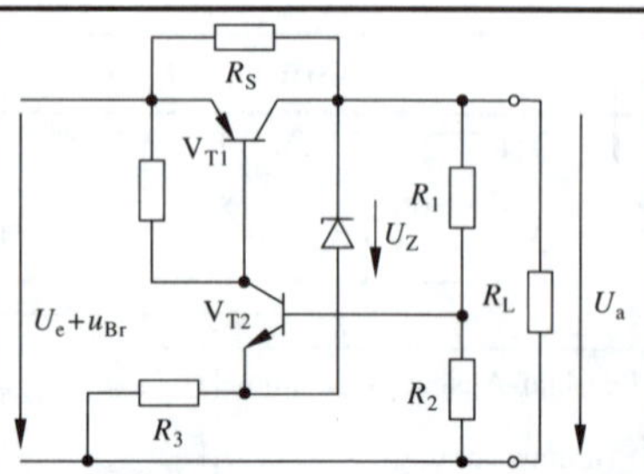

Integrierte Spannungsregler (prinzipieller Aufbau)

Ausgangsspannung	$U_a = U_{Ref}\,\dfrac{R_1 + R_2}{R_1}$
Eingangsspannung	$U_e - \hat{U}_{Br} \geq U_{ea\,min}$ $U_{ea\,min}$ vom Hersteller angegebene Mindestspannung über der Schaltung
Sicherheit	Auf dem Chip werden Strom, Spannung und Temperatur des Leistungstransistors gemessen. Bei Überlastung wird der Ausgangsstrom reduziert

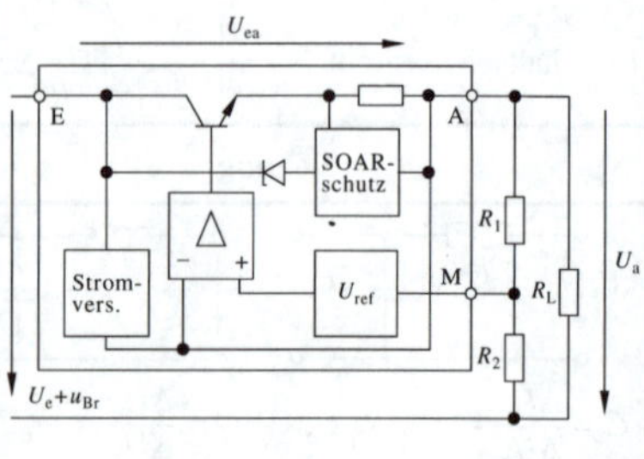

4.14 Stromversorgungsschaltungen

4.14.6 Schaltregler

Prinzip

Energiespeicher (Kapazität, Induktivität, Gegeninduktivität) werden periodisch immer nur so weit geladen, dass Strom oder Spannung in engen Toleranzen gehalten werden.

Schaltfrequenz: 20 bis ca. 100 kHz

Am Stellglied (Schalter) geht nur Energie infolge technisch unvermeidbarer Umschaltverluste verloren.

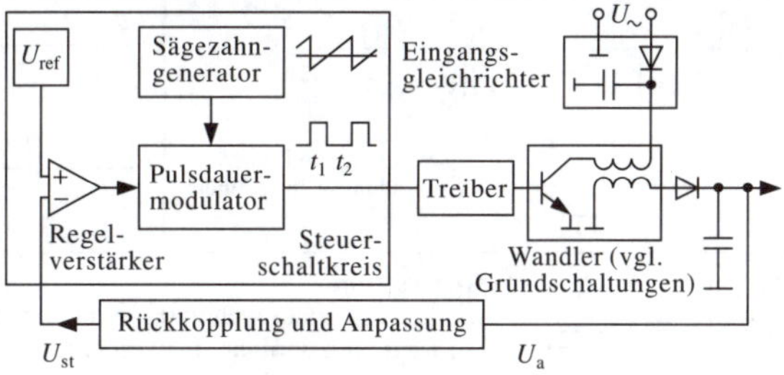

Vor- und Nachteile von Schaltreglern gegenüber analogen Regelschaltungen

- höherer Wirkungsgrad
- geringeres Gewicht
- geringeres Volumen
- geräuschlos

- kompliziertere Schaltungstechnik
- langsameres Reagieren auf Laständerungen
- zusätzlicher Aufwand für Reduzierung der HF-Störstrahlung (Funkentstörung)

Funkentstörung

Infolge der steilen Flanken bei den Schaltvorgängen treten elektromagnetische Störfelder mit Frequenzen bis in den MHz-Bereich auf.

Störquellen	Effekte	Gegenmaßnahmen
Schalttransistor	hohe Spannung	Filter an Eingangs- und Ausgangsleitungen
Elkos, die mit hoher Frequenz geladen bzw. entladen werden	Spannung am Verlustwiderstand	
Mit hoher Frequenz schaltende Dioden	hohe Spannung, Sperrstromspitzen	Verwendung von Dioden mit Soft-recovery-Verhalten
Leitungen, in denen geschaltete Ströme fließen	elektromagnetische Felder	Abschirmung der gesamten Schaltung

Anforderungen an Kernwerkstoffe von Drosseln und Transformatoren

- Geringe Verluste bis etwa zur 10fachen Schaltfrequenz
- hohe Anfangspermeabilität

- niedrige Remanenzinduktion
- hohe Sättigungsinduktion

Grundschaltungen ohne Transformator (Drosselwandler)

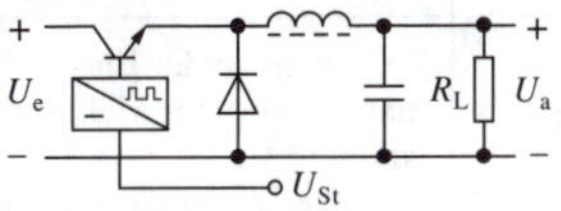

$U_e > U_a$

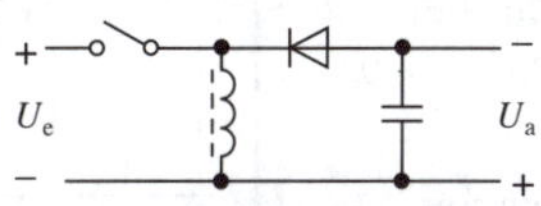

$|U_e| <> |U_a|$
Polaritätswechsel,
bei Leerlauf $U_a \to \infty$

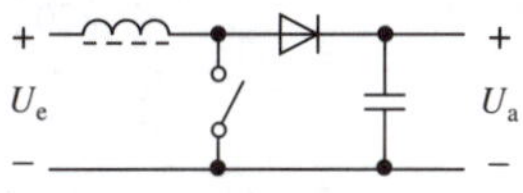

$U_e < U_a$

bei Leerlauf $U_a \to \infty$

4.14 Stromversorgungsschaltungen

Grundschaltungen mit Transformator

Sperrwandler

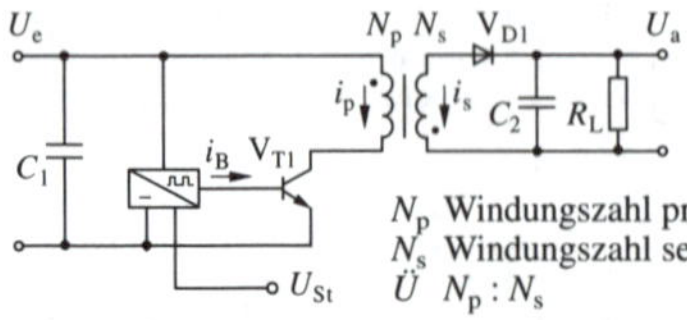

N_p Windungszahl primär
N_s Windungszahl sekundär
$Ü$ $N_p : N_s$

Durchflusswandler

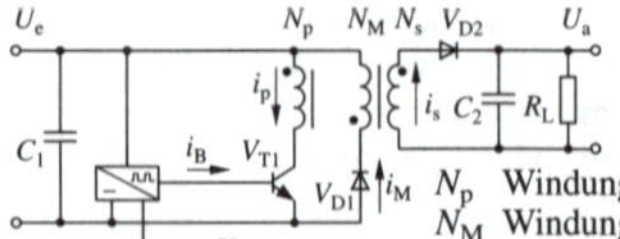

N_p Windungszahl primär
N_M Windungszahl Entmagn.
N_s Windungszahl sekundär
$Ü$ $N_p : N_s$; $Ü_M$ $N_p : N_s$

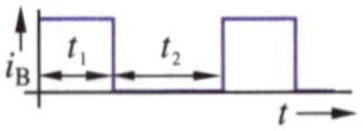

Steuerstrom
schaltet Transistor während t_1 ein und während t_2 aus.
Zur Regelung wird das Tastverhältnis geändert

Sperrwandler

Primärstrom
wird von der Primärinduktivität bestimmt:

$$I_{p\,max} \approx \frac{(U_e - U_{CEsat})}{L_p}\, t_1$$

Durchflusswandler

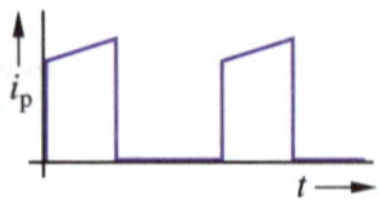

Primärstrom
wird vom transformierten Lastwiderstand

$$R'_L = Ü^2 R_L$$

bestimmt, außerdem fließt Magnetisierungsstrom

Sperrwandler

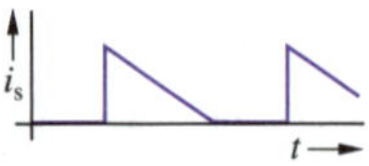

Sekundärstrom
wird von der im Trafo gespeicherten Energie erzeugt

Durchflusswandler

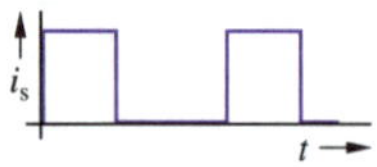

Sekundärstrom
wird vom Primärstrom durch Gegeninduktion erzeugt

Sperrwandler

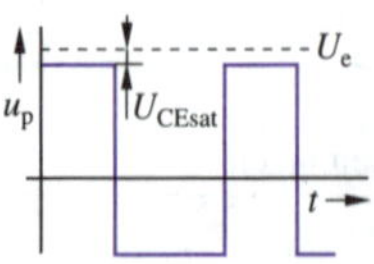

Primärspannung
während t_1:

$$U_{pt1} = U_e - U_{Csat}$$

während t_2:

$$U_{pt2} = -Ü\,(U_{C2} + U_{FD1})$$

Durchflusswandler

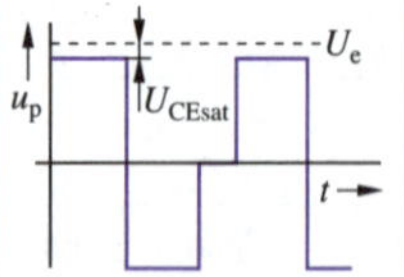

Primärspannung
während t_1:

$$U_{pt1} = U_e - U_{CEsat}$$

während t_2:

$$U_{pt2} = -Ü_M(U_{C1} + U_{FVD1})$$

Sperrwandler

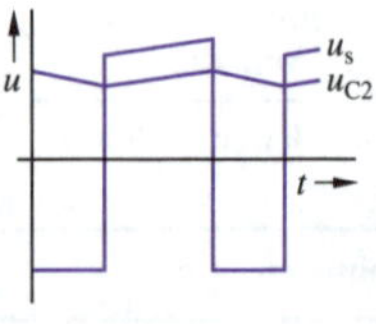

Sekundärspannung
während t_1:

$$U_{st1} = -Ü\,(U_e - U_{CEsat})$$

während t_2:

$$U_{st2} = U_{C2} + U_{FVD1}$$

bei Leerlauf $U_{st2} \rightarrow \infty$

Durchflusswandler

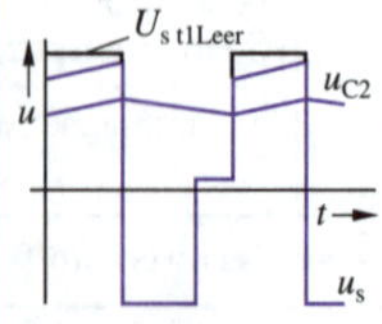

Sekundärspannung
während t_1:

$$U_{st1\,Leer1} = Ü\,(U_e - U_{CEsat})$$

$$U_{st1} = U_{C2} + U_{FVD2}$$

während t_2:

$$U_{st2} = -Ü_{Ms}\,U_{Mt2}$$

Sperrwandler

Bemessung der Primärinduktivität:

$$L_p = \frac{\eta U_e^2}{2 P_a}\, t_{1max}^2\, f$$

η Wirkungsgrad (Richtwert 0,8)

f Frequenz (20 … >70 kHz)

$t_{1\,max} < 1/f$ (Richtwert $0{,}8/f$)

$P_a = U_a \cdot I_{RL}$

Bemessung des Übersetzungsverhältnisses:

Bedingung für $VT1$: $U_{pt2} + U_e \leq U_{CES}$

Bedingung für $VD1$: $U_{st1} \leq U_{RRM}$

Durchflusswandler

Entmagnetisierungsstrom führt die in der Streuinduktivität gespeicherte Energie nach $C1$ zurück

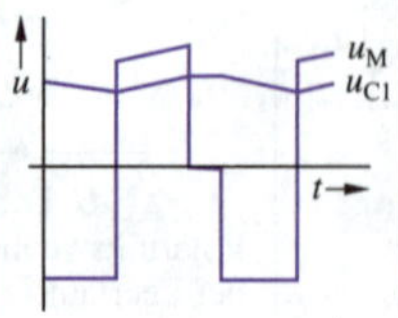

Spannung an der Entmagnetisierungswicklung
während t_1:

$$U_{Mt1} = -Ü_M(U_e - U_{Csat})$$

während t_2:

$$U_{Mt2} = U_{C1} + U_{FVD1}$$

5 Digitaltechnik

5.1 Grundbegriffe der Digitaltechnik

Analog/ Digital	Eine analoge Größe kann jeden beliebigen Wert innerhalb eines vereinbarten Wertebereiches annehmen. Eine digitale Größe kann nur die Werte „wahr" oder „unwahr" annehmen. Per Definition wird dem Wert „wahr" und dem Wert „unwahr" jeweils ein bestimmter diskreter Wert zugewiesen
Binär- zeichen	Das Binärzeichen kann zwei Zustände annehmen. Diese heißen in der Regel 0 und 1 oder L (low) und H (high)
Bit	Bit (Binary Digit) ist die Kurzform für Binärzeichen (das Bit – die Bits). Die Sondereinheit Bit gibt die Anzahl der Binärentscheidungen an.

Anzahl der Bits	1	2	3	4	5	6	7	8	9	10
Binärentscheidungen	2	4	8	16	32	64	128	256	512	1024

Für 1024 gilt als Abkürzung das große K

1024 bit = 1 Kbit 1024 Kbit = 1 Mbit 1024 Mbit = 1 Gbit

Byte	Ein Byte ist ein *n*-Bit-Zeichen mit fest vorgegebenem *n* (meist *n*=8); ein 8-Bit-Zeichen ermöglicht die Codierung/Zuordnung von 256 verschiedenen Zeichen (s. o. Tabelle). 8 Bit ⇒ 1 Byte ⇒ 1 Zeichen **1024 byte = 1 Kbyte 1024 Kbyte = 1 Mbyte 1024 Mbyte = 1 Gbyte**

Pegelzuordnung	Per Definition gilt	positive Logik	negative Logik
	Zustand „wahr" = logisch 1 oder H (high)	logisch 1 = z. B. 10 V	logisch 1 = z. B. 0 V
	Zustand „unwahr" = logisch 0 oder L (low)	logisch 0 = z. B. 0 V	logisch 0 = z. B. 10 V

5.2 Boolesche Algebra

Disjunktion	ODER-Funktion	$F = A + B = A \vee B$	F ist wahr, wenn A = 1 oder B = 1 oder A = B = 1
Konjunktion	UND-Funktion	$F = A * B = A \wedge B$	F ist wahr, wenn sowohl A = 1 als auch B = 1
Negation	NICHT-Funktion	$F = \overline{A}$	F ist gleich A-nicht

Zuordnung math. Zeichen DIN 5474: 1973-9
zu den Schaltfunktionen DIN 40900-12: 1992-9

Operation	UND	ODER	NICHT
Zeichen	$\wedge$	$\vee$	$\neg$
Ersatzweise	*	+	–

Das Zeichen für die Operation „NICHT" bindet stärker als das Zeichen $\wedge$ und $\vee$. Da diese beiden Zeichen unter sich gleich stark binden, sind einzelne Terme einzuklammern.

Kommutativgesetz	$A \vee B = B \vee A \quad A \wedge B = B \wedge A$
Assoziativgesetz	$A \wedge B \wedge C = A \wedge (B \wedge C) = (A \wedge B) \wedge C$ $A \vee B \vee C = A \vee (B \vee C) = (A \vee B) \vee C$
Distributivgesetz	$A(B \vee C) = A \wedge B \vee (A \wedge C)$ $(A \vee B) \wedge (A \vee C) = A \vee B \wedge C$
Absorptionsgesetz	$A \wedge 1 = A \quad A \wedge A = A \quad A \wedge 0 = 0$ $A \vee 0 = A \quad A \vee 1 = 1$ $A \vee \overline{A} = 1 \quad A \wedge \overline{A} = 0$ $A \vee (A \wedge B) = A \quad A \wedge (A \vee B) = A$

Das De Morgansche Theorem

$\overline{a \wedge b \wedge c \wedge \ldots \wedge n} = \bar{a} \vee \bar{b} \vee \bar{c} \vee \ldots \vee \bar{n}$ $\overline{a \vee b \vee c \vee \ldots \vee n} = \bar{a} \wedge \bar{b} \wedge \bar{c} \wedge \ldots \wedge \bar{n}$	Die Inversion der ODER-Verknüpfung ist gleich der UND-Funktion der einzelnen invertierten. Die Inversion der UND-Verknüpfung ist gleich der ODER-Funktion der einzelnen invertierten.

5.3 Zahlendarstellung in der Digitaltechnik

5.3.1 Dualzahlen, Oktalzahlen, Sedezimalzahlen

Dualzahlen sind Zahlen, die sich aus nur zwei Symbolen (0 und 1) zusammensetzen und deren Gewichtung auf Zweierpotenzen basiert

Beim **oktalen Zahlensystem** werden drei aufeinander folgende Dualzahlen zu einer Ziffer zusammengefasst. Der Zeichenvorrat ist 8 Ziffern (0 1 2 3 4 5 6 7)

$$111\ 101\ 100_2$$

$$1\cdot 2^2+1\cdot 2^1+1\cdot 2^0 \quad 1\cdot 2^2+0\cdot 2^1+1\cdot 2^0 \quad 1\cdot 2^2+0\cdot 2^1+0\cdot 2^0$$

$$4+2+1 \quad 4+0+1 \quad 4+0+0$$

$$754_8$$

Beim **sedezimalen System** werden vier aufeinander folgende Dualzahlen zu einer Ziffer zusammengefasst. Der Zeichenvorrat ist 16 Ziffern (0 1 2 3 4 5 6 7 8 9 A B C D E F)

$$1\ 1110\ 1100_2$$

$$1\cdot 2^2 \quad 1\cdot 2^1+1\cdot 2^0+1\cdot 2^2+0\cdot 2^1 \quad 1\cdot 2^0+1\cdot 2^2+0\cdot 2^1+0\cdot 2^0$$

$$1 \quad 8+4+2+0 \quad 8+4+0+0$$

$$1EC_{16}$$

5.3.2 Zahlenumwandlung

Beispiel für die Umwandlung einer Dezimalzahl in eine Dualzahl

Nach der Divisionsregel wird die Dezimalzahl so lange durch 2, 8 oder 16 geteilt, bis der Rest nicht mehr teilbar ist. Die Restziffern, von unten nach oben gelesen, ergeben die gesuchte Zahl.

	Rest		Dualziffer	Ergebnis
13 : 2 = 6	1	⇒	1	1
6 : 2 = 3	0	⇒	0	01
3 : 2 = 1	1	⇒	1	101
1 : 2 = 0	1	⇒	1	**1101**

Umrechnungstabelle Dezimal ↔ Sedezimal

	0	1	2	3	4	5	6	7	8	9	A	B	C	D	E	F
0	0	16	32	48	64	80	96	112	128	144	160	176	192	208	224	240
1	1	17	33	49	65	81	97	113	129	145	161	177	193	209	225	241
2	2	18	34	50	66	82	98	114	130	146	162	178	194	210	226	242
3	3	19	35	51	67	83	99	115	131	147	163	179	195	211	227	243
4	4	20	36	52	68	84	100	116	132	148	164	180	196	212	228	244
5	5	21	37	53	69	85	101	117	133	149	165	181	197	213	229	245
6	6	22	38	54	70	86	102	118	134	150	166	182	198	214	230	246
7	7	23	39	55	71	87	103	119	135	151	167	183	199	215	231	247
8	8	24	40	56	72	88	104	120	136	152	168	184	200	216	232	248
9	9	25	41	57	73	89	105	121	137	153	169	185	201	217	233	249
A	10	26	42	58	74	90	106	122	138	154	170	186	202	218	234	250
B	11	27	43	59	75	91	107	123	139	155	171	187	203	219	235	251
C	12	28	44	60	76	92	108	124	140	156	172	188	204	220	236	252
D	13	29	45	61	77	93	109	125	141	157	173	189	205	221	237	253
E	14	30	46	62	78	94	110	126	142	158	174	190	206	222	238	254
F	15	31	47	63	79	95	111	127	143	159	175	191	207	223	239	255

Sedezimal → Dezimal
Das erste Sedezimalzeichen steht in der Spalte. Das zweite Sedezimalzeichen steht in der Zeile. Im Schnittpunkt von Spalte und Zeile steht die Dezimalzahl. Z. B.: $5\,A_H = 90_D$.

Dezimal → Sedezimal
Gesucht wird die Dezimalzahl. Die erste Ziffer der Sedezimalzahl ist die zugehörige Spalte, die zweite Ziffer die zugehörige Reihe. Z. B.: $125_H = 7\,D_H$.

5.3 Zahlendarstellung in der Digitaltechnik

5.3.3 Darstellung negativer Binärzeichen

Darstellung mit Betrag und Vorzeichen durch führende Eins

		Codierung	positiv	negativ
+000	−000		0000	1000
+001	−001	+ ⇒ 0	0001	1001
+010	−010		0010	1010
+011	−011	− ⇒ 1	0011	1011
+100	−100		0100	1100

Komplement:

1. Andere Bezeichnung für Negation in der Booleschen Algebra. Man benutzt das Komplement für die Darstellung negativer Zahlen in der Digitaltechnik.
2. Das Komplement einer Binärzahl erhält man, indem man jede 0 durch 1 und jede 1 durch 0 ersetzt.
3. Die Komplementbildung wird bei der Durchführung arithmetischer Operationen auf Digitalrechnern verwendet. Die Subtraktion zweier Zahlen *x* und *y* realisiert man durch die Addition von *x* mit dem Zweierkomplement von *y*.

Darstellung im Komplement mit fester Wortlänge (z. B. 4 Bit im Restklassenring)

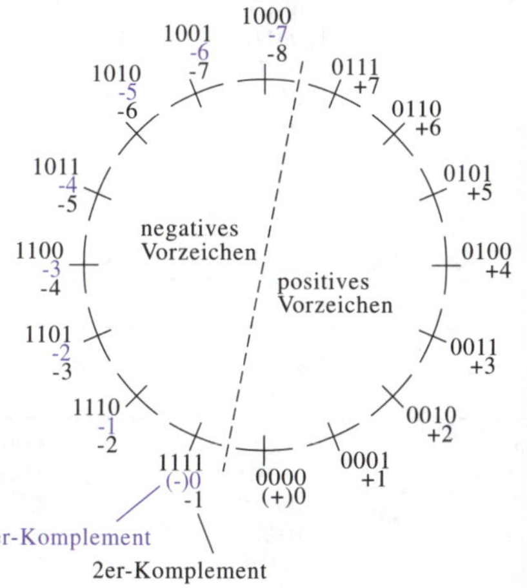

⇒ 6-9

5

Umwandlung positiver in negative Zahlen (und umgekehrt)

im 1er-Komplement	im 2er-Komplement
für alle Stellen 0 → 1 1 → 0	für alle Stellen 0 → 1 1 → 0 zusätzlich 1 addieren

Beispiel: $x = 2$, $y = 4$, $z = 1011$

im Einerkomplement von z: $\bar{z} = 0100$

im Zweierkomplement von z: $\bar{z} = 0101$

5.3.4 Gleitkommazahlen

⇒ 6-9

Meistens angewandt: IEEE P754. In diesem Standard sind zwei Formate definiert:

single: **32-Bit-Zahl** Genauigkeit: 6 Dezimalstellen

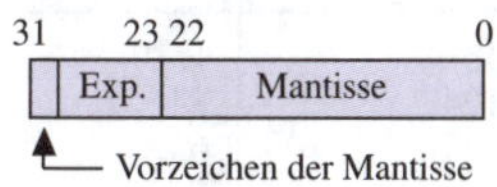

double precision: **64-Bit-Zahl** Genauigkeit: 17 Dezimalstellen

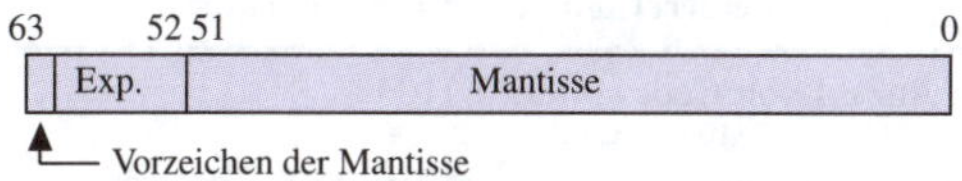

Der Wert einer Gleitkommazahl nach IEEE ergibt sich zu: $(-1)^{\text{Vorzeichen}} \times \text{Mantisse} \times 2^{\text{Exponent-Offset}}$

Die Zahl Null wird nach Vorzeichen = 0, Exponent = 0 und Mantisse = 0 dargestellt.

Vom IEEE-Standard wird die Verwendung eines dritten Formates angeraten. Die Spezifikation dieses dritten Formates ist aber dem Hersteller überlassen. Intel und Motorola verwenden ein 80-Bit-Format.

5.4 Codes

Dezimal-Ziffer	Tetradische Codes		Einschrittige tetradische Codes		
	BCD-Code	Aiken-Code	Gray-Code	Glixon-Code	O'Brien-Code
0	0000	0000	0000	0000	0001
1	0001	0001	0001	0001	0011
2	0010	0010	0011	0011	0010
3	0011	0011	0010	0010	0110
4	0100	0100	0110	0110	0100
5	0101	1011	0111	0111	1100
6	0110	1100	0101	0101	1110
7	0111	1101	0100	0100	1010
8	1000	1110	1100	1100	1011
9	1001	1111	1101	1000	1001
Wertigkeit	8421	2421			
Stelle			4321	4321	4321

Dezimal-Ziffer	Höherstellige Codes		
	2 aus 5-Code	1 aus 10-Code	Hamming-Code dreischrittig
0	00011	0000000001	0000000
1	00101	0000000010	0000111
2	00110	0000000100	0011001
3	01001	0000001000	0011110
4	01010	0000010000	0101010
5	01100	0000100000	0101101
6	10001	0001000000	0110011
7	10010	0010000000	0110100
8	10100	0100000000	1001011
9	10000	1000000000	1001100
Stelle	54321	9876543210	7654321

Die erste und letzte Stelle eines Codewortes werden besonders bezeichnet.

LSB: Least significant Bit=niedrigstwertiges Bit MSB: Most significant Bit=höchstwertiges Bit

Fehlererkennung durch Prüfbit[1] (Paritätsprüfung)

Bei jedem Codewort wird die Anzahl der Stellen mit Wertigkeit 1 auf eine gerade Anzahl (even parity, e.p.) oder auf eine ungerade (odd parity, o.p.) ergänzt. Beispiel:

Codewort	Sedezimal	Oktal	Dezimal	ASCII	P-Bit
10001011	0B	13	11	VT	e.p.
01010100	54	124	84	T	o.p.
10111111	3F	77	63	?	o.p.
P7654321					

Fehlererkennung durch Prüfwort

Nach einer bestimmten Anzahl von Codewörtern wird ein Prüfwort gesendet. Dieses Prüfwort wird so gebildet, dass die Anzahl der Binärstellen mit dem Wert 1 in jeder Spalte gerade oder ungerade ist. Im Beispiel folgt einem Block von fünf Codewörtern das Prüfwort, durch das die Anzahl der Binärstellen mit dem Wert 1 in jeder Spalte gerade wird.

1100 0100 1010 1001 1111	Codewörter
0100	Prüfwort
4422	Zahl der Binärwerte 1 je Spalte

[1] P=Prüfbit (MSB)

5.5 Verknüpfungsbausteine der kombinatorischen Logik (Zustandsschaltglieder)

⟹ 6-35 17-10

Benennung Verknüpfungsgleichung	Schaltzeichen	Wertetabelle A	 B	 y	Ersatzschaltung
UND (Konjunktion) $y = A \wedge B$	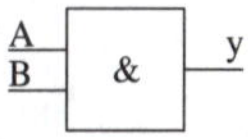	0 0 1 1	0 1 0 1	0 0 0 1	
ODER (Disjunktion) $y = A \vee B$	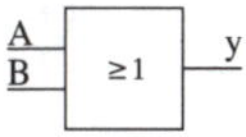	0 0 1 1	0 1 0 1	0 1 1 1	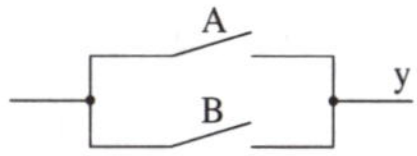
NICHT (Negation) $y = \overline{A}$	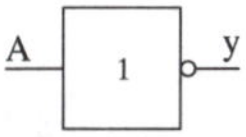	0 1 – –	– – – –	1 0 – –	
NAND $y = \overline{A \wedge B}$	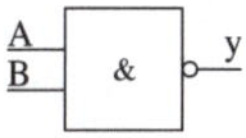	0 0 1 1	0 1 0 1	1 1 1 0	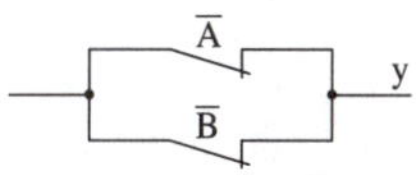
NOR $y = \overline{A \vee B}$	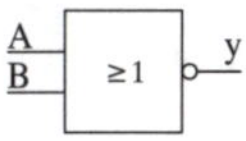	0 0 1 1	0 1 0 1	1 0 0 0	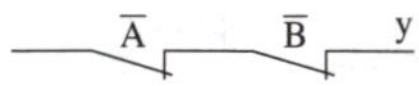
Ex(klusiv)-ODER (Antivalenz) $y = (\overline{A} \wedge B) \vee (A \wedge \overline{B})$	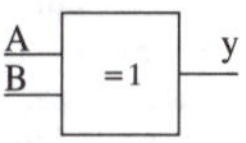	0 0 1 1	0 1 0 1	0 1 1 0	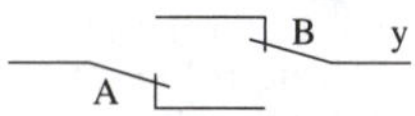
Äquivalenz, Äquijunktion $y = (A \wedge B) \vee (\overline{A} \wedge \overline{B})$	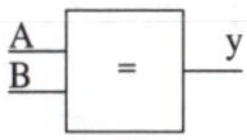	0 0 1 1	0 1 0 1	1 0 0 1	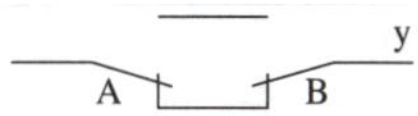
Sperrgatter (Inhibition) $y = \overline{A} \wedge B$	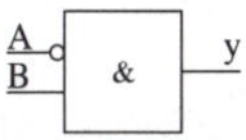	0 0 1 1	0 1 0 1	0 1 0 0	
Implikation, Subjunktion $y = \overline{A} \vee B$	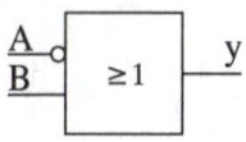	0 0 1 1	0 1 0 1	1 1 0 1	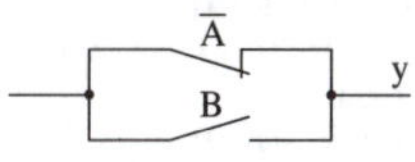

Ersetzen von Verknüpfungsgliedern durch andere

Man erhält gleichwertige Verknüpfungsglieder,

1. wenn alle & durch ≥ ersetzt werden und
2. alle ≥ durch & ersetzt werden und
3. alle Anschlüsse gegenüber dem Ausgangszustand invertiert werden (beim NICHT-Glied besteht eine Ausnahme)

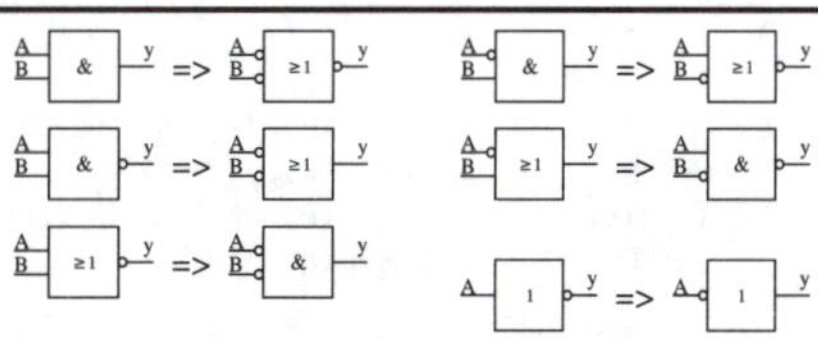

5.6 Vereinfachung von Schaltnetzen mit Karnaugh-Veitch-Tafeln (KV-Tafeln)

d	c	b	a	Zeile Feld
0	0	0	0	0
0	0	0	1	1
0	0	1	0	2
0	0	1	1	3
0	1	0	0	4
0	1	0	1	5
0	1	1	0	6
0	1	1	1	7
1	0	0	0	8
1	0	0	1	9
1	0	1	0	10
1	0	1	1	11
1	1	0	0	12
1	1	0	1	13
1	1	1	0	14
1	1	1	1	15

für 2 Variable

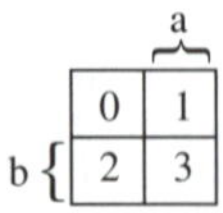

für 3 Variable

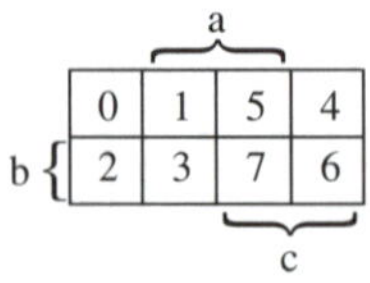

für 4 Variable

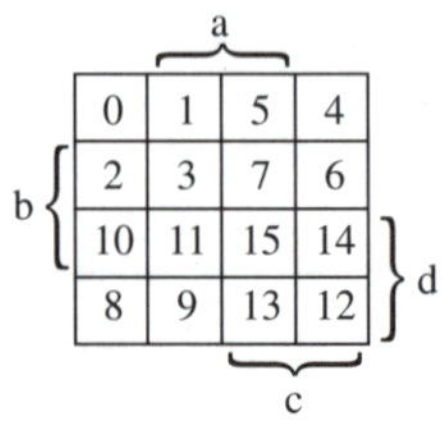

Das KV-Diagramm dient zur Vereinfachung (Minimierung) von Schaltnetzen. Hierzu überträgt man die Wertetabelle in das Diagramm.

Jedes Feld des KV-Diagramms entspricht einer Zeile der Wertetabelle.

Im KV-Diagramm unterscheiden sich alle waagerechten bzw. senkrechten benachbarten Felder nur in einer Variablen. Dasselbe gilt für ein Feld am Rand mit dem waagerecht oder senkrecht gegenüberliegenden Randfeld. Dasselbe gilt für die vier Eckfelder im KV-Diagramm für vier Variable.

Vorgehensweise

1. Alle Verknüpfungen der Wahrheitstabelle, für die $y = 1$ ist, in das entsprechende Feld der KV-Tabelle übertragen.
2. Von Feld zu Feld nur jeweils eine Eingangsvariable ändern.
3. Es sind 2^n-Felder (n = Anzahl der Eingangsvariablen) erforderlich.
4. „Benachbarte" Vollkonjunktionen zu 2er-, 4er- oder 8er-Blöcke zusammenfassen.
5. Benachbart sind Vollkonjunktionen der Felder, die mit einer Seite (nicht mit der Ecke) aneinanderstoßen.
6. Auch Felder, die am Rande der Tafel liegen, können zusammengefasst werden.
7. Variable eines Blockes, die negiert und nichtnegiert auftreten, entfallen.
8. Die in einem Block verbleibenden Variablen werden UND-verknüpft.
9. Werden diese UND-Verknüpfungen durch ODER-Verknüpfungen miteinander verbunden, entsteht die vereinfachte Funktionsgleichung.

Beispiel

d	c	b	a	y	Gleichung	
0	0	0	0	1	$y = (a \wedge b \wedge c \wedge d)$	
0	0	0	1	1	$\vee (a \wedge b \wedge c \wedge d)$	
0	0	1	0	0		
0	0	1	1	0		
0	1	0	0	1	$\vee (\bar{a} \wedge \bar{b} \wedge c \wedge \bar{d})$	
0	1	0	1	1	$\vee (a \wedge b \wedge c \wedge d)$	
0	1	1	0	0		
0	1	1	1	0		
1	0	0	0	1	$\vee (\bar{a} \wedge \bar{b} \wedge \bar{c} \wedge d)$	
1	0	0	1	0		
1	0	1	0	0		
1	0	1	1	0		
1	1	0	0	1	$\vee (\bar{a} \wedge \bar{b} \wedge c \wedge d)$	$y = (\bar{a} \wedge \bar{b}) \vee (\bar{b} \wedge \bar{d}) \vee (c \wedge d)$
1	1	0	1	1	$\vee (a \wedge b \wedge c \wedge d)$	
1	1	1	0	1	$\vee (a \wedge b \wedge c \wedge d)$	$y = \bar{b} \wedge (\bar{a} \vee \bar{d}) \vee (c \wedge d)$
1	1	1	1	1	$\vee (a \wedge b \wedge c \wedge d)$	

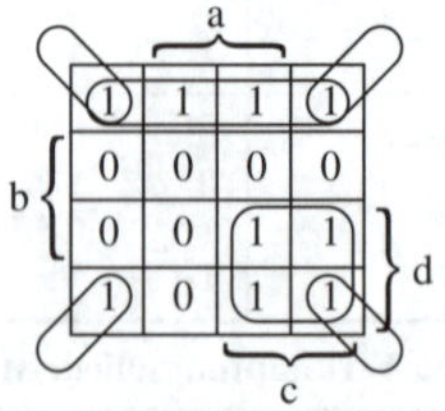

Im KV-Diagramm sind drei Zusammenfassungen von je vier benachbarten Feldern möglich, einschließlich gegenüberliegender Randfelder. Es bleiben drei UND-Verknüpfungen übrig, die den Zusammenfassungen gemeinsam sind:

$$y = (\bar{a} \wedge \bar{b}) \vee (\bar{b} \wedge \bar{d}) \vee (c \wedge d)$$

Aus dieser Funktion kann man nach dem 1. Distributiv-Gesetz noch eine Variable ausklammern:

$$y = \bar{b} \wedge (\bar{a} \vee \bar{d}) \vee (c \wedge d)$$

5.7 Spezielle Schaltnetze

⇒ 17-15

5.7.1 Multiplexer und Demultiplexer

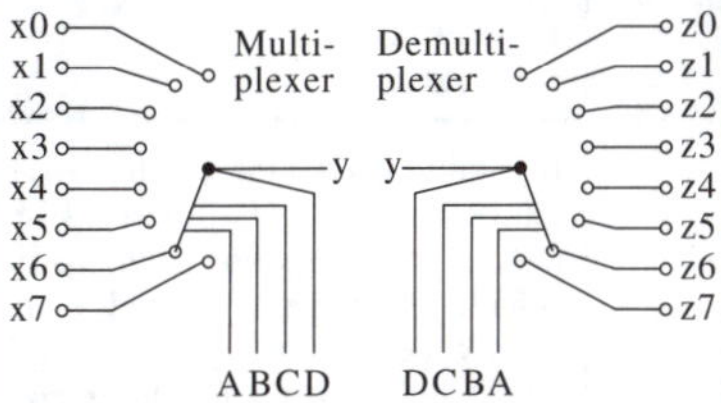

D → Schalter hat keine Stellung (disable)

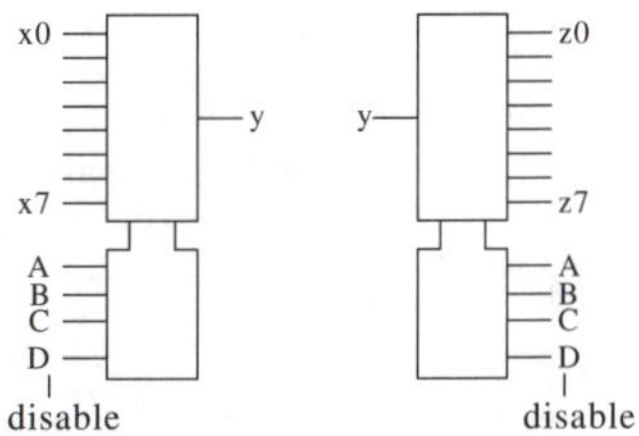

Multiplexer und Demultiplexer können als mehrpolige Schalter aufgefasst werden.
Der **Multiplexer** kann aus mehreren Dateneingängen eine bestimmte Leitung an einen Ausgang durchschalten.
Der **Demultiplexer** kann einen Dateneingang an einen von mehreren Ausgängen durchschalten.
Ein Disable-Eingang unterbindet jede Durchschaltung.

C	B	A	x0/z0	x1/z1	x2/z2	x3/z3	x4/z4	x5/z5	x6/z6	x7/z7
0	0	0	✗[1]							
0	0	1		✗[1]						
0	1	0			✗[1]					
0	1	1				✗[1]				
1	0	0					✗[1]			
1	0	1						✗[1]		
1	1	0							✗[1]	
1	1	1								✗[1]

5.7.2 Addierer

Halbaddierer

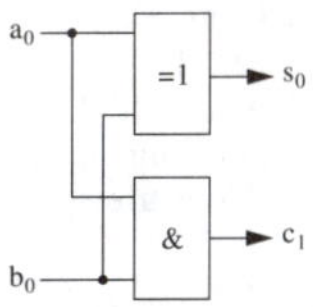

Halbaddierer sind Schaltungen, die zwei einstellige Binärzahlen addieren. Summe: s_0; Übertrag: c_1

Wahrheitstabelle des Halbaddierers

a_0	b_0	s_0	c_1
0	0	0	0
0	1	1	0
1	0	1	0
1	1	0	1

Volladdierer

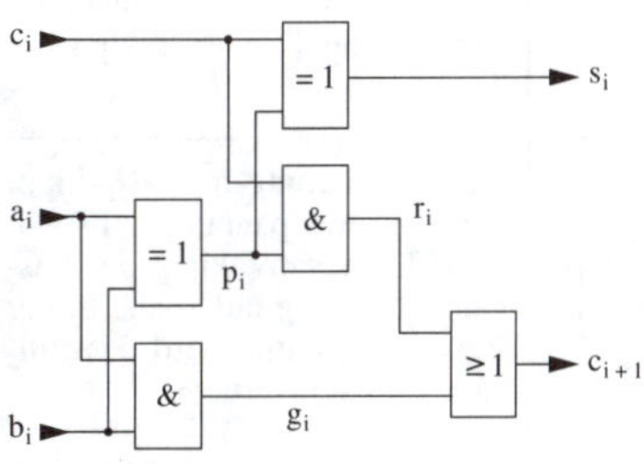

Zur Addition von zwei mehrstelligen Dualzahlen kann man den Halbaddierer nur für die niedrigste Stelle verwenden. Bei allen anderen Stellen sind dann nicht zwei, sondern drei Bits zu addieren, weil der Übertrag von der nächst niedrigeren Stelle hinzukommt.

Wahrheitstabelle des Volladdierers

Eingang			Intern			Ausgang		Dezimal
a_i	b_i	c_i	p_i	g_i	r_i	s_i	c_{i+1}	Σ
0	0	0	0	0	0	0	0	0
0	1	0	1	0	0	1	0	1
1	0	0	1	0	0	1	0	1
1	1	0	0	1	0	0	1	2
0	0	1	0	0	0	1	0	1
0	1	1	1	0	1	0	1	2
1	0	1	1	0	1	0	1	2
1	1	1	0	1	0	1	1	3

4-Bit-Addierer mit seriellem Übertrag

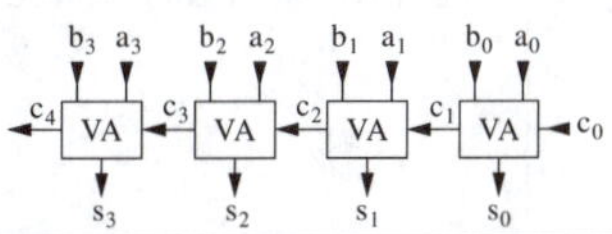

Um zwei mehrstellige Dualzahlen addieren zu können, benötigt man für jede Stelle einen Volladdierer. Bei der niedrigsten Stelle käme man mit einem Halbaddierer aus. Integrierte 4-Bit-Addierer sind aber meist vollständig aus Volladdierern aufgebaut, damit die Schaltung beliebig erweiterbar ist

[1] ✗ durchgeschaltet

5

5.8 Kippschaltungen

5.8.1 Monostabiles Kippglied, astabiles Kippglied, Schwellwertschalter

6-44

<table>
<tr><th>Symbol und Diagramm</th><th>Funktionsprinzip und Diagramm</th><th>Erläuterung Anwendung</th></tr>
<tr><td rowspan="2">**Monostabile Kippschaltung**
(Monoflop)
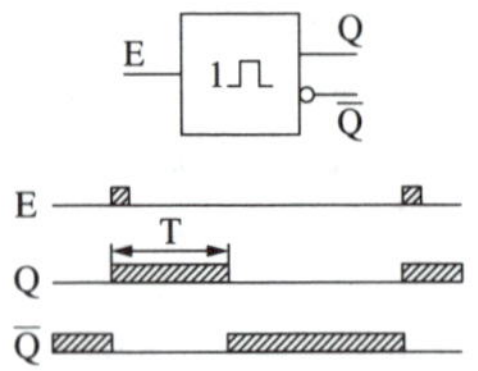</td><td rowspan="2">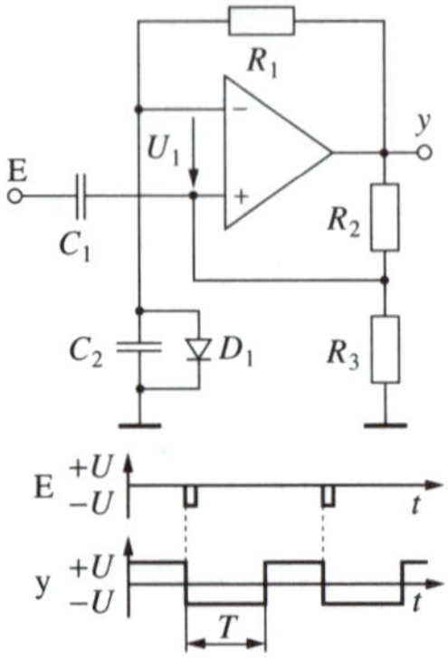</td><td>Im stabilen Zustand ist die Ausgangsspannung U_y positiv. Ein negativer Impuls am Eingang E schaltet U_y negativ. C_2 lädt sich über R_1 negativ auf, bis $U_{C2} > U_{R3}$ ist. Dann wechselt U_1 die Richtung, und U_y wird wieder positiv.

$T = R_1 \cdot C_2 \cdot \ln(1 + R_3/R_2)$</td></tr>
<tr><td>Einzelimpulsgeber, Impulsformer, Zeitgeber, Verzögerungsschaltung</td></tr>
<tr><td rowspan="2">**Astabile Kippschaltung**
(Multivibrator)
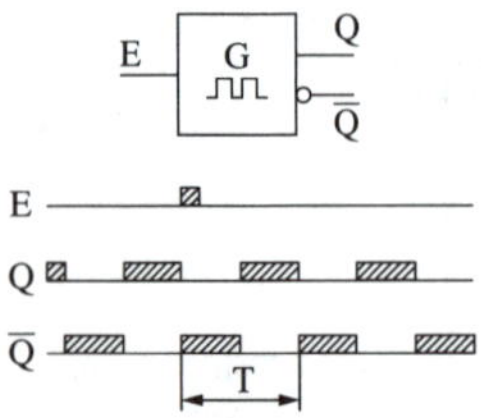</td><td rowspan="2">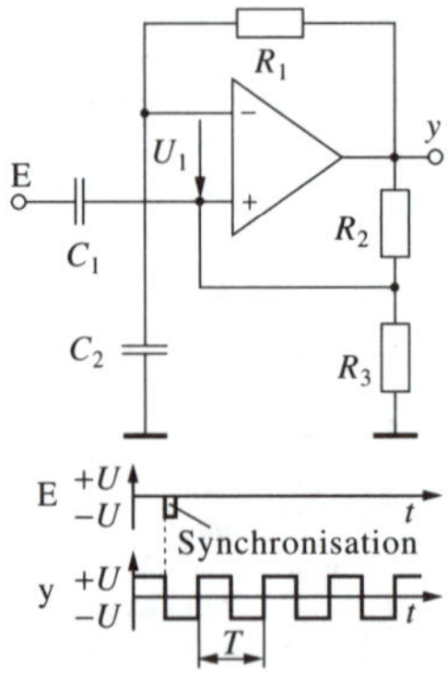</td><td>U_y lädt über R_1 den Kondensator C_2 auf, bis U_1 und U_y die Richtung wechseln (Mitkopplung). Dann wird C_2 über R_1 umgeladen, bis U_1 wieder die Richtung wechselt. Ein negativer Impuls am Eingang E synchronisiert die Kippstufe.

$T = 2 \cdot R_1 \cdot C_2 \cdot \ln(1 + (2R_3)/R_2)$
$f_0 = 1/T$</td></tr>
<tr><td>synchronisierbarer Rechteckgenerator, Impulsgeber, Taktgeber</td></tr>
<tr><td rowspan="2">**Schwellwertschalter**
(Schmitt-Trigger)
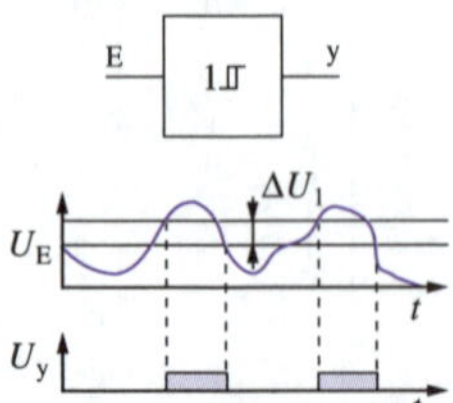</td><td rowspan="2">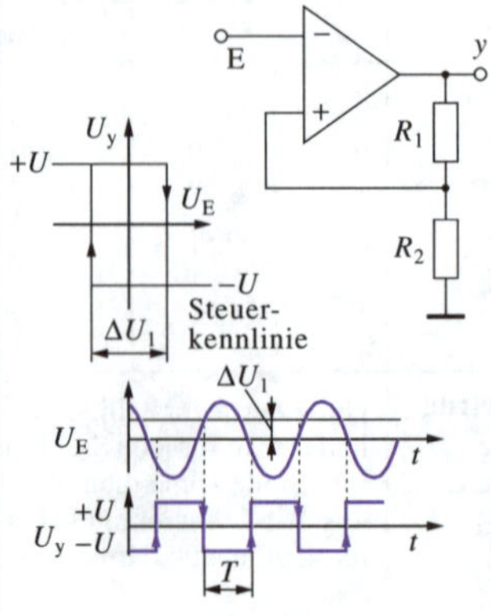</td><td>Bei Ansteuerung mit $+U_E$ kippt die Ausgangsspannung auf $\approx -U$. Wird U_E negativ, kippt die Ausgangsspannung auf $\approx +U$. In der Beispielschaltung wird das Eingangssignal invertiert.

$\Delta U_1 \approx (+U - -U) \cdot R_2/(R_1 + R_2)$</td></tr>
<tr><td>Impulsformer, Flankenverbesserung, Konditionierung von Analogsignalen</td></tr>
</table>

5.8 Kippschaltungen

5.8.2 Bistabile Kippglieder (Flipflops)

⟹ 17-14

Zustandsgesteuerte (statische) Flipflops (Latches)

RS-Flipflop
mit Triggerung auf positiver Flanke

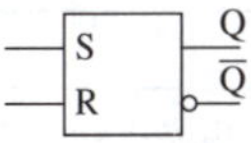

S	R	Q	Q̄	
1	0	1	0	Setzen
0	1	0	1	Rücksetzen
0	0	×	×	unverändert
1	1	–	–	unbestimmt

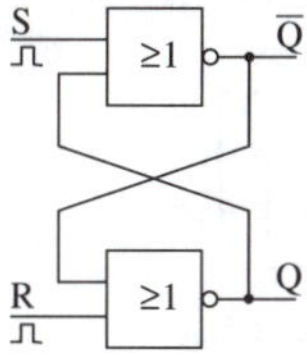

andere Bezeichnungen:
RS-Kippglied
Basiskippglied
asynchrones Kippglied

Spricht sofort auf Eingangssignaländerungen an.

RS-Flipflop
mit Triggerung auf negativer Flanke

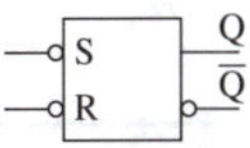

S	R	Q	Q̄	
0	1	1	0	Setzen
1	0	0	1	Rücksetzen
1	1	×	×	Speichern
0	0	–	–	unbestimmt

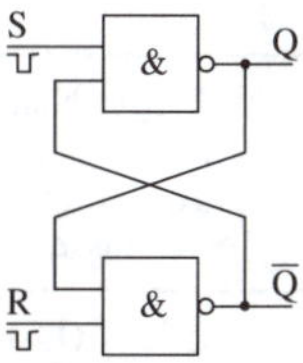

Diagramm für Typ mit Triggerung auf positiver Flanke:

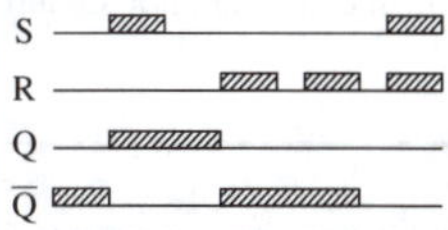

Taktzustandsgesteuerte Flipflops

RS-Flipflop

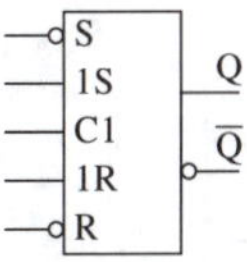

		T_n		T_{n+1}	
S	R	Q	Q̄	Q	Q̄
0	0	0	1	0	1
0	1	0	1	0	1
1	0	0	1	1	0
1	1	0	1	–	–
0	0	1	0	1	0
0	1	1	0	0	1
1	0	1	0	1	0
1	1	1	0	–	–

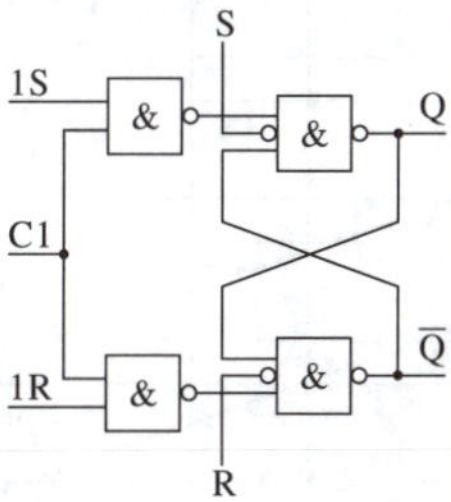

T_n Zustand vor dem Taktimpuls
T_{n+1} Zustand nach dem Taktimpuls
– unbestimmtes Resultat

Antivalente Signale an 1S und 1R (Vorbereitungseingänge) werden nur wirksam, wenn am Eingang C_1 ein 1-Signal anliegt

Delay-(D)-Flipflop
mit positiver Flankensteuerung

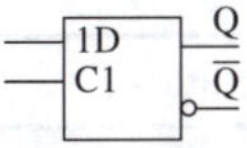

	T_n		T_{n+1}	
D	Q	Q̄	Q	Q̄
0	0	1	0	1
1	0	1	1	0
0	1	0	0	1
1	1	0	1	0

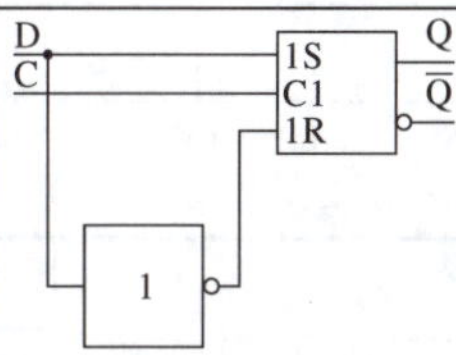

D-Kippglieder sind als zustandsgesteuerte, ein- und zweiflankengesteuerte Kippglieder handelsüblich. Die Signalkombination S = R = 1 ist bei diesem Typ ausgeschlossen

J-K-Flipflop

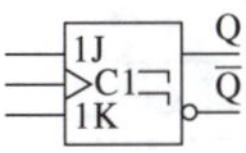

		T_n		T_{n+1}	
J	K	Q	Q̄	Q	Q̄
0	0	0	1	0	1
0	1	0	1	0	1
1	0	0	1	1	0
1	1	0	1	1	0
0	0	1	0	1	0
0	1	1	0	0	1
1	0	1	0	1	0
1	1	1	0	0	1

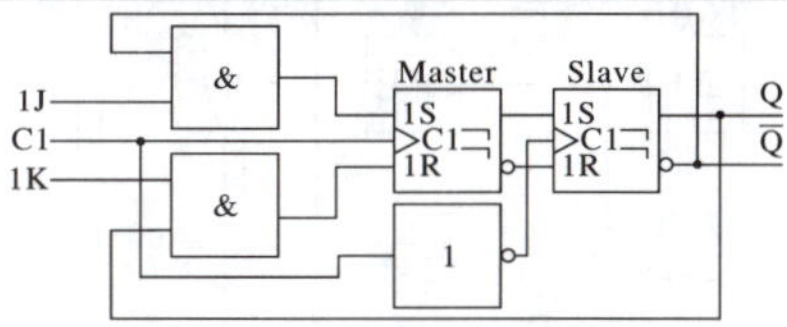

Infolge der inneren Rückführung öffnet der Taktimpuls immer nur das UND-Glied, dessen zweiter Eingang vom Ausgang her ein 1-Signal erhält. Liegt an J und K gleichzeitig ein 1-Signal, erhält man einen Binärteiler; in allen anderen Konfigurationen ein RS-Kippglied

5.8 Kippschaltungen

5.8.3 Taktgeneratoren

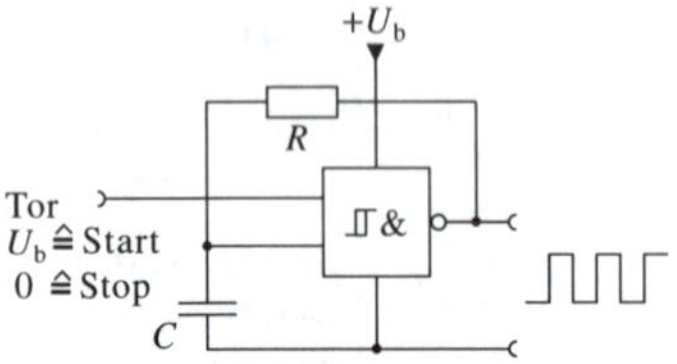

Einfacher Taktgenerator mit Schmitt-Trigger-Inverter

Kriterium	Eigenschaften
Schaltungsaufwand	sehr niedrig
Frequenzstabilität	gering
Frequenzabgleich	abhängig vom verwendeten Gatter
Frequenzbereich	bis einige hundert kHz

Beispiel mit dem CMOS-Schmitt-Trigger-Nand-Gatter 4093. Mit Hilfe eines Steuersignals am Tor kann man den Oszillator steuern.

Tor = U_b (high): Oszillator läuft
Tor = Masse (low): Oszillator stoppt

Oszillator mit 4093

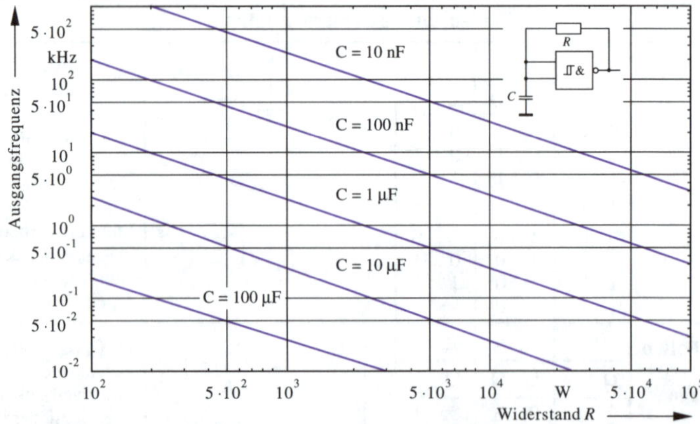

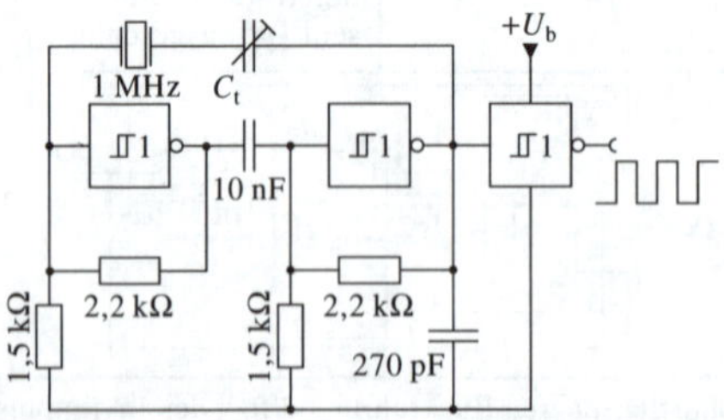

Taktgenerator auf Quarzzeitbasis

Kriterium	Eigenschaften
Schaltungsaufwand	hoch
Frequenzstabilität	sehr hoch
Frequenzabgleich	Feinabgleich mit Ct
Frequenzbereich	je nach Schaltungsaufbau und verwendete Schmitt-Trigger-Inverter bis über 100 MHz

Quarzoszillatoren bzw. -taktgeneratoren werden heute in vollintegrierter Form als vierpolige Bauelemente eingesetzt. Typische Daten: U_b=5 V, I_b=45 mA, Frequenzstabilität: 0,003% bei 25 °C, Tastverhältnis 60/50%, Einschwingzeit: 5 ms, Anstiegszeit 10 ns, Fan-Out: 10.

5.9 Schaltwerke

5.9.1 Asynchrone Zähler

⇒ 17-15

Asynchroner Dualzähler mit JK-Flipflop

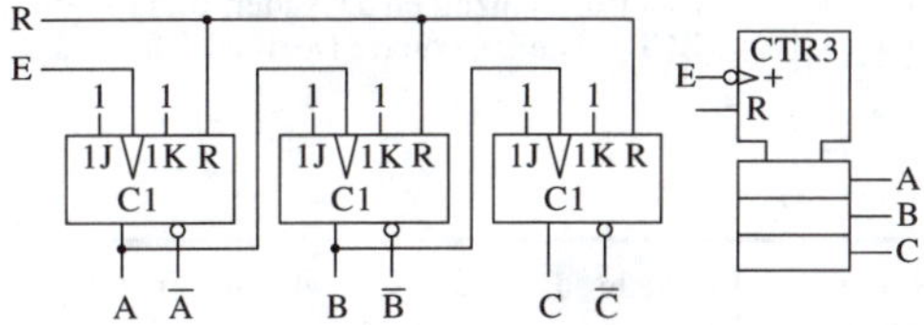

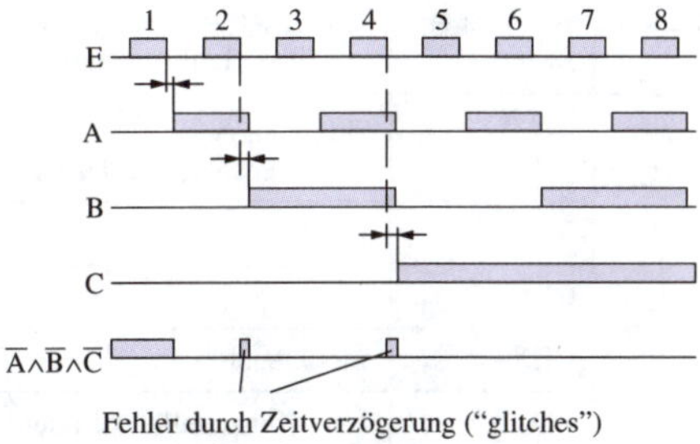

Ein Teil der Kippglieder wird vom Zähltakt gesteuert. Die anderen werden seriell (nacheinander) von einem davorliegenden Kippglied angesteuert. Um einen asynchronen 2^n-Teiler zu erhalten, werden n-Kippglieder so hintereinander geschaltet, dass der Ausgang jeweils mit dem Eingang des folgenden Gliedes verbunden ist.

Vorteil	geringerer Schaltungsaufwand als bei synchronen Schaltungen
Nachteil	geringere zulässige Taktfrequenz, da vor einer Decodierung des Zählerstandes alle Umschaltvorgänge abgeschlossen sein müssen; bei n-Kippgliedern also nach n Kippgliedschaltzeiten

Im Diagramm links erkennt man das Auftreten von sogenannten „glitches" bei der Auswertung der Zählersignale A, B und C

Asynchroner Dualzähler mit D-Flipflops

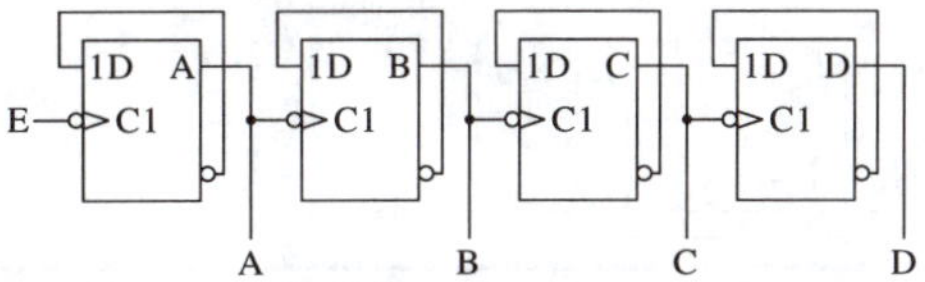

5.9.2 Synchrone Zähler

Synchroner Dualzähler mit JK-Flipflops

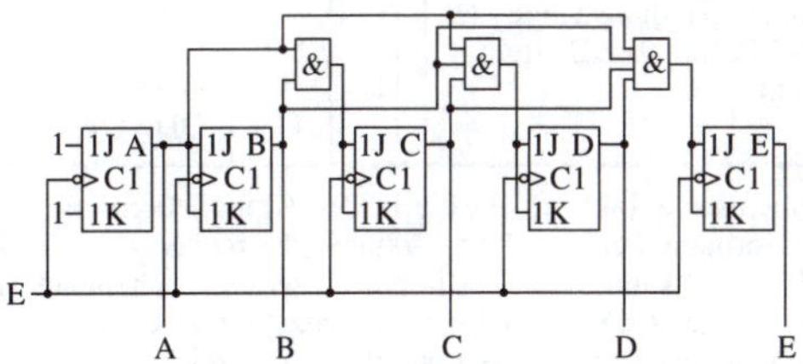

Schaltung für sehr schnelle Zähler. Vereinfachung der UND-Gatter durch Minimieren ist möglich, verringert aber die maximal mögliche Taktfrequenz.

Symbol:

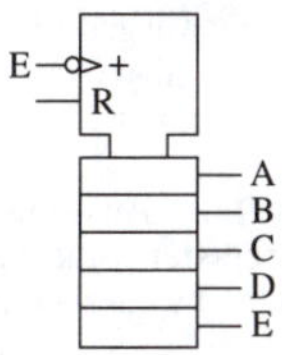

Die Takteingänge aller Glieder sind miteinander verbunden. Die Umschaltung der an einem Schaltvorgang beteiligten Kippglieder erfolgt gleichzeitig.
Bei Vernachlässigung der Kippgliedschaltzeiten stimmt das Impulsdiagramm des synchronen Zählers mit 8421-Code mit dem des asynchronen Zählers mit 8421-Code überein

Vorteil	hohe Taktfrequenz zulässig, da die Kippgliedverzögerungszeit nur einmal auftritt; hohe Störsicherheit, weil die Vorbereitungseingänge nur kurz von der wirksamen Taktflanke freigegeben werden
Nachteil	höherer Schaltungsaufwand als bei asynchronen Schaltungen

5.9 Schaltwerke

Synchroner BCD-Zähler für mittlere Geschwindigkeit

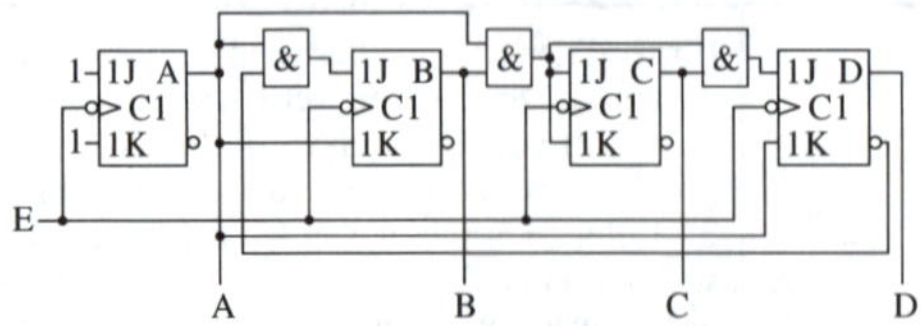

Um den Schaltungsaufwand, insbesondere der Decodierung, zu begrenzen, werden Zähler meist nach dem Dezimalsystem organisiert, 17
wobei die einzelnen Dekaden binär codiert (BCD = Binär Codierte Dezimalziffer) sind

Synchrone Zählerbausteine der 74-er-Reihe

Reset	Dezimal	Sedezimal
asynchroner Reset	74HC160	74HC161
synchroner Reset	74HC162	74HC163

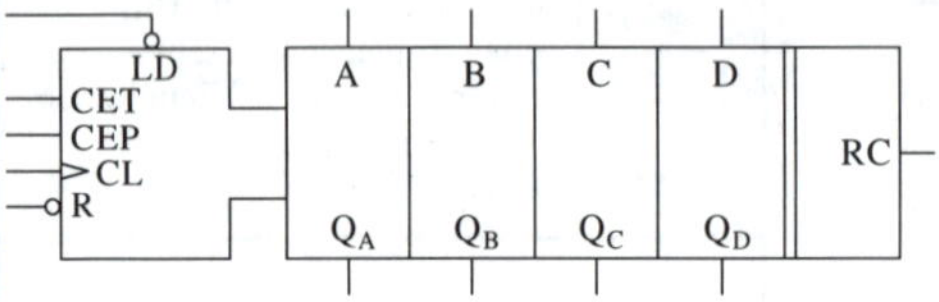

asynchroner Reset	der Rest wird sofort ausgeführt
synchroner Reset	der Reset wird bei der nächsten Taktflanke ausgeführt
RC	ripple carry (durchgeschleifter Überlauf)
R	reset
CL	clock
CEX	clock enable
LD	load (für paralleles Laden)

Kaskadierung

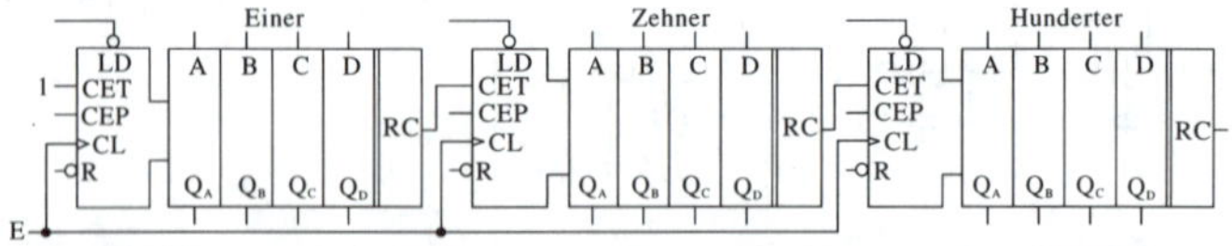

Mod-*n*-Zähler

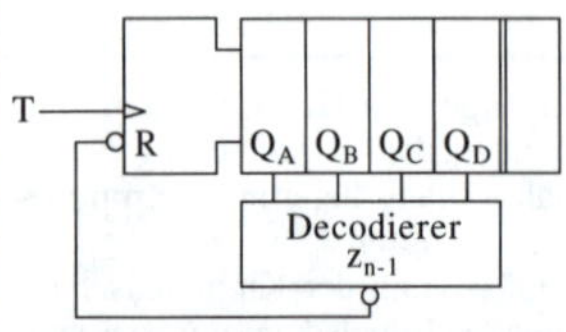

Bei einer durch den Decodierer festgelegten Zahl wird der Zähler zurückgesetzt. Mod-*n*-Zähler werden u.a. zur Frequenzteilung eingesetzt (z.B. Mod-3-Zähler zur Drittelung der Frequenz)

n	*z*	Decodierung
3	2	QB
5	4	QC
6	5	QA∧QC
7	6	QB∧QC
9	8	QD
11	10	QD∧QB
12	11	QD∧QA∧QB

Schieberegister (Kettenschaltung)

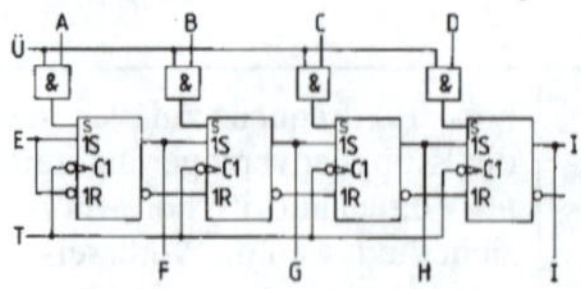

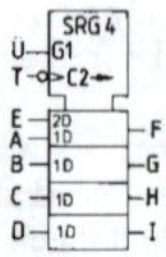

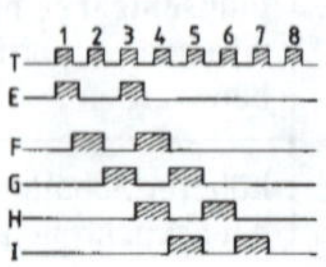

Der gemeinsame Takt schiebt die in den Kippgliedern gespeicherte Information eine Stelle nach links oder rechts.
Ein 4-Bit-Wort kann mit 4 Taktimpulsen seriell (nacheinander) 17
über den Eingang E in ein 4-Bit-Schieberegister geschoben und dann an den Ausgängen F bis I parallel (gleichzeitig) abgefragt werden. Weitere 4 Taktimpulse schieben das gespeicherte Wort seriell zum Ausgang L. Ein an die Eingänge A bis D parallel angelegtes 4-Bit-Wort wird mit einem Impuls am Eingang Ü parallel übernommen.

Verbindet man Ausgang I mit Eingang E, erhält man ein **Ringschieberegister**. Eine eingespeicherte Information wird ringförmig (endlos) weitergeschoben

5.10 Sequenzielle Halbleiterspeicher

⇒ 6-28

Umlaufspeicher

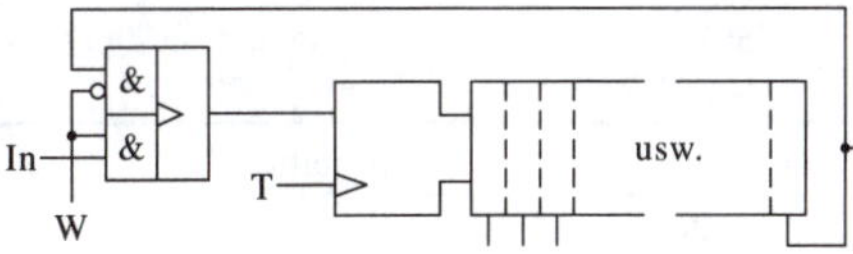

Für eine hohe Integrationsdichte werden bei Umlaufspeichern statt Flipflops Kondensatoren als Speicherelemente verwendet. Dadurch kann der Takt jedoch nicht beliebig niedrig sein. Das Refreshing wird bei diesem Speicher ersetzt durch den Takt

Varianten

- Umlaufspeicher **mit Ladungsverschiebeschaltungen** (Eimerkettenschaltungen), die auch zur Verarbeitung von analogen Signalen geeignet sind.
- **Ladungsgekoppelte Umlaufspeicher** (CCD, charge coupled device) werden eingesetzt zur Abtastung von Bildern (CCD-Kameras).
- **Magnet-Blasen-Speicher** (Magnetic Bubbles). Mit Hilfe eines Drehfeldes können magnetische „Blasen" in eine bestimmte Richtung bewegt werden. Die Information bleibt auch bei Stromausfall erhalten

5

Stapelspeicher (LIFO last in first out)

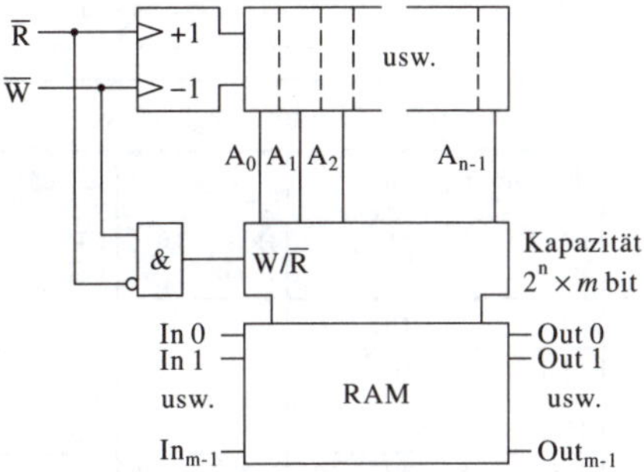

Ein Umkehrzähler bildet die Adresse für einen RAM-Speicher. Man kann abwärts in Speicherzellen mit fortlaufender Adresse schreiben. Adressleitungen werden nicht mehr nach außen geführt – man braucht keine Adresse. Den schnellsten Zugriff hat man auf die zuletzt geschriebene Information. Nachteilig ist, dass kein wahlfreier Zugriff möglich ist

Silo-Speicher (FIFO = first in first out)

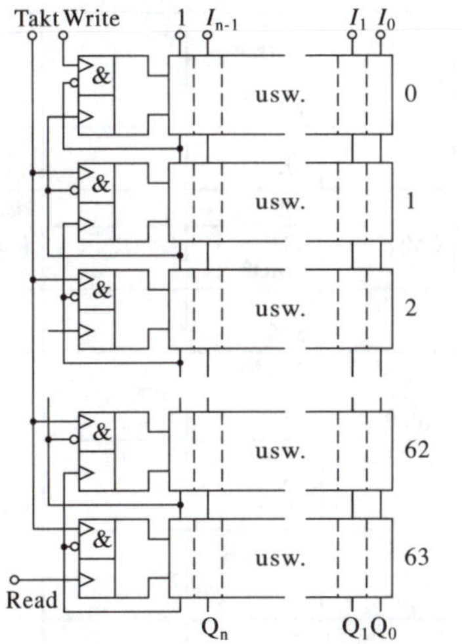

FIFO-Speicher mit einer Kapazität von 64 × 4 bit

FIFO-Speicher werden z. B. als Pufferspeicher zwischen unterschiedlich schnellen digitalen Systemen verwendet.

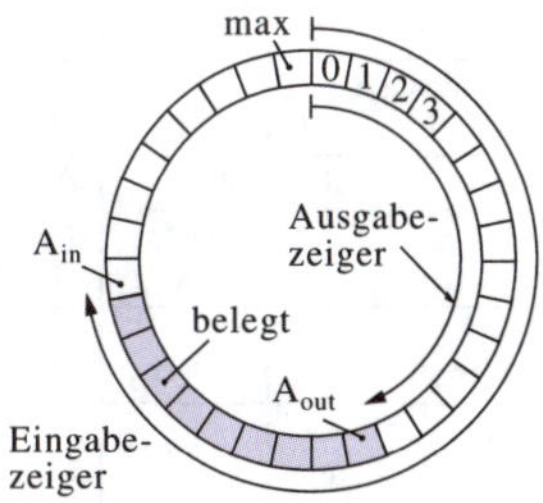

FIFO als Ringspeicher

Für große FIFOs ist es zweckmäßig, auf Standard-RAMs zurückzugreifen. FIFO-RAM-Controller enthalten die komplette Steuerlogik, um herkömmliche RAM-Bausteine als FIFO-Speicher einsetzen zu können

5.11 Baustein-Familien

Grobüberblick über die Eigenschaften der digitalen Bausteinfamilien

	Verlustleistung bei $f = 1$ MHz	Durchlaufzeit	Störabstand bei $U_b = 5$ V	Integrationsdichte
TTL	mittel	kurz	klein	mittel
CMOS	gering	lang	groß	sehr hoch
ECL	hoch	extrem kurz	sehr klein	gering
I^2L	extrem gering	mittel	–	extrem hoch
ACL	sehr gering	sehr kurz	groß	sehr hoch

Die Bezeichnung gibt Auskunft über die Eigenschaften einer Logikfamilie:

A	Advanced	L	Low-Power
C	CMOS	S	Schottky
F	Fast	T	TTL-kompatibel
H	High Speed		

Beispiel:
ALS
- S – Schottky
- L – Low-Power
- A – Advance

Einige ausgewählte, häufig verwendete Standard-Bausteinfamilien im Vergleich

Technologie	Low-Power Schottky TTL	neue Schottky TTL	Silicon Gate CMOS	Standard CMOS-Logik B-Serie	neue schnelle CMOS-Logik	3,3 V-HCMOS Logik	schnelle 3,3 V-CMOS-Logik
Logik-Familie	74LS …	74ALS …	74HC …	40 …	ACL …	74LV …	74HLL …
U_{cc}/V min. nom. max.	4,75 5,0 5,5	4,75 5,0 5,5	2,0 5,0 6,0	3,0 – 15,0	2,0 – 5,5	1,0 3,3 3,6	1,2 3,3 3,6
Temperaturbereich °C	0 … +70			−40 … +85	−40 … +85	−40 … +125	−40…+85
Ausgangsstrom I_{OH}/I_{OL} mA Standard Ausgänge High Current Ausgänge	16/16 48/48	8/8 24/48	4/4 6/6	1,6/1,6	24/24	4/4 6/6	32/64
Verlustleistung je Gatter statisch mW bei 100 kHz mW bei 1 MHz mW	2 2	1 1	$2{,}5 \cdot 10^{-6}$ 0,17 –	$1 \cdot 10^{-3}$ 0,1	$5 \cdot 10^{-6}$ – 1,5		
typ. mittlere Signallaufzeit bei kapazitiver Last ns/pF	10/15	4/15	10/15	30/–	3/–	9/–	2,1/–
max. Taktfrequenz MHz	40	70	40	16	150		200
Pegelkompatibel zu	TTL	TTL	TTL CMOS	CMOS	TTL CMOS	CMOS	TTL
Fan Out Standard/High Current	20/60	20/60	10/15	4/–	50/–		
Eingangs-Pegel U_{IH}/V min U_{IL}/V max	2,0 0,8	2,0 0,8	3,15 1,0	70% U_b 30% U_b	U_b=5V: 2 0,8	70% U_b 30% U_b	2,0 0,8
Ausgangs-Pegel U_{OH}/V min U_{OL}/V max	2,7 0,4	2,7 0,5	4,9 0,1	U_b=5V: 4,95 0,05	0,5 U_b−0,8		1,0
Eingangs-Pegel I_{IH}/µA max I_{IL}/µA max	20 −400	20 −100	1 −1	1,0 −1,0			
Ausgangs-Pegel I_{OH}/µA max I_{OL}/µA max	400 −8000		3,4 −3400	500 −500			−24000 24000

Erklärungen zu den Begriffen auf den nächsten Seiten

5.12 Wichtige Parameter digitaler Schaltungen

5.12.1 Definition der logischen Spannungspegel der Ein- und Ausgangssignale

⇒ 3-28

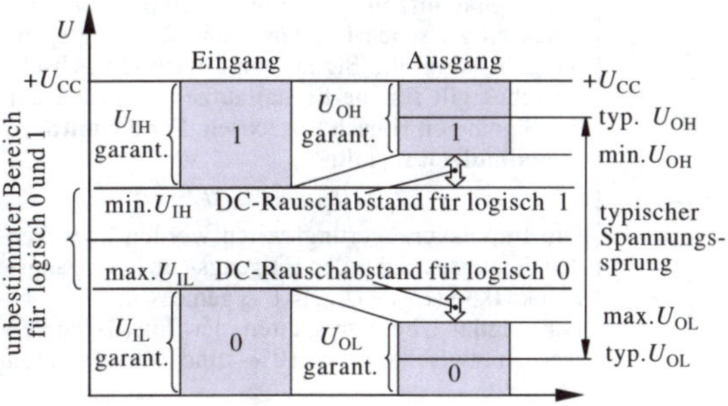

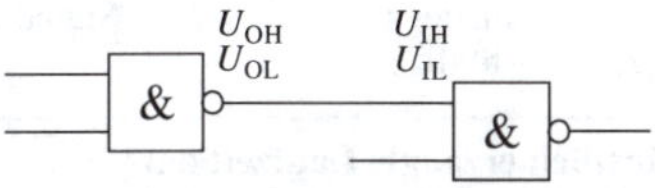

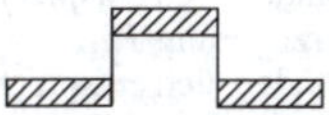

U_{cc} (Supply Voltage)
Versorgungsspannung, bezogen auf Massepotenzial (Ground)

I_{OH}/I_{OL}
(High/Low-Level Output Current)
Ausgangsstrom je Ausgang bei H-/L-Pegel-Flanke $0{,}5\,(U_{IL}+U_{IH})$

U_{IH}/U_{IL}
(High/Low-Level Input Voltage)
Eingangsspannung für H-/L-Pegel

U_{OH}/U_{OL}
(High/Low-Level Output Voltage)
Ausgangsspannung bei H-/L-Pegel

I_{IH}/I_{IL}
(High/Low-Level Input Current)
Eingangsstrom je Eingang bei H-/L-Pegel

I_{OH}/I_{OL}
(High/Low-Level Output Current)
Ausgangsstrom je Ausgang bei H-/L-Pegel

5.12.2 Toleranzen im Zusammenhang mit Störungen

⇒ 3-34

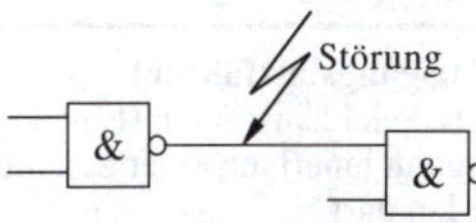

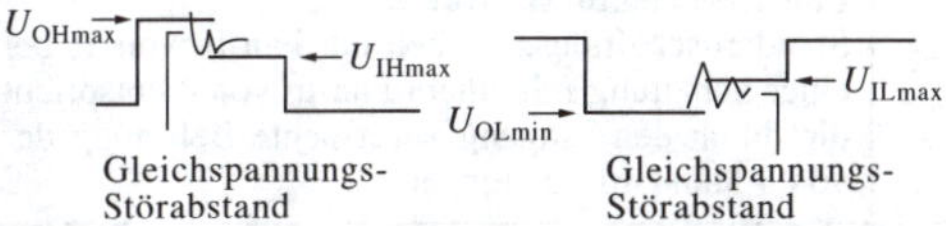

„DC-noise“ Störimpulse im Millisekundenbereich oder länger

Je höher die Spannungsdifferenz zwischen U_{OHmin} des linken Gatters und U_{IHmax} des rechten Gatters, desto höher darf die Störspannung sein, ohne unerwünschte Ausgangsspannungssprünge hervorzurufen. Die Spannungsdifferenz heißt statischer Störspannungsabstand oder auf englisch: DC-noise margin

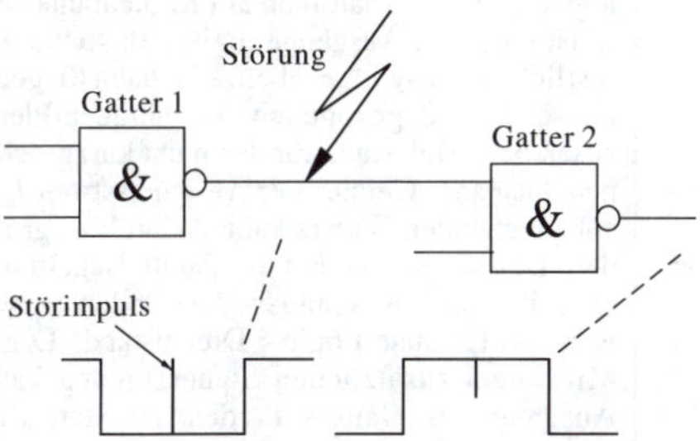

„transient-noise“ Störimpulse im Nanosekundenbereich

Der im Beispiel abgebildete Störimpuls hat zu wenig Energie, um den Ausgang des Gatters II umzuschalten. Trotzdem macht er sich bemerkbar.
Im allgemeinen ist die Empfindlichkeit für „transient-noise“ einer digitalen Schaltung geringer als die Empfindlichkeit für „DC-noise“

5.12 Wichtige Parameter digitaler Schaltungen

5.12.3 Laufzeit eines Signals durch ein Gatter

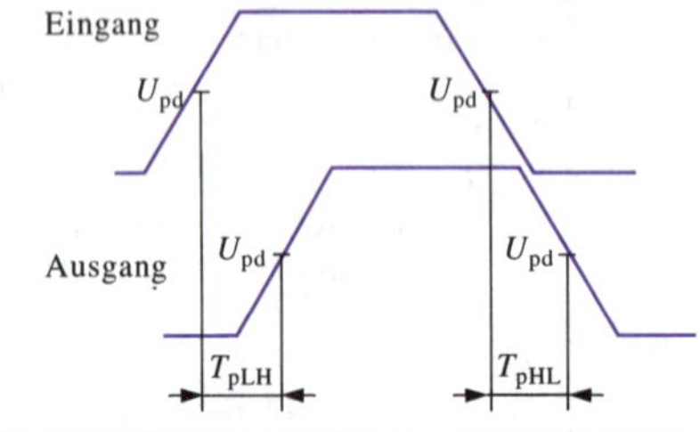

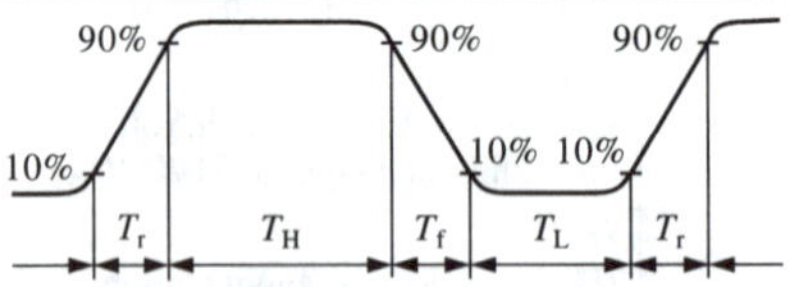

Signallaufzeit t_p (Propagation delay time)
Die Signallaufzeit t_{pLH} gibt die Impulsverzögerungszeit zwischen Eingangs- und Ausgangsspannung an, wenn das Signal von L nach H wechselt. Gleiches gilt für die Signallaufzeit t_{pHL}, bei der das Signal von H nach L wechselt. Für die **mittlere Signallaufzeit** t_{pd} gilt:

$$t_{pd} = (t_{pLH} + t_{pHL})/2$$

Die Impulsverzögerungszeiten werden zwischen den Bezugspunkten der Eingangs- und Ausgangs-Flanke $0{,}5 \cdot (U_{OL} + U_{OH}) = U_{pd}$ gemessen.
Die Signal-Übergangszeiten der Impulsflanken werden zwischen den 10%- und 90%-Punkten ermittelt.

T_r (T_{rise}) Anstiegszeit $\qquad$ T_{pd} Signallaufzeit
T_f (T_{fall}) Abfallzeit

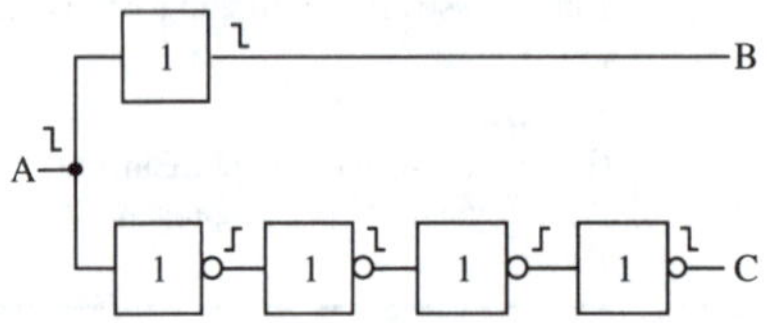

Künstlich erzeugte Laufzeitkette
Das Signal B ändert sich entsprechend A, allerdings mit der Zeitverzögerung T_{pd}.
Das Signal C ändert sich entsprechend A, allerdings mit der Zeitverzögerung 4 T_{pd}.
Der Laufzeitunterschied zwischen Signal B und C beträgt also 3 T_{pd}

5.12.4 Belastungsbedingungen digitaler Schaltungen

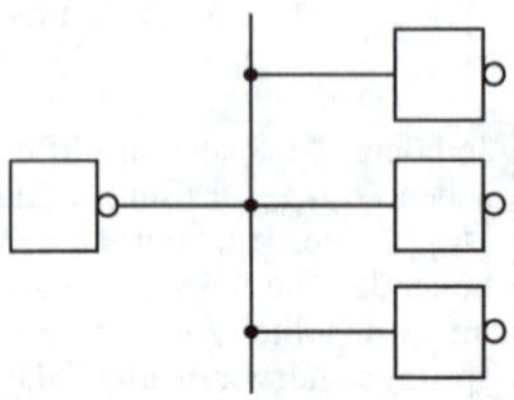

Fan-Out (Ausgangslastfaktor)
gibt an, mit wieviel Eingängen (Eingangslastfaktoren) ein Ausgang innerhalb einer Schaltungsfamilie belastet werden darf

Fan-In (Eingangslastfaktor)
Standardschaltungen haben ein Fan-In von 1; bei einer Schaltung mit einem Fan-In von 4 entspricht die durch den Eingang verursachte Belastung der von 4 Standardschaltungen

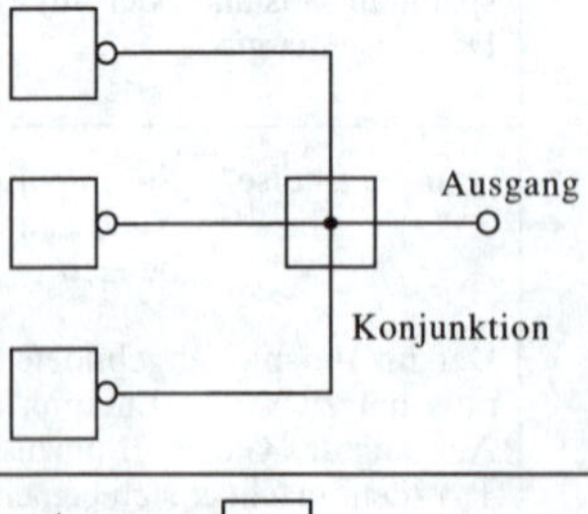

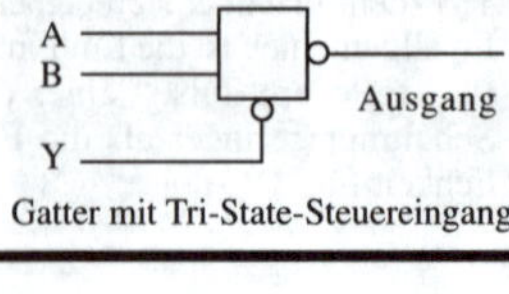

Gatter mit Tri-State-Steuereingang Y

Parallelschaltung von Gatterausgängen
Der Knotenpunkt bei der Parallelschaltung verhält sich wie eine Konjunktion. Nur wenn alle Ausgänge logisch 1 sind, erhält man am Knotenpunkt logisch 1. Ist einer der Ausgänge logisch 0, so werden die restlichen Ausgänge ebenfalls nach 0 gezogen. Diese nach 0 gezogenen Ausgänge bilden eine zusätzliche Belastung für den nicht kurzgeschlossenen Ausgang. Gefahr: der Ausgangsstrom I_{sink} des entsprechenden Gatters kann dadurch zu groß werden. Deshalb sollten bei der Parallelschaltung Gatter mit hohen Ausgangswiderständen verwendet werden (Tri-State-Logic = Dreizustands-Logik).
Mit einem zusätzlichen Steuereingang kann der Ausgang des Gatters in den Tri-State-Zustand (hochohmig) gesetzt werden

5.13 Interface-Schaltungen

5.13.1 Erfassung von Eingangssignalen

Eingangssignale mit langsamen Flanken

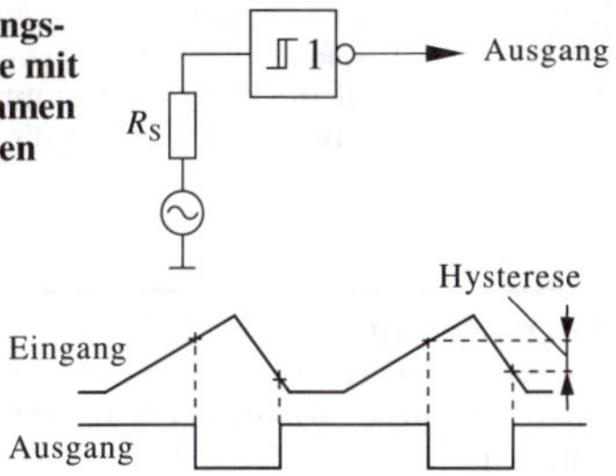

Beim Durchsteuern durch den linearen Bereich eines herkömmlichen Gatters ist kurzzeitiges Oszillieren möglich. Ein Schmitt-Trigger-Gatter verkürzt aufgrund des Hysterese-Effektes und der Mitkopplung die Flankenanstiegszeit und verhindert wildes Schwingen. Gleichzeitig wird der Gleichspannungs-Störabstand verbessert

Verrauschte Eingangssignale

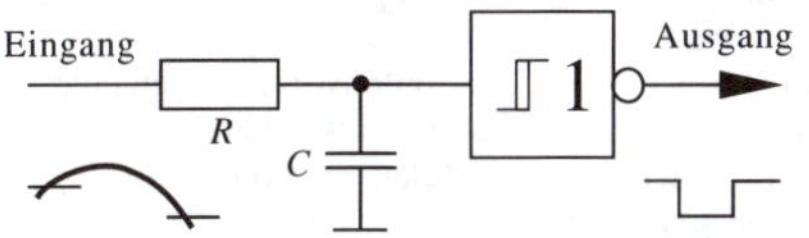

Zur Abtrennung von Signalrauschen bzw. -störungen verwendet man Filter. Richtwerte für ein Eingangsfilter mit einer Steilheit von 6 dB pro Oktave:

für R gilt: $R > 250\ \Omega$
für C gilt: $C = 1/2 \cdot \pi \cdot R \cdot f_0$

Erfassung von Signalflanken

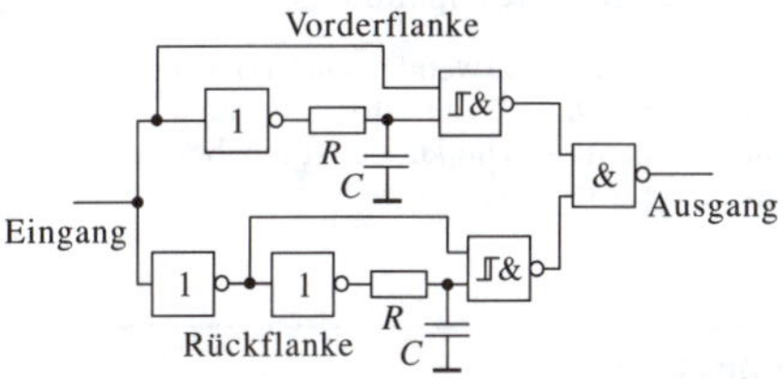

Die Schaltung macht Gebrauch von der verzögernden Eigenschaft eines NAND-Gatters mit *RC*-Netzwerk. Vorder- und Rückflanke werden getrennt mit der gleichen Schaltung ersetzt

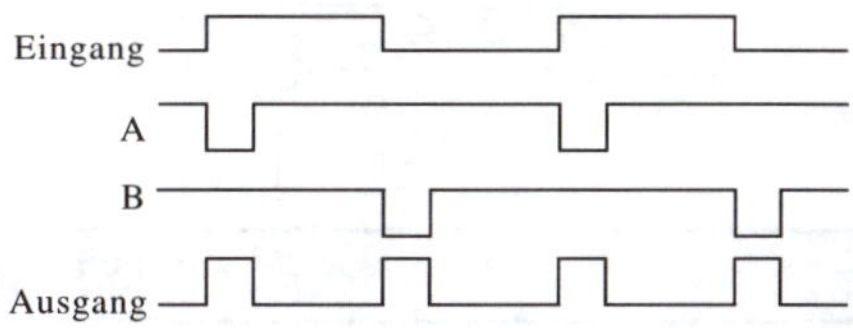

Erfassung von Schaltersignalen

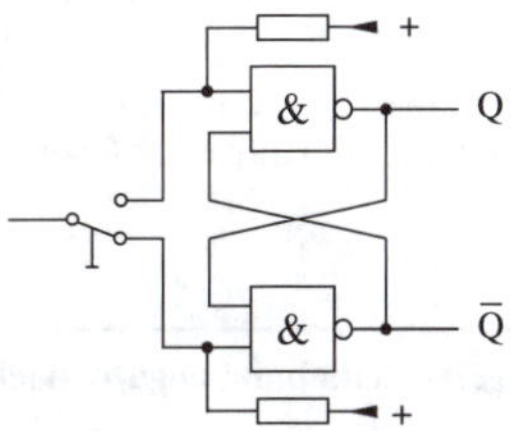

Verhinderung der Wirkung des Kontaktprellens mit Hilfe eines statischen Flipflops bei Wechselschaltern

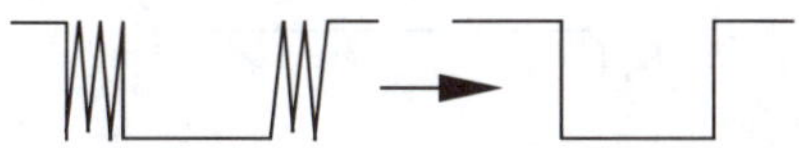

⇒ 3-28

Kontaktentprellung für Schließer

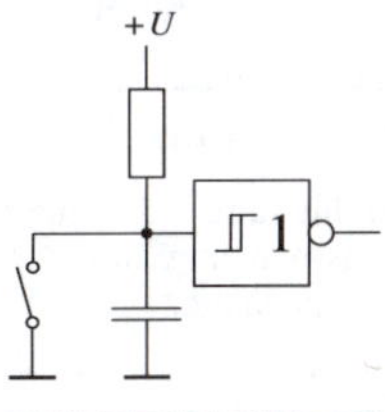

Kontaktentprellung für Öffner

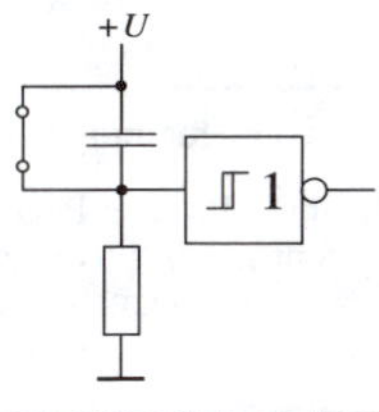

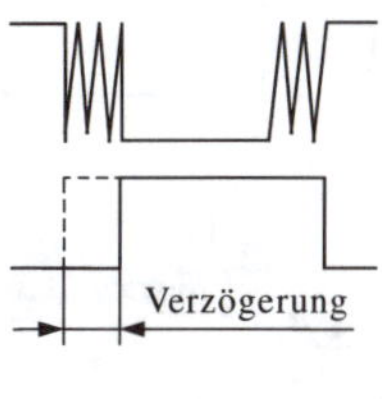

Die Zeitkonstante des *RC*-Gliedes muss relativ groß gewählt werden, da die Prelldauer nicht konstant ist (meistens 10 … 60 ms)

5.13 Interface-Schaltungen

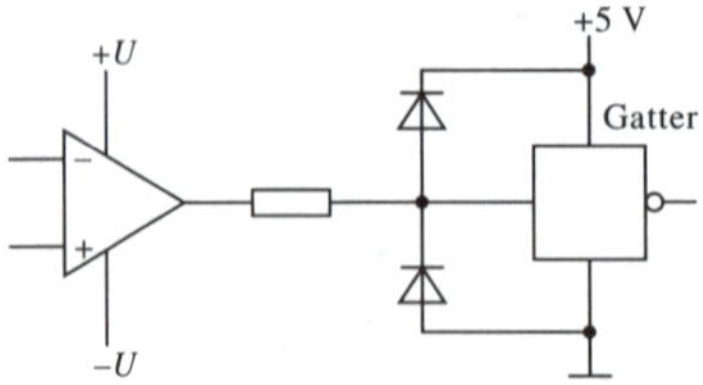

Operationsverstärker zu Digitalschaltungen

Ausgänge von Operationsverstärkern, die an einer gesplitteten Betriebsspannung arbeiten, lassen sich durch Klemmung auf die Betriebsspannung des digitalen Schaltungsteiles (hier 5 V) koppeln. Voraussetzung ist:

$$U_{\text{Digital}} < U_{\text{Operationsverstärker}}$$

5.13.2 Ansteuerung mit digitalen Schaltungen

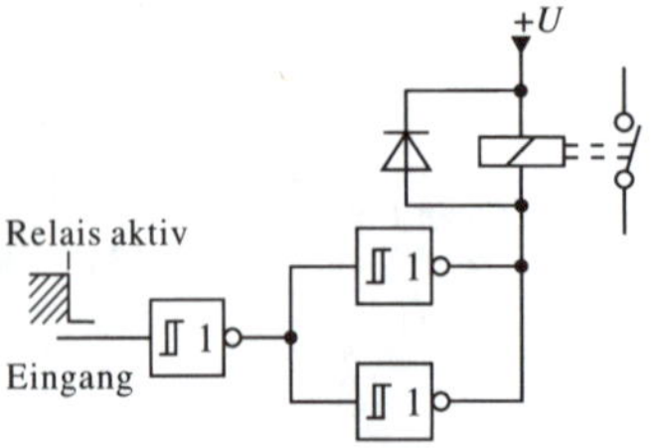

Ansteuerung von Relais durch Parallelschalten von Gattern

Das Relais wird betätigt durch einen logischen Pegel; das Relais bleibt angezogen, solange dieser Pegel vorhanden ist.
Zur Bereitstellung des Spulenstromes können mehrere Gatter parallelgeschaltet werden.
Im Beispiel zieht das Relais an, wenn am Eingang Low-Signal anliegt

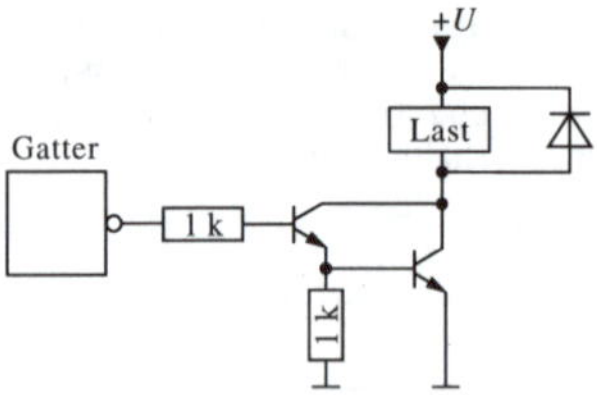

Ansteuerung großer Lasten und/oder an hohen Spannungen

In diesem Falle verwendet man hochverstärkende Transistoren bzw. Transistoranordnungen in Darlingtonschaltung. Die Diode ist nur bei induktiven Lasten erforderlich

5.13.3 Pegelumsetzer

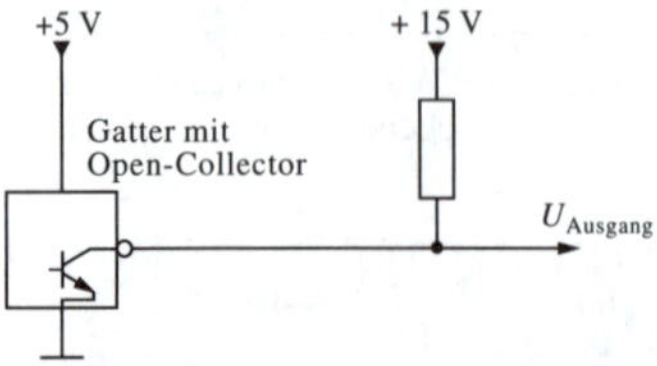

Eingangs- und Ausgangspegeländerungen für positive Spannungen (positiv nach positiv)

Pegelumsetzung von einem 5-V-System auf ein 15-V-System mit Hilfe eines Open-Collector-Gatters

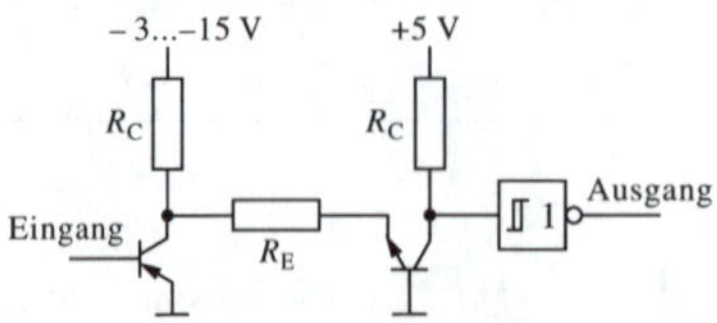

Pegelverschiebung negativ nach positiv

Beispiel für die Pegelverschiebung von einem System mit negativer Betriebsspannung zu einem System mit positiver Betriebsspannung

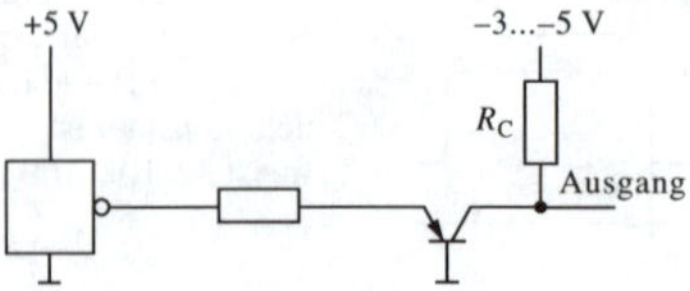

Pegelverschiebung positiv nach negativ

Beispiel für die Pegelverschiebung von einem System mit positiver Betriebsspannung zu einem System mit negativer Betriebsspannung.

$$R_C = U_B / I_{C\,max}$$

5.14 Analog-Digital- und Digital-Analog-Wandlung

⟹ 14-11

5.14.1 Abtast-Halte-Kreis (Sample & Hold) und Abtasttheorem

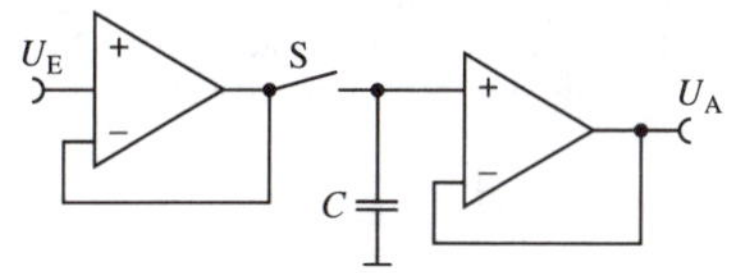

Das **Abtast-Halte-Glied** bildet den Übergang vom analogen in den digitalen Wertebereich. Das analoge Signal wird im Zeitbereich quantisiert (abgetastet) und zwischengespeichert (gehalten).

⟹ 10-11

S wird kurzzeitig geschlossen, so dass der Kondensator mit Hilfe des ersten Impedanzwandlers auf U_E aufgeladen wird. Der zweite Impedanzwandler sorgt dafür, dass der abgetastete Wert bis zum Abschluss der Analog-Digital-Umsetzung erhalten bleibt.

Gemäß dem **Abtasttheorem** muss die Abtastung mit mindestens dem zweifachen der Frequenz der zu messenden Eingangswechselspannung erfolgen.

$$f_A > 2 f_0$$

5.14.2 Zählverfahren

AD-Wandler nach dem Kompensationsverfahren

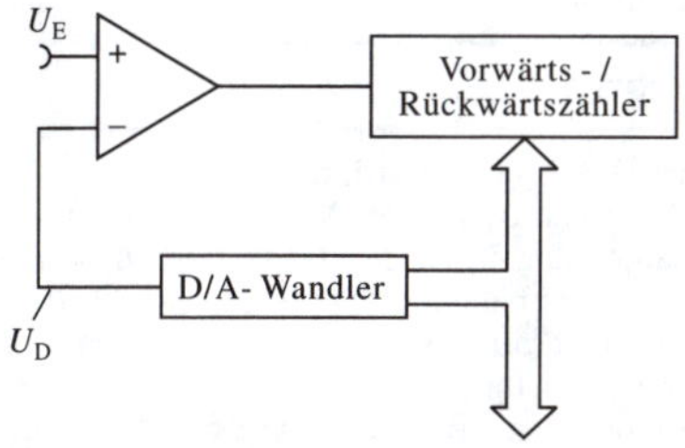

Das Ergebnis ist die Anzahl der zu addierenden Referenzspannungen, die nötig ist, um den Pegel von U_E zu erreichen. Der Digitalwert folgt $D = U_E / U_{LSB}$.

Der Subtrahierer zieht die Kompensationsspannung U_D von U_E ab. Ist die Differenz größer als $U_{LSB}/2$, zählt der Zähler vorwärts, um sich U_E zu nähern. Ist die Differenz kleiner als $-U_{LSB}/2$, läuft der Zähler rückwärts. Es besteht ständige Nachführung. Die Konvertierungszeit hängt von der Höhe des Eingangssignals ab.

Fehlersicherheit: mittel
Geschwindigkeit: mittel
Schaltungsaufwand: mittel

AD-Wandler nach dem Single-Slope-Verfahren

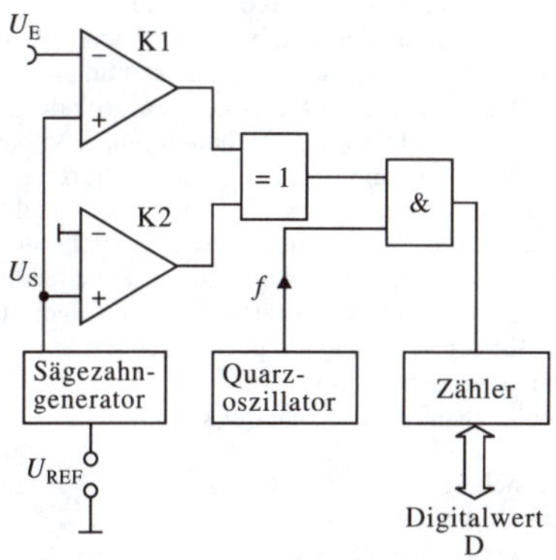

K1 u. K2 setzen U_E in eine proportionale Zeit um; für die Sägezahnspannung gilt:

$$U_S = (U_{REF} \cdot t)/\tau - V_0$$

Das Ex-Or-Gatter gibt 1 aus, solange gilt:

$$0 \leq U_S \leq U_E$$

Für diese Zeitdauer Δt gilt:

$$\Delta t = (\tau \cdot U_E)/U_{REF}$$

Ein Zähler bestimmt die Zeitdauer, indem er die Oszillatortakte während dieser Periode zählt. Der resultierende Zählerstand D ist:

$$D = \Delta t / T = (\tau \cdot f \cdot U_E)/U_{REF}$$

Fehlersicherheit: gering
Geschwindigkeit: gering
Schaltungsaufwand: gering

5.14 Analog-Digital- und Digital-Analog-Wandlung

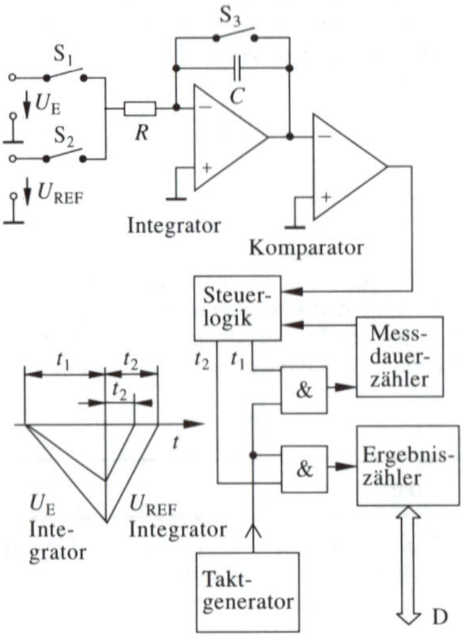

Dual-Slope-AD-Wandler (Integrationsverfahren)
In Ruhe ist nur S3 geschlossen. Die Integrator-Ausgangsspannung ist 0. Nun öffnet S3 u. S1 schließt, um U_E über eine Periode zu integrieren. Die Ausgangsspannung des Integrators erreicht

$$U_I(t_1) = -\frac{1}{\tau}\int_0^{t_1} U_E \, dt = -\frac{U_E \cdot n_1 \cdot T}{\tau}$$

n_1 ist die Anzahl der Taktperioden und T die Periodendauer des Taktgenerators. S1 öffnet; über S2 wird U_{REF} mit entgegengesetzter Polarität zu U_E an den Integrator gelegt. Die Zeit t_2, die verstreicht, bis der Nulldurchgang wieder erreicht ist, bestimmt ein Komparator und ein Ereigniszähler:

$$t_2 = n_2 \cdot T = \tau / U_{REF} \cdot |U_I(t_1)|$$

Der Digitalwert ergibt sich zu $D = n_2 = \frac{n_1 \cdot U_E}{U_{REF}}$

Fehlersicherheit: hoch
Geschwindigkeit: gering
Schaltungsaufwand: hoch

5.14.3 Wägeverfahren

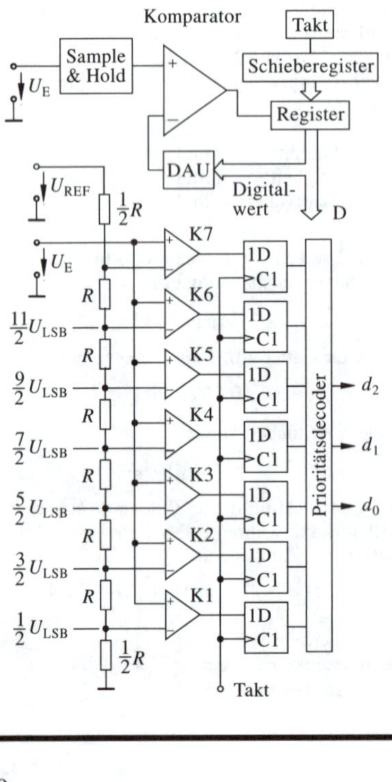

Sukzessive Approximation
Vergleich von U_E mit der Ausgangsspannung eines Digital-Analog-Umsetzers (DAU). Ist U_E höher als die Ausgangsspannung des DAUs, wird MSB auf 1 gesetzt, andernfalls auf 0. Der Vorgang wird dann entsprechend fortgesetzt, und zwar bis zum LSB (Least Significant Bit). Je Bit wird eine feste Umsetzungszeit benötigt.

Fehlersicherheit: mittel
Geschwindigkeit: mittel
Schaltungsaufwand: mittel

Parallelumsetzer (Flash-Konverter)
Bestehen prinzipiell aus einer Kette gleicher Widerstände, die an U_{REF} angeschlossen ist, und einer der binären Auflösung entsprechenden Anzahl von Komparatoren. Die Zahl der benötigten Komparatoren steigt exponentiell mit der Wortbreite. Es erfolgt ein Vergleich von U_E durch die einzelnen Komparatoren. Nach einer Zwischenspeicherung – beispielsweise durch D-Flipflops – kann eine Auswertung mit einem Prioritätscodierer erfolgen, um einen für einen Prozessor geeigneten Code zu erhalten. Die Tabelle zeigt die Flash-A/D-Wandler-Variablenzustände in Abhängigkeit von U_E.

Fehlersicherheit: mittel
Geschwindigkeit: hoch
Schaltungsaufwand: hoch

5.14 Analog-Digital- und Digital-Analog-Wandlung

5.14.4 DA-Wandler

Prinzip des Parallelverfahrens	Prinzip des Wägeverfahrens	Prinzip des Zählverfahrens
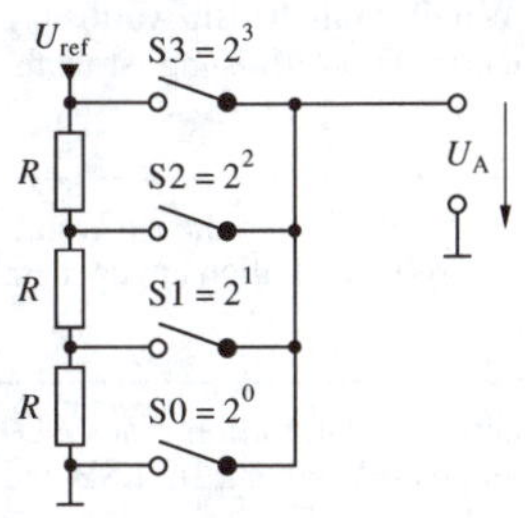	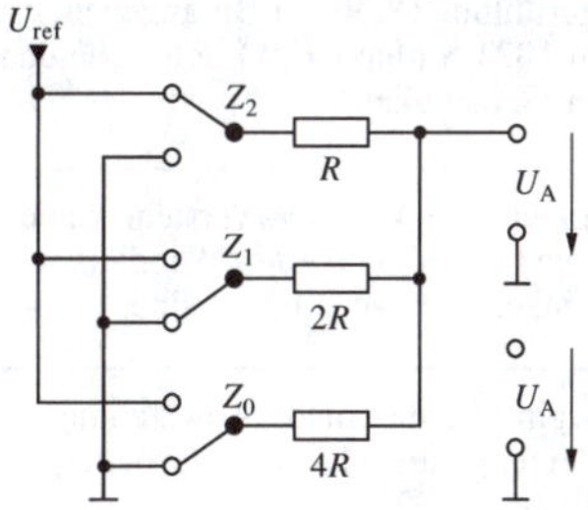	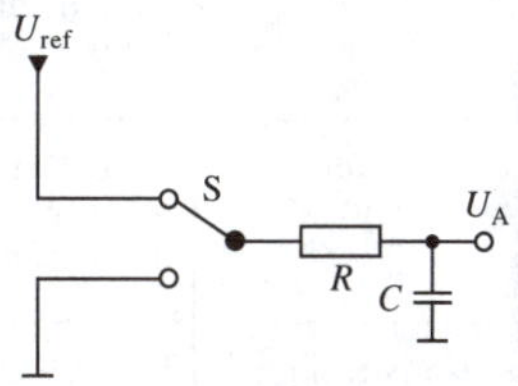

Parallel-verfahren	Mit einem Spannungsteiler werden alle möglichen Ausgangsspannungen bereitgestellt. Mit einem 1-aus-*n*-Decoder wird dann derjenige Schalter geschlossen, dem die gewünschte Ausgangsspannung zugeordnet ist
Wäge-verfahren	Jedem Bit ist ein Schalter zugeordnet. Über entsprechend gewichtete Widerstände wird dann die Ausgangsspannung aufsummiert
Zähl-verfahren	Dieses Verfahren erfordert nur einen einzigen Schalter. Er wird periodisch geöffnet und geschlossen. Sein Tastverhältnis wird mit Hilfe eines Vorwahlzählers so eingestellt, dass der arithmetische Mittelwert der Ausgangsspannung den gewünschten Wert annimmt

4-Bit-DA-Wandler mit Widerstandsnetzwerk nach dem Parallelverfahren

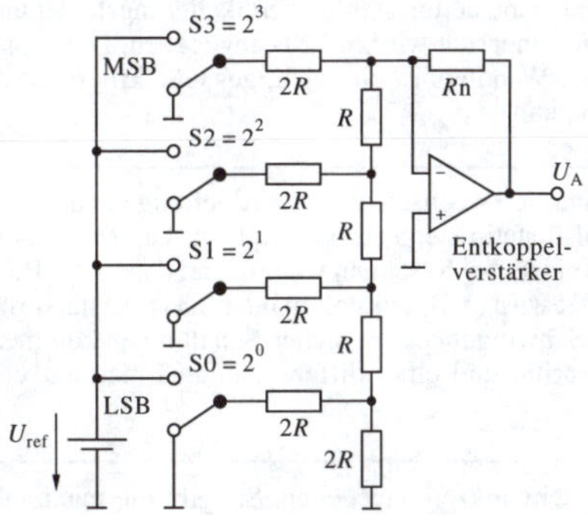

Am Ausgang des Entkoppelverstärkers erhält man eine Spannung, die zu der Summe der einzelnen Teilströme durch die Querglieder und somit dem durch die Schalter S0 bis S3 eingestellten Binärwort proportional ist. Ein 8-Bit-Wandler enthält natürlich 8 Schalter und ein entsprechend langes Netzwerk. Die Ausgangsspannung errechnet sich zu

$$U_A = ((-U_{ref} \cdot \mathrm{Rn})/(16R)) \cdot n$$

Dabei entspricht n der eingestellten Zahl.
Zur Kompensation von Offsetfehlern wird einem DA-Wandler normalerweise ein Operationsverstärker mit Offset-Eingängen nachgeschaltet

Differenzielle Nichtlinearität bei DA-Wandlern

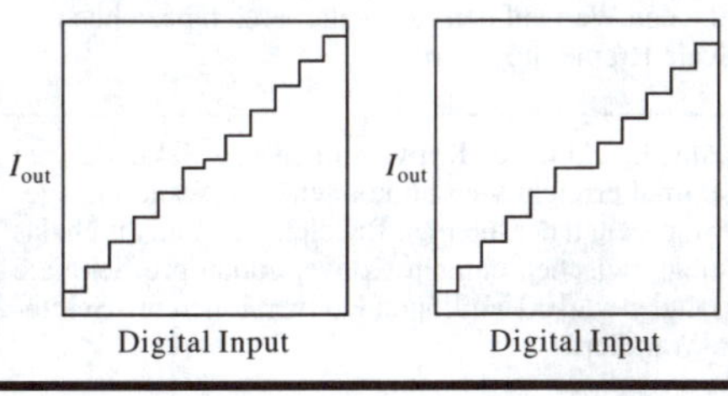

Die differenzielle Nichtlinearität gibt die maximale Unregelmäßigkeit der Treppenstufen bezogen auf eine kleine Umgebung der Kennlinie an. Beträgt sie beispielsweise 0,1 U_{LSB}, bedeutet das noch keinen genauen Wandler. Nimmt die Stufenhöhe über mehrere Stufen mit 10% ab, kann insgesamt eine Verbiegung der Kennlinie um mehrere U_{LSB} entstehen.

Kennlinien eines DA-Wandlers mit ±1/2 LSB (links) und ±1 LSB differenzialer Nichtlinearität (rechts)

5

5.14 Analog-Digital- und Digital-Analog-Wandlung

5.14.5 Spezifikationen von AD- und DA-Wandlern

Auflösung (resolution)	Die Zahl der Stufen, die ein DA-Wandler erzeugen kann, bzw. die Zahl der Spannungspegel, die ein AD-Wandler unterscheiden kann. Die Auflösung wird normalerweise als Logarithmus Dualis in Bit angegeben. Ein Wandler mit 10-Bit-Auflösung kann demnach 1024 Stufen ($=2^{10}$) unterscheiden. Wichtig: Die Auflösung ist unabhängig von der Genauigkeit!
Genauigkeit (accuracy)	Unter Genauigkeit eines Wandlers versteht man die Summe aller Fehler, die ein Wandler aufweist. Die Genauigkeit eines Wandlers wird nur in seltenen Fällen angegeben, da meist die Einzelfehler spezifiziert sind
Quantisierungsfehler (quantizing error)	Dieser Fehler gibt die maximale Abweichung der Übertragungsfunktion eines AD-Wandlers von einer geraden Linie an. Er beträgt bei jedem AD-Wandler ±1/2 LSB und ist unvermeidlich
Skalierungsfehler (gain/scale error)	Hierbei handelt es sich um die lineare Abweichung der Übertragungsfunktion, angegeben bei full-scale-Aussteuerung. Verursacht wird dieser Fehler häufig durch eine falsch eingestellte Referenzspannung oder einen falsch justierten Verstärker
Offset-Fehler (offset error)	Der Offset-Fehler gibt die Abweichung der Übertragungsfunktion bei 0 V Eingangsspannung an. Ein Offset-Fehler wird normalerweise durch den Eingangsverstärker oder durch einen Komparator verursacht. Er kann meist durch eine einfache Schaltungsmaßnahme auf 0 abgeglichen werden
Linearität (linearity)	Unter Linearität (eigentlich Nichtlinearität) versteht man die maximale Abweichung der Übertragungsfunktion eines AD- oder DA-Wandlers von der linearen Idealkurve. Bei der Angabe der Linearität sind der Quantisierungsfehler, der Skalierungsfehler und der Offsetfehler herausgerechnet. Die Linearität wird in LSB angegeben. Die Angaben der Linearität eines AD- oder DA-Wandlers ist ein wichtiges Gütekriterium, da dieser Fehler nicht korrigiert werden kann
Monotonie	Bei einer monotonen Übertragungsfunktion wechselt die erste Ableitung nie das Vorzeichen. Eine monotone Kurve ist also stetig steigend oder fallend. Die Monotonie eines AD- oder DA-Wandlers ist besonders bei Systemen wichtig, bei denen das Bauelement in Rückkopplungen eingesetzt wird (z. B. in Reglern oder Servoverstärkern). Bei fehlender Monotonie kann es zu Schwingungen in solchen Schaltungen kommen. Monotonie kann nur bei einer Linearität und einer differenziellen Linearität von ±1/2 LSB garantiert werden
Einschwingzeit (settling time)	Nur bei DA-Wandlern wird eine Einschwingzeit angegeben. Sie gibt die maximale Zeit an, die der Ausgang eines DA-Wandlers benötigt, um nach einem Code-Wechsel auf den neuen Wert mit einer bestimmten Genauigkeit (meist 0,5 LSB) einzuschwingen. Es gibt allerdings Hersteller, die den Wert auf den Aussteuerbereich beziehen und ihn etwa mit ±0,01% FSR (Full Scale Ripple) angeben
Wandlungsgeschwindigkeit (conversion rate)	Die Wandlungsgeschwindigkeit gibt die Zahl der Konversionen pro Sekunde (bei DA- und AD-Wandler) an, die maximal erreicht werden können. Die Wandlungsgeschwindigkeit wird durch Verzögerungszeiten der internen Bauelemente und durch das Wandlungsprinzip bestimmt. Sie liegt zwischen einigen Konversionen pro Sekunde (bei integrierenden AD-Wandlern) und etwa 100 Millionen Konversionen pro Sekunde (bei Flash-AD- oder Video-DA-Wandlern)

5.15 Digitale Filter

⇒ 6-24

5.15.1 Prinzip

Einbettung eines digitalen Filters in eine analoge Umgebung:

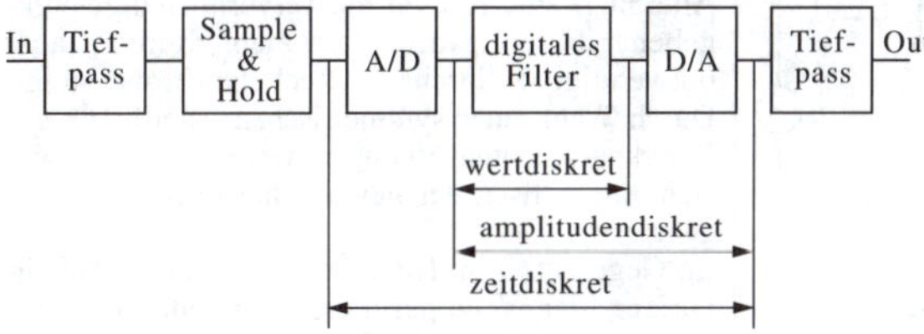

Das Abtast-Halteglied (Sample & Hold) entnimmt dem Eingangssignal (In) bei jeder Abtastung eine Stichprobe der Amplitude und hält diese für ein Abtastintervall konstant. Damit bei der Abtastung keine irreparablen Fehler auftreten, ist vor dem Abtast-Halteglied ein Tiefpassfilter angeordnet, der das Eingangssignal auf die halbe Abtastfrequenz f_a begrenzt. Der AD-Umsetzer wandelt die abgetasteten, zeitdiskreten Spannungswerte in zeit- und wertdiskrete n-stellige Dualzahlen um.
Dabei bestimmt n die Auflösung des Signals. Das digitale Signal wird nach dem Filter von einem DA-Umsetzer in eine treppenförmige Spannung umgewandelt. Um daraus wieder eine kontinuierliche Spannung zu generieren, ist ein Tiefpass zur Glättung nachgeschaltet. Der Tiefpass schneidet die Spektralanteile oberhalb $1/2\,f_a$ ab. Dabei muss die Dämpfung bei f_{max} noch Null sein, während sie bei $1/2\,f_a$ bereits unendlich sein muss.

Digitale Filter bieten gegenüber analogen Filtern folgende Vorteile:
- höhere Genauigkeit
- Reproduzierbarkeit
- geringere Störempfindlichkeit

Typische Abtastfrequenzen und Wortbreiten

⇒ 10-11

Signal	Abtast-frequenz	Auf-lösung
Telefon	8 kHz	12 bit
CD-Musik	44,1 kHz	16 bit
Fernsehen	13,3 MHz	8 bit

Je höher die Auflösung bzw. die Wortbreite, desto geringer wird das durch die DA-AD-Umsetzung verursachte Quantisierungsrauschen.

Gemäß dem Abtasttheorem muss die Abtastfrequenz f_a mindestens doppelt so hoch sein wie die maximal zu digitalisierende Frequenz (f_{max}):

⇒ 6-1

$$f_a \geq 2 f_{max}$$

5.15.2 Filtertypen

Überblick über die digitalen Filtertypen

IIR (Infinite Impulse Response)	FIR (Finite Impulse Response)
hoher Wirkungsgrad, geringerer Rechenaufwand, schnell	geringerer Wirkungsgrad, höherer Rechenaufwand, langsam
nichtlinearer Phasengang	linearer Phasengang
evtl. Schwingneigung	in jedem Fall stabil

Die Signalmanipulation geschieht beim digitalen Filter durch

- Zeitverzögerung, $\boxed{Z^{-1}}$
- Multiplikation ⊗ und
- Addition ⊕

mit vorherigen Abtastwerten

IIR-Filtertyp

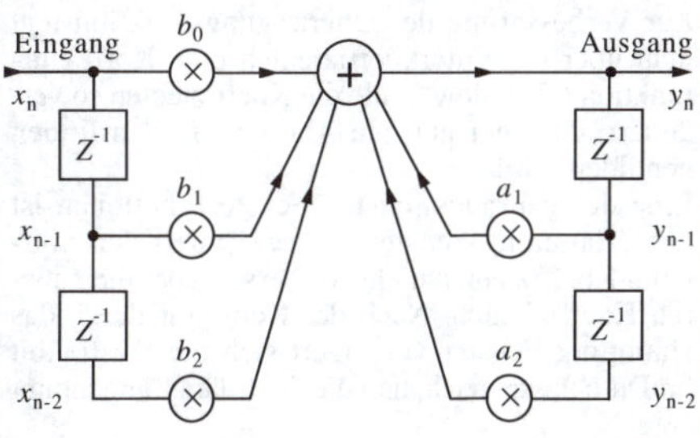

Der Datenstrom der zu filternden Werte $x(n)$ durchläuft Verzögerungen Z^{-1} und erreicht nach der Multiplikation mit den Filterkoeffizienten $b_0 \dots b_n$ und $a_1 \dots a_n$ über die Summierung den Ausgang $y(n)$. Innerhalb der Verzögerung Z^{-1} rücken die einzelnen Abtastungen mit jedem Takt um eine Stufe weiter (ähnl. Schieberegister). Das IIR-Filter enthält Rückkopplungen über die a-Koeffizienten. Entsprechend einem diskret aufgebauten analogen Filter können sich diese günstig auf einen steileren Übergang in den Sperrbereich auswirken. Sie bergen aber auch die Möglichkeit der Selbsterregung. Wegen der Rückkopplung besteht die Möglichkeit eines langanhaltenden Nachschwingens als Antwort auf einen Pegelsprung am Eingang.

5.15 Digitale Filter

FIR-Filtertyp

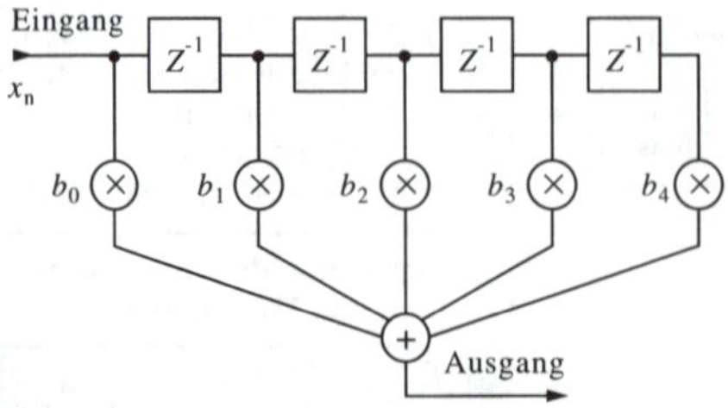

Das FIR-Filter entsteht aus dem IIR-Filter durch Nullsetzen aller a-Koeffizienten. Damit entfällt die Rückkopplung und die potenzielle Schwingneigung. Allerdings sind hier für die Verwirklichung vorgegebener Filtereigenschaften mehr Stufen (Taps) notwendig, wodurch der Rechenaufwand steigt. Durch Wahl einer symmetrischen Anordnung der Filterkoeffizienten mit ungerader Gesamtzahl ergibt sich automatisch der gewünschte lineare Phasengang.
Im Gegensatz zum IIR-Filter ist nach dem Durchlaufen aller Verzögerungsstufen jede Amplitudenänderung zwangsläufig abgeklungen.

FIR-Koeffizienten

$$b(n) = \frac{\sin(b(0)\cdot\pi\cdot n)}{\pi\cdot n} \qquad n = -M \ldots +M \qquad n \neq 0$$

$$b(0) = 2\, f_b / f_a \qquad n = 0$$

M gibt die Anzahl der Koeffizienten (ohne Mitte) einer Seite eines FIR-Filters an. Die ganze Länge N beträgt $2M+1$.

Regeln für FIR-Filter:
- Die Gleichspannungsverstärkung eines FIR-Filters ist gleich der Summe aller Filterkoeffizienten.
- Die Verstärkung eines FIR-Filters bei der halben Abtastfrequenz ist gleich der im Wechsel mit +1 und –1 gewichteten Koeffizientensumme.
- Multipliziert man alle Koeffizienten eines FIR-Filters mit demselben Faktor, so ändert sich lediglich die Grundverstärkung des Filters um diesen Faktor, seine Filtercharakteristik bleibt aber unverändert.
  Die Einheits-Impulsantwort eines FIR-Filters ist die Folge seiner Koeffizienten

5.15.3 Frequenzgang-Gleichung

$$|A(j\omega)| = \sqrt{\frac{\left[\sum_{k=0}^{N} \alpha_k \cos 2\pi\, kF\right]^2 + \left[\sum_{k=0}^{N} \alpha_k \sin 2\pi\, kF\right]^2}{\left[\sum_{k=0}^{N} \beta_k \cos 2\pi\, kF\right]^2 + \left[\sum_{k=0}^{N} \beta_k \sin 2\pi\, kF\right]^2}}$$

mit $F = \frac{f}{f_a}$ $\quad f_a$ = Abtastfrequenz

Allgemeine Gleichung zur Berechnung des Frequenzganges eines beliebigen digitalen Filters, bei bekannten Filterkoeffizienten

5.15.4 Verbesserung des Übertragungsverhaltens

Hamming-Funktion

$$w(n) = 0{,}54 - 0{,}46 \cos\left(\frac{\pi\cdot n}{m}\right)$$

$$n = 0, 1 \ldots 2\cdot M$$

Zur Verbesserung der Übertragungsfunktion legt man über die Filterkoeffizienten eine Korrekturfunktion („Window"), die die Koeffizienten so verändert, dass der abrupte Abbruch an den Enden gemildert wird.
Eine der gebräuchlichsten Fensterfunktionen ist das „Hamming-Fenster". Es verändert den mittleren Koeffizienten nicht, verbessert aber die äußeren Koeffizienten. Nach der Korrektur durch das Hamming-Fenster verringert sich die Welligkeit im Durchlassbereich, und die Sperrdämpfung nimmt zu

6 Computertechnik

6.1 Grundlagen der Computertechnik

6.1.1 Fachbegriffe und Abkürzungen

Begriff	Bedeutung	Erläuterung
Abtast-Theorem	Abtastbedingung für analoge Signale (Nyquist-Kriterium)	$f_{\text{Abtast}} \geq 2 \cdot$ max. vorkommende Signalfrequenz → analoges Signal ist eindeutig rekonstruierbar ⇒ 5-19
ALU	**A**rithmetic **L**ogic **U**nit	CPU-Rechenwerk (Addition u. log. Operationen)
ASCII	**A**merican **S**tandard **C**ode for **I**nformation **I**nterchange	Standard-7-Bit-Zeichensatz im Computerbereich. Jedem Zeichen ist eine Ordnungszahl zugeordnet ⇒ 6-61
AT	**A**dvanced **T**echnology	PCs mit 80286 oder höherwertiger CPU
Backplane	Busplatine für Einschubgehäuse	Ermöglicht modularen Aufbau von Computern usw.
Baudrate	Übertragungsgeschwindigkeit	Serielle Datenübertragungsrate (1 Baud = 1 bit/s)
BETA-Version	Vorabversion einer Entwicklung	Z. B. für Testzwecke einer Softwareentwicklung
BIOS	**B**asic **I**nput **O**utput **S**ystem	Vom Betriebssystem verwendete Firmware
Bit	**Bin**ary Dig**it**	Kleinste Einheit zur Informationsspeicherung ⇒ 5-1
Byte	1 byte = 8 bits = 2 nibbles	Speichereinheit für ein Zeichen
CASE-System	**C**omputer **A**ssisted System	Computerunterstützte Softwareerstellung
CCITT	**C**omité **C**onsultatif **I**nter-national de **T**élégraphique et **T**éléphonique	Agentur, die weltweit die Telefon- und Datenkommunikation koordiniert. Die technischen Empfehlungen werden häufig zum Standard
Controller	Funktions-Baustein/Baugruppe	Subsystem zur Steuerung von Funktionseinheiten
CPU	**C**entral **P**rocessing **U**nit	Prozessor eines Computers
CRC	**C**yclic **R**edundancy **C**heck	Verfahren zur Übertragungsfehlerermittlung
DCD	**D**ata **C**arrier **D**etect	RS-232-Handshake-Signal (Empfangssignalpegel)
DD	**D**ouble **D**ensity	Diskette mit doppelter Aufzeichnungsdichte
DMA	**D**irect **M**emory **A**ccess	Speicherzugriff unter Umgehung der CPU
DS	**D**ouble **S**ided	Zweiseitig beschreibbare Diskette
DSR	**D**ata **S**et **R**eady	RS-232-Handshake-Signal (DÜE betriebsbereit)
DTR	**D**ata **T**erminal **R**eady	RS-232-Handshake-Signal (DEE betriebsbereit)
dekrementieren	z. B. Stackpointer	Adresse bzw. Zählerstand um eins erniedrigen
E/A	z. B. E/A-Port	Meist parallele Ein-, Ausgabeeinheit
ECB	Quasi-Standard für Bussignale	Steckerbelegung für Backplane-Bussignale
EEPROM	**E**lectrically **E**rasable **PROM**	Elektrisch löschbarer Festwertspeicher
EIA	**E**lectronics **I**ndustries **A**ssociation	Gruppe von US-Hardwareherstellern, die rechtliche und technische Informationen erstellt
EISA	**E**xtended **I**ndustry **S**tandard **A**rchitecture	Erweiterungsbus für PC-Steckkarten. Erlaubt auch die Verwendung von ISA-Karten
EOF	**E**nd **O**f **F**ile	Kennung für Dateiende. (z. B. ^Z für DOS-Datei)
EPLD	**E**rasable **P**rogrammable **L**ogic **D**evice	Sammelbegriff für programmierbare Logikbausteine mit Löschmöglichkeit der Programmierung
EPROM	**E**rasable **P**rogrammable **ROM**	UV-löschbarer Festwertspeicher
ESB	**E**vent **S**tatus **B**yte	Statusregister eines IEC-Bus-Gerätes

6.1 Grundlagen der Computertechnik

6.1.1 Fachbegriffe und Abkürzungen

Begriff	Bedeutung	Erläuterung
FIR-Filter	**F**inite **I**mpulse **R**esponse Filter	Digitaler Filter ohne analogem Äquivalent
Flag	z. B. Flagregister	Statusanzeige einer Programmbedingung
Fourier	z. B. Fourier-Analyse	Darstellung beliebiger Signale durch Addition verschiedener Sinus- bzw. Kosinusschwingungen
FPGA	**F**ield **P**rogrammable **G**ate **A**rray	Anwenderprogrammierbare Gatteranordnung
FPLA	**F**ield **P**rogrammable **L**ogic **A**rray	Wahlweise als OR/AND Schaltung programmierbar
GAL	**G**ate **A**rray **L**ogic	Anwenderprogrammierbarer Logikbaustein
Halb-Duplex	serielle Datenübertragung	Senden und Empfangen im zeitlichen Wechsel
HD	**H**igh **D**ensity	Diskette mit hoher Aufzeichnungsdichte
I/O	**I**nput/**O**utput	Siehe auch E/A
IDE	**I**ntegrated **D**isc **E**lectronic	Andere Bezeichnung für AT-Bus-Festplatte
IEC	**I**nternational **E**lectronical **C**ommision	Internationale Kommission zur Normung elektr. Bauelemente
IEEE	**I**nstitute of **E**lectrical and **E**lectronics **E**ngineers	Amerikanischer Fachverband für Standardisierung und Normierung
IIR-Filter	**I**nfinite **I**mpulse **R**esponse Filter	Digitales Äquivalent eines analogen Filters
inkrementieren	z. B. Stackpointer	Adresse bzw. Zählerstand um eins erhöhen
Interrupt	Hard-, Softwareunterbrechung	Führt meist zur Abarbeitung einer INT-Routine
ISA	**I**ndustry **S**tandard **A**rchitecture	Einfachste Form des PC-Erweiterungsbusses
JEDEC	**J**oint **E**lectron **D**evice **E**ngineering **C**ouncil	Amerikanischer Ausschuss für Bauelementenormung (auch Dateiformat Logik-Programmiergeräte)
KByte	1 Kbyte = 1024 byte = 512 words	Maßeinheit für Programm- bzw. Speichergrößen
Latch	Digitaler Zwischenspeicher	Z. B. 8/16 bit mit gesteuerter Datenübernahme
LCA	**L**ogic **C**ell **A**rray	PAL-Art mit Programmierinformation in einem SR
Listener	Hörer	IEC-Bus-Gerät, das Daten empfangen kann
LRC	**L**ongitudinal **R**edundancy **C**heck	Kontrollverfahren für Daten (siehe auch CRC)
LSB	**L**east **S**ignificant **B**it	Bit einer Dualzahl mit niedrigster Wertigkeit
MAV	**M**essage **AV**ailable	IEC-Bus. Bit im Gerätestatusregister
MByte	1 Mbyte = 1024 Kbyte	Siehe Kbyte
Memory-Map	Speicherplan	Adressplan der Speicherplätze von Baugruppen
Monitor	ROM-residente Minimalsoftware	Der ‚Betriebssystemkern' eines Kleincomputers
MOPS	**M**illion **O**perations **p**er **S**econd	Einheit zum Vergleich von Prozessorleistungen
MPU	**M**icro **P**rocessing **U**nit	Andere Bezeichnung für CPU
MSB	**M**ost **S**ignificant **B**it	Bit einer Dualzahl mit höchster Wertigkeit
Multitasking	mehrere Programme können quasi gleichzeitig verarbeitet werden	Jedem Programm wird über eine Zeitscheibe zyklisch eine gewisse Rechenzeit zugeteilt
Multithreading	Im Gegensatz zu Multitasking	Ein Programm kann mehrere Teilaufgaben gleichzeitig ausführen

6.1 Grundlagen der Computertechnik

6.1.1 Fachbegriffe und Abkürzungen

Begriff	Bedeutung	Erläuterung
NMI	**N**on **M**askable **I**nterrupt	Nicht sperrbarer Software-Interrupt
Open-Kollektor	Spezieller digitaler Ausgang	Erlaubt die Parallelschaltung von Ausgängen
PAL	**P**rogrammable **A**rray **L**ogic	Baustein mit programmierbarer UND-Matrix
Parallel-Poll	siehe IEC-Bus	Parallelabfrage der am Bus befindlichen Talker
PCI	**P**eripheral **C**omponent **I**nterconnect	Eine Form des PC-Erweiterungsbusses. Siehe auch ISA, EISA und VL-Bus
Peripherie	PC-Zusatzgeräte (z. B. Drucker)	Sammelbegriff für extern angeschlossene Geräte
PGA	**P**rogrammable **G**ate **A**rray	Einzelgatter mit programmierbaren Verbindungen
PLA	**P**rogrammable **L**ogic **A**rray	Baustein mit programmierbarer UND/OR-Matrix
PLD	**P**rogrammable **L**ogic **D**evice	Sammelbegriff für programmierbare Logik
Port	Anschluss mit I/O-Funktion	Meist 8 bit breiter digitaler Bausteinanschluss
preemptive	z. B. Multitasking	Betriebssystem teilt Programmen CPU-Zeit zu
Queue	Warteschlange (lineare Liste)	Zum Informationsaustausch zwischen Prozessen
RAM	**R**andom **A**ccess **M**emory	Speicher mit wahlfreiem Schreib- / Lesezugriff
Record	Datensatz	Logische Zusammenfassung von Daten
Refresh	Speicherauffrischungszyklus	DRAMs benötigen einen zyklischen Refresh
RI	**R**ing **I**ndicator	RS-232-Signal (ankommender Ruf)
ROM	**R**ead **O**nly **M**emory	Speicher, der nur gelesen werden kann
RQS	**R**e**Q**uest **S**ervice	Bit 6 des IEC-Bus-Gerätestatusregisters
RTS	**R**equest **T**o **S**end	RS-232-Handshake-Signal (Sendeteil einschalten)
RxD	**R**eceive **D**ata	RS-232-Empfangsdatenleitung
SCSI	**S**mall **C**omputer **S**ystem **I**nterface	Standard-Schnittstelle für Peripheriegeräte
Serial-Poll	siehe IEC-Bus	Sequenzielle Abfrage der Gerätestatusbytes
Schnittstelle	Verbindung zum Datenaustausch	Entgegen dem Interface keine Datenumcodierung
SR	**S**chiebe-**R**egister	Register mit bitweiser Verschiebemöglichkeit
SRQ	**S**ervice **R**e**Q**uest	Bedienungsanfrage eines IEC-Bus-Gerätes
Talker	Sprecher	IEC-Bus-Gerät, das Daten senden kann
Tri-State	Gatter mit drei Logikzuständen	Für Bausteine mit Datenbusanschaltung nötig
TxD	**T**ransmit **D**ata	RS-232-Sendedatenleitung
UA(S)RT	**U**niversal **A**synchronous (**S**ynchronous) **R**eceiver **T**ransmitter	Hochintegrierter Baustein für (synchrone) bzw. asynchrone serielle Datenübertragung
VESA	**V**ideo **E**ngineering **S**tandards **A**ssociation	Eine Form des PC-Erweiterungsbusses. Siehe auch ISA, EISA und PCI-Bus
VG-Leiste	Steckverbindung für Backplanes	Ermöglicht einen modularen Systemaufbau
VME	**V**ersa **M**odul **E**urocard	Standard-Bussystem für modulare Systeme
Voll-Duplex	Full Duplex	Zeitgleiche serielle Sende-/Empfangsmöglichkeit
VXI	**V**ME-Bus E**X**tension for **I**nstrumentation	Erweiterung des VME-Busses auf die Möglichkeiten des IEC-Busses

6.1 Grundlagen der Computertechnik

6.1.2 Struktur eines Computers

Computer mit von-Neumann-Struktur

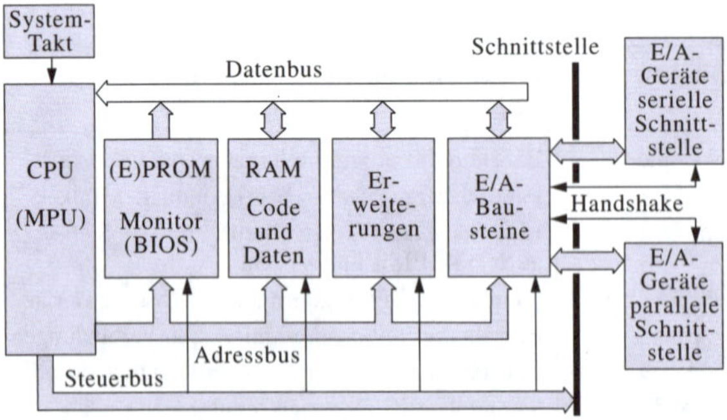

Das Grundkonzept eines digitalen Computers wurde in den 40er Jahren von John von Neumann entwickelt. Eine reine von-Neumann-Maschine besteht aus der CPU (Steuer- und Rechenwerk), einer Ein- und Ausgabeeinheit und dem Hauptspeicher. Das Hauptkennzeichen einer **von-Neumann-Struktur** ist ein zentraler Speicher, in dem auf den Programmcode und die Daten über einen gemeinsamen Bus zugegriffen werden kann. Es besteht somit keine physikalische Trennung zwischen Programm- und Datenspeicher.
Heutige Rechner sind jedoch keine reinen von-Neumann-Maschinen mehr. Häufig werden Konzepte angewandt, die über das von-Neumann-Prinzip hinausgehen. So zum Beispiel:
- Trennung von Code und Daten durch die Einführung von Code- und Datensegmenten.
- Benutzung von Cache-Speichern.
- Einsatz von Numerik-Prozessoren.

Eine Rechnerstruktur mit physikalischer Trennung von Programm- und Datenspeicher bezeichnet man als **Harvard-Struktur**.
Man findet diese Struktur z.B. bei Mikrocontrollern und Signalprozessoren. Bei diesen Prozessoren werden Programme und Daten über unterschiedliche, interne Systembusse geführt.
In der Regel können zwischen beiden Bussen und damit zwischen den beiden Speicherblöcken Daten ausgetauscht werden. Dies bezeichnet man als **modifizierte Harvard-Struktur**. Diese Speicherstruktur ermöglicht es, in einem Speicherzyklus den Obcode des Befehles und ein Datenwort gleichzeitig in den Prozessor einzulesen. Damit verringert sich die Zugriffszeit erheblich.

Komponenten eines Computers

CPU
Mikroprozessor bestehend aus Steuereinheit, ALU und Registern.

Systemtakt
Takt, mit dem die CPU getaktet wird. Nicht notwendigerweise identisch mit dem effektiven Arbeitstakt der CPU.

(E)PROM
Enthält die Minimalsoftware (Monitor, BIOS), die das Arbeiten mit dem Gesamtsystem ermöglicht.

RAM
Arbeitsspeicher bzw. Erweiterungsspeicher eines Computers.

Erweiterungen
Zusatz-Hardware, die den Anschluss von Tastatur, Bildschirm, Massenspeichern usw. ermöglicht.

E/A-Bausteine
Hochintegrierte, meist programmierbare Bausteine, die den Datenfluss von und zu den Schnittstellen ermöglichen.

Adressbus
Unidirektionale Sammelschiene für bitweise codierte Adressen. Adressierung von RAM-, ROM- und I/O-Bausteinen.

Datenbus
Bidirektionale Sammelschiene für bitweise codierte Daten.

Steuerbus
Steuert den zeitlichen Ablauf des Adress- und Datenflusses (unidirektional).

Prinzip der Trennung von Adressen und Daten bei Prozessoren mit gemultiplextem Adress-Datenbus

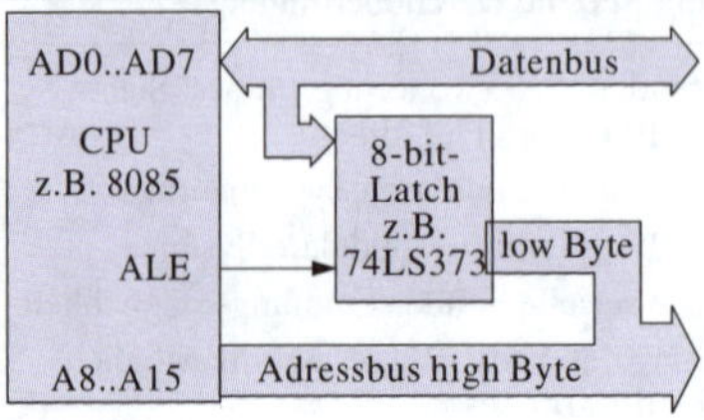

Einige Prozessoren weisen einen gemultiplexten Adress-Datenbus auf. D.h. die untere Hälfte des Adressbusses führt im Zeitmultiplex zuerst die Low-Adresse und dann die Daten. Die Trennung erfolgt z.B. durch ein Latch. Durch Aktivierung des ALE-Signales signalisiert die CPU die Ausgabe der Low-Adresse und das Latch speichert sie. Der Ausgang des Latches und die High-Byte-Adresse bilden zusammen die vollständige Speicheradresse.

6.1.3 Ein- und Ausgabegeräte

Eingabegeräte

Gerät	Ausführung	Kennzeichen	Erläuterung
Tastatur	MF-II	Insgesamt 102 (105) Tasten. Jede Taste liefert einen Break/Make-Code, der durch den Tastatur-Controller im PC in den so genannten Scancode übersetzt wird	Multifunktionale Tastatur mit alphanumerischen Tasten, Steuertasten und 12 Funktionstasten
Maus	mechanisch	Ermittlung der Mausposition durch mechanische Abtastung einer Rollkugel	Anschluss an serielle Schnittstelle. (serielle Maus). Busmäuse benötigen ein eigenes Interface
	optisch	Positionsermittlung durch optische Abtastung eines Koordinatengitters	Enthält keine mechanischen Verschleißteile. Benötigt eine spezielle Unterlage
	infrarot	Wie mechanische Maus, aber kabellos	Benötigt Motherboard mit IrDA-Schnittstelle bzw. spez. Interface
Track-Ball	mechanisch	Funktionsprinzipumkehrung der mechanischen Maus. Das Gehäuse steht fest, die Kugel wird bewegt	Sonderausführung bzw. Mausersatz für Laptops
Scanner	Hand	Wird mit der Hand über die Vorlage gezogen. Teilweise auch motorbetrieben	Scanbreite bis 10,5 cm. Als S/W- (max. 256 Graustufen) und Farb-Scanner. Auflösungen bis 800 DPI
	Einzug	Zieht Vorlagen bis zur Breite DIN A4 selbsttätig ein	Wie Hand-Scanner, aber Auflösung bis 600 DPI. Nur für Einzelblätter geeignet
	Flachbett	Vorlage (meist DIN A4) befindet sich zur Abtastung auf einer planen Glasplatte	Auflösung bis 2400 DPI. Eignet sich zum Scannen von Buchseiten
	Aufsicht (3D)	Der Scanner-Optik ist ein Objektiv vorgeschaltet	Auflösung bis 600 DPI. Ermöglicht das Scannen von räumlichen Objekten
	Dia	Meist ein Transparentaufsatz für Scanner. Ermöglicht das Scannen von Dias	Für Scanner mit mindestens 600 DPI Auflösung geeignet
Digitizer	induktiv kapazitiv	Die auf einem Digitalisiertablett befindliche Vorlage wird per Hand mit einer Digitalisierlupe punktweise abgetastet und die Koordinaten an den PC übergeben	Digitalisierung technischer Zeichnungen und Vektorgrafiken. Auflösungen bis zu 1/10 mm
Joystick	mechanisch	Ein mit zwei Potenziometern gekoppelter Steuerhebel mit einer oder mehr Steuertasten. Die an den Potenziometern abgegriffene Analogspannung entspricht der Position	Steuergerät für Computerspiele. Benötigt eine gesonderte Joystick-Schnittstelle

Hinweis: Scanner liefern grundsätzlich Pixelbilder. Eine nachträgliche Vektorisierung ist möglich, liefert jedoch bei geraden Linien nur unbefriedigende Ergebnisse.
Viele Scanner erlauben die Erhöhung der Auflösung durch Interpolation.

6.1.3 Ein- und Ausgabegeräte

Ausgabegeräte

Gerät	Ausführung	Kennzeichen	Erläuterung
Drucker	Laser	Arbeitet nach dem Photokopierprinzip (auch Farbe)	Verarbeitet Einzelblätter oder Folien. Auflösungen bis 600 (1200) DPI
	Nadel	Druckköpfe mit 9–24 Einzelnadeln. Zeichen werden durch einzelne Druckpunkte zusammengesetzt	Teilweise auch als Farbdrucker. Einzelblätter bis DIN A3 oder Endlosformulare. Dokumentecht. Auch für Durchschläge geeignet. Auflösungen bis 360 DPI
	Tintenstrahl	Druckkopf besteht aus bis zu 256 Einzeldüsen, die tropfenweise die Tinte auf das Papier spritzen. Dabei unterscheidet man das Bubble-Jet- und das Piezo-Prinzip	Der Tintenausstoß erfolgt über Gasdruck (Bubble-Jet) bzw. mechanischen Druck (Piezo). Für optimale Druckqualität spezielles Papier nötig. Auch für Folien geeignet. Auflösung bis 720 DPI. S/W u. Farbe
	Thermotransfer	Druckkopf besteht aus einer Reihe von Heizelementen, die durch Hitzeeinwirkung die Farbe von der wachsähnlich beschichteten Trägerfolie punktweise auf das Papier übertragen	Meist Farbdrucker. Die Trägerfolien-Rolle ist mehrfach in Folge seitenweise mit den Druckfarben beschichtet. Reicht für ca. 100–300 Seiten bzw. Folien. Auflösung bis 360 DPI
Plotter	Flachbett	Über einen motorischen Antrieb wird der Zeichenstift mechanisch in X- und Y-Richtung positioniert	Papierhalterung elektrostatisch. Einzelblätter bis DIN A0. Mit speziellen Stiften auch Folien. Auflösung <0,1 mm. Stiftmagazin mit bis zu 8 Wechselstiften
	Trommel	Zeichenstift bewegt sich nur in X-Richtung. Positionierung in Y-Richtung durch Papierbewegung	Verarbeitet auch Endlospapier. Auch als Tintenstrahlplotter mit Auflösung bis 600 DPI. Stifttrommel mit bis zu 8 Stiften
Bildschirm (Monitor)	Lochmaske	Lochmaske besteht aus kreisrunden Öffnungen. Die durch die Öffnung tretenden Elektronenstrahlen der drei im gleichseitigen Dreieck angeordneten Farbkanonen erzeugen auf der Leuchtschicht ein Farbtripel von Leuchtpunkten	Bildschirmgrößen bis 22 Zoll. Zeilenfrequenzen bis 100 kHz. Bildwiederholfrequenzen bis 120 Hz. Videobandbreite bis 200 MHz. Auflösungen bis 1800 × 1400 DPI. Lochmasken bis 0,26 mm. Gegenüber der Schlitzmaske weicheres, aber unschärferes Bild
	Schlitzmaske (Trinitron)	Lochmaske besteht aus rechteckförmigen Öffnungen. Die drei in einer Linie angeordneten Farb-Kanonen erzeugen auf der Leuchtschicht drei parallele, eng beieinander liegende Farbbalken	Daten wie bei Lochmaske. Erzeugen ein scharfes Bild. Lediglich bei diagonalen Linien tritt ein so genannter Treppeneffekt auf
	LCD	Ausnutzung des Polarisationseffektes in Verbindung mit Flüssigkristallen	Bildschirmgrößen bis 16 Zoll. Auflösungen bis 1280 × 1024 DPI. Langsamer Bildaufbau

Hinweis: Loch- und Schlitzmaskenmonitore auch in strahlungsarmer Ausführung entsprechend den schwedischen Empfehlungen MPR I, MPR II, TCO 92 und TCO 95.

6.1 Grundlagen der Computertechnik

6.1.4 Symbolik für die Programmdokumentation

Symbole für Programmablaufpläne DIN 66001: 1983-12

Symbol	Bedeutung	Symbol	Bedeutung
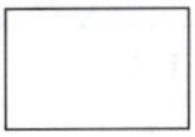	Allgemeine Operation insbesonders für Verarbeitung, Ein- und Ausgabe	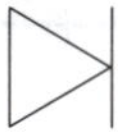	Unterbrechung durch eine andere Verarbeitung
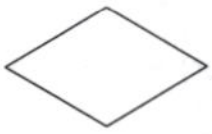	Verzweigung ein Sonderfall der Verzweigung ist ein Interrupt		Aufspaltung Eine ankommende Strecke geht in mehrere abgehende Strecken über
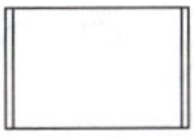	Unterprogramm Beschriftung muss eine eindeutige Zuordnung zur ausführlichen Darstellung des UPs erlauben	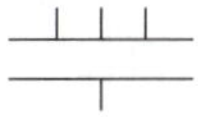	Sammlung Mehrere ankommende Strecken gehen in eine abgehende Strecke über
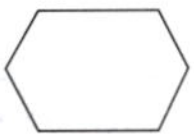	Programmodifikation z. B. Stellen programmierter Schalter bzw. Ändern von Registern	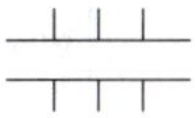	Synchronisationsschnitt Ebenso viel ankommende wie abgehende Strecken
	Operation von Hand z. B. Formularwechsel, Datenträgerwechsel usw.		Bemerkung Dieses Symbol kann an jedes andere Symbol der Norm angefügt werden
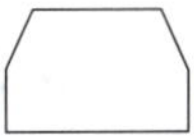	Schleifenanfang Bedingungen bzw. Initialisierungen sind in diesem Symbol einzutragen	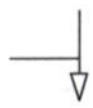	Zusammenführung sich kreuzende Ablauflinien stellen keine Zusammenführung dar
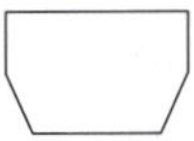	Schleifenende Endabfragen sind hier sinngemäß einzutragen. Bei Schachtelung von Schleifen die jeweils zuletzt geöffnete Schleife zuerst schließen		Ablauflinie Vorzugsrichtung von oben nach unten bzw. von links nach rechts. Bei Abweichung von der Vorzugsrichtung kann auf das folgende Symbol ein Pfeil gerichtet sein
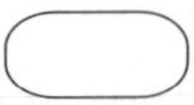	Grenzstelle insbesonders für Anfang bzw. Ende einer Verarbeitungsfolge		Übergangsstelle zusammengehörige Übergänge müssen gleiche Innenbeschriftung haben
	Sprung ohne Rückkehr		Sprung mit Rückkehr
	Steuerung einer Verarbeitung von außen	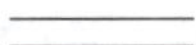	Synchronisation bei Parallelbetrieb

Phasen der Software-Entwicklung

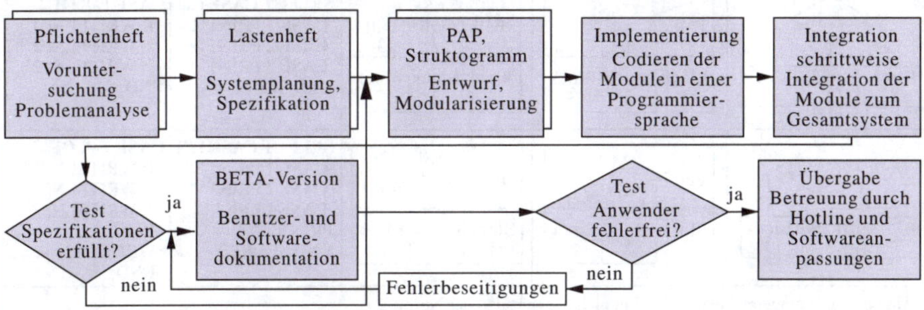

6.1 Grundlagen der Computertechnik

6.1.4 Symbolik zur Programmdokumentation

Programmablaufplan DIN 66001: 1983-12	Struktogramm nach Nassi-Shneidermann DIN 66261: 1985-11	Ersatzdarstellung (z.B. CASE-Systeme)	Beispiel in BASIC (QUICK BASIC)	Beispiel in PASCAL (TURBO PASCAL)
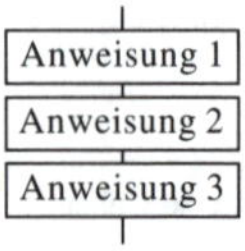	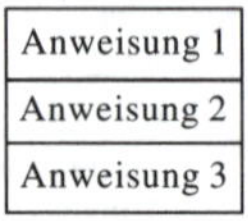	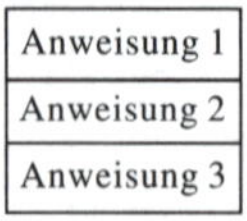	**PRINT** "Text 1" **PRINT** "Text 2" **PRINT** "Text 3"	**WRITELN** ('Text 1'); **WRITELN** ('Text 2'); **WRITELN** ('Text 3');

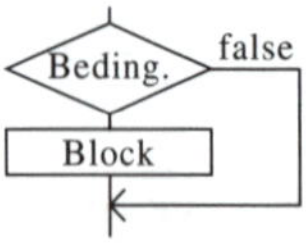	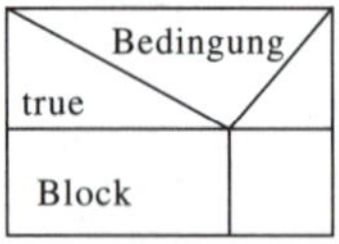	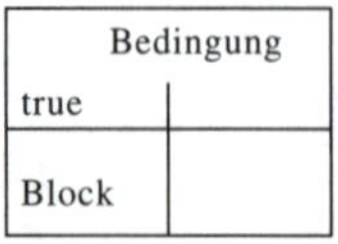	**IF** Beding **THEN**
			PRINT "true"
			END IF
				IF Bedingung **THEN**
				BEGIN
				WRITELN('true');
				END;

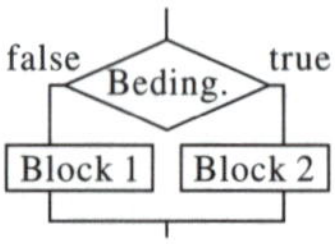	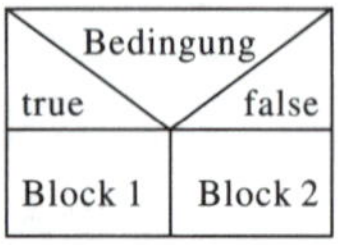	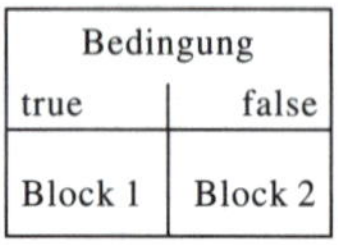	**IF** Beding **THEN**
			PRINT "true"
			ELSE
			PRINT "false"
			END IF
				IF Bedingung **THEN**
				WRITELN('true')
				ELSE
				WRITELN('false');

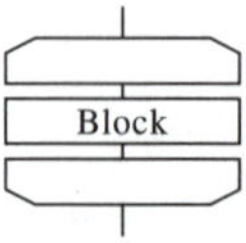	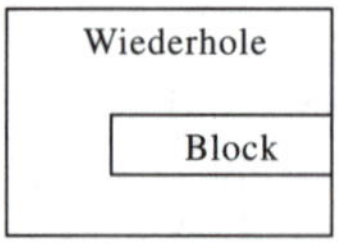	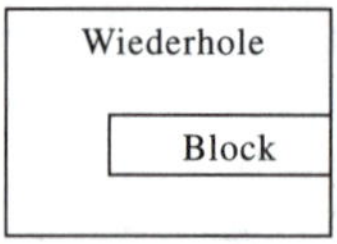	**FOR** i=1 **TO** 10
			PRINT i; "x2 = ";
			PRINT i * 2
			NEXT i
				FOR i:=1 **TO** 10 **DO**
				BEGIN
				WRITE(i, 'x2 = ');
				WRITELN(i * 2);
				END;

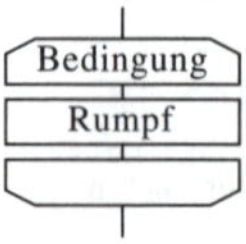	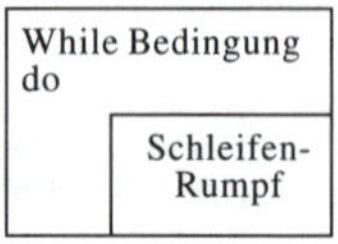	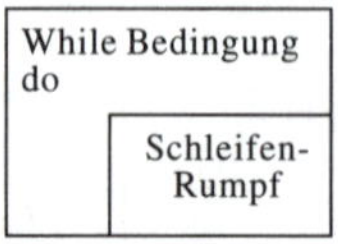	**WHILE** Bedingung
			PRINT "Weiter ";
			PRINT "bis false"
			WEND
				WHILE Bedingung **DO**
				BEGIN
				WRITE('Weiter ');
				WRITE('bis ');
				WRITELN('false');
				END;

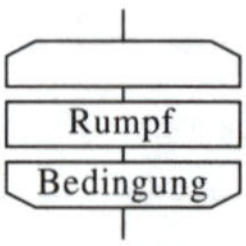	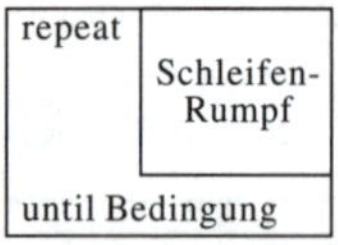	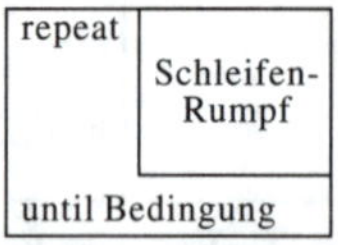	**DO** PRINT "Weiter "; PRINT "bis Taste" T$ = INKEY$ **LOOP WHILE** T$<>""	**REPEAT** WRITE('Weiter '); WRITE('bis '); WRITELN('Taste'); **UNTIL** KEYPRESSED;
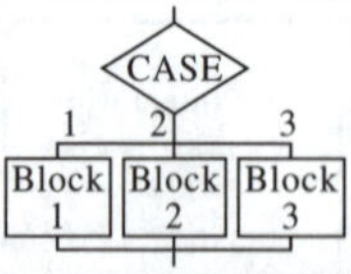	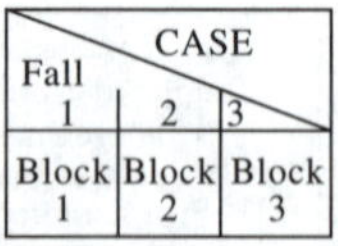	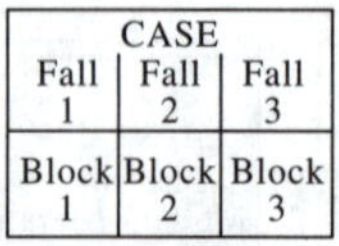	**SELECT CASE** Fall **CASE** 1 PRINT"1" **CASE** 2 PRINT"2" **CASE** 3 PRINT"3" **END SELECT**	**CASE** Fall **OF** 1: WRITELN('1'); 2: WRITELN('2'); 3: WRITELN('3'); **END**;
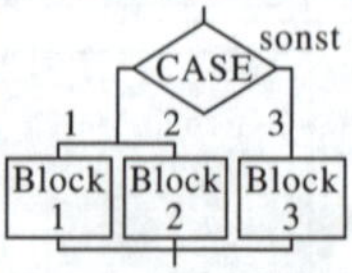	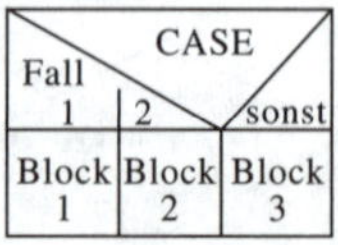	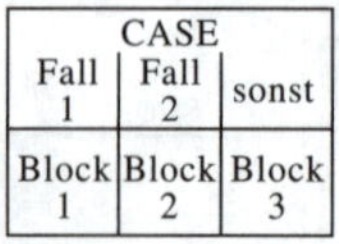	**SELECT CASE** Fall **CASE** 1 PRINT"1" **CASE** 2 PRINT"2" **CASE ELSE** PRINT"3" **END SELECT**	**CASE** Fall **OF** 1: WRITELN('1'); 2: WRITELN('2'); 3: WRITELN('3') **ELSE** WRITELN('sonst'); **END**;

Hinweis: Die eingetragenen Texte sind nicht Gegenstand der Norm.

6.1 Grundlagen der Computertechnik

6.1.5 Zahlendarstellung im Computer (nach IEEE 752)

⇒ 5-3

Ganzzahlen

Negative Ganzzahlen werden intern meist im B-Komplement (Zweierkomplement) dargestellt. Das B-Komplement erhält man durch Darstellung des Betrages der Dezimalzahl als Dualzahl, anschließender Invertierung und Addition von 1. Dadurch wird das MSB einer negativen Dualzahl immer 1 und eine Subtraktion läßt sich dann auf eine Addition zweier vorzeichenloser Dualzahlen zurückführen. Allerdings wird der Wertebereich für positive Ganzzahlen dadurch eingeschränkt. Er ist stets um eins kleiner als der Wertebereich negativer Ganzzahlen.

Beispiel (interne duale 8-Bit-Darstellung):

Gegeben: −93 im Dezimalsystem Gesucht: interne duale Darstellung der Zahl

1. Schritt: Umwandlung von $|-93_{10}|$ in Dualzahl $93_{10} = 01011101_2$
Entspricht der internen dualen Darstellung der Dezimalzahl +93.
2. Schritt: Bitweise invertieren 10100010 (B-1-Komplement)
3. Schritt: Addiere 1 zum B-1-Komplement + 1
10100011 (Interne Darstellung als B-Komplement)

Gleitpunktzahlen

Gleitpunktzahlen werden intern normalisiert gespeichert. Das heißt, der Dezimalpunkt wird im Binärformat solange verschoben, bis sich als Vorkommastelle eine 1 ergibt. Die Dezimalpunktverschiebung wird im Exponenten (8 Bit) berücksichtigt. Damit positive und negative Exponenten berücksichtigt werden können, wird zum dualen Exponenten ein BIAS von 127 dezimal addiert.

Beispiel: Gegeben: 178,625 im Dezimalsystem. Gesucht: interne 32-Bit-Darstellung.

1. Schritt: Getrennte Umwandlung von Vor- und Nachkommastellen in eine Dualzahl.

Hinweis: Normalisierung ergibt immer eine 1 vor dem Komma, die explizit nicht abgespeichert wird

2^7	2^6	2^5	2^4	2^3	2^2	2^1	2^0	2^{-1}	2^{-2}	2^{-3}	2^{-4}
1	0	1	1	0	0	1	0	1	0	1	0

Vorkommastellen | Nachkommastellen

2. Schritt: Normalisieren der Dualzahl 1,01100101010 Komma wurde um 7 Stellen verschoben.
3. Schritt: Korrektur durch Exponenten $1{,}01100101010 \cdot 2^7$.
4. Schritt: Exponent (hier 7_{10}) + BIAS (127_{10}) und Darstellung als Dualzahl $10000110_2 = 134_{10}$.
5. Schritt: Endgültiges 32-Bit-Format 0 | 10000110 | 01100101010000000000000
Vorzeichen | Exponent | Mantisse

BCD-Zahlen

Das BCD-Format wird hauptsächlich im kaufmännischen Bereich verwendet. Bei numerischen Operationen treten keine Rundungsfehler auf. Man unterscheidet zwei BCD-Formate:
– **Unpacked:** Codierung 8 Bit pro Dezimalziffer – **Packed:** Codierung 4 Bit pro Dezimalziffer
Das Vorzeichen wird im MSB des höchstwertigen Bytes bzw. Nibbles berücksichtigt. Die restlichen Bits im Vorzeichenbyte bzw. Vorzeichennibble bleiben unberücksichtigt.

Beispiele: Packed: $+93_{10} = 00000000\ 1001\ 0011_2$ $-93_{10} = 00001000\ 1001\ 0011_2$
Unpacked: $+93_{10} = 00000000\ 00001001\ 00000011_2$ $-93_{10} = 10000000\ 00001001\ 00000011_2$

Zahlenformate nach IEEE 752

Integer	Bit	Bereich dual	Bereich dezimal ca.	Real (BIAS)	Bit (Exp.)	Bereich dual (normalisiert)	Bereich dezimal ca.
Word	16	$-2^{15} \ldots +2^{16}-1$	$-32768 \ldots 32767$	Single (127_{10})	32(7)	$\pm 2^{-126}$ bis $\pm 2^{128}$	$\pm 1{,}18 \cdot 10^{-38}$ bis $\pm 3{,}40 \cdot 10^{38}$
Short	32	$-2^{13} \ldots +2^{31}-1$	$-2 \cdot 10^9 \ldots +2 \cdot 10^9$	Double (1023_{10})	64(10)	$\pm 2^{-1022}$ bis $\pm 2^{1024}$	$\pm 2{,}23 \cdot 10^{-308}$ bis $\pm 1{,}80 \cdot 10^{308}$
Long	64	$-2^{63} \ldots +2^{63}-1$	$-9 \cdot 10^{18} \ldots +9 \cdot 10^{18}$	Extended (16383_{10})	80(14)	$\pm 2^{-16382}$ bis $\pm 2^{16384}$	$\pm 3{,}36 \cdot 10^{-4932}$ bis $\pm 1{,}19 \cdot 10^{4932}$
BCD	80	±18 Stellen dezimal (packed)					

Hinweis: Bei allen Zahlenformaten MSB = Vorzeichenbit. MSB = 0 ⇒ positiv. MSB = 1 ⇒ negativ.

6.2 Mikroprozessoren

6.2.1 RISC-Prozessoren und Transputer

RISC-Prozessoren (RISC = Reduced Instruction Set Computer) weisen neben dem verringerten Befehlssatz (deutlich unter 100 Befehle) noch einige weitere charakteristische Merkmale auf:
- einheitliches Befehlsformat und einheitliche Instruktionslänge für alle Befehle,
- nur eine Adressierungsart (absolute Adressierung),
- Bearbeitung der Maschinenbefehle ausschließlich auf Registerebene (viele Register),
- festverdrahteter Befehlssatz (kein Mikrocode),
- Befehlsausführung aller Befehle in einem Maschinenzyklus,
- Verlagerung möglichst vieler Aufgaben in die Übersetzungszeit (optimierender Compiler).

Eine weitere Leistungssteigerung wird erzielt, indem man die Maschinenbefehle eines Prozesses oder ganze Prozesse parallel verarbeitet. Dafür ergeben sich drei mögliche Strukturen:

Mögliche Strukturen der Prozessparallelisierung

VLIW-Struktur
Parallelisierung im Prozess

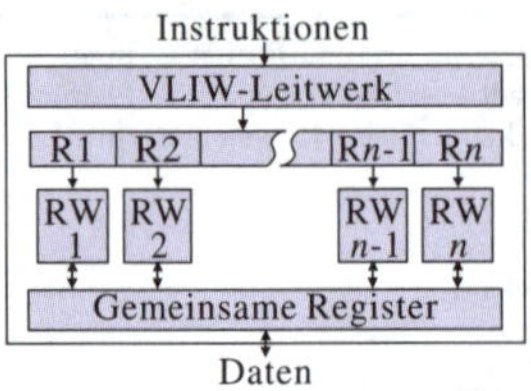

Ein optimierender Compiler generiert aus den Maschinenbefehlen Befehlswörter, die Befehlsanteile für jedes Rechenwerk enthalten. Man spricht dann vom VLIW (Very Long Instruction Word). Somit können die Instrukionen des Prozesses gezielt auf die Rechenwerke aufgeteilt und parallel verarbeitet werden.

Multiprozessor-Struktur
Parallelisierung der Prozesse

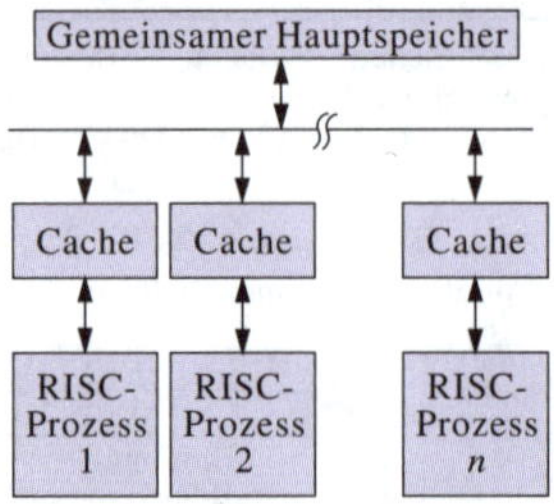

Mehrere Prozessoren greifen auf den selben Hauptspeicher zu. Zur Vermeidung des Cache-Konsistenzproblemes muß jeder Cachespeicher mit einem Cache-Controller ausgestattet sein. Der sorgt dafür, daß nach einem Schreibzugriff eines Prozessors ein anderer lesend zugreifender Prozessor mit den aktuellen Daten versorgt wird. Die Kommunikation der Prozessoren untereinander erfolgt hier in voller Datenbusbreite.

Transputer-Struktur
Parallelisierung gemischt

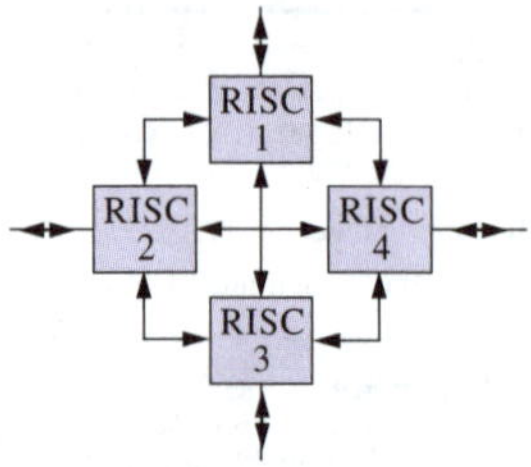

RISC-Prozessoren, die chip-intern mit schnellen asynchronen seriellen Schnittstellen (Links) ausgestattet sind, bezeichnet man als Transputer. Die Kommunikation der Prozessoren untereinander erfolgt seriell. Es ist somit möglich, einen Prozeß auf mehrere Prozessoren zu verteilen. Ist der prozessorinterne RAM groß genug, so kann der gesamte Prozess innerhalb des Prozessors bearbeitet werden.

Verminderung von Speicherzugriffen durch Mehrfachregisterdateien

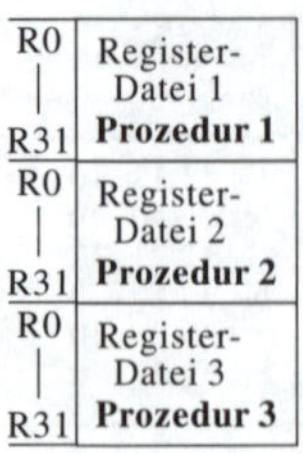

Mehrere Registerdateien mit gleicher Registerzahl. Ein Prozeduraufruf wird einfach durch Umschalten der Registerdatei realisiert.

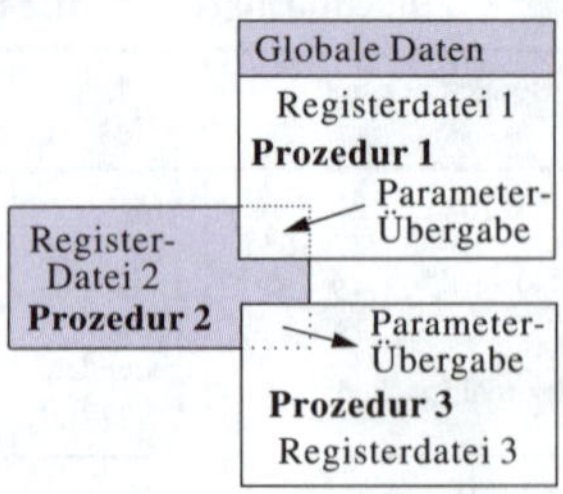

Mit dieser Struktur ist eine Parameterübergabe zwischen den Prozeduren möglich. Überlappende Register der Registerdateien mit fester Länge dienen der Parameterübergabe. Die anderen Register enthalten die Prozedur u. die lokalen Variablen.

6.2 Mikroprozessoren

6.2.2 CISC-Prozessoren Übersicht

CPU-Typ	Adress-bus (Bit)	Datenbus-breite (Bit)	Struktur Adress- und Datenbus	Maximale Takt-frequenz	Zahl der Register ohne Befehlszähler und Flags[1]
68000	24	16	getrennt	16 MHz	7 Adress, 8 Daten, 2 Pointer
68008	20 (21)	8	getrennt	8 MHz	7 Adress, 8 Daten, 2 Pointer
68010	24	16	getrennt	10 MHz	7 Adress, 8 Daten, 2 Pointer
68012	30 + 1	16	getrennt	12 MHz	7 Adress, 8 Daten, 2 Pointer
68020	32	8, 16, 32	getrennt	25 MHz	7 Adress, 8 Daten, 3 Pointer
68030	2 × 32	2 × 32	getrennt	50 MHz	7 Adress, 8 Daten
68040	32	32	getrennt	25 MHz	7 Adress, 8 Daten
68060	32	32	getrennt	66 MHz	7 Adress, 8 Daten
8085	16	8	Zeitmultiplex	5 MHz	4 Universal, 1 Pointer
8086	16 (20)	16	Zeitmultiplex	12 MHz	4 Universal, 2 Pointer, 2 Index, 4 Segment
8088	16 (20)	16 intern 8 extern	Zeitmultiplex	12 MHz	4 Universal, 2 Pointer, 2 Index, 4 Segment
80286	19 (23)	16	getrennt	20 MHZ	4 Universal, 2 Pointer, 2 Index, 4 Segment
80386 SX	19 (23)	32 intern 16 extern	getrennt	33 MHz	4 Universal, 2 Pointer, 2 Index, 6 Segment, 3 Steuer, 4 System-adress, 6 Debug, 2 Test
80386 DX	23	32 intern 16 extern	getrennt	40 MHz	4 Universal, 2 Pointer, 2 Index, 6 Segment, 3 Steuer, 4 System-adress, 6 Debug, 2 Test
80486 SX	32	32	getrennt	33 MHz	4 Universal, 2 Pointer, 2 Index, 6 Segment, 3 Steuer, 4 System-adress, 6 Debug, 2 Test
80486 DX (DX2) (DX4)	32	32	getrennt	50 MHz (80 MHz) (133 MHz)	4 Universal, 2 Pointer, 2 Index, 6 Segment, 3 Steuer, 4 System-adress, 6 Debug, 2 Test
Pentium P5 (P6)	32	64	getrennt	200 MHz (200 MHz)	4 Universal, 2 Pointer, 2 Index, 6 Segment, 3 Steuer, 4 System-adress, 6 Debug, 2 Test, 1 Status (5 bit Debug-Schnittstelle)
Z80	16	8	getrennt	6 MHz	6 Universal, 1 Pointer, 2 Index
Z8001/1	16(23)	16	Zeitmultiplex	10 MHz	14 Universal, 2 (4) Pointer 8002 (8001)

⟹ 6-13

⟹ 6-16

⟹ 6-14

[1] Die Zahlen beziehen sich auf maximale Registerbreiten u. das Anwender-Programmiermodell.

6.2.2 CISC-Prozessoren Übersicht (Fortsetzung)

Zahl der Befehle	Cache-Speicher	Prefetch Queue	Numerik-Prozessor	Besonderheiten	CPU-Typ
61	keiner	4 byte	Software-Emulation	lin. Adressierung	68000
61	keiner	4 byte	Software-Emulation	lin. Adressierung	68008
65	6 byte Loop-Mode	4 byte	Software-Emulation	lin. Adressierung	68010
65	6 byte Loop-Mode	4 byte	Software-Emulation	lin. Adressierung	68012
103	256 byte intern	6 byte	im Microcode	lin. Adressierung	68020
121	2 × 256 byte intern			lin. Adressierung	68030
121	2 × 4 Kb intern		integriert	lin. Adressierung	68040
121	2 × 8 Kb intern		integriert	3,3-V-Technologie, aber TTL/CMOS-kompatibel	68060
80	keiner	keine	keiner	Nachfolger des 8080	8085
92	keiner	6 byte	Software-Emulation	segment. Adressierung	8086
92	keiner	4 byte	Software-Emulation	segment. Adressierung	8088
115	keiner		extern 80287	segment. Adressierung protected Mode	80286
133	keiner	16 byte	extern 80387 SX	segment. Adressierung protected und virtuel Mode	80386 SX
133	bis 128 Kb extern	16 byte	extern 80387	segment. Adressierung protected und virtuel Mode	80386 DX
139	bis 128 Kb extern	32 byte	extern 80487 SX	segment. Adressierung protected und virtuel Mode	80486 SX
139	8 (16) Kb intern bis 256 Kb extern extern	32 byte	intern	segment. Adressierung protected und virtuel Mode multiprozessorfähig	80486 DX DX2 (DX4)
139	16 Kb intern 8 Kb Daten 8 Kb Code	32 byte	intern	segment. Adressierung protected und virtuel Mode multiprozessorfähig (3,3V)	Pentium P5 (P6)
158	keiner	keine	keiner	besteht aus zwei 8085 und ist zu diesem softwarekompatibel	Z80
110	keiner		keiner	Z8001 segment. Adressierung, letzte CPU ohne Microcode	Z8001/2

6.2 Mikroprozessoren

Blockschaltbild 8085-Prozessor

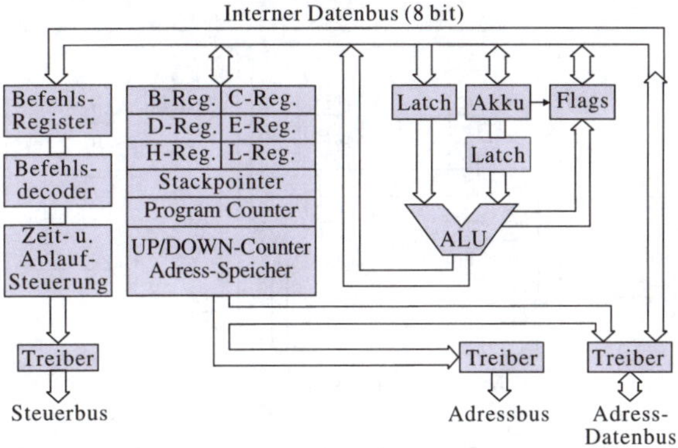

B-L: 8-Bit-Register, die paarweise als 16-Bit-Register (BC, DE, HL) verwendet werden können. HL dient auch zur indirekten Adressierung in Verbindung mit Speichertransferbefehlen.
Stackpointer: Adresse, unter der zuletzt im Stack etwas abgelegt wurde.
Program Counter: Adresse des nächsten auszuführenden Befehlsbytes.
Adress-Speicher: Adresse der aktuellen Speicherzelle.

Ablauf des Befehles OUT 30H (Opcode in Adresse 3702H, der Akku enthält 0DH)

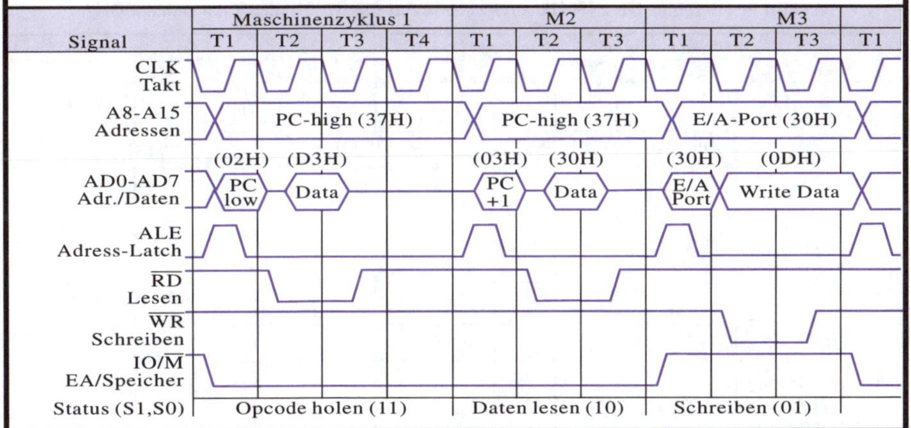

Signalbedeutungen

ALE: Gültige Low-Adresse auf AD0 – AD7.

$\overline{\text{RD}}$: Datenbus bereit für Lesezyklus.

$\overline{\text{WR}}$: Gültige Daten auf AD0 – AD7.

Hinweis:
Low am READY-Eingang erzwingt Wait-States.

IO/M	S1	S0	Erklärung
0	0	1	Speicher schreiben
0	1	0	Speicher lesen
1	0	1	I/O schreiben
1	1	0	I/O lesen
0	1	1	Opcode-Abruf
1	1	1	Interrupt-Quittung
High-Z	0	1	Halt

6.2 Mikroprozessoren

Blockschaltbild Z80-Prozessor

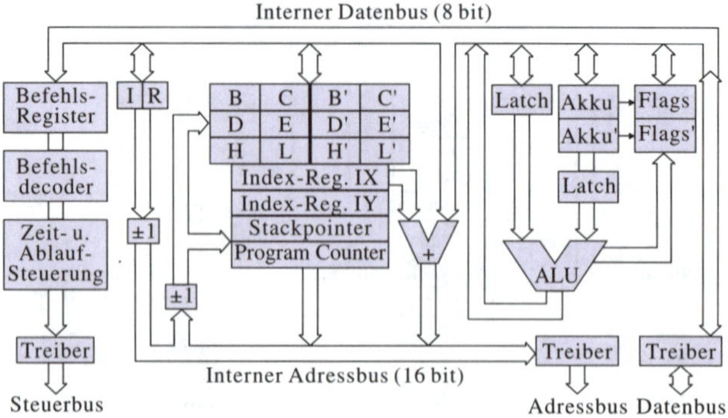

B–L, B'–L'	Registersatz wie 8085, jedoch doppelt vorhanden. Inhalt beider Registersätze ist austauschbar. Gilt auch für Akku u. Flagregister
Index-Register IX, IY	Enthält Displacement zur aktuellen Adresse für zusätzliche indizierte Adressierung
I-Register	High-Byte der Startadresse der Int-Service-Routine (im Modus 2)
R-Register	Refresh-Zähler. Enthält Low-Byte der Refresh-Adresse

Ablauf des Befehles OUT (30H), A (Opcode in Adresse 3702H, der Akku enthält 0DH)

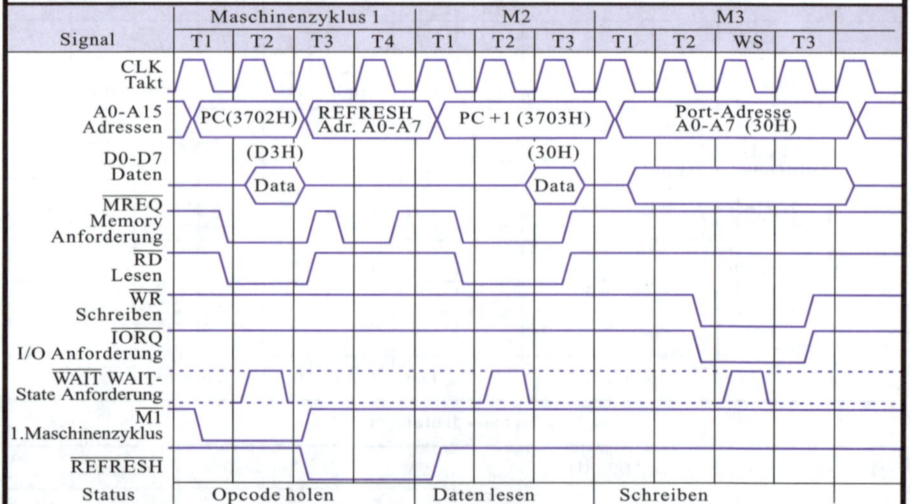

$\overline{\text{MREQ}}$**:** Zeigt gültige Adresse für Lese- oder Schreiboperation ins Memory an.

$\overline{\text{WAIT}}$**:** Zwingt die CPU zum Einlegen von Wait-States. Bei I/O-Zugriffen erfolgt dies automatisch.

$\overline{\text{IORQ}}$**:** Low-Byte Adresse ist gültige I/O-Adresse.

$\overline{\text{REFRESH}}$**:** Ausgang. Auf den unteren Adressleitungen liegt der Inhalt des R-Registers als Refresh-Adresse für dynamische RAMs.

6.2 Mikroprozessoren

8085-Flags

Das Flag-Register bildet zusammen mit dem Akku das Programmstatuswort.

S	Z	X	AC	X	P	X	CY

S: 1 → Vorzeichen negativ.
Z: 1 → letzte das Zero-Flag beeinflussende Operation ergab Null.
AC: 1 → Übertrag Bit 3 nach 4.
P: 1 → Parität ist gerade.
CY: 1 → Übertrag Bit 6 nach 7.

Z80-Flags

S	Z	X	H	X	P/V	N	C

S: 1 → Vorzeichen negativ.
Z: 1 → letzte das Zero-Flag beeinflussende Operation ergab Null.
H: 1 → Übertrag Bit 3 nach 4.
P: 1 → Parität ist gerade.
V: 1 → Vorzeichenwechsel bei Addition bzw. Subtraktion aufgetreten.
N: 1 → Subtraktion erfolgte.
C: 1 → Übertrag Bit 6 nach 7.

Interrupt-Struktur des 8085

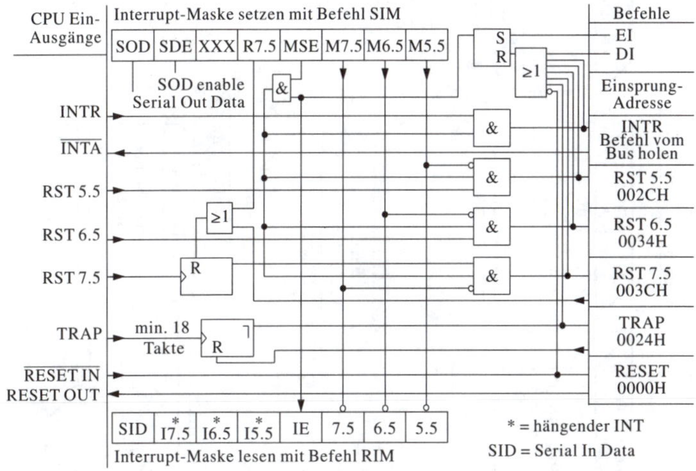

Interrupt-Struktur des Z80

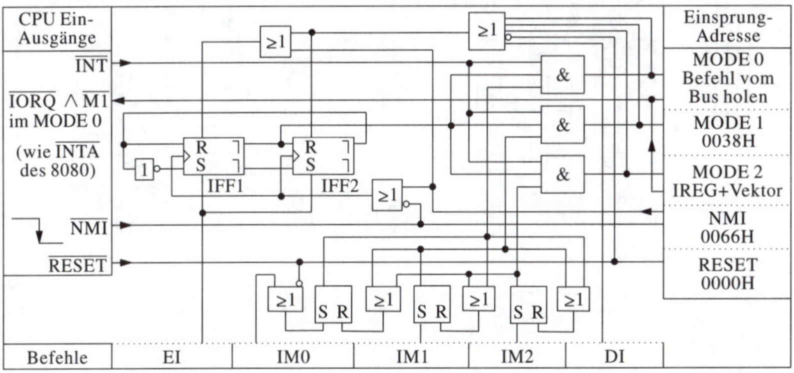

6.2 Mikroprozessoren

Blockschaltbild 80386/486 Prozessor

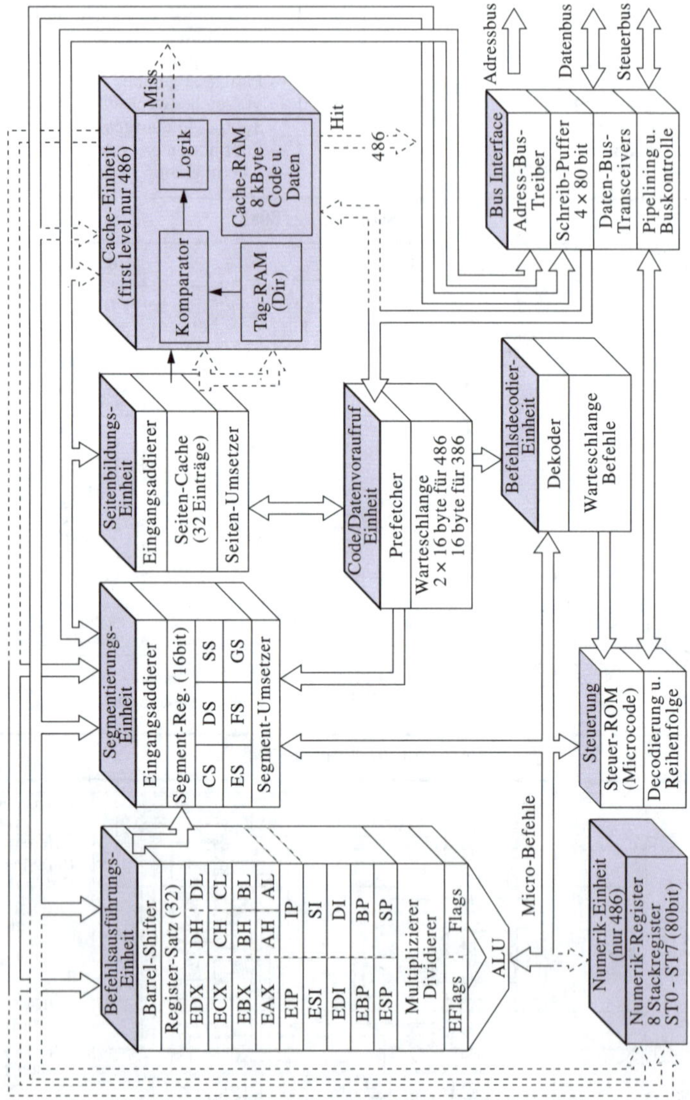

Hinweis: Gestrichelte Teile gelten nur für den 80486-Prozessor.

6.2 Mikroprozessoren

Unterschiede 80486-/80386-Prozessor

- Zusätzlicher integrierter Numerik-Prozessor (kompatibel zum 80387).
- Zusätzlicher interner Cache-Speicher.
- Gegenüber dem 80386 doppelt so große Befehlswarteschlange (32 Byte).
- Hardware-Unterstützung zum Betrieb mehrerer 80486-Prozessoren (Anlehnung an RISC-Struktur).
- Drei neue Testregister TR3 bis TR5 zum Überprüfen der CACHE-Funktionen.
- Sechs neue Prozessorbefehle (BSWAP, CMPXCHG, INVD, INVLPG, WBINVD, XADD).
- Das Statusbit AC (Alignment-Check) im Flag-Register. Erlaubt bzw. sperrt bei Datenstrukturen oberhalb der Byte-Grenze den Zugriff auf ungerade Adressen.
- Fünf Statusbits im Steuerregister CR0. CE (Cache Enable) schaltet integrierten Cache ein bzw. aus, WT (Write Transparent) stellt Kohärenz zwischen Cache- u. Datenspeicher her, NE (Numeric Exceptions) legt die Art der Ausnahmebehandlung für die Numerik-Einheit fest, AM (Alignment Mask) Maske für AC-Statusbit und WP (Write Protect) verbietet auch auf höchster Prioritätsebene den Zugriff auf schreibgeschützte Speicherseiten.
- Zwei neue Statusbits im Kontrollregister CR3. PCD (Page Cache Disable) und PWT (Page Write Through) für die Cache-Verwaltung.

6

Speicherzugriffsarten beim 80386- und 80486-Prozessor

Real-Mode (nach Reset)	Virtuell-Real-Mode	Protected-Mode
Im Real-Mode sprechen Programme den Systemspeicher mit physikalischen Adressen an (Segment: Offset). Adressen werden dabei vom Prozessor unverändert auf den Adressbus gelegt. Es besteht keine Möglichkeit Daten- und Codebereiche von Programmen zu schützen.	In dieser Betriebsart können mehrere Programme, die für den 8086-Prozessor geschrieben wurden (dieser verfügt nur über den Real-Mode), parallel verarbeitet werden. Arbeitet der 80386/486-Prozessor im protected-Mode, so wird durch Setzen des Bits 17 im Flag-Reg. in den Virtuell-Real-Mode geschaltet.	Alle Segmentzugriffe werden in diesem Modus über Deskriptoren durchgeführt. Sie werden als Tabelle (jeweils 8 Bit) im Arbeitsspeicher gehalten und über die oberen 13 Bit der Segment-Register (Selektoren) angesprochen ⇒ simultane und geschützte Verarbeitung mehrerer Programme möglich.

Speichermodelle und Speicheraufteilung beim PC (nicht maßstäblich)

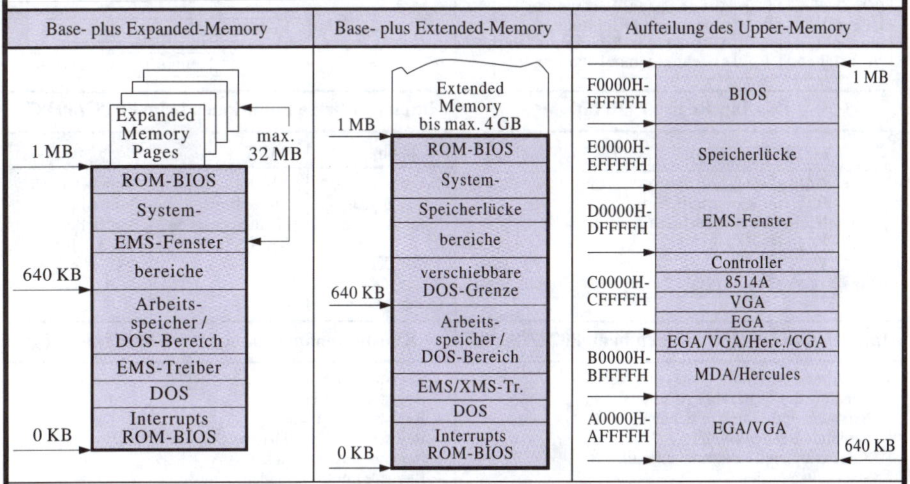

Hinweis: Erläuterung der verschiedenen Speicherarten siehe Kapitel 6.8 PC-Tabellen.

⟹ 6-60ff

6.2 Mikroprozessoren

Die numerischen Prozessoren 8087 / 80287 / 80387

Die Prozessoren besitzen alle den gleichen Registersatz und unterscheiden sich nur im Befehlsumfang. Alle Befehle sind durch ein vorangestelltes 'F' gekennzeichnet. Bei der Programmierung wird dem eigentlichen Befehlscode ein Escape-Zeichen (ASCII 27H) vorangestellt. Die CO-Prozessoren können selbständig keinen Speicher adressieren. Sie kommunizieren mit der CPU über die Portadressen 0F8H (Code) und 0FAH (Daten). Die Synchronisation von CPU und CO-Prozessor erfolgt über einen Hardware-Handshake. Alle Prozessoren der 87-Serie können Zahlenformate gemäß IEEE 752 verarbeiten.

Die 8 Floating-Point-Stack-Register (80 bit)

Bitposition			Register	
79	78-64	63-0	Nr	Name
S	Exponent	Mantisse	R7	ST2
"	"	"	R6	ST1
"	"	"	R5	ST(0) ← Stackpointer hier z.B. 5
"	"	"	R4	ST(7)
"	"	"	R3	ST(6)
"	"	"	R2	ST(5)
"	"	"	R1	ST(4)
"	"	"	R0	ST(3)

- Die Stack-Register werden über einen Stack-Pointer adressiert.
- Jedes Stack-Register kann Stack-Top sein → der Stack-Pointer zeigt auf dieses Register.
- Jede Schreiboperation dekrementiert den Stack-Pointer und lädt den Operanden in das aktuelle Stack-Top-Register (z.B. FLDPI ST(0) → Lade PI in ST (7)).
- Jede Leseoperation liest einen Operanden vom Stack-Top und inkrementiert den Stack-Pointer (z.B. FLD ST(2) → ST(2) = ST(3)).

Das Kontroll-Register (16 bit)

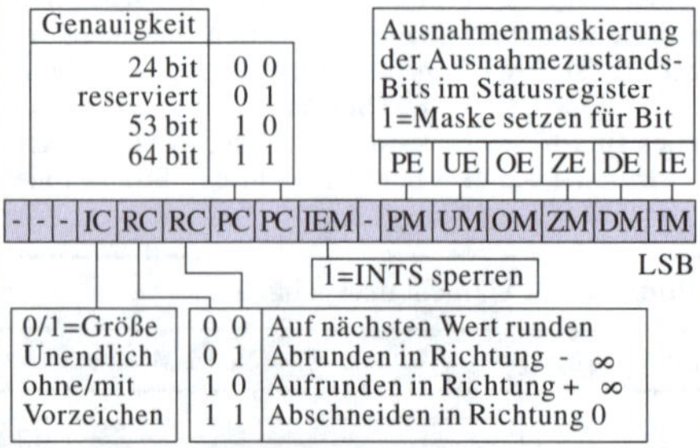

Das Status-Register (16 bit)

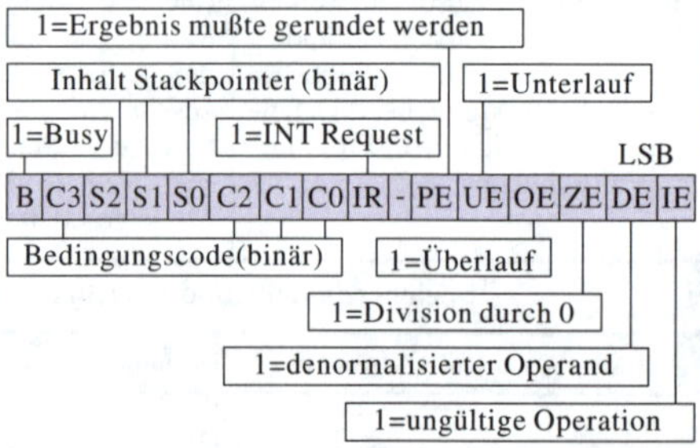

Das Tag-Register (16 bit)

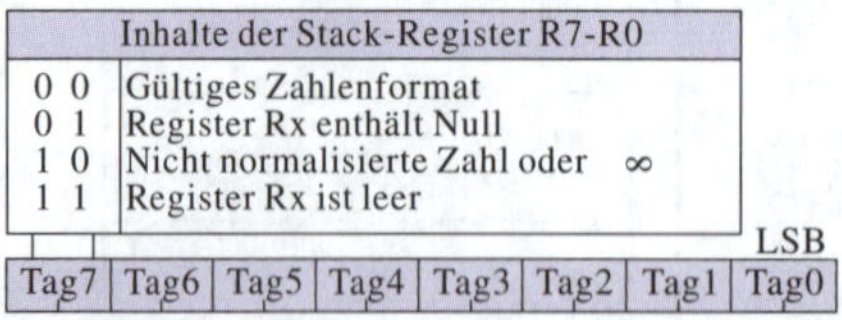

Implementierte Funktionen beim 80287/80387

Funktion	80287	80387
Tangens	0 bis PI/4	Voller Bereich
Arcustangens	Voller Bereich	Voller Bereich
Sinus/Kosinus	Nicht vorhanden	Voller Bereich
2^{X-1}	$0 \leq X \leq 0{,}5$	$0 \leq X \leq 0{,}5$
$Y(\log_2 X)$	>0	>0
$Y(\log_2(X+1))$	>-1	>-1
Quadratwurzel	≥ 0	≥ 0

Implementierte Operationen beim 80287/80387

- Grundrechenarten für Ganz- und Realzahlen,
- Rundung auf Ganzzahl / Absolutbetrag,
- Exponent und Mantisse trennen,
- Partiellen Rest ermitteln,
- Zahlenvergleich / Prüfung auf null,
- Stackspitze prüfen,
- Skalierung.

Konstantenoperationen beim 80287/80387

- Register mit Null laden,
- Register mit 1 laden,
- Register mit PI laden,
- Register mit $\log_2 10$ laden,
- Register mit $\log_2 e$ laden,
- Register mit $\log_{10} 2$ laden,
- Register mit ln2 laden.

6.2.3 Mikrocontroller

Mikrocontroller gehören zu den UPICs (User Programmable Integrated Circuit) und sind komplette Prozessorsysteme in Harvard-Struktur, die neben der eigentlichen CPU wesentliche Peripheriekomponenten integriert haben. Dazu zählen unter anderem Programm- und Datenspeicher, Timer, Zähler, Oszillatoren, I/O-Ports, AD-/DA-Umsetzer, serielle und parallele Schnittstellen. Zur Programmierung dieser Zusatzkomponenten besitzen die Mikrocontroller eine Vielzahl von Steuer- und Kontrollregistern. Bei der 80XX(X)-Controller-Familie sind diese in den Special-Function-Registern (SFR) zusammengefasst. Ein großer Vorteil bei Steuerungsaufgaben ist die Möglichkeit der Bit-Adressierung und die damit unabhängige I/O-Funktion einzelner Bits.

Die 80XX(X) 8-Bit-Controller-Familie (80C166 16-Bit-Controller)

Typ	max. Takt	int. ROM	int. RAM	Timer/ Counter	ADC 8-Bit	I/O Ports	Sonstiges
8031/8051	16 MHz	– / 4 KB	128 byte	2 × 16 bit	–	4 × 8 bit	1 × USART
8032/8052 80C32/80C52	20/16 MHz 16 MHz	– / 8 KB	256 byte	3 × 16 bit	–	4 × 8 bit	1 × USART
80512/80532	12 MHz	4 KB / –	128 byte	2 × 16 bit	8 × In	6 × 8 bit	1 × USART
80513	16 MHz	16 KB	256 byte	3 × 16 bit	–	4 × 8 bit	1 × USART
80515/80535 80C515/80C535	12 MHz 16 MHz	8 KB / –	256 byte	3 × 16 bit	8 × In	6 × 8 bit	1 × USART, 1 × Watchdog, 4-Kanal-Puls-weitenmodulation
80C517/80C537	12 MHz	8 KB / –	256 byte	4 × 16 bit	12 × In	7 × 8 bit	1 × USART, 1 × UART, 2 × Watchdog, 21-Kanal-Puls-weitenmodulation
80C166/83C166	20 MHz	– / 8 KB	1 KB	7 × 16 bit	10 × In	4 × 16, 1 × 2, 1 × 10 bit	2 × USART, 1 × Watchdog, ROM als Flash-EPROM

Die Einteilung des internen RAM-Bereiches beim 80513, 80515, 80535, 80517, 80537

Memory-Map

Adr. hex	RAM-Bereich	Adr. dez
80H–FFH	indirekt adressierbarer Bereich	120–255
30H–7FH	direkt und indirekt adressierbarer Bereich	48–127
20H–2FH	bitadressierbarer Bereich	32–47
18H–1FH	Registerbank 3	24–31
10H–17H	Registerbank 2	16–23
08H–0FH	Registerbank 1	8–15
00H–07H	Registerbank 0	0–7

Bitadressen des bitadressierbaren Bereiches

Byteadresse hex	Byteadresse dez	B7	B6	B5	B4	B3	B2	B1	B0
2FH	47	7F	7E	7D	7C	7B	7A	79	78
2EH	46	77	76	75	74	73	72	71	70
2DH	45	6F	6E	6D	6C	6B	6A	69	68
2CH	44	67	66	65	64	63	62	61	60
2BH	43	5F	5E	5D	5C	5B	5A	59	58
2AH	42	57	56	55	54	53	52	51	50
29H	41	4F	4E	4D	4C	4B	4A	49	48
28H	40	47	46	45	44	43	42	41	40
27H	39	3F	3E	3D	3C	3B	3A	39	38
26H	38	37	36	35	34	33	32	31	30
25H	37	2F	2E	2D	2C	2B	2A	29	28
24H	36	27	26	25	24	23	22	21	20
23H	35	1F	1E	1D	1C	1B	1A	19	18
22H	34	17	16	15	14	13	12	11	10
21H	33	0F	0E	0D	0C	0B	0A	09	08
20H	32	07	06	05	04	03	02	01	00

Interrupt-Struktur des 80C515/535 und Interrupt-Einsprung-Adressen

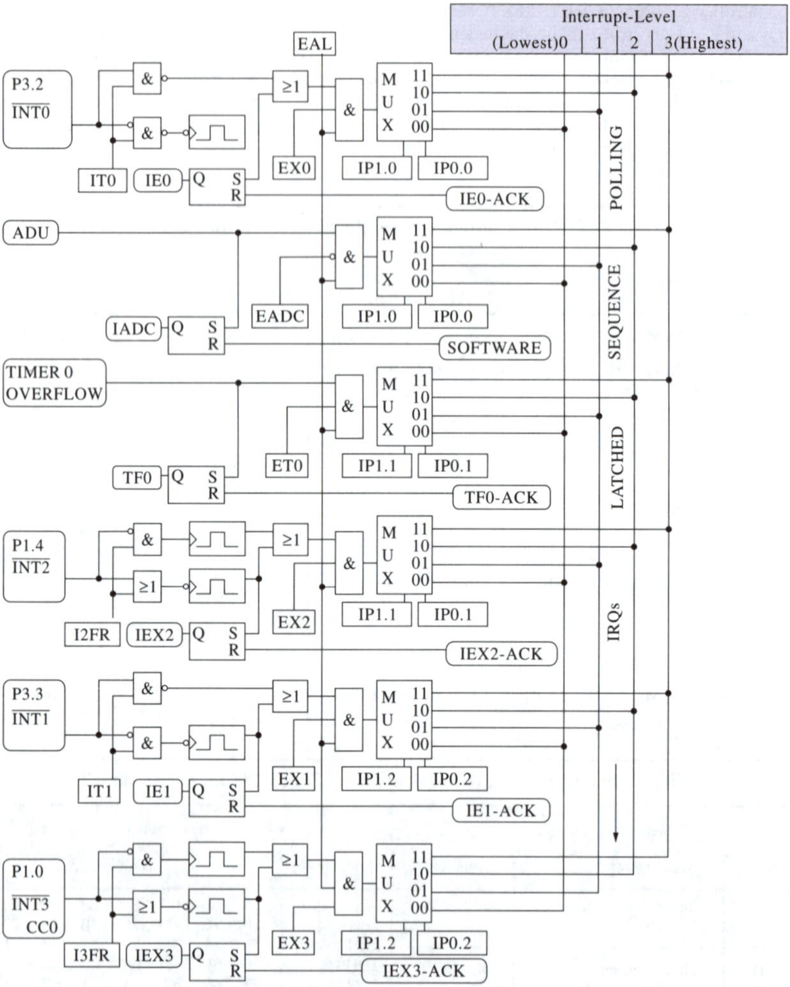

Interrupt-Quelle	IRQ-Flag	INT-Adresse	Interrupt-Quelle	IRQ-Flag	INT-Adresse
Externer Interrupt 0	IE0	0003H	ADU	IADC	0043H
Externer Interrupt 1	IE1	0013H	Timer 0	TF0	000BH
Externer Interrupt 2	IEX2	004BH	Capture/Compare 0 In	IEX3	0053H
Externer Interrupt 3	IEX3	0053H	Capture/Compare 0 Out	IEX3	0053H

Interrupt-Struktur des 80C515/535 und Interrupt-Einsprung-Adressen (Fortsetzung)

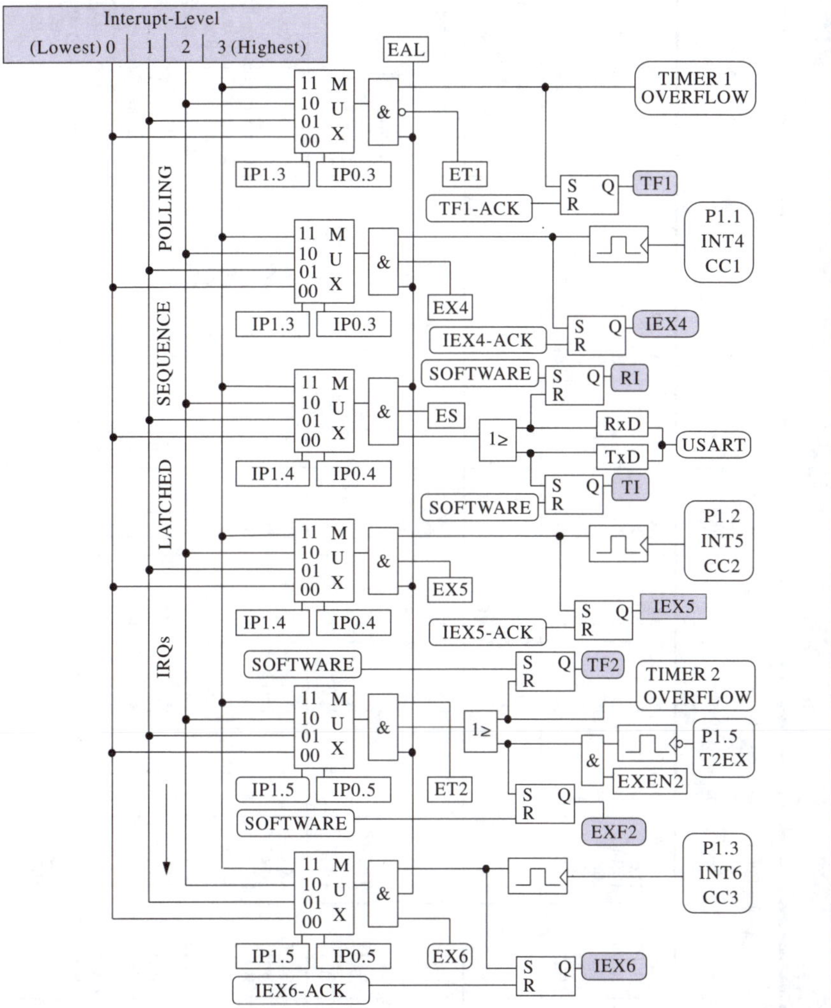

Interrupt-Quelle	IRQ-Flag	INT-Adresse	Interrupt-Quelle	IRQ-Flag	INT-Adresse
Timer 1	TF1	001BH	Timer 2 reload	EXF2	002BH
Timer 2	TF2	002BH	Capture/Compare 1 In	IEX4	005BH
USART R×d	RI	0023H	Capture/Compare 1 Out	IEX4	005BH
USART T×D	TI	0023H	Capture/Compare 2 In	IEX5	0063H
Externer Interrupt 4	IEX4	005BH	Capture/Compare 2 Out	IEX5	0063H
Externer Interrupt 5	IEX5	0063H	Capture/Compare 3 In	IEX6	006BH
Externer Interrupt 6	IEX6	006BH	Capture/Compare 3 Out	IEX6	006BH

Funkt. Einh.	SFR Name	Special-Function-Register-Bits und Adressen									Inhalt nach Reset	Bedeutung der Special-Function-Register bzw. der Registerbits
		Base Adr.	Base +7	Base +6	Base +5	Base +4	Base +3	Base +2	Base +1	Base +0		
	ACC	E0H	ACC.7	ACC.6	ACC.5	ACC.4	ACC.3	ACC.2	ACC.1	ACC.0	00H	Akku
C	B	F0H	B.7	B.6	B.5	B.4	B.3	B.2	B.1	B.0	00H	B-Register
P	DPH	83H	Bit15	Bit14	Bit13	Bit12	Bit11	Bit10	Bit9	Bit8	00H	Daten-Pointer (High-Byte)
U	DPL	82H	Bit7	Bit6	Bit5	Bit4	Bit3	Bit2	Bit1	Bit0	00H	Daten-Pointer (Low-Byte)
	PSW	D0H	CY	AC	F0	RS1	RS0	OV	F1	P	00H	Programm-Status-Wort
	SP	81H	Bit7	Bit6	Bit5	Bit4	Bit3	Bit2	Bit1	Bit0	07H	Stack-Pointer
A	ADCON	D8H	1)	1)	–	BSY	ADM	MX2	MX1	MX0	00H	ADU-Kontroll-Register
D	ADDAT	D9H	Bit7	Bit6	Bit5	Bit4	Bit3	Bit2	Bit1	Bit0	00H	ADU-Ergebnis-Daten-Register
U	DAPR	DAH	Vref	Vref	Vref	Vref	VGnd	VGnd	VGnd	VGnd	00H	ADU-Referenz-Spannung (intern)
	IEN0	A8H	EAL	1)	ET2	ES	ET1	EX1	ET0	EX0	00H	Interrupt-Enable-Register 0
I	IEN1	B8H	EXEN2	1)	EX6	EX5	EX4	EX3	EX2	EADC	00H	Interrupt-Enable-Register 1
N	IP0	A9H	–	1)	IP0.5	IP0.4	IP0.3	IP0.2	IP0.1	IP0.0	00H	Interrupt-Prioritäts-Register 0
T	IP1	B9H	–	–	IP1.5	IP1.4	IP1.3	IP1.2	IP1.1	IP1.0	XX000000B	Interrupt-Prioritäts-Register 1
S	IRCON	C0H	EXF2	TF2	IEX6	IEX5	IEX4	IEX3	IEX2	IADC	00H	Interrupt-Request-Kontroll-Reg.
	TCON	88H	TF1	1)	TF0	1)	IE1	IT1	IE0	IT0	00H	Timer-Kontroll-Register
	T2CON	C8H	1)	I3FR	I2FR	1)	1)	1)	1)	1)	00H	Timer 2 Kontroll-Register
	CCEN	C1H	CCH3	CCL3	CCH2	CCL2	CCH1	CCL1	CCH0	CCL0	00H	Compare/Capture-Enable-Register
Timer	CCH1	C3H	Bit15	Bit14	Bit13	Bit12	Bit11	Bit10	Bit9	Bit8	00H	Compare/Cap.-Reg. (1. High-Byte)
2	CCL1	C2H	Bit7	Bit6	Bit5	Bit4	Bit3	Bit2	Bit1	Bit0	00H	Compare/Cap.-Reg. (1. Low-Byte)
	CCH2	C5H	Bit15	Bit14	Bit13	Bit12	Bit11	Bit10	Bit9	Bit8	00H	Compare/Cap.-Reg. (2. High-Byte)
	CCL2	C4H	Bit7	Bit6	Bit5	Bit4	Bit3	Bit2	Bit1	Bit0	00H	Compare/Cap.-Reg. (2. Low-Byte)
C	CCH3	C7H	Bit15	Bit14	Bit13	Bit12	Bit11	Bit10	Bit9	Bit8	00H	Compare/Cap.-Reg. (3. High-Byte)
O	CCL3	C6H	Bit7	Bit6	Bit5	Bit4	Bit3	Bit2	Bit1	Bit0	00H	Compare/Cap.-Reg. (3. Low-Byte)
M	CCH4	CFH	Bit15	Bit14	Bit13	Bit12	Bit11	Bit10	Bit9	Bit8	00H	Compare/Cap.-Reg. (4. High-Byte)
P.	CCL4	CEH	Bit7	Bit6	Bit5	Bit4	Bit3	Bit2	Bit1	Bit0	00H	Compare/Cap.-Reg. (4. Low-Byte)
/	CRCH	CBH	Bit15	Bit14	Bit13	Bit12	Bit11	Bit10	Bit9	Bit8	00H	Comp./Rel./Cap.-Reg. (High-Byte)
C	CRCL	CAH	Bit7	Bit6	Bit5	Bit4	Bit3	Bit2	Bit1	Bit0	00H	Comp./Rel./Cap.-Reg. (Low-Byte)
A	TH2	CDH	Bit15	Bit14	Bit13	Bit12	Bit11	Bit10	Bit9	Bit8	00H	Timer 2 (High-Byte)
P.	TL2	CCH	Bit7	Bit6	Bit5	Bit4	Bit3	Bit2	Bit1	Bit0	00H	Timer 2 (Low-Byte)
	T2CON	C8H	T2PS	I3FR	1)	T2R1	T2R0	T2CM	T2I1	T2I0	00H	Timer 2 Kontroll-Register

Hinweis: Bei mehrfach aufgeführten SFR-Registern sind die für die Funktion irrelevanten Bits mit 1) gekennzeichnet. Farbig gedruckte SFRs sind bitadressierbar.

Funkt. Einh.	SFR Name	Base Adr.	Base +7	Base +6	Base +5	Base +4	Base +3	Base +2	Base +1	Base +0	Inhalt nach Reset	Bedeutung der Special-Function-Register bzw. der Registerbits
	P0	80H	P0.7	P0.6	P0.5	P0.4	P0.3	P0.2	P0.1	P0.0	FFH	Port 0 (Adressen Low-Byte/Daten)
P	P1	90H	P1.7	P1.6	P1.5	P1.4	P1.3	P1.2	P1.1	P1.0	FFH	Port 1 (Adressen Low-Byte/ I/O)
O	P2	A0H	P2.7	P2.6	P2.5	P2.4	P2.3	P2.2	P2.1	P2.0	FFH	Port 2 (Adressen High-Byte)
R	P3	B0H	P3.7	P3.6	P3.5	P3.4	P3.3	P3.2	P3.1	P3.0	FFH	Port 3 (Digitale Ein/Ausgabe)
T	P4	E8H	P4.7	P4.6	P4.5	P4.4	P4.3	P4.2	P4.1	P4.0	FFH	Port 4 (Digitale Ein/Ausgabe)
S	P5	F8H	P5.7	P5.6	P5.5	P5.4	P5.3	P5.2	P5.1	P5.0	FFH	Port 5 (Digitale Ein/Ausgabe)
	P6	DBH	AN7	AN6	AN5	AN4	AN3	AN2	AN1	AN0	undef.	Port 6 (Analog-Kanal/Dig.-Eing.)
USART	ADCON	D8H	BD	[1])	[1])	[1])	[1])	[1])	[1])	[1])	00H	ADU-Kontroll-Register
	PCON	87H	SMOD	[1])	[1])	[1])	[1])	[1])	[1])	[1])	00H	Power-Kontroll-Register
	SBUF	99H	Bit7	Bit6	Bit5	Bit4	Bit3	Bit2	Bit1	Bit0	undef.	USART-Empfangs-Register
	SCON	98H	SM0	SM1	SM2	REN	TB8	RB8	TI	RI	00H	USART-Kontroll-Register
T	TCON	88H	TF1	TR1	TF0	TR0	[1])	[1])	[1])	[1])	00H	Timer-Kontroll-Register
I	TH0	8CH	Bit15	Bit14	Bit13	Bit12	Bit11	Bit10	Bit9	Bit8	00H	Timer 0 (High-Byte)
M	TH1	8DH	Bit15	Bit14	Bit13	Bit12	Bit11	Bit10	Bit9	Bit8	00H	Timer 1 (High-Byte)
E	TL0	8AH	Bit7	Bit6	Bit5	Bit4	Bit3	Bit2	Bit1	Bit0	00H	Timer 0 (Low-Byte)
R	TL1	8BH	Bit7	Bit6	Bit5	Bit4	Bit3	Bit2	Bit1	Bit0	00H	Timer 1 (Low-Byte)
0/1	TMOD	89H	GATE	C/T#	M1	M0	GATE	C/T#	M1	M0	00H	Timer-Mode-Register
Watch Dog Timer	IEN0	A8H	[1])	WDT	[1])	[1])	[1])	[1])	[1])	[1])	00H	Watch-Dog-Timer Refresh
	IEN1	B8H	[1])	SWDT	[1])	[1])	[1])	[1])	[1])	[1])	00H	Watch-Dog Start/Refresh-Flag
	IP0	A9H	–	WDTS	[1])	[1])	[1])	[1])	[1])	[1])	00H	Watch-Dog-Timer Status-Flag
Power	PCON	87H	[1])	PDS	IDLS	–	GF1	GF0	PDE	IDLE	00H	Power-Kontroll-Register

Hinweis: Bei mehrfach aufgeführten SFR-Registern sind die für die Funktion irrelevanten Bits mit [1]) gekennzeichnet. Farbig gedruckte SFRs sind bitadressierbar.

	SM0	SM1	Modus	Betriebsart	Baud-Rate
UART-Betriebs-Modi	0	0	0	10 bit Schiebereg.	Oszillatortakt / 12
	0	1	1	8 bit UART	über Timer 1 einstellbar
	1	0	2	9 bit UART	Oszillatortakt / 32 oder Oszillatortakt / 64
	1	1	3	9 bit UART	über Timer 1 einstellbar

ADU-Eigenschaften – Bemerkungen:
8 bit Auflösung (8×8 bit im Multiplexbetrieb)
15 µs effektive Wandlungszeit
Eingangsspannungsbereich: VAGND –0,2 V bis VAREF +0,2 V
Referenzspannungen programmierbar (in 0,3125-V-Schritten)
Differenz zwischen oberer (VAREF) und unterer (VAGND) programmierter Referenzspannung sollte 3 Stufen nicht unterschreiten

6.2 Mikroprozessoren

Digitale Signalprozessoren (DSPs)

Signalprozessoren werden zur schnellen digitalen Siganlverarbeitung eingesetzt und besitzen grundsätzlich eine Harvard-Architektur. Zum Einsatzgebiet der DSPs gehören in erster Linie rechenintensive Anwendungen wie die Fourier-Analyse/Synthese und die Realisierung digitaler FIR- bzw. IIR-Filter. Durch ihren Einsatz ist es möglich, die Unzulänglichkeiten analoger Systeme zu umgehen. Dieser Vorteil ist allerdings mit gewissen Nachteilen verbunden.

⇐ 1-12

Nachteile analoger Signalverarbeitung	Nachteile digitaler Signalverarbeitung
– Analoge Stufen sind bei kleinen Signalpegeln sehr empfindlich gegen Störsignale – Bei mehrstufigen Systemen erhöht sich der Rauschpegel mit jeder Stufe – Das Nutzsignal wird durch Einsatz nichtlinearer Bauelemente verzerrt – Alterung bzw. Temperaturdrift der Bauelemente verändern die Frequenzeigenschaften und damit auch den meist frequenzabhängigen Phasengang des Systems.	– Die durch die Verarbeitungszeit der Umsetzer bzw. des DSP bedingte maximal verarbeitbare Signalfrequenz – Einschränkung der Genauigkeit durch Quantisierungsrauschen des A/D-Umsetzers – Ruherauschen unbenutzter Kanäle – Die am Eingang und Ausgang eines Kanales auftretenden analogen Probleme.

Da die Verarbeitung des digitalen Signales durch den DSP quasi in Echtzeit zwischen zwei A/D-Umsetzungen erfolgen muss, werden die meisten Befehle innerhalb eines Taktzyklus ausgeführt. Die Realisierung digitaler Filter erfolgt durch Kombination von Addierern, Signalverzögerungen und Multiplizierern. Deshalb besitzen diese Prozessoren zusätzlich eine sehr schnelle Multipliziereinheit.

Typische Ausführung eines DSP-Kanals

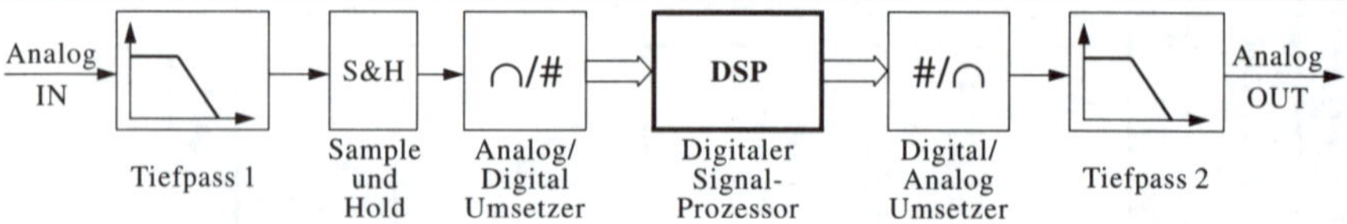

Hinweis: Tiefpass 1 dient zur Bandbegrenzung des analogen Signales und lässt nur Frequenzen, die unterhalb der halben Abtastfrequenz des ADUs liegen, passieren (Abtast-Theorem).
Tiefpass 2 filtert die durch die D/A-Umsetzung entstandenen höheren Frequenzanteile heraus, die zwangsläufig durch die treppenförmig verlaufende Kennlinie des D/A-Umsetzers entstehen (Fourier).

⇐ 1-12

Signalprozessorübersicht am Beispiel der TMS320CXX Familie (Auswahl)

Typ	Takt (MHz)	Zyklus-zeit (ns)	parallel Operations	MOPS	INTs	On-Chip-Speicher (word) RAM	ROM	Cache	I/O parallel	seriell	Timer
320C25	50	80	5	12,5	6	544	4 K	–	16 × 16	1	1
320C26	40	100	5	10	6	1568	Boot	–	–	1	1
320C28	50	80	5	12,5	6	544	8 K	–	16 × 16	1	–
320C30	40	50	8	20	11	2 K	4 K	64	16 × 32	2	2
320C31	40	50	8	20	9	2 K	Boot	64	–	1	–
320C40	50	40	8	25	37	2 K	4 K	124	6 × 16	–	–
320C50	40	25	5	40	17	10 K	2 K	–	16 × 16	1	1
320C51	40	25	5	40	17	2 K	8 K	–	16 × 16	1	1
320C52	40	25	5	40	17	1 K	4 K	–	16 × 16	1	1
320C53	40	25	5	40	17	4 K	16 K	–	16 × 16	1	1

Hinweis: Typen der Serie 320EXX verfügen über einen internen EPROM-Speicher.

6.2 Mikroprozessoren

6.2.4 Spezielle Prozessoren

Der IEC-Bus-Controller 7210

⟹ 6-53

Der Controller unterstützt alle Funktionen der IEEE-488.1-Norm. Der Baustein 7210 bildet zusammen mit zwei speziellen Bustreibern (z.B. 75160, 75162), einem Quarzoszillator und einer Adressdecodierung ein vollständiges IEC-Bus-Interface. Inzwischen sind pin- und registerkompatible Bausteine auf dem Markt, die auch die IEEE-488.2-Norm unterstützen.

Bezeichnungen und I/O-Adressen der Register des 7210

Leseregister ($\overline{RD}$=0)	Base+ RS (A2)	RS1 (A1)	RS0 (A0)	Schreibregister ($\overline{WR}$=0)
Data In	0	0	0	Data Out
Interrupt Status 1	0	0	1	Interrupt Mask 1
Interrupt Status 2	0	1	0	Interrupt Mask 2
Serial Poll Status	0	1	1	Serial Poll Mode
Adress Status	1	0	0	Adress Mode
Command Pass Through	1	0	1	Auxiliary Mode
Adress 0	1	1	0	Adress 0/1
Adress 1	1	1	1	End of String

Erläuterungen

Das **Data-In-Register** enthält das aktuelle vom IEC-Bus empfangene Datenbyte. Im **Data-Out-Register** befindet sich das über den IEC-Bus zu sendende Byte. Das **End-of-String-Register** enthält das Endezeichen, das als letztes Zeichen eines zu übertragenden Datenblockes gesendet wird.

Hinweis: Der Baustein 7210 besitzt keine Sende-/Empfangspuffer. Vor Zugriffen auf das Data-In- bzw. Data-Out-Register sollten zuvor immer die Statusbits DO und DI im Interrupt-Status-1-Register ausgewertet werden.

Das Interrupt-Status-1-Register

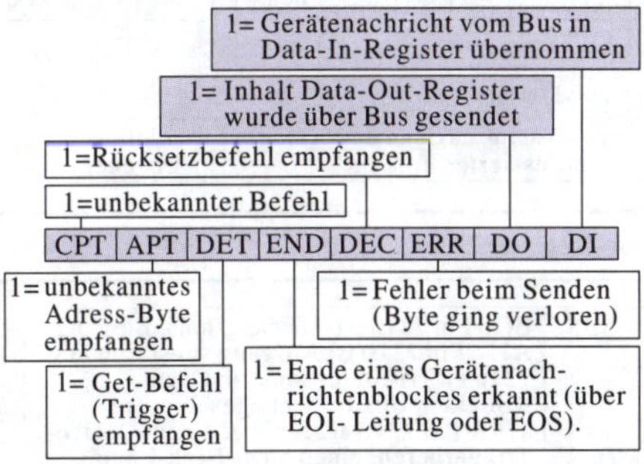

Das Interrupt-Status-2-Register

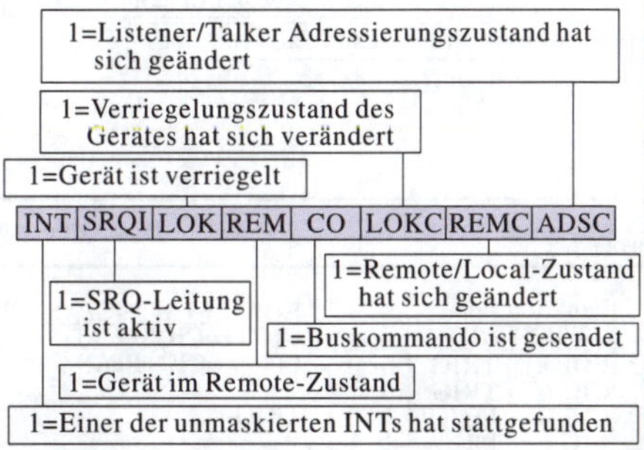

Hinweis: Gesetzte Bits im INT-Status-2-Register führen nach Maskierung in INT-Mask-1-Register zu einem Hardware-INT. Die Bits LOK und REM im INT-Status-2-Register sind reine Statusbits.

Das Command-Pass-Through-Register

CPT7	CPT6	CPT5	CPT4	CPT3	CPT2	CPT1	CPT0

Hier kann die CPU z.B. nach gesetztem CPT-Bit undefinierte Kommandos, die Antwort auf eine Parallelabfrage oder das zweite Adressbyte im Adress-Mode-3 auslesen

Das Interrupt-Mask-2-Register

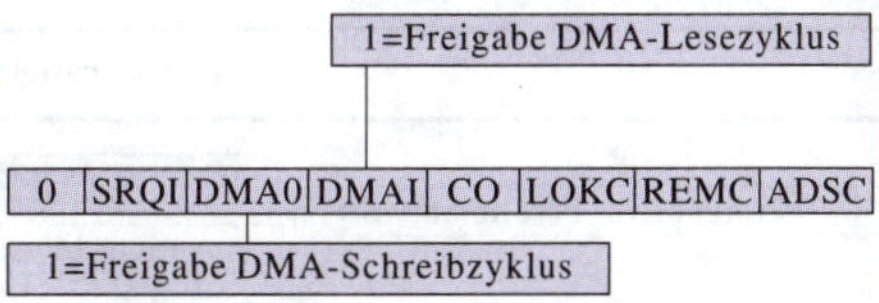

6.2 Mikroprozessoren

Register des IEC-Bus-Controllers 7210 (Fortsetzung)

Das Serial-Poll-Status-Register

S8	PEND	S6	S5	S4	S3	S2	S1

PEND: 0=Controller hat nach anstehendem SRQ das Statusbyte des Gerätes bereits gelesen

Das Register enthält nach einer Serienabfrage das Statusbyte eines angesprochenen Gerätes. Das PEND-Bit wird beim Auslesen zurückgesetzt.

Das Serial-Poll-Mode-Register

S8	rsv	S6	S5	S4	S3	S2	S1

rsv: 1=Bei Ausgabe des Statusbytes wird die SRQ-Leitung aktiviert.

Falls der 7210 als Device arbeitet, wird hier das bei einem Serial-Poll auszugebende Statusbyte an den Controller hinterlegt.

Das Adress-0-Register

X	DT0	DL0	AD50	AD40	AD30	AD20	AD10

DT0: 1=Adresse gilt für Talkerbetrieb
DL0: 1=Adresse gilt für Listenerbetrieb
AD50…AD10: Binäre Codierung der eigenen Sekundäradresse

Das Adress-1-Register

EOI	DT1	DL1	AD51	AD41	AD31	AD21	AD11

DT1: 1=Adresse gilt für Talkerbetrieb
DL1: 1=Adresse gilt für Listenerbetrieb
EOI: Aktueller Zustand der EOI-Leitung
AD51…AD11: Binäre Codierung der eigenen Primäradresse

Das Adress-0/1-Register

ARS	DT	DL	AD5	AD4	AD3	AD2	AD1

ARS: 0/1=Primäradresse/Sekundäradresse wird ins Adress 0/Adress 1 Register geschrieben
AD5…AD1: Binäre Codierung der Adresse
DL: 1=Adresse-Freigabe bei Listenerbetrieb
DT: 1=Adresse-Freigabe bei Talkerbetrieb

Das Adress-Status-Register

CIC	ATN	SPMS	LPAS	TPAS	LA	TA	MJMN

MJMN: 1/0=Haupt/Nebenadresse wurde empfangen
SPMS: 1=Serial-Poll-Enable(SPE) empfangen
LPAS: 1=7210 im Zustand des erst-adressierten Listeners
ATN: 0=ATN-Leitung aktiv
CIC: 1=7210 ist Controller
TPAS: 1=7210 im Zustand des erst-adressierten Talkers
LA: 1=7210 ist Listener
TA: 1=7210 ist Talker

Das Adress-Mode-Register

ton	lon	TRM1	TRM0	0	0	ADM1	ADM0

TRM1, TRM0:

Funktion T/R2	Pins T/R3	TRM1	TRM0
EOIOE	TRIG	0	0
CIC	TRIG	0	1
CIC	EOIOE	1	0
CIC	PE	1	1

EOIOE	=$\overline{TACS}+\overline{SPAS}$+CIC*$\overline{CSBS}$	EOI-Pin 7210 ist Ausgang sonst Eingang
CIC	=$\overline{CIDS}+\overline{CADS}$	ATN-Pin 7210 ist Ausgang sonst Eingang
PE	=CIC+$\overline{PPAS}$	7210 an Tri-State- sonst an Open-Kollektor-Bustreiber angeschlossen
TRIG		T/R3-Pin 7210 erzeugt bei einem Device-Triggerbefehl einen 50 ns High-Impuls

ton, lon:

ton	lon	
0	0	siehe Bits ADM1/ADM0
0	1	Nur Listener
1	0	Nur Talker

ADM1, ADM0:

	ADM1	ADM0
siehe Bits ton/lon	0	0
Adresse-Mode 1	0	1
Adresse-Mode 2	1	0
Adresse-Mode 3	1	1

Mode 1	Normale Adressierung
Mode 2	Zweibyteadressierung. Zweites Byte wird automatisch erkannt.
Mode 3	Zweibyteadressierung. Zweites Byte wird im Command-Pass-Through-Register hinterlegt

Das Parallel-Poll-Register

0	1	1	U	S	P2	P1	P0

U: 0=Freigabe für Parallelantwort
S: 1=Antwortbit ist Low aktiv
P2, P1, P0: Binäre Codierung der Antwortleitung

Register des IEC-Bus-Controllers 7210 (Fortsetzung)

Das Auxiliary-Mode-Register

CNT2	CNT1	CNT0	COM4	COM3	COM2	COM1	COM0

CNT2	CNT1	CNT0	COM4	COM3	COM2	COM1	COM0	Bedeutung
0	0	0	C4	C3	C2	C1	C0	20 Hilfsbefehle
0	0	1	0	F3	F2	F1	F0	Referenztakt in MHz (binär codiert)
0	1	1	U	S	P2	P1	P0	Parallel-Poll-Register
1	0	0	A4	A3	A2	A1	A0	Hilfsregister A
1	0	1	B4	B3	B2	B1	B0	Hilfsregister B
1	1	0	0	0	0	E1	E0	Hilfsregister E

C4	C3	C2	C1	C0	Befehl	Bedeutung der 20 Hilfsbefehle
0	0	0	0	0	iepon	Gerät ein
0	0	0	1	0	crst	7210 Reset
0	0	0	1	1	rrfd	NRFD-Leitung rücksetzen
0	0	1	0	0	trig	Trigger-Puls erzeugen
0	0	1	0	1	rtl	Auf Eigensteuerung schalten
0	0	1	1	0	seoi	EOI-Leitung aktivieren
0	0	1	1	1	nvld	Reset NRFD-Leitung nach Empfang einer ungültigen Adresse
0	1	1	1	1	vld	Reset NRFD-Leitung nach Empfang der eigenen Zweitadresse
0	1/0	0	0	1	sppf	Set/Reset Parallel-Poll-Flag
1	0	0	0	0	gts	Goto standby
1	0	0	0	1	tca	Controller-Funktion asynchron übernehmen
1	0	0	1	0	tcs	Controller-Funktion synchron übernehmen
1	1	0	1	0	tcse	Controller-Funktion am Ende eines Datenblockes übernehmen
1	0	0	1	1	ltn	Interne Nachricht LISTEN
1	1	0	1	1	ltnc	Interne Nachricht LISTEN bei kontinuierlichem Betrieb
1	1	1	0	0	lun	Eigengesteuert Listen beenden
1	1	1	0	1	epp	Parallel-Poll ausführen
1	1/0	1	1	0	sifc	Set/Reset IFC-Leitung
1	1/0	1	1	1	sren	Set/Reset REN-Leitung
1	0	1	0	0	dsc	Controller-Funktion sperren

Das Hilfs-Register A

Handshake bei Datenempfang	A1	A0
normaler Handshake	0	0
Set NRFD-Leitung	0	1
Set NRFD-Leitung nur bei END-Nachricht	1	0
kontinuierl. Betrieb	1	1

1	0	0	A4	A3	A2	A1	A0

- A4: 0/1=EOS-Byte 7/8 Bit
- A3: 0/1=sperrt/erlaubt autom. Aktivierung der EOI-Leitung bei Empfang von EOS
- A2: 0/1= sperrt/setzt END-Bit bei EOS-Empfang

Das Hilfs-Register B

1	0	1	B4	B3	B2	B1	B0

- B4: 1/0=Parallel-Poll-Flag (PPF) für SRQ-Nachricht verwenden ja/nein
- B0: 1/0=CPT-Bit im INT-Status-Register nach Eintreffen eines unbekannten Kommandos setzen. ja/nein
- B3: 1/0=Pegel am Ausgang Pin INT high/low
- B2: 1/0=High/Low Speed für OC/Tri-State Treiber
- B1: 1/0=EOI-Leitung bei Status-Byte-Abfrage setzen. ja/nein

Das Hilfs-Register E

1	1	0	0	0	0	E1	E0

- E0: 1=Bei Empfang der Schnittstellen-Nachricht SDC oder DCL die NDAC-Leitung nicht beeinflussen
- E1: 1=Bei Empfang der Schnittstellen-Nachricht GET die NDAC-Leitung nicht beeinflussen

6.3 Speicherbausteine

6.3.1 RAMs

Übersicht Speicherbausteine

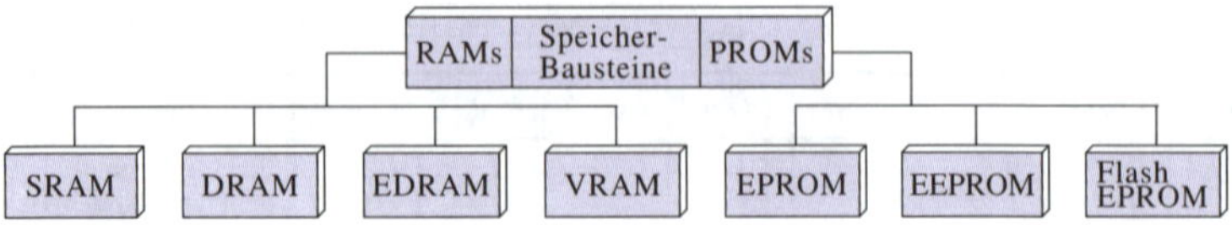

	SRAM	DRAM	EDRAM	VRAM	EPROM	EEPROM	Flash EPROM
Beschreiben	im Betrieb	im Betrieb	im Betrieb	im Betrieb	Progr.-Gerät	in Schaltung	in Schaltung
Organisation	1/4/8/16 bit	1/4/32 bit	1/4/32 bit	4 bit	byte/Word	byte	byte
Zeit/Byte	–	–	–	–	< 100 µs	ca. 5 ms	< 10 µs
Löschen	Schreiben	Schreiben	Schreiben	Schreiben	UV-Licht	in Schaltung	in Schaltung
Auflösung	–	–	–	–	Chip	Byte	Block
Löschzeit	–	–	–	–	ca. 15 min	ca. 5 ms/byte	ca. 1 s
max. Größe	4 Mbit	4(64) Mbit	4 Mbit	1 Mbit	4 Mbit	1 Mbit	16 Mbit
Zugriffszeit	min. 12 ns	min. 50 ns	ca. 35 ns	min. 25 ns	min. 35 ns	min. 55 ns	min. 80 ns

DRAMs, EDRAMs und VRAMs benötigen zum Datenerhalt einen zyklischen Refresh. Ein Refresh-Zyklus dauert abhängig von der Speichergröße ca. 2–16 ms. EDRAMs sind eine Kombination von DRAM und SRAM (als Cache). VRAMs sind eng verwandt mit den Dual Port RAMs. VRAMs besitzen eine Ausleselogik, die über einen speziellen Ausgang den Speicherinhalt hinausschieben kann, ohne die Zugriffe der CPU zu behindern. Diese Eigenschaft wird vornehmlich bei Graphikkarten ausgenutzt. Dual-Port-RAMs besitzen zwei entkoppelte Zugriffspfade, über die zwei Prozessoren unabhängig voneinander schreibend oder lesend auf die Daten zugreifen können. Eine spezielle Logik sorgt dafür, dass bei gleichzeitigem Zugriff auf einen Speicherbereich keine Überschneidung entsteht. Dual-Port-RAMs werden hauptsächlich in Multiprozessorsystemen eingesetzt.

Statische RAMs

Standard-Pinbelegung statischer RAMs nach JEDEC

512 Kbyte	128 Kbyte	32 Kbyte	8 Kbyte	2 Kbyte	Pin	Pin	Pin	Pin	Pin	Pin	2 Kbyte	8 Kbyte	32 Kbyte	128 Kbyte	512 Kbyte
A18	NC				1					32				+5V	
A16					2					31				A15	
A14					3	1			28	30		+5V		NC	A17
A12					4	2			27	29		WE			
A7				A7	5	3	1	24	26	28	+5V	CE	A13		
A6				A6	6	4	2	23	25	27	A8				A8
A5				A5	7	5	3	22	24	26	A9				A9
A4				A4	8	6	4	21	23	25	$\overline{WE}$				A11
A3				A3	9	7	5	20	22	24	$\overline{OE}$				$\overline{OE}$
A2				A2	10	8	6	19	21	23	A10				A10
A1				A1	11	9	7	18	20	22	$\overline{CE}$				$\overline{CE}$
A0				A0	12	10	8	17	19	21	D7				D7
D0				D0	13	11	9	16	18	20	D6				D6
D1				D1	14	12	10	15	17	19	D5				D5
D2				D2	15	13	11	14	16	18	D4				D4
GND				GND	16	14	12	13	15	17	D3				D3

Dynamische RAMs

Pinbelegung z.B. 1M×1

Pin	18	17	16	15	14	13	12	11	10
	Vss	Dout	/CAS	A9	A8	A7	A6	A5	A4
Pin	1	2	3	4	5	6	7	8	9
	Din	/W	/RAS	NC	A0	A1	A2	A3	Vcc

Besondere Beachtung gilt hier den /RAS u. /CAS Anschlüssen. An die Adressleitungen werden nacheinander die Reihen- und Spaltenadressen angelegt. Mit /RAS werden alle zu einer Reihe gehörenden Bits (z.B. 512 beim 1M×1-DRAM) in einem internen Latch zwischengespeichert. Mit /CAS wird anschließend das entsprechende Spaltenbit ausgewählt. /RAS u. /CAS bestimmen außerdem den Refresh-Mode. Über das /CAS-Signal wird zusätzlich der Zugriffsmode gesteuert.

6.3 Speicherbausteine

Sonderformen statischer RAMs

Sehr schnelle SRAMs werden bei Mikroprozessorsystemen als Second Level Cache eingesetzt. Außerdem existieren noch drei Sonderformen:

NVRAMs:
Kombination aus SRAM und EEPROM. Arbeitet wie ein normaler SRAM. Durch einen Steuereingang kann festgelegt werden, ob die Daten vom RAM ins EEPROM oder umgekehrt kopiert werden. Der Steuereingang kann z. B. durch einen Watchdog gesteuert werden. (Datenerhalt bei Versorgungsspannungsausfall)

Zero-Power-RAMs:
RAM, bei dem durch eine interne Logik der Datenerhalt auch bei plötzlichem Spannungsausfall gewährleistet ist. Das RAM wird dann von einer integrierten Lithium-Batterie versorgt.

Battery Back-Up RAMs:
Bei Spannungsausfall wird ein Hardware-Interrupt generiert. Sonst wie Zero-Power-RAM.

Typisches Timing bei dynamischen RAMs

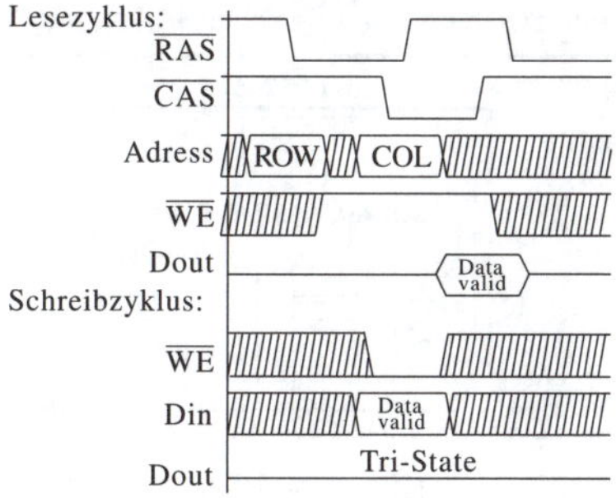

Hinweis: Beim Refreshzyklus werden drei Timing Modi unterschieden: CAS before RAS-, RAS only und Hidden Refreshzyklus.

6.3.2 PROMs

Standard-Pinbelegung von EPROMs nach JEDEC

274001 / 272001 / 271001	27512 / 27256 / 27128 / 2764 / 2732	Pin (32)	Pin (28)	Pin (24)	Pin (24)	Pin (28)	Pin (32)	2732	2764 / 27128 / 27256 / 27512	271001 / 272001 / 274001
Vpp		1					32			+5V
A16		2					31			PGM (271001, 272001), A18 (274001)
A15	Vpp (27256, 27128, 2764)	3	1			28	30		+5V	NC (271001), A17
A12		4	2			27	29		PGM (2764, 27128)	A14
A7	A7	5	3	1	24	26	28	+5V	NC (2764)	A13
A6	A6	6	4	2	23	25	27	A8		A8
A5	A5	7	5	3	22	24	26	A9		A9
A4	A4	8	6	4	21	23	25	A11		A11
A3	A3	9	7	5	20	22	24	Vpp/OE	OE (2764, 27128, 27256), Vpp/OE (27512)	OE (271001, 272001)
A2	A2	10	8	6	19	21	23			A10
A1	A1	11	9	7	18	20	22	CE		CE
A0	A0	12	10	8	17	19	21	D7		D7
D0	D0	13	11	9	16	18	20	D6		D6
D1	D1	14	12	10	15	17	19	D5		D5
D2	D2	15	13	11	14	16	18	D4		D4
GND	GND	16	14	12	13	15	17	D3		D3

Hinweis: Bei EPROMs mit separatem PGM/Vpp-Eingang müssen diese beim Lesen auf +5 V liegen!

Elektrisch löschbare EPROMs (EEPROM/Flash-EPROM)

Diese PROMs können in eingebautem Zustand in der Schaltung umprogrammiert werden. Dadurch ist es z. B. möglich, Konfigurations-Daten oder Programme (z. B. Firmware) dauerhaft zu speichern und gegebenfalls zu ändern. Diese Möglichkeit nutzen neuerdings Zusatzsteckkarten und Motherboard-Hersteller. So kann z. B. ein BIOS-Update On Board im eingebauten Zustand erfolgen. Daneben existieren nicht löschbare PROMs, die einmalig programmiert werden können.

6.3.3 Adressdecodierung bei RAMs/ROMs

Zusammenschalten von Speicherblöcken mit diskreten Bausteinen (nach der von-Neumann-Struktur)

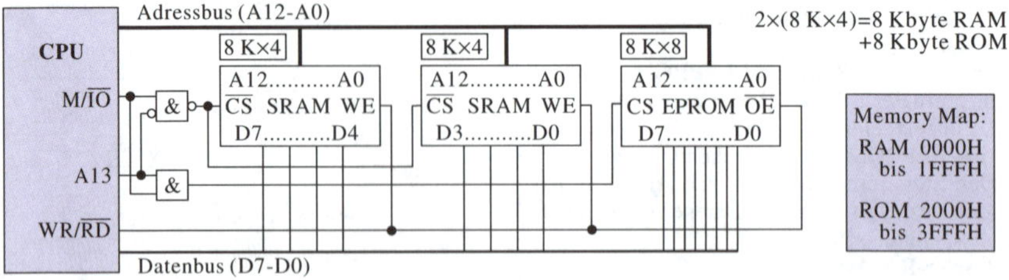

Baustein-Auswahl unter Verwendung des M/IO-Prozessorstatussignals. Die RAMs arbeiten parallel.

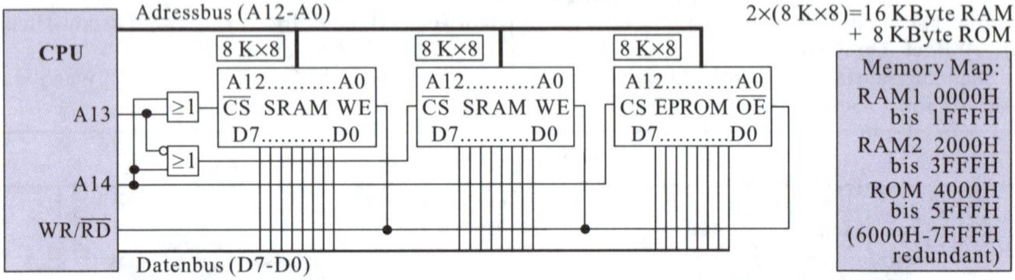

Keine Unterscheidung zwischen Memory- und I/O-Adressen. Sequentielle Adressierung der RAMs.

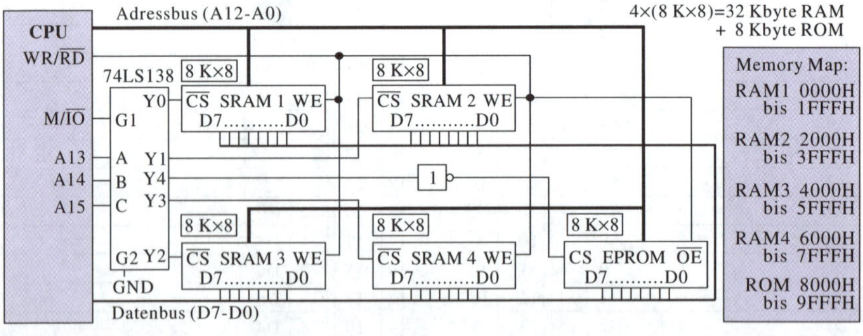

Bei der Darstellung sind separate Adress/Datenleitungen vorausgesetzt.

Hinweis: Viele Prozessoren springen nach einem Reset die Adresse 0000H an. Der ROM-Bereich sollte dann bei dieser Adresse beginnen, damit der Prozessor sofort auf ein ausführbares Programm stößt (z. B. Monitorprogramm usw.).
Bei Einsatz des Adressdecoders 74LS138 können bis zu acht Bausteine selektiert werden. Es ergibt sich dann bei 8 K × 8 Speicherbausteinen ein nutzbarer Speicherbereich von 64 Kbyte. Eine Adressdecodierung von I/O-Bausteinen nach diesem Prinzip ist auch möglich. Ein Teil der Adressen (meist die unteren) verwendet man dann zur Registerauswahl. Kann ein Register nur unter einer eindeutigen Adresse angesprochen werden, handelt es sich um eine vollständige Adressdecodierung. Wird dabei nicht zwischen Memory- und I/O-Adressen unterschieden (M/IO-Signal), so spricht man von Memory-Mapped I/O, und der nutzbare Arbeitsspeicher reduziert sich um diesen Adressbereich. Der I/O-Bereich kann dann (neben I/O-Befehlen) auch über Memory-Transferbefehle angesprochen werden. Bei kleinen Speicherblöcken und I/O-Bausteinen setzt man zur Adressdecodierung gerne PALs bzw. GALs ein. Diese ermöglichen dann auch die Ableitung von Steuersignalen aus den Statussignalen des Prozessors.

6.3 Speicherbausteine

Adressdecodierung mit dem Baustein 74LS138

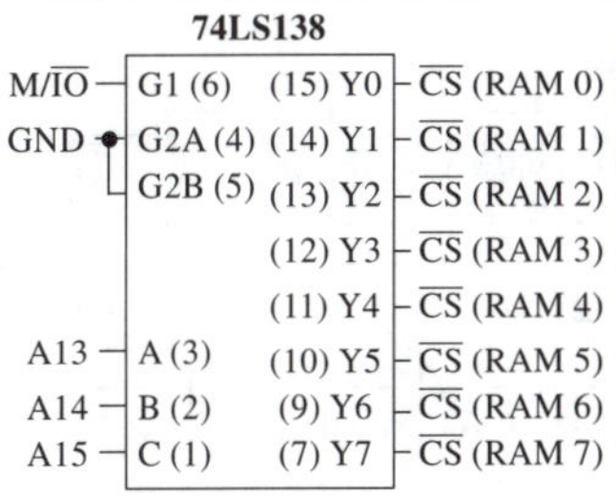

Funktionstabelle

Eingänge					Ausgänge							
G1	G2	C	B	A	Y0	Y1	Y2	Y3	Y4	Y5	Y6	Y7
X	1	X	X	X	1	1	1	1	1	1	1	1
0	X	X	X	X	1	1	1	1	1	1	1	1
1	0	0	0	0	0	1	1	1	1	1	1	1
1	0	0	0	1	1	0	1	1	1	1	1	1
1	0	0	1	0	1	1	0	1	1	1	1	1
1	0	0	1	1	1	1	1	0	1	1	1	1
1	0	1	0	0	1	1	1	1	0	1	1	1
1	0	1	0	1	1	1	1	1	1	0	1	1
1	0	1	1	0	1	1	1	1	1	1	0	1
1	0	1	1	1	1	1	1	1	1	1	1	0

8 × 8 K×8=64 Kbyte

Memory Map:	
RAM 0	0000H - 1FFFH
RAM 1	2000H - 3FFFH
RAM 2	4000H - 5FFFH
RAM 3	6000H - 7FFFH
RAM 4	8000H - 9FFFH
RAM 5	A000H - BFFFH
RAM 6	C000H - DFFFH
RAM 7	E000H - FFFFH

G2=G2A+G2B

Adressdecodierung nach der Harvard-Struktur (getrennter Code- und Datenspeicher)

Bei den meisten Prozessoren kann durch Auswertung der Statussignale unterschieden werden, ob auf den Speicher- oder I/O-Bereich zugegriffen wird. Eine Unterscheidung zwischen Code und Daten innerhalb des RAM/ROM-Bereiches ist nicht möglich. Prozessoren, die die Harvard-Struktur unterstützen, erlauben diese Unterscheidung, indem sie entsprechende Statussignale liefern. Dazu gehören Microcontroller (z. B. 805XX), RISC-Prozessoren (z. B. R3000A) und DSPs.

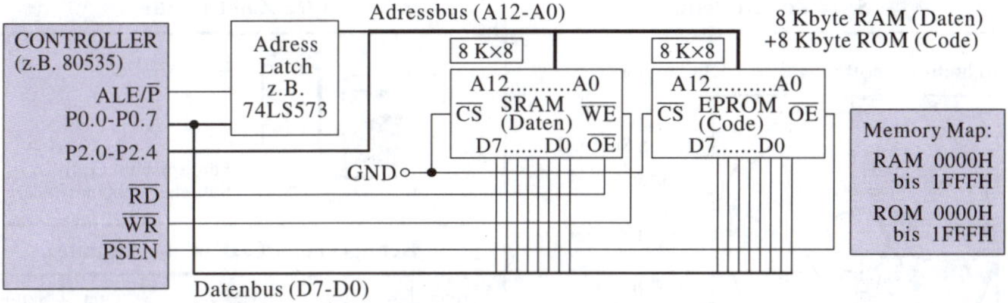

Da der 80535 über einen gemultiplexten Adress-Datenbus verfügt (P0.0–P0.7), muss die untere Hälfte der Adresse in einem Latch zwischengespeichert werden. Der EPROM enthält das eigentliche Programm (Code), das RAM könnte auch durch einen EEPROM ersetzt werden. Der Zugriff auf den Programmcode wird hier durch das Statussignal $\overline{PSEN}$ gesteuert.

Adressdecodierung mit modifizierter Harvard-Struktur

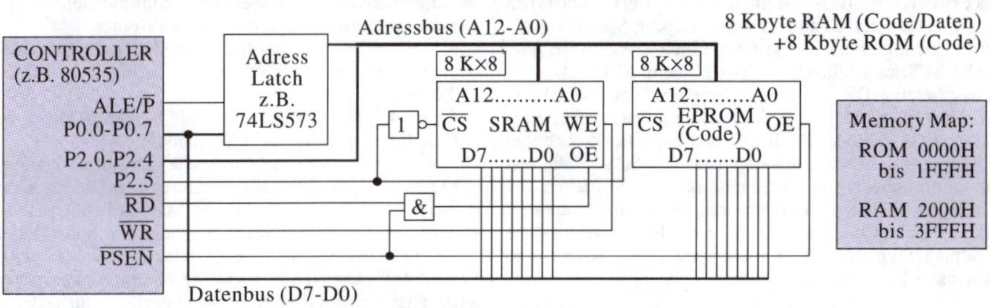

Die Umschaltung zwischen RAM und ROM erfolgt hier durch das Adressbit A13 (P2.5).

6.3 Speicherbausteine

6.3.4 Massenspeicher

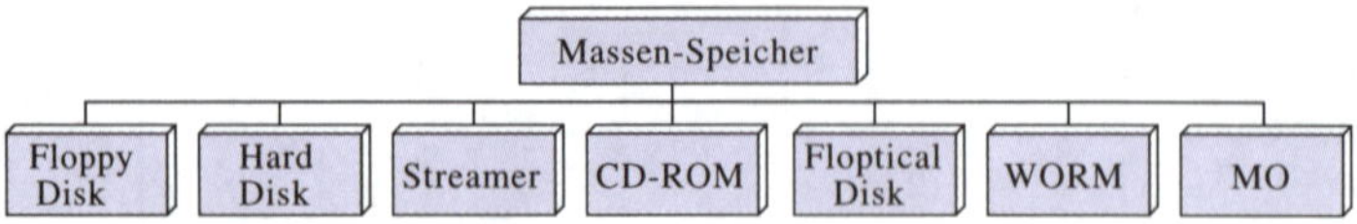

max. Kapazität in Mbyte	1,44 (2,88)	ca. 4000 (10 000)	ca. 500 (16 000)	ca. 700	ca. 1000	ca. 1200	ca. 640 (2600)
Übertragungs-rate in Kbyte/s	ca. 60	ca. 5000	ca. 60 (800)	600–1200	800–4000	ca. 600	ca. 2500
Zugriff	Read/Write	Read/Write	Read/Write	Read	Read/Write	R/W (einmal)	Read/Write
Speichertechnik	magnetisch	magnetisch	magnetisch	optisch	magnetisch	optisch	mag./opt.
mögliche Schnittstelle	Floppy (MFM)	IDE, EIDE SCSI	Floppy, Cent., SCSI	IDE, EIDE SCSI	SCSI	SCSI	SCSI

Gebräuchliche Diskettenformate (Floppy-Disk)

5 1/4 Zoll Diskette

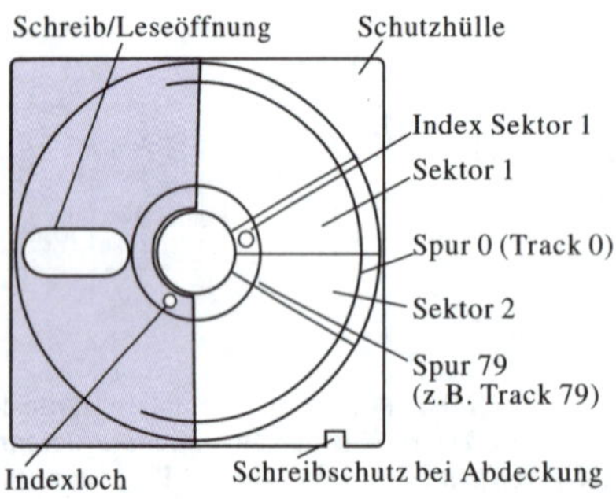

3 1/2-Zoll Diskette

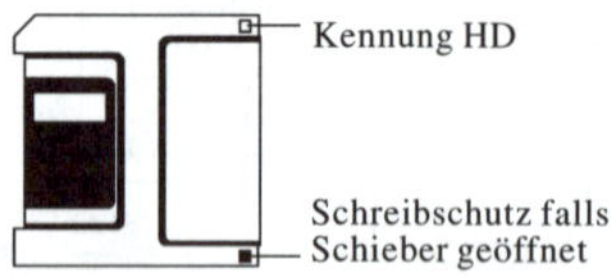

Kenngrößen PC-Diskettenformate

Format	Kapazität	Seiten	Sektoren	Spuren
5 1/4	360 KB (DD)	2 (DS)	9	40
5 1/4	1,2 MB (HD)	2 (DS)	15	80
3 1/2	720 KB (DD)	2 (DS)	9	80
3 1/2	1,44 MB (HD)	2 (DS)	18	80
3 1/2	2,88 MB (HD)	2 (DS)	36	80

Hard Disk

Es existieren AT-Bus- und SCSI-Platten. Bei beiden Typen ist der eigentliche Controller und ein Cache-Speicher in die Festplatte integriert. Das jeweilige Interface zum Rechner ist bei SCSI wesentlich komplexer als beim AT-Bus. Bei AT-Bus-Platten (IDE) ist die Kapazität auf ca. 528 Mbyte begrenzt (begründet durch das BIOS, das maximal 63 Sektoren, 1024 Zylinder, 16 Köpfe und eine Blockgröße von 512 byte unterstützt). Die Kapazität von SCSI-Platten ist praktisch unbegrenzt. Im Gegensatz zu SCSI-Platten, die ein eigenes BIOS verwenden, müssen AT-Bus-Platten im SETUP des PCs eingetragen werden. Ist der vorhandene Festplattentyp im SETUP nicht vorgesehen, wird ein so genannter User-Typ eingetragen.

Hinweis: AT-Bus-Platten auf keinen Fall Low-Level-Formatieren.

Streamer

Streamer verwenden als Speichermedium Bänder.
Diese Bänder gibt es in verschiedenen Breiten:
- 6,35 mm (QIC=Quarter Inch Cartridge) mit Kapazitäten bis 525 Mbyte (spezielle Geräte bringen es auf ca. 2 Gbyte).
- 4 bzw. 8 mm mit Kapazitäten bis 8 bzw. 16 Gbyte bei DAT (Digital-Audio-Tape)-Streamern.

Die angegebenen Maximalwerte gelten für Aufzeichnungen mit Datenkompression. Da es bei Streamern für das Kompressionsverfahren noch keinen Standard gibt, ist der Datenaustausch nur begrenzt möglich. Die hohe Datendichte bei DAT-Streamern ist durch rotierende Schreib-/Leseköpfe möglich (ähnlich Videorecordern, die inzwischen auch unter Verwendung spezieller Interfaces zur Datensicherung eingesetzt werden können). Den Verbundbetrieb mehrerer DAT-Streamer bezeichnet man als Jukebox.

6.3 Speicherbausteine

CD-ROM (Compact Disk Read Only Memory)

CD-ROMs bestehen aus Kunststoffträgermaterial mit Aluminiumbeschichtung. Beim werkseitigen Beschreiben entfernt ein Laserstrahl stellenweise die Al-Beschichtung. Diese nicht reflektierenden Stellen (Pits) u. die unbeschädigten reflektierenden Stellen (Lands) beinhalten auf einer spiralförmigen Spur die digitale Information. Ein sehr viel schwächerer Laserstrahl tastet die Information beim Lesen wieder ab. Neuerdings auch CD-Writer mit R/W Zugriff.

MO (Magneto-Optical)

Beim MO-Laufwerk erhitzt ein Laserstrahl das ferromagnetisch beschichtete Trägermaterial lokal (Ø < 1 µm) auf seine Curie-Temperatur. Das Magnetfeld eines mitgeführten Elektromagneten ändert die Magnetisierungsrichtung an der betreffenden Stelle. Das Lesen erfolgt mit einem schwächeren Laserstrahl unter Ausnutzung des Kerr-Effektes (Drehung der Polarisationsebene). Löschen erfolgt durch Umpolung des Magnetfelds.

WORM (Write Once Read Many)

WORMs besitzen zwei Lasersysteme. Dabei übernimmt der stärkere Laser das Beschreiben und der schwächere Laser das Lesen. Durch strukturelle Materialveränderung beim Schreibvorgang ist nur einmaliges Beschreiben möglich. Zur Zeit die sicherste Art der Datenarchivierung.

Floptical-Disk

Als Speichermedium dient eine magnetisch beschichtete Kunststoffscheibe. Die Art der Beschichtung erlaubt eine sehr enge Spurführung und damit eine höhere Kapazität. Die exakte Positionierung der magnetischen Schreib-/Leseköpfe erfolgt mit einem schwachen Laserstrahl.

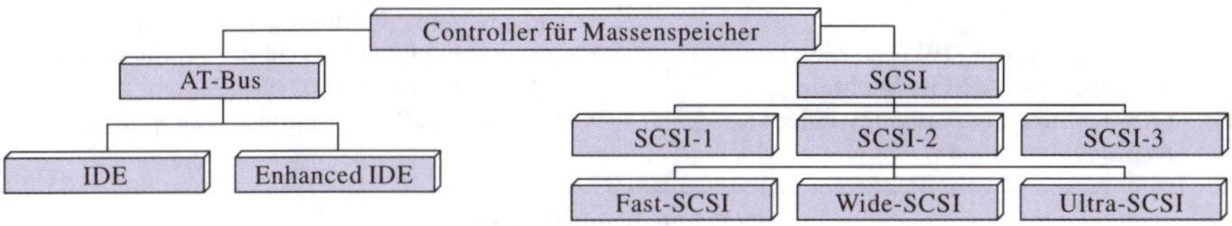

IDE

IDE unterstützt maximal zwei Festplatten mit Master-Slave-Hierarchie. Die Datenübertragung erfolgt mit 16 Bit und einer maximalen Übertragungsrate von ca. 3 Mbyte/s.

Enhanced IDE (EIDE)

Enhanced IDE ermöglicht den Anschluss von bis zu vier Geräten. Es werden Festplatten > 504 MB, CD-ROMs und Streamer unterstützt. Die Datenübertragungsrate liegt bei ca. 10 Mbyte/s. EIDE 16,6 Mbyte/s (PIO-Mode 4).

SCSI-1

SCSI kennt keine Master-Slave-Hierarchie. Es können bis zu 7 Geräte angeschlossen werden. Bei SCSI-1 handelt es sich um einen 8 Bit breiten, parallelen Datenbus. Alle Geräte sind gleichberechtigt. Der Controller leitet einen Datentransfer ein, der dann vom Gerät selbstständig ausgeführt und überwacht wird.

Hinweis: SCSI erfordert eine Terminierung des Busses. D.h. der Controller und das letzte Gerät am Bus (und nur diese) müssen mit Abschlusswiderständen versehen werden.

SCSI-2

SCSI-2 ist eine Erweiterung des SCSI-1-Standards. Alle modernen SCSI-Festplatten unterstützen SCSI-2 und Parity-Prüfung. Gegenüber SCSI-1 kommt die Unterstützung weiterer Peripheriegeräte hinzu. Dazu gehören neben WORMs und CD-ROMs auch Wechselplatten und Scanner. Das Timing des Datentransfers wurde ebenfalls geändert. SCSI-2 ist ungeachtet der Änderungen zu SCSI-1 aufwärtskompatibel. D.h. SCSI-2-Geräte arbeiten auch an einem SCSI-1-Controller. Bei SCSI-2 müssen **alle** Geräte entweder mit oder ohne Parity arbeiten.

Wide-SCSI:
Unterstützt 16-Bit-Datentransfer, bis zu 15 Geräte und benötigt einen 68poligen Stecker.

Fast-SCSI:
Erlaubt einen synchronen Datentranfer mit max. 10 Mbyte/s (SCSI-1 max. 5 Mbyte/s).

Ultra-SCSI:
Erlaubt einen synchr. Datentransfer von max. 20 Mbyte/s. Durch Kombination von Wide- und Ultra-SCSI wird eine theoretische Datenübertragungsrate von 40 Mbyte/s erreicht.

SCSI-3

SCSI-3 ist noch in der Entwicklung und sieht folgende Änderungen vor:

- Serielle Übertragung der Daten mit bis zu 100 Mbyte/s.
- Geänderte Steckverbindungen, die die Stromversorgung beinhalten.
- Gliederung in drei unabhängige Layer in Anlehnung an die unteren drei Schichten des ISO-Schichtenmodells.

6.4 Programmierbare Bausteine

6.4.1 Logikbausteine

Übersicht PLD-Bausteine

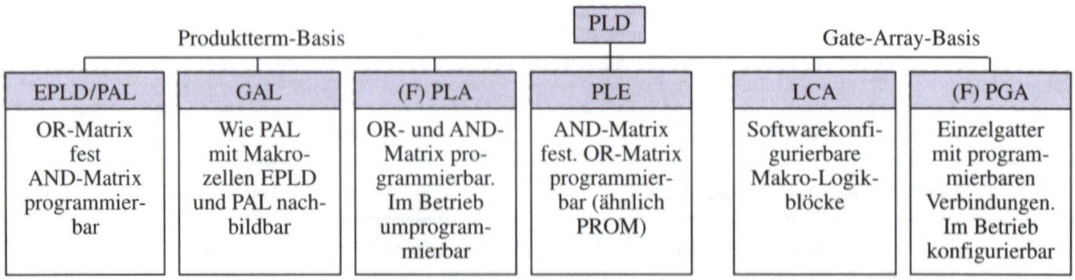

Kürzel für PAL-Architekturen (AMD/MMI)

A	Unabhängiger Takt der Register (asynchron)	S	Produktterm-Sharing (die vorhandenen Produktterme zweier benachbarter Ausgänge können beliebig auf diese aufgeteilt werden)
C	invertierte und nicht invertierte Ausgänge	V	unterschiedliche Anzahl der Produktterme pro Ausgang (aber fest)
E	elektrisch löschbar	X	interne XOR-verknüpfte Rückkopplung
L	Ausgänge aktiv LOW (invertiert)		
H	Ausgänge aktiv HIGH (nicht invertiert)		
P	programmierbare Ausgangs-Polarität		
R	Register-Ausgänge (D-FFs)		

PAL-Ersatz durch GAL

GAL 16V8 ersetzt folgende PALs:	10L8, 10H8, 10P8, 12L6, 12H6, 12P6, 14L4, 14H4, 14P4, 16L2, 16H2, 16P2, 16R8, 16RP8, 16R6, 16RP6, 16R4, 16RP4, 16L8, 16H8 und 16P8	**GAL 20V8 ersetzt folgende PALs:**	14L8, 14H8, 14P8, 16L8, 16H8, 16P8, 18L4, 18H4, 18P4, 20L2, 20H2, 20P2, 20R8, 20RP8, 20R6, 20RP6, 20R4, 20RP4, 20L8, 20H8 und 20P8

Ausschnitt einer GAL 16V8-Matrix (2 von 16 Array-Eingängen)

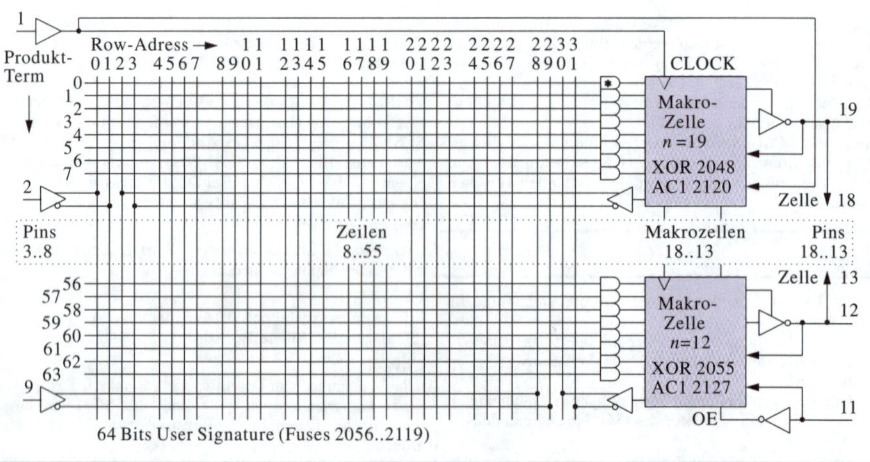

6.4 Programmierbare Bausteine

6.4.1 Logikbausteine

Aufbau einer Makrozelle (z.B. GAL 16V8)

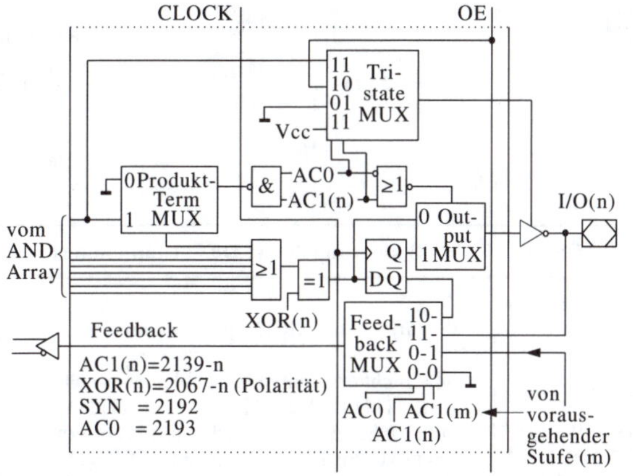

Bedeutung der Abkürzungen

Symbolik der Matrix-Darstellung

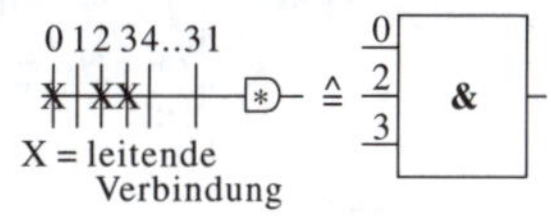

Das SYN-Bit legt fest, ob der Baustein Ausgänge mit Flip-Flops besitzt.
Aus Kompatibilitätsgründen mit der PAL-Matrix wird das AC0-Bit der Anschlüsse 12 und 19 durch das SYN-Bit und das AC1(m)-Bit durch das /SYN-Bit ersetzt.
Das XOR-Bit legt die Polarität jedes Ausganges fest. Damit ergeben sich 5 mögliche Konfigurationen der Ausgänge.

Bedeutung der Steuerbits

SYN	AC0	AC1 (n)	Funktion Makrozelle	Ersetzt z.B. PAL
1	0	1	Eingang	12L6/16H2
1	0	0	Ausgang	10L8/16H2
0	1	0	Register-Ausgang	16R8
1	1	1	Tri-State-Ausgang	16L8/16H8
0	1	1	Tri-State u. Register-Ausgänge im selben Baustein.	

PAL-Kennzeichnung

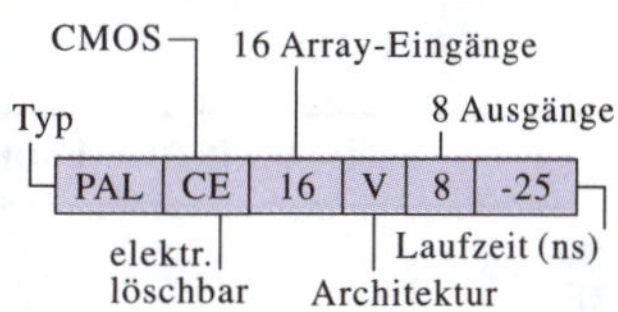

Operatoren verschiedener PAL-Assembler (Auswahl)

Operation	First Step	GDS 1.4	IS-DATA	PAL-ASM	PLD shell
NOT	!	/	/	/	/
AND	&	*	&	*	*
OR	#	+	+	+	+
XOR	$		#	±:	±:
XNOR	!$			*=	
Zuweisung	=	=	=	=	=
Bereich			[..]	..	:
Trennz.				,	,
Don't Care			–	%	
Binärzahl	B'n'		'n'B	#B	#b, #B
Dez-Zahl	n		'n'D	D	⟨n⟩
Hex-Zahl	H'n'		'n'H	#H	0x, #h
Oktalzahl	X'n'		'n'Q	O	0, #o
Kommentar	% … %	;	; , !	;	;
größer	>		>	>	>
kleiner	<		<	<	<
ungleich	!=		<>	<>	<>

Operation	First Step	GDS 1.4	IS-DATA	PAL-ASM	PLD shell
Substitut.			'..'	{..}	
String			'	'	'
Term	[..]			[..]	[..]
Latch-Zuw.				*=	*=
Ausdruck				(..)	( )
Register-Zuweisung			:=	:=	:=
Zustands-gleichung	==			:=	:=
Zustands-änderung				–>	–>
kleiner gleich	<=		<=	<=	<=
größer gleich	>=		>=	>=	>=

6.4 Programmierbare Bausteine

Beispiel zum Ersatz konventioneller Logik durch einen GAL-Baustein

Adress-Decodierung mit diskreter Logik

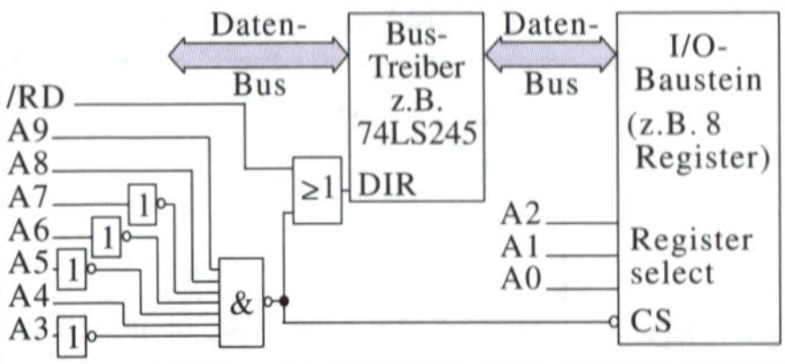

Diskrete Logikbausteine durch GAL ersetzt

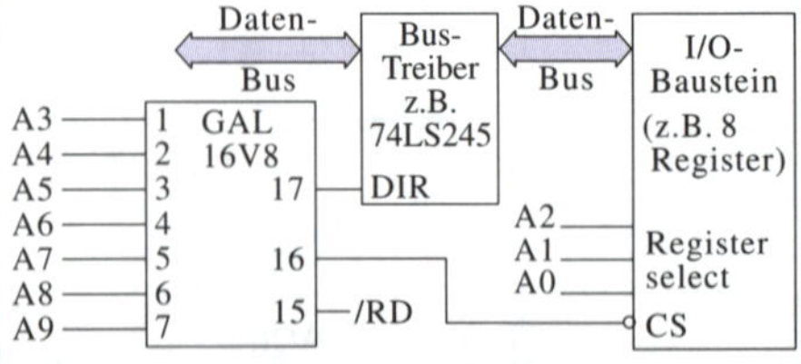

Die zugehörige GAL-Assembler-Datei (GDS 1.4)

```
CHIP DECODER GAL16V8 ;Projektname und Typ
;I/O-Adressdekoder für PC-Interface

;Pin  1   2   3   4   5   6   7   8   9   10
      A3  A4  A5  A6  A7  A8  A9  NC  NC  GND

;Pin  11  12  13  14  15  16  17  18  19  20
      NC  NC  NC  NC  /RD /CS DIR NC  NC  VCC

;Chip Select ist aktiv bei Adressen 310H–317H
CS = A9 * A8 * /A7 * /A6 * /A5 * A4 * /A3
;DIR schaltet den Bustreiber beim Lesen in
;Richtung CPU um

DIR = /CS * /RD
```

Erzeugtes JEDEC-Format

```
*G0
*F0
*L0512  11111111111111111111111111111111
*L0544  11111111111111011111111111111111
*L0576  11111111111111111101111111111111
*L0768  11111111111111111111111111111111
*L0800  01101011101110110111011111111111
*L2048  00010000
*L2120  11111111
*L2128  11111111111111111111111111111111
        11111111111111111111111111111111
*L2129  11
```

Bedeutung der JEDEC-Kommandos

```
*G0
  ;Security-Fuse NICHT programmieren
*F0
  ;alle nicht erwähnten Fuses bleiben erhalten
*L0512  11111111111111111111111111111111
  ;alle 32 Fuses dieses Produktterms entfernen
  ;→ GAL Pin 17 Tristate enable (DIR=1)
*L0544  11111111111111011111111111111111
  ;31 von 32 Fuses des Produktterms entfernen
  ;eine bleibt → DIR = //CS * //RD = CS * RD
*L0576  11111111111111111101111111111111
*L0768  11111111111111111111111111111111
  ;alle 32 Fuses dieses Produktterms entfernen
  ;→ GAL Pin 16 Tristate enable (/CS=1)
*L0800  01101011101110110111011111111111
  ;25 von 32 Fuses des Produktterms entfernen
  ;→ CS = A9 * A8 * /A7 * /A6 * /A5 * A4 * /A3
*L2048  00100000
  ;Fuse 2050 wird entfernt → XOR für Zelle 17
  ;aktiv → Ausgang für DIR wird invertiert
*L2120  11111111
  ;alle 8 Fuses 2120 … 2127 (AC1) entfernen
*L2128  11111111111111111111111111111111
        11111111111111111111111111111111
  ;alle 64 Fuses ab 2128 entfernen ⇒ alle 64
  ;Produktterme des GAL 16V8 sind freigegeben
*L2192  11
  ;SYN=1 und AC0=1 → alle Zellen kombinatori-
  ;scher Ausgang mit Tri-State-Möglichkeit
```

Grundsätzliches zur PAL/GAL-Programmierung

PALs (GALs) besitzen eine so genannte Security-Fuse, die gegen unbefugtes Auslesen schützt. Diese hat für PALs ohne Register nur eine untergeordnete Bedeutung, da man theoretisch alle Eingangskombinationen anlegen und damit die Ausgangskombinationen ermitteln kann. Bei Register-PALs (z.B. Programmierung eines Zählers) ist eine Rekonstruktion des Inhaltes nach zerstörter Security-Fuse praktisch unmöglich. PALs (GALs) werden nicht nach Logik-Tabellen programmiert, sondern man versucht, den Zustand eines Ausganges durch eine logische Gleichung darzustellen. Bei PALs mit low-aktivem Ausgang beschreibt man den Low-Zustand, bei PALs mit high-aktivem Ausgang den High-Zustand des Ausganges mit der Gleichung. Bei PALs mit wahlweisem aktivem Ausgang und GALs beschreibt man grundsätzlich den High-Zustand des Ausganges. Im nächsten Schritt legt man dann den aktiven Zustand des Ausganges durch das XOR-Bit fest.

6.4 Programmierbare Bausteine

Programmierung des Port/Timer-Bausteines 8155/8156

Dieser Baustein besitzt 3 Ports. Das dritte Port hat aber nur eine Breite von 6 bit. Dafür beinhaltet er zusätzlich einen statischen RAM (256 byte) und einen 14-Bit-Timer.

Base+			I/O-Adressen des 8155			
AD2	AD1	AD0	$\overline{RD}$	$\overline{WR}$	$\overline{CE}$	Richtung/Zustand
0	0	0	0	1	0	Stat.-Reg. ⇒ µP-Bus
0	0	1	0	1	0	Port 0 ⇒ µP-Bus
0	1	0	0	1	0	Port 1 ⇒ µP-Bus
0	1	1	0	1	0	Port 2 ⇒ µP-Bus
1	0	0	0	1	0	Timer (low) ⇒ µC-Bus
1	0	1	0	1	0	Timer (high) ⇒ µC-Bus
0	0	0	1	0	0	µP-Bus ⇒ Cmd.-Reg.
0	0	1	1	0	0	µP-Bus ⇒ Port 0
0	1	0	1	0	0	µP-Bus ⇒ Port 1
0	1	1	1	0	0	µP-Bus ⇒ Port 2
1	0	0	1	0	0	µP-Bus ⇒ Timer (low)
1	0	1	1	0	0	µP-Bus ⇒ Timer (high)
X	X	X	X	X	1	Tri-State

Hinweis: PIN IO/M muss high sein, sonst wird der interne RAM angesprochen. Beim 8156 ist CE high aktiv! Keine Einzelbit-Programmierung.

Kommando (Cmd.) Register (write only)

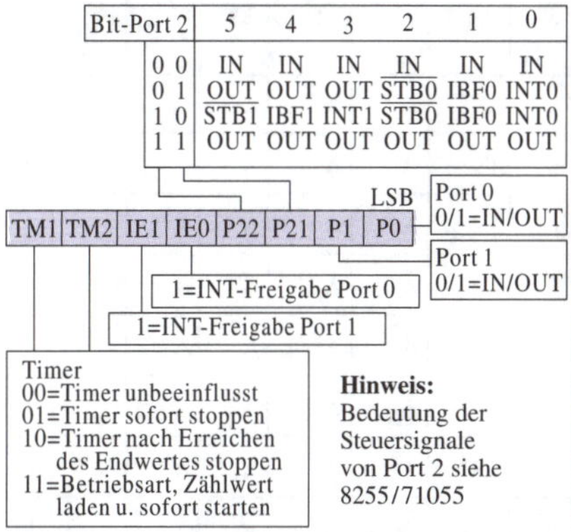

Hinweis:
Bedeutung der Steuersignale von Port 2 siehe 8255/71055

Status-Register (read only)

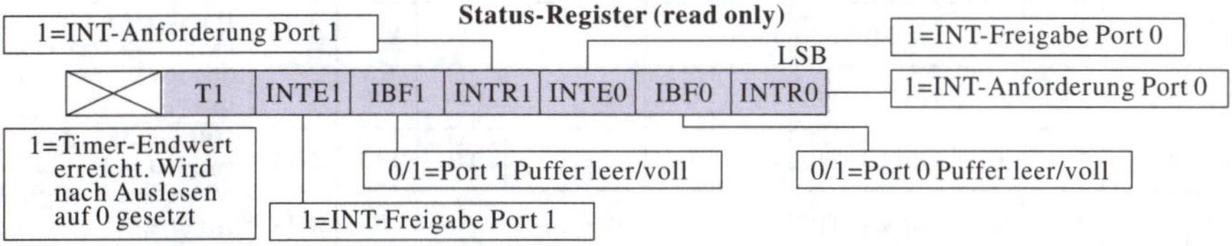

Programmierung der Port-Bausteine 8255/71055

Der Port-Baustein besitzt drei 8-Bit-Ports. Die Basis-Adressen der parallelen Schnittstellen sind beim PC im BIOS-Datenbereich hinterlegt und können über folgende Adressen ausgelesen werden:

Adresse	Basis-Portadresse	Schnittstelle	Adresse	Basis-Portadresse	Schnittstelle
0040:0008H	Schnittstelle LPT1	(Low-Byte)	0040:000CH	Schnittstelle LPT3	(Low-Byte)
0040:0009H	Schnittstelle LPT1	(High-Byte)	0040:000DH	Schnittstelle LPT3	(High-Byte)
0040:000AH	Schnittstelle LPT2	(Low-Byte)	0040:000EH	Schnittstelle LPT4	(Low-Byte)
0040:000BH	Schnittstelle LPT2	(High-Byte)	0040:000FH	Schnittstelle LPT4	(High-Byte)

Register-Adressen

Base+		I/O-Adressen des 8255/71055			
A1	A0	$\overline{RD}$	$\overline{WR}$	$\overline{CS}$	Richtung/Zustand
0	0	0	1	0	Port 0 ⇒ µP-Bus
0	1	0	1	0	Port 1 ⇒ µP-Bus
1	0	0	1	0	Port 2 ⇒ µP-Bus
0	0	1	0	0	µP-Bus ⇒ Port 0
0	1	1	0	0	µP-Bus ⇒ Port 1
1	0	1	0	0	µP-Bus ⇒ Port 2
1	1	1	0	0	µP-Bus ⇒ Contr.-Reg.
X	X	X	X	1	Tri-State
X	X	1	1	0	Tri-State

Control-Register

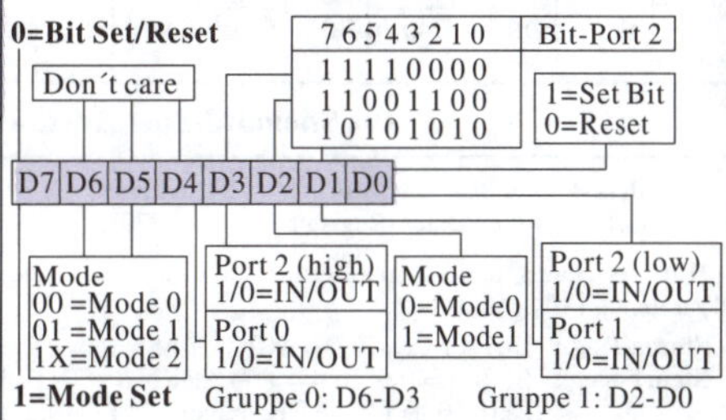

6

6.4 Programmierbare Bausteine

6.4.2 Schnittstellenbausteine

Mögliche Kombinationen der Modi, Port- und Bit-Funktionen (8255)

Gruppe 0							Gruppe 1					
Modus	Port 0	$P2^7$	$P2^6$	$P2^5$	$P2^4$	$P2^3$	Modus	Port 1	$P2^3$	$P2^2$	$P2^1$	$P2^0$
0	IN	A	A	A	A	–	0	IN	A	A	A	A
0	IN	A	A	A	A	–	0	OUT	A	A	A	A
0	IN	A	A	A	A	–	1	IN	B	$\overline{STB1}$	IBF1	INT1
0	IN	A	A	A	A	–	1	OUT	B	$\overline{DAK1}$	$\overline{OBF1}$	INT1
0	OUT	A	A	A	A	–	0	IN	A	A	A	A
0	OUT	A	A	A	A	–	0	OUT	A	A	A	A
0	OUT	A	A	A	A	A	1	IN	B	$\overline{STB1}$	IBF1	INT1
0	OUT	A	A	A	A	–	1	OUT	B	$\overline{DAK1}$	$\overline{OBF1}$	INT1
1	IN	B	B	IBF0	$\overline{STB0}$	INT0	0	IN	–	A	A	A
1	IN	B	B	IBF0	$\overline{STB0}$	INT0	0	OUT	–	A	A	A
1	IN	B	B	IBF0	$\overline{STB0}$	INT0	1	IN	–	$\overline{STB1}$	IBF1	INT1
1	IN	B	B	IBF0	$\overline{STB0}$	INT0	1	OUT	–	$\overline{DAK1}$	$\overline{OBF1}$	INT1
1	OUT	$\overline{OBF0}$	$\overline{DAK0}$	B	B	INT0	0	IN	–	A	A	A
1	OUT	$\overline{OBF0}$	$\overline{DAK0}$	B	B	INT0	0	OUT	–	A	A	A
1	OUT	$\overline{OBF0}$	$\overline{DAK0}$	B	B	INT0	1	IN	–	$\overline{STB1}$	IBF1	INT1
1	OUT	$\overline{OBF0}$	$\overline{DAK0}$	B	B	INT0	1	OUT	–	$\overline{DAK1}$	$\overline{OBF1}$	INT1
2	I/O	$\overline{OBF0}$	$\overline{DAK0}$	IBF0	$\overline{STB0}$	INT0	0	IN	–	A	A	A
2	I/O	$\overline{OBF0}$	$\overline{DAK0}$	IBF0	$\overline{STB0}$	INT0	0	OUT	–	A	A	A
2	I/O	$\overline{OBF0}$	$\overline{DAK0}$	IBF0	$\overline{STB0}$	INT0	1	IN	–	$\overline{STB1}$	IBF1	INT1
2	I/O	$\overline{OBF0}$	$\overline{DAK0}$	IBF0	$\overline{STB0}$	INT0	1	OUT	–	$\overline{DAK1}$	$\overline{OBF1}$	INT1

Legende

Mode 0:
Port 0, 1 und 2 arbeiten als Ein- oder Ausgabekanal (Betriebsart nach Reset)

Mode 1:
Port 0/1 arbeiten als Ein-/Ausgabekanal. Port 2 liefert Steuer-/Statussignale für den Datenaustausch im Interrupt bzw. Handshake-Betrieb

Mode 2:
Port 0 bidirektionaler Betrieb. Port 1 ist Ein- oder Ausgabekanal. Port 2 führt 5 Steuer- und Statussignale

$\overline{STB0}/\overline{STB1}$ (Eingang): 0 → Daten Port 0/1 werden übernommen

$\overline{DAK0}/\overline{DAK1}$ (Eingang): 0 → Daten Port 0/1 zum Senden freigeben

$\overline{OBF0}/\overline{OBF1}$ (Ausgang): 0 → Daten Port 0/1 werden ausgegeben

IBF0/IBF1 (Ausgang): Daten von Port 0/1 übernommen. Stehen aber noch im internen Zwischenspeicher

INT0/INT1 (Ausgang): 1 → Daten Port 0/1 übernommen. Empfangsbereit für neue Daten (zur hardwaremäßigen Interrupt-Steuerung)

A:
Vom Anwender benutztes Bit

B:
Bit nur durch Bitmanipulation beeinflussbar

–: Bit ist nicht verfügbar

Die Standard-Port-Adressen des 8255 beim PC (LPT1)

Adresse	Register	Adresse	Register	Adresse	Register
0378H	Daten-Register	0379H	Status-Register	037AH	Steuer-Register

Hinweis: Status- und Steuer-Register sind hier keine 8255-Register, sondern quasi Abbilder der Ein-/Ausgabesignale der parallelen PC-Schnittstelle:

Status-Reg.: Bit7 = Busy, Bit6 = ACKN, Bit5 = Paper Empty, Bit4 = Select, Bit3 = #Fault, Bit2–0 = frei

Steuer-Reg.: Bit7–5 = frei, Bit4 = 1 → ACKN löst INT 0FH aus, Bit3 = #Select In, Bit2 = #Reset, Bit1 = #Auto Feed, Bit0 = 0 → für die Übertragung Strobe-Signal benutzen.

6.4 Programmierbare Bausteine

Programmierung des seriellen Bausteines 8251/8251A (USART)

I/O-Adressen des 8251/8251A

$C/\overline{D}$	$\overline{RD}$	$\overline{WR}$	$\overline{CS}$	Richtung/Zustand
0	0	1	0	Datenreg. ⇒ µP-Bus
0	1	0	0	µP-Bus ⇒ Datenreg.
1	0	1	0	Stat.Reg. ⇒ µP-Bus
1	1	0	0	µP-Bus ⇒ Cmd.Reg.
X	X	X	1	Tri-State
X	1	1	0	Tri-State

Kommando-Wort

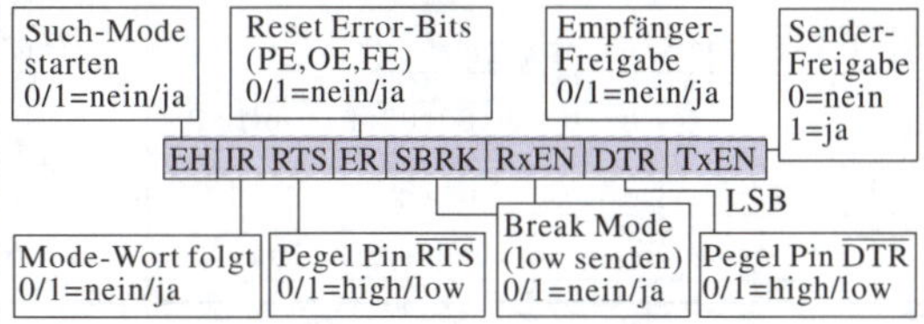

Status-Register

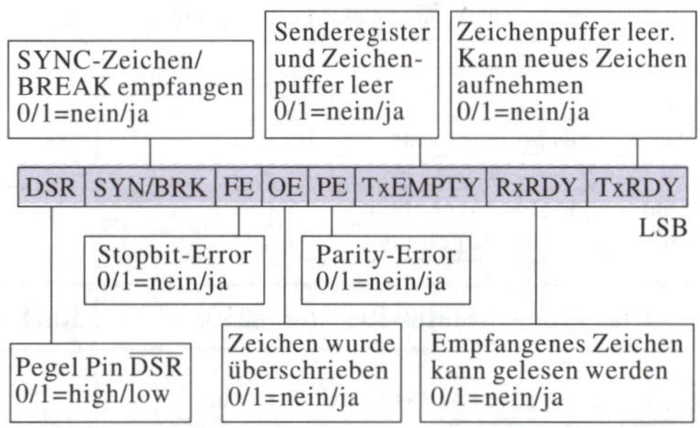

Mode-Wort

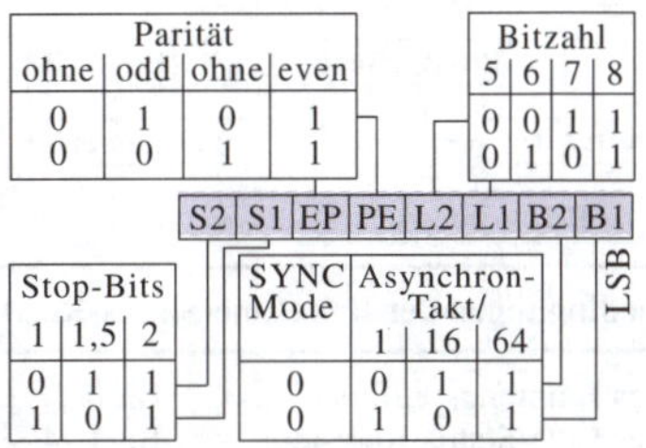

Hinweis: Nach einem Reset interpretiert der 8251 ein Byte, das an die I/O-Adresse des Cmd.Reg. gesendet wird, als Mode-Wort. Jede weitere Ausgabe an diese Adresse wird als Kommando-Wort behandelt. Ein neues Mode-Wort kann erst gesendet werden, wenn im Kommando-Wort das Bit **IR** gesetzt war. Der 8251A ist die verbesserte, aufwärts-kompatible Version des 8251. Beide Bausteine können Voll-Duplex arbeiten. D.h. sie können gleichzeitig Daten senden und empfangen.

Programmierung des seriellen Bausteins 8250

Mit dem 8250 bzw. kompatiblen Bausteinen (z.B. 16450) werden die seriellen Schnittstellen im PC realisiert. Der Baustein verfügt gegenüber dem 8251 über mehr Register und unterstützt den Modembetrieb. Für Modems (>19200 Bit/s) ist der schnellere UART-Baustein 16550 erforderlich. Die Basis-Portadressen der seriellen Schnittstellen sind beim PC im BIOS-Datenbereich hinterlegt und können über folgende Adressen ausgelesen werden: ⇒ 6-55

Adresse	Basis-Portadresse	Schnittstelle	Adresse	Basis-Portadresse	Schnittstelle
0040:0000H	Schnittstelle COM1	(Low-Byte)	0040:0004H	Schnittstelle COM3	(Low-Byte)
0040:0001H	Schnittstelle COM1	(High-Byte)	0040:0005H	Schnittstelle COM3	(High-Byte)
0040:0002H	Schnittstelle COM2	(Low-Byte)	0040:0006H	Schnittstelle COM4	(Low-Byte)
0040:0003H	Schnittstelle COM2	(High-Byte)	0040:0007H	Schnittstelle COM4	(High-Byte)

Base+			I/O-Adressen des 8250			
A2	A1	A0	$\overline{WR}$	$\overline{RD}$	DLAB	(Bit 7 Line-Contr.-Reg.)
0	0	0	0	1	0	Sende-Register ⇒ µP-Bus
0	0	0	1	0	0	µP-Bus ⇒ Empfangs-Reg.
0	0	0	0	1	1	µP-Bus ⇒ Baudrate (low)
0	0	1	0	1	0	µP-Bus ⇒ Int.-Mask-Reg.
0	0	1	0	1	1	µP-Bus ⇒ Baudrate (high)
0	1	0	1	0	–	Int.-Status-Reg. ⇒ µP-Bus
0	1	1	0	1	–	µP-Bus ⇒ Line-Contr.-Reg.
1	0	0	0	1	–	µP-Bus ⇒ Modemsteuer-Reg.
1	0	1	1	0	–	Line-Status-Reg. ⇒ µP-Bus
1	1	0	1	0	–	Modem-Status-Reg. ⇒ µP-Bus

Line-Control-Register

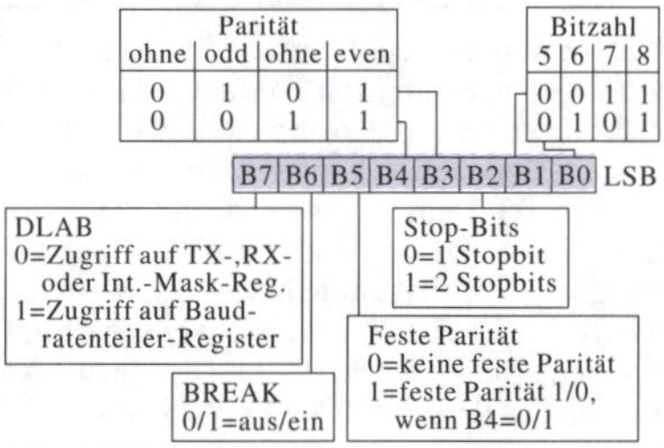

6.4 Programmierbare Bausteine

Das Interrupt-Masken-Register (8250)

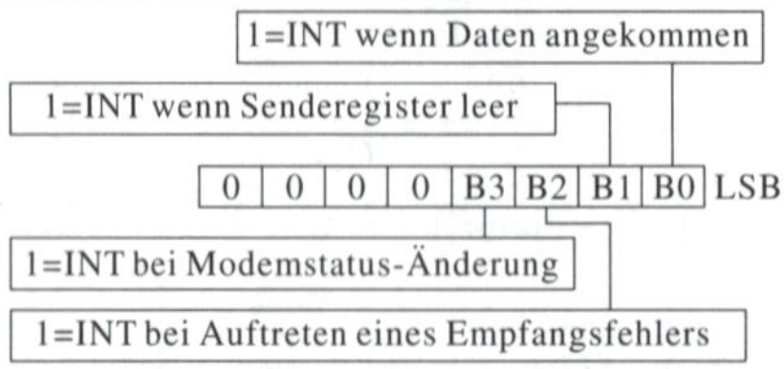

Das Modemsteuer-Register (8250)

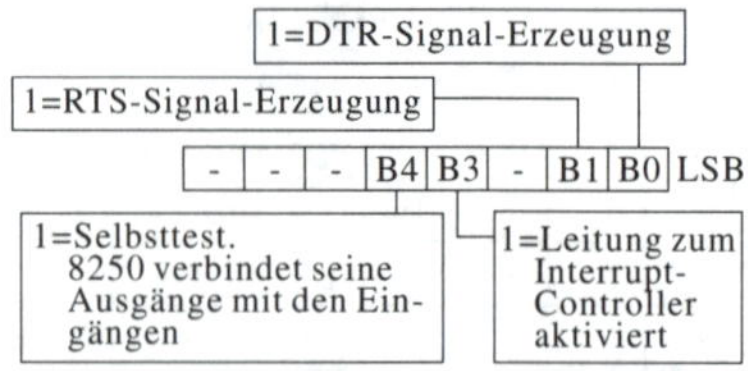

Das Interrupt-Status-Register (8250)

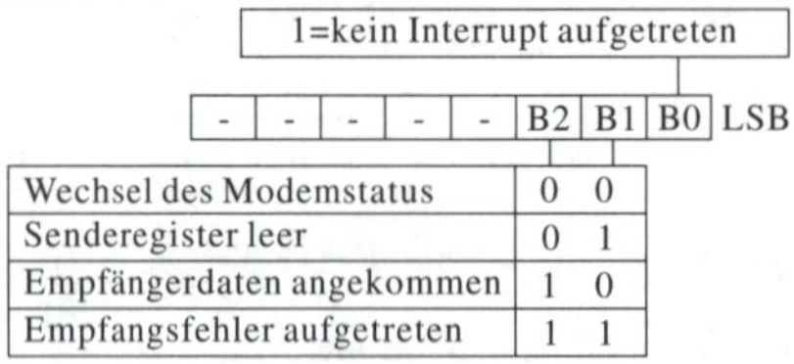

Das Line-Status-Register (8250)

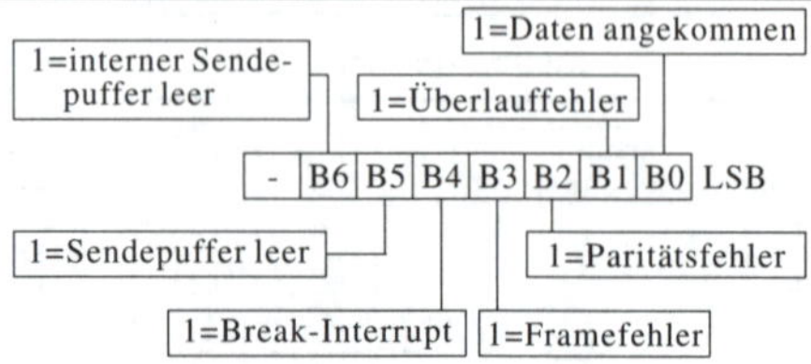

Das Modem-Status-Register (8250)

Rücksetzbedingungen der Bits (Line-Status-Reg.)

– Lesen des Empfangspuffers	Bit 0
– Lesen des Line-Status-Registers	Bit 1–4
– Zeichen in Sendepuffer schreiben oder Interrupt-Status-Register lesen	Bit 5
– Zeichen in Sendepuffer schreiben	Bit 6

Hinweis: Der Wert für den Eintrag der Baudrate (high/low) berechnet sich aus 115 200/Baudrate.

Die Standard-Portadressen des 8250 beim PC (COM1)

Adresse	angesprochenes Register	Adresse	angesprochenes Register
03F8H	Empfangsdaten-Register lesen (DLAB=0) Sendedaten-Register schreiben (DLAB=0) Baudrate Low-Byte schreiben (DLAB=1)	03F9H	Interrupt-Masken-Register (DLAB=0) Baudrate High-Byte schreiben (DLAB=1)
03FAH	Interrupt-Status-Register	03FBH	Line-Control-Register
03FCH	Modemsteuer-Register	03FDH	Line-Status-Register
03FEH	Modem-Status-Register		

Bausteine zur Pegelanpassung

Die Verwendung der Standard-Bausteine 1488/1489 zur Pegelanpassung von TTL auf V.24/V.24 auf TTL erfordert eine bipolare Spannung von ±12 V. Um den zusätzlichen Schaltungsaufwand zu umgehen, wurden Bausteine entwickelt, die diese Spannungen intern erzeugen und mit einer externen Spannung von 5 V auskommen. Ein typ. Vertreter ist der MAX232. Er enthält jeweils 2 Sender-/Empfänger-Treiber, arbeitet mit ±10 V und erfüllt alle Anforderungen der RS-232C/CCITT V.28 Norm.

Beschaltung MAX232:

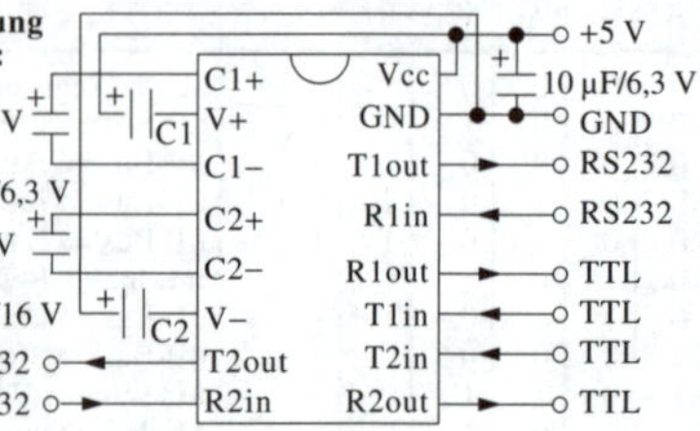

6.4 Programmierbare Bausteine

6.4.3 Controller-Bausteine

Programmierung des Interrupt-Controllers 8259A

Der Baustein kann in 8080/8085- und 8086-Systemen (PC) eingesetzt werden. Bei Einsatz von 9 kaskadierten Bausteinen (Master + 8 Slaves) können bis zu 64 Hardware-INTs bedient werden. Im PC (AT) sind ein Master und ein Slave vorhanden. Damit sind 15 verschiedene INTs möglich, die zum Teil folgendermaßen belegt sind:

INT	Belegung	INT	Belegung	INT	Belegung	INT	Belegung
IRQ0	8253 (Timer0)	IRQ4	COM1	IRQ8	Uhr (146818)	IRQ12	frei (PS2-Maus)
IRQ1	Tastatur	IRQ5	LPT2	IRQ9	frei/SCSI-Contr.	IRQ13	Coprozessor
IRQ2	IRQs Slave	IRQ6	Floppy-Contr.	IRQ10	COM3	IRQ14	Harddisk-Contr.
IRQ3	COM2	IRQ7	LPT1	IRQ11	COM4	IRQ15	frei

I/O-Adressen des 8259A

A0	D4	D3	$\overline{RD}$	$\overline{WR}$	$\overline{CE}$	Richtung/Zustand
0	–	–	0	1	0	IRR, ISR oder INT-Ebene (IR) ⇒ µP-Bus
1	–	–	0	1	0	IMR-Reg. ⇒ µP-Bus
0	0	0	1	0	0	µP-Bus ⇒ OCW2
0	0	1	1	0	0	µP-Bus ⇒ OCW3
0	1	X	1	0	0	µP-Bus ⇒ ICW1
1	X	X	1	0	0	µP-Bus ⇒ OCW1, ICW2, ICW3, ICW4 [1]
X	X	X	1	1	0	Tri-State
X	X	X	X	X	1	Tri-State

Initialisierung des 8259A

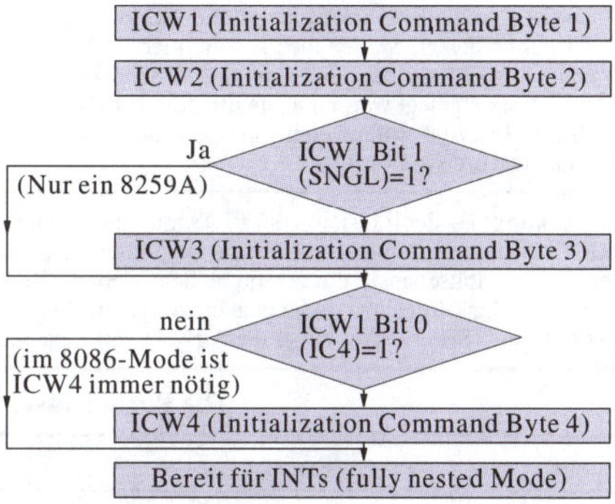

Das Initialisierungs-Command-Byte 1 (ICW1)

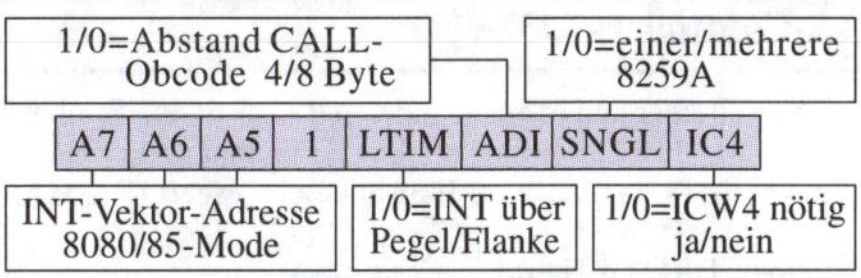

Das Initialisierungs-Command-Byte 2 (ICW2)

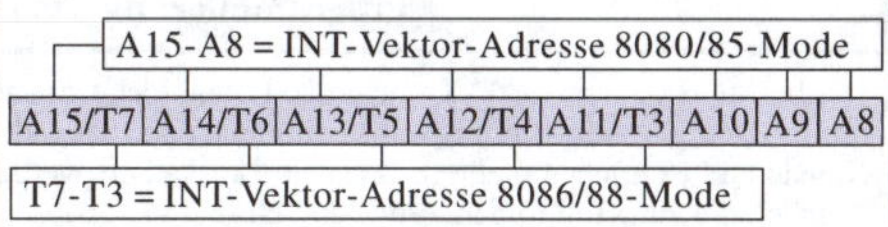

Das Initialisierungs-Command-Byte 3 (ICW3)

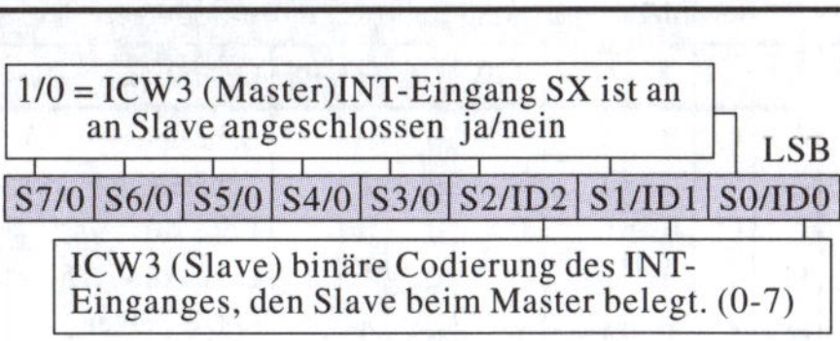

Das Initialisierungs-Command-Byte 4 (ICW4)

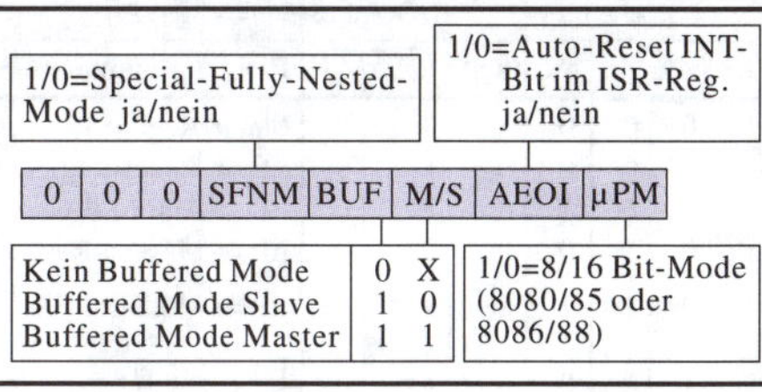

Das Operation-Command-Byte 1 (OCW1)

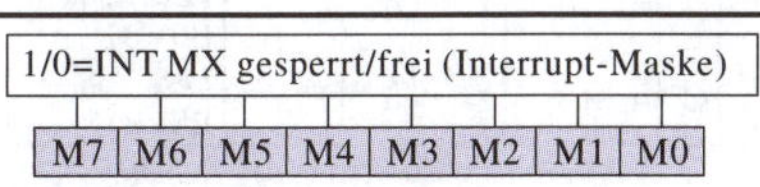

Das Operation-Command-Byte 2 (OCW2)

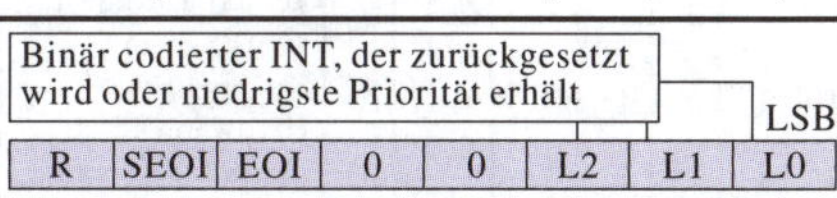

[1] Der Baustein verteilt diese Kommandos automatisch in der richtigen Reihenfolge.

6.4.3 Controller-Bausteine

Programmierung des Interrupt-Controllers 8259A (Fortsetzung)

Das Operation-Command-Byte 3 (OCW3)

Special-Mask-Mode	ESMM	SMM
Reset	1	0
Set	1	1

	RR	RIS
Keine Operation	0	0
Keine Operation	0	1
IR-Reg. lesen	1	0
IS-Reg. lesen	1	1

-	ESMM	SMM	1	0	P	RR	RIS

P: 1/0=Poll-Mode ein/aus.(Mehr als 64 INTs mögl.)

Bedeutung der Bits R, SEOI und EOI im OCW2

R	SEOI	EOI	Bedeutung
0	0	1	Reset letzten aufgetretenen INT
0	1	1	Reset den mit L2–L0 spezifizierten INT
1	0	1	Wie 0 0 1, zusätzlich lowest Priorität
1	1	1	Wie 0 1 1, zusätzlich lowest Priorität
1	1	0	Mit L2–L0 spez. INT lowest Priorität
1	0	0	Rotierende Priorität EIN
0	0	0	Rotierende Priorität AUS
0	1	0	Keine Operation

Hinweise: Da die INT-Vektor-Tabelle im PC vier byte pro INT-Routine belegt, werden die programmierten INT-Vektoren im 8086-Mode intern mit 4 multipliziert, bevor sie auf den Adressbus gelegt werden. Defaultmäßig hat INT 7 die niedrigste Priorität, sofern nichts anderes im OCW2 programmiert wurde.

Fall 1–4 nur für AEOI = 0 (ICW4) von Bedeutung. Im Polling-Mode kann der 8259A den INT-Eingang der CPU nicht ansteuern. Es muss dann zyklisch das IRR-Register gelesen werden (kommt einem INT-Acknowledge gleich). Ein gesetztes Bit 7 signalisiert einen anstehenden Interrupt. Bit 0–2 = Binärcode des INTs mit höchster Priorität.

Bemerkung: Da der Baustein vom BIOS initialisiert wird, beschränkt sich die Programmierung auf OCW1–OCW3. Das IRR(INT-Request-Register) enthält die zu quittierenden Ebenen, die INTs anfordern. Im ISR (INT-Service-Register) stehen die Prioritätsebenen, die gerade bedient werden. Das ISR wird jeweils durch das EOI-Kommando aktualisiert. Im IMR(INT-Mask-Register) findet man die Angaben über die maskierten INT-Anforderungsleitungen. Das Lesen der Register IRR und ISR erfordert zuvor die Ausgabe eines passenden OCW3 (für das IMR-Register nicht erforderlich).

Die Portadressen des 8237A beim PC

Adresse	angesprochenes Register	Adresse	angesprochenes Register
020H	Operation-Command OCW2/OCW3 (Master)	0A0H	Operation-Command OCW2/OCW3 (Slave)
021H	Operation-Command (Master) OCW1	0A1H	Operation-Command (Slave) OCW1

Programmierung des DMA-Controllers 8237A

Der Baustein kann bis zu 64 Kbyte große Datenblöcke von einem Speicherbereich in einen anderen transferieren. Er übernimmt dabei die Adressierung selbständig und entlastet dadurch die CPU. Der Controller besitzt vier unabhängige DMA-Kanäle und es können mehrere Bausteine kaskadiert werden. Im PC (AT) werden zwei Bausteine eingesetzt (7 DMA-Kanäle), die zum Teil folgendermaßen belegt sind:
Master: DRQ0 = DRQs Slave, DRQ1 = meist frei, DRQ2 = Floppy-, DRQ3 = Harddisk-Controller.
Slave: DRQ4 = DRQ0 (Master), DRQ5–DRQ7 = frei.

Base+				I/O-Adressen des 8259A				Setzen/Lesen von Startadresse u. Bytezähler								
A3	A2	A1	A0	$\overline{IOR}$	$\overline{IOW}$	$\overline{CE}$	Richtung/Funktion	A3	A2	A1	A0	$\overline{IOR}$	$\overline{IOW}$	$\overline{CE}$	int. FF	Operation
1	0	0	0	1	0	0	Status-Reg. ⇒ µP	0	C	C	0	1	0	0	0	Schreibe A0–A7
1	0	0	0	0	1	0	µP ⇒ Steuer-Reg.	0	C	C	0	1	0	0	1	Schreibe A8–A15
1	0	0	1	0	1	0	µP ⇒ Anford.-Reg.	0	C	C	0	0	1	0	0	Lese A0–A7
1	0	1	0	0	1	0	µP ⇒ Masken-Reg.	0	C	C	0	0	1	0	1	Lese A8–A15
1	0	1	1	0	1	0	µP ⇒ Mode-Reg.	0	C	C	1	1	0	0	0	Setze Zähler B0–B7
1	1	0	0	0	1	0	Lösche internes Pointer-FF	0	C	C	1	1	0	0	1	Setze Zähler B8–B15
1	1	0	1	1	0	0	Temporär-Reg. ⇒ µP	0	C	C	1	0	1	0	0	Lese Zähler B0–B7
1	1	0	1	0	1	0	entspricht Hardware-Reset	0	C	C	1	0	1	0	1	Lese Zähler B8–B15
1	1	1	1	0	1	0	µP ⇒ Masken-Reg.	A2–A1 = binäre Codierung des Kanals								

6.4 Programmierbare Bausteine

Programmierung des DMA-Controllers 8257A (Fortsetzung)

Das Steuer-Register

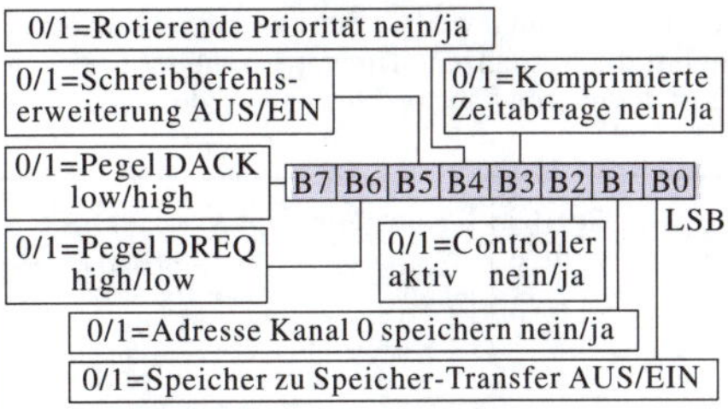

Das Mode-Register

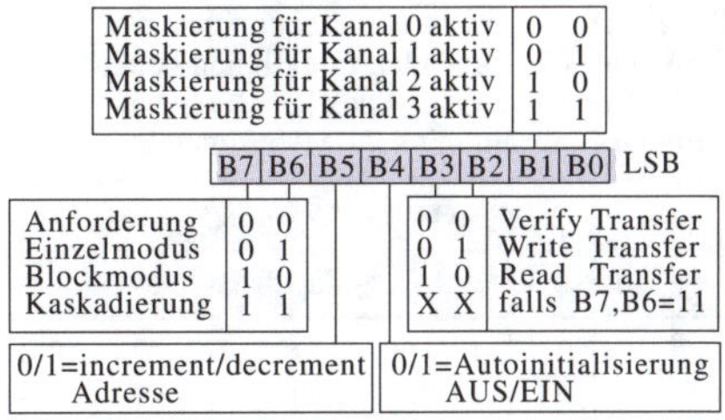

Das Kanalanforderungs-Register

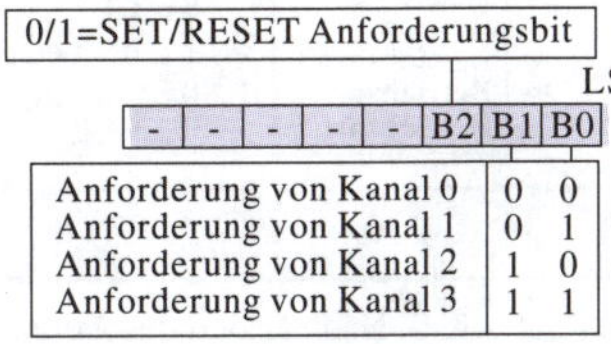

Das Kanalmaskierungs-Register (Single-Mask)

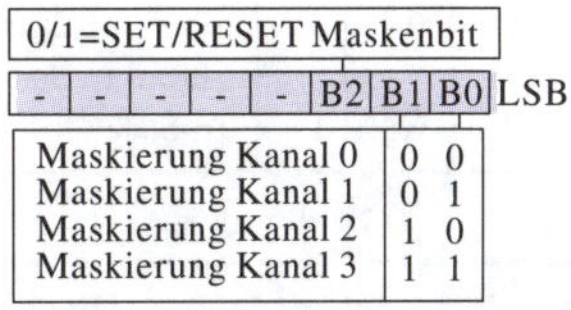

Das Status-Register

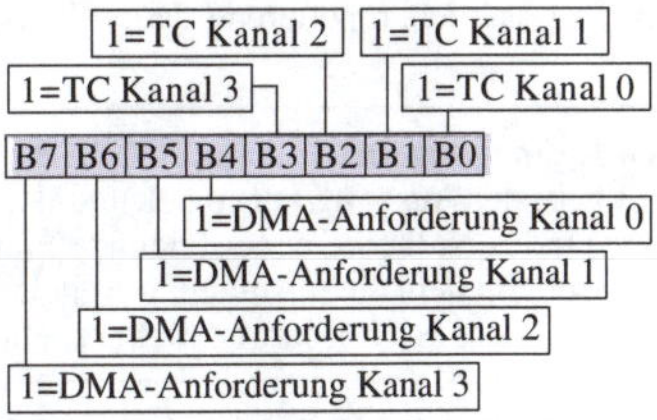

Das Kanalmaskierungs-Register (All-Mask)

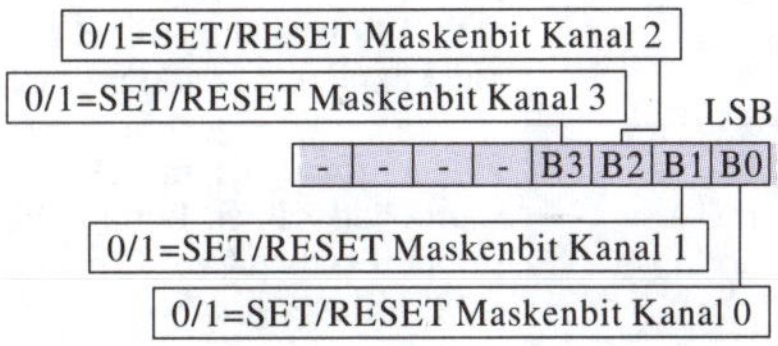

Hinweis: Die Maskierung kann entweder über das Single-Mask- oder All-Mask-Register erfolgen.

Bemerkungen: Das Temporär-Register enthält immer das letzte transferierte Byte (im Speicher-zu-Speicher-Mode). Vor dem Setzen der Startadresse und des Byte-Zählers sollte das interne FF und bit B2 im Steuerregister zurückgesetzt werden. Sollen *n* bytes übertragen werden, so ist der Byte-Zähler mit $n-1$ zu laden. Mit gesetztem bit B3 wird ein höherer Datendurchsatz erreicht.

Die Portadressen des 8237A beim PC

Adresse	angesprochenes Register	Adresse	angesprochenes Register
008H	Steuer-Register (Master) write	008H	Status-Register (Master) read
009H	Kanalanforderungs-Register (Master)	00AH	Kanalmask.-Reg. (Master Single Mask)
00BH	Mode-Register (Master)	00FH	Kanalmask.-Register (Master All Mask)
0C8H	Steuer-Register (Slave) write	0C8H	Status-Register (Slave) read
0C9H	Kanalanforderungs-Register (Slave)	0CCH	Mode-Register (Slave)
0CAH	Kanalmask.-Reg. (Slave Single Mask)	0CFH	Kanalmask.-Register (Slave All Mask)

6.4 Programmierbare Bausteine

6.4.4 Sonstige

Der Timerbaustein 8253/8254

Der Baustein 8253 enthält drei unabhängige 16-Bit-Abwärtszähler mit jeweils 6 Betriebsarten. Im PC sind die Zähler mit folgenden Funktionen belegt: Timer 0 liefert die Systemzeit, Timer 1 veranlasst über den DMA-Controller einen Speicher-Refresh und an Timer 2 ist der interne Lautsprecher angeschlossen. Im PC wird der Baustein mit 4,77 MHz/4 getaktet.

Base+		I/O-Adressen des 8253/8254			
A1	A0	$\overline{RD}$	$\overline{WR}$	$\overline{CS}$	Richtung/Zustand
0	0	0	1	0	Daten Timer 0 ⇒ µP-Bus
0	1	0	1	0	Daten Timer 1 ⇒ µP-Bus
1	0	0	1	0	Daten Timer 2 ⇒ µP-Bus
0	0	1	0	0	µP-Bus ⇒ Daten Timer 0
0	1	1	0	0	µP-Bus ⇒ Daten Timer 1
1	0	1	0	0	µP-Bus ⇒ Daten Timer 2
1	1	1	0	0	µP-Bus ⇒ Steuerwort
X	X	X	X	1	Tri-State

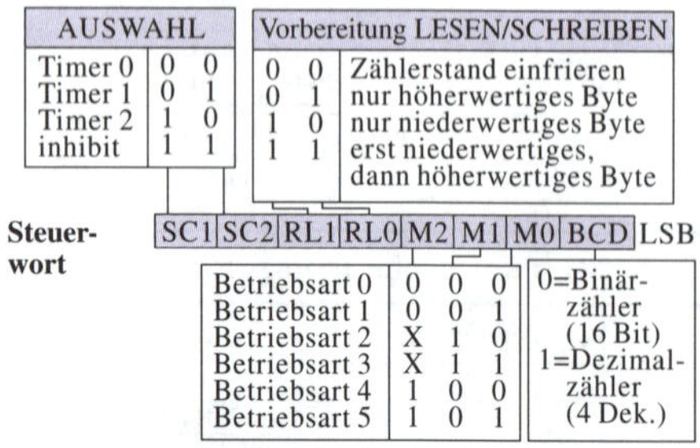

Betriebsart	Erläuterung
0 Interrupt bei Nulldurchgang	Zählerausgang geht nach Steuerwortempfang auf log. 0. Nach Laden des Anfangswertes startet der Zähler automatisch. Der Ausgang geht bei Erreichen von Zählerstand 0 auf log. 1 und der Zähler wird über Null hinaus weiter dekrementiert, bis ein neues Steuerwort oder ein neuer Anfangswert geladen wird. Der Zählvorgang wird durch log. 0 am GATE-Eingang unterbrochen. Diese Betriebsart ist nicht repetierend. Jeder Zählvorgang muss explizit neu gestartet werden
1 Betrieb als Monoflop	Zählerausgang ist im Ruhezustand logisch 1. Eine steigende Flanke am GATE-Eingang startet den Zähler. Beim Zählerstand Null geht der Ausgang auf log. 1 und der Zähler stoppt. Erscheint vor Erreichen des Zählerstandes Null eine neue steigende Flanke am GATE-Eingang, so wird der Zähler automatisch mit dem alten Anfangswert geladen und startet neu (der Ausgang bleibt auf logisch 0). Diese Betriebsart ist nicht repetierend
2 Frequenzteiler durch N	Die Taktfrequenz am CLK-Eingang wird durch den Startwert geteilt. Beim Nulldurchgang geht der Ausgang für die Dauer einer Taktperiode auf logisch 0. Eine fallende Flanke am GATE-Eingang stoppt den Zähler (Ausgang wird logisch 1), eine steigende Flanke startet ihn neu. Repetierende Betriebsart. (Beim Nulldurchgang wird der Zähler automatisch neu gesetzt u. gestartet.)
3 Symmetrisches Ausgangssignal	Zähler dekrementiert immer um zwei, d.h. zu einem vollständigen Zählvorgang gehören 2 Nulldurchgänge. Nach dem Laden des Anfangswertes geht der Ausgang auf logisch 1. Beim ersten Nulldurchgang geht er auf logisch 0. Der Zähler wird dabei neu gesetzt und gestartet. Der zweite Nulldurchgang setzt den Ausgang wieder auf logisch 1. Diese Betriebsart ist repetierend. Der Startwert 3 ist nicht erlaubt
4 Softwaregesteuerter Strobe	Laden des Anfangswertes startet den Zähler. Beim Nulldurchgang geht der Ausgang während einer Taktperiode auf logisch 0. Zähler stoppt bei logisch 0 am GATE-Eingang. Diese ist Betriebsart nicht repetierend
5 Hardwaregesteuerter Strobe	Arbeitet wie Betriebsart 4 mit dem Unterschied, dass der Zähler durch eine steigende Flanke am GATE-Eingang gestartet wird. Somit ist der Zähler retriggerbar

6.4 Programmierbare Bausteine

Der CMOS-Baustein 146818/14818 (Real-Time-Clock)

Der Baustein verwaltet Uhrzeit u. Datum im PC und besitzt einen 64 byte großen SRAM-Bereich, in dem wichtige Konfigurationsdaten (SETUP) permanent gespeichert werden. Er ist batteriegepuffert. Neuere, kompatible Bausteine haben die Batterie integriert, die den Datenerhalt mindestens 10 Jahre garantiert und 128 byte (Plug & Play-BIOS).

Status-Register A

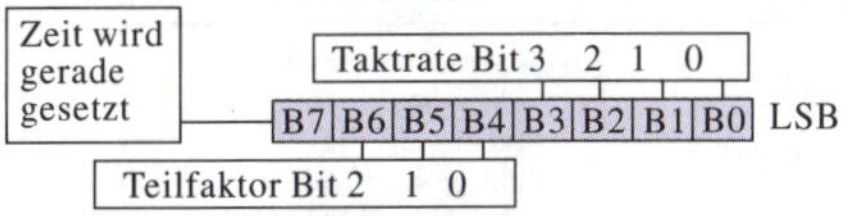

Status-Register C

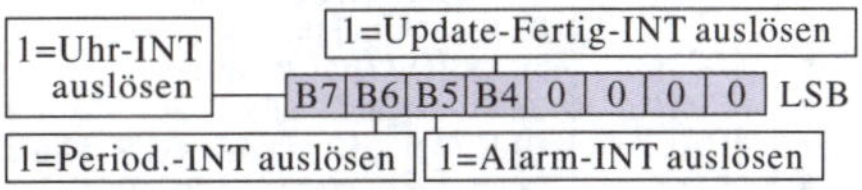

Status-Register B

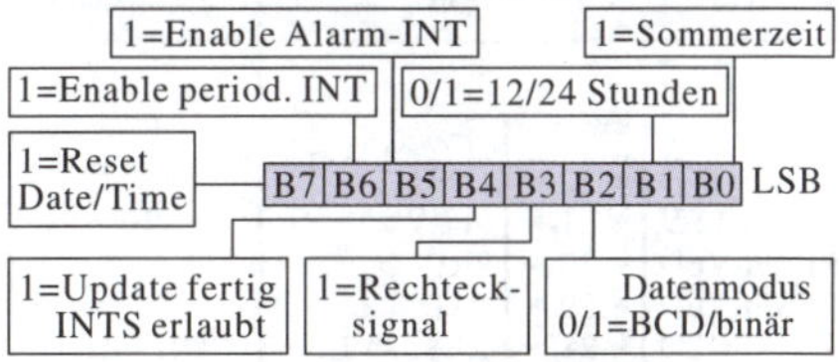

Status-Register D

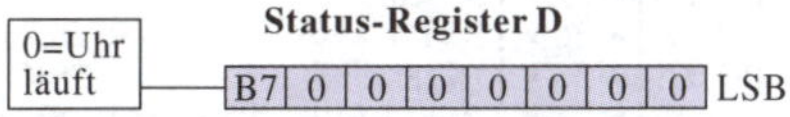

Byte-Adressen und Inhalte des RTC-SRAM-Bereiches

Adresse Dez	Adresse Hex	Byte-Inhalt	Adresse Dez	Adresse Hex	Byte-Inhalt
00	00	aktuelle Uhrzeit (Sekunden)	17	11	Reserviert
01	01	Alarmzeit (Sekunden)	18	12	Typcode Festplatten C und D [1])
02	02	aktuelle Uhrzeit (Minuten)	19	13	Reserviert
03	03	Alarmzeit (Minuten)	20	14	Codierung der PC-Ausstattung [1])
04	04	aktuelle Uhrzeit (Stunden)	21	15	Low-Byte Memory ohne Expansion
05	05	Alarmzeit (Stunden)	22	16	High-Byte Memory ohne Expansion
06	06	Nummer des Wochentages (1–7)	23	17	Low-Byte Expansionsspeicher
07	07	Nummer des Tagesdatum (1–31)	24	18	High-Byte Expansionsspeicher
08	08	Nummer des Monatsdatums (1–12)	25, 26	19, 1A	Ergänzungskennung Festplatte C, D
09	09	Nummer des Jahres	27–45	1B–2D	Reserviert
10	0A	Status-Register A	46	2E	Low-Byte Checksumme (Byte 16–31)
11	0B	Status-Register B	47	2F	High-Byte Checksumme
12	0C	Status-Register C	48	30	Wie Byte 17 (11H) aktuell
13	0D	Status-Register D	49	31	Wie Byte 18 (12H) aktuell
14	0E	Diagnosestatus [1])	50	32	Jahrhundertnummer
15	0F	Shutdown-Wert	51	33	Status-Flags (SETUP-Information)
16	10	Typ der Laufwerke A und B [1])	52–63	34–3F	Reserviert

Bitinformationen der mit [1]) gekennzeichneten Bytes

<table>
<tr><th>Bitnr.</th><th>Byte 14 (0EH)</th><th>Byte 16 (10H)</th><th>Byte 18 (12H)</th><th>Byte 20 (14H)</th></tr>
<tr><td>Bit 7</td><td>1 = Spannungsausfall</td><td rowspan="4">Floppy-Typ A
0000 = keines
0001 = 360 Kb
0010 = 1,2 Mb
0011 = 720 Kb
0100 = 1,44 Mb
0101 = 2,88 Mb</td><td>Festplatte-Typ C</td><td>0/1 = 1/2 Laufwerke</td></tr>
<tr><td>Bit 6</td><td>1 = Checksummen-Fehler</td><td>Typecode 1–15 binär in den Bits 4–7</td><td>meist unbenutzt</td></tr>
<tr><td>Bit 5</td><td>1 = falsche Konfiguration</td><td rowspan="2">Typcode 16–255 binär im Byte 25 (19H)</td><td rowspan="2">00 = EGA / VGA
01 = CGA 40 Zeichen
10 = CGA 80 Zeichen
11 = Monochrom</td></tr>
<tr><td>Bit 4</td><td>1 = RAM-Fehler</td></tr>
<tr><td>Bit 3</td><td>1 = Fehler Laufwerk-Contr.</td><td rowspan="4">Floppy-Typ B
0000 = keines
0001 = 360 Kb
0010 = 1,2 Mb
0011 = 720 Kb
0100 = 1,44 Mb
0101 = 2,88 Mb</td><td>Festplatte-Typ D</td><td>1 = Display enable</td></tr>
<tr><td>Bit 2</td><td>1 = ungültiges Zeitformat</td><td>Typecode 1–15 binär in den Bits 0–3</td><td>1 = Tastatur enable</td></tr>
<tr><td>Bit 1</td><td>unbenutzt</td><td rowspan="2">Typcode 16-255 binär im Byte 26 (1AH)</td><td>1 = Coprozessor enable</td></tr>
<tr><td>Bit 0</td><td>unbenutzt</td><td>1 = Floppy-Contr. enable</td></tr>
</table>

Hinweis: Wird beim PC die gewünschte Byte-Adresse über Port 70H übergeben, so kann über Port 71H schreibend bzw. lesend auf das ausgewählte Byte zugegriffen werden.

6.5 Bussysteme

6.5.1 Der ECB-Bus

Der ECB-Bus war ursprünglich für den Einsatz des Z80-Prozessors konzipiert worden. Er erlaubt den modularen Aufbau von Kleinrechnern. Die einzelnen Baugruppen befinden sich auf Europa-Karten (100×160 mm) und werden über einen 64-poligen, zweireihigen VG-Stecker über eine Bus-Platine (Backplane) miteinander verbunden.

Belegung (nach Kontron)

a	Pin	c
GND	32	GND
+12 V	31	-12 V
RESERVED	30	TxD
RESERVED	29	RxD
HOLD	28	RESERVED
RESET	27	RST 6.5
READY	26	RST 5.5
RST 7.5	25	INTR
A15	24	RESERVED
A13	23	A14
A11	22	A12
A9	21	A10
A7	20	A8
A5	19	A6
A3	18	A4
A1	17	A2
RESERVED	16	A0
RESERVED	15	RESERVED
RESERVED	14	RESERVED
TRAP	13	#RESET OUT
RESERVED	12	RESERVED
RESERVED	11	RESERVED
#IOR	10	#MEMR
#IOW		#MEMW
#HLDA	9	#INTA
D6	8	D7
D4	7	D5
D2	6	D3
D0	5	D1
#ALE	4	#S0
#CLK OUT	3	#S1
+5 V	2	+5 V
	1	

Für Interrupts und DMA-Betrieb stellt dieser Bus Signale für das Daisy-Chain-Prinzip zur Verfügung. Unter Daisy-Chain versteht man das Kaskadieren mehrerer Bausteine zu einer Kette. Stellt ein Baustein oberhalb der Kette z. B. eine Interrupt-Anforderung, so sind alle darüber liegenden Bausteine automatisch gesperrt. Die INT-Anforderung eines gerade gesperrten Bausteins bleibt erhalten, bis seine Freigabe erfolgt

Andere Belegung (z. B. MFA)

a	Pin	c
GND	32	GND
#BUSAK	31	#RESET
A9	30	#MREQ
A13	29	CLK
#REFRESH	28	A15
#IORQ	27	A12
#WRITEN	26	#PWRCL
CLK	25	#HALT
RESERVED	24	#RD
RETIRQ	23	A20
A23	22	#WR
A22	21	#INT
#M1	20	#NMI
+15 V	19	A21
A14	18	A10
BAO	17	A11
2*CLK	16	IEO
-12 V	15	-15 V
A19	14	D1
+12 V	13	A18
BAI	12	A17
#BUSRQ	11	IEI
#WAIT	10	A16
A6		A7
A5	9	A8
A4	8	A1
A2	7	A3
D4	6	A0
D3	5	D2
D6	4	D7
D5	3	D0
+5 V	2	+5 V
	1	

Da der ECB-Bus keiner Normung unterliegt, gibt es bei den Herstellern so genannter ECB-Bus-kompatibler Steckkarten keine einheitliche Steckerbelegung. Dies gilt besonders für die Lage der Versorgungsspannungen. Auch die Richtung der Signale kann je nach Hersteller variieren. Einige Systeme behandeln die Signale #RESET und #PWRCL gleichberechtigt als Ausgänge. Laut ECB-Busdefinition ist #RESET jedoch ein Eingang

Bedeutung der Bus-Signale

A0 … A15(Out):
Adressbus
#ALE (OUT):
Gültige Low-Adresse auf D0 … D7
BAI (In) / BAO (Out):
Steuersignale Daisy-Chain-DMA
#BUSAK / #HLDA (Out):
Bussystem frei für Übernahme
#BUSRQ / HOLD (In):
Bussystem anfordern
CLK (2*CLK) / #CLK OUT (Out):
Doppelter (einfacher) CPU-Takt
D0 … D7 (Out/In):
Datenbus
#HALT (Out):
CPU wartet auf Interrupt
IEI (In) / IEO (Out):
Steuersignale Daisy-Chain-INT
#INT/INTR (In):
Hardware-INT
#IORQ (Out):
I/O-Adresse steht an
#IOW / #IOR (Out):
I/O Schreib-/Lesezugriff
#M1 (Out):
Opcode-Fetch
#MREQ (Out):
Memory-Adresse steht an
#MEMW / #MEMW (In):
Memory Schreib- / Lesezugriff
#NMI / TRAP (In):
Nichtmaskierbarer Interrupt
#PWRCL / #RESET OUT (Out):
Peripherie-Reset
#RD (Out):
Lesezugriff (Memory oder I/O)
#REFRESH (Out):
Refresh-Adresse steht an
RETIRQ / #INTA (Out):
Interrupt-Bestätigung
#RESET (Eingang):
System Reset
RST 5.5 / 6.5 / 7.5 (In):
Maskierbare Hardware-INTs
#S0 / #S1 (Out):
Statussignale CPU
TxD (Out) / RxD (In):
Serielle Daten (RS-232)
#WAIT / #READY (In):
Anforderung von Wait-Zyklen
#WR (Out):
Schreibzugriff (Memory oder I/O)
#WRITEN (Out):
DMA-Transfer beendet

Hinweis: Bei allen dargestellten Bussen sind low-aktive Signale durch # gekennzeichnet.

6.5 Bussysteme

6.5.2 Der VME-Bus (IEC 821-D / IEEE P1014)

Der VME-Bus stellt einen genormten Industriestandard für modulare Systeme dar. Die Baugruppen befinden sich auf Europa- (Stecker P1) oder Doppeleuropa-Karten (Stecker P1 und P2). Eine Erweiterung des VME-Bus ist der VXI-Bus. Es ist ein Hochgeschwindigkeitsbus, bei dem zwei zusätzliche Kartenformate (233×340 mm / 366×340 mm), ein zusätzlicher Stecker P3 und die beim VME-Bus freien Signale (USER I/O) definiert sind. Daneben existiert noch der VMS-Bus, der über ein festes Protokoll die serielle Kommunikation zwischen den einzelnen Prozessoren in einem Multiprozessorsystem erlaubt. (Signale SERDAT und SERCLK)

Belegung VME-Bus (Stecker P1)

Stecker P1

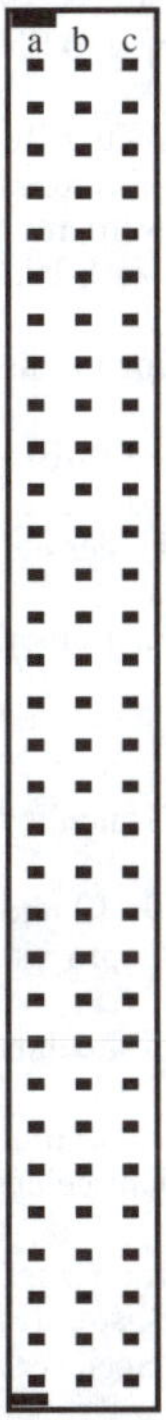

	Reihe a	Reihe b	Reihe c
32	+5 V	+5 V	+5 V
31	-12 V	+5 V STDBY	+12 V
30	A1	#IRQ1	A8
29	A2	#IRQ2	A9
28	A3	#IRQ3	A10
27	A4	#IRQ4	A11
26	A5	#IRQ5	A12
25	A6	#IRQ6	A13
24	A7	#IRQ7	A14
23	AM4	GND	A15
22	#IACKOUT	#SERDAT	A16
21	#IACKIN	SERCLK	A17
20	#IACK	GND	A18
19	GND	AM3	A19
18	#AS	AM2	A20
17	GND	AM1	A21
16	#DTACK	AM0	A22
15	GND	#BR3	A23
14	#WRITE	#BR2	AM5
13	#DS0	#BR1	#LWORD
12	#DS1	#BR0	#SYSRESET
11	GND	#BG3OUT	#BERR
10	SYSCLK	#BG3IN	#SYSFAIL
9	GND	#BG2OUT	GND
8	D7	#BG2IN	D15
7	D6	#BG1OUT	D14
6	D5	#BG1IN	D13
5	D4	#BG0OUT	D12
4	D3	#BG0IN	D11
3	D2	#ACFAIL	D10
2	D1	#BCLR	D9
1	D0	#BBSY	D8

Belegung VME-Bus (Stecker P2)

Stecker P2

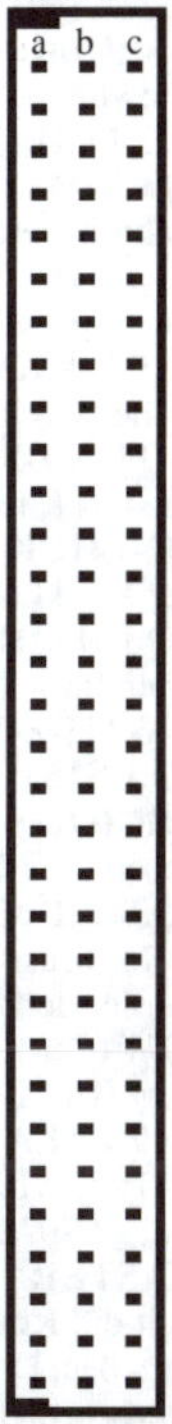

	Reihe a	Reihe b	Reihe c
32	USER I/O	+5 V	USER I/O
31	USER I/O	GND	USER I/O
30	USER I/O	D31	USER I/O
29	USER I/O	D30	USER I/O
28	USER I/O	D29	USER I/O
27	USER I/O	D28	USER I/O
26	USER I/O	D27	USER I/O
25	USER I/O	D26	USER I/O
24	USER I/O	D25	USER I/O
23	USER I/O	D24	USER I/O
22	USER I/O	GND	USER I/O
21	USER I/O	D23	USER I/O
20	USER I/O	D22	USER I/O
19	USER I/O	D21	USER I/O
18	USER I/O	D20	USER I/O
17	USER I/O	D19	USER I/O
16	USER I/O	D18	USER I/O
15	USER I/O	D17	USER I/O
14	USER I/O	D16	USER I/O
13	USER I/O	+5 V	USER I/O
12	USER I/O	GND	USER I/O
11	USER I/O	A31	USER I/O
10	USER I/O	A30	USER I/O
9	USER I/O	A29	USER I/O
8	USER I/O	A28	USER I/O
7	USER I/O	A27	USER I/O
6	USER I/O	A26	USER I/O
5	USER I/O	A25	USER I/O
4	USER I/O	A24	USER I/O
3	USER I/O	RESERVED	USER I/O
2	USER I/O	GND	USER I/O
1	USER I/O	+5 V	USER I/O

Bedeutung der Signale am Stecker P1 und P2 (Handshake-Signale vom Bus-Master aus gesehen)

A1..A31 (Out): Adressbus
#ACFAIL (In): Versorgungsspannungseinbruch
AM0..AM5 (Out): Codierung des Datenzugriffs
#AS (Out): Strobe-Impuls für gültige Adresse
#BBSY (In): Aktueller Master gibt Bus frei
#BCLR (Out): Busarbiter fordert Bus zurück
#BERR (In): Vom Slave statt #DTACK bei Fehler
#BG0IN..#BG3IN (In): Daisy-Chain für #BR0..#BR3
#BG0OUT..#BG3OUT (Out): Bus für Master frei
#BR0..#BR3 (In): Busanforderung eines Masters
D0..D31 (Out/In): System-Datenbus
#DS0..#DS1 (Out): Bereit für 8/16-Bit-Zugriff
#DTACK (In): Daten vom Slave sind gültig
#IACK (Out): low/high ⇒ INT-ACK/Datenzyklus
#IACKIN (In): Daisy-Chain Interrupt-Anforderung
#IACKOUT (Out): Daisy-Chain INT-Bestätigung
#IRQ1..#IRQ7 (In): Anforderung eines Interrupts
#LWORD (Out): 32-Bit-Zugriff (DS0, DS1, A1 = low)
SERCLK (Out): Takt für serielle Daten
#SERDAT (Out/In): Serielle Datenleitung
#SYSFAIL (Out): Systemfehler aufgetreten
SYSCLK (Out): 16-MHz-Takt zur Sychronisation
#SYSRESET (Out): System-Reset
#WRITE (Out): low/high ⇒ Schreib-/Lesezugriff

6.5 Bussysteme

6.5.3 PC-Busse

Der ISA-Bus

Der ISA-Bus besitzt eine Adressbusbreite von 20 bit und eine Datenbusbreite von 16 bit. Er arbeitet mit einer maximalen Taktfrequenz von 8,33 MHz und erreicht damit eine theoretische Datenübertragungsrate von 8 Mbyte/s. Der Bus arbeitet asynchron.

ISA-Bus-Belegung

Gehäuserückseite

B	Pin	A
GND	1	#I/O-CHCK
RESET	2	D7
+5 V	3	D6
IRQ 2	4	D5
-5 V	5	D4
DRQ 2	6	D3
-12 V	7	D2
#OWS	8	D1
+12V	9	D0
GND	10	I/O CHRDY
#SMEMW	11	AEN
#SMEMR	12	A19
#IOW	13	A18
#IOR	14	A17
#DACK 3	15	A16
DRQ 3	16	A15
#DACK 1	17	A14
DRQ 1	18	A13
#REFRESH	19	A12
CLOCK	20	A11
IRQ 7	21	A10
IRQ 6	22	A9
IRQ 5	23	A8
IRQ 4	24	A7
IRQ 3	25	A6
#DACK 2	26	A5
T/C	27	A4
ALE	28	A3
+5 V	29	A2
OSC	30	A1
GND	31	A0

D	Pin	C
#MEM CS16	1	#SBHE
#I/O CS16	2	LA23
IRQ 10	3	LA22
IRQ 11	4	LA21
IRQ 12	5	LA20
IRQ 15	6	LA19
IRQ 14	7	LA18
#DACK 0	8	LA17
DRQ 0	9	#MEMR
#DACK 5	10	#MEMW
DRQ 5	11	D8
#DACK 6	12	D9
DRQ 6	13	D10
#DACK 7	14	D11
DRQ 7	15	D12
+5 V	16	D13
#MASTER	17	D14
GND	18	D15
	19	

Bedeutung der ISA-Bus-Signalnamen

A0 … A19 (Out): System Adress-Bus. Bei I/O-Zyklen nur A0 bis A9
AEN (Out): DMA-Controller hat Bussteuerung übernommen. AEN sollte von jeder I/O-Karte dekodiert werden
ALE (Out): Adresse A0 bis A19 gültig. Gilt auch für DMA-Zugriffe
CLOCK (Out): Symmetrischer Systemtakt. Mit READ/WRITE-Strobes synchronisiert. Sollte auch nur zur Synchronisation benutzt werden
D0 … D15 (Out/In): System-Datenbus. 16-Bit-Transfers zu 8-Bit-Einheiten werden in zwei 8-Bit-Zugriffe konvertiert
#DACK0 … #DACK7 (Out): DMA-Anforderungsbestätigung für die Kanäle 0–3 und 5–7
DRQ0 … DRQ7 (In): DMA-Kanalanforderung. Kanäle 0–3 (8-Bit-Transfer) Kanäle 5–7 (16-Bit-Transfer)
#I/O-CHCK (In): Signalisiert einen nicht korrigierbaren Fehler auf einer Steckkarte. Löst einen nichtmaskierbaren Interrupt aus
#I/O CHRDY (In): Kann zur Buszyklenverlängerung von langsamen Karten für max. 10 Takte auf low gezogen werden. Erzwingt zusätzliche WAIT-Zyklen
#I/O CS16 (In): Meldet einen 16-Bit-I/O-Datentransfer an
#IOR (Out): Read-Strobe der CPU. Daten werden vom Datenbus gelesen (I/O-Bereich)
IRQ3 … IRQ15 (In): Interrupt-Anforderung Kanäle 3–7, 9–12 und 14–15. Muss bis zur Bestätigung high bleiben (IRQ13 für Coprozessor reserviert)
#IOW (Out): Write-Strobe der CPU. Daten werden auf den Datenbus gelegt (I/O-Bereich)
LA17 … LA23 (Out): Adressleitungen für 16 Mb-Adressraum. LA17– LA19 erst gültig, wenn ALE aktiv (bei 8086/88 nicht gelatched, ab 80286 ALE irrelevant)
#MASTER (In): Nach Bestätigung einer DMA-Anforderung wird damit die Kontrolle über den gesamten Bus an den neuen Busmaster übergeben. Damit ist der Busmaster auch für den Refresh des Speichers verantwortlich
#MEM CS16 (In): Meldet einen 16-Bit-Memory-Datentransfer an
#MEMR (Out): Daten (Memory-Bereich) werden vom Datenbus übernommen
#MEMW (Out): Daten (Memory-Bereich) werden auf Datenbus gelegt
OSC (Out): 14,31818-MHz-Takt (nicht mit dem Bus synchronisiert)
OWS (In): Unterbindet WAIT-States beim aktuellen Buszyklus
RESET (Out): Signalisiert einen System-Reset
#REFRESH (Out): Leitet einen Refresh-Zyklus ein (DRQ0)
#SBHE (Out): Zeigt einen Datentransfer im oberen Teil des Datenbusses an (D8 bis D15)
#SMEMR (Out): Wie #MEMR, aber nur für 1 Mbyte-Adressraum
#SMEMW (Out): Wie #MEMW, aber nur für 1 Mbyte-Adressraum
T/C (Out): Ist bei einem DMA-Transfer die programmierte Anzahl an DMA-Zyklen erreicht, so wird hier ein Impuls erzeugt

6.5 Bussysteme

Der EISA-Bus besitzt eine Adressbusbreite von 32 bit und eine Datenbusbreite von 32 (64 EISA-EMB-133) bit. Er arbeitet mit einer max. Taktfrequenz von 8,33 MHz und erreicht theoretisch eine Datenübertragungsrate von 33,65 (EMB-66) bzw. 125 (EMB-133) Mbyte/s. Der Bus arbeitet synchron und ist zum Teil selbstkonfigurierend (Steckkarten benötigen ein Konfigurationsfile).

EISA-EMB-Bus-Belegung

Gehäuserückseite

F	Nr.	B	A	Nr.	E
GND	1	GND	#I/O-CHCK	1	#CMD
+5 V	2	RESET	D7	2	#START
+5 V	3	+5 V	D6	3	EXRDY
-	4	IRQ 2	D5	4	#EX32
-	5	-5 V	D4	5	GND
Codiersteg	6	DRQ 2	D3	6	Codiersteg
-	7	-12 V	D2	7	#EX16
-	8	#OWS	D1	8	#SLBURST
+12 V	9	+12 V	D0	9	#MSBURST
#IO/M	10	GND	I/O CHRDY	10	#R/W
#LOCK	11	#SMEMW	AEN	11	GND
Reserviert	12	#SMEMR	A19	12	Reserviert
GND	13	#IOW	A18	13	Reserviert
Reserviert	14	#IOR	A17	14	Reserviert
#BE3	15	#DACK 3	A16	15	GND
Codiersteg	16	DRQ 3	A15	16	Codiersteg
#BE2	17	#DACK 1	A14	17	#BE1/D33
#BE0/D32	18	DRQ 1	A13	18	LA31/D63
GND	19	#RESET	A12	19	GND
+5 V	20	CLOCK	A11	20	LA30/D62
LA29/D61	21	IRQ 7	A10	21	LA28/D60
GND	22	IRQ 6	A9	22	LA27/D59
LA26/D58	23	IRQ 5	A8	23	LA25/D57
LA24/D56	24	IRQ 4	A7	24	GND
Codiersteg	25	IRQ 3	A6	25	Codiersteg
LA16/D48	26	#DACK 2	A5	26	LA15/D47
LA14/D46	27	T/C	A4	27	LA13/D45
+5 V	28	ALE	A3	28	LA12/D44
+5 V	29	+5 V	A2	29	LA11/D43
GND	30	OSC	A1	30	GND
LA10/D42	31	GND	A0	31	LA9/D41

H	Nr.	D	C	Nr.	G
LA8/D40	1	#MEM CS16	#SAHE	1	LA7/D39
LA6/D38	2	#I/O CS16	LA23/D55	2	GND
LA5/D37	3	IRQ 10	LA22/D54	3	LA4/D36
+5 V	4	IRQ 11	LA21/D53	4	LA3/D35
LA2/D34	5	IRQ 12	LA20/D52	5	GND
Codiersteg	6	IRQ 15	LA19/D51	6	Codiersteg
D16	7	IRQ 14	LA18/D50	7	D17
D18	8	#DACK 0	LA17/D43	8	D19
GND	9	DRQ 0	#MEMR	9	D20
D21	10	#DACK 5	#MEMW	10	D22
D23	11	DRQ 5	D8	11	GND
D24	12	#DACK 6	D9	12	D25
GND	13	DRQ 6	D10	13	D26
D27	14	#DACK 7	D11	14	D28
Codiersteg	15	DRQ 7	D12	15	Codiersteg
D29	16	+5V	D13	16	GND
+5 V	17	#MASTER	D14	17	D30
+5 V	18	GND	D15	18	D31
#MACKX	19			19	#MREQX

Bedeutung der EISA-Bus-Signalnamen

Hinweis: Die inneren Kontaktreihen entsprechen denen des ISA-Bus. Demzufolge können ISA-Karten auch in einem EISA-Steckplatz arbeiten.

#BE0 … #BE3 (Out):
Zeigen an, welche Bytes des 32-Bit-Datenbusses am aktuellen Buszyklus teilnehmen

#CMD (In):
Ermöglicht die Timing-Kontrolle in einem EISA-Bus-Zyklus

D1 … D63 (Out/In):
Erweiterung des ISA-Busses auf 32/64-Datenleitungen bzw. Burstzugriff

#EX16 (In):
Identifiziert einen Slave als EISA-Board, das 16-Bit-Zyklen verarbeiten kann. Sonst geht Bus in den ISA-Mode

#EX32 (In):
Wie #EX16, nur für 32-Bit-Zyklen

EXRDY (In):
Wird am Ende eines Zyklus von Slave aktiviert

LA2 … LA61 (Out/In):
Erweiterung des ISA-Busses auf 32/64 Adressleitungen (nicht gelatched)
LA0 und LA1 konnten durch Einführung der BE-Signale entfallen

#LOCK (Out):
Nur der Busmaster des Mainboards hat Zugriff auf den Speicher

M/#IO (Out/In):
Unterscheidung von EISA-Memory- und I/O-Zugriffen

#MACKX (Out):
Zeigt Master X an, dass ihm der Bus zugeteilt wurde

#MREQX (In):
Bus-Anforderung vom potentiellen Bus-Master X

#MSBURST (In):
Signalisiert, ob Master Bursts ausführen kann

#SLBURST (In):
Wie #MSBURST, nur für Slave

#START (Out/In):
Zeigt Beginn eines EISA-Buszyklus an

#W/R (Out/In):
WRITE/READ-Strobe für einen EISA-Buszugriff

6.5 Bussysteme

VESA-Local-Bus-Belegung

Zum ISA/EISA-Slot

B	Pin	A
D0	1	D1
D2	2	D3
D4	3	GND
D6	4	D5
D8	5	D7
GND	6	D9
D10	7	D11
D12	8	D13
+5 V	9	D15
D14	10	GND
D16	11	D17
D18	12	+5 V
D20	13	D19
GND	14	D21
D22	15	D23
D24	16	D25
D26	17	GND
D28	18	D27
D30	19	D29
+5 V	20	D31
A31/D63	21	A30/D62
GND	22	A28/D60
A29/D61	23	A26/D58
A27/D59	24	GND
A25/D57	25	A24/D56
A23/D55	26	A22/D54
A21/D53	27	+5 V
A19/D51	28	A20/D52
GND	29	A18/D50
A17/D49	30	A16/D48
A15/D47	31	A14/D46
+5 V	32	A12/D44
A13/D45	33	A10/D42
A11/D43	34	A8/D40
A9/D41	35	GND
A7/D39	36	A6
A5/D37	37	A4
GND	38	#WBACK
A3/D35	39	#BE0/#BE4
A2/D34	40	+5 V
#LBS64	41	#BE1/#BE5
#RESET	42	#BE2/#BE6
#C/D	43	GND
#IO/M	44	#BE3/#BE7
#R/W	45	#ADS
KEY	46	KEY
KEY	47	KEY
#RDYRTN	48	#LRY
GND	49	#LDEV(X)
IRQ 9	50	#LREQ(X)
#BRDY	51	GND
#BLAST	52	#LGNT(X)
ID0/D32	53	+5 V
ID1/D33	54	ID2
GND	55	ID3
LCLK	56	ID4/#ACK64
+5 V	57	#LKEN
#LBS16	58	#LEADS

Bedeutung der VESA-Local-Bus-Signalnamen

Der VL-Bus besitzt eine Adressbusbreite von 32 bit und eine Datenbusbreite von 32 (64) bit. Er arbeitet mit einer maximalen Taktfrequenz von 40 (50) MHz und erreicht eine theoretische Datenübertragungsrate von max. 80 (160 mit Burst) MByte/s. Der Bus arbeitet synchron. Der VLB ist eine Erweiterung des ISA- bzw. EISA-Bus. Die VLB-Buchse verlängert dabei den ISA- bzw. EISA-Slot.
Ein PC hat maximal 3 VLB-Steckplätze. Die Anzahl ist abhängig vom Systemtakt (kapazitive Belastung). Bei den VLB-Steckkarten unterscheidet man Local-Bus-Master (LBM) und Local-Bus-Targets (LBT). Bus-Master-Karten können die Bus-Kontrolle übernehmen. Die Arbitration übernimmt der Local-Bus-Controller.

A0 … A31 (Out): Adressleitungen
#ACK64 (In/Out): Fordert bzw. signalisiert einen 64-Bit-Transfer (nur VL-Bus 64-Bit)
#ADS (In/Out): Adress/Data Strobe-Signal
#BE0 … #BE3 (In/Out): Byte enable. Signalisiert Gültigkeit des Bytes innerhalb eines Doppelwortes
#BE3 … #BE7 (In/Out): Wie #BE0 … #BE3, aber für QWords (Vierfach-Wörter. Nur VL-Bus 64-Bit)
#BLAST (In/Out): Burst Last. Nächster Zyklus ist letzter Burst-Zyklus
#BRDY (In/Out): Burst Ready. Beendung eines Burst-Transfers
#C/D (In/Out): Code Fetch / Data Access Indikator
D0 … D31 (Out/In): Datenleitungen
D32..D63 (Out/In): Datenleitungen (nur VL-Bus-64-Bit)
ID0 … ID4 (Out): Identify. Codierung des Prozessor-Typs, Anzahl der Wait-States und des Prozessortaktes
#IO/M (In/Out): I/O oder Memory-Zugriff
IRQ9 (In): Interrupt Request. Aus Kompatibilitätsgründen vorhanden
#LEADS (In/Out): Local External Address Data Strobe. Dient zur Markierung ungültiger Cache-Einträge
#LBS16 (In/Out): 32-Bit-Datentransfer mit 2×16-Bit im Zeitmultiplex auf den Datenleitungen D0–D15
#LBS64 (In/Out): 64-Bit-Datentransfer mit 2×32-Bit im Zeitmuliplex auf den Datenleitungen D0–D31 (nur VL-Bus-64-Bit)
LCLK (Out): Local CPU Clock. In Phase mit dem Hauptprozessor-Takt
#LDEV(X) (In): Local Device X. Leitet einen Local-Bus-Transfer ein
#LGNT(X) (Out): Local Bus Grant X. Busmaster übernimmt die Kontrolle des Local-Bus (Arbitrations-Handshake)
#LKEN (Out): Local Cache Enable. Daten des aktuellen Transfers dürfen zwischengespeichert werden
#LREQ(X) (In): Local Bus Request. Device fordert Kontrolle über den Local-Bus an
#LRDY (In): Local Ready. Aktueller Zyklus kann beendet werden. Daten sind transferiert
#R/W (In/Out): Signalisiert Schreib- bzw. Lesezugriff
#RESET (Out): Rücksetz-Signal für alle Local-Bus-Teilnehmer
#RDYRNT (Out): Ready Return. Quittierung des #LRDY-Signales
#WBACK (Out): Write Back Indication. Veranlasst den Abbruch eines laufenden Transfers. Nur für Bus-Master relevant

6.5 Bussysteme

Der PCI-Bus besitzt einen Adressbus mit 32 bit und einen Datenbus mit 32 (64 PCI-64) bit. Er arbeitet mit einer maximalen Taktfrequenz von 33 MHz und erreicht im Mittel eine theoretische Datenübertragungsrate von max. 55 (110 mit Burst) Mbyte/s. Beim PCI-64-Bus werden die doppelten Übertragungsraten erreicht. Write-Zugriffe werden etwa 30% (10% mit Burst) schneller als Read-Zugriffe ausgeführt. Burst-Zugriff bedeutet, dass nicht jeder Datenblockzugriff (32/64 Bit) mit dazugehöriger Adresse erfolgen muss. Bei im Speicher aufeinander folgenden Datenblöcken ist nur die Adresse des ersten Datenblockes nötig. Die folgenden Blöcke können dann sequentiell übertragen werden. Der Bus arbeitet synchron, ist selbstkonfigurierend und multiprozessorfähig.

PCI 2.0 Bus-Belegung

Gehäuserückseite

B	Pin	A
-12 V	1	#TRST
TCK	2	+12 V
GND	3	TMS
TD0	4	TDI
+5 V	5	+5 V
+5 V	6	#INTA
#INTB	7	#INTC
#INTD	8	+5 V
#PRSNT1	9	Reserved
Reserved	10	+5 V/ 3,3 V(I/O)
#PRSNT2	11	Reserved
1)	12	1)
1)	13	1)
Reserved	14	Reserved
GND	15	#RST
CLK	16	+5 V/ 3,3 V(I/O)
GND	17	#GNT
#REQ	18	GND
+5 V	19	Reserved
AD31	20	AD30
AD29	21	+3,3 V
GND	22	AD28
AD27	23	AD26
AD25	24	GND
+3,3 V	25	AD24
C/#BE3	26	IDSEL
AD23	27	+3,3 V
GND	28	AD22
AD21	29	AD20
AD19	30	GND
+3,3 V	31	AD18
AD17	32	AD16
C/#BE2	33	+3,3 V
GND	34	#FRAME
#IRDY	35	GND
3,3 V	36	#TRDY
#DEVSEL	37	GND
GND	38	#STOP
#LOCK	39	+3,3 V
#PERR	40	SDONE
+3,3 V	41	#SBO
#SERR	42	GND
+3,3 V	43	PAR
C/#BE1	44	AD15
AD14	45	+3,3 V
GND	46	AD13
AD12	47	AD11
AD10	48	GND

B	Pin	A
GND	49	AD9
2)	50	2)
2)	51	2)
AD8	52	C/#BE0
AD7	53	+3,3 V
+3,3 V	54	AD6
AD5	55	AD4
AD3	56	GND
GND	57	AD2
AD1	58	AD0
+5 V/ 3,3 V(I/O)	59	+5 V/ 3,3 V(I/O)
#ACK64	60	#REQ64
+5 V	61	+5 V
+5 V	62	+5 V
	64-Bit-Space	
Reserved	63	GND
GND	64	C/#BE7
C/#BE6	65	C/#BE5
C/#BE4	66	+5V/ 3,3 V(I/O)
GND	67	PAR64
AD63	68	AD62
AD61	69	GND
+5 V/ 3,3 V(I/O)	70	AD60
AD59	71	AD58
AD57	72	GND
GND	73	AD56
AD55	74	AD54
AD53	75	+5 V/ 3,3 V(I/O)
GND	76	AD52
AD51	77	AD50
AD49	78	GND
GND	79	AD48
AD47	80	AD46
AD45	81	GND
GND	82	AD44
AD43	83	AD42
AD41	84	+5 V/ 3,3 V(I/O)
GND	85	AD40
AD39	86	AD38
AD37	87	GND
+5 V/ 3,3 V(I/O)	88	AD36
AD35	89	AD34
AD33	90	GND
GND	91	AD32
Reserved	92	Reserved
Reserved	93	GND
GND	94	Reserved

Hinweis: 1) GND bei 5-V-Board bzw. Kodierungssteg bei 3,3-V-Board.

Hinweis: 2) GND bei 3,3-V-Board bzw. Kodierungssteg bei 5-V-Board.

Bedeutung der Signale

AD0 … AD63 (In/Out): gemultiplexte Adress-/Datenleitungen
#ACK64 (In/Out): #REQ64-Quittierung
C/#BE0 … #BE7 (In/Out): Binäre Codierung des Kommandotyps. #BE0.. #BE7 wie beim VLB
CLK (Out): Takt zur Synchronisierung der PCI Signale
#DEVSEL (In/Out): Quittierung der Device-Adresse
#FRAME (In/Out): Zeigt Beginn und Dauer eines Busmasterzugriffes an
GNT# (Out): Arbiter-#REQ-Quittierung
IDSEL (Out): CS-Funktion zur Initialisierung eines PCI-Devices
#INTA … #INTD (In): INT-Request eines PCI-Devices
#IRDY (In/Out): Daten gültig bzw. bin bereit für Lesezugriff (Busmaster)
#LOCK (In/Out): Verriegelt einzelne Zyklen oder Speicherbereiche für konkurrierende Busmaster
PAR/PAR64 (In/Out): Parity-Bit (gerade Parität) für 32/64-Bit Zugriff
#PERR (In/Out): Zeigt nach Auswertung von PAR eventuelle Parity-Fehler an
#PRSNT1 … #PRSNT2 (In): Leistungsaufnahme PCI-Steckkarte (codiert)
#REQ (In): Busmaster fordert Bus an
#REQ64 (In/Out): Busmaster signalisiert Fähigkeit zum 64-Bit Transfer
#RST (Out): Reset für PCI-Devices
#SBO (In/Out): Signalisiert Zugriff auf modifizierten Cache-Bereich
#SERR (In/Out): Wie #PERR, aber für spezielle Buszyklen. Löst NMI aus
SDONE (In/Out): #SBO gültig, falls inaktiv
#STOP (In/Out): Stoppt die aktuelle Transaktion eines Initiators
TCK (Out): Takt für Testzwecke
TDI (Out): Für Testzwecke. Serieller Ausgang für die Testdaten
TDO (In): Für Testzwecke. Serieller Eingang für die Testdaten
TMS (Out): Für Testzwecke. Test-Port-Controller-Initialisierung
#TRST (Out): Test-Port-Controller (falls vorhanden) zurücksetzen

6.6 Schnittstellen

6.6.1 Parallele Schnittstellen

Die Centronics-Schnittstelle

Die Centronics-Schnittstelle, ursprünglich als Druckerschnittstelle konzipiert, dient beim PC auch zum Anschluss anderer Peripheriegeräte wie Streamer usw. Die Schnittstelle arbeitet mit TTL-Pegel und unidirektional. Bidirektionaler Betrieb ist nur möglich, wenn eine Schnittstelle gemäß IEEE 1284 vorhanden und im Setup aktiviert ist. Ansonsten kann ein bidirektionaler Betrieb auch durch Verwendung der Eingänge #FAULT, SELECT, PAPER EMPTY und BUSY realisiert werden (entsprechende Programmierung vorausgesetzt). Viele Drucker liefern +5 V auf Pin 18 (GND Pin 33). Diese Anschlüsse dürfen mit ca. 30 mA belastet werden.

Buchsenbelegung (Drucker)

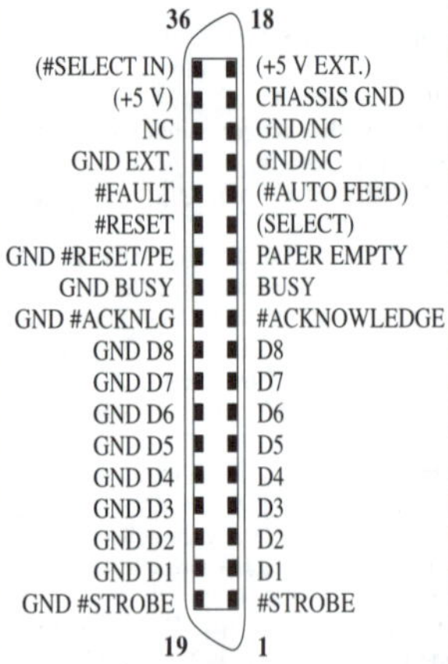

Buchsenbelegung (Computer)

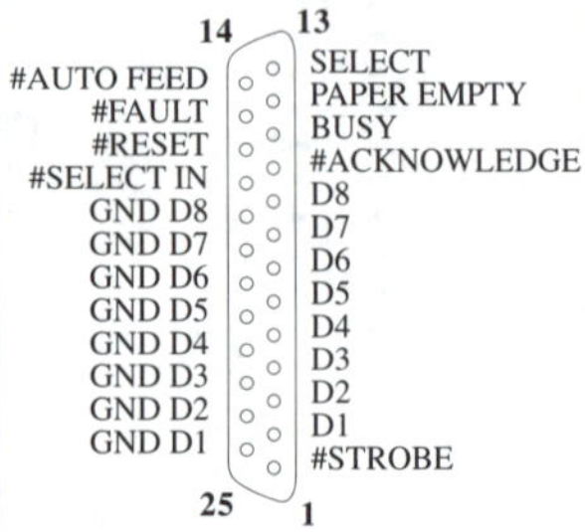

Hinweis:
Mit # gekennzeichnete Signale sind low-aktiv. Eingeklammerte Signale werden nicht von jedem Drucker unterstützt. Über Pin 10 (#ACKNLG) kann extern ein IRQ7 (LPT1) ausgelöst werden.

Signalbedeutung

#ACKNOWLEDGE (In):
Daten übernommen (Drucker)
#AUTO FEED (Out):
Zeilenvorschub automatisch
BUSY (In):
Keine neuen Daten (Drucker)
#FAULT (In):
Störung beim Drucker
PAPER EMPTY (In):
Drucker fehlt Papier
#RESET (Out):
Druckerinitialisierung
SELECT (In):
Drucker meldet ON-LINE
#SELECT IN (Out):
Drucker ON-LINE schalten
#STROBE (Out):
Datenübernahmeimpuls

Bemerkung:
Alle Signale vom PC aus gesehen.

Handshake-Verfahren

Üblicher Dreidraht-Handshake

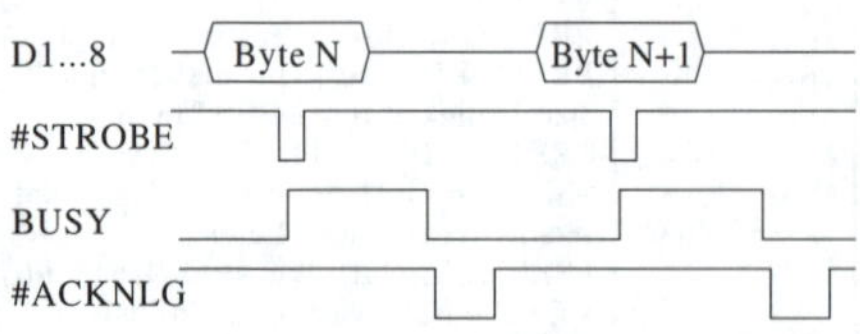

Die Daten müssen mindestens 0,5 µs vor und nach dem Strobe-Impuls anliegen. Der Strobe-Impuls muss mindestens 0,5 µs lang sein. Maximal 500 ns nach der fallenden Strobe-Flanke wird BUSY aktiv. Der Acknowledge-Impuls beginnt 0 … 10 µs nach der fallenden BUSY-Flanke (Centronics-Handshake) bzw. ca. 7 µs vor der fallenden BUSY-Flanke (Epson-Handshake). Die Dauer variiert (herstellerabhängig) zwischen 5 und 30 µs

Reduzierter Zweidraht-Handshake

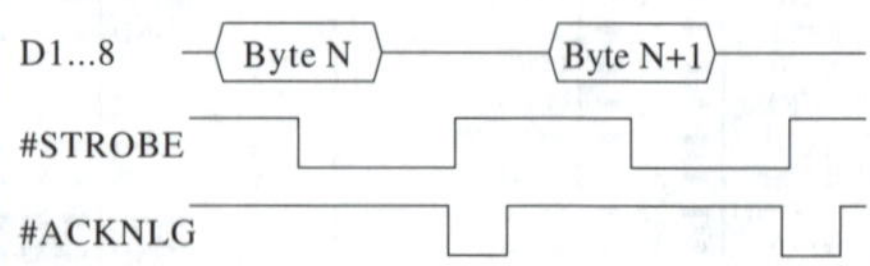

Eine unüblichere Form ist der Zweidraht-Hand-Shake. Dabei kann auf die BUSY-Leitung verzichtet werden. Die Funktion wird vom STROBE-Signal mit übernommen. Mit fallender STROBE-Flanke wird das Datenbyte übernommen. STROBE bleibt dann solange aktiv, bis ACKNOWLEDGE low wird. Durch die negative Flanke des ACKNOWLEDGE-Signales wird STROBE wieder zurückgesetzt

6.6 Schnittstellen

IEC-Bus (IEC 625 / IEEE-488.1)

Der IEC-Bus ist ein asynchroner Bus, der hauptsächlich in der Messtechnik eingesetzt wird. Es können bis zu 15 Geräte angeschlossen werden, die alle eine eindeutige Adresse (0–30) haben. Das langsamste Gerät bestimmt die Datenübertragungsrate, die theoretisch ca. 1 Mbyte/s betragen kann. Alle Signale haben TTL-Pegel und arbeiten (außer Datenleitungen) mit negativer Logik.

Steckerbelegung

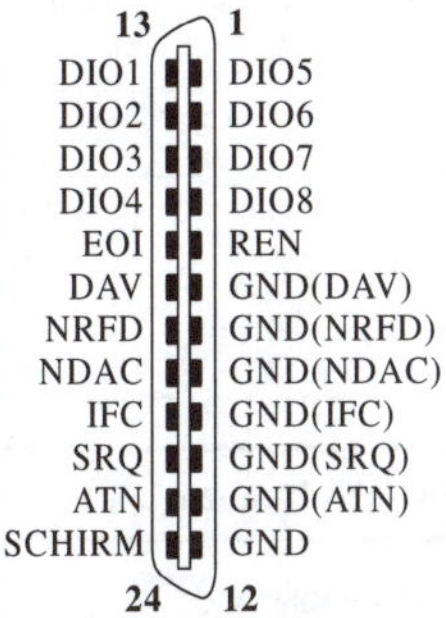

Hinweis: Der für die Norm IEC 625 definierte 25-polige Stecker ist nur noch bei älteren Geräten vorhanden. Sonst sind die Normen IEC 625 und IEEE-488 praktisch identisch.

Zeitdiagramm für den Handshake-Betrieb beim IEC-Bus

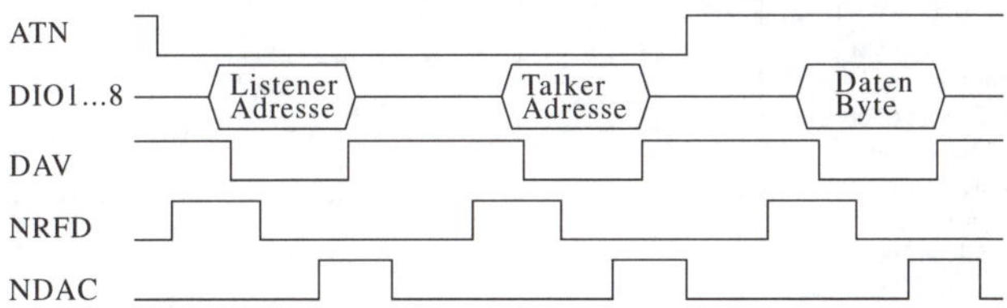

Hinweis:
Da NRFD, NDAC und SRQ von mehreren Geräten gleichzeitig bedient werden können, sind diese Leitungen immer als Open-Kollektor (Wired-OR) ausgeführt. Logisch wird aber für NRFD und NDAC eine UND-Verknüpfung benötigt. Die Überführung der nötigen logischen UND-Verknüpfung in die physikalisch vorhandene ODER-Verknüpfung gelingt durch Negation, anschließend Anwendung von De Morgan, und führt zwangsläufig auf die negierten Signale NRFD und NDAC:

$$RFD = RFD(1) \wedge RFD(2) \Rightarrow \overline{RFD} = \overline{RFD(1)} \vee \overline{RFD(2)} \Rightarrow NRFD = NRFD(1) \vee NRFD(2)$$

$$DAC = DAC(1) \wedge DAC(2) \Rightarrow \overline{DAC} = \overline{DAC(1)} \vee \overline{DAC(2)} \Rightarrow NDAC = NDAC(1) \vee NDAC(2)$$

Eindrahtnachrichten

ATN: Attention
low ⇒ Schnittstellen-
high ⇒ Gerätenachricht
IFC: Interface Clear
low ⇒ Schnittstelle Reset
SRQ: Service Request
low ⇒ Bedienung anfordern
REN: Remote Enable
low ⇒ adressierte Geräte auf Fernsteuerung
EOI: End Or Identify
low ∧ ATN=high ⇒ Ende einer Datenübertragung
high ∧ ATN=low ⇒ Geräte aktivieren durch PPC zugewiesenes Bit
DAV: Data Valid
low ⇒ Talker meldet Daten auf Bus gültig
NRFD: Not Ready For Data
low ⇒ Listener nicht bereit für Datenübernahme
NDAC: No Data Accepted
low ⇒ Daten noch nicht übernommen (Gerät)

Schnittstellennachrichten (ATN aktiv=low=0 V)

Gruppe	Nachricht	ASCII	HEX	Erläuterung
Entadressier-Befehle	UNL (unlisten)	?	3F	Listener entadressieren
	UNT (untalk)	–	5F	Talker entadressieren
Universal-Befehle (alle Geräte)	LLO (local lockout)	DC1	11	Alle Handbedienelemente außer Betrieb setzen
	DCL (device clear)	DC4	14	Einschaltzustand
	PPU (parallel poll unconfigured)	NAK	15	Auf Parallel-Poll nicht mehr reagieren
	SPE (serial poll enable)	CAN	18	Bedingungen für Statusabfrage setzen
	SPD (serial poll disable)	EM	19	Bedingungen für Statusabfrage rücksetzen
Adressierte Befehle (adressierte Geräte)	SDC (selective device clear)	EOT	04	Geräte in Einschaltzustand bringen
	GTL (go to local)	SOT	01	Gerät auf Handbedienung
	GET (group execute trigger)	BS	08	Messung auslösen
	PPC (parallel poll configure)	ENQ	05	Datenbitzuordnung für Parallel-Poll
	TCT (take control)	HT	09	Gerät wird Controller

Hinweis: ATN, IFC und REN können nur vom Controller bedient werden.

6

6.6 Schnittstellen

Bedeutung der Abkürzungen möglicher Geräte-Schnittstellenfunktionen

Controller-Funktionen Cx

C1 = Systemsteuerung **C2** = IFC senden **C3** = REN senden **C4** = Auf SRQ reagieren

Fähigkeit \ Funktion	C 5	C 6	C 7	C 8	C 9	C 10	C 11	C 12	C 13	C 14	C 15	C 16	C 17	C 18	C 19	C 20	C 21	C 22	C 23	C 24	C 25	C 26	C 27	C 28
Schnittstellen-nachricht senden	+	+	+	+	+	+	+	+	+	+	+	+	+	+	+	+	+	+	+	+	+	+	+	+
Steuerung über-nehmen	−	+	+	+	+	+	+	+	+	+	+	+	−	−	−	−	−	−	−	−	−	−	−	−
Steuerung über-geben	−	+	+	+	+	+	+	+	−	−	−	−	+	+	+	+	+	+	+	+	−	−	−	−
Steuerung zurück-fordern	−	+	+	+	−	−	−	−	−	−	−	−	+	+	+	+	−	−	−	−	−	−	−	−
Parallelabfrage	−	+	−	−	+	+	−	−	+	+	−	−	+	+	−	−	+	+	−	−	+	+	−	−
Steuerung sychron übernehmen	−	−	+	−	+	−	+	−	+	−	+	−	+	−	+	−	+	−	+	−	+	−	+	−

Talker-Funktionen Tx

Fähigkeit \ Funktion	T 1	T 2	T 3	T 4	T 5	T 6	T 7	T 8
Grundausstattung des Sprechers	+	+	+	+	+	+	+	+
Serienabfrage	+	+	−	−	+	+	−	−
Nur SPRECHER	+	−	+	−	+	−	+	−
Automatische Entadressierung	−	−	−	−	+	+	+	+

Listener-Funktionen Lx

Fähigkeit \ Funktion	L1	L2	L3	L4
Grundausstattung des Hörers	+	+	+	+
Nur HÖRER	+	−	+	−
Automatische Entadressierung	−	−	+	+

Sonstige Geräte-Funktionen

TEx Wie Tx, aber Zwei-Byte-Adressierung
LEx Wie Lx, aber Zwei-Byte-Adressierung

SR1 Bedienungsruffunktion (SRQ)
RL1 Fern-/Eigen-Umschaltfunktion (mit Blockierung)
RL2 Fern-/Eigen-Umschaltfunktion (ohne Blockierung)
PP1 Parallel-Abfrage-Funktion
PP2 Parallel-Poll nur durch geräteinterne Nachricht
DC1 Geräterücksetzfunktion (SDC)
DC2 Rücksetzfunktion ohne selektives Rücksetzen (DCL)
DT1 Gerätetriggerfunktion (GET)
SH1 Sender-Handshakefunktion
AH1 Empfänger-Handshakefunktion
E1 Bus-Treiber mit Open Kollektor
E2 Bus-Treiber mit TriState

Hinweis: Sind beide Funktionen E1 und E2 vorhanden, so schalten die Bus-Treiber beim Parallel-Poll automatisch auf Open-Kollektor-Mode um. Eine 0 bedeutet, dass diese Funktion nicht vorhanden ist, z. B. PP0 = keine Parallelabfrage.

Geräte-Register nach IEEE-488.2 (beinhaltet nicht SCPI=einheitl. IEC-Bus-Geräteprogrammierung)

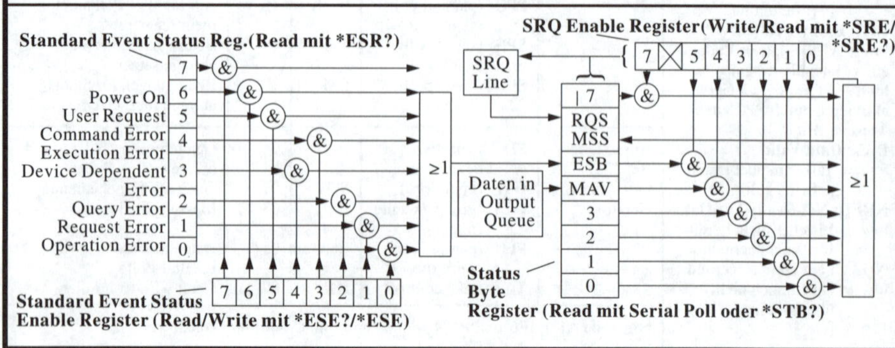

6.6 Schnittstellen

6.6.2 Serielle Schnittstellen

Wichtige serielle Schnittstellen

- EIA-232-E
- EIA-423-A
- EIA-562-A
- EIA-422-A
- EIA-485-A

	EIA-232-E	EIA-423-A	EIA-562-A	EIA-422-A	EIA-485-A
CCITT-Empfehlung	V.24/V.28	V.10/X.26	–	V.11/X.27	V.11/X.27
DIN-Norm	66020	66259-2	–	66259-3	66258-3 66259-4
Polzahl Stecker	25 (9)	37/15	25 (9)	37/15	37/15
Betriebsart	unsymmetrisch	unsymmetrisch	unsymmetrisch	symmetrisch	symmetrisch
max. Kabellänge in m	ca. 30	< 1300	ca. 10	< 1300	< 1300
Übertragungsrate	20 Kbit/s	100 Kbit/s	64 Kbit/s	10 Mbit/s	10 Mbit/s
Spannung belastet min. unbelastet max.	± 5 V ±15 V	±3,6 V ±6 V	± 3,7 V ±13,2 V	±2 V ±5 V	±1,5 V ±5 V
Eingangs-Schwellspannung	±3 V	±0,3 V	±3 V	–	–
Anstiegszeit	< 30 V/µs	< 30 V/µs	< 30 V/µs	–	–
Sender-Treiberbelastung	3 – 7 kΩ	> 450 Ω	3 – 7 kΩ	100 Ω	60 Ω
Verbindungen		Peer to Peer		Netz	
Bemerkungen	Kompatibel zu X.21 (Physical Layer von X.25)	Entspricht sonst in etwa EIA-422	Für Laptops und andere 3-V-Systeme. Nicht komp. zu EIA-232	Für Feldbussysteme und kleinere LANs. Durch potentialfreie Signale störsicherer	

Belegung der 25-poligen Steckverbindung der EIA-RS232-Schnittstelle

Signalbezeichnung DB 25				Signalbeschreibung		Signalrichtung	
CCITT	EIA	DIN	PIN	(engl. Abkürzung)		DÜE	DEE
101	AA	E1	1	Schutzerde		–	–
102	AB	E2	7	Signal-, Betriebserde		–	–
103	BA	D1	2	Sendedaten	(TxD)	In	Out
104	BB	D2	3	Empfangsdaten	(RxD)	Out	In
105	CA	S2	4	Sender einschalten	(RTS)	In	Out
106	CB	M2	5	Sendebereitschaft	(CTS)	Out	In
107	CC	M1	6	Betriebsbereitschaft	(DSR)	Out	In
108.1		S1.1	20	Übertragungsleitung anschalten		In	Out
108.2	CD	S1.2	20	Terminal (DEE) betriebsbereit	(DTR)	In	Out
125	CE	M3	22	Ankommender Ruf	(RI)	Out	In
109	CF	M5	8	Empfangssignalpegel	(DCD)	Out	In
110	CG	M6	21	Empfangsgüte		Out	In
111	CH	S4	23	Übertragungsgeschwindigkeit (Wahl von DEE)		In	Out
112	CI	M4	23	Übertragungsgeschwindigkeit (Wahl von DÜE)		Out	In
126	CK	S5	11	Wahl der Sendefrequenz		In	Out
113	DA	T1	24	Sendetakt (von DEE)		In	Out
114	DB	T2	15	Sendetakt (von DÜE)	(TC)	Out	In
115	DD	T4	17	Empfangstakt	(RC)	Out	In
118	SBA	HD1	14	Sendedaten Hilfskanal		In	Out
119	SBB	HD2	16	Empfangsdaten Hilfskanal		Out	In
120	SCA	HS2	19	Hilfskanal Sendeteil einschalten		In	Out
121	SCB	HM2	13	Hilfskanal Sendebereitschaft		Out	In
122	SCF	HM5	12	Hilfskanal Empfangssignalpegel		Out	In
			9/10	Modemtest (Pin 11, 18, 25 nicht belegt)		–	–

6.6 Schnittstellen

Beim PC verwendete Signale und Stecker

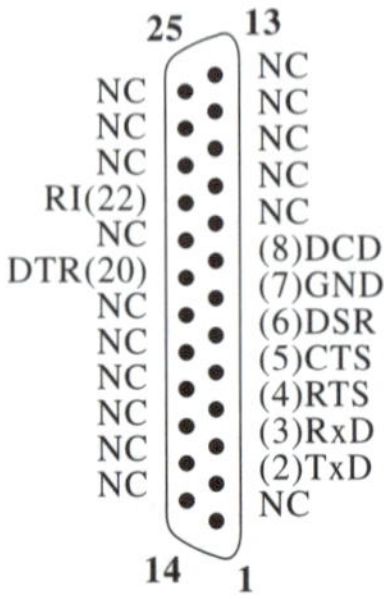

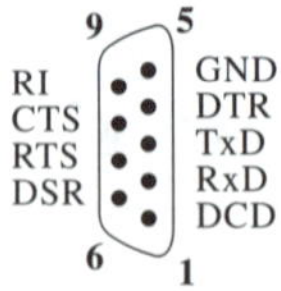

Hinweis:
Bei Verbindung zweier Computer mit unterschiedlichen Steckern ist zu beachten, dass die Leitungen TxD und RxD vertauscht sind.

Pegel der EIA-232-Schnittstelle

Die Schnittstelle, oft auch als RS 232 bezeichnet, arbeitet mit negativer Logik.

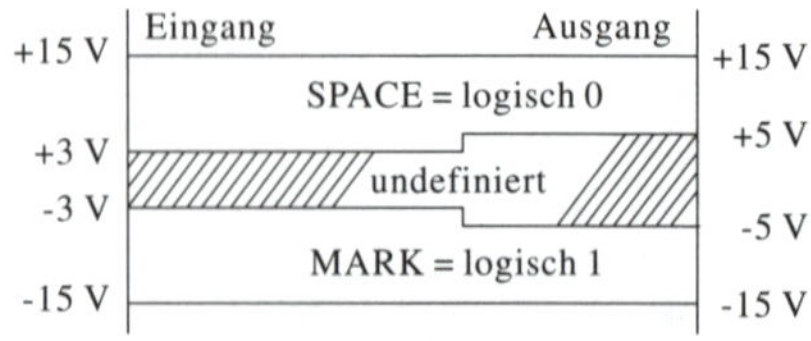

Hinweis: Startbit immer Zustand SPACE
Stopbits immer Zustand MARK
Pausen immer Zustand MARK

Bei der Verbindung zweier Geräte über die RS-232-Schnittstelle ist es von entscheidender Bedeutung, von welchem Typ die Geräte sind. DEE = Datenendeinrichtung (DTE = Data Terminal Equipment) oder DÜE = Datenübertragungseinrichtung (DCE = Data Communication Equipment). Geräte verschiedenen Typs werden über 1:1-Kabel (Modem-Kabel) verbunden. Geräte gleichen Typs erfordern gekreuzte Leitungen (Nullmodem-Kabel). Die Freischaltung nicht verwendeter Handshake-Signale kann über Brücken erfolgen. Bei asynchroner Übertragung unterscheidet man zwischen:

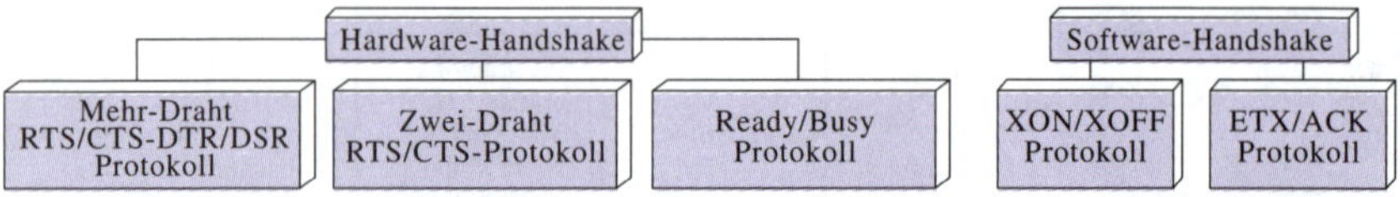

Mehr-Draht-Handshake (DEE-DÜE)

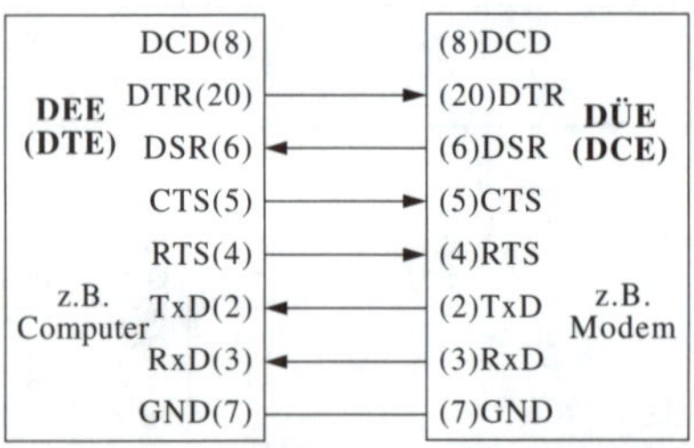

Mehr-Draht-Handshake (DEE-DEE)

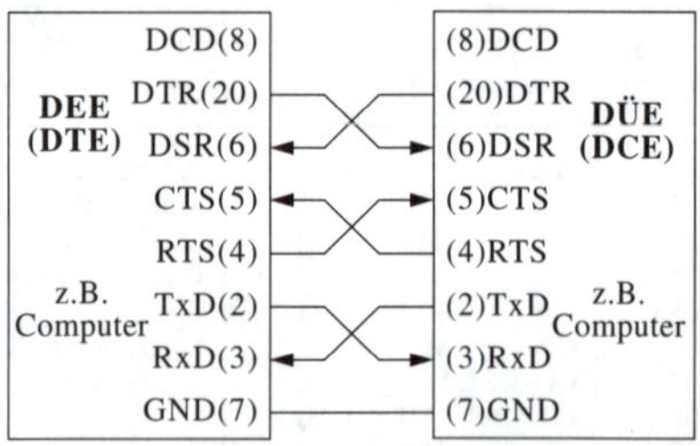

Ready-Busy-Protokoll (DEE-DÜE)

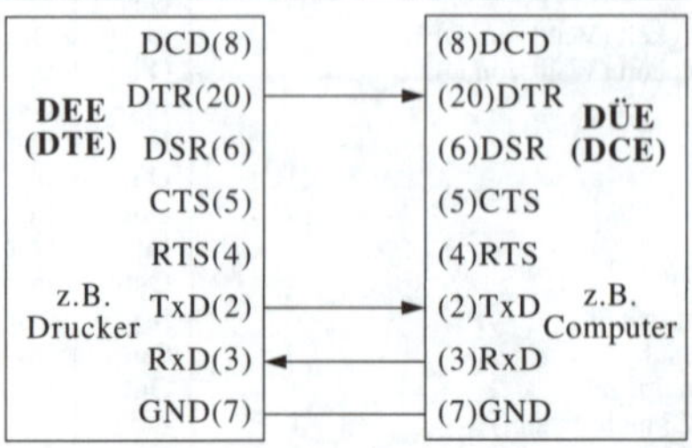

Zwei-Draht-Handshake (DEE-DEE)

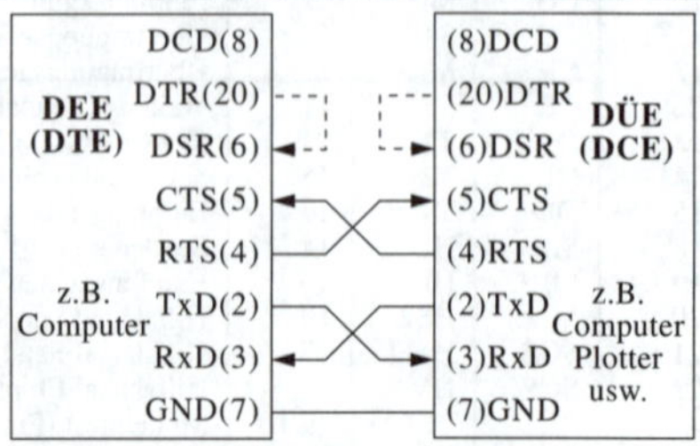

6.6 Schnittstellen

Verbindung zweier PCs über Nullmodem

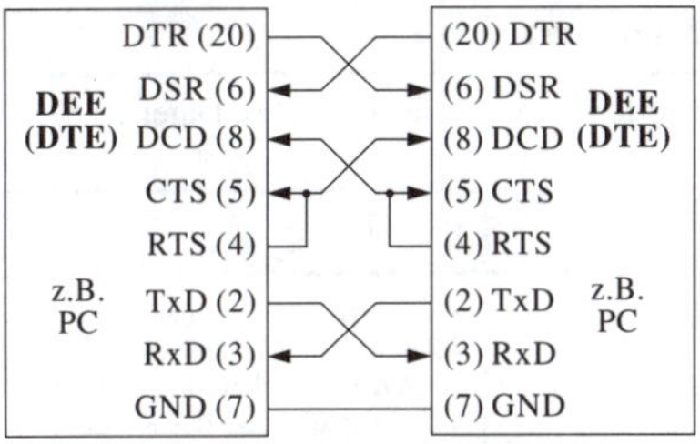

PC-Entwicklungssystem (ohne Handshake)

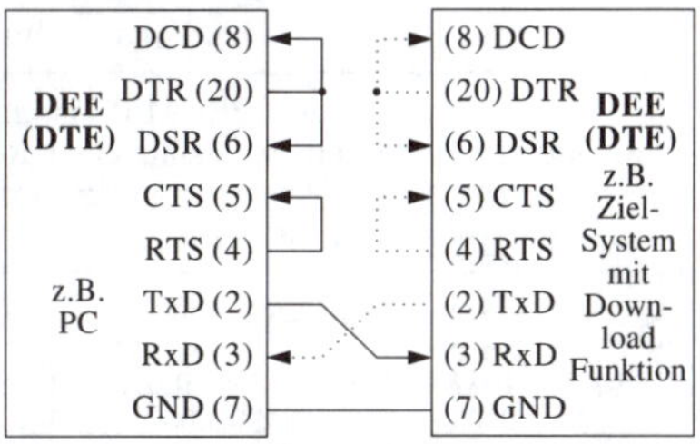

Software-Handshake mit XON/XOFF-Protokoll

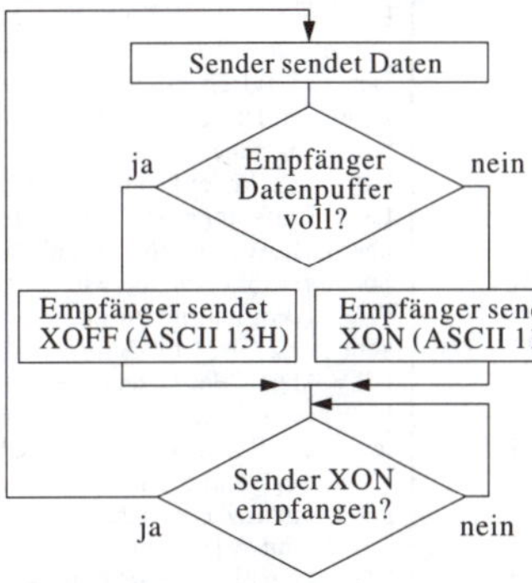

Feststellen des Gerätetyps

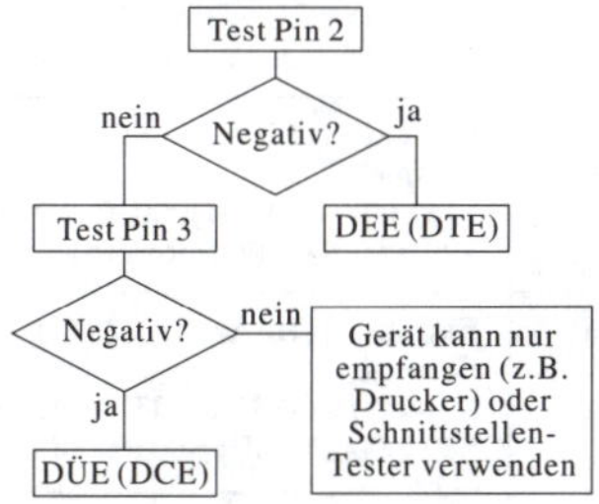

Hinweis: Beim Kurzschluss zweier Ausgänge ist der Pegel nicht mehr bipolar, sondern wird auf + gezogen.

Software-Handshake mit ETX/ACK-Protokoll

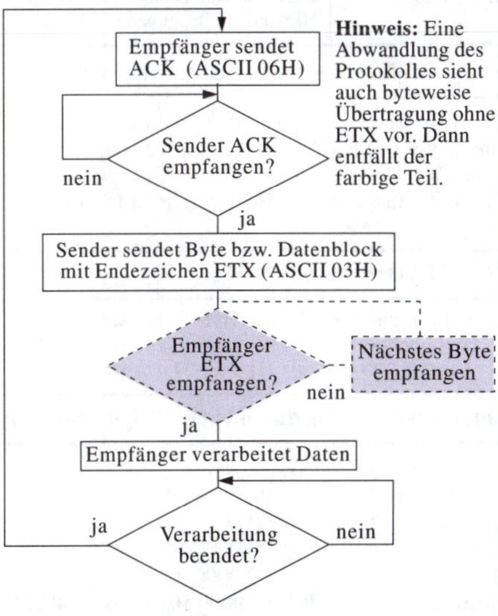

Hinweis: Eine Abwandlung des Protokolles sieht auch byteweise Übertragung ohne ETX vor. Dann entfällt der farbige Teil.

Impulsdiagramme (z.B. Zeichen 'M'=ASCII 4DH)

8 Bit, gerade Parität, 2 Stopbits

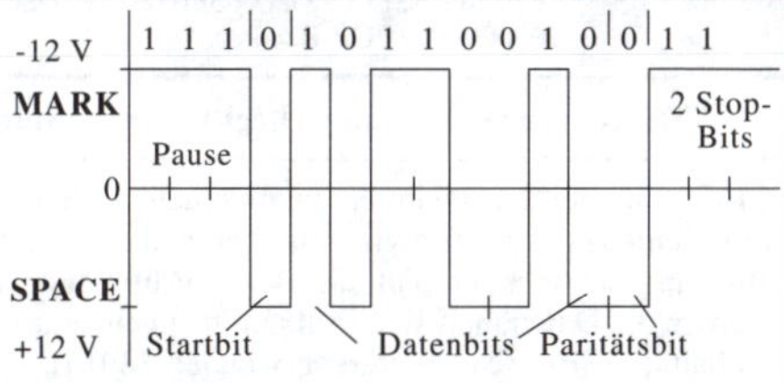

8 Bit, ungerade Parität, 2 Stopbits

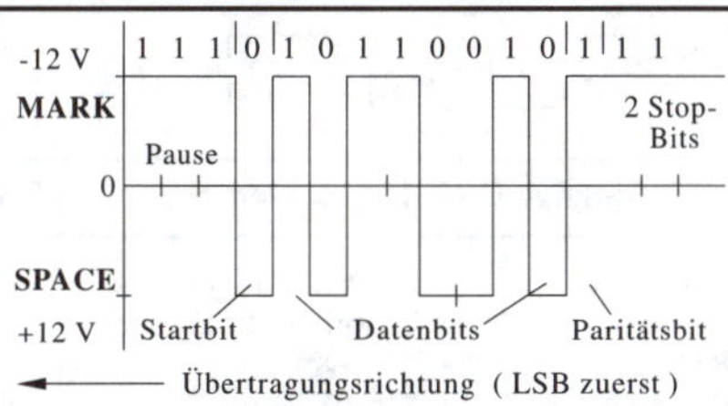

Hinweis: Wird ohne Parität gearbeitet, so wird auch kein Paritätsbit übertragen.

6.6 Schnittstellen

6.6.3 Datenformate

Hex-Formate für die Datenübertragung

Für die Datenübertragung an EPROM-Programmiergeräte usw. verwendet man Hex-Dateien. Sie sind zeilenorientiert und jede Zeile beinhaltet einen Record.

Format	Record-Format / Beispiel	Legende
Intellec 8/MDS (Standard-Intel-Hex)	**Format:** SBBAAAATTDDDDDDDDDDDDDDDDCC **Beispiel:** :103700003E0DD330003E01D331CD800107C30737D2 :00000001FF oder :00000000 (EOF-Record)	**S** = Startzeichen immer : **BB** = Zahl der Datenbytes im Record **AAAA** = Speicheradresse der Daten **TT** = Typkennung des Records **00** → Datenrecord **01** → EOF-Kennung **DD** = Datenbytes; **CC** = Prüfsumme Prüfsumme = B-Komplement der Summe über Anzahl, Adresse, Typ u. Daten. Typ 02 kann beliebig oft zwischen den Daten-Records auftauchen
Intel MSC-86 Hex-Object-Format	Wie Intellec 8/MDS-Format. Zusätzlich zwei neue Typkennungen: Typ 02 und Typ 03. 02 → Übertragen einer Segmentadresse (16 bit) 03 → Übertragen von Segmentadr.+IP(16+16 bit)	
Motorola Exorciser-(S1) Format	**Format:** STBBAAAADDDDDDDDDDDDDDDDCC **Beispiel:** S11337003E0DD330003E01D331CD800107C30737CE S9030000FC (EOF-Record)	**S** = Startzeichen immer S **BB** = Anzahl der Datenbytes + 3 **CC** = Prüfsumme (B-1-Komplement über BB, Adresse und Datenbytes). Sonstige Abkürzungen wie oben.
Motorola Exormat-(S1 u. S2) Format	**Format:** STBBAAAAAADDDDDDDDDDDDDDDDCC **Beispiel:** S21400037003E0DD330003E01D331CD800107C30737CD S8030000FC oder S9030000FC [1]) (EOF-Record)	Wie S1-Format mit zusätzlicher Typkennung 2 → 24-bit-Adresse **BB** = Anzahl der Datenbytes + 4 EOF-Record muss vom Typ [1]) sein, wenn ein S1-Record vorausgeht. Es können S1 und S2-Records verwendet werden.
Motorola 32-Bit-(S3) Format	**Format:** STBBAAAAAAAADDDDDDDDDDDDDDDDCC **Beispiel:** S315000037003E0DD330003E01D331CD800107C30737C S70300000000FC (EOF-Record)	Zusätzliche Typkennung 3 → 32-bit-Adressangabe **BB** = Anzahl der Datenbytes + 5
Tektronix Hexa-dezimal-Format	**Format:** SAAAABBPPDDDDDDDDDDDDDDDDCC **Beispiel:** /3700100B3E0DD330003E01D331CD800107C30737A0 /00000000 (EOF-Record)	**S** = Startzeichen immer / **PP** = Prüfsumme über AAAA u. BB **CC** = Prüfsumme über Datenbytes **Hinweis:** Prüfsummen nibbleweise!!

CRC (cyclic redundancy check) – Prüfsummen und Prüfpolynome für den Datenaustausch

CRC-Prüfsummen gewinnt man, indem die Daten in ein 16-Bit-Schieberegister geschoben werden. Das SR repräsentiert das Prüfpolynom und enthält an bestimmten Bitpositionen XOR-Rückkopplungen. Sind alle Bits eingeschoben, enthält das SR die Prüfsumme. Diese wird den Daten angehängt. Auf Empfängerseite werden die Daten inclusive Prüfsumme in ein äquivalentes SR eingeschoben. Bei fehlerfreier Übertragung enthält das SR 0 (Netzwerke verwenden 32 Bit).

Aufbau eines CRC-16-Schieberegisters

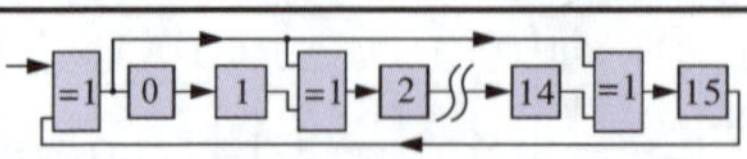

Schiebt man in das SR z. B. das Byte 31H (MSB zuerst), so steht dort nacheinander (von rechts nach links): 0000H, 0000H, 8005H, 000AH, 0014H, 0028H, 0050H, 80A5H.

Gängige CRC-Prüfpolynome

Parity-Bit:	$X + 1$ (even Parity)
LRC-8:	$X^8 + 1$ (longitudinal check)
CRC-16:	$X^{16} + X^{15} + X^2 + 1$
CRC-16 X.25:	$X^{16} + X^{12} + X^5 + 1$
CRC-12:	$X^{12} + X^{11} + X^3 + X^2 + X + 1$

Prüfsummenberechnung durch binäre Polynomdivision

Daten um 16 Nullen ergänzen (Länge des SR).

Daten (31H):	~~00~~11 0001 0000 0000 0000 0000
Prüfpolynom:	11 0000 0000 0000 101
Zwischenerg.:	~~00 000~~1 0000 0000 1010 0000
Prüfpolynom:	1 1000 0000 0000 0101
Prüfsumme:	**~~0~~ 1000 0000 1010 0101 = 80A5H**

6.7 Betriebssysteme und Hochsprachen

Betriebssysteme-Übersicht

Betriebssystem	DOS	DOS plus Windows 3.XX / 95	OS/2	Windows NT	Unix/Linux	Nextstep
RAM minimal	512 Kb	2–3 / 16 Mb	4–8 Mb	16 Mb	8–12 Mb	16 Mb
RAM empfohlen	1 Mb	6–8 / 24 Mb	8–12 Mb	32 Mb	24–36 Mb	24 Mb (Color)
Massenspeicher minimal ca.	Diskette	Festplatte 10 / 20 Mb	Festplatte 80 Mb	Festplatte 100 Mb	Festplatte 200 Mb	Festplatte 120 Mb
Massenspeicher empfohlen ca.	Festplatte 2,5 Mb	Festplatte 200 Mb plus Auslagerung	Festplatte 300 Mb	Festplatte 500 Mb	Festplatte 500 Mb	Festplatte 300 Mb
DOS-Emulation	–	ja / bedingt	ja	vorhanden	ja	optional
Windows-Emulation	–	–	ja	ja	bis V 3.0 (Real Mode)	optional
Internet-Unterstützung	nein	nein / ja	ja	ja	ja	optional
Multitasking	nein	bedingt / preemptiv	ja (preemptiv)	ja (preemptiv)	ja	ja
Multithreading	nein	nein	ja	ja	ja	ja
Multiuser	nein	nein	nein	ja	ja	ja
Protected Mode	nein	nein / bedingt	ja	ja	ja	ja
Netzwerkfähigkeit	nein	Peer to Peer (außer V 3.1)	Client/ Server	Client/ Server	Client/ Server	Client/ Server

Stammbaum der Hochsprachen (Auswahl)

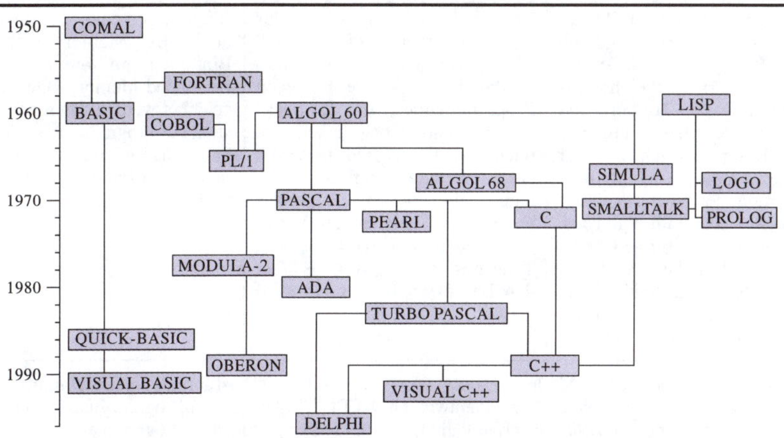

6

6

6.8 PC-Tabellen

6.8.1 Speicherarten im RAM-Bereich

Konventioneller Speicher

Auch Base-Memory oder Arbeitsspeicher genannt. Darunter versteht man bei PCs, die unter DOS arbeiten, einen zusammenhängenden Speicherbereich von 640 Kbyte innerhalb des ersten Mbyte. In diesem Bereich, der ab Adresse 0 beginnt, befinden sich ein Teil des Betriebssystems und die Anwenderprogramme.

Reservierter Speicher

Der reservierte Speicher, auch Upper-Memory-Area (UMA) genannt, beinhaltet den Adressraum zwischen 640 Kbyte und 1024 Kbyte. In diesem Bereich arbeiten einige Adapter wie Graphikkarten, Festplattencontroller, Netzwerkkarten und das BIOS. Nicht benötigte Segmente oder Teile davon können dem Erweiterungsspeicher zugeschlagen werden (siehe Extended Memory).

Expanded Memory

Auch Expansionsspeicher, EMS-Speicher oder LIM-Speicher genannt, wurde ursprünglich mit Hilfe von Zusatzspeicherkarten verwirklicht. EMS steht für Expanded-Memory-Specification, die die Funktionsweise und Verwaltung des Expanded Memory festlegt und erlaubt Anwenderprogrammen für die Datenspeicherung den Zugriff auf maximal 32 Mbyte Speicher. EMS teilt den Speicher in 16 Kbyte große Segmente, die so genannten „Seiten" auf. Der Zugriff erfolgt nur über EMS-Treiber wie z. B. EMM386.EXE. EMS-gestützte Anwenderprogramme haben über Seitenrahmen (Page Frames), die sich innerhalb von Abschnitten des reservierten Speichers befinden, Zugriff auf die 16 Kbyte großen EMS-Seiten. Die Seitenrahmen können eine Größe von bis zu 64 Kbyte einnehmen, wobei ein solcher Seitenrahmen aus jeweils 4mal 16 Kbyte besteht und als Fenster für einen größeren Speicherbereich dient. EMS benötigt 64 Kbyte im High Memory (siehe Extended-Memory). Da die Seiten immer wieder frisch eingeblendet werden müssen, ist der Expansion-Speicher nicht so schnell wie konventioneller Speicher.

Extended Memory

Ein typischer XMS-Treiber ist z. B. HIMEM.SYS. Die Extended-Memory-Specification deckt dabei drei Speicherbereiche ab:

Upper Memory Blocks	High Memory Area	Extended Memory Blocks
Upper-Memory-Blocks, auch UMBs genannt, sind Teile des reservierten Speichers oberhalb von 640 Kbyte, die DOS als zusätzlichen Hauptspeicher zur Auslagerung von Treibern und Programmen nutzen kann. Beginnt dieser Bereich bei der Adresse A000H, so wird er dem konventionellen Speicher direkt zuaddiert. Andernfalls ergibt sich zwar additiv auch ein vergrößerter konventioneller Speicher, doch lassen sich beide Teile (640 Kbyte und 64 Kbyte) nur getrennt voneinander nutzen.	Die High Memory Area besteht aus den ersten 64 Kbyte des Extended-Memory (1024–1088 Kbyte). Der Vorteil dieses Speicherblockes liegt in der Fähigkeit Programmcodes, die nominell dem konventionellen Speicherbereich vorbehalten sind, im HMA zu laden und auszuführen, wodurch weitere 64 Kbyte adressierbarer DOS-Speicher zur Verfügung stehen. Im HMA lassen sich Teile des Betriebssystems über den Befehl DOS=HIGH auslagern.	Zusätzlich teilt die XMS-Spezifikation den Speicher oberhalb der High-Memory-Area in Einheiten ein, die als EMBs (Extended-Memory-Blocks) bezeichnet werden. Dieser Bereich steht nur Programmen zur Verfügung, die auf die Zusammenarbeit mit Erweiterungsspeicher vorbereitet sind.

Hinweis: Das DOS-Protected-Mode-Interface (DPMI) wurde für die Ausführung von Programmen unter Windows im Extended Memory entwickelt. VCPI (Virtual-Control-Program-Interface) ist eine Erweiterung von EMS und erlaubt ein Quasimultitasking von DOS-Programmen.

6.8 PC-Tabellen

6.8.2 ASCII-Tabelle

Die abgebildete Zeichensatztabelle entspricht der Code-Page 437 und ist mit der IBM-Standard-Zeichensatztabelle identisch. Wird in den Dateien CONFIG.SYS und AUTOEXEC.BAT explizit keine Code-Page angegeben, so legt DOS diese Zeichensatztabelle zugrunde.

Legende:

Hexcode
ASCII-Zeichen
Dezimalcode

00 00	01 ☺ 01	02 ☻ 02	03 ♥ 03	04 ♦ 04	05 ♣ 05	06 ♠ 06	07 • 07	08 ◘ 08	09 ○ 09	0A ◙ 10	0B ♂ 11	0C ♀ 12	0D ♪ 13	0E ♫ 14	0F ☼ 15
10 ► 16	11 ◄ 17	12 ↕ 18	13 ‼ 19	14 ¶ 20	15 § 21	16 ▬ 22	17 ↨ 23	18 ↑ 24	19 ↓ 25	1A → 26	1B ← 27	1C ∟ 28	1D ↔ 29	1E ▲ 30	1F ▼ 31
20 Space 32	21 ! 33	22 " 34	23 # 35	24 $ 36	25 % 37	26 & 38	27 ' 39	28 (40	29) 41	2A * 42	2B + 43	2C , 44	2D - 45	2E . 46	2F / 47
30 0 48	31 1 49	32 2 50	33 3 51	34 4 52	35 5 53	36 6 54	37 7 55	38 8 56	39 9 57	3A : 58	3B ; 59	3C < 60	3D = 61	3E > 62	3F ? 63
40 @ 64	41 A 65	42 B 66	43 C 67	44 D 68	45 E 69	46 F 70	47 G 71	48 H 72	49 I 73	4A J 74	4B K 75	4C L 76	4D M 77	4E N 78	4F O 79
50 P 80	51 Q 81	52 R 82	53 S 83	54 T 84	55 U 85	56 V 86	57 W 87	58 X 88	59 Y 89	5A Z 90	5B [91	5C \ 92	5D] 93	5E ^ 94	5F _ 95
60 ` 96	61 a 97	62 b 98	63 c 99	64 d 100	65 e 101	66 f 102	67 g 103	68 h 104	69 i 105	6A j 106	6B k 107	6C l 108	6D m 109	6E n 110	6F o 111
70 p 112	71 q 113	72 r 114	73 s 115	74 t 116	75 u 117	76 v 118	77 w 119	78 y 120	79 x 121	7A z 122	7B { 123	7C | 124	7D } 125	7E ~ 126	7F ⌂ 127
80 Ç 128	81 ü 129	82 é 130	83 â 131	84 ä 132	85 à 133	86 å 134	87 ç 135	88 ê 136	89 ë 137	8A è 138	8B ï 139	8C î 140	8D ì 141	8E Ä 142	8F Å 143
90 É 144	91 æ 145	92 Æ 146	93 ô 147	94 ö 148	95 ò 149	96 û 150	97 ù 151	98 ÿ 152	99 Ö 153	9A Ü 154	9B ¢ 155	9C £ 156	9D ¥ 157	9E ₧ 158	9F ƒ 159
A0 á 160	A1 í 161	A2 ó 162	A3 ú 163	A4 ñ 164	A5 Ñ 165	A6 ª 166	A7 º 167	A8 ¿ 168	A9 ⌐ 169	AA ¬ 170	AB ½ 171	AC ¼ 172	AD ¡ 173	AE « 174	AF » 175
B0 ░ 176	B1 ▒ 177	B2 ▓ 178	B3 │ 179	B4 ┤ 180	B5 ╡ 181	B6 ╢ 182	B7 ╖ 183	B8 ╕ 184	B9 ╣ 185	BA ║ 186	BB ╗ 187	BC ╝ 188	BD ╜ 189	BE ╛ 190	BF ┐ 191
C0 └ 192	C1 ┴ 193	C2 ┬ 194	C3 ├ 195	C4 ─ 196	C5 ┼ 197	C6 ╞ 198	C7 ╟ 199	C8 ╚ 200	C9 ╔ 201	CA ╩ 202	CB ╦ 203	CC ╠ 204	CD ═ 205	CE ╬ 206	CF ╧ 207
D0 ╨ 208	D1 ╤ 209	D2 ╥ 210	D3 ╙ 211	D4 ╘ 212	D5 ╒ 213	D76 ╓ 214	D7 ╫ 215	D8 ╪ 216	D9 ┘ 217	DA ┌ 218	DB █ 219	DC ▄ 220	DD ▌ 221	DE ▐ 222	DF ▀ 223
E0 α 224	E1 β 225	E2 Γ 226	E3 π 227	E4 Σ 228	E5 σ 229	E6 µ 230	E7 τ 231	E8 Φ 232	E9 Θ 233	EA Ω 234	EB δ 235	EC ∞ 236	ED ø 237	EE ε 238	EF ∩ 239
F0 ≡ 240	F1 ± 241	F2 ≥ 242	F3 ≤ 243	F4 ⌠ 244	F5 ⌡ 245	F6 ÷ 246	F7 ≈ 247	F8 ° 248	F9 ∙ 249	FA · 250	FB √ 251	FC ⁿ 252	FD ² 253	FE ■ 254	FF Blank 255

6.8 PC-Tabellen

6.8.3 Tastatur-Codes

Die MF-2-Tastatur kennt drei Code-Sets. Jede Taste sendet bei Tastendruck einen Make-Code und beim Loslassen einen Break-Code an den Rechner. In jedem Fall wird der Make-Code vom Tastaturtreiber in einen 16-Bit-Code gewandelt und im Tastaturpuffer gespeichert. Das höherwertige Byte enthält den Scan-Code und das niederwertige Byte den ASCII-Code, sofern die Taste ein ASCII-Äquivalent besitzt. Für Funktions- und Cursortasten gilt eine andere Zuordnung. Aufgelistet sind Codes für AT-kompatible Rechner, die den Code-Set 2 der MF-2-Tastatur verwenden.

Taste	Make/Break	Tast.-Puff.	Taste	Make/Break	Tast.-Puff.	Taste	Make/Break	Tast.-Puff.
^	0E / F0 0E	00 55	O	44 / F0 44	18 4F	V	2A / F0 2A	2F 56
1	16 / F0 16	02 31	P	4D / F0 4D	19 50	B	32 / F0 32	30 42
2	1E / F0 1E	03 32	Ü	54 / F0 54	1A 9A	N	31 / F0 31	31 4E
3	26 / F0 26	04 33	*	5B / F0 5B	1B 2A	M	3A / F0 3A	32 4D
4	25 / F0 25	05 34	⇓	58 / F0 58	–	;	41 / F0 41	33 3B
5	2E / F0 2E	06 35	A	1C / F0 1C	1E 41	:	49 / F0 49	34 3A
6	36 / F0 36	07 36	S	1B / F0 1B	1F 53	–	4A / F0 4A	35 2D
7	3D / F0 3D	08 37	D	23 / F0 23	20 44	⇑ [1])	59 / F0 59	–
8	3E / F0 3E	09 38	F	2B / F0 2B	21 46	Strg	14 / F0 14	–
9	46 / F0 46	0A 39	G	34 / F0 34	22 47	Alt	11 / F0 11	–
0	45 / F0 45	0B 30	H	33 / F0 33	23 48	Space	29 / F0 29	39 20
ß	4E / F0 4E	0C E1	J	3B / F0 3B	24 4A	AltGr	E0 11 / E0 F0 11	–
'	55 / F0 55	0D 27	K	42 / F0 42	25 4B	Strg [1])	E0 14 / E0 F0 14	–
BS	66 / F0 66	0E 08	L	4B / F0 4B	26 4C	Einfg	E0 70 / E0 F0 70	52 E0
Tab	0D / F0 0D	0F 09	Ö	4C / F0 4C	29 99	Entf	E0 71 / E0 F0 71	53 E0
Q	15 / F0 15	10 51	Ä	52 / F0 52	28 8E	←	E0 6B / E0 F0 6B	4B E0
W	1D / F0 1D	11 57	'	5D / F0 5D	2B 27	Pos1	E0 6C / E0 F0 6C	47 E0
E	24 / F0 24	12 45	CR	5A / F0 5A	1C 0D	Ende	E0 69 / E0 F0 69	4F E0
R	2D / F0 2D	13 52	⇑	12 / F0 12	–	↑	E0 75 / E0 F0 75	48 E0
T	2C / F0 2C	14 54	<	61 / F0 61	56 3C	↓	E0 72 / E0 F0 72	50 E0
Z	35 / F0 35	15 5A	Y	1A / F0 1A	2C 59	Bild↑	E0 7D / E0 F0 7D	49 E0
U	3C / F0 3C	16 55	X	22 / F0 22	2D 58	Bild↓	E0 7A / E0 F0 7A	51 E0
I	43 / F0 43	17 49	C	21 / F0 21	2E 43	→	E0 74 / E0 F0 74	4D E0

Hinweis: [1]) Rechte Shift- bzw. Strg-Taste. Alle Angaben in Hex. **Esc** 7C / F0 7C 01 1B

6.8 PC-Tabellen

6.8.3 Tastatur-Codes

Taste	Make/Break	Tast.-Puff.	Taste	Make/Break	Tast.-Puff.	Taste	Make/Break	Tast.-Puff.
°	0E / F0 0E	29 F8	=	45 / F0 45	0B 3D	^{3}	26 / F0 26	04 FC
!	16 / F0 16	02 21	?	4E / F0 4E	0C 3F	{	3D / F0 3D	08 7B
"	1E / F0 1E	03 22	`	55 / F0 55	00 60	[	3E / F0 3E	09 5B
§	26 / F0 26	04 15	+	5B / F0 5B	1B 2B	]	46 / F0 46	0A 5D
$	25 / F0 25	05 24	#	5D / F0 5D	2B 23	}	45 / F0 45	0B 7D
%	2E / F0 2E	06 25	<	61 / F0 61	56 3C	\	4E / F0 4E	0C 5C
&	36 / F0 36	07 26	’	55 / F0 55	33 2C	~	5B / F0 5B	1B 7E
/	3D / F0 3D	08 2F	.	49 / F0 49	34 2E	|	61 / F0 61	56 7C
(	3E / F0 3E	09 28	–	4A / F0 4A	35 2D	µ	3A / F0 3A	32 E6
)	46 / F0 46	0A 29	^{2}	1E / F0 1E	03 FD	@	15 / F0 15	10 40
Sondertasten								
F1	05 / F0 05	3B 00	F6	0B / F0 0B	40 00	F11	78 / F0 78	85 00
F2	06 / F0 06	3C 00	F7	83 / F0 83	41 00	F12	07 / F0 07	86 00
F3	04 / F0 04	3D 00	F8	0A / F0 0A	42 00	Druck	E0 12 E0 7C / E0 F0 7C E0 F0 12	–
F4	0C / F0 0C	3E 00	F9	01 / F0 01	43 00	Roll⇓	7E / F0 7E	–
F5	03 / F0 03	3F 00	F10	09 / F0 09	44 00	Pause	F0 7E/E1 14 77 E1 F0 14 F0 77	–
Tasten des Ziffernblockes								
Num⇓	77 / F0 77	–	×	7C / F0 7C	37 2A	←	6B / F0 6B	4B 00
7	6C / F0 6C	47 37	9	7D / F0 7D	49 39	Ende	69 / F0 69	4F 00
4	6B / F0 6B	4B 34	6	74 / F0 74	4D 36	Einfg	70 / F0 70	52 00
1	69 / F0 69	4F 31	3	7A / F0 7A	51 33	↑	75 / F0 75	48 00
÷	E0 4A / E0 F0 4A	E0 2F	,	71 / F0 71	53 2C	↓	72 / F0 72	50 00
8	75 / F0 75	48 38	–	7B / F0 7B	4A 2D	Bild↑	7D / F0 7D	49 00
5	73 / F0 73	4C 35	+	79 / F0 79	4E 2B	→	74 / F0 74	4D 00
2	72 / F0 72	50 32	Enter	E0 5A / E0 F0 5A	E0 0D	Bild↓	7A / F0 7A	51 00
0	70 / F0 70	52 30	Pos1	6C / F0 6C	47 00	Entf	71 / F0 71	53 00

Hinweis: Codes der Kleinbuchstaben wie bei den Großbuchstaben, aber ASCII-Code + 20H.

6

6.8.4 Grafikstandards

Mode (hex)	Auflösung H × V in Pixel	Zahl der Farben	Zahl der Seiten	Textausgabe Spalten × Zeilen	Zeichen-matrix	Monitor-Horizontal-Frequenz min. [3]
00 [1]	320 × 200/350	16	8	40 × 25	8 × 8/14	31,5 kHz
01 [1]	320 × 200/350	16	8	40 × 25	8 × 8/14	31,5 kHz
02 [1]	640 × 200/350	16	8	80 × 25	8 × 8/14	31,5 kHz
03 [1]	640 × 200/350	16	8	80 × 25	8 × 8/14	31,5 kHz
04	320 × 200	4	1	40 × 25	8 × 8	31,5 kHz
05	320 × 200	4	1	40 × 25	8 × 8	31,5 kHz
06	640 × 200	2	1	80 × 25	8 × 8	31,5 kHz
07 [1]	720 × 350	Monochrom	8	80 × 25	9 × 14	31,5 kHz
0D	320 × 200	16	8	40 × 25	8 × 8	31,5 kHz
0E	640 × 200	16	4	80 × 25	8 × 8	31,5 kHz
0F	640 × 350	Monochrom	2	80 × 25	8 × 14	31,5 kHz
10	640 × 350	16	2	80 × 25	8 × 14	31,5 kHz
11	640 × 480	2	1	80 × 30	8 × 16	37,3 kHz
12	640 × 480	16	1	80 × 30	8 × 16	37,3 kHz
13	320 × 200	256	1	40 × 25	8 × 8	31,5 kHz
21 [1]	1056 × 480	16	2	132 × 60	8 × 8	37,3 kHz
22 [1]	1056 × 396	16	2	132 × 44	8 × 9	30,5 kHz
23 [1]	1056 × 400	16	4	132 × 25	8 × 16	30,5 kHz
24 [1]	1056 × 392	16	4	132 × 28	8 × 14	30,5 kHz
25	640 × 480	16	1	80 × 60	8 × 8	37,3 kHz
26 [1]	720 × 480	16	2	80 × 60	9 × 8	37,3 kHz
29	800 × 600	16	1	100 × 37	8 × 16	46,6 kHz
2A [1]	800 × 600	16	4	100 × 40	8 × 15	46,6 kHz
2D	640 × 350	256/65536	1	80 × 25	8 × 14	31,5 kHz
2E	640 × 480	256/65536 16,7 M	1	80 × 30	8 × 16	37,3 kHz
2F	640 × 400	256/65536	1	80 × 25	8 × 16	31,5 kHz
30	800 × 600	256/65536 16,7 M	1	100 × 37	8 × 16	46,6 kHz
37	1024 × 768	16	1	128 × 48	8 × 16	56,5 kHz
38	1024 × 768	256/65336 [2]	1	128 × 48	8 × 16	56,5 kHz
3D	1280 × 1024	16	1	160 × 64	8 × 16	75,0 kHz
3F	1280 × 1024	256 [2]	1	160 × 64	8 × 16	75,0 kHz

Hinweis: Nicht alle Grafikkarten unterstützen alle Modi.
Die max. Bildwiederholfrequenz errechnet sich aus: Horizontalfrequenz/vert. Auflösung/1,11

[1] Reiner Textmodus.
[2] Benötigt mindestens 2 MB Bildschirmspeicher.
[3] Bezogen auf 70 Hz Bildwiederholfrequenz.

7 Signalübertragung

7.1 Prinzipien und Grundbegriffe der Signalübertragung

7.1.1 Prinzipien der Signalübertragung

⇒ 7-2

Analoge und digitale Übertragung eines Telefongesprächs

Analoge Übertragung

Umwandlung der Schallwellen in analoge elektrische Signale

analoge elektrische Schwingungen (analoge Störungen)

Umwandlung der elektrischen Signale in Schallwellen

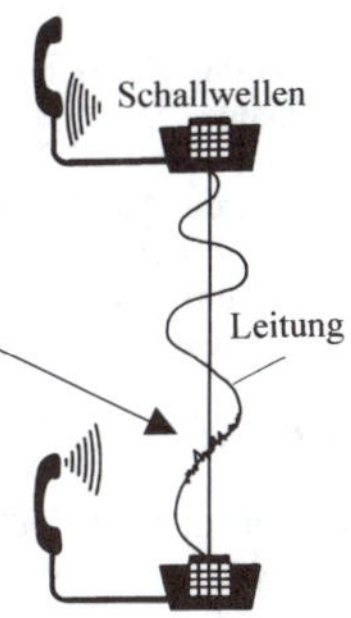

Digitale Übertragung

Digitalisierung des Analogsignals:
- Abtasten der analogen elektrischen Schwingungen,
- Quantisieren und Codieren des abgetasteten Signals

PCM-Signal (nahezu störungsfreie Übertragung)

Erzeugung des Analogsignals:
- Digital/Analogwandlung,
- Glättung (Tiefpassfilter)
- Verstärkung

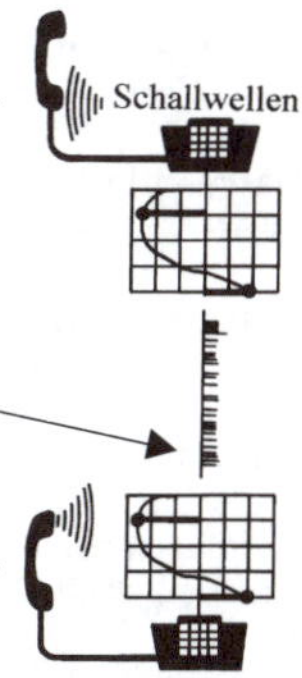

⇒ 7-45

= 11

Prinzip der Nachrichtenübertragung

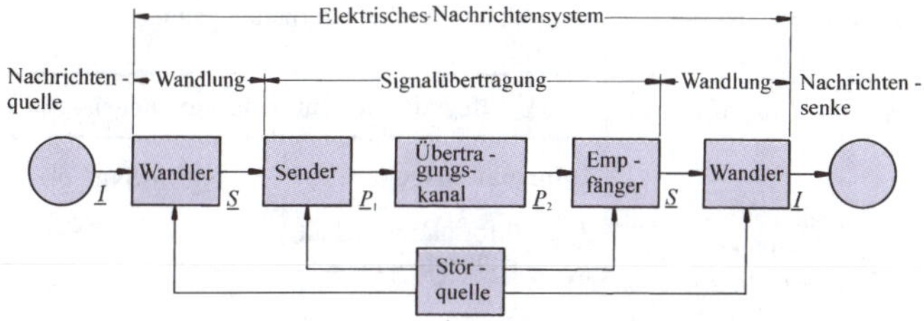

$\underline{I}$	Information
$\underline{S}$	Signal
$\underline{P}_S$	Sendeleistung
$\underline{P}_{St}$	Störleistung
$\underline{P}_E$	Empfangsleistung

⇒ 7-2

Prinzipien der Datenübertragung

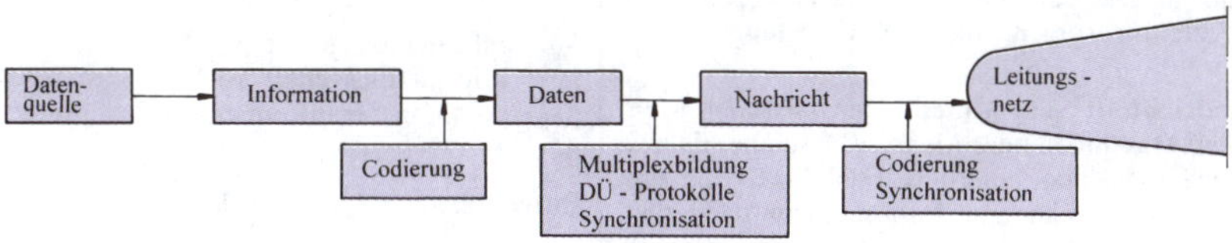

= -3

⇒ 7-2

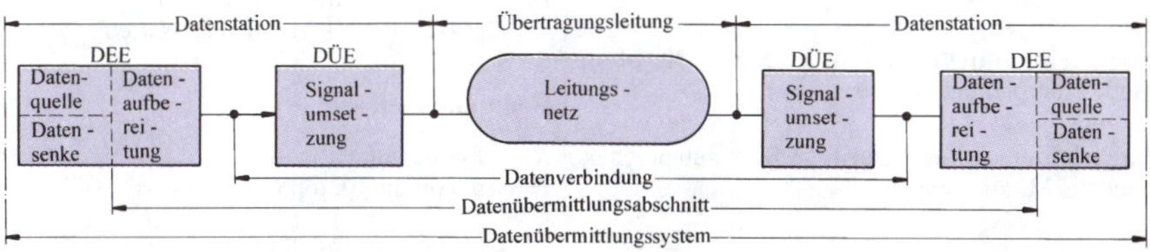

= 26

⇒ 6-56

8-1

7-

7.1 Prinzipien und Grundbegriffe der Signalübertragung

Grundbegriffe der Signalübertragung

Daten: Daten sind Informationen in Form von stichwortartigen Angaben über Sachverhalte, Vorgänge usw. Sie sind Zeichen oder kontinuierliche Funktionen, die zum Zwecke der Verarbeitung Informationen darstellen.

Daten, analog: Sie bestehen aus kontinuierlichen Funktionen.

Daten, digital: Sie bestehen nur aus Zeichen (wert-, zeitdiskrete Signale).

Datenendeinrichtung: DEE oder DTE (Data Terminal Equipment), z. B. Computer.

Datenübertragungseinrichtung: DÜE oder DCE (Data Circuit Terminating Equipment) enthält Einrichtungen zur Modulation/Demodulation, Verbindungsaufschaltung, Identifikation usw.

Empfänger: Er verarbeitet die Nachricht und setzt sie um (Schallwellen, Licht, usw.).

Frequenz: Schwingungen pro Sekunde, Kehrwert der Periodendauer T ($f = 1/T$), Einheit: Hz.

Impuls: Kurzzeitiger, stoßartiger, Vorgang, z. B.: Strom-, Spannungsimpuls. Eine Folge von Impulsen nennt man Puls.

Informationen: Sie bilden den Inhalt der Nachricht und stellen nur die Nutzdaten dar (keine redundanten Daten). Sie bestehen aus Zeichen (Buchstaben, Ziffern), Wörtern (Zeichenfolge) und Symbolen (Zeichen und/oder Wörter).

Kommunikation: Sie ist eine der wichtigsten Grundlagen sozialer Prozesse. Eine Geste, ein Wort, ein Telefongespräch, eine FAX-Mitteilung.

Nachrichten: Sind Mitteilungen zwischen Menschen, Maschinen oder Mensch/Maschine. Es sind Zeichen oder kontinuierliche Funktionen, die zum Zwecke der Weitergabe Informationen darstellen. Eine Nachricht ist die unveränderte Übertragung einer Information.

Nachrichtenquelle: Sensorik (z. B.: Mikrofon, Meßwertaufnehmer, Fototransistor)

Nachrichtensenke: Aktorik (z. B.: Lautsprecher, Leuchte, Motor, Ventil)

Nutzsignale: Daten und/oder Nachrichten, die der Sender dem Empfänger übermittelt.

Sender: In ihm wird die Nachricht den technischen Randbedingungen entsprechend zusammengestellt und codiert (z. B. Mikrofon).

Signal: Physikalische Darstellung von Nachrichten oder Daten.

Störsignale: Auf dem Übertragungsweg auftretende Störungen durch geringe Bandbreite, Dämpfung, Verstärkung, Laufzeit, Geräusche, Verzerrungen, Nebensprechen usw.

Übertragungskanal: In ihm findet die Übertragung von Signalen statt. Als Übertragungsstrecke (Leitungsnetz) können Funkstrecken, Kupfer- oder Glasfaserkabel benutzt werden.

Wandler: Sie setzen Informationen I in Signale S (bzw. Signale in Informationen) um, d. h. sie bereiten beliebige physikalische Eingangssignale (Schallwellen, Licht, Druck, Strom, usw.) so auf, dass sie ein Sender verarbeiten kann.

Begriffe der Informationstheorie

Informationsgehalt: $I_x = \text{ld}\ 1/p_x$ (bit/Symbol)

I_x Informationsgehalt
p_x Wahrscheinlichkeit

Informationsgehalt kombinierter Nachrichten:

Bsp.: $I_{WR} = \text{ld}\,\frac{1}{p_W \cdot p_R} = \text{ld}\,\frac{1}{p_W} + \text{ld}\,\frac{1}{p_R} = I_W + I_R$

I_W Informationsgehalt „weiß“
I_R Informationsgehalt „rot“
I_{WR} kombinierter Informationsg. „weiß-rot“

Entropie: $H = \bar{I}_x = \sum_x p_x\ \text{ld}\,\frac{1}{p_x}$

H Entropie (mittlere Informationsgehalt), arithmetisches Mittel aller Werte I_x

Redundanz: $R = H_0 - H$

R Redundanz
H_0 maximale Entropie

7.1 Prinzipien und Grundbegriffe der Signalübertragung

Informationsfluss: $F = H/T_m$

F Geschwindigkeit der Informationsübertragung in bit/s
T_m mittlere Übertragungszeit in bit/s

Kanalkapazität:

$$C = F_{max} = \left(\frac{H}{T_m}\right)_{max} = B \cdot \mathrm{ld}\left(1 + \frac{P_S}{P_N}\right)$$

C maximaler Informationsfluss F_{max} (absolute obere Grenze für die Leistungsfähigkeit eines Nachrichtenkanals), Produkt aus Bandbreite B und logarith. Verhältnis von Signalleistung P_S zu Rauschleistung P_N

Nachrichtenquader: $M = t \cdot C$
$M = t \cdot B \cdot \mathrm{ld}(1 + P_S/P_N)$

M übertragbare Nachrichtenmenge
t Übertragungszeit
B Bandbreite
$\mathrm{ld}(1 + P_S/P_N)$ Störabstand

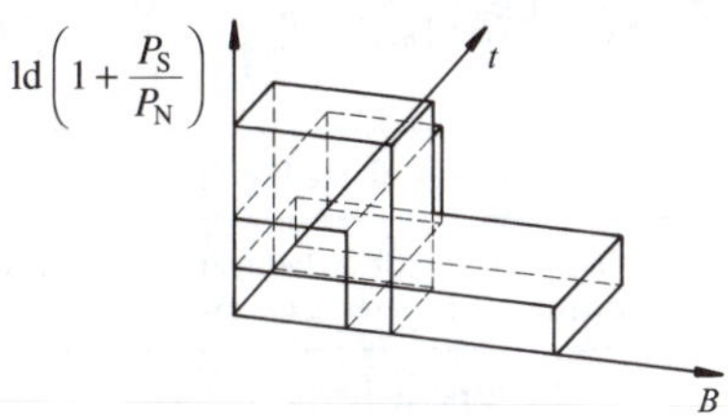

7.1.2 Normung in der Signalübertragungstechnik

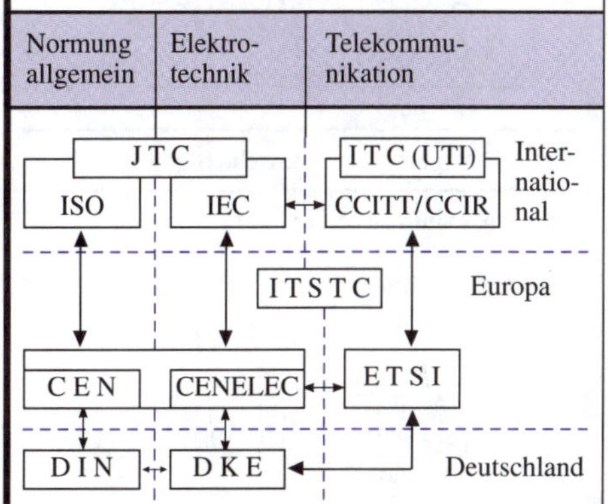

DIN: Deutsches Institut für Normung (Berlin). DIN ist in Deutschland für die Normungen zuständig. Beispiele: DIN 40146 (Begriffe der Nachrichtenübertragung), DIN VDE 855 Bestimmungen für Antennenanlagen.

DKE: Deutsche Elektrotechnische Kommission. Gemeinsame Unterorganisation von DIN und VDE (Verband Deutscher Elektrotechniker). DIN/DKE setzt internationale in nationale Normen um.

ETSI: European Telecommunication Standards Institut. ETSI erarbeitet europaweite Normen für die Bereiche Telekommunikations-, Rundfunk- und Informationstechnik.

CEN: Comité Européenne de Normalisation (Europäisches Komitee für Normung).

CENELEC: Comité Européenne de Normalisation Electrotechnique (Europäische Komitee für Elektrotechnische Normung). CEN und CENELEC erarbeiten Normen für den europäischen Markt. Nationale Normungsinstitute der EG-Länder sind Mitglieder von CEN/CENELEC.

ITSTC: Information Technology Steering Committee (Koordinator zwischen ETSI and CEN/CENELEC).

ISO: International Organization for Standardisation. Zusammenschluß nationaler Normungskomitees. Internationale Normungsorganisation für alle Bereiche, außer Elektrotechnik und Elektronik. Bsp.: OSI-Modell für Datenkommunikation, Codierung und Prozeduren der Datenübertragung.

IEC: International Electrotechnical Commission. Erarbeitet Normen für die Kompatibilität von elektrischen/elektronischen Bauelementen, Geräten und Einrichtungen.

JTC: Joint Technical Committee. Zusammenschluß von ISO und IEC im Bereich der Informations- und Kommunikationstechnik.

ITU: International Telecommunications Union.

CCITT: Comité Consultatif International Telegraphique et Telephonique. Unterorganisation der ITU, diese wiederum Sonderorganisation der UN (Vereinten Nationen). Wichtige Standards des CCITT: V (Datenübertragung über das Telephonnetz), X (Datenüb. über öffentl. Datennetze), I (Verwendung des ISDN).

CCIR: Comité Consultatif International Radiocommunication. Normung der Funkübertragung von Daten und der Nutzung des Frequenzspektrums.

7.2 Physikalische und mathematische Beschreibung von Signalen

7.2.1 Digitale und analoge Signale

Wert/Zeit diskrete/kontinuierliche Signale

Wert: kontinuierlich Zeit: kontinuierlich

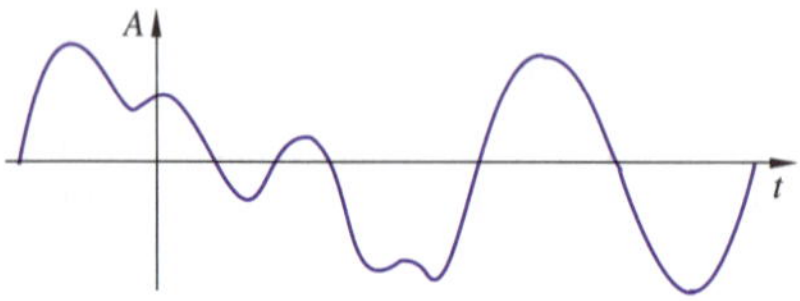

Wert: diskret Zeit: kontinuierlich

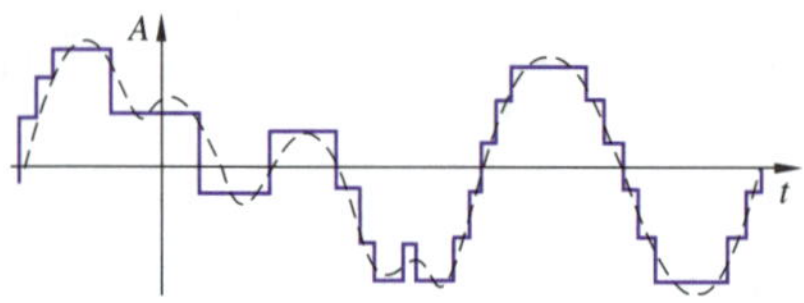

Wert: kontinuierlich Zeit: diskret

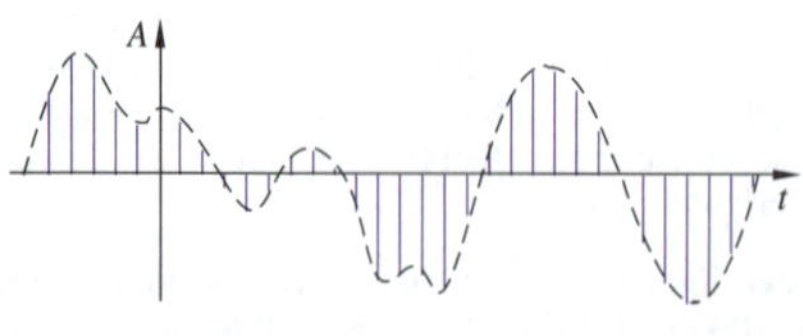

Wert: diskret Zeit: diskret

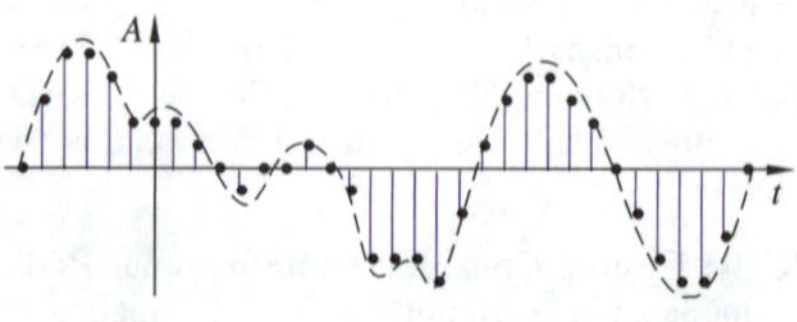

Einteilung analoger Signale

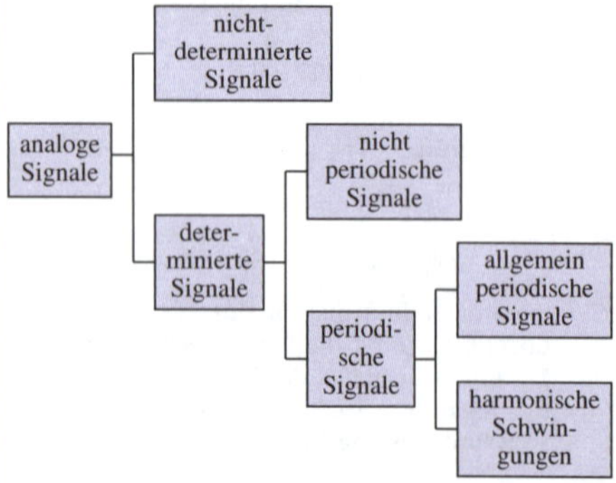

Nichtdeterminierte Signale

Verlauf wird allein von statistischen Eigenschaften bestimmt, er ist nicht vorhersehbar.
Beispiel: Breitbandrauschen

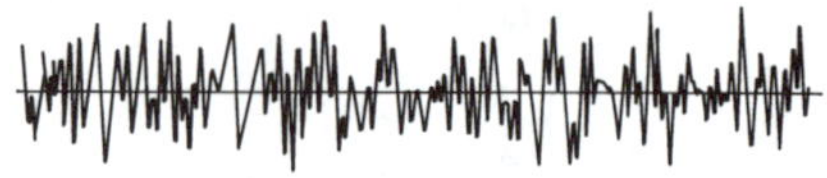

Determinierte Signale

Signalverlauf ist für jeden beliebigen Zeitpunkt vorhersehbar (im voraus berechenbar).

Nichtperiodische Signale

Bsp.: Mit einem Mikrofon aufgenommene Buchstaben der menschlichen Sprache

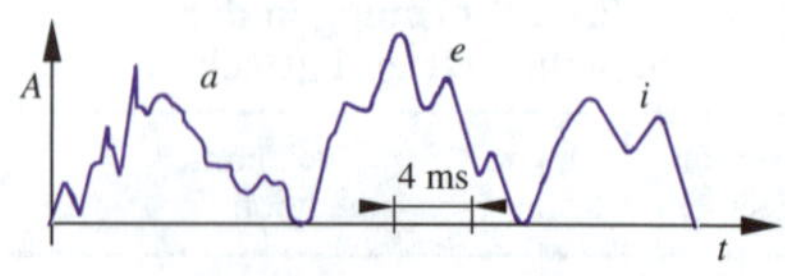

Allgemein periodische Signale

Bsp.: Ausschnitt aus einer Zeitfunktion

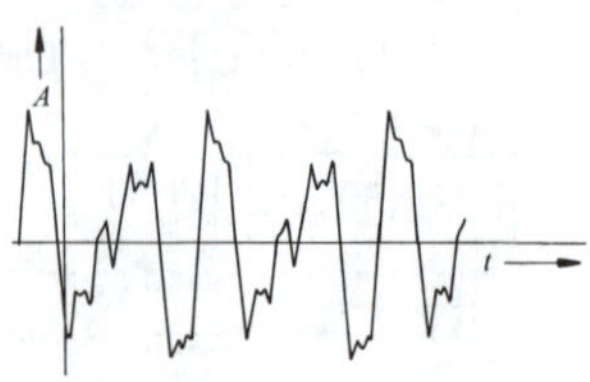

7

7.2 Physikalische und mathematische Beschreibung von Signalen

7.2.2 Fourieranalyse und -synthese

1-12

Fourier-Prinzip

Fourier (Französischer Mathematiker) hat 1822 bewiesen, daß jede beliebige Zeitfunktion als Summe sinus- und cosinusförmiger Zeitfunktionen gebildet werden kann!

Fouriersynthese
Durch die Überlagerung sinus- und cosinusförmiger harmonischer Signale (Spannungen) mit verschiedener Amplitude und Frequenz sind beliebige Signalverläufe erzeugbar!

Fourieranalyse
Beliebige Signalverläufe können in Sinus- und Cosinusfunktionen zerlegt werden.

Beispiel:

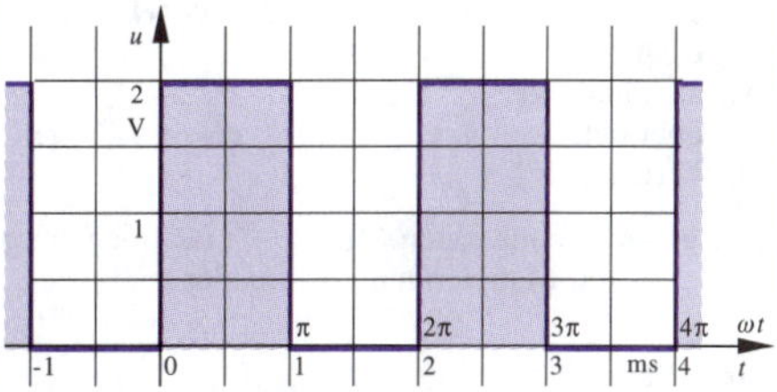

Das Rechtecksignal kann durch die Addition (Überlagerung) der Gleichspannung $U_0 = 1$ V und der sinusförmigen Spannungen u_1, u_2, u_3, … nachgebildet werden.

$u_1 = 4\ \text{V}/(1 \cdot \pi) \cdot \sin(1 \cdot 2 \cdot \pi \cdot 500\ 1/\text{s} \cdot t)$
$u_2 = 4\ \text{V}/(3 \cdot \pi) \cdot \sin(3 \cdot 2 \cdot \pi \cdot 500\ 1/\text{s} \cdot t)$
$u_3 = 4\ \text{V}/(5 \cdot \pi) \cdot \sin(5 \cdot 2 \cdot \pi \cdot 500\ 1/\text{s} \cdot t)$
$u_4 = \ldots$

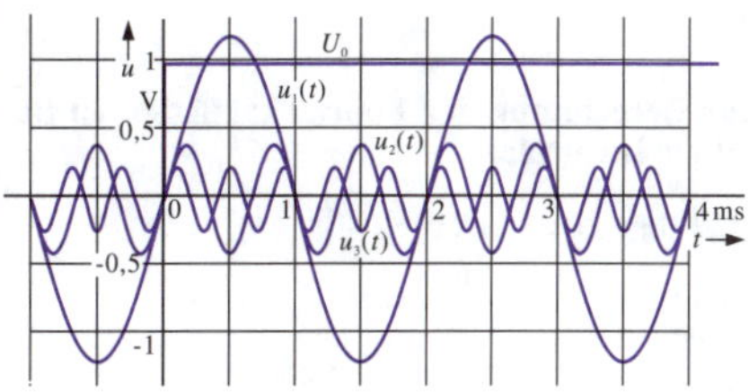

Frequenzfunktion: $u = f(f)$

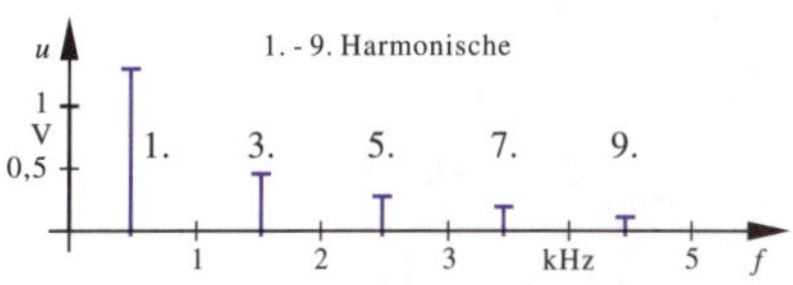

Harmonische Schwingungen

Die harmonische Schwingung ist die elementarste periodische Funktion.

$$u(t) = \hat{u} \cdot \sin(\omega t + \varphi)$$

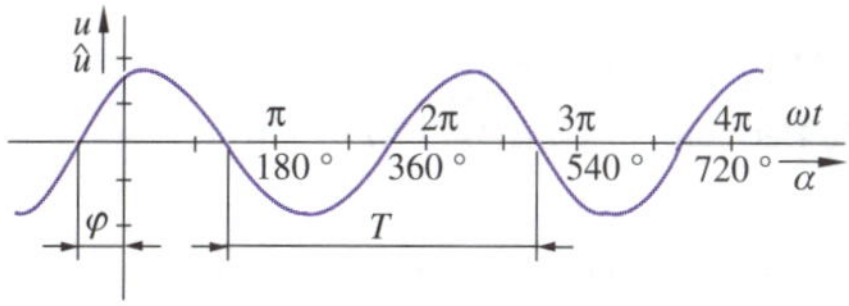

$\hat{u}$	Scheitelwert (Maximalwert)	in V
T	Periodendauer	in s
f	Frequenz ($f = 1/T$)	in Hz
φ	Phasenverschiebung	in ° (Grad)

An der x-Achse kann die Zeit t, der Winkel α oder das Bogenmaß ωt angetragen werden.

Zeitfunktion:
$u = f(t)$

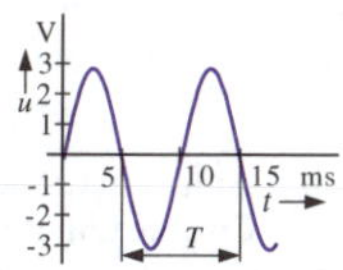

Frequenzfunktion
(Amplitudenspektrum):
$u = f(f)$

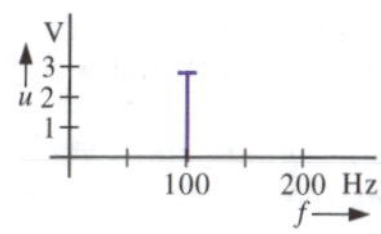

Mehrere harmonische Schwingungen

Zeitfunktionen:
$u_1(t)$, $u_2(t)$

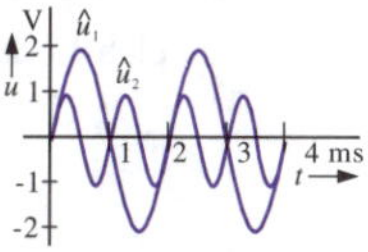

Frequenzfunktionen:
$u_1(f)$, $u_2(f)$

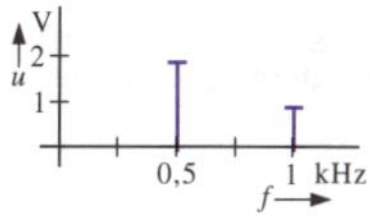

Reine Sinusschwingungen liegen ganz selten vor! Nicht sinusförmige Schwingungen (Nadel-, Rechteckimpulse, nicht linear verzerrte Signale, usw.) setzen sich aus theoretisch unendlich vielen Einzelschwingungen unterschiedlicher Frequenz und Amplitude zusammen (Fouriersynthese)!

7.2 Physikalische und mathematische Beschreibung von Signalen

Gesamtfunktion

$u(t) = U_0 + u_1(t) + u_3(t) + u_5(t) + u_7(t) \ldots$

$u(t) = 1\,\text{V} + 4\,\text{V}/\pi \sin(\omega t) + 4\,\text{V}/3\pi \sin(3\omega t) + 4\,\text{V}/5\pi \sin(5\omega t) + \ldots$

$u(t) = 1\,\text{V} + 4\,\text{V}/\pi\,[\sin(\omega t) + 1/3 \sin(3\omega t) + 1/5 \sin(5\omega t) + \ldots]$

Gleichspannung: U_0

1. Harmonische: $u_1(t) = 4\,\text{V}/\pi \cdot \sin(\omega t)$
2. Harmonische: $u_2(t) = 0$
3. Harmonische: $u_3(t) = 4\,\text{V}/3\pi \cdot \sin(3\omega t)$
4. Harmonische: $u_4(t) = 0$
5. Harmonische: $u_5(t) = 4\,\text{V}/5\pi \cdot \sin(5\omega t)$

...

Um das Rechtecksignal vollständig nachzubilden, müßten unendlich viele ungeradzahlige Sinusschwingungen überlagert (addiert) werden!

Digitalsignalübertragung auf Leitungen

Alle Signale können so aufgefasst werden, als seien sie ausschließlich aus Sinusschwingungen zusammengesetzt! Cosinusschwingungen sind um 90° verschobene Sinusschwingungen. Es wird das Frequenzspektrum des Signals übertragen.

Mathematische Operationen mit Sinusfunktionen ergeben immer wieder eine Sinus/Cosinusfunktion. Eine Sinusschwingung wird im Gegensatz zu anderen Funktionen durch lineare Netzwerke nicht in ihrer Form verzerrt, sie wird allenfalls gedämpft und phasenverschoben.

Fouriertransformation

Alle Signale können aus dem Zeitbereich in den Frequenzbereich (auch umgekehrt) transformiert werden!

Vollständige Beschreibung periodischer Signale

$$u(t) = U_0 + u_1 \cdot \sin(1\omega t + \varphi_1) + u_2 \cdot \sin(2\omega t + \varphi_2) + u_3 \cdot \sin(3\omega t + \varphi_3) + u_4 \cdot \sin(4\omega t + \varphi_4) + u_5 \cdot \sin(5\omega t + \varphi_5) + u_6 \cdot \sin(6\omega t + \varphi_6) + \ldots$$

Bestimmung der Fourierkoeffizienten a_k, b_k

$$u(t) = U_0 + \sum_{k=1}^{\infty} a_k \cos(\omega_k t) + \sum_{k=1}^{\infty} b_k \sin(\omega_k t)$$

Gleichspannungsanteil $U_0\,(a_0)$:

a) als Funktion der Kreisfrequenz: $a_0 = \frac{1}{2\pi}\int_0^{2\pi} f(\omega t)\,\mathrm{d}\omega t$

b) als Funktion über eine Periode: $a_0 = \frac{1}{T}\int_0^{T} f(t)\,\mathrm{d}t$

$U_0 = 0$, wenn die Flächen oberhalb und unterhalb der x-Achse gleich groß sind!

cos-Glieder a_k:

a) als Funktion der Kreisfrequenz: $a_k = \frac{1}{\pi}\int_0^{2\pi} f(\omega t)\cdot\cos(k\omega t)\,\mathrm{d}\omega t$

b) als Funktion über eine Periode: $a_k = \frac{2}{T}\int_0^{T} f(t)\cdot\cos\left(k\,\frac{2\pi}{T}\,t\right)\mathrm{d}t$

Bei geraden Funktionen ($f(x) = -f(x)$, Spiegelung an der y-Achse), treten nur cos-Glieder auf!

sin-Glieder b_k:

a) als Funktion der Kreisfrequenz: $b_k = \frac{1}{\pi}\int_0^{2\pi} f(\omega t)\cdot\sin(k\omega t)\,\mathrm{d}\omega t$

b) als Funktion über eine Periode: $b_k = \frac{2}{T}\int_0^{T} f(t)\cdot\sin\left(k\,\frac{2\pi}{T}\,t\right)\mathrm{d}t$

Bei ungeraden Funktionen ($f(x) = -f(-x)$, Spiegelung im Koordinatenursprung) treten nur sin-Glieder b_k auf!

Zur Berechnung der Fourierkoeffizienten benötigte Integrale:

1) $\int \sin x\,\mathrm{d}x = -\cos x$

2) $\int \sin ax\,\mathrm{d}x = -\frac{1}{a}\cos ax$

3) $\int x\sin ax\,\mathrm{d}x = \frac{\sin ax}{a^2} - \frac{x\cos ax}{a}$

4) $\int \cos x\,\mathrm{d}x = \sin x$

5) $\int \cos ax\,\mathrm{d}x = \frac{1}{a}\sin ax$

6) $\int x\cos ax\,\mathrm{d}x = \frac{\cos ax}{a^2} + \frac{x\sin ax}{a}$

7.2.3 Leitungscodes

Anforderungen an Leitungscodes

Geringer Gleichstromanteil	Lange „+"-, „0"- oder „–"-Folgen sowie Gleichstromanteile führen zu Verzerrungen durch Leitungsübertrager und können schwer beseitigt werden
Hoher Taktgehalt	Viele Taktflanken ermöglichen eine gute Taktrückgewinnung (Synchronisation)
Gute Überwachbarkeit	Übertragungsfehler sollen schnell erkannt und korrigiert werden (Bildungsgesetze der Übertragunscodes sollen die Fehlererkennung und Beseitigung unterstützen)
Leistungsdichtespektrum	Das zu übertragende Frequenzspektrum und die Bandbreite sollen möglichst gering sein, damit bei geringer Dämpfung eine große Übertragungsreichweite erzielt wird
Kosten/Nutzenverhältnis	Größtmögliche Systemreichweiten (optimale Regeneratorfeldlängen) bei möglichst geringen Kosten

Prinzipieller Aufbau einer elektrisch/optischen Übertragungsstrecke der Telekom

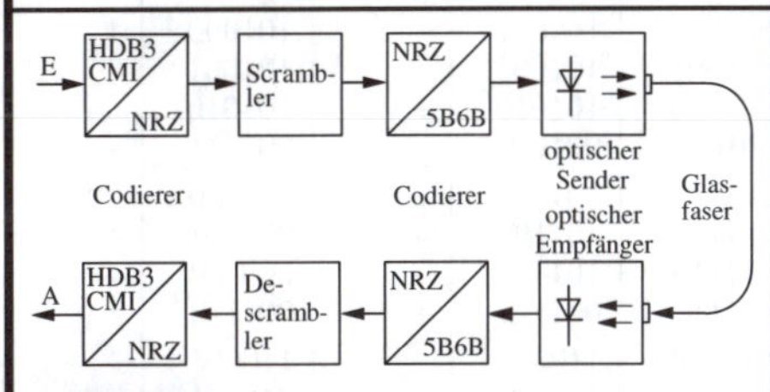

Modifizierter AMI-Code (S_0-Schnittstellen-Code)	Binären Nullen wird abwechselnd der Wert +0, –0, +0 usw. zugeordnet. Eine binäre 1 hat immer den Wert 1 (kein Impuls)	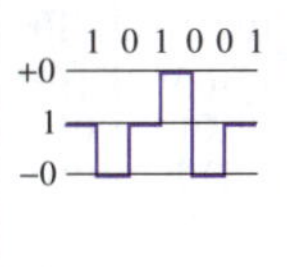
Manchester-Code (Ethernet-LAN-Code)	Ein Flankenwechsel erfolgt immer in der Bit-Mitte. Binäre 1 ⇒ ansteigende Flanke. Binäre 0 ⇒ abfallende Flanke.	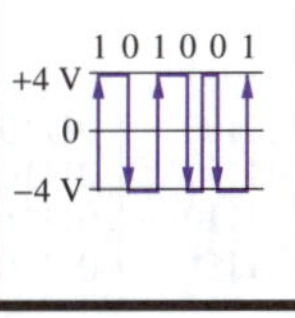

Elektrische Leitungscodes

Abkürzung	engl. Bezeichnung	Erklärung
NRZ-Code	**N**on **R**eturn to **Z**ero	Binärcode des Signals!
RZ-Code	**R**eturn to **Z**ero	„1"-Signal geht nach der halben Bitdauer auf „0" zurück!
AMI-Code	**A**lternating **M**ark **I**nversion	Binäre „1"-Signale werden abwechselnd als „+1" und „–1" übertragen (Gleichstromanteil = 0). Pseudoternäres Signal („+1", „0", „–1"), enthält aber nur die Information „1" und „0"!
HDB3-Code	**H**igh **D**ensity **B**ipolarcode **3**rd Order	Erweiterter AMI-Code, gute Taktrückgewinnung, keine langen Nullfolgen, kein Gleichanteil. Folgen 4 0-Werte im AMI-Code aufeinander, so wird der vierte 0-Wert durch ein V-Signalelement ersetzt, das die gleiche Polarität wie der codierte letzte 1-Wert hat. Liegt zwischen 2 V-Signalelementen eine gerade Anzahl von 1-Werten, so ist das 1. der vier 0-Werte durch ein pseudo AMI-Element zu ersetzen. Der HDB3-Code beginnt mit 000V
CMI-Code	**C**ode **M**ark **I**nversion	Erweiterung des AMI-Codes. Jedes 0-Bit wird als „–1" und „+1" übertragen. Gute Taktrückgewinnung, Gleichanteil ist Null

Beispiel:

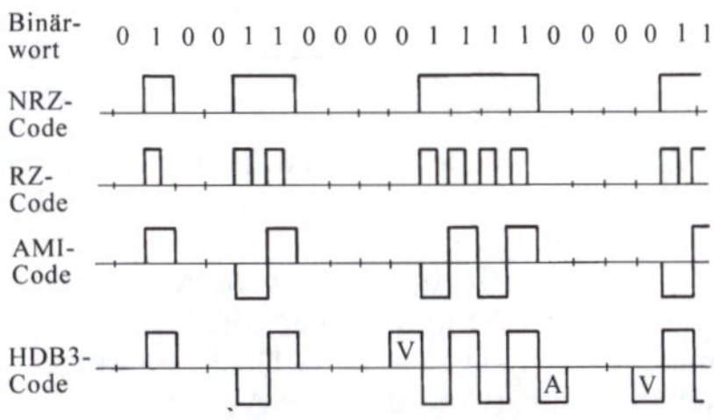

[1] V Verletzungsbit (Violation)
[2] A = AMI-Element, B = Bipolar-Element
A00V = B00V

7

7

⇐ 8-28

4B3T-Code
4 Bits der Übertragungsbitrate werden durch **3 T**ernärzustände ersetzt. Leitungscode des ISDN-Basisanschlusses.

Vorteile des 4B3T-Codes:
- Verschiebung des Signalspektrums zu tieferen Frequenzen,
- Gleichstromfreiheit,
- Reduzierung der Übertragungsgeschwindigkeit um 1/3 (z. B.: 140 Mbit/s werden auf 105 Mbit/s, 34,4 Mbit/s auf 25,8 Mbit/s reduziert). Der gebräuchlichste 4B3T-Code ist der MMS43.

MMS43-Code

Binärwort	Ternärwort				Wortsumme
	A1	A2	A3	A4	
0 0 0 0	+ 0 +	0 – 0	0 – 0	0 – 0	+2/–1
0 0 0 1	0 – +	0 – +	0 – +	0 – +	0
0 0 1 0	+ – 0	+ – 0	+ – 0	+ – 0	0
0 0 1 1	0 0 +	0 0 +	0 0 +	– – 0	+1/–2
0 1 0 0	– + 0	– + 0	– + 0	– + 0	0
0 1 0 1	0 + +	– 0 0	– 0 0	– 0 0	+2/–1
0 1 1 0	– + +	– + +	– – +	– – +	+1/–1
0 1 1 1	– 0 +	– 0 +	– 0 +	– 0 +	0
1 0 0 0	+ 0 0	+ 0 0	+ 0 0	0 – –	+1/–2
1 0 0 1	+ – +	+ – +	+ – +	– – –	+1/–3
1 0 1 0	+ + –	+ + –	+ – –	+ – –	+1/–1
1 0 1 1	0 + –	0 + –	0 + –	0 + –	0
1 1 0 0	+ + +	– + –	– + –	– + –	+3/–1
1 1 0 1	0 + 0	0 + 0	0 + 0	– 0 –	+1/–2
1 1 1 0	+ 0 –	+ 0 –	+ 0 –	+ 0 –	0
1 1 1 1	+ + 0	0 0 –	0 0 –	0 0 –	+2/–1
Blocksumme	0 … +3	–1 … +1	–1 … +1	–3 … 0	

Beispiel:
Umsetzung des Binärwortes in den Binär- (NRZ-) Code und in den 4B3T-Code (MMS43):

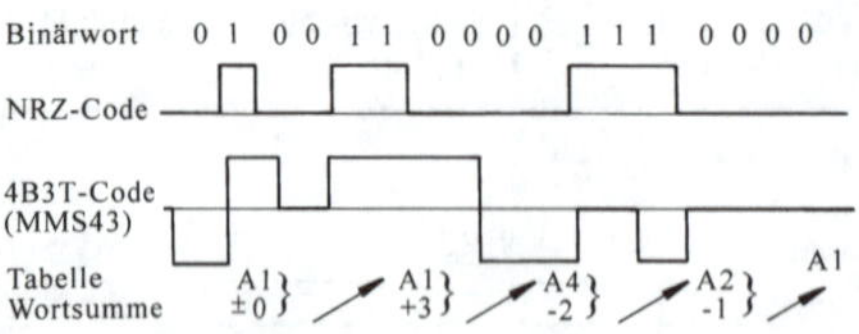

Bei der Umwandlung wurde (willkürlich) mit der Tabelle A1 begonnen. 1. Binärwort (0100) → Tabelle A1 mit Ternärwort –+0. Wortsumme=0 [(–1) + (+1) + (±0)=0], Folgetabelle A1. 2. Binärwort (1100) → A1 mit Ternärwort +++. Wortsumme = +3. [(+1) + (+1) + (+1)=3], → Folgetabelle A4. 3. Binärwort (0011) → A4 mit …

Optische Leitungscodes

Lichtwellenleiter übertragen nur zwei Binärzustände (Licht/kein Licht). Lichtimpulse können mit $f \geq 2$ GHz übertragen werden. ⇐ 7-

Zusätzliche Forderungen an optische Codes: ⇐ 9-
- Ausschließliche Übertragung von Binärsignalen,
- Leichte Überwachung des Leitungssignals auf Fehlerhäufigkeit und Synchronismus,
- Erzeugung redundanter Binärwörter (dadurch geringe Bandbreite).

Anforderungen werden durch den 5B6B-Code erfüllt (NBMB-Code)! Er codiert 5-Bit- in 6-Bit-Binärblöcke um. Das codierte binäre Signal hat eine um 20% höhere Schrittgeschwindigkeit (34,4 Mbit/s · 6/5 = 41,2 Mbit/s). Die $2^5 = 32$ Eingangswerte können in 32 von $2^6 = 64$ Bits codiert werden.

5-Bit-Wort	6-Bit-Wort			
	Mode +	Folgemode	Mode –	Folgemode
00000	110010	+	110010	–
00001	110011	–	100001	+
00010	110110	–	100010	+
00011	100011	+	100011	–
00100	110101	–	100100	+
00101	100101	+	100101	–
00110	100110	+	100110	–
00111	100111	–	000111	–
01000	101011	–	101000	+
01001	101001	+	101001	–
01010	101010	+	101010	–
01011	001011	+	001011	–
01100	101100	+	101100	–
01101	101101	–	000101	+
01110	101110	–	000110	+
01111	001110	+	001110	–
10000	110001	+	110001	–
10001	111001	–	010001	+
10010	111010	–	010010	+
10011	010011	+	010011	–
10100	110100	+	110100	–
10101	010101	+	010101	–
10110	010110	+	010110	–
10111	010111	–	010100	+
11000	111000	+	011000	+
11001	011001	+	011001	–
11010	011010	+	011010	–
11011	011011	–	001010	+
11100	011100	+	011100	–
11101	011101	–	001001	+
11110	011110	–	001100	+
11111	001101	+	001101	–

7.2 Physikalische und mathematische Beschreibung von Signalen

7.2.4 Pegel und Dämpfung

Leistungs- und Spannungspegel

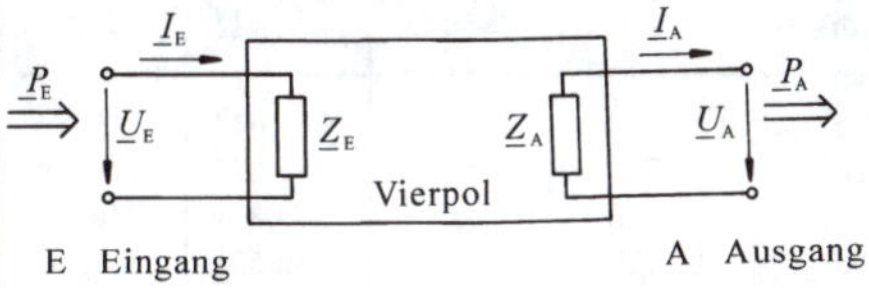

Begriff	Berechnung
Leistungspegel	$L_P = \lg P_A/P_E$ (B) (B = Bel, 1 B = 10 dB) $\mathbf{L_P = 10 \lg P_A/P_E}$ **dB** $L_P = 10 \lg \frac{\underline{U}_A^2/\underline{Z}_A}{\underline{U}_E^2/\underline{Z}_E}$ dB $L_P = L_U$, wenn $\underline{Z}_E = \underline{Z}_A$
Spannungspegel bei Leistungsanpassung	$\mathbf{L_U = 20 \lg \frac{\underline{U}_A}{\underline{U}_E}}$ **dB** $\quad \underline{Z}_A = \underline{Z}_E$!
Leistungspegel ohne Leistungsanpassung	$L_P = 10 \lg \frac{\underline{U}_A^2}{\underline{U}_E^2} \cdot \frac{\underline{Z}_E}{\underline{Z}_A}$ dB $\quad \underline{Z}_A \neq \underline{Z}_E$! $\mathbf{L_P = 20 \lg \frac{\underline{U}_A}{\underline{U}_E}}$ **dB** $\mathbf{- 10 \lg \frac{\underline{Z}_A}{\underline{Z}_E}}$ **dB**

relativ (Kap?)

Absolute Pegel

$P_0 = 1$ mW $U_0 = 775$ mV $R_0 = 600\ \Omega$	$L_P = 10 \lg \frac{\underline{P}_x}{\underline{P}_0}$ dBm $\quad$ dBm = dBmW $L_U = 20 \lg \frac{\underline{U}_x}{\underline{U}_0}$ dBu $\quad$ dBu = db
$P_0 = 13{,}3$ fW $U_0 = 1\ \mu$V $R_0 = 75\ \Omega$	$L_P = 10 \lg \frac{\underline{P}_x}{\underline{P}_0}$ dB_{fW} $L_U = 20 \lg \frac{\underline{U}_x}{\underline{U}_0}$ $dB_{\mu V}$

Absoluter Leistungspegel bei $\underline{Z}_A \neq \underline{Z}_E$

$$\mathbf{L_P = [20 \lg \underline{U}_x/\underline{U}_0 - 10 \lg \underline{Z}_x/\underline{Z}_0]\ dB}$$

$L_P = L_U - 10 \lg \underline{Z}_x/\underline{Z}_0$ dB mit $\underline{Z}_E \neq \underline{Z}_0 \neq R_0$, $\underline{Z}_A \neq \underline{Z}_x \neq R_x$

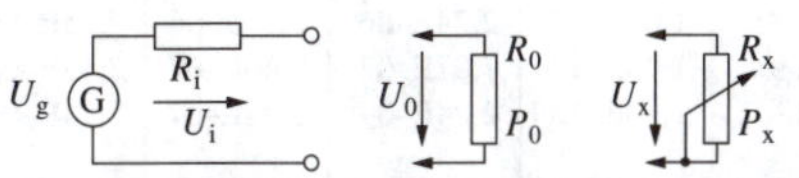

Dämpfung

$a = \alpha \cdot l$ $\quad$ a = Dämpfung; α = Dämpfungskonstante; l = Leitungslänge

$$a = \ln \frac{\underline{U}_E}{\underline{U}_A}\ \text{Np} \quad \left(e^a = \frac{\underline{U}_E}{\underline{U}_A}\right)$$

(Np = Neper, 1 Np = 8,686 dB)

Dämpfungsmaß	Verstärkungsmaß
$a_U = 20 \lg \frac{\underline{U}_E}{\underline{U}_A}$ dB	$L_U = v_U = -a_U = 20 \lg \frac{\underline{U}_A}{\underline{U}_E}$ dB
$a_P = 10 \lg \frac{\underline{P}_E}{\underline{P}_A}$ dB	$L_P = v_P = -a_P = 20 \lg \frac{\underline{P}_A}{\underline{P}_E}$ dB

⟹ 7-20

Gesamtbezugsdämpfung (GBD) im Fernsprechnetz der Telekom (DIN 44013: 1990-09)

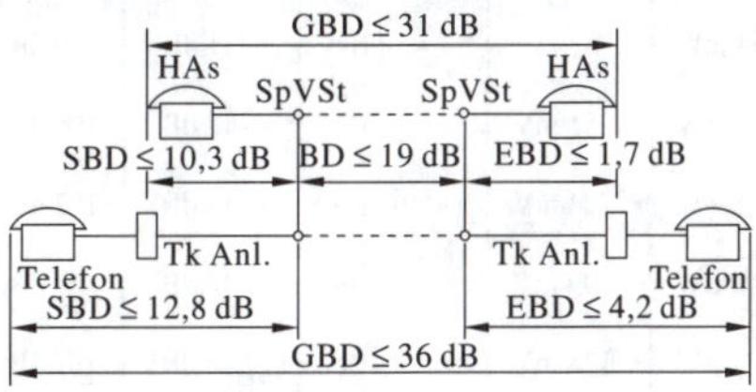

Dämpfungs- und Pegelplan einer Übertragungsstrecke der Telekom

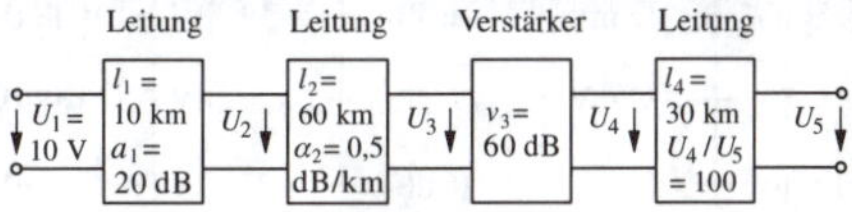

$U_0 = 0{,}775$ V, $\quad R_0 = 600\ \Omega$, $\quad P_0 = 1$ mW

$L_{u1} = 22{,}2$ dB, $L_{u2} = 2{,}2$ dB, $L_{u3} = -27{,}8$ dB, $L_{u4} = 32{,}2$ dB, $L_{u5} = -7{,}8$ dB,

$U_2 = 1$ V, $U_3 = 31{,}6$ mV, $U_4 = 31{,}6$ V, $U_5 = 316$ mV

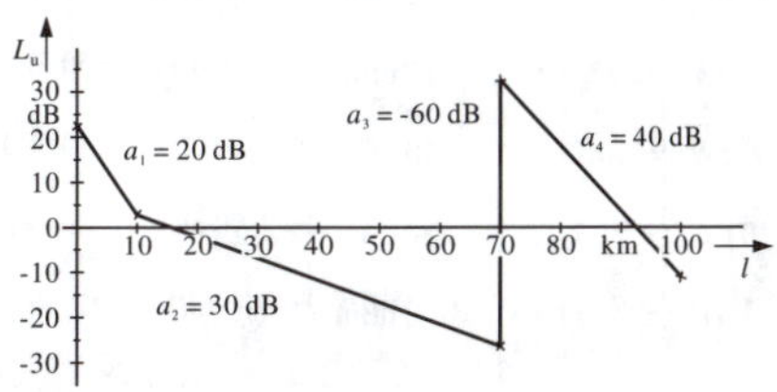

intra. Spannungspegel $U_0 = 1$ V
$L_u = 20 \lg u$ $\quad [L_u] = dBV$

7.2 Physikalische und mathematische Beschreibung von Signalen

7

Nomogramm absoluter Pegelwerte, Bezugsgröße $\underline{Z}_0 = 50\ \Omega$

Leistung	Spannung	Pegelwerte		
100 W	70,71 V	+ 48,2 dBm	40 dBV	160 dBµV
10 W	22,3 V	+ 40 dBm	30 dBV	150 dBµV
1 W	7,07 V	+ 30 dBm	20 dBV	140 dBµV
100 mW	2,23 V	+ 20 dBm	10 dBV	130 dBµV
10 mW	707 mV	+ 13 dBm	0 dBV	120 dBµV
		+ 10 dBm		
6,31 mW	446 mV	+ 8 dBm	– 5 dBV	115 dBµV
3,98 mW	398 mV	+ 5 dBm	– 7 dBV	113 dBµV
2,51 mW	354 mV	+ 4 dBm	– 9 dBV	111 dBµV
2 mW	316 mV	+ 3 dBm	– 10 dBV	110 dBµV
1,58 mW	282 mV	+ 2 dBm	– 11 dBV	109 dBµV
1,26 mW	251 mV	+ 1 dBm	– 12 dBV	108 dBµV
1 mW	224 mV	0 dBm	– 13 dBV	107 dBµV
794 µW	199 mV	– 1 dBm	– 14 dBV	106 dBµV
631 µW	178 mV	– 2 dBm	– 15 dBV	105 dBµV
501 µW	158 mV	– 3 dBm	– 16 dBV	104 dBµV
398 µW	141 mV	– 4 dBm	– 17 dBV	103 dBµV
251 µW	112 mV	– 6 dBm	– 19 dBV	101 dBµV
158 µW	89 mV	– 7 dBm	– 20 dBV	100 dBµV
100 µW	71 mV	– 10 dBm	– 23 dBV	97 dBµV
10 µW	22 mV	– 20 dBm	– 30 dBV	90 dBµV
1 µW	7,07 mV	– 30 dBm	– 40 dBV	80 dBµV
100 nW	2,23 mV	– 40 dBm	– 50 dBV	70 dBµV
10 nW	707 µV	– 50 dBm	– 60 dBV	60 dBµV
1 nW	223 µV	– 60 dBm	– 70 dBV	50 dBµV
100 pW	70,7 µV	– 70 dBm	– 80 dBV	40 dBµV
10 pW	22,3 µV	– 80 dBm	– 90 dBV	30 dBµV
1 pW	7,07 µV	– 90 dBm	–100 dBV	20 dBµV

Leistungs- und Spannungswerte bei verschiedenen $\underline{Z}_0$

L_p (dBm)	P_x(W)	U_x(V) Z_0=50 Ω	U_x(V) Z_0=75 Ω	U_x(V) Z_0=600 Ω
80	1,00E+05	2236,07	2738,613	7745,967
70	1,00E+04	707,11	866,025	2449,490
60	1,00E+03	223,61	273,861	774,597
50	1,00E+02	70,71	86,603	244,949
40	1,003+01	22,36	27,386	77,460
30	1,00E+00	7,07	8,660	24,495
20	1,00E–01	2,24	2,739	7,746
15	3,16E–02	1,26	1,540	4,356
10	1,00E–02	0,707	0,866	2,449
9	7,94E–03	0,630	0,772	2,183
8	6,31E–03	0,562	0,688	1,946
7	5,01E–03	0,501	0,613	1,734
6	3,98E–03	0,446	0,546	1,546
5	3,16E–03	0,398	0,487	1,377
4	2,51E–03	0,354	0,434	1,228
3	2,00E–03	0,316	0,387	1,094
2	1,58E–03	0,282	0,345	0,975
1	1,26E–03	0,251	0,307	0,869
0	1,00E–03	0,224	0,274	0,775
–1	7,94E–04	0,199	0,244	0,690
–2	6,31E–04	0,178	0,218	0,615
–3	5,01E–04	0,158	0,194	0,548
–4	3,98E–04	0,141	0,173	0,489
–5	3,16E–04	0,126	0,154	0,436
–6	2,51E–04	0,112	0,137	0,388
–7	2,00E–04	0,100	0,122	0,346
–8	1,58E–04	8,90E–02	1,09E–01	0,308
–9	1,26E–04	7,93E–02	9,72E–02	0,275
–10	1,00E–04	7,07E–02	8,66E–02	0,245
–20	1,00E–05	2,24E–02	2,74E–02	7,75E–02
–30	1,00E–06	7,07E–03	8,66E–03	2,45E–02
–40	1,00E–07	2,24E–03	2,74E–03	7,75E–03
–50	1,00E–08	7,07E–04	8,66E–04	2,45E–03
–60	1,00E–09	2,24E–04	2,74E–04	7,75E–04
–70	1,00E–10	7,07E–05	8,66E–05	2,45E–04
–80	1,00E–11	2,24E–05	2,74E–05	7,75E–05
–90	1,00E–12	7,07E–06	8,66E–06	2,45E–05
–100	1,00E–13	2,24E–06	2,74E–06	7,75E–06
–110	1,00E–14	7,07E–07	8,66E–07	2,45E–06
–120	1,00E–15	2,24E–07	2,74E–07	7,75E–07

7.2.5 Übertragungsstörungen und Netzsynchronisation

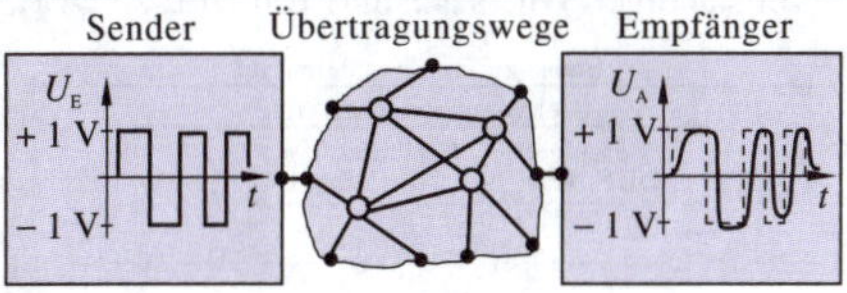

Beeinflussung der Übertragungsgüte

- Übertragungsstörungen
  - Störung analoger Signale
    - Bandbreite
    - Dämpfung
    - Laufzeiten
    - lineare/nichtlineare Verzerrungen
    - Klirrfaktor
    - Rauschen
  - Störung digitaler Signale
    - Bitfehler
    - Schlupfrate
    - Jitter

Störung analoger Signale

Bandbreite (lineare Verzerrung)

$B = \Delta f = f_o - f_u$ — f_o obere Grenzfrequenz, f_u untere Grenzfrequenz

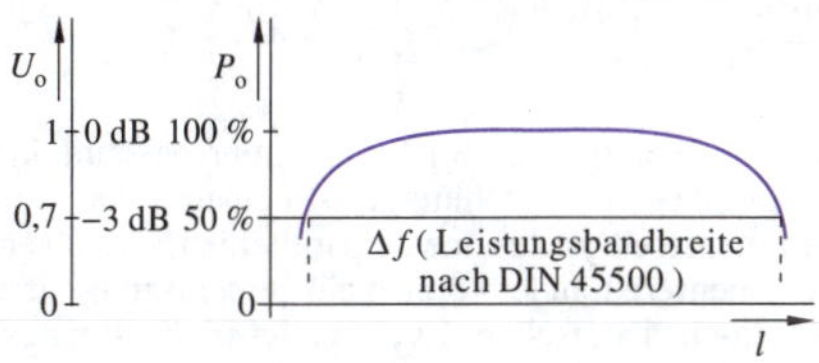

Nichtlineare Verzerrungen

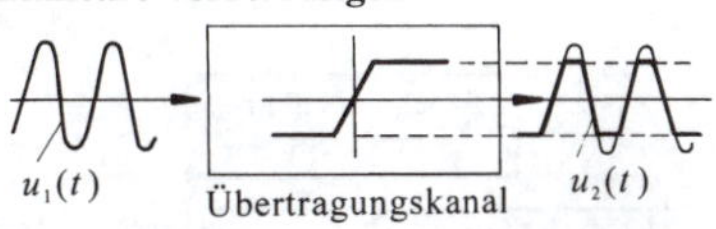

Eingangsspannung: $u_1(t) = \hat{u}_1 \sin \omega_1 t$

Ausgangsspannung: $u_2(t) = \hat{u}_1 \sin \omega_1 t + \hat{u}_2 \sin 2\,\omega_1 t + \hat{u}_3 \sin 3\,\omega_1 t + \ldots$

Signal/Rausch verhältnis: P_s/P_r	U_s/U_r	Rausch-abstand in dB	Beschreibung der Signalempfindlichkeit
1	1	0	nicht regenerierbar
4	2	6	teilweise regenerierbar
10	3,16	10	untere Sprachverständl.
100	10	20	gute Sprachverständl.
400	20	26	fast rauschfreies Signal

Klirrfaktor	$k = \sqrt{\dfrac{\sum_{k=2}^{\infty} U_{eff}^2}{\sum_{k=1}^{\infty} U_{eff}^2}}$
Klirrfaktor	$k = \sqrt{\dfrac{U_2^2 + U_3^2 + U_4^2 + \ldots + U_n^2}{U_1^2 + U_2^2 + U_3^2 + \ldots + U_n^2}}$
Teilklirrfaktor	$k_m = \dfrac{U_m}{\sqrt{U_1^2 + U_2^2 + U_3^2 + \ldots + U_n^2}}$
Klirrdämpfungsmaß	$a_k = 20 \lg \dfrac{1}{k}$ dB
Teilklirrdämpfungsmaß	$a_{km} = 20 \lg \dfrac{1}{k_m}$ dB
Klirrfaktoren	Musikübertragung: $k \leq 1\%$ Sprachübertragung: $k \leq 5\%$ Fernsprechen: $k \leq 15\%$
Rauschen	R: – Widerstandsrauschen (thermisches R.) Statistische Wärmebewegung eines Elektrons, die den Rauschstrom i_R erzeugt (frequenzabhängig) – Weißes Rauschen frequenzunabhängiges Rauschen – Stromrauschen (Ladungsbewegung) – Atmosphärisches Rauschen z.B.: Blitzentladungen – Kosmisches Rauschen Alle Rauschquellen des Weltraums
Rauschabstandsmaß	$a_r = \text{SNR} = 10 \lg P_s/P_r$ dB $a_r = \text{SNR} = 20 \lg U_s/U_r$ dB SNR signal to noise ratio P_s Nutzsignalleistung P_r Rauschleistung U_s Nutzsignalspannung U_r Rauschspannung
Rauschzahl	$F = \dfrac{(P_s/P_r)_{EIN}}{(P_s/P_r)_{AUS}}$
Rauschmaß	$a_F = 10 \lg F$ dB

⇒ 10-8

7

$U_1, U_2, U_3, \ldots, U_n$: Effektivwerte harmonischer Schwingungen

7.2 Physikalische und mathematische Beschreibung von Signalen

Nebensprechen

Ungewollte Übertragung von Nachrichtenenergie von einem Übertragungsweg in einen anderen. Zur Wahrung des Fernmeldegeheimnisses muß die Nebensprechdämpfung größer als 65 dB betragen (Silbenverständlichkeit ≤3%).

⇐ 7-19
Symmetrische Kabel: Die Nebensprechdämpfung nimmt mit steigender Frequenz ab.

⇐ 7-22
Koaxialkabel: Die Nebensprechdämpfung nimmt mit steigender Frequenz zu.

Störung digitaler Signale

Bitfehler
Bitfehlerhäufigkeit, BER (bit error ratio). Sie gibt die Fehlerhäufigkeit des Binärsignals an (Verhältnis von Signalfehlern zur Gesamtzahl der Signalelemente).

Codefehler
Die Codefehlerhäufigkeit gibt die Anzahl der Verletzungen des Bildungsgesetzes eines Übertragungscodes (z. B. HDB3, 5B6B) an.

⇐ 7-7

Jitter
Jitter sind kurzzeitige zeitliche Schwankungen der Impulse um ihre ideale zeitliche Lage. Jitter kann durch Taktschwankungen, unvollkommene Taktgewinnung, Störspannungen, Pulsstopfen, Phasenwanderung (0,01 Hz ≤ f ≤ 20 Hz), Einschwingvorgänge der Impulse usw. entstehen.

Pulsstopfen, Schlupf
Durch Stopfbits (Schlupf) werden unterschiedliche Übertragungraten einander angepasst.

Signallaufzeit
Die maximale Laufzeit für eine Übertragungsrichtung darf nach CCITT 400 ms betragen (Satellitenlaufzeit T = 260 ms).

Regenerierung von Binärimpulsen

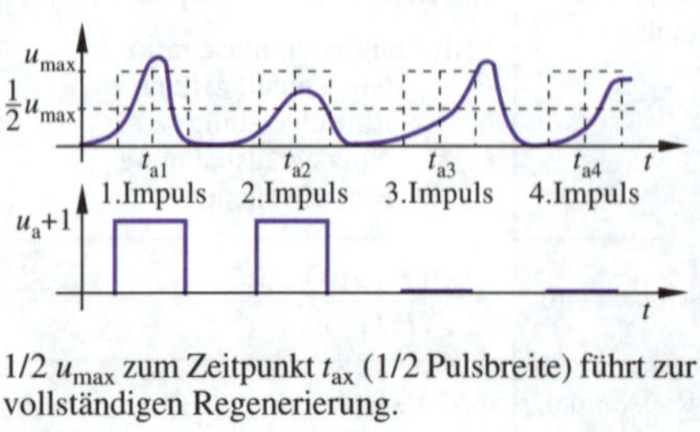

1/2 u_{max} zum Zeitpunkt t_{ax} (1/2 Pulsbreite) führt zur vollständigen Regenerierung.

Übertragung der Synchroninformationen

a) Vollständiger Synchronismus von DEE zu DEE

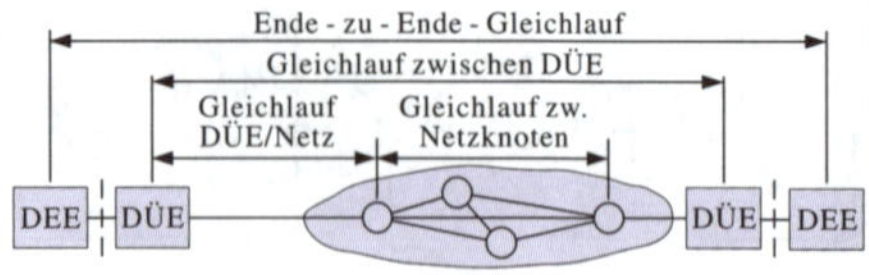

b) Zentrale Taktversorgung für verschiedene Netze

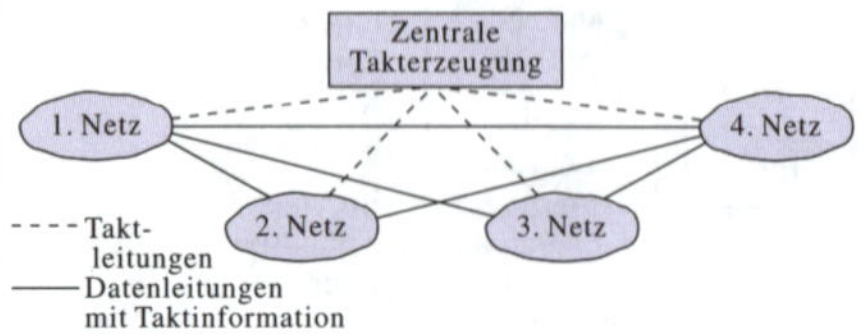

c) Synchronismus über Takt-/Datenleitungen

Synchronisierte Netze haben immer beschränkte geographische Ausdehnungen. In einem Land können mehrere Synchronnetze parallel betrieben werden, mehrere Länder können ein gemeinsames Netz betreiben. Deutschland verwendet einen Bezugstaktgeber mit einer Genauigkeit der Taktgeber von 10^{-11}, d.h. max. 1 Schlupf in 70 Tagen pro Netzknoten.

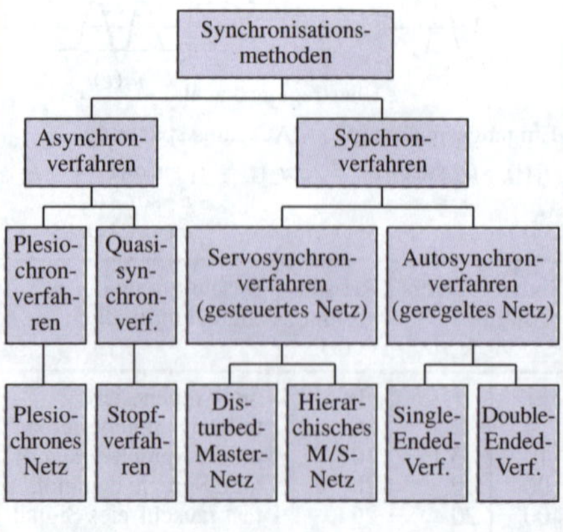

7.3 Übertragungswege

7.3.1 Prinzipien der Übertragungswege

Forderungen an Übertragungswege
- Verzerrungs- und störungsfreie Übertragung von Nachrichten
- Rationelle Ausnutzung vorhandener Übertragungswege (Modulations- und Multiplexverfahren)
- Übertragung der für die Empfänger notwendigen Leistung
- Kostengünstige Übertragung

Übertragungsmedien
- elektrische Leiter
  - Symmetrische Kabel
  - Koaxialkabel
- Lichtwellenleiter
  - Glasfaserkabel
- Funkstrecken
  - Richtfunk
  - Satellitenfunk

Dämpfungskonstanten von Übertragungsmedien

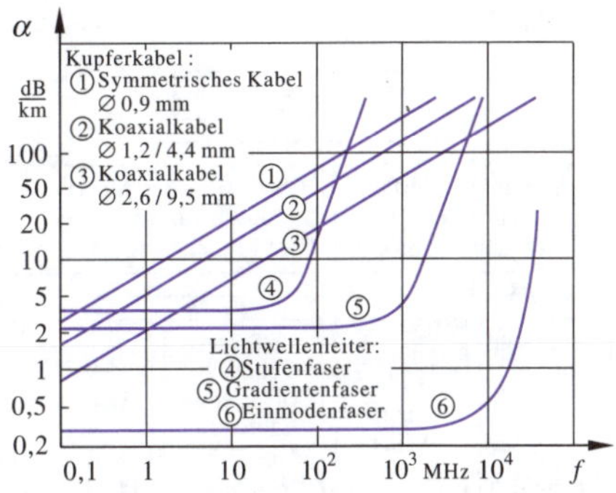

Verstärkerfeldlängen von Digitalsignal-Übertragungssystemen

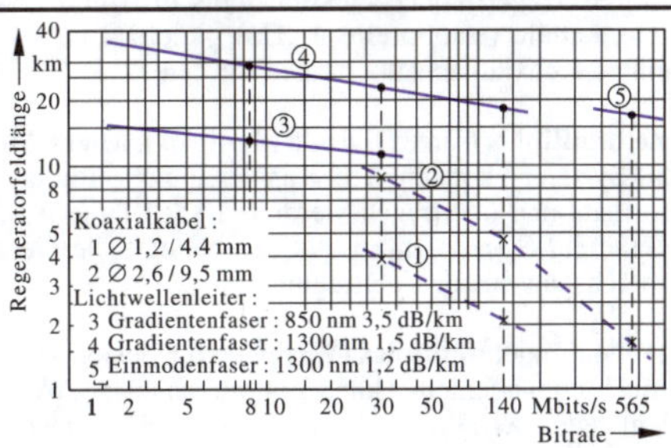

Übertragungsverfahren
- Simplex-Verfahren
- Halbduplex-Verfahren
- Vollduplex-Verfahren
- Multiplex-Verfahren

Simplex-Verfahren
Unidirektionale Übertragung, keine Rückmeldung an den Sender. Verteilkommunikation (Rundfunk).

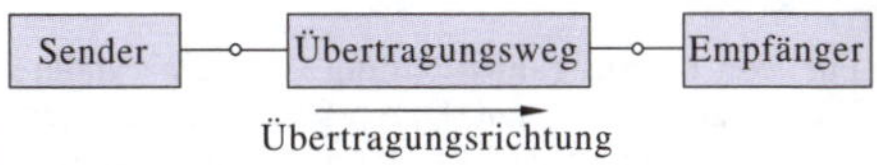

Halbduplex-Verfahren
Bidirektionale Übertragung, Kommunikationspartner können abwechselnd senden und empfangen.
Analogverfahren: „Sprechfunkverkehr“,
Digitalverfahren: „Pingpong-Verfahren“

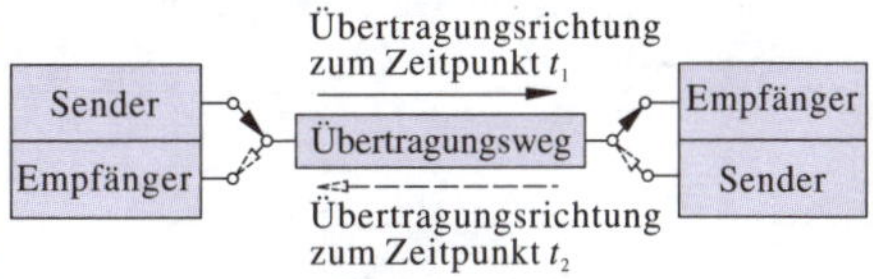

Vollduplex-Verfahren
- Vierdrahtverfahren
- Zweidrahtverfahren
  - Zweidrahtgleichlageverfahren
    - Analogverfahren
    - Digitalverfahren
  - Zweidrahtgetrenntlageverfahren
    - Frequenzgetrenntlageverfahren

Bidirektionale simultane Übertragungsverfahren, gleichzeitiges Senden und Empfangen.

Vierdrahtverfahren

Für jede Richtung steht ein komplettes Übertragungssystem zur Verfügung. Digitalsignal- und Trägerfrequenz-Systeme werden von 2 Mbit/s bis 565 Mbit/s als Vollduplexsysteme im Vierdrahtfrequenzgleichlageverfahren betrieben (regionales und überregionales Fernleitungsnetz).

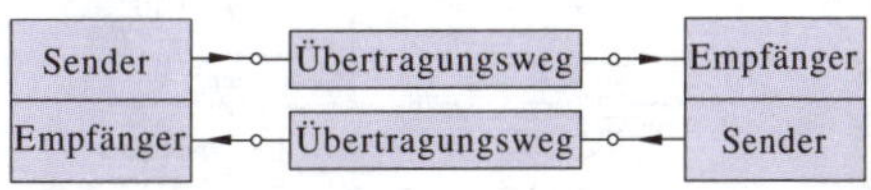

7

7.3 Übertragungswege

Zweidrahtverfahren

Übertragungsweg zwischen Netzknoten und Netzabschluß des Teilnehmers. Die in beide Richtungen gleichzeitig übertragenen Informationen müssen an den Endstellen getrennt werden.

Zweidrahtgetrenntlageverfahren

(Frequenzgetrenntlageverfahren)

Für jede Übertragungsrichtung wird eine andere Frequenzlage verwandt. Durch Frequenzrichtungsweichen (RW) werden die Übertragungsrichtungen getrennt. Anwendung: zweidrähtiger Teilnehmeranschlussleitung der Telekom.

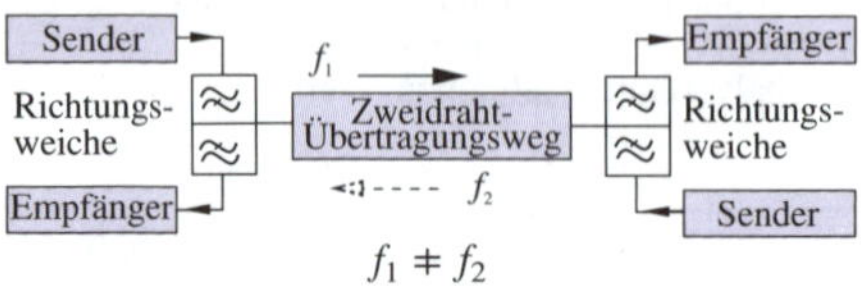

Zweidrahtgleichlageverfahren

Bei diesem Basisbandverfahren wird in beiden Übertragungsrichtungen die gleiche Frequenzlage benutzt.

Analogverfahren

Die Richtungstrennung zwischen Sender und Empfänger erfolgt mittels Gabelschaltung und Leitungsnachbildung.

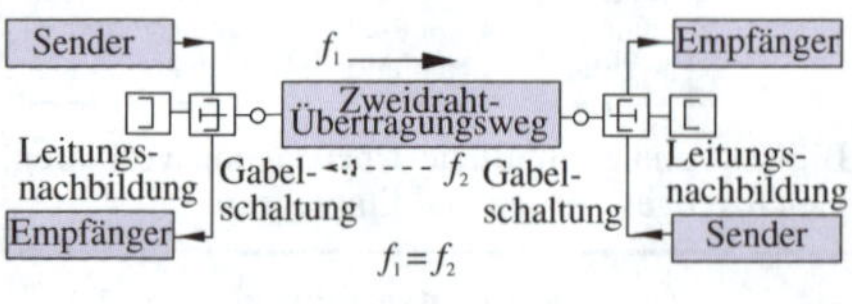

Gabelschaltung mit Leitungsnachbildung

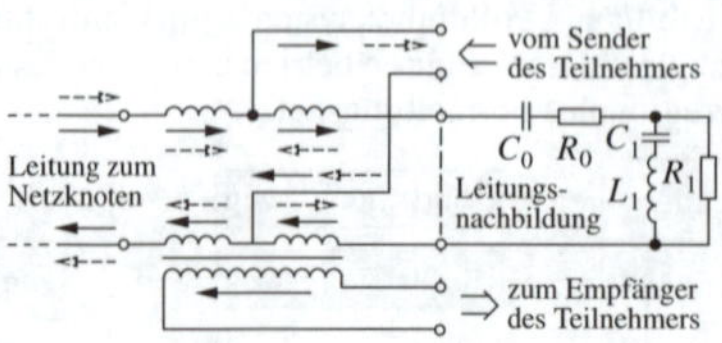

Digitalverfahren (Echokompensation)

Digitalsignalübertragung auf Kupferdoppelader. 120 kBaud werden zwischen Netzknoten und ISDN-Basisanschluß übertragen. Echokompensationsschaltungen löschen Reflexionen auf der Übertragungsstrecke.

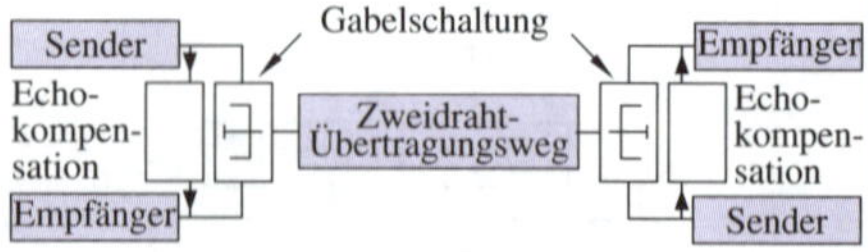

Multiplex-Verfahren

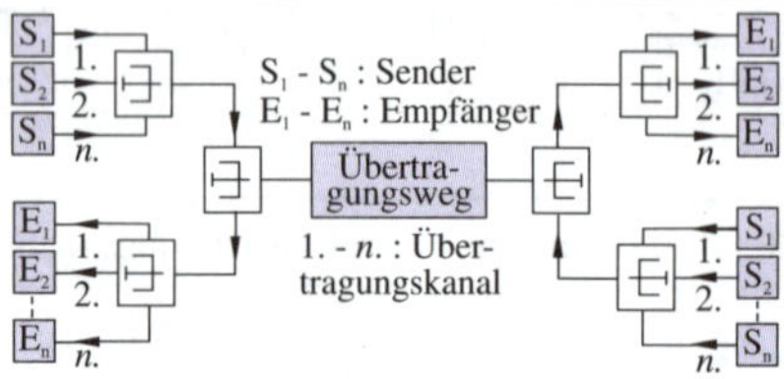

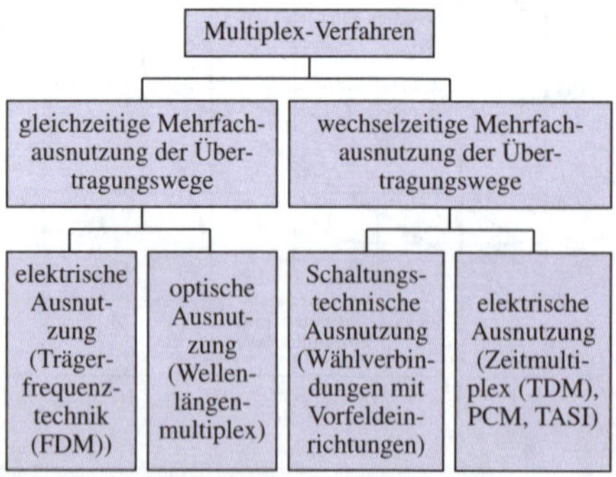

Frequenzmultiplex (Frequenz Division Multiplex): Mittels Trägerfrequenzen können bis zu 10 800 Telefonkanäle (Bandbreite 4 kHz) gleichzeitig auf einem Koaxialkabel übertragen werden.

Zeitmultiplex (Time Division Multiplex): Mit PCM 30-Systemen können in 32 Kanälen gleichzeitig Informationen übertragen werden. TASI (**T**ime **A**ssignment **S**peech **I**nterpolation) benutzt die Gesprächspausen zur Übertragung.

Wellenlängenmultiplex (Wavelength Division M.): Ein Lichtwellenleiter kann mit verschiedene Wellenlängen (λ_1, λ_2, ..., λ_n) mehrere Kanäle gleichzeitig übertragen.

7.3 Übertragungswege

7.3.2 Vierpole

Zweipol (Eintor)

Passive Zweipole
Sie bestehen aus komplexen Netzwerken mit passiven Bauteilen (Widerstand, Induktivität, Kapazität).

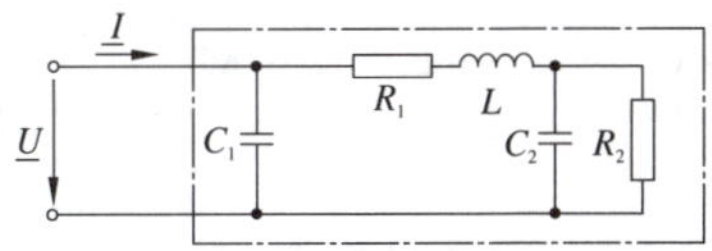

Aktive Zweipole
Sie bestehen aus Strom- oder Spannungsquellen.

Stromquelle	Spannungsquelle
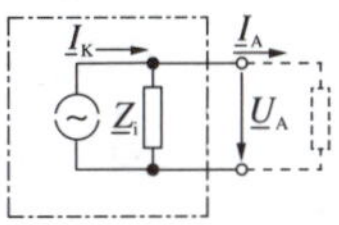 $\underline{I}_A = \underline{I}_K - \underline{U}_A / \underline{Z}_i$	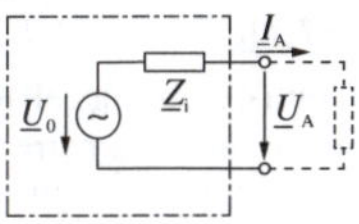 $\underline{U}_A = \underline{U}_0 - \underline{I}_A \cdot \underline{Z}_i$

Vierpol (Zweitor)

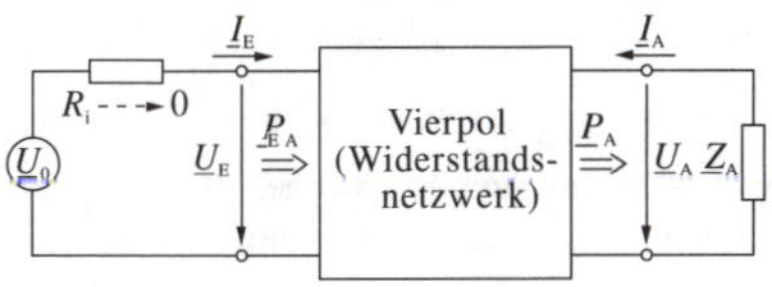

Aktive Vierpole (z. B.: Verstärker)	Passive Vierpole (z. B. Komplexe Netzwerke)
Die abgegebene Wirkleistung ist größer als die aufgenommene Leistung ($P_A > P_E$).	Die abgegebene Leistung ist kleiner als die aufgenommene Leistung ($P_A < P_E$).

Vierpol mit symmetrischen Bezugspfeilen	Vierpol mit Bezugspfeilen für Kettenschaltung
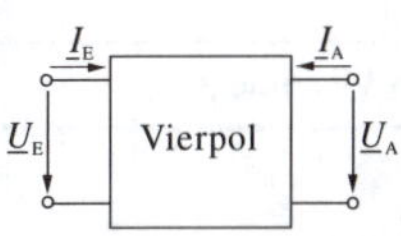	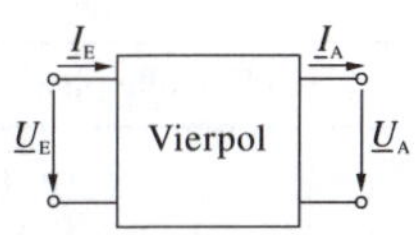

Bsp.: Bestimmung der Widerstandsmatrix

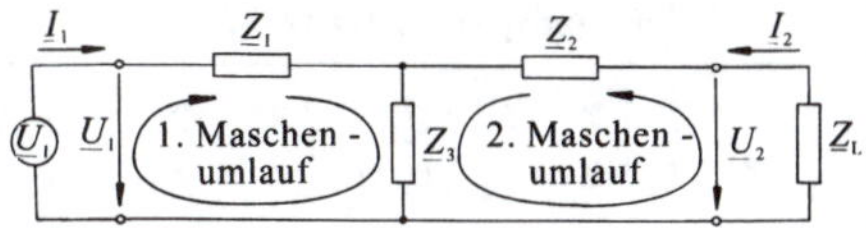

$$\underline{U}_1 = (\underline{Z}_1 + \underline{Z}_3) \cdot \underline{I}_1 + \underline{Z}_3 \cdot \underline{I}_2$$
$$\underline{U}_2 = \underline{Z}_3 \cdot \underline{I}_1 + (\underline{Z}_2 + \underline{Z}_3) \cdot \underline{I}_2$$

Gleichungssystem der Widerstandsmatrix ($\underline{Z}$-Matrix)

$$\begin{pmatrix} \underline{U}_1 \\ \underline{U}_2 \end{pmatrix} = \begin{pmatrix} \underline{Z}_1 + \underline{Z}_3 & \underline{Z}_3 \\ \underline{Z}_3 & \underline{Z}_2 + \underline{Z}_3 \end{pmatrix} \cdot \begin{pmatrix} \underline{I}_1 \\ \underline{I}_2 \end{pmatrix}$$

$$\begin{pmatrix} \underline{U}_1 \\ \underline{U}_2 \end{pmatrix} = \begin{pmatrix} \underline{Z}_{11} & \underline{Z}_{12} \\ \underline{Z}_{21} & \underline{Z}_{22} \end{pmatrix} \cdot \begin{pmatrix} \underline{I}_1 \\ \underline{I}_2 \end{pmatrix}$$

($\underline{Z}$-Matrix)

$$(\underline{Z}) = \begin{pmatrix} \underline{Z}_{11} & \underline{Z}_{12} \\ \underline{Z}_{21} & \underline{Z}_{22} \end{pmatrix} = \begin{Vmatrix} \underline{Z}_{11} & \underline{Z}_{12} \\ \underline{Z}_{21} & \underline{Z}_{22} \end{Vmatrix}$$

Berechnung von Determinanten

Determinanten sind Sonderformen von Matrizen. Zeilen- und Spaltenanzahl sind gleich groß.

Berechnung der Determinante A

$$|A| = \Delta A = \begin{vmatrix} A_{11} & A_{12} \\ A_{21} & A_{22} \end{vmatrix} = A_{11} \cdot A_{22} - A_{12} \cdot A_{21}$$

Determinante ist das Produkt der Hauptdiagonalen minus dem Produkt der Nebendiagonalen.

Addition und Multiplikation von Matrizen

$$(A) = \begin{pmatrix} A_{11} & A_{12} \\ A_{21} & A_{22} \end{pmatrix} \qquad (B) = \begin{pmatrix} B_{11} & B_{12} \\ B_{21} & B_{22} \end{pmatrix}$$

$$A + (B) = \begin{pmatrix} A_{11} & A_{12} \\ A_{21} & A_{22} \end{pmatrix} + \begin{pmatrix} B_{11} & B_{12} \\ B_{21} & B_{22} \end{pmatrix} = \begin{pmatrix} A_{11} + B_{11} & A_{12} + B_{12} \\ A_{21} + B_{21} & A_{22} + B_{22} \end{pmatrix}$$

$(A) \cdot (B)$

$$= \begin{pmatrix} A_{11} \cdot B_{11} + A_{12} \cdot B_{21} & A_{11} \cdot B_{12} + A_{12} \cdot B_{22} \\ A_{21} \cdot B_{11} + A_{22} \cdot B_{21} & A_{21} \cdot B_{12} + A_{22} \cdot B_{22} \end{pmatrix}$$

7

7.3 Übertragungswege

Vierpolgleichungen

Widerstandsparameter ($\underline{Z}$-Matrix)

$$\underline{U}_1 = \underline{Z}_{11} \cdot \underline{I}_1 + \underline{Z}_{12} \cdot \underline{I}_2 \qquad \underline{U}_2 = \underline{Z}_{21} \cdot \underline{I}_1 + \underline{Z}_{22} \cdot \underline{I}_2 \qquad \begin{pmatrix} \underline{U}_1 \\ \underline{U}_2 \end{pmatrix} = \begin{pmatrix} \underline{Z}_{11} & \underline{Z}_{12} \\ \underline{Z}_{21} & \underline{Z}_{22} \end{pmatrix} \cdot \begin{pmatrix} \underline{I}_1 \\ \underline{I}_2 \end{pmatrix}$$

$\underline{Z}_{11} = \underline{U}_1/\underline{I}_1$ ($\underline{I}_2 = 0$, R_L (Lastwiderstand) $= \infty$)

Leerlauf-Eingangswiderstand
Eingangswiderstand bei unbelastetem Ausgang

$\underline{Z}_{12} = \underline{U}_1/\underline{I}_2$ ($\underline{I}_1 = 0$)

Leerlauf-Rückwirkungswiderstand
Rückwirkung des Laststromes auf den Eingang

$\underline{Z}_{21} = \underline{U}_2/\underline{I}_1$ ($\underline{I}_2 = 0$, $R_L = \infty$)

Leerlauf-Übertragungswiderstand
Spannungsübertragung vom Eingang auf den unbelasteten Ausgang

$\underline{Z}_{22} = \underline{U}_2/\underline{I}_2$ ($\underline{U}_1 = 0$)

Leerlauf-Ausgangswiderstand
Ausgangswiderstand des unbelasteten Vierpol

Hybridparameter ($\underline{H}$-Matrix)

$$\underline{U}_1 = \underline{h}_{11} \cdot \underline{I}_1 + \underline{h}_{12} \cdot \underline{U}_2 \qquad \underline{I}_2 = \underline{h}_{21} \cdot \underline{I}_1 + \underline{h}_{22} \cdot \underline{U}_2 \qquad \begin{pmatrix} \underline{U}_1 \\ \underline{I}_2 \end{pmatrix} = \begin{pmatrix} \underline{h}_{11} & \underline{h}_{12} \\ \underline{h}_{21} & \underline{h}_{22} \end{pmatrix} \cdot \begin{pmatrix} \underline{I}_1 \\ \underline{U}_2 \end{pmatrix}$$

$\underline{h}_{11} = \underline{U}_1/\underline{I}_1$ ($\underline{U}_2 = 0$, $R_L = 0$)

Kurzschluss-Eingangswiderstand
Eingangswiderstand bei Kurzschluss am Ausgang

$\underline{h}_{12} = \underline{U}_1/\underline{U}_2$ ($\underline{I}_1 = 0$, $R_L = \infty$)

Leerlauf-Spannungsrückwirkung
Spannungsdämpfungsfaktor bei eingangsseitigem Leerlauf

$\underline{h}_{21} = \underline{I}_2/\underline{I}_1$ ($\underline{U}_2 = 0$, $R_L = 0$)

Kurzschluss-Stromverstärkungsfaktor
Stromübertragungsfaktor bei Leerlauf am Ausgang

$\underline{h}_{22} = \underline{I}_1/\underline{U}_2$ ($\underline{I}_1 = 0$, $R_L = \infty$)

Leerlauf-Ausgangsleitwert
Vom Ausgang aus betrachteter Leitwert, wenn eingangsseitig kein Strom fließt

Leitwertparameter ($\underline{Y}$-Matrix)

$$\underline{I}_1 = \underline{Y}_{11} \cdot \underline{U}_1 + \underline{Y}_{12} \cdot \underline{U}_2 \qquad \underline{I}_2 = \underline{Y}_{21} \cdot \underline{U}_1 + \underline{Y}_{22} \cdot \underline{U}_2 \qquad \begin{pmatrix} \underline{I}_1 \\ \underline{I}_2 \end{pmatrix} = \begin{pmatrix} \underline{Y}_{11} & \underline{Y}_{12} \\ \underline{Y}_{21} & \underline{Y}_{22} \end{pmatrix} \cdot \begin{pmatrix} \underline{U}_1 \\ \underline{U}_2 \end{pmatrix}$$

$\underline{Y}_{11} = \underline{I}_1/\underline{U}_1$ ($\underline{U}_2 = 0$, $R_L = 0$)

Kurzschluss-Eingangsleitwert
Leitwert bei ausgangsseitigem Kurzschluss

$\underline{Y}_{12} = \underline{I}_1/\underline{U}_2$ ($\underline{U}_1 = 0$)

Rückwärtssteilheit
Kurzschluss-Rückwirkungsleitwert, beeinflusst bei eingangsseitigem Kurzschluss den Eingangsstrom

$\underline{Y}_{21} = \underline{I}_2/\underline{U}_1$ ($\underline{U}_2 = 0$, $R_L = 0$)

Vorwärtssteilheit
Kurzschluss-Übertragungsleitwert, ermöglicht bei ausgangsseitigem Kurzschluss die Stromübertragung

$\underline{Y}_{22} = \underline{I}_2/\underline{U}_2$ ($\underline{U}_1 = 0$)

Kurzschluss-Ausgangsleitwert
Von der Ausgangsseite aus betrachteter Leitwert des Vierpols bei eingangsseitigem Kurzschluss

Kettenparameter ($\underline{A}$-Matrix)

$$\underline{U}_1 = \underline{A}_{11} \cdot \underline{U}_2 + \underline{A}_{12} \cdot \underline{I}_2 \qquad \underline{I}_1 = \underline{A}_{21} \cdot \underline{U}_2 + \underline{A}_{22} \cdot \underline{I}_2 \qquad \begin{pmatrix} \underline{U}_1 \\ \underline{I}_1 \end{pmatrix} = \begin{pmatrix} \underline{A}_{11} & A_{12} \\ \underline{A}_{21} & \underline{A}_{22} \end{pmatrix} \cdot \begin{pmatrix} \underline{U}_2 \\ \underline{I}_2 \end{pmatrix}$$

$\underline{A}_{11} = \underline{U}_1/\underline{U}_2$ ($\underline{I}_2 = 0$, $R_L = \infty$)

Leerlauf-Spannungsverhältnis
Spannungsverhältnis ohne Lastwiderstand

$\underline{A}_{12} = \underline{U}_1/\underline{I}_2$ ($\underline{U}_2 = 0$, $R_L = 0$)

Kurzschluss-Kopplungswiderstand
Koppelt den kurzgeschlossenen Ausgang an den Eingang

$\underline{A}_{21} = \underline{I}_1/\underline{U}_2$ ($\underline{I}_2 = 0$, $R_L = \infty$)

Leerlauf-Kopplungsleitwert
Leitwert, der bei Leerlauf am Ausgang die Spannung an den Ausgang transformiert

$\underline{A}_{22} = \underline{I}_1/\underline{I}_2$ ($\underline{U}_2 = 0$, $R_L = 0$)

Kurzschluss-Stromverhältnis
Stromverhältnis bei Kurzschluss am Ausgang

$\underline{k}$-Matrix

$$\underline{I}_1 = \underline{k}_{11} \cdot \underline{U}_1 + \underline{k}_{12} \cdot \underline{I}_2 \qquad \underline{U}_2 = \underline{k}_{21} \cdot \underline{U}_1 + \underline{k}_{22} \cdot \underline{I}_2 \qquad \begin{pmatrix} \underline{I}_1 \\ \underline{U}_2 \end{pmatrix} = \begin{pmatrix} \underline{k}_{11} & \underline{k}_{12} \\ \underline{k}_{21} & \underline{k}_{22} \end{pmatrix} \cdot \begin{pmatrix} \underline{I}_1 \\ \underline{I}_2 \end{pmatrix}$$

Für alle passiven Vierpole gilt

$\underline{Z}_{12} = \underline{Z}_{21}$, $\underline{Y}_{12} = \underline{Y}_{21}$,
$\Delta A = 1$ (ΔA: Determinante A)

7.3 Übertragungswege

Umrechnungstabelle für Matrizen[1]

Gesucht	Gegeben			
$\begin{Vmatrix} A_{11} & A_{12} \\ A_{21} & A_{22} \end{Vmatrix}$	$\frac{1}{Z_{21}} \cdot \begin{Vmatrix} Z_{11} & \Delta Z \\ 1 & Z_{22} \end{Vmatrix}$	$\frac{1}{Y_{21}} \cdot \begin{Vmatrix} -Y_{22} & -1 \\ -\Delta Y & -Y_{11} \end{Vmatrix}$	$\frac{1}{h_{21}} \cdot \begin{Vmatrix} -\Delta h & -h_{11} \\ -h_{22} & -1 \end{Vmatrix}$	$\frac{1}{K_{21}} \cdot \begin{Vmatrix} 1 & K_{22} \\ K_{11} & \Delta K \end{Vmatrix}$
$\begin{Vmatrix} Z_{11} & Z_{12} \\ Z_{21} & Z_{22} \end{Vmatrix}$	$\frac{1}{\Delta Y} \cdot \begin{Vmatrix} Y_{22} & -Y_{12} \\ -Y_{21} & Y_{11} \end{Vmatrix}$	$\frac{1}{h_{22}} \cdot \begin{Vmatrix} \Delta h & h_{12} \\ -h_{21} & 1 \end{Vmatrix}$	$\frac{1}{K_{11}} \cdot \begin{Vmatrix} 1 & -K_{12} \\ K_{21} & \Delta K \end{Vmatrix}$	$\frac{1}{A_{21}} \cdot \begin{Vmatrix} A_{11} & \Delta A \\ 1 & A_{22} \end{Vmatrix}$
$\begin{Vmatrix} Y_{11} & Y_{12} \\ Y_{21} & Y_{22} \end{Vmatrix}$	$\frac{1}{h_{11}} \cdot \begin{Vmatrix} 1 & -h_{12} \\ h_{21} & \Delta h \end{Vmatrix}$	$\frac{1}{K_{22}} \cdot \begin{Vmatrix} \Delta K & K_{12} \\ -K_{21} & 1 \end{Vmatrix}$	$\frac{1}{A_{12}} \cdot \begin{Vmatrix} A_{22} & -\Delta A \\ -1 & A_{11} \end{Vmatrix}$	$\frac{1}{\Delta Z} \cdot \begin{Vmatrix} Z_{22} & -Z_{12} \\ -Z_{21} & Z_{11} \end{Vmatrix}$
$\begin{Vmatrix} h_{11} & h_{12} \\ h_{21} & h_{22} \end{Vmatrix}$	$\frac{1}{\Delta K} \cdot \begin{Vmatrix} K_{22} & -K_{12} \\ -K_{21} & K_{11} \end{Vmatrix}$	$\frac{1}{A_{22}} \cdot \begin{Vmatrix} A_{12} & \Delta A \\ -1 & A_{21} \end{Vmatrix}$	$\frac{1}{Z_{22}} \cdot \begin{Vmatrix} \Delta Z & Z_{12} \\ -Z_{21} & 1 \end{Vmatrix}$	$\frac{1}{Y_{11}} \cdot \begin{Vmatrix} 1 & -Y_{12} \\ Y_{21} & \Delta Y \end{Vmatrix}$
$\begin{Vmatrix} K_{11} & K_{12} \\ K_{21} & K_{22} \end{Vmatrix}$	$\frac{1}{A_{11}} \cdot \begin{Vmatrix} A_{21} & -\Delta A \\ 1 & A_{12} \end{Vmatrix}$	$\frac{1}{Z_{11}} \cdot \begin{Vmatrix} 1 & -Z_{12} \\ Z_{21} & \Delta Z \end{Vmatrix}$	$\frac{1}{Y_{22}} \cdot \begin{Vmatrix} \Delta Y & Y_{12} \\ -Y_{21} & 1 \end{Vmatrix}$	$\frac{1}{\Delta h} \cdot \begin{Vmatrix} h_{22} & -h_{12} \\ -h_{21} & h_{11} \end{Vmatrix}$

Matrizen linearer passiver Vierpole

Vierpole	*A*-Matrix (Kettenmatrix)	*Z*-Matrix (Widerstandsmatrix)	*Y*-Matrix (Leitwertmatrix)
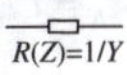	$\begin{Vmatrix} 1 & Z \\ 0 & 1 \end{Vmatrix}$	$\begin{Vmatrix} \infty & +\infty \\ \infty & +\infty \end{Vmatrix}$	$\begin{Vmatrix} Y & -Y \\ -Y & Y \end{Vmatrix}$
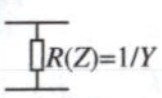	$\begin{Vmatrix} 1 & 0 \\ Y & 1 \end{Vmatrix}$	$\begin{Vmatrix} Z & Z \\ Z & Z \end{Vmatrix}$	$\begin{Vmatrix} \infty & -\infty \\ -\infty & \infty \end{Vmatrix}$
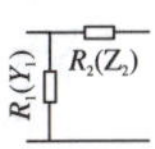	$\begin{Vmatrix} 1 & Z_2 \\ Y_1 & 1 + Y_1 \cdot Z_2 \end{Vmatrix}$	$\begin{Vmatrix} Z_1 & Z_1 \\ Z_1 & Z_1 + Z_2 \end{Vmatrix}$	$\begin{Vmatrix} Y_1 + Y_2 & -Y_2 \\ -Y_2 & Y_2 \end{Vmatrix}$
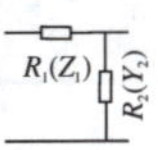	$\begin{Vmatrix} 1 + Z_1 \cdot Y_2 & Z_1 \\ Y_2 & 1 \end{Vmatrix}$	$\begin{Vmatrix} Z_1 + Z_2 & Z_2 \\ Z_2 & Z_2 \end{Vmatrix}$	$\begin{Vmatrix} Y_1 & -Y_1 \\ -Y_1 & Y_1 + Y_2 \end{Vmatrix}$
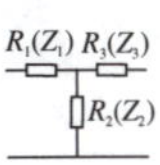	$\begin{Vmatrix} 1 + Z_1 \cdot Y_2 & Z_1 + Z_3 + Z_1 \cdot Z_3 \cdot Y_2 \\ Y_2 & 1 + Z_3 \cdot Y_2 \end{Vmatrix}$	$\begin{Vmatrix} Z_1 + Z_2 & Z_2 \\ Z_2 & Z_2 + Z_3 \end{Vmatrix}$	$\frac{1}{Y} \begin{Vmatrix} Y_1 \cdot (Y_2 + Y_3) & -Y_1 \cdot Y_3 \\ -Y_1 \cdot Y_3 & Y_3 \cdot (Y_1 + Y_2) \end{Vmatrix}$ $Y = Y_1 + Y_2 + Y_3$
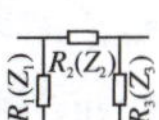	$\begin{Vmatrix} 1 + Z_2 \cdot Y_3 & Z_2 \\ Y_1 + Y_3 + Y_1 \cdot Y_3 \cdot Z_2 & 1 + Y_1 \cdot Z_2 \end{Vmatrix}$	$\frac{1}{Z} \begin{Vmatrix} Z_1 \cdot (Z_2 + Z_3) & Z_1 \cdot Z_3 \\ Z_1 \cdot Z_3 & Z_3 \cdot (Z_1 + Z_2) \end{Vmatrix}$ $Z = Z_1 + Z_2 + Z_3$	$\begin{Vmatrix} Y_1 + Y_2 & -Y_2 \\ -Y_2 & Y_2 + Y_3 \end{Vmatrix}$

[1] Bei allen Vierpolen ist die auf S. 7-18 angegebene Stromrichtung zugrundegelegt.

7.3 Übertragungswege

Vierpolschaltungen

Reihenschaltung (Reihen-Reihen-Schaltung)

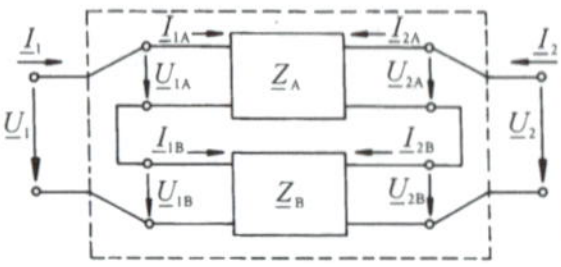

$$\underline{U}_1 = \underline{U}_{1\text{A}} + \underline{U}_{1\text{B}}$$
$$\underline{U}_2 = \underline{U}_{2\text{A}} + \underline{U}_{2\text{B}}$$
$$\underline{I}_1 = \underline{I}_{1\text{A}} = \underline{I}_{1\text{B}}$$
$$\underline{I}_2 = \underline{I}_{2\text{A}} = \underline{I}_{2\text{B}}$$

$$(\underline{Z}_\text{A}) = \begin{pmatrix} \underline{Z}_{11\text{A}} & \underline{Z}_{12\text{A}} \\ \underline{Z}_{21\text{A}} & \underline{Z}_{22\text{A}} \end{pmatrix} \qquad (\underline{Z}_\text{B}) = \begin{pmatrix} \underline{Z}_{11\text{B}} & \underline{Z}_{12\text{B}} \\ \underline{Z}_{21\text{B}} & \underline{Z}_{22\text{B}} \end{pmatrix}$$

$$(\underline{Z}_\text{g}) = (\underline{Z}_\text{A}) + (\underline{Z}_\text{B}) = \begin{pmatrix} \underline{Z}_{11\text{A}} + \underline{Z}_{11\text{B}} & \underline{Z}_{12\text{A}} + \underline{Z}_{12\text{B}} \\ \underline{Z}_{21\text{A}} + \underline{Z}_{21\text{B}} & \underline{Z}_{22\text{A}} + \underline{Z}_{22\text{B}} \end{pmatrix}$$

Reihen-Parallel-Schaltung

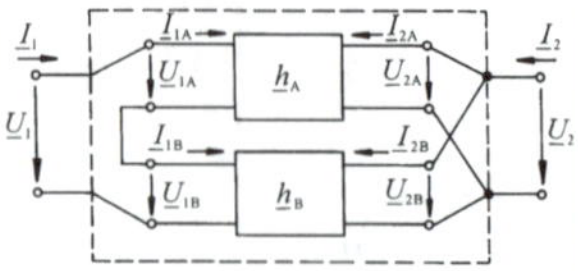

$$\underline{U}_1 = \underline{U}_{1\text{A}} + \underline{U}_{1\text{B}}$$
$$\underline{U}_2 = \underline{U}_{2\text{A}} = \underline{U}_{2\text{B}}$$
$$\underline{I}_1 = \underline{I}_{1\text{A}} = \underline{I}_{1\text{B}}$$
$$\underline{I}_2 = \underline{I}_{2\text{A}} = \underline{I}_{2\text{B}}$$

$$(\underline{h}_\text{A}) = \begin{pmatrix} \underline{h}_{11\text{A}} & \underline{h}_{12\text{A}} \\ \underline{h}_{21\text{A}} & \underline{h}_{22\text{A}} \end{pmatrix} \qquad (\underline{h}_\text{B}) = \begin{pmatrix} \underline{h}_{11\text{B}} & \underline{h}_{12\text{B}} \\ \underline{h}_{21\text{B}} & \underline{h}_{22\text{B}} \end{pmatrix}$$

$$(\underline{h}_\text{g}) = (\underline{h}_\text{A} + \underline{h}_\text{B}) = \begin{pmatrix} \underline{h}_{11\text{A}} + \underline{h}_{11\text{B}} & \underline{h}_{12\text{A}} + \underline{h}_{12\text{B}} \\ \underline{h}_{21\text{A}} + \underline{h}_{21\text{B}} & \underline{h}_{22\text{A}} + \underline{h}_{22\text{B}} \end{pmatrix}$$

Parallelschaltung (Parallel-Parallel-Schaltung)

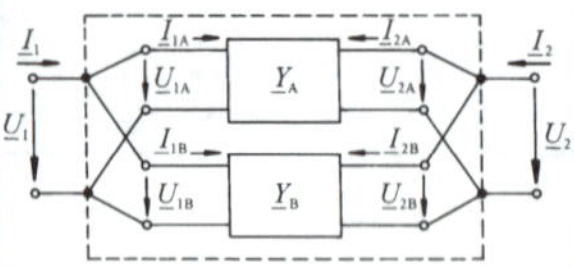

$$\underline{U}_1 = \underline{U}_{1\text{A}} = \underline{U}_{1\text{B}}$$
$$\underline{U}_2 = \underline{U}_{2\text{A}} = \underline{U}_{2\text{B}}$$
$$\underline{I}_1 = \underline{I}_{1\text{A}} + \underline{I}_{1\text{B}}$$
$$\underline{I}_2 = \underline{I}_{2\text{A}} + \underline{I}_{2\text{B}}$$

$$(\underline{Y}_\text{A}) = \begin{pmatrix} \underline{Y}_{11\text{A}} & \underline{Y}_{12\text{A}} \\ \underline{Y}_{21\text{A}} & \underline{Y}_{22\text{A}} \end{pmatrix} \qquad (\underline{Y}_\text{B}) = \begin{pmatrix} \underline{Y}_{11\text{B}} & \underline{Y}_{12\text{B}} \\ \underline{Y}_{21\text{B}} & \underline{Y}_{22\text{B}} \end{pmatrix}$$

$$(\underline{Y}_\text{g}) = (\underline{Y}_\text{A}) + (\underline{Y}_\text{B}) = \begin{pmatrix} \underline{Y}_{11\text{A}} + \underline{Y}_{11\text{B}} & \underline{Y}_{12\text{A}} + \underline{Y}_{12\text{B}} \\ \underline{Y}_{21\text{A}} + \underline{Y}_{21\text{B}} & \underline{Y}_{22\text{A}} + \underline{Y}_{22\text{B}} \end{pmatrix}$$

Parallel-Reihen-Schaltung

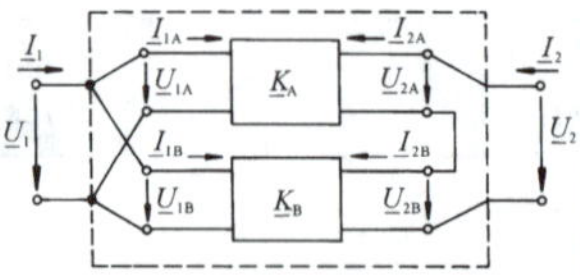

$$\underline{U}_1 = \underline{U}_{1\text{A}} = \underline{U}_{1\text{B}}$$
$$\underline{U}_2 = \underline{U}_{2\text{A}} + \underline{U}_{2\text{B}}$$
$$\underline{I}_1 = \underline{I}_{1\text{A}} + \underline{I}_{1\text{B}}$$
$$\underline{I}_2 = \underline{I}_{2\text{A}} = \underline{I}_{2\text{B}}$$

$$(\underline{K}_\text{A}) = \begin{pmatrix} \underline{K}_{11\text{A}} & \underline{K}_{12\text{A}} \\ \underline{K}_{21\text{A}} & \underline{K}_{22\text{A}} \end{pmatrix} \qquad (\underline{K}_\text{B}) = \begin{pmatrix} \underline{K}_{11\text{B}} & \underline{K}_{12\text{B}} \\ \underline{K}_{21\text{B}} & \underline{K}_{22\text{B}} \end{pmatrix}$$

$$(\underline{K}_\text{g}) = (\underline{K}_\text{A}) + (\underline{K}_\text{B}) = \begin{pmatrix} \underline{K}_{11\text{A}} + \underline{K}_{11\text{B}} & \underline{K}_{12\text{A}} + \underline{K}_{12\text{B}} \\ \underline{K}_{21\text{A}} + \underline{K}_{21\text{B}} & \underline{K}_{22\text{A}} + \underline{K}_{22\text{B}} \end{pmatrix}$$

Kettenschaltung

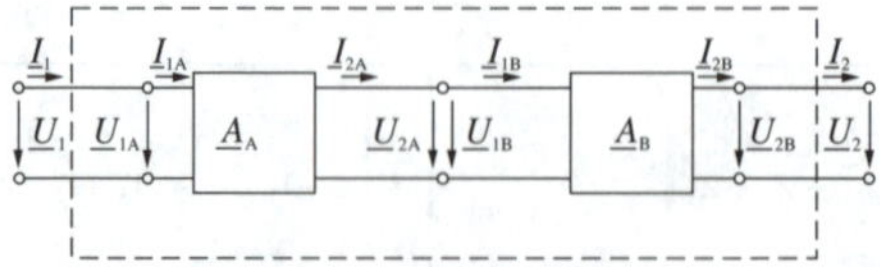

$$(\underline{A}_\text{A}) = \begin{pmatrix} \underline{A}_{11\text{A}} & \underline{A}_{12\text{A}} \\ \underline{A}_{21\text{A}} & \underline{A}_{22\text{A}} \end{pmatrix}$$

$$(\underline{A}_\text{B}) = \begin{pmatrix} \underline{A}_{11\text{B}} & \underline{A}_{12\text{B}} \\ \underline{A}_{21\text{B}} & \underline{A}_{22\text{B}} \end{pmatrix}$$

$$\underline{U}_1 = \underline{U}_{1\text{A}}$$
$$\underline{U}_{2\text{A}} = \underline{U}_{1\text{B}}$$
$$\underline{U}_2 = \underline{U}_{2\text{B}}$$
$$\underline{I}_1 = \underline{I}_{1\text{A}}$$
$$\underline{I}_{2\text{A}} = \underline{I}_{1\text{B}}$$
$$\underline{I}_2 = \underline{I}_{2\text{B}}$$

$$(\underline{A}_\text{g}) = (\underline{A}_\text{A}) \cdot (\underline{A}_\text{B}) = \begin{pmatrix} \underline{A}_{11\text{A}} \cdot \underline{A}_{11\text{B}} + \underline{A}_{12\text{A}} \cdot \underline{A}_{21\text{B}} & \underline{A}_{11\text{A}} \cdot \underline{A}_{12\text{B}} + \underline{A}_{12\text{A}} \cdot \underline{A}_{22\text{B}} \\ \underline{A}_{21\text{A}} \cdot \underline{A}_{11\text{B}} + \underline{A}_{22\text{A}} \cdot \underline{A}_{21\text{B}} & \underline{A}_{21\text{A}} \cdot \underline{A}_{12\text{B}} + \underline{A}_{22\text{A}} \cdot \underline{A}_{22\text{B}} \end{pmatrix}$$

7.3 Übertragungswege

7.3.3 Elektrische Leitungen

Symmetrische Doppelader (Stamm)
Grundelement aller symmetrischen Kabel. Sie besteht aus zwei Adern gleichen Materials, Querschnitts und gleicher Konstruktion. Zur Vermeidung der Nebensprechdämpfung ($a \geq 65$ dB) werden zwei Doppeladern zu einem Viererseil (Stern- und Dieselhorst-Martin (DM)-Verseilung) zusammengefasst.

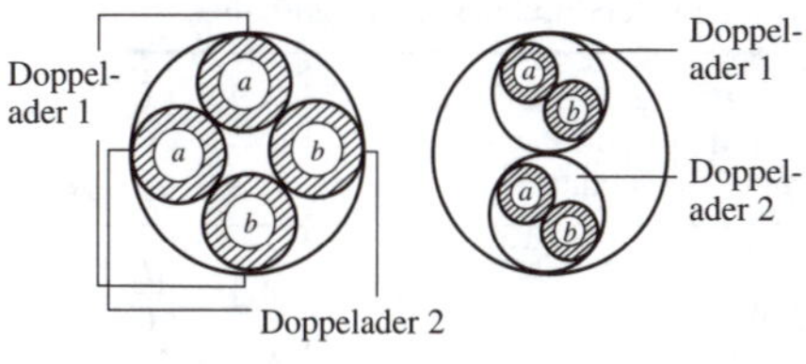

Sternvierer DM-Vierer

Teilnehmeranschlusskabel
Ortskabel (Leiterdurchmesser 0,4 – 0,9 mm)
Verbindung zwischen Teilnehmer und Netzknoten

Ortsnetzverbindungskabel
Bezirkskabel (Leiterdurchmesser 0,9 – 1,4 mm), hochpaarige Niederfrequenzkabel

Dämpfung und Signallaufzeit
starke Frequenzabhängigkeit, bedingt durch papier- oder kunststoffisolierte Adern

Digitalsignalübertragungsrate: ≤ 2 Mbit/s,
speziell abgeschirmte Kabel: ≤ 8 – 34 Mbit/s

Leitungsersatzschaltbild der Kupferdoppelader

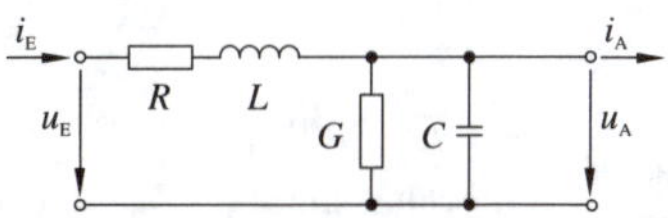

Leitungsbeläge

$R' = R/l$	Widerstandsbelag (Ω/m), (Ω/km) ohmsche Verluste, Wärmeverluste im Leiter
$L' = L/l$	Induktivitätsbelag (μH/m), (mH/km) Induktivität des stromdurchfloss. Leiters
$C' = C/l$	Kapazitätsbelag (pF/m), (nF/km) elektrisches Feld zwischen den Leitern
$G' = G/l$	Leitwertbelag (nS/m), (μS/km) Isolationsverluste, Übergangswiderstand

Leitungsbeläge für Telefonleitungen $f = 800$ Hz

Leitungsart	Leiter-Werkstoff	Ø in mm	R' $\frac{\Omega}{km}$	C' $\frac{nF}{km}$	L' $\frac{mH}{km}$	G' $\frac{\mu S}{km}$
Freileitung	Bronze Hartkupfer	2 3	18 5,5	5,4 6	2,2 2	1 1
symmetrisch, sternverseiltes Kabel	Kupfer, Isolierung mit Papier oder Zell-Polyethylen	0,4 0,6 0,8	300 130 73	36 38 40	0,7 0,7 0,7	0,1 0,1 0,1
		0,9 1,2 1,4	57 32 23	34 35 36	0,7 0,7 0,7	0,1 0,1 0,1

Pupinleitungen
Verhalten: Kettenschaltungen von Tiefpässen,
Spuleninduktivität $L_s = 80$ mH,
Spulenabstand $s = 1,7$ km.

$f \leq 0,7 \cdot$ Grenzfrequenz: sehr geringe Dämpfung,
$f \geq 0,7 \cdot$ Grenzfrequenz: sehr hohe Dämpfung

Dämpfung bespulter und unbespulter Leitungen

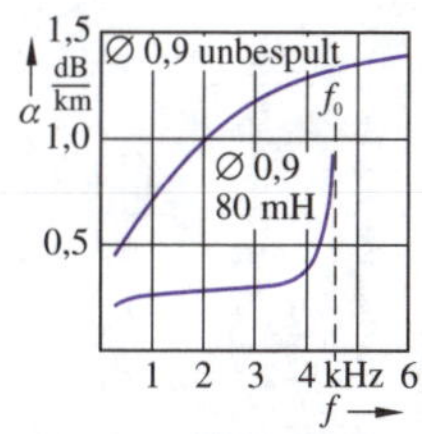

Mittlere Wellendämpfung von Telekom-Leitungen

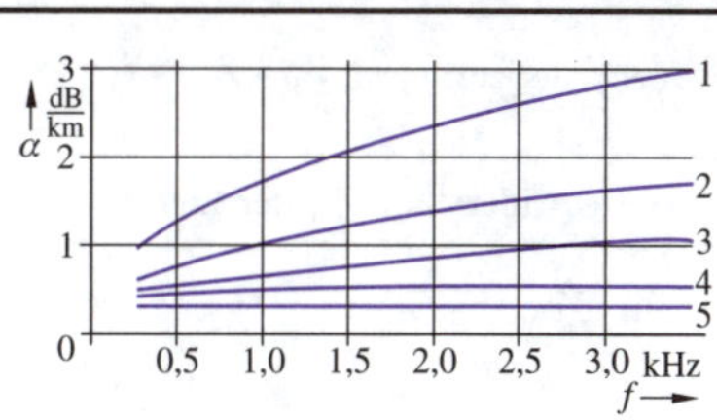

unbespulte Leitungen:
1: Ø 0,4 mm 2: Ø 0,6 mm 3: Ø 0,8 mm
bespulte Leitungen:
4: Ø 0,6 mm 5: Ø 0,8 mm

7.3 Übertragungswege

Ersatzschaltbild einer langen Leitung

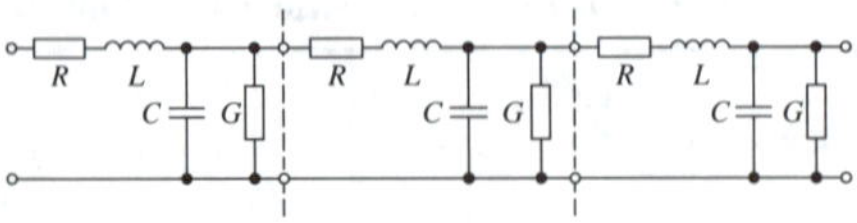

Leitungsersatzschaltbild als T-Glied

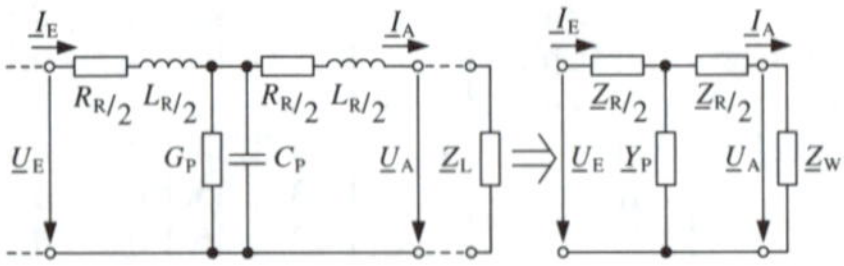

$\underline{Z}_R/2 = R_R/2 + jwL_R/2 \qquad \underline{Y}_P = G_P + jwC_P$

Leitung als Vierpolkettenschaltung

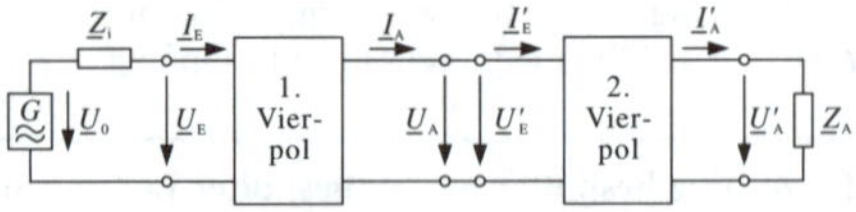

$$\underline{Z}_E = \frac{\underline{U}_E}{\underline{I}_E} = \frac{A_{11} \cdot \underline{U}_A + A_{12} \cdot \underline{I}_A}{A_{21} \cdot \underline{U}_A + A_{22} \cdot \underline{I}_A}$$

$$\underline{Z}_E = \frac{A_{11} \cdot \underline{Z}_A + A_{12}}{A_{21} \cdot \underline{Z}_A + A_{22}} = \frac{A_{11} + A_{12} \cdot \underline{Y}_A}{A_{21} + A_{22} \cdot \underline{Y}_A}$$

$$\underline{Z}_E = \frac{A_{11} \cdot \underline{Z}_A \cdot \underline{I}_A + A_{12} \cdot \underline{I}_A}{A_{21} \cdot \underline{Z}_A \cdot \underline{I}_A + A_{22} \cdot \underline{I}_A}$$

Kurzschluss am Ausgang	$\underline{Z}_E = \underline{Z}_{EK} = \frac{A_{12}}{A_{22}}$
Leerlauf am Ausgang	$\underline{Z}_E = \underline{Z}_{EL} = \frac{A_{11}}{A_{21}}$

Wellenwiderstand $\underline{Z}_W$ der Leitung

$\underline{Z}_W = \underline{Z}_E = \underline{Z}_A \qquad \underline{Z}_W = \underline{U}_E / \underline{I}_E = \underline{U}_A / \underline{I}_A$

$$\underline{Z}_E = \frac{A_{11} \cdot \underline{Z}_A + A_{12}}{A_{21} \cdot \underline{Z}_A + A_{22}} \Rightarrow \underline{Z}_W = \frac{A_{11} \cdot \underline{Z}_W + A_{12}}{A_{21} \cdot \underline{Z}_W + A_{22}}$$

$$\underline{Z}_W = -\frac{A_{22} - A_{11}}{2A_{21}} \pm \sqrt{\left(\frac{A_{22} - A_{11}}{2A_{21}}\right)^2 + \frac{A_{12}}{A_{21}}}$$

Wellenwiderstand $\underline{Z}_W$ symmetrischer Vierpole

$$\underline{Z}_W = \sqrt{\frac{A_{12}}{A_{21}}} = \sqrt{\underline{Z}_{EK} \cdot \underline{Z}_{EL}} \quad (A_{22} = A_{11})$$

$$\underline{Z}_W = \sqrt{\underline{Z}_K \cdot \underline{Z}_L} = \sqrt{\frac{R + j\omega L}{G + j\omega C}} = \sqrt{\frac{L}{C}} \cdot \sqrt{\frac{j + \frac{R}{\omega L}}{j + \frac{G}{\omega C}}}$$

Wellenwiderstand bei niedrigen/hohen Frequenzen

Freileitungen	großer Leiterabstand und Leiterquerschnitt	$\underline{Z}_W \approx \sqrt{\frac{L}{C}}$ $G \approx 0,\ \omega L \gg R$
Leitungen	hohe Frequenzen	$\underline{Z}_W \approx \sqrt{\frac{L}{C}}$ $\omega C \gg G,\ \omega L \gg R$
Kabel	kleiner Querschnitt tiefe Frequenzen	$\underline{Z}_W \approx \sqrt{\frac{R}{\omega C}}\ e^{-j45°}$ $G \approx 0,\ R \gg \omega L$

Dämpfungsfaktor und Dämpfungsmaß

Frequenzgang $\underline{F}$	$\underline{F} = \frac{\underline{U}_A}{\underline{U}_E} = \frac{U_A \cdot e^{j\varphi_A}}{U_E \cdot e^{j\varphi_E}} = \frac{U_A}{U_E} \cdot e^{j(\varphi_A - \varphi_E)} = \underline{T}\, e^{j\varphi}$
Dämpfungsfaktor $\underline{D}$	$\underline{D} = \frac{1}{\underline{T}} = \frac{1}{\underline{F}} = \frac{\underline{U}_E}{\underline{U}_A} = \frac{U_E}{U_A}\ e^{j(\varphi_E - \varphi_A)} = \frac{U_E}{U_A}\ e^{jb}$
Dämpfungsfaktor mit A-Parametern	$\underline{D} = \frac{\underline{U}_E}{\underline{U}_A} = A_{11} + \sqrt{A_{12} \cdot A_{21}}$ Abschluss mit $\underline{Z}_A = \underline{Z}_W$
Dämpfungsfaktor bei Leerlauf am Ausgang	$\underline{D} = A_{11} = \frac{\underline{U}_E}{\underline{U}_A} = \frac{U_E}{U_A}\ e^{jb} = D\, e^{jb} = e^a \cdot e^{jb} = e^{a+jb}$
Dämpfungsmaß a	$a = \ln D\ \text{Np} = \ln \frac{U_E}{U_A}\ \text{Np}$ $a = 20 \lg \frac{U_E}{U_A}\ \text{dB} \quad 1\ \text{Np} = 8{,}686\ \text{dB}$
Dämpfungswinkel b	$b = \varphi_E - \varphi_A \quad [e^{j(\varphi_A - \varphi_E)} = e^{jb}]$
komplexes Dämpfungsmaß $\underline{d}$	$\underline{d} = \underline{g} = \ln \underline{D}\ \text{Np} = \ln e^{a+jb}\ \text{Np} = \ln e^{d}\ \text{Np}$

$\underline{g}$ komplexes Übertragungsmaß,
$\underline{T}$ Übertragungsfaktor

7.3 Übertragungswege

Ausbreitung elektromagnetischer Wellen

Medium	Ausbreitungsgeschwindigkeit	Wellenlänge
Luft	$c_0 = \lambda_L \cdot f$ $c_0 = 3 \cdot 10^8$ m/s	$\lambda_L = c_0/f$
Kabel	$v_w = \dfrac{c_0}{\sqrt{\mu_r \cdot \varepsilon_r}} = \dfrac{1}{\sqrt{L' \cdot C'}}$ $= \lambda_K \cdot f = k \cdot \lambda_L \cdot f$	$\lambda_K = k \cdot \lambda_L$ $k = \dfrac{1}{\sqrt{\mu_r \cdot \varepsilon_r}}$

λ_K Wellenlänge Kabel λ_L Wellenlänge Luft
c_0 Lichtgeschwindigkeit
v_w Wellengeschwindigkeit in Materie
k Verkürzungsfaktor der Wellenlänge (Kupferkabel, Verkürzungsfaktoren: 0,6–0,7)

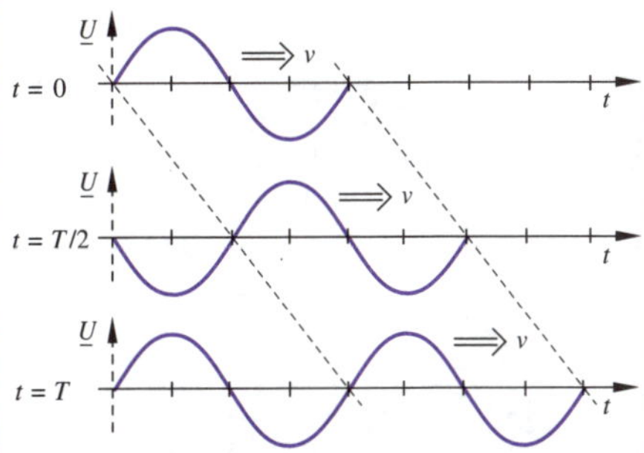

komplexes Übertragungsmaß $\underline{g}$	$\underline{g} = \gamma \cdot l = (\alpha + j\beta)\, l$
Ausbreitungskonstante γ	$\gamma = \alpha + j\beta$
Dämpfungskonstante α	$a = \alpha \cdot l = 20 \lg \dfrac{U_E}{U_A}$ dB
Phasenkonstante β	$b = \beta \cdot l = \varphi_E - \varphi_A$
Spannungsverlauf U_A	$\underline{U}_A = \underline{U}_E \cdot e^{-g} = \underline{U}_E \cdot e^{-\gamma \cdot l}$

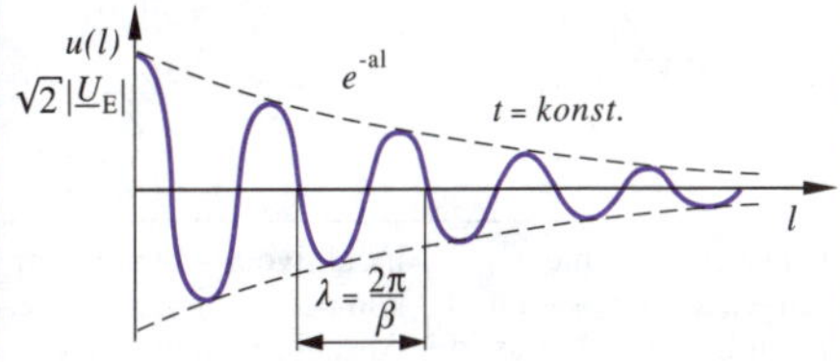

Reflexion und Fehlanpassung

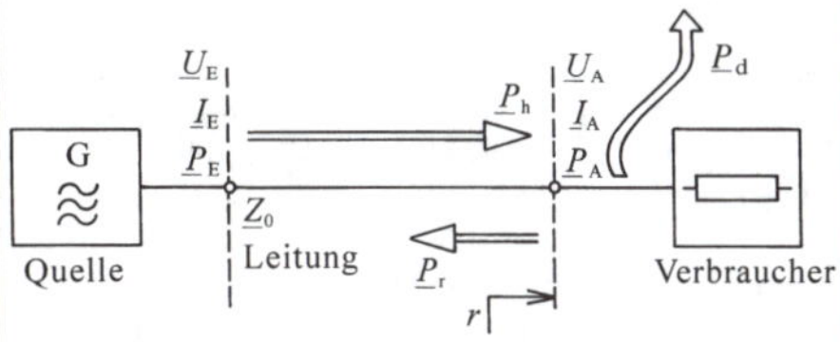

Ausgangsspannung	$\underline{U}_A = \underline{U}_E \cdot e^{-\gamma l}$ $= \underline{U}'_A + \underline{U}''_A = (1 + r) \cdot \underline{U}'_A$
Ausgangsstrom	$\underline{I}_A = 1/\underline{Z}_W \cdot \underline{U}_E \cdot e^{-\gamma \cdot l}$ $= \underline{I}'_A + \underline{I}''_A = (1 - r) \cdot \underline{I}'_A$
Reflexionsfaktor	$r = \dfrac{\underline{Z}_A - \underline{Z}_W}{\underline{Z}_A + \underline{Z}_W} = \dfrac{\underline{Z} - 1}{\underline{Z} + 1} = \dfrac{\underline{U}''_A}{\underline{U}'_A} = \dfrac{\underline{I}''_A}{\underline{I}'_A}$ $\underline{Z} = \underline{Z}_A / \underline{Z}_W$

Leitungstyp	Reflexion	Erklärung
Unendlich lange Leitung	$r = 0$	$\underline{U}_A \to 0$ $\underline{I}_A \to 0$
Anpassung $\underline{Z}_A = \underline{Z}_W$	$r = 0$	$\underline{U}_A, \underline{I}_A \neq 0$, nur hinlaufende U/I-Wellen
Fehlanpassung $\underline{Z}_A \neq \underline{Z}_W$	$r \neq 0$	$\underline{U}_A, \underline{I}_A \neq 0$, hin- und rücklaufende Wellen
Leerlauf am Leitungsende	$r = 1$	$\underline{I}_A = 0$, $\underline{Z}_A = \infty$
Kurzschluss am Leitungsende	$r = -1$	$\underline{U}_A = 0$, $\underline{Z}_A = 0$

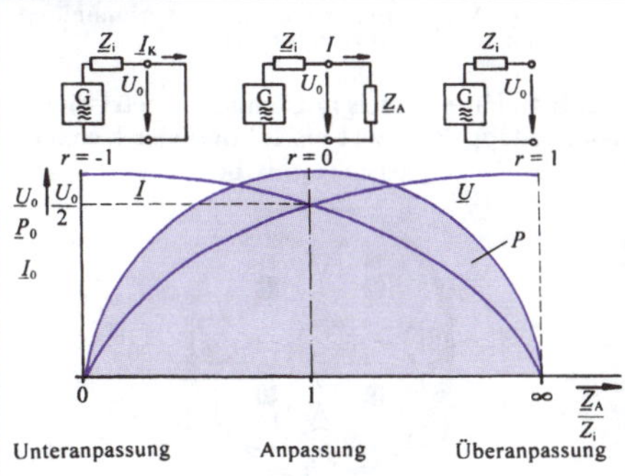

7.3 Übertragungswege

Koaxiale Leitungen

Frequenzbereich	100 kHz – 3 GHz	
Digitalsignalübertragung	≤ 140 Mbit/s Kleintube ≤ 565 Mbit/s Großtube	
Vorteile	niedrige Dämpfungswerte unempfindlich gegen äußere Störungen	
Außendurchmesser zu Innendurchm.	$d_a/d_i = 3{,}6$	
CCITT-Norm	Außendurchm. Innenleiter	Innendurchm. Außenleiter
Kleintube	$d_i = 1{,}2$ mm	$d_a = 4{,}4$ mm
Großtube	$d_i = 2{,}6$ mm	$d_a = 9{,}5$ mm
Wellenwiderstand	$\underline{Z}_W = \frac{60}{\sqrt{\varepsilon_r}} \ln \frac{d_a}{d_i}$	

Prinzipieller Aufbau

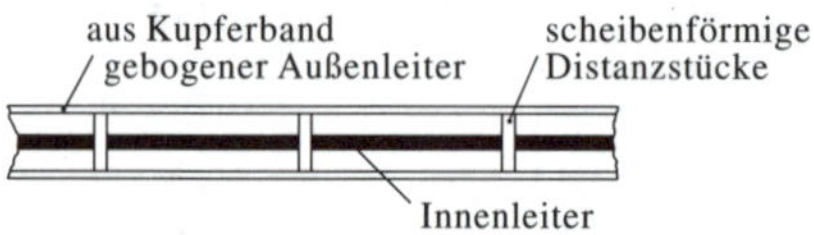

Aufbau eines Senderkoaxialkabels 43/155 mm

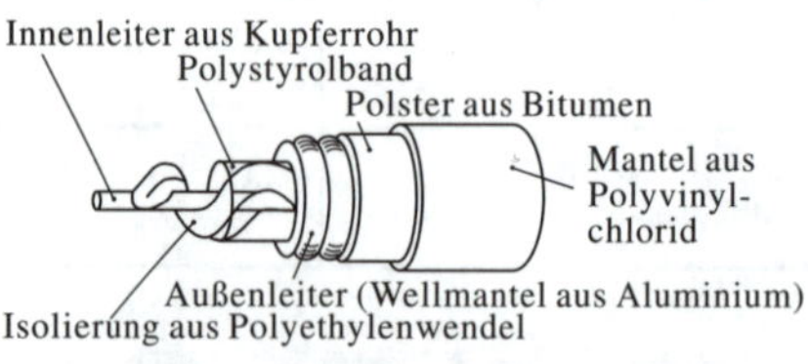

Aufbau eines Kabels mit zehn symmetrischen Kupferdoppeladern (1 bis 10) und vier Koaxialparren (11 bis 14)

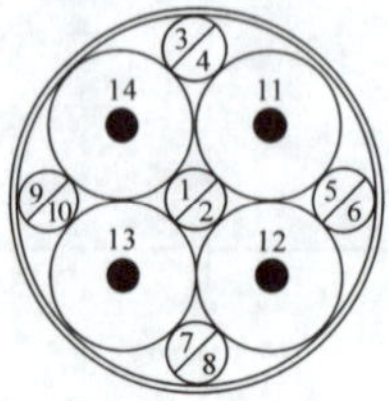

Hochfrequenzleitungen

Messleitung (Lecher-Leitung)

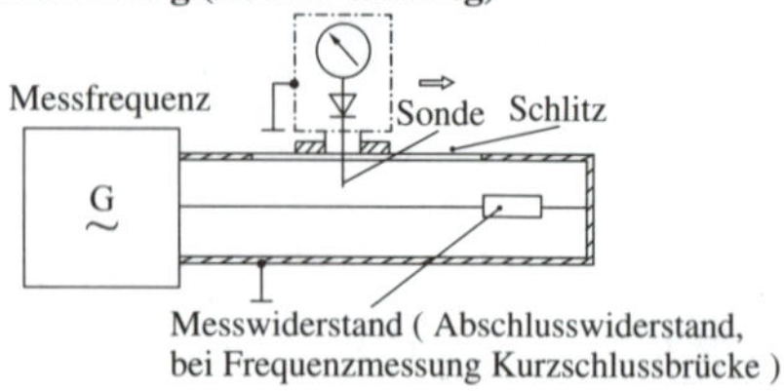

$f \geq 100$ MHz, Messleitungslänge $\geq 1{,}5$ m

Verhalten der Hochfrequenzleitung

offenes Leitungsende:	kurzgeschl. Leitungsende
Länge $l < \lambda/4$: 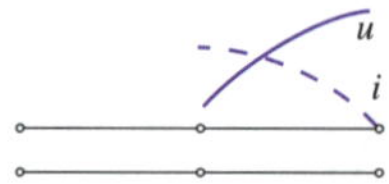 Leitung verhält sich wie eine Kapazität	Länge $l < \lambda/4$: 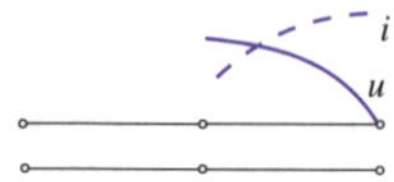 Leitung verhält sich wie eine Induktivität
Länge $l = \lambda/4$: 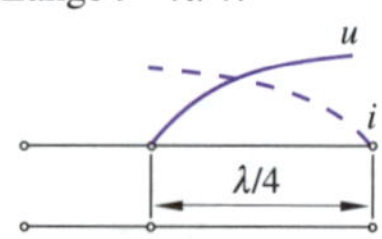 Leitung wirkt wie Reihenschwingkreis	Länge $l = \lambda/4$: 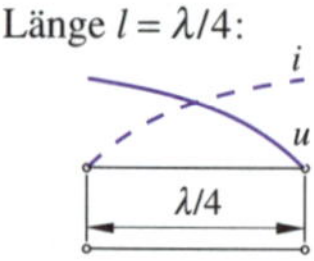 Leitung wirkt wie Parallelschwingkreis
Länge $l > \lambda/4$: 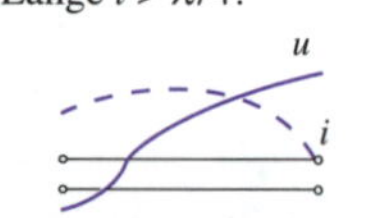 Leitung verhält sich wie eine Induktivität	Länge $l > \lambda/4$: 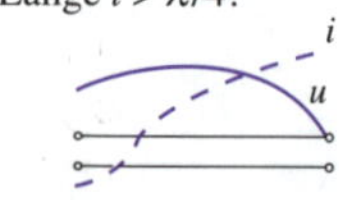 Leitung verhält sich wie eine Kapazität

Stichleitungen (Reaktanzleitungen)

kapazitive Stichleitung (offenes Leitungsende)	induktive Stichleitung (kurzgeschl. Ltg.ende)
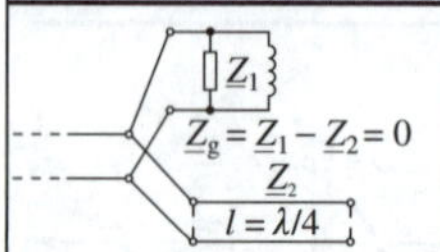	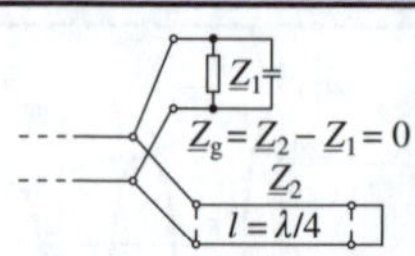
kapazitive Stichleitungen kompensieren induktive Abschlusswid.	induktive Stichleitungen kompensieren kapazitive Abschlusswiderstände

7.3 Übertragungswege

Bussystem

Aufbau

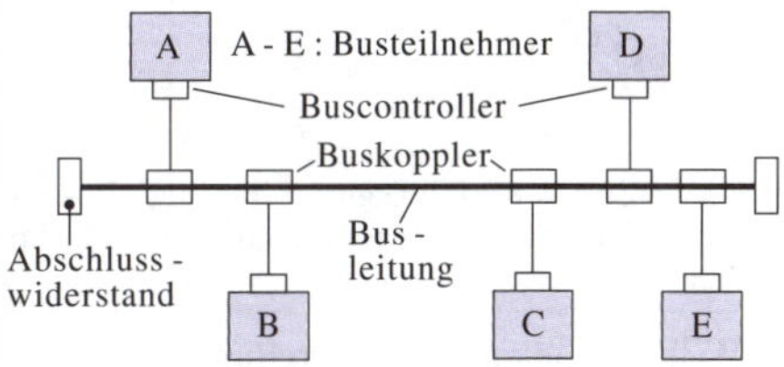

Datenübertragung

Serieller Bus

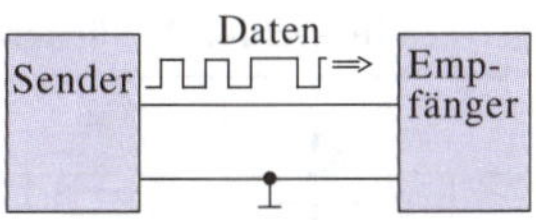

Datenübertragung erfolgt bitseriell

Parallelbus

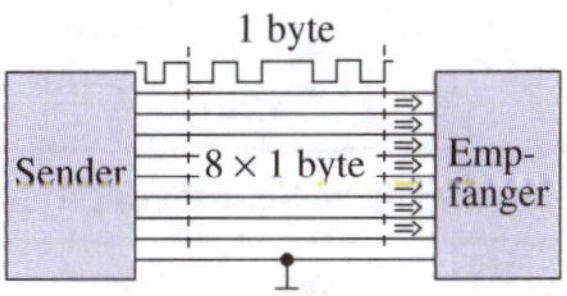

Datenübertragung erfolgt bitparallel und byteseriell

Busleitungen

Leitungstyp	$\underline{Z}_W$ in Ohm	Anwendung
Verdrillte Doppeladern, Flachbandltg.	75 – 300	max. Länge 50 m empfindlich gegen Störspannungen
Microstrip, Stripline	50 – 200	Starre Busleitungen auf Platinen, störempfindlich
Koaxialleitung	50 – 100	störunempfindlich max. Länge 1000 m
Lichtwellenleiter	–	störsicher max. Länge >1000 m

Leitungstypen

Verdrillte Doppeladern

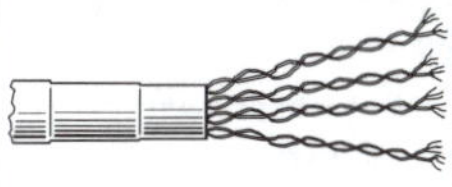

Flachbandleitung

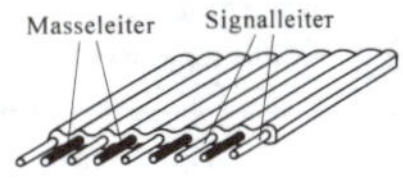

Microstrip (Mikrostreifenleiter)

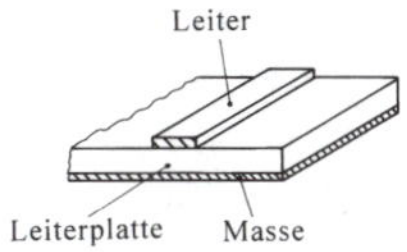

Stripline (Streifenleiter)

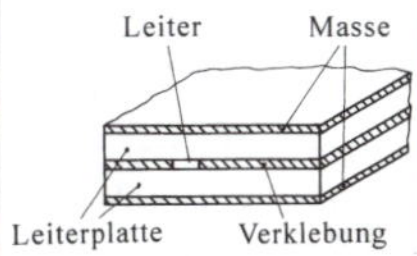

Kopplungsarten für Busteilnehmer

Differenzielle Strom- oder Spannungskopplung

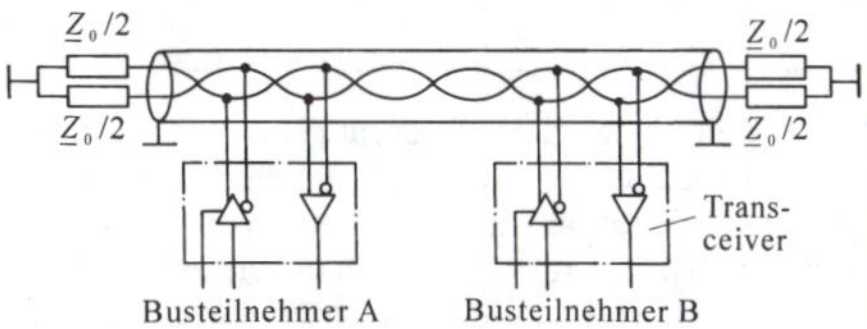

Jeder Teilnehmer benötigt vier Anschlüsse. Durch genaue Wahl der Anschlussstellen an die Leitung kann im Spannungs- bzw. Strommaximum angekoppelt werden.

Transformatorische Kopplung

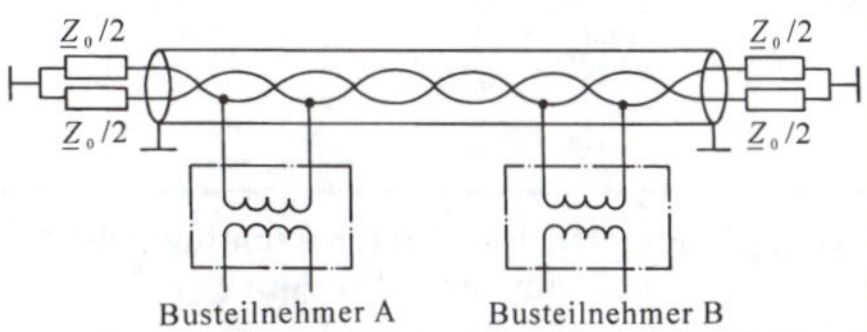

Spannungskopplung mittels Transceiver

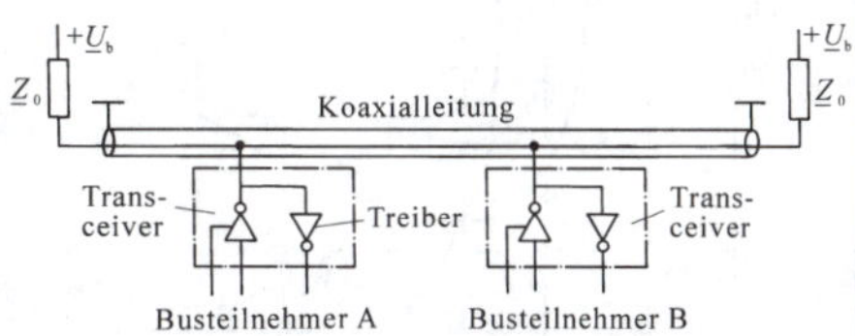

(Transceiver = Transmitter + Receiver)

7

⟹ 10-9

7.3 Übertragungswege

Hohlleiter

Sehr hohe Frequenzen (1 – 50 GHz) werden mit Hohlleitern übertragen. Der einfachste Hohlleiter ist ein Koaxialkabel ohne Innenleiter.

Bauformen von Hohlleitern

Rundhohlleiter

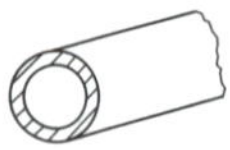

Rechteckhohlleiter

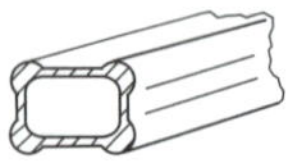

elliptischer Hohlleiter

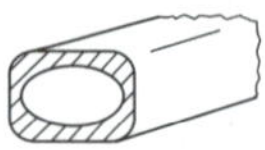

elliptischer Hohlleiter mit Kunststoffmantel (Flexwell-Hohlleiter)

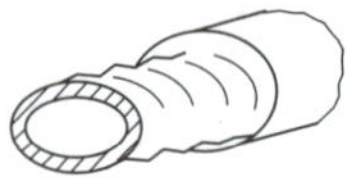

Im Hohlleiter wird die Energie als elektromagnetisches Feld durch elektromagnetische Wellen übertragen. Im Idealfall wird die Energie vollkommen an der Innenwand reflektiert. Dadurch entsteht ein elektrisches Wellenfeld mit Knoten und Bäuchen.

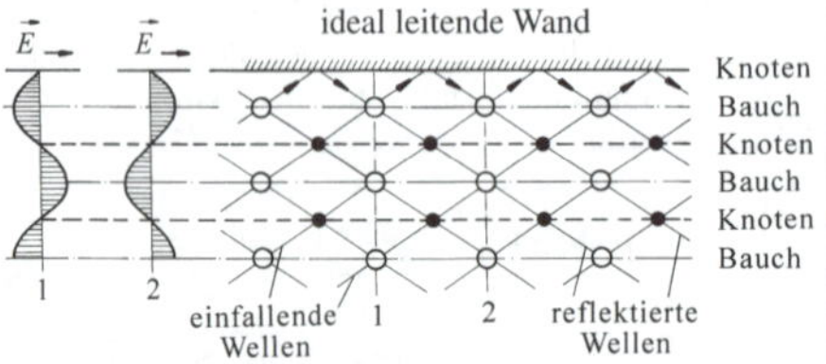

Dämpfungsverlauf in Kupfer-Rundhohlleitern mit 50 mm Innendurchmesser

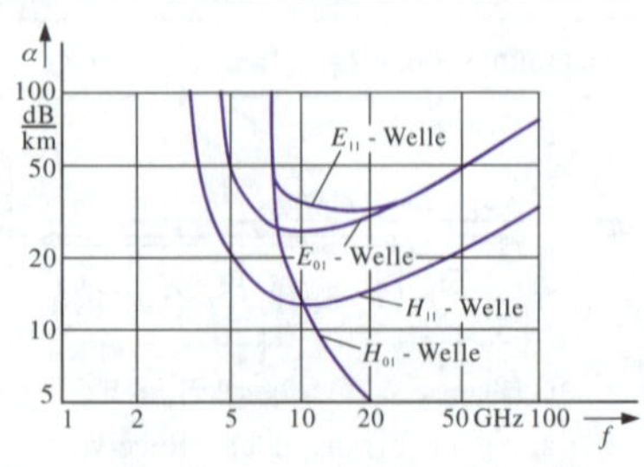

Wellenausbreitung in Hohlleitern

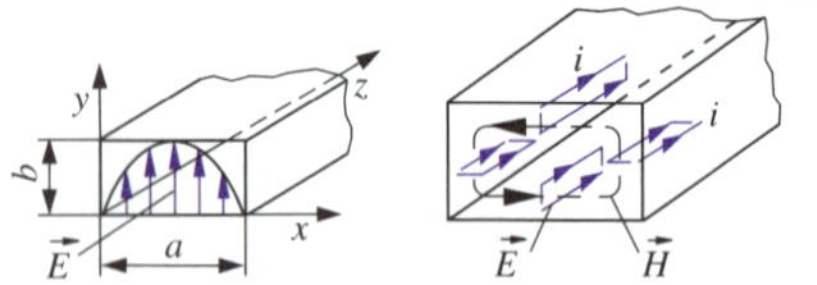

Die z-Achse des Koordinatensystems gibt die Ausbreitungsrichtung der elektromagnetischen Welle im Hohlleiter an.

Wellengrundtypen in Ausbreitungsrichtung

E-Welle	elektrisches Feld E_z ($H_z=0$), transversal-magnetische Welle (TM-Welle)
H-Welle	magnetisches Feld H_z ($E_z=0$), transversal-elektrische Welle (TE-Welle)

Schwingungstypen in Rechteckhohlleitern

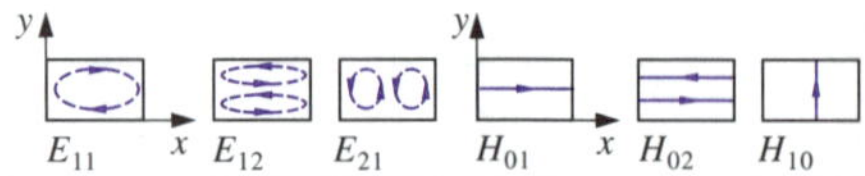

Schwingungstypen in Rundhohlleitern

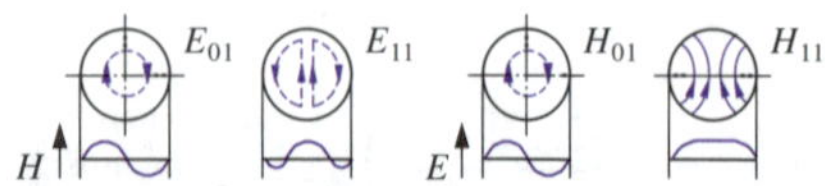

Am häufigsten verwendete Schwingungstypen

Rechteckhohlleiter	H_{10}-Welle, E_{11}-Welle
Rundhohlleiter	H_{11}-Welle, E_{01}-Welle

Berechnung der Grenzwellenlänge λ_c und kritischen Frequenz $f_c = c/\lambda_c$ von Hohlleitern

Rechteckhohlleiter	λ_c	f_c für $a=150$ mm	f_c für $a=15$ mm
H_{10} (Hauptwelle)	$2a$	1 GHz	10 GHz
E_{11}	$\frac{2ab}{\sqrt{a^2+b^2}}$	1,41 GHz	14,1 GHz
Rundhohlleiter	λ_c	**f_c für $D=150$ mm**	**f_c für $D=15$ mm**
H_{11}	$1{,}71 \cdot D$	1,17 GHz	11,7 GHz
E_{01}	$1{,}31 \cdot D$	1,53 GHz	15,3 GHz

7

7.3 Übertragungswege

Nachrichtenkabel	
Verlegungsart	Sie bestimmt Mantelaufbau, Schutzhülle und Bewehrung der Kabel
Isolierung	Papier oder Kunststoff (PE/PVC) wird als Leiterisolierstoff verwendet
Verseilelemente	Je nach Einsatzgebiet erfolgt adrige, paarige, dreiadrige usw. Verseilung
Sternviererverseilung	Sie wird meist bei Schalt-, TF-, Ortsnetz- und Bezirkskabeln verwandt
Grundbündel	Sie bestehen meist aus fünf Sternvierern (10 Doppeladern)
Kennzeichnung der 5 Sternvierer des Grundbündels	1. Vierer (Zählvierer): alle Adern rot 2. Vierer: alle Adern grün 3. Vierer: alle Adern grau 4. Vierer: alle Adern gelb 5. Vierer: alle Adern weiß 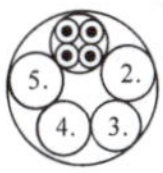
Ringsignierung der Adern eines Sternvierers	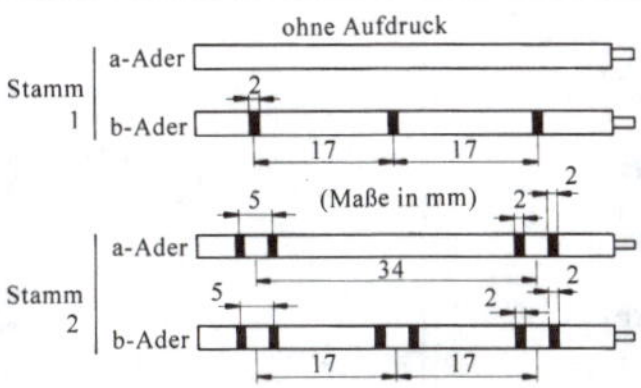
Verseilung	Die Verseilelemente werden in konzentrischen Lagen oder Bündeln verseilt. Bis zu 120 Doppeladern wird die entsprechende Anzahl Grundbündel zur Kabelseele verseilt. Ab 150 Doppeladern sind die Kabel aus Hauptbündeln (in konzentrischen Lagen angeordnet) aufgebaut
Kabelmantel	Schutz der Kabelseele (Stahlwellmantel, Blei-, Aluminium-, Kunststoffmantel (PE, PVC) usw.)
Schutzhüllen	Schutz des metallischen Kabelmantels gegen mechanische, chemische Einflüsse (Korrosionsschutz). Sie bestehen aus vorgetränktem Faserstoffband, Jute, Gummi-, Kunststoffbändern (PE, PVC)
Bewehrung	Stahlband- oder Stahldrahtbewehrung erhöht die mechanische Sicherheit

Erläuterung wichtiger Kurzzeichen	
A-	Außenkabel
AB-	Außenkabel mit Blitzschutz
AD-	Außenkabel für Netzschutzsysteme
B	Bewehrung
Bd	Bündelverseilung
C	Schirm aus Kupferdrahtgeflecht
D	konzentrische Lage aus Kupferdraht
E	Masseschicht mit Kunststoffband
F	Kabelseele mit Petrolatfüllung
G	Gummi
G-	Grubenkabel
2G	Silikon-Kautschuk (SiR)
H	halogenfreie flammwidrige Polymerm.
J-	Installationskabel
L	Glatter Aluminiummantel
L-	Leitung
(L)	Schirm aus kunststoffbeschichtetem Aluminiumband
(L) 2Y	Schichtenmantel
Lg	Lagenverseilung
LI	Litzenleiter
M	Bleimantel
O2YS	Isolierung aus PE-foam-skin
P	Isolierhülle aus Papier
Q	Stahldrahtgeflecht
RG-	Koaxialkabel nach MIL-Spezifikation
RS-	Rechnerschaltkabel
S	Signalkabel der Bahn
S-	Schaltkabel
(St)	statischer Schirm
StI	Sternverseilung in Fernsprechkabeln für größere Entfernung ohne Phantomausnutzung
StIII	Sternverseilung in Fernsprechortskabeln ohne Phantomausnutzung
STLi	Stahl-Kupfer-Litze
(T)	Tragseil
T	Tragorgan für Luftkabel
TF	Trägerfrequenz
W	Stahlwellmantel
2X	vernetztes Polyethylen (PE)
Y	Polyvinylchlorid (PVC)
2Y	Polyethylen (PE)
3Y	Polystyrol (PS)
(Z)	Zugfestes Geflecht aus Stahldrähten

Bezeichnungsbeispiele	
A-2YY	Signal- und Messkabel, Außenkabel, PE-Isolierung, PVC-Außenmantel
J-2Y(St)Y	Installationskabel für lokale Netze in Anlehnung an DIN VDE 0815/0816, Installationskabel, PE-Adernisolierung, statischer Schirm, PVC-Außenmantel

7.3 Übertragungswege

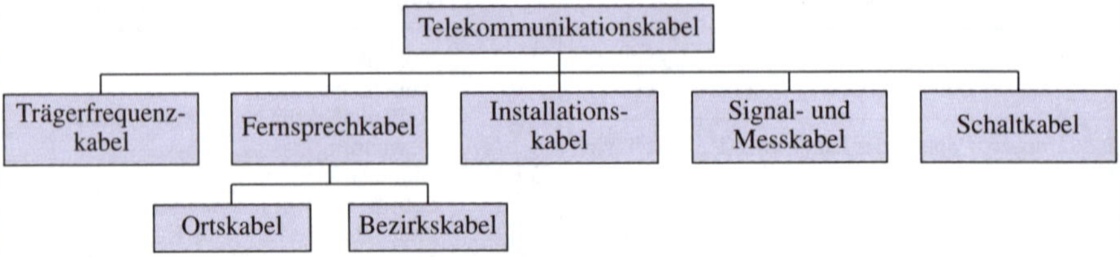

Kommunikationsleitungen

Leitungsbezeichnung	Aufbau	Wellenwiderstand $\underline{Z}_W$
verdrillte Datenleitung CABLING-System (LAN-Kabel IBM), geeignet für Basis- oder Breitbandübertragungstechnik Aderisolierung: Zell-Polyolefin	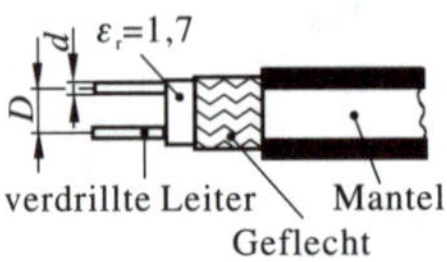	$\underline{Z}_W = \frac{120}{\sqrt{\varepsilon_r}} \ln\left(\frac{2 \cdot D}{d}\right)$
Koaxiale Hochfrequenz-Leitung, (z. B. RG 058; $\underline{Z}_W$ = 50 Ohm), geeignet für Basis- oder Breitbandübertragungstechnik Aderisolierung: Polyethylen	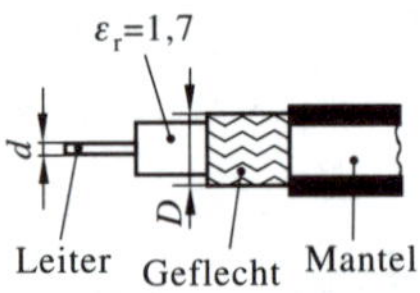	$\underline{Z}_W = \frac{60}{\sqrt{\varepsilon_r}} \ln\left(\frac{D}{d}\right)$
Leitung über eine Massefläche ($h \gg d$) (engl. wire over ground)	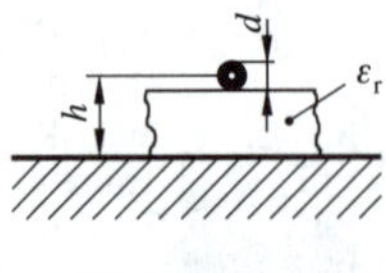	$\underline{Z}_W = \frac{60}{\sqrt{\varepsilon_r}} \ln\left(\frac{4 \cdot h}{d}\right)$
Streifenleiter (Microstrip-Leiter) (engl. print circuit Board (PCB)), Verwendung für Multilayerplatinen	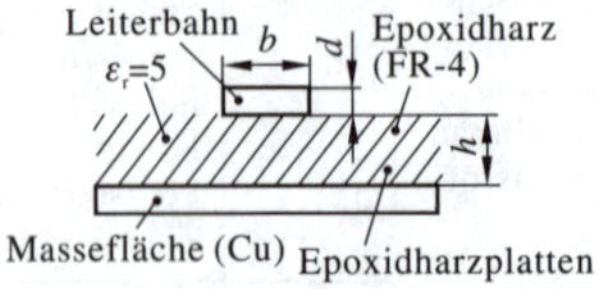	$\underline{Z}_W = \frac{87}{\sqrt{\varepsilon_r + 1{,}41}} \ln\left(\frac{5{,}98 \cdot h}{0{,}8 \cdot b + d}\right)$
Mehrebenen-Leiterplatten (engl. Multilayer, z. B.: 4-Lagen-Multilayer)	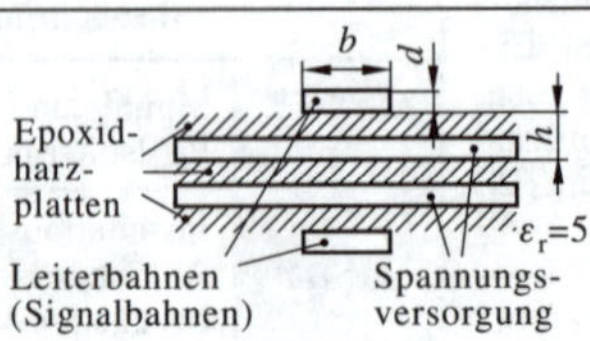	$\underline{Z}_W = \frac{60}{\sqrt{\varepsilon_r}} \ln\left(\frac{4h}{0{,}67 b\, \pi\, (0{,}8 + d/b)}\right)$

7.3 Übertragungswege

Genormte Leistungsklassen für Kabel

Qualitätsklasse	Frequenzbereich	Anwendungsgebiet
1	300–3400 Hz	analoges Telefon
2 3	≤1 MHz ≤16 MHz	ISDN LAN
4 5	≤20 MHz ≤100 MHz	TP/PMD ATM

Übertragungstechnische Eigenschaften werden bis zur oberen Grenzfrequenz gewährleistet. Qualitätsklassen unterscheiden sich in ihrer max. Wellen- und min. Nebensprechdämpfung. Die Telekom fordert für $f \geq 1$ MHz abgeschirmte Kabel.

Eigenschaften und Prüfvorschriften für NF-Datenkabel

Eigenschaften bei 20 °C	Einheit	Pflichtwert	Prüfung gem. DIN VDE 0472
Schleifenwiderstand bei Gleichstrom	Ω/km	≤300	Teil 501[1] Abschn. 2.1
Widerstandsunterschied bei Gleichstrom	Ω	in Vorbereitung	Teil 501[1] Abschn. 2.2
Isolationswiderstand bei Gleichstrom	GΩ · km	≥5	Teil 502[1] Prüfart B
Betriebskapazität bei 800 Hz	nF/km	≤50	Teil 501[1] Abschn. 2.1
Verlustfaktor 800 Hz	–	$\leq 5 \cdot 10^{-3}$	Teil 505[1]
Kapazitive Erdkopplung bei 800 Hz	pF/km	≤2000	Teil 506[1] Abschn. 2.1
Spannungsfestigkeit 50 Hz, Ader/Ader Ader/Mantel	V	 500 2000	Teil 509[2] Prüfart C

Induktivität von Fernsprechkabeln: ca. 0,4 mH/km (0,4 – 0,9 mm Leiterdurchmesser)
ca. 0,7 mH/km (0,9 – 1,5 mm Leiterdurchmesser)

Symmetrische Fernsprech-, Signal- und Messkabel

Kabeltyp nach DIN VDE 0816: 1988-02	Leiterdurchmesser mm	Anzahl der Adern[1] Doppeladern[2]	Elektrische Daten bei 20°C, 800 Hz, Prüfung nach DIN VDE 0472							
			Leiterwid. der Schleife Ω/km	Isolationswid. GΩ · km	Betriebskapazität nF/km	Leitungsdämpfung dB/km unbespult	Leitungsdämpfung dB/km bespult	Betriebsspannung (Spitzenwert) V	Prüfspannung U_{eff} in V Ader/Ader	Prüfspannung U_{eff} in V Ader/Mantel
A-2Y(L)2Y … StIIIBd	0,4	6 – 2000[2]	≤300	≥5	≤50	1,5	–	≤150	–	2000
	0,6	6 – 1200[2]	≤130	≥5	≤50	1,1	–	≤225	250	2000
	0,8	6 – 800[2]	≤73	≥5	≤53	0,8	–	≤225	250	2000
A-PWE2Y … StILg	0,9	20 – 500[2]	≤57	≥10	≤34	0,6	0,2	≤225	250	2000
	1,2	20 – 250[2]	≤32	≥10	≤35	0,4	0,1	≤225	250	2000
	1,4	10 – 100[2]	≤23	≥10	≤36	0,4	0,1	≤225	250	2000
A-2YY,	0,9	4 – 200[1]	≤29	≥5	≤100	–	–	≤600	2500	2500
A-2YYBY	1,4	4 – 200[1]	≤12	≥5	≤120	–	–	≤600	2500	2500

Symmetrische Installations- und Schaltkabel, 0,6 mm Leiterdurchmesser, max. 100 Doppeladern

Kabeltyp	Elektrische Daten bei 20 °C und 800 Hz								
	Leiterwid. der Schleife Ω/km	Isolationswid. MΩ · km	Betriebskapazität nF/km	Dämpfung 800 Hz[1] 10 MHz[2] dB/km	Wellenwid. 10 MHz Ω	Nebensprechdämpfung zw. 5 – 10 MHz dB	Betriebsspannung (Spitzenwert) V	Prüfspannung U_{eff} in V Ader/Ader	Prüfspannung U_{eff} in V Ader/Mantel
J-2Y(St)Y	≤130	≥5000	≤52	≤110[2]	100±20%	≥35	≤225	500	800
J-YY…Bd	≤130	≥100	≤100	≤1,5[1]	–	–	≤300	800	–
S-Y(St)Y	≤130	≥100 ≥1 (50 °C)	≤120	kapazitive Kopplung ≤1 nF/km			≤200	800	800

[1] 1983-4
[2] 1986-10

7.3 Übertragungswege

Elektrische Eigenschaften und Prüfvorschriften für HF-Datenkabel

Eigenschaften bei 20 °C	Pflichtwert			Prüfung gemäß
Wellenwiderstand	85 Ohm – 115 Ohm			DIN VDE 0472 Teil 516: 1985-05
Wellendämpfung maximal	Kategorie 3	4	5	
1 MHz 10 MHz 20 MHz 62,5 MHz 100 MHz	2,6 dB / 100 m 9,8 dB / 100 m – – –	2,1 dB / 100 m 7,2 dB / 100 m 10,2 dB / 100 m – –	2,1 dB / 100 m 6,6 dB / 100 m 9,2 dB / 100 m 17,1 dB / 100 m 22,0 dB / 100 m	
Nebensprech- dämpfung minimal	Kategorie 3	4	5	DIN VDE 0472 Teil 517: 1985-05
1 MHz 10 MHz 20 MHz 100 MHz	41 dB 26 dB – –	56 dB 41 dB 36 dB –	62 dB 47 dB 42 dB 32 dB	
Erdungssymmetrie- 64 kHz dämpfung: 1 MHz	≥43 dB ≥40 dB			CCITT 0.121
Kopplungswiderst. 10 MHz	≤100 mΩ/m			DIN 47250-4

Teilnehmerkabel für Antennen- und Kabelfernsehanlagen

Wellenwiderstand: 75 ± (2 – 4) Ω
Spanungsfestigkeit bei 50 Hz: 2 kV

Reflexionsfaktor (40-ns-Impuls): ≤5%.
Schirmdämpfung: ≥75 dB

Typ und Aufbau Innenleiter ∅ mm Isolierung ∅ mm	0,4/2,0 Staku 0,41 Zell PE 2,0	0,7/4,5 Cu 0,7 PE 4,5	1,6/7,3 Cu 1,6 Zell PE 7,3	3,3/13,5 Cu 3,3 Luft 13,5	6,0/23,3 Cu 6,0 Luft 23,2	7,3/28,9 Al 7,3 Luft 28,8
Außenleiter Mantel ∅ mm	Al-Folie Geflecht PVC 3,6	Al-Folie Geflecht PVC 6,5	Al-Folie Cu-Geflecht PE 10,5	Cu PE 17,0	Cu PE 28,8	Cu PE 33,5
Elektrische Eigenschaften						
Rückfluss- 30 – 450 MHz dämpfung 0,45 – 1 GHz	>23 dB >23 dB	>22 dB >18 dB	>26 dB >23 dB	>28 dB >24 dB	>25 dB >22 dB	>25 dB >22 dB
Kapazität	57 pF/m	67 pF/m	55 pF/m	51 pF/m	49 pF/m	49 pF/m
Verkürzungsfaktor	0,78	0,66	0,81	0,88	0,9	0,9
Schleifenwid. bei 20 °C	390 Ω/km	85 Ω/km	25 Ω/km	2,5 Ω/km	0,7 Ω/km	0,7 Ω/km
Dämpfung 50 MHz je 100 m 100 MHz bei 20 °C 200 MHz 500 MHz 1000 MHz	12,5 dB 16,5 dB 22,0 dB 34,5 dB –	6,5 dB 8,5 dB 12,3 dB 20,1 dB 29,7 dB	3,0 dB 4,5 dB 6,2 dB 10,5 dB –	1,3 dB 1,9 dB 2,7 dB 4,5 dB 6,5 dB	0,8 dB 1,1 dB 1,6 dB 2,5 dB 3,7 dB	0,6 dB 0,9 dB 1,3 dB 2,1 dB 3,2 dB

7.3 Übertragungswege

7.3.4 Lichtwellenleiter

Entwicklung der optischen Übertragungstechnik

Frühzeit und Mittelalter	Nachrichtenübertragung mit Hilfe von Rauch/Feuer/Flaggenzeichen
1830 – 1870	Flügeltelegraphen
1978	Inbetriebnahme der 1. 34 Mbit/s LWL-Übertragungsstrecke
1984	Glasfaser-Fernstrecke der Telekom, Übertragungsrate: 140 Mbit/s, Gradientenfaser 50/125 µm, Wellenlänge 1300 nm, Dämpfung ≤ 1 dB/km, Regeneratorabstand 18 km
1987	kostengünstige Einmodenfaser, Dämpfung ≤ 0,2 dB/km. Neubaustrecken im Telekom-Fernnetz nur noch mit LWL-Kabeln
1992	Installation der ersten optischen Teilnehmeranschlussleitung (OPAL)

Vorteile von Lichtwellenleitern

- Herstellung aus billigem, überall zur Verfügung stehendem Quarzglas (Siliziumdioxid, SiO_2)
- geringes Gewicht: < 100 g/km, kleine Abmessungen, kleiner Biegeradius, hohe Flexibilität
- geringe Dämpfung, große Bandbreite, großer Regeneratorabstand, große Übertragungskapazität
- keine elektromagnetische Beeinflussung, kein Nebensprechen (Abhörsicherheit), galvanische Trennung von Sender und Empfänger, keine Erdschleifen
- Mehrfachausnutzung der Faser, Wellenlängenmultiplex (WDM)

Medium	Optische Dämpfung in dB/km	Weglänge in m für 50% Signalverlust
Fensterglas	300 000	0,07
optisches Glas	18 000	1
Stadtluft	60	300
Glasfaser 1970	18	1 000
Glasfaser 1984	1	18 000
Glasfaser 1994	< 0,2	50 000

Optische Fenster

1. optisches Fenster	2. optisches Fenster	3. optisches Fenster
$\lambda_1 = 850$ nm	$\lambda_2 = 1300$ nm	$\lambda_3 = 1550$ nm

Optische Signale werden als elektromagnetische Wellen im Infrarotbereich (Wellenlängen: 800 nm – 1600 nm, Frequenz: 10^{14} Hz – 10^{15} Hz) übertragen.

⟹ 2-17

Spektrum elektromagnetischer Wellen

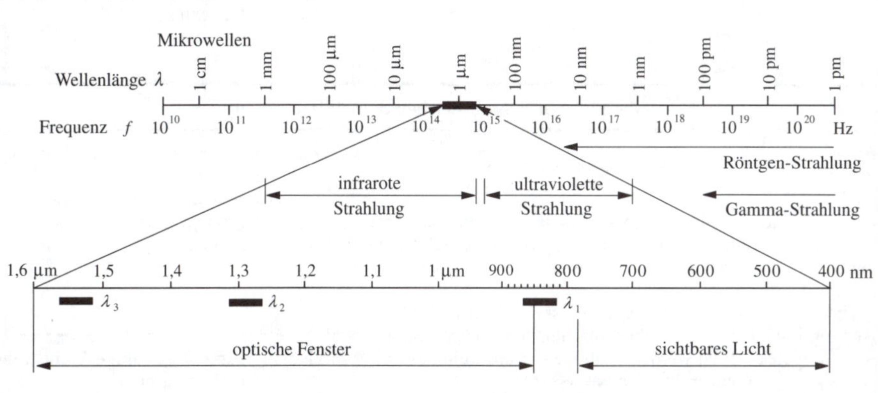

7.3 Übertragungswege

Lichtausbreitung im Faserkern

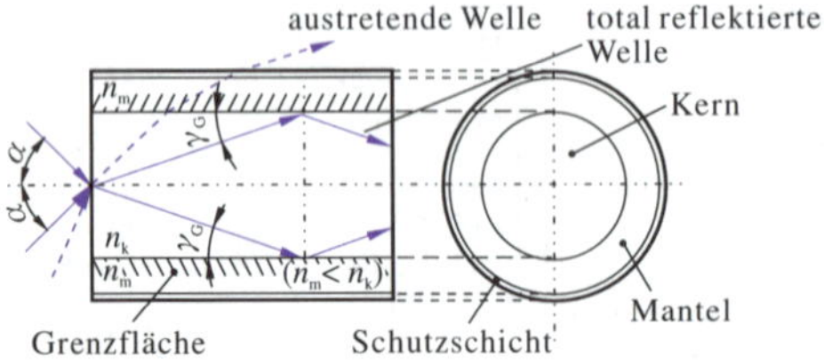

Glasfasern bestehen aus Kern- und Mantelglas mit verschiedenen Brechzahlen. Die Kernbrechzahl n_K ist größer als die Mantelbrechzahl n_M.

- Kernglas: Brechzahlerhöhung durch Dotierung mit Germaniumdioxid (GeO_2).
- Mantelglas: Brechzahlabsenkung durch Dotierung mit Bortrioxid (B_2O_3)

Brechung und Totalreflexion des Lichtes

Brechungsgesetz:

$$n = \frac{\sin\alpha}{\sin\beta} = \frac{c}{c_n}$$

n Brechzahl
α Einfallswinkel
β Ausfallswinkel

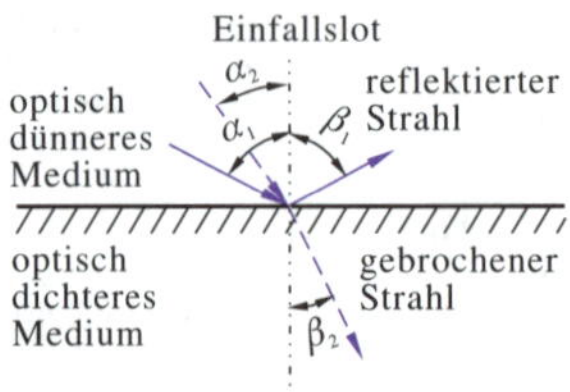

Brechzahl n

Verhältnis zwischen Einfallswinkel α und Ausfallswinkel β des an einer Grenzfläche gebrochenen oder reflektierten Lichtstrahls. Ursache: unterschiedliche Ausbreitungsgeschwindigkeit des Lichtes in verschiedenen Medien. Verhältnis zwischen Lichtgeschwindigkeit c in Luft und Geschwindigkeit in Materie c_n

Lichtleitung in der Glasfaser

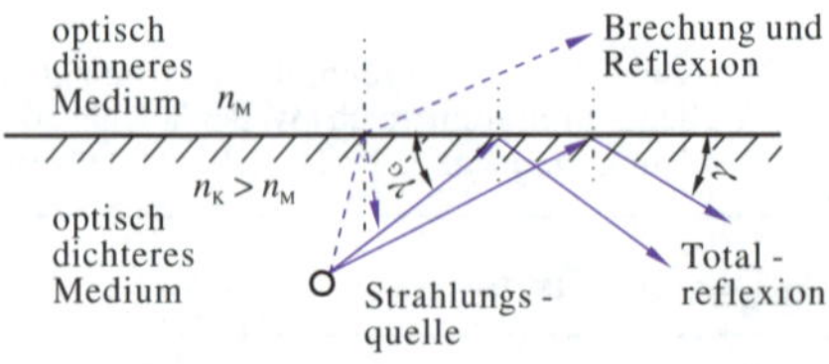

Grenzwinkel γ_G

$$\cos\gamma_G = \frac{n_M}{n_K}$$

Der aus dem optisch dichteren Medium kommende Lichtstrahl wird vom Einfallslot weggebrochen. Ab dem Grenzwinkel γ_G tritt eine verlustfreie Totalreflexion ein ($\gamma < \gamma_G$; γ = Reflexionswinkel)

Grundbegriffe der optischen Signalübertragung

Akzeptanzwinkel (Einfallswinkel), Numerische Apertur A_N	$A_N = \sin\alpha = n_K \cdot \sin\gamma_G = \sqrt{n_K^2 \cdot n_M^2}$ Lichtstrahlen, die innerhalb des Akzeptanzwinkels α in einen Glaskörper mit $n_K > n_M$ eingestrahlt werden, verlaufen im Kernmaterial innerhalb des Grenzwinkels γ_G. Die Numerische Apertur ist der Sinus des max. Winkels eines Lichtstrahls, um noch in der Faser reflektiert zu werden (Summe der ausbreitungsfähigen Lichtstrahlen im Faserkern)
Coating	Kunststoffbeschichtung (mechanischer Schutz) der Glasfaser, innen weich (Primärbeschichtung) und außen hart (Sekundärbeschichtung)
Moden	Ausbreitungsfähige Lichtstrahlen einer Faser

7.3 Übertragungswege

Dämpfungskurve einer Mehrmode-Gradientenfaser

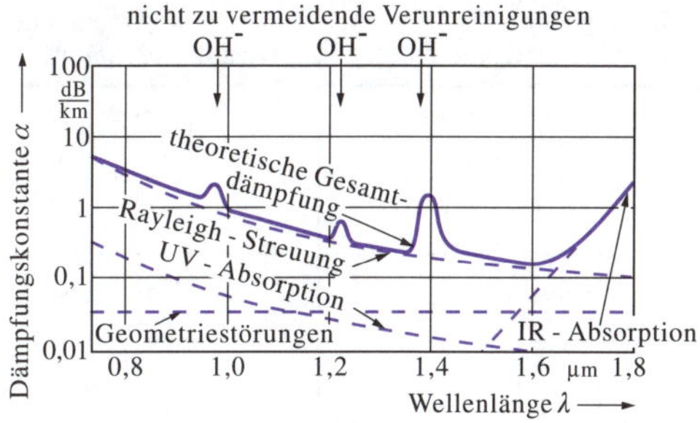

Bandbreite

Frequenzbereich von 0 Hz bis zur oberen Grenzfrequenz f_g. Bei f_g ist die Eingangsleistung auf 50% (3 dB) abgefallen (Tiefpassverhalten des Lichtwellenleiters).

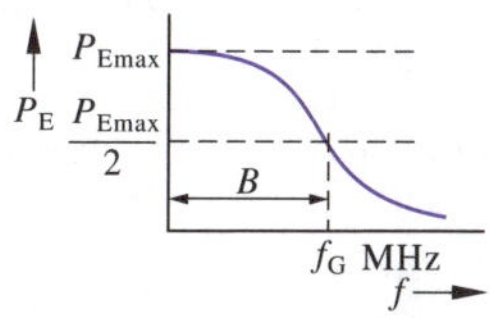

Dämpfung

$$a = \alpha \cdot l = 10 \lg (P_E/P_A) \text{ dB}$$

P_E Eingangsleistung,
P_A Ausgangsleistung,
a Dämpfung,
α Dämpfungsbelag (Dämpfungskoeffizient) (dB/km, dB/100 m)

Die sich in einer Glasfaser ausbreitende Lichtenergie nimmt entlang der Faser (analog zu elektrischen Leitungen) nach einer Exponentialfunktion ab.

Die Dämpfung (Lichtenergieverlust) ist stark von der Wellenlänge des eingekoppelten Lichtes abhängig. Bei verschiedenen Wellenlängen treten verschiedene Absorptionen auf.

OH-Absorption:	Verunreinigungen durch Einschlüsse von OH-Ionen in der Faser
IR-Absorption:	Aufsaugen infraroter Strahlen
UV-Absorption:	Aufsaugen ultravioletter Strahlen

Rayleigh-Streuung $\alpha \sim 1/\lambda^4$

Streuverluste (überwiegend verursacht durch Inhomogenitäten im Faserkern) nehmen nach dem Rayleighschen-Streuungsgesetz ab.

Bandbreiten-Längen-Produkt

Mit zunehmender Faserlänge werden die Laufzeitverzerrungen größer, Strahlungsimpulse laufen ineinander, die Bitfehlerhäufigkeit nimmt zu.

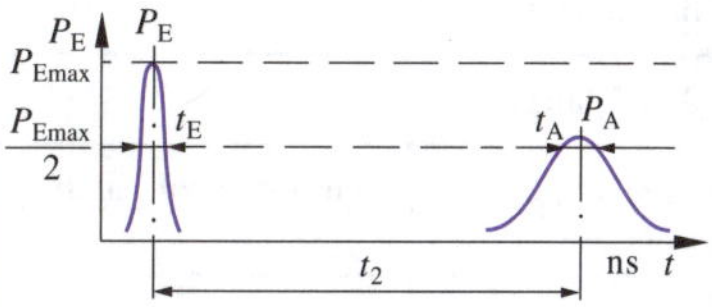

Gesamtdispersionskonstante τ: $\tau = \frac{\sqrt{t_A^2 - t_E^2}}{l}$

Bandbreite B (Bandbreiten-Längen-Produkt): $B \approx \frac{0{,}44}{2 \cdot \tau}$

Bsp.: $t_E = 0{,}5$ ns, $t_A = 2$ ns, $l = 19{,}3$ km

$$\tau = \frac{\sqrt{2^2 - 0{,}5^2} \text{ ns}}{19{,}3 \text{ km}} = 0{,}1 \text{ ns/km}$$

$$B \approx \frac{0{,}44}{2 \cdot 0{,}1 \text{ ns/km}} \approx 2{,}2 \text{ GHz} \cdot \text{km}$$

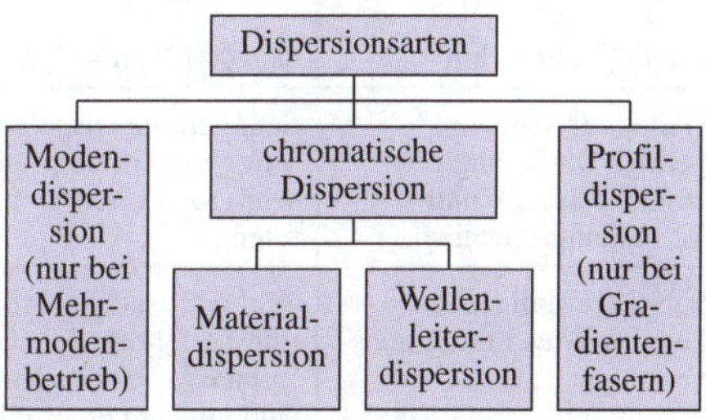

Dispersion ist die Summe aller Erscheinungen, die Signallaufzeitunterschiede verursachen und dadurch die Übertragungsbandbreite einer Glasfaser begrenzen.
- Modendispersion (Bandbreitenbegrenzung der einzelnen Moden durch Laufzeitunterschiede)
- Chromatische Dispersion (Material, Wellenlängen und Frequenzabhängigkeit der Brechzahl einer dotierten Faser
- Profildispersion bei Glasfasern

7.3 Übertragungswege

Glasfasertypen und ihre Eigenschaften

⇐ 7-35

Fasertyp	Mehrmodenfaser mit Stufenprofil	Mehrmodenfaser mit Gradientenprofil	Einmoden- (Monomode-) faser mit Stufenprofil
Brechzahlprofil	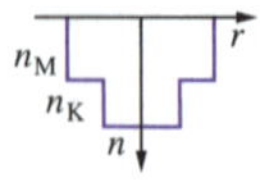	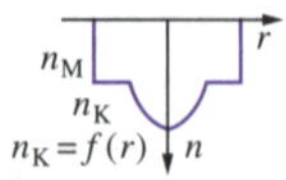	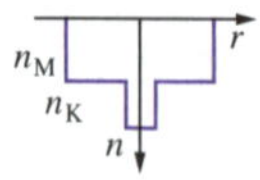
Faseraufbau- u. Strahlverlauf typische Werte aller Fasertypen Manteldurchm.: 125 ± 3 µm Faserdurchm.: 250 ± 25 µm (Beschichtung mit Coating)	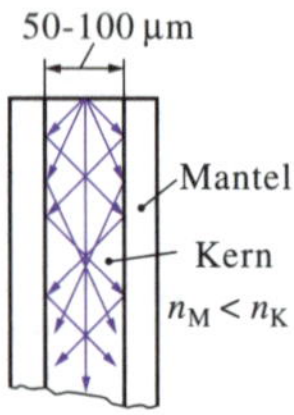	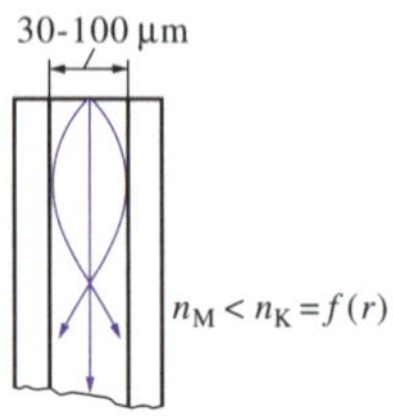	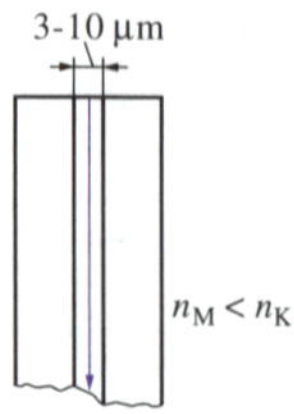
Strahlausbreitungstyp	Totalreflexion	Brechung und Totalreflexion	lineare Wellenführung
Akzeptanzw.	≤ 15°	≤ 12°	≤ 7°
Modenlaufzeiten	sehr unterschiedlich	fast gleich	keine, da nur ein Mode ausbreitungsfähig
Eingangsimpuls	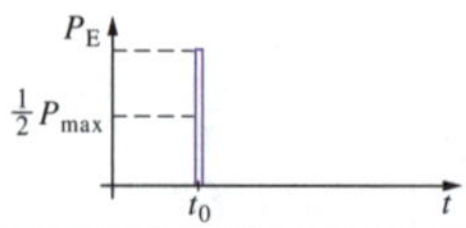	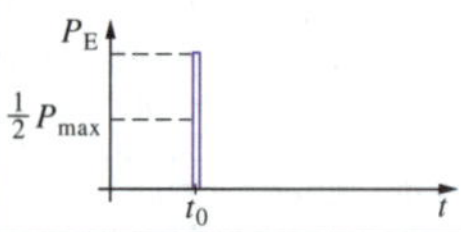	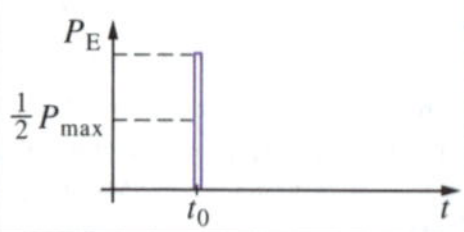
Ausgangsimpuls	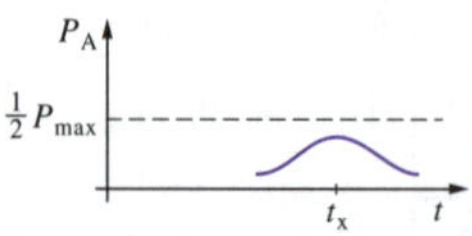	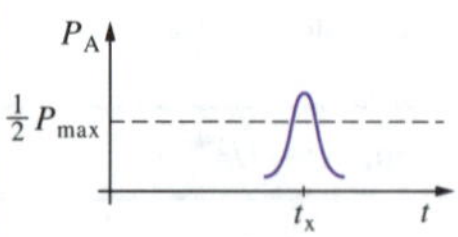	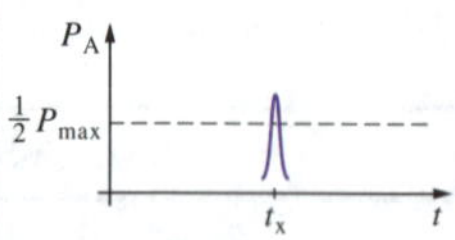
Dämpfung [1] Dispersion [1]	ca. 5 – 20 dB/km ca. 50 ns/km	ca. 2 – 10 dB/km ca. 1 ns/km	ca. 2 – 5 dB/km ca. 0,1 ns/km
Bandbreite (850 nm) Bitrate	ca. 100 MHz · km ca. 60 Mbit/s · km	ca. 1 GHz · km ca. 600 Mbit/s · km	ca. 10 GHz · km ca. 1000 Mbit/s · km
Vorteile	Einfache Produktion, einfache Herstellung von Spleißen und lösbaren Verbindungen	Geringe Dispersion, geringe Dämpfung, einfache Spleiß- und Verbindungstechniken	Sehr geringe Dispersion, sehr geringe Dämpfung, sehr große Übertragungsraten
Nachteile	Aufgrund der hohen Dispersion und Dämpfung wird die Faser heute nicht mehr produziert!	Sehr aufwendiges und kompliziertes Produktionsverfahren	Sehr aufwendiges Produktionsverfahren, Spleiße, lösbare Verbindungen sind schwer herzustellen

[1] Bei 850 nm

7.3 Übertragungswege

Rückstreumessungen

- Dämpfungsbelag (dB/km) und Dämpfung von Übertragungsstrecken, Fasern
- Spleiß-, Steckverbindungsdämpfung, Faserbruch, Faserfehler
- Längenbestimmung einer Faser, Übertragungsstrecke

Das Rückstreumessverfahren mittels optischem Impulsreflektometer (Impuls-Echo-Verfahren) ist das verbreitetste Messverfahren. Es ermöglicht Fehlerortung und Dämpfungsmessungen.

Beispiel: Rückstreukurve einer fehlerhaften Übertragungsstrecke

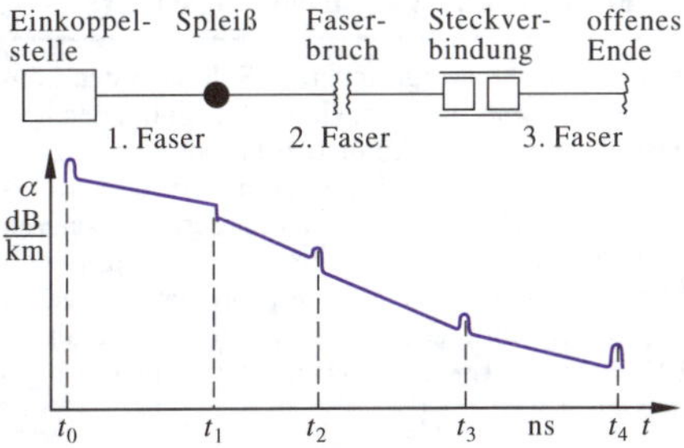

Zeit/Ort	Fehlerart	mögliche Ursachen
t_0	Anfangsreflexionen	Streuungen an der Einkoppelstelle
t_1	Dämpfungssprung	hohe Spleißdämpfung, Faserfehlanpassung, zu kleiner Biegeradius
t_2	Dämpfungssprung und Reflexionen	trotz Faserbruch wird der Lichtimpuls weitergeleitet und reflektiert
t_3	Reflexionen	gute Steckverbindung, nur geringe Dämpfungserhöhung
t_4	Endreflexionen	Faserende, Faserbruch ohne Lichtdurchgang

Spleißen von Lichtwellenleitern

Spleißverluste

- Intrinsische Verluste (produktionsbedingte Verluste)
- Extrinsische Verluste, Verluste an Verbindungsstellen (Spleiße)

Fehlerquellen und typische Dämpfungsverluste

Fehlerquelle	Dämpfungsverlust	Abbildung
Stirnflächenabstand	$0{,}5 \le s/R \le 1$ $a_s \ge 0{,}2$ dB $a_s \le 0{,}45$ dB	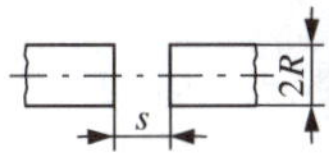
Achsenversatz	$0{,}1 \le \varepsilon/R \le 0{,}2$ $a_\varepsilon \ge 0{,}25$ dB $a_\varepsilon \le 0{,}65$ dB	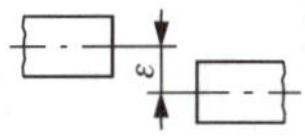
Kippwinkel	$0{,}5° \le \varphi \le 2°$ $a_\varphi \ge 0{,}05$ dB $a_\varphi \le 0{,}5$ dB	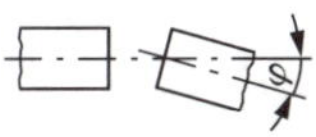
Fehlwinkel	$0{,}2° \le \gamma \le 2°$ $a_\gamma \ge 0{,}01$ dB $a_\gamma \le 0{,}2$ dB	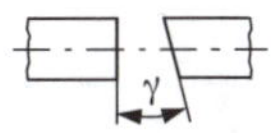
Oberfläche	$0{,}2 \le r/\lambda \le 2$ $a_r \ge 0{,}01$ dB $a_r \le 0{,}3$ dB	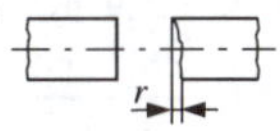
Kerndurchmesser	$\Delta R/R \le 0{,}1$ $R = \frac{R_1 + R_2}{2}$ $a_r \le 0{,}7$ dB	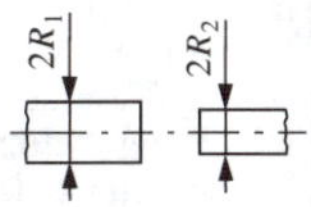
Numerische Apertur	$\Delta A_N/A_N \le 0{,}05$ $a_{A_N} \le 0{,}4$ dB	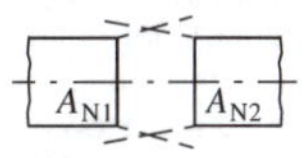
Zylindrizität	$C/R \le 0{,}05$ $a_C \le 0{,}1$ dB	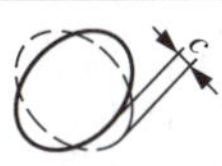
Fresnelverluste	$a_F \ge 0{,}3$ dB $a_F \le 0{,}38$ dB	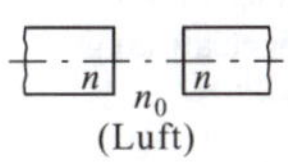

7

Dämpfung als Funktion von Faserdurchmesser und Numerischer Apertur A_N beim Koppeln von Mehrmoden-LWL G 50/120

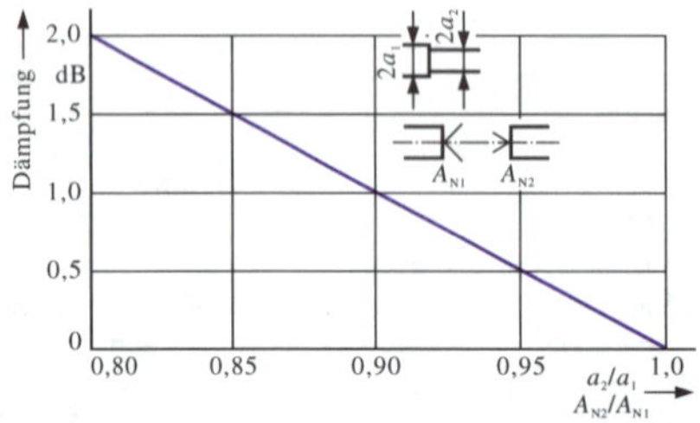

Dämpfung als Funktion von Achsenversatz, Kippwinkel und Stirnflächenabstand beim Koppeln von Mehrmoden-LWL G 50/125 und Einmoden-LWL E 9/125

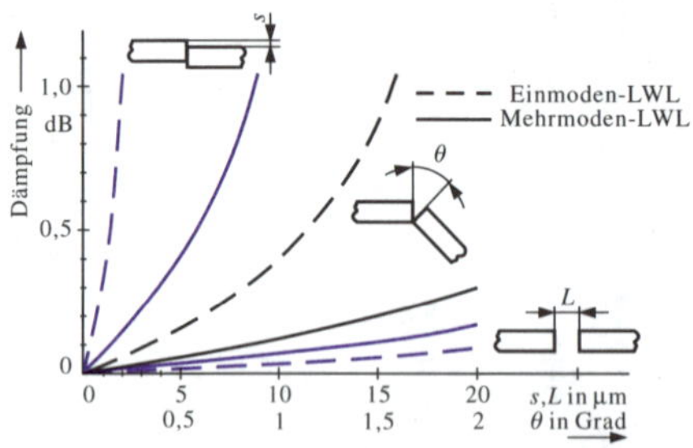

Spleißverfahren

Schmelzspleiß	Mechanischer Spleiß Klebespleiß
Exaktes Verfahren mit geringen Dämpfungswerten. Vom coating (Faserbeschichtung) befreite Faserenden werden mittels Mikroskop (Lupe), automatisch oder per Hand, exakt auf Stoß justiert und mit Hilfe eines dosierten elektrischen Lichtbogens thermisch verschweißt. Die Spleißstelle wird mechanisch geschützt.	Vorbereitete Faserenden, ohne Fehlwinkel, polierte Oberflächen, werden auf Stoß in ein mechanisches Führungsteil eingelegt. Indexangepasste Flüssigkeiten vermindern Reflexionen und Lichtbrechung. Ein Verschlussteil (Toleranz ≤ 1 µm) schließt die Verbindung (Zugentlastung). Wegen des geringen Kerndurchmessers wird dieses Verfahren bei Einmodenfasern nicht verwandt. Beim Klebespleiß wird durch Verwendung eines indexangepassten Klebers die Festigkeit des Spleißes erhöht.

Vergleich der Spleißverfahren

Vergleichskriterien	Mechanischer Spleiß (Klebespleiß)	Schmelzspleiß
Faservorbereitung	Abisolieren, Trennen, Polieren (Kleben)	Abisolieren, Trennen, Justieren
Faser/Faserübergang	Luft, Flüssigkeit (Kleber)	direkt
mechanische Festigkeit	mechanische Festigkeit durch Spleißträger (Klemmung)	Schweißverbindung
mittlere Spleißdämpfung	$a \le 0{,}15$ dB	$a \le 0{,}1$ dB

Funktion und Aufbau eines Spleißgerätes

Mit mikroprozessorgesteuerten Spleißgeräten können feste, dämpfungsarme LWL-Verbindungen hergestellt werden. Es können Einmodenfasern, dispersionsverschobene Einmodenfasern und Mehrmodenfasern bis zu einem Coatingdurchmesser von 1000 µm (Faseraußendurchmesser ≤125 µm) verbunden werden. Die Faser wird automatisch justiert und verschweißt. Die Spleißdämpfung wird mittels LID-System (Local Injection und Detection) gemessen.

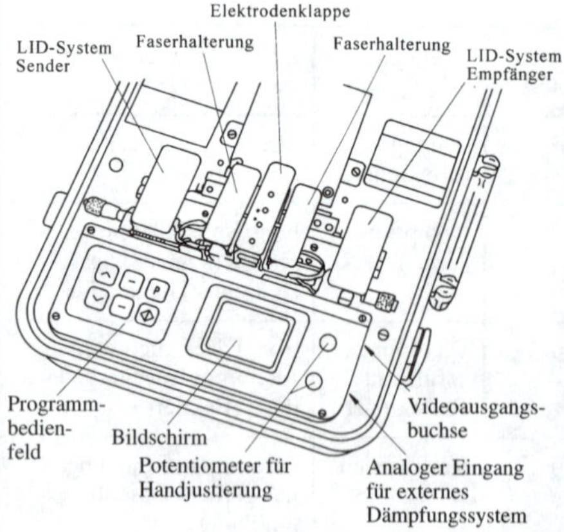

7.3 Übertragungswege

⇒ 7-32

Schutz von Faser und Kabel vor …	
Wassereintritt	Eindiffundieren von Wasserstoff, OH-Ionen
zu hohen Zugkräften und Torsion	max. Zugfestigkeit: 2000 N – 3000 N Verdrehungen vermeiden
zu kleinem Biegeradius	mind. Biegeradius 30 × Kabeldurchmesser Innenkabel: ≥ 250 mm Außenkabel: ≥ 400 mm
zu hoher thermischer Belastung	Verlegungstemperatur: –5 °C bis +50 °C, Betriebstemperatur: Außenkabel: –20 °C bis +60 °C Innenkabel: –5 °C bis +55 °C
zu schneller Alterung	Herstellergarantie: Die Kabeleigenschaften bleiben 25 Jahre nahezu konstant
Makrokrümmung (macrobanding, Radien ≤ 60 mm)	Mehrmodenfaser: Moden mit großem Einkopplungswinkel treten aus der Faser aus Einmodenfaser: Dämpfung nimmt mit zunehmender Krümmung und Wellenlänge stark zu
Mikrokrümmung (microbanding)	Krümmungen mit geringer Amplitude, ändern sich innerhalb der Faser laufend (statistisch verteilt), Verluste entstehen durch ständige Modenumwandlung

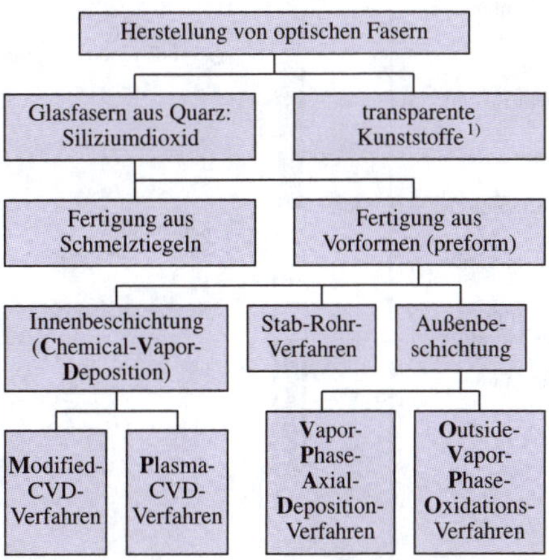

Eigenschaften von LWL-Kabeln

Geometrische, mechanische und optische Eigenschaften von Glasfaserkabeln: DIN VDE 0888-1 bis -6 und IEC 793-1-1 bis IEC 793-2
Prüfungen gemäß DIN VDE 0472-1 bis DIN VDE 0472-818

Gradientenfaserkabel

Eigenschaft	Pflichtwert	
	G50/125	G62,5/125
Kerndurchmesser	50 ± 3 µm	62,5 ± 3 µm
Manteldurchmesser	125 ± 3 µm	125 ± 3 µm
Faserdurchmeser	250 ± 25 µm	250 ± 25 µm
Exzentrizität Kern/Mantel	≤ 3 µm	≤ 3 µm
Dämpfung bei 850 nm in dB/km 1300 nm in dB/km	 2,5 – 3,5 0,7 – 1,5	 3,2 0,9
Bandbreite bei 850 nm in MHz · km 1300 nm in MHz · km	 200 – 600 600 – 1200	 160 – 200 200 – 500
Numerische Apertur	0,20 ± 0,02	0,275 ± 0,02
Biegeradius	30 × Kabeldurchmesser Innenkabel: ≥ 150 mm Außenkabel: ≥ 400 mm	

Einmodenfaserkabel

Eigenschaft	Pflichtwert
Felddurchmesser	9 – 10 ± 1 µm
Manteldurchmesser	125 ± 3 µm
Faserdurchmesser	250 ± 25 µm
Konzentrizität Feld/Mantel	1 – 3 µm je nach Spleißtechnik und Spleißdämpfung
Dämpfung	1300 nm: 0,33 – 0,45 dB/km 1550 nm: 0,20 – 0,30 dB/km
Dispersion	1300 nm: 3,5 – 5 ps/(nm · km) 1550 nm: ≤ 19 ps/(nm · km)
Biegeradius	30 × Kabeldurchm. (≥ 400 mm)
Zugfestigkeit	max. 2000–3000 N

[1] Kunststofffasern haben eine hohe Dämpfung, sie werden nur für Längen ≤ 100 m verwandt.

7.3 Übertragungswege

Bezeichnung von LWL-Kabeln	
A-	Außenkabel
I-	Innenkabel
V	Vollader
W	Hohlader gefüllt
H	Hohlader ungefüllt
D	Bündelader gefüllt
B	Bündelader ungefüllt
S	Metallelement in der Kabelseele (Cu-Beilauf)
F	Füllung der Verseilhohlräume in der Kabelseele
(ZN)	nichtmetallene Zugentlastungselemente
2Y	PE-Hülle
Y	PVC-Hülle
(L)2Y	Schichtenmantel
B	Bewehrung
E	Einmodenfaser
G	Gradientenfaser
../..	Kerndurchmesser/Manteldurchmesser in µm bei Gradientenfasern. Felddurchmesser/Manteldurchmesser in µm bei Einmodenfasern
..B.. ..F.. ..H..	Einsatzbereich 850 nm Einsatzbereich 1300 nm Einsatzbereich 1550 nm
→	Nennwert der Bandbreite in MHz für 1 km bei Gradientenfaser. Nennwert des Dispersionsparameters in ps/(nm × km) bei Einmodenfasern
→	Nennwert des Dämpfungskoeffizienten in dB/km bei Gradienten/Einmodenfasern

Bezeichnungsbeispiele

Innenkabel J-H(ZN)Y 2G, 50/125 µm	Außenkabel A-DSF(L)(ZN)2Y, 10×4 E9/125 µm
Für den Anschluss optischer Geräte in Innenräumen und als flexible Schaltkabel mit Steckern werden Glasfaserinstallationskabel mit 1, 2 oder mehreren Lichtwellenleitern eingesetzt.	Das Kabel enthält insgesamt 40 Einmodenfasern in 10 Bündeladern; es wird im überregionalen Fernnetz der Telekom eingesetzt und mit 585 Mbit/s-Übertragungssystemen (= 7680 Sprachkanäle/Faser) belegt.

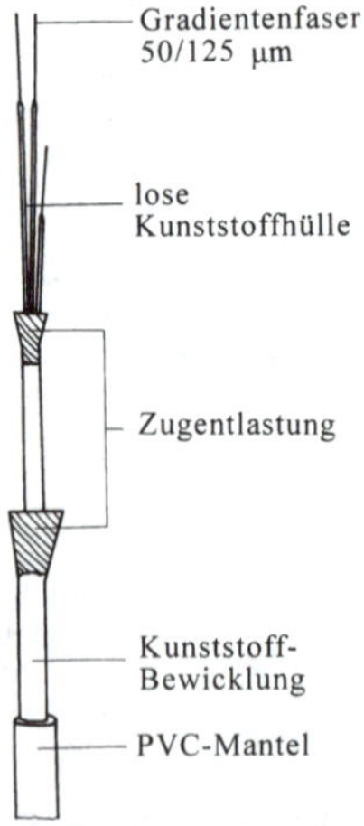

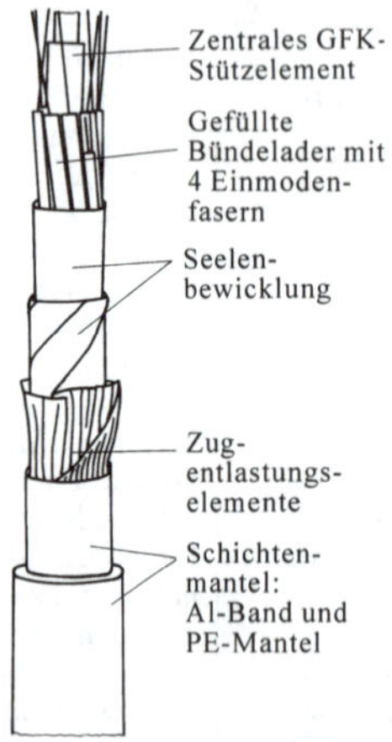

Video-Kabel mit LWL und Cu-Leitern Typ 0/01/06-1	Bandkabel mit 10 × 10 Einmodenfasern für Glaserfaser-Ortsnetze

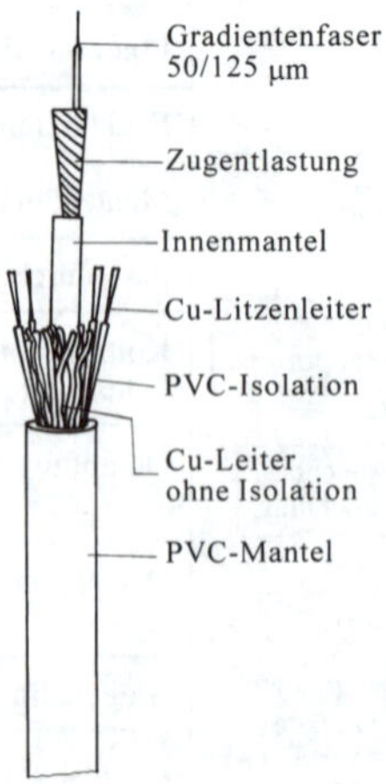

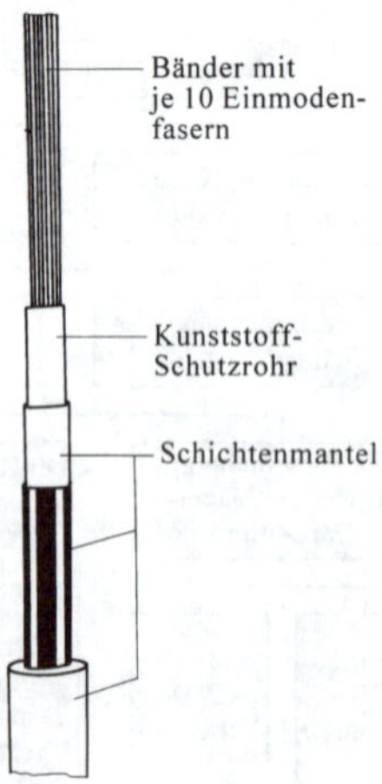

7.3 Übertragungswege

Optische Übertragungssysteme

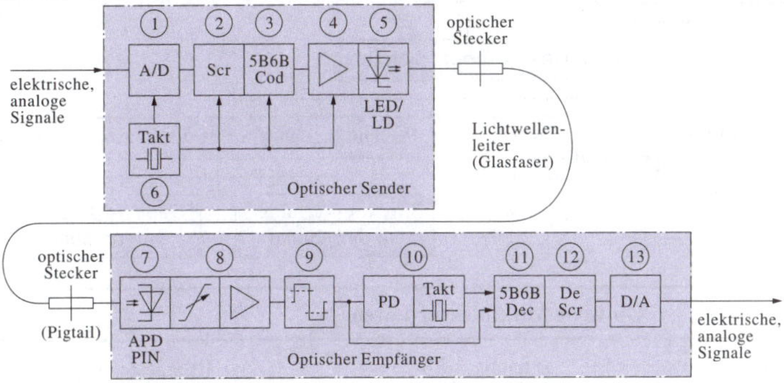

① Analog/Digital-Wandler
② Scrambler (Verwürfler)
③ 5-Bit/6-Bit-Codierer für optische Leitungscodes
④ Digitalsignalverstärker
⑤ Lumineszenz-Diode (LED) oder Laser-Diode (LD)
⑥ Taktgenerator (Quarz)

⑦ Lichtempfänger (Fotodiode, Fototransistor)
⑧ Regelbarer Digitalsignalverstärker
⑨ Schwellwertentscheider für positive/negative Signale
⑩ Phasendiskriminator (Taktrückgewinnung mittels PLL-Phasenregelkreis)
⑪ 5-Bit/6-Bit-Decodierer für optische Leitungscodes
⑫ Descrambler
⑬ Digital/Analog-Wandler

7

⇒ 6-56

Optische Übertragungssysteme mit V.24-Schnittstellen

Übertragungsverfahren	Darstellung
asynchron vollduplex überbrückbare Entfernung ≤ 3000 m Bitrate ≤ 20 kbit/s störungsfreie Übertragung (galvanische Trennung)	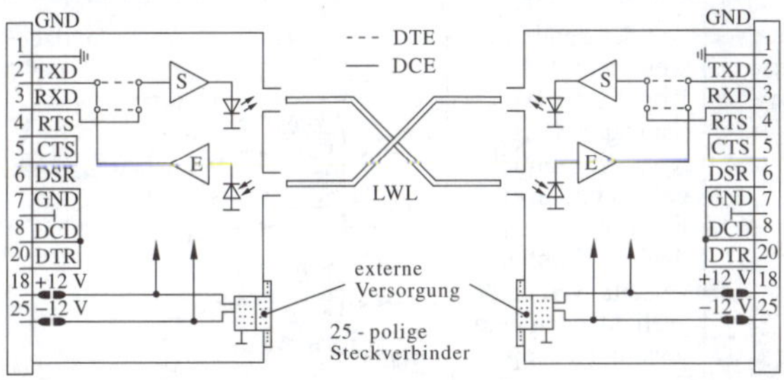
optischer Vierkanal-Multiplexer Ersatz einer 4-Draht (10-Draht-Verbindungsleitung) synchroner oder asynchroner Betrieb überbrückbare Entfernung ≤ 2500 m Bitrate ≤ 66 kbit/s	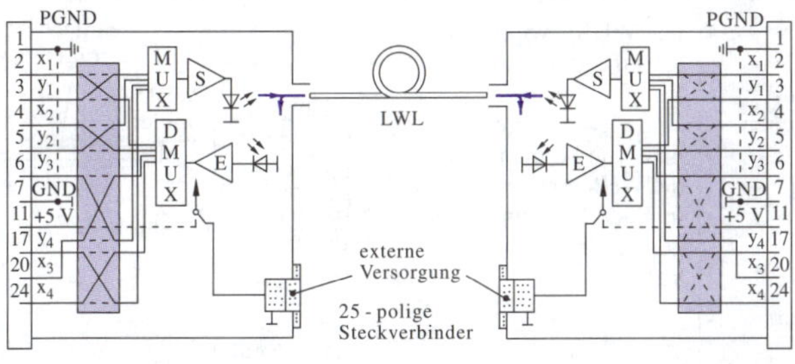

7.3 Übertragungswege

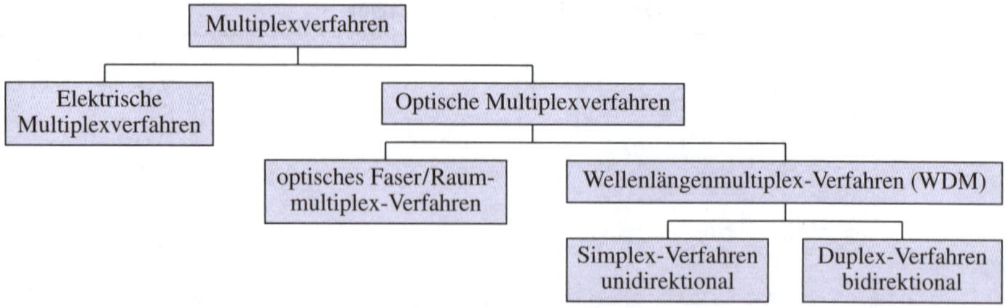

Optische Multiplexverfahren

Optisches Raum-multiplex-Verfahren

Für jeden Übertragungsweg steht eine Glasfaser zur Verfügung. Die Übertragungswege können uni- bzw. bidirektional (Hin-, Rückwärtsrichtung) mit gleichen/verschiedenen Wellenlängen benutzt werden

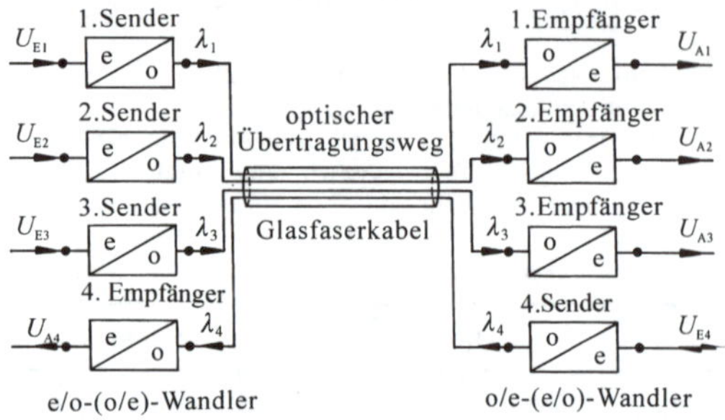

Simplex-Wellenlängen-multiplex-Verfahren

Auf der Sendeseite werden im WDM-Koppler die Wellenlängen λ_1, λ_2, λ_3, λ_4 zusammengefasst und in einer Faser übertragen. Auf der Empfängerseite werden die Wellenlängen dem jeweiligen Empfänger zugeführt

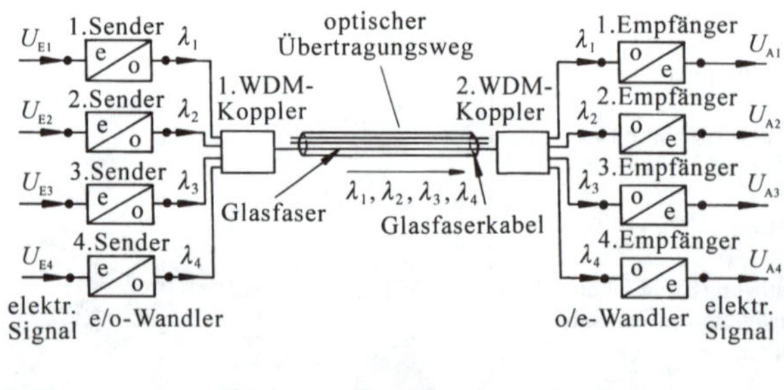

Halbduplex-WDM mit gleichen Wellenlängen

Die WDM-Koppler auf Sender- und Empfängerseite sind gleich aufgebaut. Sie können die Wellenlängen in beide Richtungen ein- bzw. auskoppeln

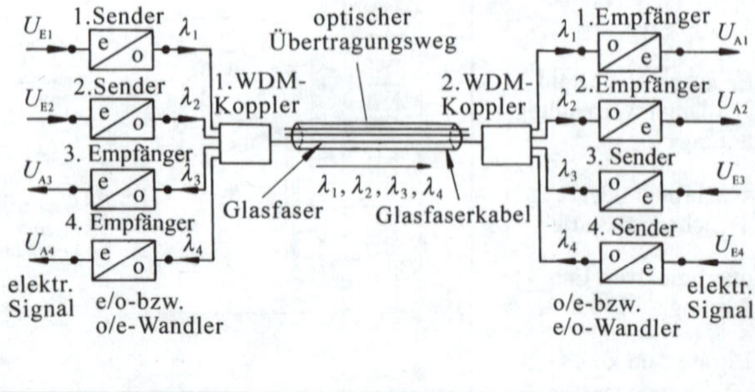

7.3 Übertragungswege

Anforderungen an optische Sender und Empfänger	– verlustlose Umsetzung elektrischer in optische Signale und umgekehrt, – optimale Ein- und Auskopplung der Strahlung in den LWL, – Erzeugung von Emissionswellenlängen innerhalb der optischen Fenster, – einfache, kostengünstige Fertigung, – hohe Betriebssicherheit (langsame Alterung, große Temperaturstabilität), – große mechanische Stabilität, integrierbar in kleinste Schaltkreise, – niedrige Ansteuerspannungen und direkte Modulation der Strahlungsleistung durch den Injektionsstrom

Aufbau der Infrarot-LED (IR-LED, IRED)

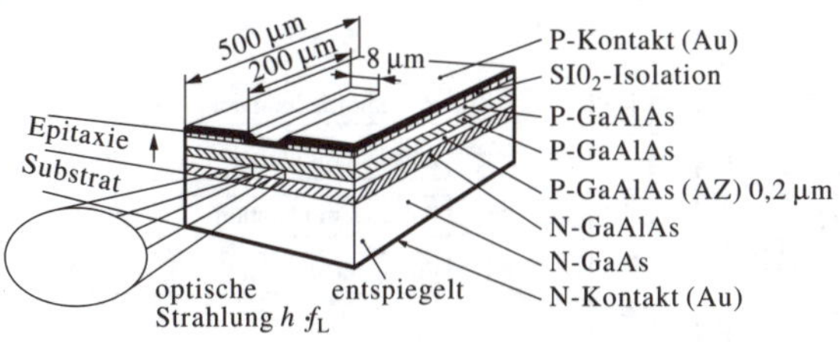

LED (Lumineszenzdioden, light emitting diodes). IRED haben folgende Eigenschaften:
- hohe Strahlungsleistung,
- gebündelte Abstrahlung bei langwelligen Strahlungsquellen in den optischen Fenstern,
- kleine Anstiegs-/Abfallzeiten

Aufbau der Laserdioden (LD)

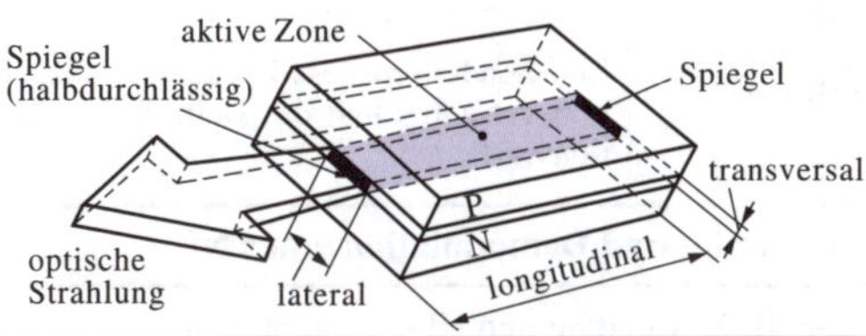

Laser haben sehr geringe Emissionsbreiten, die stark gebündelte Strahlung kann nahezu vollständig in die Faser eingekoppelt werden. Die Sendeleistungen können sehr gering sein (<10 mW)

Vergleich von IRED- und LD-Sender zur Digitalsignalübertragung bei 1300 nm

Sendeelement	opt. Strahlungsleistung in dBm	Bitrate in Mbit/s	Fasertyp	Dämpfung in dB/km	Übertragungslänge in km
IRED	–18	34–140	Gradientenfaser	1	15
LD	–1	565	Gradientenfaser	1	30
LD	–1	2000	Einmodenfaser	0,5	60

Strahlungsleistungen

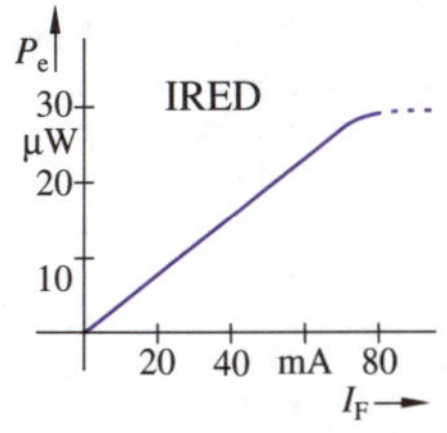

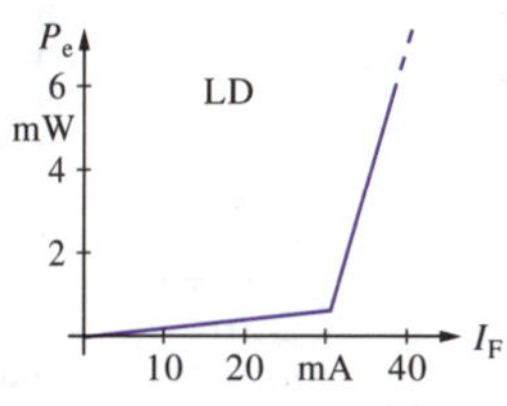

Verzögerungs- und Anstiegszeit

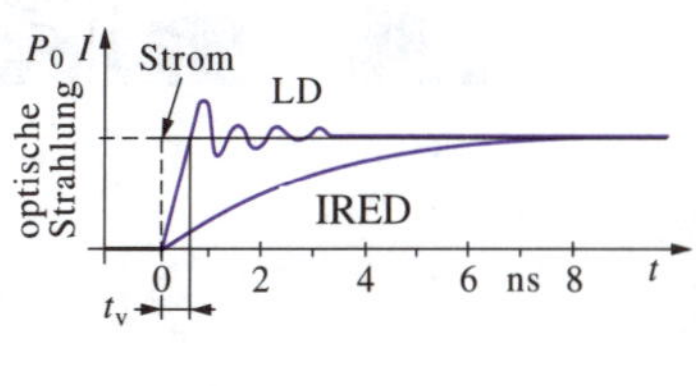

7.4 Modulation und Demodulation

7.4.1 Modulationsarten

Modulation	die gewollte Beeinflussung eines Trägersignals durch ein zu übertragendes Nutzsignal: Umsetzen des Nachrichtensignals in eine höhere Frequenzlage am Sendeort
Demodulation	das Herausfiltern des Trägersignals, damit das Nutzsignal in der ursprünglichen Form wiedergewonnen wird: Rückwandlung des übertragenen Signals in die ursprüngliche Frequenzlage am Empfangsort

Schwingungsmodulation kontiniuerliche HF

analog

Bezeichnung	Kürzel	Gruppe
Zweiseitenbandübertragung	AM	Amplituden-modulation
Zweiseitenbandübertragung mit unterdrücktem Träger	DSSC	Amplituden-modulation
Restseitenbandübertragung	VSB	Amplituden-modulation
Einseitenbandverfahren	SSB	Amplituden-modulation
Frequenzmodulation	FM	Winkel-modulation
Phasenmodulation	PM	Winkel-modulation

digital

Bezeichnung	Kürzel
Amplitudenumtastung	ASK
Frequenzumtastung	FSK
Phasenumtastung	PSK

Pulsmodulation Impulsfolge von HF

analog und digital

Bezeichnung	Kürzel	Gruppe
Pulsamplitudenmodulation	PAM	
Pulsdauermodulation	PDM	
Pulscodemodulation	PCM	
Pulsabstandsmodulation	PIM	
Pulsfrequenzmodulation mit 5 - Unit - Binärcode (2^5)	PFM	Pulswinkel-modulation
Pulsphasenmodulation	PPM	Pulswinkel-modulation

Eine Sonderform des PCM ist das Deltamodulationsverfahren und das Delta-Sigma-Modulationsverfahren.

7.4.2 Prinzip der Modulation und Demodulation einer NF

Übertragungsstrecke der HF-Modulation und HF-Demodulation

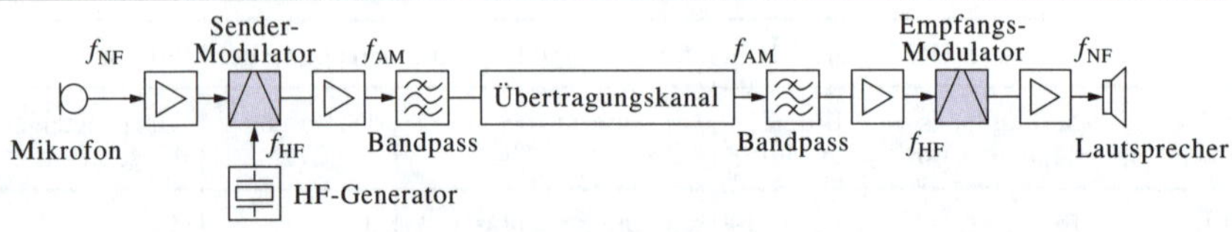

Kehr- und Regellage der HF

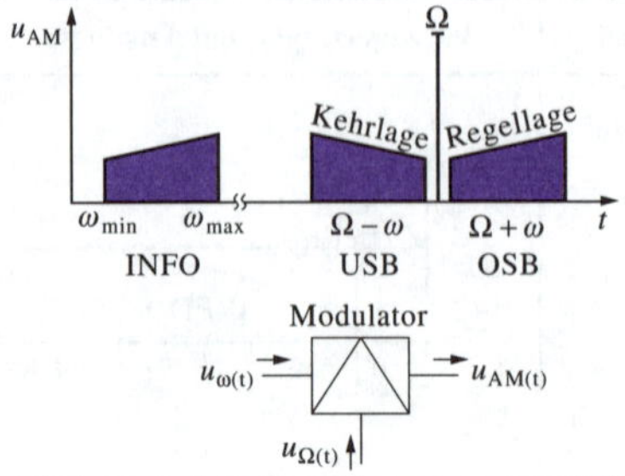

Ω_T	Frequenz der Trägerspannung
ω_{NF}	Frequenz der Infospannung
ω_{USB}	untere Seitenbandfrequenz (engl. Frequency lower sideband)
ω_{OSB}	obere Seitenbandfrequenz (engl. Frequency upper sideband)
$u_{AM\text{-}USB}(t)$	untere Seitenbandschwingung
$u_{AM\text{-}OSB}(t)$	obere Seitenbandschwingung
φ_{NF}, φ_T	Nullphasenwinkel
$u_\omega(t) = u_{NF}$	Infospannung
$u_\Omega(t) = u_T$	unmodulierte Trägerspannung
$u_{AM}(t)$	Modulationsspannung

7.4 Modulation und Demodulation

7.4.3 Amplituden-Modulation

⟹ 10-10

Art	Bildliche Darstellung	Erläuterung
Linien-dia-gramm und Modula-tions-trapez	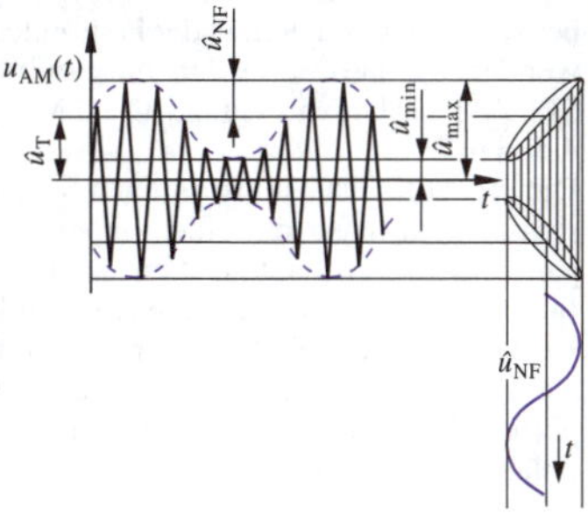	Das Liniendiagramm zeigt die Hüllkurve, eine gedachte Linie als Verbindung aller Maxima und Minima der Zeitfunktion. $m = \frac{\hat{u}_{max} - \hat{u}_{min}}{\hat{u}_{max} + \hat{u}_{min}} \cdot 100\%$ $m = \frac{\hat{u}_{NF}}{\hat{u}_T} \cdot 100\%$ $b = 2 \cdot f_{max}$ m Modulationsgrad b Bandbreite In der Rundfunktechnik wird ein Modulationsgrad von 80% gefahren. Bei 100% erfolgt eine Übersteuerung, und der Träger wird abgeschnürt, fehlerbehaftete Übertragung und Dynamikverlust sind die Folge. Die Übertragung eines AM-Signals erfolgt nur dann störungsfrei, wenn alle drei Schwingungsanteile in ihrer Amplitude, im Frequenzabstand und in der Phasenlage zueinander unverfälscht übertragen werden.
Zeiger-dia-gramm	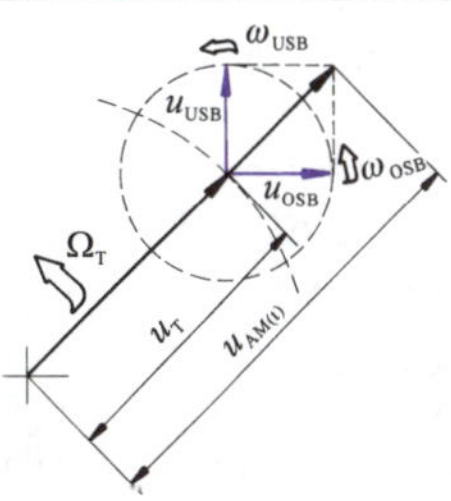	$\hat{u}_{NF}(t) = \hat{u}_{NF} \cdot \sin(\omega_{NF} \cdot t \pm \varphi_{NF})$ $\hat{u}_T(t) = \hat{u}_T \cdot \sin(\Omega_T \cdot t \pm \varphi_T)$ $\hat{u}_{AM\text{-}USB}(t) = +\frac{m}{2} \cdot \hat{u}_T \cdot \cos(\Omega_T - \omega_{NF}) \cdot t$ $\hat{u}_{AM\text{-}OSB}(t) = -\frac{m}{2} \cdot \hat{u}_T \cdot \cos(\Omega_T - \omega_{NF}) \cdot t$ $\hat{u}_{AM}(t) = \hat{u}_T \cdot \sin \Omega_T \cdot t + \frac{m}{2} \cdot \hat{u}_T \cdot \cos(\Omega_T - \omega_{NF}) \cdot t - \frac{m}{2} \cdot \hat{u}_T \cdot \cos(\Omega_T - \omega_{NF}) \cdot t$
Leistung in der AM	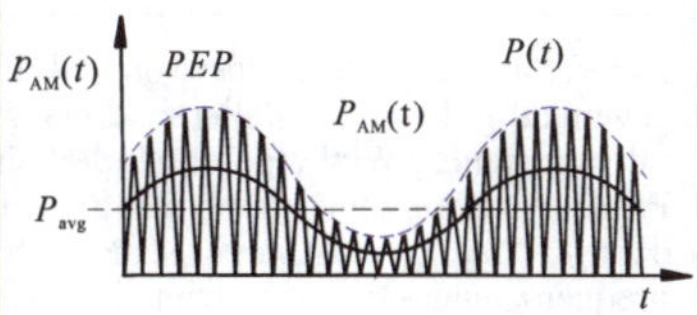	$P_{AM} = \frac{1}{T} \cdot \int_0^T \frac{[u_{AM}(t)^2]}{R} \, dt$ $P_{AM} = P_\Omega + P_{USB} + P_{OSB}$ $PEP = (1 + m)^2 \cdot P_\Omega$ $P_{avg} = \left(1 + \frac{m^2}{2}\right) \cdot P_\Omega$ P_{AM} Hüllkurvenleistung mittlere Leistung (engl. mean power) $p(t)$ Momentanleistung PEP Spitzenleistung (engl. peak envelope power) P_{avg} mittlere Leistung (engl. mean power)
Sonder-formen der AM	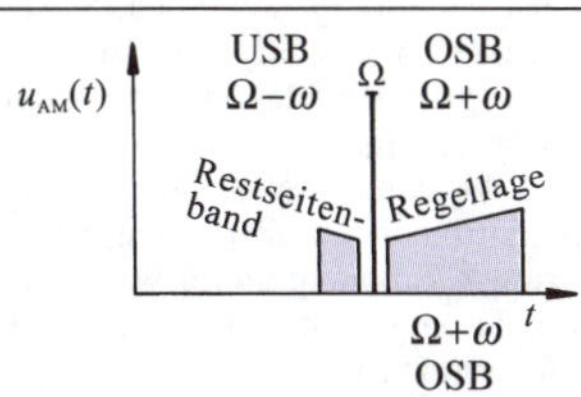	Den größten Leistungsverbrauch hat im Zweiseitenband-Verfahren (engl. double sideband-AM) das Trägersignal. Damit ist eine Reduzierung des Trägersignals und die Unterdrückung eines der symmetrischen Seitenbänder (OSB oder USB) möglich (engl. single side band-SSB-AM).

⟹ 11-6

7.4.4 Frequenzmodulation

Art	Bildliche Darstellung	Erläuterung
Liniendiagramm	Signalverlauf der FM 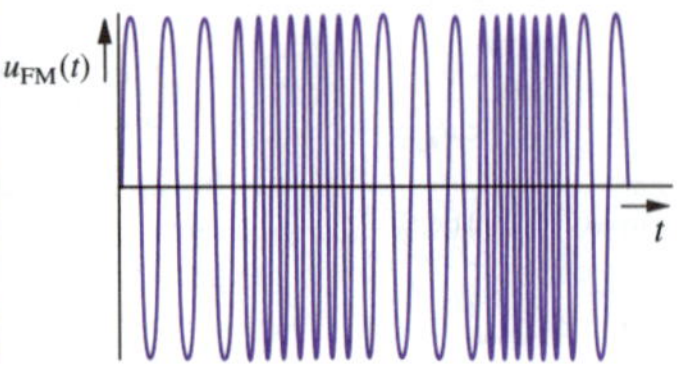	Diese Modulationsart wird im UKW-Rundfunk und bei der Tonübertragung in der Fernsehtechnik angewendet. In der Fernsehtechnik wird sie beim SECAM-Verfahren benutzt. Die FM ist wie folgt definiert: Die Frequenz einer sinusförmigen Spannung ändert sich zeitlich linear mit einem modulierenden Vorgang, im einfachsten Fall sinusförmig. In diesem Fall wird nicht die Amplitudenhöhe beeinflusst, sondern die Phasenlage des Informationssignals zum Trägersignal. Der Frequenzhub ist proportional zur Lautstärke und zur Amplitude der Modulationsspannung. Den Bereich, in dem die Frequenz von der Mitte f_{min} bzw. nach f_{max} abweicht, nennt man Frequenzhub. Der Frequenzhub kann niemals größer als die halbe Mittenfrequenz werden. Der Frequenzhub ist für FM-Sender genormt: bei UKW-Sendern ±75 kHz, beim Fernsehton ±50 kHz, bei beweglichen Tonsendern ±15 kHz (Landfunkdienst)
Zeigerdiagramm	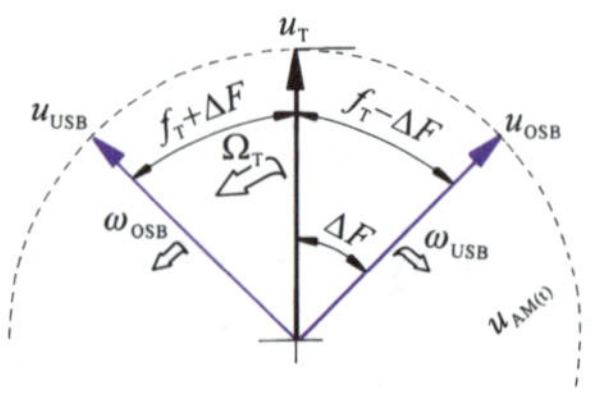	$M = \frac{\Delta F}{f_{INFO}} = \frac{\Delta\Omega}{\omega_{NF}}$ — M Modulationsindex $\Delta F = \frac{1}{2}(f_2 - f_1)$ — ΔF Frequenzhub; f_{INFO} Infospannung $\hat{u}_{FM}(t) = \hat{u}_T \cdot \sin(\omega_T \pm M \cdot \sin\omega_\eta)$ — $u_{FM}(t)$ frequenzmodulierte Spannung $f_B = 2 \cdot (\Delta F \cdot f_{INFO})$ — f_B Bandbreite
Frequenzhub und Bandbreite	Liniendiagramm und Frequenzspektrum 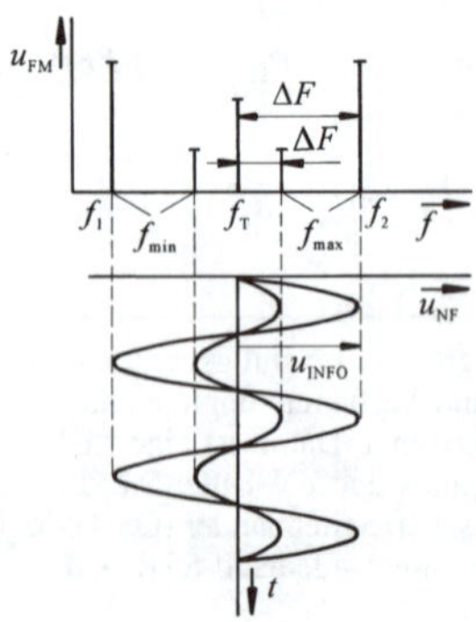	Der Verlauf der Seitenbänder von USB und OSB ist gegenläufig. Die unmodulierte Schwingung rotiert mit konstanter Winkelgeschwindigkeit Ω_T. Der Phasenwinkel nimmt gleichmäßig zu. Der Zeiger der f_{INFO} (ω_{INFO}) läuft wegen seiner sich ändernden Frequenz langsamer bzw. schneller. Der max. Abstand vom unmoduliertem Träger ist der Phasenhub ΔF. Die Dynamik (Lautstärke) eines FM-Signals kann nahezu beliebig groß werden. Steigt die Informationsfrequenz, so wird bei konstanter Informationsspannung der Modulationsindex kleiner, damit wird die Störanfälligkeit größer. Man hebt technisch bei hohen Tonfrequenzen den Modulationsindex an (Preemphasis oder Akzentuierung). Empfangsseitig wird der Modulationsindex durch geeignete Filterschaltungen verringert (Dempremphasis).

7.4 Modulation und Demodulation

7.4.4 Frequenzmodulation

⟹ 10-10

Art	Bildliche Darstellung	Erläuterung
Spektren bei verschiedenen Modulationsindizes	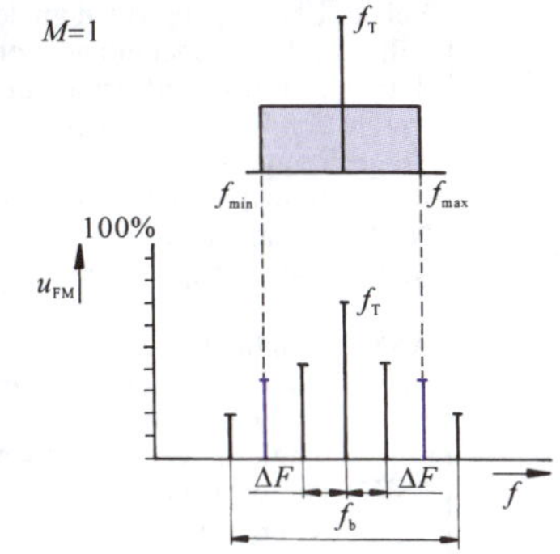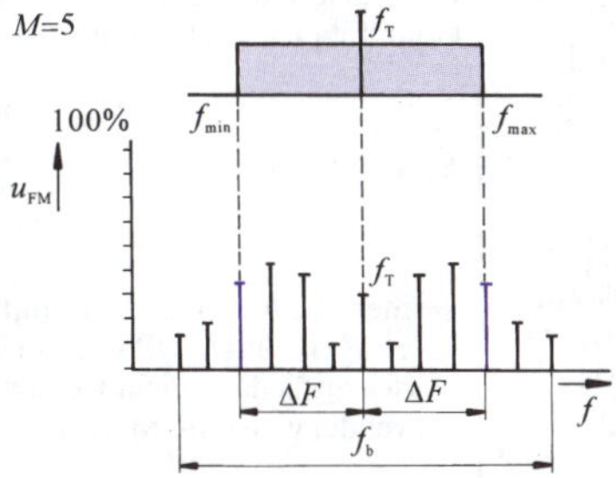	Das Frequenzspektrum der FM ist stark vom Modulationsindex abhängig. Mit zunehmendem M ergeben sich theoretisch unendlich viele Seitenschwingungen, was eine höhere Bandbreite bedeutet. Bei bestimmtem Modulationsindex verschwindet der Träger (Trägerreduzierung). Damit können im Gegensatz zur AM die Seitenschwingungen größer als der Träger werden. Die Abstände zum Träger bilden ganzzahlige Vielfache der Modulationsfrequenz. Im UKW-Bereich wird in FM ein Hub von 75 kHz erzeugt. Die Bandbreite ergibt sich zu 180 kHz bei einer maximalen Informationsfrequenz von 15 kHz, da die unmodulierte Trägeramplitude ca. 9% beträgt. Somit wird die Seitenschwingung 7. Ordnung nicht mehr erfasst (siehe Besselfunktionen)
Besselfunktionen mit Modulationsindex	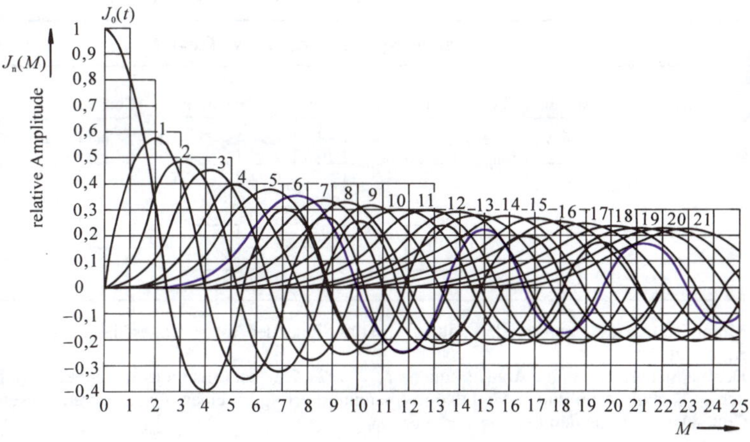	

7.4 Modulation und Demodulation

7.4.5 Pulssignale und gepulste Modulation

<table>
<tr><th>Art</th><th>Bildliche Darstellung</th><th>Erläuterung</th></tr>
<tr><td>Signalverlauf in der digitalen Modulation</td><td>

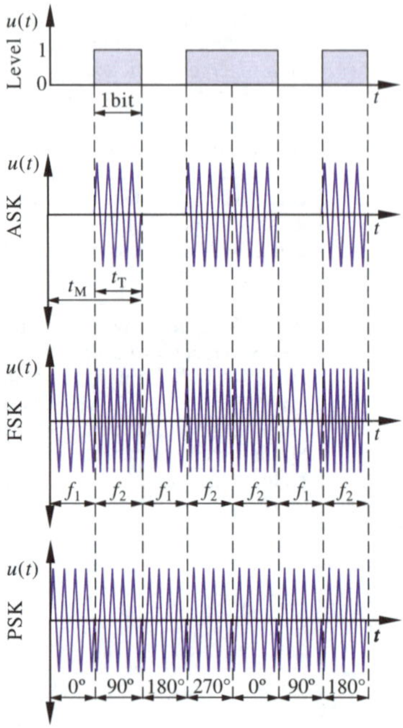

</td><td>

Bei der Übertragung von digitalen Signalen mit Hilfe der Amplitudenmodulation wird der Modulationsgrad m sprunghaft in seinen Grenzwerten von 0 bis 1 geändert. Das bedeutet, die Trägerfrequenz selbst als Informationsträger wird durch Aus- und Einschalten selbst als Nachricht moduliert. Je nach Beeinflussung der Signalparameter spricht man von:

ASK Amplitudentastung (engl. amplitude shift keying)
FSK Frequenztastung (engl. frequency shift keying)
PSK Phasentastung (engl. phase shift keying)

Die Bandbreite in der AM-Tastung wird mit der Grundfrequenz f_m bestimmt

$B_{ASK} = 2 \cdot 1{,}6 \cdot f_m$

B_{ASK} Bandbreite in der Trägerfrequenzlage
f_m Grundfrequenz

Werden 4 Phasenzustände mit einem Träger übertragen (engl. QPSK), so können $n = 2^m$ Phasenzustände erreicht werden.
Anwendung: 4-PSK-Modems

</td></tr>
</table>

7.4.5 Pulscodemodulation-PCM

Wandlersystem in der PCM-Technik

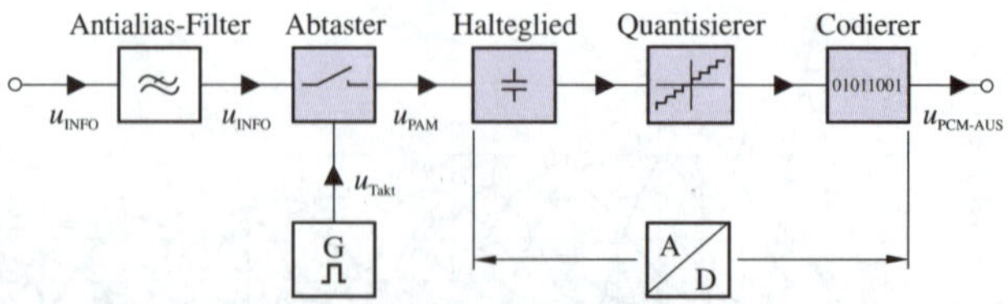

Mittels Tiefpasssystem (Antialias-Filter) wird das Signal der Abtast/Halteschaltung (engl. sample & hold) zugeführt.
Der Taktgenerator legt die Abtastfrequenz $f_{Abtast} = 2 \cdot f_{max}$ fest (Shannon-Abtasttheorem). Die Umsetzung der u_{PAM} (Puls-Amplituden-Modulation-Spannung) erfolgt in einem Quantisierer. Dieser gibt ein 8-Bit-Code-Datenwort an den Leitungscodierer ($u_{PCM\text{-}Aus}$).

7.4.6 Pulscodemodulation-PCM

⟹ 10-14

$$\frac{P_{INFO}}{P_Q} = s^2 - 1$$

$$U_Q = U_{PCM\text{-}Aus} - U_{IN}$$

$$a_Q = 20 \log(s)$$

nach CCITT bei PCM:

$a_Q = 48{,}16$ dB

$\frac{P_{INFO}}{P_Q}$	Geräuschverhältnis
P_Q	Quantisierungsgeräuschleistung
U_{PCM}	Ausgangsspannung
a_Q	Geräuschabstand (Dynamik)
s	Quantisierungsstufenzahl (Quantisierungsintervall)

Quantisierungsintervall	Länge des Codewortes	Geräuschabstand
32	5 Bit	30 dB
64	6 Bit	36 dB
128	5 Bit	42 dB
256	8 Bit	48 dB
1024	10 Bit	60 dB
4096	12 Bit	74 dB

Ein analoges Signal wird in zeit- und wertdiskrete Stufen eingeteilt (Quantisierungsintervalle). Jedem Intervall wird ein Code zugeordnet. In der Praxis haben sich 8-Bit-Codewörter durchgesetzt. Von der Quantisierung hängt der Störabstand ab.

Technische Daten bei einer CD-Tonaufzeichnung:

Abtastfrequenz:	44,1 kHz
Quantisierung:	16 Bit/Kanal
Kanalbitbreite:	705,6 kBit/s
Kanalzahl:	2
Datenbitrate:	2,0338 MBit/s

Um Gleichspannungsanteile im Digitalsignal zu vermeiden, wird die EFM (engl. Eight-to-Fourteen-Modulation) vorgenommen. Umsetzung eines 8-Bit-Codesignals in zwei 14-Bit-Codesignale.

Technische Daten in der Fernsprechtechnik:

⟹ 5-23

Abtastfrequenz:	8 kHz
Quantisierung:	8 Bit/Kanal
Kanalzahl:	32
Kanalbitbreite:	64 kBit/s
Datenbitrate:	2,048 MBit/s

Entstehung des Quantisierungsrauschens

⟹ 10-11

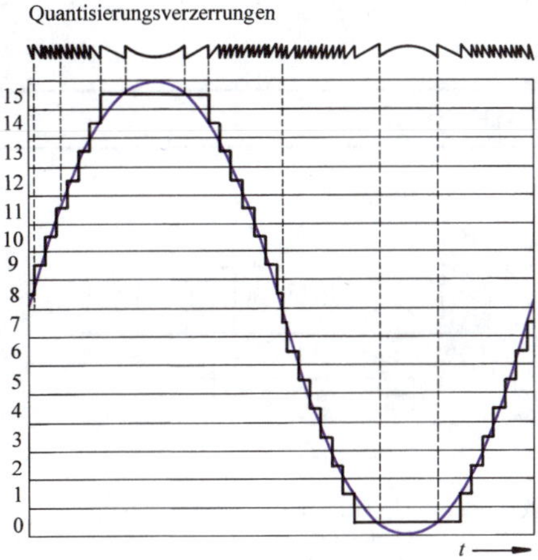

Im PCM30-System (32 Fernsprechkanäle der Telekom) wird bei 65 dB Geräuschabstand (Telekomanforderung) ein Quantisierungsintervall von 1780 erreicht. Durch Kompandierung kann hier die binäre Codierung von 11 Schritten auf 7 Schritte reduziert werden. Bei hohen Signalpegeln (Amplituden) wird ein höheres Quantisierungsgeräusch zugelassen (gleichbleibender Geräuschabstand).
Die sendeseitige Kompression wird schaltungstechnisch durch einen Presser ermöglicht.
Empfangsseitig wird das Signal durch eine Expandierung (Dehner) auf die ursprüngliche Form zurückgebracht. Somit müssen beide Kompanderkennlinien sende- und empfangsseitig übereinstimmen.

Die Quantisierung analoger Signale hat zur Folge, dass der jeweilige Augenblickswert eines Nachrichtensignales nicht übertragen wird, sondern ein Amplitudenwert aus einer „Treppenkurve". Dieser Amplitudenwert unterscheidet sich vom Soll-Wert um max. eine halbe „Treppenstufe".
Der dadurch entstandene Fehler beträgt in einem idealen PCM-System ±1/2 Quantisierungssegmente (Stufe). Diese Quantisierungsverzerrung beeinflusst den „Signal-Rausch-Abstand" des Übertragungssystems und wird im Empfänger als Rauschanteil wahrgenommen.

⟹ 5-22

7.4.6 Pulscodemodulation-PCM

PCM30-System. A-Gesetz mit nichtlinearer Quantisierung

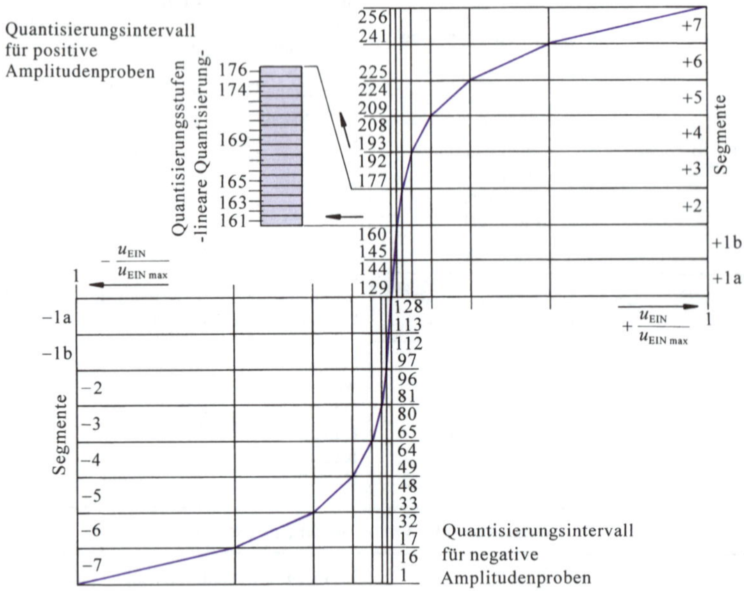

Pulsrahmen im PCM30-System

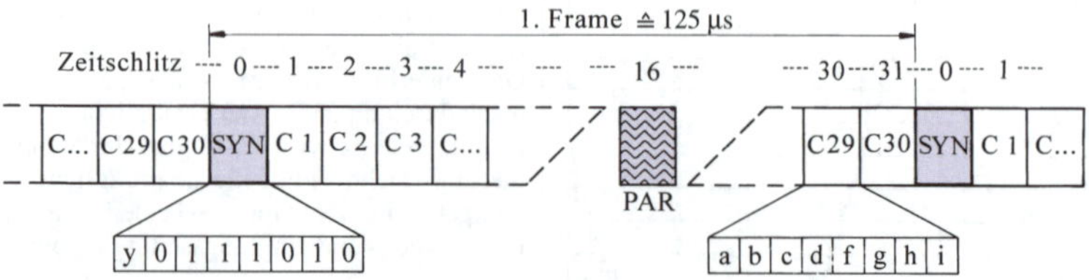

$\text{Date-Frame} = K_n \cdot C_W \cdot R_a \cdot K_z \quad \text{(bit)}$

$$V_{Bitrate} = \frac{\text{Date-Frame}}{\text{1. Frame}}$$

$$V_{Bitrate} = \frac{256\ \text{bit}}{125\ \mu\text{s}} = 2{,}048\ \text{Mbit/s}$$

Date-Frame	Übertragungsrahmen ≙ 256 bit
C_W	Codewort
K_n	Kanalzahl
R_a	Rahmenkennung
K_z	vermittlungstechnische Kennzeichen der Kanäle
SYN	Synchronisation
PAR	Zeitlage 16 (vermittlungstechnische Kennzeichen)

8 Vermittlungstechnik und Endgeräte

8.1 Grundlagen der Vermittlungstechnik

8.1.1 Grundlegende Strukturen von Nachrichtenverbindungen

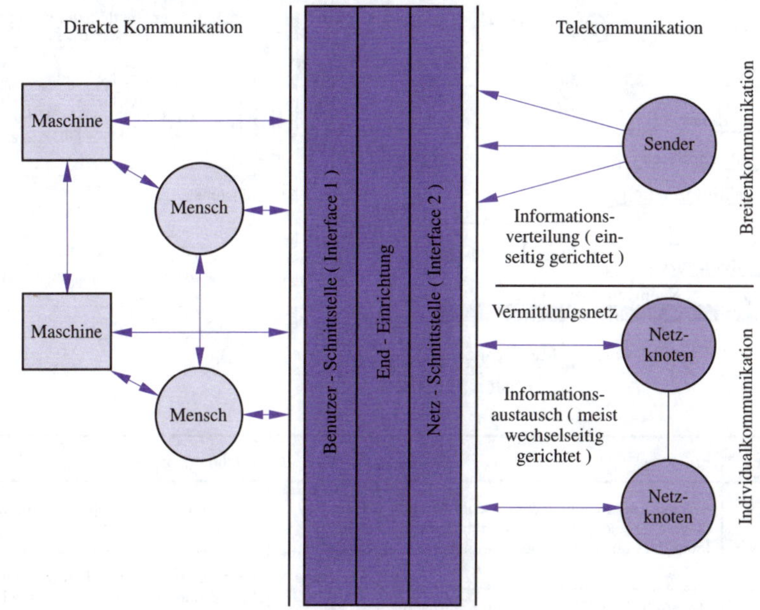

Kommunikation	einseitiger oder wechselseitiger Austausch von Informationen zwischen Menschen, technischen Einrichtungen (Maschinen) oder Menschen und Maschinen	Protokolle	beschreiben Syntax und Semantik der Verständigungsmittel zwischen den Systemkomponenten
Aufgabe der Vermittlungstechnik	Herstellen individueller Nachrichtenverbindungen zwischen entfernten Teilnehmern zum Zweck des Nachrichtenaustausches (der Individualkommunikation)	Benutzerschnittstellen	dienen der Anpassung der Endeinrichtung an die Informations-Quelle/Senke. Sie sollten weltweit standardisiert sein, damit eine internationale Kommunikation zwischen gleichartigen Endeinrichtungen möglich ist
Nachricht	Zusammenstellung von Zeichen oder Zuständen zur Informationsübertragung	Netzschnittstellen	dienen der Anpassung der Endeinrichtung an das Nachrichtennetz. Sie sind häufig von Netz zu Netz und von Land zu Land verschieden
Informations-Quellen/Senken	Menschen oder Maschinen; mögliche Nachrichtenarten (Kommunikationsformen) sind Sprache, Bilder (fest oder bewegt), Text und Daten	Endeinrichtungen	wandeln die zu übermittelnde Nachricht in elektrische oder optische Signale bzw. kommende elektrische oder optische Signale in eine Nachricht
Schnittstellen (Interfaces)	Trennstellen zwischen Systemkomponenten. Sie müssen verabredet (standardisiert) sein, wenn durch sie verbundene Komponenten zusammenarbeiten sollen	Nachrichtennetze	übertragen elektrische oder optische Signale auf Übertragungswegen, die mit elektrischen Leitern, Lichtwellenleitern oder Funkstrecken aufgebaut sind
Netzknoten	bauen Verbindungen zwischen den Teilnehmern auf bzw. ab		

8.1 Grundlagen der Vermittlungstechnik

8.1.2 Aufgaben und Funktionen von Vermittlungssystemen

Aufgaben von Vermittlungssystemen

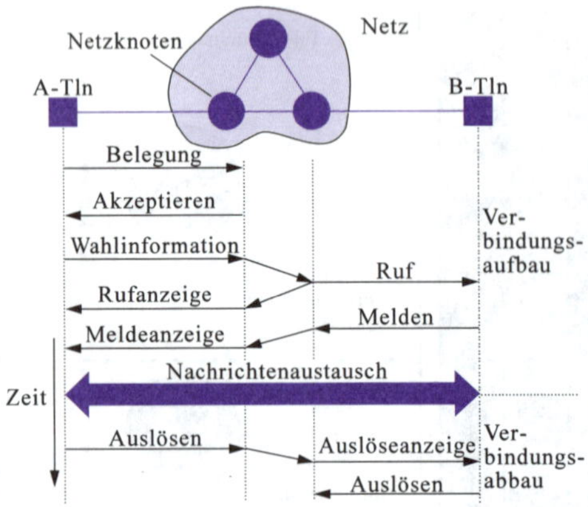

Funktionen von Vermittlungssystemen

Aufgabe	Erklärung
Erkennen des Verbindungswunschs	Erkennen der Belegung der Anschlussleitung durch eine Endstelle des Nachrichtennetzes, Identifizierung des rufenden Teilnehmers
Aufnahme der Wahlinformation	Bereitschaft zur Wahlinformationsaufnahme signalisieren, codierte Darstellung der Zielinformation (B-Tln) aufnehmen
Verarbeitung der Zielinformation	Verbindungsaufbau (Wegesuche) zwischen A- und B-Tln, Austausch von Steuersignalen
Bereitstellung des Nachrichtenwegs	Durchschaltung eines physikalischen oder virtuellen Übertragungskanals zwischen A- und B-Tln zur Übertragung des Nachrichtensignals
Überwachung des Betriebszustandes	Erkennen weiterer Verbindungsanforderungen, Erkennen und Signalisieren von Störungen, Erkennen des Auslösewunschs
Gebührenerfassung	Ermittlung der Kosten einer Nachrichtenverbindung in Abhängigkeit von z. B. Verbindungsdauer, Entfernung, Tages- und Wochenzeit
Auslösen der Verbindung	Freischalten der in Anspruch genommenen Betriebsmittel

Funktion	Erklärung
Durchschaltung	stellt mit einer Koppelanordnung einen Übertragungsweg her
Steuerung	koordiniert die Aufgaben der Funktionsblöcke und erzeugt die Einstellbefehle für die Koppelanordnung
Signalisierung	dient dem Austausch vermittlungstechnischer Informationen
Schnittstellenfunktionen	passt die übertragungstechnischen Einrichtungen an die Vermittlungsstelle an: z. B. Multiplexen, Code-Wandlung, 2Dr/4Dr-Übergang, A/D-Wandlung
Teilnehmerzugang und Hilfsfunktionen	werden für den Anschluss von Teilnehmereinrichtungen benötigt und können technisch in sogenannten Sätzen wie z. B. Teilnehmersatz verwirklicht werden
Administrative und Überwachungsfunktionen	sind für den Netzbetreiber von Bedeutung. Hier sind Funktionen wie z. B. Gebührenerfassung, Alarmbehandlung und Möglichkeiten zur Mensch-Maschine-Kommunikation zusammengefasst
Synchronisierung und Takterzeugung	digitale Vermittlungsstellen müssen für die im Zeitvielfach durchgeschalteten Kanäle Rahmen- und Bitsynchronismus herstellen

8.1 Grundlagen der Vermittlungstechnik

8.1.3 Verkehrstheorie

<table>
<tr><th>Begriff</th><th>Erklärung</th><th>Berechnung</th></tr>
<tr><td>Verkehrsmenge Y</td><td>Summe aller Belegungsdauern t_i einer Leitung oder eines Leitungsbündels während eines Beobachtungszeitraums T. Die Einheit der Verkehrsmenge ist die Zeit in Erlangstunden (Erlh)</td><td>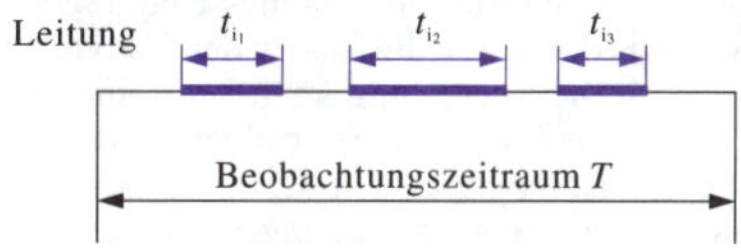

$$Y = \sum t_i = t_{i_1} + t_{i_2} + t_{i_3} + \ldots + t_{i_n}$$

$$[Y] = \text{Erlh}$$</td></tr>
<tr><td>Verkehrswert y</td><td>Maß für die Auslastung von Leitungen, Anlagen, Vermittlungseinrichtungen usw. Berechnet sich als auf den Beobachtungszeitraum (meist die Hauptverkehrsstunde) bezogene Verkehrsmenge. Er wird in der Pseudoeinheit Erlang (Erl) angegeben. (0,2 Erl entspricht einer Belegung von 20% während des Beobachtungszeitraums)</td><td>

$$y = \frac{Y}{T}$$

$$[y] = \text{Erl}$$</td></tr>
<tr><td>Hauptverkehrsstunde</td><td>Die Tagesstunde, in der der höchste Verkehrswert auftritt. Aus den Messwerten von mehreren aufeinanderfolgenden Tagen wird der mittlere Verkehrswert für die Hauptverkehrsstunde gebildet. Dieser wird der Dimensionierung von Leitungen, Anlagen und Vermittlungseinrichtungen zugrunde gelegt</td><td>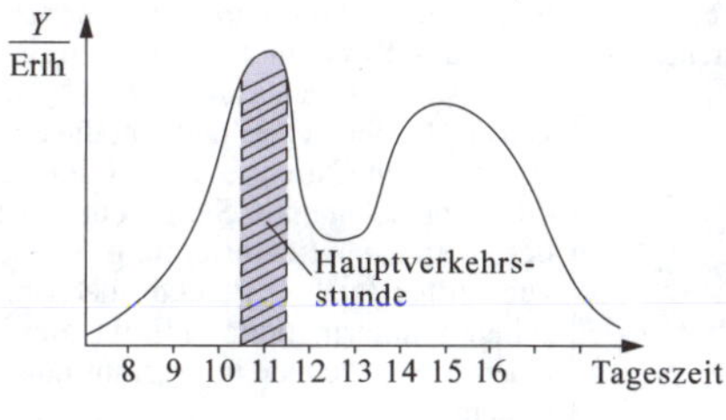
</td></tr>
<tr><td>Verlust- und Wartebetrieb</td><td>Beim Verlustbetrieb von vermittlungstechnischen Systemen werden Belegungsversuche, die nicht sofort erfolgreich sind, abgewiesen. Der Verlust B ist definiert als Quotient aus der Anzahl der abgewiesenen Belegungen c_r und der angebotenen Belegungen c_a oder als Differenz von angebotenem Verkehrswert y_1 und abgenommenem Verkehrswert y_2 bezogen auf das Verkehrsangebot. Im Wartebetrieb werden die Verluste minimiert, indem beim Besetztfall die Verbindung nicht ausgelöst, sondern auf das Freiwerden des Übertragungswegs oder der Koppeleinrichtung gewartet wird. Die Begrenzung liegt in der zumutbaren Wartezeit für den Benutzer</td><td>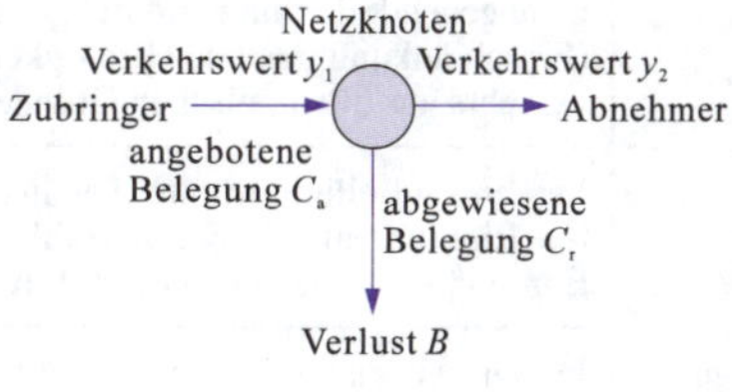

$$B = \frac{C_r}{C_a} \quad \text{oder} \quad B = \frac{y_1 - y_2}{y_1}$$</td></tr>
</table>

8.1 Grundlagen der Vermittlungstechnik

8.1.4 Grundlegende Vermittlungsprinzipien

Begriff	Erklärung	Bildliche Darstellung
Durchschaltevermittlung (Kanalvermittlung)	Feste Zuordnung eines Übertragungskanals für die Dauer der Verbindung. Durchschaltung kann im Raum- oder im Zeitmultiplex erfolgen. Verbindung ist dialogfähig. Die Anzahl der möglichen Durchschaltungen in einem Netzknoten ist begrenzt, weitere Verbindungsanforderungen gehen zu Verlust	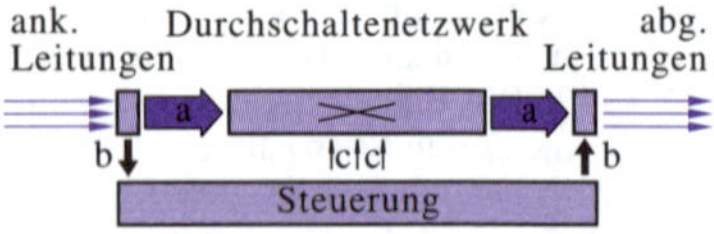
Speichervermittlung (Paketvermittlung)	Die Verbindung wird virtuell aufgebaut, d. h. die Nachrichten werden in einzelne Blöcke aufgeteilt und zwischen den Netzknoten blockweise mit Zwischenspeicherung in den Netzknoten übertragen. Ein unmittelbarer Dialog zwischen den Kommunikationspartnern ist nicht möglich. Keine Verbindung geht bei genügend großem Speicher und unbegrenzter Wartezeit der Nachricht zu Verlust	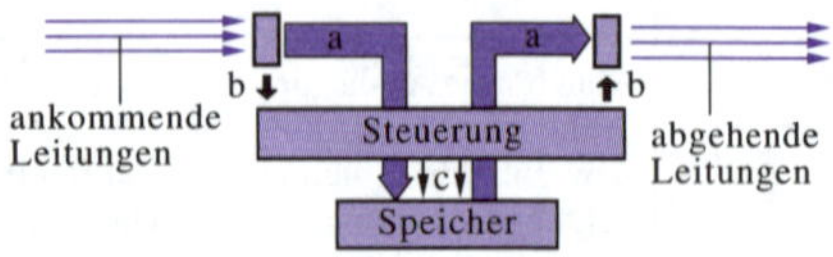 a Nachrichtenfluss b Wahlinformation usw. c Steuerinformationen zum Ein- und Ausspeichern der zu vermittelnden Nachrichten
Koppelnetzsteuerung	Die Steuerung ermittelt aus Wahlinformation und aktuellem Belegungszustand des Koppelnetzes einen freien Weg zwischen den Ein- und Ausgängen des Koppelnetzes und gibt die entsprechenden Durchschaltebefehle an die Koppelelemente. Sie ist entweder der Durchschalteeinrichtung direkt zugeordnet (z. B. bei elektromechanischen Wählern) oder indirekt durch einen Steuerrechner im Vermittlungssystem	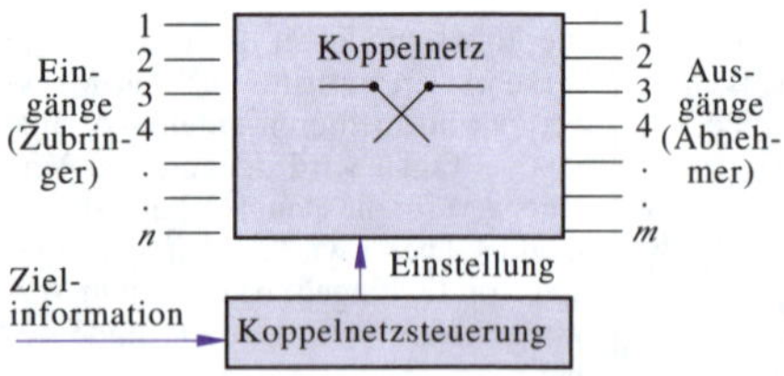
Konzentrationsstufe	In der Eingangsstufe von Vermittlungssystemen wird eine Verkehrskonzentration von vielen Endstellen auf wenige abgehende Leitungen durchgeführt (Einschränkung des Gleichzeitigkeitsverkehrs aus ökonomischen Gründen)	
Verteilungsstufe	Verkehrsaufteilung in alle gewünschten Richtungen, gleiche Anzahl von Ein- und Ausgängen (Linearstufe)	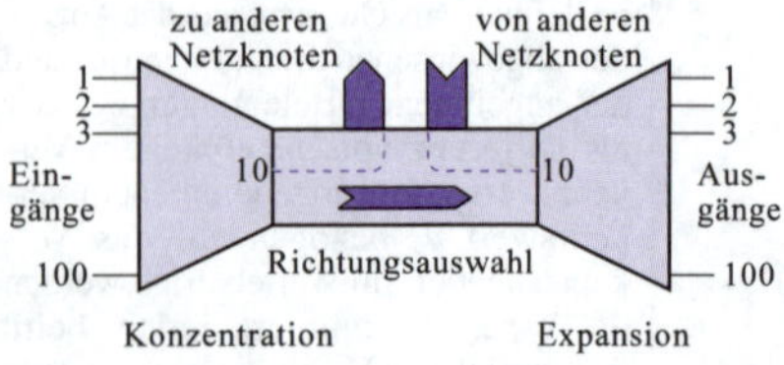
Expansionsstufe	In der Ausgangsstufe von Vermittlungssystemen wird eine Verkehrsexpansion von wenigen ankommenden Leitungen auf viele Endstellen vorgenommen (auch hier Einschränkung des Gleichzeitigkeitsverkehrs aus ökonomischen Gründen)	

8.1 Grundlagen der Vermittlungstechnik

8.1.5 Koppelnetze

Begriffe der Koppeltechnik

Begriff	Erklärung	Bildliche Darstellung
Koppelnetz (Koppelanordnung)	Aus Koppelpunkten zusammengesetztes Netzwerk zur wahlweisen Verbindung von *n* Zubringer- und *m* Abnehmerleitungen. Realisation für analoge und digitale Durchschaltung	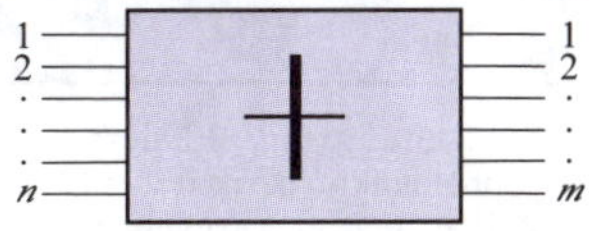
Koppelpunkt	Schaltstelle, die einen Eingang mit einem Ausgang verbindet. Zu einem KP gehören alle gemeinsam betätigten Kontakte oder elektronischen Schalter, die zum Durchschalten aller Adern eines Nachrichtenkanals benötigt werden	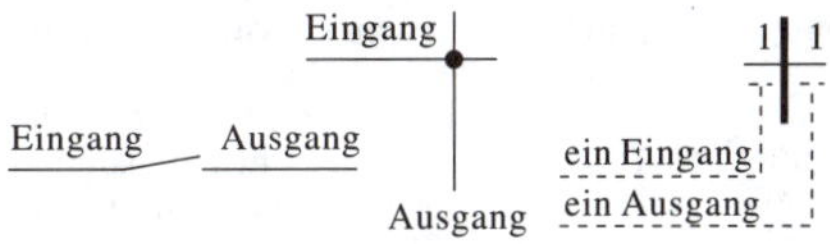
Koppelreihe	wird von allen Koppelpunkten gebildet, über die ein Eingang mit einem von mehreren Ausgängen verbunden werden kann. Typisches Beispiel einer Koppelreihe ist ein Wähler	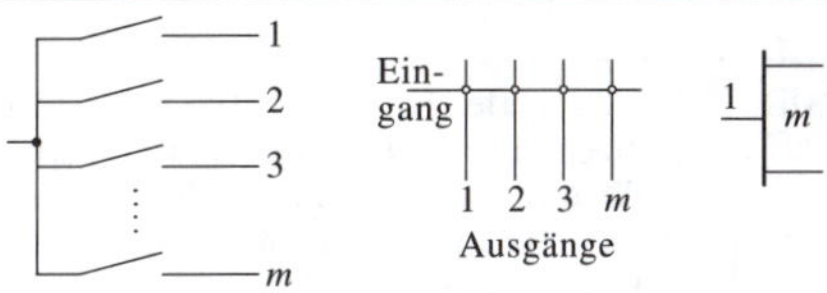
Koppelvielfach	besteht aus mehreren Koppelreihen. Mehrere Eingänge können unabhängig voneinander mit je einem von mehreren Ausgängen verbunden werden. Die Anzahl möglicher Verbindungen hängt von der jeweils kleineren Anzahl der Ein- oder Ausgänge ab. $n > m$: Konzentrationsstufe $n < m$: Expansionsstufe	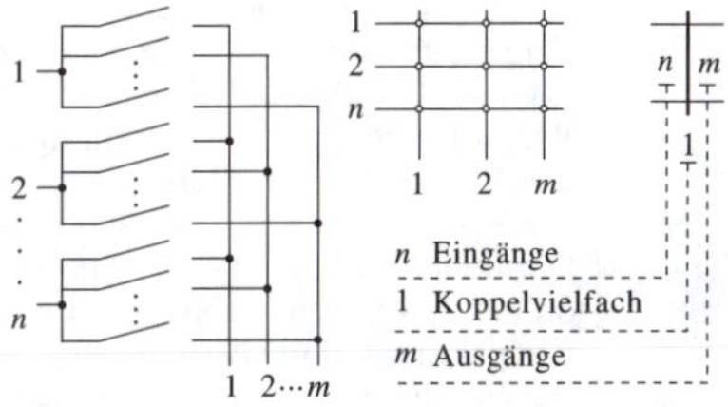
Koppelstufe	wird von einem oder mehreren Koppelvielfachen gebildet, die – bezogen auf den Verbindungsaufbau – vom Teilnehmer gleich weit entfernt sind	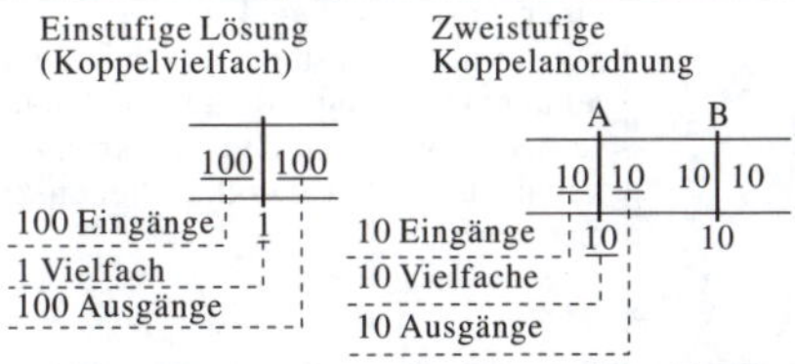
Mehrstufige Koppelanordnung	entsteht durch Zusammenschalten von mehr als einer Koppelstufe; spart gegenüber einstufigen Lösungen KP ein, benötigt dafür aber eine aufwendigere Steuerung	$K = E \cdot A$ $K = 10000$ $K_A = E_A \cdot A_A \cdot V_A$ $K_B = E_B \cdot A_B \cdot V_B$ $K_{ges} = K_A + K_B$ $K_{ges} = 2000$
Linkanordnungen	Die Verbindungsleitungen (Links) zwischen den Koppelstufen müssen gewährleisten, dass von jedem Koppelvielfach der Stufe A jedes Koppelvielfach der Stufe B erreicht werden kann. Die Möglichkeit der inneren Blockierung ist durch entsprechende Auslegung der Linkanordnung möglichst gering zu halten	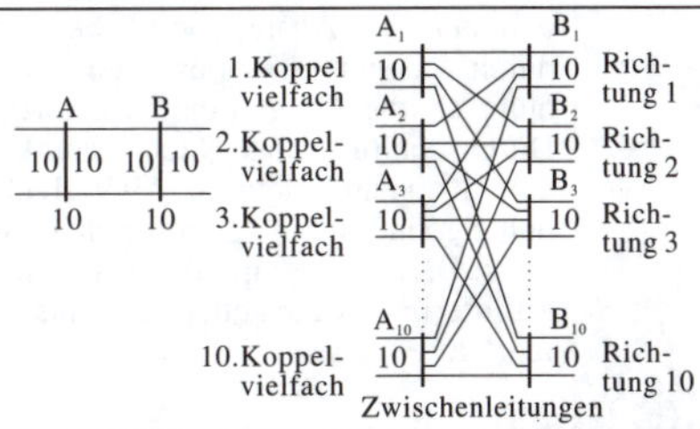

8.1 Grundlagen der Vermittlungstechnik

Koppelnetze mit analoger Durchschaltung

Definition	Dem Nachrichtensignal wird für die gesamte Dauer der Verbindung ein geschalteter Übertragungsweg zur Verfügung gestellt. Der Verbindungsaufbau erfolgt mit elektromechanischen oder elektronischen Koppelelementen, die als Raumvielfach geschaltet sind	
Begriff	**Erklärung**	**Bildliche Darstellung**
Raumvielfach-Koppelanordnung	Realisierung mit Wählern oder als Koppelpunkt-Matrix mit n Eingängen (Zeilen) und m Ausgängen (Spalten). Jeder Koppelpunkt kann einen Eingang mit einem Ausgang verbinden. Die Durchschaltung erfolgt mehradrig: geschaltet werden die Adern zur Übertragung des Nachrichtensignals sowie, soweit notwendig, zusätzliche Adern zur Übertragung von Steuersignalen	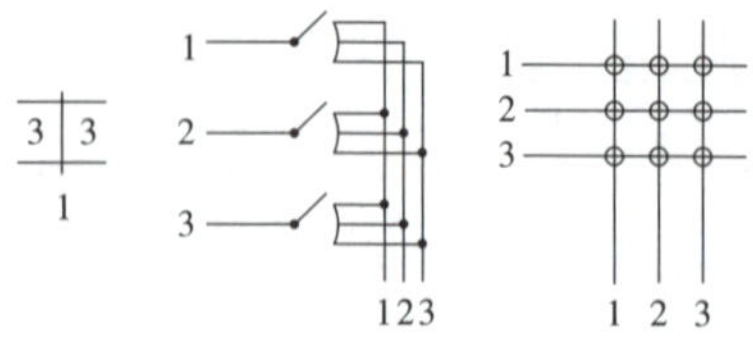
EMD-Wähler	Gesteuerter Dreh-Schritt-Schalter, der einen Eingang mehradrig (max. 8-adrig) über einen rotierenden Schaltarmsatz mit max. 224 Ausgängen verbinden kann. Der Antrieb des Wählers erfolgt über einen Elektromotor, der über eine Zahnradübersetzung den Kontaktarm antreibt. Der Wähler erreicht je nach Wahlart eine Schrittgeschwindigkeit von 140 bis 180 Schritte/s	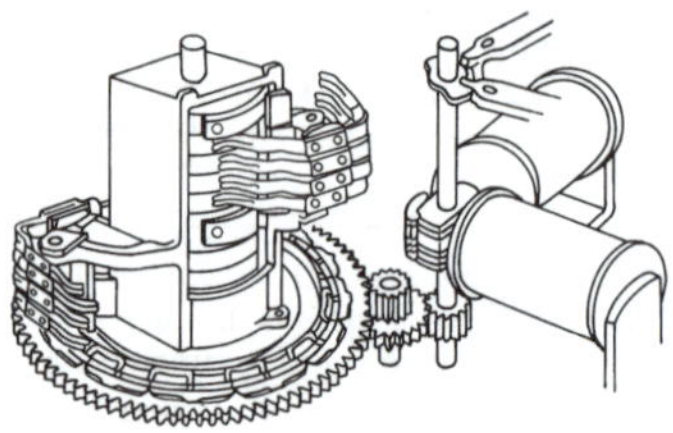
Relais-Matrix	Die Relais sind in einer Matrix angeordnet. Jeweils ein Relais bildet einen Koppelpunkt. Die Ansteuerung des Relais erfolgt über die c-Adern durch einen positiven Pegel an der Zeilenleitung und 0-Zustand an der Spaltenleitung. Das erregte Relais schaltet mit seinen Kontakten den Nachrichtenkanal durch. Die Dioden dienen zur Entkoppelung	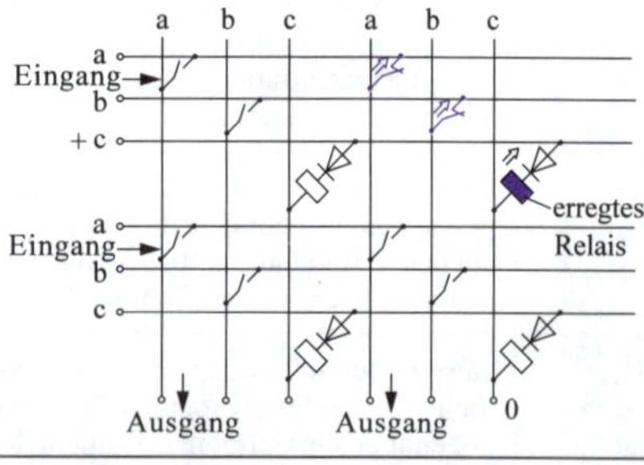
Transistor-Matrix	Jeder Koppelpunkt wird durch zwei PMOS-Feldeffekt-Schalttransistoren gebildet. Die Ansteuerlogik bewirkt durch Anlegen einer positiven Spannung an die Gates eine zweiadrige Durchschaltung des Nachrichtenkanals. Koppelbausteine in MOS-Technologie sind als integrierte Schaltung mit z.B. 16 Koppelpunkten incl. der erforderlichen Ansteuerlogik ausgeführt	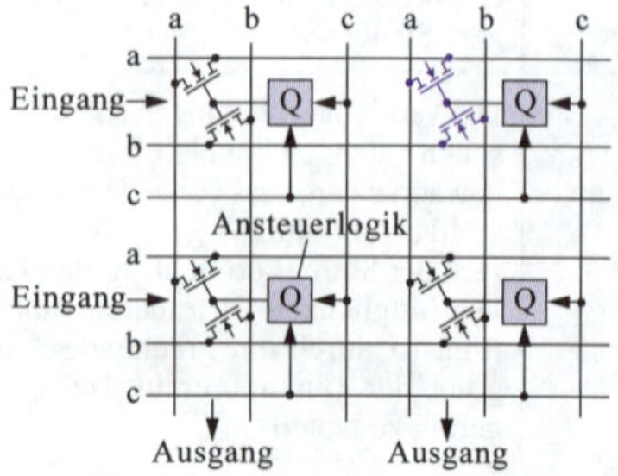

8.1 Grundlagen der Vermittlungstechnik

<table>
<tr><th colspan="3">Koppelnetze mit digitaler Durchschaltung</th></tr>
<tr><td>Definition</td><td colspan="2">Den einzelnen Verbindungen werden durch Zeit-Vielfach-Koppelanordnungen bestimmte Zeitschlitze (Kanäle) innerhalb eines Zeitrahmens (Pulsrahmen) zugeordnet. In jedem Zeitschlitz ist ein Teil des Nachrichtensignals einer Verbindung in digital codierter Form enthalten (bei PCM-Systemen als 8-Bit-Codewort). Während der Verbindungszeit besteht über die Zeitvielfachkoppelanordnung keine dauernde physikalische Durchschaltung</td></tr>
<tr><th>Begriff</th><th>Erklärung</th><th>Bildliche Darstellung</th></tr>
<tr><td>Zeitvielfach-Koppelanordnung</td><td>schaltet die PCM-Kanäle mit den Abtastproben von den Zubringer-Multiplexleitungen zeitlich (Wechsel der Zeitlage innerhalb des Zeitrahmens) oder räumlich (Wechsel der Multiplexleitung) verändert auf die Abnehmer-Multiplexleitungen</td><td>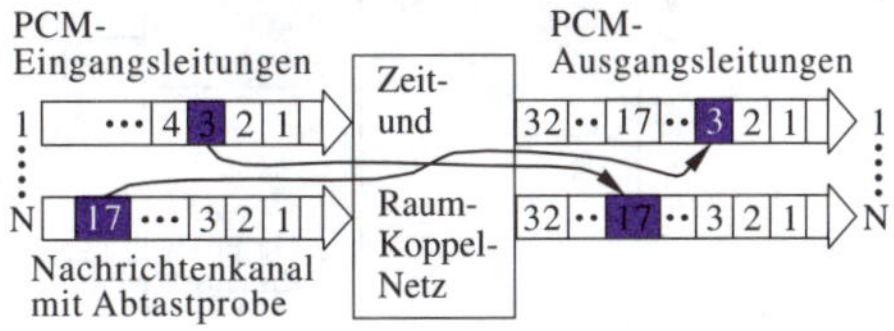
</td></tr>
<tr><td>Zeitvielfach-Koppelanordnung mit Raumlagenvielfach</td><td>verändert die räumliche Lage der 8-Bit-Codewörter (PCM-Kanäle) ohne Wechsel der Zeitlage. Die Multiplexer des Raumlagenvielfachs werden über einen Verbindungsspeicher (Haltespeicher) adressiert und schalten taktweise alle zeitlagengleichen Codewörter der Zubringer-Multiplexleitungen auf die gewünschten Abnehmer-Multiplexleitungen. Der Verbindungsspeicher enthält für eine Zeitlage so viele Adressen wie Multiplexleitungen vorhanden sind</td><td>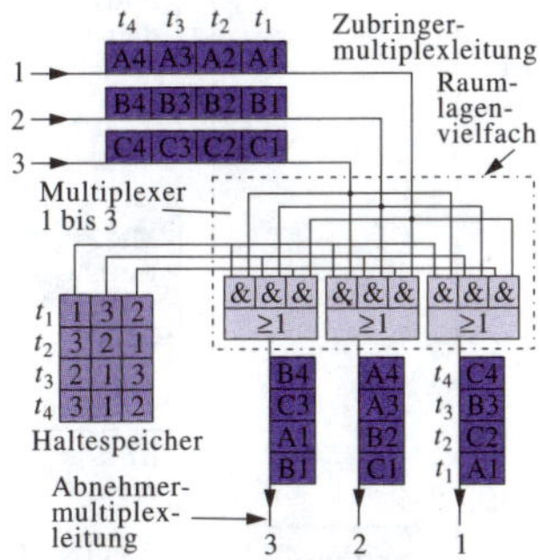
</td></tr>
<tr><td>Zeitvielfach-Koppelanordnung mit Zeitlagenvielfach</td><td>verändert die zeitliche Lage der PCM-Kanäle. Hat das Zeitlagenvielfach mehr als eine Zubringer- oder Abnehmerleitung, so ist damit auch eine räumliche Umsetzung der Kanäle möglich. Die 8-Bit-Codewörter der ankommenden Multiplexleitungen werden über einen Multiplexer zyklisch in den Sprachspeicher (Informationsspeicher) eingelesen. Das wahlfreie Auslesen der gespeicherten Codewörter wird vom Verbindungsspeicher (Haltespeicher) gesteuert. Dieser enthält die Sprachspeicheradressen in der Reihenfolge, in der die Kanäle den abgehenden Leitungen zeitlich und räumlich zugeordnet werden sollen. Der Demultiplexer schaltet die Ausgangsleitungen periodisch um</td><td>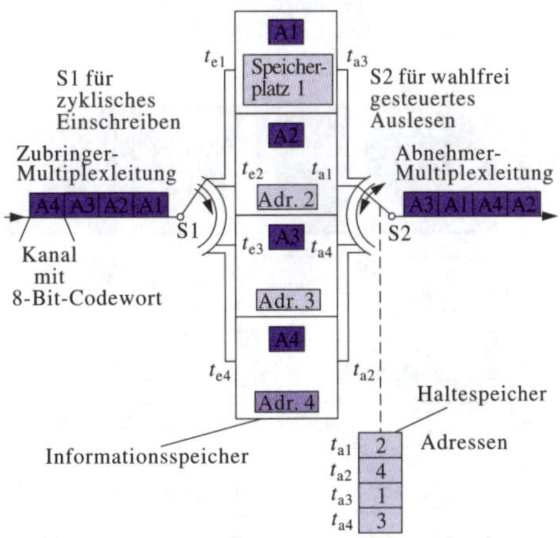
</td></tr>
</table>

8.2 Öffentliche Dienste und Netze

Dienst (Service) Mehrwertdienste (Valued Added Network Service)	bezeichnet das für einen Teilnehmer verfügbare Leistungsangebot; neben der Verbindung werden zusätzliche Dienstleistungen (wie z. B. Rechnerleistung) über intelligente Netze zur Verfügung gestellt

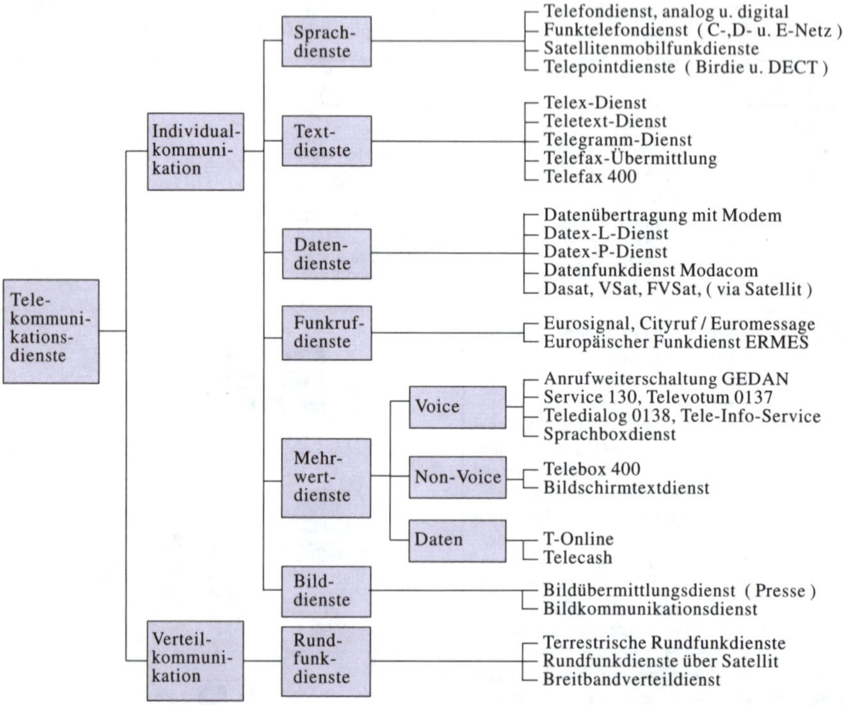

8-
8-
8-
8-
8
1(
12

⇐ 8-26

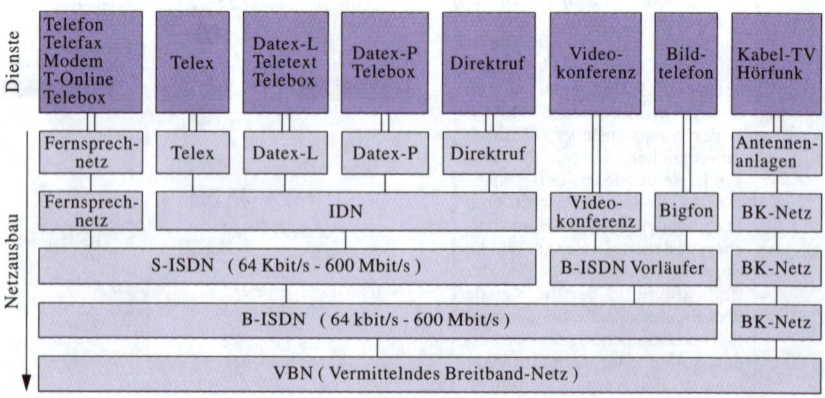

8.3 Fernsprechvermittlungstechnik

8.3.1 Geschichtliche Entwicklung

1861	Vorstellung eines „Telephons“ durch Phillip Reis im physikalischen Verein in Frankfurt am Main
1876	Patentierte „Sprechmaschine“ und technische Verwertung der Erfindung des Telefons von Alexander Graham Bell
1877	Gründung der Bell-Telephon-Company und Fernsprechvermittlung per Hand in den USA
1881	Fernsprechamt in Berlin mit 48 Teilnehmern, ebenso Ortsnetze in Hamburg, Frankfurt/Main, Breslau, Mannheim und Köln
1892	Automatische Wählvermittlung in den USA
1908	Automatische Wählvermittlung im Ortsnetz Hildesheim mit 900 Teilnehmern
1920	Einführung des Hebdrehwählers
1923	Erste automatische Fernvermittlungsstelle der Welt in Weilheim
1948	Beginn des vereinfachten nationalen Selbstwählferndienstes in Deutschland
1955	Automatisierung des internationalen Selbstwählfernverkehrs beginnend im nahen Grenzverkehr mit der Schweiz
1956	Einführung des EMD-Wählers
1960	Einführung elektronischer Koppelpunkte
1965	Vollelektronisches analoges Ortsvermittlungssystem in den USA
1972	Flächendeckendes Selbstwählfernnetz im Bereich der Deutschen Bundespost (hundertprozentige Automatisierung der Inlandsferngespräche)
1975	Elektronisches Wählsystem (EWS) für Ortsvermittlungsstellen in Deutschland, mikroprozessorgesteuerte Telefon-Nebenstellenanlagen
1983	Einführung digitaler Fernvermittlungsstellen (DIVF) in Deutschland
1984	Einführung digitaler Ortsvermittlungsstellen (DIVO) in Deutschland
1988	Einführung des diensteintegrierenden digitalen Netzes ISDN
1993	ISDN flächendeckend anschließbar
1995	Fernvermittlungsstellen vollständig und Ortsvermittlungsstellen zu ca. 40% digitalisiert

8.3.2 Netzebenen

Das Fernsprechnetz mit weltweit etwa 500 Mio. Teilnehmern (Tln) ist auf der Ortsnetzebene größtenteils noch ein analoges Netz. Die Vermittlungsstellen arbeiten nach dem Prinzip der Leitungsvermittlung und stellen den Teilnehmern einen geschalteten Übertragungskanal mit fester Bandbreite von 300–3400 Hz zur Verfügung. Mit zunehmender Digitalisierung aller Netzebenen erfolgt der Ausbau des Fernsprechnetzes zu einem diensteintegrierenden digitalen Nachrichtennetz, dem ISDN.

Das Fernsprechnetz gliedert sich in verschiedene Netzebenen. Das Ortsnetz bildet einen Nummerierungsbereich, in dem jeder Teilnehmer durch eine exklusive Rufnummer anwählbar ist. Durch die Wahl der Verkehrsausscheidungsziffer 0 wird das nationale Fernnetz erreicht. Dieses verbindet die mit Ortsnetzkennzahlen unterschiedenen Ortsnetze. Das internationale Fernnetz wird durch die Verkehrsausscheidungsziffer 00 erreicht und verbindet die durch Länderkennzahlen unterschiedenen nationalen Fernnetze.

8

8.3 Fernsprechvermittlungstechnik

8.3.3 Grundlegende Netzformen

Begriff	Erklärung	Bildliche Darstellung
Maschennetz	alle Netzknoten sind miteinander verbunden. Damit wird der kürzeste Verbindungsaufbau ermöglicht. Wegen des enormen Leitungsaufwands ist ein Maschennetz nur sinnvoll bei hohem Verkehrsaufkommen und einer begrenzten Anzahl von Netzknoten; deshalb Anwendung nur in höheren Netzebenen	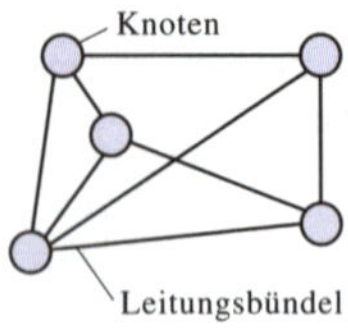
Sternnetz	alle Verbindungen laufen über einen Zentralknoten als Durchgangsvermittlungsstelle. Wegen des geringeren Leitungsaufwands ist das Sternnetz nur wirtschaftlich für eine höhere Anzahl von Netzknoten oder Netzzugangspunkten; deshalb Anwendung in den unteren und mittleren Netzebenen	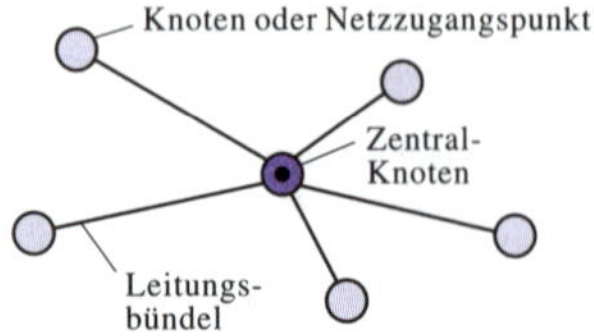

8.3.4 Internationale Fernvermittlungstechnik

Begriff	Erklärung	Bildliche Darstellung
Internationales Fernnetz	verbindet über Transitvermittlungsstellen CT (Centre de Transit) die nationalen Fernnetze. Die interkontinentalen Transitvermittlungsstellen CT1 bilden ein Maschennetz. Die kontinentalen Transitvermittlungsstellen CT2 (meist die zentralen Auslands-Kopf-Vermittlungsstellen größerer Länder eines Kontinents) sind sternförmig an CT1 angeschlossen. Die nationalen Transitvermittlungsstellen CT3 sind sternförmig an CT2 angeschlossen. Der Grundverkehr wird über Querleitungen abgewickelt	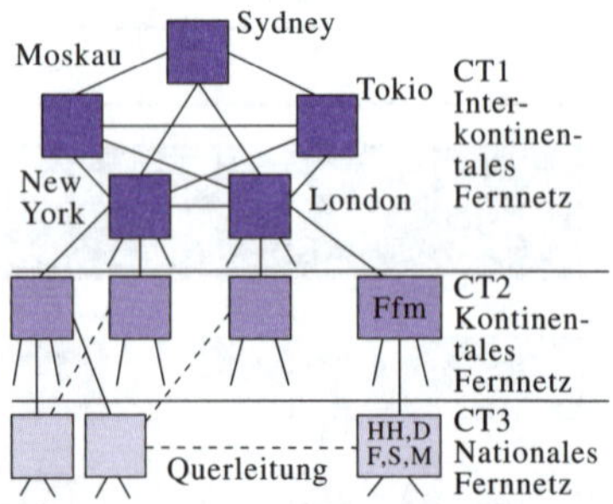
Internationaler Kennzahlenplan	orientiert sich an geografischen Bereichen, innerhalb derer jedem Land eine Länderkennzahl (für Deutschland 49) zugeordnet wird. Als Verkehrsausscheidungsziffer für die internationale Ebene ist 00 festgelegt. Die internationale Rufnummer soll 12 Stellen (ohne Verkehrsausscheidungsziffer) nicht überschreiten. Damit verbleiben für die nationale deutsche Rufnummer 10 Ziffern 00 49 6441 847735 847735 – Teilnehmerrufnummer 6441 – Ortsnetzkennzahl 49 – Länderkennzahl 00 – Verkehrsausscheidungsziffer Ausland	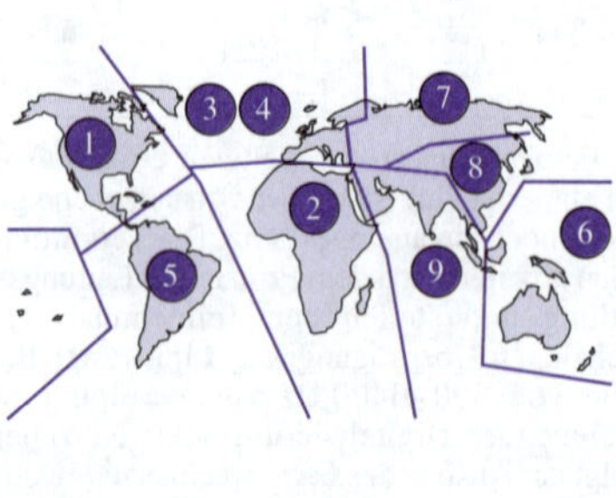

8.3 Fernsprechvermittlungstechnik

8.3.5 Nationale Fernvermittlungstechnik

Begriff	Erklärung	Bildliche Darstellung
Landes-fernwahl-netz	gliedert sich für das Gebiet der alten Bundesländer in vier Netzebenen: – 8 ZVSt'en im Maschennetz, – 72 HVSt'en sternförmig an die ZVSt'en, – 523 KVSt'en sternförmig an die HVSt'en, – ca. 3700 EVSt'en sternförmig an die KVSt'en	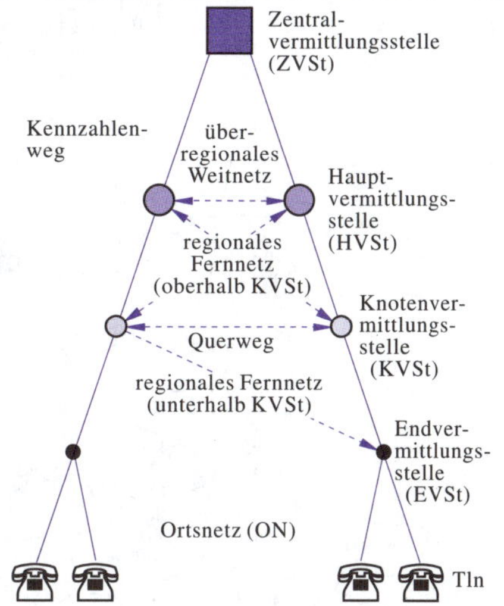
Kennzah-lenweg Verkehrs-lenkung Quer-leitungs-netz	Die Fernebene wird aus dem Ortsnetz durch Wahl der Verkehrsausscheidungsziffer 0 erreicht. Durch Verkehrslenkung (Leitweglenkung) wird ab der KVSt-Ebene ein möglichst kurzer Verbindungsweg über ein Querleitungsnetz zum gewünschten Teilnehmer aufgrund von Ortsnetzkennzahl und Teilnehmerrufnummer hergestellt. Nur Verkehrsspitzen benutzen den Kennzahlenweg (Letztweg)	
Weit-vermitt-lungsstel-len	Die Eingliederung der neuen Bundesländer in den Kennzahlenplan machte eine Umstrukturierung der oberen Netzebene erforderlich. Demzufolge bilden in Deutschland die 8 ZVSt'en gemeinsam mit 14 HVSt'en – die mit der Funktion einer Weitvermittlungsstelle (WVSt) ausgestattet sind – das überregionale Fernnetz	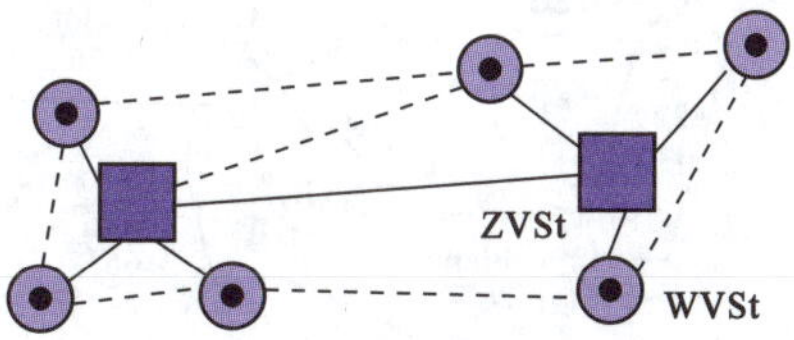
Kenn-zahlen-plan	ist netzgebunden. Jedes Ortsnetz hat eine eigene Ortsnetzkennzahl (ONKZ), die in der Regel den vier Netzebenen entsprechend vierstellig ist, sodass mit jeder Ziffer der Ortsnetzkennzahl der geographische Bereich der EVSt enger eingegrenzt wird. Ortsnetze am Sitz von Haupt- und Knotenvermittlungsstellen haben meist eine um 1 Ziffer verkürzte Kennzahl (verdeckte Vermittlungsstellen). Für die Ortsnetze einiger Großstädte ist die ONKZ auf 2 Ziffern verkürzt	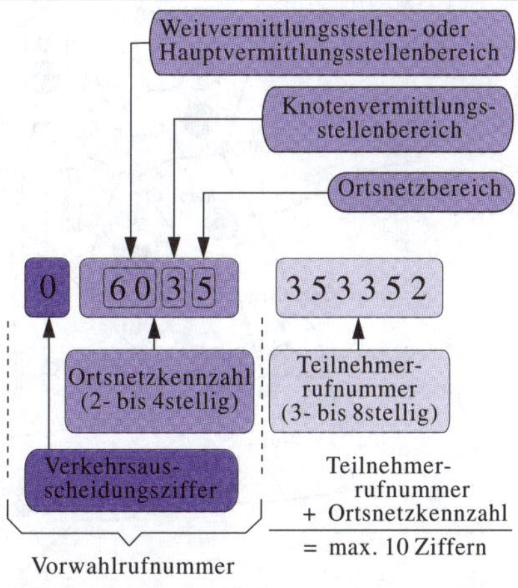

8

8.3 Fernsprechvermittlungstechnik

Kennzahlenplan und geographische Netzeinteilung

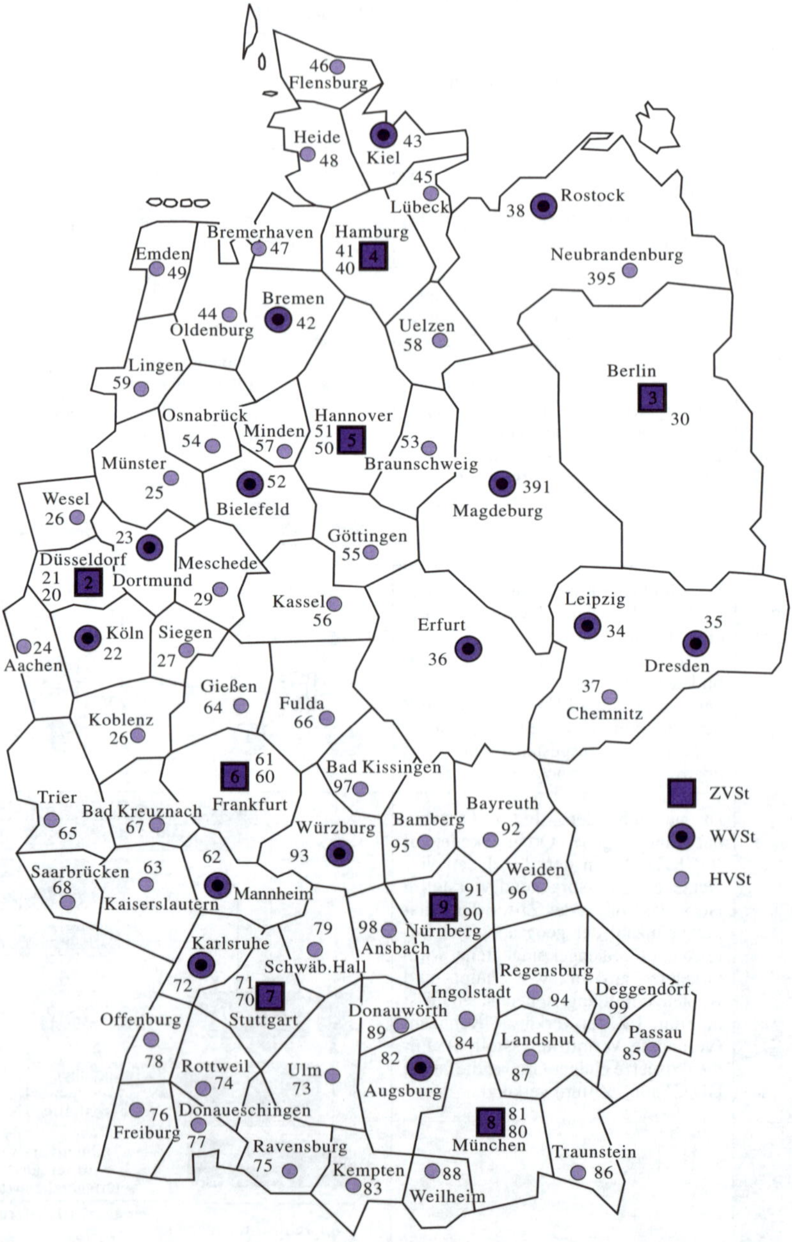

8.3 Fernsprechvermittlungstechnik

Ausbaustufen des nationalen Fernsprechnetzes

Das Fernsprechnetz in Deutschland wird seit 1982 stufenweise von einem analogen zu einem digitalen Netz umgebaut. Deshalb sind drei Ausbaustufen des Fernsprechnetzes zu unterscheiden:

<table>
<tr><th>Begriff</th><th>Erklärung</th><th>Bildliche Darstellung</th></tr>
<tr><td>Analoges Fernsprechnetz</td><td>Das herkömmliche Fernsprechnetz der Deutschen Telekom war im Wesentlichen durch folgende Netzbestandteile gekennzeichnet:
– analoge Übertragungstechnik (Niederfrequenz und Trägerfrequenztechnik)
– elektromechanische Vermittlungstechnik (Edel-Metallmotor-Dreh-Wähler)
– sprechkreisgebundene Zeichengabe
– Telefone mit Wählscheibe und dekadischer Impulswahl</td><td>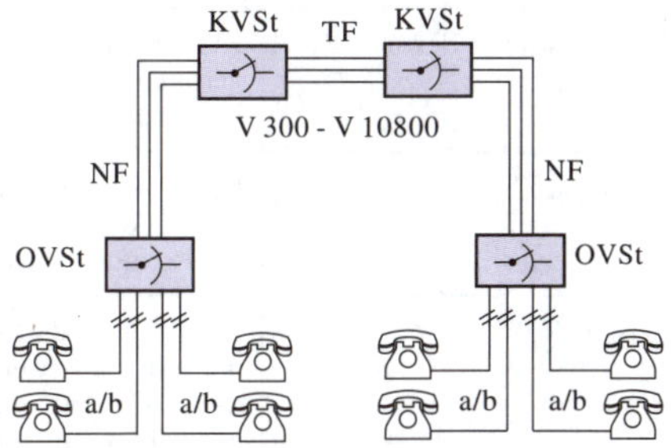
</td></tr>
<tr><td>Analoges Fernsprechnetz mit digitaler Übertragungs- und Fernvermittlungstechnik</td><td>Seit 1982 werden im regionalen Fernsprechnetz der Telekom ausschließlich digitale Übertragungssysteme und seit 1984 digitale Fernvermittlungssysteme beschafft. Die digitale Vermittlungstechnik ist gekennzeichnet durch das vierdrähtige Durchschalten von 64-Kbit/s-PCM-Kanälen, die digitale Übertragungstechnik durch das Zusammenfassen von PCM-30-Systemen zu Multiplexsystemen höherer Ordnung (PCM 480 bis 7680, d. h. 34 bis 565 Mbit/s) und deren Übertragung</td><td>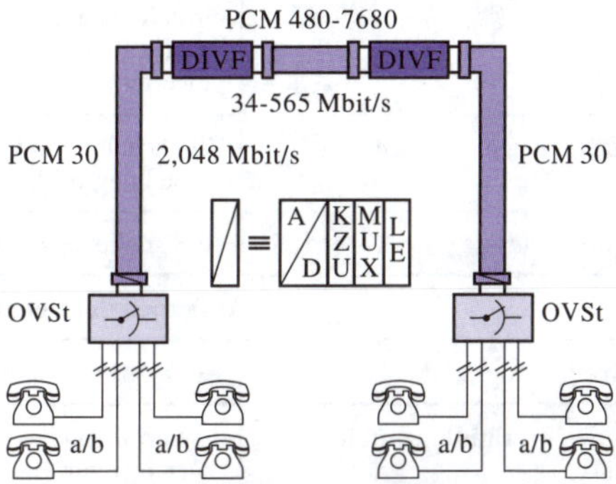
</td></tr>
<tr><td>Digitales Fernsprechnetz</td><td>Das digitalisierte Fernsprechnetz ist gekennzeichnet durch digitale Verbindungen zwischen der Ursprungs- und der Zielvermittlungsstelle mit einer Standardübertragungsgeschwindigkeit von 64 Kbit/s und dem Einsatz des CCITT-Zentralzeichengabesystems Nr. 7. Die Teilnehmeranschlussleitungen können analog oder digital (ISDN-Anschluss) betrieben werden. Bei einem digitalen Teilnehmeranschluss erfolgt der Übergang vom Telefonanschluss zu einem Mehrgeräte- und Mehrdiensteanschluss</td><td>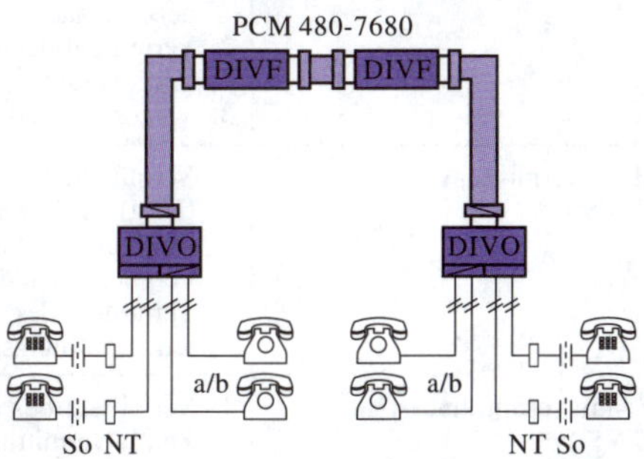
</td></tr>
</table>

⇒ 7-1

8

⇒ 7-44

⇒ 7-1

8.3 Fernsprechvermittlungstechnik

Baugruppen der Fernvermittlungsstellen

Baugruppen	Aufgaben
Ferngruppenwähler (FGW)	FGW ist ein 4-Draht-Wähler, der den absteigenden Teil der Fernverbindungen vermittelt. Entsprechend dem Ziel, das über die Wählerausgänge erreicht wird (ZVSt, HVSt, KVSt oder EVSt), wird er als ZGW, HGW, KGW oder EGW bezeichnet
Richtungswähler (RW)	RW ist ebenfalls 4-Draht-Wähler, der den aufsteigenden Teil der Fernverbindungen vermittelt. Er wird nach der Zugehörigkeit zur Vermittlungsstelle als KRW oder HRW bezeichnet
Einstellsatz (ES)	ES ist mehreren Richtungswählern gemeinsam zugeordnet; er stellt den RW auf die benötigte Richtung ein. Der ES erhält die Zielinformationen zur Richtungseinstellung von dem Knoten- bzw. Hauptregister
Register (Rg)	Rg speichern die Ortsnetzkennzahl und die Teilnehmerrufnummer sowie die vom Umwerter gelieferten Leitweg-, Zonen- und Sonderangaben, die dieser für eine eingegebene Zahlenkombination ermittelt. Rg werden nach ihrer Zugehörigkeit zur Vermittlungsstelle als KRg oder HRg bezeichnet
Umwerter (Umw)	Umw bestimmen in der Hauptvermittlungsstelle die Richtungseinstellung, in der Knotenvermittlungsstelle bestimmen Umw die Richtungseinstellung und zusätzlich die Tarifzone. Dazu wird die Ortsnetzkennzahl mit den Richtung bestimmenden Kennziffern Z, H und K vom Umw ausgewertet
Zählimpulsgeber (ZIG)	ZIG schaltet die Gebührenimpulse entsprechend der Tarifzone an. Die Einstellung erfolgt aufgrund der vom Umwerter gelieferten Informationen
Anschaltesatz (AnS)	AnS schließen die von den KVSt kommenden Fernleitungen ab

Aufgaben der Fernvermittlungsstellen

Vermittlungsstellen	Aufgaben
Knotenvermittlungsstelle (KVSt)	1. Vermitteln des aufsteigenden Fernverkehrs über KRW auf Leitungen (KLg) zur Hauptvermittlungsstelle oder über Querleitungen (Leitweglenkung durch KRg und Umw; erst Leitwegsteuerstelle im Fernnetz) zu anderen Fernvermittlungsstellen. 2. Vermitteln des absteigenden Fernverkehrs über EGW zur Endvermittlungsstelle. 3. Verzonung und Senden der Gebührenimpulse
Hauptvermittlungsstelle (HVSt)	1. Vermitteln des aufsteigenden Fernverkehrs über HRW auf Leitungen (HLg) zur Zentralvermittlungsstelle oder über Querleitungen (Leitweglenkung durch HRw und Ums; zweite Leitwegsteuerstelle im Fernnetz nach der Knotenvermittlungsstelle) 2. Vermitteln des absteigenden Fernverkehrs über KGW zu den Knotenvermittlungsstellen
Zentralvermittlungsstelle (ZVSt)	1. Vermitteln des aufsteigenden Fernverkehrs über ZGW zu anderen Zentralvermittlungsstellen oder ins internationale Netz 2. Vermitteln des absteigenden Fernverkehrs über HGW zu den Hauptvermittlungsstellen

8.3 Fernsprechvermittlungstechnik

Aufgaben und Baugruppen der Fernvermittlungsstellen

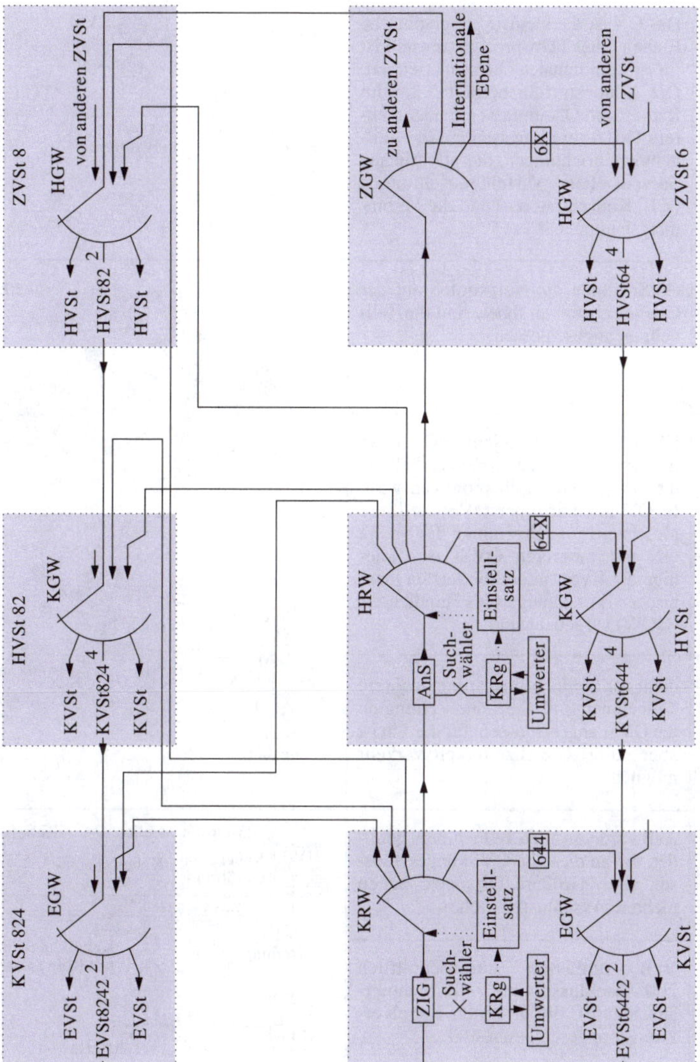

8.3 Fernsprechvermittlungstechnik

8.3.6 Ortsvermittlungstechnik

Begriff	Erklärung	Bildliche Darstellung
Ortsnetz (ON)	Das ON ist die kleinste geographische Einheit eines Fernsprechnetzes und ist i. a. an kommunalen Grenzen orientiert. Die Mindestgröße beträgt 5 km im Radius. Ein ON umfasst ein oder mehrere Ortsvermittlungsstellen, die Teilnehmereinrichtungen, die öffentlichen Sprechstellen, Vorfeldeinrichtungen (z. B. Konzentratoren) und die Verbindungsleitungen	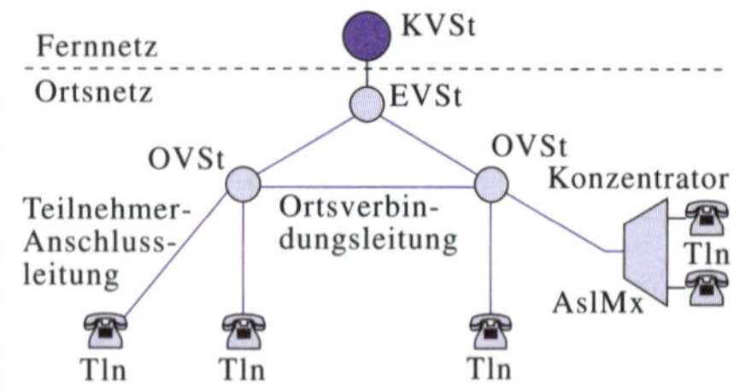
Ortsvermittlungsstelle (OVSt)	OVSt bilden die Netzknoten auf der Ortsnetzebene; an ihnen sind die Teilnehmer angeschlossen	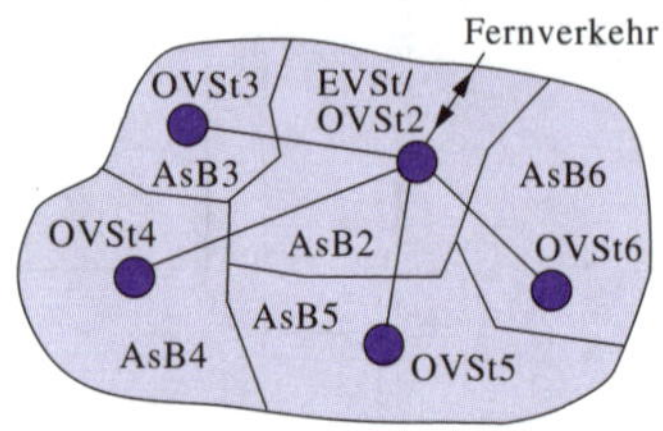
Endvermittlungsstelle (EVSt)	EVSt bezeichnet diejenige OVSt, in der der ankommende Fernverkehr in die Ortsnetzebene übernommen wird. In ON mit nur einer OVSt ist diese gleichzeitig auch immer EVSt; in ON mit mehreren OVSt ist diejenige die EVSt, in der die letzten technischen Einrichtungen des Ferndienstes (OGW) aufgebaut sind	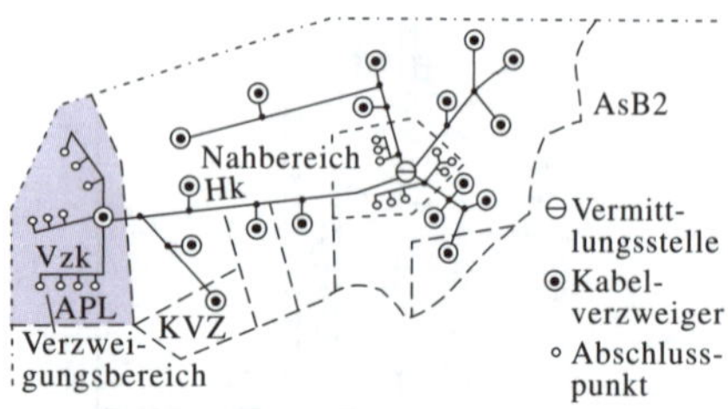
Konzentrator	dient zur Leitungseinsparung, mehrere Teilnehmer sind über eine Leitung an die OVSt angeschlossen, für die Tln ist aber kein Gleichzeitigkeitsverkehr möglich	
Anschlussbereich (AsB)	AsB wird von allen Teilnehmern gebildet, die an dieselbe OVSt angeschlossen sind. Größere Ortsnetze haben mehrere Anschlussbereiche	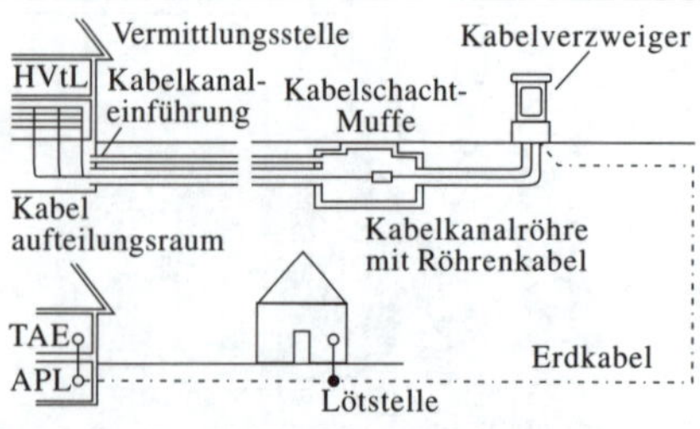
Verzweigungsbereich (VzB)	VzB umfassen durchschnittlich 200 Abschlusspunkte (Teilnehmeranschlüsse), die an einen Kabelverzweiger angeschlossen sind	
Rufnummer	Das ON bildet einen Nummerierungsbereich, in dem jeder Tln eine exklusive Rufnummer erhält, die als festen Bestandteil die Kennzahl der OVSt, an die der Tln angeschlossen ist, enthält	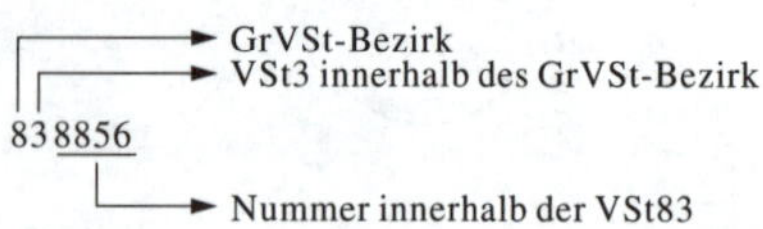

8.3 Fernsprechvermittlungstechnik

8.3.7 Ortsvermittlungsstellen mit Wählertechnik

Begriff	Erklärung	Bildliche Darstellung
Wahlstufen von direkt gesteuerten Wählsystemen	Verbindungsaufbau erfolgt über mehrere hintereinander angeordnete Wähler, die unmittelbar durch die Impulse des Nummernschalterimpulskontaktes (NSI) im Telefon gesteuert werden (direkte Steuerung). Beim EMD-Wähler werden dabei alle Ausgänge nacheinander erreicht, in OVSt im Normalfall aufgeteilt in 10 Gruppen (Dekaden) zu je 10 Einzelschritten	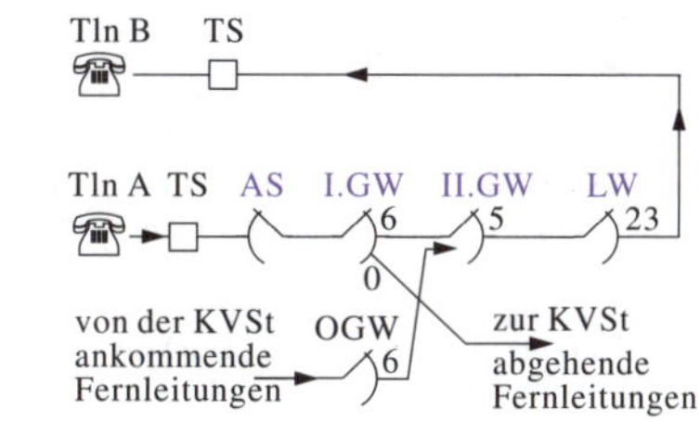
Anrufsucherstufe (AS)	AS konzentrieren den Verkehr, d. h. 100 Teilnehmern (Tln) sind in der Grundgruppierung 8 AS zugeordnet. Die Teilnehmerschaltungen (TS) sind an das Vielfach eines AS angeschaltet; der Ausgang des AS ist fest mit dem 1. GW verbunden. Die TS markiert einen Verbindungswunsch und startet über den Anrufordner (AO) eine AS, die die TS in freier Wahl sucht und zum 1. GW durchschaltet	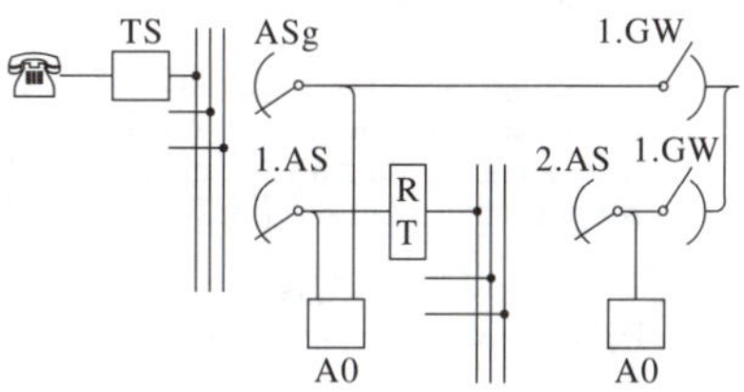
Gruppenwahlstufen (GW)	GW dienen der Richtungseinstellung. Durch die Wählimpulse einer Ziffer der Rufnummer wird in erzwungener Wahl eine Ausgangsgruppe angesteuert und danach sucht die GW in freier Wahl innerhalb dieser Gruppe den ersten freien Ausgang. Wichtige Aufgaben der 1. GW sind: Speisung des anrufenden Tln; Anlegen von Hörtönen, Zählimpulse zum Tarifeinheitenzähler, Auslösen der Verbindung in Vorwärtsrichtung	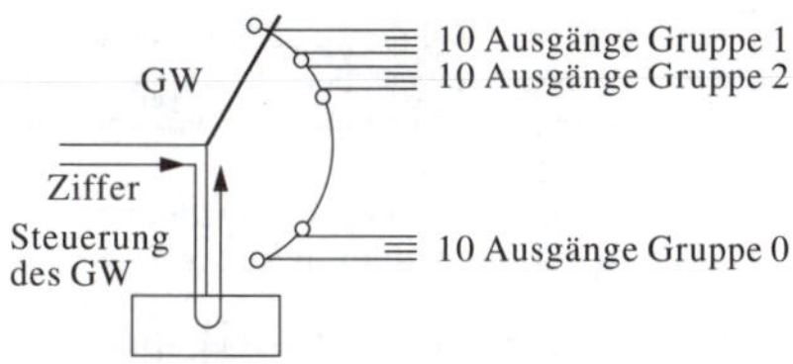
Leitungswahlstufe (LW)	LW bilden die Expansionsstufe, d. h. 100 Ausgängen sind in der Grundgruppierung 8 LW zugeordnet. Der LW wird mit den beiden letzten Ziffern der Rufnummer auf Dekade und Einerstelle eines Ausgangs eingestellt. Wichtige Aufgaben der LW sind: Speisung des angerufenen Tln, Senden von Ruf und Freiton bzw. Besetztton, Auslösen der Verbindung zum angerufenen Tln	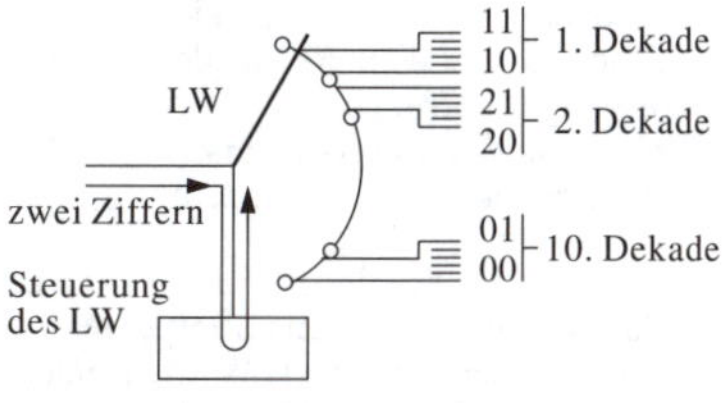

8

8.3 Fernsprechvermittlungstechnik

Verbindungsaufbau beim Wählsystem 55v

1. Abheben des Hörers beim rufenden Tln
   - Einschalten der zugehörigen TS
   - AO spricht an
   - Anlaufen eines freien AS
   - AS sucht angesprochene TS
   - AO wird abgeschaltet; 1. GW wird belegt
   - wenn kein AS frei, wird der AO nicht eingeschaltet und es wird kein Hörton angelegt

2. Anschaltung von Speisung (Minuspotential an a-Ader) durch 1. GW an die a/b-Sprechadern des anrufenden Tln
   - Anschalten des Wähltons (425-Hz-Dauerton) durch 1. GW

3. Beginn der Wahl mit 1. Ziffer der Rufnummer des angerufenen Tln
   - die Schleifenunterbrechungen des NSI-Kontaktes ergeben eine Impulsserie, die den 1. GW in erzwungener Wahl zum Anfang der mit der 1. Ziffer gewählten Gruppe (im Bsp. 5) steuern

4. Umsteuern des 1. GW auf Freiwahl während der Pause zwischen erster und zweiter Impulsserie
   - Stillsetzen des Wählers auf ersten freien Ausgang der Gruppe
   - Belegen und Sperren des nachfolgenden Wählers (2. GW)
   - Durchschalten der Sprechadern

5. Stillsetzen des Wählers auf dem letzten Einzelschritt in der angesteuerten Gruppe, wenn in dieser kein freier Ausgang (2. GW) vorhanden ist (Gassenbesetzt)
   - Kein Durchschalten der Sprechadern
   - Anlegen des Besetzttons in Rückwärtsrichtung

6. Impulse der zweiten Ziffer der Rufnummer werden über 1. GW zum 2. GW weitergeleitet
   - 2. GW wird in erzwungener Wahl zum Anfang der durch die 2. Ziffer bestimmte Gruppe geschaltet (im Bsp. 57. Hundert)

7. Umsteuern des 2. GW auf freie Wahl
   - Stillsetzen des Wählers auf den ersten freien Ausgang der Gruppe
   - Belegen des Leitungswählers
   - Durchschalten der Sprechadern

8. Stillsetzen des Wählers auf den letzten Einzelschritt der angesteuerten Gruppe, wenn in dieser kein freier Ausgang (LW) vorhanden ist
   - Kein Durchschalten der Sprechadern
   - Anlegen des Besetzttons in Rückwärtsrichtung

9. LW empfängt die letzten beiden Ziffern der Rufnummer als Impulsserie (Schleifenunterbrechungen)
   - LW wird in erzwungener Wahl mit vorletzter Ziffer auf die Dekade eingestellt (im Bsp. 8. Dekade)
   - LW wird in erzwungener Wahl mit letzter Ziffer in Einzelschrittsteuerung auf den zum Anschluss gehörenden Einzelschritt gestellt (im Bsp. Anschluß 86 im 57. Hundert)

10. LW gibt beim Empfang der letzten Ziffer Wahlende-Erde (zur Auswertung bei Fernverbindungen) auf die b-Ader
    - LW prüft nach Erreichen des angesteuerten Einzelschrittes auf die TS des angerufenen Tln auf frei oder besetzt

11. Anlegen des Besetzttons in Rückwärtsrichtung, wenn angerufener TelAs besetzt
    - Sprechadern werden nicht weiter durchgeschaltet

12. Anschalten des Rufs (25 Hz, 1 s Ruf, 4 s Pause), wenn TelAs frei
    - Anschalten des Freitons (425 Hz im Takt des Rufsignals) an anrufenden Tln

13. Anschalten der Speisung an die a/b-Adern des angerufenen Tln durch den LW nach Abnehmen des Hörers
    - Senden des Beginnzeichens (Zählspannung) zum Zeitzählzusatz (ZZS) des 1. GW
    - Gebührenzähler des anrufenden Tln erhält 1. Gleichstromzählimpuls
    - Tarifeinheitenzähler beim Kunden erhalten während des Zählimpulses einen 16-kHz-Impuls auf die a/b-Sprechadern geschaltet
    - Weiterzählung erfolgt durch weitere Gleichstromimpulse im Zähltakt der Taktzeiten

14. Nach dem Auflegen des Hörers beim anrufenden Tln wird Speise- und Impulsrelais im 1. GW stromlos geschaltet
    - Der 1. GW löst AS, TS und 2. GW aus
    - Der 1. GW löst LW aus, wenn der Hörer beim angerufenen Tln aufgelegt wurde
    - GW und LW gehen in Nullstellung, As bleibt in seiner letzten Schrittstellung stehen
    - Wird nur beim angerufenen Tln aufgelegt, sendet der LW zum ZZS des 1. GW das Flackerschlusszeichen
    - Der 1. GW löst die Verbindung nach 8 Flackerschlusszeichen (4–10 s) in Vorwärtsrichtung aus und legt zum anrufenden Tln den Besetztton an

Verbindungsaufbau beim Wählsystem 55v

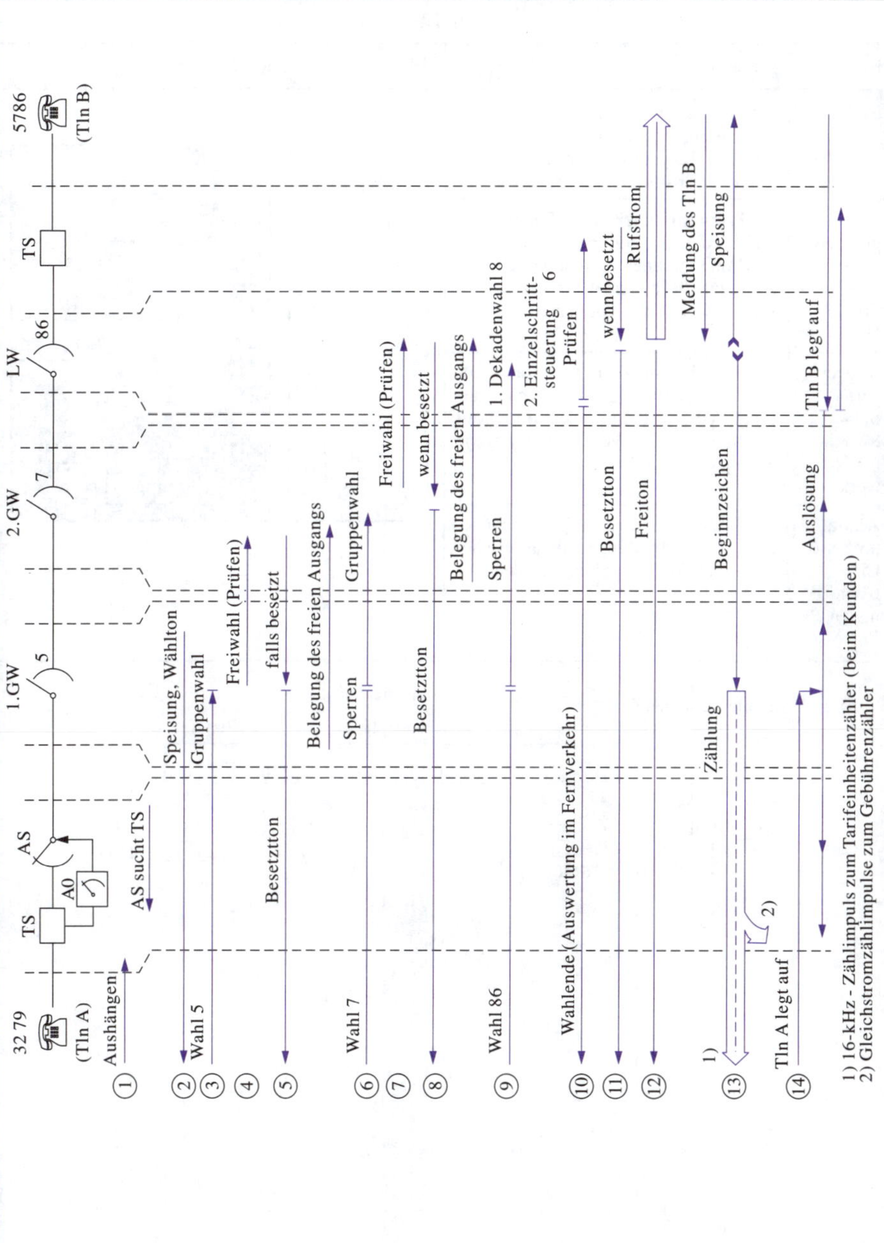

1) 16-kHz - Zählimpuls zum Tarifeinheitenzähler (beim Kunden)
2) Gleichstromzählimpulse zum Gebührenzähler

8.3 Fernsprechvermittlungstechnik

8.3.8 Digitale Vermittlungssysteme

System EWSD

Begriff	Erklärung	Bildliche Darstellung
Systemstruktur	EWSD gliedert sich in drei Hauptgruppen mit eigenen Mikroprozessorsteuerungen. Übergeordnete Aufgaben übernimmt der Koordinierungsprozessor	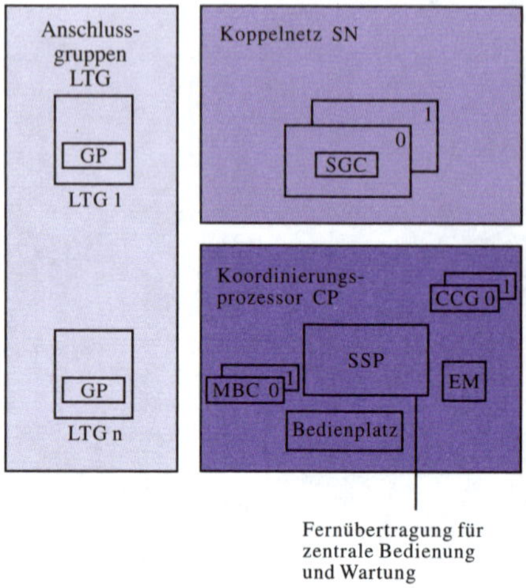
Anschlussgruppen LTG = Line/ Trunk Group	LTG zum Anschließen von Teilnehmer- und Verbindungsleitungen. Anpassung von Analogteilnehmern sowie Umsetzung auf die höhere Übertragungsgeschwindigkeit des Koppelnetzes	
Koppelnetz SN = Switching Network	SN besteht aus Zeit- und Raumstufen. Merkmale: 4-Draht-Durchschaltung, Übertragungsgeschwindigkeit 8 Mbit/s = 4 × 128 Verbindungswege je Multiplexleitung	
Zentralprozessor CP = Coordination Processor	CP für alle zentralen Aufgaben: Steuerung des Verbindungsaufbaus, Bedienung und Wartung, Sicherungstechnik	

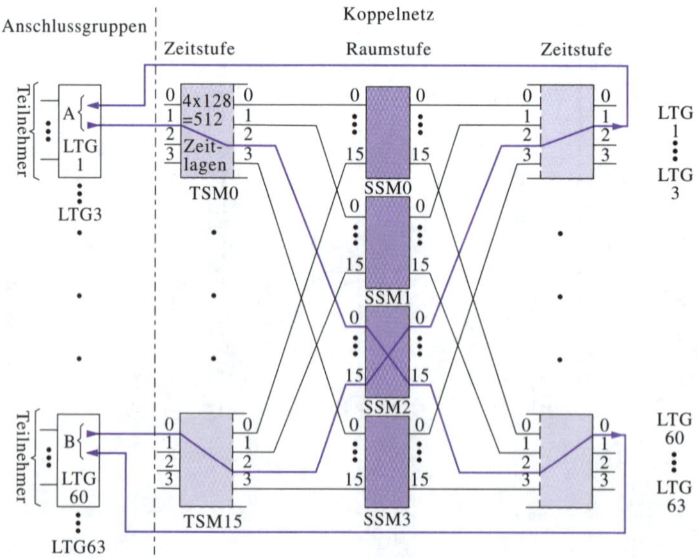

8.3 Fernsprechvermittlungstechnik

System 12

Begriff	Erklärung	Bildliche Darstellung
Systemstruktur	S 12 besteht aus dem digitalen Koppelnetz und einer Anzahl von Anschlussmodulen und Funktionssteuereinheiten. Steueraufgaben werden auf eine Vielzahl gleichberechtigter Prozessoren verteilt	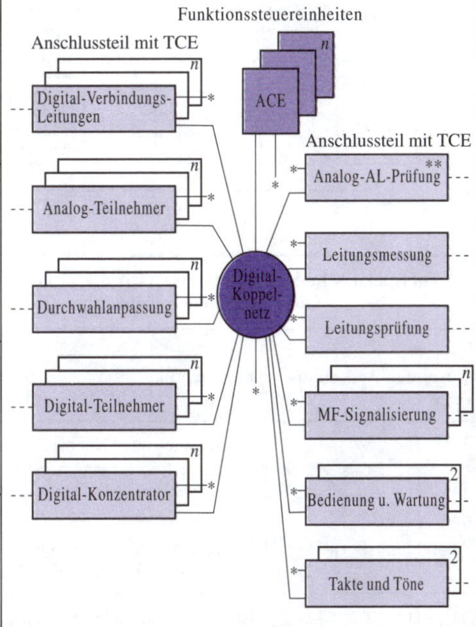
Anschlussmodul mit Modulsteuereinheit TCE = Terminal control element	bilden die vermittlungstechnische Peripherie. Sie enthalten ein Anschlussteil und eine eigene Modulsteuereinheit (TCE)	
Funktionssteuereinheit ACE = Auxiliary control element	ACE sind selbständige Steuereinheiten, die Vermittlungsauftragsbearbeitung oder systemunterstützende Funktionen wie z. B. Verkehrslenkung und Gebührenerfassung durchführen	
Koppelnetz KNB = Koppelnetz Baustein	KN besteht aus identischen KNB. Dieser ist eine kombinierte Raum-/Zeitstufe zur Verbindung von 16 Multiplexleitungen	

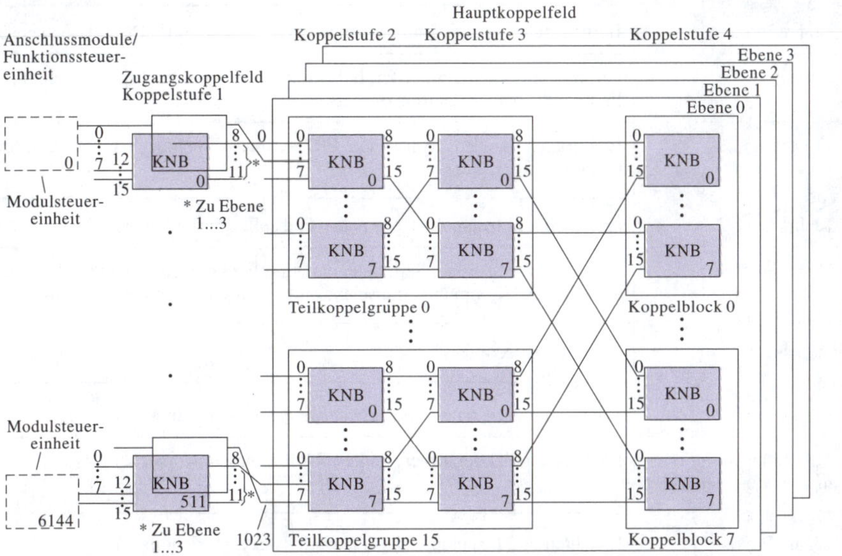

8

8.4 Endgeräte am analogen Telefonnetz

8.4.1 Installation von Telekommunikations-Anschlusseinheiten (TAE)

Zuständigkeitsbereiche für Arbeiten an Endeinrichtungen

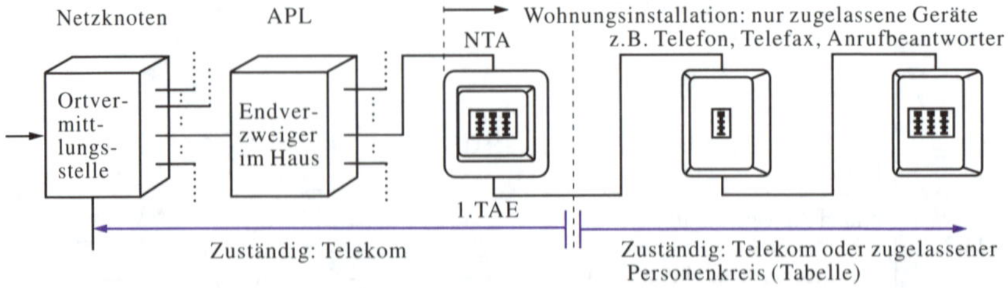

Berufsspezifische Voraussetzungen für die Zulassung zum Errichten, Ändern und Instandhalten von Endstelleneinrichtungen (Richtlinie ZZF9R 100, Stand 4/88)

Diplom/ Ausbildungsabschluß/ Praxis	Fachrichtung (FR)
TH, FH	Fernmelde- oder Nachrichtentechnik
TH, FH und Ausbildungsberuf	Elektrotechnik oder artverwandte FR
	Fernmeldemechaniker, Fernmeldemonteur, Fernmeldehandwerker, Fernmelde-elektroniker, Kommunikationselektroniker – FR Telekommunikationstechnik
TH, FH und 3 Jahre Praxis	Elektrotechnik oder artverwandte FR
	Berufserfahrung auf dem Fernmelde-, Nachrichten- oder Büromaschinensektor
Meister	Fernmeldemechanikermeister, Industriemeister – FR Nachrichtentechnik, Fernmeldeanlagenelektronikermeister
Meister und 3 Jahre Praxis	Elektrotechnik oder artverwandte FR, Büromaschinenmechaniker, Büroinformationselektroniker
	Errichten und Instandhalten privater Endstelleneinrichtungen
Ausbildungsberuf oder anerkannter Techniker und 3 Jahre Praxis	Fernmeldemechaniker, Fernmeldemonteur, Fernmeldehandwerker, Fernmelde-elektroniker, Kommunikationselektroniker – FR Telekommunikationstechnik
	Nachrichtentechnik
	Errichten und Instandhalten privater Endstelleneinrichtungen
Ausbildungsberuf oder anerkannter Techniker und 3 Jahre Praxis	Elektrotechnik oder artverwandte FR, Büromaschinenmechaniker
	Errichten und Instandhalten privater Endstelleneinrichtungen

8.4 Endgeräte am analogen Telefonnetz

Telekommunikations-Anschlusseinheiten (TAE)

Dosenart und Anwendung	Steckercodierung	Innenschaltung
TAE 6F  Steckbarer Anschluss eines Telefons (F) oder einer Zusatzeinrichtung (N)	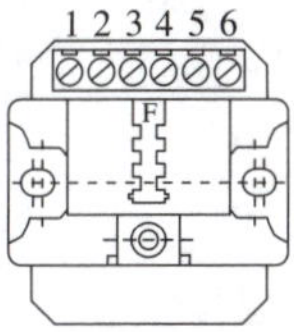 dargestellt Codierung F	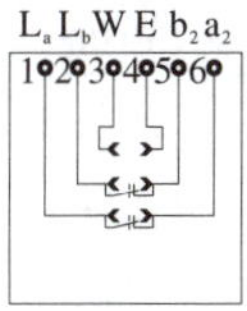
TAE 3×6 NFN 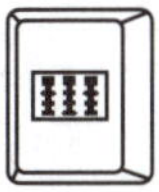 Steckbarer Anschluss einer Zusatzeinrichtung (N) und einer weiteren Zusatzeinrichtung (N) in Reihenschaltung mit einem Telefon (F)	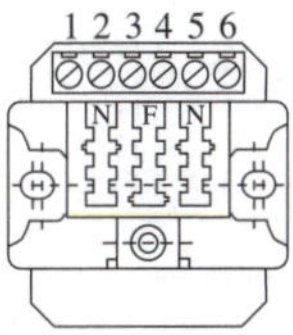 dargestellt Codierungen N+F+N	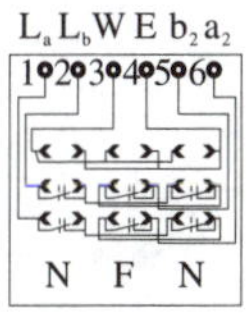
TAE 2×6/6 NF/F  Steckbarer Anschluss einer Zusatzeinrichtung (N) in Reihenschaltung mit Telefon (F) und zusätzliche Einzelschaltung eines weiteren Telefons	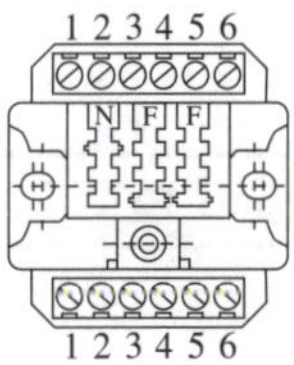 dargestellt Codierungen N+F/F	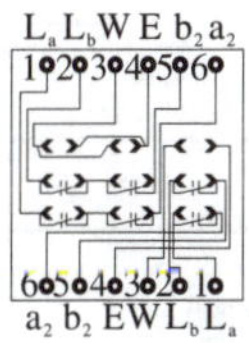

TAE-Stecker (6-polig)

Seitenansicht	F-Codierung	N-Codierung	Anschlussbelegung
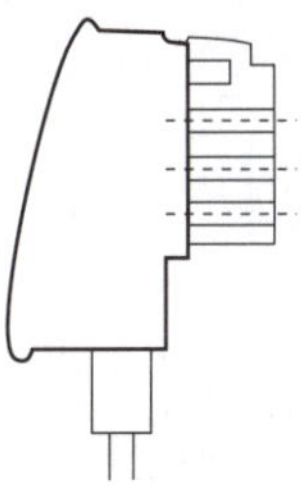	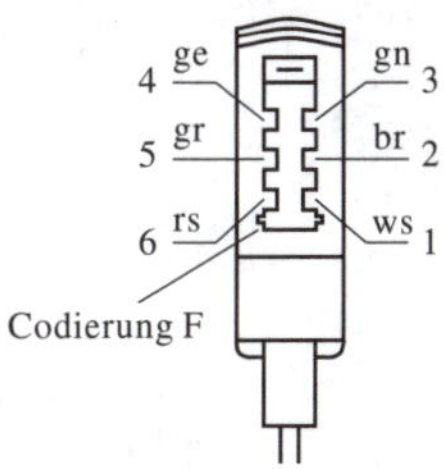	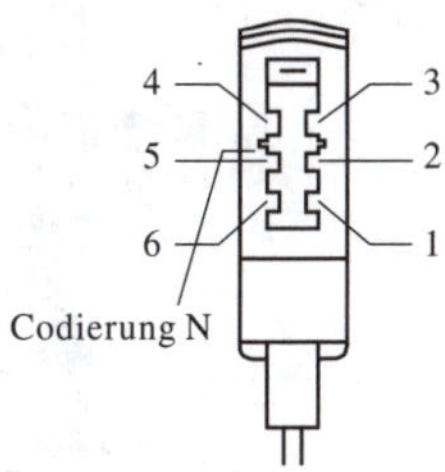	1 → a 2 → b 3 → W 4 → E 5 → b_2 6 → a_2

8

8.4 Endgeräte am analogen Telefonnetz

Umschalter für einen Hauptanschluss und zwei Endgeräte

Automatischer Wechselschalter AWADo 1/2

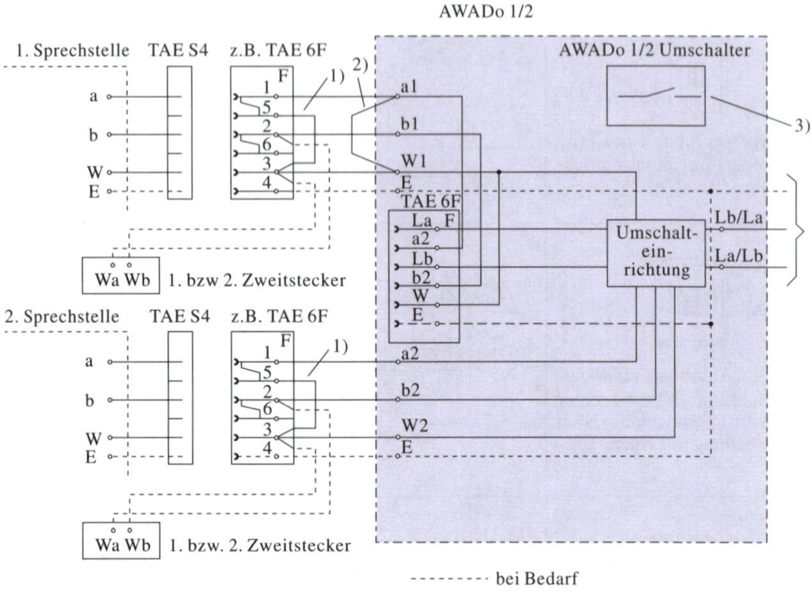

Umschalter T2

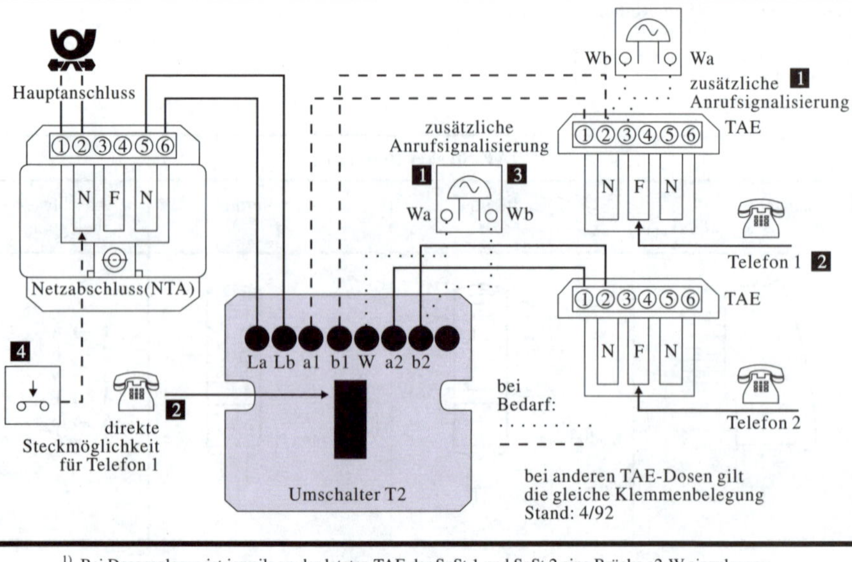

1) Bei Dosenanlagen ist jeweils an der letzten TAE der SpSt 1 und SpSt 2 eine Brücke a2-W einzulegen.
2) Beim Anschluss einer TAE oder TAE-Dosenanlage ist die Brücke a1-W1 zu entfernen.
3) Schalter in Position 1 – AWADo 1-Funktion – Schalter in Position 2 – AWADo 2-Funktion

8.4 Endgeräte am analogen Telefonnetz

8.4.2 Schaltungen von analogen Telefonen

Telefone mit Nummernschalter: FeAp 48/61

Funktionseinheit	Beschreibung	Schaltbild
Sprechschaltung	Kohlemikrofon und Fernhörer (dynamischer Lautsprecher) dienen als elektroakustische Wandler; Gabelübertrager mit Leitungsnachbildung trennt Sende- und Empfangskreis (Richtungstrennung); Gehörschutzgleichrichter verhindert Knackgeräusche	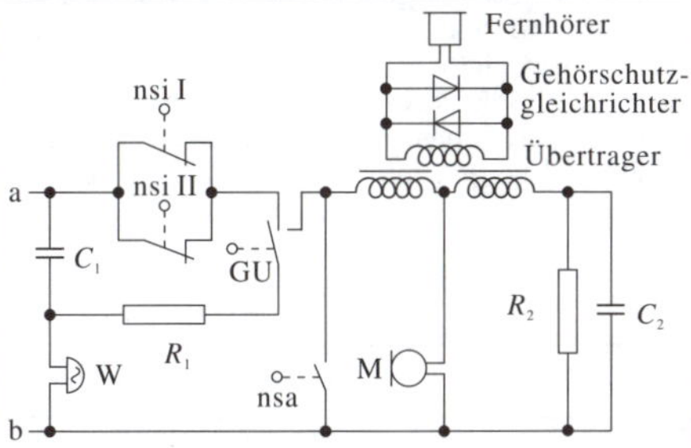
Rufeinrichtung	Wechselstromwecker mit 25 Hz zur Ruftonerzeugung. Kondensator und Widerstand dienen als Funkenlöschkreis	
Wähleinheit Impulswahlverfahren (IWV)	Nummernschalter erzeugt Wahlinformation durch Unterbrechung des Schleifenstroms mit nsi-Kontakt entsprechend der gewählten Ziffer; nsa-Kontakt schließt Sprechkreis während Wählvorgangs kurz	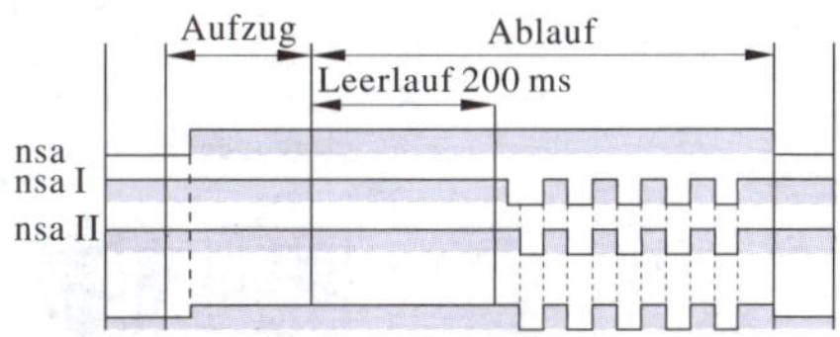Stromimpulse in der Schleife Wahl der Ziffer 5: 5 Impulse in der Schleife

Komforttelefon IQ-Tel 2 (92)

Funktionseinheit	Beschreibung	Schaltbild
Leistungsmerkmale	Wahlwiederholung, Zielwahl, Notizbuchfunktion, Direktruf, Freisprechen, Lauthören, Gebührenanzeige, programmierbarer Tonruf, IMV und MFW umschaltbar	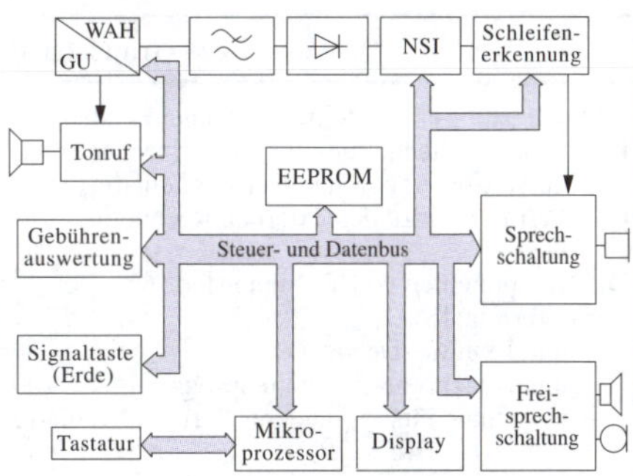
Funktionsblöcke	Realisierung der Funktionsblöcke durch integrierte Schaltungen (Schnittstellen- und Treiberbausteine), die über einen Steuer- und Datenbus mit einem 4-Bit-Mikroprozessor verbunden sind und von diesem softwaremäßig gesteuert und synchronisiert werden	
Mehrfrequenz-Verfahren (MFV)	Jeder Taste sind eine Zeilen- und eine Spaltenfrequenz zugeordnet. Die insgesamt 16 möglichen Ziffern und Sonderzeichen werden aus zwei von acht Frequenzen gebildet. Voraussetzung für den Einsatz des im Vergleich zum IWV wesentlich schnelleren MFV ist ein elektronisches Vermittlungssystem	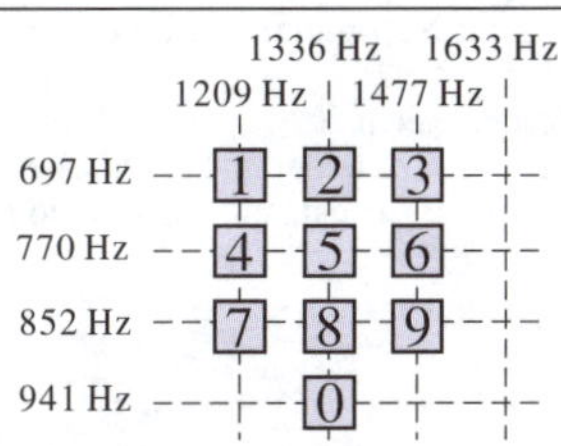

8.5 Datenvermittlungstechnik

8.5.1 Datenübermittlung am Telefonanschluss

Grundkonfiguration zur Datenübermittlung am Telefon

Die Datenendeinrichtung DEE (z. B. DV-Anlage) wird über eine Datenübertragungseinrichtung DÜE an die TAE-Dose angeschlossen. Die DÜE hat die Aufgabe, die digitalen Signale der DV-Anlage an das analoge Telefonnetz anzupassen bzw. kommende analoge Signale in Digitalsignale zu wandeln. Der dazu notwendige Modulator bzw. Demodulator heißt umgangssprachlich Modem. Modems gibt es als Einzelgeräte, Baugruppen oder Module.

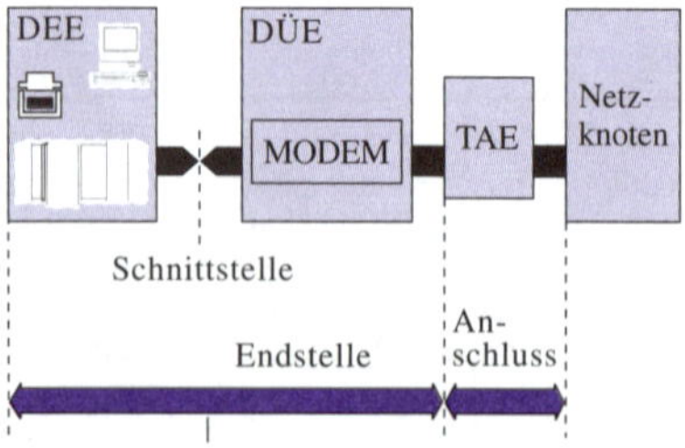

Möglichkeiten der Datenkommunikation mit Modem

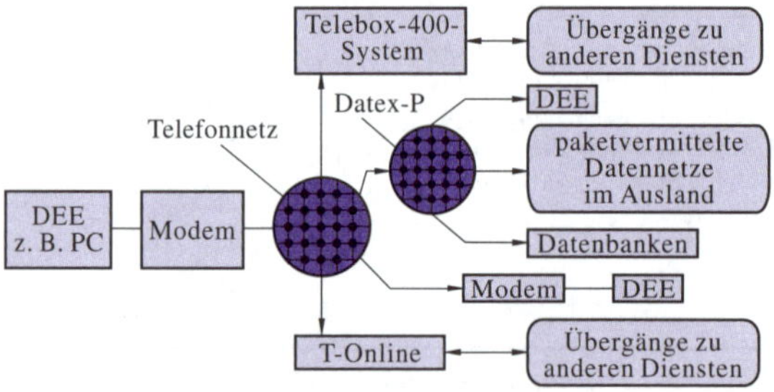

Grundstruktur von T-Online

T-Online stellt ein verteiltes Datenbanksystem mit konsistenter Datenhaltung für einen flächendeckenden Massenzugriff bereit und ermöglicht die dezentrale Vermittlung zu den externen Rechnern.

Die Komponenten von T-Online sind:
- das Terminal;
  - mit T-Online-Decoder,
  - mit asynchronem Terminalprogramm VT 100,
  - mit Unterstützung anderer Terminalemulationen (z. B. IBM 3270),
- das analoge Telefonnetz bzw. ISDN;
- die T-Online-Netzknoten mit Leitzentrale;
- das Datex-P-Netz;
- die externen Rechner;
- die Übergänge zu anderen TK-Diensten;
- die Übergänge zu ausländischen Videotext-Diensten

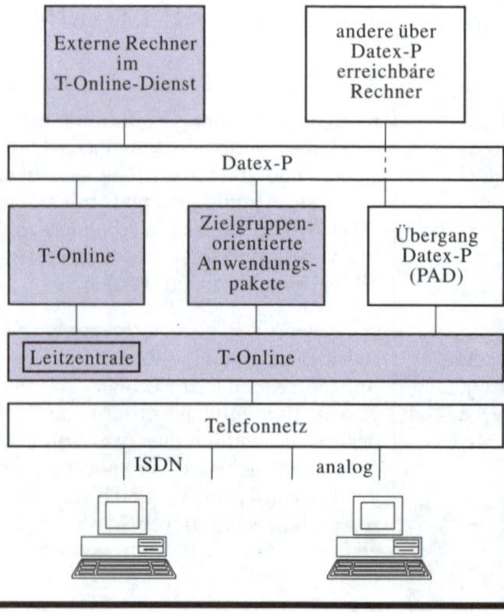

8.5.2 Datenübermittlung an digitalen Wählanschlüssen

Grundkonfiguration zur Datenübermittlung an digitalen Wählanschlüssen

Wählanschlüsse mit digitalen Anschaltepunkten der Gruppen L (Datex-L) und P (Datex-P) sind speziell für die Datenübermittlung konzipiert und bieten besonders fehlerarme Übertragungsmöglichkeiten. Die Datenendeinrichtung DEE wird über die Datenübertragungseinrichtung DÜE – bestehend aus Datennetzabschlussgerät DNG und Datexnetzabschlussgerät DXG – über eine digitale Verbindung an die Datenvermittlungsstelle (Netzknoten) angeschlossen

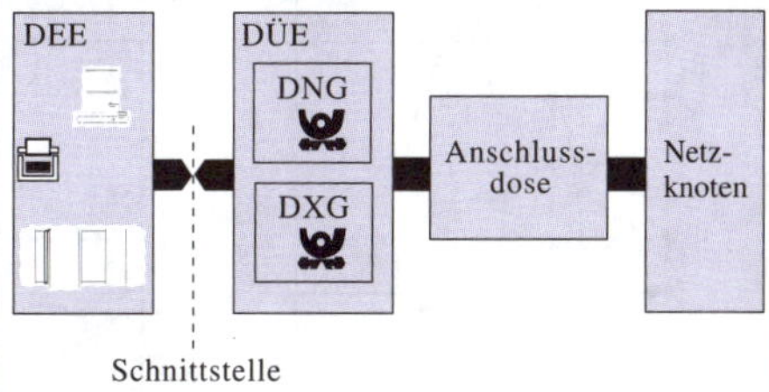

Wählanschlüsse der Gruppe L (Datex-L)

Datex-L-Anschlüsse sind digitale Wählanschlüsse mit Leitungsvermittlung, d. h. für die gesamte Dauer einer Wählverbindung sind zwei Datex-L-Anschlüsse direkt miteinander verbunden. Datex-L bietet duplexfähige Verbindungen mit Übertragungsgeschwindigkeiten von 300 bit/s bei asynchroner Betriebsweise (Datex-L 300) und Übertragungsgeschwindigkeiten von 2400 bit/s, 4800 bit/s und 9600 bit/s bei synchroner Betriebsweise (Datex-L 2400/L 4800/L 9600)

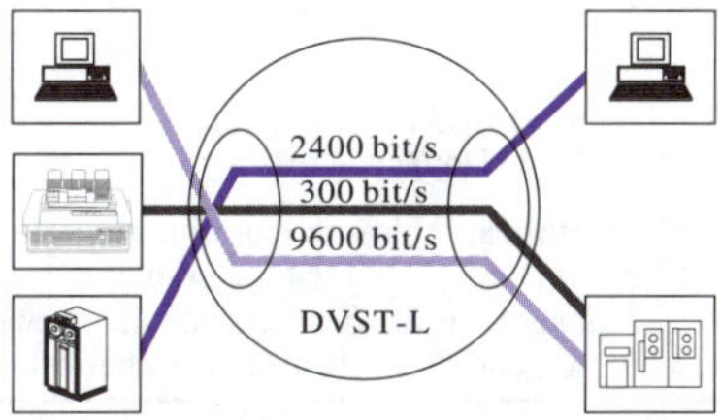

DVST-L: Datenvermittlungsstelle mit Leitungsvermittlung

Wählanschlüsse der Gruppe P (Datex-P)

Datex-P-Anschlüsse sind digitale Wählanschlüsse mit Paketvermittlung, d. h. die Daten werden paketweise mit kurzzeitiger Zwischenspeicherung in den Vermittlungsstellen übertragen (virtuelle Verbindung), wodurch eine Geschwindigkeitsanpassung zwischen unterschiedlichen Endgeräten möglich ist. Datex-P bietet duplexfähige Verbindungen von 300 bit/s bis 64 Kbit/s (zukünftig auch 1,92 Mbit/s). Der Basisdienst Datex-P 10 ist für synchrone Datenendgeräte mit X.25-Protokollen gemäß CCITT vorgesehen

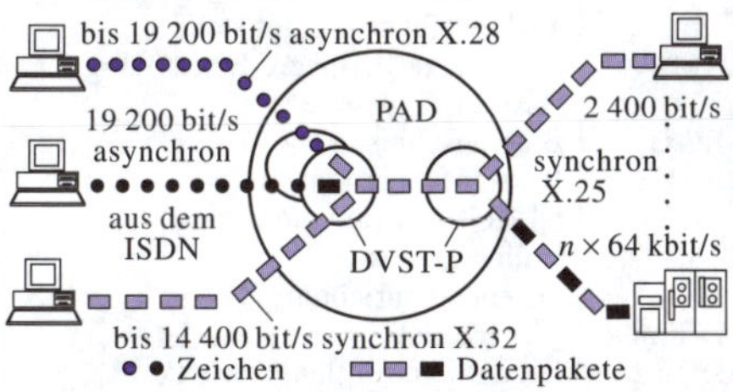

Datex-P-Vermittlungsprinzip

Zugangsmöglichkeiten bei Datex-P

Der Anpassungsdienst Datex-P 20 ist für zeichenorientierte, asynchrone Datenendgeräte (z. B. PC) mit dem X.28-Protokoll vorgesehen. Die Anpassung an die paketorientierte Übertragung übernimmt eine sogenannte PAD-Einrichtung (Paketier-/Depaketier) in den Datex-Vermittlungsstellen. Zugangsmöglichkeiten zum Datex-P bestehen aus dem analogen Telefonnetz, dem ISDN und den Mobilfunknetzen C und D sowie aus dem Satellitenfunkdienst Inmarsat C und aus dem mobilen Datenkommunikationsdienst MODACOM

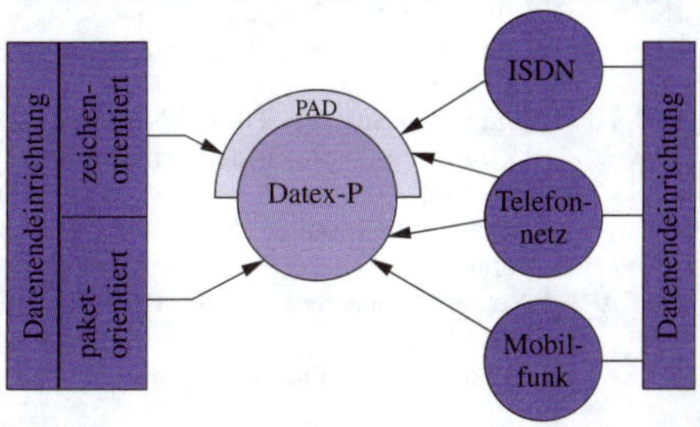

⇒ 8-42

8.6 ISDN

8.6.1 ISDN-Basisanschluß

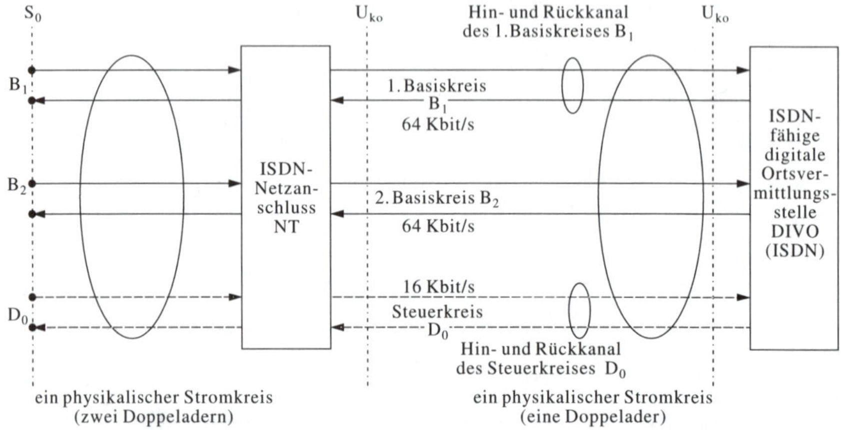

Der ISDN-Basisanschluss bietet eine digitale Verbindung mit einer Übertragungsgeschwindigkeit von 2×64 Kbit/s. Die S_0-Schnittstelle erlaubt den Anschluss von 12 ISDN-Anschlusseinheiten (Kommunikationssteckdosen), an die 8 unterschiedliche Endgeräte für mehrere Dienste (davon maximal 4 Telefone) angeschlossen und 2 gleichzeitig betrieben werden können.

8.6.2 Abkürzungen für ISDN

Abk.	Bedeutung	Abk.	Bedeutung
a/b	analoge Telefonschnittstelle	NTPM	Netzabschlussgerät für den Primärmultiplexanschluss
APE	Abgesetzte-Periphere-Einrichtung für Basisanschlüsse	NÜ	Netzübergang
BaAs	Basisanschluss	PCM-2 FA	Fremdanschaltungssystem
BAKT	Basisanschlusskonzentrator	PMxAs	Primärmultiplexanschluss
B-Kanal	64 Kbit/s Informationskanal	R, S, T, U, V	Bezugspunkte
T-Online	Online-Dienst	So	Teilnehmerschnittstelle mit 2×64 Kbit/s + 16 Kbit/s
DEE	Datenendeinrichtung		
D-Kanal	Steuerkanal	S2M	Teilnehmerschnittstelle mit 30×64 Kbit/s + 64 Kbit/s
DIV	Digitale Vermittlungstechnik		
DSV 2	Digitalsignalverbindung 2 Mbit/s	TA	Terminal Adapter (Endgeräteanpassung)
EE	Endeinrichtung		
HKZ	Hauptanschlusskennzeichengabe	TAE	Telekommunikationsanschlusseinheit
IAE	ISDN-Anschluss-Einheit	TKAnl	Telekommunikationsanlage
IKZ	Impulskennzeichengabe	UK0	Leitungsschnittstelle des ISDN-Basisanschlusses
IP	Interworking Port (Zugangseinrichtung zu Datex-P)	U2M	Leitungsschnittstelle des Primärmultiplexanschlusses
ISDN	Integrated Services Digital Network		
LE	Leitungsendgerät für den Primärmultiplexanschluss	X.21	International standardisierte Schnittstelle für leitungsvermittelte Datenübertragung
NT	Network Terminator (Netzabschlussgerät)	X.25	International standardisierte Schnittstelle für paketvermittelte Datenübertragung
NTBA	Netzabschlussgerät für den Basisanschluss		
NTA	Netzabschluss analog	ZGS Nr. 7	Zeichengabesystem Nr. 7 nach CCITT

8.6 ISDN

8.6.3 ISDN-Anschluss- und Netzübergangsmöglichkeiten

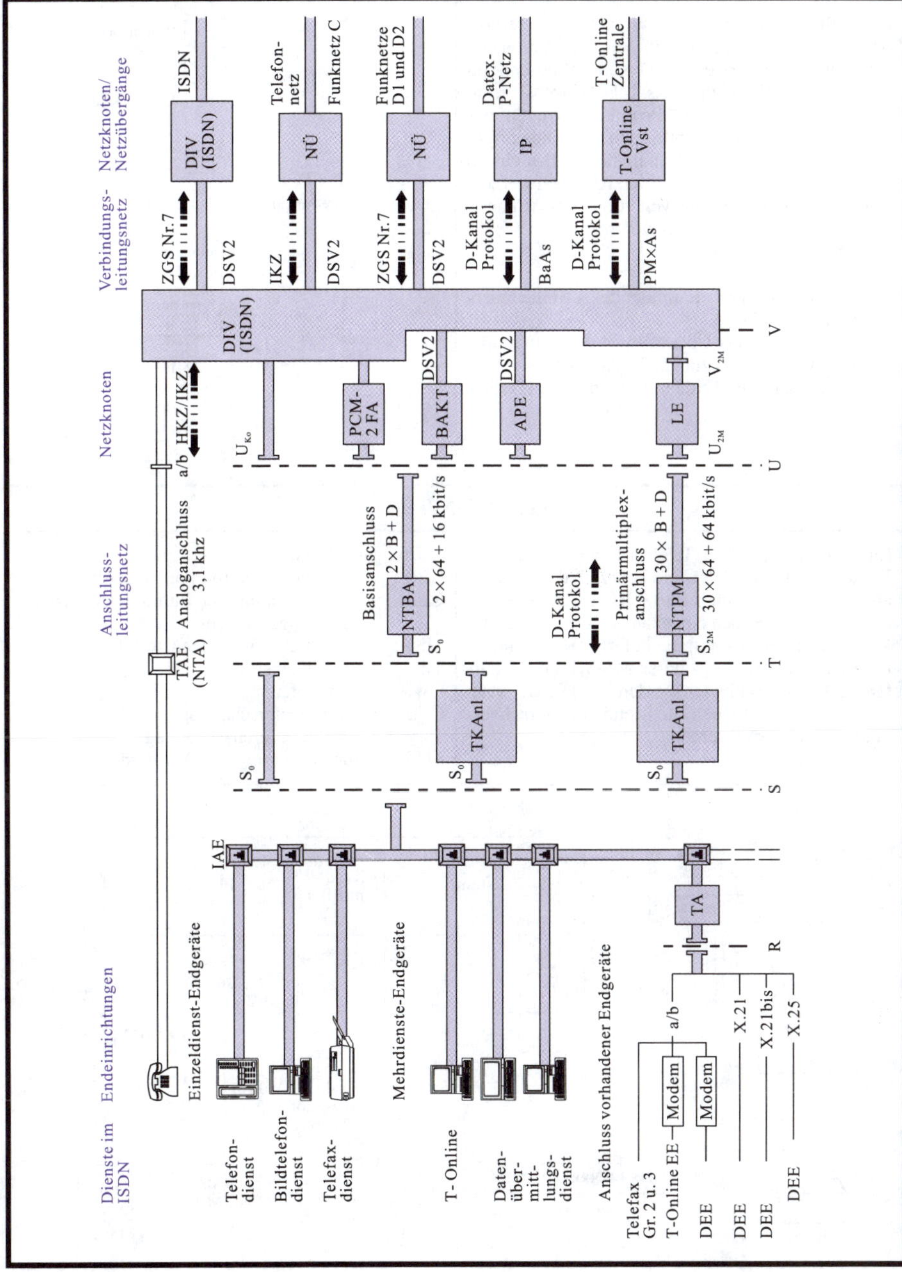

8

8.6.4 Euro-ISDN

Euro-ISDN steht seit 1994 für ISDN-Nutzer zur Verfügung. Es unterscheidet sich vom nationalen ISDN durch das verwendete D-Kanal-Protokoll: im nationalen ISDN ist dies das 1-TR6-Protokoll, im Euro-ISDN das E-DSS1-Protokoll. Wegen der unterschiedlichen Protokolle kann eine Endeinrichtung mit nationalem D-Kanal-Protokoll nicht an einem Euro-ISDN-Basisanschluß betrieben werden.
Euro-ISDN bietet europaweit folgendes Mindestangebot an Leistungsmerkmalen:

- Mehrfachrufnummer
- Durchwahl
- Übermittlung der Rufnummer des A-Teilnehmers zum B-Teilnehmer
- Unterdrückung der Übermittlung der Rufnummer des A-Teilnehmers zum B-Teilnehmer
- Umstecken von Endgeräten am Mehrgeräteanschluss

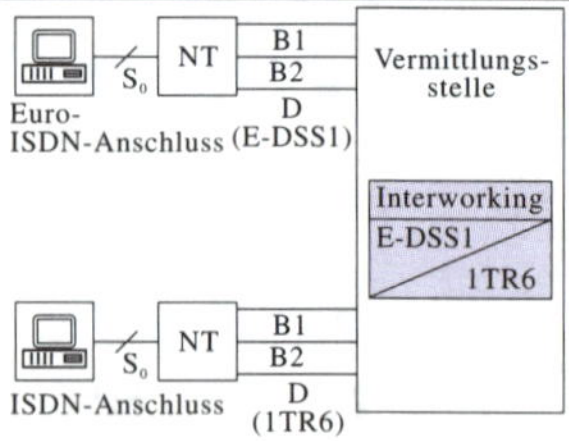

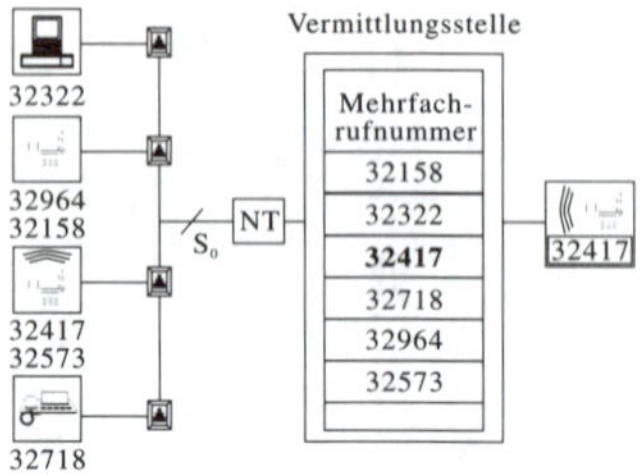

8.6.5 ISDN-Telefon

Ein bilinguales ISDN-Telefon unterstützt die D-Kanal-Protokolle 1-TR6 und E-DSS1, d. h. es kann am nationalen und am Euro-ISDN-Anschluß betrieben werden. Über den eingebauten Terminaladapter V.24 und mit Hilfe der mitgelieferten Kommunikationssoftware kann ein unter MS-Windows lauffähiger PC angeschlossen werden. Vom PC aus kann somit gleichzeitig eine Daten- und eine Sprachverbindung aufgebaut werden.

Leistungsmerkmale

CLIP:	Anzeige der Rufnummer des Anrufers
CLIR:	Unterdrückung der Rufnummernanzeige beim Angerufenen
MSN:	Mehrfachrufnummerauswahl
TP:	Parken einer Verbindung
CW:	Anklopfen
CFB:	Anrufweiterschaltung
3pty:	Dreierkonferenzschaltung
MCID:	Identifizierung von Anrufern

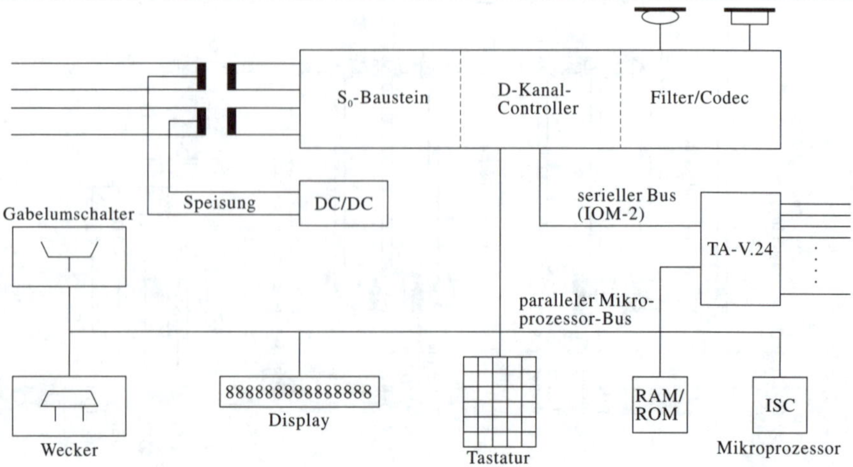

8.7 Mobilfunk

**Übersicht über Mobilfunk-Kommunikationsnetze /
Einordnung der Mobilfunknetze in die Struktur der Kommunikationsnetze**

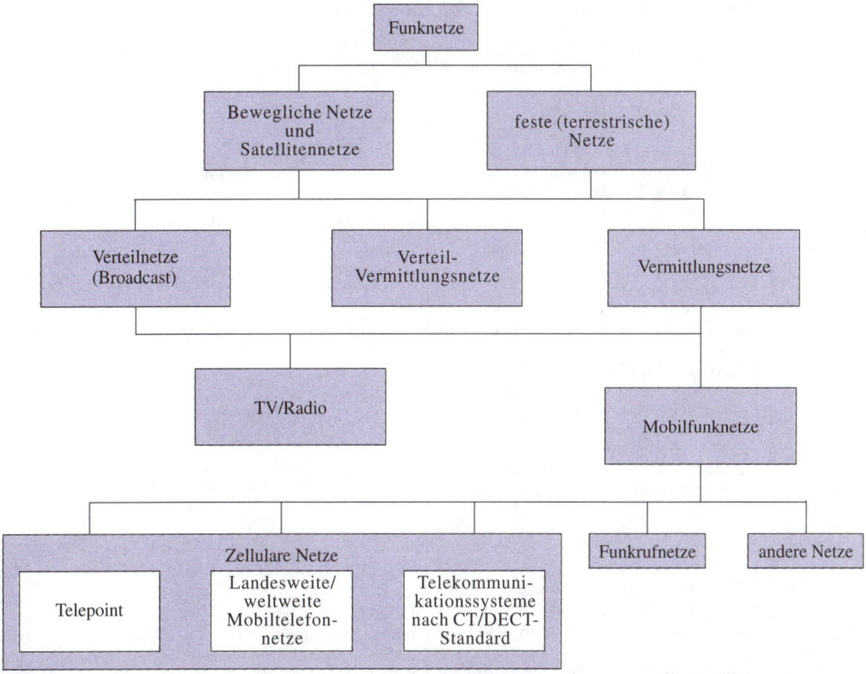

Begriff Mobilfunknetze	Mobiltelefonnetze sind im weitesten Sinne Netze, die das leitungsgebundene Telefonnetz um eine mobile Komponente erweitern und bei der sich Teilnehmer mit mobilen Endgeräten in das bestehende Telefonnetz einwählen

8.7.1 Zellulare Netze

Telepoint	Ein schnurloses Telefonsystem, bei dem nur abgehende Gespräche möglich sind. Im Umkreis von ca. 200 m um besonders gekennzeichnete Telefonzellen herum kann mit einem speziellen Handapparat telefoniert werden. Das System ist seit 1990 auf dem Markt und war zuerst unter der Bezeichnung „Birdie“ bekannt

Landesweite/weltweite Mobiltelefonnetze

Großräumiger Einsatz	Zellulare Mobil-Kommunikationsnetze sind im wesentlichen Mobiltelefon- bzw. Mobilfunknetze, die auch unter der Bezeichnung PLMN (Public Land Mobile Network) zusammengefasst werden. Eine feste Basisstation hat mit der mobilen Station, dem
Großräumiger Einsatz (Forts.)	„Handy“ oder auch „Mobile“ Funkkontakt. Mobile Stationen können bei analoger oder digitaler Übertragung nicht direkt miteinander kommunizieren, sondern nur über die jeweils zuständigen Basisstationen
Zentrale Organisation	Je eine Basisstation ist im Zentrum einer Zelle installiert, in der sich das Mobile befindet. Dadurch unterscheiden sich diese Netze von den dezentral organisierten Funknetzen, wie z. B. den sog. „Packet Radio Networks“. Dort können die Mobilstationen direkt miteinander in Verbindung treten. Um Verbindungen zwischen beliebigen Teilnehmern zu ermöglichen, beinhalten zellulare Netze Vermittlungsfunktionen. Dadurch unterscheiden sich diese Netze von den „Verteilnetzen“, die Punkt- zu Mehrpunktverbindungen betreiben können

Netzarten

	Zu den zellularen Netzen gehören folgende Mobil-Netzsysteme: B-Netz, C-Netz, D1-

8.7 Mobilfunk

8.7.1 Zellulare Netze (Forts.)

Netzarten (Forts.)	Netz, D2-Netz, E1-Netz, NMT 450 (Nordic Mobile Telephone), NMT 900 (Nordic Mobile Telephone), AMPS (Advanced Mobile Phone System), TACS (Total Access Communication System), ETACS (Enhanced/Extended Total Access Communication System), J-TACS (Japan Total Access Communication System) und Radiocom 2000. Die bedeutendste Entwicklung für den europäischen Raum stellen die Netze dar, die die GSM-Technik (Global System for Mobile Communication) verwenden
A-Netz	Erstes Funktelefonnetz in Deutschland. In Betrieb von 1958 bis 1977. Frequenzbereich: 150 MHz Kanäle: 16 Duplexkanäle Handvermittlung (keine Selbstwahl der Teilnehmer) Teilnehmerzahl: Max. 10 000 Das A-Netz gehört nicht zu den zellularen Systemen. Es erreichte im Endausbau eine Flächendeckung von ca. 80%
B-Netz	Zweites Funktelefonnetz in Deutschland. Netze mit dieser Technik wurden auch in Österreich, den Niederlanden und Luxemburg eingeführt. In Betrieb von 1992 bis 1994. Frequenzbereich: 150 MHz Kanäle: In der ersten Ausbaustufe 37 Duplexkanäle, später insges. 74 Automatische Vermittlung in beiden Richtungen Teilnehmerzahl: ca. 27 000 In B-Netzen findet keine Übergabe eines Teilnehmers von einer Funkfeststation zur nächsten statt (Handover). Ein Anrufer muß wissen, in welchem Bereich sich der anzurufende Teilnehmer befindet
C-Netz	In Betrieb seit 1985. Beim C-Netz werden Sprachsignale analog übertragen, die Signalisierung (d.h. die Informationen für den Verbindungsaufbau und den -abbau) werden digital übertragen. Das C-Netz ist in Portugal und Deutschland landesweit eingeführt. Frequenzbereich: 450 MHz Automatische Vermittlung Teilnehmerzahl: ca. 800 000 Mit Einführung des C-Netzes wurde auch die Zellulartechnik in Form von Kleinzellen eingeführt. Jede Funkfeststation versorgt eine Kleinzelle (Funkzelle). Der Radius einer Funkzelle ist abhängig vom Verkehr in diesem Gebiet. Je höher das Verkehrsaufkommen, desto kleiner wird die Funkzelle gewählt. In Ballungsgebieten kann der Radius bis auf 2 km zurückgehen. Ein typischer Wert für eine Funkzelle beträgt ca. 27 km
C-Netz (Forts.)	Im Gegensatz zum leitungsgeführten Telefonnetz benötigt der (mobile) Teilnehmer hier eine Berechtigungskarte, auf der die Telefonnummer gespeichert ist. Die Teilnehmernummer ist ausschließlich an diese Codekarte und nicht an das Endgerät gebunden

Struktur des C-Netzes

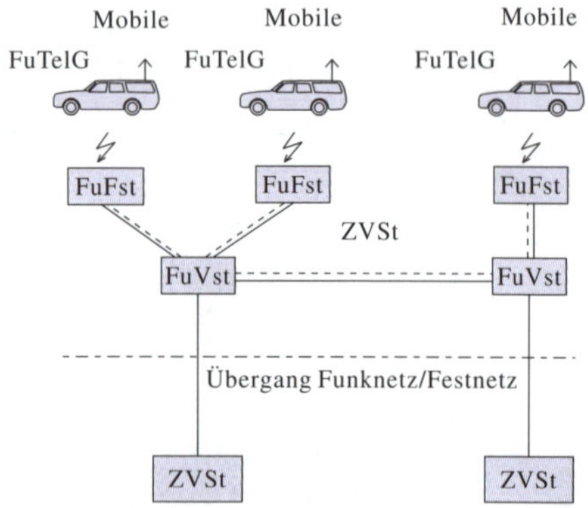

FuTelG: Funktelefongerät
FuFst: Funkfeststation
ZVSt: Zentralvermittlungsstelle

Sprechwege ———
Datenwege - - - - -

Luftschnittstelle und Verbindungswege beim C-Netz	Eine Funkzelle wird durch die Funkfeststation (FuFSt) dargestellt. Zwischen der Mobilstation (FuTelG) und der Funkfeststation befindet sich die Luftschnittstelle. Die Funkfeststation bildet die nicht mobile Seite dieser Luftschnittstelle. Über Standleitungen sind die Funkfeststationen mit den Funkvermittlungsstellen (FuVSt) verbunden. Zwischen der Funkvermittlungsstelle und der Zentralvermittlungsstelle befindet sich der Übergang zwischen Festnetz und Funknetz. Eine Funkvermittlungsstelle versorgt ca. 60 000 Teilnehmer
Sprachübertragung und Signalisierung	Beim C-Netz wird die Anwesenheitsprüfung über den Organisationskanal digital und synchron durchgeführt. Die Sprache wird analog über Sprachkanäle übertragen. Während einer Verbindung wird auch die Signalisierung über diesen Sprachkanal abgewickelt

8.7 Mobilfunk

8.7.1 Zellulare Netze (Forts.)

C-Netz

Handover beim C-Netz	Unterbrechungsfreies Umschalten während der Mobile-Bewegung von einer zur anderen Zelle. Der beste Umschaltzeitpunkt wird durch Entfernungsmessung ermittelt. Die Entfernung wird durch die Laufzeitenmessung der Signale auf dem Organisations- und Sprachkanalkanal festgestellt. (Das Verfahren der Entfernungsmessung wird ausführlich im Dokument DBP88 beschrieben.) Die Laufzeitenmessung geschieht dauernd, auch im Stand-by-Betriebszustand. Die beim Umschalten von einer zur anderen Zelle erforderliche Unterbrechung ist kleiner als 300 ms
Informationsverwaltung im Netz	Jede Funkvermittlungsstation enthält die Heimatdatei, in der alle Teilnehmer eingetragen sind, die dieser Funkvermittlung zugeordnet wurden und eine Fremddatei, in der alle aktiven Teilnehmer eingetragen sind, die sich zwar in der Zelle befinden, aber einer anderen Funkvermittlung zugeordnet sind. Ferner enthält jede Funkfeststation eine Datei, in der alle aktiven Teilnehmer eingetragen sind
Leistungsmerkmale des C-Netzes	– Verbindungsaufbau durch den Organisationskanal – Abhörsicherheit durch Sprachverschleierung (Invertierung des Sprachbandes) – Leistungsregelung bei Funkfest- und Mobilstation

D1-, D2- und E1-Netz (GSM-Netze)

Aktuelle GSM-Netze	D1-Netz (paneuropäisches Netz) Netzbetreiber: DeTeMobil D2-Netz (paneuropäisches Netz) Netzbetreiber: Mannesmann Mobilfunk GmbH E1-Netz (lokales kleinräumiges Netz) Netzbetreiber: E-Plus Mobilfunk GmbH
GSM-Frequenzen	Empfangsfrequenzen: 890–915 MHz Sendefrequenzen: 935–960 MHz Sende- und Empfangsfrequenzen liegen immer in einem Abstand von 45 MHz auseinander. Zwischen dem Sende- und Empfangsfrequenzband liegt ein nicht verwendeter Bereich von 2 MHz zum Schutz gegen Interferenzen zwischen Sende- und Empfangsfrequenzen

D1-, D2- und E1-Netz (GSM-Netze) (Forts.)

GSM-Frequenzband für GSM-900

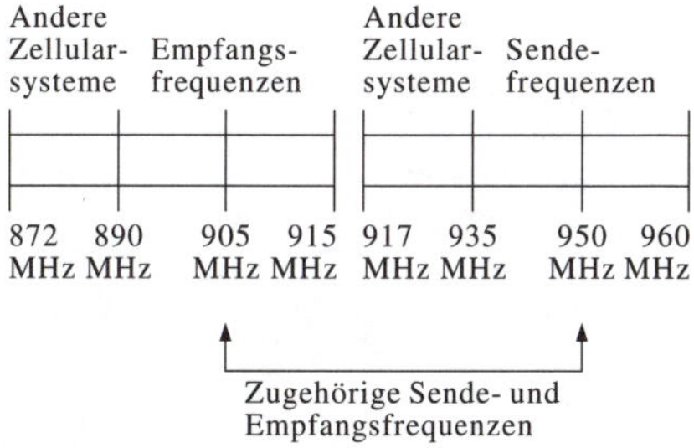

Radio Link	Pro Frequenzband gibt es im jeweiligen Abstand von 200 kHz einen Träger, so dass insgesamt 124 Trägerfrequenzpaare entstehen. Ein Paar wird als ein „Radio Link" bezeichnet. Hierbei haben die RFCH's (Radio Frequency Channels) einen Duplexabstand von 45 MHz
Physikalische Kanäle	Es ist zwischen physikalischen und logischen Kanälen zu unterscheiden. Ein Kanal ist ein Bereich im Frequenzband, der in sich in 8 Zeitschlitze (Time Slots) unterteilt ist. Innerhalb der Zeitschlitze wird der physikalische Inhalt mit sog. Bursts übertragen
Logische Kanäle	Während unter dem Begriff „Physikalischer Kanal" mehr der Weg der Information verstanden wird, liegt die Bedeutung des Begriffs „Logischer Kanal" in der Art der Informationsübertragung. Dadurch entstehen mehrere Kanalgruppen, die ihrerseits wieder aufgeteilt werden
GSM als Erweiterung des PSTN	Nach den CCITT-Empfehlungen ist das öffentliche PLMN-Netz, das das GSM-Zellularsystem umfaßt, eine Erweiterung des modernen PSTN unter Verwendung des Zeichengabesystems Nr. 7 von den Basisstationen über das MSC zum PSTN. Die Nachrichtenübermittlung nach ISDN-Standard ist zwischen dem Mobilfunkteilnehmer über das terrestrische Netz bis in andere PLMNs möglich
Ziele des GSM	– Europäische Harmonisierung und Standardisierung – hohe Dienstgüte bei hoher Tonqualität und Verbindungsqualität – Leistungsmerkmale: verschiedene Teilnehmerdienste und spezielle Systemmerkmale – erhöhte Kapazität – niedrige Kosten bei der Infrastruktur – portabler Betrieb

8.7 Mobilfunk

8.7.1 Zellulare Netze (Forts.)

GSM-Systemübersicht

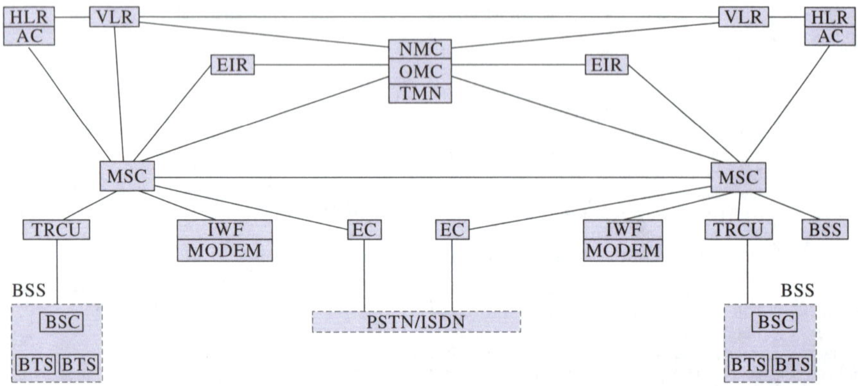

8

Abk.	Englische Bezeichnung	Deutscher Ausdruck
AC	Authentication Center	Teilnehmer-Überprüfungszentrum
BSC	Base Site Controller	Steuereinrichtung für Funkfeststation
BSS	Base Station System (BTS+BSC)	Feststationssystem
BTS	Base Transceiver Station	Funkfeststation
EC	Echo Canceller	Echounterdrückung
EIR	Equipment Identity Register	Gerätekennungsdatei
HLR	Home Location Register	Heimatdatei
IWF	Interworking Function	Anpassung an das Telefonnetz
ISDN	Integrated Service Digital Network	Diensteintegrierendes digitales Netz
MSC	Mobile Service Switching Center	Mobilvermittlungseinrichtung
NMC	Network Management Center	Netzverwaltungszentrale
OMC	Operations and Maintenance Center	Bedienungs- und Wartungszentrale
PSTN	Public Switched Telephone Network	Öffentliches Fernsprechnetz
TRCU	Transcoder Unit	Sprach-Transcoder
TMN	Telecommunications Management Network	Betriebsnetz (dem Wirknetz überlagert)
VLR	Visitor Location Register	Besucherdatei

8.7 Mobilfunk

8.7.1 Zellulare Netze (Forts.)

Struktur und Prinzip der GSM-Technik

GSM-Mobilfunknetzwerk (nach GSM 1.02)

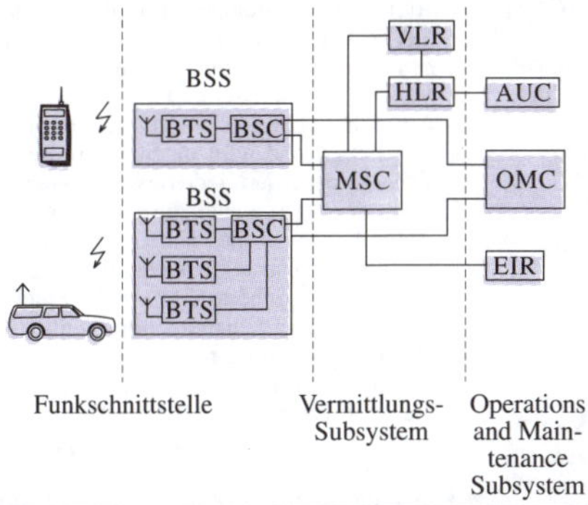

Funksubsystem	Wird dargestellt von den mobilen Endgeräten (Mobiles), den Mobil(funk-)stationen (Mobile Stations, MS) und den Basisstationen (Base Station System, BSS)
Basisstations-System (BSS)	Die stationäre Seite der Funkschnittstelle wird durch das Base Station System dargestellt. Sie ist für die Steuerung und Funkversorgung für eine oder mehrere Zellen und die zugehörigen Mobilfunkstationen zuständig. Durch den Signalaustausch der mobilen Endgeräte über die Luftschnittstelle mit den Basisstationen wird den Teilnehmern der Zugriff auf das Funknetz ermöglicht. Die Basisstation wird in zwei große Funktionsblöcke aufgeteilt. Es handelt sich um den „Base Station Controller" (BSC) und um die „Base Transceiver Station" (BTS). Die beiden Blöcke können räumlich getrennt voneinander angeordnet sein. Ein BSC kann mehrere BTS versorgen. Das Funksubsystem hat zwei Klassen von Kanälen: – Verkehrskanäle (Traffic Channels, TCH) – Steuerkanäle (Control Channels, CCH)
Funkzelle, Zellstruktur und Frequenzwiederholmuster (Reuse)	Der Bereich, den eine BTS orografisch überdeckt. GSM-Zellstruktur und Frequenzwiederholmuster (Motorola) 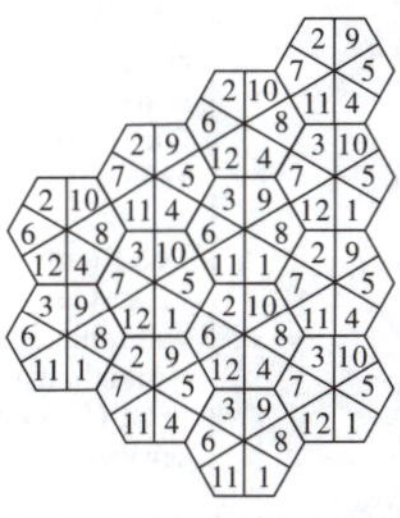

A-Schnittstelle	Ist der Übergang von der Basisstation (BSS) zum MSC. Diese Schnittstelle ist in den GSM-Spezifikationen vollständig definiert
MSC	Mobile Switching Center als Vermittlungsstelle für Teilnehmergespräche, die aus dem Mobilfunknetz kommen oder dort enden
HLR	Home Location Register, eine datenbankgestützte Verarbeitungseinheit, die die Hauptdaten der Teilnehmer eines PLMNs enthält
VLR	Visitor Location Register; datenbankorientierte Netzeinheit, die vorübergehend Informationen der Teilnehmer enthält, die sich gerade im Wirkungsbereich einer MSC befinden
EIR	Datenbank, die als Geräteverzeichnis im Netz arbeitet und zentrale Informationen zur Überprüfung von Mobilfunkstationen anhand der international eingetragenen Kennungen enthält
OMC	Operations and Maintenance Center; Netzelement für Betriebs- und Wartungsmaßnahmen
NMC	Network Maintenance Center; Netzeinheit für Wartungsmaßnahmen auf Netzebene
TRCU (XCDR)	Speech Transcoder, digitale Netzeinheit, die die digitale Codierung und Decodierung der Sprache durchführt. Er bildet die Schnittstelle zwischen der 64 Kbit/s-PCM-Übertragung des leitungsgebundenen Netzes und der für die Funkverbindungen benutzten 13 Kbit/s-Vocoder-Übertragung
IWF	Internetworking Function, gewährleistet die Anpassung zwischen dem PLMN und anderen leitungsgebundenen Netzen einschließlich PSTN und ISDN und den Paket-Vermittlungsnetzen
EC	Echo Canceller (Echo Compensator); Netzeinheit zur Unterbindung von Echo-Erscheinungen auf den Leitungen
Standardisierte und spezifizierte Schnittstellen	– MSC – PSTN/ISDN – Teilnehmerschnittstellen ISDN – MSC – MSC – MSC – BSC – BSC – BTS – MTS – MS – MSC – alle Ortsdateien – LR – LR – OMC – MSC, HLR, VLR, EIR, BSS

8

8.7 Mobilfunk

8.7.1 Zellulare Netze (Forts.)

Technische Eigenschaften und Funktion von GSM

Eigenschaften der Funkschnittstelle

Frequenzen	Die zugewiesenen Frequenzen liegen zwischen 935 bis 960 MHz für die Basisbandübertragung und 890 bis 915 MHz für den Basisband-Empfang. Die Trägerfrequenzen sind im Abstand von 200 kHz eingerichtet
Kanäle	124 HF-Kanäle
Funkkanal-Zugriffsverfahren	Die Kanalzuteilung, die bei GSM verwendet wird, besteht aus einer Kombination von Frequenzmultiplex (FDM) und Zeitmultiplex (TDM). Mit einer einzigen Trägerfrequenz können 8 Kanäle mit voller und 16 Kanäle mit halber Übertragungsrate im Multiplexverfahren betrieben werden
Sprach-Digitalisierung	Der Decoder liefert die digitalisierte Sprache in Blöcken zu 260 bit/20 ms. Das entspricht einer Rate von 13 Kbit/s. Nach weiterer Bearbeitung mit Fehlerkorrekturverfahren ergibt sich eine Übertragungsrate von 22,8 Kbit/s
Funkkanal	Die Brutto-Rate, die in den Funkkanälen des GSM benutzt wird, beträgt 270,833 Kbit/s. Das Modulationsverfahren wird bezeichnet als „0,3 BT Gaussian Minimum Shift Keying"
Netzorganisation	Das GSM-Netz wird durch Funkzellen gebildet. Eine Funkzelle ist durch eine BTS gekennzeichnet. Innerhalb einer Funkzelle werden genau definierte Frequenzen benutzt. Es muß sichergestellt sein, daß dieselbe Frequenz erst wieder in einem sicheren räumlichen Abstand verwendet wird. GSM erlaubt Zellen mit einer Größe im Radius von 350 m bis 70 km. Die Größe einer Zelle wird im wesentlichen bestimmt durch das Verkehrsaufkommen, die maximale Sendeleistung, die zugeteilten Frequenzen und durch die topologischen Gegebenheiten des Sendegebietes. Bei einer Überschreitung der maximalen Größe würde auch die zulässige Signallaufzeit von maximal 0,233 ms überschritten. Zellen der Größe von ca. 350 m im Radius erlauben ein Verkehrsaufkommen von bis zu 200 Erl/km^2 (Erlang pro km^2). **Grundsatz:** Je höher das Verkehrsaufkommen, desto kleiner die Zelle

8

⇐ 8-35

Registrierung des Teilnehmers (Roaming)	Im GSM-Mobilfunknetz werden Anrufe vom System automatisch an den Teilnehmer weitergeleitet. Dazu müssen die Aufenthaltsorte der Teilnehmer im jeweiligen VLR gespeichert sein. Der jeweils gültige Aufenthaltsbereich wird im Endgerät gespeichert und wird im Stand-by-Betrieb ständig aktualisiert. Jede Basisstation sendet in einem Steuerkanal die Kennung ihres Aufenthaltsbereiches als sog. LAI (Local Area Identification). Erkennt ein Endgerät, dass die gespeicherte LAI mit der empfangenen LAI nicht übereinstimmt, initiiert es einen Registrierungsprozess. Hierzu sendet es eine Nachricht über die Basisstation an die Mobilvermittlungsstelle. Diese leitet dann die Nachricht an die zugehörige Fremddatei weiter. Diese Nachricht umfasst die Kennung der Mobilstation (IMSI) und die alte und neue LAI

GSM-Roaming

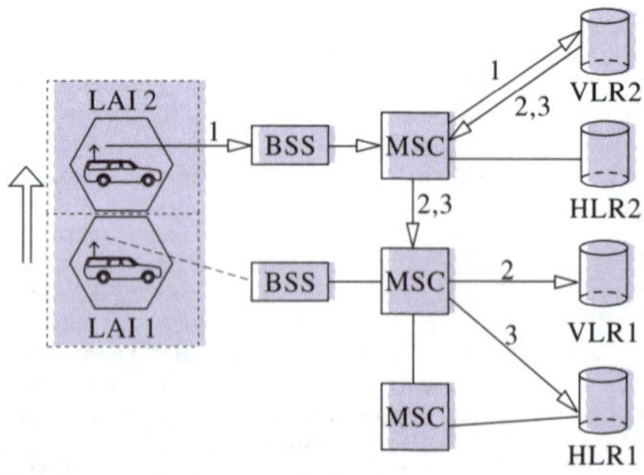

Ablauf des Roamings	MS verlässt Bereich LAI 1 und bewegt sich nach LAI 2. HLR 1, VLR 1 und VLR 2 werden aktualisiert. Der Aufenthaltsbereich von LAI 2 wird von VLR 2 verwaltet, dieser wird eine Nachricht 1 übersandt. Der Eintrag in VLR 1 wird dann gelöscht (2). Die Heimatdatei des MS (HLR 1) wird außerdem aktualisiert (3). Das Roaming findet auch dann statt, wenn keine Gesprächsverbindung besteht. Wird während einer Gesprächsverbindung der Aufenthaltsbereich gewechselt, sind zusätzliche Übergabefunktionen notwendig. Dieser Prozess wird „Handover" genannt

8.7.1 Zellulare Netze (Forts.)

Technische Eigenschaften und Funktion von GSM (Forts.)

Handover	Unter einem GSM-Handover ist der Wechsel der Funkverbindung eines mobilen Endgerätes auf eine andere Funkverbindung zu verstehen. Dieser Wechsel muß während des Bestehens einer Verbindung geschehen, ohne dass die Verbindung unterbrochen wird. Ursachen für ein Handover: Zellenwechsel, schlechte Qualität der Funkverbindung, Verkehrsverteilung und O- und M-Aktivitäten
Ablauf eines Handovers	Im Bild unten befindet sich der mobile Teilnehmer in Zelle Z 1 bei bestehender Verbindung. Die Zelle Z 1 wird von der Basisstation BS 1 bedient. Mobilstation und Basisstation überprüfen fortwährend das Übertragungsverhalten der Funkstrecke. Wird erkannt, dass die Funkzelle Z 1 verlassen worden ist, ermittelt der Base Station Controller die neu zuständige Base Transceiver Station (BTS) oder wenn der gesamte Bereich (BS 1) verlassen wird, die neue zuständige Basisstation (z. B. BS 2 oder BS 3). Sind die neue und alte Zelle derselben Basisstation zugeordnet, wird lokal auf der Ebene der Basisstation auf die neue Zelle umgeschaltet. Ist allerdings die neue Zelle einer anderen Basisstation zugeordnet, wird über die übergeordnete Vermittlungsstelle (MSC) auf die neue Zelle umgeschaltet. Bewegt sich der mobile Teilnehmer in den Bereich einer anderen Vermittlungsstelle hinein, wird eine neue Verbindung über die neue (z. B. MSC 2) Vermittlungsstelle aufgebaut. Die Verbindung in das Leitungs-Festnetz bleibt jedoch über die ursprüngliche Vermittlungsstelle (z. B. MSC 1) erhalten
Authentisierung und Codierung	Im GSM-System sind zwei Erkennungsverfahren vorgesehen: Jeder Teilnehmer hat seine individuelle „Smart-Card“, die auf ihn persönlich ausgestellt wird. Dadurch wird jeder Teilnehmer im Stand-by-Betrieb und im Sprechbetrieb persönlich vom System erkannt. Diese SIM-Card kann in ein beliebiges Endgerät gesteckt werden. Durch eine bestimmte Codierung wird auch das Endgerät selbst erkannt. Um den Missbrauch bei GSM-Anlagen auszuschließen, sehen die GSM-Empfehlungen einmal die Verschlüsselung der Verkehrskanäle und ferner die Authentisierung eines jeden Teilnehmers vor dem Verbindungsaufbau vor. Jedem Teilnehmer ist ein geheimer Schlüssel (KI) zugeordnet, der auf der Codekarte gespeichert ist. Von dieser Kennung haben nur die Mobilstation und die AUC Kenntnis. Alle anderen für die Verbindung wichtigen Werte (KC, RAND and SRES) werden mit Hilfe dieser Kennung gebildet. Für jede neue Verbindung werden diese Werte wieder neu generiert

Anordnung zur Durchführung eines Handovers

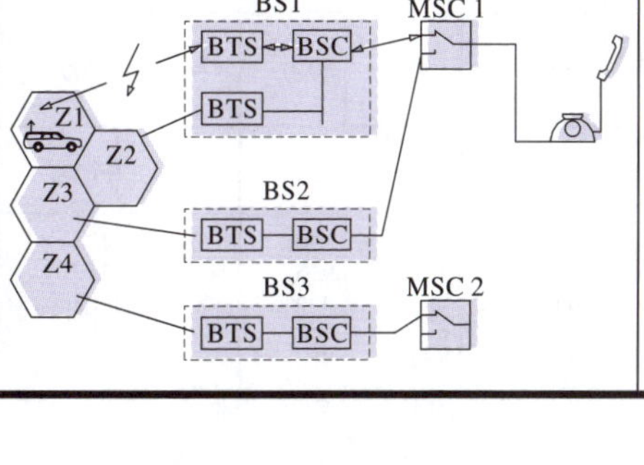

Authentisierungs-Algorithmus

8.7 Mobilfunk

8.7.1 Zellulare Netze (Forts.)

NMT 450	
Nordic Mobile Telephone bei 450 MHz	Erstes analoges und zellulares Mobilfunksystem in Skandinavien. Einsatz auch in Finnland, Island, Luxemburg, Niederlande, Norwegen, Österreich, Schweden und Spanien. Betrieb: Seit 1981 Frequenzbereich: 450 MHz Kanäle: 180

NMT 900	
Nordic Mobile Telephone bei 900 MHz	Weiterentwicklung des NMT 450. Einführung in Dänemark, Finnland, Niederlande (ATF-3), Norwegen, Schweden und in der Schweiz (Natel C). Betrieb: Seit 1986 Frequenzbereich: 900 MHz Kanäle: 1000

TACS	
Total Access Communication System	Britisches Zellularsystem. Eingeführt in GB, Bahrein, China, Indien, Irland, Kuwait und in den Vereinigten Arabischen Emiraten. Technische Grundlage stellt das AMPS dar. Frequenzbereich: 900 MHz Kanäle: 1000 Modulationsart: PSK

AMPS	
	Amerikanisches Zellularsystem. Eingeführt in: USA, Australien, Kanada und Neuseeland

AMPS (Forts.)	
Advanced Mobile Phone System	Frequenzbereich: 800 MHz Kanäle: 666 Modulationsart: PSK

ETACS	
Enhanced/ Extended Total Access Communication System	Eingeführt in Großbritannien (im Großraum London) und in Österreich. Es stellt eine Weiterentwicklung des TACS dar

J-TACS	
Japan Total Access Communication System	Ein auf der Basis von TACS funktionierendes Mobilfunksystem in Japan. Kanäle: 600 Frequenzbereich: 870–885 MHz 925–940 MHz Modulationsart: PSK

Radiocom 2000	
Radio Communication	Analoges zellulares Autotelefonnetz in Frankreich. Betrieb seit ca. 1985. Kanäle: 256 Frequenzbereich: 406–430 MHz Modulationsart: FFSK Teilnehmerzahl: ca. 280000

System	B-Netz	C-Netz	D-Netz	NMT 450	NMT 900	AMPS	TACS	J-TACS	RS 2000
Kanäle	74	222	1000	180 bzw. 220	1999	666	1000	600	256
Kanalraster	20	20	200	25	12,5	30	25	25	12,5
Duplexabstand (MHz)	4,6	10	45	10	45	45	45	55	10
Steuerkanal (Bit/s)	digitale Übertrg.	5280	9600 bzw. 4600	1200	1200	10000	8000	300	1200
Modulationsart		FSK	GMSK	FFSK	FFSK	PSK	PSK	PSK	FFSK
Frequenzbereich (MHz)	148,41–149,13 und 153,01–153,73	451,3–455,74 und 461,3–465,74	890–915 und 935–960	453–457,5 und 463–467,5	890–915 und 935–960	825–845 und 870–890	890–915 und 935–960	870–885 und 925–940	406–430

8.7 Mobilfunk

8.7.1 Zellulare Netze (Forts.)

Telekommunikationssysteme nach CT/DECT-Standard

All-gemeines	Unter dem Begriff „Schnurlose Telekommunikationssysteme“ werden die Dienste und Anwendungen zusammengefasst, die aus den schnurlosen Telefonen (cordless telephones, CT) bestehen. Dabei wird zwischen Geräten der Bezeichnung CT 0 bis CT 3 unterschieden. Diese Gerätegruppen arbeiten entweder mit analogen oder digitalen Übertragungsverfahren	CT 2	In England entwickeltes und verbessertes CT 0-Gerät mit digitaler Nachrichten-Übertragung. Die beiden Duplexeinrichtungen werden (nicht wie bei CT 0, CT 1 und CT 1+-Geräten durch zwei verschiedene Frequenzen durch einen Wechsel je Millisekunde in der Übertragungsrichtung hergestellt. Dieses Verfahren wird als TDD-Verfahren (Time Devision Duplexing) bezeichnet. Wesentlicher Vorteil ist die Einsparung aufwendiger Filter, die beim FDD notwendig sind
CT 0	Sind schnurlose Geräte aus dem asiatischen Raum mit analoger Übertragung ohne jeglichen Abhör- und Sicherheitsschutz. Diese Geräte arbeiten auf einer von 8 möglichen Frequenzen. Eine Frequenz bei ca. 1,6 MHz und eine zweite bei 47 MHz dient zur Trennung der beiden Duplexrichtungen. Dieses Verfahren wird als Frequency Division Duplexing bezeichnet. Die geringe Anzahl von Kanälen und die geringe Reichweite von max. 1 km ergeben eine Kapazitätsangabe von ca. 1 Erlang je Quadratkilometer. (Erlang ist die Maßeinheit für Verkehrsaufkommen in Telekommunikationssystemen.) Bei einem üblichen Durchschnittswert von 0,035 Erlang bedeutet das in etwa 30 Geräte je Quadratkilometer	CT 3	Ein in England entwickeltes Gerät auf der Basis von CT 1+. Nur werden hier die Nachrichten digitalisiert übertragen. Jede Millisekunde wird die Übertragungsrichtung gewechselt (TDD: Time Division Duplexing). Die beim FDD (Frequenz-Division-Duplexing) notwendigen Filter werden bei diesem Verfahren durch einfache elektronische Schalter ersetzt. Die Frequenzkanäle sind in einem Raster von 100 kHz angeordnet. Die CT 2-Geräte werden auch für das Telepoint-System verwendet. Kanäle: 40 Frequenzbereich: 800 MHz
CT 1	Durch die CEPT wurde 1985 ein Standard für schnurlose Telefongeräte spezifiziert. Die Kanäle werden alle 15 Sekunden von der Feststation aus automatisch bzw. dynamisch neu zugeteilt. Kapazitätsgrenze bei 200 Erlang je km^2. Kanäle: 40 Kanalbandbreite: 25 kHz Frequenz: 900 MHz Reichweite: 300 m	DECT	Digital European Cordless Telecommunications DECT wurde von ETSI standardisiert und als einheitlicher europäischer Standard für schnurlose Telefone mit Pico- oder Mikrozellenstruktur (Radius ca. 200 m) und digitaler Nachrichtenübertragung festgelegt. Die Kapazität liegt bei 10000 Erlang/km^2. Grundlage bilden die EG-Richtlinien 91/288 EG und 91/287 EG. Als Übertragungsverfahren wird eine Kombination aus TDMA/FDMA verwendet. Auf einer Trägerfrequenz stehen 12 Duplexkanäle mittels eines TDMA/TDD-Zugriffs (Zeitmultiplex und Zeitduplex) zur Verfügung. Die Kanalzuteilung wird auch wieder dynamisch durchgeführt
CT 1+	Weiterentwicklung des CT 1-Standards. Seit 1990 in Deutschland in Betrieb. Kanäle: 80 Kanalbandbreite: 12,5 kHz Frequenz: 800 MHz Reichweite: 300 m		

System	CT 0	CT 1	CT 1+	CT 2	CT 3/DECT
Signalübertragung	analog	analog	analog	digital	digital
Frequenzband (MHz)	1,6/47	914 bis 916 u. 959 bis 961	885 bis 887 u. 930 bis 932	864 bis 868	1880 bis 1900
Kanäle	8	40	80	40	ca. 150
Bandbreite	400 kHz	4 MHz	4 MHz	4 MHz	20 MHz
Zugriffsverfahren	FDMA	FDMA	FDMA	FDMA	FDMA/TDMA
Duplexverfahren	FDD	FDD	FDD	TDD	TDD
Kanalzuteilung	fest	dynamisch	dynamisch	dynamisch	dynamisch
Reichweite	<1000 m	<300 m	<300 m	<300 m	<300 m
Zellularnetze	nein	beschränkt	beschränkt	beschränkt	ja
Kapazität	1 Erl/km^2	200 Erl/km^2	200 Erl/km^2	250 Erl/km^2	10000 Erl/km^2

8.7.2 Funkrufnetze (Pagingsysteme)

Allgemeines	Funkrufsysteme ermöglichen die Übertragung einzelner Signale an bestimmte Personen. Die Paginggeräte können empfangen, aber nicht senden. Aus diesem Grund sind sie klein und sehr leicht. Es wird zwischen privatem und öffentlichem Funkrufdienst unterschieden

Eurosignal

Signalisierung	Bei Eurosignal gibt es eine optische oder „Nur-Ton-Signalisierung". Der Benutzer wird durch ein akustisches oder optisches Signal verständigt. Jedem Empfänger können bis zu vier Signal-Funkrufnummern zugeordnet werden. Jede einzelne Nummer steht dann für eine vorher vereinbarte Nachricht
Details und Eigenschaften	Einsatzgebiete: Deutschland, Frankreich und Schweiz Leistungsmerkmale: – Auftragsdienst Telefonkunden können über den Auftragsdienst der Telekom ausgerufen werden, die sich anschließend dort eine Nachricht abholen können. – Anrufbeantworter Es sind Anrufbeantworter erhältlich, die bei Eingang eines Anrufes automatisch einen Ruf über Eurosignal aussenden. Die vom Anrufbeantworter aufgezeichnete Nachricht kann dann über Telefon abgerufen werden. – Sprachbox Eine über Telefon abgegebene Nachricht wird in einer Sprachbox abgelegt. Danach wird der Eurosignal-Teilnehmer gerufen, der diese Nachricht aus der Sprachbox über Telefon abholt

Cityruf

Allgemeines	Entspricht in der Art dem Eurosignal-System. Allerdings bleibt man hier auf ein Stadtgebiet bzw. auf eine Rufzone mit einem Durchmesser von ca. 70 km beschränkt und es können 15 Ziffern oder 80 alphanumerische Zeichen übertragen werden. Insofern wird dieses System in Rufklassen unterteilt. Bei Erwerb eines Gerätes wird die Rufklasse festgelegt. Die maximal adressierbare Zahl von Teilnehmern liegt bei 2 Millionen
Rufklassen	0: Nur-Ton-Übertragung 1: Nur numerische Zeichen 2: Alphanumerische Zeichen
Eigenschaften	Einzelruf Rufen eines einzelnen Teilnehmers. Gruppenruf Rufen aller Empfänger mit gleicher Identifikationsnummer. Sammelruf Rufen aller Teilnehmer gleicher Nachricht, aber mit durchaus unterschiedlicher Identifikationsnummer. Zielruf Der rufende Teilnehmer bestimmt nur die Rufzone, in der der Ruf ausgestrahlt wird. Deutschland ist in ca. 45 Rufzonen eingeteilt

Euromessage

Erweiterung des Cityrufes	Eine europäische Vernetzung der Funkrufdienste auf der Basis des Cityrufes. Insofern kann Euromessage als erweiterte Dienstleistung des Cityrufes angesehen werden. Die Teilnehmer dieser Netze sind damit in allen Rufzonen erreichbar. Beteiligt sind: Deutschland, Frankreich, Italien und England. Die vernetzten Dienste sind: Frankreich: Alphapage Italien: Teledrin Großbritannien: Euromessage Deutschland: Cityruf

Inforuf

Erweiterung des Cityrufes	Stellt eine Dienstleistung im Rahmen des Cityrufes dar. Den Teilnehmern werden bestimmte Informationen zur Verfügung gestellt (z. B. Sportnachrichten, Börsenstände etc.) Die Empfänger besitzen ein Speichervolumen von ca. 80 000 Zeichen

Ergänzende technische Informationen für Funkrufdienste

Frequenzen	Es stehen folgende Frequenzen zur Verfügung: f1: 465,970 MHz (Cityruf) f2: 466,075 MHz (Cityruf u. Euromessage) f3: 466,230 MHz (Inforuf)
Übertragung	Die digitalen Signale werden mit DFSK moduliert übertragen. Die Frequenzen werden in einer Sendezone zeitlich versetzt ausgesendet (Zeitschlitze). Für einen Zeitschlitz sind 28 Sekunden vorgesehen. Durch die unterschiedliche Verwendung der Frequenzen ergibt sich (ähnlich wie bei GSM) ein Frequenzwiederholmuster

8

8.7.3 Andere Netze

Bündelfunk

Allgemeines	Unter dem Aspekt des öffentlichen Zugangs zu den einzelnen mobilen Funkdiensten kann der Mobilfunk eingeteilt werden in den: Öffentlichen mobilen Landfunk (ömL) Nichtöffentlichen mobilen Landfunk (nömL) Dabei wird unter dem nichtöffentlichen mobilen Landfunk der Bündelfunk (Trunk Systems) verstanden

Einteilung des Mobilfunks nach Zugangsberechtigung

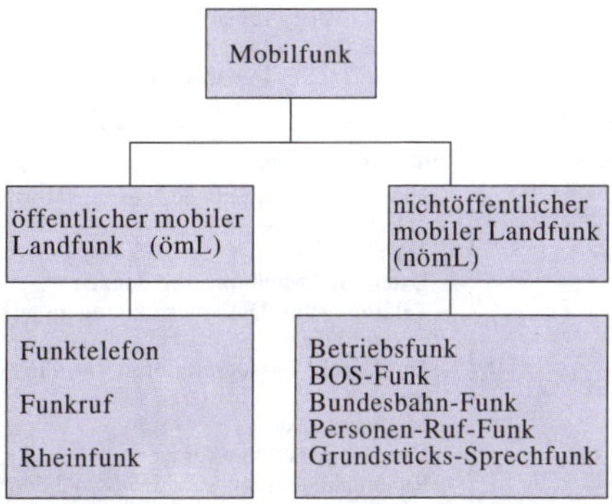

Betriebsfunk	Bedeutendster nömL-Funk für unternehmensweite Kommunikation. Die zugeteilten Frequenzen richten sich nach den Bedarfsträgergruppen. Jeder Anwendergruppe wird ein Funkkanal zugeordnet. Die Geräte arbeiten mit einer Sendeleistung zwischen 1 bis 6 Watt bei Feststationen und 2,5 Watt bei mobilen Stationen. Die Reichweite liegt bei etwa 10 bis 15 km
Merkmale	– Schneller Verbindungsaufbau – Übertragung von Daten möglich – Simplex-Betrieb (meistens) – offener Funkbetrieb – Notrufe zu vorher definierten Zielen – geringe Gebühren
Nachteile	– offener Funkbetrieb – geringe Reichweite – größere Reichweiten müssen durch mehrere Feststationen und Mietleitungen überbrückt werden – Frequenzen sind äußerst knapp
Bündelungsgewinn	Ziel dieses Prinzips ist die bessere Auslastung des einzelnen Kanals. Es muss hierfür die feste Kanalzuordnung zur einzelnen Anwendergruppe aufgegeben werden
Bündelungsprinzip	Ein Kanal wird einer Anwendergruppe nur bei Bedarf zugeordnet. Dadurch können einer entsprechend größeren Benutzergruppe nun eine größere Anzahl von Kanälen zugeordnet werden. Darin liegt das eigentliche Prinzip der Kanalbündelung. Der Effekt wird Bündelungsgewinn genannt. Bei gleicher Anzahl der vorhandenen Kommunikationskanäle können dadurch mehr Nachrichten übertragen werden

Funktionsaufbau des Bündelfunknetzes mit Kanalbündelung

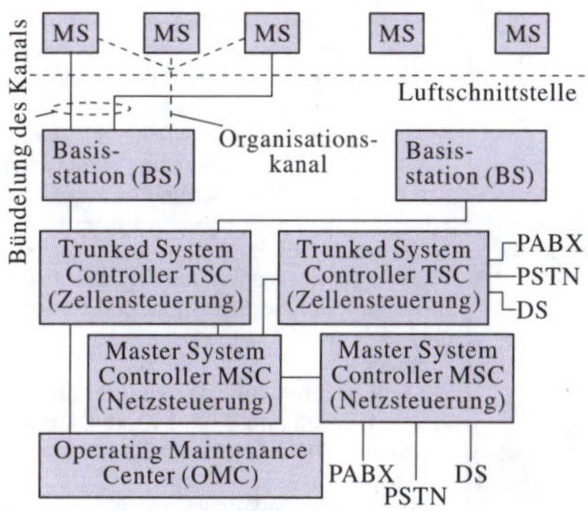

MS:	Mobilstation	BS:	Basisstation
PABX:	Nebenstellenanlage	PSTN:	Öffentliches Telefonnetz
DS:	Dispatcher	OMC:	Betriebs- und Wartungsanlage

Nutzübertragung	Die Übertragung der Nachricht geschieht nach dem MPT-Standard (Ministry of Post and Telecommunication) und wird während einer bestehenden Verbindung über einen der Nutzkanäle durchgeführt, die zu einem Kanalbündel gehören. In Europa arbeiten die Bündelfunknetze im Bereich von 80 bis 500 MHz. Dieser Bandbereich teilt sich auf: 410 bis 418 MHz (Mobilstationen – Festteil) und 420 bis 428 MHz (Festteil – Mobilstationen). Daraus ergibt sich ein Duplexabstand von 10 MHz. Die Einzelkanäle haben einen Abstand von ca. 150 kHz. Modulationsart: FFSK Datenübertragungsrate: 1200 bps
Organisationskanal	Kanal zur Steuerung der Verkehrsabwicklung. Die Übertragung der Signale auf dem Organisationskanal erfolgt digital. Die Mobilstationen greifen im Halbduplexverfahren auf diesen Kanal zu

8.7 Mobilfunk

8.7.3 Andere Netze (Forts.)

Satellitenkommunikation

Allgemeines	Satelliten werden immer mehr für Verteilfunktionen eingesetzt. Sie erlauben aber auch die Kommunikation zwischen zwei Personen. Heutige Satellitensysteme haben folgende Eigenschaften: – Die Verbindungen sind bezüglich der Kosten und Komplexität unabhängig von Entfernungen am Boden. – Der Aufbau von Verbindungen geschieht unabhängig von den geografischen Bedingungen. – Satellitensysteme können Kommunikationsnetze miteinander verbinden oder in diese integriert werden, ohne dass eine Kabelverlegung notwendig ist. – Mehrfachzugriff und Mehrpunkt-Rundsenden sind standardmäßige Eigenschaften von Satellitensystemen
Satellitenorganisationen	Fernmeldesatelliten werden in den meisten Fällen von internationalen Organisationen installiert. Solche Satellitenorganisationen sind: – Intelsat Stellt Telefon- und Datenverbindungen und Übertragung von TV- und Tonprogrammen bereit. – Eutelsat Bietet feste Funkdienste für Westeuropa. – Inmarsat Zuständig für den weltweiten Satellitenfunk
Inmarsat-System	Satelliten-Mobilfunk-Kommunikation mit Inmarsat-Systemen wird mit Endgeräten realisiert, die nach einem weltweit gleichen Inmarsat-Standard arbeiten. Dadurch ist die weltweite Erreichbarkeit der Teilnehmer sichergestellt. Mit einem Terminal-Typ, der in Land-, Luft- und Seefahrzeuge eingebaut werden kann, ist in allen Regionen der Erde (außer an den Polkappen) eine störungsfreie Kommunikation möglich

Inmarsat-Satelliten	Frequenzspektrum: L-Band: 1,5 GHz: Vom Satellit zum Terminal 1,6 GHz: Vom Terminal zum Satellit C-Band: Frequenzbänder im 4- und 6-GHz-Bereich zu den Land-Erdfunkstellen (LES). Position: geostationär 36 000 km über dem Äquator sind um die Erde herum vier Satelliten installiert, die den ganzen Globus ausleuchten. Regionen: Atlantik West: Inmarsat-2F4 55,0 W Atlantik Ost: Inmarsat-2F2 15,5 W Indian: Inmarsat-2F1 64,5 O Pazifik: Inmarsat-2F3 178,0 O
Kommunikationsdienste	**Inmarsat-A-Dienst** Kommunikation mit mindestens 9600 bps. – Telefon-Direktwahl – Telex – Daten- und Mailboxverbindungen – Telefon- und Datenverbindungen aus einem Flugzeug – Direktwahl-Passagiertelefon für Flugzeuge – Mailboxdienste – Fahrzeugpark-Management – Rundfunkübertragung, Video-Standbilder und Kommentator-Übertragungswege – HSD-Verbindungen (56/64 kbps)
	Inmarsat-B-Dienst Weiterentwicklung des analogen A-Dienstes. Es handelt sich um rein digitale Übertragung und Vermittlung. Inhaltlich entspricht der Dienst dem Inhalt des A-Dienstes mit wesentlich verbesserter Übertragungsqualität
	Inmarsat-C-Dienst Mobile Datenverbindung zu allen Telex- und Datenübertragungsstellen (z. B. Datex-P/X.25)

Struktur des Inmarsat-Systems

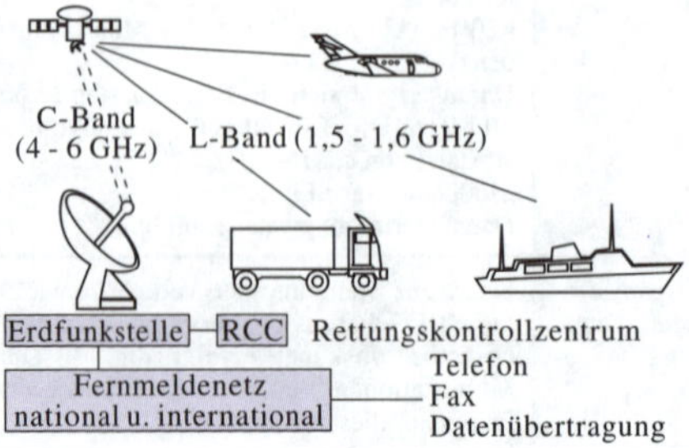

Inmarsat-C-Dienst

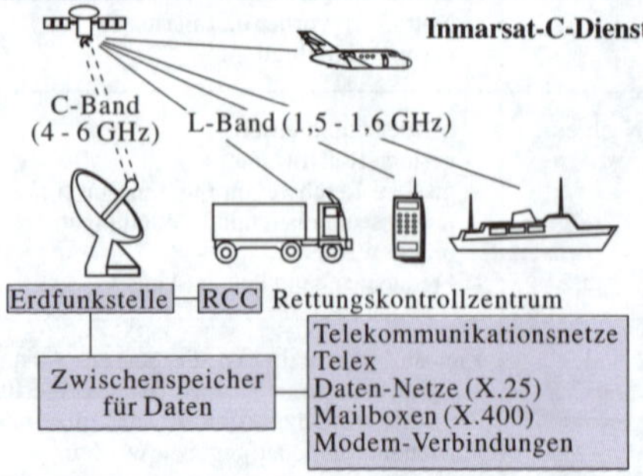

8.7.3 Andere Netze (Forts.)

Inmarsat-Systeme (Forts.)

Kommunikationsdienste (Forts.)	**Inmarsat-M** Dieser Dienst ist die digitale Ergänzung zum analogen Inmarsat-A-Dienst. Die Datenrate entspricht nicht der Qualität des A-Dienstes, reicht aber aus, um gute Klangtreue und Verständlichkeit herzustellen. Inhalte: – Telefonverbindungen zu allen internationalen Anschlüssen – Fax- und Datendienste (2400 bps)
	Inmarsat Aero Ein Inmarsat-Dienst zur Kommunikation zwischen Flugzeugen. Es werden Daten für den Flugbetrieb und auch Telefonverbindungen für Cockpit- und Passagierbetrieb zur Verfügung gestellt
	Inmarsat Paging Ein Paging-Dienst herkömmlicher Art mit der Fähigkeit, alphanumerische Daten zu übertragen
	Inmarsat P Noch in der Planung befindliche Systeme, die in Richtung Handheld-Kommunikation über Satelliten gehen. Es wird eine Verbindung zwischen der erdgebundenen Kommunikation über die zellulare Technik und der Satellitentechnik sein
	Inmarsat E Ein neues Seenotrufsystem. Das Gesamtsystem besteht aus dem Satellit, den Seenotbojen und den Erdfunkstellen

Inmarsat-Seenotrettungssystem

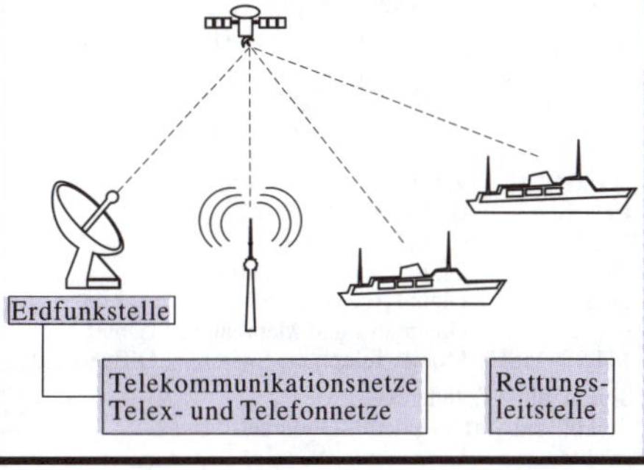

Eutel-TRACS / OMNI-TRACS

Zweck	Kommunikation zwischen Firmenstandort und Fahrzeugflotte. Positionsbestimmung der einzelnen Flottenfahrzeuge. EutelTRAC ist ein Sonderdienst des OMNITRACS. Hiermit ist es möglich, Daten von einem zum anderen Fahrzeug zu übertragen, Texte auszutauschen und die Fahrzeugposition zu bestimmen
Betreiber	EUTELSAT (European Satellite Organization mit dem Hauptsitz in Paris) in Zusammenarbeit mit den regionalen Dienste-Anbietern. Das System ist ein in den USA etabliertes Mobilfunksystem, das die Produktbezeichnung OMNITRAC trägt
Frequenzen	Sendefrequenzen 14 – 14,5 GHz Empfangsfrequenzen 10,95 – 12,2 GHz
Kommunikation	Fahrzeug-Kommunikation: Für die Kommunikation wird ein Satellit verwendet, für die Positionsbestimmung sind zwei notwendig. Die Kommunikation geschieht nach einer Identifikation des einzelnen Teilnehmers über Nachrichten, die in Mailboxen abgelegt werden. Die Nachrichten werden im Endgerät als Klartext angezeigt. Positionsbestimmung: Mit Hilfe einer hochgenauen Uhr misst das mobile Endgerät die Laufzeit der Signale zwischen zwei Satelliten. Diese Daten und die Winkel der präzise eingestellten Antennen werden ausgewertet. Die eigentliche Berechnung wird auf der Erde in einer Hub-Station mit Hilfe eines Rechners ermittelt

PRODAT

Zweck	Ein für Europa entwickeltes System zur optimalen Datenübertragung zwischen Datennetzen und mobilen Endgeräten
Betreiber	ESA (European Space Agency)
Datenaustausch	Der Datenaustausch zum mobilen Endgerät findet mit 47 bps statt. Das mobile Endgerät sendet mit einer Datenrate von 200 bps. Im Endausbau sollen insgesamt 23 Satelliten für dieses Netz zur Verfügung stehen

8.7 Mobilfunk

8.7.3 Andere Netze (Forts.)

PRODAT (Forts.)

Positions-bestim-mung durch GPS	Die Positionsbestimmung mittels GPS (Global Positioning System) wird nach Laufzeitenauswertung der Signale, die von den Satelliten zu den Endgeräten übertragen werden, durchgeführt. Der zur Positionsbestimmung von mobilen Endgeräten geeignete Code (C/A-Code) wurde für die zivile Nutzung freigegeben. Daraus entwickelten sich die GPS-Systeme. Die normalen Systeme haben eine Bestimmungsgenauigkeit von ca. 100 m. Sie erlauben eine hochgenaue Ortung unter allen Witterungsbedingungen über 24 Stunden am Tag. Die Atomuhren des GPS-Systems werden nicht wie die mittlere Atomzeit durch Schaltsekunden korrigiert. Dadurch entsteht zwar eine Differenz zwischen dieser und der GPS-Zeit. Für das GPS-System ist dies von untergeordneter Bedeutung. Die Systemuhren selbst dürfen nicht mehr als 10 bis 30 ns voneinander abweichen. Die Uhren arbeiten mit einer Frequenz von 10,229999999545 MHz. Die Satelliten arbeiten mit zwei Sendefrequenzen: L1 1575,42 MHz und L2 1227,60 MHz.
GPS mit hoher Genauig-keit	Wenn die normale Positionsgenauigkeit nicht mehr ausreicht, müssen hochkomplexe differenziale globale Positionierungssysteme eingesetzt werden. Die vier wesentlichen Komponenten eines solchen Systems sind: – Referenzstation – Datenverarbeitung – Kontrollsystem – mobiles Endgerät Je nach verwendeten Korrekturverfahren können Genauigkeiten erreicht werden, die bei einem einfachen Verfahren bei 10 bis 20 m liegen. Für sehr aufwendige Korrekturverfahren kann eine Genauigkeit von 1 bis 2 m erreicht werden.

Iridium-System

Zweck	Iridium soll das erste, weltweit verfügbare digitale Kommunikationssystem sein, das über kleine Hand-Mobiles Sprach-, Daten-, Pager- und Faxübertragung realisieren kann.
Netz-struktur	66 Satelliten kreisen in 6 Umlaufbahnen in einer Höhe von 680 bis 780 km um die Erde. Die Lebensdauer je Satellit liegt bei etwa 5 bis 8 Jahren. Alle Satelliten sind untereinander elektronisch vernetzt. Das Satellitennetz ist mit dem GSM-Netz gekoppelt.
Technische Daten	Zwei Betriebsarten des Handhelds sind möglich: Mobilfunk: Über Satellit oder terrestrisch über das bestehende GSM-Netz. Digitale Sprach- und Datenübertragung ermöglicht auch die Übertragung von Telefax und Daten. Übertragungsraten: Sprache: 4,8 kbps Daten: 2400 bd über CCITT-V24-Schnittstelle Modulation: QPSK mit Frequenz-(FDMA) und Zeitvielfach-Zugriff (TMDA). Bandeinteilung: L-Band: IRIDIUM-Teilnehmer-Verbindungen Ka-Band: Intersatelliten-Verbindungen, Gateway- und Zugangsverbindungen

WILL-Netzwerk

Zweck	Ist die Vermittlungseinheit in ihrer Kapazität nicht ausgelastet und eine Ergänzung durch Zellular-Netzwerke nicht sinnvoll, kann mit WILL (Wireless Local Loop) ergänzt werden. Dabei ist eine Verbindung mit bestehenden Zellular-Netzwerken möglich.

Struktur des WILL-Systems

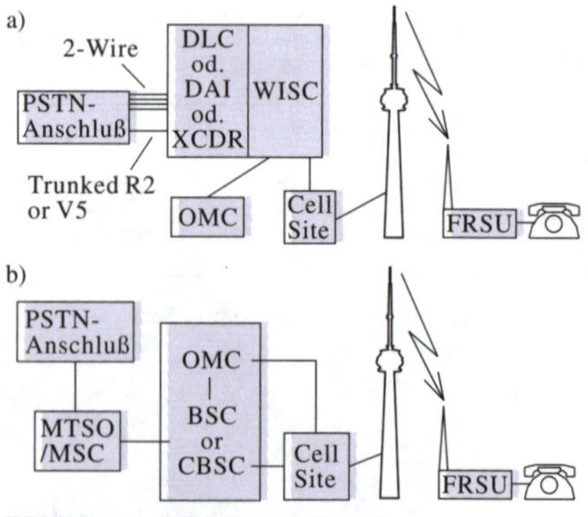

WISC: WILL System Controller
Cell Site: Basisstation für WILL
FRSU: Fixed Radio Subscriber Unit
DLC: Digital Loop Concentrator
DAI: Digital Access Interface
OMC: Operations and Maintenance Center
MTSO/MSC: Mobile Telephone Switching Office/Center

Teil a: ohne Zellularnetz,
Teil b: mit vorhandenem Zellularnetz

9 Netzwerke

9.1 Zur Definition des Netzwerkbegriffs

Begriffsbestimmungen	Rechenanlagen werden in der Informatik, der Telekommunikation und in der Nachrichtentechnik eingesetzt. Diese Gebiete wachsen immer mehr zusammen. Dadurch verändert sich auch die Bedeutung der Begriffe dieser Teilgebiete	Einteilung von Netzwerken	Die Einteilung wird üblicherweise nach der räumlichen Ausdehnung vorgenommen. Dabei ergeben sich: GAN (Global Area Network) WAN (Wide Area Network) MAN (Metropolitan Area Network) LAN (Local Area Network)
Netzwerk	Verbindung von Kommunikationseinheiten bzw. Datenverarbeitungsgeräten zum Austausch von Daten über ein Medium. Die Einheiten sind über das Medium im Netzwerk miteinander verbunden. Eine Kommunikationseinheit kann als Sender oder als Empfänger arbeiten	Global Area Network (GAN)	Eine Verbindung von Rechnern über Kontinente. Der Austausch von Daten geschieht über Satelliten. Auf solchen Netzen gibt es unterschiedliche Übertragungsarten, Übertragungsgeschwindigkeiten und unterschiedliche Rechnerkonzepte. Beispiel: VNET (konzerneigenes Netz)
Netzwerkknoten	Die Verbindungswege zwischen den Einheiten werden als Kommunikationskanäle bezeichnet. Treffen mehrere Kommunikationskanäle an einem Punkt im Netzwerk zusammen, entsteht ein Netzwerkknoten	Wide Area Network (WAN)	Eine Verbindung von Rechnern über Leitungsnetze innerhalb eines Kontinents oder eines Landes. Auf solchen Netzen existieren unterschiedliche Rechnerkonzepte, unterschiedliche Übertragungsarten und unterschiedliche Übertragungsgeschwindigkeiten. WANs werden meist als Teilstreckennetze ausgeführt. Beispiele: DATEX-P-NETZ der Deutschen Telekom[1)] ISDN-Netz der Deutschen Telekom[1)]
Protokoll	Ist ein technisches Übertragungsprinzip mit festen Regeln für den Ablauf der Datenübertragung zwischen Sender und Empfänger. Es enthält die Beschreibung über den Aufbau, die Aufrechterhaltung, den Austausch von Daten und über den Abbau der Nachrichtenverbindung		
Homogene und heterogene Netzwerke	Netzwerke, in denen nur Personalcomputer auftreten, sind homogene Netzwerke. Sind unterschiedliche Rechner miteinander verbunden, wird von heterogenen Netzwerken gesprochen	Metropolitan Area Network (MAN)	Ein Rechner-Verbundsystem, das sich auf das Gebiet einer Stadt beschränkt. Es stehen eine sehr schnelle Datenübertragungsrate im Vordergrund und Verbindungsmöglichkeiten zu verschiedenen WANs oder zu der nächst kleineren Einheit

Verschiedene LAN-Arten

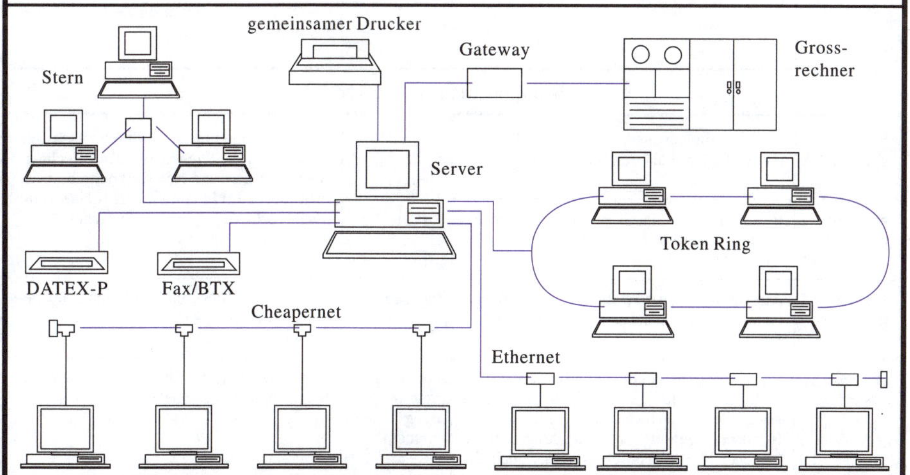

1) Früher Deutsche Bundespost

9

9.1 Zur Definition des Netzwerkbegriffs

Local Area Network (LAN)	Ein Netzwerk mit dieser Bezeichnung liegt innerhalb eines eng abgegrenzten Gebietes (Gebäude, Stockwerk) und steht unter privater Kontrolle. Das LAN gilt als typische Inhouse-Kommunikationsanlage. Herausragendes Merkmal ist die hohe Flexibilität (leicht zu erweitern, Endgeräte lassen sich schnell austauschen). Die Anbindung der Einzelplätze geschieht über die serielle Schnittstelle oder über Netzwerkadapterkarten. Aus diesem Grund werden die Daten bitseriell ausgetauscht. Typische Endgeräte bei dieser Netzwerkart sind: Arbeitsplatzrechner, Drucker, Speicher (Bandlaufwerke), Textautomaten, SPS-Anlagen und Roboter der industriellen Fertigung	Aspekte von LANs	Die Hersteller Lokaler Netze sind bei der Konstruktion der Geräteschnittstellen nicht an vorgegebene Normen gebunden. Es gibt lediglich Empfehlungen der CCITT und als Standards anerkannte Firmenvereinbarungen. Aus diesem Grund existieren Varianten der seriellen Schnittstelle und der Adapterkarten. Probleme bei der Anpassung verschiedener Karten können die Folge sein. Um diese Probleme zu reduzieren, lassen sich viele Karten entsprechend einstellen. In einigen Fällen werden Rechner über Transceiver an das Netz angeschlossen. Bei der Verkabelung gibt es je nach Netzwerkart spezielle Normen. Lokale Netze sind in ihrem Aufbau und ihrer Funktion nach dem OSI-Referenzmodell strukturiert

9.2 Ziele und Gründe für ein LAN

1. Datenverbund	Schnelle Kommunikation und schneller Datenaustausch, auch bei Anbindung an Großrechenanlagen (Datenbanken). Neben anderen Möglichkeiten der Rechnerkopplung hat sich der Verbund von mehreren Großrechenanlagen über Lokale Netze als praktische Lösung zur schnellen Kopplung und beim Zugriff auf geografisch verteilte Daten bewährt	3. Kapazitätsverbund	Nutzung gemeinsamer Software und gemeinsamer Datenbestände, die sich auf dem Server befinden. Außerdem werden gemeinsame Hardwarekomponenten benutzt (z. B. Drucker)
2. Funktionsverbund	Gemeinsame Verbindung aller Stationen mit gleichen Funktionen und Schnittstellen. Durch die Verbindung aller Rechner wird die Leistungsfähigkeit des einzelnen Arbeitsplatzes erhöht, wenn jeder Arbeitsplatz auf alle Peripheriegeräte zugreifen kann. Insgesamt erhöht sich dadurch auch die globale Funktionalität des gesamten Netzes	4. Lastverbund	Anbindung an eine zentrale Verwaltungsstelle. Aufteilung der Aufgaben zwischen Server und Einzelplatzrechner. Wesentlich ist eine gleichmäßige Verteilung der Aufgaben im Netz und auf die Rechner. Rechner, die innerhalb eines Netzes im Lastverbund od. auch Leistungsverbund arbeiten, benötigen ein gemeinschaftlich verteiltes Betriebssystem, das es erlaubt, alle Rechner und Peripheriegeräte zusammen als eine Einheit aufzufassen und zu betreiben. Wesentliches Problem eines solchen Betriebes ist der Algorithmus zur Zerlegung einer Aufgabe in Teilaufgaben

Komponenten eines LAN

Übertragungsmedium	Als Übertragungsmedium werden z. B. Kupferkabel oder Glasfaserkabel eingesetzt	Betriebssystem (Forts.)	Netzwerksteuerung durchführen zu können. Dadurch ist die Grenze zwischen Rechner-Betriebssystem und Netzwerkbetriebssystemen fließend. Für den Fall, dass eine Trennung vorliegt, ist ein zusätzliches Netzwerkbetriebssystem vorzusehen
Netzstruktur/Topologie	Es kommen die klassischen Netzwerkstrukturen wie Stern, Ring oder Bus in Frage		
Übertragungsverfahren	Als Übertragungsverfahren werden Basisband- oder Breitbandverfahren eingesetzt	Netzwerksoftware	Software zur Steuerung und zum Management des Netzwerkes. Beispiel: „Netware“
Betriebssystem	Rechnerstationen mit Rechnerbetriebssystem (z. B. DOS, OS/2 oder UNIX) und dem jeweiligen Interface zum Netzwerkbus. Inzwischen gehört es zum Leistungsumfang mancher Rechnerbetriebssysteme, auch die	Netzwerkverbindungselemente	Zur Verbindung von einzelnen Netzwerk-Segmenten oder Subnetzen

9.2 Ziele und Gründe für ein LAN

Komponenten eines LAN (Forts.)

Protokoll	Der Protokollbegriff enthält die Regeln für den Kommunikationsablauf zwischen Sender und Empfänger
Bestandteile des Protokolls	Übertragungsgeschwindigkeit Gleichlaufverhalten Datenformat Codierung Sicherungsverfahren Betriebsarten
	Synchronisation als Mittel zum Erkennen des ersten Bits
	Initialisierung als Verfahren zur Definition von Beginn und Ende der Datenübertragung
	Blockbildung als Mittel zum Zusammenfassen von Datenteilen
	Steuerung der Datenverbindung als Mittel zur Überwachung des Datenaustausches
	Fehlererkennung Verfahren zum Erkennen von Übertragungsfehlern
Bestandteile des Protokolls (Forts.)	Fehlerkorrekturverfahren Prozess zur Korrektur von Übertragungsfehlern
	Blocknummerierung Verfahren, um die Datenblöcke in die richtige logische Reihenfolge zu bringen
	Flusskontrolle (Routing) Verfahren zur Weiterleitung von Datenblöcken über mehrere Übertragungswegstrecken in größeren Netzen
	Transparenz Datenumsetzungsverfahren, um Daten verschiedener Netzwerkelemente austauschbar zu machen
	Verbindungssicherung Prozess zur Wiederherstellung eines normierten Ausgangszustandes nach einer Störung (z. B. nach einer Datenkollision)
	Zugangskontrolle Definition, unter welchen Bedingungen der Zugang auf das Übertragungsmedium gestattet wird (Zugriffsverfahren)

Kommunikation nach dem ISO/OSI-Modell

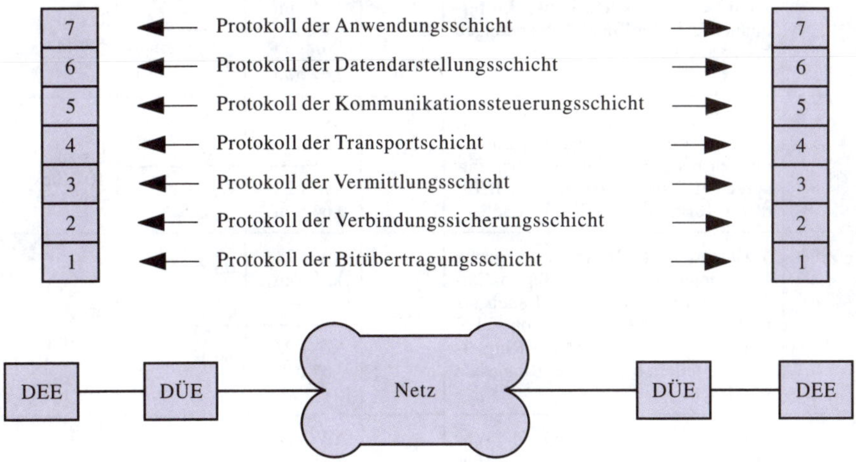

DÜE Datenübertragungseinrichtung
DEE Datenendeinrichtung

9.3 Übertragungsmedium

Übertragungsmedium	Mit Übertragungsmedium bezeichnet man das Material, das die Netzwerkkomponenten „physikalisch" miteinander verbindet. Es wird zwischen vier verschiedenen Gruppen unterschieden:	Grundsätzliche Unterscheidung	1. Verdrillte Zweidrahtleiter (Telefonkabel) 2. Verdrillte Vierdrahtleiter (IBM-Verkabelung) 3. Koaxialkabel 4. Lichtwellenleiter (Glasfaserkabel)

9.3.1 Kabelkategorien und ihre Spezifikationen

Verdrillte Kupferkabel (Twisted Pair)	Um von außen kommende Störeinflüsse zu vermeiden, sind die Leitungsadern eng verdrillt. Die Verdrillung der angrenzenden Paare ist jeweils entgegengesetzt. Dadurch werden elektrische Kopplungen weitgehend eingeschränkt. Die Gruppe der verdrillten Kupferkabel unterscheidet sich sehr stark in den elektrischen Übertragungseigenschaften. Allgemein definierte Wertangaben über *C* (Kabelkapazität), *Z* (Wellenwiderstand) und *L* (Induktivität) sind bei PVC-isolierten	Verdrillte Kupferkabel (Forts.)	Leitungen wegen der Abhängigkeit der Dielektrizitätskonstanten und des Verlustfaktors von PVC nicht möglich. Um Fehler bei der Übertragung über verdrillte Kabel zu vermeiden, wird die Information dabei gleichzeitig derart auf beide Adern eines Adernpaares gegeben, dass auf der einen Ader die Signalform im positiven Spannungsbereich und auf der anderen Ader (dazu gespiegelt) die Signalform im negativen Spannungsbereich liegt

Kategorie/ Level	Anwendung	Bauart		Max. Leiterwiderstand in Ohm	Max. Datenübertragungsrate
Level 1	Telekommunikationskabel für sehr niederfrequente (analoge) Übertragung (z. B. Sprache)	UTP	AWG 24 0,51 mm	93,8	
			AWG 22 0,64 mm	59,1	
Level 2	Datenkabel für kleine Übertragungsraten bis 4 Mbps und kleine Entfernungen (z. B. für ISDN-Anwendungen bis 144 kbps)	UTP	AWG 24 0,51 mm	93,8	bis zu 4 Mbps
			AWG 22 0,64 mm	59,1	
Level 3	LAN-Kabel für mittlere Übertragungsraten bis 10 Mbps und Entfernungen bis 100 m. Diese Kabel entsprechen den Spezifikationen IEEE 802.3, 10Base-T und EIA/TIA 568	STP/ UTP	AWG 24 0,51 mm	93,8	bis zu 10 Mbps
			AWG 22 0,64 mm	59,1	
Level 4	Verlustarmes LAN-Kabel für große Übertragungsraten bis 16 Mbps u. Entfernungen bis 100 m. Wird auch als Low-Cost-Telekommunikationskabel bezeichnet u. eingesetzt bei Ringleitungsverteilern bis zu einer Ringgröße von 100 m	STP	AWG 24 0,51 mm	93,8	bis zu 20 Mbps
			AWG 22 0,64 mm	59,1	
Level 5	Verlustarmes LAN-Kabel für sehr große Übertragungsraten bis 100 Mbps und Entfernungen bis 100 m. Wird auch als Low-Cost-Extended-Kabel bezeichnet. Verwendung auch für FDDI- und TPDDI-Übertragung	S/STP	AWG 24 0,51 mm	93,8	bis zu 100 Mbps
			AWG 22 0,64 mm	59,1	

9.3 Übertragungsmedium

9.3.1 Kabelkategorien und ihre Spezifikationen (Forts.)

Kategorie/ Level	Kap. Erdkopplung pF/m	Max. Rückflussdämpfung dB	Wellenwiderstand (Impedanz) in Ohm	Max. Dämpfung in dB/km		Min. Nebensprechdämpfung in dB	Frequenz
Level 1	3,281	nicht spezifiziert	nicht spezifiziert	nicht spezifiziert		nicht spezifiziert	
Level 2	3,281	nicht spezifiziert	85–113 bei 1 MHz	13,1 18,7 22,3 26,3		nicht spezifiziert	bei 256 kHz bei 772 kHz bei 1 MHz >1 MHz
Level 3	3,281	 12 10	85–115 bei 1–16 MHz	22,3 25,6 55,8 85,3 98,4 131,2		54 43 41 32 26 23	bei 512 kHz 772 kHz 1 MHz 4 MHz 10 MHz 16 MHz
Level 4	3,281	5,70	85–115 bei 1–20 MHz	AWG 24 18,7 21,3 42,7 72,2 88,6 101,7	AWG 22 14,8 18,1 36,1 55,8 72,2 78,8	58 56 47 41 38 36	bei 772 kHz 1 MHz 4 MHz 10 MHz 16 MHz 20 MHz
Level 5	3,281	5,70	85–115 bei 1–100 MHz	18,1 20,7 42,7 65,6 82,0 91,0 118,1 170,8 219,8		64 62 53 47 44 42 40 35 32	bei 772 kHz 1 MHz 4 MHz 10 MHz 16 MHz 20 MHz 31,25 MHz 62,5 MHz 100 MHz

UTP	Unshielded Twisted Pair: Nicht abgeschirmtes Kabel. Entspricht dem Fernmeldekabel mit verdrillter Kupfer-Doppelader	AWG	Bei der Bezeichnung „AWG“ handelt es sich um eine Bezeichnung nach Amerikanischer Norm. AWG: American Wired Gauge. Es ist ein Maß für den Leitungsdurchmesser. Bei Vernetzung sind folgende Werte anzutreffen: AWG 12; AWG 14; AWG 16; AWG 22; AWG 24; AWG 26. Beispiele: AWG 22 bedeutet: 0,64 mm AWG 24 bedeutet: 0,51 mm AWG 26 bedeutet: 0,40 mm
STP	Shielded Twisted Pair: Abgeschirmtes Kabel. STP-Kabel besitzen eine Abschirmung um jedes Adernpaar. Die abgeschirmten Adernpaare sind dann untereinander nochmals verdrillt und von einer gemeinsamen Abschirmung umgeben		
Koaxialkabel	Koaxialkabel werden in folgenden Ausführungen eingesetzt: 50-Ohm-Kabel für Ethernet-Vernetzung 75-Ohm-Kabel für Breitbandvernetzung 93-Ohm-Kabel für ARCNET-Vernetzung		

9.3 Übertragungsmedium

⇐ 9-18

Kabeltyp und Netztyp

Netztyp / Kabeltyp	Standard-Protokolle					Ohne Standard	
	IEEE 802.3	IEEE 802.4	IEEE 802.5	FDDI	ISDN	VIDEO	Terminals V.24
Basisb.-Koaxialkabel $Z=50$ Ohm	1)	–	–	–	–	–	–
Basisb.-Koaxialkabel $Z=93$ Ohm	–	–	–	–	–	–	2)
Breitb.-Koaxialkabel $Z=75$ Ohm	1)	1)	–	–	–	2)	2)
Lichtwellenleiter (LWL)	2)	2)	2)	1)	2)	2)	2)
Vierdraht (UTP), $Z=100$ Ohm	1)	–	3)	4)	1)	2)	2)
Vierdraht (STP), $Z=150$ Ohm	2)	–	1)	4)	–	2)	2)

Industriell angebotene Kabel: Kabelkategorie, Toleranzangaben für Wellenwiderstand und Nah-Nebensprechdämpfung

Kabelkategorie	Wellenwiderstand in Ohm	Dämpfung dB/100 m	Nah-Nebensprechdämpfung in dB
Level 1 <1 Mbps	nicht spezifiziert	nicht spezifiziert	nicht spezifiziert
Level 2 bis 4 Mbps bei 1 MHz	84 – 113	2,4	nicht spezifiziert
Level 3 bis 10 Mbps bei 10 MHz bei 16 MHz	 100+/–15 100+/–15	 < 9,8 < 13,1	 26 23
Level 4 bis 16 Mbps bei 10 MHz bei 16 MHz bei 20 MHz	 100+/–15 100+/–15 100+/–15	 < 5,6 < 7,2 < 7,9	 >41 >38 >36
Level 5 >16 Mbps bei 10 MHz bei 16 MHz bei 20 MHz bei 100 MHz	 100+/–15 100+/–15 100+/–15 100+/–15	 < 5,9 < 7,5 < 8,2 < 20	 >47 >44 >42 >32

Nah-Nebensprechen

Über den Wellenwiderstand von 100 Ohm hinaus, der für UTP-Kabel charakteristisch ist, ist auch die Größe für das Nah-Nebensprechen von Bedeutung. Beispielsweise fordert die Norm für „Ethernet on Twisted Pair (10 Base T)“ für das Nah-Nebensprechen einen Dämpfungswert von:

Nah-Nebensprechdämpfung

$$a = (30{,}5 - 15 \log (f / 10\ \text{MHz}))\ \text{dB}$$

Nah-Nebensprechdämpfung bei 4 MHz

Auf eine Frequenz von 4 MHz umgerechnet, ergibt das eine erforderliche Nahsprechdämpfung von

36,5 dB.

Dieser Wert ist als Auswahlkriterium für Kabel heranzuziehen. Noch größere Anforderungen an das Kabel werden in Token-Ring-Datennetzen mit einer Übertragungsrate von 16 Mbps gestellt

1) Standard
2) nicht standardisiert
3) Standard in Arbeit
4) zukünftig standardisiert

9.3 Übertragungsmedium

9.3.2 Glasfaserkabel

⟹ 7-29

Prinzip	Die Verwendung von Glasfaserkabeln als Datenübertragungsmedium basiert auf der Tatsache, dass Licht reflektiert oder gebrochen wird, wenn es auf den Übergang zweier Glasfaser-Materialien mit unterschiedlichem Brechungsindex trifft. Optische Fasern bestehen aus zwei konzentrisch verlaufenden Schichten, Kern und Mantel, mit jeweils unterschiedlichem Brechungsindex

Glasfaserkabel mit sechs Einzeladern

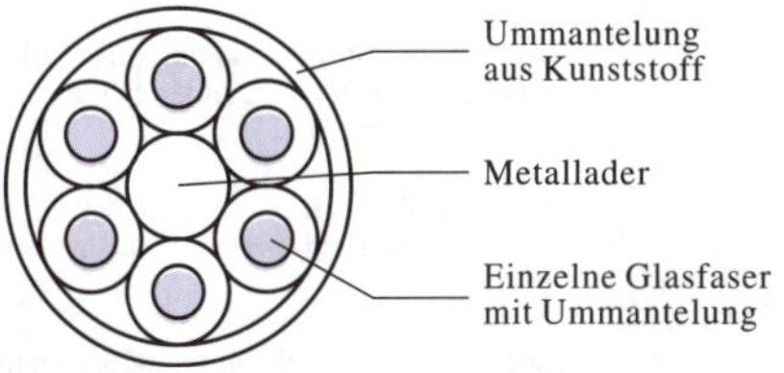

Brechungsindex vom Mantel	Der Brechungsindex vom Mantel beträgt meist weniger als 1% vom Brechungsindex des Kerns. Dadurch wird das Licht innerhalb des Kerns völlig reflektiert

Totalreflektion in der einzelnen Glasfaser

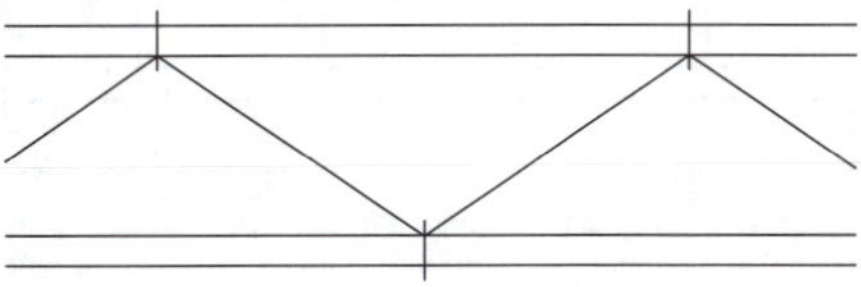

Glasfaser-Werte	Der normale Faserdurchmesser beträgt zwischen 8 µm und 100 µm. Die Dicke des Mantels liegt zwischen 125 µm und 140 µm. (Menschliches Haar hat ca. 100 µm)
Beispiel Glasfaser	Fasertyp: 62,5/125 µm Multimode-Gradientenfaser Dämpfung: 3 dB/km Bandweite: 160 MHz/km Wellenlängen: 850 nm Das Fasermaterial des Kerns kann aus Glasfaser (Siliziumdioxid) oder Plastikfaser (PVC) bestehen. Reine Glasfaser-Kabel gelten als Hochleistungsfasern. Plastikfasern haben eine begrenzte Bandbreite und höhere Verluste. Die Ausführung mit Glasfaserkern und Plastikmantel gilt als Kompromiss und wird als PCS-Kabel (Plastic Card Silicon) bezeichnet
Einteilung der Glasfasern	Glasfaserkabel werden nach Brechungsindex und nach Transportmodus eingeteilt. Unter Transportmodus versteht man dabei den wellenartigen Weg, den das Licht durch die Glasfaser zurücklegt. Dabei kann die Anzahl der Modi, für die das Glasfaserkabel geeignet ist, zwischen 1 und 100000 liegen
Multimode-Glasfaser	Die Multimode-Glasfaser ist für verschiedene Modi geeignet. Da aber das Licht je nach Frequenz und Material in unterschiedlichen Winkeln reflektiert wird, ergeben sich für verschiedene Modi auch verschiedene Laufzeiten. Der Zeitunterschied kann – über 1 km gemessen – etwa 15 ns bis 30 ns betragen
Monomode-Glasfaser	Der Durchmesser des Kerns beträgt nur etwa 5 bis 10 µm. Der Mantel muß ca. zehnmal dicker sein. Es wird nur ein Transportmodus unterstützt. Die Signalverluste sind äußerst gering
Gradientenfaser	Bei dieser Faser besteht der Kern aus konzentrischen Glasschichten, die nach außen einen abnehmenden Brechungsindex besitzen. Die Schicht, an der die Reflexion des Lichtes stattfindet, ist von der jeweiligen Frequenz abhängig
Besonderheiten bei Glasfaser-Verkabelung	Die Kabelhülle stellt einen Schutz gegen eine Stoß- und Druckbelastung dar. Glasfaserkabel sind sehr empfindlich gegen Zugbelastung. Aus diesem Grund ist besondere Vorsicht beim Einbau in Schächten und Kabelkanälen geboten. Die Widerstandsfähigkeit gegen Hitze und Kälte wird vom jeweiligen Hersteller angegeben und ist unbedingt zu beachten

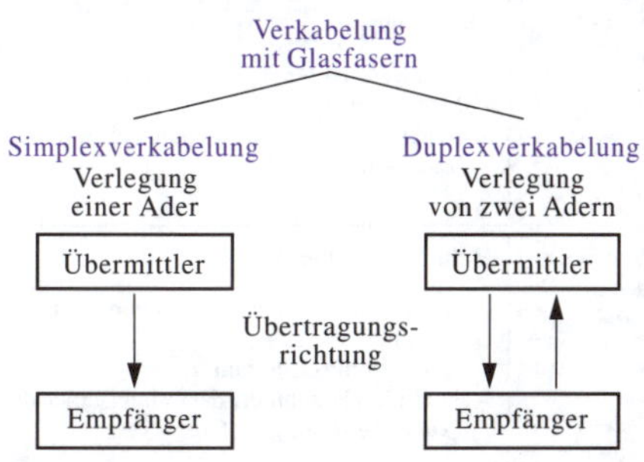

9.4 Netzwerkstrukturen (Topologien) für ein LAN

Topologie-Begriff	Netzwerkstrukturen beschreiben, auf welche Art und Weise die Rechner eines Netzes untereinander verbunden sind. Die Topologie hat – besonders für Lokale Netze – große Bedeutung, da eine Wechselwirkung zwischen der Struktur, der Belastungssituation und dem Steuerungsverfahren besteht
Bestandteile großer Netzstrukturen	Es gibt klassische Topologien, die immer wieder – auch in abgewandelter Form – auftreten. Sie sind unter den Bezeichnungen Stern-, Ring und Busstruktur zu finden
Klassische Topologien	Mischstrukturen (z. B. unter dem Begriff WAN) setzen sich aus den klassischen Topologien zusammen. Klassische Topologien sind: Busstruktur Sternstruktur Ringstruktur

9.4.1 Busstruktur

Anordnung der einzelnen Stationen	Bei der Busstruktur benutzen alle angeschlossenen Stationen eine einzige Leitung. Sie liegen quasi-parallel am Bus, schicken allerdings ihre Daten seriell – Bit für Bit, zeitlich nacheinander – auf den Bus. Die einzelnen Rechner werden über Koppelelemente (Adapterkarten) an den Bus angeschlossen. Dadurch wird einerseits die richtige Anpassung und andererseits ein rückwirkungsfreier Betrieb des Einzelrechners hergestellt. In Bussystemen kann die Übertragung uni- oder bidirektional ablaufen. Bei der bidirektionalen Übertragung wird ein Leitungskanal zum Senden und Empfangen von Nachrichten verwendet, während bei der unidirektionalen Übertragung für jede Übertragungsart ein Leitungskanal zur Verfügung steht
Vorteile der Busstruktur	Flexibilität – Netzwerk ist leicht zu erweitern – Modularer Aufbau – Arbeitsrechner können leicht entfernt oder hinzugefügt werden
Nachteile der Busstruktur	Hohe Empfindlichkeit – Bei Störung der Netzverkabelung fällt das gesamte Netz aus – Keine Abhörsicherheit – Je mehr Teilnehmer, desto langsamer die Datenübertragung auf dem Netz

Busstruktur ohne Zentralrechner (Server)

Bei serieller Datenübertragung	Für die Struktur ohne Zentralrechner bei serieller Übertragung gilt folgendes: – Die Stationen steuern ihren Sendewunsch über einen gemeinsamen Übertragungskanal. – Die Übertragung geschieht ohne eine Aktion der empfangenden Stationen. – Für eine Übertragung gibt es am Bus nur eine Sendestation. – Wenn eine Station sendet (als Talker arbeitet), arbeiten alle anderen Stationen als Listener am Bus. – Die Signallaufzeit kann wegen der seriellen Verarbeitung nicht vernachlässigt werden. – Die Information gelangt ohne Zwischenspeicherung über den Bus zum Empfänger

Busstruktur ohne File Server

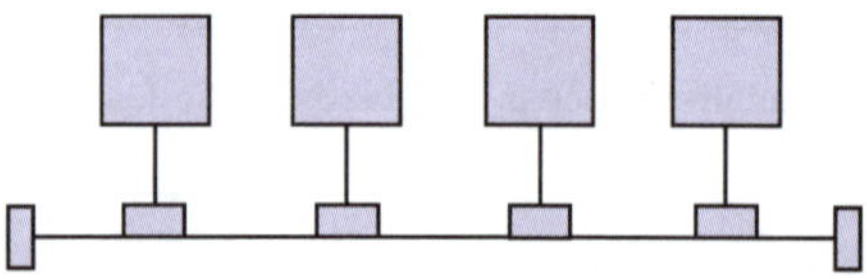

Kennzeichen der Busstruktur	Jeder Rechner ist über einen Transceiver an das Netzwerkkabel angeschlossen. An den beiden Enden befindet sich jeweils ein Abschlusswiderstand

Busstruktur mit Zentralrechner (Server)

Aufgaben des Netzservers	Bei der Busstruktur mit zentralem Rechner und serieller Übertragung gilt folgendes: Der Server steuert: – Die Zugangsberechtigung für den Netzzugang einer jeden Station. – Für jede Station die Zugriffsberechtigung auf die angeschlossenen Peripheriegeräte. – Für jede Station die Zugriffsberechtigung auf Daten und Programme

9

9.4 Netzwerkstrukturen

Busstruktur mit Zentralrechner (Server) (Forts.)

Busstruktur mit Zentralrechner (Server)

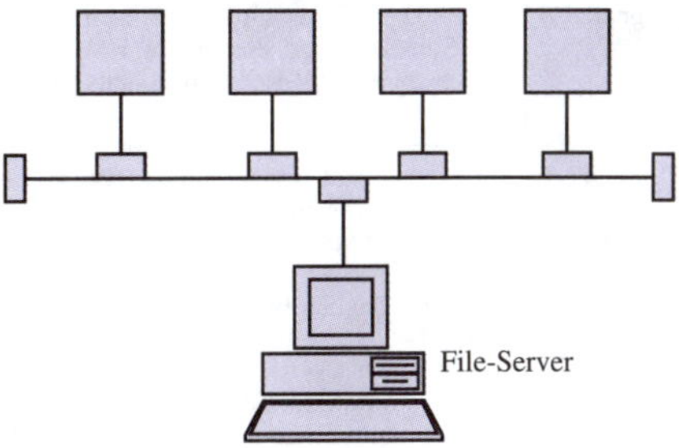

File Server	Ein Server ist ein Rechner, der in das Netzwerk eingebunden wird und für bestimmte Aufgaben zuständig ist. Ein File Server speichert und verwaltet die Daten des Netzwerks zentral. Genauer: Der File Server sorgt für die kontrollierte Bereitstellung von gemeinsam benutzten Daten und wickelt außerdem die Kommunikation zwischen den Workstations im Netz ab
Netzwerkbetriebssystem	Herz des File Servers ist das sog. Netzwerk-Betriebssystem, das von den Betriebssystemen der einzelnen Arbeitsrechner getrennt zu betrachten ist. Im File Server und in jedem Arbeitsrechner ist eine Netzwerkkarte vorhanden. Alle Netzwerkkarten sind untereinander über das Netzkabel verbunden

9.4.2 Sternstruktur

Charakteristisches Merkmal	Die Sternstruktur ist die älteste Netzwerktopologie und wird bei Lokalen Netzwerken nicht so häufig angewendet wie die Busstruktur. Charakteristisch führen die Netzverbindungen von einem Zentralrechner sternförmig zu den Einzelplatzrechnern. Der Zentralrechner arbeitet als zentraler Netzwerk-Steuerungsrechner, der bei starker Netzbelastung die Übertragungszeiten wesentlich beeinflusst

Sterntopologie mit Zentralrechner

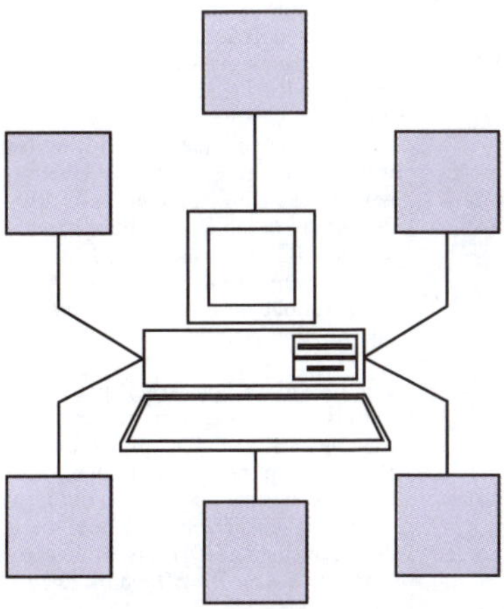

Vorteile der Sterntopologie	– Höchste Datenübertragungsrate bei den klassischen Netzstrukturen, weil die Leitungswege zum jeweiligen Arbeitsrechner sehr kurz sind. – Die Struktur ist leicht zu erweitern, weil die Rechner über passive Koppelglieder an den Zentralrechner angeschlossen sind. – Kaum Störungen des Gesamtnetzes bei Ausfall einer Station. Auch das Entfernen einer Station ist ohne Netzausfall möglich. – Zentrale Netzsteuerung. Dadurch ergibt sich eine schnelle Fehlerortung
Nachteile der Sterntopologie	– Bei Ausfall des Zentralrechners fällt das gesamte Netz aus. – Bei großen Netzen entstehen beim Zentralrechner sehr hohe Kosten. – Kein Einsatz der Sternstruktur bei dezentral geplanten Netzen
Übertragungsraten	Die Übertragungsraten liegen bei normaler Verkabelung in der Größenordnung von 2,5 Mbps und damit meistens unter den Werten, die bei Ethernet (Busstrukturen) und bei der Token-Ring-Topologie angetroffen werden
Verkabelung	– UTP oder STP – Koaxialkabel – Glasfaserkabel (es lassen sich Übertragungsraten bis zu 100 Mbps erreichen)

9.4 Netzwerkstrukturen

9.4.3 Ringstruktur

Topologie	Bei der Ringstruktur werden alle Stationen in Form eines Ringes miteinander verbunden. Die Rechner selbst werden über einen Adapter angeschlossen, der bei Entfernen einer Station Ein- und Ausgang des Netzwerkkabels so miteinander verbindet, dass der Ring wieder geschlossen wird und die übrigen Stationen miteinander kommunizieren können

Ringstruktur

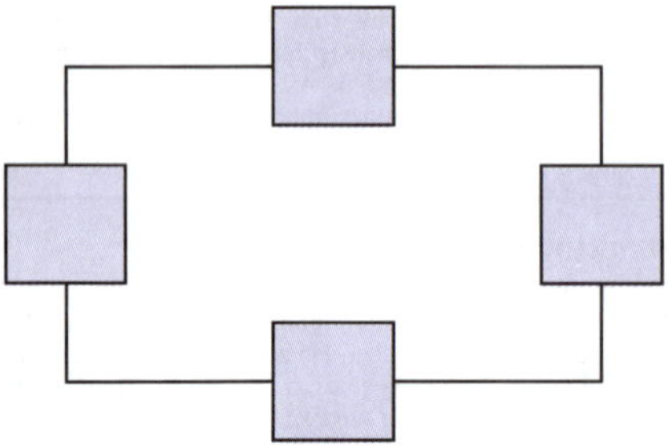

Vorteile eines Ringnetzes	– Das Verhalten der Ringstruktur ist im Hochlastfall besser als das der Busstruktur. Alle sendewilligen Stationen erhalten einen Zugang zum Übertragungsmedium. Für den Zugang zum Netz gibt es für jede Station eine obere Zeitgrenze. – Es existieren keine Routing-Probleme, da es für die Nachricht nur einen Weg zum Empfänger gibt. – Der Hauptvorteil eines Ringnetzes besteht darin, dass wegen der gleichmäßig verteilten Stationen günstige Voraussetzungen für eine verteilte Netzsteuerung bestehen und ein Zentralrechner nicht unbedingt erforderlich ist
Nachteile eines Ringnetzes	– Der Ausfall einer Leitung führt zum Ausfall des gesamten Netzes, wenn nicht entsprechende Maßnahmen getroffen werden – Bei Ausfall einer Station kann ein Teil des Netzes oder es können mehrere Stationen mit ausfallen. Mit technischen Mitteln kann auch dieser Nachteil auf ein Minimum reduziert werden (Mehrfach-Ring-Technologie)
Steuerungsverfahren für Ringnetze	Die Steuerung des Zugriffs auf das Medium kann entweder verteilt durch alle Stationen oder zentral durch eine Station durchgeführt werden. Die häufigste Steuerung ist die Zentralsteuerung, weil hierdurch der Anschluss an weitere Netze leichter möglich ist
Technische Realisierung der Ringnetze	Technisch realisiert werden Ringnetze mit der Token-Ring-Technik. Sie existiert seit 1985 und basiert auf dem IEEE-Standard 802.5. Dort wird im wesentlichen die Schicht 1 und die untere Hälfte der 2. Schicht des OSI-Referenzmodells behandelt
Kommunikation der Stationen	Im zentral gesteuerten Ringnetz wird die Kommunikation und die Steuerung über das sog. Token-Verfahren durchgeführt. Das 1969 von Farmer und Newhall entwickelte Verfahren benutzt Bitfolgen zur Kommunikation. Die Frage, welches Kommunikationsprotokoll auf dem Ring in den höheren OSI-Schichten eingesetzt wird, ist im Standard nicht festgelegt. Insofern können die Netzwerkprotokolle wie TCP/IP, XNS, IPX/SPX, Net-Bios eingesetzt werden. Auch ein Mischbetrieb dieser Protokolle ist denkbar, da diese Protokolle in der Ebene 2 des OSI-Modells dieselbe Paketstruktur haben
Datenübertragungsrate	Die Token-Ring-Struktur besitzt eine standardisierte Datenübertragungsrate von 4 Mbps in alten Netzwerken. Inzwischen wurde die Standardrate auf 16 Mbps heraufgesetzt. Es müssen allerdings alle im Ring befindlichen Rechner mit derselben Übertragungsrate arbeiten. Die tatsächlich erreichten Übertragungsraten werden von den Adaptern bestimmt, die zum Anschluss an die Ringstruktur verwendet werden. Die in der Praxis zu übertragenden Datenpakete liegen in der Größenordnung von einigen hundert Bytes. Während sich ein Token im Ring befindet, warten andere Stationen auf einen freien Token. Diese Wartezeit wird um so größer, je größer die einzelnen Datenpakete im Ring sind
Datendurchsatz bei Token-Ring-Adaptern	Bei der Planung eines Token-Ring-Netzes werden für weniger schnelle Übertragungen Token-Ring-Adapter mit 130 bis 200 Kbytes/s als Datendurchsatzrate verwendet. Bei wissenschaftlichen Anwendungen werden mit schnelleren Adaptern auch Nettoübertragungsraten von 400 bis 800 Kbytes/s erreicht. Der Anschluss von Arbeitsplatzrechnern mittels Lichtleiterfaser für eine Übertragungsrate von 4 Mbps ist im Token-Ring-Prinzip nicht vorgesehen. Höhere Übertragungsraten lassen sich mit Hochgeschwindigkeitsnetzen erreichen, die unter der Bezeichnung FDDI als Weiterentwicklung der Token-Ring-Technik anzusehen sind

9

⟸ 9-29

9

9

9.5 Netzwerksteuerung und Netzwerkverwaltung

9.5.1 Allgemeines zum Netzwerkmanagement

Begriff und Definition	Unter Netzwerksteuerung (Netzwerkmanagement) sind interne und externe Maßnahmen zu verstehen, die die Funktion des Netzwerkes sichern. Lokale Netze werden lokal „administriert". Wide Area Networks werden zentral „verwaltet"
Ansätze für Netzwerkmanagement	Zu den wichtigsten Protokollfamilien OSI und TCP/IP gibt es jeweils einen eigenen Managementansatz. Der OSI-Ansatz ist nur teilweise verfügbar, aber umfassend und komplex; der Ansatz für TCP/IP ist voll verfügbar und nicht komplex. Beide Standards werden in Zukunft nebeneinander existieren. Für Lokale Netze gibt es noch eine Alternative, die als CMOL/CMIP bezeichnet wird, und das OSI-Management-Protokoll vereinfacht verfügbar macht. Die Komplexität und Funktionalität eines LANs wird bestimmt durch die Anzahl der Stationen und in einem größeren Netz durch die Anzahl der Subnetze, die zusammengeschlossen sind
Netzwerkmanagement	Unter Netzwerkmanagement (Netzwerksteuerung und Netzwerkverwaltung) werden zwei Teile verstanden: – Management der inneren Funktionen – Management der äußeren Funktionen Die äußeren Funktionen sind solche Eigenschaften, die vom System selbst nicht vollständig ausgeführt werden können und deswegen durch personelle „Administration" unterstützt werden müssen. Die inneren Funktionen werden vom System selbst ausgeführt, um die Leistungsfähigkeit und Funktionalität sicherzustellen. Im Folgenden werden die wichtigsten Funktionen der Netzwerksteuerung beschrieben
Netzsteuerung	Operational Management: Funktionen im laufenden Netzwerkbetrieb zur Bereitstellung und Verwaltung aller Netzwerk-Betriebsmittel
Fehler-Management	Maintenance oder Fault Management: Funktionen, die zur Fehlerprophylaxe, Fehlererkennung und Fehlerbehebung im Netzwerk verwendet werden
Konfigurations-Management	Configuration Management: Hilfsmittel und Funktionen zur Planung, Erweiterung und Änderung der Netzwerkkonfiguration sowie zur Pflege der Konfigurations-Informationen
Netztuning	Performance Management: Hilfsmittel und Werkzeuge zur Verbessung der Leistungsfähigkeit des gesamten Netzwerkes
Accounting-Management	Hilfsmittel zur Kostenerfassung und Rechnungserstellung
Sicherheits-Management und Planning	Security: Zugangssteuerung, Zugangsregelung und Zugriffsberechtigung, z. B. auch Zugriffssteuerung auf Daten und Datenbanken. Die Managementbereiche Planning, Programmability und Integrated Control unterstützen im Wesentlichen die anderen Teile. Planning: Hilfsmittel zur Entwicklung neuer Konfigurationen zur Verbesserung der Performance
Integrated Control	Möglichkeiten zur Verbesserung der Ablaufplanung

Allgemeine Darstellung des Netzwerkmanagements

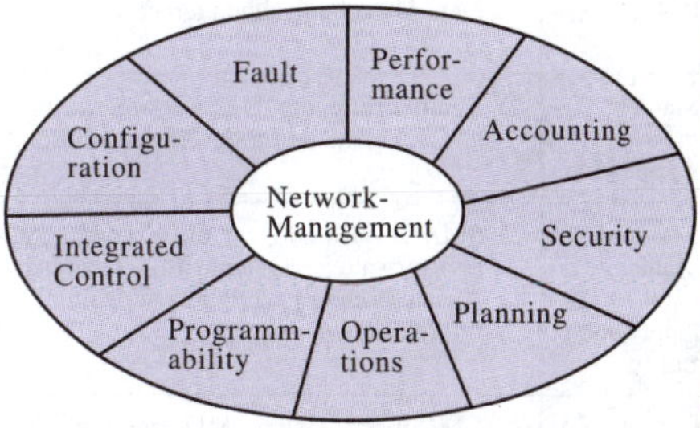

9.5.2 OSI-Netzwerkmanagement

Aufgaben	Bei OSI ist jede Protokollschicht in der Lage, eine einzelne Instanz einer Kommunikationsverbindung zu überwachen und zu kontrollieren. Das erfordert eine hierarchisch übergeordnete Instanz, die alle Einzelinstanzen überwacht und für die Aufrechterhaltung der Rahmenbedingungen, die für die Kommunikation erforderlich sind, sorgt
Gliederung	Grundsätzlich gliedert sich die OSI-Netzwerkverwaltung in fünf Bereiche, die als „Specific Management Functional Areas" (SMFAs) bezeichnet werden

9.5 Netzwerksteuerung und Netzwerkverwaltung

OSI-Netzmanagement-Bereiche	– CM (Configuration Management); grundsätzlich Fragen der Zuordnung von Rechnern und Netzwerkressourcen – FM (Fault Management); Fehlererkennung und Fehlerbehebung – SM (Security Management); Zugangskontrolle, Berechtigungshierarchie – PM (Performance Management); Datenübertragungsraten, Wegeoptimierung; Nutzung der Ressourcen ohne lange Wartezeiten – AM (Accounting Management); welcher User nutzt welche Ressourcen in welchem Umfang

Vereinfachte Struktur des OSI-Netzwerk-Mangements

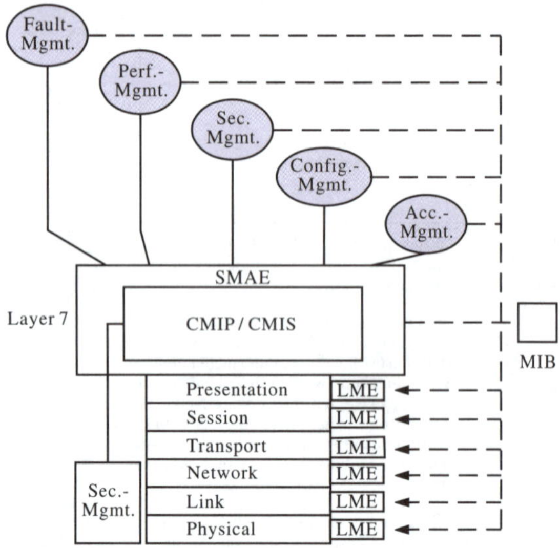

OSI-Management-Modell

Mangement Information Base	1) MIB: Jedes im Netzwerk verwaltete Objekt wird durch Eintrag in der Management-Datenbank charakterisiert
Management Application	2) Realisierung der Netzwerkverwaltung und Schnittstelle für die Administration
Systems Management Application Entity	3) SMAE: Zuständig für die Kommunikation verwalteter Systeme im Netzbereich. Austauschmöglichkeit von Verwaltungsinformationen
Common Management Information Service/ Protocol	4) CMIS/CMIP: Die CMIS-Bereich wird von den Anwendungsprozessen zum Austausch von Informationen und Anweisungen zur Netzwerkverwaltung verwendet. Der CMIP-Bereich ist dafür zuständig, die Application Protocols Data Units zu bilden, die die einzelnen Routinen des CMIS-Bereiches benötigen
LME LE	5) Layer Management Entity (LME) 6) Layer Entity (LE) Die Instanzen auf den einzelnen Ebenen werden benötigt, um der Verbindung oder Verwaltung entsprechende Funktionen zur Verfügung zu stellen. Des weiteren sind die LMEs für die Durchsatz- und Zeitmessungen verantwortlich

Funktionsbereiche des OSI-Netzwerkmanagements

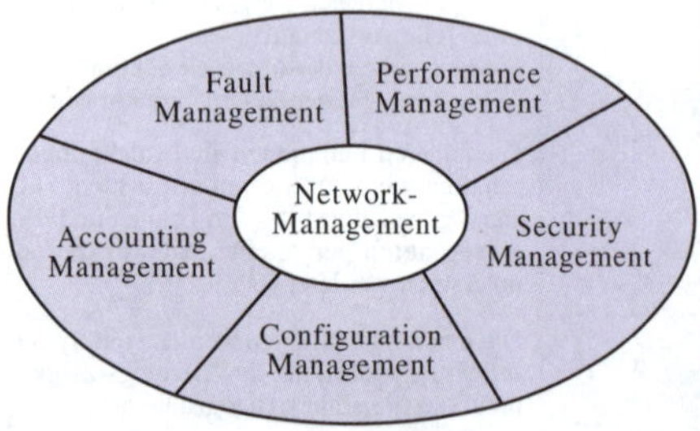

Herkunft der klassischen Managementbereiche und erweitertes Management	Klassische Funktionsbereiche kommen aus dem Umfeld der Netzwerke, die zentral gesteuert werden (Beispiel: SNA). Mit zunehmender Untergliederung von Netzen ändern sich die Bereiche. Es kommen neue Funktionsbereiche hinzu, die später als erweitertes Netzwerk-Management bezeichnet werden können. Beispiel: Dokumentation Wartung

9.5 Netzwerksteuerung und Netzwerkverwaltung

9.5.3 TCP/IP-Netzwerkverwaltung

Allgemeines	Das SNMP-Protokoll (Simple Network Management Protocol) hat sich in vielen Bereichen der LAN-Welt durchgesetzt. Seine besondere Bedeutung liegt darin, heterogene LAN-Welten zu steuern und zu verwalten. Der ursprüngliche Ansatz trug die Bezeichnung „SNMP". Weiterentwicklungen führten zu dem neueren Konzept mit der Bezeichnung „SNMP II". Beide Konzepte haben dieselben Grundlagen und existieren nebeneinander
Bestandteile	Das Konzept besteht im wesentlichen aus einem Netzwerk-Mangement-Programm, das auf einer Workstation (oder einer Network Management Station, Abkzg.: NMS) implementiert ist. In den zu überwachenden anderen Netzwerk-Stationen befindet sich jeweils ein weiterer Teil dieser SNMP-Software als sog. „SNMP-Agent". Die TCP/IP-Netzwerkverwaltung besteht aus den Komponenten: a) NMS: Die zentrale Überwachung aller Netzwerkkomponenten, aller Netzwerkstatistiken, der Datenbasen (NSD), deren Informationen für Planungszwecke nötig sind. b) SNMP-Agent: Ein kleines Programm in jeder Netzwerkkomponente, das über Ressourcen, die ihm zugeteilt sind, Auskunft gibt und diese verwaltet. c) TCP/IP-MIB: Die von den einzelnen Agenten gespeicherten Informationen bilden zusammen die TCP/IP-MIB (Management Information Base)
Kommunikation über SNMP	Der NMS- (Network Management System) Teil kommuniziert mit den einzelnen Agenten über das sog. SNMP (Simple Network Management Protocol). Durch das SNMP werden vorwiegend Funktionen zur Verfügung gestellt, durch die Werte in der MIB eines Agenten verändert oder abgefragt werden können. In der Kommunikation zwischen SNMP-Manager und SNMP-Agent werden vier Protokoll-Elemente benutzt: GET REQUEST, GETNEXT REQUEST SET REQUEST GET RESPONSE TRAP

TCP/IP-Netzwerkmanagement

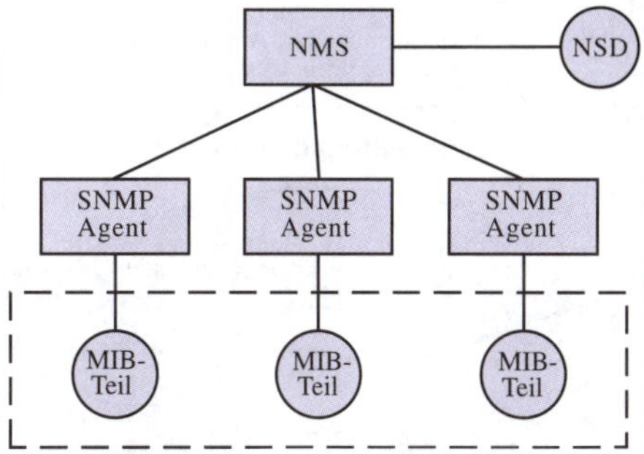

Request-Kommandos	Request-Kommandos werden vom SNMP-Manager abgesetzt. Die Management-Workstation fragt ihre zu überwachenden Stationen, die SNMP-Agents, (oder auch „Kunden") ab (Polling-Verfahren). Die Agenten können nur mit einer „Response" antworten
Trap-Funktion	Als „Trap" wird die Möglichkeit eines Agenten bezeichnet, sich beim Manager im Falle besonderer Ereignisse bemerkbar zu machen
Datenbanken (MIBs)	In den Agenten werden Datenbanken (sog. MIBs) errichtet, die wichtige Daten für das Management enthalten. Außer einer Standard-MIB gibt es weitere MIBs, die sich durch Weiterentwicklung als sinnvoll ergeben haben. Eine MIB ist ein einheitlicher Datenraum für Datenobjekte. Er ist hierarchisch aufgebaut und nicht vom Protokoll abhängig. Die Einrichtung weiterer Standard-MIBs ist ein notwendiger Schritt, um neue Managementfunktionen zu erschließen. So wurden z. B. 1992 die RMON-MIB als ein weiterer Standard (Remote Monitoring) zur Analyse des SNMP-Umfeldes eingerichtet
Abfrage von Variablen in MIBs	GETREQUEST dient zur Abfrage von Variablen in den MIBs
Wertzuweisung	Mit SET REQUEST wird einer Variablen in der MIB eines Agenten ein Wert zugewiesen

9.5.4 Management in Lokalen Netzen

Grundlage	Die Managementfunktionen für LANs unterteilen sich in enger Anlehnung an das OSI-Netzmanagement wie folgt:

Managementfunktionen in LANs

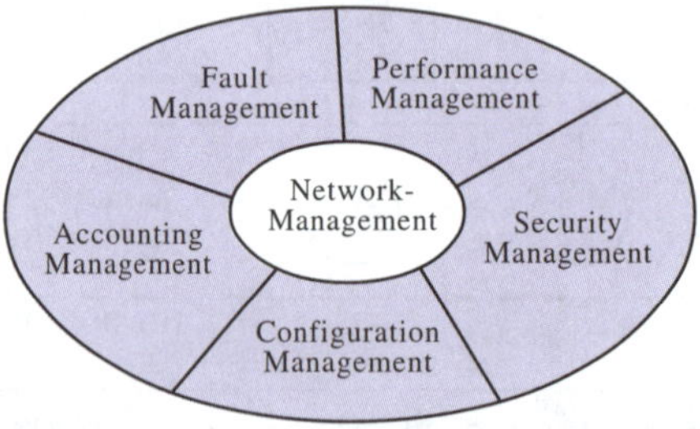

Konfigurations-Management	Das Konfigurations-Management steht im Mittelpunkt das LAN-Managements. In einer zentralen Netzdatenbank werden alle Netzinformationen gespeichert. Hierzu gehören u. a.: – Bestandsführung – Änderungsdienst – Zuordnung von physikalischen und logischen Komponenten – Topologieüberwachung – Namen- und Adressvergabe – Directory-Dienste – Dokumentation Instrumente des Konfigurationsmanagements sind u. a.: – Datenbankprodukte – Grafische Oberflächen – Management Information Base – Dokumentationsmanager
Fault-Management	Die Tätigkeiten für ein erfolgreiches Fault-Management können gegliedert werden in Tätigkeiten zur Prophylaxe und in solche zur direkten Fehlerbehebung. Voraussetzungen für ein effektives FM sind: – genaue Kenntnisse über Hardware und Software-Details des LANs – Erstellung von leistungsfähigen Prozeduren zur Behebung von Fehlern – Einsatz der richtigen Instrumente – Ausreichende Aus- und Weiterbildung der LAN-Administratoren
Bestandteile des Fault Management	Das Fault Management setzt sich zusammen aus: – Statusüberwachung zur frühzeitigen/vorzeitigen Fehlererkennung – Alarmbehandlung – Problembestimmung – Problemdiagnose – Problembeseitigung

Typische Problembearbeitung beim Fault-Management

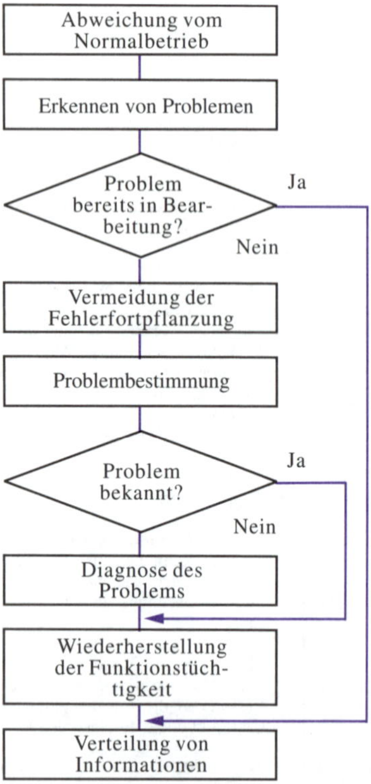

Bestandteile des Performance Managements	Die Parameter, die zum Performance Management zu zählen sind, lassen sich einteilen in: 1) Feste Parameter 2) Variable Parameter 3) Parameter, die von der Netzwerkgröße bestimmt werden Zu 1) Feste Parameter – Übertragungskapazität ist die theoretische Grenze der Bandbreite – Laufzeitverzögerung Zeitspanne für die Signalverzögerung von der Quelle bis zur Senke. Als Faustformel läßt sich hier ein Wert von 5 µs/1000 m angeben – Frame- oder Paketgröße

9.5.4 Management in Lokalen Netzen (Forts.)

Bestandteile des Performance Managements (Forts.)	Zu 2) Variable Parameter – Zugriffsverfahren – Zugriff auf das Übertragungsmedium – Auslastung des Netzes – Puffergröße – Puffer in Workstation und Server – Kollisionsrate/Retransmissionsrate Zu 3) Parameter, die durch die Netzwerkgröße bestimmt werden – Ressourcenauslastung – Verarbeitungszeiten des LAN-Servers – Nachrichtenübertragungszeit, entspricht dem Servicegrad des Netzes – Durchsatz, eine Angabe, wieviel Datenframes oder Nachrichten innerhalb einer bestimmten Zeit übertragen werden – Verfügbarkeit der LAN-Komponenten

Security Management	Der Bereich des Security-Managements befasst sich mit: a) Passiven Angriffen Keine Änderung der Nachricht oder des Betriebes notwendig. b) Aktiven Angriffen Beeinflussung bzw. Änderung des Betriebes oder des Datenstromes
Passive Angriffe	Bei passiven Angriffen werden die Kommunikationsteilnehmer durch den Lauschangriff identifiziert und die Daten abgefangen
Aktive Angriffe	Hierzu gehören u. a.: – Umleitung des Datenstromes – Veränderung der Daten
Verhinderung der Fehlbedienung	Zum Security-Management gehören auch Instrumente, die eine Fehlbedienung der Netzwerkeinrichtungen verhindern sollen

Vergleich der Performance von Ethernet und Token Ring

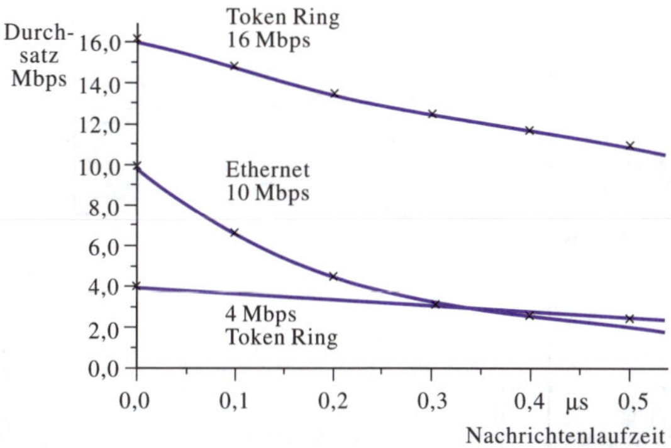

Instrumente des Security Managements

LAN-Analysatoren, insbesondere Instrumente zur Erfassung von unregelmäßigen Ereignissen auf dem Netz.

Instrumente zur Überwachung von Netzzugriffen: Protokollierungsverfahren und Berechtigungshierarchien.

Back-Up- und Hilfsprogramme zur automatischen Erfassung oder zum automatisch durchgeführten Backup

Accounting-Management

Das Accounting-Management bei LANs beinhaltet im Wesentlichen die Erfassung der Kosten und der Lizenzen

Performance der klassischen LANs	Der Performance-Vergleich der klassischen LANs lässt folgende Schlussfolgerungen zu: 1. Ein 4-Mbps-Token-Ring-Netz hat einen relativ konstanten Datendurchsatz. 2. Ein Token-Ring-LAN mit 16 Mbps hat auch noch bei größeren Zykluszeiten, also bei großen Entfernungen, die beste Performance von allen Netzen. 3. Bei sehr kurzen Laufzeiten ist das Ethernet eine akzeptable Alternative

Kostenerfassung	Die Kosten werden erfasst unter dem Gesichtspunkt a) der benutzungsgerechten Erfassung Verursacherprinzip Häufigkeit des Softwaregebrauchs b) der Weiterverrechnung Zuteilung der Kosten nach bestimmten vorgegebenen Kriterien
Instrumente des Accounting-Managements	Softwaremeter zur Erfassung des Softwaregebrauchs sind u. a. – LAN-Monitore – Spezielle Accounting-Software

9.5 Netzwerksteuerung und Netzwerkverwaltung

9.5.5 Serversteuerung eines Lokalen Netzes

LAN-Steuerung	Bei Lokalen Netzen hat sich das Server-Prinzip durchgesetzt. Dabei ist der Server meist ein Rechner, der als eigenständige Station die Übertragung, Verarbeitung und Speicherung, die Ein- und Ausgabe von Daten per Software-Steuerung für das Netz regelt. Meist kann der Server selbst zusätzlich noch als normale Arbeitsstation verwendet werden
Serverprinzip	Die Funktionen eines Servers sind abhängig von der Netzwerk-Server-Software und dem Netzwerk-Betriebssystem. In Lokalen Netzen kann der Server folgende Funktionen haben:
Serverfunktionen in LANs	– Server als reiner Spezialrechner zur Netzwerksteuerung – Server als Kombination von Steuerungsrechner und Arbeitsplatzrechner
Mehrere Server in einem LAN	In einem leistungsfähigen Rechner können mehrere Server untergebracht sein. Es können aber auch Serverfunktionen auf mehrere Rechner aufgeteilt werden. Durch die Aufgaben, die ein Server im Netz hat, kann je nach Funktion eingeteilt werden in:
Aufgaben eines Servers	– File-Server (reine Dateiverwaltung) – Print-Server (Ausdrucksteuerung) – Datenbank-Server (Datenbankverwaltung) – EMS-Server (Steuerung von Kommunikationssystemem, EMS = elektronisches Mitteilungssystem, z. B. Mailbox) – Interconnect-Server (Gateways, Bridges = Anbindung an weitere Netzwerke) – Stapeljob-Server (Steuerung von Arbeitsabläufen) – Archivierungs-Server
Beispiel: Anbindung eines LANs an das Datex-P-Netz über einen Server	Die Abbildung zeigt die Anbindung eines LANs über das DATEX-P-Netz an einen Host-Rechner. Die Kommunikation der LAN-Teilnehmer mit dem Host-Rechner wird über einen eigenen Kommunikationsserver abgewickelt. Dieser Server setzt die Protokollstruktur des DATEX-P-Netzes um. Die Struktur auf dem DATEX-P-Netz basiert auf der CCITT-Empfehlung X.25 (DATEX-P: Data Exchange Packet-Switched). Dieses Netz benutzt die paketorientierte Datenübertragung. Dabei werden die zu übertragenden Daten in genormte Datenpakete aufgeteilt, zum Zielort transportiert und dort wieder zur Gesamtinformation zusammengefügt
Kommunikation im LAN über einen Server	Paketorientierte Datenübertragung. Dabei werden die zu übertragenden Daten in genormte Datenpakete aufgeteilt, zum Zielort transportiert und dort wieder zur Gesamtinformation zusammengefügt. Dieses Netz wird privaten Anwendern von der Telekom zur Verfügung gestellt. Das Protokoll, das für dieses Netz vorgegeben ist, wird P 10 bzw. P 20 genannt

Serverfunktionen am Beispiel eines Kommunikationsservers und Datenbankservers

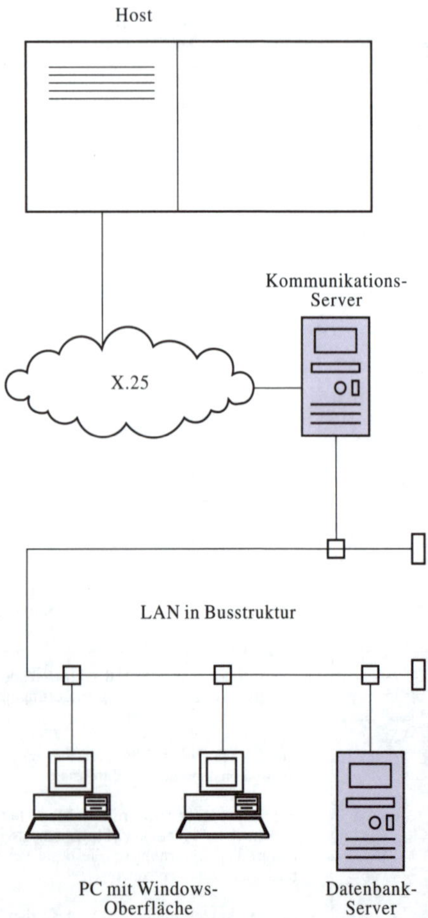

9.6 Ethernet

9.6.1 Die Ethernet-Spezifikation

Allgemeines	Die industrielle Ausführung eines Netzwerkes nach der Ethernet-Norm wird in der Topologie durch die Busstruktur realisiert
1.0-Standard	Das Ethernet ist die älteste LAN-Übertragungsform. Diese Form wurde in den 70er Jahren gemeinsam von den Firmen DEC (Digital Equipment), Intel und Xerox entwickelt und hat sich inzwischen als sog. 1.0-Standard bewährt. Im Jahre 1980 wurde dieser Standard weiter entwickelt und als Ethernet 2.0-Standard veröffentlicht
2.0-Standard IEEE 802.3	Die heutige Ethernet-Spezifikation, die die elektrischen und mechanischen Eigenschaften als LAN-Standard enthält, wurde von den Normungsgremien der ISO, ECMA und IEEE im Jahre 1980 definiert und unter der IEEE-Bezeichnung 802.3-Ethernet bzw. Standard-Ethernet bekannt. Technisch realisiert wurde es mit einem dicken gelben Koaxialkabel, wodurch es sich auch als „Thick Ethernet" bzw. als „10Base5" durchgesetzt hat. Die wesentlichen Unterschiede dieser beiden Standards zur heutigen Norm liegen in einem geringfügig anderen Kabeldurchmesser, einem etwas anderen Aufbau der Datenblöcke und in dem „Heart Beat" (Herzschlag), der die meisten Probleme im Hinblick auf Kompatibilität verursacht
Übertragungsrate von Ethernet	Die Übertragungsrate wurde von anfangs 2,9 Mbps auf 10 Mbps gesteigert. Die logischen Pegel entsprechen: log 0=–0,9 V bis –1,2 V bei einem Strom zwischen 36 mA und 38 mA. Die log.1 wird durch den elektrischen Ruhezustand des Mediums dargestellt. In der 2.0-Spezifikation erzeugt der Transceiver von Zeit zu Zeit ein SQE-Signal (SQE=Signal Quality Error) (entspricht einem „Herzschlag"), um der durch ihn angeschlossenen Station zu signalisieren, daß der Transceiver vorhanden ist und seine Funktion einwandfrei ausführt. Das SQE-Signal wird dazu verwendet, eine Störung zu signalisieren
Kompatibilität der Standards	Wird ein 802.3-Transceiver an einen 2.0-Controller angeschlossen, so wird dem Controller signalisiert, daß der Transceiver defekt ist, weil er kein Heart-Beat-Signal erhält. Wird ein 802.3-Controller an einen 2.0-Transceiver angeschlossen, empfängt der Controller ständig Störungsmeldungen in Form der SQE-Signale. Aus diesem Grund sind heute die meisten Transceiver SQE-umschaltbar und müssen auf die Erfordernisse des Controllers eingestellt werden

Standard-Ethernet (Thick Ethernet)

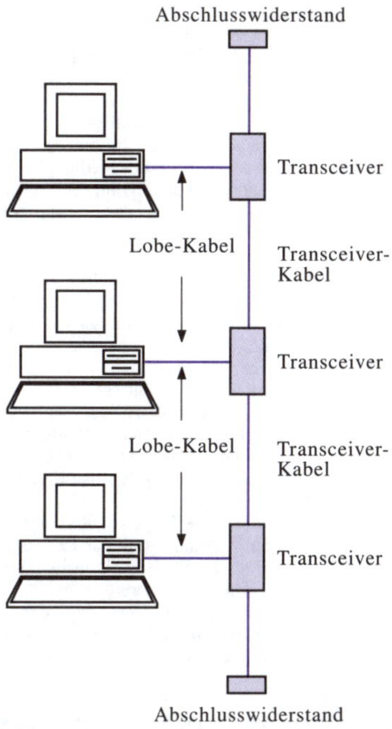

Ethernet und OSI-Modell	Um den funktionellen Ablauf und die technischen Bedingungen in einem Netzwerk nach immer gleichen Strukturen zu beschreiben, bedient man sich des ISO/OSI-Referenzmodells (OSI=Open System Interconnection), das die Kommunikation über Schnittstellen und Netze in sieben Grundfunktionen einteilt. Diese Grundfunktionen werden dann so strukturiert, dass sie sieben Schichten zugeordnet werden können. (Inzwischen wurde die Schicht „0" als achte Schicht hinzugefügt, so dass sich an der ursprünglichen Zuordnung nichts ändert. Die Ethernet-Norm bezieht sich nur auf die Schicht 2 (Verbindungsschicht) und auf die Schicht 1 (physikalische Schicht) des Modells. Insofern werden beim Ethernet-Netzwerk das Zugriffsverfahren, das Adressierungsschema und die Paketstruktur zur Datenversendung auf dem Netzwerk innerhalb dieser ersten beiden Schichten des OSI-Modells festgelegt. Da die Ebenen 3 bis 7 innerhalb der Ethernet-Norm nicht definiert sind, bleibt die Protokollstruktur der Kommunikation in den höheren Schichten – bezogen auf das Referenzmodell – offen

9.6 Ethernet

Netzzugriff CSMA/CD	Für jede einzelne Station wird der Zugang kontrolliert. Dieses Zugangsverfahren wird als CSMA/CD-Verfahren (Collision Sense Multiple Access/Collision Detection) bezeichnet
Collision Sense Multiple Access Collision Detect	Eine sendewillige Station hört zunächst, ob Daten auf dem gemeinsamen Netzwerkbus übertragen werden, bzw. ob der Übertragungskanal frei ist (Collision Sense). Werden gerade Daten übertragen, wartet die Station so lange, bis das Medium frei ist. Die Information, ob das Medium belegt ist, erhält die Station dadurch, dass sie das Medium dauernd abhört. Ist der Übertragungskanal frei, beginnt diese Station mit der Datenübertragung. Gleichzeitig „hört" die Station auf das Signal im Kabel. Hat eine andere Station (fast) gleichzeitig und auch zufällig mit einer Übertragung begonnen (Multiple Access), kommt es zu einer Kollision der Daten. Da die Stationen beim Senden das LAN auch gleichzeitig abhören, wird diese Kollision festgestellt (Collision Detect). Innerhalb eines kurzen Zeitraumes werden nun zur Warnung für die anderen Stationen Kollisionssignale (sog. Jam-Signale) übertragen. Daraufhin wartet die zweite Station eine kurze Zeit ab (die Länge der Zeit ist zufällig) und versucht dann, die Übertragung erneut durchzuführen, wenn das Kabel unbenutzt erscheint
Binary Exponential Backoff	Die Zeit, die die Kollisionsstationen abwarten, wird nach dem „Binary Exponential Backoff-Algorithmus" bestimmt. Hierbei wird eine Zufallszahl gebildet, die zwischen 0 und 2E10 liegt. Diese Zufallszahl wird in jeder Kollisionsstation generiert. Da bei zwei Stationen die Wahrscheinlichkeit sehr gering ist, dass sie dieselben Zahlen generieren, wird der Station mit der kleineren Zahl der Zugriff auf das Netz gestattet

CSMA/CD-Algorithmus

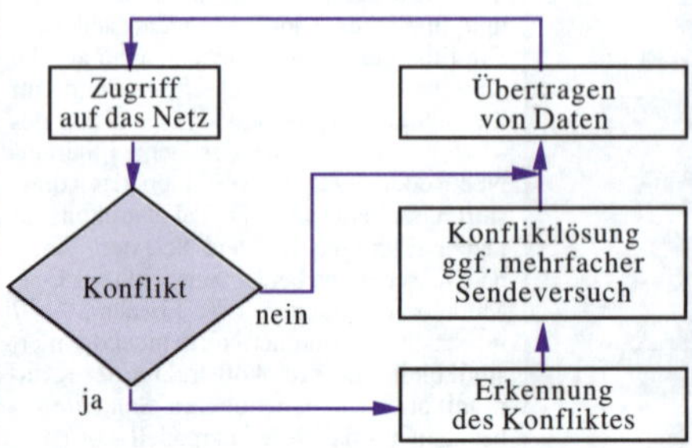

	Sollten Mehrfachkollisionen doch auftreten, wird ab dem zehnten Versuch, ein Datenpaket zu übertragen, das Zeitintervall konstant gehalten, nach der 15. Kollision wird ein Abbruch der Übertragungsversuche mit einer entsprechenden Meldung an die höheren Protokollebenen durchgeführt

CSMA/CD-Algorithmus bei Kollision

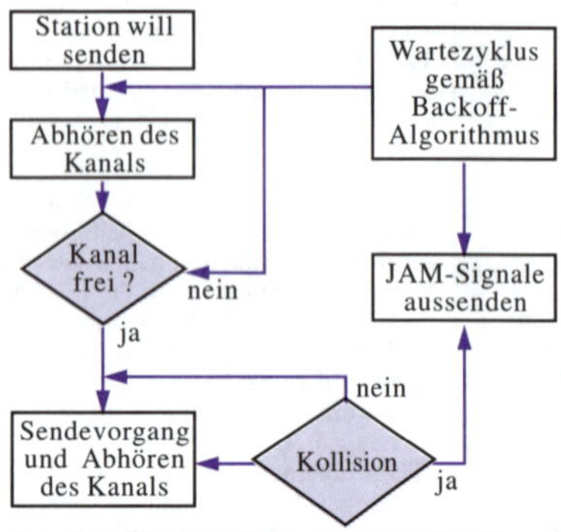

Technische Details	Standard Übertragungsrate liegt heute meist bei 10 Mbps (früher 2,94 Mbps).
	log.0 liegt zwischen –0,9 V bis –1,2 V bei 36 mA bis 38 mA definiert. Die log.1 wird durch den elektrischen Ruhezustand des Mediums dargestellt.
	Basisbandübertragung Unter Basisbandübertragung wird eine Datenübertragung verstanden, die sich über einen Kanal abspielt. Das bedeutet, dass das Frequenzspektrum auf dem Übertragungsmedium nur einen Kanal zur Verfügung stellt. (Den Gegensatz bildet die Breitbandübertragung, bei der das Spektrum in mehrere Übertragungskanäle unterteilt wird. Jeder Kanal kann für sich für eine eigene Datenübertragung verwendet werden)
	Übertragungsmedium Koaxialkabel, inzwischen auch verdrillte Leitungen und Glasfaser
	Zugriff auf das Übertragungsmedium Zugriffmethode ist CSMA/CD (Carrier multiple access with collision detection – auch als MAC-Protokoll bekannt).
	Maximale Anzahl der Stationen ist 1024
	Länge der Nachrichtenblöcke ist innerhalb bestimmter Grenzen variabel
	Kollisionszugriff

9

9.6 Ethernet

Ethernet-Frame

Das Paketformat (Frame) von Ethernet
- Präambel
- Zieladresse
- Quelladresse
- Typenfeld
- Datenfeld
- Cyclic Redundancy Check

Das **Paketformat** von Ethernet hat eine minimale Größe von 72 bytes und eine maximale Größe von 1526 bytes. Davon werden 46 bytes bzw. 1500 bytes für Daten verwendet. Der Header eines Paketes besteht aus einer 1-0-Folge. Das 64. Bit muß eine log.1 sein

In der Zieladresse kennzeichnet das erste Bit den Adresstyp in folgender Weise:
Log.0: das Feld enthält die Adresse einer einzelnen Netzwerkstation
Log.1: das Feld kennzeichnet eine logische Gruppe von Netzwerkstationen
Sonderfall: 48×log.1: Eine Nachricht an alle Stationen

Wird eine einzelne Station angesprochen, dann wird als Ziel-Adresse die physikalische Adresse der Station angegeben. Bei Gruppenadressen entscheidet jede Station selbst, ob sie zur Gruppe gehört. Der LAN-Controller bestimmt die Anzahl der möglichen Gruppen, die zwischen 8 und 64 liegen kann

Paketformat von Ethernet

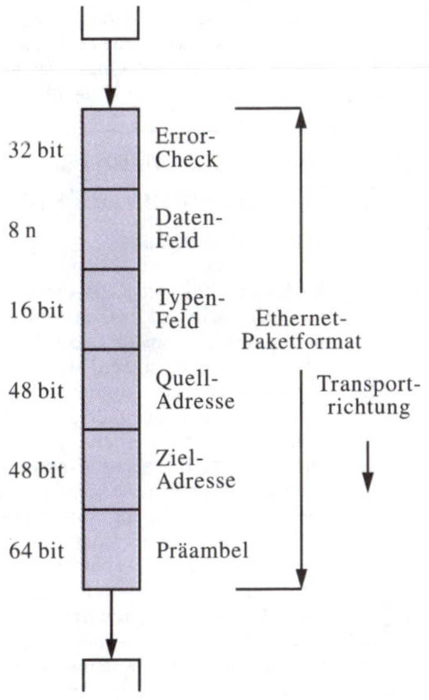

Ethernet-Frame (Forts.)

Als **Quelladresse** wird die Adresse der aussendenden Station eingesetzt. Das Typenfeld enthält einen Erkennungsfaktor, der zur Interpretation des Datenanteils in einer höheren Protokollebene dient.
Wird in einem **Datenfeld** eine Anzahl (keine ganzzahlige) von Datenbytes zwischen 46 und 1500 festgestellt, so wird die Bitfolge als Ergebnis einer Kollision eingestuft.
Die Paket-Anteile Zieladresse, Quelladresse, Typenfeld und Datenfeld werden zusammen als **CRC-Feld** (Cyclic Redundancy Checksum) bezeichnet, das eine Größe von 32 bit hat. Nach einem mathematischen Verfahren wird ein Check-sum-Prüfcode aus den Bits dieses CRC-Feldes erzeugt, der zur Überprüfung auf Übertragungsfehler dient.
Bei der Ethernet-Spezifikation sind die einzelnen Datenpakete so zu senden, dass zwischen zwei aufeinanderfolgenden Paketen ein zeitlicher Abstand von mindestens 9,6 µs besteht

Signalcodierung

Die zu übertragenden Daten werden nach dem Manchester-Verfahren codiert.
Bei dieser Manchester-Codierung ändert sich die Polarität in der zeitlichen Mitte einer Bitdauer. Die einzelne Zeitdauer für 1 bit beträgt 100 ns. Für das Ethernet-Netzwerk ergibt sich daraus eine Übertragungsrate von 10 Mbps (Megabit per Second).

Um den Wert eines Bits zu bestimmen, ist die Polarität der ersten Hälfte eines Bits mit der Hälfte des voraufgehenden Bits zu vergleichen. Bei gleicher Polarität ist eine log.1 anzunehmen, bei ungleicher eine log.0. Folgen mehrere Einsen oder Nullen aufeinander, muss am Ende der Bitzeit der Ausgangswert vor der Transition wieder angenommen werden. So entstehen eine oder zwei Transitionen pro Zeitdauer für 1 Bit

Beispiel für die Manchester-Codierung

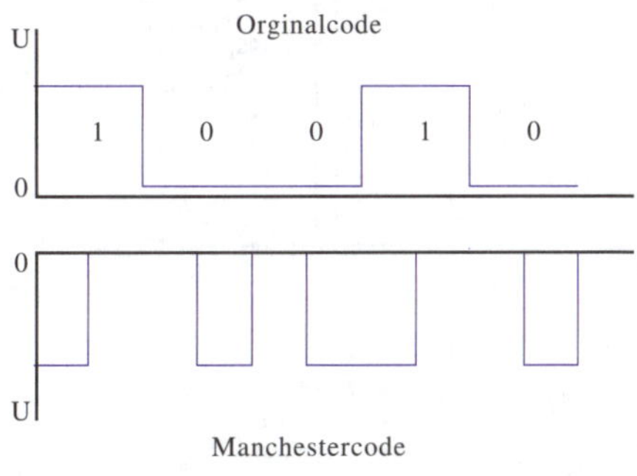

9.6 Ethernet

Protokolle	Da die Art des Kommunikationsprotokolls nicht festgeschrieben wurde, können in einem Ethernet-Netzwerk Protokolle wie TCP/IP, XNS, IPX/SPX, Netbios oder ähnliche verwendet werden. Auch ein Mischbetrieb ist denkbar
Rechner-anschluss	Als Stationen können PCs verwendet werden, die über ein Ethernet-Interface (Ethernet-Controller) an den gemeinsamen Bus angeschlossen werden. Weiter kommen in Frage Terminals oder Workstations mit fest eingebautem Ethernet-Anschluss, Terminal-Server und Brücken (Bridges) oder Router zur Verbindung mit weiteren Netzen. Das Ethernet-Buskabel wird vom Rechner her an der AUI-Buchse mit dem Transceiverkabel mit D-Sub-Stecker (15-polige Verbindung) an den Transceiver angeschlossen

Segment eines Standard-Ethernet-LAN

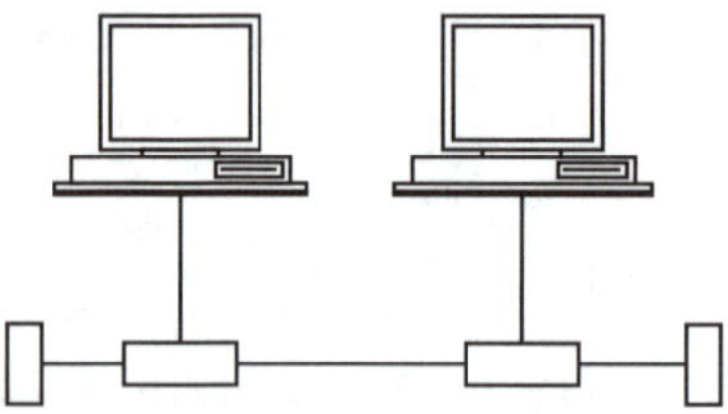

Anschluss eines Rechners beim Standard-Ethernet

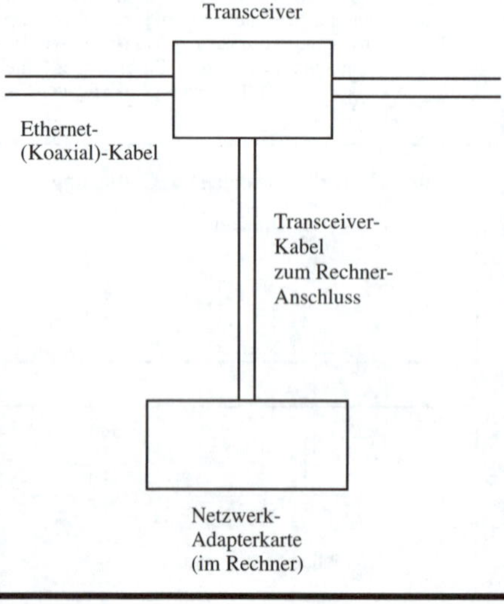

Ethernet-Kabel	– Ethernet mit Yellow Cable (Thick-Wire-Verkabelung), – Ethernet mit Thinnet-Kabel, – Ethernet mit Cheapernet-Kabel, – Ethernet mit UTP/TP-Kabel, – Ethernet mit Glasfaser-Verkabelung

9.6.2 Verkabelung von Ethernet

Ethernet mit Yellow Cable (Standard)

Allgemeines	Die Bezeichnung Ethernet ist ein geschütztes Warenzeichen der Firma XEROX. Die Firmen Digital Equipment, Intel und Xerox haben einen LAN-Standard mit Bus-Topologie entwickelt, der unter der Bezeichnung Ethernet (bzw. Standard-Ethernet, DIX-Standard oder Ethernet II) in der Netzwerktechnik bekannt ist
Zugriff auf das Übertragungsmedium	Dieser Standard arbeitet mit dem Zugriffsverfahren CSMA/CD und mit dem Basisband-Übertragungsverfahren
Anschluss des Bus-Kabels	Das Bus-Kabel ist ein dickes gelbes Koaxialkabel mit einem massiven Innenleiter und einer vierlagigen Abschirmung. Das Yellow Cable gibt es in zwei Ausführungen: als preisgünstiges PVC-Kabel und als teueres Kabel mit Teflon-Mantel. Beide Kabel entsprechen der 10Base5-Norm. Der firmenbezogene Ethernet-Standard darf nicht mit dem ISO-Standard IEEE 802.3 verwechselt werden, denn die beiden Systeme sind beim Frameformat (Datenrahmen bzw. Datenpaket) nicht kompatibel
Eigenschaften des Yellow Cable	Impedanz bei 10 MHz 50 Ohm +/– 20 Ohm Dämpfung bei 10 MHz maximal 8,5 dB Vierfache Abschirmung Das gesamte Ethernet-Kabel darf höchstens 500 m lang sein und muß an beiden Enden durch einen Terminator (Abschlusswiderstand) abgeschlossen werden. Zwei Thick-Ethernet-Stränge, die zusammen länger als 500 m sind, müssen über Repeater oder Bridges verbunden werden. Sind zwei Thick-Ethernet-Stränge zusammen kürzer als 500 m, so können diese über eine einfache Kupplung miteinander verbunden werden. Dabei muss beachtet werden, dass ein Datenpaket nicht über mehr als zwei Repeater laufen darf. Das Kabel ist an beiden Enden jeweils mit einem 50-Ohm-Abschlusswiderstand abzuschließen. Die einzelnen Stationen werden in der einfachsten Weise über die AUI-Buchse (D-Sub-

9.6 Ethernet

Eigenschaften des Yellow Cable (Forts.)	Verbindung) am Netzwerkadapter mit dem Transceiverkabel über einen Transceiver an das gelbe Hauptkabel angeschlossen
Transceiver	Aufgaben des Transceivers Der Transceiver überträgt und empfängt Daten. Bei der Übertragung vergleicht der Empfangsteil des Transceivers die gesendeten mit den empfangenen Daten. Differieren beide, kann der Transceiver dadurch eine Kollision feststellen
	Eine weitere Aufgabe des Transceivers besteht darin, die galvanische Trennung zwischen der einzelnen Station und dem Hauptkabel (Thick-Ethernet-Kabel) herzustellen. Die Stromversorgung des Transceivers wird vom Rechner her vorgenommen. Die Ausführungsformen von Transceivern sind sehr unterschiedlich. Eine typische Ausführung ist für den Anschluss von nur einem Rechner geeignet. Transceiver mit der Möglichkeit, bis zu vier Rechner anzuschließen, werden im Netz als ein Transceiver verstanden
Netzausdehnung	Die Länge eines Kabels vom Rechner bis zum Transceiver darf dabei max. 50 m betragen. Aus Gründen der Erkennung kollidierender Datenpakete ist die maximale Signallaufzeit (Summe aller Teillaufzeiten auf einem Übertragungsmedium zuzüglich der Verzögerungszeiten in den Verstärkungselementen) zwischen zwei Teilnehmern auf 25,6 Mikrosekunden beschränkt. Durch Aneinanderreihung von 5 Segmenten (je 500 m) wird diese Grenze erreicht. Damit ergibt sich die maximale Netzausdehnung auf 2500 m
Merkmale für Standard-Ethernet	Zusammenfassung: Thick-Ethernet-Verkabelung (Standard-Ethernet) – Datenübertragungsrate max. 10 Mbps – Inter-Repeaters-Link-Segments max. 4 – Größe eines Koaxialkabel-Segmentes max. 500 m – Länge des Transceiverkabels max. 50 m – Anzahl der Link-Segmente max. 2 – Länge verbundener Link-Segmente max. 1000 m – Anzahl der Stationen pro Segment max. 100 – Anzahl aller Netz-Stationen max. 1024 – Entfernung zwischen zwei Stationen $n \times$ 2,5 m
Probleme bei Ethernet	Mit der Anzahl der angeschlossenen Stationen erhöht sich die Wahrscheinlichkeit einer Datenkollision auf dem Netz. Jede Kollision muss aufgelöst und zerstörte Daten müssen nochmals gesendet werden. Dadurch wird der effektive Datendurchsatz reduziert. Bereits bei einer mittleren Netzauslastung von ca. 40% ist die Nettobandweite so stark reduziert, dass die Antwortzeiten zu lang werden. Es wird deswegen auf das Token-Ring-Verfahren verwiesen, das hier wesentlich günstiger ist

Ethernet-Konfiguration mit Yellow Cable

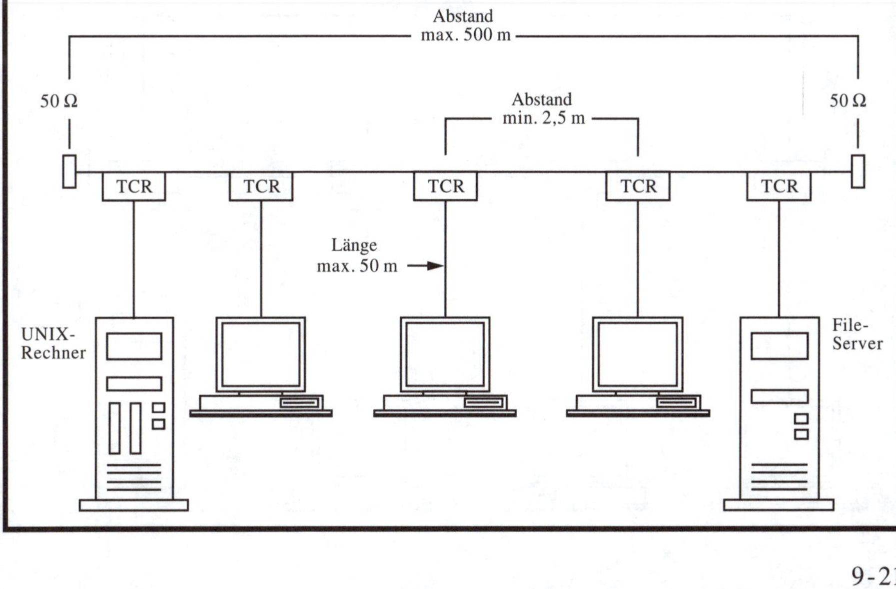

9.6 Ethernet

Thin-Ethernet und Cheapernet

Unterschied zwischen Thinnet u. Cheapernet	Die Thin-Wire-Ausführung arbeitet ohne Transceiver. Die Cheapernet-Variante entspricht der Norm 10Base2 und arbeitet im Prinzip wie das normale (Standard-)Ethernet (mit dem Yellow Cable). Nur beim Standard-Ethernet werden die Rechner über Transceiver an das Netz angeschlossen. In der Literatur werden die Bezeichnungen Thin-Ethernet und Cheapernet häufig als Synonyme benutzt. Beide Versionen dürfen jedoch nicht ohne entsprechende technische Vorkehrungen miteinander verbunden werden. Sie unterscheiden sich lediglich durch das eingesetzte Koaxialkabel und damit in den unterschiedlichen Segmentmaßen bzw. in der Anzahl der Stationen je Segment
Thinnet-Kabel	Das Thinnet-Kabel (Typ RG 58) liegt in der Qualität unter dem Yellow-Cable, besitzt einer Innenleiter aus versilberter Litze und eine doppelte, geflochtene Abschirmung. Die elektrischen Eigenschaften lassen eine Gesamtlänge von maximal 185 m zu. Der entscheidende Vorteil dieses Kabels gegenüber dem Yellow Cable ist die Flexibilität und die damit verbundene leichtere Verarbeitung. Die einzelnen Stationen werden bei der Thin-Wire-Verkabelung mit einem normalen BNC-T-Anschluss über die Schnittstellenkarte und ohne Transceiver an das Buskabel angeschlossen. Dieses Hauptkabel ist an beiden Enden durch einen Abschlusswiderstand, der direkt auf der einen Seite des T-Stückes sitzt, abzuschließen. (Dieser Abschlusswiderstand darf niemals fehlen!)
Merkmale der Thinnet-Verkabelung	– Thinnet-Spezialkabel (dünnes Koaxialkabel; das Kabel wird auch unter der Bezeichnung „Thinnet“ im Handel geführt), – Wellenwiderstand (Impedanz) 50 Ohm und doppelte Abschirmung, – Innenleiter aus versilberter Litze, – Segmentelänge max. 185 m (Ausnahme bei besonderer Ausführung der Adapterkarten z. B. bei 3 Com)
Merkmale der Cheapernet-Verkabelung	– Einfach abgeschirmtes Koaxialkabel mit 50 Ohm Wellenwiderstand Typ RG 58-A/U, – Innenleiter aus einfacher Litze, – Segmentlänge max. 185 m, – Max. 30 Stationen pro Segment, – Höhere Störanfälligkeit gegenüber elektrischen und magnetischen Feldern
Gemeinsamkeiten von Thinnet und Cheapernet	– Direktanschluss an das Buskabel über BNC-T-Verbindungen ohne Transceiver, – Übertragungsrate 10 Mbps, – Zugriffsverfahren CSMA/CD, – Anzahl der Link-Segmente max. 2, – Anzahl der Stationen im Netz 1024, – Abstand zwischen zwei Stationen min. 0,5 m

Thin-Wire-Verkabelung von Ethernet

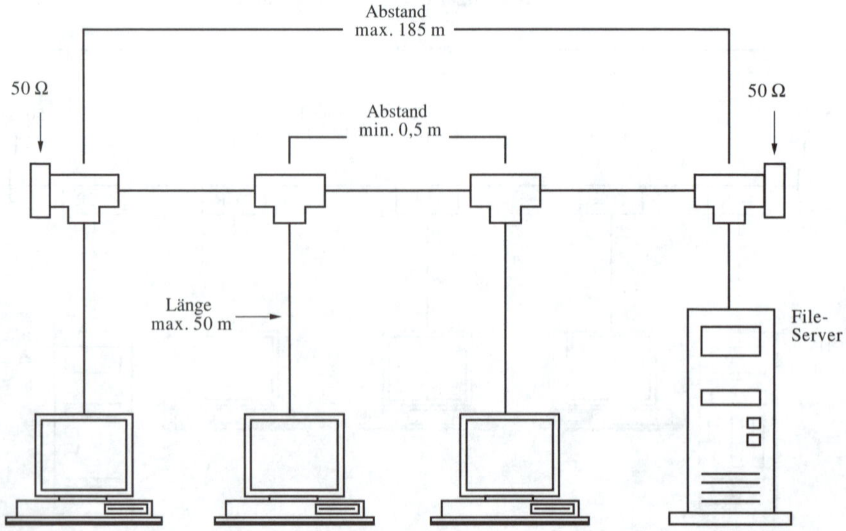

9.6 Ethernet

Ethernet mit UTP-Kabel (Norm: 10Base-T)

All-gemeines (Norm)	Die Twisted-Pair-Variante von Ethernet arbeitet mit Kabeln, die mindestens vier Adern haben, von denen immer zwei verdrillte Adern als Paar verwendet werden. Für die Twisted-Pair-Verkabelung gibt es die Norm 10Base-T. Produkte, die dieser Norm entsprechen, können untereinander gemischt werden. Eine Twisted-Pair-Verkabelung ist bei einer Übertragungsrate von 10 Mbps teurer als die Thin-Wire-Technik, weil die Stationen über einen Repeaterport angeschlossen werden. Der besondere Vorteil dieser Verkabelung liegt darin, dass Fehler an einer Station den Betrieb anderer Stationen nicht stören. Die Norm 10Base-T entspricht in vielem der Norm 802.3. Zusätzlich sind aber auch technische Veränderungen notwendig. – Abwandlung der Busstruktur, – maximale Entfernung zwischen zwei Konzentratoren 100 m (Konzentrator = Hub), – Repeater müssen ohne Störung des Netzes Teile abtrennen, – Zum Anschluss eines Rechners an das Netz ist eine MAU (Media Access Unit) notwendig. Diese MAU verbindet das UTP-Netzwerk-Kabel mit der Netzwerkadapterkarte des Rechners. Sie kommt als externes, intelligentes Zusatzteil oder integriert in Repeater oder Konzentrator vor
Kabeltyp	In USA werden für die Telefoninstallation paarweise verdrillte Leitungen verwendet, während in Europa auch andere Kabeltypen vorherrschen. Aus diesem Grund stimmt in Europa die Aussage nicht immer, dass normale Telefonkabel für den Einsatz in der 10Base-T-Norm geeignet sind. Aus jeden Fall muss das verwendete Kabel der 24-AWG-Norm (American Wire Gauge) entsprechen, die eine Dämpfung von 11,5 dB und einen Wellenwiderstand von 100–105 Ohm vorsieht
Struktur	Die 10Base-T-Technik wird als Punkt-zu-Punkt-Verkabelung aufgebaut. Die klassische Bustopologie wird aufgegeben und geht über in eine Sterntopologie. Am einen Ende eines 100 m langen Kabels liegt ein Konzentrator oder ein Multiport-Repeater, auch Hub genannt, um File Server und Arbeitsstationen sternförmig miteinander zu verbinden. Die Anschlüsse am Repeater entsprechen dem Steckertyp RJ 45
Struktur (Forts.)	Die Konzentratoren erfüllen die Funktion eines Multiport-Repeaters, der die Signale zunächst einmal verstärkt. Die Entfernung vom Rechner bis zum Konzentrator darf je nach Kabelqualität bis zu 100 m betragen. Es können auch mehrere Konzentratoren über die UTP-Verkabelung miteinander verbunden werden
Systemtest	In der Spezifikation 10Base-T ist eine Kabeltest-Funktion als sog. „Link-Status-Test“ enthalten. Über diese Funktion testet das System die Verkabelung auf offene oder defekte Anschlüsse bzw. Unterbrechungen. Wird ein Fehler dieser Art vom System erkannt, wird der betroffene Anschluss automatisch außer Betrieb gesetzt. Über Diagnose-LEDs lassen sich solche Fehler leicht lokalisieren. Nach der Reparatur wird der fehlerhafte Anschluss wieder automatisch aktiviert

Ethernet und 10Base-T-Norm

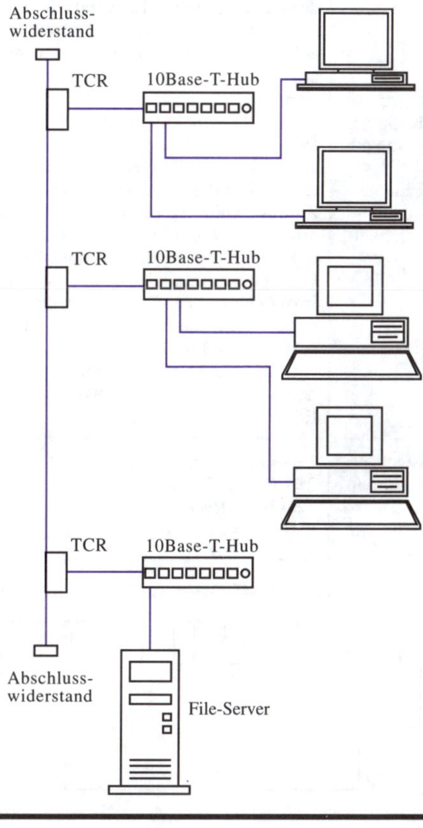

9.6 Ethernet

Ethernet mit UTP-Kabel – Norm: 10Base-T (Forts.)

Übertragungsrate	10 Mbps Größere Datendurchsätze können in Teilen des Gesamtnetzwerkes mit Hilfe von sog. Backbone-Netzen erreicht werden, wenn diese in Glasfasertechnik ausgeführt werden
Zugriffsverfahren	CSMA/CD
Kopplung von Thin-Ethernet mit Twisted Pair	Die Norm 10Base-T ist zu allen anderen Ethernet-Standards hinsichtlich der Funktion kompatibel. Unterschiedliche Übertragungsmedien werden durch entsprechende Kopplungselemente zusammengeschaltet. Es stehen Repeater zur Verfügung, um von Thin-Ethernet auf Twisted-Pair-Ethernet zu wechseln. Der Repeater arbeitet auf der 1. Ebene des OSI-Modells. Er verstärkt das ankommende Datensignal und gibt es auf angeschlossene Netzwerksegmente aus
Kopplung von Thick-Ethernet mit Thin-Ethernet	Für den Übergang von Thick-Ethernet auf Thin-Ethernet kommen Netzwerkadapterkarten in Frage, die Anschlüsse für beide Ethernetvarianten besitzen. Zum Anschluß von Thick-Ethernet ist grundsätzlich ein Transceiver notwendig. Die Aufgabe besteht darin, von UTP/TP auf Koaxialkabel anzupassen. Inzwischen gibt es Transceiver, die – je nach Bedarf – auch als Repeater eingesetzt werden können und nicht nur für den Anschluss an Thick-Ethernet, sondern auch für den Anschluss an Thin-Ethernet geeignet sind
Steckerbelegung am Konzentrator	1 = + Output Transmit 2 = – Output Transmit 3 = + Input Receive 6 = – Input Receive

Stecker RJ45 (Westernstecker)

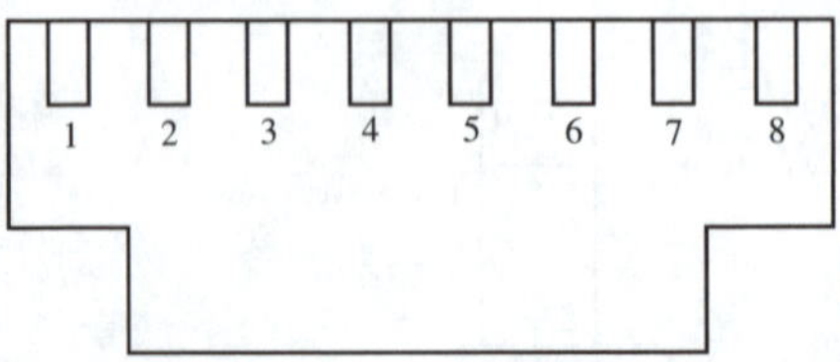

Rechneranschluss bei Thin-Ethernet-Verkabelung

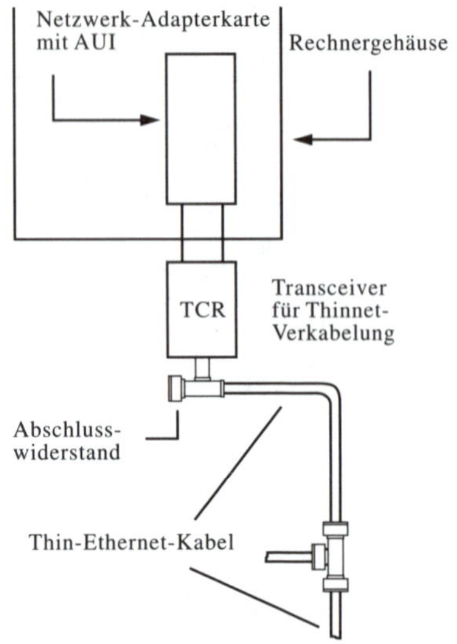

Rechneranschluss bei UTP-Ethernet-Verkabelung

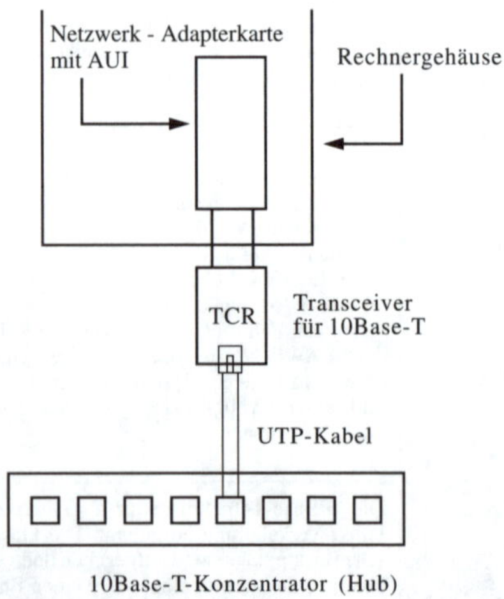

AUI	AUI: Attachment Unit Interface. Nach dem Standard 802.3 ist die AUI-Schnittstelle zwischen der MAU und dem Konzentrator-Port angeordnet

9.6 Ethernet

Ethernet mit LWL-Verkabelung

Einsatz der LWL	Lichtwellenleiter können bei Ethernet-Netzwerken nur für die Punkt-zu-Punkt-Verbindung oder für die Verbindung weit auseinanderliegender Teilnetze verwendet werden. Aus diesem Grund werden Lichtleiterverbindungen mit Brücken (Bridges) oder speziellen Repeatern (Hubs) an die Teilnetze angeschlossen
Standard	Als Industriestandard hat sich FOIRL (Fiber Optic Interrepeater Link) durchgesetzt. Die Verwendung der Glasfaser hat nichts mit der Ausbreitungsgeschwindigkeit zu tun. Der einzige Vorteil liegt in der Größe der überbrückbaren Länge und in der größeren Bandbreite. Produkte verschiedener Hersteller, die nach diesem Standard hergestellt wurden, können gemeinsam an ein Lichtleiterkabel angeschlossen werden
Normen 10Base-F…	Das IEEE wird noch einen Standard als 10Base-F-Norm für den Einsatz von Lichtwellenleitern in Ethernet-Netzwerken spezifizieren
	Dieser Standard umfasst vier Teile: **Teil 1** enthält die Lichtleiterkabel, die Topologien und die Verbindungen
	Teil 2 enthält die Norm 10Base-FP, die die Funktionalitäten der passiven Sternkoppler (Hubs) beschreibt. Hierbei darf der Abstand zwischen dem Hub und einem am Lichtleiter angeschlossenen Gerät max. 500 m betragen
	Teil 3 enthält die Teilnorm 10Base-FB. Hinter der Bezeichnung 10Base-FB steht der Einsatz von Lichtleiterkabeln in Backbone-Netzwerken, die aber der Spezifikation 10Base-F unterliegen. Dabei wird ein Verfahren beschrieben, bei dem zwei (aktive bzw. intelligente) Ethernet-Repeater über eine Entfernung bis zu 2 km eine synchrone Kommunikation miteinander durchführen und zwischen Repeatern und den Endgeräten zu gestalten ist
Normen 10Base-F… (Forts.)	**Teil 4** enthält die Norm 10Base-FL. Diese Norm definiert den FOIRL-Standard. Dieser Standard beschreibt die Verbindung zwischen Repeatern untereinander

Struktur eines Ethernet-Netzwerkes mit LWL nach dem FOIRL-Standard

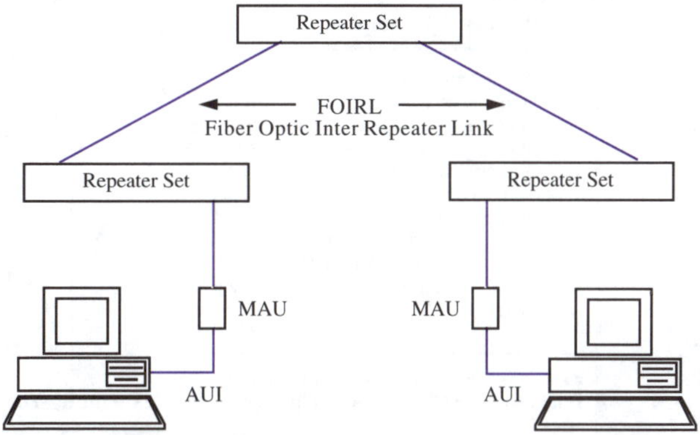

Erweiterungsmöglichkeiten des Netzes

Netzwerk-Erweiterung durch Switched Hubs	Beim Switched Hub lassen sich Repeater-Ports zwischen verschiedenen Netzen umschalten. Dieses Umschalten geschieht entweder mechanisch oder durch das Managementsystem
Netzwerk-Erweiterung durch Multi-Port-Bridges und Ethernet-Switches	Verschiedene Netze gleicher Technik innerhalb eines Hubs lassen sich durch eine Multi-Port-Brücke miteinander verbinden. Darunter ist ausschließlich eine High-Speed-Verbindung zwischen gleichen Netzwerktechniken bzw. unterschiedlichen Netzwerksegmenten aus Ethernet, Token-Ring oder FDDI zu verstehen. Die Grenze für den Einsatz der Multi-Port-Bridges liegt dort, wo gemeinsame Netzwerk-Ressourcen genutzt werden sollen. Das läßt sich nur durch ein zusätzliches Backbone-Netz erreichen, womit aber schnell die Kapazitätsgrenze des Ethernet-Netzwerkes erreicht sein dürfte. Die Lösung dieses Problems liegt in dem Einsatz eines Ethernet-Switches, der nicht mit einem Hub verwechselt werden darf. Beim Ethernet-Switching können gleichzeitig mehrere Endgeräte miteinander kommunizieren. Die Kommunikation darf aber nur in einer Richtung verlaufen. Beispiel: Kommunikation mit einem Server

9.6 Ethernet

100-Mbps-Ethernet (noch kein Standard)

Varianten	Bei der neueren Ethernet-Variante, die eine Übertragung bis zu 100 Mbps vorsieht, kann zwischen zwei Prinzipien unterschieden werden: 100Base-VG und 100Base-T

100Base-VG-Prinzip

Allgemeines	Diese Form wird auch als „Demand Priority-Verfahren" bezeichnet. VG steht für Voice Grade und bedeutet: Sprachqualität. Dieser Vorschlag hat außer dem Frame-Format, der strukturierten Verkabelung und der Steckerdefinition mit dem Standard 10Base-T nichts mehr gemeinsam. Gleichzeitig werden in wichtigen Teilen wie Signalisierung und Medium-Zugang neue Techniken verwendet, um das Zehnfache in der Übertragungsrate zu erreichen
	Ziel dieser neuen Technik ist es auch, die Fähigkeit für den Einsatz bei Multimedia zu erreichen
Signalisierung bei 100Base-VG	Bei diesem Verfahren dürfen nicht Kabel des Typs 3, sondern es müssen solche der Kategorie 5 eingesetzt werden. Damit werden vier Leitungspaare benutzt. Unter Verwendung einer geeigneten Codierung (5B/6B-Verfahren) ist es nicht erforderlich, die Signalfrequenzen gegenüber 10Base-T wesentlich zu erhöhen, um eine entsprechende Übertragungsrate zu erreichen. Damit wird auch das Nebensprechen nicht zum Problem
Protokoll bei 100Base-VG	Unter Demand Priority ist zu verstehen, dass jedes Endgerät seinen Sendewunsch mit einer Prioritätskennung dem Hub anzeigt. Der Hub vergibt die Senderechte entsprechend der Prioritätsstufen. Das jeweils berechtigte Gerät sendet die Daten über alle vier Leitungen an den Hub. Der Hub sendet dann die Daten an den richtigen Empfänger. Die Verteilung der Senderechte erfolgt nach einem Round-Robin-Verfahren
Bandbreite bei 100Base-VG	Die Vergabe der Senderechte liegt beim Hub. Bei besonders zeitkritischen Anwendungen, wie Audio/Video-Übertragungen, kann der Hub dadurch für eine garantierte Bandbreite sorgen, indem er die Prioritätsanforderungen überwacht. Auch die Auslastung des Mediums kann dadurch bis nahe an die 100% herankommen, ohne dass es Qualitätseinbußen gibt
Kaskadierung und Frame	Das 100Base-VG-Verfahren benutzt den Hub als Paket-Vermittlung und nicht als Repeater. Datenpakete werden nur an die Zieladresse geleitet (Privatisierung) und nicht wie bei CSMA/CD als Broadcast-Sendung verbreitet. Das Protokoll lässt zu, dass die Hubs hintereinandergeschaltet werden. Als Frame-Format wird das Format von IEEE 802.3 verwendet

100Base-T-Prinzip

Allgemeines	Beim 100Base-T-Verfahren ist es das Ziel, das CSMA/CD-MAC-Prinzip zu erhalten. Dazu werden drei Verfahren benötigt: 100Base-X, 4T+ und CAP
100Base-X	In der physikalischen Ebene wird eine Signalisierung entsprechend FDDI vorgesehen. Darüber ist die CSMA/CD-Schicht angeordnet. Für diesen Standard werden zwei Leitungspaare der Kategorie 5 verwendet

Normungszusammenhang für 100Base-X

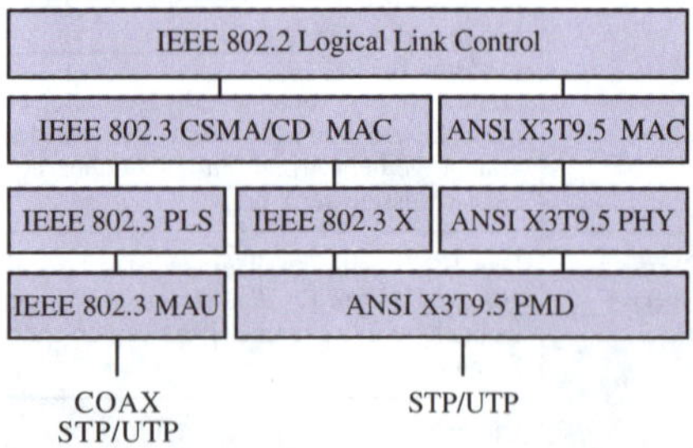

4T+-Verfahren	Es ist ein Verfahren, bei dem 4 Leitungspaare von Kabeln der Kategorie 3 eingesetzt werden
CAP-Verfahren	Die CAP-Technologie verwendet Codierungsverfahren aus der Modem-Technik. Das Verfahren CAP-32 ist auf Kabeln der Kategorie 5 und 3 durchführbar
Skalierbarkeit	Als allgemeines Ziel kann für die Verfahren 100Base-VG und 100Base-X angesehen werden, dass eine Skalierbarkeit eingerichtet wird. Das bedeutet, dass bei ein und demselben Kabel 10 Mbps oder 100 Mbps eingestellt werden können. Die Hubs sollen die Übertragungsgeschwindigkeit automatisch erkennen und stellen sich auf den Übertragungsmodus selbständig ein. Diese Skalierbarkeit ist für das 100Base-X-Verfahren nachgewiesen. Probleme können sich abzeichnen in der 100Base-VG-Technik und in der 4T+-Technologie

9.6 Ethernet

9.6.3 Ethernet-Varianten im Überblick

Netzwerk-Variante	Kabeltyp	Technische Einzelheiten
Standard-Ethernet Norm: IEEE 802.3 (Standard: 10Base-5)	Thick Cable (Yellow Cable)	50-Ohm-Koaxialkabel, vierfach abgeschirmt, Toleranz +/–20 Ohm; Kabelsegment max. 500 m, Kabelabschluss durch einen entsprechenden Abschlusswiderstand an beiden Seiten; Rechneranschlusssegment max. 50 m; Rechneranschluss über Transceiver, die Verbindung zwischen Rechner und Transceiver wird durch ein 15poliges „Dropkabel" mit Stecker- und Buchsenseite hergestellt; dieses Transceiverkabel darf nicht länger als 50 m sein; Mindestabstand zwischen zwei Rechnerstationen 2,5 m; Übertragungsart/Modulationsart: Basisbandübertragung; zur Kennzeichnung der Standards: Allgemeine Form: XXBBBBYY
Thin Ethernet Norm: IEEE 802.3 (Standard: 10Base-2)	Thinnet Cable UG-274	50-Ohm-Koaxialkabel, spezielles STP-Thinnet-Kabel, doppelt abgeschirmt; Toleranz +/–20 Ohm; Kabelsegment max. 185 m; Kabelabschluss durch einen entsprechenden Abschlusswiderstand an beiden Seiten; Rechneranschlusssegment max. 50 m; Rechneranschluss über eine Adapterkarte jeweils mit BNC-T-Anschluss; Mindestabstand zwischen zwei Rechnerstationen 0,5 m; keine Transceiver notwendig; Übertragungsart/Modulationsart: Basisbandübertragung Datenübertragungsrate: 10 Mbps Zugriffsverfahren: CSMA/CD Typische Struktur: Busstruktur
Cheapernet Norm: IEEE 802.3 (Standard: 10Base-2)	RG 58 Cheapernet Cable	Einfaches 50-Ohm-Koaxialkabel, „Cheapernet-Kabel", einlagig abgeschirmt, Toleranz +/–20 Ohm; Kabelsegment max. 183 m; Kabelabschluss durch entsprechenden Abschlusswiderstand an beiden Seiten; Rechneranschlusssegment max. 50 m; Rechneranschluss über eine Adapterkarte jeweils mit BNC-T-Anschluss; Mindestabstand zwischen zwei Rechnerstationen 0,5 m; keine Transceiver notwendig; Übertragungsart/Modulationsart: Basisbandübertagung; Datenübertragungsrate: 10 Mbps Zugriffsverfahren: CSMA/CD Typische Struktur: Busstruktur
Twisted-Pair-Ethernet (Standard: 10Base-T)	UTP oder TP	Unshielded Twisted-Pair- oder nur Twisted-Pair-Kabel; Rechner- oder Workstation-Anschluß über einen Konzentrator; durch die Verbindung mehrerer Konzentratoren ergibt sich eine Abänderung von der Busstruktur hin zur Sternstruktur; max. Segmentlänge 100 m
Ethernet mit Glasfaser Standard: 10Base-F und 10Base-FP und 10Base-FB und 10Base-FL	(LWL-Kabel) Glasfaser	Übertragungstechnik ist vom Hersteller der Übertragungselemente abhängig. In der LAN-Technik kommen Gradientenfasern zum Einsatz. Es ist zwischen dem asynchronen und dem synchronen Übertragungsverfahren zu unterscheiden. Die LWL-Ethernet-Technik wird aufgeteilt in die Gruppe für passive Sternkoppler (10Base-FP) und in die Gruppe für aktive Sternkoppler (10Base-FB und 10Base-FL); „FB" steht für (Backbone-)Netzwerke bei synchroner Übertragungsart; „FL" steht für Verbindungen zwischen Hubs und zwischen Hubs und Endgeräten nach dem FIORL-Standard; Datenübertragungsrate: 10 Mbps. Der 10Base-FL-Standard ersetzt den alten FIORL-Standard für LWL-Kabel, der nur für den Einsatz zwischen Repeatern vorgesehen war. Der neue FIORL-Standard (10Base-FL) ist mit dem alten kompatibel. Deswegen können Systeme, die FIORL unterstützen, mit 10Base-FL-System zusammenarbeiten
100Base-T	Typ-5-Kabel	Ethernet für 100 Mbps; Zugriff nach CSMA/CD-MAC-Verfahren
100Base-TX	STP LWL	Bei Entfernungen bis zu 100 m kann Kupferkabel verwendet werden. LWL kommt bei Entfernungen über 100 m bis zu 2000 m zum Einsatz

⇒ 9-18

⇒ 9-18

9.6.3 Ethernet-Varianten im Überblick

Netzwerk-Variante	Kabeltyp	Technische Einzelheiten
GAnyLAN	UTP mit 4 Adernpaaren	Ethernet-Variante mit 100-Mbps-Datenübertragungsrate. Verwendet wird ein vom Standard abweichendes Zugriffsverfahren, das unter der Bezeichnung „Demand Priority" geführt wird. Die Unterstüzung durch einschlägige Firmen ist eher selten
Breitband-Ethernet, Norm: 10Broad-36 und 10Broad-5	Breitband-Koaxialkabel	Ethernet in Breitbandübertragungstechnik; Segmentlänge max. 3600 m bzw. 500 m
High-Speed-Ethernet (Standard: 100Base-VG)	STP-Kabel Typ 5	Einsatz bei Punkt-zu-Punkt-Verbindungen mit STP-Kabel (einfach abgeschirmt) mit 4 Adernpaaren; Daten werden als Pakete unidirektional übertragen; kollisionsfreie Übertragung; Zugriffssteuerung auf das Übertragungsmedium durch den Hub in der Sterntopologie; zur selben Zeit kann nur eine Station senden, eine andere empfangen; dasselbe Frame-Format wie bei Standard-Ethernet; keine Manchester-Codierung, sondern eine 5B/6B-Codierung zur Erhöhung der Datenrate; Datenübertragungsrate 100 Mbps
High-Speed-Ethernet (Standard 100Base-X)	UTP/STP Typ 3 und 5 und LWL	Kombination aus Standard-Ethernet mit CSMA/CD-Zugriff und FDDI-Standard; bisherige Technologie kann verwendet werden, allerdings benötigen Repeater, Hubs, Bridges und Router Dual-Mode-Adapter, um zwischen 10 Mbps und 100 Mbps umschalten zu können; Nachteil gegenüber 100-Base-VG ist, dass Kollisionen wieder möglich sind
Gigabit-Ethernet	LWL Typ 5-Kabel[1)]	Erweiterung der Ethernet- und Fast-Ethernet-Technologie; noch nicht standardisiert. Wesentlicher Inhalt: Übertragung im Halb- oder Vollduplex. Im Datenpaket identisch mit 10Base-T und 100Base-T. Zugriffsverfahren: CSMA/CD bei Halbduplex-Betrieb, bei Vollduplex noch nicht spezifiziert Halbduplex: Übertragungsrate: 1000 Mbps Einsatz im traditionellen LAN-Betrieb mit Repeater-Architekturen. Vollduplex: Übertragungsrate: 2000 Mbps Einsatz bei der Kopplung von Switches untereinander oder zwischen Switch und Endsystem. Besonderheiten: Nahtlose Integration in existierende Ethernet- und Fast-Ethernet-Infrastrukturen. Unterstützung aller Betriebssysteme und Netwerk-Management-Anwendungen
Allgemeine Informationen zur Ethernet-Variation durch Switching-Technik		Die Switching-Technologie erhöht die Bandbreite der Ethernet-Technik. Switches brechen die Ethernet-Bus-Struktur auf und führen zu einer Sternstruktur, indem Teilsegmente mit Busstruktur über einen Port am Switch zusammengeführt werden. Klasse-1-Switching (Port-Switching): Zwischen den einzelnen Ports werden Datenpakete mit maximaler Geschwindigkeit übertragen. Beim Frame-Switching verfügen alle Ports über eine Bridge-Funktionalität. Ankommende Datenpakete werden nach Empfang der Zieladresse sofort weitergeleitet (Klasse-2-Switching), ergänzt mit Routing-Eigenschaften wird es als Klasse-3-Switching bezeichnet
Kennzeichnung der Standards	Allgemeine Form: XXBBBBYY	XX: Datenübertragungsgeschwindigkeit in Mbps BBBB: Basisband- oder Breitbandübertragung YY: 1/100 der Länge eines Segmentes oder Gruppenkennzeichnung der 1. Buchstabe gibt u.a. an: F=Fiber Optic; T=Twisted Pair

1) Bei Drucklegung war dieser Standard noch nicht spezifiziert.

9.7 Token-Ring-Netz

9.7.1 Allgemeines

Begriff	Das Standard-Token-Ring-Netzwerk ist ein LAN, das dem internationalen Standard IEEE 802.5 oder 802.2 entspricht und für die Kommunikation zwischen einer Vielzahl von verschiedenen Endgeräten mit Basisbandübertragung konzipiert wurde. Es ist von dem Standard IEEE 802.4 zu unterscheiden, der als Token-Bus-Standard bezeichnet wird und auf der Basis einer Bustopologie strukturiert ist
Struktur	Der Token-Ring-Standard erlaubt die Vernetzung zwischen Workstations, Großrechnern und PCs auf der Grundlage eines einheitlichen Transportsystems mit einer hohen Datenübertragungsrate. Die Struktur entspricht einem logischen Ring, der allerdings nach außen als Sterntopologie in Erscheinung tritt. An solch ein Netz können bis zu 260 Stationen angeschlossen werden

Funktionsstruktur des Token-Ring-Netzwerkes

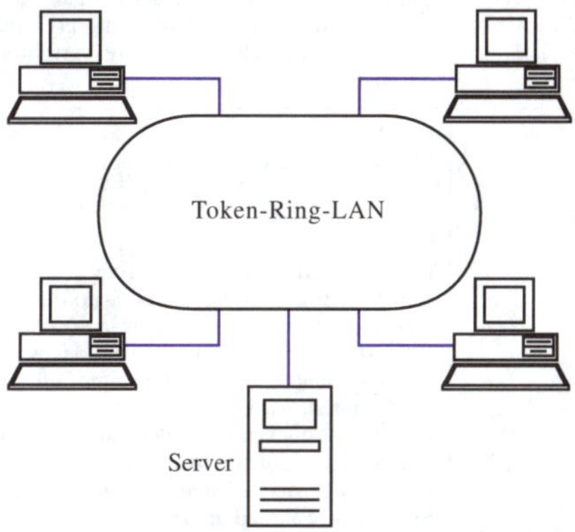

Verkabelungsstruktur des Token-Ring-Netzwerkes (Physikalische Leitungsführung)

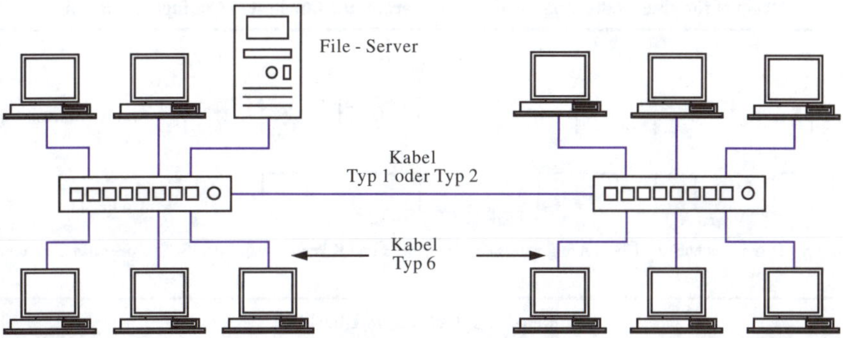

Übertragungsrate	Nach der Spezifikation IEEE 802.5 arbeiten Token-Ring-Netzwerke – je nach Ausführung mit einer Übertragungsgeschwindigkeit von 4 Mbps oder 16 Mbps (neuere Version)
Token-Passing	Die Übertragung der Daten auf dem Ring geschieht unidirektional. Der Zugriff auf den gemeinsam benutzten Ring wird durch das standardisierte Token-Ring-Zugriffsverfahren IEEE 802.5 (auch als Token-Passing-Verfahren bekannt) gesteuert. Bei diesem kollisionsfreien Verfahren läuft die Kommunikation zwischen den einzelnen Stationen mit Hilfe einer speziellen Nachricht in Form eines Bitmusters, dem Token, das von Station zu Station weitergereicht wird. Falls eine Station zum Senden einer Nachricht den Zugriff auf den Ring benötigt, muss
Token-Passing (Forts.)	sie das Token aus dem Ring entfernen, die Daten anfügen und wieder zur Zielstation auf den Ring schicken. Da es nur ein Token gibt, kann dadurch immer nur eine Station übertragen, was besonders bei großen Netzen durch eine kalkulierbare Antwortzeit – auch bei großer Auslastung – vorteilhaft ist. Ebenso ist dadurch die völlige Kollisionsfreiheit gesichert
Codierung der Daten	In der Spezifikation IEEE 802.5 wird die Manchester-Codierung verwendet
ISO-Norm	Die Norm IEEE 802.5 entspricht inhaltlich der ISO-Norm ISO 8802.5
Takt	Das gesamte Netz arbeitet mit einem zentralen Takt

9.7 Token-Ring-Netz

Codierung der Daten

Codierungsverfahren	Für die Übertragung von Daten auf dem Ring wird eine Codierung der Ausgangsdaten vorgenommen. Die Codierungsart wird Differential-Manchester-Coding-Verfahren genannt
Manchester-Coding	Das Manchester-Coding-Verfahren, das bei Ethernet verwendet wird, bildet die Grundlage für das Codierungsverfahren beim Token-Ring-Netz. Prinzip der Manchester-Codierung: Bei der (Ethernet-)Manchester-Codierung enthält das Codierungsergebnis in der ersten Bithälfte immer das Komplement des wahren Bitzustandes, der in der zweiten Bithälfte übermittelt wird. Damit ist es notwendig, in der Bitmitte einen Polaritätswechsel durchzuführen. Die durchgezogene Linie stellt das codierte Signal dar, während die zusätzlich eingetragenen Binärzahlen den wahren Wert an dieser Stelle angeben
Differential-Manchester-Coding	Im Unterschied zum Manchester-Coding-Verfahren ist beim Differential-Manchester-Coding-Verfahren nicht die zweite Hälfte eines Bits entscheidend, sondern die Tatsache, ob zu Anfang eines Bits ein Polaritätswechsel stattfindet
Code Violation (Polaritätswechsel)	Polaritätswechsel beim Codierungsverfahren als künstlicher Fehlerzustand zum Erkennen von Anfangs- und Endbyte beim Frame oder Token. Innerhalb eines Tokens treten keine Wechsel in der Polarität auf

Manchester-Verfahren. Codierung bei Ethernet

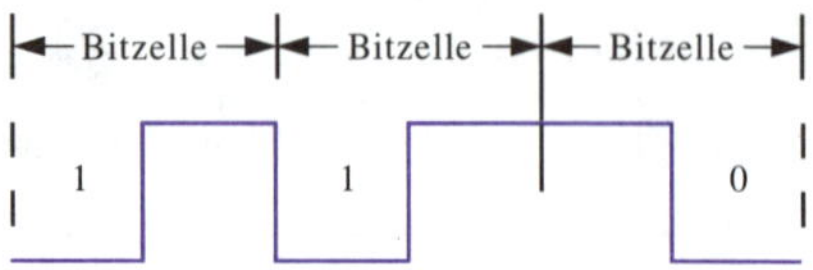

Beispiel für eine Codierung nach dem Differential-Manchester-Coding-Verfahren

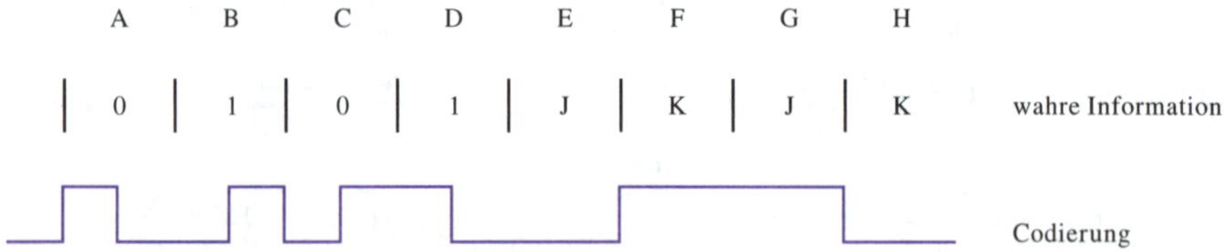

Teil A bis D kennzeichnet die Übertragung von Daten, die Teile J und K kennzeichnen den Beginn oder das Ende eines Frames oder Tokens.

Token-Ring-Technik im Überblick

Technik	Beschreibung	Technik	Beschreibung
Übertragungsmedium	Lichtwellenleiter abgeschirmtes u. nicht abgeschirmtes Kabel 4-Draht-Kabel, Koaxialkabel	Übertragungsrate (auf dem Kabel)	4 Mbps (alt) 16 Mbps (neue Technik)
Zugangsprinzip	ISO 8802.5 (Token-Ring) ISO 8802.2 (LLC) und anwendungsbezogene Varianten	Maximale Entfernungen	800 m (ohne Verstärker) 200 km (bei LWL) über Router, Remote Bridge und Postnetze erweiterbar
Topologie	logischer Ring mit sternförmiger Verkabelung	Maximale Anschlüsse pro Ring	260 danach über Bridge oder Router erweiterbar
Übertragungsinhalt	Text- und Grafikdaten, Bilddaten Sprache	Schnittstellen/Gateways Router/Bridges u.a. zu	TCP/IP, SNA OSI-Netzprotokolle X.25, 802.3, FDDI, DQDB etc.

9.7 Token-Ring-Netz

9.7.2 Funktionsweise des Token-Ring-Netzwerkes

Datenformat bzw. Datenrahmen

Erklärung	Die Daten, die auf dem Netz verschickt werden sollen, werden so umgestellt, dass sie dem dargestellten Format (Datenrahmen) entsprechen

Token-Ring-Datenrahmen (Datenformat)

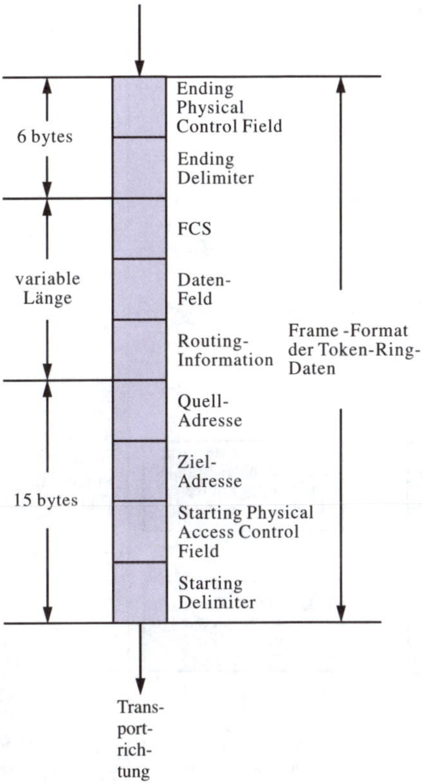

Bestandteile des Datenrahmens	Der Datenrahmen enthält: – Starting Delimiter – Access Control Field bzw. Physical Control Field mit dem Token-Bit und den Angaben über den Typ des Frames – Ziel- und Absenderadresse – Routing-Informationen (optional) – FCS (Frame Check Sequence: Blockprüfbits) – Ending Delimiter – Ending Physical Control Field (Rahmen-Status-Feld bzw. Rahmen-Status-Flags)
Routing-Information	Sind mehrere Netzwerkringe durch Bridges oder Router zu einem großen Netzwerk verbunden, wird nach den Adressfeldern noch ein RI-Feld (Routing-Information) eingefügt. Die Routing-Informationen beschreiben z. B. die Reihenfolge der Bridges, die der Datenrahmen zum Ziel hin passieren muss. In gleicher Weise enthält in solchen Fällen auch das Token eine Bitfolge, die die verschiedenen Netzknoten beschreibt und darüber Auskunft gibt, ob es zum Gebrauch frei ist

Token

Token-Struktur

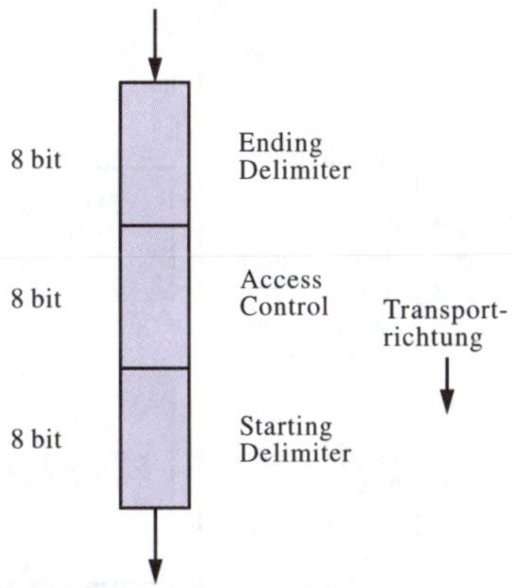

Bestandteile	Das Token besteht aus 24 Bits (3 Blocks zu je 8 Bits) – Starting Delimiter (dient der Erkennung für die Stationen als Token und zur Synchronisation) – Access Control Field (enthält des Token-Bit, 3 Prioritätsbits und 3 Belegungsbits od. auch Reservierungsbits genannt) – End Delimiter (schließt den Token ab, dient auch zur Identifikation für die Stationen als Token)

9.7 Token-Ring-Netz

Phasen der Datenübertragung

9

Hörphase für alle Stationen

Auf dem Netz zirkuliert ein freies Token

Sendephase und Bypassphase

Aus dem Token wird ein Datenrahmen (Frame), indem Adressen und Daten ergänzt werden.

Der aus dem Token entstandene Frame wird von allen im Ring nachfolgenden Stationen empfangen und weitergereicht

Datenübertragung im Token-Ring-Netz

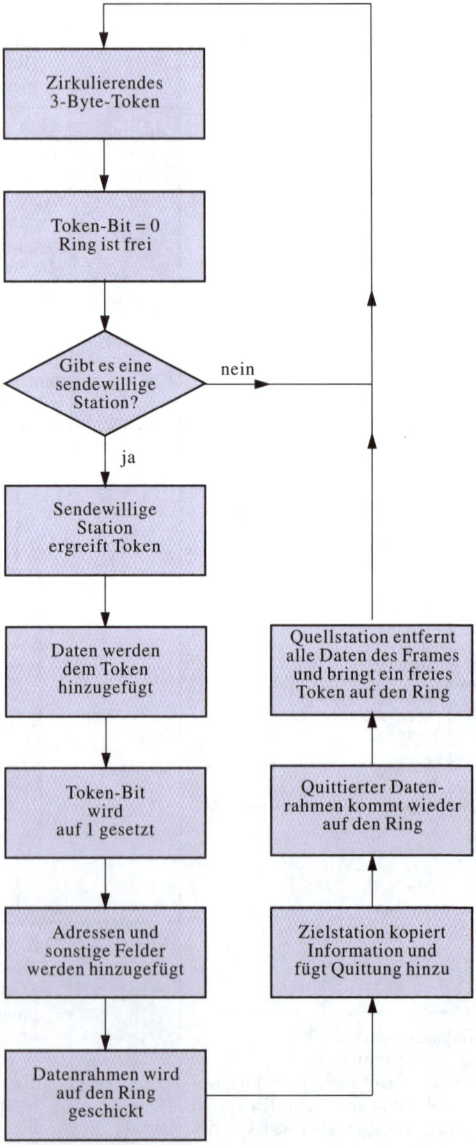

Aus dem Frame wird wieder ein Token

Empfangsphase

9.7 Token-Ring-Netz

Beispiel einer Datenübertragung

Datenübertragung von Station A nach Station D

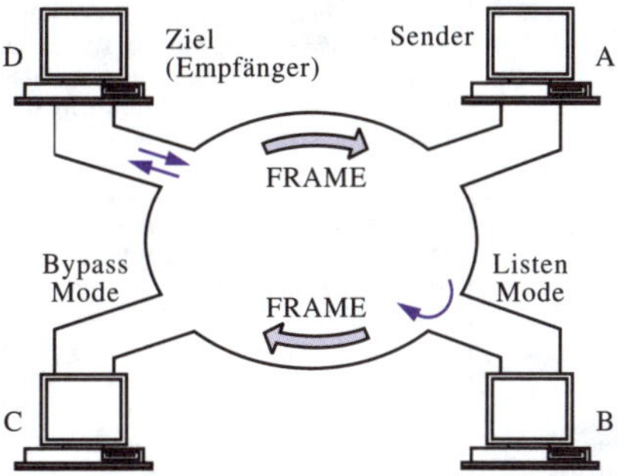

Free-Token	Um das Senderecht zu erhalten, muß die Station A das zirkulierende „Free-Token“ aufgreifen. Dieses Token enthält ein Bit, das „T-Bit“ (Token-Bit), das durch den log.-Zustand 0 anzeigt, daß es „frei“ ist und der Ring für eine Übertragung zur Verfügung steht
Vom Token zum Frame	Station A (absendende Station) ergreift das Token und setzt das T-Bit auf log.1. Damit wird angezeigt, dass das Token „besetzt“ ist. Um aus dem Token nun einen Datenrahmen (Frame) zu machen, werden die Quell- und Zieladressen, die Daten und die weiteren Felder ergänzt. Dann wird dieser Frame von der Sendestation wieder auf den Ring zum Ziel nach Station D geschickt. Im Zieladressfeld des Datenrahmens steht die Adresse der Station D, im Absenderfeld aber die der Station A. Da der Datenrahmen aber an die Station D gerichtet ist, springt die Station B nach Vergleich von eigener und gegebener Adresse in den Hörmodus (Listen Mode)
Hörmodus	Im Hörmodus kopiert jede Station die hereinkommenden Daten nach dem Adressenvergleich sofort wieder auf den Ausgang
Bypassmodus	Unter der Annahme, dass bei Station C die Betriebsspannung ausgefallen ist, ist sie in den sog. Bypass-Modus gesprungen. Deshalb werden die Daten über den Bypass an ihr vorbeigeführt
Empfangsmodus	Station D überprüft das Ziel-Adressenfeld und erkennt die eigene Adresse. Sie wechselt daraufhin in den Empfangsmodus. Bei diesem Modus wird der Datenrahmen kopiert und durch Ändern der Rahmen-Status-Flags, die sich im Ending Delimiter des Tokens
Rahmen-Status-Flags und Quittung	bzw. im Ending Control Field des Frames befinden, eine Quittung erzeugt. Danach wird der Datenrahmen über den Ring wieder zur Quellstation geschickt

Bedeutung der Rahmen-Status-Flags

Frame Flags	Wert	Bedeutung
A	1	Adresse erkannt
A	0	Adresse wird nicht erkannt
C	1	Datenrahmen erfolgreich kopiert
C	0	Datenrahmen nicht erfolgr. kopiert
E	1	CRC-Error (Fehlermeldung)
E	0	Daten fehlerfrei

Mögliche Codierungen der Rahmen-Status-Flags

A	C	Bedeutung
0	0	Adresse nicht erkannt, deswegen keine Übernahme der Daten
1	0	E=1 Datenrahmen fehlerhaft E=0 Keine Datenübernahme, Grund unbekannt
1	1	Datenübernahme erfolgreich
0	1	Zielstation nicht erkannt, eine andere Station hat die Daten kopiert

Ein neues Free-Token	Kommt der ursprünglich von der Station A ausgesendete Datenrahmen wieder bei A an, werden die Daten durch A vom Ring entfernt. Die Station A generiert ein neues Free-Token und setzt es auf den Ring
Rahmen-Status-Feld (Frame Status Field)	A C r r A C r r Bit 0 … Bit 7 A Address Recognized Bit C Frame-Copied Bit r reserviert für noch nicht bestimmte Zwecke
Doppelte AC-Felder	Im Rahmen-Status-Feld sind die beiden Flags A und C doppelt vorhanden, weil sie außerhalb der normalen CRC-Überwachung liegen. Mit Hilfe der doppelten AC-Flags kann der Absender eines Frames erkennen, ob ein Fehler bei der Übertragung passiert ist

9.7 Token-Ring-Netz

Monitoring im Token-Ring-Netzwerk

Eine Station übernimmt die Monitor-Funktion	Der Monitor erwartet innerhalb einer bestimmten Zeitspanne (*T* ca. 10 ms) das Starting-Delimiter-Feld eines Tokens oder Frames. Erscheint das Feld nicht, wird der Frame oder das Token vom Ring entfernt. Im Token und Frame gibt es ein Monitor-Bit (oder auch M-Bit bzw. Überwachungsbit), das von einer Sendestation auf log.0 gesetzt wird. Die als Monitor arbeitende Station setzt das M-Bit auf log.1. Wenn das M-Bit nach einem Ringdurchlauf immer noch auf 1 gesetzt ist, weiß die Monitorstation, dass der Sender dieser Nachricht diese nicht aus dem Ring entfernt hat, obwohl er es hätte tun müssen. Damit nun das Netz dadurch nicht blockiert wird, entfernt die Monitorstation das Token aus dem Netz und sendet ein sog. „Free-Token" auf den Ring. Für den Fall, dass ein Token nicht aus dem Netz entfernt wird, kann das an einem Fehler der Sende- oder Empfangsstation liegen. Grundsätzlich wird aber in einem Fehlerfall der Ring vom Monitor immer erst einmal geleert
Verlorener Token	Es kommt vor, dass ein Token verloren geht. In einem solchen Fall wird vom Monitor ein neues Token generiert. Dann verfolgt der aktive Monitor die Rotationszeit des Tokens (Token Rotation Time = TRT) und unterbricht, falls ein Schwellenwert dabei überschritten wird. Für kleine Ringanordnungen gibt es eine TRT (Token Rotation Time) von 8 µs. Bei starkem Datenaustausch kann sich diese Zeit nur geringfügig vergrößern
Auswahl der Monitor-Station	Alle am Ring arbeitenden Stationen können zunächst einmal als gleichwertig angesehen werden. Da die als aktiver Monitor arbeitende Station hardwaremäßig nicht anders ausgestattet ist, kann diese Aufgabe auch von einer anderen Station wahrgenommen werden. Alle anderen nicht im Monitorbetrieb arbeitenden Stationen befinden sich dann – bezogen auf diese Funktion – im Standby-Betrieb. Die Auswahl, welche Station die Monitor-Funktion ausübt, wird durch eine im Ring ablaufende Initialisierungsroutine bestimmt. Für den Fall, dass bei einer Monitor-Station ein Fehler auftritt, übernimmt automatisch eine andere Station diese Aufgabe. Kann ein Datenrahmen im Ring zirkulieren, sendet der aktive Monitor einen AMP-Datenblock (AMP = Active Monitor Present) in gleichmäßigen Abständen von ca. 7 Sekunden auf
AMP-Datenblock	den Ring. Andere Stationen, die sich in Bezug auf diese Funktion im Standby-Betrieb befinden, senden einen SMP-Datenblock (SMP = Standby Monitor Present) aus. Aus dem AMP-Frame erkennen die Standby-Stationen, dass ein Monitor in seiner Überwachungsfunktion aktiv ist
Monitorwechsel CL-TK-Signal	Kommt es im Ring vor, dass der aktive Monitor einmal keinen AMP-Block absetzt, obwohl er es hätte tun müssen, übernimmt automatisch die Station die Aufgaben des aktiven Monitors, die als erste dieses Fehlen erkennt. Diese Übernahme wird von diesem neuen Monitor durch Aussenden eines CL-TK-Signals (CL-TK = Claim Token) angekündigt
	Die Aussendung eines CL-TK-Signals wird nur abgebrochen, wenn eine der drei folgenden Möglichkeiten zutrifft:
Empfang eines CL-TK-Blocks	a) ein anderer CL-TK-Block (Claim Token) einer anderen Station mit einer größeren Adresse empfangen wird. Senden mehrere Stationen gleichzeitig ein CL-TK-Zeichen, hat jeweils die Station mit der höheren Adresse den Vorrang und übernimmt;
Empfang eines BCN-Frames	b) ein BCN-Signaldatenblock (BCN = Beacon Frame) empfangen wird. Solch ein Signal wird gesendet, wenn ein elementarer Fehler (z. B. Ringunterbrechung o. ä.) im Ring festgestellt wird. Dieser Datenblock dient dazu, den Fehler zu lokalisieren;
Empfang eines Purge-Frames	c) ein Purge-Frame empfangen wird. Ein Purge-Datenblock wird am Ende des Übernahmeprozesses eines neuen aktiven Monitors hinter dem Claim-Token ausgesendet, um allen anderen Stationen die erfolgreiche Übernahme mitzuteilen. Danach sendet der neue aktive Monitor einen 24-Bit-Datenblock über den Ring, um den Beginn seiner Überwachungstätigkeit anzukündigen
Neue Station im Netz	Bei Anschluss einer neuen Station, die als normale Arbeitsstation im Ring arbeiten soll, sendet diese, bevor sie ihre Tätigkeit aufnimmt, einen DAT-Datenblock (DAT = Duplicate Address Test) als Teil dieses Initialisierungsprozesses aus. Dieser Datenrahmen enthält im Adressfeld für die Zieladresse die Adresse der neuen Station

9.7 Token-Ring-Netz

Monitoring im Token-Ring-Netzwerk (Forts.)

Neue Station im Netz (Forts.)	Sollte eine bereits vorher im Ring befindliche Station mit der A-C-Belegung „1 1“ antworten, hat eine weitere Station dieselbe Adresse. Die neue Station erwidert mit einer Statusmeldung. Nun kommt es auf die Netzwerk-Management-Software an, die diese Meldung auszuwerten hat, um mit einer entsprechenden Fehlermeldung für den Operator zu reagieren

Anschluss einer neuen Netzstation

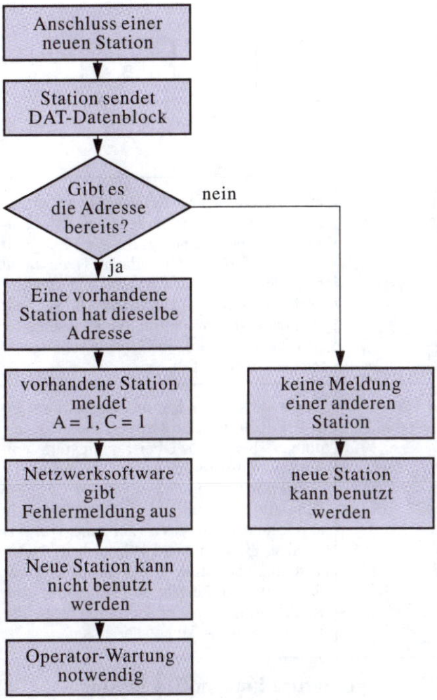

Prioritäts- und Zugriffsverfahren beim Token-Passing

Belegungs- und Prioritätsfeld	Dieses Verfahren wird in der Spezifikation IEEE 802.5 festgelegt. Danach werden Prioritätsfeld (3 Bits) und Belegungsfeld (3 Bits) für diesen Prozess verwendet. Aus der Anzahl von 3 Bits ergibt sich, dass insgesamt 8 Prioritätsstufen (Stufen 0 bis 7) gebildet werden können. Das Belegungsfeld wird von der Sendestation auf 0 gesetzt. Bei einem beabsichtigten Zugriff einer Station muss diese
Belegungs- und Prioritätsfeld (Forts.)	ihr zugeordnete Prioritätsstufe in dieses Feld eintragen. Nachdem die Sendestation den Datenrahmen wieder zurückerhält, wird von ihr der Wert des Belegungsfeldes in das Prioritätsfeld eines neuen von ihr generierten Tokens kopiert. Das neue Token erhält nun den geforderten Prioritätswert. Nun können nur noch Stationen mit gleicher oder höherer Priorität auf das Token zugreifen
Bei 16 Mbps mit Early Token Release	Stationen mit einer Übertragungsrate von 16 Mbps warten nicht auf die Rückkehr des ausgesendeten Datenrahmens, um einen neuen Token auf das Netz zu entsenden. Sie setzen einen freien Token sofort nach der Übertragung eines Datenrahmens ab. Dieses Verfahren wird als „Early Token Release“ bezeichnet. Es bedeutet, dass bis zu zwei Datenrahmen zur selben Zeit über das Token-Ring-LAN übertragen werden können
Zugriffs-Kontroll-Feld	P P P T M R R R Bit 0 … Bit 7 Das Zugriffs-Kontrollfeld ist im Token und im Frame vorhanden und hat folgende Bestandteile PPP: Token-Bit; 3 Bits für die Zugriffspriorität T: Monitor-Bit RRR: 3 Reservierungsbits (Belegungsfeld bzw. Prioritätsreservierung)
Token-Bit	Am Token-Bit kann jede Station erkennen, ob es sich um einen reinen Token (Token-Bit=0) oder um einen Frame (Token-Bit=1) handelt
Monitor-Bit	Die als Monitor arbeitende Station markiert jeden an ihr vorbeikommenden Daten-Frame (Nachricht in Form codierter Daten) durch Setzen des Monitor-Bits auf „1“. Die Zielstation sollte nun das Monitor-Bit wieder auf „0“ setzen. Wurde ein Frame von der Zielstation nicht aus dem Ring genommen, erkennt das die Monitor-Station am unveränderten Zustand des M-Bits. Daraufhin löscht die Monitor-Station alle Informationen auf dem Ring und generiert ein neues Token

9

9.7 Token-Ring-Netz

9.7.3 Hardware und Verkabelung des Token-Ring-Netzes

Allgemeine Bestandteile eines Netzes	Bei Token-Ring-Systemen wird das Verkabelungswesen sehr stark durch das Angebot von Großfirmen bestimmt. 1. Endgeräte (z. B. Workstations, Personalcomputer, Drucker) 2. File Server (nicht immer) 3. Multistations-Zugriffseinheiten (Multiple Station Access Unit, Abkzg. MSAU od. MAU), die als sog. Sternkoppler oder Wire Center die Sterntopologie verursachen; 4. Netzwerk-Interface-Karten (Adapterkarten) zum Anschluss der Rechner od. anderen Endgeräte. Die Interfacekarten sind häufig auf eine Übertragungsrate von 4 Mbps oder Mbps einstellbar. 5. Netzverkabelung: Als Token-Ring-Kabel kommen meist UTP- oder STP-Kabel als 4-adrig verdrillte Kabel in Frage. Insgesamt aber stehen 7 verschiedene Kabeltypen (Typ 1 bis Typ 7) zur Verfügung. Hauptsächlich werden die Typen 1, 2 und 6 verwendet

IVS-Verkabelung von IBM

Anschluss an den Ring	Für den Anschluss des Ringkabels an die Sternkoppler existieren besondere Stecker, die sowohl für den Anschluss von Endgeräten als auch für den Einsaz bei Wandsteckdosen zu verwenden sind. Diese Datenstecker besitzen gleichzeitig die Stecker- und Buchseneigenschaft und sind unter der Bezeichnung „hermaphroditische Stecker" bekannt
Anschluss der Adapterkarte	Der Stecker verfügt über einen Schleifenschluss-Kontakt, der beim Schleifentest in bestehenden Anlagen im Augenblick der Abtrennung des Endgerätes wirksam wird. Die beiden Leiterpaare für Hin- und Rückleitung werden dadurch geschlossen, so dass im Netz keine Störungen auftreten und der Ring geschlossen bleibt
Endgeräte-Anschluss	Die Verbindung Sternkoppler – Token-Ring-Adapterkarte, die sich im Endgerät befindet, wird über ein Kabel mit normalem DB-9-Stecker hergestellt. Nach Verbindung des Endgerätes mit dem Ringverteiler und nach Einschalten des Endgerätes wird intern zunächst ein Adaptertest durchgeführt. Danach wird die im Ringleitungsverteiler noch kurzgeschlossene Anschlussleitung mit einem Test-Bitmuster geprüft, um die Funktion des Adapters zu prüfen. Erst danach wird vom Endgerät ausgehend eine Spannung an den Ringverteiler geschickt, um die in ihm befindlichen (noch

Anschlussprinzip von Endgeräten

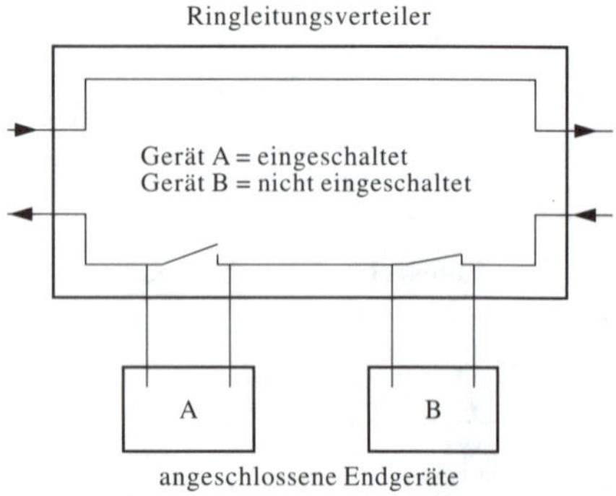

Endgeräte-Anschluss (Forts.)	kurzgeschlossenen) Relaiskontakte aufzutrennen und das Endgerät in den Ring einzufügen. Die Spannung, die vom Endgerät ausgeht, wird vom Netzadapter erzeugt und bleibt dauernd zwischen Gerät und Verteiler bestehen. Wird das Gerät entfernt, schließt sich dadurch automatisch die Ringschleife. Auf diese Art wird eine Unterbrechung des Ringes verhindert
Leitungsverstärker	Der Zweck eines Leitungsverstärkers im Token Ring besteht darin, größere Entfernungen bei einer Übertragungsrate von 4 Mbps zu überbrücken oder um auf LWL-Kabel umzusetzen. Ringleitungsverteiler (RLV) kommen als aktive und als passive Elemente vor. Als passives Element wird kein eigener Netzanschluss benötigt. Die Verkabelung bei Ringverteilern besteht aus Hinleitung und Rückleitung, um bei Unterbrechung die weitere Funktion zu gewährleisten

Unterbrechung im Token Ring

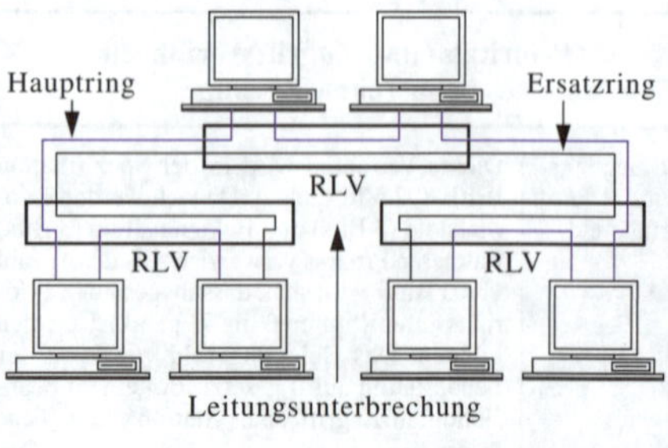

9.7 Token-Ring-Netz

9.7.3 Hardware und Verkabelung des Token-Ring-Netzes

Rechner-Anschluss mit Adapterkarten	Die Hardware sollte eine Übertragung von 4 Mbps und 16 Mbps gewährleisten. Netzwerk-Adapterkarten (Interfacekarten) sind für den Rechneranschluss notwendig. Sie müssen folgende Eigenschaften besitzen: 1. Unterstützung des Protokolls nach IEEE 802.5, 2. Konfiguration per Software (einstellbare Datenübertragungsrate), 3. Transferpuffer von mind. 16 kbyte, 4. Bootsoftware im PROM/EPROM, 5. Diagnostik-LED als Zustandsanzeige, 6. Anschluss-Stecker DB9, 7. Schnittstelle nach IEEE 802.5. Die Adresse, unter der der Adapter im Netz erkannt wird, besteht aus 6 byte. Sie ist vom Hersteller voreingestellt und weltweit eindeutig. Sie kann aber vom Anwender verändert werden
Ringleitungsverteiler	Ringleitungsverteiler (RLV) oder Wire-Center oder Multi Station Access Unit der neueren Generation sind aktive Einheiten. Sie enthalten eine Basiseinheit (CAU=Control Access Unit), die Funktionen zur Steuerung und Fehlerüberwachung enthält. Weitere Eigenschaften sind: 1. Umschaltbar auf 4 oder 16 Mbps, 2. RI/RO-Anschlüsse für die Zusammenschaltung mehrerer RLVs, 3. Automatisches Umschalten auf den Ersatzring, 4. Optische Diagnoseerfassung, 5. Endgerätezahl 20 bei Verwendung von zusätzlichen Leitungseinheiten höher, 6. Entfernung zwischen zwei RLV: bei 4 Mbps und Typ-1-Kabel 400 m; bei 16 Mbps und Typ-1-Kabel 200 m; 7. Softwaremäßige Einstellung und Überwachung
Kabeltypen	Für die Verkabelung werden die folgenden Kabelarten verwendet (Verkabelung nach IBM-Verkabelungssystem „IVS“ darf nicht verwechselt werden mit der Klassifizierung der Kabel in Kategorie 1 bis 5 nach EIA/TIA 568)
Typ 1	Typ-1-Kabel: Kabel aus verdrillten Doppeladern aus massivem Kupfer mit doppelter Abschirmung. Kennzeichnung AWG 22 (American Wire Gauge). Verwendung für indoor (innen) und outdoor (außen). Die Ummantelung kann aus Teflon bestehen
Typ 2	Typ-2-Kabel: Kabelausführung wie Typ 1. Zusätzlich 4 Telefondrahtpaare außerhalb der Abschirmung. Kennzeichnung AWG 26
Typ 3	Typ-3-Kabel: Ungeschirmtes Telefonkabel. Für 16 Mbps nicht geeignet. Niedrige Störsicherheit
Typ 4	–[1)]
Typ 5	Typ-5-Kabel kommt in folgenden Ausführungsarten vor: 5.1-UTP-Kabel: Verlustarmes 100-Ohm-Kabel für Übertragungsraten bis 100 Mbps; geeignet für CDDI (Copper Distributed Data Interface). 5.2-STP-Kabel: Verlustarmes 150-Ohm-Kabel für Übertragungsraten bis 155 Mbps. Zwei Kupferadern einzeln und insgesamt abgeschirmt. 5.3-Koaxialkabel: 50-Ohm-Kabel, abgeschirmt, geeignet für Datenübertragungen bis 100 Mbps. 5.4-Glasfaserkabel: Typisches „Typ-5-Kabel“. Als 62,5/125 Mikron- oder als 100/140 Mikron-Glasfaserkabel für eine theoretisch unbegrenzte Übertragungsrate einsetzbar
Typ 6	Typ-6-Kabel: Ähnlich dem Kabel des Typs 1. Zweifach abgeschirmtes, flexibles „Patch-Kabel“ zur Verbindung zwischen Ringleitungsverteiler und Wand-Anschlussdose. Entspricht der Kennzeichnung 26 AWG. Das Anschlusskabel Rechner – Anschlussdose nennt sich „Lobe-Kabel“
Typ 7	–[1)]
Typ 8	Typ-8-Kabel: Entspricht der Norm 26 AWG und besitzt eine doppelte Abschirmung und einen trittfesten Aussenmantel zur freien Verlegung in Büroräumen
Typ 9	Typ-9-Kabel: Verdrillte Kupferadern mit doppelter Abschirmung, die einerseits am Erdpotential angeschlossen ist, andererseits gut gegen Fremdfelder absichert. Entspricht der Norm 26 AWG und ist durch die Teflonummantelung besonders für Räume mit spezieller Feuerschutzeinrichtung geeignet

[1)] Nicht spezifiziert

9.7 Token-Ring-Netz

Strukturen bei der Token-Ring-Verkabelung

Die maximale Ausdehnung eines Token-Ring-Netzes ist beim Einsatz von Standard-Kabeln begrenzt. Maßgebendes Kriterium ist die Anzahl der Sternverteiler (RLV bzw. Ringleitungsverteiler). Es wird zwischen zwei Größen unterschieden: Netze mit einem Sternverteiler und Netze mit 2 bis 12 Verteilern.
Bei der Installation sind Herstellereinschränkungen unbedingt zu beachten.

Aufbau und Verkabelungsstruktur eines Token-Ring-Netzes

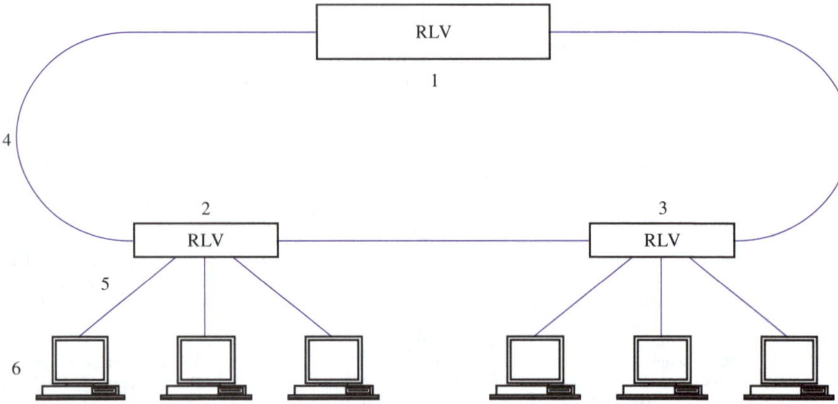

1 Hauptverteiler
2 u. 3 Ringleitungsverteiler
4 Typ 1-Kabel oder Glasfaser
5 Lobe-Kabel (Twisted Pair)
6 Workstations

Token-Ring mit Hubs

Ringstruktur durch Token-Ring-Hubs

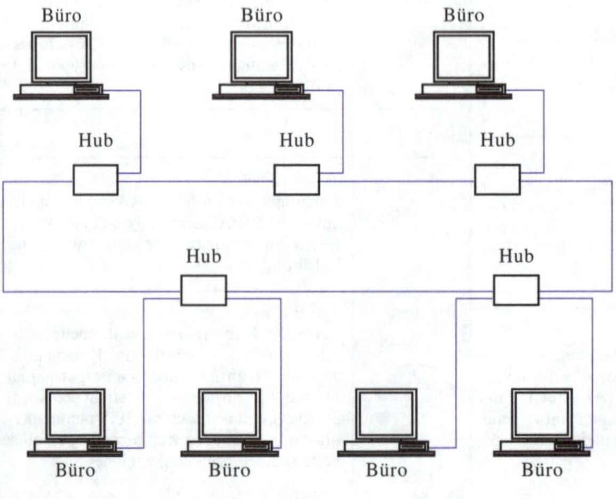

Die Verwendung dezentraler Verkabelungssysteme, z. B. mit sog. Token-Ring-Hubs, führt wieder zu einer echten Ringstruktur. Der Ring wird durch die TR-Hubs an den Stellen unterbrochen, an denen die Stichleitungen zu den einzelnen Arbeitsrechnern von den Hubs abzweigen.
Vorteil dieser Installationsart ist, dass sie sich mit Sternkopplern bzw. normalen Ringleitungsverteilern kombinieren lässt. Dazu ist nur an einem TR-Hub ein kleines Netzteil anzubringen und die alten Sternkoppler (Ringleitungsverteiler) sind gegen dazu geeignete auszutauschen.

9.7 Token-Ring-Netz

9.7.4 Token-Ring-Netze für 16 Mbps

Struktur	Token-Ring-Netzwerke mit einer Datenübertragungsrate von 16 Mbps werden häufig als sog. Backbone-Netzwerke aufgebaut
Backbone-Netz	Ein Backbone-Ring ist dadurch gekennzeichnet, dass an ihm normalerweise keine Arbeitsplatzrechner, sondern nur Teilnetze oder Verbindungen zu Großrechnersystemen über Bridges, Gateways oder Router angeschlossen sind. Dadurch entsteht eine Möglichkeit, vermischte Strukturen herzustellen, die sich insgesamt aus allen klassischen Topologien zusammensetzen können. Mit Hilfe einer Backbone-Infrastruktur lässt sich ein unternehmensweites Kommunikationsnetzwerk aufbauen. Sind dabei große Entfernungen zu überbrücken, ist der Einsatz von Leitungsverstärkern notwendig
Kabelarten	Die Verkabelung ist sehr firmenspezifisch orientiert. In den meisten Fällen werden bei 16 Mbps Koaxial- und Glasfaser als Monomode- und Gradientenfaser eingesetzt. In seltenen Fällen wird nicht abgeschirmte Vierdrahtleitung in die Verkabelung mit einbezogen
	Der Trend geht eindeutig zu eigenständigen und multifunktionalen Verkabelungssystemen hin
Datenrate bei Backbones	Bis zu 4 Endgeräte können an einen Ring angeschlossen werden. Die einzelnen LAN-Ringe können Arbeitsgruppen zugeordnet werden und sind untereinander über Bridges (lokale Brücken) oder Remote Bridges miteinander verbunden. Backbones sind unproblematisch, wenn der Hauptteil des Datenaustausches (ca. 90%) innerhalb einer Gruppe über den lokalen Server erfolgt. Durch Passieren einer Bridge über das Hauptnetz wird die Datenübertragungsrate um 10% bis 20% reduziert. Müssen Datenpakete zwei Bridges passieren, wird der Datendurchsatz bereits um ca. 35% reduziert
Brücken/ Bridges	Brücken arbeiten auf den beiden unteren Schichten des ISO/OSI-Modells. Sie werden auch in Token-Ring-Netzen eingesetzt, um einzelne Teilnetze mit derselben Protokollstruktur zu logischen Einheiten zusammenzuschließen. Brücken sind in der Lage zwischen Datenverkehr auf dem Teilnetz und auf dem Gesamtnetz zu unterscheiden

Prinzip des Backbone-Netzes

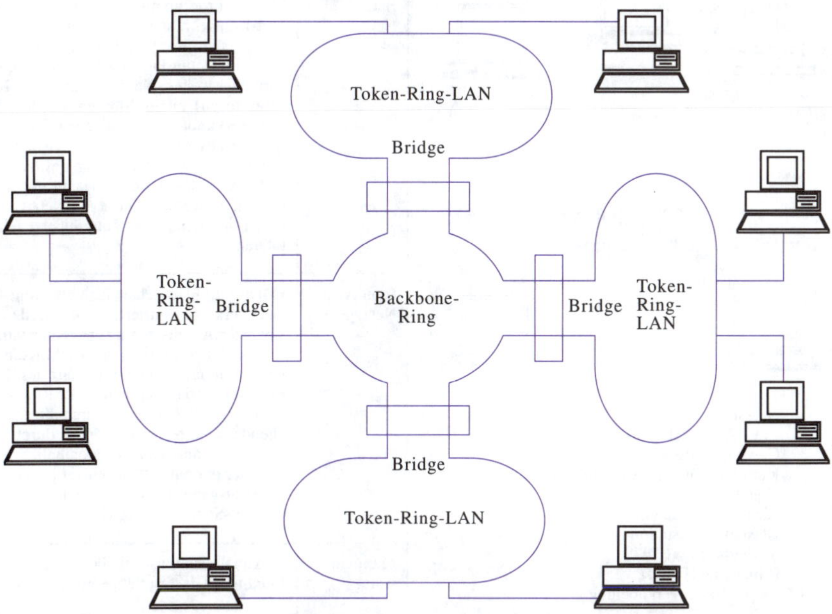

9.8 FDDI

Allgemeines	FDDI (Fiber Distributed Data Interface) stellt einen Standardisierungsvorschlag der ANSI-Gruppe X3T9.5 dar. Es ist die zukunftsorientierte Weiterentwicklung des Token-Ring-Netzes in Glasfaserübertragungstechnik. Inzwischen wurde ein weiterer Standard für Twisted Pair entwickelt. Die Entscheidung für den Einsatz von FDDI ist die gegenüber Ethernet 10mal größere Leistungsfähigkeit
Struktur und Übertragungsrate	Ringtopologie aus doppelter Glasfaserleitung mit Primär- und Sekundärring. 100 Mbps
Stationen	500 bis 1000 max. Entfernung max. 2 km zwischen zwei Stationen. Bei größeren Abständen bis zu 40 km sind Multimode-/Monomode-Konverter einzusetzen
Einsatz	Überwiegend als Backbone-Netzwerk u. Multimediabereich. Wegen der sehr großen Bandbreite geeignet für Daten-, Sprach- und Bildübertragung

FDDI-Ring mit Konzentrator und Server

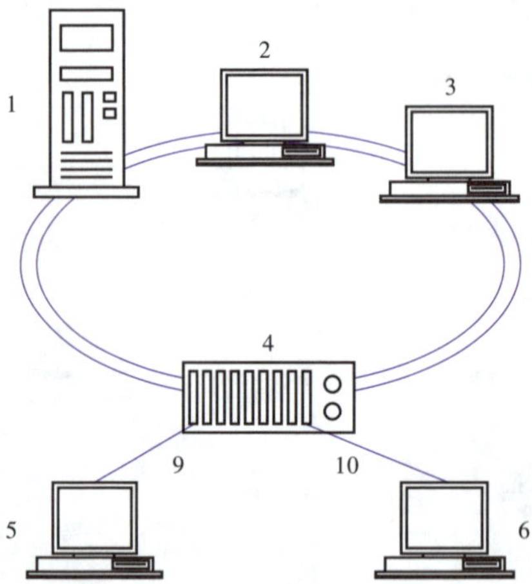

1 Netzserver
2 Class A Workstation
3 Class A Workstation
4 Konzentrator zum Anschluß mehrerer Rechner über Twisted Pair
5 Class B Workstation
6 Class B Workstation
7 Sekundärring (FDDI)
8 Primärring (FDDI)
9. u. 10 Twisted-Pair-Verkabelung

Übertragungsmedium	Multimode-Gradientenfasern Entfernungen bis 2 km: 62,5/125 Mikron und 85/125 Mikron Monomodefasern Entfernungen bis 20 km: 9/125 Mikron Wellenlänge: 1300 nm FDDI spezifiziert eine Lichtwellenlänge von 1300 nm. Hierbei handelt es sich um das sog. 2. optische Fenster, in dem Glas eine besonders gute Durchlässigkeit hat
Rechneranschluss	1. Über Medien-Umsetzung von LWL auf STP- oder UTP-Kabel und Adapterkarte 2. Mit Front-End-Boards (Adapterkarten), die direkt den Rechner an das Glasfasernetz anschließen
Protokoll	Token-Ring
Datencodierung	FDDI benutzt ein 125-MHz-Signal für den Transport von Daten. Die Datencodierung nach dem 4B/5B-Verfahren erlaubt es, mit diesem Signal eine Bruttotransferrate von 100 Mbps zu erreichen
Doppelringstruktur	Der FDDI-Ring besitzt eine Doppelringstruktur. Ein Ring dient als Redundanz. Bei Ausfall eines Ringes übernimmt automatisch der sekundäre Ring den Datentransport
Back-End-Netzwerk	FDDI wurde ursprünglich als sog. Back-End-Konfiguration entwickelt. Dabei handelt es sich um Arbeitsrechner, die nicht direkt im Hauptring eingebunden sind, sondern über weitere Netzelemente (z. B. Konzentratoren) angeschlossen werden. Die Netzwerkknoten eines solchen Back-End-Netzwerkes werden als Class-A-Stationen bezeichnet. Solche Rechner besitzen vier LWL-Anschlüsse, um im Hauptring eingebunden zu werden. Diese Art Netzwerk ist durch den doppelten Ring äußerst fehlertolerant
Front-End-Netzwerk	FDDI wird inzwischen auch als Front-Ent-Netzwerk konfiguriert. Dabei werden die einzelnen Arbeitsrechner über Konzentratoren an den Hauptring angeschlossen. Es wird zwar auf die Fehlertoleranz des Back-End-Netzwerkes verzichtet, der Ring selbst bleibt aber geschlossen. Durch die entsprechende Controllerkarte und durch den Anschluss am Konzentrator haben diese Rechner nur einen Dateneingang und einen Datenausgang. Diese Stationen werden als Class B-Stationen bezeichnet
Maximalwerte	Maximale Stationszahl 500 Maximale Glasfaserlänge im Netz 200 km

Verkabelungsschema bei FDDI

FDDI-Verkabelung mit Primär- und Sekundärring

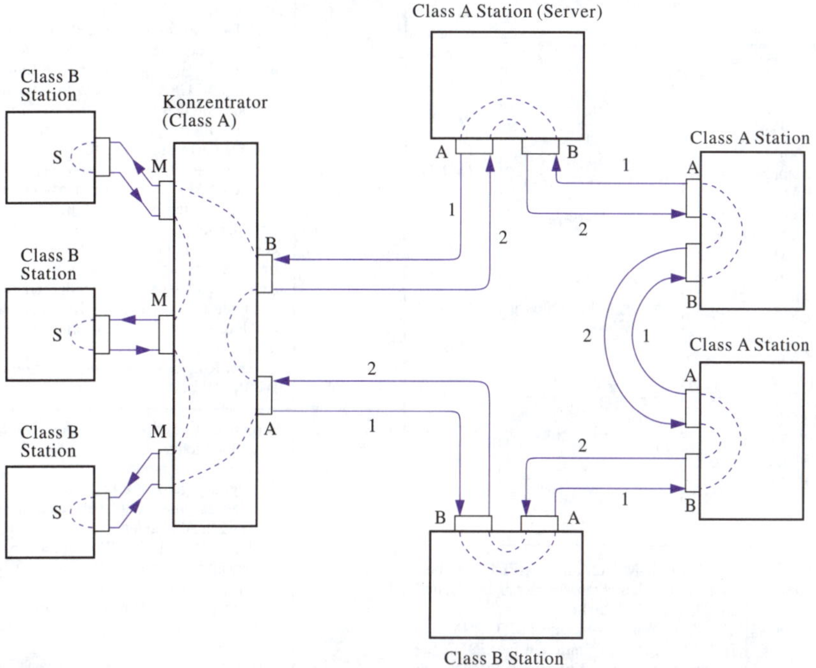

Slave-Stationen	FDDI-Stationen haben entweder einen Duplex- oder Einzelanschluss. Die Stationen mit Einzelanschluss (S) werden als Slave-Stationen bezeichnet. Sie können nur über einen Konzentrator angeschlossen werden. Der entsprechende Port am Konzentrator nennt sich Master-Port M	Fehlertoleranz	Alle FDDI-Stationen (Class-A-Stationen) sind an beiden Ringen angeschlossen. Der sekundäre Ring wird im normalen Betrieb nicht benutzt (Leerlaufbetrieb des Ringes). Es werden zyklisch Leerinformationen zur Funktionsprüfung dieses Ringes übertragen. Bei einer Unterbrechung im Primärring werden die beiden Stationen ermittelt, die der Fehlerstelle am nächsten liegen. Diese verbinden automatisch die Primärfaser mit der Sekundärfaser und schließen den Ring wieder. Die Daten müssen damit den doppelten Weg im Ring zurücklegen. Dadurch werden die Verzögerungszeiten vergrößert. Den Ablauf steuert der CMT-Teil der FDDI-Spezifikation
Downstream Upstream	Stationen mit A-Port oder auch Downstream-Port empfangen auf der primären Faser und senden auf der sekundären Glasfaser. Der B-Port (Up-Stream-Port) verhält sich umgekehrt. Wird eine Station des Typs „Class A" am M-Port eines Konzentrators angeschlossen, wird nur der Port B aktiviert. Der Port A wird aktiviert, wenn der Port B versagt. 1 Primärring 2 Sekundärring A, B Ports mit angeschlossener Duplex-Glasfaser S Ports mit Twisted-Pair-Anschluss	Line Error Monitor	Jede Station besitzt eine Intelligenz zur kontinuierlichen Überwachung der angeschlossenen Leitungen (Line Error Monitor = LEM). Schlechte Verbindungen werden nicht erst aufgebaut. Verringert sich die Übertragungsqualität, wird eine entsprechende Meldung an das Netzmanagement gegeben

9.8 FDDI

Überblick über den X3T9-ANSI-Standard in Bezug auf das OSI-Modell

⇐ 9-44

Umfang des FDDI-Standards bezogen auf das ISO-Modell

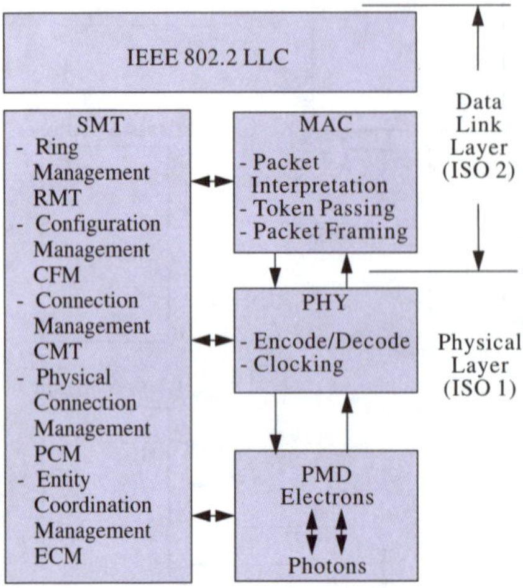

⇐ 9-3

Bestandteile des FDDI-Standards	Im ISO/OSI-Modell umfasst FDDI die beiden unteren Schichten, die physikalische und die Data-Link-Schicht. Die drei Funktionsblöcke PMD, PHY und MAC beschreiben Stationen bei FDDI. Sie entsprechen dem Funktionsumfang der Ethernet-Spezifikation 802.3 und für Token-Ring 802.5
PMD-Teil	Die obige Abbildung zeigt die Protokollschichten, die vom Standard erfasst werden. Das Medium Licht, die Kabel und Stecker sind im PMD-Teil (Physical Media Dependent) definiert. Für Entfernungen bis zu 2000 m werden 1300 nm LED-Transmitter und Multimode-Glasfasern mit einem Bandbreiten-Längenprodukt (Bandbreite×Länge) von 500 MHz×km verwendet. Für größere Entfernungen ist ein eigenes Single-Mode-PMD definiert
PHY-Teil	Codierung und Datenrate sind im PHY-Dokument (Physical Layer) beschrieben. Beide Dokumente sind der ISO-Schicht 2 zugeordnet. Für die Übertragung wird der sog. 4B5B-Code verwendet. FDDI unterstützt die Übertragung synchroner und asynchroner Daten. Bei der Übertragung synchroner Daten existieren feste Antwortzeiten
MAC-Teil	Im MAC-Teil (Media Access Block), der zur Schicht 2 gehört, werden Paketformat und Zugriffsverfahren (Token Passing) definiert. Dies umfasst das Paket-Framing, das Erkennen der einzelnen Stationsadressen und die Erzeugung und Überprüfung von sog. Frame-Check-Sequenzen. Die Informationen an den Ring werden in Form von Frames übertragen (siehe Datenrahmen bzw. Daten-Frame bei FDDI)
SMT-Teil	Für den SMT-Teil (Station Management Task) gibt es bei den klassischen Netzwerkmodellen keine Entsprechung. Im SMT-Teil werden die Initialisierung des Netzwerkes, die Generierung des Tokens und der Betriebszustand geregelt. Es stellt hierarchisch eine über den drei anderen Teilen bestehende Überwachungseinheit dar und interveniert gegebenenfalls. Jede im Ring angeschlossene Station muss das SMT-Protokoll enthalten
Funktionen des SMT	Folgende Funktionen werden im SMT zusammengefasst: – Ringüberwachung – Ringmanagement mit: Erstellen eines Statusberichtes in regelmäßigen Abständen, MAC-, Phy- und PMD-Funktionen, Verwaltung der Statistiken und der Netzwerkparameter, Austausch von Netzwerk-Management-Werten mit Hilfe besonderer SMT-Frames – Ringkonfiguration mit Verwaltung der Stationen in bezug auf MAC-, Phy- und PMD-Funktionen, Bypassüberwachung – Verbindungsmanagement

SMT-Frames

Frame-Typen	Es existieren drei SMT-Frame-Typen: – Announcement – Request – Response
Zweck der Frames	Der SMT-Teil prüft alle 30 Sekunden den Zustand der Stationen mit folgenden Parametern: Statistische Informationen über die Anzahl der in Stationen befindlichen MACs und PHYs. Befindet sich eine Station im Wrap- od. THRU-Zustand? Wurden duplizierte Adressen entdeckt od. Kabel vertauscht? Informationen über die Umgebung der einzelnen Station

9

9.8 FDDI

FDDI-Frame und FDDI-Token

FDDI-Frame

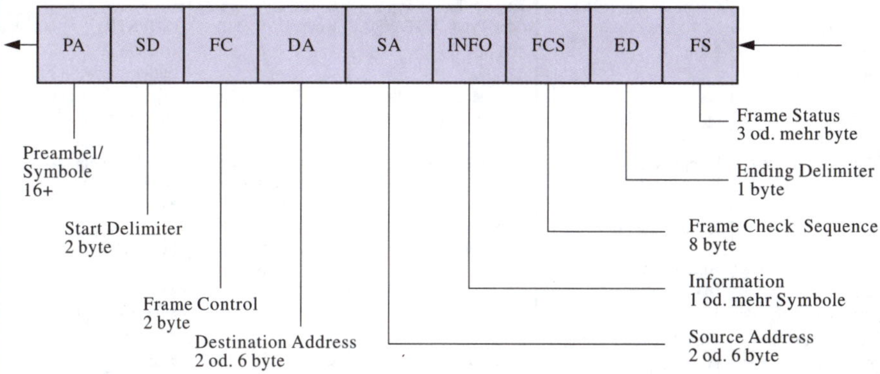

Kurz-zeichen	Erklärung
PA	Der Präambel-Teil besteht aus Leer- und Statuszeichen, um den Takt zu synchronisieren
SD	Der Starting-Delimiter besteht aus zwei Symbolen (2 byte)
FC	Der Frame-Control-Bereich dient zur Definition des Frame-Typs. Je nach Frame-Typ gibt es unterschiedliche Prioritäten und unterschiedliche Längen bei den Adressen für Quell- und Zielstationen. Die Adressen für Ziel- und Quellstationen können eine Länge von 16 oder 48 bit haben
INFO	Das Informationsfeld des Frames enthält Datensymbolpaare
FCS	Das Frame-Check-Sequence-Feld stellt eine zyklische Redundanzkontrolle dar (CRC-Check = Cyclical Redundancy Check)
ED	Der Ending Delimiter besteht wieder aus einem Symbol
FS	Das Frame-Status-Feld enthält mindestens drei Steuerungsparameter. Diese zeigen an, ob von einer Station ein Fehler im Frame ermittelt wurde, ob die eigene Adresse als Zieladresse erkannt und kopiert wurde oder ob die Adresse zwar erkannt, aber nicht kopiert wurde

FDDI-Token

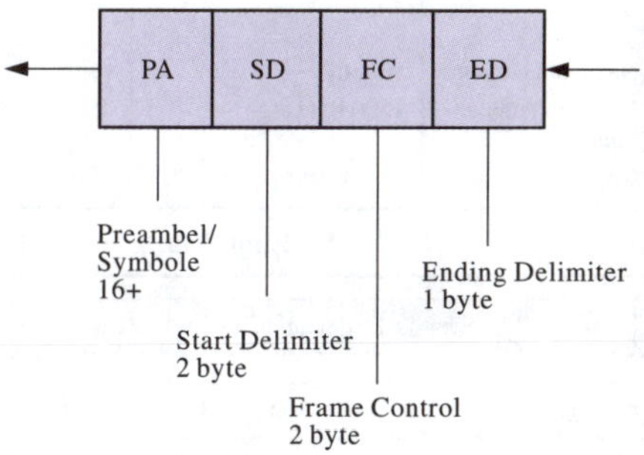

Performance von FDDI

Leistungsvergleich der Netzwerke

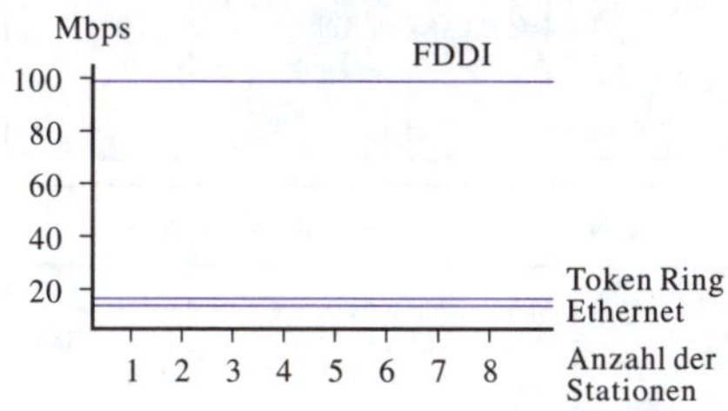

Durch technische Weiterentwicklung hat insbesondere das Ethernet aufgeholt. Inzwischen gibt es auch erste Netzwerke mit Ethernetstruktur und 100 Mbps Übertragungsgeschwindigkeit

9.8 FDDI

Überblick über die Varianten von FDDI

	FDDI-LWL	FDDI-Twisted Pair	IEEE 802.3	IEEE 802.5
Übertragungs-medium	Glasfaser 62,5/125 µm	Kupfer, Typ 1, Typ 2 oder Typ 6, UTP/STP	Glasfaser Koax/UTP	Glasfaser UTP/STP
Max. Abstand Station–Konzentrator	2 km	100 m	–	100/375 m Entfernung vom Endgerät bis zum Verteiler
Bypass	optional	nicht erforderlich	–	im Ringleitungs-verteiler
Betrieb	Doppelring od. über Konzentrator	nur über Konzentrator	über Transceiver u. Konzentratoren	über Ringleitungs-verteiler bzw. Konzentratoren
Einsatz	Neuinstallation von Hochleistungsnetzen Aufbau von Backbone-Netzen	Einbindung des FDDI in bestehende Netze kostengünstig	Gebäude- und Büro-LAN kostengünstig	Gebäude- und Büro-LAN
Datenrate	100 Mbps	100 Mbps	10 Mbps	4 od. 16 Mbps
Zugriffsverfahren	Timed Token Passing	Timed Token Passing	CSMA/CD	Token Passing
Topologie	Dual Ring	Dual Ring	Bus, Stern	Ring
Anzahl der NW-Knoten	1000	1000	1024 Stationen	unterschiedlich, ca. 260
Umfang, Größe	100 km	100 km	185/500 m je Segment	abhängig vom Kabel ca. 200–400 m zwischen zwei Konzentratoren
Netzmanagement	verteilt	verteilt	Serverprinzip	Serverprinzip
Max. Datenpaket-Länge	4500 bytes	4500 bytes	72–1526 bytes	Tokenprinzip
Codierung	4B5B	4B5B	Manchester	Diff.-Manchester

Einordnung von FDDI in die LAN-Umgebung

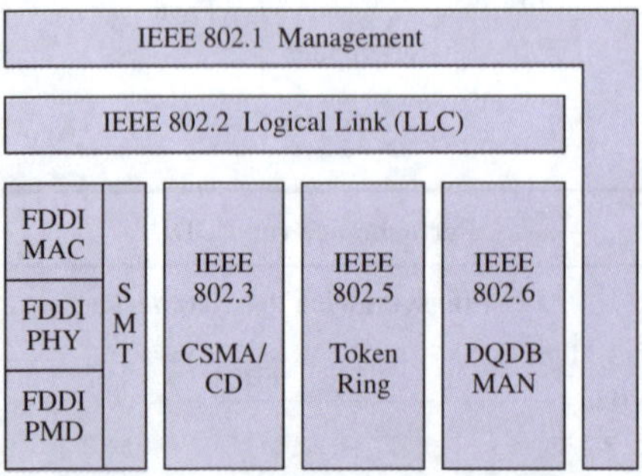

Erklärungen zu der obigen Grafik

MAC	MAC: Media Access Controller; Prozessdefinition zur Steuerung des Ringes. Hier werden Paketformat und Netzzugriff spezifiziert
PHY	PHY: Physical Layer Document; Spezifikation der Datenrepräsentation, Datenrate und des Codierungsverfahrens
PMD	PMD: Physical Layer Medium Dependent; Spezifikation des Übertragungsmediums
SMT	SMT: FDDI Station Management; Spezifikation für die Topologie und den Betrieb des Ringes, die Parameterdefinition und das Netzwerkmanagement
DQDB	DQDB: Distribute Queue Dual Bus; eine Art MAN (High Speed Metropolitan Network). Die Topologie besteht aus zwei unidirektionalen Bussen. Jeder Netzknoten hat dabei eine Lese-Verbindung und eine unidirektionale Verbindung, die zur Richtung des jeweiligen Busses passt und als Schreibverbindung genutzt wird. Dadurch kann jeder Netzknoten mit jedem anderen kommunizieren. Der Doppelbus realisiert bereits auf der untersten Ebene der Kommunikation eine Voll-Duplex-Verbindungen. Das Protokoll des DQDB-Verfahrens ist paketorientiert. Jede Station führt genau Buch darüber, wie viele Stationen im Netz noch auf Zugriff warten. Die Zugriffskontrolle selbst ist verteilt und basiert auf dem Timing-Frame-Prinzip

9.9 Internetworking

Begriff	Internetworking beinhaltet hauptsächlich die Verbindung heterogener Netze. Daraus leiten sich folgende Forderungen, die an die Einzelnetze gestellt werden, ab: 1. Multiprotokollfähige LAN-Hardware 2. Netzwerkbetriebssysteme in den einzelnen LANs, die unterschiedliche LAN-	Begriff (Forts.)	Topologien (wie Ethernet u. Token Ring für 4 und 16 Mbps) unterstützen. 3. Netzwerkbetriebssysteme, die die speziellen Netzelemente zur Verbindung von Teilnetzen (Internetzelemente) wie Router und Bridges unterstützen

Integration verschiedener Topologien mittels Router

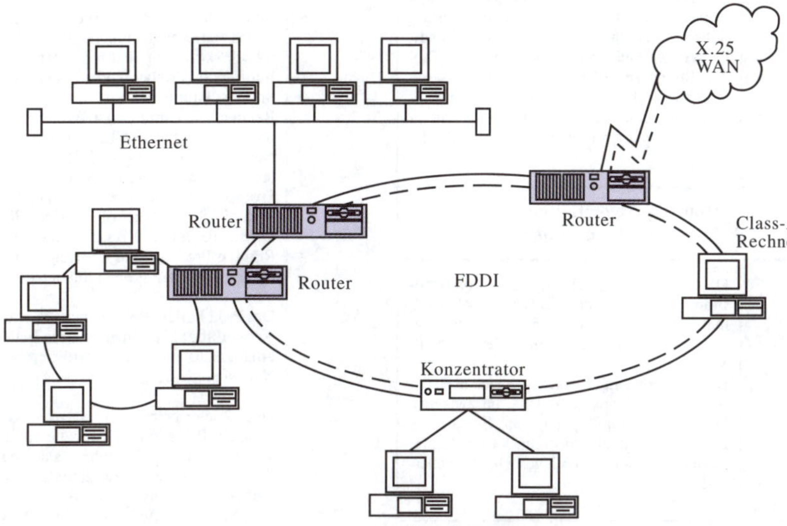

Router		Routingverfahren	
Funktion und Intelligenz des Routers	Die obige Abbildung zeigt, wie Router Netzwerke miteinander verbinden. Ausgestattet mit einer Intelligenz der Ebene 3 des OSI-Modells nutzt der Router die Netzwerkadressen der einzelnen Datensendungen, um die Daten exakt den Zielen zuzuweisen. Das geschieht unabhängig davon, in welchen Segmenten und Netzteilen sich die Ziele befinden. Dadurch ist es den Routern auch möglich, den optimalen Weg für die Daten im Netz zu bestimmen. Dieser Weg kann sich an den Kosten oder an der Laufzeit orientieren. Einmal definiert, für welche Priorität sich der Router entscheiden soll, bestimmt er zukünftig den Weg für die Daten selbst	Statisches Routing	Auch „nicht adaptives Routingverfahren" genannt. Feste Wegvorgabe zwischen zwei Endsystemen. Die Definition des festen Weges wird bei der Netzwerkinstallation vorgenommen und ist im Router programmiert. Die beiden Endgeräte sind jeweils einem Router zugeordnet. Bei der Programmierung müssen die Netzwerkparameter wie Konfiguration, Anzahl der Leitungen, Übertragungskapazität usw. bekannt sein. Sie dürfen sich zukünftig auch nicht mehr ändern. Statisches Routing kommt in Betracht bei: – absolut stabiler Netzwerkkonfiguration – extremen Sicherheitsauflagen
Routing	Unter dem Begriff „Routing" werden die Funktionen und Verfahren verstanden, die zur Wegewahl und Wegeoptimierung in verteilten Netzen oder Subnetzen notwendig sind. Dadurch ist der Router bestens geeignet, selbst eine Netzauslastungsverteilung vorzunehmen	Dynamisches Routing (auch adaptives Routing)	Keine feste Wegvorgabe. Der Weg für Datenpakete wird z. B. lastabhängig vom Protokoll und Router selbst gesteuert und kann sich lastabhängig bzw. prioritätsabhängig ändern

9

9.9 Internetworking

Dynamisches Routing (Forts.)	**Vorteile** des dynamischen Routings: – Neue Routen können bei laufendem Betrieb hinzugefügt werden – Das Netz reagiert selbständig bei Ausfall von Leitungen oder Netzknoten – Die Netzauslastung wird vom Netz selbst geregelt. **Nachteile** des dynamischen Routings Der Austausch von Kontrollinformationen zwischen den Routern führt zu einer zusätzlichen Netzbelastung (genannt Overhead). Dieser Overhead steigt proportional zur Zahl der Subnetze. Wenn jeder Router seine Adressen-Tabelle über alle bekannten Subnetze an jeden anderen Router sendet, steigt der Overhead quadratisch mit der Zahl der Subnetze

Routing-Algorithmen bei dynamischem Routing

DVA	DVA-Algorithmus (Distance Vector Algorithm), auch nach dem Entwickler als Bellman-Ford-Algorithmus benannt. In der Praxis ist dieses Verfahren zu finden als RIP-Verfahren. Dieser Algorithmus entscheidet sich nach der Anzahl der „Hops“ (Router), die zwischen Sender und Empfänger liegen. Er zeichnet sich durch einfache Struktur, leichte Implementierbarkeit und durch geringen Speicherbedarf aus
LSA	LSA-Algorithmus (Link State Algorithmus oder Shortest Path First oder auch Dijkstra-Algorithmus). Beispiele: OSPF, IS-IS, DECnet/OSI oder neuerdings NLSP. Hierbei sind Informationen über die Netzwerkhierarchie und über die Entfernungen zu anderen Routern notwendig. Es wird hierarchisch nach Area-Router- (Ebene 1) und nach Backbone-Router-Hierarchie (Ebene 2) unterschieden. Damit ergibt sich für diesen Algorithmus ein relativ hoher Speicherbedarf. Durch die inzwischen immer höhere Leistungsfähigkeit der Router werden die DVA-Algorithmen heute mehr und mehr von den LSA-Algorithmen abgelöst. Die Algorithmen befinden sich als Softwaremodule im Router und bilden die Grundlage für die Wegebestimmung. Ein Router vergleicht alle Tabellen, die er erhält, und bestimmt daraus nach dem Algorithmus den optimalen Weg
Medienumsetzung	Da die Netzwerkebene 3 unabhängig von der Topologie ist, können über den Router auch Medienumsetzungen vorgenommen werden

Nachteil der Router	Router sind nicht protokolltransparent wie Bridges. Sie gehören entweder einer bestimmten Protokollfamilie an wie OSI, SNA, IPX/SPX, DECnet, TCP/IP oder XNS – oder sind multiprotokollfähig
Protokolle	Es ist unbedingt zwischen dem Routing-Protokoll und dem jeweiligen Netzwerkprotokoll zu unterscheiden. Im Rahmen der TCP/IP-Protokollfamilie ist IP das Netzwerkprotokoll, als Routing-Protokolle kommen in Frage RIP (Routing Information Protocol) oder das OSPF (Open Shortest Path First). Bei der OSI-Familie ist z. B. das Netzwerkprotokoll ISO 8473 CLNP (Connectionless Network Protocol) – und ES-IS (End System to System Intermediate) das Routing Protokoll zwischen End-System und Router, bzw. IS-IS das Protokoll zwischen Routern untereinander und IDRP (Inter Domain-Routing Protocol) die Übertragungsvereinbarung zwischen großen Subnetzen. Das Protokoll APPN (Avanced Peer-to-Peer Networking) hat immer größere Bedeutung erhalten. Es wird in modernisierten SNA-Netzen eingesetzt. Über Router verbundene Netze müssen den gleichen Protokollstack für die Kommunikation untereinander haben. Das bedeutet, dass sie auch denselben globalen Namens- und Adressierungskonventionen unterliegen. Bei der Aufteilung großer LANs kann das zu Problemen führen. Diesen Nachteil haben Bridges nicht

Kommunikation über Router

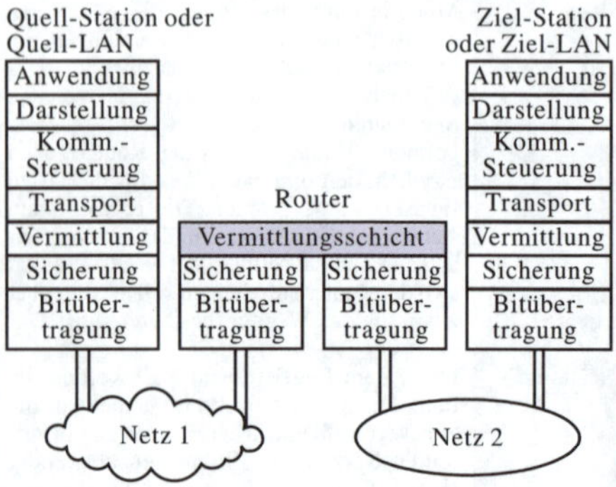

9

9.9 Internetworking

Bridges (Brücken)

Begriff

Zu Anfang der Netzwerkentwicklung haben Brücken dazu gedient, Netze gleicher Art miteinander zu verbinden (homogene Netze).
Die Netzwerknorm IEEE 802 und die Möglichkeit des Überganges zwischen heterogenen Netzen wie Token Ring und Ethernet mit Hilfe des LLC (Logical Link Control) auf der Schicht 2 des OSI-Modells machen Bridges inzwischen zu einem allgemeinen Vernetzungselement. Insofern werden Brücken dieser Art als MAC-Level-Bridges bezeichnet. Der Vorteil einer Netzverbindung auf niedriger Ebene ist die Protokolltransparenz nach oben, so dass Netze mit unterschiedlichen Protokollen über ein und dieselbe Brücke verbunden werden können

Kommunikation über Bridges

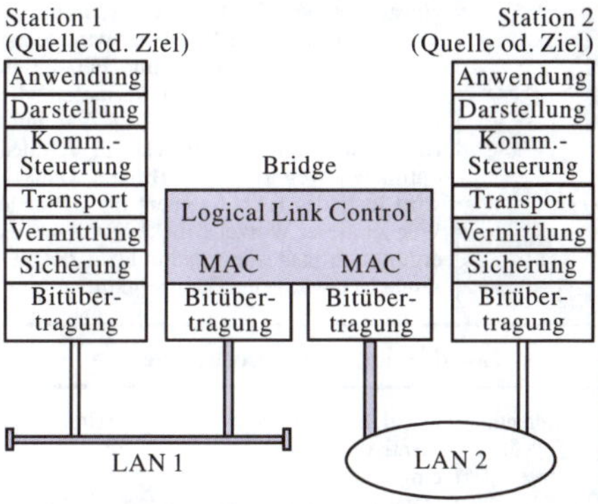

Routing mit Bridges

Brücken arbeiten auf den beiden unteren Schichten des OSI-Modells. Sie können zwischen lokalem Datenaustausch innerhalb eines Netzes und zwischen dem Austausch von einem zum anderen Netz unterscheiden. Brücken können grundsätzlich danach unterschieden werden, ob die Wegwahlentscheidung zur Weiterleitung der Daten zwischen Subnetzen im Endgerät oder in den Brücken getroffen wird. Für den Datenaustausch sind folgende Wegwahlverfahren bekannt:

- Source-Routing
- Spanning Tree

Source-Routing
Routing in Token-Ring-Netzen

Routing in Token-Ring-Netzen

Für Token-Ring-Netze wird das Source-Routing-Verfahren verwendet. Es wurde entwickelt, um mehrere LANs durch lokale Token-Ring-Brücken (sog. Multiport-Bridges) miteinander zu verbinden. Hierbei wird die Suche nach dem Weg durch das Netz von der absendenden Station durchgeführt. Damit hat eine Token-Ring-Station immer die Information über die Empfängerstation, ob diese lokal oder remote ist.

Die Sendestation teilt der Empfängerstation mit, dass eine Session aufzubauen ist. Der Empfänger sendet dafür zunächst ein Explorer-Frame, welche im Broadcast-Verfahren von allen Brücken empfangen und weitergeleitet wird. In jeden Frame werden die Brückennummern eingetragen. Dadurch ergibt sich für die Sendestation eine Tabelle und Auswahl von Netzpfaden. Aus diesen Pfaden sucht sich der Sender den besten Weg heraus und kehrt nur die Reihenfolge der eingetroffenen Brückennummer um

Nachteil des Source-Routing

Im Explorer-Frame gibt es keine Eintragungsmöglichkeit für WAN-Verbindungen

Bridges haben nur geringe Intelligenz

Bridges benutzen Adressen auf niedrigem logischen Niveau (keine Hierarchiestufen) und sehen damit nur einen flachen Adressbereich ohne Hierarchie und Knoten. Wenn es sich nicht um Sonderausführungen handelt, sind Bridges gegenüber den höheren OSI-Schichten transparent. Brücken können keine Lastaufteilung im Netz vornehmen und haben nicht die Intelligenz eines Routers. Sie werten den Teil des Datenpaketes aus, der als MAC-Level-Header bezeichnet wird (MAC = Medium Access Control). Diese Auswertung kann fast auf der Hardwareebene durchgeführt werden

Spanning-Tree-Routing
in Ethernet-Netzen

Bei den Ethernet-Bridges ist zu unterscheiden zwischen:

- statischen Brücken und
- selbstlernenden Brücken

Statische Brücken

Statische Brücken sind nicht in der Lage, dynamische Netzänderungen durch geeignete Wegwahlentscheidungen zu kompensieren. Aus diesem Grund haben sie sehr an Bedeutung verloren.

Spanning Tree

Selbstlernende Brücken sind dynamische Brücken, die sich selbst Wege im Netz erschließen können. Dabei tritt ein Problem der Schleifenbildung auf. Der sog. „Spanning-Tree-Algorithmus“ ist ein Wege-

9

9.9 Internetworking

Bridges

Spanning Tree (Forts.)

Bestimmungsverfahren, das durch eigene Anordnung von Baumstrukturen im Netz den günstigsten Weg für die Daten bestimmt.
Mit Hilfe bestimmter Parameter wird zuerst eine Wurzel-Brücke bestimmt. Für diesen Algorithmus gibt es zwei Varianten, die IEEE-Variante und die DEC-Variante. Danach berechnet jede Brücke für sich den optimalen Weg zu dieser Brücke. Danach wird für jedes LAN-Segment der optimale Weg zu dieser Wurzel-Brücke bestimmt. Es ergibt sich insgesamt dadurch für das gesamte Netzwerk eine Baumstruktur

Local Bridges in Ethernet-Netzen

Segmentierung von Netzen

Local Bridges werden zur gezielten Segmentierung und Lasttrennung im Netzwerk eingesetzt.
Heterogene Netzwerke erfordern den Einsatz von Bridges, die in der Lage sind, Datenpakete aller Ethernet-Protokolle zu übertragen. Die Bridges sind dazu mit eigener Prozesintelligenz ausgestattet. Die Bridge generiert bei der Übertragung von einem in ein anderes Netzsegment ein völlig neues Signal mit neuem Timing, neuer Amplitude und Flankensteilheit. Aus diesem Grunde wird auch von einer physikalischen Trennung bei Einsatz einer Bridge gesprochen

Remote-Bridges

LAN-WAN-Kopplung

Diese Bridges bestehen immer aus zwei Paaren und werden eingesetzt, wenn sich zwei LAN-Segmente nicht am selben Ort befinden. Sehr oft werden heterogene Lokale Netze dadurch zu einem WAN gekoppelt. Immanente Forderung: Das WAN muss für alle angeschlossenen Stationen transparent sein. Solch eine Transparenz wird von sog. Remote-MAC-Layer-Bridges gewährleistet. (Eine Bridge arbeitet auf der unteren Hälfte der Ebene 2, die sich MAC-Ebene nennt.) Jede Remote-Bridge besitzt einen LAN- und einen oder zwei WAN-Anschlüsse. Sie erkennen automatisch, welche der Anschlüsse angeschlossen sind. Die Filterfunktion der Bridges bewirkt eine Latentkopplung im Netz. Die Adress-Tabelle der Bridges wird mit Hilfe eigener Intelligenz dynamisch aktualisiert.
Remote Bridges leiten bei Verwendung zweier WAN-Anschlüsse die Datenpakete über beide Wege in das LAN, das als Ziel bestimmt ist. Bei Ausfall eines Anschlusses übernimmt automatisch der andere die Übertragung alleine.

Diese Bridges gibt es in „High-Speed-Ausführung“ und in „Medium-Speed-Ausführung“

Segmentierung eines Netzes – Einsatz von Local Bridges

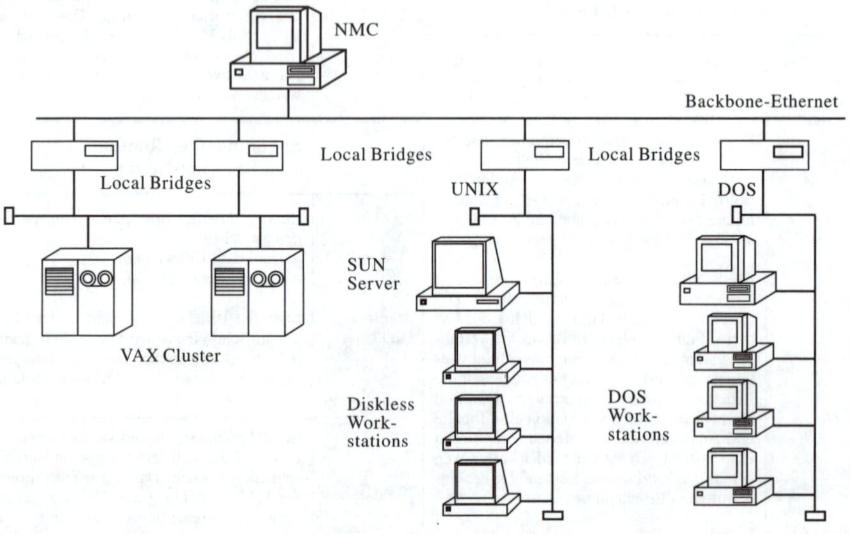

9.9 Internetworking

Gateways

Begriff	Rechner, die mehrere Kommunikations- bzw. Subnetze mit unterschiedlichen Protokollen so miteinander verbinden, dass die jeweiligen Protokolle umgesetzt werden, nennt man Gateways
Funktion	Ein typisches Gateway verbindet Netze auf der Ebene 7 miteinander, die verschiedene Protokolle besitzen. Typische Funktion in einem Netz ist die bidirektionale Protokollumsetzung (Funktion zwischen zwei Netzen als MTA = Message Transfer Agent) und Gewährleistung der Unabhängigkeit der Einzelnetze
Beispiele	Beispiel 1: Es kann Aufgabe eines Gateways sein, ein fremdes Datenbanksystem auf dem Arbeitsplatzrechner so erscheinen zu lassen, als handele es sich um eine Datenbank auf dem eigenen Rechner
	Beispiel 2: Ein TCP/IP-Gateway ermöglicht die bidirektionale Kommunikation zwischen der reinen UNIX-Welt und der DEC-Welt bzw. zwischen der UNIX-Welt und der DOS-Welt

Kommunikation zwischen zwei Stationen in verschiedenen Netzen mit jeweils eigener Protokollarchitektur

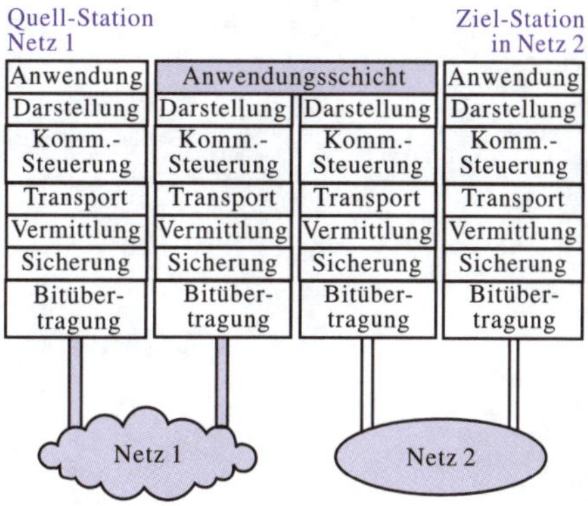

Remote-Kommunikation zwischen Servern/Gateways und X.25-Backbone

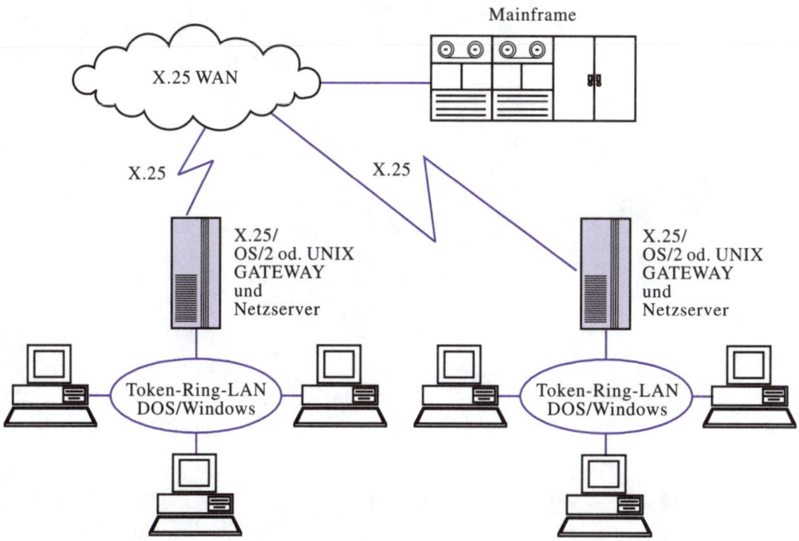

10 Audiotechnik

10.1 Grundlagen der elektroakustischen Übertragung

Audiotechnik ist die Technik der Verarbeitung **hörbarer Informationen.** Im engeren Sinne gehören dazu Sprache, Musik, Geräusche usw. Elemente dieser Information sind u. a.: **Geräusche, Töne, Klänge, Phoneme, Sprache.**

Ein **Hörereignis** ist die von einem Schallereignis hervorgerufene Wahrnehmung. Es enthält Information (Sprache, Musik), kann stören (Lärm), aber auch stimulieren, Wohlgefühl oder Stress u. a. m. erzeugen.

Ein **Schallereignis** ist Schall, der einen Reiz auf das (menschliche) Gehör hervorruft. Zu starke Schallereignisse können das Gehör schädigen (Lärmschwerhörigkeit).

In einem Raum setzt sich ein Schallereignis aus dem von der Schallquelle verursachten **Direktschall** und dem von den Wänden reflektierten **Raumschall** zusammen.

Aufgabe der **elektroakustischen Übertragung** ist es, ein Schallereignis so von einem Ort zu einem anderen Ort, zur gleichen oder zu einer anderen Zeit zu übertragen, dass das gleiche Hörereignis noch einmal entsteht.

Teilprozesse der elektroakustischen Übertragung

Aufnahme	Wandlung des akustischen in ein elektrisches Signal
Übertragung	Summe aller Prozesse, mit deren Hilfe das Signal an einen anderen Ort überrtragen wird
Speicherung	Prozesse und Verfahren, die es gestatten, das Signal zu vervielfältigen und zu einem beliebigen Zeitpunkt wiederzugeben
Wiedergabe	Reproduktion eines Hörereignisses

Kurven gleicher Lautstärke

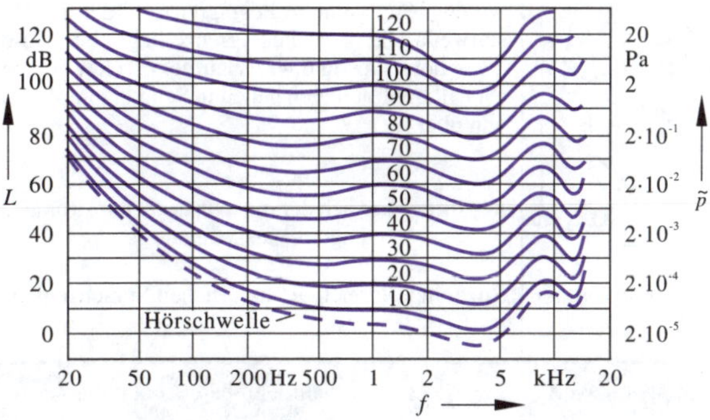

Parameter: Lautstärkepegel in phon

Für gleichlaut empfundene Töne unterschiedlicher Tonhöhe werden **Kurven gleicher Lautstärke** angegeben. Sie kennzeichnen die Lautstärke einzelner Töne in **phon**. Die in ISO-Rec 226 standardisierten Kurven gelten für frontal einfallende, mit beiden Ohren abgehörte reine Töne und sind das Ergebnis (Mittelwert) aus Messungen der empfundenen Lautstärke von jungen Personen mit gesundem Gehör (Streubreite ±5 dB).

Für die Berechnung des **Schalldruckpegels** L ist ein **Bezugsschalldruck** von $2 \cdot 10^{-5}$ Pa (= $2 \cdot 10^{-4}$ μbar) festgelegt.

Bei Schalldruckpegeln unterhalb der sog. **Hörschwelle** wird kein Hörereignis mehr wahrgenommen.

Die physikalische Größe, die den Schallreiz im Gehör unmittelbar auslöst, ist der Schalldruck. Das **akustische Signal** ist die Zeitfunktion des Schalldruckes am Trommelfell oder einem Mikrofon.

10

⇒ 2-11

Die empfundene **Lautstärke** für Sinussignale (reine Töne) wird vom Effektivwert des Schalldruckes bestimmt und ist außerdem abhängig von der Frequenz.

Die empfundene **Tonhöhe** wird von der Frequenz des akustischen Signals bestimmt.

Die spektrale Zusammensetzung des akustischen Signals erzeugt die Empfindung einer **Klangfarbe**.

Information über den **Ort der Schallquelle** gewinnt das Gehör aus dem Unterschied der akustischen Signale am rechten und linken Ohr.

10.1 Grundlagen der elektroakustischen Übertragung

Orientierende Werte für Lautstärkepegel von typischen Schallereignissen

Schallereignis	Lautstärkepegel in phon
Blätterrauschen bei sehr geringer Luftbewegung	10
sehr ruhiger Garten	20
sehr ruhige Wohnstraße, untere Grenze üblicher Wohngeräusche	30
leise Rundfunkmusik, gedämpfte Unterhaltungssprache	40
übliche Unterhaltungssprache, ruhige Straße in Großstadt	50
Staubsauger in Wohnung, Hundebellen in 30 m Entfernung	60
Straßenverkehr ohne LKW und Straßenbahn	70
Straßenverkehr mit LKW und Straßenbahn, laute Rundfunkmusik im Zimmer	80
Auto-Hupe in 5 m Entfernung, nicht gedämpfte Baumaschinen	90
Webereimaschinensaal, fortissimo in einem Sinfonieorchester	100
Presslufthammer in 2 m Entfernung, laute Disco-Musik	110
Flugzeugmotor in 3 m Abstand, Jagdflugzeug im Tiefflug	120
schmerzender Lärm, Gewehrschuss am Ohr des Schützen, Überschallknall	130

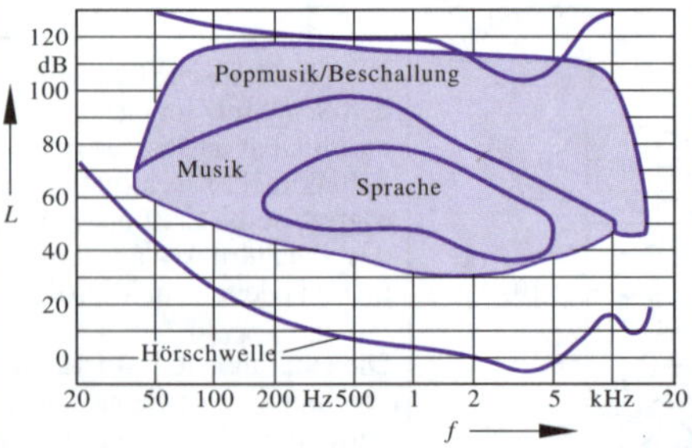

Als **Hörfläche** bezeichnet man im Diagramm der Kurven gleicher Lautstärke das Pegel- und Frequenzgebiet, in dem wahrnehmbare Töne dargestellt werden. Seine untere Pegelgrenze bildet die **Hörschwelle**, die obere Pegelgrenze liegt oberhalb der 120-phon-Linie und wird **Schmerzgrenze** genannt. (Schallempfindungen gehen in Schmerzempfindungen über.)

Musik: Bereich der mit akustischen Instrumenten erzeugten Musiksignale

Beschallung: Bereich elektroakustisch erzeugter Signale

Sprache: Bereich der natürlichen Sprachsignale

Wahrnehmbarkeitsgrenzen	Bez.	wahrnehmbarer Wert		kleinste wahrnehmbare Änderung	
		kleinster	größter	unmittelbarer Vergleich (Modulation, Frequenzgang)	nach einer Pause (Verschiebung)
Effektivwert des Schalldruckes	$\tilde{p}$	ca. 10 µPa	ca. 20 Pa	2 – 15%	keine Werte bekannt
Schalldruckpegel	L	– 6 dB	120 dB	0,34 – 2,3 dB	
Frequenz	f	16 Hz	16 kHz	0,1 – 0,3%	3 – 10%
Phase	φ	in stationären Signalen ist die Phase nicht wahrnehmbar			
Laufzeiten	Δt	Zeitdifferenzen zwischen Signalkomponenten von mehr als 10 ms werden als raumakustische Information, von mehr als 50 ms als Echo erkannt			

10.1 Grundlagen der elektroakustischen Übertragung

Stereofonie

Gesetz der 1. Wellenfront
Eine Schallquelle wird aus der Richtung wahrgenommen, aus der die erste Wellenfront eintrifft.
Der damit gewonnene Richtungseindruck bleibt erhalten, auch wenn noch bis zu 150 ms später aus anderen Richtungen Schallanteile eintreffen

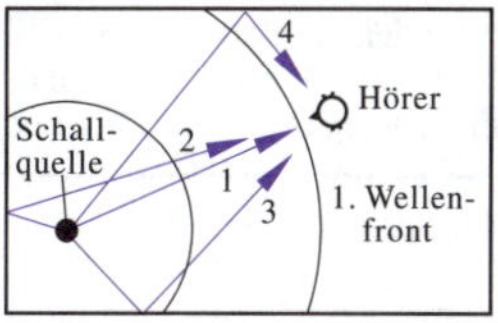

1
Richtung der ersten Wellenfront

2, 3, 4, …
Richtungen späterer Fronten

Summenlokalisation
Strahlen zwei Lautsprecher ähnliche (kohärente) Signale aus, die am Ort des Hörers mit weniger als 30 ms Laufzeitunterschied eintreffen und sich in ihrem Pegel um weniger als 30 dB unterscheiden, so wird eine **Phantomschallquelle** aus einer Richtung zwischen den Lautsprechern wahrgenommen

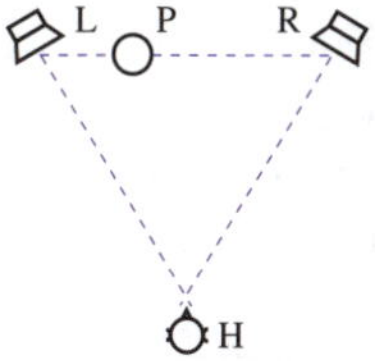

- P Phantomschallquelle (Beispiel)
- L linker Lautsprecher
- R rechter Lautsprecher
- H Hörer

Raumbezogene Stereofonie
Die Rauminformationen sind den Koordinaten des Wiedergaberaumes zugeordnet.

Das Schallereignis wird mit Lautsprechern in einem Wiedergaberaum so reproduziert, daß die räumliche Anordnung der Schallquellen und die Eigenschaften des Ursprungsraumes erkannt werden können.
Dazu sind Aufnahme, Übertragung und Wiedergabe von **mindestens zwei** Teilsignalen notwendig

Kopfbezogene Stereofonie
Die Rauminformationen sind den Koordinaten des Kunstkopfes zugeordnet.

Mit einem **Kunstkopf** werden den Ohrsignalen entsprechende Signale aufgenommen und über Kopfhörer direkt am rechten und linken Ohr des Hörers wiedergegeben

Verdeckungseffekte

Simultane Verdeckung
Laute Schallereignisse (Maskierer) verdecken weniger laute.
Nur Schallereignisse mit größerem Pegel als die **Mithörschwelle** werden wahrgenommen.

Beispiel:
Mithörschwellen für Sinustöne, die von einem 1000-Hz-Sinuston mit einem Schalldruckpegel von

1	L 80 dB
2	L 60 dB
3	L 40 dB
4	L 20 dB

maskiert werden

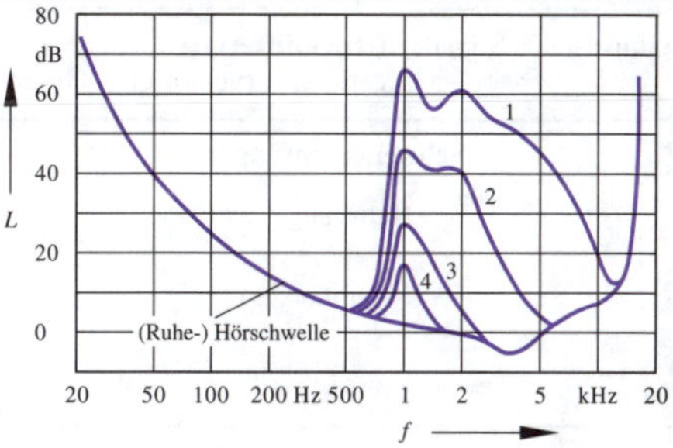

Vorverdeckung
Die Wahrnehmbarkeit für leisere Schallereignisse nimmt schon vor der Wahrnehmung des Maskierers ab

Nachverdeckung
Das Gehör benötigt eine bestimmte Zeit, um nach einem Hörereignis wieder die ursprüngliche Hörschwelle einzustellen

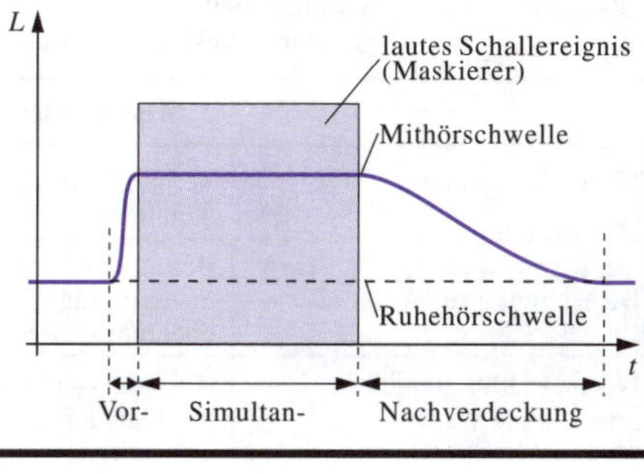

10.2 Schallaufnahme

Mikrofone, Empfangseigenschaften

⇐ 10-26

Mikrofone sind Schallwändler, die akustische Signalgrößen eines Schallfeldes in elektrische Signalgrößen am Ausgang eines Zweipoles transformieren.

Die **aufzunehmende Schallfeldgröße** und das **physikalische Wirkprinzip** des Wandlers bestimmen den Aufbau der Mikrofone.

Druckempfänger

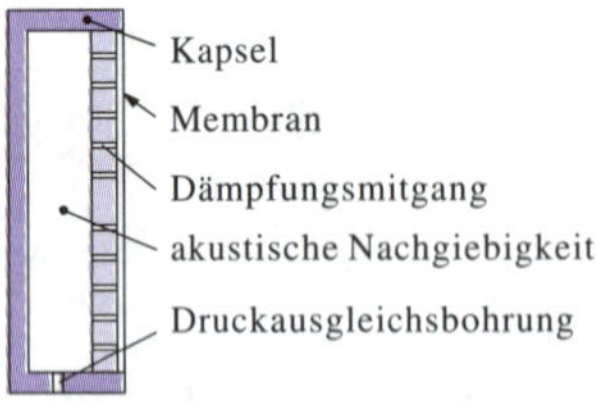

Merkmal
geschlossene Kapsel,
ggf. vorhandene Druckausgleichsbohrung ist akustisch unwirksame Kapillare

Resonanz
- wird von Membranmasse und Nachgiebigkeit des Kapselvolumens (luftsteif) oder Nachgiebigkeit der Membran (membransteif) bestimmt.
- liegt am oberen Ende des Übertragungsbereiches (**hoch abgestimmt**)

akustisches Signal: **Schalldruck**
ungerichtete (skalare) Größe

Richtcharakteristik **Kugel** 
Beispiel: Kohlemikrofon

Druckdifferenzempfänger

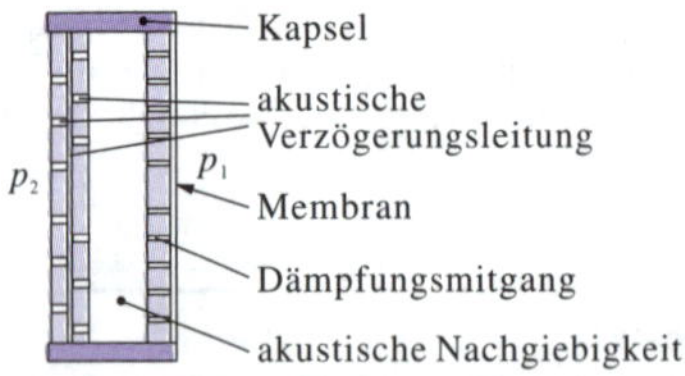

Merkmal
zweiter Schalleingang mit akustisch verzögerter Wirkung auf die Rückseite der Membran

Resonanzen
- werden von der Membranmasse und den akustischen Massen und Nachgiebigkeiten des akustischen Verzögerungsnetzwerkes bestimmt,
- liegen im Übertragungsbereich und werden durch die Mitgänge gedämpft

akustisches Signal: **Druckdifferenz**
gerichtete (vektorielle) Größe

Richtcharakteristik **Niere** 
Beispiel: Tauchspulmikrofon

Schnelleempfänger

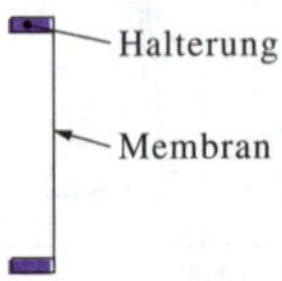

Merkmal
Membran beiderseitig dem Schallfeld ausgesetzt

Resonanz
- wird von Membranmasse und -nachgiebigkeit bestimmt,
- liegt am unteren Ende des Übertragungsbereiches (**tief abgestimmt**)

akustisches Signal: **Schallschnelle**
gerichtete (vektorielle) Größe

Richtcharakteristik **Acht** 
Beispiel: Bändchenmikrofon

Kenngrößen von Mikrofonen

⇐ 10-25

Übertragungsfaktor	Verhältnis von Effektivwert der Ausgangsspannung zu Effektivwert des Schalldruckes (Angabe in mV/Pa)
elektrische Impedanz Bezeichnung für Werte	Betrag des komplexen Quellwiderstandes niederohmig: ≤200 Ω; mittelohmig: 470 Ω … 1,5 kΩ; hochohmig: ≥50 kΩ
Nennabschlussimpedanz empfohlene Werte	Abschlusswiderstand für Messung der Eigenschaften und normalen Betrieb, niederohmig: 1 kΩ; mittelohmig: 5 kΩ; hochohmig: 1 MΩ

10.2 Schallaufnahme

Mikrofone, Wandleraufbau, Betrieb

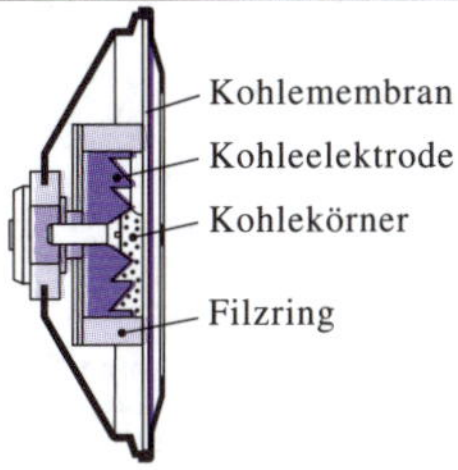

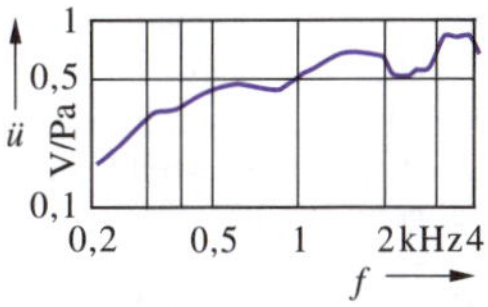

Kohlemikrofon

physikalisches Prinzip

Die durch den Schalldruck angetriebene Membran beeinflusst den Übergangswiderstand zwischen den Kohlekörnern.

aufgenommene Schallfeldgröße: Schalldruck ⟹ 2-11

abgegebene elektrische Größe: modulierter Gleichstrom

Anwendung: Fernsprechtechnik

Betriebsschaltung (Beispiel)

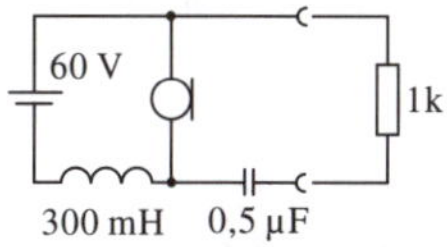

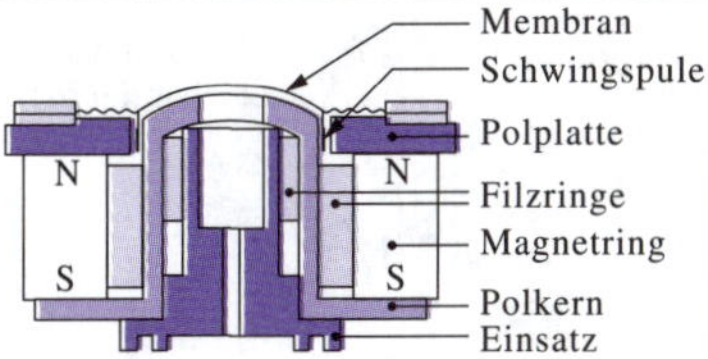

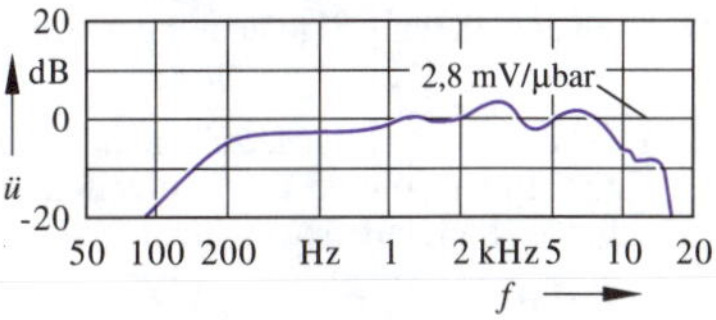

Tauchspulmikrofon (dynamisches Mikrofon)

physikalisches Prinzip

Die Schwingspule wirkt als Generator im Magnetfeld zwischen Polplatte und Polkern.

aufgenommene Schallfeldgröße

Rückseite geschlossen: Schalldruck

Rückseite offen: Druckdifferenz

abgegebene elektrische Größe: Spannung

Betriebsschaltung

Das Mikrofon soll im elektrischen Leerlauf betrieben werden. (Lastwiderstand mindestens 5mal größer als der Betrag der Schwingspulenimpedanz)

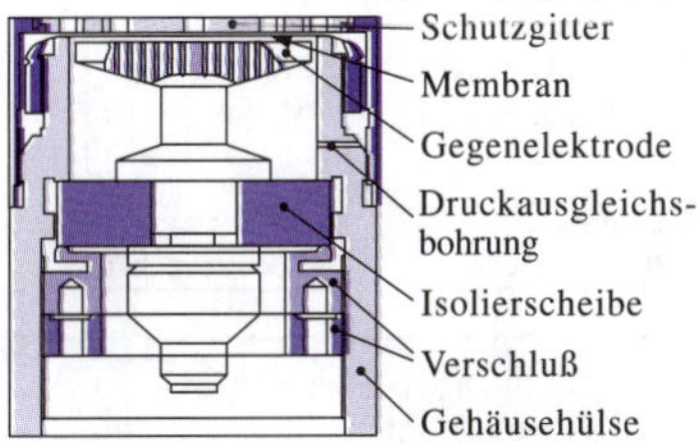

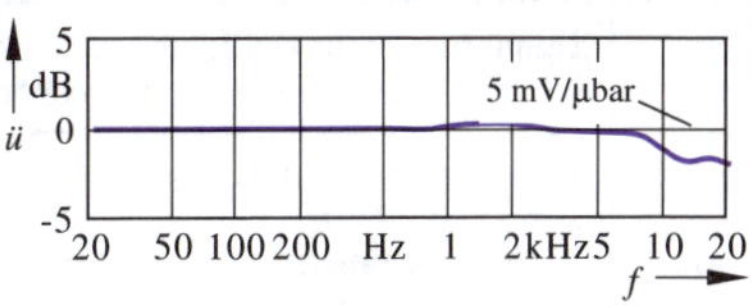

Kondensatormikrofon

physikalisches Prinzip

Membran und Gegenelektrode bilden einen veränderlichen Kondensator.

aufgenommene Schallfeldgröße

Rückseite geschlossen: Schalldruck

Rückseite offen: Druckdifferenz

abgegebene elektrische Größe

Von der elektronischen Betriebsschaltung wird eine Wechselspannung abgegeben.

Betriebsschaltung

Unmittelbar an der Kapsel muß die Betriebsschaltung nachgeschaltet sein. Verwendet werden

Hochfrequenzschaltung: Die Kapselkapazität ist Teil eines Schwingkreises, es entsteht Frequenzmodulation. ⟹ 3-1

Niederfrequenzschaltung: An die Kapsel wird über einen sehr großen Widerstand (>100 MΩ) Gleichspannung angelegt, die Spannung an den Klemmen des Kondensators ändert sich mit der Kapazität ⟹ 3-10

10.2 Schallaufnahme

Mikrofoneinsatz

Deutliche Sprachübertragung
Aufnahme einzelner Schallquellen
(z. B. Musikinstrumente)

Prinzip:
Aufnahme eines möglichst hohen Direktschallpegels
Ausblenden des Raumschallanteiles

Realisierung:
Richtmikrofon auf Schallquelle gerichtet
möglichst dicht an der Schallquelle

Kunstkopfstereofonie

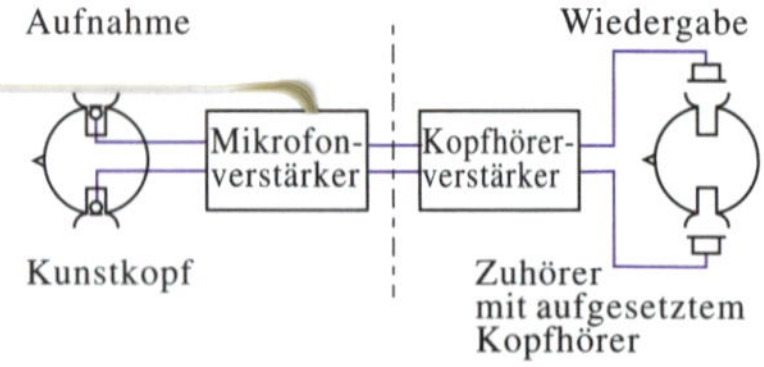

Vorteile: sehr einfache Anordnung
sehr gute Raumabbildung

Nachteile: nur mit Kopfhörer realisierbar
bei Bewegung des Kopfes bewegt sich der abgebildete Raum

Intensitätsstereofonie für Lautsprecherwiedergabe

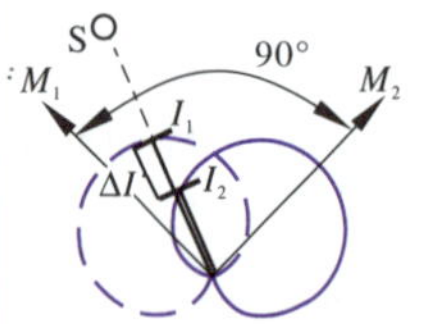

$M_{1,2}$ Hauptempfangsrichtung der Mikrofone
$I_{1,2}$ Signalpegel
S Schallquelle

Es entstehen zwei kohärente Signale mit dem Pegelunterschied ΔI.

Vorteil: Die beiden Signale lassen sich ohne Klangfarbenveränderung zu einem Summensignal (Monosignal) addieren

Laufzeitstereofonie für Lautsprecherwiedergabe

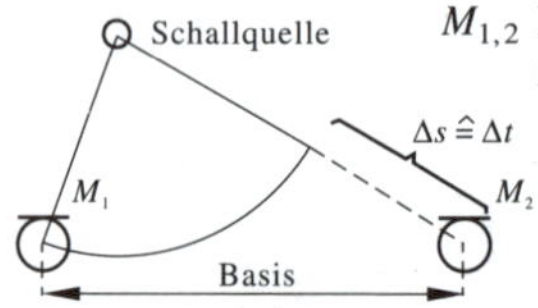

$M_{1,2}$ Mikrofone mit Kugelcharakteristik

Es entstehen zwei kohärente Signale mit dem Laufzeitunterschied Δt.

Nachteil: Bei Addition der Signale zu einem Monosignal treten infolge der Laufzeitunterschiede Klangfarbenverfälschungen auf

Stereosignale

Bei **Zweikanalstereofonie für Lautsprecherwiedergabe** ist folgendes Bezeichnungssystem zur übersichtlichen Kennzeichnung der Teilsignale eingeführt.

Die Seitenzuordnung (rechts, links) entspricht nebenstehender Darstellung

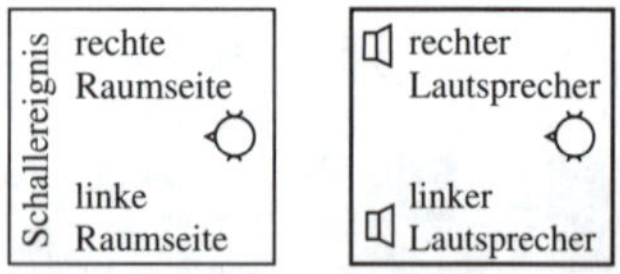

Von einem Stereo-Mikrofonpaar abgegebene Signale		Vom Studio abgegebene Signale Ergebnis des Schallaufnahmeprozesses		
	Seitenzuordnung		Kennfarben	Seitenzuordnung
X	Signal aus der linken Raumseite	A	weiß, gelb	Signal für den linken Lautsprecher
Y	Signal aus der rechten Raumseite	B	rot, grün	Signal für den rechten Lautsprecher

AB-Stereo-Signal	Kanäle A und B haben gleiche Eigenschaften	symmetrisches System
MS-Stereo-Signal	Kanäle M und S können verschieden sein M = A + B Summensignal Monosignal S = A − B Differenzsignal Seitensignal	unsymmetrisches System

10.3 Audio-Signalübertragung

10.3.1 Analoge Signalübertragung

Physikalische Wirkprinzipien für Audio-Übertragungskanäle

Physikalisches Wirkprinzip	Beispiele	Bemerkungen
akustisch	Sprachrohr Hörschlauch Schallfeld	sehr einfach, keine Wandler erforderlich
elektrisch (Wechelspannung/ Wechselstrom)	Drahtleitung klassisches Telefon Geräte	einfach, Signal ist an die Leitung gebunden Verbindung von Geräten und Wandlern untereinander Geräte mit elektrischem Ein- und Ausgang
elektromagnetische Strahlung (HF-Feld)	Rundfunk	unterschiedliche Modulationsverfahren Signalverbreitung über sehr große (unbegrenzte) Räume
optische Strahlung	Lichtwellenleiter Infrarotübertr.	keine Störungen durch elektrische Felder Signalverbreitung in begrenzten Räumen

In **digitalen Übertragungskanälen** werden die gleichen physikalischen Wirkprinzipien angewendet, aber nur bestimmte ausgewählte Zustände für die Darstellung der **Symbole** 0 und 1 benutzt.

Ziele der Signalübertragung

Reproduktion eines Hörereignisses

Aus dem übertragenen Signal soll bei dessen Wiedergabe ein Schallereignis entstehen, das das gleiche Hörereignis hervorruft wie die Wiedergabe des Signals vor der Übertragung.

Veränderungen und Störungen des Signals sind so lange zulässig, wie sie nicht wahrgenommen werden

Sprachübertragung – Telefon, Kommandos usw.

Informationstheoretisch muss erreicht werden, dass eine (gelesene) Wortfolge fehlerfrei gehört, verstanden und ggf. niedergeschrieben werden kann.

Veränderungen und Störungen des Signals sind so lange zulässig, wie die **Silbenverständlichkeit** nicht vermindert wird

Dynamik, Pegelbezeichnungen

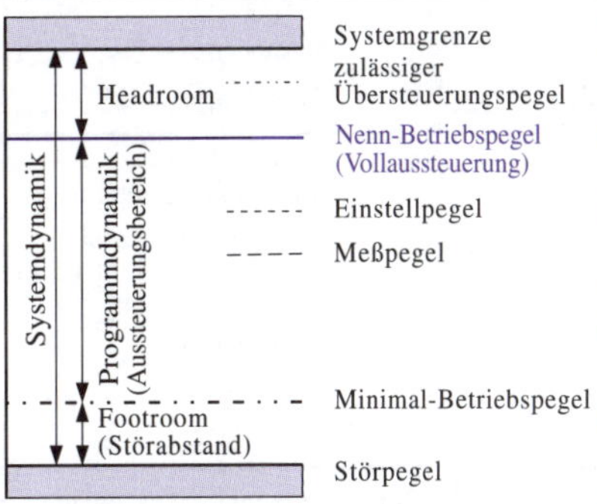

Als **Aussteuerung** bezeichnet man die Einstellung des Signalpegels, so dass der Nenn-Betriebspegel nicht überschritten und der Minimal-Betriebspegel nicht unterschritten werden.

Übersteuerung erhöht die nichtlinearen Verzerrungen, **Untersteuerung** vermindert den Störabstand.

Spitzenwert-**Aussteuerungsmesser** haben eine kurze Einschwingzeit (< 10 ms).
Vorteil: gute Einhaltung des Nenn-Betriebspegels
Nachteil: Anzeige entspricht nicht der Lautstärke

VU-Meter zeigen einen lautstärkeproportionalen Mittelwert an.
Nachteil: bei impulshaltigen Signalen treten unkontrollierte Übersteuerungen auf

10.3 Audio-Signalübertragung

Bewertete Messung von Eigenrauschen und Einstreuungen		
	Geräuschspannung	Störspannung
Bewertungsfilter	in professionellen Geräten wird nach DIN 45405: 1983-11 gemessen 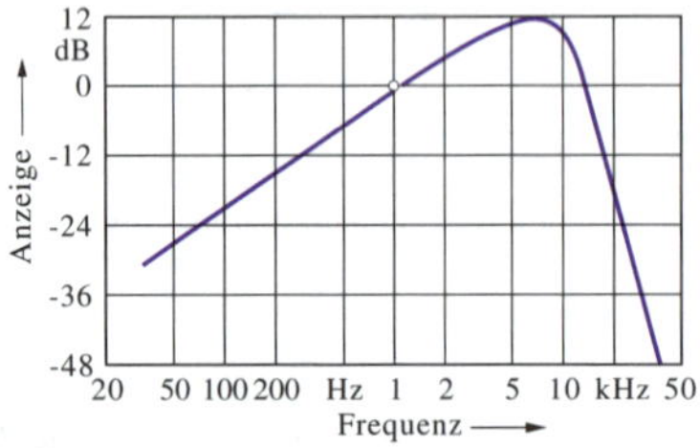	bei Heimgeräten wird nach DIN 45412: 1986-1 gemessen 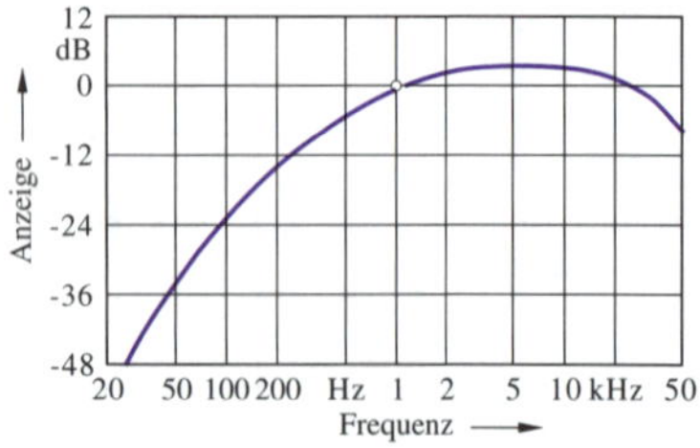
Meßwert	Quasi-Spitzenwert nach DIN 45405	Effektivwert nach DIN 45402: 1975-3
Zeitverhalten der Anzeige	Test mit 5 kHz Einzelbursts 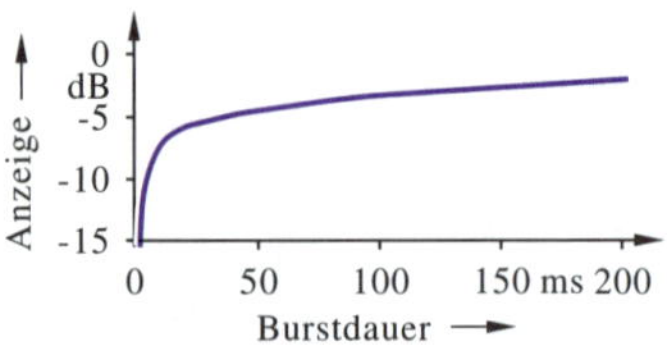	Test mit 5 kHz Einzelbursts 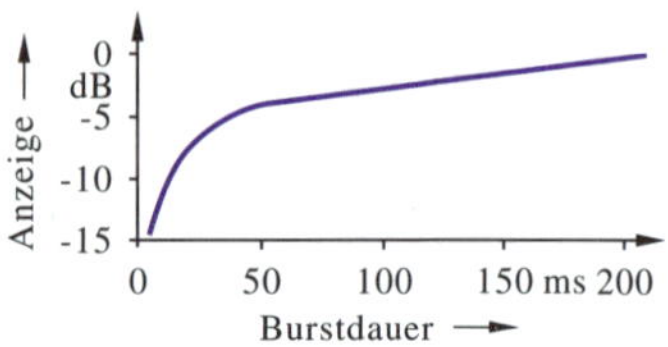

Infolge der unterschiedlichen Vereinbarungen können sich für das gleiche Störsignal die Werte von Geräuschspannung und Störspannung um mehr als 12 dB unterscheiden!

Nicht lineare Verzerrungen		
Spektrum	Definition	Anmerkungen
Klirrfaktor 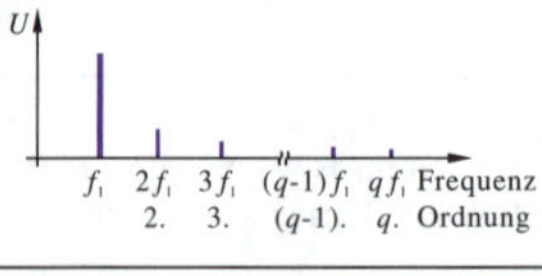	total: $d_t = \frac{\sqrt{U_{2f_1}^2 + U_{3f_1}^2 + \ldots + U_{(q-1)f_1}^2 + U_{qf_1}^2}}{U_a}$ Ordnung q: $d_q = \frac{U_q}{U_a}$	Testsignal: Sinussignal mit f_1: variabel Aussteuerung: $U_{ref} = U_{f_1} \approx U_a$
Modulationsfaktor 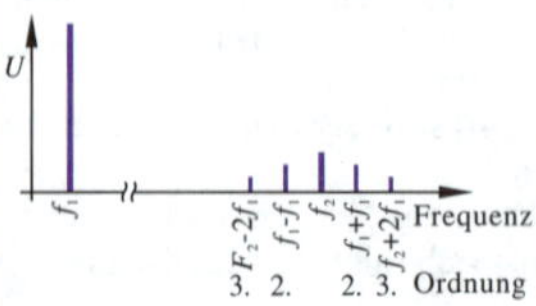	total: $d_m = \frac{\sqrt{\sum_q (U_{(f_2-(q-1)f_1)} + U_{(f_2+(q-1)f_1)})^2}}{U_{f_2}}$ Ordnung q: $d_{mq} = \frac{(U_{(f_2-(q-1)f_1)} + U_{(f_2+(q-1)f_1)})}{U_{f_2}}$	Testsignal: zwei Sinussignale mit $U_{f_1} = 4\,U_{f_2}$ f_1: variabel, f_2: 4 oder 5 kHz Aussteuerung: $U_{ref} = U_{f_1} + U_{f_2}$

U Effektivwert der Ausgangsspannungskomponenten
U_a Effektivwert des Gesamt-Ausgangssignales
U_f Effektivwert der Eingangssignale
U_{ref} Effektivwert eines Sinussignales, mit gleicher Aussteuerung wie U_a
q Ordnungszahl

10.3 Audio-Signalübertragung

⇒ 10-24 bis 10-27

Wechselstromleitungen für die Audio-Signalübertragung

Parallele Drähte, ggf. verdrillt

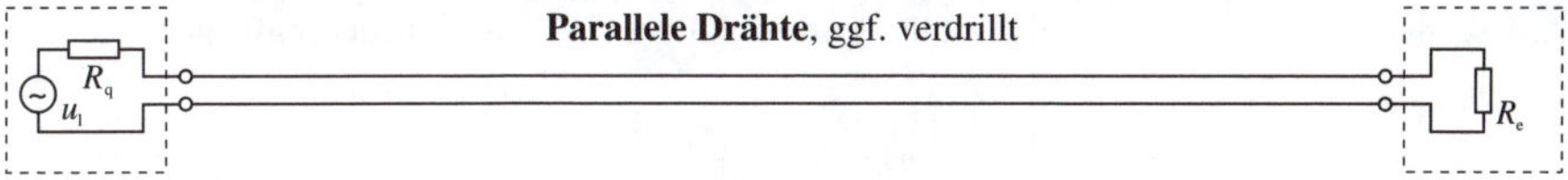

Quelle	Eigenschaften	Senke
Spannung enthält Information $R_q \ll R_e$ Beispiel: Leistungsverstärkerausgang	– sehr einfacher Aufbau, – kleine Leitungskapazität (kann vernachlässigt werden), – Unterdrückung elektromagnetischer Einstreuungen durch Kompensation in beiden Leitern	wird von Spannung gesteuert $R_e \gg R_q$ Beispiele: Lautsprecher, Kopfhörer

Unsymmetrische abgeschirmte Leitung (Koaxialkabel)

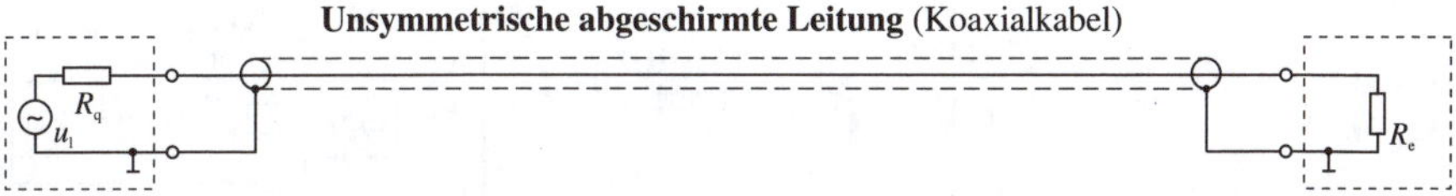

Quelle	Eigenschaften	Senke
Spannung enthält Information $R_q \ll R_e$ Beispiele: Verstärkerausgang, Wandlerausgang	– Einfacher Aufbau elektromagnetische Felder werden sicher gegenüber der Ader abgeschirmt – Kapazität zwischen Schirm und Ader bildet Tiefpass mit den Abschlusswiderständen R_q und R_e, dadurch nur kurze Leitungen möglich – Die Bezugspotenziale von Quelle und Senke werden über den Schirm verbunden, wenn sie nicht gleich sind, kann auf dem Schirm Störspannung entstehen, die zur Signalspannung addiert wird (sog. Erdschleife)	wird von Spannung gesteuert $R_e \gg R_q$ Beispiel: Verstärkereingang
Strom enthält Information $R_q \gg R_e$ Beispiel: DIN-Überspielausgang an Rundfunkempfängern		wird von Strom gesteuert $R_e \ll R_q$ Beispiel: DIN-Überspieleingang an Magnetbandgeräten

Symmetrisch erdfreie geschirmte Leitung

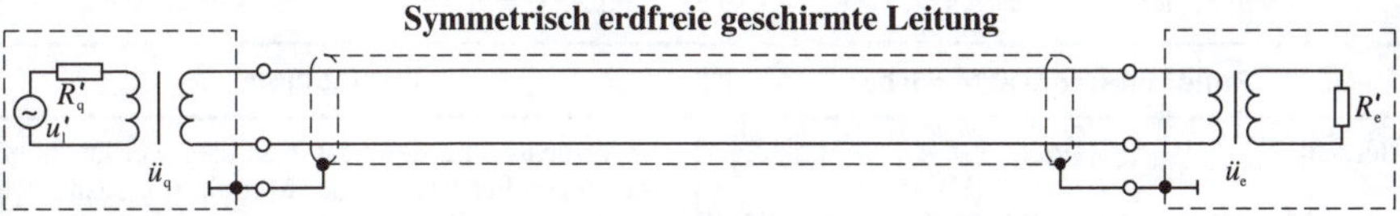

Quelle	Eigenschaften	Senke
Spannung enthält Information $R_q = ü^2 R'_q \ll R_e$ Beispiel: Geräteausgänge von Studiogeräten	– hoher Aufwand (Trenntrafos) – elektromagnetische Felder werden sicher gegenüber den Adern abgeschirmt – unterschiedliche Bezugspotenziale haben keinen Einfluss auf Signalspannung – geeignet als Tonsignalleitungen in Studios und weiträumigen Netzen	Spannung enthält Information $R_e = ü^2 R'_e \gg R_q$ Beispiel: Geräteeingänge von Studiogeräten

10.3 Audio-Signalübertragung

Analoge Rundfunkübertragung

Sender	Signale	Empfänger

AM-Sender

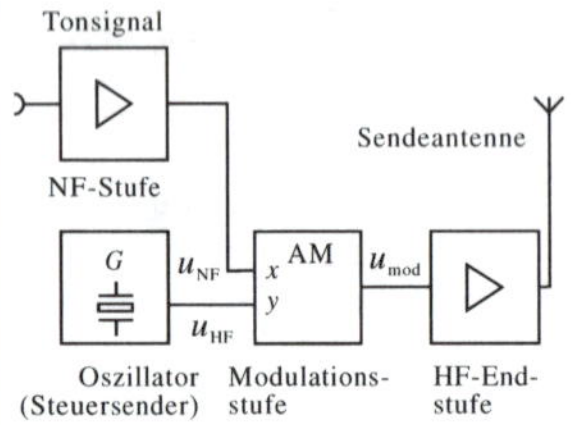

Amplitudenmodulation

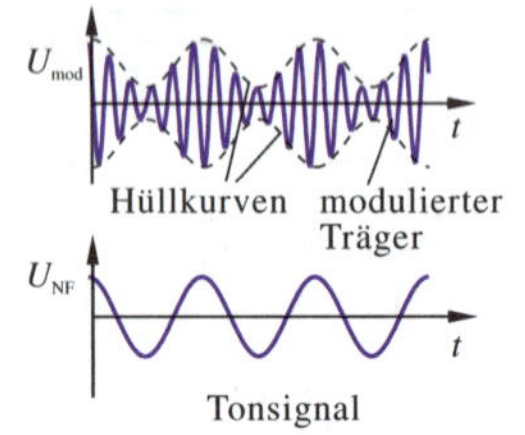

Geradeausempfänger

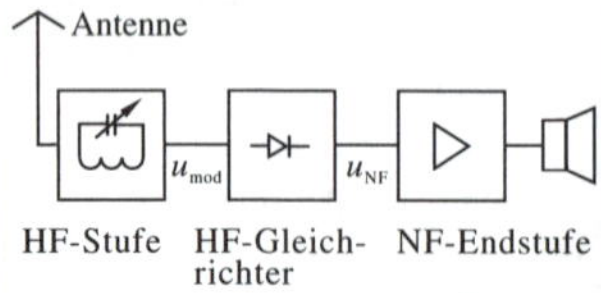

FM-Stereo-Sender

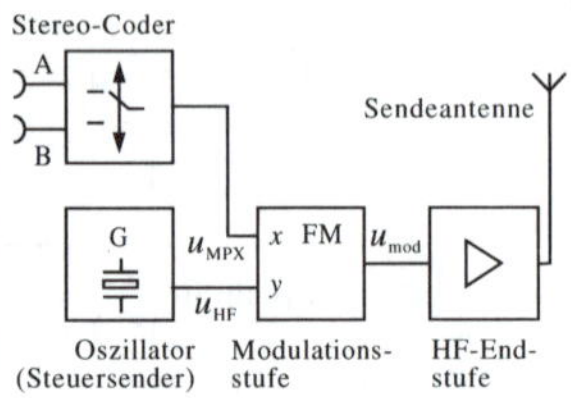

Frequenzmodulation

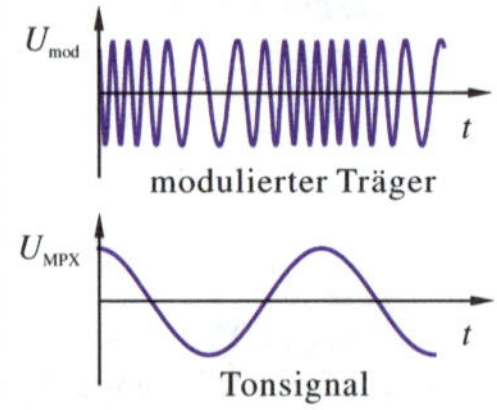

Überlagerungsempfänger

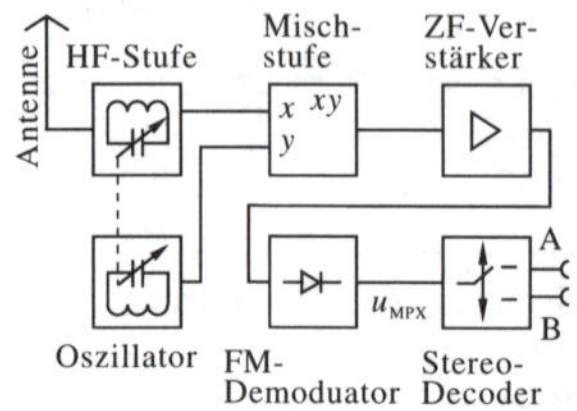

Analoge Rundfunk-Stereoübertragung

Abtast-Stereo-Coder

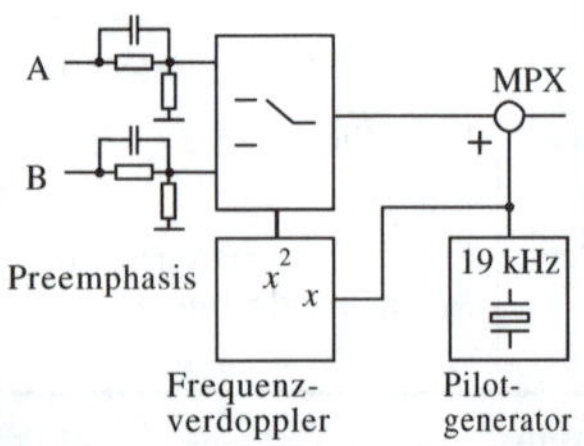

Stereo-Multiplex-Signal

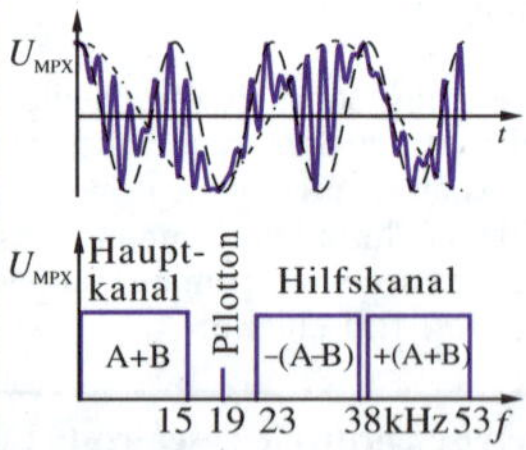

Schalter-Decoder

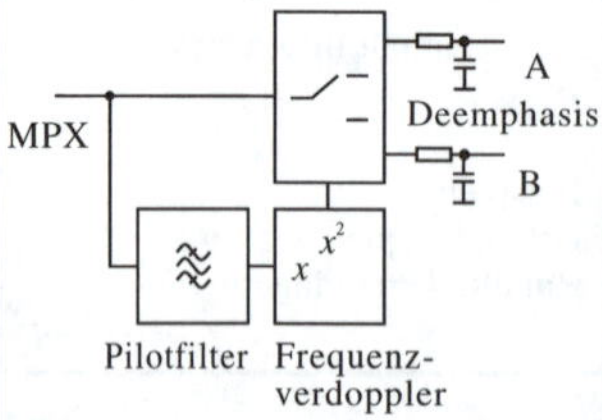

Rundfunkfrequenzbereiche

Bereich		Frequenz kHz/MHz	Wellenlänge m
Wellenbereiche für AM-Rundfunkübertragung			
Langwelle	LW	150 – 285	1050 – 2000
Mittelwelle	MW	535 – 1605	189 – 560
Kurzwelle	KW	5,95 – 26,5	11,5 – 50
Wellenbereich für FM-Rundfunkübertragung			
Ultrakurzwelle	UKW	87,5 – 108	2,8 – 3,4

Preemphasis

Zur Verbesserung des Störabstandes werden hohe Frequenzen bei FM vor der Modulation zusätzlich verstärkt (Preemphasis) und nach der Übertragung wieder entsprechend gedämpft (Deemphasis)

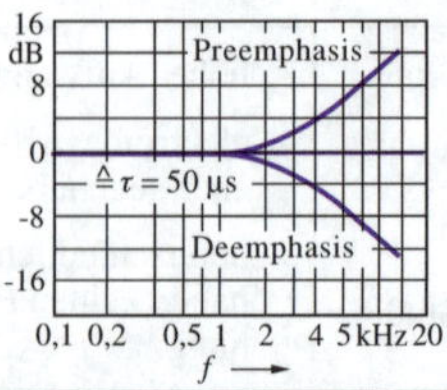

Die Details der analogen Rundfunkübertragung sind in CCIR-Standards vereinbart (CCIR = **C**omité **C**onsultatif **I**nternational **R**adiocommunications)

10.3 Audio-Signalübertragung

10.3.2 Digitale Signalübertragung

⇒ 7-4

Analog-Digital-Wandlung

Bandbegrenzung	Abtastung	Klassierung	Codierung
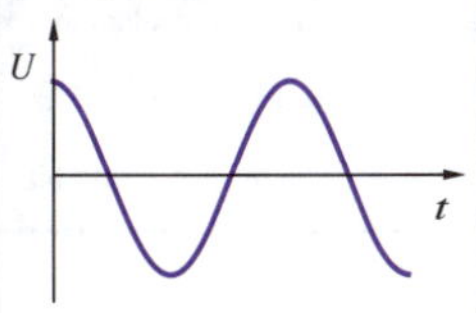	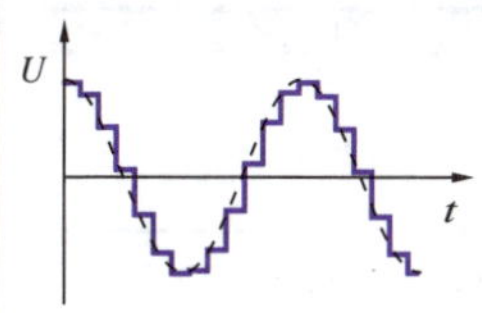	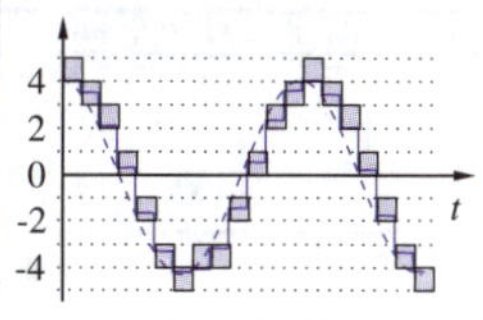	4, 3, 2, 0, –2, –4, –5, –4, –4, –2, 0, 2, 3, 4, 3, 2, 0, –2, –4, –5, …

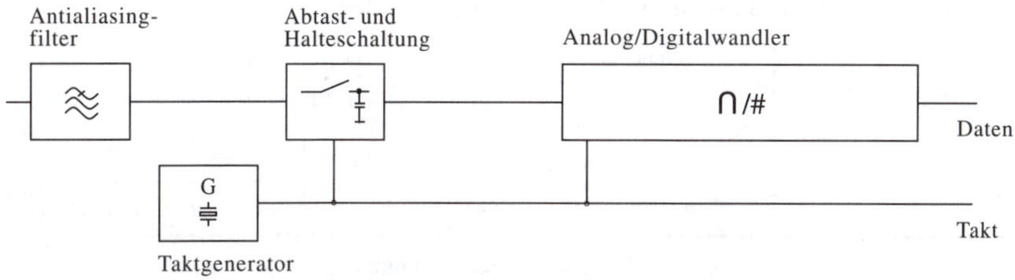

Die Abtastfrequenz muss mindestens doppelt so hoch sein wie die höchste Frequenz, die übertragen werden soll.

Bei Auflösungen von $n \geq 4$ bit gilt für die Berechnung der Systemdynamik: $a_{rech} \approx 6\,n$ dB

Bei der Wiedergabe eines digitalisierten Audiosignales entsteht aus dem Quantisierungsfehler das sog. **Quantisierungsgeräusch**. Um zu verhindern, dass dabei zur Abtastfrequenz subharmonische Störtöne entstehen, wird dem Audiosignal ein Rauschsignal (**Dither**) zugesetzt, von dem das LSB zufällig beeinflußt wird.

Bei linearer Quantisierung sind die Quantisierungsstufen alle gleich groß.
Die Werte werden „gleichstromfrei“ dargestellt, **negative Werte** erscheinen im **Zweierkomplement.**

Digitalton-Schnittstelle

DIN EN 60958: 1991-05,
identisch mit IEC 958: 1989, übereinstimmend mit AES3 – 1992

Die Festlegungen betreffen eine serielle, einseitig gerichtete, selbsttaktende Schnittstelle für die Zusammenschaltung von Digitalton-Geräten für allgemeinen und professionellen Gebrauch. Sie ist für die Übertragung von zwei unabhängigen Audiokanälen vorgesehen, die bei Stereo-Übertragung für die Signale A (Kanal 1) und B (Kanal 2) verwendet werden.

Abtastfrequenzen und Auflösungen

Abtastfrequenz	Auflösung		Bitstrom/Kanal an		Anwendungen
kHz	bit/Abtastwert		Wandler Kbit/s	Schnittstelle Kbit/s	
48	16 … 24	linear	750 … 1125	1500	Studio für Audio-Produktion
44,1	16	linear	689	1378	Compact-Disc (CD)
32	16	linear	500	1000	digitaler Hörrundfunk (DSR)

10.3 Audio-Signalübertragung

Übertragungsformat

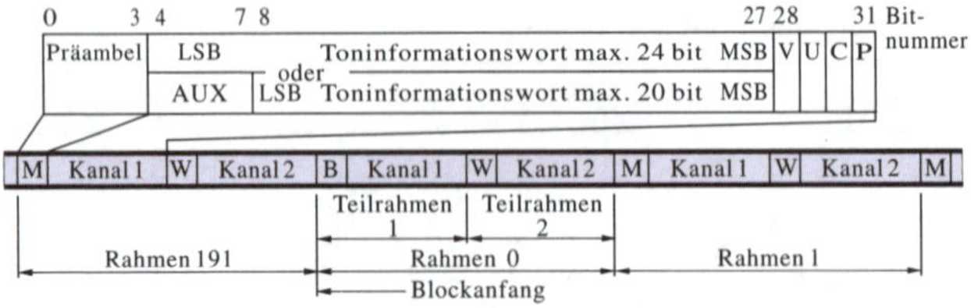

Abkürzungen:

AUX	Zusatz-Informationsbits	auxilliary bits
V	Gültigkeitsbit	validity bit
C	Kanalstatus	channel status
U	Anwenderdaten	user data
P	Paritätsbit	parity bit

Kanalcodierung

Präambeln (Beispiel, wenn Zeichen vor Präambel negativ)

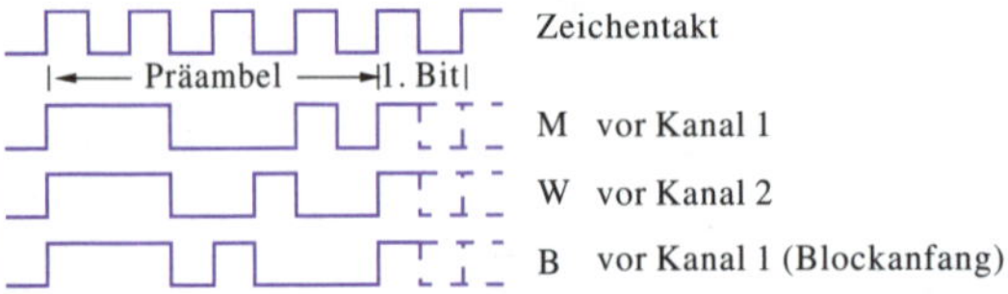

Bits

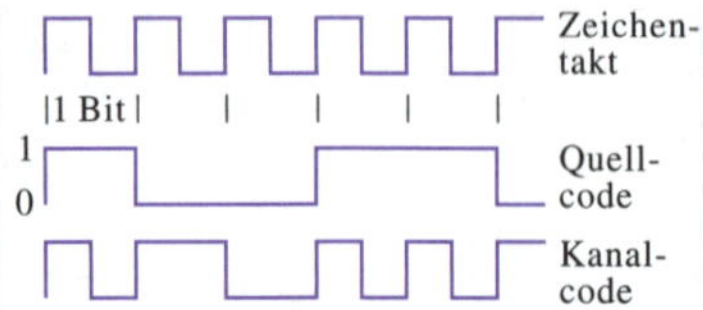

Elektrische Anforderungen

Anschlusswerte	Symmetrische Leitung (AES/EBU)		Unsymmetrische Leitung (SP/DIF)	
Quellimpedanz	110 Ω ± 20%	bei 0,1 … 6 MHz	75 Ω ± 20%	bei 0,1 … 6 MHz
Kennimpedanz d. Kabels	90 … 120 Ω		75 Ω ± 35%	(5% bei Länge >10 m)
Empfängerimpedanz	110 Ω ± 20%	bei 0,1 … 6 MHz	75 Ω ± 20%	bei 0,1 … 6 MHz
Signalamplitude	3 … 10 V_{ss}	an 110 Ω	0,5 V_{ss}	an 75 Ω
Steckverbinder	XLR		Cinch	

Digitale Satellitenrundfunkübertragung (DSR)

Quellcodierung (digitaler Studioausgang)	AES-Schnittstelle Takt: 32 kHz Auflösung: 16 bit linear Bitrate (Stereo): 2000 Kbit/s	Zusatzinformationen	vom Studio: – Betriebsart (Mono/Stereo) – Programmart (Liste mit 15 Positionen) – Sprache-/Musik-Kennung von der zentralen Bodenstation: – Stationsname Die Zusatzinformation vom Studio wird innerhalb von 2 ms übertragen und alle 8 ms wiederholt. Die Zusatzinformation von der Erdfunkstelle wird innerhalb von 32 ms übertragen und alle 256 ms wiederholt
DS1-Schnittstelle zur Übertragung zwischen Studio und Erdfunkstelle	Datenreduktion Takt: 32 kHz Auflösung: 14 bit+3 bit Skalenfaktor für je 64 Abtastwerte (2 ms) Bitrate (Stereo): 1000 Kbit/s (einschl. Synchronworte und Zusatzinformation)		
SHF-Übertragungskanal	Frequenzbereich: 12–18 GHz Bandbreite: 15 MHz (ein Fernsehkanal) Modulation: 4 PSK Kapazität: 20 Mbit/s	Rahmenaufbau	Es werden zwei zeitlich geschachtelte, 31,25 µs lange Teilrahmen übertragen. Sie enthalten die Information von je 8 Programmen einschließlich Redundanz für den Fehlerschutz
		Kanalcodierung	BCH-Code

10.3 Audio-Signalübertragung

Datenreduktion

Bezugssignal
Für die elektroakustische Wiedergabe mit hoher Übertragungsqualität und zur Speicherung auf Compact Disc (CD) eingerichtetes digitales Audiosignal

Auflösung:	16 bit, linear,
Abtastfrequenz:	44,1 kHz,
Audio-Bitstrom/Kanal:	689 Kbit/s

Datenreduktion
Sammelbegriff für Verfahren zur digitalen Signalübertragung, bei denen ein kleinerer Bitstrom übertragen wird, als für die Übertragung des Bezugssignales erforderlich wäre

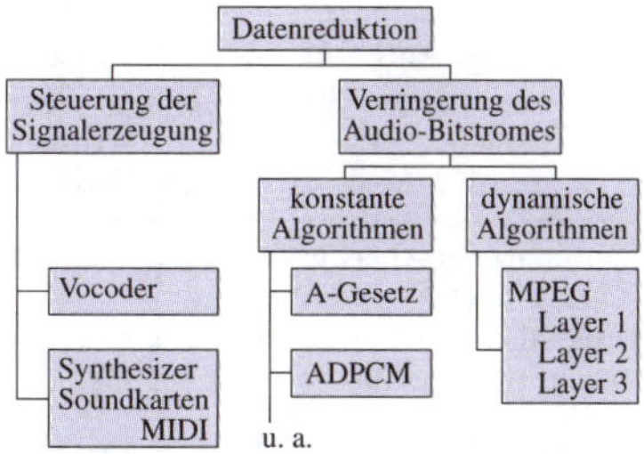

Datenreduktion durch Steuerung der Wiedergabesignalerzeugung

Vocoder	Übertragungssystem, bei dem im Empfänger die für die Erzeugung menschlicher Sprache bestimmenden akustischen Eigenschaften von Kehlkopf (Generator) und Hohlräumen des Mund- und Rachenraumes (variable Bandfilter) nachgebildet werden. Es werden nur die Steuerfunktionen für diese Systemelemente übertragen	nur für Sprachübertragung geeignet	Bitstrom/Kanal: 1 bis 16 Kbit/s (je nach Verfahren)
Synthesizer, Soundkarten	In Datenbanken abgelegte Signale von Klangproben werden entsprechend der Komposition aufgerufen. Tonhöhe, Lautstärke, Dauer, Richtung und Hüllkurve werden in Echtzeit von Steuersignalen eingestellt. Nur die Steuersignale werden übertragen	nicht geeignet für die Übertragung von natürlichen Schallereignissen. Wiedergabequalität kann höchsten Ansprüchen genügen	Bitstrom/16 Kanäle: 31,25 Kbit/s (MIDI-Standard)

MIDI
(**M**usical **I**nstrument **D**igital **I**nterface)

Industriestandard für die einheitliche Steuerung von elektronischen Musikinstrumenten

Datenformat der MIDI-Schnittstelle

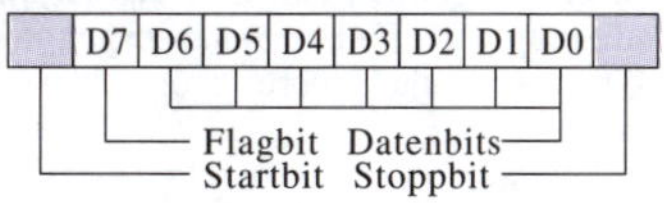

Flagbit = 1 ≙ Statustyp Flagbit = 0 ≙ Datenbyte

MIDI-Eingang

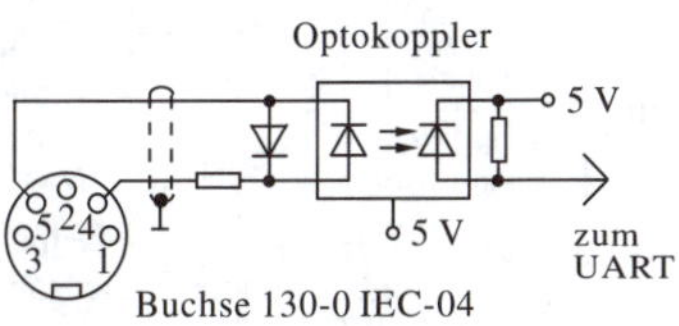

MIDI-Ausgang

$I \approx 5$ mA ≙ logisch 0
$I = 0$ mA ≙ logisch 1

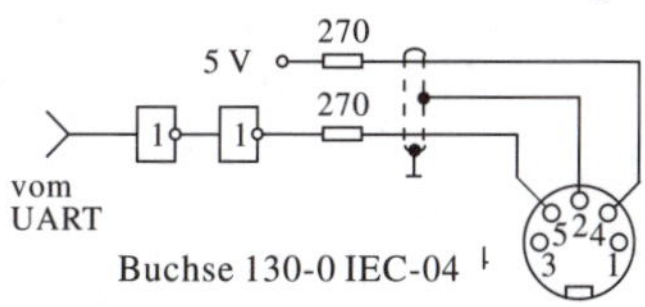

10.3 Audio-Signalübertragung

Datenreduktion durch Verringerung des übertragenen Bitstromes

Maßnahme	Ergebnis, Übertragungsfehler
Verminderung der Abtastfrequenz	führt zu einer Verminderung der Audiobandbreite
Verminderung der Auflösung	führt zu größerem Quantisierungsgeräusch und zu kleinerer Systemdynamik
Gleitkomma-Darstellung (pegelabhängige Auflösung)	gestattet die Abbildung eines größeren Pegelbereiches als mit linearer Auflösung

Digitales Fehlersignal	Wahrnehmbare Übertragungsfehler	Nicht wahrnehmbare Übertragungsfehler
Die Differenz der Abtastwerte zwischen Eingangs- und Ausgangssignal eines Übertragungssystems mit Datenreduktion führt zu – veränderter Dynamik – zusätzlichen Signalanteilen – fehlenden Frequenzbereichen	nichtlineare Verzerrungen Quantisierungsrauschen Klangfarbenänderung	Ein Fehlersignal ist **nicht** wahrnehmbar, wenn es – in Lautstärke und/oder Frequenz außerhalb des menschlichen Hörbereichs liegt oder – durch Verdeckung im Zeit- und/oder Frequenzbereich vom Nutzsignal maskiert wird

Konstante Algorithmen	Für Sprachübertragungen werden nicht lineare Wandler oder Signalprozessoren zur Berechnung der Codierung benutzt. Die Algorithmen arbeiten unabhängig von den momentanen Signaleigenschaften

Bezeichnung CCITT-Empfehlung	PCM-A-Gesetz G.711	ADPCM	SB-ADPCM G.722
Beschreibung	A/D-Wandler mit logarithmischer Kennlinie	lin. A/D-Wandlung, Berechnung und Übertragung der Differenz zwischen den Abtastwerten	wie APDCM, aber in mehreren Frequenzbändern (Subbändern)
ISDN-Dienst	„3,1 kHz Telefondienst“		„7 kHz Telefondienst“
Audio-Bandbreite Systemdynamik	0,3 – 3,4 kHz 78 dB	0,3 – 3,1 kHz 78 dB	0,16 – 6,8 kHz 78 dB
Bitstrom/Kanal	64 Kbit/s	32 Kbit/s	48, 56 od. 64 Kbit/s

Dynamische (psychoakustische) Algorithmen	ISO/IEC 11172-3
Die Codierung wird mit Hilfe eines **psychoakustischen Modells** so berechnet, daß Übertragungsfehler nicht wahrnehmbar sind	Coding of Moving Pictures and Associated Audio for Digital Storage Media at up to about 1,5 Mbit/s

Coder	Anwendung Datenrate/Kanal	Decoder
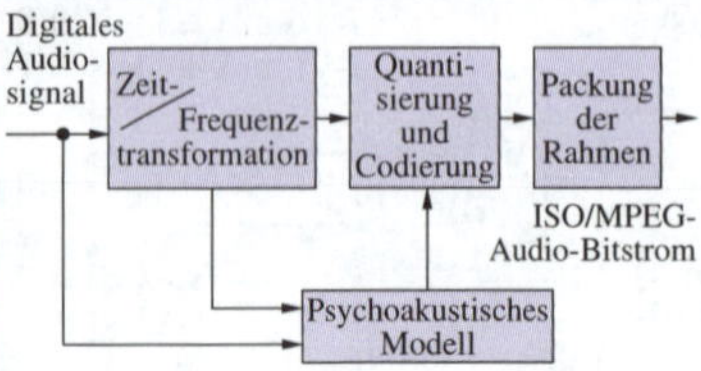	Layer 1: 192 Kbit/s DCC MiniDisc Layer 2: 128 Kbit/s DAB Festplatte Layer 3: 64 Kbit/s ISDN	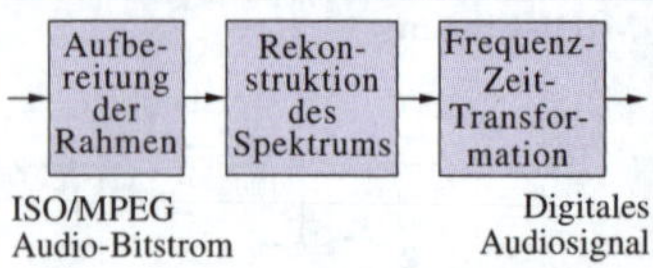 Layer 1, 2 bzw. 3 sind unterschiedlich aufwendig berechnete Codierungen nach ISO/IEC 11172-3

10.4 Audio-Signalspeicherung

Übersicht

analoge Verfahren	bewegter Aufzeichnungsträger (Magnetton, Nadelton, Lichtton)	Die **Zeitabhängigkeit** des Eingangssignales $s(t)$ wird mit der **Transportgeschwindigkeit** v in eine **Wegabhängigkeit** $s(x)$ auf dem Aufzeichnungsträger gewandelt. Die transformierende Größe ist die Transportgeschwindigkeit v. $s(x) = v \cdot s(t)$ Es entsteht eine Aufzeichnungswellenlänge $\lambda = v/f$
analoge Verfahren	elektronische analoge Festwertspeicher	Analoge Abtastwerte des Eingangssignales werden in Kettenschaltungen oder adressierbaren Analogspeicherzellen gespeichert (sog. Eimerkettenschaltungen, analoge EPROMs)
digitale Verfahren	bewegter Aufzeichnungsträger (Magnetton, CD)	Bitsymbole des digitalen Signals werden in Form von **ausgewählten analogen Zuständen** seriell gespeichert. Dabei sind für die Reproduktion der Symbole wesentlich größere Toleranzen als bei der analogen Speicherung zulässig
digitale Verfahren	elektronische digitale Festwertspeicher	Die digitalisierten Abtastwerte des Signals werden in Form von Dateien in Rechnern oder speziellen Speichergeräten gespeichert

10.4.1 Analoge Verfahren

Gleichlaufschwankungen

Durch **kurzzeitige Abweichungen der Transportgeschwindigkeit** des Aufzeichnungsträgers während der Aufzeichnung und der Wiedergabe entstehen im wiedergegebenen Signal zusätzliche störende **Frequenzschwankungen**, sie werden als **Gleichlaufschwankungen** bezeichnet und als **Tonhöhenschwankungen** wahrgenommen.

Messung der Gleichlaufschwankungen

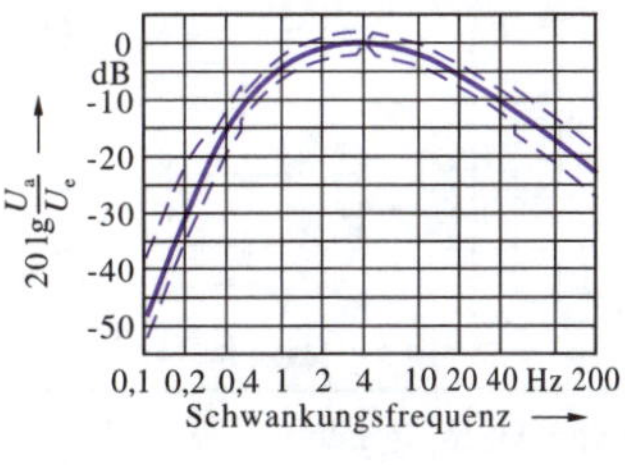

Bewertungskurve für Gleichlaufschwankungen nach **DIN IEC 386**: 1991-1

Zur Messung wird ein Testtonträger mit der Aufzeichnung eines Sinussignales der Frequenz 3150 Hz verwendet. Das Ausgangssignal eines FM-Demodulators wird mit einem Bandpass (s. Bild) bewertet. Angezeigt wird der halbe Spitze-Spitze-Wert des bewerteten Frequenzhubes in Prozent bezogen auf den Mittelwert der Testfrequenz.

Gleichlaufschwankungsmesser (Prinzip)

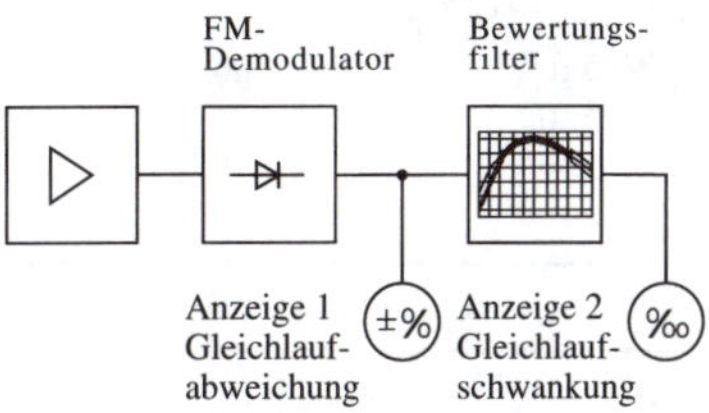

Wahrnehmung von Gleichlaufschwankungen

Messwert	Wahrnehmung
<0,1%	nicht wahrnehmbar
0,1 … ca. 0,15%	in Musik bei bestimmten Instrumenten wahrnehmbar (Klavier, Orgel)
>0,2%	bei Musik störend
>0,35%	störend
>0,5%	sehr störend, nicht akzeptabel

10

10.4 Audio-Signalspeicherung

Magnetton

Aufzeichnungsverfahren

nach der Form des Signals	analoge Signalaufzeichnung digitale Signalaufzeichnung	nach der Gerätetechnik	Längsaufzeichnung Schrägaufzeichnung
nach der Informationsdarstellung	direkte Signalaufzeichnung modulierte Signalaufzeichnung	nach dem Aufzeichnungsträger	Magnetbandverfahren Magnetplattenverfahren

Direkte analoge Längsspuraufzeichnung (Tonbandtechnik)

Löschvorgang (HF-Lösung)

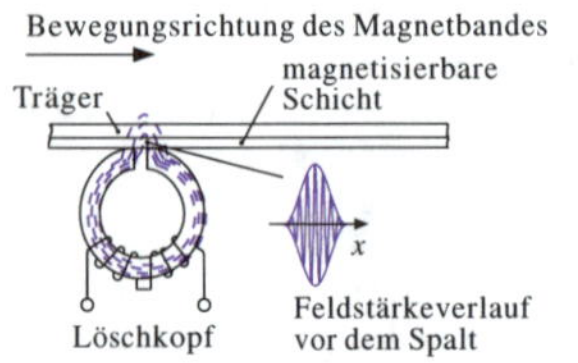

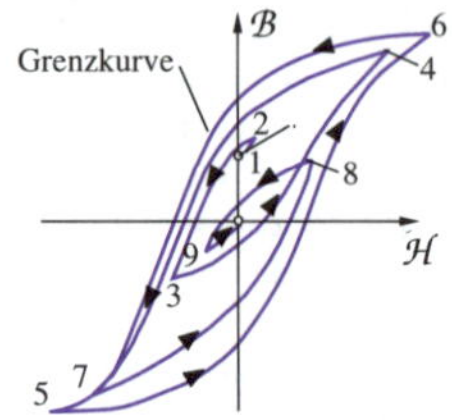

Beim Durchlaufen des Löschfeldes vor dem Spalt wird die remanente Flussdichte des Bandes von $\mathcal{B}_r$ auf 0 geführt.

(In ähnlicher Weise führt das HF-Vormagnetisierungsfeld die remanente Flussdichte von 0 auf den zu speichernden Signalwert $\mathcal{B}_r$.)

Aufsprechvorgang

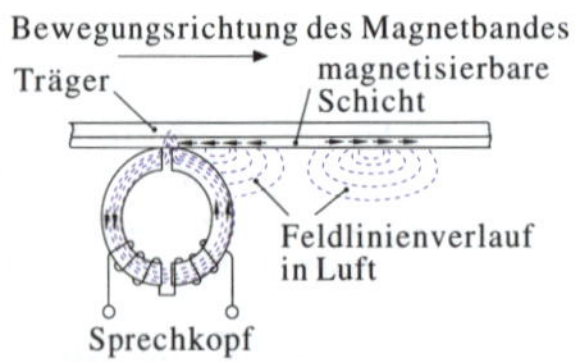

Aufsprechentzerrer und Vormagnetisierung

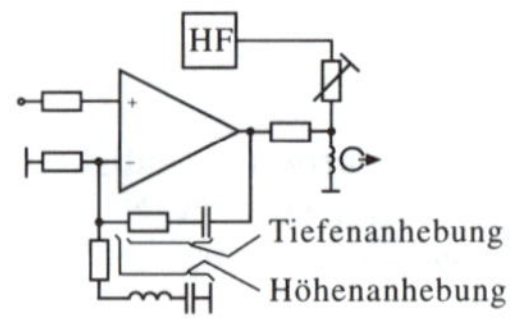

Frequenzgang des Aufzeichnungsstromes

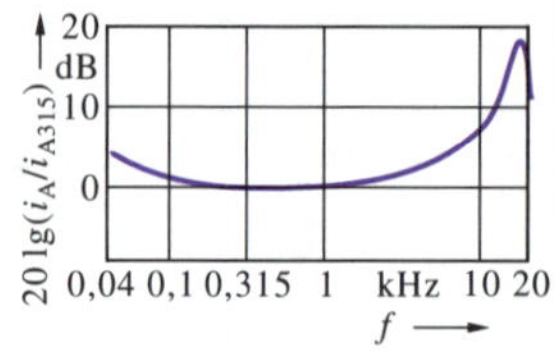

Wiedergabevorgang

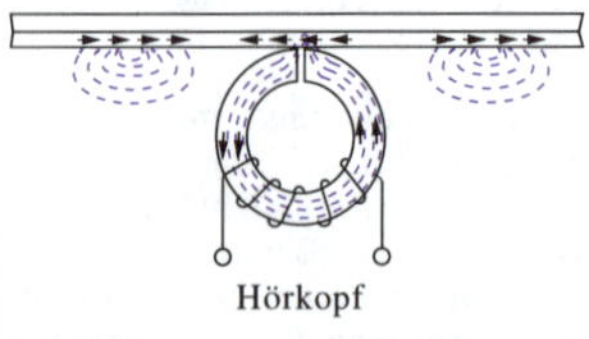

Frequenzgang der Spannung am Hörkopf

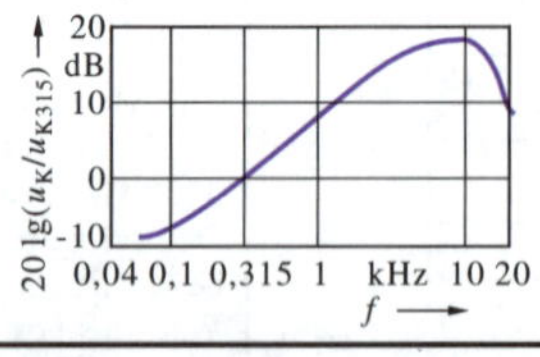

Wiedergabeentzerrer

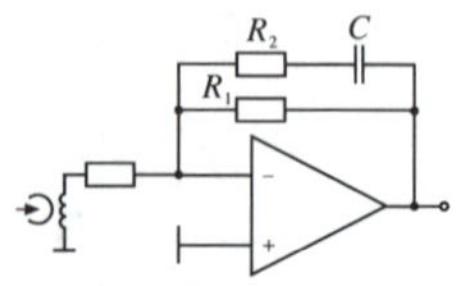

$\tau_1 = R_1 C \quad \tau_2 = R_2 C \quad R_1 \gg R_2$

Magnetbänder für die Aufzeichnung von Audiosignalen

Schichtaufbau	Bandbenennung	Gesamtdicke	Magnetschichtdicke
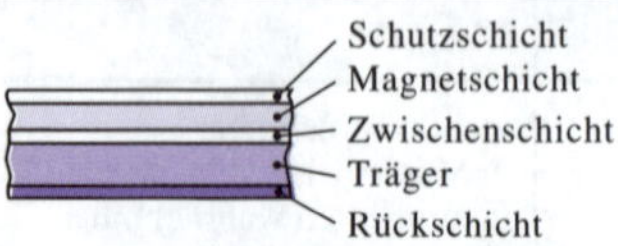	Normalspielband Langspielband Doppelspielband Dreifachspielband Vierfachspielband	50 … 55 µm 35 µm 25 µm 18 µm 12 µm	12 µm 10 µm 8 µm 6 µm 4 µm

Bandbreite in mm	(0,80) (2,40) 3,81	6,25 12,70 (19,05) 25,40 (38,10) 50,80
zul. Abweichung in mm	+ 0 / – 0,05	+ 0 / – 0,10

10.4 Audio-Signalspeicherung

Bandsorten mit unterschiedlichen elektroakustischen Eigenschaften

Schichtmaterial		Bezeichnung bei 3,81 mm Bandbreite	rel. Aussteuerbarkeit Tiefen dB	rel. Aussteuerbarkeit Höhen dB	rel. Vormagnetisierung dB	
Eisenoxid	Fe_2O_3	IEC I	0	0	0	Referenz
Chromdioxid	CrO_2	IEC II	– 2,5	+ 6	+ 6	Orientierungswerte
Eisen- + Chromdioxid	$Fe_2O_3 + CrO_2$	IEC III	0	+ 6	+ 6	Orientierungswerte
Reineisen	Fe	IEC IV	0	+10	+ 6	Orientierungswerte

Magnetbandgeräte

Bandgeschwindigkeiten v und Entzerrungszeitkonstanten τ

v cm/s	76,2	38,1	19,05 Studio	19,05	9,53	4,76	4,76 Kassette	4,76 Kassette (CrO_2)
τ_1 µs	17,5	35	70	50	90	120	120	70
τ_2 µs				3180	3180	3180	3180	3180

Spurabmessungen

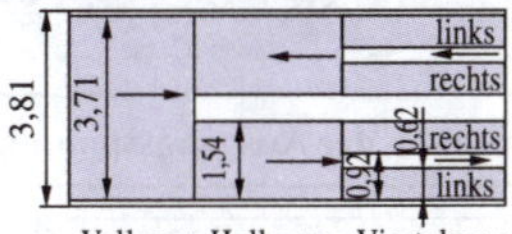

Vollspur Halbspur Viertelspur für Compact-Cassetten

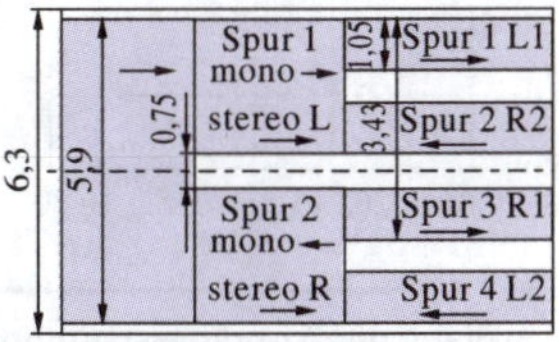

Vollspur Halbspur Viertelspur für 6,3 mm Band auf Spulen

Wickelkörper

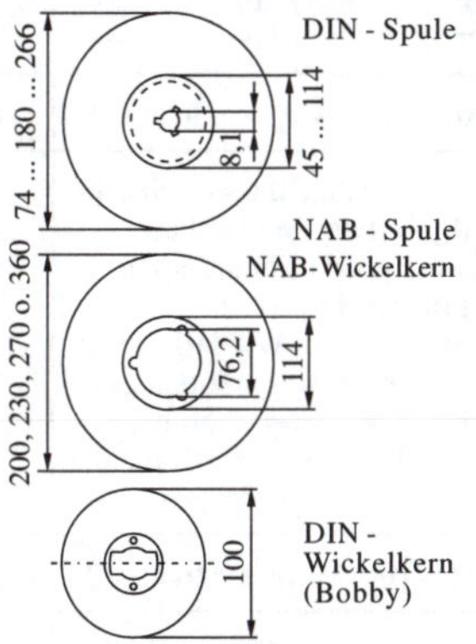

Kassette (Compact-Cassette)

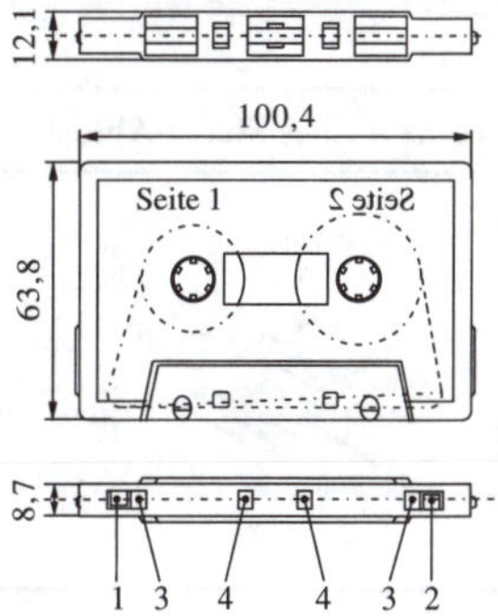

Fühlöffnungen für automatische Geräteeinstellungen:

1 Seite 1 Aufzeichnung gesperrt
2 Seite 2 Aufzeichnung gesperrt
3 Bandsorte IEC II (CrO_2)
4 Bandsorte IEC IV (Metall)

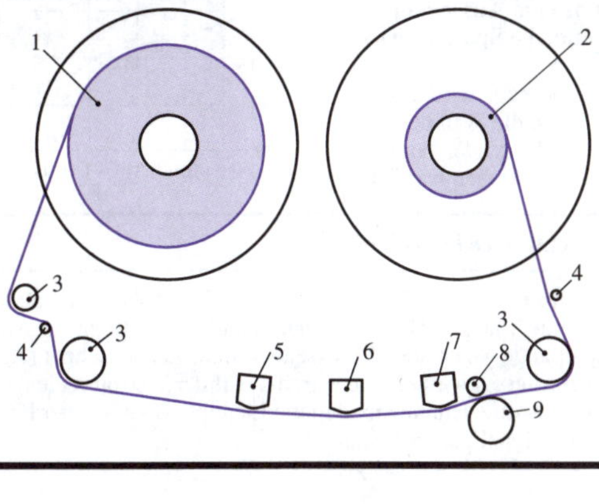

Magnetband-Laufwerk

1 Abwickelspule
2 Aufwickelspule
3 Bandführungsrollen
4 Bandzugfühler
5 Löschkopf
6 Aufzeichnungskopf
7 Wiedergabekopf
8 Antriebswelle
9 Andruckrolle

10

10.4 Audio-Signalspeicherung

Nadelton

Prinzip eines Schallplatten-Abspielgerätes

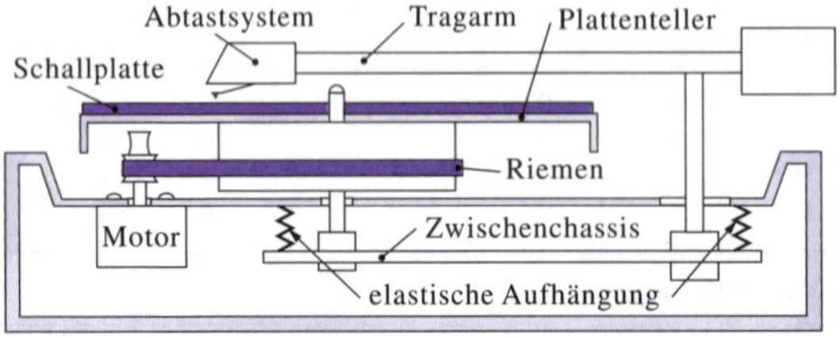

In die Oberfläche der Matrize wird mit einem beweglichen Stichel eine spiralförmige Rille geschnitten. Der Stichel wird so gesteuert, dass sich die Stereo-Kanalsignale als Auslenkung ξ auf den Flanken der Rille abbilden.
Zur Wiedergabe wird die Schallplatte mit konstanter Drehzahl bewegt und die Rille mit einer Nadel abgetastet. Aus den Komponenten der Nadelbewegung werden die Signale zurückgewonnen

Schallplatten

Typ-Bezeichnung	Nenndurchmesser cm	Mittellochdurchmesser mm	Nenndrehzahl min^{-1}
3033	30	7,24	33
2533	25	7,24	33
1733	17	38,15	33
1745	17	38,15	45
3045	30	7,24	45

Rillenform, Kanalzuordnung

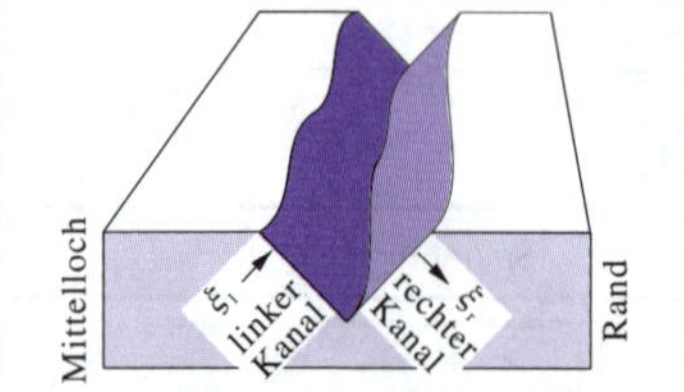

Prinzip eines Stereo-Abtastsystems mit bewegtem Magnet

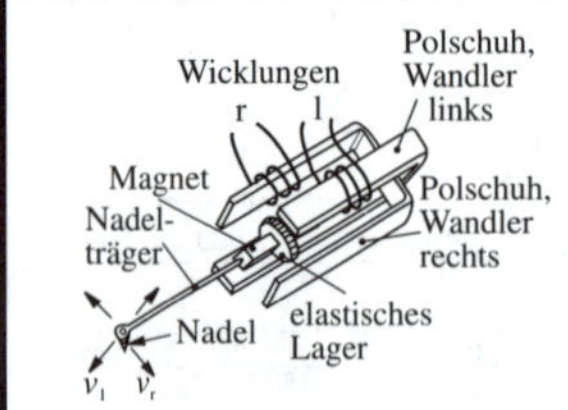

Es wird eine der **Geschwindigkeit** der Magnetbewegung proportionale **Spannung** u_v induziert.
Für korrekte Wiedergabe ist die Entzerrung mit den Zeitkonstanten $\tau_1 = 7950\ \mu s$, $\tau_2 = 3180\ \mu s$, $\tau_3 = 318\ \mu s$ und $\tau_4 = 75\ \mu s$ erforderlich

Frequenzgang der Ausgangsspannung

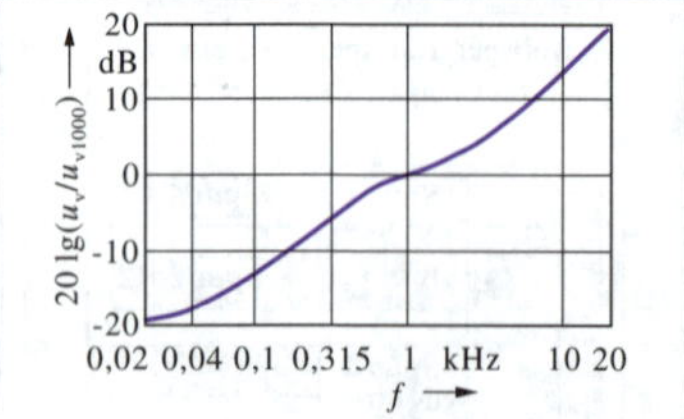

Prinzip des piezoelektrischen Stereo-Abtastsystems

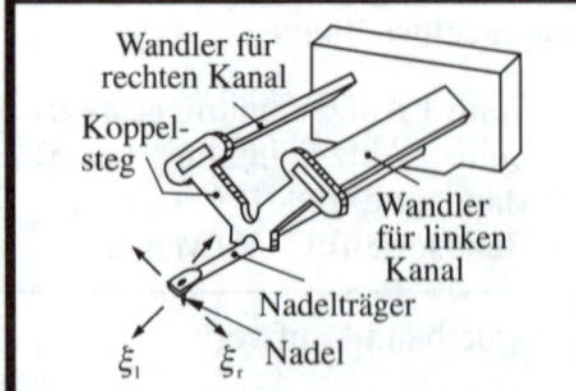

Die Wandlerelemente erzeugen eine dem **Ausschlag** proportionale **Spannung** u_ξ.

Die Wiedergabe wird akzeptabel, wenn die Wandler mit Abschlusswiderständen ≥470 kΩ betrieben werden

Frequenzgang der Ausgangsspannung

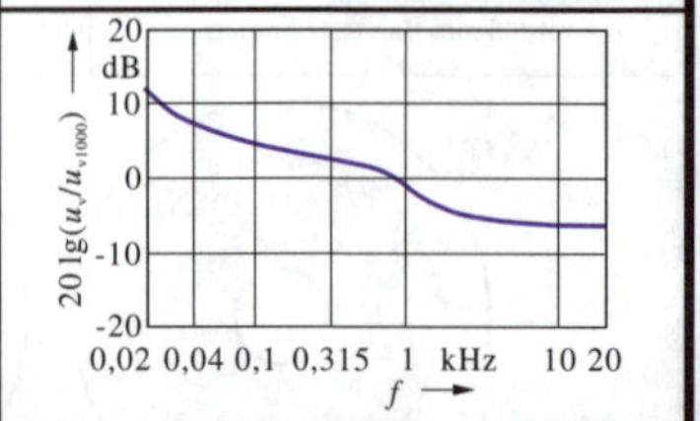

Lichtton (Kinotechnik)

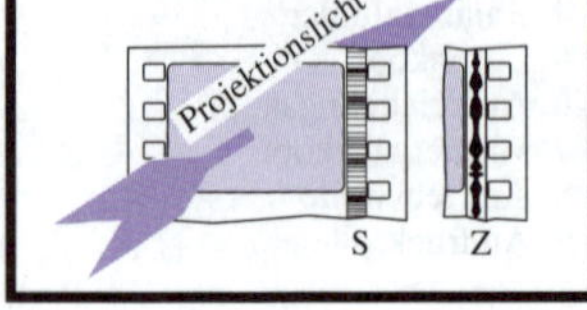

Aufzeichnung: Ein beleuchteter Spalt belichtet die gleichmäßig vorbeilaufende Tonspur. Das Tonsignal moduliert die Lichtintensität oder die Spaltlänge, es entsteht Sprossen-(S) bzw. Zackenschrift (Z).
Wiedergabe: Es wird ein Querstreifen auf der Tonspur beleuchtet und die von der Aufzeichnung modulierte Lichtintensität in einer Photozelle in das Tonsignal zurückgewandelt

10.4 Audio-Signalspeicherung

10.4.2 Digitale Verfahren

Fehlerschutz

Bei der Speicherung von digitalen Audiosignalen wird vorausschauend berücksichtigt, dass im zurückgewonnenen Signal Fehler auftreten können. Mit folgenden Maßnahmen wird erreicht, dass die meisten Fehler korrigiert werden und sich die verbleibenden Fehler nur sehr selten hörbar auswirken

Aufbau von **Blöcken und Rahmen**, in die **zusätzliche Fehlererkennungs- und Fehlerkorrekturworte** (Redundanz) eingefügt werden, die es gestatten, Übertragungsfehler fast vollständig zu korrigieren

Veränderung der Reihenfolge (Interleaving), damit zeitlich aufeinanderfolgende Audioinformationsworte nicht von der gleichen räumlich angeordneten Fehlerursache betroffen werden. Nach der Rückgewinnung der richtigen Reihenfolge können fehlerhafte Worte durch Interpolation mit den Nachbarworten näherungsweise korrigiert werden

Zusatzinformation

Als Hilfscode, Subcode, AUX-Daten, USER-Bits usw. werden zusätzlich in die Rahmen eingebaute Informationen bezeichnet, mit denen u. a. Schaltvorgänge ausgelöst (z. B. Taktfrequenz, Deemphasis), Titel und Zeitablauf angezeigt, Titel gesucht oder eine Kopiersperre gesteuert werden können.
Die Information ergibt sich aus der Aneinanderreihung der Zusatzbits aus einer festgelegten Anzahl von Rahmen, wie das am Beispiel des CD-Subcodes auf Seite 10-20 gezeigt ist

⟹ 10-20

Tonaufzeichnung PCM-Coder/Decoder-System nach DIN IEC 841: 1990-2

Die Speicherung erfolgt auf Video-Aufzeichnungsgeräten. Alle Systeme mit mehr als 2,6 MHz Video-Bandbreite sind geeignet.
Das Audiosignal wird in Datenblöcke eingeteilt, die in einer Zeile des Fernsehbildrasters Platz haben.
Taktfrequenz: 44,1 kHz
Auflösung: 14 linear oder 16 bit linear

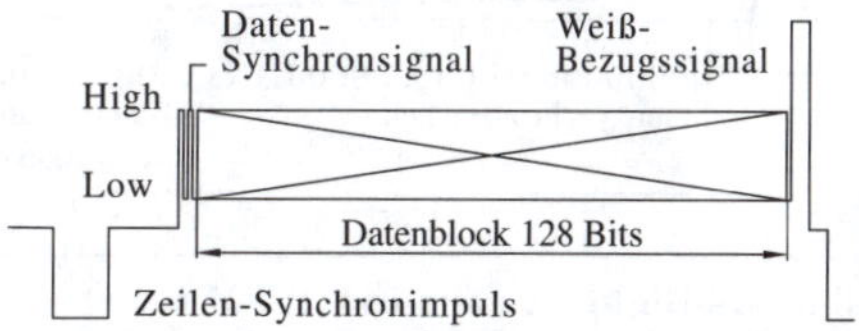

Digitales Tonband-Kassettensystem (DAT) nach DIN EN 61119: 1994-9

Magnetbandkassette mit 3,81 mm breitem Band.
Bandgeschwindigkeit:
4,075; 8,150 od. 12,225 mm/s
Einer Videoaufzeichnung ähnliche Schrägspuraufzeichnung mit eigenem optimiertem Format.
Das Audiosignal wird ähnlich wie für die CD aufbereitet. Es wird ein 8 auf 10 Modulationscode verwendet.
Taktfrequenzen: 32 kHz, 44,1 kHz, 48 kHz
Auflösung: 14 bit linear, 16 bit linear

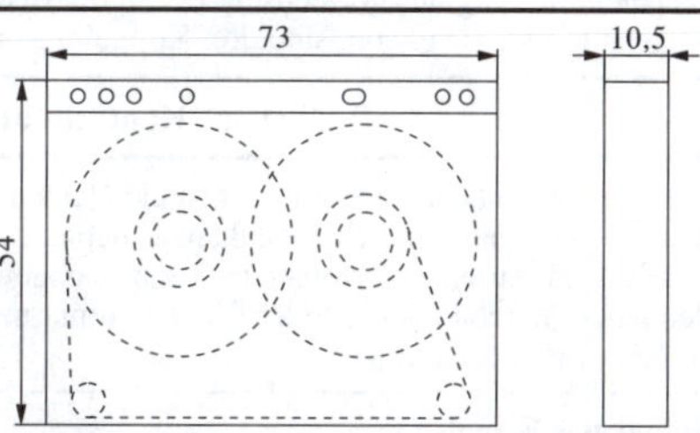

Digitales Tonbandgerät; Spulensystem mit Magnetband 6,3 mm für Studioanwendung nach DIN EN 61120: 1992-2

Laufwerk wie bei analogem Magnetbandgerät

Bandgeschwindigkeit: 19,05 oder 38,1 cm/s

Taktfrequenz: 48 kHz
Auflösung: 16 bit linear

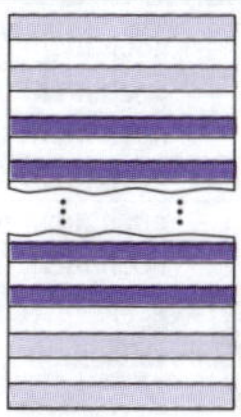

10

10.4 Audio-Signalspeicherung

Digital-Audio-System, Compact-Disc (CD) nach DIN IEC 908: 1989-9

⇐ 13-16

Platte für optische Abtastung		Abtastgeschwindigkeit	1,2 bis 1,4 m/s
Außendurchmesser	80 mm, 120 mm	Taktfrequenz	44,1 kHz
Mittellochdurchmesser	15 mm	Auflösung	16 bit linear

Bildung des CD-Kanalcodes

MSB … LSB	
0 0 0 1 0 1 1 0 0 0 0 1 1 1 0	16-bit-Abtastwerte von D/A-Wandler
d1 … d8: 0 0 0 1 0 1 1 0 — d 1 … d8: 0 0 0 1 1 1 0	Teilung in je 2 Symbole zu 8 bit

Aufbau des Rahmens

- Veränderung der Symbolfolge (Verwürfelung, Interleaving)
- Berechnung von 8 Fehlererkennungs- und Fehlerkorrektursymbolen für je 24 verwürfelte Audio-Symbole
- Einfügen von 4 dieser Symbole nach je 12 Audio-Symbolen
- Einfügen eines Steuer-, Kontroll- und Anzeigesymbols

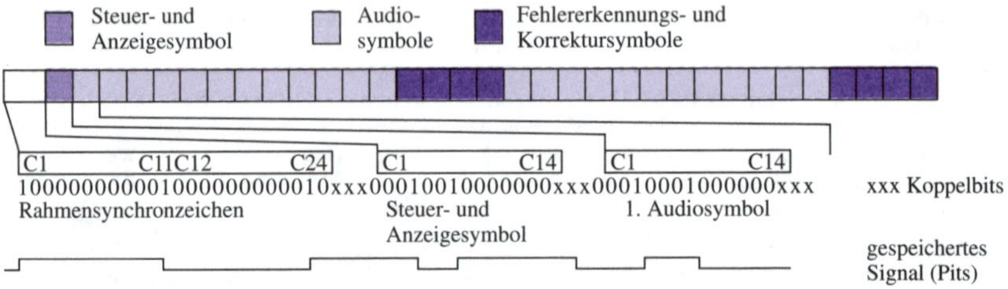

8-auf-14-Bit-Modulationscode (EFM-Code)

Für die 256 möglichen 8-bit-Symbole werden aus den 16 384 möglichen 14-bit-Wörtern 256 ausgewählt, bei denen auf eine Eins mindestens 2 und höchstens 10 Nullen folgen. Bei jeder Eins wird der Zustand des gespeicherten Signals gewechselt. Damit die Bedingung auch am Übergang zwischen zwei 14-bit-Worten eingehalten werden kann, sind drei Koppelbits eingefügt, die nach Bedarf gesetzt werden

Steuer-, Kontroll- und Anzeigesystem (Subcode)

Die Bits des Subcodesymbols tragen die Namen P bis W und werden als acht getrennte Subcodekanäle benutzt. 98 Subcodesymbole, die aus aufeinanderfolgenden Frames abgetrennt werden, bilden einen Subcodeblock. Jeder Block beginnt mit den Synchronisationsworten S0 und S1

P	Q	R	S	T	U	V	W
d1	-	-	-	-	-	-	d8

Felder des Kanals Q

CONTROL	Steuerbits für Preemphase und Kopiersperre	DATA-Q	Titelnummer, Zeitcode, Katalognummer oder Numerierung des aktuellen Audio-Signales
ADR	Codierung des Modus der Q-Daten	CRC	Fehlerkontrolle für Kanal Q

Aufbau des Subcodeblocks

Kanal	S0	S1	Bitnr. 0–79	Bitnr. 80–95	S0 S1
W	Synchronisationswort S0	Synchronisationswort S1	noch nicht festgelegt		
V			noch nicht festgelegt		
U			noch nicht festgelegt		
T			noch nicht festgelegt		
S			noch nicht festgelegt		
R			noch nicht festgelegt		
Q			CONTROL (0–3) · ADR (4–7) · DATA-Q (8–79)	CRC	
P			Kennzeichenbit: P = 0: Audiodaten,	P = 1: Titelstartzeichen	
Bitnr.:	S0	S1	0 1 2 3 4 5 6 7 8 … 79	80 … 95	S0 S1

10.5 Schallwiedergabe

Lautsprecher

Systematische Übersichten

Antriebsprinzip	– dynamischer Lautsprecher – elektromagnetischer Lautsprecher – elektrostatischer Lautsprecher – piezoelektrischer Lautsprecher – Ionenlautsprecher	Übertragungsbereich	– Breitbandlautsprecher – Tieftonlautsprecher – Mitteltonlautsprecher – Hochtonlautsprecher
Schallführung	– Lautsprecher ohne Schallführung (Lautsprechersystem) – Lautsprecher in Schallwand – Gehäuselautsprecher • offenes Gehäuse • geschlossenes Gehäuse • Bassreflexgehäuse – Lautsprecher mit akustischer Transformation (Druckkammerlautspr.)	Anordnung	– Lautsprechergruppe Anordnung aus gleichen Lautsprechern zur Erzeugung einer Richtwirkung – Lautsprecherkombinationen Anordnungen aus Tiefton-, Mittelton- und Hochtonlautsprechern – Abhöreinrichtung Anordnung aus Gehäuselautsprecher und zugeordnetem Leistungsverstärker
Membrangrundform	– Kegelmembran (Konusmembran) – Kalottenmembran (Kugelabschnitt) – ebene Membran (Blatthaller, Orthophase-Lautsprecher)	Anwendungsbereich	– Studiolautsprecher – Kinolautsprecher – Lautsprecher für den Heimgebrauch u. a.

Dynamischer Konuslautsprecher

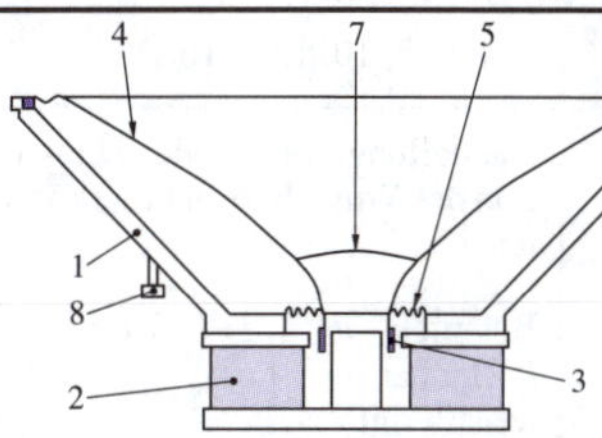

1 Korb
2 Dauermagnetsystem
3 Schwingspule
4 Konusmembran
5 Zentriermembran
6 Randeinspannung
7 Staubschutzkalotte
8 Anschlussklemmen

Dynamischer Kalottenlautsprecher

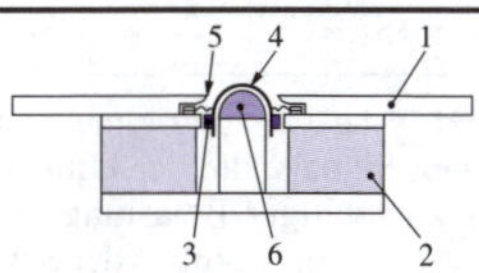

1 Montageplatte
2 Dauermagnetsystem
3 Schwingspule
4 Kalottenmembran
5 Zentriereinspannung
6 Dämpfungselement

Druckkammerlautsprecher mit Horn

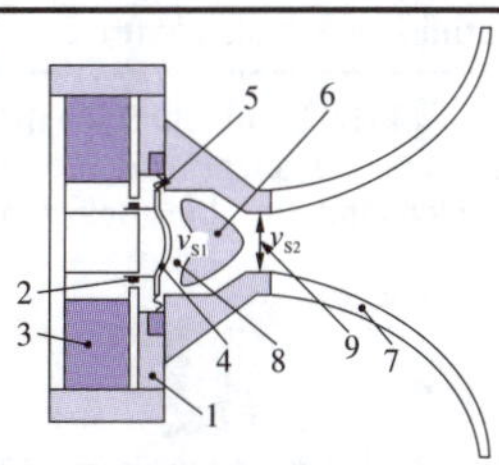

1 Gehäuse
2 Schwingspule
3 Dauermagnetsystem
4 Membran (Fläche A_1)
5 Membranlagerung
6 Umwegelement
7 Trichter (Horn)
8 Druckkammer
9 Druckkammerausgang (Fläche A_2)

In der Druckkammer erfolgt eine Schnelletransformation

$$v_{S2} = v_{S1}\,\frac{A_1}{A_2}$$

v_{S1}, v_{S2}: Schnelle in den Flächen A_1, A_2

10.5 Schallwiedergabe

Begriffe, Definitionen

Übertragungsbereich Δf	zur Schallabstrahlung ausnutzbarer Frequenzbereich. Der Wert des an den Grenzen des Bereiches abfallenden Übertragungsmaßes ist anzugeben. Als untere Grenzfrequenz kann auch die Grundresonanzfrequenz eingesetzt werden	Bezugsachse	meist senkrecht auf der Bezugsebene durch den Bezugspunkt verlaufende Gerade, auf der die Eigenschaften des Lautsprechers gemessen werden (Bezugsebene, Bezugspunkt und Richtung der Bezugsachse sind vom Hersteller anzugeben)
Übertragungskurve	grafische Darstellung des Schallpegels L in Abhängigkeit von der Frequenz, gemessen im freien Schallfeld mit einem sinusförmigen Signal oder mit Terzrauschen	Polarität	bei Anlegen einer Gleichspannung mit dem positiven Pol an die (meist rot) gekennzeichnete Klemme des Lautsprechers muß sich die Membran in Abstrahlrichtung bewegen
Grundresonanzfrequenz f_{res}	niedrigste Eigenresonanz eines Lautsprechers ohne oder mit einer angegebenen Schallführung	Scheinwiderstand Z_s	Betrag des komplexen Widerstandes an den Klemmen des Lautsprechers bei einer anzugebenden Frequenz
Übertragungsfaktor T_r Übertragungsmaß G_s	Verhältnis des Schalldruckes p_r in 1 m Abstand auf der Bezugsachse, gemessen im freien Schallfeld, zur Spannung U an den Anschlussklemmen $T_r = \frac{p_r}{U}$ (Pa / V) $G_s = 20 \lg \frac{T_r}{T_0}$ $T_0 = 1$ Pa / V	Nennscheinwiderstand Z_n	vom Hersteller angegebener Wert, der vom kleinsten im Übertragungsbereich auftretenden Scheinwiderstand ($Z_{s\,min}$) abgeleitet ist $Z_n \approx 1 \ldots 1{,}2 \cdot Z_{s\,min}$ Vorzugswerte: 2, 4, 6, 8, 10, 12,5, 16 Ω
Richtungsfaktor Γ Richtungsmaß D	Verhältnis des Schalldruckes p_ϑ bei einem Winkel ϑ gegen die Bezugsachse zum Schalldruck p_B auf der Bezugsachse bei gleichem Abstand zum Bezugspunkt $\Gamma = p_\vartheta / p_B$ $D = 20 \lg \Gamma$	Richtcharakteristik Abstrahlwinkel	Darstellung von Γ oder D als Funktion des Winkels ϑ in Polarkoordinaten **Beispiel:** Richtcharakteristik mit einem Abstrahlwinkel von ±15° 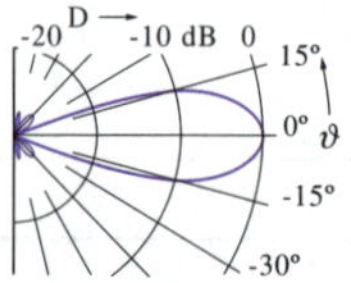
Nennbelastbarkeit P_n	elektrische Leistung, die im Dauerbetrieb mit natürlichen Schallereignissen dem Lautsprecher zugeführt werden darf, wobei der Lautsprecher noch zufriedenstellend arbeitet und keine bleibenden Schäden auftreten. Die Nennbelastbarkeit ist vom Hersteller anzugeben	Höchstbelastbarkeit P_{max}	elektrische Leistung eines sinusförmigen Signals, die der Lautsprecher bei kurzzeitiger Belastung verträgt, ohne dass ein Anstoßen der Schwingspule oder Membran hörbar wird und ohne dass bleibende mechanische oder thermische Schäden auftreten
Kennempfindlichkeit E_k Kennschalldruckpegel L_k	in einen festgelegten Frequenzbereich (vorzugsweise 250 Hz bis 4 kHz) gemittelter Schalldruck p, gemessen in 1 m Abstand, wenn an die Klemmen eine Spannung gelegt wird, die an einem ohmschen Widerstand entsprechend dem Nennscheinwiderstand eine Leistung von 1 W umsetzen würde $E_k \approx T_r \sqrt{Z_n}$ $\left(\text{Pa}/\sqrt{\text{VA}}\right)$ $L_k = 20 \lg \frac{E_k}{p_0}$ $p_0 = 20\,\mu\text{Pa}$		

10.5 Schallwiedergabe

Frequenzweichen für Lautsprecherkombinationen (Trennfrequenz f_S)

Hoch- und Tiefpass 1. Ordnung	Hoch- und Tiefpass 2. Ordnung	Übertragungskurven
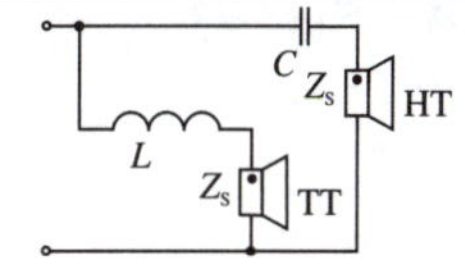 $C = \frac{1}{2\pi\, f_S\, Z_S}$ $L = \frac{Z_S}{2\pi\, f_S}$	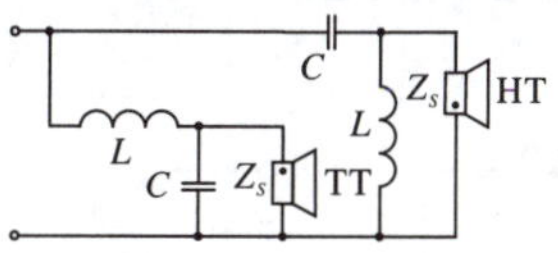 $C = \frac{1}{2\pi\, f_S\, \sqrt{2}\, Z_S}$ $L = \frac{\sqrt{2}\, Z_S}{2\pi\, f_S}$	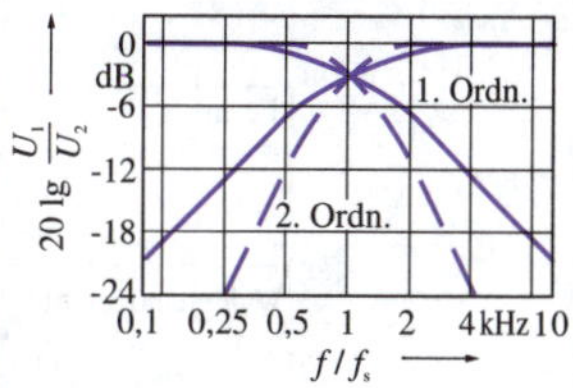

Gehäuseformen

Schallwand	offenes Gehäuse	geschlossenes Gehäuse
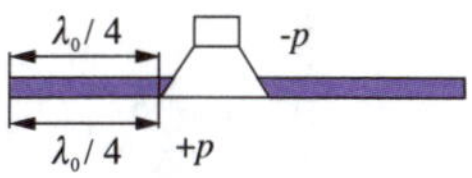 für $\lambda \le \lambda_0$ wird Druckausgleich zwischen Vorder- und Rückseite verhindert	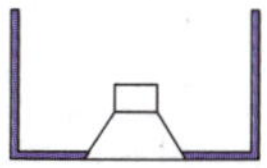 wirkt wie nach hinten verlängerte Schallwand	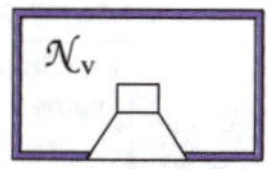 vermeidet Druckausgleich für alle λ, Volumennachgiebigkeit $\mathcal{N}_v$ bremst Membran zusätzlich

Bassreflexgehäuse

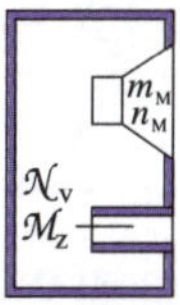

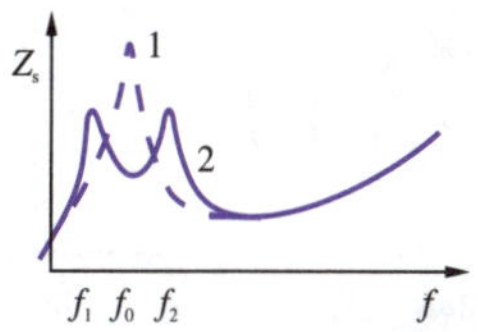

1 Scheinwiderstandsverlauf ohne Gehäuse
2 Scheinwiderstandsverlauf im Bassreflexgehäuse

f_0 Grundresonanz des Lautsprechers ohne Gehäuse
f_1 Resonanz aus Zusatzmasse $\mathcal{M}_z$ und den Nachgiebigkeiten $\mathcal{N}_v$ und n_M
f_2 Resonanz aus Membranmasse m_M und den Nachgiebigkeiten $\mathcal{N}_v$ und n_M

Kopfhörer

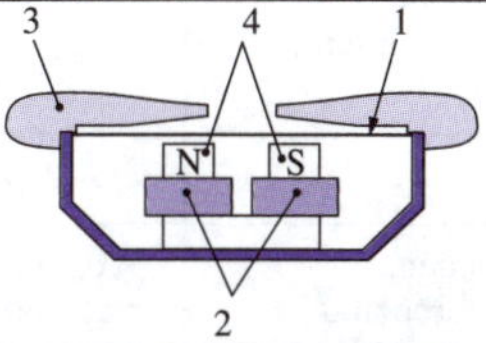	geschlossener magnetischer Kopfhörer (Telefonhörer) 1 Membran 2 Spulen 3 Ohrmuschel 4 Magnetpole	geschlossene Bauart: Das Ohr ist durch eine schalldichte Muschel von der Umgebung abgeschlossen. Es dringt kein Störschall in den Übertragungsraum ein.
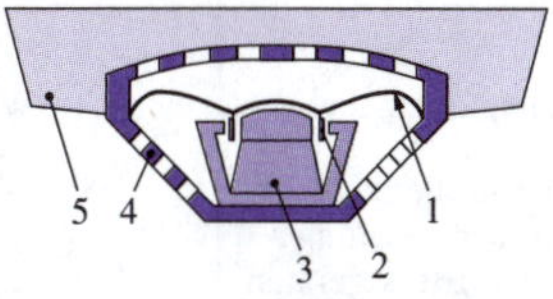	offener dynamischer Kopfhörer 1 Membran 2 Schwingspule 3 Magnetsystem 4 Gehäuse 5 schalldurchlässiges Ohrpolster	offene Bauart: Das Ohr hat direkte Verbindung (durch das Schaumnetz des Ohrpolsters) zur natürlichen Ohrumgebung.

Gebräuchliche Anschlußwerte		Klemmenspannung bei 1 mW	Kennempfindlichkeit
niederohmig mittelohmig hochohmig	8 16 32 60 Ω 100 200 400 600 Ω 1 2 4 kΩ	89 126 178 244 mV 316 447 632 775 mV 1 1,41 2 V	Schalldruckpegel bei einer Leistung von 1 mW und einer Frequenz von 1000 Hz

10.6 Elektroakustische Wiedergabeanlagen

Übersicht

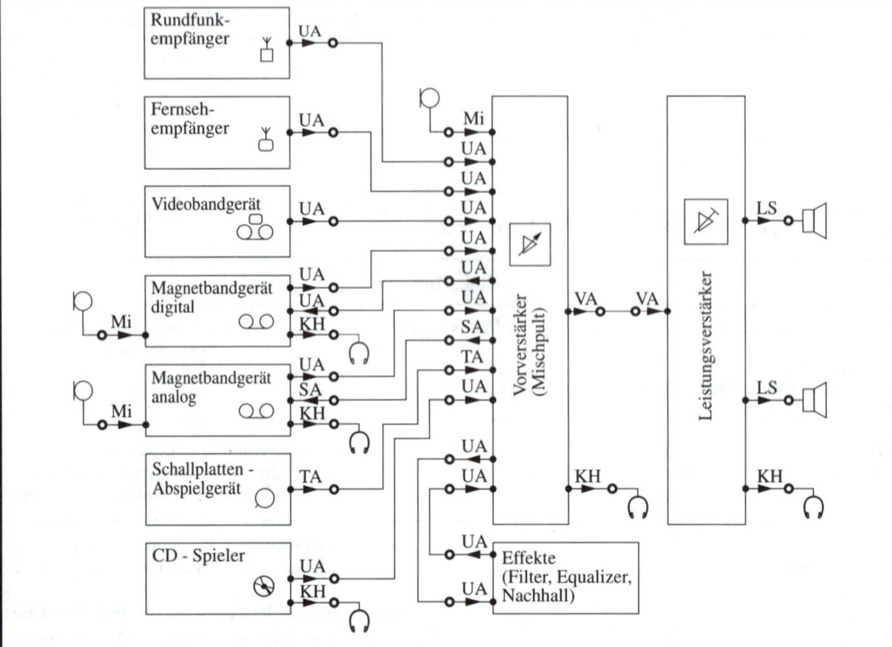

Geräte bzw. Module	Anschlüsse, wesentliche Merkmale		mit dem Signal übertragene elektrische Leistung
Signalquelle	Mi TA SA UA	Mikrofonanschluss Entzerrer-Anschluss für Schallplattenabspielgeräte stromgespeister Anschluss für Magnetbandaufzeichnung hochpegeliger Universalanschluss	<0,05 µW … 5 µW
Effektgeräte	UA	Hochpegeliger Universalanschluss	… 5 µW
Vorverstärker Mischpult	Mi TA UA	Ausgleich von Pegel- und Impedanzunterschieden, Einstellung von Wiedergabelautstärke, Klangfarbe und Stereo-Balance entsprechend den Erfordernissen und Vorstellungen für die Wiedergabe	<0,05 µW … 5 µW
	SA	passiver Abzweig eines Signales für Magnetbandaufnahme	0,1 µW
	VA	liefert gegen Störungen unempfindliche, über größere Distanzen mit Kabel übertragbare Steuersignale für den Leistungsverstärker und zur Speisung von Speichern und Effektgeräten	… 100 µW
Leistungsverstärker	KH LS	Bereitstellung der elektrischen Leistung für Kopfhörer und Lautsprecher	<20 mW >1000 W
Wiedergabewandler	KH LS	Kopfhörer Lautsprecher	<20 mW … >1000 W

10.6 Elektroakustische Wiedergabeanlagen

Empfohlene elektrische Anpassungswerte nach DIN IEC 268-5: 1989-4

Begriffe

Ausgang	Eingang
Ausgangsimpedanz der Quelle (Z_q) tatsächliche Impedanz zwischen den Klemmen des Ausgangs $Z_q \leq Z_{ne}$	**Nenn-Quellimpedanz** (Z_{ne}) Ersatzimpedanz, mit der ein Eingang zur Messung seiner Eigenschaften abgeschlossen wird
Nenn-Lastimpedanz (Z_{nl}) Ersatzimpedanz, mit der ein Ausgang zur Messung seiner Eigenschaften abgeschlossen wird	**Eingangsimpedanz** (Z_e) tatsächliche Impedanz zwischen den Klemmen des Eingangs $Z_e \geq Z_{nl}$
Nenn-Ausgangsspannung (U_{na}) Spannung an den Klemmen des Ausgangs, wenn das Gerät unter Nennbedingungen arbeitet, mit der Nenn-Lastimpedanz abgeschlossen ist und Vollaussteuerung vorliegt	**Nenn-Quell-EMK** (E_{nq}) Generatorspannung, die zur Messung der Eigenschaften des Eingangs zur Nenn-Quellimpedanz in Reihe geschaltet wird $E_{na} = U_{nq}$
Mindest-Ausgangsspannung (U_{min}) Spannung, die das Gerät bei Vollaussteuerung an den Klemmen des Ausgangs mindestens erzeugen muss, wenn der Ausgang mit der Nenn-Lastimpedanz abgeschlossen ist	**Quell-EMK für Nenn-Ausgangsspannung** (E_{min}) Generatorspannung, die zur Messung der Eigenschaften des Eingangs zur Nenn-Quellimpedanz in Reihe geschaltet wird, bei der mit entsprechender Verstärkungseinstellung Nenn-Ausgangsspannung bzw. Nennleistung erreicht werden muss $E_{min} = U_{min}$
Höchste Ausgangsspannung (U_{max}) Spannung an den Klemmen des Ausgangs, die bei Übersteuerung oder anderen von den Nennbedingungen abweichenden Einflüssen auftreten kann, wenn der Ausgang mit der Nenn-Lastimpedanz abgeschlossen ist	**Übersteuerungsgrenz-Quell-EMK** (E_{max}) Generatorspannung, die zur Messung der Eigenschaften des Eingangs zur Nenn-Quellimpedanz in Reihe geschaltet wird, bei der auch bei minimaler Verstärkungseinstellung keine Begrenzung des Signals eintreten darf $E_{max} = U_{max}$

Empfohlene Anschlusswerte

hochpegeliger Universalanschluss (0,5 V)			Verbindung zwischen Vor- und Leistungsverstärker		stromgespeister Eingang für Magnetbandgeräte (DIN-Anschluss für Aufzeichnung)	
	Heimgeräte	Ela-anlagen[1]	Heimgeräte	Ela-anlagen		
Nenn-Quellimpedanz	10 kΩ	1 kΩ	1 kΩ	1 kΩ	Nenn-Quellimpedanz	150 kΩ
Nenn-Lastimpedanz	47 kΩ	10 kΩ	10 kΩ	1 kΩ	Nenn-Lastimpedanz	47 kΩ
Nenn-Ausgangsspannung	0,5 V	0,5 V	1 V	1 V	Nenn-Ausgangsstrom	0,5 μA
Mindest-Ausgangssp.	0,2 V	0,2 V	1 V	1 V	Mindest-Ausgangsstrom	0,2 μA
Höchste Ausgangssp.	2 V	2 V	3 V	3 V	Höchster Ausgangsstrom	2,0 μA

[1] professionelle Beschallungsanlagen

10

10.6 Elektroakustische Wiedergabeanlagen

Entzerrer-Anschluss für Schallplatten-Abspielgeräte (Tonabnehmer)			Mikrofonanschluss				
	magnetisch	dynamisch	dynamische Mikrofone und Elektret-Mikrofone			Kondensator-Mikrofone	
Nenn-Quellimpedanz	2,2 kΩ	10 Ω	200 Ω	600 Ω	2 kΩ	200 Ω	600 Ω
Nenn-Lastimpedanz	47 kΩ //470 pF[1]	100 Ω	1 kΩ	3 kΩ	10 kΩ	1 kΩ	3 kΩ
Nenn-Ausgangssp.	5 mV	0,3 mV	0,2 mV	0,35 mV	0,6 mV	1,0 mV	2,0 mV
Mindest-Ausgangssp.	2 mV	0,12 mV	0,08 mV	0,14 mV	0,24 mV	0,4 mV	0,8 mV
Höchste Ausgangssp.	35 mV	2,8 mV	20 mV	35 mV	60 mV		
Höchste Quell-EMK (Studio- und Ela-Anlagen)			0,2 V	0,35 V	0,6 V	1 V	2 V

impedanzbestimmter Lautsprecheranschluss (ein Lautsprecher pro Anschluss)		impedanzbestimmter Kopfhöreranschluss
Ausgangsimpedanz	≤ 1/3 der Nenn-Lastimpedanz	120 Ω
Nenn-Lastimpedanz	4, 8, 16 Ω	8, 32, 200, 600, 1000, 2000 Ω
Nenn-Ausgangssp.	[2]	5 V[3]
spannungsbestimmter Lautsprecheranschluss (mehrere Lautsprecher an einem Anschluss)		**spannungsbestimmter Kopfhöreranschluss**
Nenn-Ausgangssp.	25, 35, 50, 70, 100 V[4]	2,5 … 5 V

Anmerkungen:
1) Einschließlich der Kapazität des Verbindungskabels
2) Die Nenn-Ausgangsspannung U_{na} ergibt sich aus der vom Hersteller angegebenen Nenn-Ausgangsleistung P_n und der Nenn-Lastimpedanz Z_{nl} nach der Formel

$$U_{na} = \sqrt{P_n \cdot Z_{nl}}$$

3) Diese Nenn-Ausgangsspannung wird ohne angeschlossenen Kopfhörer gemessen
4) Die von den Lautsprechern aufgenommene Leistung wird mit Übertragern oder durch geeignete Gruppenbildung eingestellt

Steckverbinder für Heimgeräte und Ela-Anlagen

Rundsteckverbinder nach DIN IEC 268-11: 1988-9

auf die Steckerstifte gesehen	IEC-Typ Anordnung	Kontaktbelegung	Anwendung
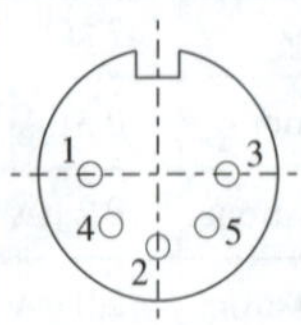	Stecker: 130-9 IEC-03 am Kabel Buchse: 130-9 IEC-04 am Gerät	1 Signal links 4 Signal rechts 2 Rückleiter, Schirm 3 Signal links 5 Signal rechts	1, 4 Mikrofonanschluss, DIN-Anschluss für Aufnahme 3, 5 Universalanschluss, Tonabnehmer-, Magnetton-Wiedergabe-, Tuneranschluss

10.6 Elektroakustische Wiedergabeanlagen

auf die Steckerstifte gesehen	IEC-Typ Anordnung	Kontaktbelegung	Anwendung
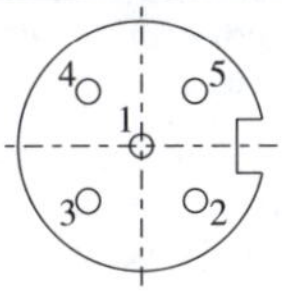	Stecker: 130-9 IEC-14 am Kabel Buchse: 130-9 IEC-15 am Gerät	1 Schirm 2 Rückleiter links 3 Rückleiter rechts 4 Signal links 5 Signal rechts	Kopfhöreranschluss
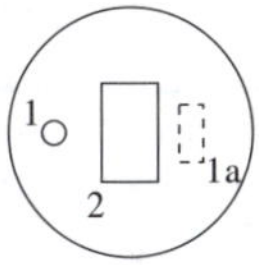	Stecker: 130-9 IEC-05 am Kabel Einbaustecker: 130-9 IEC-06 am Lautsprecher Buchse: 130-9 IEC-07 am Verstärker Kupplung: 130-9 IEC-09 am Kabel	1 Signal 1 a Signal, Schalter 2 Rückleiter bei Anlegen einer Gleichspannung mit dem positiven Pol an 1 muss sich die Membran des Lautsprechers in Abstrahlrichtung bewegen	Lautsprecheranschluss 1a bei Anschluss eines Zusatzlautsprechers wird der eingebaute Lautsprecher abgeschaltet

⇒ 10-22

Konzentrische Steckverbinder nach DIN IEC 268-11: 1988-9

IEC-Typ Handelsname	130-8 IEC-zz Cinch	130-8 IEC-xx D=6,3 mm 130-8 IEC-01 D=3,5 mm 130-8 IEC-02 D=2,5 mm Klinke (Mono)	130-8 IEC-yy D=6,3 mm 130-8 IEC-pp D=3,5 mm Klinke (Stereo)
Kontaktbelegung: 1 Signal links (mono) 2 Schirm 3 Signal rechts	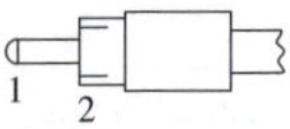	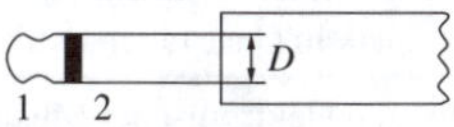	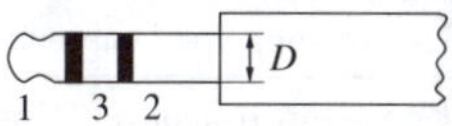
Anwendung: Buchse am Gerät Stecker am Kabel	Universalanschluss, unsym. Digitalschnittstelle (SP/DIF)	Lautsprecher, Kopfhörer, Mikrofon, Mikrofon-Fernbedienung (IEC-02)	Kopfhörer

Rundsteckverbinder für Studiogeräte

auf die Steckerstifte gesehen	Bezeichnung Anordnung	Kontaktbelegung	Anwendung
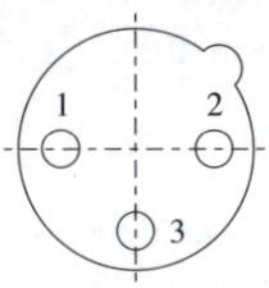	Stecker: XLR (male) Signaleingang, Kabelanfang Buchse: XLR (female) Signalausgang Kabelende	1 Schirm 2 Signal 3 Signal bei unsymmetrischem Signal wird 3 mit dem Schirm verbunden	Mikrofonanschluss, einkanalige analoge Audioanschlüsse Anschluss für symmetrische AES/EBU Digitalsignale
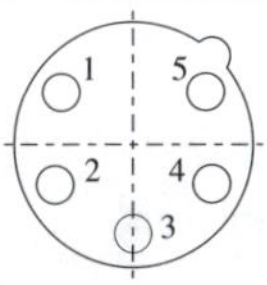	Stecker: XLR (male) Signaleingang, Kabelanfang Buchse: XLR (female) Signalausgang Kabelende	1 Schirm 2 Signal links 3 Signal links 4 Signal rechts 5 Signal rechts	Stereo-Mikrofonanschluss, zweikanalige analoge Audioanschlüsse. bei unsymmetrischem Signal werden 3 und 5 mit dem Schirm verbunden

10.6 Elektroakustische Wiedergabeanlagen

Aufgaben der Beschallungstechnik

- **Schallverstärkung** für Sprache und Musik in Auditorien verschiedener Art und Größe;
- Maßnahmen zur **Korrektur raumakustischer Verhältnisse**, wie
  Erhöhung der Deutlichkeit in halligen Räumen, (Hallen, Kirchen),
  Vergrößerung der Nachhallzeit bei Musikdarbietungen;
- gegenseitige Verständigung von Darstellergruppen (**Bühnenzuspiel**)
- **Kommando- und Befehlsübermittlungen** an eine größere Zahl von Empfängern oder an verzweigte Bereiche (Alarmanlagen usw.),
- **Wiedergabe** von einkanaligen und mehrkanaligen Programmen **in kleinen Räumen** (Wohnräumen, Gemeinschaftsräumen, Schulklassenzimmern usw.).
- **Einspiel von Informationen** und **aufgezeichneten Programmen** in Säle (Mehrzwecksäle, Theater, Sportstätten, usw.)

Schallpegel und Frequenzbereich, für die eine Beschallungsanlage zu bemessen ist (Richtwerte)

Beschallungsaufgabe	Schalldruckpegel dB	minimaler Frequenzbereich
Kommandoanlagen in lärmerfüllten Räumen	96	400 Hz bis 3 kHz
Sprache und Musik in Bereichen mit hohem Störschallpegel (Sporthallen, Großstadien, Freilichtbühnen)	96	200 Hz bis 4 kHz
Sprache und Unterhaltungsmusik in Bereichen mit angehobenem Störschallpegel (Kaufhäuser, Warteräume, Schalterhallen, Großkundgebungen)	92	100 Hz bis 8 kHz
Sprache in Bereichen mit geringem Störschallpegel (Konferenzräume Büroräume, Foyers, Kirchen)	86	100 Hz bis 8 kHz
Übertragung von Unterhaltungsmusik in Gaststätten, Kulturräumen	86	80 Hz bis 10 kHz
Konzertübertragungen, Darbietungen elektronischer Musik, Theatereffekte (Theater, Opernhäuser, Konzertsäle, Mehrzwecksäle)	104	63 Hz bis 15 kHz
Studio-Kontrollwiedergabe, Hi-Fi-Anlage in Wohnräumen	96	31 Hz bis 15 kHz

Abschätzung der erforderlichen elektrischen Leistung

Kennschalldruckpegel L_k und Bündelungsgrad γ typischer Schallstrahler

	L_k/dB	γ
Tonsäule	88 … 106	
Breitbandtonsäule	88 … 98	
Schmalbandhornstrahler	94 … 118	5 … 10
Breitband-Hornstrahlerkombination	94 … 106	5 … 10
Bassreflexlautsprecher (Bühnenlautsprecher)	94 … 100	5 … 10
Kompaktlautsprecher (Heimgerät)	84 … 94	1 … 3
Studioabhöreinrichtung	88 … 94	1 … 2

Nachhallzeit T:
Zeit, in der der Schalldruckpegel in einem nicht mehr erregten diffusen Schallfeld um 60 dB abfällt

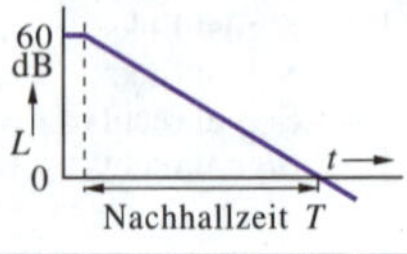

$$10\lg\frac{P_{el}}{P_0} = L - L_k - 10\lg\left(\frac{\Gamma^2}{r^2} + \frac{16\pi}{\gamma A}\right)$$

P_{el} elektrische Leistung in W
P_0 Bezugsleistung ($P_0 = 1$ W)
L Schalldruckpegel bei r in dB
r Messabstand für L in m
Γ Richtungsfaktor

Für die Abschätzung genügt die Berechnung der Absorptionsfläche nach Sabine:

$$A = \frac{0{,}163 \cdot V}{T}$$

A Absorptionsfläche in m^2
V Wiedergaberaumvolumen in m^3
T Nachhallzeit in s

11 Fernsehtechnik

11.1 Grundlagen

Mit Fernsehen bezeichnet man die elektronische Aufnahme, Übertragung und Wiedergabe von bewegten Bildern einschließlich des Begleittones. Dazu wird das Bild in einzelne Punkte zerlegt, die in elektrische Signale umgewandelt und nacheinander übertragen werden. Die Abtastung des Bildes erfolgt zeilenweise von links nach rechts und vertikal von oben nach unten. Zur Einsparung von Frequenzbandbreite wurde das sog. Zeilensprungverfahren eingeführt. Dabei wird in einem Halbbild nur die Hälfte der Zeilen übertragen und im folgenden die dazwischen liegenden Zeilen (Zwischenzeilenverfahren). Zwei Halbbilder ineinander geschachtelt ergeben das Vollbild (s. Abb.).

Bedingt durch die Eigenschaften des menschlichen Auges (Auflösung 1 Bogenminute, Flimmergrenze 50 Bilder/s) und einem angestrebten Betrachtungswinkel von ca. 10° ergibt sich eine optimale Zeilenzahl von ca. 600. In Verwendung sind Zeilenzahlen von 405, 525, 625 und 819. Die 405 Zeilen (zu geringe Auflösung) und die 819 Zeilen (zu große Frequenzbandbreite) werden nach und nach durch 625 Zeilen ersetzt. Das Bildformat beträgt $h:v = 4:3$ (horizontal : vertikal).

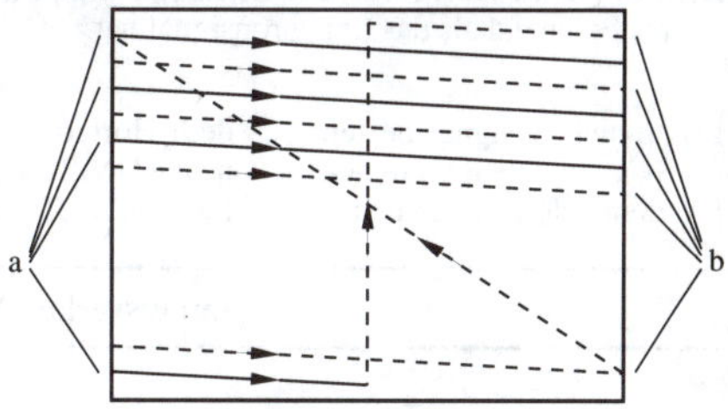

Schematische Darstellung des Zeilensprungverfahrens; a Zeilen des ungeraden Halbbildes, b Zeilen des geraden Halbbildes

Das in Entwicklung befindliche Hochzeilenfernsehen (HDTV: High Definition Television) geht in Richtung höherer Auflösung und besserer Anpassung an die Filmformate. Die Zeilenzahlen liegen zwischen 1035 und 1250 bei Bildwechseln zwischen 50 Hz und 120 Hz und Bildformaten zwischen 15 : 9 und 22 : 9 (vorzugsweise 16 : 9). ⇒ 11-25

11.2 Übertragungsnormen der Fernsehtechnik

Zur Übertragung eines Fernsehrundfunksignals gelten Festlegungen zum Basisband und zum Übertragungskanal.

Basisband	Farbfernsehsignal (FBAS-Signal) und modulierter Begleitton
Übertragungskanal	Frequenzbereich (5 … 14) MHz (Tab.) in einem für die drahtlose Übertragung festgelegten Frequenzband

11.2.1 BAS-Signal

Signalteile des Schwarz-weiß-Signals (BAS)

B-Signal	Bildsignal. Alle Informationen des sichtbaren Teils
A-Signal	Austastsignal. Tastung des Bildsignals während des Zeilen- und Bildrücklaufes auf den Austastwert (ca. Schwarzwert)
S-Signal	Synchronsignal

Zeit- und Pegelverhältnisse einer Zeile beim positiven FBAS-Signal (Bildsignal positiv)

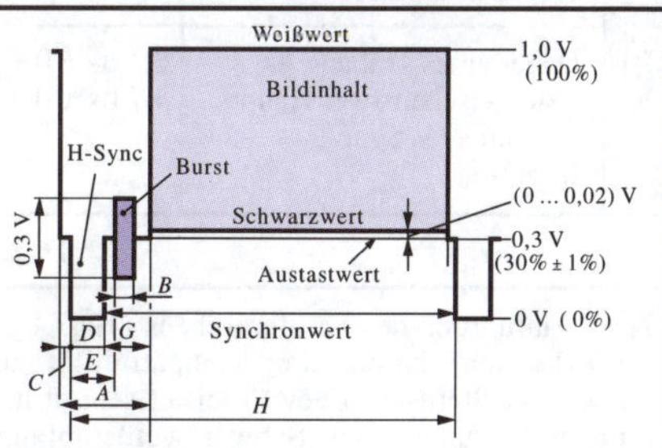

H	Dauer einer Zeile	64 µs
A	Dauer des Horizontalaustastimpulses	12 µs ± 0,3 µs
B	Dauer des Burst bei PAL	2,25 µs ± 0,23 µs
C	Dauer der vorderen Schwarzschulter	1,5 µs ± 0,3 µs
D	Dauer des Horizontalsynchronimpulses	4,7 µs ± 0,2 µs
E	Beginn des Burst bei PAL	5,6 µs ± 0,1 µs
G	Dauer der hinteren Schwarzschulter	5,0 µs … 6,6 µs

11.2 Übertragungsnormen der Fernsehtechnik

Das BA-Signal wird auch als Y-Signal bezeichnet (Helligkeitssignal, Luminanzsignal). Ein positives BAS-Signal bedeutet, dass das Bildsignal ein positiveres Potenzial als das Synchronsignal hat.

Das Synchronsignal besteht aus dem Horizontal- (H-Sync) und dem Vertikalsynchronsignal (V-Sync). Es dient dem zeilen- und bildweisen Aufbau des Fernsehbildes und ist im Austastsignal eingeschachtelt.

Das V-Sync-Signal besteht aus drei Teilen: 5 Vortrabanten, 5 Haupttrabanten (die den Start des nächsten Halbbildes vornehmen) und 5 Nachtrabanten. Alle Trabanten haben die doppelte Zeilenfrequenz, damit die Zwischenzeilen exakt in das vorhergehende Halbbild eingeschachtelt werden können.

Impulsverlauf für den Bildwechsel

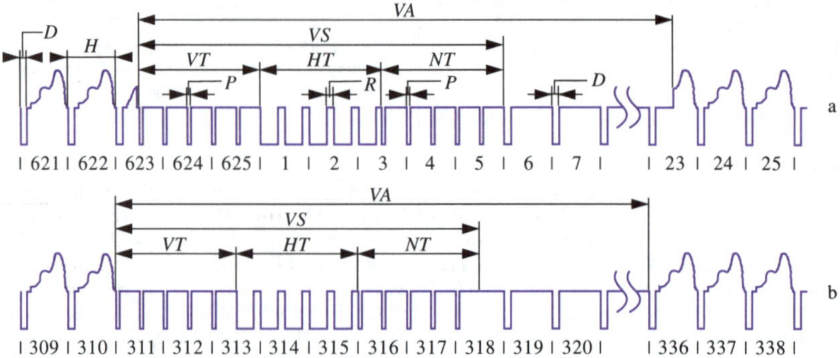

a Rasterwechsel vom geraden zum ungeraden Halbbild, b Rasterwechsel vom ungeraden zum geraden Halbbild

H D	Dauer einer Zeile Dauer eines Horizontal-synchronimpulses	64 µs 4,7 µs ± 0,2 µs	VT HT NT	Dauer der Vortrabanten Dauer der Haupttrabanten Dauer der Nachtrabanten	2,5 H 2,5 H 2,5 H
P R	Dauer eines Trabanten Zeit zwischen zwei Haupttrabanten (V-Sync-Impulsen)	2,3 µs ± 0,1 µs 4,7 µs ± 0,2 µs	VS VA	Dauer des kompletten Vertikalsynchronsignals Dauer des Vertikal-austastsignals	7,5 H 25 H + 12 µs

11.2.2 F-Signal

Nach Einführung des Farbfernsehens (1953 USA, 1967 Europa) mußte die Kompatibilität zum Schwarzweißfernsehen gewährleistet sein, d.h. es mußten Störungen des Schwarzweißempfanges durch das Farbsignal minimiert und eine Schwarzweiß-Sendung auf einem Farbfernsehempfänger als Schwarzweißbild wiedergegeben werden. Es haben sich drei Verfahren durchgesetzt: NTSC, SECAM und PAL.

Alle Verfahren nutzen die Erkenntnisse der Farbenlehre, dass durch additive Mischung von bestimmten Anteilen dreier Grundfarben, z.B. rot (R; 700 nm), grün (G; 546,1 nm) und blau (B; 435,8 nm) nahezu alle in der Natur vorkommenden Helligkeits- und Farbwerte gebildet werden können. Als Bezugswerte wurden die relativen Pegel R = G = B = 1 festgelegt. Mit diesen Werten ergibt sich das Weiß (C-Weiß) aus

$$Y = 0{,}30\ R + 0{,}59\ G + 0{,}11\ B = 1\ .$$

Durch eine proportionale Verringerung der RGB-Werte ergeben sich Grauwerte bis zum Schwarz für R = G = B = 0 (Y = 0). Eine nicht proportionale Änderung der Farbkomponenten ändert den Farbton, und die Amplitude die Farbsättigung. Aus technischen Gründen (Bandbreite, Trägerrest) werden für die Übertragung die Farbdifferenzsignale R − Y, B − Y und das Helligkeitssignal Y verwendet. Der Grünanteil lässt sich aus diesen drei Komponenten matrizieren.

11.2 Übertragungsnormen der Fernsehtechnik

Parameter des Farbbalkentestbildes (100%)
(Bezugswert BA = Y = 1; entspr. BAS = 1,43)

	Weiß	Gelb	Cyan	Grün	Violett	Rot	Blau	Schwarz
R	1	1	0	0	1	1	0	0
G	1	1	1	1	0	0	0	0
B	1	0	1	0	1	0	1	0
Y	1	0,89	0,7	0,59	0,41	0,3	0,11	0
R–Y	0	0,11	–0,7	–0,59	0,59	0,7	–0,11	0
B–Y	0	–0,89	0,3	–0,59	0,59	–0,3	0,89	0
G–Y	0	0,11	0,3	0,41	–0,41	–0,3	–0,11	0

(Anmerkung: Das Y-Signal ist nicht linear gestuft!)

Zur Beurteilung der Übertragungseigenschaften wird ein Farbbalkentestbild verwendet. Für eine Farbsättigung von 100% sind die Werte in der Tabelle angegeben. In den meisten Fällen werden die Farben mit einer Sättigung von 75% (weiß mit 100%) gemäß der Abb. auf S. 11-6 übertragen.

Bei allen Verfahren werden die Farbdifferenzsignale in den oberen Teil des Frequenzspektrums des Schwarzweiß-Signals (diskretes Linienspektrum) eingeschachtelt. Die Verfahren unterscheiden sich im wesentlichen durch die Modulationsart.

NTSC-Verfahren

Das NTSC-Verfahren ist das Farbfernsehverfahren des **N**ational **T**elevision **S**ystem **C**ommittee (NTSC) der Federal Communications Commission (FCC).

Beim NTSC-Verfahren wird die Amplitude eines Farbhilfsträgers für die Farbsättigung und die Phase für den Farbton verwendet. Technisch wird das durch einen Quadraturmodulator realisiert. Zwei um 90° versetzte Träger gleicher Frequenz werden mit Farbsignalen in der Amplitude moduliert und addiert (s. Prinzipschaltbild). Die über mannigfaltige Testreihen ermittelten Modulationssignale E_Q (0,4 MHz) und E_I (1,3 MHz) werden aus den beiden Farbdifferenzsignalen gebildet (s. Tabelle „Technische Daten der Fernsehnormen“).

Das zur Übertragung vorgesehene Signal setzt sich zusammen aus

$$Y + E_Q \times \sin(\Omega_F t + 33°) + E_I \times \cos(\Omega_F t + 33°)\,,$$

oder umgerechnet auf die Farbdifferenzsignale

$$Y + 0{,}493\,(B-Y) \times \sin \Omega_F t + 0{,}877\,(R-Y) \times \cos \Omega_F t$$

mit $\Omega_F = 2\pi f_F$, wobei f_F die Farbträgerfrequenz ist.

Zur Minimierung der Sichtbarkeit der Farbträgerfrequenz im Schwarzweißbild wird diese mit der Zeilenfrequenz verknüpft.

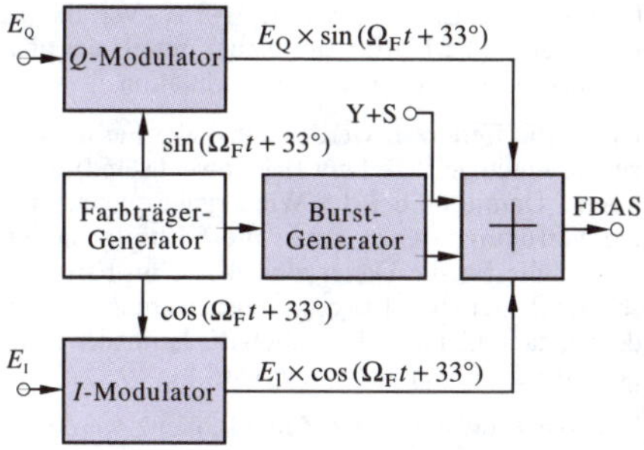

Prinzipschaltbild eines NTSC-Coders

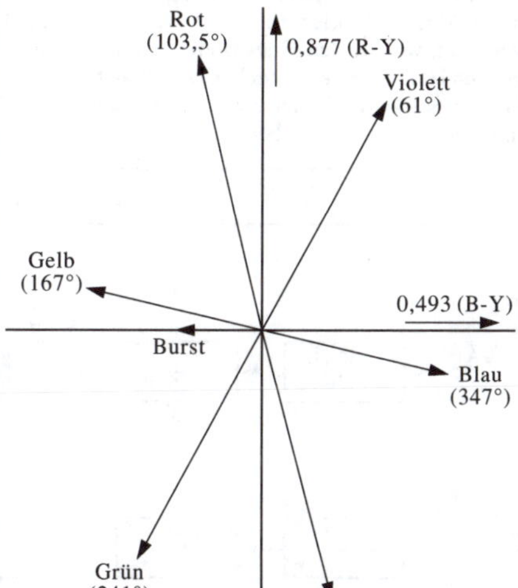

Amplituden und Phasenwinkel des Farbträgers für das Testbild bei NTSC (100% Farbsättigung)

Für die Regenerierung der Trägerphase auf der Empfangsseite muß ein Bezugssignal, der sog. Burst, übertragen werden. Dazu werden in die hintere Schwarzschulter (nach dem Zeilensynchronimpuls) einige Perioden der Farbträgerfrequenz mit einer um 180° gegenüber dem (B–Y)-Träger gedrehten Phasenlage eingetastet.

Das Zeigerbild für die Farben des Testbildes ist in der Abb. angegeben.

11.2 Übertragungsnormen der Fernsehtechnik

11

SECAM-Verfahren

Das SECAM-Verfahren (**S**équentiel **E**n **C**ouleur **A**vec **M**émoire) nutzt bezüglich der Farbsignalaufbereitung die Erkenntnisse des NTSC-Verfahrens, überträgt die Farbinformation aber mittels der phasenunempfindlichen Frequenzmodulation.

Die Farbdifferenzen werden mit zwei Farbträgern zeilensequenziell (zeilenweise abwechselnd) übertragen. Damit sie bei der Wiedergabe gleichzeitig zur Verfügung stehen, muss die Farbinformation einer Zeile für die Dauer einer Zeile im Farbfernsehempfänger zwischengespeichert werden. Das bedeutet, dass die Farbinformation der laufenden Zeile noch für die folgende benutzt wird.

Zur Synchronisation der Zeilensequenz werden in der Vertikalaustastlücke (Zeilen 7 bis 15 und 320 bis 328) Kennimpulse (sog. Identifikationsimpulse) der Frequenz 3,9 MHz ± 35 kHz für B – Y u. 4,756 MHz ± 35 kHz für R – Y so abwechselnd gesendet, wie sie den Farbdifferenzen des nachfolgenden Halbbildes entsprechen. Zusätzlich wird die hintere Schwarzschulter zur Übertragung der unmodulierten Farbträger benutzt.

Um die Sichtbarkeit der Farbträger auf dem Bildschirm zu minimieren, werden zwei Zusatzmaßnahmen getroffen:

Durch eine Bandsperre (HF-Preemphasis, sog. Antiglocke) mit einer Mittenfrequenz von 4,286 MHz und festgelegtem Dämpfungsverlauf werden die Farbträger einschließlich der Seitenbänder vor der Addition mit dem Helligkeitssignal gedämpft. Bei der Wiedergabe muß diese HF-Preemphasis durch eine HF-Deemphasis (Bandpass, sog. Glocke) wieder ausgeglichen werden.

Als zweite Maßnahme werden die Farbträger bei der Übertragung in ihrer Phase geändert. Es gibt dafür zwei Varianten:

Variante 1: Die Phase der Farbträger wird zu Beginn jeder 3. Zeile für die Dauer einer Zeile um 180° geändert. Zusätzlich wird nach jedem Halbbild die Phase um 180° geschaltet.

Variante 2: Die Phase der Farbträger wird zu Beginn jeder 3. Zeile für die Dauer von 3 Zeilen und zusätzlich nach jedem Halbbild um 180° geändert.

Blockschaltbild eines SECAM-Coders

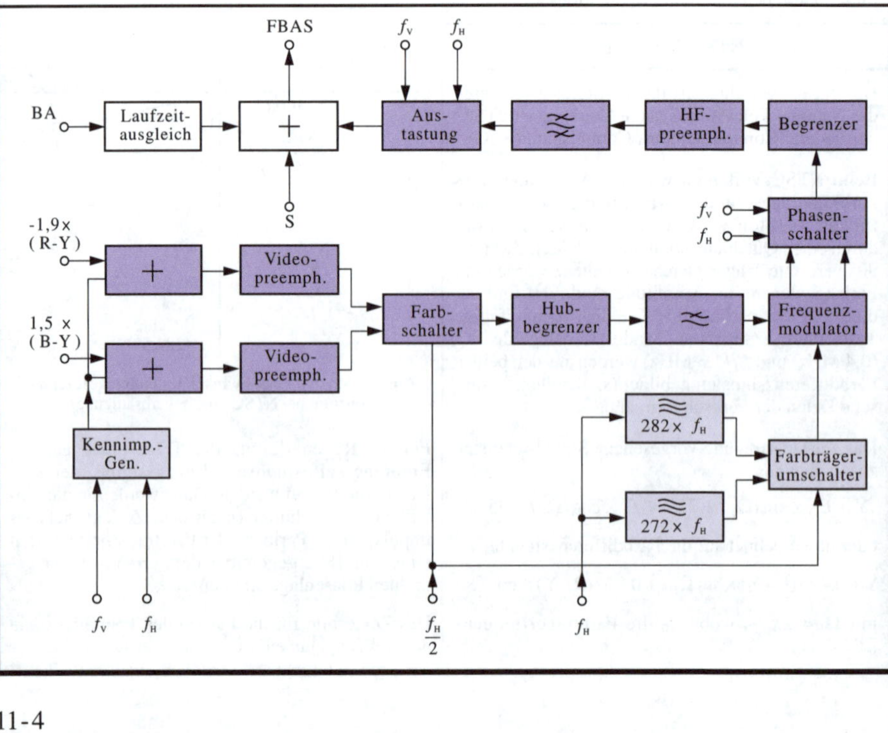

11.2 Übertragungsnormen der Fernsehtechnik

PAL-Verfahren

Das PAL-Verfahren (**P**hase **A**lternation **L**ine) basiert unmittelbar auf dem NTSC-Verfahren. Es benutzt ebenfalls die Quadraturmodulation. Die Amplitude des Farbträgers bestimmt die Farbsättigung und die Phase den Farbton. Beim PAL-Verfahren wird jedoch zusätzlich die Phase des Farbträgers für das (R–Y)-Signal zeilensequenziell um 180° gedreht. Die bei der Übertragung auftretenden konstanten Phasenabweichungen können durch die Mittelung zweier aufeinanderfolgender Zeilen weitgehend eliminiert werden, so dass dadurch wesentlich geringere Farbtonfehler auftreten. Aus diesem Grund muss im Farbfernsehempfänger die Farbinformation einer Zeile für die Dauer einer Zeile zwischengespeichert werden (durch eine H-Verzögerungsleitung).

Aus dem Zeigerbild können Amplitude und Phasenlage für die Testbildfarben entnommen werden. Das Blockschaltbild zeigt die wichtigsten Baugruppen für einen Coder.

Simple-PAL: Das demodulierte Signal wird bei der Wiedergabe nicht elektronisch gemittelt, sondern direkt auf den Bildschirm gegeben. Die Mittelung erfolgt durch das Auge des Betrachters. Simple-PAL hat heute keine Bedeutung mehr.

Amplituden und Phasenwinkel des Farbträgers für das Testbild bei PAL (100% Farbsättigung)

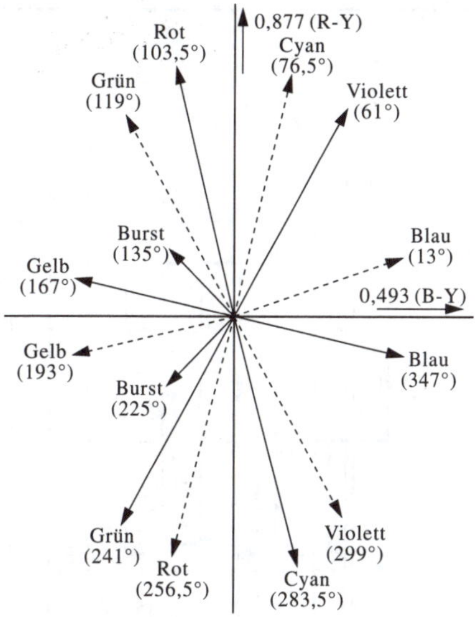

— und - - - alternierende Zeilen

Blockschaltbild eines PAL-Coders

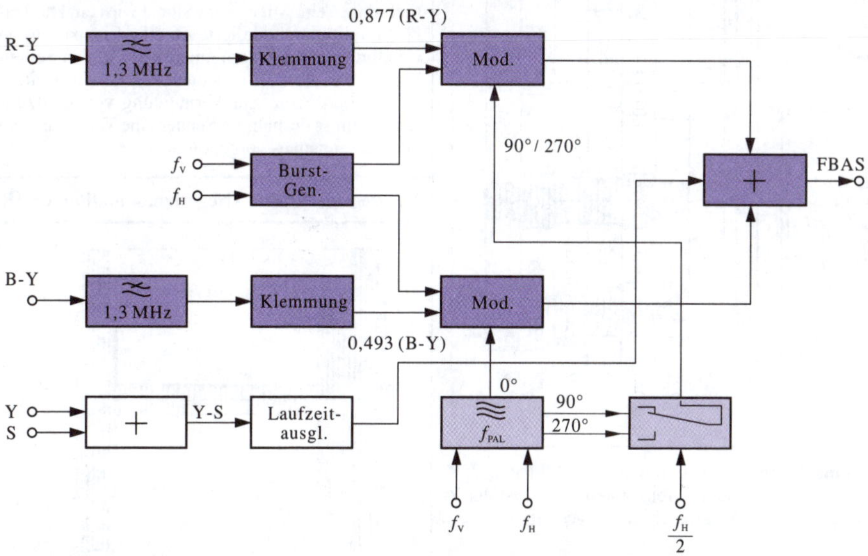

11.2 Übertragungsnormen der Fernsehtechnik

Signale des Farbbalkentestbildes (PAL), Farbsättigung 75% (weiß 100%, Bezugswert BAS: 1)

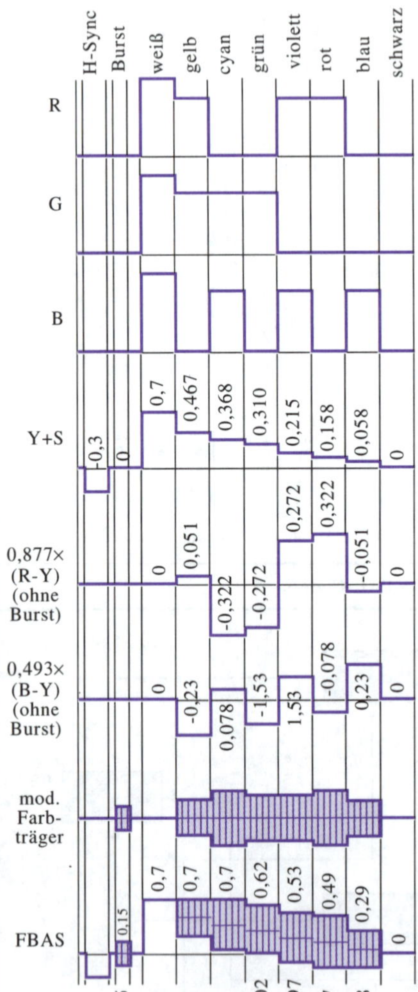

Anmerkung: Beim Farbbalkentestbild von 75% (außer Weißbalken 100%) ist der Y-Anteil nicht linear gestuft.

11.2.3 Tonsignal

Der Begleitton zum Farbfernsehsignal wird als Mono-, Stereo- oder Zweitonsignal (zweisprachig) ausgestrahlt. Die Signalverarbeitung entspricht bei PAL der des UKW-Hörrundfunks. Das Tonsignal wird auf einen gesonderten Träger, den sog. Tonträger, moduliert und gemeinsam mit dem Videosignal übertragen.

Tonparameter	Daten der PAL-Norm
Bandbreite	15 kHz
1. Tonträger	5,5 MHz (352 × f_H) bei stereo: (L/2 + R/2)-Signal
2. Tonträger	5,74 MHz (367,5 × f_H), bei stereo: R-Signal
Modulation	FM (F3E)
Hub	50 kHz
Preemphasis	50 µs
Betriebsarten-kennung	auf dem 2. Tonträger wird mit einer Pilotfrequenz von 54,6875 kHz (3,5 f_H) eine Kennfrequenz in AM übertragen. – mono keine – stereo 11,75 Hz (f_H/133) – Zweiton 274,1 Hz (f_H/57)

11.2.4 Restseitenbandübertragung

Das komplette Farbfernsehsignal nimmt bei PAL im Basisband einen Frequenzbereich von ca. 5,6 MHz (bei mono) ein. Mit diesem Signal wird ein HF-Träger amplitudenmoduliert. Zwecks Einsparung an Bandbreite werden vom unteren der beiden Seitenbänder nur die tieffrequenten Anteile (Restseitenband) übertragen. Zur Vermeidung von Laufzeitfehlern muss deshalb im Sender eine Vorverzerrung des Phasenganges vorgenommen werden.

HF-Pegeldiagramm (Negativmodulation, CCIR)

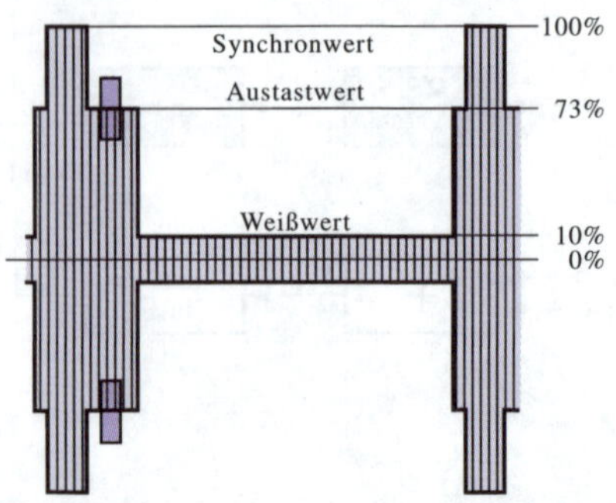

11.2 Übertragungsnormen der Fernsehtechnik

Restseitenbandmodulation (C3F) bei CCIR

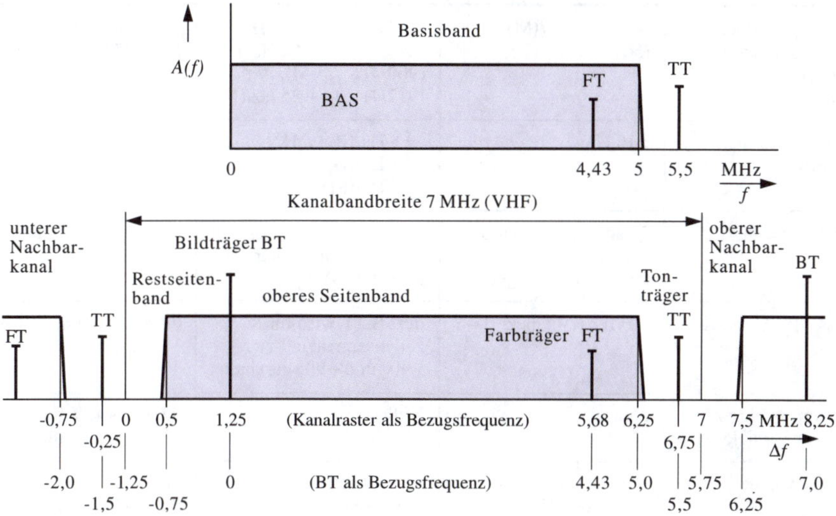

11.2.5 Technische Daten der Farbfernsehnormen (Basisband)

Parameter	NTSC	PAL	SECAM
Zeilenfrequenz/ (Standard)	für alle Systeme 15.625 Hz/(D, B, G, H, I, K, L, N); 15.734,264 Hz/(M)		
Halbbildfrequenz	für alle Systeme 50 Hz, nur für Standard M: 60 Hz (59,94 Hz)		
Helligkeitssignal	für alle Systeme $Y = 0{,}3 \times R + 0{,}59 \times G + 0{,}11 \times B$		
Übertragene Farb-differenzsignale	$E_I = -0{,}27\,(B-Y) + 0{,}74\,(R-Y)$, $E_Q = 0{,}41\,(B-Y) + 0{,}48\,(R-Y)$	$E_U = 0{,}493\,(B-Y)$ $E_V = 0{,}877\,(R-Y)$	$D_R = -1{,}9\,(R-Y)$ und $D_B = +1{,}5\,(B-Y)$ zeilensequenziell
Bandbreiten des Basis-bandes	Y: 5 MHz E_I: 1,3 MHz E_Q: 0,4 MHz	Y: 5 MHz E_U: 1,3 MHz E_Q: 1,3 MHz	Y: 5 MHz D_R: 1,5 MHz D_B: 1,5 MHz
Preemphasis für Farb-differenzsignale	–	–	$\frac{1 + j\,(f/85\ \text{kHz})}{1 + j\,(f/255\ \text{kHz})}$
Farbträgerfrequenzen/ (Standard)	3.579,545 kHz/(M) 4.429,688 kHz/(B)	4.433,619 kHz/ (B, G, H, I), 3.575,611 kHz/(M), 3.582,056 kHz/(N)	f_{0R} = 4.250,000 kHz/ f_{0B} = 4.406,250 kHz/ (B, G, H, D, K, L)

11.2.5 Technische Daten der Farbfernsehnormen (Basisband) (Forts.)

Parameter	NTSC	PAL	SECAM
Verkopplung der Farbträgerfrequenz mit der Zeilenfrequenz	$(455/2) \times f_H$/(M) $(567/2) \times f_H$/(B)	$(1135/4) \times f_H + 25$ Hz/ (B, G, H, I), $(909/4) \times f_H$/(M), $(917/4) \times f_H + 25$ Hz/(N)	$f_{0R} = 282 \times f_H$, $f_{0B} = 272 \times f_H$
Toleranz der Farbträgerfrequenz	±10 Hz	±5 Hz/(B, G, H, N), ±1 Hz/(I), ±10 Hz/(M)	±2 kHz
Modulationsart	Quadraturmodulation der Amplitude mit unterdrücktem Träger	Quadraturmodulation der Amplitude mit unterdrücktem Träger	Frequenzmodulation
Phase des Farbträgers	90° für R – Y bez. B – Y	bez. B – Y wird für R – Y zeilensequenziell zw. +90° und –90° geschaltet	2 Varianten (siehe Text)
Trägerrest für Farbdifferenzsignale = 0	Null	Null	23,7% bez. Y für D_B, 29,4% bez. Y für D_R
Frequenzband bzw. Hub	f_F + 620 kHz … – 1300 kHz	f_F + 570 kHz … – 1300 kHz/ (B, G, H), f_F + 1070 kHz … – 1300 kHz/(I), f_F + 600 kHz … – 1300 kHz/(M), f_F + 620 kHz … – 1300 kHz/(N)	Nominalhübe (75%): ±230 kHz für D_B, ±280 kHz für D_R Maximalhübe: +500 kHz, –350 kHz für D_B, +350 kHz, –500 kHz für D_R
HF-Preemphasis	–	–	$(1 + j16v)/(1 + j1{,}26v)$ mit $v = (f/f_c - f_c/f)$ $f_c = 4{,}286$ MHz
Burstlänge	min. 8 Perioden	10±1 Periode/(B, G, H, I) 9±1 Periode/(M, N)	statt Burst Beginn des Farbträgers (6,7 … 7,8) µs nach Vorderflanke der H-Austastung
Burstphase	180° bez. B–Y	225° bez. B – Y für die 90°-(R – Y)-Komponente 135° bez. B – Y für die 270°-(R – Y)-Komponente	–
Identifikationssignale	–	Auswertung der Burstphase	in den Zeilen 7 … 15 und 320 … 328 Kennimpulse für D_B u. D_R (s. Text)
Verzögerung der Laufzeitleitung	–	63,943 µs ± 7 ns	64 µs ± 70 ns

11.2 Übertragungsnormen der Fernsehtechnik

11.2.6 Fernsehnormen (HF-Band)

Die Übertragung der Fernsehsignale erfolgt in den durch die CCIR festgelegten Frequenzbereichen. Für die Kanaleinteilung in Europa gilt der Stockholmer Wellenplan von 1961. In der letzten Spalte sind die für die Fernsehnormen B und G geltenden Kanal-Nummern angegeben.

Die Modulationsparameter für die existierenden Normen sind in nachstehender Tabelle aufgeführt.

Bereich	Frequenz/MHz	Kanal-Nr. (B, G)
I	(41) 47 … 68	C(1) 2 … C 4
II	87,5 … 108	UKW-Tonrundf.
USB	118 … 174	S 3 … S 10
III	174 … 230	C 5 … C 12
OSB	230 … 300	S 11 … S 20
ESB	300 … 446	S 21 … S 38
IV	470 … 606	C 21 … C 37
V	606 … 862	C 38 … C 69

Fernsehnormen (HF-Band)

Normcode	A	B/G	C	D/K	E	H	I	K1	L	M	N
Gebiete (Länder)	(GB)	CCIR	(L)	OIRT	(F)	(B)	(GB)	Franz. Geb.	(F)	FCC	Südamerika
Frequenzbereiche	VHF	VHF/UHF	VHF	VHF/UHF	VHF	UHF	VHF/UHF	VHF/UHF	UHF	VHF/UHF	VHF/UHF
Kanalbandbreite/MHz	5	7/8	7	8	14	8	8	8	8	6	6
Videobandbreite/MHz	3	5	5	6	10	5	5,5	6	6	4,2	4,2
Halbbildfrequenz/Hz	50	50	50	50	50	50	50	50	50	60	50
Zeilenfrequenz/kHz	10,125	15,625	15,625	15,625	20,475	15,625	15,625	15,625	15,625	15,75	15,625
Zeilen pro Bild	405	625	625	625	819	625	625	625	625	525	625
Bild-Ton-Trägerabstand/MHz	−3,5	+5,5 5,74 [1]	+5,5	+6,5	±11,15	+5,5	+6	+6,5	±6,5	+4,5	+4,5
Breite des Restseitenbandes/MHz	0,75	0,75	0,75	0,75	2	1,25	1,25	1,25	1,25	0,75	0,75
Bildträgerabstand vom Kanalanfang/MHz	+3,75	+1,25	+1,25	+1,25	+2,83 +11,17 (s. [3])	+1,25	+1,25	+1,25	+1,25	+1,25	+1,25
Modulationsart für Bild	C3F pos.	C3F neg.	C3F pos.	C3F neg.	C3F pos.	C3F neg.	C3F neg.	C3F neg.	C3F pos.	C3F neg.	C3F neg.
HF-Synchronwert/%	<3	100	<3	100	<3	100	100	100	<6	100	100
HF-Austastwert/%	30	73	25	75	30	75	76	75	30	75	75
HF-Weißwert/% (Trägerrest)	100	10	100	12,5	100	10	20	10	100 110 [2]	10	10
Modulationsart für Ton	A3E	F3E	A3E	F3E	A3E	F3E	F3E	F3E	A3E	F3E	F3E
Frequenzhub Ton/kHz	–	50	–	50	–	50	50	50	–	25	25
Preemphasis Ton/µs	–	50	–	50	–	50	50	50	–	75	75
Leistungsverhältnis Bild-/Tonträger	4/1	10/1 … 20/1 20/1/0,2 [1]	4/1	10/1 … 5/1	10/1	5/1 … 10/1	5/1	10/1	10/1	10/1 … 5/1 [4]	10/1 … 5/1

[1] Bei Stereo- oder Zweitonbetrieb,
[2] Bei Farbübertragung nach NTSC oder SECAM
[3] Bei Inversion der Frequenzlagen von Bild und Ton im Kanal
[4] In Japan 6,7/1 und 2,9/1

11.2 Übertragungsnormen der Fernsehtechnik

11.2.7 Ländertabelle

Land	Norm für VHF	UHF	Farbe	Netz-spg./V	Netz-frequ./Hz
Afghanistan	B	G	PAL	220	50/60
Ägypten	B	G	SECAM	220	50
Albanien	B	G	PAL	220	50
Algerien	B	G	PAL	127/220	50
Andorra	E	L	SECAM		50
Angola	I		PAL	220	50
Antigua	M		NTSC		
Antillen, niederl.	B	G	PAL	120/127/220	50/60
Äquatorialguinea	B		PAL	220	50
Argentinien	N	N	PAL	220	50
Äthiopien	B	G	PAL	220	50
Australien	B	B	PAL	240/250	50
Azoren	B		PAL	220	50
Bahamas	M		NTSC	120	60
Bahrein	B	G	PAL	230	50/60
Bangladesh	B		PAL	220/230	50
Barbados	N		NTSC		
Belgien	B	H	PAL	220	50
Benin	K1	K1	SECAM	220	50
Bermuda	M		NTSC	115	60
Birma	M			230	50
Bolivien	M	M	NTSC	115/220/230	50
Botswana	I	I	PAL	230	50
Brasilien	M	M	PAL	127/220	60
Brunei	B		PAL	240	50
Bulgarien	D	K	SECAM	220	50
Burkina Faso	K1	K1	SECAM	220	50
Burma	M		NTSC	230	50
Burundi	K1	K1	SECAM	220	50
Chile	M	M	NTSC	220	50
China	D	D	PAL	220	50
Costa Rica	M	M	NTSC	120/240	60
Dänemark	B	G	PAL	220	50
Deutschland	B	G	PAL	230	50
Djibouti	B		SECAM	220	50
Dominik. Rep.	M	M	NTSC	110/220	60
Ecuador	M		NTSC	120/127	60
Elfenbeink.	K1	K1	SECAM	220	50
El Salvador	M	M	NTSC	115	60
Estland	D	K	SECAM	220	50
Finnland	B	G	PAL	220	50
Frankreich	L	L	SECAM	115/127/220/230	50
Gabun	K1	K1	SECAM	220	50
Galapagos-I.	M		NTSC		
Gambia	I	I		230	50
Ghana	B	G	PAL	220/230	50
Gibraltar	B	G	PAL	240	50
Griechenland	B	G	SECAM	220	50
Grönland	B	G	PAL	220	50
Großbritannien	A, I	I	PAL	240	50
Guadeloupe	K1	K1	SECAM	220	50
Guatemala	M		NTSC	120/240	60
Guayana, frz.	K1	K1	SECAM	220	50
Guinea	K1	K1	SECAM/PAL	220	50
GUS-Staaten	D	K	SECAM	220	50
Haiti	M		NTSC	110/220	60
Hawaii	M		NTSC	115	60
Honduras	M		NTSC	110/220	60
Hongkong	A, I	I	PAL	200	50
Indien	B		PAL	230	50
Indonesien	B	G	PAL	127/220	50
Irak	B	G	SECAM	220	50
Iran	B	G	SECAM	220	50
Irland	I	I	PAL	220	50
Island	B	G	PAL	220	50
Israel	B	G	PAL	230	50
Italien	B	G	PAL	127/220	50
Jamaika	N		NTSC	110/220	50
Japan	M	M	NTSC	100/200	50/60
Jemen	B	H	PAL	220/230	50
Jordanien	B	G	PAL	220	50
ehem. Jugoslawien	B	G	PAL	220	50
Jungferninseln, Brit.	M		NTSC	230	60
Kambodscha	M		NTSC		
Kamerun	B	G	PAL	127/220/230	50
Kanada	M	M	NTSC	120/240	60
Kanar. Inseln	B	G	PAL	127/220	50
Katar	B	G	PAL	240	50
Kenia	B	G	PAL	240	50
Khmer	M			110/220	50
Kolumbien	M	M	NTSC	110/120/150/220	60
Kongo	K1	K1	SECAM	220	50
Korea, Nord	D	K	PAL	110/220	60
Korea, Süd	M	M	NTSC	110/220	60
Kuba	M	M	NTSC	115/120	60
Kuwait	B	G	PAL	240	50
Laos	M		PAL	220	50
Lesotho	I	I	PAL	220	50
Lettland	D	K	SECAM	220	50
Libanon	B	G	SECAM	110/220	50

11

11.2 Übertragungsnormen der Fernsehtechnik

11.2.7 Ländertabelle (Forts.)

Land	Norm für VHF	UHF	Farbe	Netz-spg./V	Netz-frequ./Hz
Liberia	B	G	PAL	120/240	60
Libyen	B	G	SECAM	127/230	50
Litauen	D	K	SECAM	220	50
Luxemburg	B	G/L	PAL/ SECAM	220	50
Macao, port.	I		PAL		
Madagaskar	K1		SECAM	127/220	50
Madeira	B		PAL	220	50
Malawi	I	I	PAL	230	50
Malaysia	B	G	PAL	230/240	50
Malediven	B		PAL	230	50
Mali	B	G	SECAM	220	50
Malta	B	H	PAL	240	50
Marokko	B	G	SECAM	127/220/ 230	50
Martinique	K1		SECAM	220	50
Mauretanien	B	B	SECAM	220	50
Mauritius	B	G	SECAM	230	50
Mexiko	M	M	NTSC	127	60
Mikronesien	M		NTSC		
Moçambique	B	G	PAL	220	50
Monaco	L	G	SECAM/ PAL	127/220	50
Mongolei	D		SECAM	220	50
Montserrat	M		NTSC	230	60
Namibia	I		PAL		
Nepal	B		PAL	110/220	50
Neukale-donien	K1	K1	SECAM	220	50
Neuseeland	B	G	PAL	230	50
Nicaragua	M	M	NTSC	120	60
Niederlande	B	G	PAL	220	50
Niger	K1	K1	SECAM	220	50
Nigeria	B	I	PAL	230	50
Norwegen	B	G	PAL	230	50
Obervolta	K1	K1		220	50
Oman	B	G	PAL	240	50
Österreich	B	G	PAL	220	50
Pakistan	B	G	PAL	220	50
Panama	M	M	NTSC	110/120	60
Papua-Neuguinea	B	G	PAL	240	50
Paraguay	N		PAL	220	50
Peru	M	M	NTSC	110/220	60
Philippinen	M		NTSC	110/220	60
Polen	D	K	SECAM	220	50
Polynesien	K1		SECAM		
Portugal	B	G	PAL	220	50
Puerto Rico	M	M	NTSC	120	60
Ruanda	K1	K1	SECAM	220	50
Rumänien	D	K	PAL	220	50
Rußland	D	K	SECAM	220	50
Saint Christopher	M		NTSC	230	60
Sambia	G	G	PAL	220	50
Samoa	M		NTSC	230	50
San Marino	B	G	PAL		
Sansibar	I	I	PAL	230	50
Saudi-Arabien	B	G	SECAM	127/220	50/60
Schweden	B	G	PAL	220	50
Schweiz	B	G	PAL	220	50
Senegal	K1	K1	SECAM	127/220	50
Sierra Leone	B	G	PAL	230	50
Simbabwe	B	G	PAL	220	50
Singapur	B	G	PAL	230	50
Slowakische Republik	D	K	SECAM	220	50
Somalia	B	G	PAL	110/220/ 230	50
Spanien	B	G	PAL	127/220	50
Sri Lanka	B		PAL	230	50
Sudan	B	G	PAL	240	50
Südafrika	I	I	PAL	220/230/ 240/250	50
Surinam	M		NTSC	127/220	60
Swasiland	B	G	PAL	230	50
Syrien	B	G	PAL	220	50
Tahiti	K1	K1	SECAM	127/220	60
Taiwan	M		NTSC	110/200	60
Tansania	I	I	PAL	230	50
Thailand	B	G	PAL	220	50
Togo	K1	K1	SECAM	127/220	50
Trinidad u. Tobago	M		NTSC	115/230	60
Tschad	K1	K1	SECAM	220	50
Tschechische Republik	D	K	SECAM	220	50
Tunesien	B	G	SECAM/ PAL	127/220	50
Türkei	B	G	PAL	220	50
Uganda	B		PAL	240	50
Ungarn	D	K	SECAM	220	50
Uruguay	N		PAL	127/220	50
USA	M	M	NTSC	120/240	60
Vatikanstadt			NTSC	220	50
Venezuela	M		NTSC/ SECAM	120/240	50/60
Ver. Arab. Emirate	B	G	PAL	220/230/ 240	50
Vietnam	D	K	PAL	127/220	50
Zaire	K1	K1	SECAM	220	50
Zentralafrika	K1	K1	SECAM	220	50
Zypern	B	G	PAL/ SECAM	240	50

11.2 Übertragungsnormen der Fernsehtechnik

11.2.8 Kanaleinteilung für die Normen B, G (CCIR)

Bereich	Kanal	Kanalgrenzen/ MHz	Bildträger/ MHz	Tonträger/ MHz
I	C 2	47 … 54	48,25	53,75
	C 3	54 … 61	55,25	60,75
	C 4	61 … 68	62,25	67,75
unterer Sonderkanalbereich (USB)	S 3	118 … 125	119,25	124,75
	S 4	125 … 132	126,25	131,75
	S 5	132 … 139	133,25	138,75
	S 6	139 … 146	140,25	145,75
	S 7	146 … 153	147,25	152,75
	S 8	153 … 160	154,25	159,75
	S 9	160 … 167	161,25	166,75
	S 10	167 … 174	168,25	173,75
III	C 5	174 … 181	175,25	180,75
	C 6	181 … 188	182,25	187,75
	C 7	188 … 195	189,25	194,75
	C 8	195 … 202	196,25	201,75
	C 9	202 … 209	203,25	208,75
	C 10	209 … 216	210,25	215,75
	C 11	216 … 223	217,25	222,75
	C 12	223 … 230	224,25	229,75
oberer Sonderkanalbereich (OSB)	S 11	230 … 237	231,25	236,75
	S 12	237 … 244	238,25	243,75
	S 13	244 … 251	245,25	250,75
	S 14	251 … 258	252,25	257,75
	S 15	258 … 265	259,25	264,75
	S 16	265 … 272	266,25	271,75
	S 17	272 … 279	273,25	278,75
	S 18	279 … 286	280,25	285,75
	S 19	286 … 293	287,25	292,75
	S 20	293 … 300	294,25	299,75
erweiterter Sonderkanalbereich (ESB)	S 21	302 … 310	303,25	308,75
	S 22	310 … 318	311,25	316,75
	S 23	318 … 326	319,25	324,75
	S 24	326 … 334	327,25	332,75
	S 25	334 … 342	335,25	340,75
	S 26	342 … 350	343,25	348,75
	S 27	350 … 358	351,25	356,75
	S 28	358 … 366	359,25	364,75
	S 29	366 … 374	367,25	372,75
	S 30	374 … 382	375,25	380,75
	S 31	382 … 390	383,25	388,75
	S 32	390 … 398	391,25	396,75
	S 33	398 … 406	399,25	404,75
	S 34	406 … 414	407,25	412,75
	S 35	414 … 422	415,25	420,75
	S 36	422 … 430	423,25	428,75
	S 37	430 … 438	431,25	436,75
	S 38	438 … 446	439,25	444,75

Bereich	Kanal	Kanalgrenzen/ MHz	Bildträger/ MHz	Tonträger/ MHz
IV	C 21	470 … 478	471,25	476,75
	C 22	478 … 486	479,25	484,75
	C 23	486 … 494	487,25	492,75
	C 24	494 … 502	495,25	500,75
	C 25	502 … 510	503,25	508,75
	C 26	510 … 518	511,25	516,75
	C 27	518 … 526	519,25	524,75
	C 28	526 … 534	527,25	532,75
	C 29	534 … 542	535,25	540,75
	C 30	542 … 550	543,25	548,75
	C 31	550 … 558	551,25	556,75
	C 32	558 … 566	559,25	564,75
	C 33	566 … 574	567,25	572,75
	C 34	574 … 582	575,25	580,75
	C 35	582 … 590	583,25	588,75
	C 36	590 … 598	591,25	596,75
	C 37	598 … 606	599,25	604,75
V	C 38	606 … 614	607,25	612,75
	C 39	614 … 622	615,25	620,75
	C 40	622 … 630	623,25	628,75
	C 41	630 … 638	631,25	636,75
	C 42	638 … 646	639,25	644,75
	C 43	646 … 654	647,25	652,75
	C 44	654 … 662	655,25	660,75
	C 45	662 … 670	663,25	668,75
	C 46	670 … 678	671,25	676,75
	C 47	678 … 686	679,25	684,75
	C 48	686 … 694	687,25	692,75
	C 49	694 … 702	695,25	700,75
	C 50	702 … 710	703,25	708,75
	C 51	710 … 718	711,25	716,75
	C 52	718 … 726	719,25	724,75
	C 53	726 … 734	727,25	732,75
	C 54	734 … 742	735,25	740,75
	C 55	742 … 750	743,25	748,75
	C 56	750 … 758	751,25	756,75
	C 57	758 … 766	759,25	764,75
	C 58	766 … 774	767,25	772,75
	C 59	774 … 782	775,25	780,75
	C 60	782 … 790	783,25	788,75
	C 61	790 … 798	791,25	796,75
	C 62	798 … 806	799,25	804,75
	C 63	806 … 814	807,25	812,75
	C 64	814 … 822	815,25	820,75
	C 65	822 … 830	823,25	828,75
	C 66	830 … 838	831,25	836,75
	C 67	838 … 846	839,25	844,75
	C 68	846 … 854	847,25	852,75
	C 69	854 … 862	855,25	860,75

11.3 Fernsehsender

Blockschaltbild eines Fernsehsenders

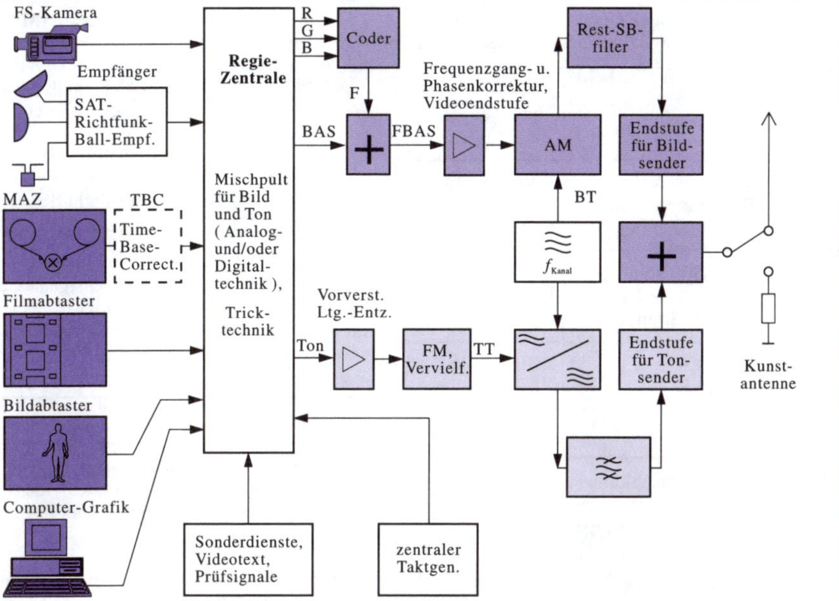

Ein Fernsehsender dient der hochfrequenten Abstrahlung von Fernsehsignalen. Im weiteren Sinne zählen dazu die Studioeinrichtungen mit den Bildquellen und der Bildverarbeitung.

11.3.1 Fernsehkamera

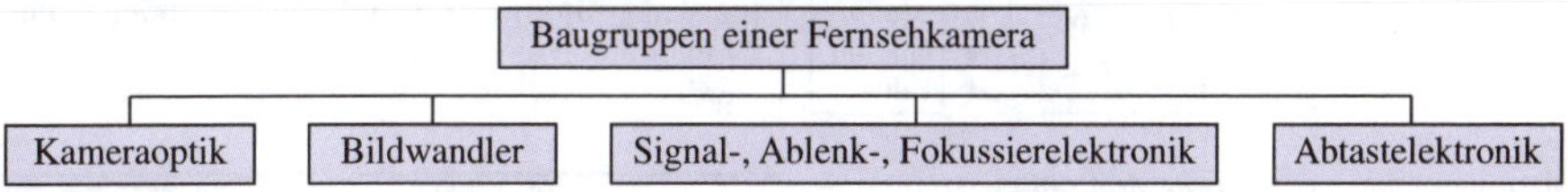

Kamera-optik	besteht aus einzelnen Objektiven, Objektivrevolvern und heute fast ausschließlich Variobjektiven (Zoomobjektive, „Gummilinse“) mit einem Brennweiten-Variationsbereich bis 1 : 30
Bild-wandler	sind Bauelemente, die auf dem Fotoeffekt (fotoelektrischer Effekt, lichtelektrischer Effekt) beruhen. **Äußerer Fotoeffekt:** Durch Lichteinfall werden Elektronen aus dem festen Stoff herausgelöst; **Innerer Fotoeffekt:** Es bilden sich Ladungsträgerpaare und verändern damit die Leitfähigkeit des Stoffes. **Merkmale von Bildwandlern:** – Empfindlichkeit (Signalstrom/Lichtstrom) – Auflösung (Linien/mm oder Punkte/mm) – Trägheit (bedingt Fahnenziehen) – Einbrennempfindlichkeit (max. Lichtstrom) – Dunkelstrom (technisch bedingter Reststrom) – Wiedergabefehler (Geometrie, Farbdeckung) – Energieverbrauch – Lebensdauer, Volumen, Gewicht

11.3 Fernsehsender

Farbzerlegung	Signalfolge
Farbteiler Streifenfilter	Signalkomponenten simultan Signalkomponenten sequenziell

Zahl d. Bild-wandler	Signale	Bemerkungen
1	Y RGB (Streifenfilter)	S/W-Kamera, einf. Farbkamera, RGB sequenziell
2	Y+RGB (Streifenflt.) Y+RB (Streifenflt.) G+RB (Streifenflt.)	RGB sequenziell, RB sequenziell, RB sequenziell
3	R+G+B Y+R+B	RGB simultan YRB simultan
4	Y+R+G+B	veraltet

Beispiel einer Fernsehkamera (3 Bildwandler)

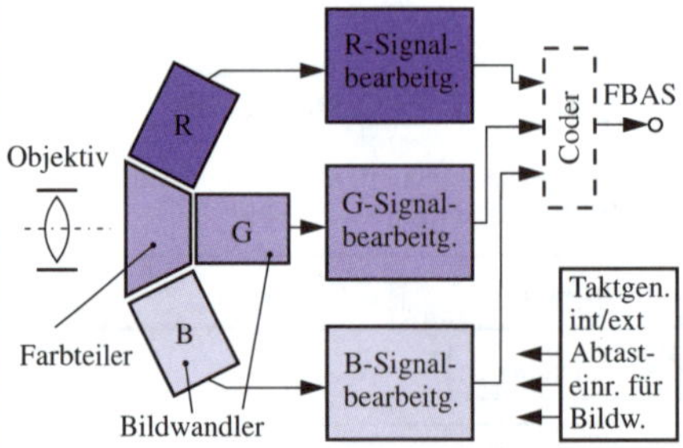

Bildwandler sind fast ausschließlich Halbleiterbildwandler als CCD-Zeilensensoren oder CCD-Bildsensoren.
In der **Signalelektronik** erfolgt neben der Verstärkung der Komponenten eine Gradationsentzerrung, Apertur-, Farb- und Rasterkorrektur, Weiß- und Schwarzwertregelung und evtl. Farbcodierung.

11.3.2 Empfangseinrichtungen

Fernsehsender bzw. Fernsehstudios besitzen hochwertige Einrichtungen zum Empfang von Bildinformationen über
- Breitbandkabel, Lichtleiterkabel,
- Satellitenempfangseinrichtungen,
- Richtfunkverbindungen,
- terrestrische Empfangseinrichtungen, mit sog. Ballempfänger.

11.3.3 Magnetische Aufzeichnung

Magnetische Aufzeichnungsgeräte (MAZ)

Studiogeräte	2″-Technik (Querspurverfahren) 1″- und 3/4″-Technik (U-matic) im Schrägspurverfahren
Reportagegeräte	fast ausschließlich 1/2″-Technik
Magnetplatten	Zeitlupe, Standbild, Trickmoden

TBC-Gerät (Time Base Corrector) dient zur Korrektur des Zeitablaufes des Fernsehsignales. Dazu werden einige Zeilen in einen Zwischenspeicher (vorrangig digital) geschrieben und mit einem synchronen Takt wieder ausgelesen.

11.3.4 Filmabtaster

Der Filmabtaster dient zur Umwandlung von optischen Filmvorlagen in ein elektrisches Videosignal. Der Begleitton kann dabei optisch oder magnetisch gespeichert vorliegen.

Der Filmabtaster besteht aus Filmtransport, Projektor, Bildwandler, Videoverstärker und für den Begleitton aus optischem oder magnetischem Tonabtaster. Der Film wird, abweichend von der ursprünglichen Geschwindigkeit, mit 25 Bildern/s statt mit 24 Bildern/s wiedergegeben. Es machen sich Korrekturen für Schwarzweiß-Kontrast, Farbkontrast und Bildformat erforderlich. Farbfehler und Gradationsverzerrungen können evtl. ausgeglichen werden.

Verfahren zur Filmabtastung

Kamera-abtastung	Projektion d. Bildes auf einen Bildwandler und elektronische Abtastung
Punktlicht-abtastung	punktweise Abtastung des Filmes in Zeilenrichtung, Erzeugung der Zwischenzeile durch zweimalige Abtastung, optische oder mechanische Nachführung der Abtasteinrichtung, kontinuierlicher oder schrittweiser Filmtransport
Zeilen-abtastung	Abtastung durch CCD-Zeilensensor, Erzeugung der Zwischenzeile über Zwischenspeicher und nochmalige Übertragung, kontinuierliche Filmbewegung

11.3.5 Andere Bildquellen

Bildabtaster: Wandlung von optischen Bildvorlagen in elektrische Videosignale. Sie gibt es in Episkop- und Diaskoptechnik.

Computer-Grafik: Neueste und vielseitigste Bildquelle. Synthetische, über Scanner erzeugte oder aus anderen Quellen erhaltene Bilder können nahezu beliebig in Form und Farbe verändert, kombiniert und im Bewegungsablauf beeinflusst werden. Die Vielfalt der Tricktechnik ist abhängig vom Speicherumfang und von der Geschwindigkeit der Hardware und von der Software.

11.3.6 Videotext

Videotext ist ein Informationsdienst, der in der Vertikalaustastlücke über Fernsehsender ausgestrahlt wird. In anderen Ländern sind Fernsehtextsysteme unter der Bezeichnung Teletext (A, CH, GB, H, J, N, NL), Ceefax (GB), Antiope-Didon (F), Televideo (I), Perceval (B), Text-TV (S) und Teksti-TV (SF) eingeführt.

Parameter für Videotext (BRD)

Zeilen-Nr.	11 … 14, 20, 21, 324 … 327, 333, 334
Bildformat	24 Zeilen à 40 Zeichen
pro Zeile	45 byte (2 byte Taktsynchronisation, 1 byte Rahmencode, 2 byte Steuer- u. Adresscode, 24 byte Daten für VT-Zeile)
1 VT-Bild	wird in 4 Fernsehhalbbildern übertr.
Codierung	Daten 7 bit (ASCII-Code) + 1 Paritätsbit
Taktfrequ.	$444 \times f_H = 6{,}9375$ MHz
Pegel	L: Austastpegel (A-Pegel) (0% BA) H: 0,462 V über A-Pegel, bei FBAS = 1 V_{ss} (66% BA)

11.3.7 Prüfzeilen für Servicezwecke (CCIR)

Zeile	Signale
17	Weiß-, 2T- und 20T-Impuls, Grautreppe
18	Frequenzraster/MHz: 0,5; 1; 2; 4; 4,8; 5,8
330	Weiß- u. 2T-Imp., Grautreppe m. Farbträger
331	Gestufter und nichtgestufter Farbträger

11.3.8 Bildsender

⟹ 11-13

FBAS-Signal	Erzeugung durch Coder und Matrizierung aus R-, G-, B- u. BAS-Signal
Vorstufe	Entz. v. Nichtlinearitäten, u. a. Gamma-Korrektur: Linearisierung d. Steuerkennl. der Bildröhre durch gegenläufige Gradationsvorverzerrung (nicht bei Prüfsign.), Korrektur der differenziellen Verstärkung und differenziellen Phase, Gruppenlaufzeitkorrektur (bedingt durch Übertragungsstrecken, Kabel, Filter), Videoendstufe z. Ansteuerg. d. Modulators
Filterstufe	Restseitenbandfilter für unt. Seitenband Sperrfilter f. benachbarte Bild- u. Tonträger, Vorverzerrung der Phase (Gruppenlaufzeit) für die Filter des Fernsehempfängers, insbes. für das Nyquistfilter.
Endst. Bildsender	Ausgangsleistung ca. 10 W bis 100 kW, kleinere Sender haben f. Bild u. Ton eine gemeinsame Endstufe (kritisch wegen Inter- und Kreuzmodulationsverzerrungen).

Es ist üblich, die Signalverarbeitung für Bild und Ton im Frequenzbereich der Bild- und Ton-ZF durchzuführen mit anschließender Kanalumsetzung.

11.3.9 Tonsender

Vorstufe	Vorverstärkung, Leitungsentzerrung, Preemphasis für Frequenzmodulation.
Modulator	FM b. tiefen Frequenzen m. kleinem Hub u. Vervielfachung auf Sollfrequ. (5,5 MHz), Endstufe mit Ausgangsleistung gemäß Norm.

Einschachtelung von Videotext und Prüfzeilen in einem Halbbild

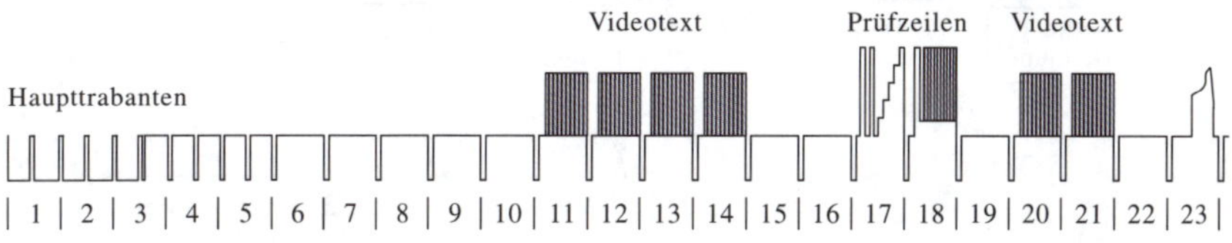

11

11.4 Fernsehempfänger

Die Hauptbaugruppen eines Fernsehempfängers (Fernsehrundfunkempfänger) sind:
- Tuner mit Abstimmspannung u. Senderspeicher,
- ZF-Verstärker für die Bild-ZF,
- Videodemodulator,
- Tonteil mit DF-Verstärker, Tondemodulator für Ein- oder Zweitonübertragung, Tonverstärker und Lautsprecher,
- Farbdecoder mit Dematrizierung,
- Impulsbaugruppe mit Amplitudensieb, V- und H-Kippteil,
- Hochspannungserzeugung,
- Bildröhre mit Strahleinstellungen, Ablenksystemen und Ansteuerstufen,
- Bedienteil einschließlich Fernbedienung.

11.4.1 Tuner

Der Tuner dient der Selektion eines Fernsehprogrammes im VHF- oder UHF-Bereich einschließlich der Sonder- bzw. Kabelkanäle für die Landesnorm oder für Mehrnormenempfänger und der Umsetzung auf die Zwischenfrequenz (ZF).

Als Abstimmelemente für den (die) Vorkreis(e) und den Oszillator werden ausschließlich C-Dioden eingesetzt. Die Aufbereitung der analogen Abstimmspannung kann analog oder digital erfolgen.

- Die **analoge Abstimmspannung** wird aus einer Referenzspannung über Potentiometer gewonnen. Der Abstimmspannung wird eine Korrekturspannung der AFC (Automatische Frequenz-Korrektur) überlagert.

- **Digitale Gewinnung der Abstimmspannung**
  - **Spannungssynthese:** Digital gespeicherte Werte erzeugen über einen D/A-Wandler die Abstimmspannung. Eine AFC ist erforderlich.

  - **Frequenzsynthese:** Die Oszillatorfrequenz wird über eine Frequenz- bzw. Phasenregelschleife (PLL) auf den Sollwert eingestellt und quarzgenau konstant gehalten. Die Abstimmung erfolgt durch Umschalten der Teilerverhältnisse der Frequenzteiler in der PLL-Schleife mit fein gestuftem Frequenzraster.

Die digitalen Systeme arbeiten mit einem Mikrorechner, der darüber hinaus noch nachstehende Aufgaben erfüllen kann:
- automatischer Sendersuchlauf,
- individuelle Feinabstimmung,
- Abspeicherung der Einstellungen,
- Anzeigefunktionen über LED- oder LCD-Display oder direkt auf dem Bildschirm,
- Verarbeitung der Fernbedienungsbefehle.

Blockschaltbild eines Fernsehempfängers nach dem Intercarrier-Verfahren

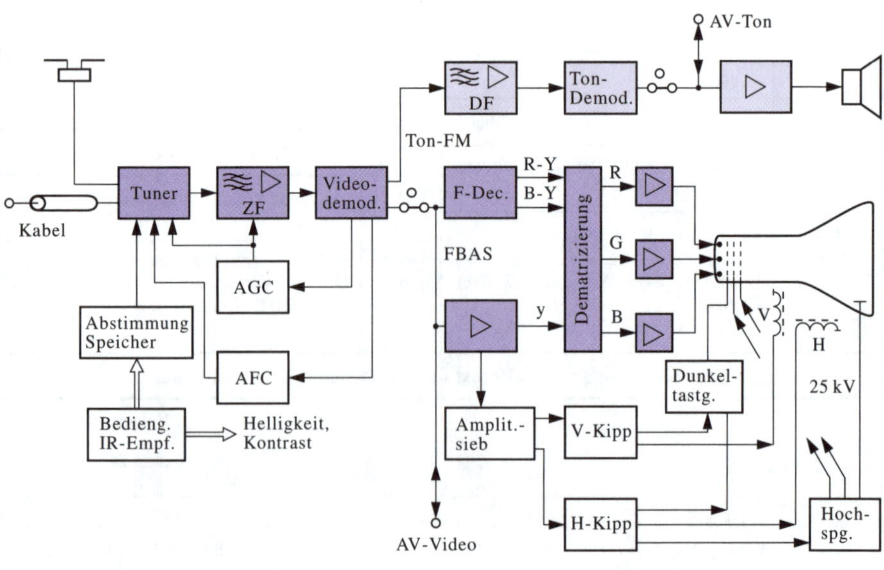

11.4 Fernsehempfänger

11.4.2 Varianten der Zwischenfrequenzverarbeitung

Intercarrier-Verfahren	Verarbeitung v. Bildträger (38,9 MHz), Farbträger (34,467 MHz bei PAL) und Tonträger (33,4 MHz) über e. Bandpass. Auftreten von Modulationsverzerrungen, sog. Intercarrierbrummen, möglich
Parallelton-Verfahren	getrennte Verarbeitung von Bild-ZF u. Ton-ZF. Hohe erforderliche Konstanz des Tonoszillators
Quasiparallelton-Verfahren	wie Paralleltonverfahren, aber Tonkanal hat gleiche Bandbreite wie Videokanal, so dass ausgekoppelter Bildträger aus Tonkanal zur Transponierung der Tonmodulation auf 5,5 MHz dienen kann

ZF-Durchlasskurve beim Intercarrier-Verfahren

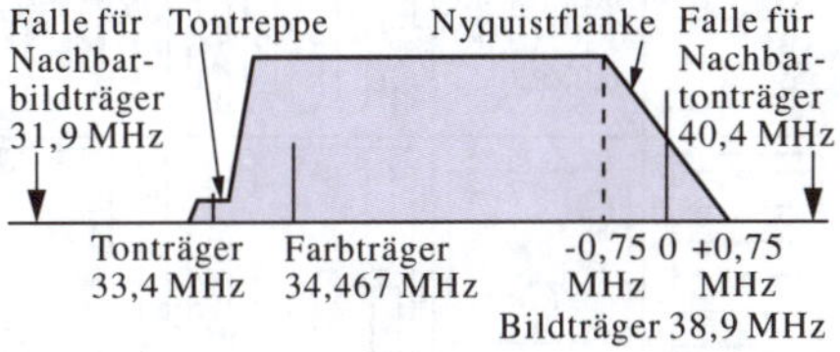

Besonderheiten der ZF-Durchlasskurve sind die Nyquistflanke und die Tontreppe (beim Intercarrier-Verfahren). Die Nyquistflanke bewirkt, dass nach der Amplitudendemodulation die tiefen Frequenzen (<0,75 MHz) durch die Restseitenbandübertragung die gleiche Amplitudencharakteristik wie die hohen Frequenzen haben.

11.4.3 Videoteil

Nach dem Videodemodulator wird das FBAS-Signal durch Filter in das F- u. das BAS-Signal getrennt.

Im PAL-Decoder wird das F-Signal einer Addier- und einer Subtrahierstufe und gleichzeitig einer Verzögerungsleitung mit einer Verzögerungszeit von 63,943 µs (bedingt durch die Farbträgerphase; H: 64 µs) zugeführt. Die Verzögerungsleitung fungiert als Speicher. Durch die damit ermöglichte Addition bzw. Subtraktion von Signalen zweier aufeinanderfolgender Zeilen können Phasenfehler, die zwischen den Farbkomponenten auftreten, insbesondere gegenüber dem Burst weitgehend ausgeglichen werden (Prinzip bei PAL). Der Burst wird ausgetastet ⟹ 11-6 und dient zur Synchronisation des PAL-Generators, der zweckmäßigerweise auf der vierfachen Trägerfrequenz schwingt, um durch einen Frequenzteiler die Bezugsphasen von 0°, 90° und 270° einfach realisieren zu können. Die Quadraturdemodulatoren erhalten die für die Farbdifferenzen erforderlichen Trägerphasen. Da der Träger von R–Y alternierend zwischen 90° und 270° geschaltet wird, kann durch ⟹ 11-5 eine entsprechende Umschaltung der Phase der Oszillatorfrequenz diese Drehung rückgängig gemacht werden. Dieser Schalter wird durch den Burst synchronisiert.

Das BAS-Signal wird mittels einer Y-Verzögerungsleitung (ca. 470 ns) der Laufzeit des Farbsignals durch den Decoder angepasst, bevor in der Dematrizierungsstufe die für die Bildröhrenansteuerung erforderlichen Komponenten gebildet werden. Im Blockschaltbild sind die Varianten angegeben.

11

Blockschaltbild eines PAL-Decoders

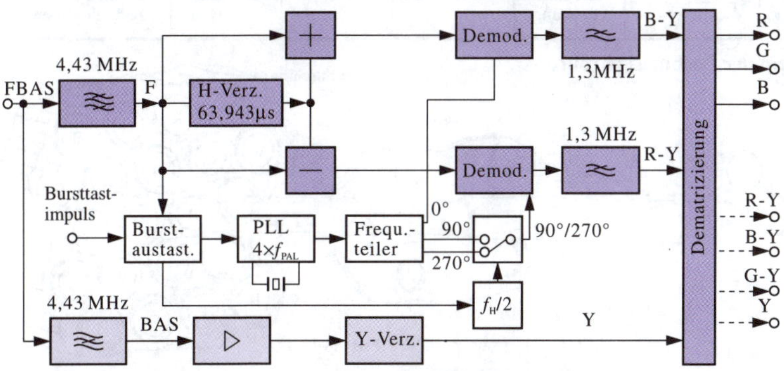

11.4 Fernsehempfänger

11.4.4 Bildwiedergaberöhren

Lochmasken- und In-Line-Röhren sind auf dem Kolbenboden mit Leuchtstoffen für die drei Primärfarben örtlich getrennt beschichtet. Vor dieser Leuchtschicht ist eine Maske (oder ein Gitter) angebracht, durch die die drei Elektronenstrahlen entsprechend ihrer Intensität die Farbtripel anregen. Die Steuerung der Elektronenstrahlen erfolgt nach:

- Intensität durch Spannungen der RGB-Endstufen bis zu 100 V an den Katoden der Bildröhre,
- Horizontal- und Vertikalablenkung durch magnetische Ablenksysteme,
- Farbreinheit (Landungsfehler auf dem Leuchtschirm) und Konvergenz (Deckungsfehler durch Rasterverzeichnungen, bedingt durch die geometrische Anordnung der Katoden und durch die Bildschirmform) mittels zusätzlicher statischer und dynamischer Magnetfelder. Dazu kommen noch Entmagnetisierungseinrichtungen und Abschirmungen gegen Fremdfelder (z. B. Lautsprecher, Erdfeld).

Bildwiedergaberöhren

Typ	Einstrahlfarbbildröhren			Dreistrahlfarbbildröhren			
	Penetrationsröhre (Durchdringungsröhre)	Einstrahl-chromatron	Indexröhre	Dreistrahl-chromatron (Delta-R.)	Lochmaskenröhre (Delta-R.)	Schlitzmaskenröhre (In-Line-R.)	Gittermaskenröhre (Trinitron) (In-Line-R.)
Aufbau der Leuchtschicht	R B G	R G B R	R G B R G B UV-Emission	R G B R	R G B R / B R G / R G B R / B R G	B G R / R B / B G R / R B	B G R B G
Maske bzw. Gitter für Farbwiedergabe	keine		keine				
Anordnung der Elektronenstrahlsysteme	1 System, Farbwiedergabe über Geschwindigkeitsmodulation (Eindringtiefe)	1 System, Farbwiedergabe durch Farbsteuergitter	durch UV-Impulse Kenng. d. Sequenz zur Farbsteuerung	B G R	B G R	R G B	B G R
Eigenschaften	– Steuerung der Hochsp. kompliziert, – Bildqualität eingeschränkt	– Farbsteuergitter instabil, – hohe St.-Leistung	– keine Konvergenz- u. Farbfehler, – geringer Energiebed.	– wie Einröhrenchromatron, – Leuchtdichte gut	– aufwend. Konverg.-Einstllg., – hohe Schärfe – ger. Hell.	– große Helligkeit – geringe Konvergenz- und Farbreinheitsfehler, – höhere Lebensdauer, – zur Zeit die dominierenden Farbbildröhren	

Prinzip der Lochmaskenröhre

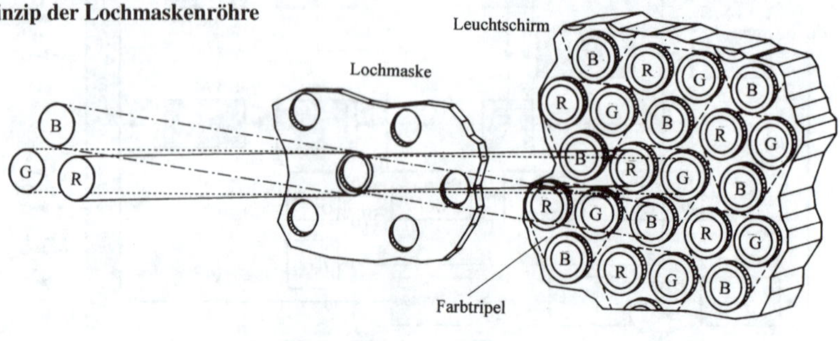

11.4 Fernsehempfänger

11.4.5 Displays

Ein Display ist eine zeilen- oder flächenförmige Anordnung von Lichtwandlerelementen.
Vorteile:
- geringere Bautiefe (flacher Bildschirm),
- planer und rechteckförmiger Bildschirm,
- niedriger Energieverbrauch.

Display	Eigenschaften
Aktives (erzeugt Licht)	– LED-Display (Lumineszenz-Effekt) – Plasma-D. (Lichterzeugung durch Gasentladung)
Passives (erzeugt kein Licht)	LCD-Display (Flüssigkristall-Display). Für Bildwiedergabe in Bildschirme integrierte Beleuchtung durch – Kaltkatoden-Fluoreszenzlampen (CCFL) – Dünnfilmtransistoren (TFT-LCD) – Diodenschaltungen (MIM-LCD)

Erfordernisse für den Einsatz im Fernsehempfänger:
- geringe Reaktions- bzw. Nachleuchtzeiten,
- hoher Kontrast- und Helligkeitsumfang,
- hohe Auflösung und
- ausreichender Betrachtungswinkel

11.4.6 Digitale Signalverarbeitung

Durch die Digitaltechnik lassen sich im Fernsehempfänger zusätzliche Gebrauchswerte realisieren:
- Einfachere Anpassung an die verschiedenen Normen (Mehrnormempfänger),
- leichtere Realisierung von Filtern (z. B. Kammfilter), bessere Trennung von Helligkeits- und Farbsignal und dadurch geringeres Übersprechen zwischen den Signalen untereinander (Cross Luminance, Cross Colour),
- gute Integrierbarkeit, weniger Abgleichaufwand, sicherere Produktion,
- durch Einsatz von Zeilen- und Bildspeichern zusätzliche Effekte:
  - Bildverbesserungen bez. Schärfe u. Rauschen,
  - Systemänderungen durch Erhöhung der Bild- und/oder Zeilenfrequenz,
  - Bild im Bild,
  - Mehrfachbildanordnung durch Abspeicherung einzelner Bilder (Standbilder, Bew.-Phasen)
  - Detailvergrößerungen (Zoomen),
- durch Einsatz von Mikroprozessoren
  - Bedienfunktionen (Kontrast, Helligkeit, Lautstärke, Quellenumschaltung),
  - Tunerfunktionen (Suchlauf, Feinabstimmung, Senderspeicher),
  - Kontroll- und Steuerfunktionen (Weißabgleich, Farbbalance, Betriebswerte der Bildröhre).

Spezielle Baugruppen

Antialiasing-Filter: Tiefpass (phasenkorrigiert), der das Frequenzband des Eingangssignals so begrenzt, dass nach der Abtastung ein Überschneiden der Frequenzbänder verhindert wird.

A/D-Wandler: Nach dem Abtasttheorem muss ein Signal mindestens mit der doppelten oberen Grenzfrequenz abgetastet werden. Beim Fernsehen wird die Abtastfrequenz entweder aus der Zeilenfrequenz f_H oder der Farbträgerfrequenz f_F abgeleitet. Im Blockschaltbild wird das FBAS-Signal mit einer Abtastfrequenz von 13,5 MHz ($864 \times f_H$ bei PAL oder $858 \times f_H$ bei NTSC) in ein 8-bit-Digitalsignal gewandelt.

Blockschaltbild einer digitalen Signalverarbeitung

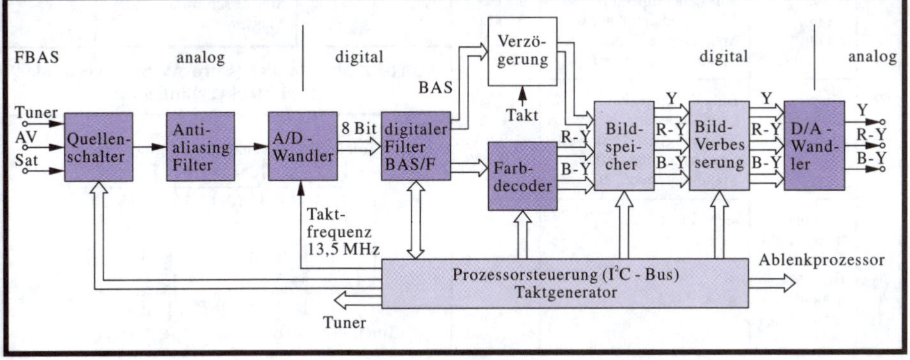

11.4 Fernsehempfänger

11.4.7 AV-Anschlusstechnik im Fernsehempfänger

DIN-AV-Steckverbinder (Stecker: 130-9 IEC-16, Buchse: 130-9 IEC-17)

Pin	Belegung	Anschlussgrößen	Wert
1	Schaltsp.	Ausgang über Diode oder Eingang	0 V / +12 V
2	Videosign. Eingang oder Ausgang	FBAS, positiv, (Spitze–Spitze), Impedanz, überlagerte Gleichsp.	1 V (±3 dB) 75 Ω ±2 V
3	Masse	Schirm u. Rückleitg.	
4	Ton 1, Eingang oder Ausgang	Sp., eff. (10 kΩ Last) max. Sp., eff. Eingangsimpedanz Ausgangsimpedanz	≥0,1 V 2 V ≥10 kΩ ≤ 1 kΩ
5	Versorg.-Spannung	Ausgang über Diode max. Strom	+12 V 200 mA
6	Ton 2, Eing./Ausg.	siehe Pin 4	

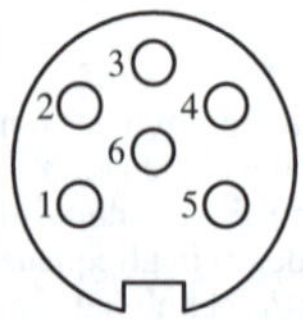

DIN-AV-Buchse

Zu Pin 1 (Schaltspannung)
Fernsehempfänger 0 V: Normaler FS-Betrieb 12 V: FBAS extern
Videorecorder 0 V: Pin 2 Videoeingang 12 V: Pin 2 Videoausgang

Scart-Steckverbinder

Pin	Belegung	Anschlussgrößen	Wert
1	Tonausg., B mono, rechts	Ausgangsimpedanz Lastimpedanz, Nennwert Spannung, eff., Nennwert Spannung, max., eff.	≤1 kΩ 10 kΩ 0,5 V 2 V
2	Toneing., B mono, rechts	Eingangsimpedanz Quellimpedanz, Nennwert Spannung, eff. Nennwert Spannung, min., eff. Spannung, max., eff.	≥10 kΩ 1 kΩ 0,5 V 0,2 V 2 V
3	Tonausg., A mono, links	siehe Pin 1	
4	Tonmasse		
5	Blau-Masse		
6	Toneing., A mono, links	siehe Pin 2	
7	Blausignal, positiv, Eing./Ausg.	Differenz zw. Spitzenw. u. Austastpegel, Impedanz, überlagerte Gleichsp.	0,7 V (±3 dB) 75 Ω 0 … 2 V
8	Schaltsp. Eingang oder Ausgang	logisch „0“: 0 V … + 2 V logisch „1“ (1A): +4,5 V … + 7 V logisch „1“ (1B): +9,5 V … +12 V Beim Fernsehempfänger bedeutet log. „0“: Normaler Fernsehempf., log. „1“: Wiederg. ext. Quelle (1A: Seitenverh. 16:9, 1B: 4:3) Eingangswiderstand Eingangskapazität Ausgangswiderstand Lastwiderstand	 ≥10 kΩ ≤ 2 nF ≤ 1 kΩ ≥10 kΩ
9	Grün-Masse		
10	Datenltg. 2	Verwendung in Beratung	
11	Grünsignal, positiv, Eing./Ausg.	siehe Pin 7	
12	Datenltg. 1	Verwendung in Beratung	
13	Rot-Masse		
14	Aust.-Masse	Masse für Pin 16	
15	Rotsignal positiv, Eing./Ausg.	siehe Pin 7, (Vorschlag: F-Sign. bei Y/C-Steckv., Sondersign. b. HDTV (16:9))	
16	Austastsig. Eing./Ausg.	logisch „0“: 0 V … +0,4 V logisch „1“: +1 V … +3 V Impedanz	 75 Ω
17	Video-Masse	f. Ausgang	
18	Video-Masse	f. Eingang	
19	Video-Ausg. positives Signal	Videosignal FBAS (Spitze–Spitze), Impedanz, überlagerte Gleichsp., bei reinem Sync.-Signal (–3 dB … +10 dB)	1 V (±3 dB) 75 Ω 0 V … +2 V 0,3 V
20	Video-Eing.	siehe Pin 19, pos. Sign.	
21	Masse	Steckerschirm und/oder Masse	

Scart-Steckverbinder (Euro-AV-Steckverbinder, Peri-Steckverbinder)

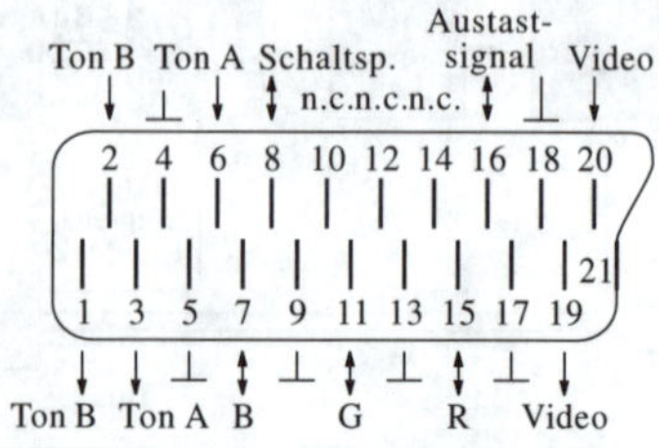

11.5 Empfangsanlagen

11.5.1 Fernsehantennen

Bauform	Richtdiagramm in Antennenebene	reeller Antennen-Wid. in Ohm[1]	Gewinn/dB (gegenüber d. Dipol)	Bemerkungen
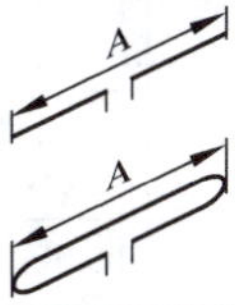		75 300	0 0	– Halbwellendipol, einfache Antenne – f. Ortsempfang, – Zimmerantenne
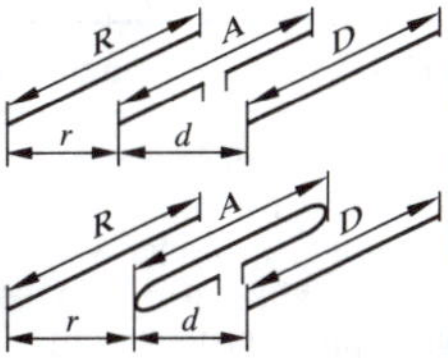	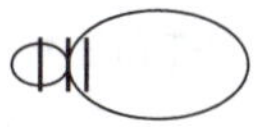	10 … 30 40 … 120	4 … 6	– einfachste Yagi-Uda-Antenne (oder nur Yagi-Antenne), – Verkleinerung der Abstände zw. Dipol und Reflektor bzw. Dipol und Direktor erhöht Empfindlichkeit, verringert Antennenwid.
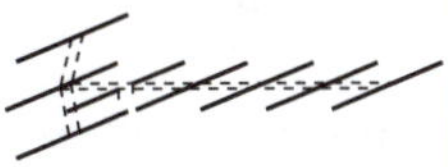		5 … 10	7 … 10	– f. Bd. III u. höher, – mehr Elemente erhöhen Gewinn, verringern Antennenwiderstand u. Halbwertsbreite

A Halbe Wellenlänge – 5% (Verkürzungsfaktor),
R Reflektor = *A* + 5%,
D Direktor = *A* – 4%,
r Reflektorabstand ≈ 0,15 × Wellenlänge,
d Direktorabstand ≈ 0,10 × Wellenlänge

Antennengruppen	Bemerkungen
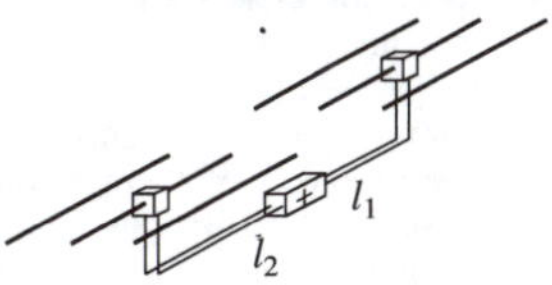	– Antennenzeile (Abstand ca. Wellenlänge) – die horizontale Halbwertsbreite (Öffnungswinkel) wird verringert, die vertikale bleibt – phasengleiche Zusammenschaltung erforderlich, $l_1 = l_2$, Phasengleichheit des Summiergliedes – Gewinn steigt um ca. 2,5 dB
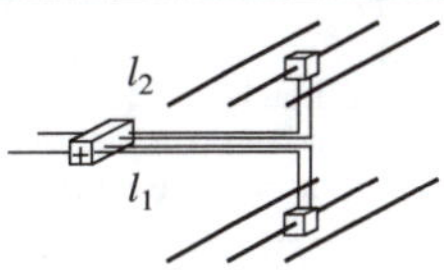	– Antennenspalte (Abstand ca. 0,7 × Wellenlänge) – die vertikale Halbwertsbreite (Öffnungswinkel) wird verringert, die horizontale bleibt – Zusammenschaltung wie bei Antennenzeile – Gewinn steigt um ca. 2,5 dB

Begriffe aus der Antennentechnik

- **Halbwertsbreite** (Öffnungswinkel): Winkel, bei der die empfangene Leistung auf die Hälfte gegenüber dem Maximum der Hauptkeule des Richtdiagramms abfällt. Sie ist unterschiedlich in horizontaler und vertikaler Richtung.
- **Vor-Rückverhältnis, Rückflussdämpfung, Rückdämpfung:** Maß für die Richtwirkung, Angabe als Verhältnis zwischen der Leistung der Hauptkeule und der entgegengesetzt (180°) empfangenen.
- **Antennenwiderstand:** Frequenzabhängige komplexe Impedanz an den Antennenklemmen.

[1] Die Antennen werden symmetrisch gespeist. Bei Einsatz von unsymmetrischen Kabeln (Koaxialkabel) ist beim einfachen Dipol ein Symmetrieübertrager erforderlich, bei Mehrelementantennen ein Anpassungsübertrager.

11.5 Empfangsanlagen

11.5.2 Gemeinschaftsanlagen

Klassifizierung der Empfangsanlagen

Einzelempfangs-anlage	Individualempfang mit unterschiedlicher technischer Ausstattung.
Gemeinschafts-antennenanlage GAA	Anlage für einzelne oder benachbarte Gebäude mit geringen Entfernungen.
Großgemeinschafts-antennenanlage GGA (Kabelanlage, BK-Netz)	Anlage für zusammenhängende Gebiete oder ganze Ortschaften, hoher technischer Aufwand zur Versorgung der Teilnehmer.

Technische Kennwerte der Baugruppen

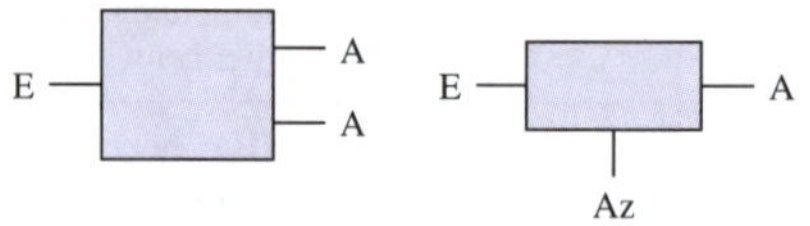

Verteiler   Abzweiger/Antennendosen

Durchgangs-dämpfung	Dämpfung zwischen Eingang E und Ausgang A (Ausgängen A)
Abzweig-, Anschluss-dämpfung	Dämpfung zwischen Eingang E und Abzweig bzw. Anschluss Az
Entkopplung	Dämpfung zw. den Ausgängen A bzw. Abzweigen Az untereinander
Richtdämp-fung	Dämpfung zw. Ausgang A und Abzweig bzw. Anschluss Az
Rückfluss-dämpfung	Dämpfung des reflektierten Signals gegenüber dem hinlaufenden Signal, (A → E)/(E → A)
Schirmungs-maß	gibt an, um wieviel dB der Betriebspegel erhöht werden kann, damit die vorgeschriebene maximale Störstrahlungsleistung nicht überschritten wird (s. u.)

Max. zulässige Störstrahlungsleistung d. Anlage bzw. der Baugruppen

30 MHz … 950 MHz	20 dBpW (1×10^{-10} W)
0,95 GHz … 2,5 GHz	43 dBpW (2×10^{-8} W)
2,5 GHz … 18 GHz	57 dBpW (5×10^{-7} W)

Mindestwerte für Schirmungsmaße

Frequenzbereich	Koaxialkabel	Bauteile
10 kHz … 30 MHz	75 dB	75 dB
30 MHz … 108 MHz	70 dB	75 dB
108 MHz … 470 MHz	75 dB	75 dB
470 MHz … 950 MHz	70 dB	65 dB
950 MHz … 1750 MHz	65 dB	55 dB

Baugruppen einer Gemeinschaftsantennenanlage

Abzweiger	Bauteil zur möglichst rückwirkungsfreien Auskopplung von Signalen aus einer Stammleitung. Typische Werte: – Durchgangsdämpfung (0,5 … 2) dB – Abzweigdämpfung (10…25) dB, – Entkopplungsdämpfung (bei 2fach Abzw.) (25 … 45) dB
Antenne	– Bauform – Hinweise zur Antennenmontage
Antennen-steckdosen	– enthalten Richtkoppler und/oder Weichen für die Ausgänge TV u. Rdf z. Entkopplung d. Geräte – Ausgangspegel
Antennen-verstärker (s. Verst.)	– Ausgleich der Kabeldämpfung – Kanalverstärker f. Kanalantenne – Bereichsverstärker f. Bereichsantenne
Frequenz-umsetzer	– Umsetzung eines Fernsehkanals aus dem Band IV/V in einen Kanal entsprechend der Bandbreite der Antennenanlage. – Umsetzung eines Fernsehkanals aus dem Band III in einen freien Kanal des Bereiches III (evtl. Bd. 1) zur Vermeidung von Mehrwegeempfang, insbesondere bei Ortssendern
Kabel	– Koaxialkabel • Wellenwiderstand 75 Ω für Antennenanlagen. • max. Kabellängen entsprechend Dämpfung von ca. (20 … 25) dB wählen. – Bandkabel, symmetrisches Kabel, Einsatz f. größere Längen nicht üblich – Lichtleiterkabel

11.5 Empfangsanlagen

Baugruppen einer Gemeinschaftsantennenanlage

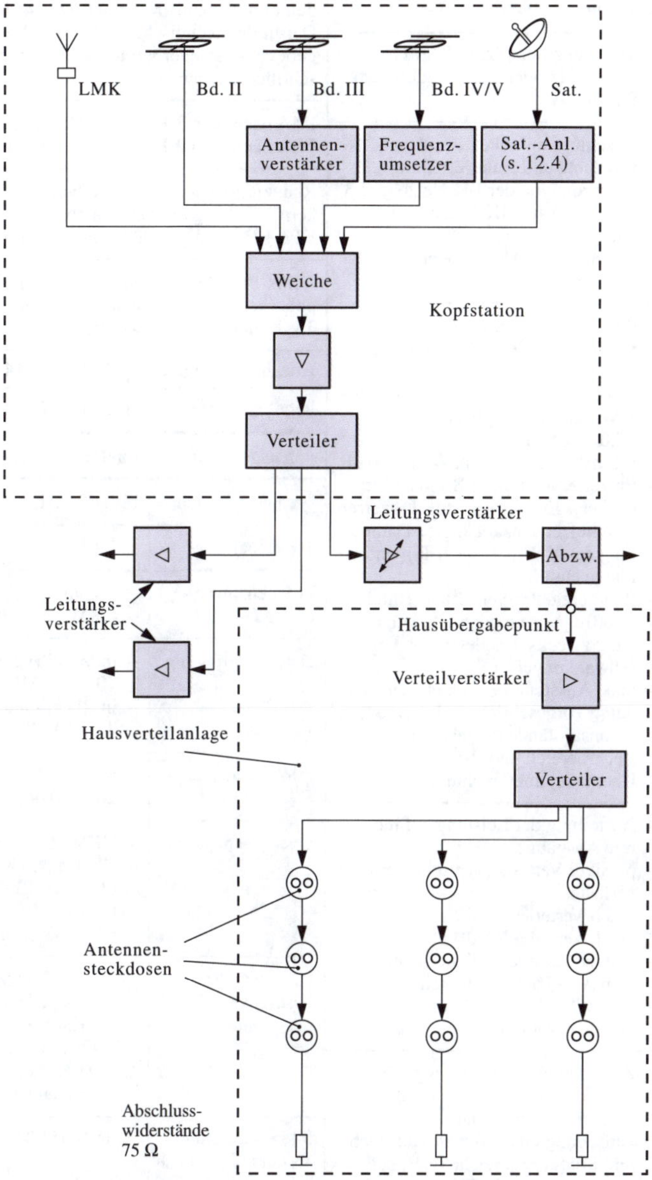

⟹ 12-9

11.5 Empfangsanlagen

Forts. Baugr. e. Gemeinschaftsantennenanlage	
Richtkoppler	Verteiler mit erhöhter Entkopplungsdämpfung
Sat.-Anlage	– Verteilung der 1. ZF 950 MHz … 2150 MHz oder der remodulierten Signale
Übergabepunkt (ÜP) (Hausübergabepunkt)	– Anschluss zwischen Breitbandkabelnetz und Hausverteilung – Übergang von der BK-Netzebene 3 (Telekom) zur BK-Netzebene 4 (Hausverteilung) – Parameter für Übergabepunkt s. Tabelle unten
Verstärker	– Breitbandverstärker • Bandbreite je nach Verteilnetz (z. B. 300 MHz, 470 MHz, 860 MHz) • Verstärkung, typische Werte: 20 … 35 dB • Einstellbereich, typ. Wert: –10 dB – Entzerrerverstärker: Breitbandverstärker + Entzerrermodul (Entzerrer gleicht frequenzabhängige Dämpfung des Kabels je nach Typ und Länge aus) – Pilotgeregelter Verstärker: Durch Pilotfrequenzen geregelte Verstärkung zwecks Ausgleich von Pegelschwankungen – max. Aussteuerbereich ist gegeben durch vorgeschriebene Intermodulationsabstände (s. Tabellen Aussteuerbereich und Parameter am Übergabepunkt, rechte Spalte)
Verteiler	– Aufteilung der Leistung auf mehrere Ausgänge – passiver Verteiler, typische Verteilverluste: 2fach Verteiler 3,5 dB 4fach Verteiler 7,5 dB – aktiver Verteiler enthält Verstärker zum Ausgleich der Verteildämpfung (Durchgangsdämpfung), bis zu 8fach Verteiler
Weiche	– Zusammenführung der Signale aus unterschiedlichen Frequenzbereichen zu einem Signal – Aufteilung eines Signales auf mehrere Frequenzbereiche (z. B. bei Antennendosen in TV und Rundfunk)

⇐ 12-9

Aussteuerbereich bei Breitbandverstärkern

Aussteuerbereich wird begrenzt durch den Intermodulationsabstand IMA nach DIN 45 004: 1971-09. Der in den technischen Daten der Verstärker angegebene Aussteuerbereich sollte keinesfalls überschritten werden

IMA nach dem 3-Frequenz-Verfahren	>66 dB
IMA nach dem 2-Frequenz-Verfahren	>69 dB

Reduzierung des Aussteuerbereiches von Verstärkern bei Belegung durch mehrere Kanäle (C) nach FTZ 1 R 8–15 gemäß Formel 7 × log (C-1)

UKW-Signale mit 10 dB geringerem Pegel können unberücksichtigt bleiben, ansonsten müssen sie wie TV-Kanäle gewertet werden

Anzahl der Kanäle	6	8	10	14	20	27	38
Pegelreduzierung/dB	5	6	7	8	9	10	11

Ausgewählte Parameter am Übergabepunkt

Frequenzbereiche	bis 300 MHz, 440 MHz, …
TV-Kanalraster	s. Tab.
Frequenzabweichungen	– TV: max. 120 kHz – UKW: max. 20 kHz
Datenübertragung	– in Verteilrichtung 70 … 75 MHz – in Rückrichtung 4 … 10 MHz
Pilotfrequenzen	– 80,150 MHz – 287,250 oder 280,250 MHz
Übergabepegel	– UKW: 62 … 79 dBμV – TV, bis 300 MHz: 66 … 83 dBμV bis 440 MHz: 63 … 83 dBμV
Differenz der Fernsehsignalpegel untereinander	47 … 300 MHz: <8 dB Kanäle *n* + 2: <3 dB Kanäle *n* + 11: <5 dB 47 … 440 MHz: <10 dB 8 MHz-Raster *n* + 2: <3 dB Kanäle *n* + 10: <5 dB
Intermodulationsabstände IMA nach 3-Frequenz-Verf. 2-Frequenz-Verf.	(s. DIN 45 004) >55 dB >62 dB

11.6 Neuere Entwicklungen in der Fernsehtechnik

Höhere Auflösung, flimmerfreies Bild, Breitwandwiedergabe, u. a. sind durch die Fortschritte in der integrierten Schaltungstechnik ermöglicht worden (100-Hz-Technik, 16 : 9-Wiedergabe, HDTV).

11.6.1 Q-PAL

Für PAL sind Verfahren entwickelt worden, die kompatibel zur klassischen PAL-Übertragungstechnik sind. Durch den Einsatz schneller A/D-Wandler und digitaler Speicher können Halbbilder gespeichert und damit sog. horizontale, vertikale und zeitliche Filter realisiert werden.

Frequenzspektrum eines PAL-Signals

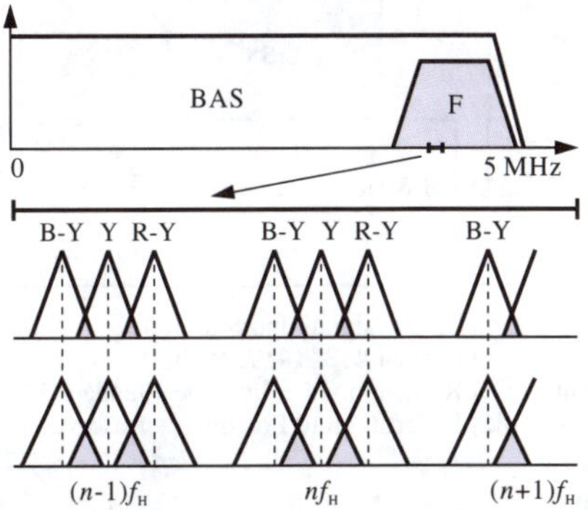

Erläuterung

Gesamtes Spektrum des BAS-Signals mit eingeschachteltem F-Signal

Ausschnitt aus dem F-Bereich.
Wegen der Festlegung der PAL-Trägerfrequenz und der Phasenumschaltung für *R – Y* Ineinanderschachtelung der drei Komponenten *Y*, *R – Y*, *B – Y* ⟹ 10-8

Stärkere Überschneidung der Spektralanteile bei bewegten Bildern gegenüber unbewegten Bildern (Spektrum in der Mitte)

Klassische Trennung von F- und BAS-Signal

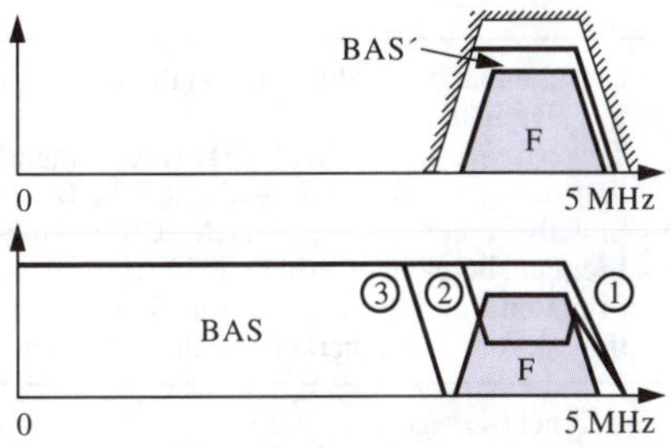

Erläuterung

- Ausfiltern des Farbsignals F mittels Bandpass.
- Hochfrequ. Anteile d. BAS-Signals verursachen Übersprechen in das Farbsignal (Cross Colour)

① Ungefiltertes FBAS-Signal ergibt Übersprechen des Farbsignals in das Helligkeitssignal (Cross Luminance). Gute Helligkeitsauflösung
② Kerbfilter (Notch Filter) zur Dämpfung des Farbsignals. Geringere Auflösung gegenüber ungefilt. Signal. Geringeres Cross Luminance
③ Tiefpass zur Abtrennung des Farbsignals. Verringerte Auflösung gegenüber Kerbfiltereinsatz. Kein Cross Luminance

Trennung des F- und BAS-Signals durch Kammfilter entsprechend dem Q-PAL-Verfahren

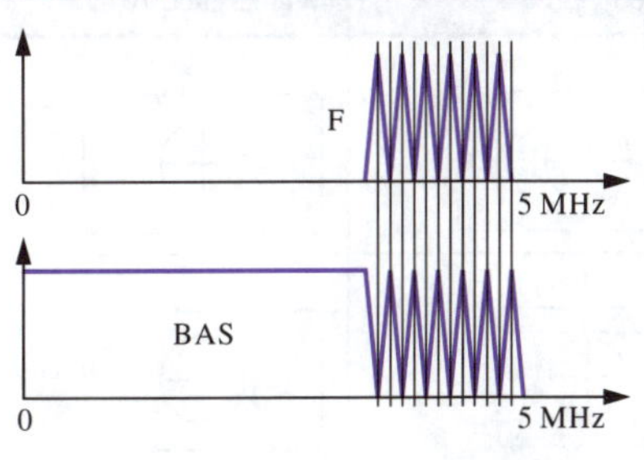

Erläuterung

- Merkmal des Q-PAL (Quality-PAL) ist der Einsatz sog. dreidimensionaler Filter (Kammfilter) zur Trennung von F- und BAS-Signal.
- Stark verringertes Cross Luminance und Cross Colour.
- Sendeseitige Anwendung dieser Filterung bewirkt auch Verbesserungen bei der herkömmlichen Wiedergabe. Filterung wirkt nur im höherfrequenten Bereich des BAS-Signals, da nur dort Übersprechen verursacht wird.
- Volle Ausnutzung der Luminanzbandbreite und damit erhöhte Auflösung

11.6 Neuere Entwicklungen in der Fernsehtechnik

11.6.2 PAL-Plus

PAL-Plus ist ein Verfahren zur Übertragung von Fernsehsignalen im Wiedergabeformat 16 : 9 mit Abwärtskompatibilität zum Wiedergabeformat 4 : 3. Einsatz von Q-PAL mit bewegungsadaptiver Filterung (MACP) zur Reduzierung des Übersprechens und Helper-Signal zur vollen Ausnutzung der Bandbreite.

Zeilenaufteilung bei PAL-Plus

Zeilen	Verwendung
625 (575)	Zeilen gesamt (aktive Zeilen b. PAL)
576	aktive Zeilen bei PAL-Plus
davon 432	Zeilen für „Breitwandwiedergabe" im 4 : 3-Format, sog. Letterbox-Format
und 144 (2 × 72)	Zeilen mit sog. Helper-Signal zur Rekonstruktion des 16 : 9-Formats
Zeile 23	ungenutzte erste Hälfte dieser Zeile zur Übertragung des WSS (s. unten)

Wide Screen Signalling (WSS)

Signal zur Einstellung des Fernsehempfängers auf den Übertragungsmodus, Bi-Phase-Code, bit = 1,2 µs

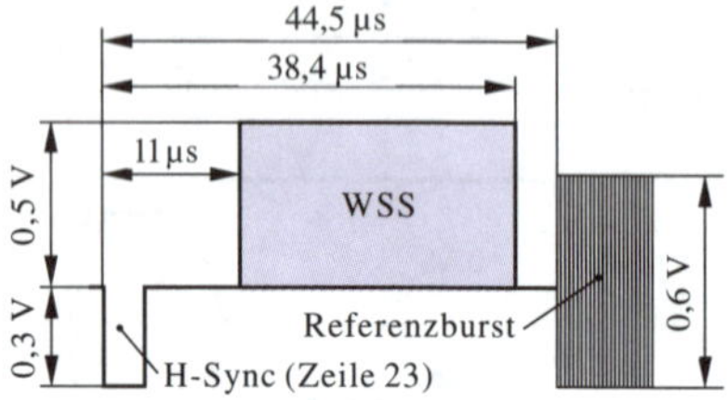

ca. 9 bit	Einlaufsignal und Startcode
4 bit	Format 4 : 3, 14 : 9, 16 :9,
4 bit	Kameramode, Filmmode, Standard-PAL,
3 (+ 3) bit	Untertitel und Position (+ Reserve)

Helper-Signal

Gewinnung	Der Bildinhalt der 576 Zeilen wird in „vertikaler Richtung" gefiltert. Die tiefen Frequenzanteile werden in den mittleren 432 Zeilen und die hohen in den 2 × 72 Zeilen am oberen und unteren Bildrand übertragen
Modulation	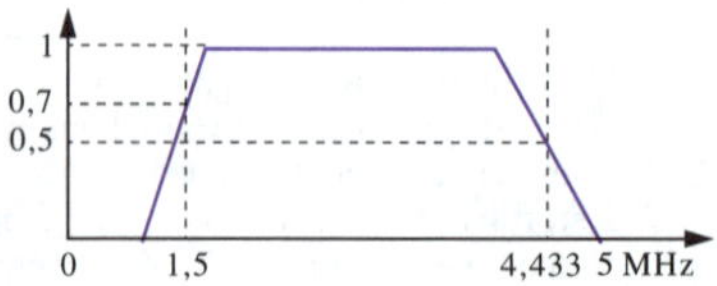 – Einseitenband-Amplitudenmodulation (EAM) mit Nyquistflanke, – Trägerfrequenz 4,433619 MHz (PAL-Träger), – Auflösung des Helper-Signals ca. 3 MHz, – Signalverarbeitung digital nach CCIR 601/656, – Frequenzbereich unterhalb 1,5 MHz frei von Signalen zur Vermeidung von Synchronisationsstörungen bei herkömmlichen Geräten
Übertragung	im Ultraschwarzbereich (zwischen Schwarz- und Synchronpegel)

PAL-Übertragungs- und Wiedergabeformate

Produktion	Übertragung	Wiedergabe 4 : 3	Wiedergabe 16 : 9
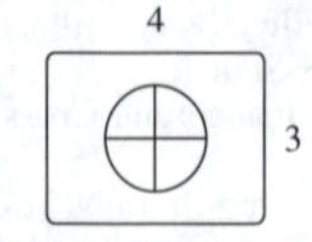	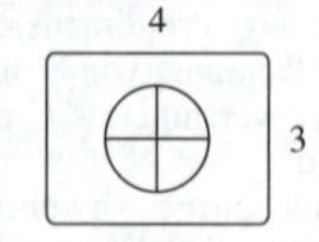	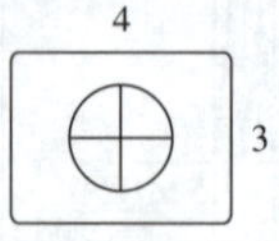	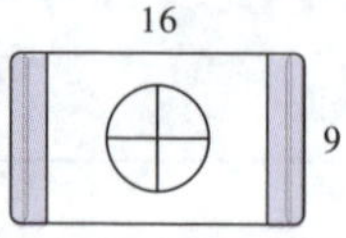
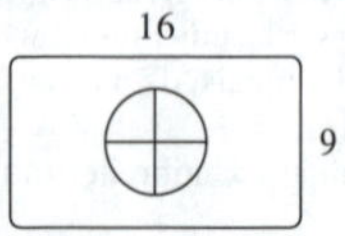	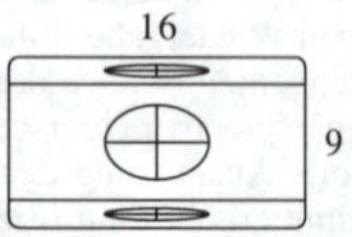	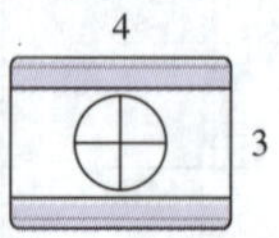	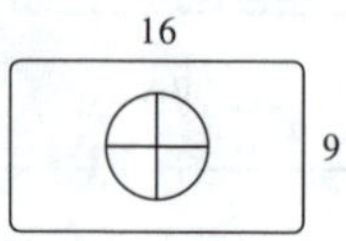

12 Satellitenempfangstechnik

12.1 Internationale Festlegungen

12.1.1 Internationale Organisationen (für die Koordinierung der Übertragungsparameter)

ITU	International Telecommunication Union (Internationale Fernmeldeunion)	Dachorganisation für drahtgebundene und drahtlose Kommunikation
CCIR	Comité Consultativ International de Radiocommunications (Unterorg. der ITU)	zuständig für die Ausarbeitung der Normen für die drahtlose Übertragung
CCITT	Comité Consultativ International Telegraphique et Telephonique (Unterorganisation der ITU)	zuständig für die Ausarbeitung der Normen für die drahtgebundene Übertragung
IFRB	International Frequency Registration Board (Unterorganisation der ITU)	registriert und verwaltet die Parameter der drahtlosen Übertragung
FCC	Federal Communications Commission	US-Behörde für die gesamte Fernmeldetechnik und die Vergabe von Frequenzen
EBU	European Broadcasting Union (Union der europäischen Rundfunkanstalten)	zuständig für die Koordinierung der Übertragungsparameter in der Telekommunikation

Die ITU veranstaltet turnusmäßig die World Administrative Radio Conference (WARC), auf der u. a. Übertragungsparameter, wie z. B. Frequenzen, Polarisationen, Sendeleistungen, Orbitpositionen, Abstrahlungsrichtungen (Footprints) und Kanalzuweisungen für die einzelnen Länder festgelegt werden.

Der Frequenzbereich 1,53 GHz bis zu 40 GHz ist für mobile und feste Satellitenfunkdienste gemäß nachstehender Tabelle aufgeteilt worden.

12.1.2 Frequenzzuteilung (für ortsfeste und mobile Satellitenfunkdienste)

Frequenzbereich/GHz	Richtung	Verwendung[1]	Frequenzbereich/GHz	Richtung	Verwendung[1]
1,530 … 1,533	Sat. – Erde	LMSS	7,900 … 8,025	Erde – Sat.	FSS/MS
1,533 … 1,544	Sat. – Erde	MMSS	8,025 … 8,400	Erde – Sat.	FSS
1,544 … 1,545	Sat. – Erde	MSS	10,700 … 11,700	Sat. – Erde	FSS
1,545 … 1,555	Sat. – Erde	AMSS	11,700 … 12,500	Sat. – Erde	DBS/FSS
1,555 … 1,559	Sat. – Erde	LMSS	12,500 … 12,750	Sat. – Erde	FSS
1,6265 … 1,6315	Erde – Sat.	MM	12,750 … 13,250	Erde – Sat.	FSS
1,6315 … 1,6345	Erde – Sat.	LMSS	14,000 … 14,470	Erde – Sat.	FSS/LM
1,6345 … 1,6455	Erde – Sat.	MMSS	14,470 … 14,500	Erde – Sat.	FSS/LM
1,6455 … 1,6465	Erde – Sat.	MSS	14,500 … 14,800	Erde – Sat.	FSS
1,6465 … 1,6565	Erde – Sat.	AMSS	17,300 … 17,700	Erde – Sat.	FSS
1,6565 … 1,6605	Erde – Sat.	LMSS	17,700 … 18,100	Sat. – Erde	FSS
1,670 … 1,710	Sat. – Erde	MET	18,100 … 19,700	Sat. – Erde	FSS
2,500 … 2,655	Sat. – Erde	BS	19,700 … 21,200	Sat. – Erde	FSS/MS
2,655 … 2,690	Sat. – Erde	BS	22,550 … 23,550	Sat. – Erde	ISL
3,400 … 4,200	Sat. – Erde	FSS	27,500 … 29,500	Erde – Sat.	FSS
4,500 … 4,800	Sat. – Erde	FSS	29,500 … 30,000	Erde – Sat.	FSS/MS
5,725 … 7,075	Erde – Sat.	FSS			
7,250 … 7,300	Sat. – Erde	FSS/MS	30,000 … 31,000	Erde – Sat.	FSS/MS
7,300 … 7,450	Sat. – Erde	FSS	32,000 … 33,000	Sat. – Erde	ISL
7,450 … 7,550	Sat. – Erde	FSS/MET	37,500 … 39,500	Sat. – Erde	FSS
7,550 … 7,750	Sat. – Erde	FSS	39,500 … 40,000	Sat. – Erde	FSS/MS

[1] AMSS Aeronautical Mobile Satellite Services, BS Broadcast Services, DBS Direct Broadcast Services, FSS Fixed Satellite Services, ISL Inter Satellite Links, LM Land Mobile, LMSS Land Mobile Satellite Services, MET Meteorologie, MMSS Maritime Mobile Satellite Services, MS Mobile Services, MSS Mobile Satellite Services

12.1 Internationale Festlegungen

Prinzip der Satellitenübertragung

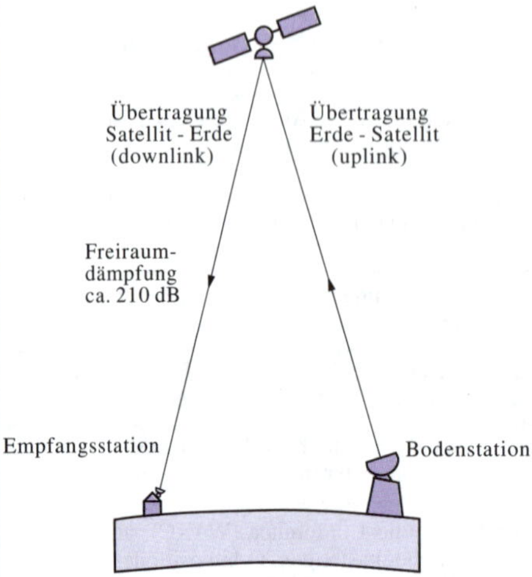

Bereiche für Individualempfang

10,95 GHz … 11,7 GHz	Fernmeldesatelliten (Verteilsatelliten),
11,7 GHz … 12,5 GHz	Rundfunksatelliten,
12,5 GHz … 12,75 GHz	Fernmeldesatelliten (Verteilsatelliten)

Parameter für den Bereich 11,7 GHz … 12,5 GHz (WARC 77)

Parameter	Werte
Frequenzband	11,7 GHz … 12,5 GHz
Zahl der Kanäle	40
Kanalabstand	19,18 MHz
Bandbreite je Kanal	27 MHz
Polarisation	zirkular, wechselweise pro Kanal
Modulationsart	FM
Kanäle pro Nation	5
Kanalzwischenraum	min. 3 pro Nation
Leistungsflussdichte (am Rand des Versorgungsgebietes für 99% der Übertragungszeit)	$-103\ dBW/m^2$ (Einzelempfang) $-111\ dBW/m^2$ (Gemeinschaftsempfang)

12.1.3 Ausgewählte geostationäre Satelliten[1]

Satellit	Position	Frequenzbereich/GHz	Pol.
Intelsat 602	63° O	10,95 … 11,7	h + v
Intelsat 703	57° O	10,95 … 11,7	
Turksat 1B	42° O	10,95 … 11,7	h + v
Gals 1 u. 2	36° O	11,7 … 12,5	l
DFS Kopernikus 2	28,5° O	10,95 … 11,7 12,5 … 12,75	h + v h + v
DFS Kopernikus 3	23,5° O	10,95 … 11,7 12,5 … 12,75	h + v h + v
Astra 1A … F	19,2° O	10,95 … 12,5	h + v
Eutelsat II-F 3	16° O	10,95 … 11,7 12,5 … 12,75	h + v h + v
Eutelsat II-F 1/Hotbird	13° O	10,95 … 11,7 12,5 … 12,75	h + v h + v
Eutelsat II-F 2	10° O	10,95 … 11,7 12,5 … 12,75	h + v v
Sirius/Tele X	5° O	11,7 … 12,5	l
Telecom 2C	3° O	12,5 … 12,75	h + v
Sirius 5	2° O	11,7 … 12,5	r + l
Thor	0,8° W	11,7 … 12,5	r
Intelsat 707 Intelsat 702	0,9° W	10,95 … 11,7	h + v
Telecom 2B	5° W	12,5 … 12,75	h + v
Telecom 2A	8° W	12,5 … 12,75	h + v
Gorizont 26	11° W	10,95 … 11,7	r + l
TDF 1/2 TV-Sat	19° W 19° W	11,7 … 12,5 11,7 … 12,5	r l
Intelsat 601	27,5° W	10,95 … 11,7	h + v
Hispasat 1A/B	30° W	alle drei Bereiche	l, h, v
Intelsat 603	34,5° W	10,95 … 11,7	h + v
PanAmSat 3-R	43° W	12,5 … 12,75	h + v
PanAmSat 1	45° W	10,95 … 11,7	h

[1] h: Horizontale Polarisation,
v: Vertikale Polarisation,
r: Zirkulare Polarisation, rechtsdrehend,
l: Zirkulare Polarisation, linksdrehend
x° O: Orbitposition östlich von Greenwich,
x° W: Orbitposition westlich von Greenwich.

12.2 Aufbau der Satelliten

Bahnform	Charakteristika	Vorteile	Nachteile
elliptisch	allgemeine Planetenbahn, min. Umlaufzeit ca. 100 Minuten, praktischer Einsatz z. B. bei Molniya-Satelliten (3 Satelliten für durchgehende Empfangsmöglichkeit, Apogäum 40 000 km, Perigäum 480 km, Inklination 64°, Umlaufzeit 12 h)	Versorgung der nördlichen und südlichen Gebiete der Erde möglich	Empfangsantenne muss ständig nachgeführt werden
kreisförmig	Sonderfall der elliptischen Bahn, für eine Inklination größer 0° geringe praktische Bedeutung		
geostationär	kreisförmige Bahn in der Äquatorebene (Inklination 0°: Neigung der Ebene der Satellitenbahn zur Äquatorebene)	optimale Bahn für die Gebiete zwischen ca. 60° nördlicher und südlicher Breite	keine Versorgung der nördlichen und südlichen Gebiete der Erde

Die Satellitenbahnen unterliegen den Keplerschen Gesetzen. Für die geostationäre Bahn ergibt sich mit einer Umlaufzeit $T = 24$ h (genauer; 23 h 56 min 4 s) der Radius der Satellitenbahn aus

$$r^3 = G \times m_E \times T^2 / (2 \times \pi)^2$$

(Gravitationskonstante $G = 6{,}672 \times 10^{-11}$ $m^3/(kg \times s^2)$, Masse der Erde $m_E = 5{,}977 \times 10^{24}$ kg) zu

$$r = 42.171 \text{ km} .$$

Im Vergleich dazu: Erdradius ≈ 6.370 km

Hauptbaugruppen eines Satelliten

Baugruppe	Aufbau	Funktion
Antennenmodul	– Einzelantennen oder Antennensysteme	Richtantennen zur Erzeugung der vorgeschriebenen Ausleuchtzonen (Footprints) und zum Empfang des Uplinks
	– TTC-Antenne	Antenne mit breiter Antennenkeule bis zur Rundstrahlcharakteristik für das Telemetrie- und Telekommandosystem
Kommunikationsmodul	– Repeater	Transparenter Repeater: Direkte Umsetzung und Verstärkung des ankommenden Signals in mehreren Transpondern
		Repeater mit Signalverarbeitung: Für kommerzielle und militärische Einsatzgebiete werden mitunter Baugruppen verwendet, die das Signal demodulieren und mit veränderten Parametern modulieren und wieder abstrahlen
	– TTC-Modul	Telemetrie- und Telekommandosystem
Versorgungsmodul	– elektrische Energieversorgung	Energieversorgung über Sonnenkollektoren (z. B. ca. 3 kW bei TV-Sat), Überbrückung der Schattenzeiten durch Akkumulatoren (z. B. Astra, Kopernikus, nicht TV-Sat)
	– Raketentreibstoff	Positionskorrekturen durch Raketenmotoren (Optimierungssystem für sparsamen Verbrauch)
Antriebsmodul	mehrere Raketenmotoren	Motoren dienen nach der Startphase der Lageregelung in Ost-West- und Nord-Süd-Richtung, Abstand zur Erde, Drall u. a.

⟹ 12-4

12.2 Aufbau der Satelliten

Blockschaltbild des 14/12/11-Repeaters des DFS Kopernikus 1

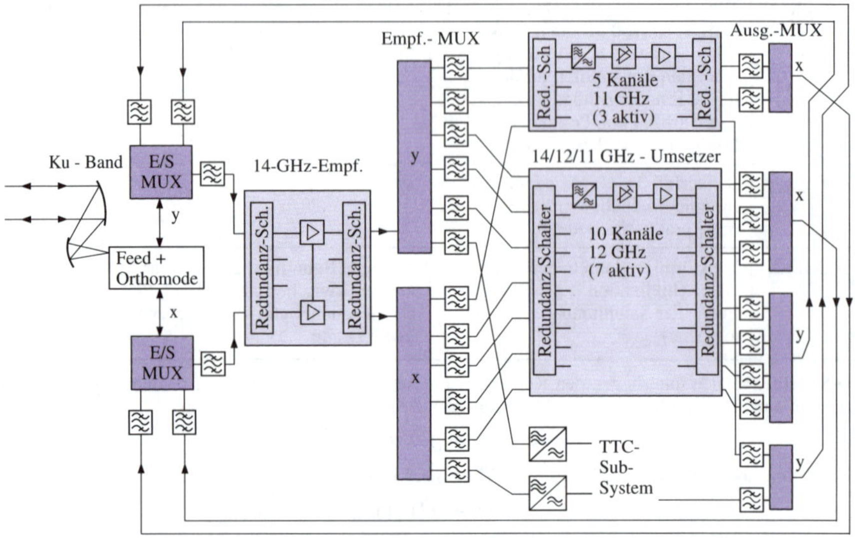

Baugruppe	Funktion
Ku-Band-Antenne	Empfangsbereich (10 … 18) GHz Offset-Gregory-Antenne, (Ka-Band: (18 … 30) GHz)
Feed + Orthomode	Empfangshorn + Weiche für hor. und vert. Polarisation
E/S-MUX	Empfang-Sende-Multiplexer
14-GHz-Empfänger	rauscharme breitbandige Vorverstärker für den 14-GHz-Bereich des Uplinks
Redundanzschalter	Schalter zur Wahl einer Reservebaugruppe bei Ausfall
Empf.-Multiplexer	Aufteilung der empfangenen Signale durch Kanalfilter auf 10 aktive Kanäle und 2 TC-Kanäle (tele commander)
Umsetzer	Umsetzung des 14-GHz-Empfangssignals auf die Kanäle im 11-GHz- und 12-GHz-Bereich (teilweise wird Doppelumsetzung angewandt)

Baugruppe	Funktion
Verstärker	Kanalverstärker besteht aus einem Vorverstärker u. einem Leistungsverstärker. – Vorverstärker: In Stufen von 1 dB zwischen 16 dB u. 65 dB durch das TC-Signal einstellbare Verstärkung – Leistungsverstärker: Erzeugung der Ausgangsleistung von 20 W durch eine Wanderfeldröhre
Ausg.-MUX	Kanalfilter und Addition der umgesetzten Signale
TTC-Subsystem	– Steuerung der Antriebssysteme während der Startphase – laufende Funktionskontrolle sämtlicher Satellitenmodule – Steuerung der Satellitenposition nach Auswertung der Daten von Positionssensoren bzw. nach Anweisung von der Bodenstation

12

12.3 Außeneinheit der Satellitenempfangsanlage

12.3.1 Baugruppen der Außeneinheit

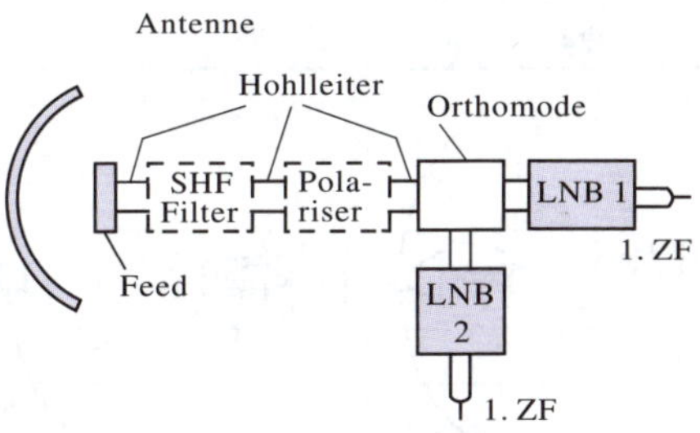

Baugruppe	Funktion
Antenne	s. Tabelle
Feed (Bauformen: Rillenhorn, ebenes oder gestuftes, Kegelhorn, Pyramidenhorn)	Feedhorn, Erreger, Primärstrahler, dient zur – Anpassung des Hohlleiters an die Antenne, abhängig vom *f*/*D*-Verhältnis der Antenne, – Verbesserung des Kreuzpolarisationsverhaltens, – Verbesserung der Nebenkeulendämpfung
Hohlleiter	rechteckiger (Bezeichnung R) oder zylindrischer (Bezeichnung C) Leiter für den GHz-Bereich
SHF-Filter	Bandpass zur Verbesserung der Spiegelfrequenzfestigkeit und Dämpfung der Störstrahlung durch das LNB
Polariser (Bauformen: mechanisch, magnetisch (Faraday-Polariser))	Polarisator, dient zur Selektion bzw. zur Wandlung der empfangenen Polarisationen (horizontal, vertikal, zirkular rechts/links)
Orthomode	Weiche zur Trennung zweier Polarisationsebenen
Diplexer (nicht im Bild)	Frequenzweiche zur Trennung unterschiedlicher Frequenzbänder (z. B. für den DFS Kopernikus 3)
LNB (LNC)	low noise block (low noise converter)

12.3.2 Konverter

Der Konverter ist neben der Antenne eine Baugruppe, die wesentlich die Qualität der Empfangsanlage bestimmt. Die Eingangsfrequenz (f_{SAT}) wird im Konverter auf die 1. ZF (f_{ZF}) heruntertransponiert. International ist festgelegt: $f_{Osz} < f_{SAT}$.

1. ZF: $f_{ZF} = f_{SAT} - f_{Osz} = 950 \ldots 2150$ MHz

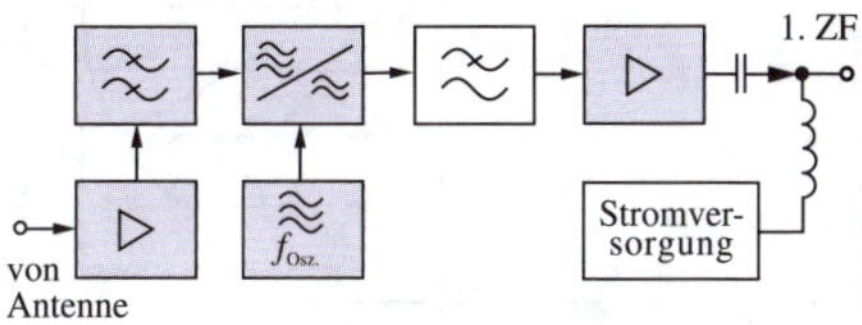

Blockschaltbild eines LNB

Die Speisung des LNB erfolgt über die Antennenleitung.
Bei Mehrfachkonvertern erfolgt die Umschaltung der Oszillatorfrequenzen bzw. der Polarisation über Zusatzsignale (z.B. 14 V/18 V oder 22-kHz-Signal).

Oszillatorfrequenzen [1)]

Bereich/GHz	f_{Osz}
10,95 … 11,7	10,000 GHz ± 5 MHz
11,7 … 12,5	10,750 GHz ± 5 MHz
12,5 … 12,75	11,300 GHz ± 5 MHz 11,450 GHz ± 5 MHz 11,475 GHz ± 5 MHz

Anforderungen an die Konverter

Parameter	Wert
Amplitudenfrequenzgang 950 … 1750 MHz innerhalb 27 MHz innerhalb 36 MHz	 6 dB 1,5 dB 2 dB
Antennenstörstrahlungsleistung des Oszillators 2,5 … 18 GHz über 18 GHz (vorläufig)	 <−80 dBm <−60 dBm
Störstrahlungsleistung über Gehäuse 30 … 470 MHz 470 … 950 MHz 950 … 2500 MHz 2500 … 18000 MHz	 <20 dBpW <20 dBpW <43 dBpW <57 dBpW

[1)] Werden die Teilbereiche überschritten (z.B. Astra), kann f_{Osz} zwischen 9,5 GHz und 10,75 GHz liegen.

12.3 Außeneinheit der Satellitenempfangsanlage

12.3.3 Antennen

Merkmale	Zentralgespeiste Antennen		
	Parabolantenne	Cassegrain	Gregory
Antennenformen	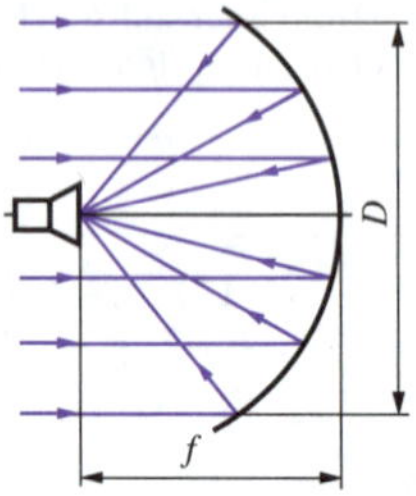	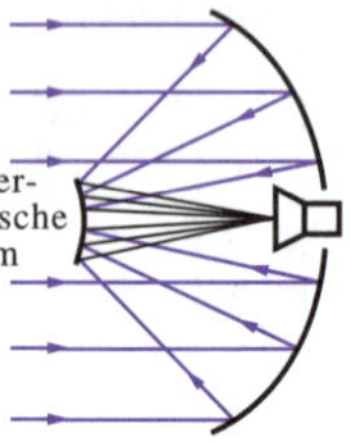	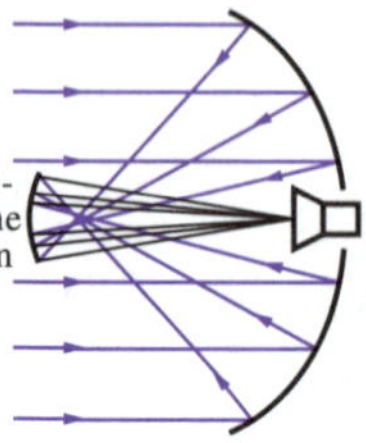
f/D-Verhältnis	0,35 … 0,5	0,5 … 1	0,5 … 1
Antennendurchmesser	$>20 \times \lambda$	$>75 \times \lambda$	$>75 \times \lambda$
Hilfsreflektordurchm.	–	$>10 \times \lambda$	$>10 \times \lambda$
Nebenkeulendämpfung	gut	mittel	mittel
Flächenwirkungsgrad	50% … 60%	60% … 70%	60% … 70%

12.3.4 Empfangsqualität

Für eine gute Bildqualität ist ein unbewertetes Signal-Rausch-Verhältnis S/N von >38 dB notwendig. Das dafür erforderliche Träger-Rausch-Verhältnis C/N ergibt sich aus

$$C/N = S/N - G_{FM}$$

mit G_{FM} = Gewinn durch die Frequenzmodulation. Er ist abhängig vom Frequenzhub, von der HF- und der Videobandbreite und der Preemphasis. Richtwerte für PAL sind der Tabelle zu entnehmen.

Frequenzhub (Spitze–Spitze)	HF-Bandbreite	G_{FM} unbew.	C/N
25 MHz	36 MHz	26,3 dB	≈ 12 dB
22,5 MHz	27 MHz	24,1 dB	≈ 14 dB
16 MHz	27 MHz	21,2 dB	≈ 17 dB
13,5 MHz	27 MHz	19,7 dB	≈ 18 dB

Das **Träger-Rausch-Verhältnis** ist eine Funktion
- der Satellitendaten (Leistung, Antennengewinn, Position),
- der Empfängerdaten (Antennengewinn, Rauschzahl des LNB, Position) und
- des Raumes zwischen Satellit und Empfänger.

$$\frac{C}{N} = 10 \log \left[\frac{\text{EIRP}}{k \cdot B \cdot M} \cdot \left(\frac{\lambda}{4 \cdot \pi \cdot d} \right)^2 \cdot \frac{G}{T} \right]$$

EIRP	Effektive isotrope Strahlungsleistung des Satelliten am Empfangsort (Werte können den veröffentlichten Footprints entnommen werden)
k	$1{,}3807 \times 10^{-23}$ Ws/K, Boltzmannkonstante
B	HF-Bandbreite (z. B. 27 MHz)
M	Schlechtwetterdämpfung (ca. 2 ≙ 3 dB)
λ	Wellenlänge
d	Entfernung Satellit–Empfangsort
G/T	Güte der Empfangsanlage (s. Tabelle)

$$\frac{G}{T} = \frac{a \cdot G_a}{a \cdot T_a + (1-a) \cdot T_0 + (F-1) \cdot T_0}$$

a	Wirkungsgrad (≈0,97)
G_a	$w \cdot (\pi \cdot D/\lambda)^2$, Antennengewinn w: Wirkungsgrad (0,6 … 0,65) D: Antennendurchmesser
T	Rauschtemperatur des gesamten Empfangssystems
T_a	Rauschtemperatur der Antenne (40 K … 60 K)
T_0	Umgebungstemperatur (293 K)
F	Rauschzahl des Empfängers (LNB)

12.3 Außeneinheit der Satellitenempfangsanlage

Offsetgespeiste Antennen			
Parabol-Offset	Cassegrain-Offset	Gregory-Offset	Flachantenne
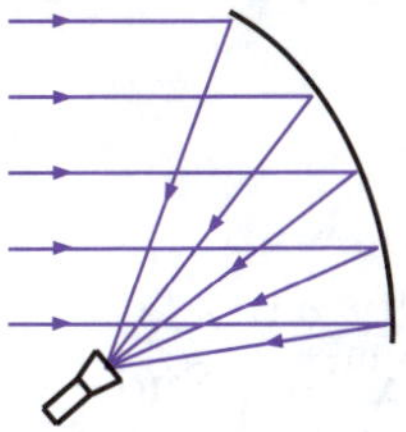	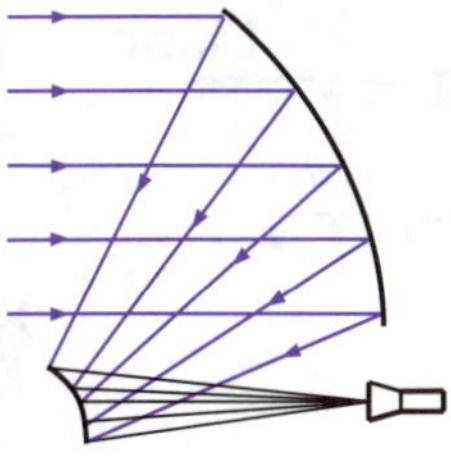	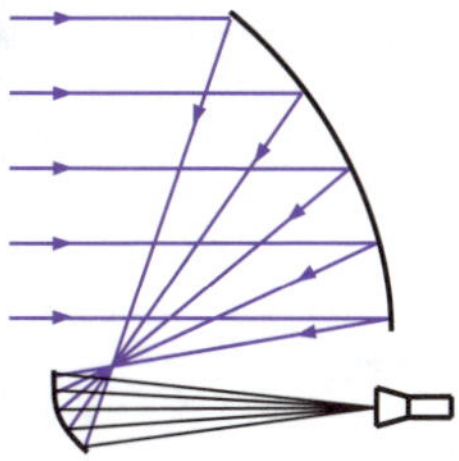	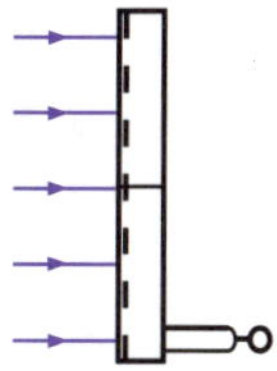
0,3 … 0,4	0,4 … 0,8	0,4 … 0,8	–
$>10\times\lambda$	$>30\times\lambda$	$>30\times\lambda$	$<15\times\lambda$
–	$>10\times\lambda$	$>10\times\lambda$	–
sehr gut	gut … sehr gut	gut … sehr gut	mittel … schlecht
60% … 65%	60% … 75%	60% … 75%	40% … 80%

In der Praxis genügt im Raum Deutschland für die Satelliten Astra und Kopernikus die Näherung

$$G/T\,(\text{dB}) = C/N + 55\,\text{dB} - \text{EIRP}\,(\text{dB})$$

Satellit	EIRP	*C/N*	*G/T*
Astra (11-GHz-Band)	52 dBW	14 dB (12 dB)	17 dB (15 dB)
Kopernikus			
(11-GHz-Band)	47 dBW	12 dB	20 dB
(12-GHz-Band)	52 dBW	12 dB	15 dB

G/T (dB) ($a=0{,}97$, $T_a=40$ K, $\lambda=2{,}6$ cm, $w=0{,}6$)

F/dB	*T*/K	*D*/m 0,6 / θ 3,0°	0,8 / 2,3°	1,0 / 1,8°	1,2 / 1,5°	1,5 / 1,2°
0,8	107	14,7	17,2	19,1	20,7	22,6
1,0	124	14,1	16,6	18,5	20,1	22,0
1,2	141	13,5	16,0	17,9	19,5	21,5
1,4	159	13,0	15,5	17,4	19,0	20,9
1,6	179	12,5	15,0	16,9	18,5	20,4
2,0	219	11,6	14,1	16,0	17,6	19,5

$\theta = 70° \cdot \lambda/D$; Halbwertsbreite der Hauptkeule der Empfangsantenne (Bedeutung für Störung durch Nachbarsatellit)

Mit der Rauschzahl *F* des LNB kann über *G/T* der Durchmesser *D* der Antenne ermittelt werden.

Beispiel: Für ein LNB mit einer Rauschzahl $F=1$ dB wird die DIN-Angabe von einem Antennendurchmesser von 80 cm beim Satelliten Astra und 1,20 m im 11-GHz-Band bzw. 80 cm im 12-GHz-Band beim Satelliten Kopernikus erfüllt

12.3.5 Antennenpositionierung

Zur Positionierung der Empfangsantenne ist der Erhebungswinkel über der Horizontalen (Elevation) und der Winkel in der Horizontalen von Nord über Ost nach West (Azimut) abhängig von der geografischen Lage des Empfangsortes und der Position des geostationären Satelliten einzustellen.

$$\text{Azimut } A = 180° + \arctan\frac{\tan(L-P)}{\sin B}$$

$$\text{Elevation } E = \arctan\frac{\cos B\times\cos(L-P) - 0{,}1513}{\sqrt{1-(\cos B\times\cos(L-P))^2}}$$

L geografische Länge des Empfangsortes
B geografische Breite des Empfangsortes
P geografische Länge der Satellitenposition

12

12.3 Außeneinheit der Satellitenempfangsanlage

Antennenpositionierung

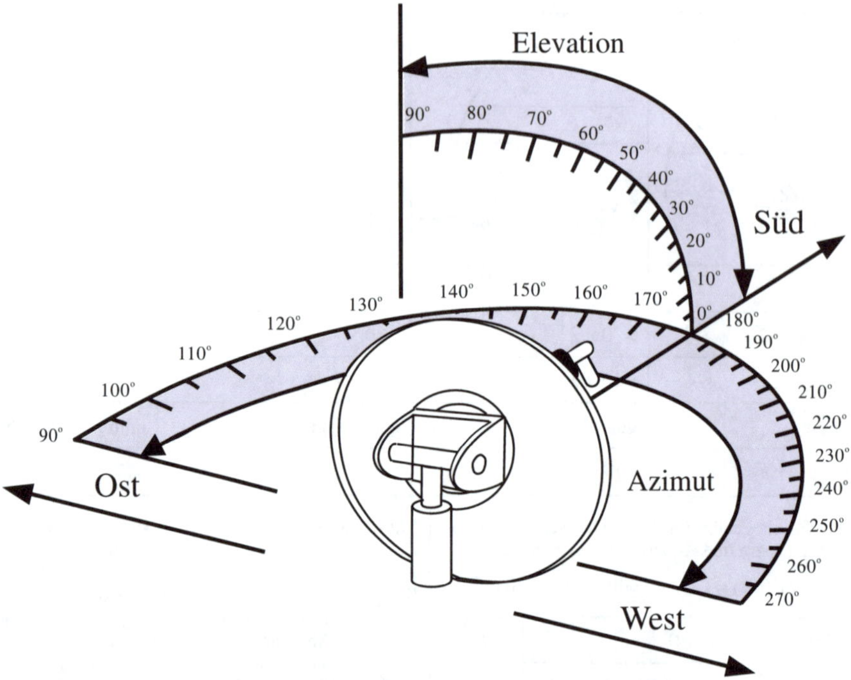

Richtwerte für Azimut und Elevation einiger Satelliten für die Bundesrepublik Deutschland, abhängig v. d. örtlichen Lage des Empfangsortes (westlich … östlich/nördlich … südlich)

Satellit	Pos.	Azimut/° westl. … östl.	Elevation/° nördl. … südl.	Satellit	Pos.	Azimut/° westl. … östl.	Elevation/° nördl. … südl.
DFS Kopernikus 3	23,5° O	158 … 169	26 … 34	Intelsat 702/707	0,9° W	189 … 200	27 … 34
Astra 1A … F	19,2° O	163 … 175	27 … 34	Telecom 2B	5° W	194 … 205	26 … 33
				Telecom 2A	8° W	198 … 209	25 … 33
Eutelsat II-F 3	16° O	167 … 179	27 … 34	Gorizont 26	11° W	202 … 213	24 … 32
Eutelsat II-F 1	13° O	171 … 183	27 … 34	TDF 1/2	19° W	211 … 221	22 … 29
				TV-Sat	19° W		
Eutelsat II-F 2	10° O	175 … 186	28 … 34	Intelsat 601	27,5° W	220 … 230	18 … 25
Sirius/ TeleX	5° O	179 … 190	27 … 34	PanAmSat 1	45° W	238 … 246	9 … 16

12.4 Inneneinheit der Satellitenempfangsanlage

12.4.1 Empfangsanlagen

Einzelempfangsanlage für Fernsehsignale

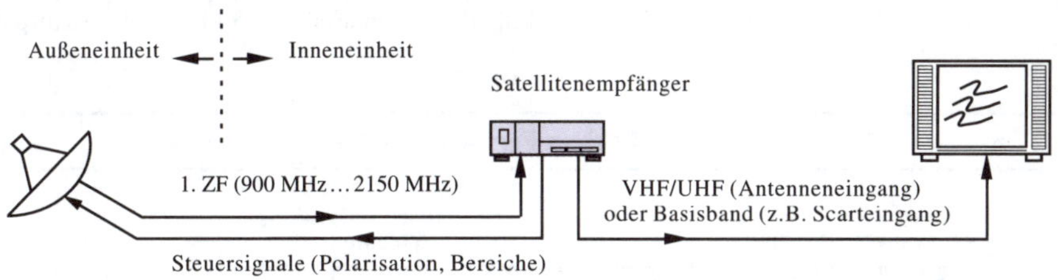

Kleine Gemeinschaftsanlage mit Verteilung der 1. ZF

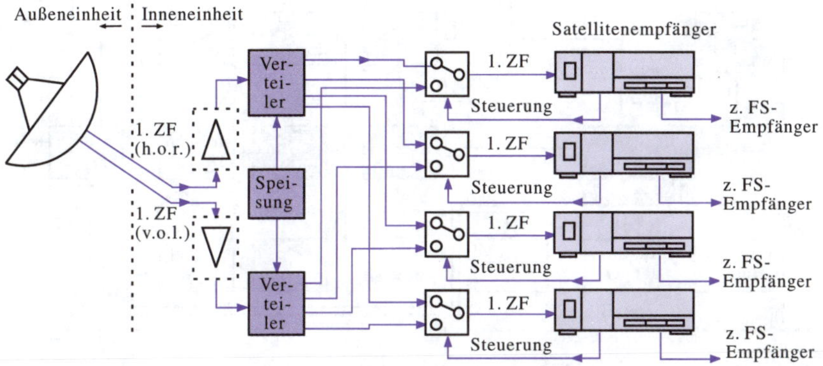

Gemeinschaftsanlage mit VHF/UHF-Verteilung

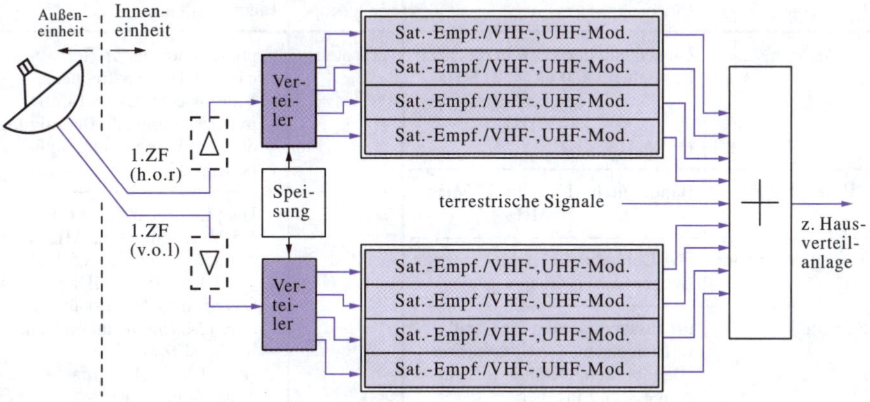

12

12.4 Inneneinheit der Satellitenempfangsanlage

Für Baugruppen und die Installation einschließlich der für den Empfang digitaler Rundfunksignale sind u. a. die Technische Richtlinie 1 R 8–15, DIN VDE 0872-13, 20, DIN VDE 0855-10, 11, 12 und das Amtsblatt des BPF Nr. 164 zu beachten.

Nutzpegel an d. Ausgängen d. Antennensteckdosen

Signale	Pegel an 75 Ω
Fernsehsignale 47 … 790 MHz	60 … 83 dBµV
digit. Tonrundfunksign. 118 MHz	56 … 80 dBµV
Fernseh- u. digit. Tonrundfunksignale 950 … 1750 MHz	47 … 75 dBµV

12.4.2 Blockschaltbild eines Fernseh-Satellitenempfängers

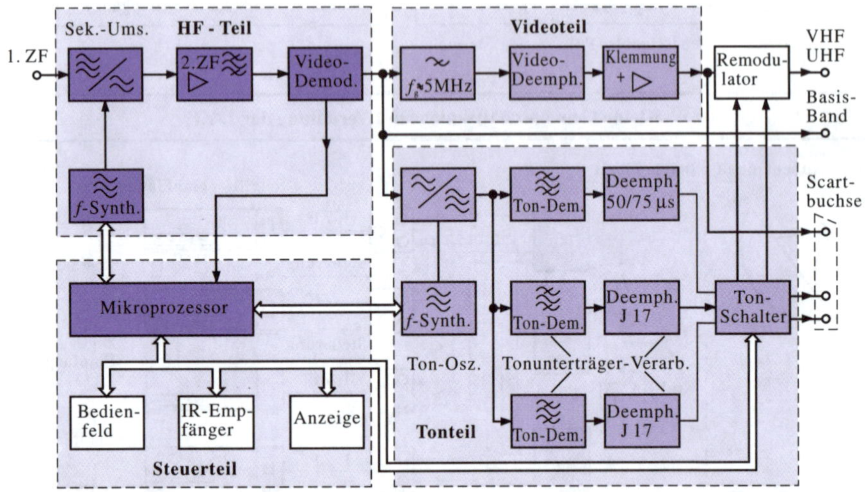

Hauptgruppen eines Fernseh-Satellitenempfängers

Baugruppe	Eigenschaften
Sekundärumsetzer	Umsetzung der 1. ZF in die 2. ZF Fernsehen: 480 (479,50) MHz, (überholt sind 70 u. 134 MHz) DSR: 118 MHz
ZF-Verstärker	Bandbreiten: 16 MHz, 27 MHz, 36 MHz
Videodemodulator	FM-Demodulator, hohe Linearität (wegen Verwischungssignal)
Steuerteil	Prozessorsteuerung für Oszillatorfrequenzen, Schaltfunktionen (Bandbreiten, Deemphasis, Ausgänge, …), Eingaben

Baugruppe	Eigenschaften
Videoteil	– phasenkorrigierter Tiefpass ca. 5 MHz Grenzfrequenz, – Video-Deemphasis (14 dB), – in der Klemmstufe Beseitigung des sog. Verwischungssignals (s. Kap. 12.5.1)
Tonteil	– Haupttonträger 5 … 7 MHz, 6,5 MHz Astra, 6,65 MHz Kop. – Tonunterträger 7 … 8,5 MHz, (7,02 + $n \times 0{,}18$) MHz für Stereo- oder Mehrtonübertrg. – durch Mischung auf eine einheitliche Ton-ZF (z. B. 10,7 MHz) einfachere Tonverarbeitung

12.5 Signalaufbereitung des Satellitensignals

12.5.1 Fernsehsatellitensignal

Die Übertragung des analogen Fernsehsignals erfolgt über FM. Zusätzlich zum terrestrischen werden nachstehende Zusatzsignale übertragen.

FBAS- mit Verwischungssignal

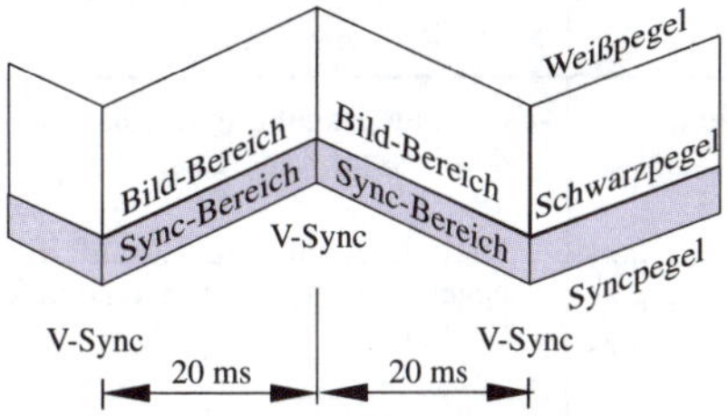

Spektrum des Fernsehsatellitensignals

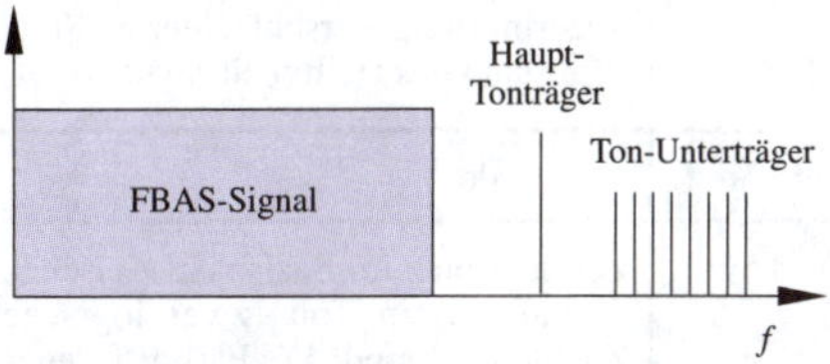

Komponenten des Fernsehsatellitensignals

FBAS-Signal	Farbfernsehsignal entsprechend der jeweiligen Landesnorm
Verwischungssignal	dem FBAS-Signal überlagertes dreieckförmiges Signal mit einer Periodendauer von 25 Hz (PAL). Amplitude entspricht einem Hub von 2 MHz (auch 4 MHz). Signal dient zur Verringerung von Störungen anderer Dienste und zur Vermeidung einer selektiven Überschreitung der Leistungsflussdichte von –125 dBW/m^2 auf der Erdoberfläche
Haupttonträger	– Begleitton des FBAS-Signals (mono) – Trägerfrequenz: 5,40 … 6,8 MHz – Hub: 50 kHz … 100 kHz (200 kHz), – Preemphasis: 50 µs, 75 µs, *J* 17
Tonunterträger	– Stereo-Begleitton des FBAS-Signals – zusätzliche Hörfunkprogramme, – Trägerfrequenzen: 7,02 MHz + $n \times 180$ kHz, – Hub: 50 kHz, – Preemphasis: *J* 17 für Rauschminderungsverfahren nach Wegener

12.5.2 Signalverschlüsselung (Verscramblung)

Die Verscramblung von Fernsehsignalen ist durch das Pay-TV (bezahltes Fernsehen) forciert worden. Sie kann erfolgen durch Beeinflussung
- des Zeitverlaufes
  - Zeitsteuerung zwischen Bild und Sync.-Impuls
  - Zeilenvertauschung (line-shuffling)
  - Zeilenschnitt
  - Zeitkompression und -expansion
- der Amplitude,
- der Polarität,
- der Frequenz (z. B. des Farbträgers),
- durch Zusatzsignale,
- bei digitalisierten Signalen durch Vertauschen der Bits (z. B. bei Mac-Verfahren) und
- durch Kombinationen der o. g. Möglichkeiten.

In allen Fällen muß das Decodierungssignal mit übertragen werden (z. B. als AM oder FM eines der Tonunterträger).

Verscramblung v. analogen FBAS-Signalen (Beispiel)

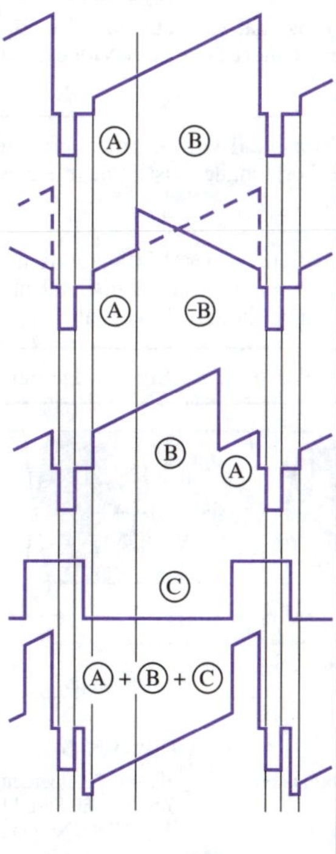

FBAS-Signal

Polarität. Invertierung des FBAS-Signals für einige µs bis zu mehreren Zeilen

Zeilenschnitt (line-cut-and-rotate). Zeitliche Vertauschung von Zeilen oder -segmenten

Zusatzsignal. Addition eines Zusatzsignals zum FBAS-Signal mit variabler Frequenz und Form. Verringerung der Amplitude erforderlich z. Einhaltung des Hubes

12.5 Signalaufbereitung des Satellitensignals

12.5.3 MAC-Verfahren

Die MAC-Verfahren (Multiplexed Analogue Components) nutzen für die Fernsehsignal-Übertragung ausschließlich den Zeitmultiplex. In einer Fernsehzeile werden nacheinander Ton-/Datensignale, Farbdifferenzsignale (wechselweise (R–Y, B–Y) und das Helligkeitssignal Y übertragen. Dazu müssen die Farbdifferenzsignale in der Zeitachse auf 1/3 und das Helligkeitssignal auf 2/3 komprimiert werden. Das bedingt eine höhere Bandbreite. Für Ton- und Datensignale wird der horizontale Austastbereich genutzt.

Vorteile	Nachteile
– kein Übersprechen zwischen den einzelnen Signalen, z. B. Cross Luminance und Cross Colour – keine Intermodulation zwischen den Signalen – verbesserte Wiedergabeparameter durch günstigere Ausnutzung des Übertragungskanals (z. B. im Syncbereich, kein Frequenzmultiplex (außer A-MAC), Bandbreitenbedarf der einzelnen Signalkomponenten) – unabhängig von Farbfernsehnorm (NTSC, SECAM, PAL) – mehr Tonkanäle mit höherer Qualität – mehr Übertragungskapazität für Zusatzinformationen – bessere Verschlüsselungsmöglichkeit für Bild u. Ton (Pay-TV)	– erhöhter Bandbreitenbedarf erfordert bessere Kabelanlagen – Digitalsignale sind störanfälliger gegen Phasenverzerrungen und Reflexionen – halbe vertikale Farbauflösung gegenüber PAL – geringfügig verschlechterter Störabstand des Helligkeitssignals

Verfahren	Merkmale	Verfahren	Merkmale
A-MAC	Das Tonsignal wird auf digital moduliertem Unterträger dem Videosignal zugesetzt	D-MAC	Zeitmultiplex im Basisband zwischen digitalisiertem Ton (zwei logische Zustände 0 und 1), Farbdifferenzsignalen und Helligkeitssignal. Bitrate 20,25 Mbit/s, Bandbreitenbedarf min. 10 MHz (Kabelanlagen!)
B-MAC	Das Tonsignal wird digitalisiert und in die horizontale Austastlücke eingetastet	D2-MAC	Wie D-MAC aber mit halber Bitrate von 10,125 Mbit/s durch Duobinärcodierung (drei logische Zustände –1, 0 und +1), damit verringerter Bandbreitenbedarf von ca. (7 … 8) MHz
C-MAC	Zeitmultiplex in der HF-Lage zwischen frequenzmoduliertem Bildsignal und digital moduliertem Tonsignal		

Signalfolge bei D2-MAC-Verfahren

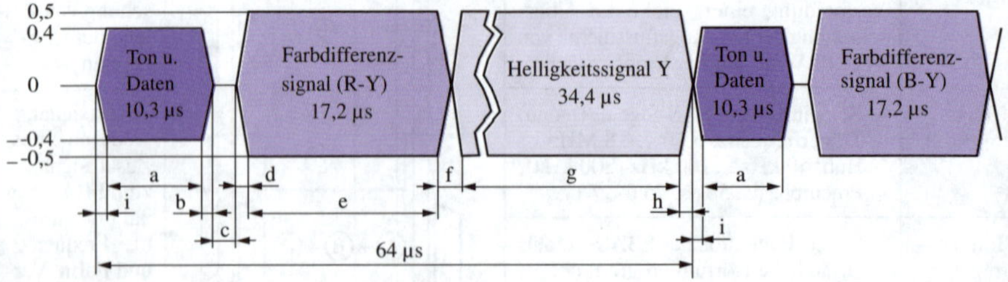

TP: Taktperiode, Takt: 20,25 MHz, Bitrate: 10,125 Mbit/s

a: 209 TP für 105 bit Daten
b: 4 TP Übergang
c: 15 TP Klemmbereich (0,5 V)
d: 10 TP Übergang (für Scrambling)
e: 349 TP Farbdifferenzsignale (R–Y, B–Y)
f: 5 TP Übergang (für Scrambling)
g: 697 TP Helligkeitssignal Y
h: 6 TP Überg. (für Scrambl.)
i: 1 TP Übergang

12.5 Signalaufbereitung des Satellitensignals

Aufbau des D2-MAC-Signals in einem Vollbild

Zeile	Ton- und Datenbereich		Kl.	Farbdifferenzsignale	Helligkeitssignal
1, 313	S	Paket 1 (Zeile 1)		Testsignal	
2, 314 3, 315 • • • 22, 334	−S S −S			Zeile 2 … 22, Zeile 314 … 334 Videotext (duobinär)	
23, 335 24, 336 • • • 309, 621 310, 622	S −S S −S			$(r-y)_{24}$, $(r-y)_{336}$ $(b-y)_{25}$, $(b-y)_{337}$ $(r-y)_{310}$, $(r-y)_{622}$ $(b-y)_{310}$, $(b-y)_{622}$	Referenz (schwarz) y_{24}, y_{336} y_{25}, y_{337} y_{309}, y_{621} y_{310}, y_{622}
311 312	S −S			Testsignale Testsignale	
623 624 625	−S S S	Paket 82 | frei Klemm-Marker CRI | Rahmensync Service-Identifikation		Testsignale Referenzsignale (grau, weiß, schwarz)	

Kl	Klemmbereich
S	Zeilensynchronwort, 6 bit
−S	Invertiertes Zeilensynchronwort, 6 bit, das Zeilensynchronwort wechselt von Vollbild zu Vollbild das „Vorzeichen". Die Darstellung in der Tabelle gilt für ein „gerades" Vollbild. Ein „ungerades" beginnt mit −S
CRI	Clock-run-in, 32 bit
r−y, b−y	Auf 1/3 in der Zeit komprimierte Farbdifferenzsignale R−Y und B−Y (Bandbreite 3 × 1,6 MHz = 4,8 MHz)
y	Auf 2/3 in der Zeit komprimiertes Helligkeitssignal (Bandbreite 3/2 × 5 MHz = 7,5 MHz)

Der Ton- und Datenbereich hat pro Zeile 105 bit, davon sind 6 bit für die Zeilensynchronisation und 99 bit für Ton- und Dateninformationen.
Innerhalb eines Vollbildes werden in diesem Bereich 82 Pakete untergebracht mit je 751 bit. Jedes Paket beginnt mit einem Paketkopf (Header) von 23 bit (Adresse 10 bit, Index 2 bit und Schutzcode 11 bit). Nach einem byte (8 bit) Packet-Type folgen 90 byte für Ton oder Daten.
Die 90 byte bedeuten pro Vollbild 90 × 8 bit × 82 Pakete = 59 040 bit und bei 25 Vollbildern pro Sekunde eine Bitrate von 1,476 Mbit/s.

Parameter für Tonübertragung bei D2-MAC

Abtastfrequenz	– 32 kHz, hohe Qualität (bis 15 kHz) – 16 kHz, mittl. Qual. (bis 7 kHz)
Quantisierung	14 bit
Codierung	duobinär mit – 14 bit, linear oder – 10 bit, NICAM (near instantaneous coding)
Skalenfaktor	3 bit zur Erhöhung des Dynamikumfanges, zwecks Fehlerkorrektur wird er neunfach übertragen
Fehlerschutz	– Paritätsprüfung, – Hamming-Code
Übertragung	Bit-Interleaving (die Reihenfolge der Bits eines Paketes wird im 94er Rhythmus übertragen, um bessere Korrekturmöglichkeit zu haben). Bitfolge: 1, 95, 189, … 2, 96, …
Kanalzahl	Je nach Tonqualität, Codierung und Fehlerschutz: 2 bis 6

12.6 Begriffe der Satellitenempfangstechnik

Verweis	Begriff	Erklärung
	ADR	Astra Digital Radio. Dig. Übertrag.-Verfahren nach dem MPEG-Audio-Layer 2 Standard. Ein Unterträger enthält ein Stereosignal in CD-Qualität
	Antennenkeule	Strahlungskeule, Öffnungswinkel. Breite der Hauptstrahlrichtung einer Antenne, bei der die Strahlungsleistung auf die Hälfte abgefallen ist. Halbwertsbreite
⇐ 12-7	Apertur	in der SAT-Technik die effektive Strahlungsfläche der Antenne
	Apogäum	erdfernster Punkt einer Satellitenbahn (Abstand zur Erdoberfläche)
	Ausleuchtzone	Footprint. Gebiet, in dem die Leistungsflussdichte v. d. WARC vorgegebene Werte nicht unterschreitet
⇐ 12-7	Azimut	Winkel zw. Norden (über Osten) und örtlicher Satellitenposition
	Diplexer	Filterweiche zur Trennung von Frequenzbändern
	DiSEqC	Digital Satellite Equipment Control. Universelles Steuerungssystem für LNCs über einen 22-kHz-Träger
	downlink	Funkübertragung vom Satelliten zur Erde (Abwärtsstrecke)
⇐ 10-12	DSR-Verfahren	Digitaler Satelliten-Rundfunk. Übertragung von 16 Stereokanälen (oder 32 Monokanälen) in einem TV-Transponder. Abtastfrequenz 32 kHz, Quantisierung 14/16 bit m. Skalenfaktor. Modulationsart 4 PSK (4-Phasen-Modulation)
	EIRP	Equivalent Isotropic Radiated Power (Äquivalente isotrop abgestrahlte Leistung). Vergleichsmaß für eine nach allen Seiten gleichmäßig (isotrop) abstrahlende Antenne, um die gleiche Leistungsdichte zu erzielen wie die von der realen Antenne im Raumwinkel abgestrahlte Leistung
⇐ 12-7	Elevation	Winkel zw. der örtlichen Position des Satelliten und der Horizontalen
	Feed (Feedhorn)	Horn vor einer Parabolantenne zur Verbesserung der Antenneneigenschaften. Form ist abhängig vom f/D-Verhältnis der Antenne
	geostationäre Bahn	kreisförmige u. erdsynchrone Umlaufbahn in der Äquatorebene. Dadurch scheint der Satellit von jedem Punkt der Erde aus still zu stehen
	Inklination	Winkel zwischen der Ebene der Satellitenbahn und der Äquatorebene
	Isotroper Strahler	Strahler, der in alle Richtungen gleiche HF-Leistung abstrahlt. Theoretischer Bezugsstrahler zur Berechnung des Antennengewinns
	Ka-Band	Frequenzbereich 18 … 30 GHz
	Ku-Band	Frequenzbereich 10 … 18 GHz
	MAC-Verfahren	Multiplexed Analogue Components
	Orthomode	Weiche zur Trennung zweier Polarisationsrichtungen
	Perigäum	erdnahster Punkt einer Satellitenbahn (Abstand zur Erdoberfläche)
	Polariser	Baustein zur Drehung der Polarisationsebene des SHF-Signals
	Repeater	Umsetzer- und Verstärkerbaugruppe im Satelliten
	uplink	Funkübertragung von der Erde zum Satelliten (Aufwärtsstrecke)
	Verscrambmlung	Verschlüsselung von Fernsehsignalen einschließlich Begleitton zwecks Verhinderung des unbefugten Empfanges. Empfang nur mit gebührenpflichtigem Descrambler möglich (Pay-TV)
	Wegener-Verfahren	Rauschminderungsverfahren. Spektrales Kompandierungsverfahren mit adaptiver Preemphasis. Panda I (Kompression im log. Verhältnis 1 : 2) Panda II (Kompression im log. Verhältnis 1 : 3) Verfahren wurde entwickelt für – TV-Unterträger-Verfahren, – FM^2-Verfahren (28 Kanäle in einem 16 MHz breiten TV-Kanal), – SCPC-Verfahren (single-channel-per-carrier), 15 bis 20 digitale Tonkanäle in einem Satelliten-Transponder

13 Videospeichertechnik

13.1 Einführung

Die Videospeichertechnik dient der Aufzeichnung und Wiedergabe von Fernsehsignalen einschließlich des Begleittones.
Das Informationsvolumen eines Fernsehsignals ist um Größenordnungen höher als das eines Tonsignals. Das erfordert eine größere Speicherfläche gegenüber der Tonspeicherung. Die für den Heimsektor entwickelten Systeme Betamax (Betaformat) (1975), VHS (1975), Video 2000 (V 2000) (1979) und Video 8 (V 8) (1983) geben bei einem Magnetbandverbrauch von ca. 1 m^2/h das Fernsehsignal mit einer Bandbreite von ca. 3 MHz wieder.
Weiterentwicklungen bei Magnetbändern und Magnetköpfen und steigende Qualitätsansprüche führten zu den Systemen ED-Beta, S-VHS und Hi 8, die die volle Videobandbreite von 5 MHz wiedergeben können.

13.2 Mechanische Aufzeichnungsparameter

13.2.1 Abtastgeschwindigkeit

Die Abtastgeschwindigkeit v wird aus dem physikalischen Zusammenhang zwischen der maximal wiederzugebenden Frequenz f und der minimal wiedergebbaren Wellenlänge λ bestimmt:

$$v = f \times \lambda$$

Mitte der 70er Jahre lag die minimal wiedergebbare Wellenlänge eines Magnetband/Magnetkopf-Systems bei ca. 1 µm. Wird für den Heimsektor die maximal wiederzugebende Frequenz mit 5 MHz angenommen (wegen der FM), dann ergibt sich die minimale Aufzeichnungs- und Wiedergabegeschwindigkeit (Abtastgeschwindigkeit) zu ca. 5 m/s.

Realisierung der Abtastgeschwindigkeit

Spuranordnung	Spurwinkel zur Bandkante	Anordnung des Videokopfes	Systeme	Bemerkungen
Längsspurverfahren	0°	1 feststehender Videokopf	u.a. LVR (longitudinal video recording)	infolge der hohen Bandgeschwindigkeit mechanische Probleme; keine praktische Bedeutung erlangt
Querspurverfahren	ca. 90°	4 Videoköpfe auf rotierendem Kopfrad	Studiogeräte (Ampexverfahren)	2″ breites Videoband, Bandgeschw. 39,7 cm/s, Abtastgeschw. 41,3 m/s, 17,5 Fernsehzeilen/Spur
Schrägspurverfahren	ca. 6°	2(1) bis 4 Videoköpfe auf rotierender Kopftrommel	Betamax, VHS, V 2000, Video 8, ED-Beta, S-VHS, Hi 8	das Verfahren, das bereits bei Spulengeräten und den ersten Kassettensystemen (VCR I, VCR II, SVR) angewandt wurde

13.2.2 Spurbreite

Die Spurbreite bestimmt das Signal/Rausch-Verhältnis. Es ist proportional mit der Wurzel aus der Spurbreite.
Das Signal nimmt proportional mit der Spurbreite zu, das Bandrauschen mit der Wurzel aus der Spurbreite. Die minimale Spurbreite besitzt das System V 2000 von 22,5 µm bei Standardgeschwindigkeit.

13.2.3 Spurenanordnung

Die Anordnung von Video-, Ton- und Synchronspur auf dem Magnetband für die Systeme Video 8 und VHS, siehe S. 13-2 und 13-3.
Das System V 2000 besitzt eine Wendekassette. Video-, Ton- (äußere Bandränder) und Zusatzsignale (in der Bandmitte) werden nur auf einer Hälfte des 1/2″ breiten Magnetbandes aufgezeichnet.

⇒ 13-2 13-3

13.2 Mechanische Aufzeichnungsparameter

Die Videospuren werden bei allen modernen Systemen ohne Rasen (ohne Schutzabstand) aufgezeichnet. Die damit verbundene Vergrößerung des Übersprechens wird durch nachstehende Maßnahmen minimiert:

- **H-Orientierung.** Bandgeschwindigkeit, Kopftrommeldurchmesser und Spurbreite wurden so festgelegt, dass die Zeilensynchronimpulse benachbarter Spuren nebeneinander liegen (außer V 8).
- **Azimutwinkel.** Die beiden Videoköpfe haben eine alternierende Spaltneigung zur Vertikalen.
- **Phasenumschaltung.** Zur Aufzeichnung der Farbinformation wird die Phase des Farbhilfsträgers nach einem vorgegebenen Rhythmus von Spur zu Spur umgeschaltet.

Spuranordnung beim Video-8-System [1)]

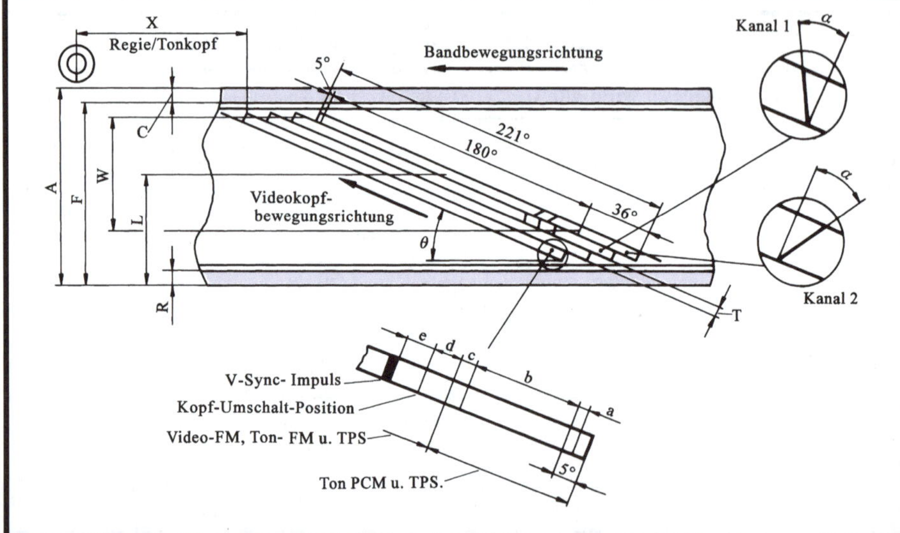

Symbol	Kenngröße	Maße/mm für die Fernsehnormen	
		525 Z./60 Hz	625 Z./50 Hz
A	Breite des Magnetbandes	8,000 ± 0,010	
C	Breite der Regiespur	0,6 ± 0,05	0,6 ± 0,05
F	Abstand der Regiespur von der Bezugskante	7,4 ± 0,05	7,4 ± 0,05
L	Mitte des Videobereiches zur Bezugskante	4,461	4,461
R	Tonspurbreite	0,6 ± 0,05	0,6 ± 0,05
T	Breite der Videospur	0,0205	0,0344
W	effektiver Videobereich	5,351	5,351
X	Position des Ton-/Regiekopfes z. Videospur	31 ± 0,24	31 ± 0,24
θ	Videospurwinkel (laufendes Band)	4° 54′ 13,2″	4° 54′ 58,8″
θ_0	Videospurwinkel (stehendes Band)	4° 53′ 0,6″	4° 53′ 0,6″
a	Takteinlauf	2° 04′ (3 H)	2° 05′ (3,6 H)
b	Datenbereich (PCM)	26° 19′ (38,4 H)	26° 18′ (45,6 H)
c	Schutzbereich (für TPS-Signal f_5)	2° 04′ (3 H)	2° 05′ (3,6 H)
d	Videoüberlappung	2° 37′ (3,8 H)	2° 37′ (4,5 H)
e	V-Sync-Position	6 H	7 H

⟸ 13-9

[1)] Auf die Magnetschicht gesehen

13.2 Mechanische Aufzeichnungsparameter

Spuranordnung beim VHS-System[1]

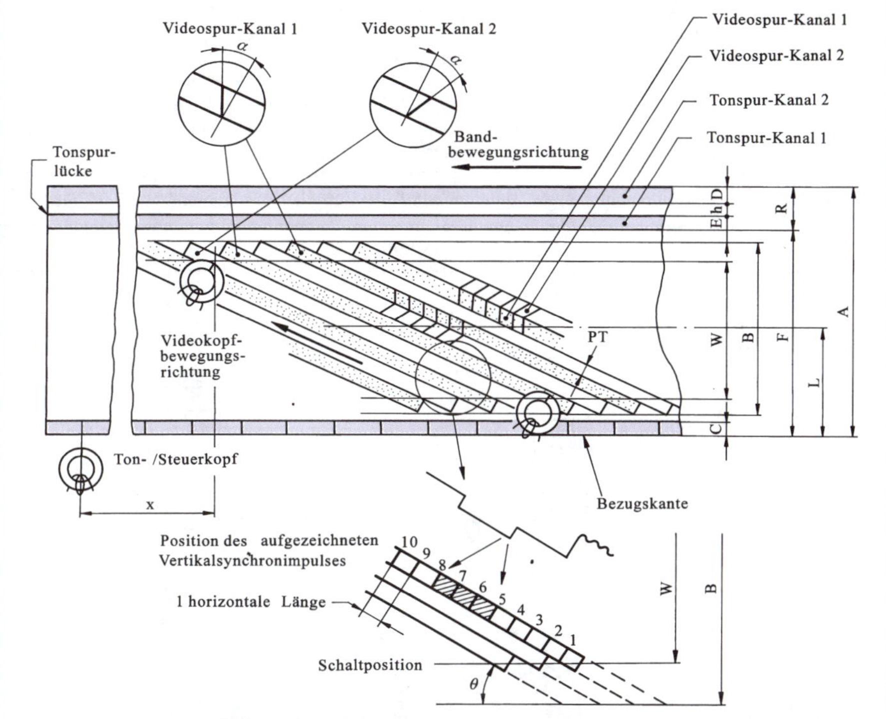

Symbol	Kenngröße	Maße/mm für die Fernsehnormen	
		525 Z./60 Hz	625 Z./50 Hz
A	Breite des Magnetbandes	12,65 ± 0,01	
B	Gesamtbreite der Videoaufzeichnungszone	10,60	10,60
C	Steuerspurbreite	0,75 ± 0,1	0,75 ± 0,1
D	Tonspurbreite, Kanal 2, stereo rechts	0,35 ± 0,05	0,35 ± 0,05
E	Tonspurbreite, Kanal 1, stereo links	0,35 ± 0,05	0,35 ± 0,05
F	Tonspur-Bezugslinie	11,65 ± 0,05	11,65 ± 0,05
h	Tonspurabstand	0,3 ± 0,05	0,3 ± 0,05
L	Videospurmitte von der Bezugskante des Bandes	6,2	6,2
P	Videospurabstand	0,058	0,049
R	Tonspurbreite, mono	1,0 ± 0,1	1,0 ± 0,1
T	Videospurbreite	0,058	0,049
W	Effektive Breite der Videoaufzeichnungszone, 180°	10,07	10,07
X	Lage des Ton-/Steuerkopfes (vom Ende der 180°-Abtastung des Kanals 2 bis zum Spalt des Steuerkopfes)	79,244	79,244
θ	Videospurwinkel (laufendes Band)	5° 58′ 09,9″	5° 57′ 50,3″
θ_0	Videospurwinkel (stehendes Band)	5° 56′ 07,4″	5° 56′ 07,4″

[1] Auf die Magnetschicht gesehen

13

13.3 Blockschaltbild eines Videorecorders

Hauptbaugruppen eines Videorecorders	
Signalelektronik	Antennenverstärker, Tuner, ZDA-Modul (ZF-Verstärker, Videodemodulator, DF-Verstärker, Tondemodulator), FBAS-Signalverarbeitung, Ton-Signalverarbeitung, Kopfverstärker und Remodulator
Steuerelektronik	Bandservo, Kopftrommelservo, evtl. Spurservo und Ablaufsteuerung für den gesamten Recorderbetrieb einschließlich Funktionssteuerung, Bedienfunktionen, Tunerabstimmung, Programmierung und Anzeige
Mechanik	Kopftrommeleinheit, Bandantrieb, Kassettenaufnahme u. Bedien- und Anzeigefeld

Blockschaltbild

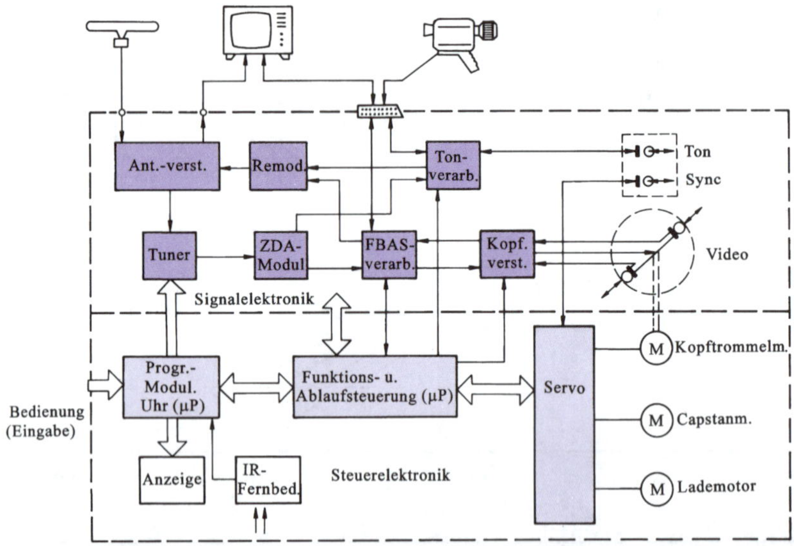

13

13.4 FBAS-Signalverarbeitung

13.4.1 Verarbeitung des BAS-Signals

11-1

Das FBAS-Signal hat eine Frequenzbandbreite von ca. 5 MHz. Durch einen Tiefpass wird es auf ca. 3 MHz begrenzt (BAS′-Signal). Die analoge Aufzeichnung dieses Signals im Basisband (50 Hz … 3 MHz) ist technisch schwierig. Deshalb erfolgt die Aufzeichnung des BAS′-Signals über eine Frequenzmodulation (FM). Dabei ist die Trägerfrequenz für das Synchronsignal f_{Sy} tiefer als die für das Weißsignal f_W. Die Modulationsparameter sind vom Videospeichersystem abhängig.

13-5
13-15

13.4.2 Verarbeitung des F-Signals

Aus Gründen der verfügbaren Bandbreite kann das Farbsignal nicht im originalen Frequenzband aufgezeichnet werden. Durch einen speziell aufbereiteten Farbhilfsträger f_{HT} wird über eine Mischstufe das F-Signal mit dem Farbträger f_F in einen niederfrequenten Bereich mit dem neuen Farbträger f'_F transponiert („colour-under“-Verfahren). Dieses Verfahren zur Farbspeicherung wird von allen Videospeichersystemen und für alle Fernsehnormen (NTSC, PAL, SECAM) angewendet. Unterschiede gibt es nur in der Erzeugung des Farbhilfsträgers f_{HT}.

13.4 FBAS-Signalverarbeitung

13.4.2 Verarbeitung des F-Signals (Forts.)	Signalverarbeitung bei der Videospeicherung (colour-under-Verfahren) (VHS)
Da die alternierenden Azimutwinkel der Kopfspalte bei den tiefen Frequenzen bezüglich Übersprechen nicht wirksam sind, werden Übersprechkomponenten durch Kammfilter unterdrückt. Dazu wird vor der Aufzeichnung die Phase des Farbhilfsträgers nach einem vorgegebenen Schema so verändert, dass bei der Wiedergabe durch Addition der Farbsignale einer Zeile mit der übernächsten die Übersprechanteile vermindert werden. Zur Speicherung der Farbinformation für zwei Zeilen dient eine 2H-Verzögerungsleitung.	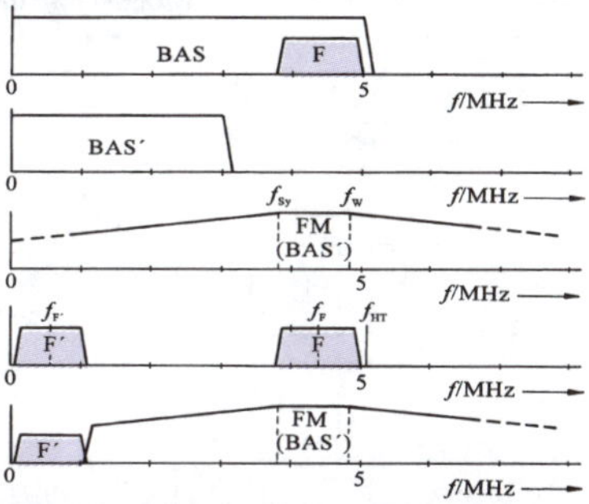

13.5 BAS-Signalverarbeitung

13.5.1 BAS-Aufzeichnung

Baugruppen der BAS-Aufzeichnung

AGC Tiefpass	Automatische Verstärkungs-Regelung. Ausgleich der Toleranz des Eingangs-Normpegels (1 V ± 3 dB). Frequenzgangbegrenzung des BAS-Signals, Abtrennung des F-Signals	Klemm-schltg. Sy-/W-Clipper	Pegelfestlegung für Synchronimpulse, damit definierte Frequenz f_{Sy}. Sync- u. Weißclipper begrenzen große Spitzen infolge Preemphasis auf genormte Werte
Preem-phasis	Anhebung der hohen Frequenzen vor der Modulation zur Verbesserung des Signal-Störabstandes. Zusätzliche nichtlineare Preemphasis zur weiteren Anhebung kleiner Amplituden	Hochpass Endver-stärker	Beseitigung tieffrequenter Modulationsprodukte für Einschachtelung des transponierten Farbsignals F′. Erzeugung des Aufsprechstromes für die (nur bei Aufnahme parallelgeschalteten) Videoköpfe. Nachfolgende Schaltstufen zur Umschaltung der Videoköpfe zwischen Aufnahme und Wiedergabe

⇒ 13-15

13

Blockschaltbild der BAS-Aufzeichnung

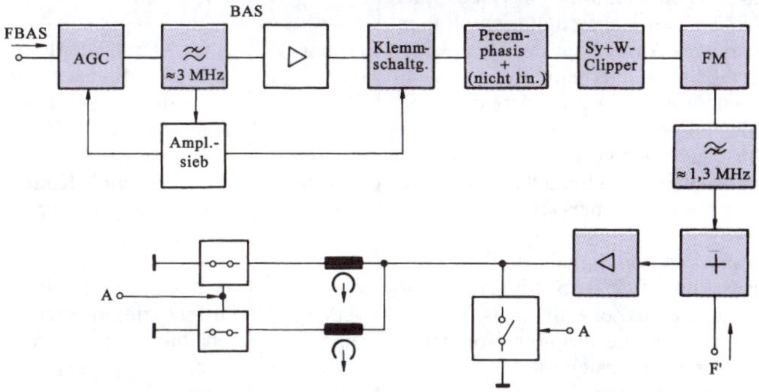

13.5 BAS-Signalverarbeitung

13.5.2 BAS-Wiedergabe

Blockschaltbild der BAS-Wiedergabe

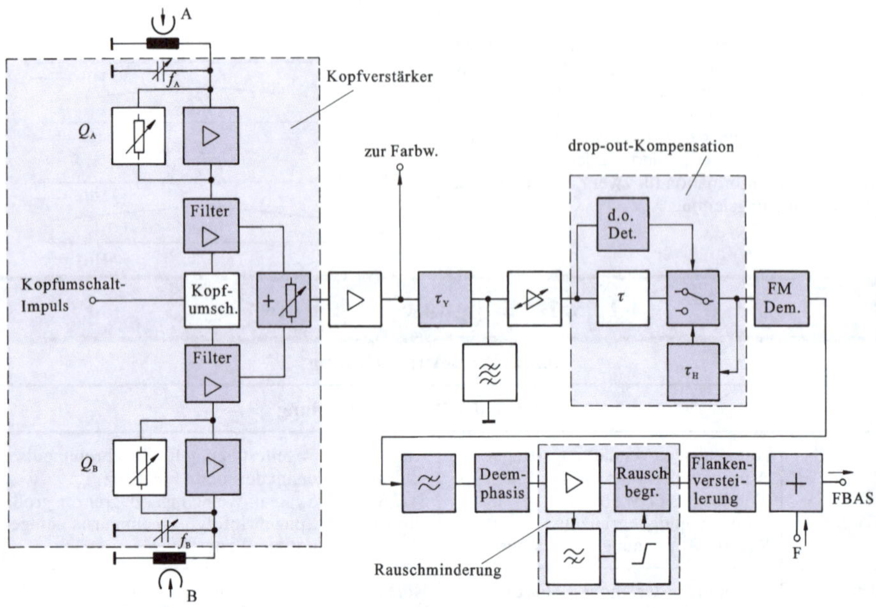

Baugruppen der BAS-Wiedergabe

Kopfverstärker	bestimmt wesentlich die Wiedergabequalität des Fersehbildes, extrem rauscharm. Netzwerk zur Anpassung d. Impedanz der Videoköpfe an Verstärkereingang. Selektierung des mit dem Magnetband im Eingriff befindlichen Videokopfes durch einen Kopfschaltimpuls (alternierendes Anschalten der Videoköpfe an die Signalverarbeitung). Symmetrierung der Wiedergabepegel	FM-Demodulator	Quadraturdemodulator zur Gewinnung des BAS′-Signals
		Tiefpass	mehrgliedriger und phasenkorrigierter (laufzeitkorrigierter) Tiefpass zur Trennung von Trägeranteilen und BAS′-Signal
		Deemphasis	Linearisierung der Preemphasis durch reziproken Frequenzgang. Nichtlineare Preemphasis wird oft nicht korrigiert
Laufz.-glied	Ausgleich der größeren Laufzeit der Farbsignalverarbeitung durch Verzögerung des FM-Signals (BAS′) τ_y	Rauschminderung	reduziert durch Kompensationsmaßnahmen insbesondere höherfrequente Rauschanteile
Drop-out-Kompensation	Feststellen von Signalausfällen, Kompensation durch BAS′-Signal der vorhergehenden Zeile über H-Verzögerungsltg. (Keine drop-out-Kompensation für das Farbsignal)	Flankenversteilerung	Verbesserung der Bildschärfe durch Differenzierentzerrung (Crispeningschaltung, Cosinus- oder Aperturkorrektur)

13.6 F-Signalverarbeitung

13.6.1 Gewinnung des Farbhilfsträgers

Nach der IEC 756 ist z. B. für **PAL** eine Frequenzabweichung der Farbträgerfrequenz von ±150 Hz zugelassen. Da diese Stabilität von keinem mechanischen Laufwerk garantiert werden kann, wird bei Aufzeichnung und Wiedergabe für die Farbhilfsträgergewinnung f_{HT} das LIR-Verfahren angewandt
5 (line-reference-Verfahren).
Der Hilfsträger wird aus der Summe der quarzstabilen PAL-Trägerfrequenz und einer Vielfachen der Zeilenfrequenz (z. B. $40 \times f_H$) gewonnen. Bei Wiedergabe enthalten sowohl Zeilenfrequenz als auch das umgesetzte Farbsignal prozentual den gleichen Frequenzfehler. Durch die Art der Hilfsträgergewinnung heben sich nach der Rückumsetzung des Farbsignals diese Fehler auf. Dadurch können statische und niederfrequente Gleichlauffehler kompensiert werden.

Zur Verminderung des Übersprechens von den Nachbarspuren wird je nach Fernseh- und Videorecordersystem Phase oder Frequenz des Farbhilfsträgers von Spur zu Spur verändert.

Das wiedergegebene Farbsignal enthält zusätzliche Übersprechanteile aus den Nachbarspuren. Infolge der Phasen- oder Frequenzbehandlung können durch Addition der Zeilen n und $n+2$ diese Übersprechanteile stark reduziert werden (Kammfilterstruktur).

Merkmale des Hilfsträgers zur Umsetzung des Farbsignals (PAL)

System	ungerade Videospur	gerade Videospur
Betamax	$f_{PAL} + (44 - 1/8) \times f_H \approx 5{,}119$ MHz	$f_{PAL} + (44 + 1/8) \times f_H \approx 5{,}123$ MHz
VHS	$f_{PAL} + (40 + 1/8) \times f_H \approx 5{,}06$ MHz	Die Phase der Frequenz $f_{PAL} + (40 + 1/8) \times f_H$ wird von Zeile zu Zeile um 90° zurückgedreht (entspricht $f_{PAL} + (40 - 1/8) \times f_H$)
V 2000	$f_{PAL} + 40 \times f_H$	$f_{PAL} + 40 \times f_H$ (es erfolgt keine Phasendrehung)
Video 8	$f_{PAL} + (47 - 1/8) \times f_H \approx 5{,}166$ MHz	Die Phase der Frequenz $f_{PAL} + (47 - 1/8) \times f_H$ wird von Zeile zu Zeile um 90° zurückgedreht (entspricht $f_{PAL} + (47 - 3/8) \times f_H$)

NTSC:
- Zulässige Frequenzabweichung ±50 Hz
- Prinzipiell gleiches Aufzeichnungs- und Wiedergabeverfahren wie bei PAL.

SECAM:
- Zulässige Frequenzabweichung ±1 kHz
- Zwei unterschiedliche Aufzeichnungsverfahren:
  - Ähnlich wie bei PAL, aber ohne Phasenrotation u. o. Kammfilter b. Wiederg.
  - Frequenzteilung 1 : 4 des SECAM-Signals (da es eine FM ist, wird der Hub und damit auch die Bandbreite geteilt).

13.6.2 Prinzipschaltbild für VHS

Für Aufzeichnung und Wiedergabe können im wesentlichen dieselben Baugruppen verwendet werden. Der obere Ein- und Ausgang ist für die Aufzeichnung, der untere für die Wiedergabe. Bei der Aufzeichnung dient die FM des BAS-Signals als Vormagnetisierung für F′. Die Amplitude von F′ wird so eingestellt, dass der Pegel bei der Wiedergabe ca. 7 dB … 10 dB unterhalb des Sättigungspegels des F′-Signals liegt.

Prinzip der Farbsignalverarbeitung bei VHS

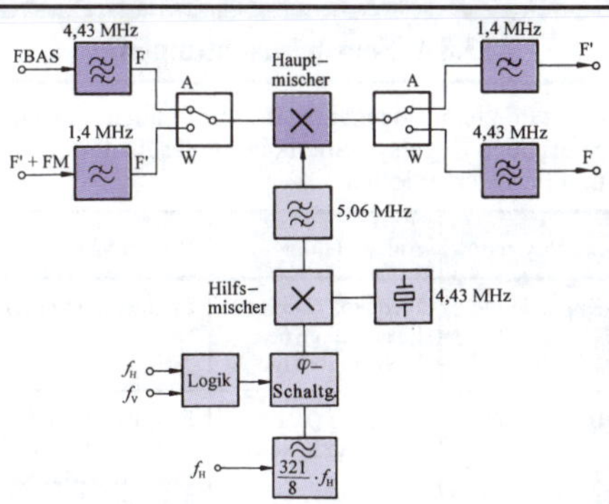

In einer Phasenregelschleife wird aus der Zeilenfrequenz f_H ein Hilfssignal gewonnen, das mit der PAL-Frequenz gemischt den Hilfsträger ergibt.

Die Baugruppen für die Hilfsträgeraufbereitung sind bei den anderen Systemen prinzipiell die gleichen. Sie unterscheiden sich nur im Schaltzyklus und in den Frequenzen entsprechend der Norm.

13.7 Tonsignalverarbeitung

13.7.1 Analoge Aufzeichnung

Tonaufzeichnung in mono oder stereo in Längsrichtung am Rand des Magnetbandes. Vergleichbar mit der Tonspeicherung auf Tonbandkassetten.

13.7.2 FM-Aufzeichnung

Tiefenmultiplex

Zusätzliche und mit gegenläufigem Azimutwinkel zu den Videoköpfen auf der Kopftrommel angebrachte Tonköpfe zeichnen die zwei Stereokanäle auf Schrägspuren auf. Die Ton-FM wird vor dem Videosignal aufgezeichnet und magnetisiert die Schicht des Videobandes auf Grund der größeren Wellenlänge (niedrigere Trägerfrequenzen) tiefer durch. Das nachfolgende Videosignal überschreibt die Ton-FM nur an der Oberfläche der Magnetschicht.

Frequenzmultiplex

ME-Bänder lassen infolge der geringen Schichtdicke kein Tiefenmultiplex zu, so dass für V 8 Frequenzmultiplex genormt ist.

V 8: Trägerfrequenz 1,50±0,02 MHz, Hub 60 kHz (bei 400 Hz), max. Hub 100 kHz.
Hi 8: Trägerfrequenzen: 1,50 MHz und 1,70 MHz.

Parameter für FM-Tonaufzeichnung

Parameter	Beta	VHS
Spurversatz zw. Ton- und Videospur/µm	54,3±6	98
(Videospurbreite/µm)	(32,8)	(49)
Ton-FM-Spurbreite/µm	28,0 … 32,8	16 … 49
Azimut (bez. Videoköpfe)	±30°±30′ (–/+7°)	±30°±30′ (–/+6°)
Trägerfrequenzen/MHz L:	1,44±0,02	1,40±0,01
R:	2,10±0,02	1,80±0,01
Hub bei 400 Hz/kHz	66,7	50
max. Hub/kHz	200	150
Aufz.-Pegel d. Kanäle	gleich	gleich
Mod.-Polarität d. Kan.	gleich	gleich
Preemphasis	dyn. Preemphasis	T_1 = 56 µs T_2 = 20 µs

13.7.3 PCM für Video 8

- Aufzeichnungsspur vor dem Videosignal,
- Umschlingungswinkel 221°, davon 26° 18′ für PCM,
- Abtastfrequenz pro Kanal (stereo) $2 \times f_H$,
- Abtastung alternierend zw. L u. R, Start mit L,
- Codierung: 10-bit-Code, Umsetzung auf nichtlinearen 8-bit-Code vor der Aufzeichnung,
- CRC-Code-Block a. 104 bit + 3 bit Sync-Wort,
- Übertragungsrate 5,75 Mbit/s (f. 50 Hz/625 Z.)

13.8 Steuerelektronik

13.8.1 Servoeinrichtungen

13

Trotz Präzisionsmechanik sind zur Realisierung des Spurbildes Regelsysteme hoher Güte für Frequenz und Phase erforderlich.

13-2
13-3

Servosysteme	Aufzeichnung	Wiedergabe
Kopftrommel	Frequenz (Drehz.) Phase (Lage des V-Synchronsign.)	Frequenz (Drehz.)
Bandantrieb	Frequenz (Bandgeschwindigkeit)	Frequenz (Bandgeschwindigkeit), Phase (Spurlage, Tracking)

Aus dem Lagengebersignal des Kopftrommelmotors wird auch der Umschaltimpuls für die Videoköpfe bei der Wiedergabe abgeleitet.

13-6

Zur besseren Spurfindung haben die Systeme V 2000 mit DTF (dynamic track following) und V 8 mit ATF (automatic track finding) einen Spurservo.

Hierbei werden die Videoköpfe auf der Kopftrommel in der Höhe nachgeführt. Das ist u. a. bei den Trickmoden (Standbild, Zeitlupe, Zeitraffer, Suchlauf) für streifenfreie Wiedergabe von Vorteil. Dafür werden auf der Schrägspur tieffrequente Pilotsignale (TPS tracking pilot signal) aufgezeichnet, die bei der Wiedergabe zur Spurhaltung ausgewertet werden.

Pilotfrequenzen in der Reihenfolge der Spuren für die Wiedergabe (50 Hz/625 Zeilen)

f/kHz	V 2000	V 8
f_1	102,187 ± 0,1	101,024 ± 0,1
f_2	116,786 ± 0,1	117,188 ± 0,1
f_3	163,500 ± 0,1	162,760 ± 0,1
f_4	148,637 ± 0,1	146,484 ± 0,1
f_1	102,187 ± 0,1	101,024 ± 0,1

Die Mischprodukte aus der Sollfrequenz und den Übersprechanteilen der beiden benachbarten Spuren (unterschiedliche Diff.-Frequenzen) dienen zur Erzeugung des Spurregelsignals für die Videoköpfe.

13.8 Steuerelektronik

Bei der Aufzeichnung wird eine fünfte Frequenz

f_5: 222,955 kHz (V 2000) und 230 kHz (V 8)

für konstante Spurbreiten verwendet. Einige Zeilen vor dem V-Sync wird in 1,5 Zeilen diese Frequenz aufgezeichnet und in den folgenden 1,5 Zeilen der Übersprechanteil aus der Nachbarspur gelesen (bei V 8 der Bereich c in der Abb. auf S. 13-2). Daraus wird die Regelspannung für die Kopfposition bei der Aufzeichnung gewonnen.

13.8.2 Ablaufsteuerung

Die Ablaufsteuerung hat die Aufgabe, den gesamten Funktionsablauf zu überwachen und zu steuern. Dazu gehört die Abfrage einer Vielzahl von Sensoren über den Betriebszustand der Recorderbaugruppen, die Prüfung und Auslösung der Eingabebefehle und die Koordinierung der Zeit- und Bewegungsabläufe.

Auswahl von Sensoren/Funktionen

Sensor für	Funktionen
Kassette	Kassette vorhanden, Spielzeit, System (z. B. S-VHS)
Band	Bandanfang, Bandende, Bandriss
Aufnahme	Aufzeichnungssperre
Bandzug	Bandzugregelung
Bandlauf	Bandantrieb, Wickelzustand
Kopftrommel	Motorüberwachung, -drehzahl
Feuchtigkeit	Sperre sämtlicher Lauffunktionen bei Kondenswasser an Kopftrommel (von Bedeutung bei Camcordern)
Netz-spannung	Rücklauf in den „Aus“-Zustand, Programmierung „aus“ (VPS, VPV)

Die Mikroprozessoren eines Videorecorders (z. B. für Timer, Tunersteuerung, Ablaufsteuerung) korrespondieren untereinander über ein Zweidraht-Bus-System (I²C-Bus oder firmeneigener Bus).

Prinzip von Kopftrommel- und Bandservo

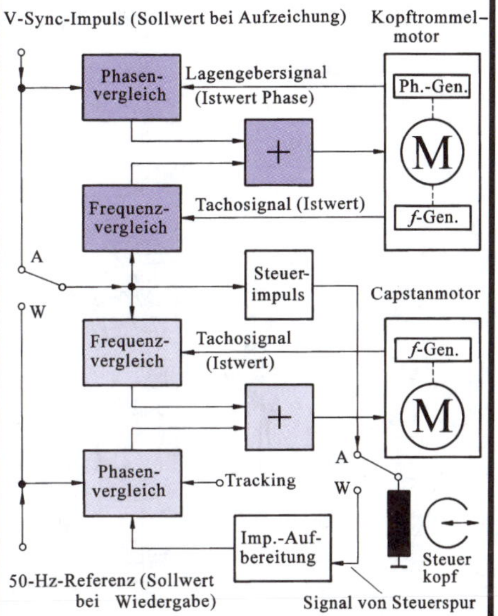

13.9 AV-Anschlusstechnik für Videorecorder

Die AV-Anschlusstechnik ist gleich der im Fernsehempfänger. Ein für die Videorecordertechnik, speziell für S-VHS, entwickelter Steckverbinder ist der Y/C-Steckverbinder (Hosiden-Steckverbinder).

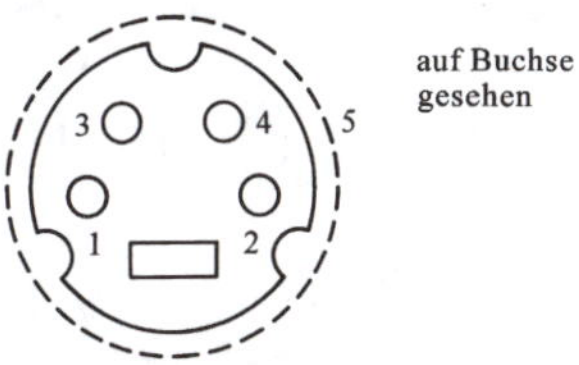

Y/C-Steckverbinder

Pin	Belegung	Anschlussgrößen	Wert
1	Masse	für Helligkeitssignal	
2	Masse	für Farbsignal	
3	Eing./Ausg. f. Helligkeitsignal	Spannung, PAL/SECAM (Sp.-Sp.) NTSC Ein-/Ausg.-Widerstand	1 V ± 3 dB 1 V ± 2 dB 75 Ω ± 10%
4	Eing./Ausg. f. Farbsignal	Spannung (mod. Farbträger bez. 1 V BAS) PAL/SECAM NTSC Ein-/Ausg.-Widerstand	Standardp. ± 3 dB ± 2 dB 75 Ω ± 10%
5	Schirm		

13.10 Mechanischer Aufbau

13.10.1 Laufwerk

Schematische Darstellung des Bandlaufs

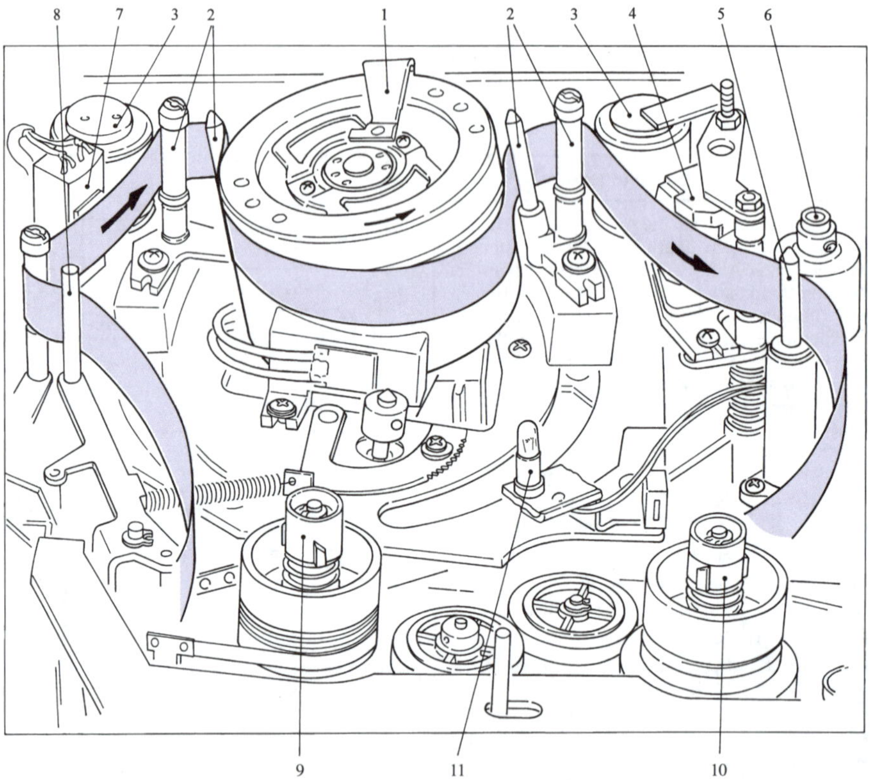

1 Kopftrommeleinheit
2 Umlenkstifte der Bandeinzugsmechanik
3 Dämpfungsrolle
4 Ton-/Steuerkopf
5 Capstanwelle
6 Andruckrolle
7 Löschkopf
8 Bandzughebel
9 Abwickeldorn
10 Aufwickeldorn
11 Sensorlampe

13.10.2 Kopftrommel

Die Kopftrommel ist eine Baugruppe von sehr hoher Präzision bezüglich Geometrie, Oberfläche, Rundlauf. Sie enthält als Standardausstattung 2 Videoköpfe und einen Drehtransformator zur Übertragung der Signale auf den stationären Teil des Videorecorders.

Die Tabelle gibt eine Übersicht über mögliche Ausstattung der Kopftrommel mit Videoköpfen (VK), Tonköpfen (TK) und Löschkopf (LK). Für jeden Kopf muss ein Drehtrafo-Segment vorhanden sein.

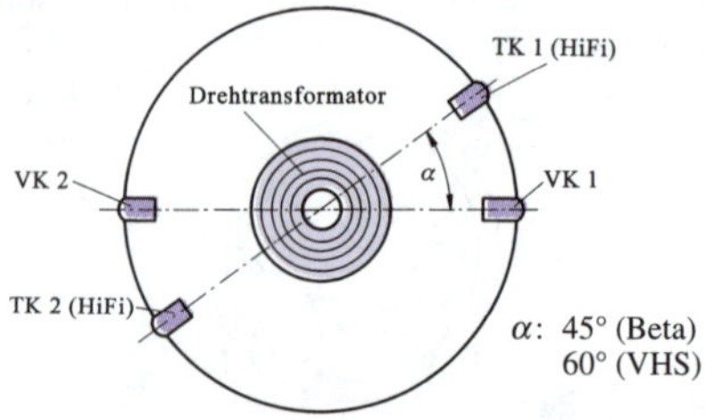

Kopftrommel mit 2 VK u. 2 TK (HiFi)

13.10 Mechanischer Aufbau

Ausstattung der Kopftrommel mit Magnetköpfen

Zahl d. Köpfe	Funktion
2	2 VK: Grundausstattung für Kassettensysteme
3	– 3 VK: Zusätzlicher VK für verbesserte Standbildwiedergabe – 2 VK + 1 LK: Anordnung für Insertschnitt
4	– 4 VK: 2 VK Standardgeschw. + 2 VK für Longplay (kleinere Spurbreite) – 4 VK: Kopftrommel m. kleinerem Durchmesser (bei VHS: 41,33 mm) insbes. f. Camcorder, Umschlingungswinkel d. Bandes ca. 270°, voll kompatibel m. 2 VK-Recordern – 3 VK + 1 LK: Verbesserte Standbildwiedergabe + Insertschnitt – 2 VK + 2 TK: V.-Standard + HiFi-Ton
5	– 4 VK +1 LK: Für Insertschnitt + 4 VK (s. oben) – 2 VK + 2 TK + 1 LK: Für Insertschnitt bei HiFi-Ton
n	weitere Kombinationen ergeben sich aus den o.g. Möglichkeiten

13.10.3 Videoköpfe

Merkmale der Videoköpfe (Richtwerte)

Maße	ca. $2 \times 3 \times 0{,}1$ mm^3
Material	Ferrit, Einkristallferrit, Sendust (natürliche Legierung aus Eisen, Silizium und Aluminium)
Spaltweite	0,1 … 0,3 µm
Spalthöhe	entspricht der Spurbreite des jeweiligen Systems
mech. Eigenschaften	sehr große Härte (Lebensdauer), sehr spröde (mech. empfindlich), geringe Rauhigkeit des Kopfspiegels
magnetische Eigenschaften	Ferrit: Magnetisierung von Bändern bis 80×10^3 A/m Sendust: Magnetisierung v. Bändern bis 120×10^3 A/m

13.10.4 Videokassetten

System	525 Z./60 Hz	625 Z./50 Hz
Beta ED-Beta	L – YYY EL – YYY	L – YYY EL – YYY
VHS VHS-C S-VHS S-VHS-C	T – XXX TC – XX ST – XXX ST – C XX	E – XXX EC – XX SE – XXX SE – C XX
V 2000		VCC – XXX
V H, Hi 8	P 6 – XX E 6 – XX	P 5 – XX E 5 – XX

XXX: Spielzeit in Minuten
YYY: Bandlänge in Fuß (1 ft = 30,48 cm)

VHS-Kassette (S-VHS)

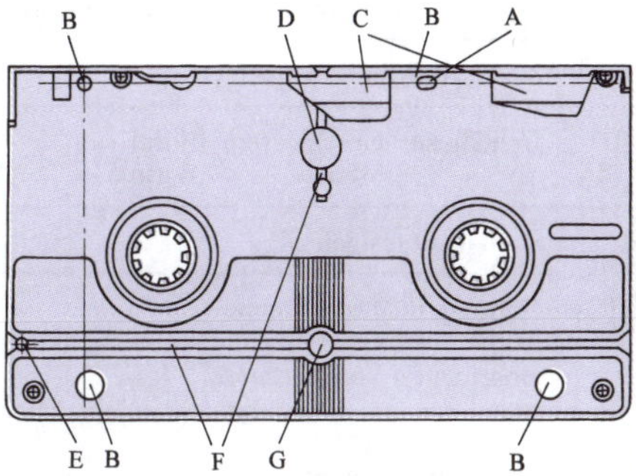

A	Bezugsbohrung
B	Bezugsflächen
C	Öffnungen für Hebel der Bandeinzugsmechanik
D	Bohrung für Sensorlampe
E	Bohrung vorhanden für S-VHS
F	Führungsnuten gegen falsches Einlegen
G	Bohrung für Entriegelung der Spulenbremse

13

13.10 Mechanischer Aufbau

Video 8- und Hi-8-Kassette

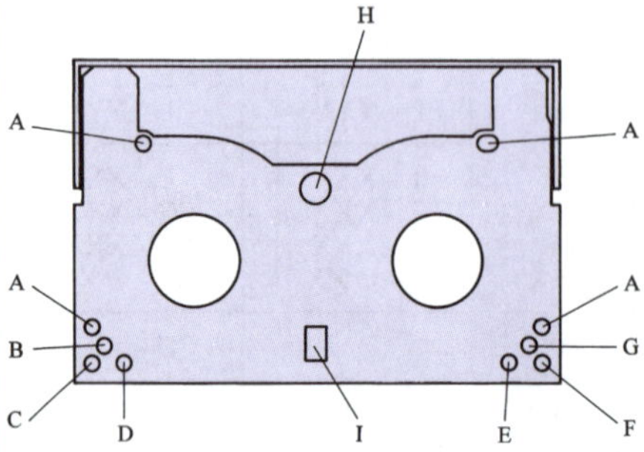

A	Bezugsbohrungen		
B, D	Kennzeichnung der Bandsorte		
	B	D	Bandsorte
	geschlossen	geschlossen	Normal MP
	offen	geschlossen	High-band MP
	geschlossen	offen	High-band ME
C	offen: Aufnahme gesperrt		
E	Banddicke: Geschlossen: 13 µm offen: 10 µm		
F, G	noch nicht festgelegt		
H	Bohrung für Sensorlampe		
I	Bohrung für Spulenbremse		

MP: Metallband (beschichtet)
ME: Metallband (bedampft)

13.10.5 Magnetbänder

Schema des Aufbaus

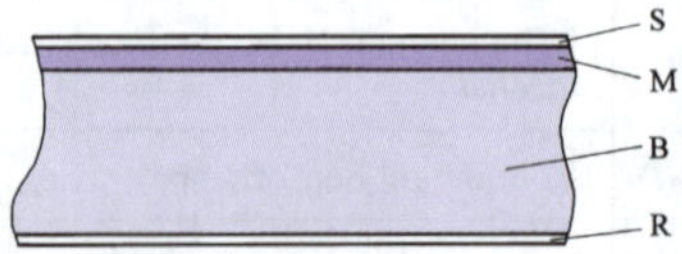

B	Kunststoffträger (Polyester)
M	Magnetschicht
R	antistatische Rückbeschichtung
S	Schutzschicht, Gleitschicht

Magnetbanddicken

Dicke des Kunststoffträgers/µm	Einsatz
35	ältere Typen, größere mechanische Bandbreiten
19 … 20	Standarddicke
13 … 15	VHS: 240 min, V 8: 60 min, V 2000: 2×240 min
9 … 10	V 8: 90 min
6	V 8: 120 min

Die teilweise auf den Magnetschichten aufgebrachten Schutz- bzw. Gleitschichten und die antistatische Rückbeschichtung haben eine Dicke von ca. 0,15 µm.

Eigenschaften der Magnetschichten

Material	chemische Verbindungen, im wesentlichen aus Eisen, Chrom, Kobalt, Nickel
Technologie – Beschichtung	– Oxidband, MP-Band (metal powdered), Metallpigment-, Metallpulver-, Reineisenband – Einlagerung von Magnetmaterial in ein Bindemittel – Füllfaktor 30 … 50% – Schichtdicken 2 … 5 µm – Feldstärken: • 50 … 55×10^3 A/m (VHS, Beta, V 2000) • 72×10^3 A/m (S-VHS) – Remanenz: • 0,13 … 0,15 T (Standardbänder) • 0,17 T (S-VHS)
– Bedampfung	– ME-Band (metal evaporated), metallbedampftes Band – Füllfaktor 100% – Schichtdicke 0,15 µm – magnetische Feldstärke: 120×10^3 A/m (V 8, ED-Beta) – Remanenz: 0,25 T
Standbildfestigkeit	30 … 80 min
drop-out-Häufigkeit	10 … 100/min

13

13.11 Begriffe Videorecorder

Begriff	Erklärung
APF	Automatische Programmfindung, automatisches Setzen einer Marke auf die Steuerspur zu Beginn der Aufzeichnung zwecks Steuerung des Suchlaufes
Assembleschnitt	Bildsynchrones **Anfügen** einer Aufzeichnung an eine vorhandene
ATTS	auto tape time select, automatische Bandanzeige in Std. u. Min., Kassettenkennung erforderlich
AV-Anschluss	Audiovisionsanschluss, Steckverbindung für direkten Ein- u. Ausgang von FBAS- u. Tonsignal
Dubbing	nachträgliches Vertonen einer vorhandenen Videoaufzeichnung
Echtzeitanzeige	s. ATTS
Editieranschluss	Anschluss zur Steuerung der Laufwerksfunktionen (z.B. Camcorder)
EP	extended play, ein Drittel der Standardgeschwindigkeit
head clean	Videokopfreinigung beim Einlegen oder Ausgeben der Kassette
HQ	high quality, höhere Wiedergabequalität durch Erhöhen des Weißclipperpegels, Rauschminderung für Video und Erhöhung der Flankensteilheit bei VHS
Indexmarke	s. APF
Insertschnitt	Bildsynchrones **Einfügen** einer Aufzeichnung in eine vorhandene. Rotierender Löschkopf erforderlich
Jog and Shuttle	Kontinuierliche Einstellung der Bandgeschwindigkeit (Standbild, Zeitlupe, Zeitraffer, Suchlauf)
LP	long play, halbe Standardgeschw.
Nachvertonen	nachträgliches Vertonen einer vorhandenen Videoaufzeichnung
NR	noise reduction, s. Rauschminderung
OSD	on screen display, Darstellung der Bedienfunktionen a. d. Bildschirm
OTR	one touch recording, Taste für Sofortaufzeichnung
QSR	quick start recording, Taste für Sofortaufzeichnung, Ausschaltzeit wird abgefordert
Rauschminderung	Verfahren zur Verringerung des Rauschens v. Ton- (ANR), Helligkeits- (YNR) oder Farbsignalen (CNR)
Search	Bildsuchlauf vorwärts o. rückwärts
Show View	Programmierung der Aufzeichnung durch Eingabe einer Codezahl
SP	standard play, Standardgeschw.
Testbildgenerator	Hilfssignal zur Einstellung des Fernsehempfängers auf den Kanal des Videorecorders
Time base corrector (TBC)	Korrektur des durch Gleichlaufschwankungen bedingten Zeitablaufes des Fernsehsignales
Timer	Einrichtung zur automatischen Aufzeichnung eines Fernsehsignals nach Eingabe entsprechender Parameter (s. auch VPS, VPV, Show View)
Tracking	manuelle oder automatische Spureinstellung bei Wiedergabe
Trickmoden	Standbild, Zeitlupe vorwärts/rückwärts, Zeitraffer vorwärts/rückwärts. Bei Systemen ohne Spurservo (Beta, VHS) treten systembedingte Querstreifen auf
VASS	video address search system, s. APF
VISS	video index search system, s. APF
VPS	Video Programmier System. Start u. Stopp einer Aufzeichnung entsprechend Steuersignal v. Sender, unabhängig v. Programmverschiebungen
VPV/VPT	Video Programmierung durch Videotext, Markierung der Sendung in Programmvorschau des Videotextes
Y/C-Steckverbinder	Mini-DIN-Steckverb., Hosiden-Steckverb., getrennte Signalwege für Helligkeits- u. Farbsignal, kein Tonsignal

13-9 ⇒

13.12 Camcorder

Ein Kamerarecorder (Camcorder) ist die Kombination aus Fernsehkamera und Videorecorder in Kompaktbauweise. Die wichtigsten Begriffe der Camcorder enthält die nachstehende Tabelle.

Begriffe der Camcordertechnik

Begriffe	Funktion
Anschlüsse	HF-Ausgang, Videoausgang, Tonaus- und -eingang, Fernbedienung, Videoleuchte, ext. Akku, Ladegerät
Antiwackeltechnik	s. Bildstabilisierung
Autofokus	Automatische Scharfstellung von Objekten vorrangig in Bildmitte. Abschaltbar, falls „Pumpeffekte" auftreten – Aktive Systeme: Aussenden von Messsignalen (Ultraschall, Infrarot) und Auswertung der reflektierten Signale bez. Laufzeit, Winkel o. ä. zur Scharfstellung – Passive Systeme: Auswertung des Frequenzspektrums des durch das Objektiv (TCL, TTL) erzeugten elektronischen Bildsignals (hohe Spektralanteile bedeuten gute Schärfe). Auskopplung eines Teiles des optischen Bildes und Projektion mit dem Originalbild auf einen gemeinsamen Sensor. Einstellung auf Deckungsgleichheit
Belichtungsautomatik	Variation von Blende und Belichtungszeit zur korrekten Aussteuerung der Sensoren, evtl. Vorwahl von Blende oder Belichtungszeit. Gegenlichtautomatik
Bildstabilisierung	Antiwackeltechnik. Elektronische Stabilisierung des Bildes gegen Verwackeln. Probleme evtl. bei Kameraschwenks
Fader	Aus- und Einblenden einer Szene (Bild und Ton). Funktion zur Filmgestaltung
Fernbedienung	Bedienung über Infrarot u. Ultraschall (selten Kabel), Selbstauslöser
Fuzzy Logic	„unscharfe" Logik. Optimierung bei automatischen Einstellungen nach ent-
Fuzzy Logic (Forts.)	sprechender Wichtung, z. B. von Entfernung oder Belichtung bei großen Variationsbereichen
high speed shutter	Hochgeschwindigkeitsverschluss, Verschlusszeiten bis zu 1/10 000 s zur Vermeidung von Bewegungsunschärfen
Kalenderautomatik	Einblenden von Datum und Uhrzeit, wahlweise
Lichtempfindlichkeit	minimale Beleuchtungsstärke zur Erzeugung eines Bildsignals (mit bestimmten Eigenschaften)
Lichtstärke	(größte) Blende des Objektivs
Makroeinstellung	Aufnahme von Objekten bei Entfernungen im cm-Bereich
Selbstauslöser	autom. elektronisches oder mechanisches Einschalten des Camcorders
Superimposer	Abgespeicherte Bilder und voreingestellte Funktionen können in eine Aufnahme einbezogen werden
Titelgenerator	Einblenden von Titeln und Grafiken
Tonparameter	mono, stereo, HiFi, Nachvertonung, Mikrofonanschluss, Störung durch Bedienung und eigenes Laufwerk (Körperschall)
TCL, TTL	(through the camera lens) Messung von Aufnahmeparametern durch das Objektiv (s. Autofokus)
Weißabgleich	manueller oder automatischer Abgleich der Farbkomponenten auf die jeweilige Farbtemperatur (z. B. Tageslicht, Kunstlicht)
Zoomen	Variation d. Brennweite im Bereich 1 : 8 bis 1 : 20 (1 : 64), evtl. mehrere Geschwindigkeiten. Digitales Zoom: Zusätzliche elektronische Zoomfunktion über Bildspeicher

13.13 Übersicht Videospeichersysteme (50 Hz, 625 Zeilen)

Parameter	Heimsysteme					Kamerasysteme[2]	
	Betamax	ED-Beta	VHS	SVHS	V 2000	Video 8	Hi 8
Norm (IEC-Publikation)	767		774	60B (CO)143	60B (Sec)94	843	60B (CO)142
Mechanik							
Magnetbandbreite/mm	12,65±0,02		12,65±0,01		wie VHS	8,00±0,01	
Kassettenmaße/mm^3	25× 96×156		25× 104×188		26× 110×183	15× 62,5×95	
Kopftrommeldurchmesser	74,487 mm		62,000 mm		65,000 mm	40,000 mm	
Bandgeschwindigk./mm/s	18,7		23,39		24,41	20,05	
Abtastgeschw./m/s	5,832		4,846		5,081	3,1	
Azimut d. Videoköpfe	±7°±18′		±6°±10′		±15°	±10°	
Winkel zw. Videoköpfen (auf d. Kopftrommel)	180°–17′–17″		180°		180°	180°	
Videospurbreite/µm	32,8		49,0		22,5	34,4	
Tonspurbreite/mm	1,05 (2×0,35)		1,0 (2×0,35)		0,65 (2×0,35)	0,6	
Speicherfläche/Halbb.	4,73 mm^2		5,92 mm^2		3,09 mm^2	3,21 mm^2	
min. Wellenlänge/µm	ca. 1,12	ca. 0,63	ca. 1,0	ca. 0,69	ca. 1,08	ca. 0,57	ca. 0,40
Helligkeitssignal							
FM-Hubbereich/MHz	3,8…5,2	6,8…9,3	3,8…4,8	5,4…7,0	3,3…4,7	4,2…5,4	5,7…7,7
Frequenzoffset zw. den Videospuren	0,5×f_H	–	–	0,5×f_H	–	0,5×f_H	
Begr. d. Preemphasis/ % bez. Sync-Pegel (Clipper)	–100, +230	–70, +200	–40, +160	–70, +210	–, +170	–100, +220	–90, +220
nichtlin. Preemphasis	+	+	+	+	+	+	+
Farbsignal							
umgesetzte Farbträger-frequenz/kHz	685,55/689,45 (44±1/8)×f_H[1]		626,95 (40+1/8)×f_H		625 (40×f_H)	732 46,875×f_H	
Phasendrehung pro Spur	–		s. Kapitel 13.6.1		–	s. Kapitel 13.6.1	
Preemphasis	–		–		–	+	+
Burstanhebung/dB	–		–		6±0,5	6±0,5	
Tonsignal							
Längsspur	stereo		stereo		stereo	mono	mono
FM (auf Schrägspur)	s. Kapitel 13.7.2				+	s. Kapitel 13.7.2.2	
PCM	–		–		–	s. Kapitel 13.7.3	

[1] Zur Erkennung der Trägerfrequenz wird ein Pilotsignal mit der Trägerfrequenz und einer Breite von 2,8 µs±0,6 µs dem H-Synchronimpuls 0,5 µs±0,3 µs nach der Vorderflanke überlagert. Die Phase ist (180±10)° zur U-Achse, die Amplitude 1,2 bis 1,8mal größer als der Burst.

[2] Zu den Kamerasystemen zählt noch das VHS-C-(IEC 1077) bzw. das S-VHS-C-Format (IEC 60B (CO) 143). Die Systemparameter sind voll kompatibel mit VHS bzw. S-VHS. Über einen Adapter können diese Kassetten in VHS- oder S-VHS-Videorecordern betrieben werden. Die Kassettenabmessungen sind: 23×59×92 mm^3. Eine Kopftrommel mit 4 Videoköpfen hat einen Durchmesser von nur 41,33 mm. Das ergibt ein kleineres Laufwerk, voll kompatibel zu Zweikopfmaschinen, Bandumschlingung ca. 270°.

⇒ 13-7

⇒ 13-8

13.14 Bildplatten

Zur Aufzeichnung und Wiedergabe oder zur reinen Wiedergabe arbeiten Bildplattensysteme nach unterschiedlichen physikalischen Abtastprinzipien.

Abtastprinzip	Bemerkungen
mechanisch	erstes verwertbares System nach TED (historisch)
magnetisch	Einsatz für Einzelbilder in Standbildkameras. Speicherung von bewegten Bildern auf Platten infolge zu geringer Speicherfläche und damit zu geringer Spielzeit ist nur Sonderanwendungen vorbehalten, z. B. als Zeitlupen-MAZ bei Fernsehsendern
kapazitiv	VHD, video home disk (historisch)
optisch	VLP, Laservision (CD-Video)

13.14.1 Laservision (CD-Video)

Aus den Entwicklungen von 1972 zur VLP (video long play) ist die CD-V „Laservision" hervorgegangen. Die Information ist in spiralförmig angeordneten Erhebungen (Pits) und einer von der Information abhängigen Länge aufgezeichnet.

Spurbild der CD-Video

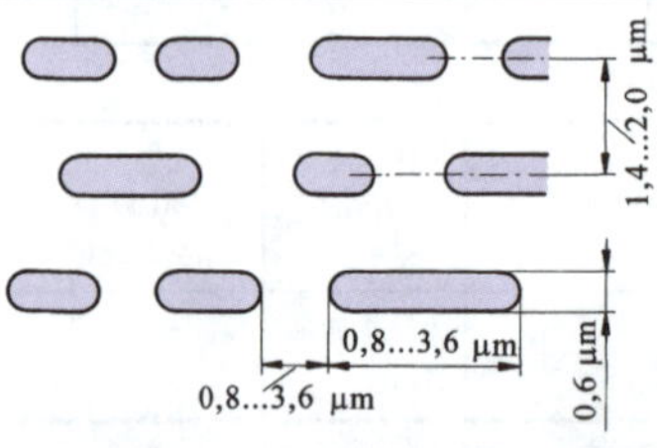

Die Abtastung erfolgt mit einem Laserstrahl von innen nach außen und mit einer Drehrichtung entgegen dem Uhrzeigersinn, vom Abtaster aus gesehen. Die Pits haben eine Höhe von 1/4×Wellenlänge (ca. 0,12 µm). Die bei der Abtastung auftretenden Höhen- und damit Laufzeitunterschiede ergeben durch die Überlagerung von auffallendem und reflektiertem Licht eine Amplitudenmodulation des Laserstrahles. Über einen halbdurchlässigen Spiegel wird diese Helligkeitsmodulation im Lichtempfänger in ein auswertbares elektrisches Signal gewandelt.

Prinzip der CD-Abtastung

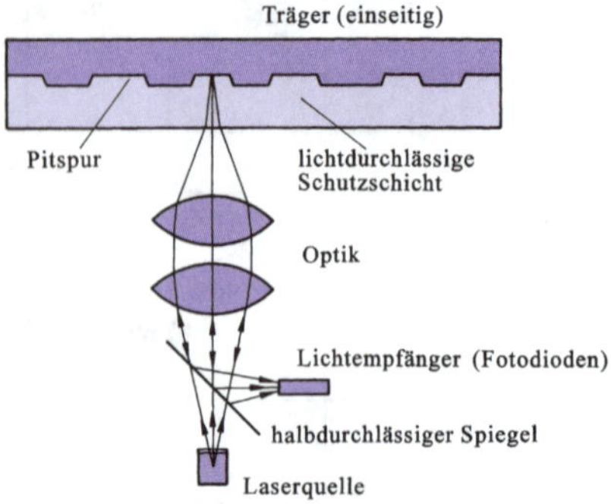

Abmessungen der CD-Video

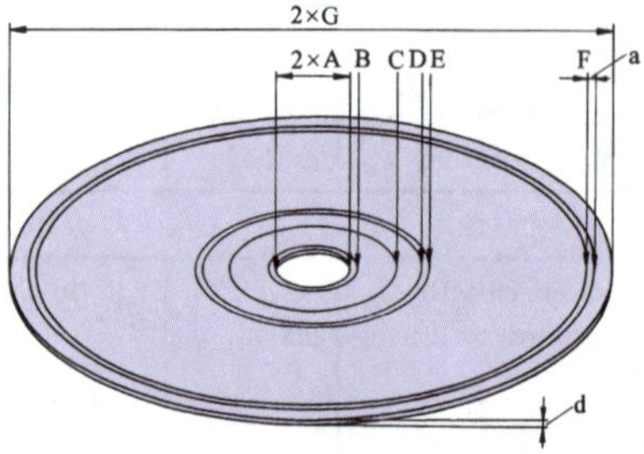

Mechanische Daten der CD-Video

Bez.	Parameter	Wert	
A	Mittelloch,	Radius 17,5 mm	
B	Haltebereich, Anfang	Radius 20,5 mm	
C	Haltebereich, Ende	Radius 41,5 mm	
D	Einlaufbereich, Anfang	Radius ≤53,5 mm	
E	Programmbeginn	Radius ≥55,0 mm	
F	Programmende, max. Radius	145,0 mm	96 mm
G	Plattengröße	150,0 mm	100 mm
a	Auslaufbereich, min.	Breite 2,0 mm	
d	Plattendicke	2,2 … 2,9 mm	
–	Abstand benachbarter Spuren	1,4 … 2,0 µm	
–	Gewicht	70 … 280 g	
–	Reflexionsgrad	≥70%	
–	Temperaturbereich	5 °C … 45 °C	
–	rel. Luftfeuchte	5% … 90%	

In DIN EN 61 104 ist eine CD-V mit den Abmessungen der 12-cm-CD-Audio und den Aufzeichnungsparametern der 30-cm-CD-V mit CLV-Antrieb genormt.

13

13.14 Bildplatten

Servosysteme für die CD-Video (vergleichbar der CD-Audio)

Begriff	Erklärung
Antrieb	Regelung der Geschwindigkeit für konstante Drehzahl (CAV) bzw. konstante Abtastgeschwindigkeit (CLV)
Spurhaltung	Regelung der Abtastposition des Laserstrahles
Fokussierung	Abstandsregelung zwischen Plattenoberfläche und Abtastoptik

Antriebsarten der CD-Video

Antrieb	Erklärung	Spielzeiten f. Plattendurchmesser	
		200 ± 1 mm	300 ± 1 mm
CAV (constant angular velocity)	– konstante Drehzahl von 1500 U/min (PAL) – ein Vollbild pro Umdrehung – da Halbbilder nebeneinander liegen, sind Trickmoden wie Standbild, Zeitlupe und Zeitraffer möglich	2 × 17 min	2 × 36 min
CLV (constant linear velocity)	– konstante Abtastgeschwindigkeit 8,4 … 9,5 m/s entspr. CLV-Code (s. Tab.) – höhere Spielzeit – keine Trickmoden möglich	2 × 24 min	2 × 60 min

Die Parameter der Signalverarbeitung sind in der Übersicht auf Seite 13-18 zusammengefaßt.
Die CD-Video gibt es für die Fernsehnormen 50 Hz/625 Zeilen und 60 Hz/525 Zeilen.
Video- und Toninformation werden als getrennte FM frequenzgeschachtelt (s. Abb.). Die Ton-FM wird mit einem Pegel von –26 dB ± 1 dB gegenüber dem unmodulierten Träger des Austastpegels zum frequenzmodulierten Videosignal addiert und beidseitig begrenzt. Dadurch enthält das resultierende und aufgezeichnete Signal die Informationen in der Pitfolge und der Pitlänge als doppelseitige Pulsbreitenmodulation.
Da der Synchronpegel mit dem Pilotsignal überlagert ist, werden die Modulationsfrequenzen der FM für den Austast- und den Weißwert festgelegt.

Signalspektrum der CD-Video

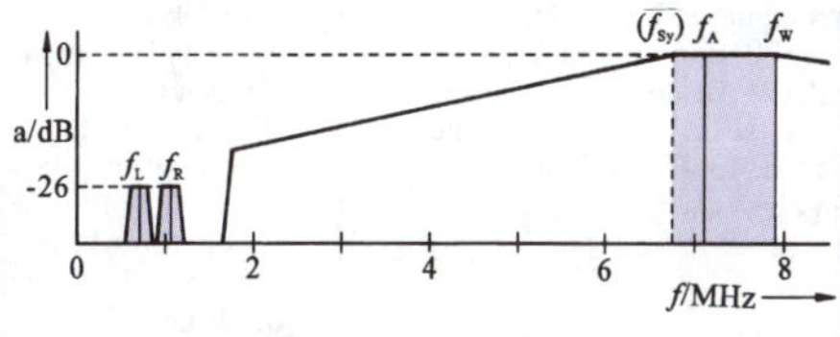

Die in der Vertikalaustastlücke außer den Prüfsignalen übertragenen Zusatzsignale sind in den Zeilen 6 bis 21 und 319 bis 334 eingefügt. Eine Zeile enthält 6 Gruppen zu 4 bit (je 2 µs) im Bi-Phase-Code mit einer Amplitude gleich dem Schwarzweißpegel.

⟹ 11-15

Zusatzsignale in der V-Austastlücke der CD-Video

Steuer- u. Adresssignale	CAV	CLV
Programmstart Programmende Bildnummern	+ + +	+ + –
Bildstopp Abschnittnummern (zur Kennzeichnung von Programmteilen)	+ +	– +
Spielzeit in h und min CLV-Code (CLV-Format) CLV-Bildnummer	– – –	+ + +
Programmstatus (u. a. Angaben zu Tonkanälen) Anwendercode	+ +	+ +

13.14 Bildplatten

13.14.2 Übersicht Bildplattensysteme

Abtastung (System)	mechanische Parameter	elektrische Parameter	
		Video	Ton
mechanisch (TED-System, television disk-System)	– flexible PVC-Scheibe ⌀ 21 cm – max. Spielzeit 10 min – Drehzahl, konstant 1500 U/min (ein Vollbild pro Umdrehung) – Druckabtastung einer Tiefenschrift von außen nach innen – Spurdichte 280 Spuren/mm – einseitig bespielt	– Aufzeichnung nach dem trisequenziellen Verfahren – niederfrequente Farbkomponenten R–Y, B–Y und G–Y werden zeilensequenziell m. d. hochfrequenten Y-Anteil über FM aufgezeichnet – $f_{Sy} = 2{,}8$ MHz, $f_W = 4{,}2$ MHz	– zwei Tonkanäle – FM-Aufzeichnung, Frequenzschachtelung mit Video-FM – $f_1 = 1{,}07$ MHz – $f_2 = 800{,}8$ kHz
magnetisch (Standbildkamera, still video floppy disk) (IEC 1122, DIN IEC 60B (CO) 123)	– Folie von ⌀ 47 mm, 40 µm stark – einseitig beschichtet – Aufzeichnung und Wiedergabe von 50 einzelnen Halbbildern auf 50 konzentrischen Spuren – Drehzahl 3000 U/min – Spurbreite 60 µm, – Spurabstand 100 µm	– Aufzeichnung des BAS-Signals über FM – $f_{Sy} = 6{,}0$ MHz, $f_W = 7{,}5$ MHz – Aufzeichnung der Farbkomponenten R–Y und B–Y zeilensequenziell über FM – $f_{R-Y} = 1{,}2$ MHz – $f_{B-Y} = f_{R-Y} + 0{,}1$ MHz – zusätzlicher ID-Code für Halbbildkennung, Spur-Nr. u. Datum ($f_{ID} = 203{,}13$ kHz) – 2 Spuren für Steuersignale und Reserve	– keine Tonaufzeichnung
kapazitiv (VHD, video home disk) (IEC 844, PAL, IEC 845, NTSC)	– elektr. leitf. Platte ⌀ 260 mm – Aufzeichnung in spiralförmig angeordneten Vertiefungen – Spurbreite 0,81 µm d. Inf.-Spur – Abstand der Inf.-Spuren 1,35 µm – zwischen zwei Informationsspuren eine Steuerspur von 0,5 µm Breite für den Spurservo – Drehzahl 750 U/min	– Farb- und Tonsignale werden auf eigene Unterträger moduliert und gemeinsam mit dem Helligkeitssignal frequenzmoduliert. – $f_{AUSTAST} = 6{,}6$ MHz ± 50 kHz, – Hubbereich: 6,1…7,9 MHz, – $f_{FARB} = 162{,}5 \times f_H = 2{,}539$ MHz	– zwei Tonkanäle, – $f_1 = 217{,}75 \times f_H = 3{,}402$ MHz, $f_r = 237{,}25 \times f_H = 3{,}707$ MHz, – FM als Unterträger z. Videosig. – Hub: 75 kHz, – Rauschminderung
optisch (Laservision, CD-Video) (IEC 856, PAL, IEC 857, NTSC)	– optisch reflektierende Platte – ⌀ 20 mm (8″) und 30 mm (12″) – beidseitig abspielbar von innen nach außen entgegen dem Uhrzeigersinn (v. Abtaster aus gesehen) – spiralförmig angeordnete Erhebungen (Pits), Breite 0,6 µm, Länge (0,8…3,6) µm – Höhe der Pits 0,12 µm (ca. 1/4 der Wellenlänge) – Abtastung mit Laserstrahl (Wellenlänge 0,6328 µm in Luft) – Drehzahl s. Tab. Antriebsarten S. 13-17	– Aufzeichnung über FM – $f_{Austast} = 7{,}1$ MHz ± 50 kHz $f_{Weiß} = f_{Austast} + (800 \pm 20)$ kHz – allen Synchronsignalen wird ein Pilotsignal $240 \times f_H = 3{,}75$ MHz (PAL) und einer Amplitude gleich der Sync-Amplitude zu Steuer- und Regelzwecken überlagert. – Gruppenlaufzeitvorverzerrung des Videosignals, dadurch Videotiefpass ohne Laufzeitkorrektur. – Preemphasis: $T_1 = 400$ ns, $T_2 = 100$ ns, 6 dB/Oktave – in der V-Austastlücke neben Prüfzeilen (s. 11.3.7) Zusatzsignale (Tab. S. 13-17) zu Steuer- u. Regelzwecken	– zwei Tonkanäle – Hub 100 kHz (max. 150 kHz) – $f_1 = 43{,}75 \times f_H = 683{,}594$ kHz $f_2 = 68{,}25 \times f_H = 1066{,}406$ kHz – gleiche Polarität (bei FM) – Preemphasis, $T_1 = (75 \pm 1{,}5)$ µs 6 dB/Oktave – Kompandersystem CX von CBS (Expander nicht unbedingt erforderlich) – Pegel $-(26 \pm 1)$ dB bez. unmod. Träger d. Austasts.

⟸ 13-17

14 Regelungstechnik

14.1 Formelzeichen und Begriffe der Regelungs- und Steuerungstechnik

Benennung u. Formelzeichen			Definition nach DIN 19221: 1993-5 und DIN 19226: 1994-2
Eingangsgröße	u [1]	[2]	Eine Größe, die auf das betrachtete System einwirkt, ohne selbst von ihm beeinflusst zu werden. Sämtliche Eingangsgrößen $u_1, u_2 \dots u_n$ bilden den Eingangsvektor $u = (u_1, u_2 \dots u_n)$
Führungsgröße	w		Eine der Steuerkette oder dem Regelkreis von außen zugeführte Größe, die von der Steuerung bzw. Regelung nicht beeinflusst wird, der die Ausgangsgröße der Steuerung oder Regelung in vorgegebener Abhängigkeit folgen soll
Störgröße	v	z	Eine von außen auf die Steuerkette oder den Regelkreis einwirkende Größe (Störung), die die Steuer- oder Regelgröße ungewollt beeinflusst
Regeldifferenz	e		Die Differenz zwischen der Führungsgröße und der Rückführgröße $e = w - r$. Prinzipielle Überlegungen ohne Berücksichtigung der Messeinrichtung werden häufig mit $e = w - x$ angestellt
Stellgröße	m	y	Die Stellgröße überträgt die steuernde Wirkung der Einrichtung auf die Strecke. Sie ist die Ausgangsgröße der Steuer- oder Regeleinrichtung und zugleich Eingangsgröße der Strecke
Regelgröße	m	y	Die Regelgröße ist diejenige Größe der Regelstrecke, die zum Zwecke des Regelns erfasst und über die Messeinrichtung der Regeleinrichtung zugeführt wird. Sie ist die Ausgangsgröße der Regelstrecke und Eingangsgröße der Messeinrichtung
Aufgabengröße	q	x_A	Die Größe der Aufgabenstellung, die zu beeinflussen Aufgabe der Steuerung oder Regelung ist. Die Aufgabengröße (z. B. eine Gemischzusammenstellung) kann eine Verknüpfung von Größen sein, muss mit der Regelgröße verknüpft sein und muss nicht unbedingt dem Regelkreis angehören
Rückführgröße	f	r	Die aus der Messung der Regelgröße hervorgegangene Größe, die zum Vergleichsglied zurückgeführt wird. Anm.: Sie kann, z. B. zur Verbesserung der Stabilität, durch geeignete Netzwerke modifiziert werden
Zustandsgröße	x_j		Die zeitveränderlichen Größen eines Systems, mit deren Kenntnis zu irgendeinem Zeitpunkt das weitere Verhalten des Systems bei gegebenen Eingangsgrößen eindeutig bestimmt ist. Die Gesamtheit der Zustandsgrößen des betrachteten Systems bildet den Zustandsvektor $x = (x_1, x_2 \dots x_n)$
Führungsbereich	W_h		Bereich, innerhalb dessen die Führungsgröße liegen kann
Aufgabenbereich	X_{Ah}		Bereich, innerhalb dessen die Aufgabengröße bei voller Funktionsfähigkeit einer Steuerung oder Regelung liegen kann
Stellbereich	Y_h		Bereich, innerhalb dessen die Stellgröße einstellbar ist
Störbereich	Z_h		Bereich, innerhalb dessen die Störgröße liegen darf, ohne dass die vereinbarte größte Sollwertabweichung überschritten wird
Regelbereich	X_h		Bereich, innerhalb dessen die Regelgröße unter Berücksichtigung vereinbarter Werte der Störgrößen eingestellt werden kann, ohne dass die vereinbarte größte Sollwertabweichung überschritten wird
Istwert			Der tatsächliche Wert einer Größe im betrachteten Zeitpunkt
Sollwert			Der Wert, den eine Größe im betrachteten Zeitpunkt unter festgelegten Bedingungen haben soll
Sollwert-abweichung			Die Differenz zwischen Istwert und Sollwert der Regelgröße. Sollwertabweichung der Regelgröße: $x_i - x_s$

[1] Hauptzeichen entsprechend dem angelsächsischen System.
[2] Die in Deutschland seit langem gebräuchlichen Formelzeichen dürfen als Ausweichzeichen auch im internationalen Verkehr weiter verwendet werden.

14.2 Begriffe Steuern und Regeln

Wirkungsplan einer Steuerung, Steuerkette

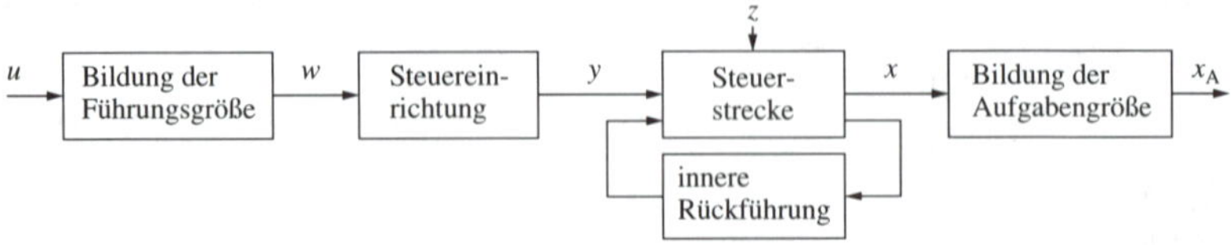

Kennzeichen für das Steuern ist der offene (oder geschlossene) Wirkungsweg, bei dem die durch die Eingangsgrößen beeinflussten Ausgangsgrößen nicht fortlaufend und nicht wieder über dieselben Eingangsgrößen auf sich selbst wirken.

Wirkungsplan einer Regelung, Regelkreis

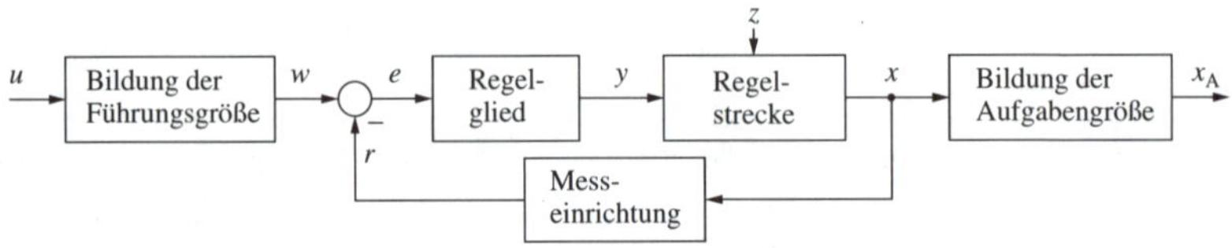

Nach DIN 19226-1: 1993-5 ist „das Regeln, die Regelung, ein Vorgang, bei dem fortlaufend eine Größe, die Regelgröße (die zu regelnde Größe), erfaßt, mit einer anderen Größe, der Führungsgröße, verglichen und im Sinne einer Angleichung an die Führungsgröße beeinflußt wird. Kennzeichen für das Regeln ist der geschlossene Wirkungsablauf, bei dem die Regelgröße im Wirkungsweg des Regelkreises fortlaufend sich selbst beeinflußt".

14.3 Elemente des Wirkungsplans

	Die **Wirkungslinie** stellt den Weg einer Größe im Wirkungsplan (das ist die Gesamtheit aller Wirkungen in einem betrachteten System) dar. Ein Pfeil kennzeichnet die Wirkungsrichtung
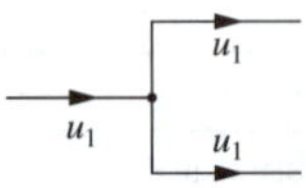	Die **Verzweigung** hat die Form eines Punktes. Ein und dieselbe Größe wird mehreren Blöcken oder Additionen zugeführt, wobei das ursprüngliche Signal nach wie vor nicht beeinflusst wird
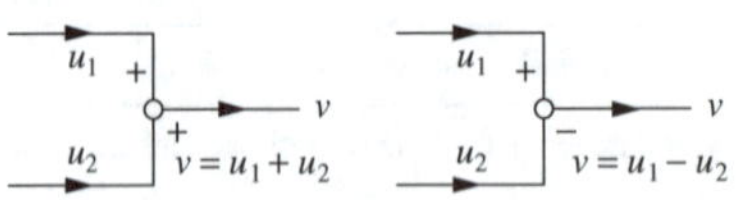	Die **Addition** bildet die algebraische Summe mehrerer wertkontinuierlicher Größen. Sie wird durch einen Kreis dargestellt, der wesentlich kleiner als der Block ist. Ein Vorzeichen, in Pfeilrichtung gesehen rechts neben der Wirkungslinie, gibt die Polarität an, mit der eine wertkontinuierliche Größe in eine Addition eingeht. Positive Vorzeichen können entfallen
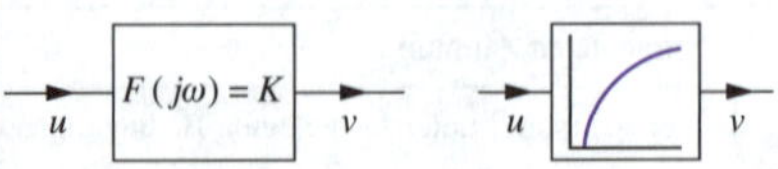	Der **Block**, mit Ausnahme der Addition, in Form eines Rechtecks, stellt ein System oder Gebilde mit mehreren verursachenden und einer beeinflussten Größe dar. Die wirkungsmäßige Abhängigkeit wird angegeben als arithmetische Anweisung, Boole'sche Verknüpfung, oder durch eine Übertragungsfunktion, eine Kennlinie, ein Kennlinienfeld oder durch eine Schaltfunktion

14.4 Zeitverhalten von Regelkreisgliedern

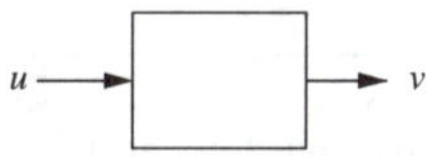

Um das oft komplizierte Zusammenwirken von Regelstrecke und Regeleinrichtung zu verstehen und zu optimieren, ist es sinnvoll, den Regelkreis längs des Wirkungsweges in gleichberechtigte, rückwirkungsfreie Glieder – wobei Regelstrecke und Regeleinrichtung ebenfalls aus solchen Gliedern zusammengesetzt sein können – zu unterteilen.

Sprungantwort oder Übergangsfunktion

Die zeitliche Abhängigkeit des Ausgangssignals *v* vom Eingangssignal *u*, auch Signalübertragungsverhalten oder kurz Übertragungsverhalten genannt, lässt sich am einfachsten mittels der Sprungantwort beschreiben.
Die Sprungantwort bzw. Übergangsfunktion ist der zeitliche Verlauf der Ausgangsgröße *v* nach einer sprungartigen Änderung der Eingangsgröße *u* und lässt sich meist mit geringem Aufwand experimentell ermitteln.

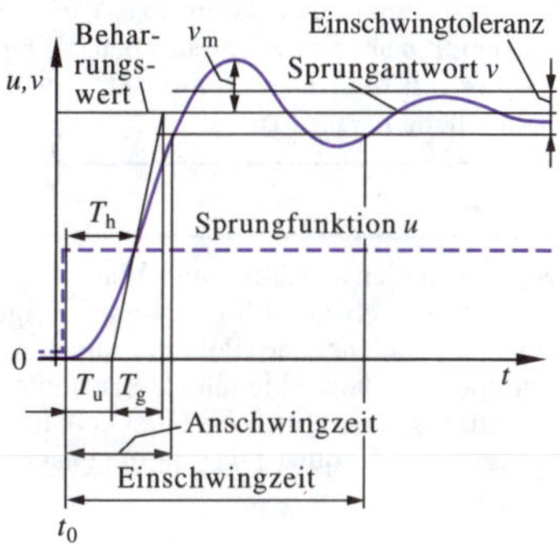

Hat die Sprungantwort für alle $t \geq t_0$ das gleiche Vorzeichen und strebt sie für $t \to \infty$ gegen einen von Null verschiedenen endlichen Wert im Beharrungszustand, den Beharrungswert, so lassen sich folgende Kennwerte bestimmen:
Die **Verzugszeit** T_u, bestimmt durch den Punkt t_0 und den Schnittpunkt der ersten Wendetangente mit der Zeitachse;
die **Ausgleichszeit** T_g, bestimmt durch die Schnittpunkte der ersten Wendetangente mit der Zeitachse und der Abszissenparallele durch den Beharrungswert;
die **Halbwertszeit** T_h, die vom Zeitpunkt t_0 an vergeht, bis die Sprungantwort erstmalig den halben Beharrungswert erreicht;
die **Anschwingzeit** vergeht vom Zeitpunkt t_0 an, bis die Sprungantwort erstmalig eine der Grenzen der Einschwingtoleranz erreicht;
die **Einschwingzeit**, die vom Zeitpunkt t_0 an vergeht, bis die Sprungantwort letztmalig eine der Grenzen der Einschwingtoleranz erreicht und innerhalb der Einschwingtoleranz verbleibt;
die **Einschwingtoleranz** ist die Differenz der vereinbarten größten und kleinsten Abweichung der Sprungantwort vom Beharrungswert;
die **Überschwingweite** v_m gibt die größte Abweichung der Sprungantwort vom Beharrungswert nach dem erstmaligen Überschreiten einer der Grenzen der Einschwingtoleranz an.

Impulsantwort

Die Impulsantwort ist der zeitliche Verlauf der Ausgangsgröße bei einem idealen Einheitsstoß als Eingangsgröße. Technisch spricht man von Nadelimpuls, wenn bei beliebig kurzer Dauer und beliebig großer Höhe die Impulsfläche einen endlichen Wert hat.

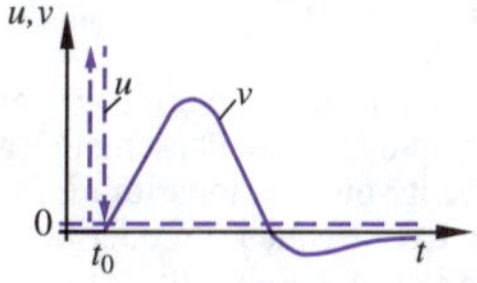

Anstiegsantwort

Die Anstiegsantwort ist der zeitliche Verlauf der Ausgangsgröße bei einer Anstiegsfunktion mit vorgegebener Änderungsgeschwindigkeit als Eingangsgröße.

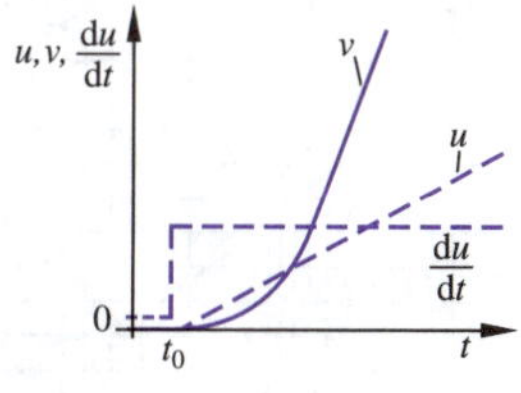

14

14.4 Zeitverhalten von Regelkreisgliedern

Sinusantwort

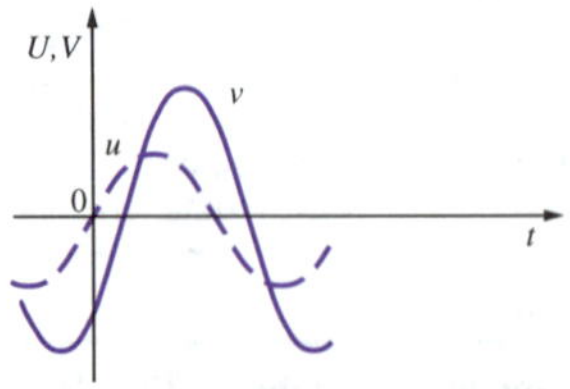

Die Sinusantwort ist der zeitliche Verlauf der Ausgangsgröße bei sinusförmigem Verlauf der Eingangsgröße im eingeschwungenen Zustand.
Der Eingang des zu untersuchenden Regelkreisgliedes wird mit sinusförmigen Signalen verschiedener Frequenz beaufschlagt und die Amplituden sowie deren Phasenlage im eingeschwungenen Zustand zum Eingangssignal in Beziehung gesetzt.

Frequenzgang

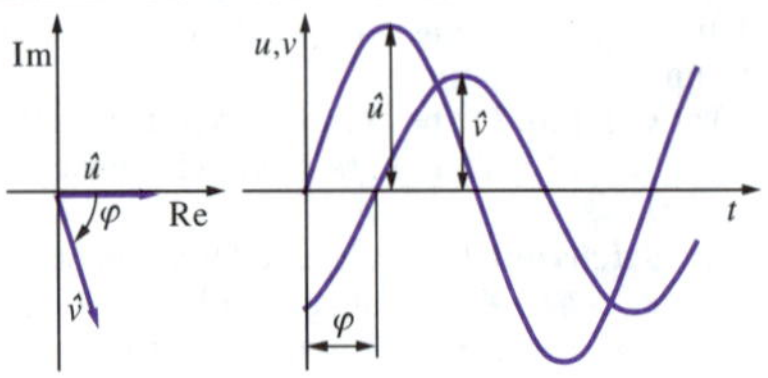

$$F(\mathrm{j}\omega) = \frac{\hat{v} \cdot e\,\mathrm{j}(\omega t + \varphi)}{\hat{u} \cdot e\,\mathrm{j}\omega t} = \frac{\hat{v}}{\hat{u}}\, e\,\mathrm{j}\,\varphi = \left|\frac{\hat{v}}{\hat{u}}\right| e\,\mathrm{j}\,\varphi$$
$$= |F(\mathrm{j}\omega)|\, e\,\mathrm{j}\,\varphi$$

Der Frequenzgang, meist als Zeigerdarstellung in der komplexen Zahlenebene, ist die zusammenfassende Aussage über das Amplitudenverhältnis und die Phasenlage zwischen Ausgangs- und Eingangssignal bei verschiedenen Frequenzen.
Die Länge der Zeiger ergibt sich aus dem Amplitudenverhältnis v/u, die Winkelstellung aus der Phasenverschiebung des Ausgangssignals gegenüber dem Eingangssignal. Die komplexe Variable $\mathrm{j}\omega$ wird häufig mit p abgekürzt geschrieben. Klingt die Schwingung mit dem Dämpfungsfaktor σ ab, so gilt entsprechend $p = \mathrm{j}\omega + \sigma$.

Ortskurve des Frequenzgangs

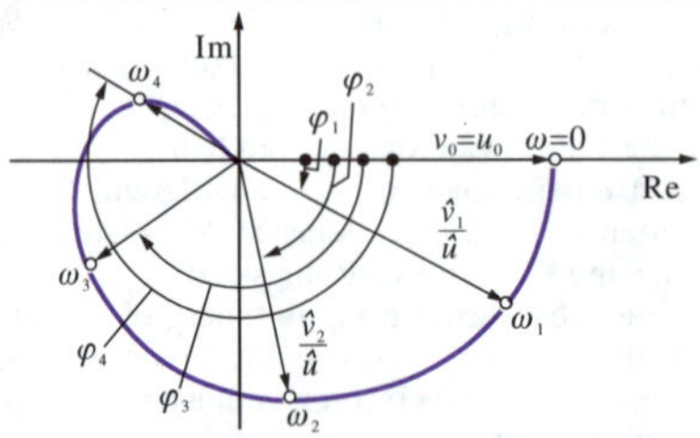

Werden Amplitudenverhältnis und Phasenlage für den Frequenzbereich $\omega = 0$ bis $\omega = \infty$ als Zeiger in die Gauß'sche Zahlenebene (Polarkoordinaten) eingetragen und die Endpunkte aller Zeiger miteinander verbunden, so erhält man die Ortskurve des Frequenzgangs, auch Nyquist-Diagramm genannt.

Amplituden- und Phasengang

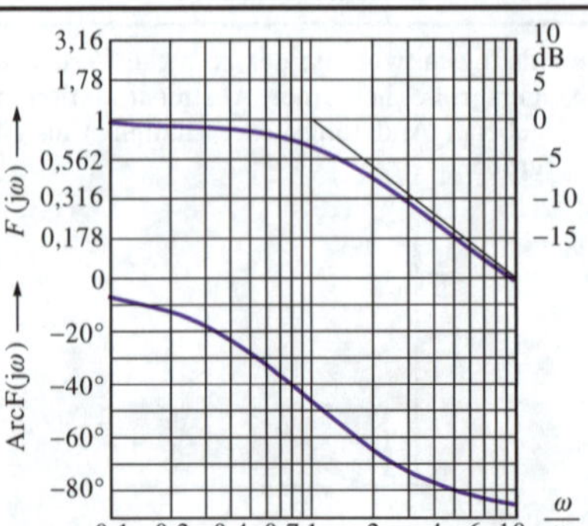

Der Amplitudengang ist das Amplitudenverhältnis $|F(\mathrm{j}\omega)| = |\hat{v}/\hat{u}|$ in Abhängigkeit von der Frequenz; der Phasengang ist der Phasenwinkel Arc $F(\mathrm{j}\omega) = \varphi$ des Frequenzganges in Abhängigkeit von der Frequenz. Üblich ist die Darstellung im rechtwinkligen Koordinatensystem, wobei die Kreisfrequenz und der Amplitudengang meist im logarithmischen Maßstab oder in normierter Form dargestellt werden. Häufig wird der Amplitudengang auch in Dezibel (dB) aufgetragen.
Als Frequenzlinien, auch Bode-Diagramm genannt, werden Amplituden- und Phasengang gemeinsam in Abhängigkeit von dem logarithmisch abgebildeten Wert der Kreisfrequenz ω oder der normierten Kreisfrequenz ω/ω_0 dargestellt.

14.4 Zeitverhalten von Regelkreisgliedern

Bezeichnung	Frequenzgang und Differenzialgleichung	Sprungantwort	Ortskurve	Bode-Diagramm	Typisches Beispiel
P	$F = K_p$ $v = K_p \cdot u$	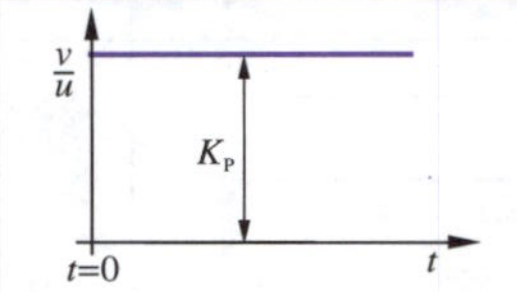	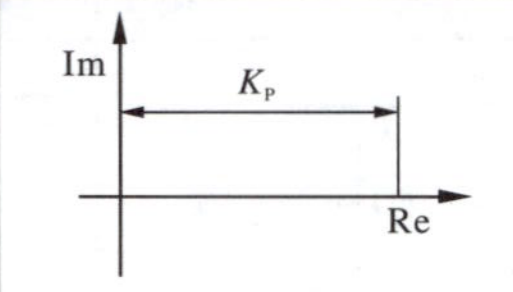	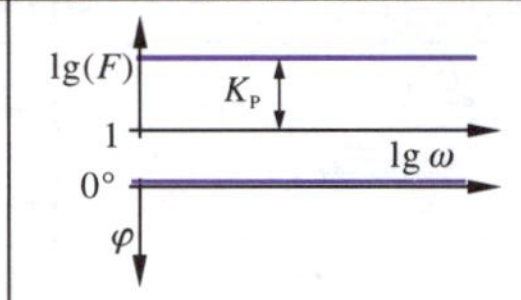	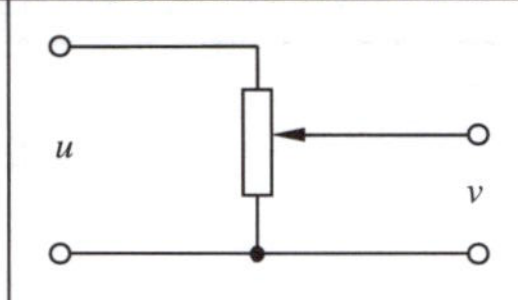
I	$F = \frac{K_I}{p}$ $v = K_I \int u \, dt$	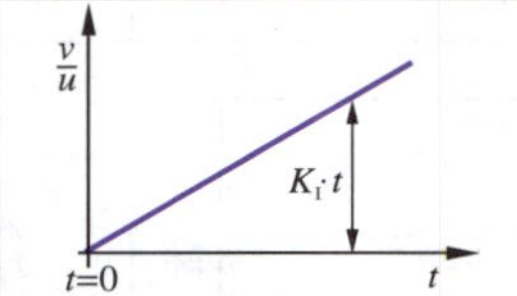	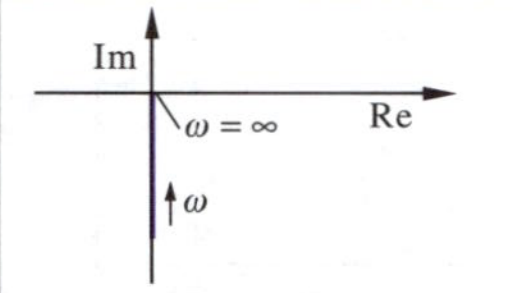	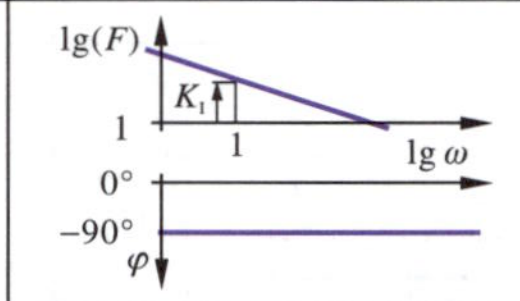	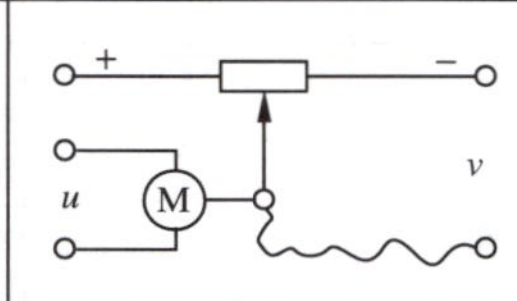
D	$F = K_D \cdot p$ $v = K_D \frac{du}{dt}$	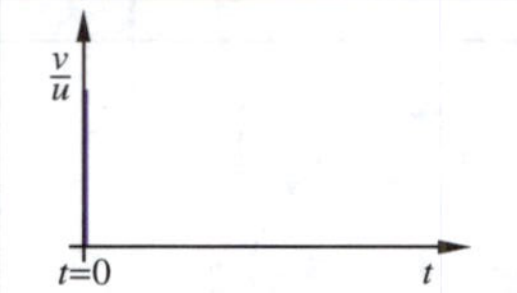	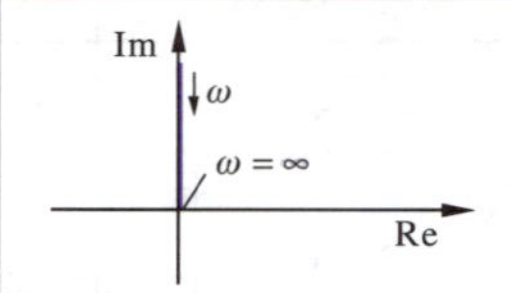	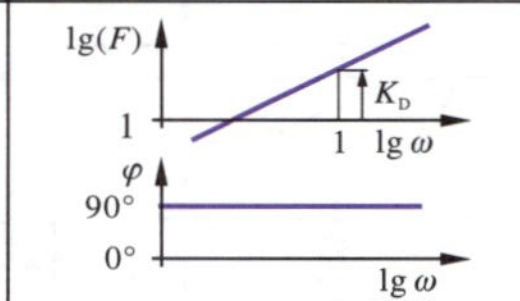	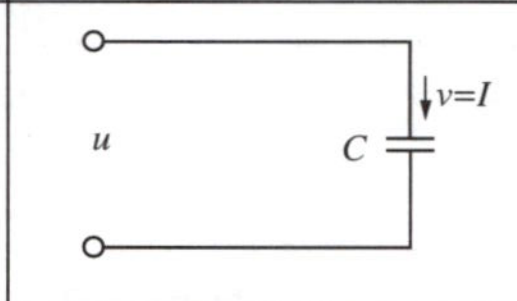
t	$F = e^{-p \cdot T_t}$ $v(t) = u(t - T_t)$	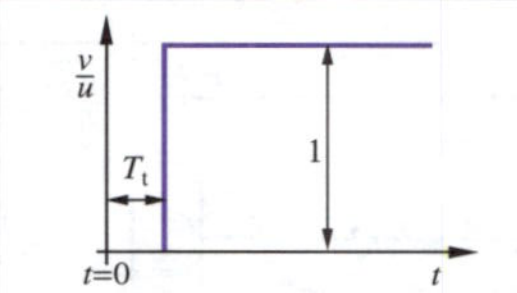	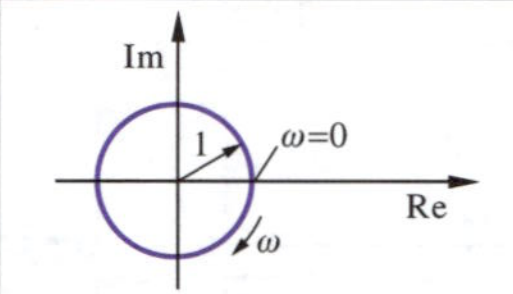	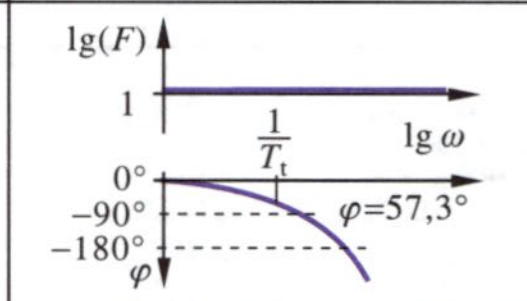	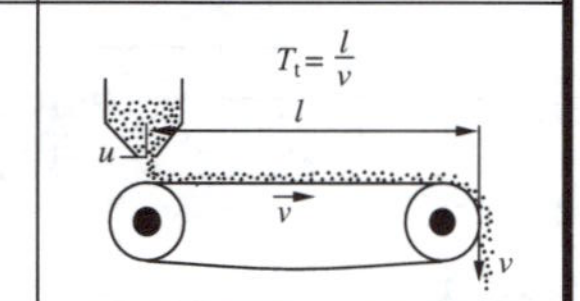
P_{T1}	$F = \frac{K_p}{1 + T_1 \, p}$ $v + T_1 \frac{dv}{dt} = K_p \cdot u$	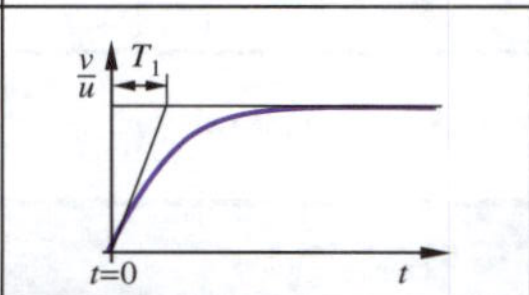	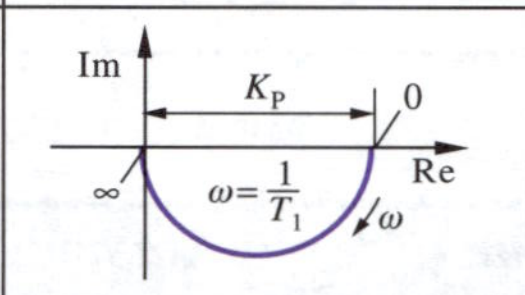	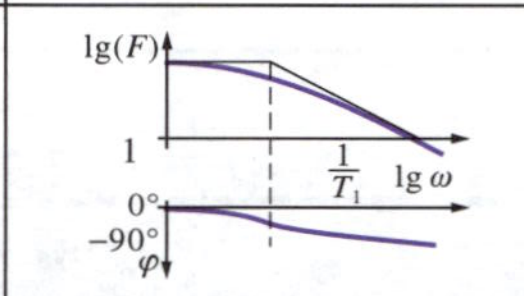	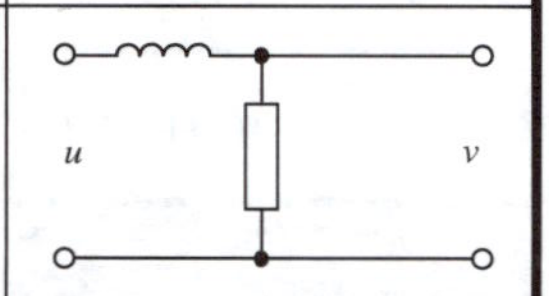

14

14.4 Zeitverhalten von Regelkreisgliedern

Bezeichnung	Frequenzgang und Differenzialgleichung	Sprungantwort	Ortskurve	Bode-Diagramm	Typisches Beispiel
P_{T2}	$F = \frac{K_p}{1 + T_1 \cdot p + T_2^2 \cdot p^2}$ $v + T_1 \frac{dv}{dt} + T_2^2 \frac{d^2v}{dt^2} = K_p \cdot u$	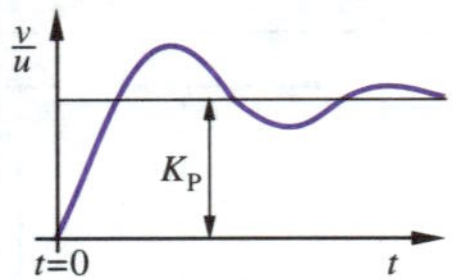	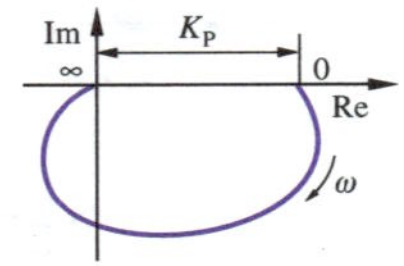	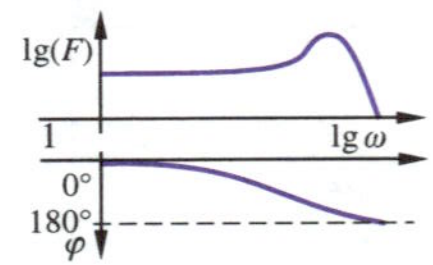	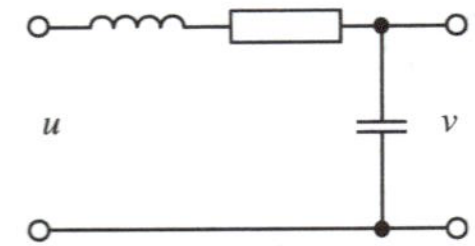
D_{T1}	$F = \frac{K_D \cdot p}{1 + T \cdot p}$ $v + T \frac{dv}{dt} = K_D \frac{du}{dt}$	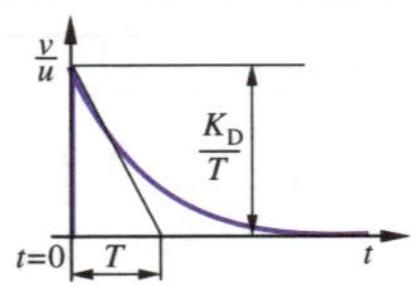	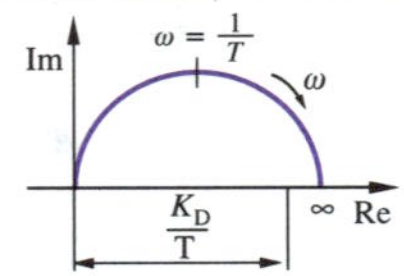	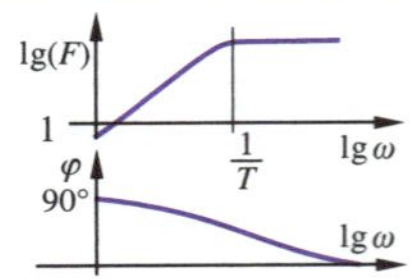	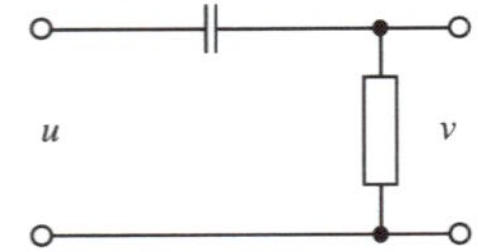
PI	$F = K_p \left(1 + \frac{1}{T_n \cdot p}\right)$ $v = K_p \left(u \cdot \frac{1}{T_n} \int u\,dt\right)$	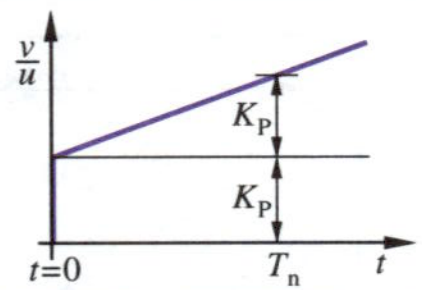	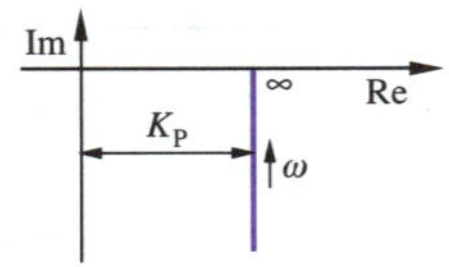	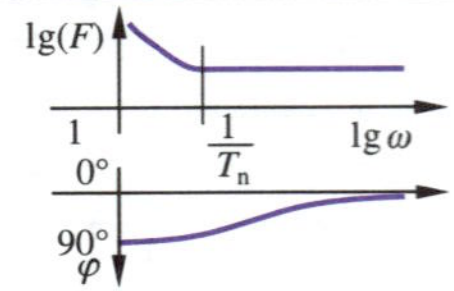	
PD	$F = (1 + T \cdot p)$ $v = K_p \left(u + T_v \frac{du}{dt}\right)$	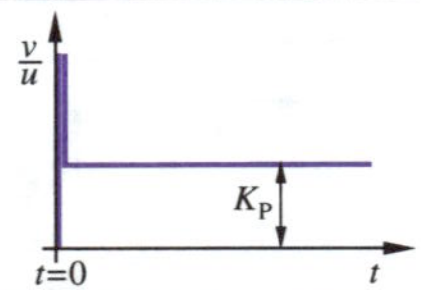	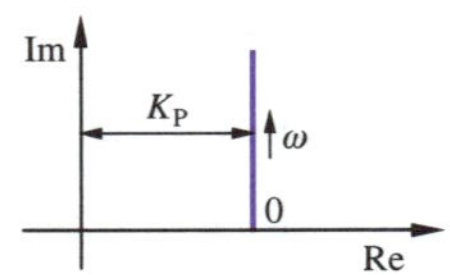	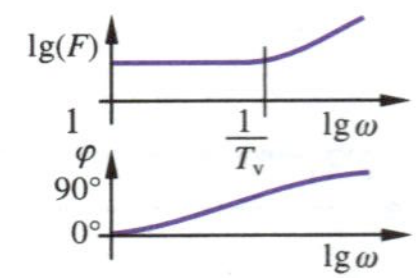	
PID	$F = K_p \left(1 + \frac{1}{T_n \cdot p} + T_v\,p\right)$ $v = K_p \left(u + \frac{1}{T_n} \int u\,dt + T_v \frac{du}{dt}\right)$	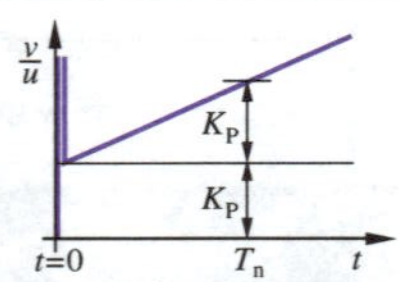	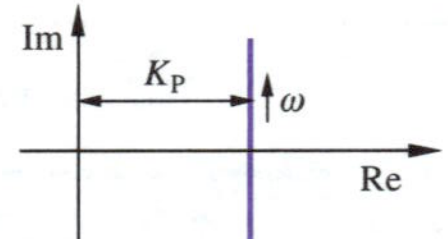	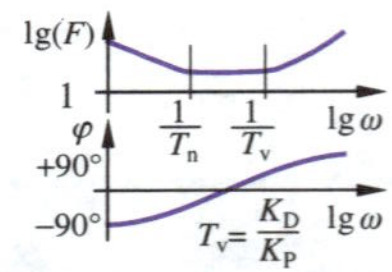	

14.5 Regelstrecken

Regelstrecken mit Ausgleich

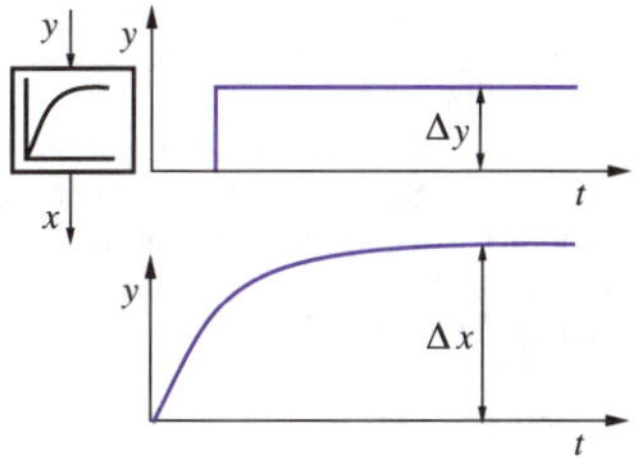

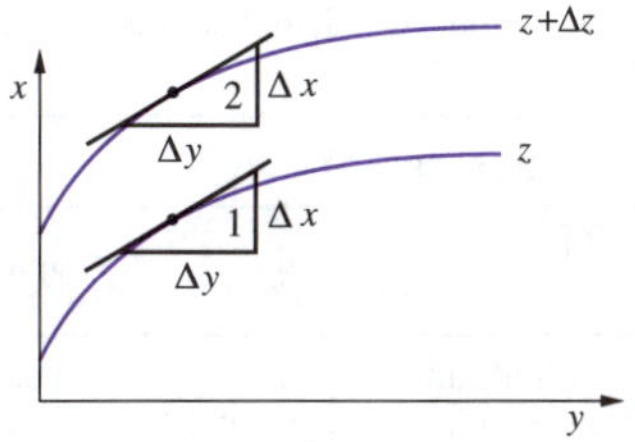

$$K_S = \frac{\Delta x}{\Delta y} \qquad Q = \frac{1}{K_S} = \frac{\Delta y}{\Delta x}$$

Bei einer Regelstrecke mit Ausgleich strebt die Regelgröße x nach einer bestimmten Stellgrößenänderung Δy oder Störgrößenänderung Δz einem bestimmten neuen Endwert, Beharrungszustand genannt, zu.

Kennzeichnende Größe ist bei konstanten Werten der Störgrößen der Übertragungsbeiwert K_S der Regelstrecke im Beharrungszustand, häufig auch Verstärkung der Regelstrecke genannt, bzw. der reziproke Wert von K_S, Ausgleichswert Q der Regelstrecke genannt.

Je kleiner K_S bzw. je größer Q ist, um so besser ist die „Selbstregeleigenschaft" der Strecke und um so leichter läßt sie sich regeln.
K_S und Q lassen sich für verschiedene Arbeitspunkte und Störgrößenwerte aus dem Streckenkennlinienfeld ermitteln. Für die Berechnung werden die meist gekrümmten Kennlinien oder Abschnitte von ihnen näherungsweise durch Geraden (Tangenten) ersetzt.

Kennzeichen einer Regelstrecke mit Ausgleich ist ein endlicher K_S-Wert bzw. $Q > 0$; die Regelstrecke stellt ein P- oder P-T-Glied dar, dessen P-Beiwert K_p identisch mit K_S ist.

Regelstrecken mit Verzögerung

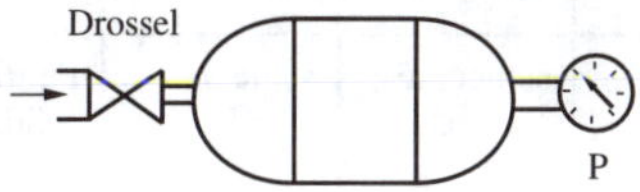

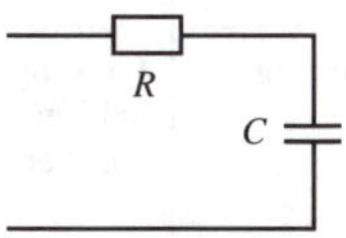

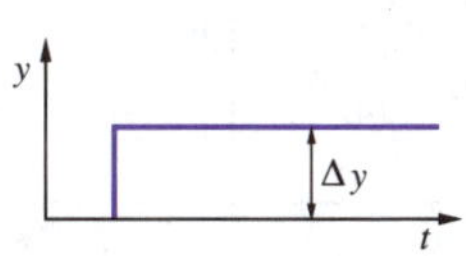

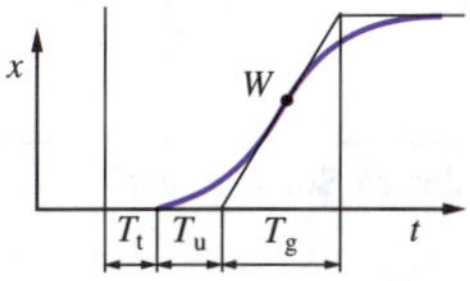

W Wendepunkt
T_u Verzugszeit
T_g Ausgleichszeit
T_t Totzeit

Die meisten Regelstrecken entsprechen der Reihenschaltung aus P-Systemen mit einem oder mehreren T_1-Systemen. Eine Regelstrecke 1. Ordnung entsteht z. B. durch Reihenschaltung einer Drosselstelle und einem nachfolgenden Speicher. Die Reihenschaltung von n P-T_1-Gliedern führt zu einer Regelstrecke n. Ordnung.

Die Sprungantwort gibt Aufschluss über die Regelbarkeit dieser Strecke. Die Regelbarkeit ist umso besser, je größer das Verhältnis T_g/T_u ist. Als Richtwerte gelten:

$T_g/T_u \geq 10$ gut regelbar
$T_g/T_u \approx 6$ mäßig regelbar
$T_g/T_u \leq 3$ schwer regelbar

Bei Regelstrecken mit Totzeit reagiert die Regelgröße auf eine Änderung der Stellgröße erst nach Ablauf der Totzeit T_t. Anstelle der Verzugszeit T_u ist die Totzeit T_t beziehungsweise die Summe aus $T_t + T_u$ einzusetzen. Hierbei sind gegebenenfalls auch die Totzeit, Verzugszeit und Ausgleichszeit des Messfühlers zu addieren.

14.5 Regelstrecken

Regelstrecken ohne Ausgleich

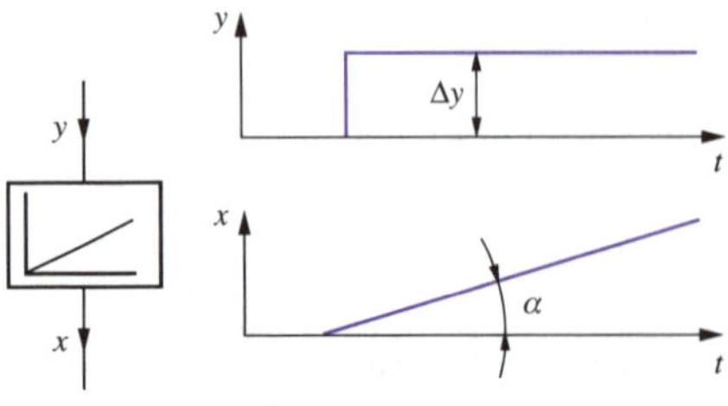

$$A = \frac{1}{\tan\alpha} = \frac{\Delta t}{\Delta x} \qquad A = \frac{\Delta t}{\Delta x} \cdot \frac{\Delta y}{\Delta Y_h}$$

$$K_s = \frac{\Delta x}{\Delta y} \qquad Q = \frac{1}{K_s}$$

Regelstrecken ohne Ausgleich sind meist auf ein I-Verhalten zurückzuführen. Der Übertragungsbeiwert K_S strebt gegen unendlich bzw. der Ausgleichswert Q gegen 0.
Die Regelgröße wächst nach einer Änderung der Stellgröße oder der Störgröße stetig weiter an, ohne einem Endwert zuzustreben. Kenngröße ist der Anlaufwert A bei einer Verstellung der Stellgröße um den ganzen Stellbereich Y_h.
Ist eine Änderung um Y_h nicht möglich, wird die Stellgröße nur um den Betrag y verstellt und entsprechend umgerechnet.
Der Kehrwert des Anlaufwertes gibt die maximale Änderungsgeschwindigkeit der Regelgröße an, die bei einer Verstellung des Stellgliedes um den ganzen Stellbereich Y_h auftritt.

Wahl einer geeigneten Regeleinrichtung bei gegebener Strecke

Strecke	Regler	P	I	PI	PD	PID
	reine Totzeit	nicht brauchbar	etwas schlechter als PI	Führung + Störung	nicht brauchbar	nicht brauchbar
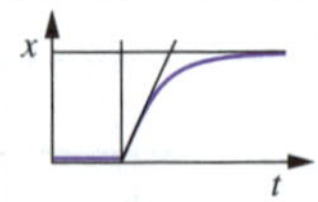	Totzeit + Verzögerung 1. Ordnung	nicht brauchbar	schlechter als PI	etwas schlechter als PID	nicht brauchbar	Führung + Störung
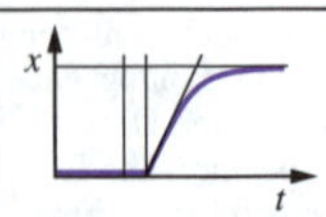	Totzeit + Verzögerung 2. Ordnung	nicht geeignet	schlecht	schlechter als PID	schlecht	Führung + Störung
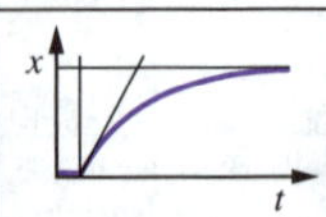	1. Ordnung + sehr kleine Totzeit (Verzugszeit)	Führung	nicht geeignet	Störung	Führung bei Verzugszeit	Störung bei Verzugszeit
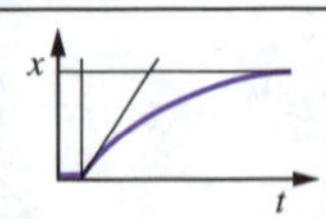	höherer Ordnung	nicht geeignet	schlechter als PID	etwas schlechter als PID	nicht geeignet	Führung + Störung
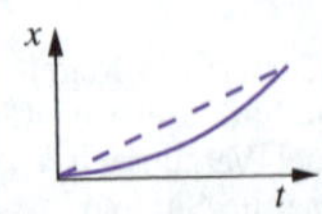	ohne Ausgleich mit Verzögerung	Führung (ohne Verzögerung)	nicht brauchbar, Struktur instabil	Störung (ohne Verzögerung)	Führung	Störung

Es ist zu unterscheiden, ob der Einfluss von Störgrößen (Störung) auf die Regelgröße ausgeregelt werden soll oder der Istwert einer Folgeregelung einem laufend veränderten Sollwert nachgeführt werden soll (Führung).

14

14.6 Regler

Aufgabe des Reglers ist es:

1. die Regelgröße x zu erfassen,
2. diese mit dem Sollwert x_S bzw. der Führungsgröße w zu vergleichen und
3. entsprechend diesem Vergleich eine Stellgröße y zu bilden.

Nach der Wirkungsweise werden stetige und unstetige Regler unterschieden.
Bei stetigen Reglern kann die Stellgröße y innerhalb des Stellbereiches Y_h jeden Wert annehmen. Bei unstetigen Reglern kann die Stellgröße dagegen nur zwei oder mehrere verschiedene Werte annehmen.

P-Regler

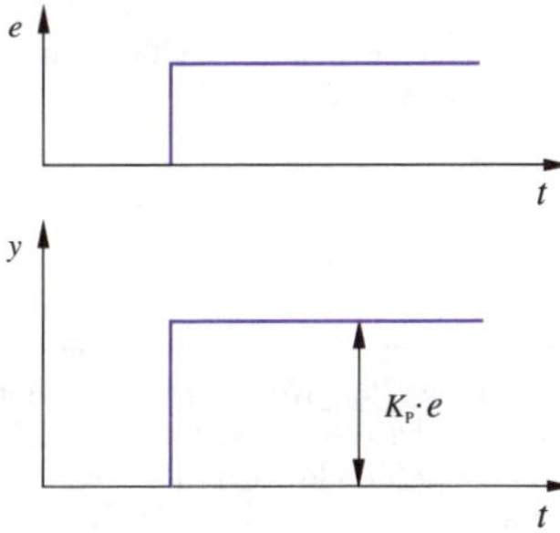

$$K_P = \frac{y - y_0}{w - x} = \frac{y - y_0}{e}$$

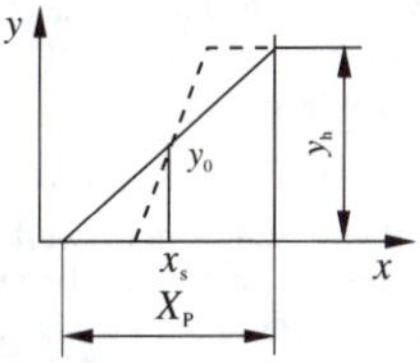

x_s Sollwert
Y_h Stellbereich
X_P P - Bereich

$$y - y_0 = K_P \cdot e$$

Bei einer Änderung der Regelgröße um die Regeldifferenz e verstellt der proportional wirkende Regler die Stellgröße unverzögert um einen verhältnisgleichen (proportionalen) Betrag. Kenngröße hierfür ist der Proportionalbeiwert K_P. Oft wird anstelle des P-Bereiches der auf den Regelbereich X_h bezogene (normierte) P-Bereich X_p/X_h, meist in Bruchteilen oder Prozenten, angegeben.

P-Regler wirken schnell. Je kleiner der K_P-Wert eingestellt ist, desto schwächer greift der Regler in den Regelvorgang ein. Da der Regler beim Einwirken einer Störgröße eine veränderte Stellgröße aufrecht erhalten muss, tritt eine bleibende Regeldifferenz auf; diese kann maximal so groß werden wie der Proportionalbereich $X_p = 1/K_{PR} \cdot 100\%$. Da ein zu großer K_{PR}-Wert zur Instabilität des Regelvorgangs führt, muss zwischen Stabilität und bleibender Regeldifferenz ein Kompromiss getroffen werden.

I-Regler

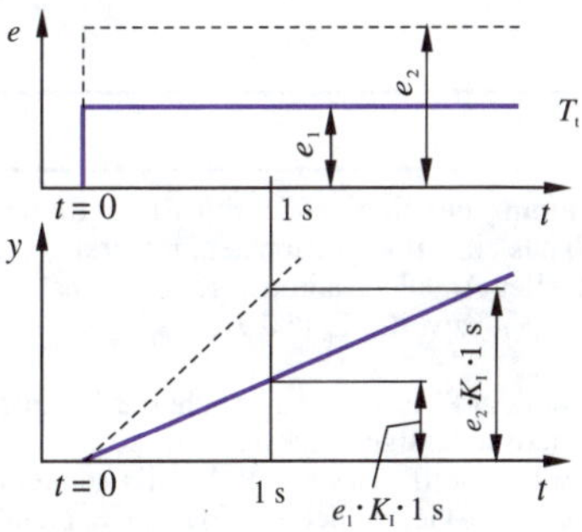

$$T_I = \frac{Y_h}{K_I \cdot X_h}$$

$$\frac{\Delta y}{\Delta t} = K_I \cdot e \qquad y - y_0 = K_I \cdot \int e \cdot \mathrm{d}t$$

Integralbeiwert $K_I = \frac{\Delta y}{\Delta t} \cdot \frac{1}{w - x} = \frac{\Delta y}{\Delta t} \cdot \frac{1}{e}$

oder $K_I = \frac{y - y_0}{(w - x)\,\Delta t} = \frac{y - y_0}{e\,\Delta t}$

Der integral wirkende Regler ordnet einer bestimmten Regeldifferenz e eine bestimmte Stellgeschwindigkeit $\Delta y/\Delta t$ zu, so dass die Änderung der Stellgröße dem Zeitintegral der Regeldifferenz entspricht. Kenngröße ist der Integralbeiwert K_I.

y_0 ist der Anfangswert der Stellgröße zum Zeitpunkt der Regelgrößenänderung $t = 0$. Häufig wird auch der Kehrwert des Integrierbeiwertes T_I angegeben.

Ein reiner I-Regler summiert also die Regeldifferenz über der Zeit, so dass das Stellglied so lange nachgestellt wird, bis die Regeldifferenz aufgehoben ist. Das Stellglied nimmt folglich nach dem Ausregeln der Regeldifferenz die ursprüngliche Lage nicht wieder ein, so dass es zum Überschwingen kommt. Darüber hinaus erfolgt der Eingriff relativ langsam, so dass I-Glieder meist nur in Verbindung als PI- oder PID-Regler eingesetzt werden.

14

14.6 Regler

PI-Regler

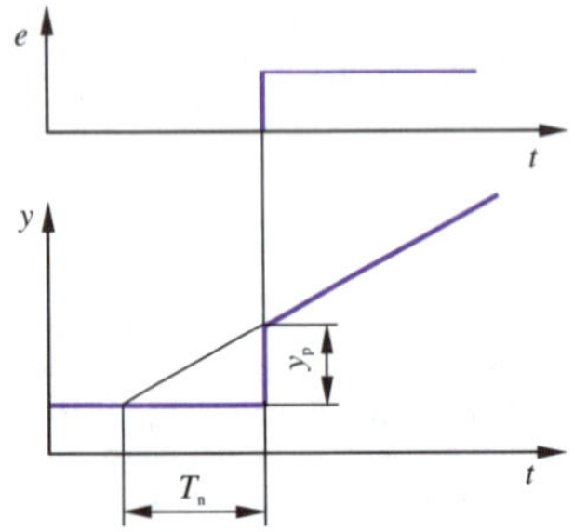

$$K_P = \frac{y_P}{e}$$

$$K_I = \frac{K_P}{T_n}$$

$$y - y_0 = e\,(K_P + K_I \cdot t)$$

Eine Änderung der Regelgröße bewirkt eine proportionale Veränderung der Stellgröße, der sich eine Verstellung der Stellgröße mit einer bestimmten Verstellgeschwindigkeit anschließt. Kenngrößen sind der Proportonalbeiwert K_P und der Integrierbeiwert K_I bzw. die Nachstellzeit T_n. Während der Nachstellzeit ruft die I-Wirkung die gleiche Stellgrößenänderung hervor wie der P-Anteil.

Der I-Anteil regelt die bleibende Regeldifferenz des P-Anteils im stationären Zustand aus.

PD-Regler

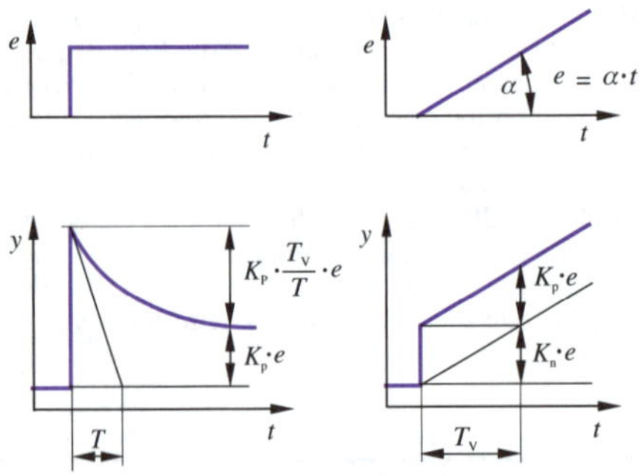

$$y - y_0 = K_P\ e + K_D\ \frac{\Delta e}{\Delta t}$$

$$K_P = \frac{y - y_0}{e} \qquad K_D = K_P{\cdot}T_V$$

Zu dem P-Anteil der Stellgröße wird ein weiterer Anteil entsprechend der Änderungsgeschwindigkeit der Regeldifferenz de/dt addiert. Kenngrößen sind der Proportionalbeiwert K_P und der Differenzierbeiwert K_D bzw. die Vorhaltzeit T_V. Diese Zeit würde ein reiner P-Regler benötigen, um die gleiche Änderung der Stellgröße zu bewirken, die ein PD-Regler sofort bewirkt.

D-Regelglieder sind als Regler ungeeignet, weil sie bei einer statischen Eingangsgröße kein Stellsignal abgeben. Das zusätzliche D-Verhalten ermöglicht jedoch beim PD-Regler gegenüber dem P-Regler eine Vergrößerung des K_{PR}-Wertes und folglich ein schnelleres Eingreifen des Reglers sowie eine Verringerung der bleibenden Regeldifferenz.

PID-Regler

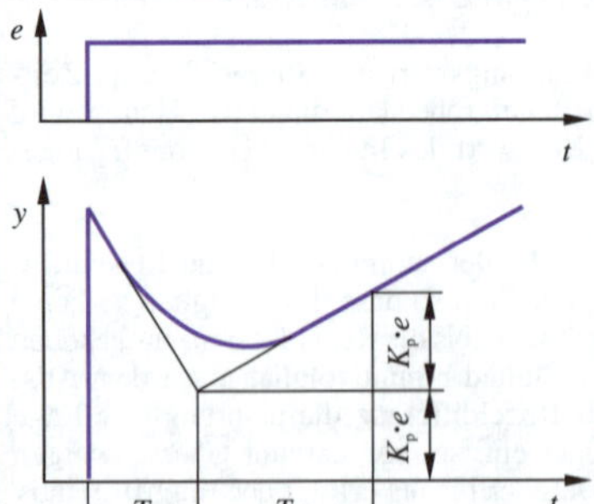

$$K_P = \frac{y_P}{e}$$

$$K_I = \frac{K_P}{T_n}$$

$$K_D = T_V$$

$$y - y_0 = K_P \cdot e + K_I \cdot e \cdot \Delta t + K_D\ \frac{\Delta e}{\Delta t}$$

Die Änderung der Stellgröße eines PID-Reglers setzt sich aus einem proportionalen, integralen und differenziellen Anteil zusammen. Kenngrößen sind K_P, K_I und K_D bzw. K_P, T_n und T_v.

Gegenüber dem PI-Regler ermöglicht der D-Anteil eine kleinere zulässige Nachstellzeit, so dass die bleibende Regeldifferenz des P-Anteils schneller ausgeregelt wird. Gegenüber dem PD-Regler erlaubt der zusätzliche I-Anteil eine größere zulässige Vorhaltzeit, so dass der PID-Regler während des Entstehens der Regeldifferenz wirkungsvoller eingreift als ein PD-Regler.

14.6 Regler

Signalflußpläne idealisierter PID-Regler

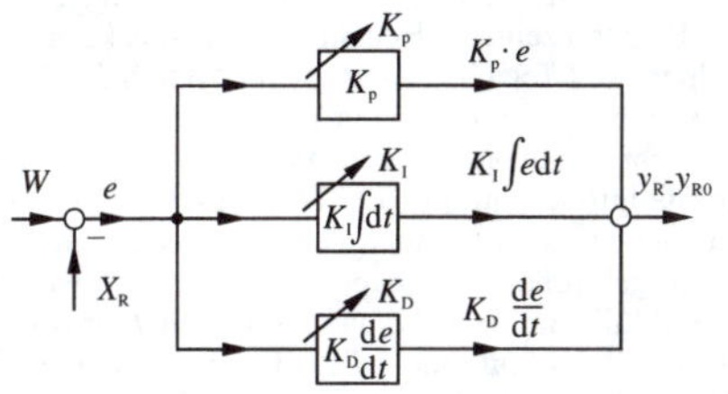

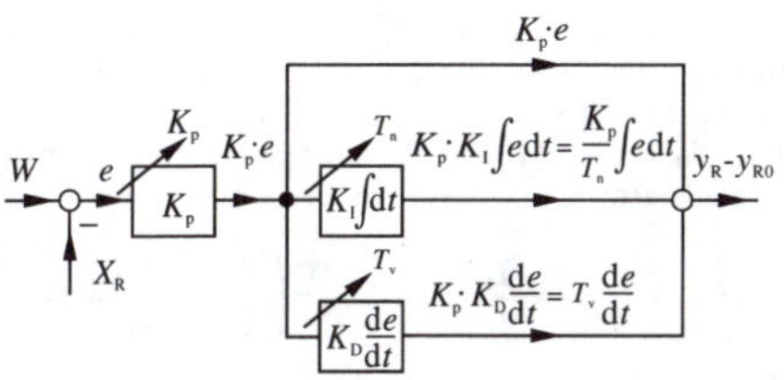

Der Regelalgorithmus ist eine Vorschrift zur Berechnung der Werte einer oder mehrerer Stellgrößen aus den Werten einer oder mehrerer Regeldifferenzen. Der Regelalgorithmus für einen idealisierten PID-Regler mit ebenfalls idealisiert wirkenden Proportional-, Integral- und Differenzialgliedern in Parallelstruktur lautet:

$$y - y_0 = K_P \cdot e + K_I \cdot \int e \cdot dt + K_D \frac{de}{dt}$$

Unabhängig einstellbar sind hierbei als Regelparameter die Beiwerte K_P, K_I und K_D.
Werden die idealisierten P-, I- und D-Glieder nach nebenstehendem Signalflussplan angeordnet, so lassen sich unabhängig voneinander die Reglerparameter „Proportionalbeiwert K_P", „Nachstellzeit T_n" und die „Vorhaltzeit T_v" einstellen.

$$y_R - y_{R0} = K_P \cdot e + K_P \cdot K_I \cdot \int e \cdot dt + K_P \cdot K_D \frac{de}{dt}$$

Mit $T_n = \frac{K_P}{K_I}$ und $T_v = \frac{K_D}{K_P}$ folgt daraus

$$y_R - y_{R0} = K_P \left(e + \frac{1}{T_n} \int e \cdot dt + T_v \frac{de}{dt} \right)$$

Digitale Regler

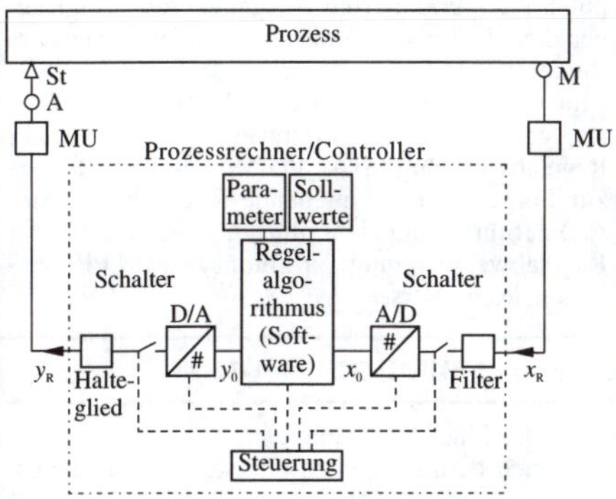

Bei digitalen Reglern, auch DDC-Regler (Direct Digital Control) genannt, wird das Reglerverhalten von einem Prozessrechner bzw. Controller nach einem mittels Programm (Software) vorgegebenen Algorithmus bestimmt.
Die analoge Reglereingangsgröße x_R wird zunächst gefiltert, abgetastet und mittels A-D-Wandler digitalisiert. Der Prozessrechner vergleicht anschließend die digitalisierte Regelgröße x_D mit der digitalisierten Führungsgröße w_D und errechnet entsprechend dem mittels Software bestimmten Regelalgorithmus die digitale Ausgangsgröße y_D. Diese wird über den D-A-Wandler in ein stetiges Signal umgewandelt, abgetastet, mit einem Halteglied bis zur nächsten Abtastung gespeichert und über einen Messumformer MU und Stellantrieb A einem stetig arbeitenden Stellantrieb St zugeführt.
Um ein gutes quasi-kontinuierliches Regelverhalten zu erzielen, muss die Streckenzeitkonstante mindestens fünf- bis zehnmal so groß wie die Abtastzeit des Reglers sein.

Selbstoptimierende Regler sind digitale Regler, die mittels entsprechendem Algorithmus selbsttätig einen Sollwertsprung auf die Regelstrecke geben und gemäß der Reaktion der Regelgröße selbsttätig die optimalen Reglerparameter K_P, T_n und T_v (z. B. nach Ziegler und Nichols) berechnen und einstellen.

14.6 Regler

Zweipunkt-Regler

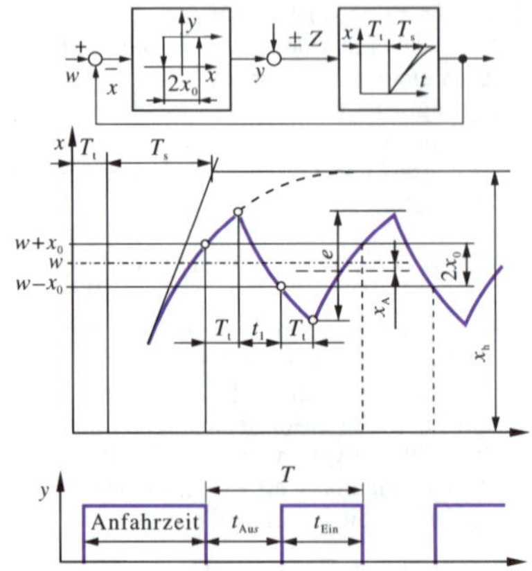

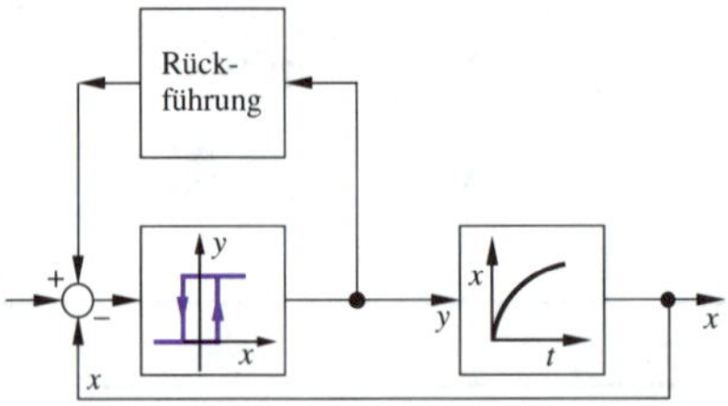

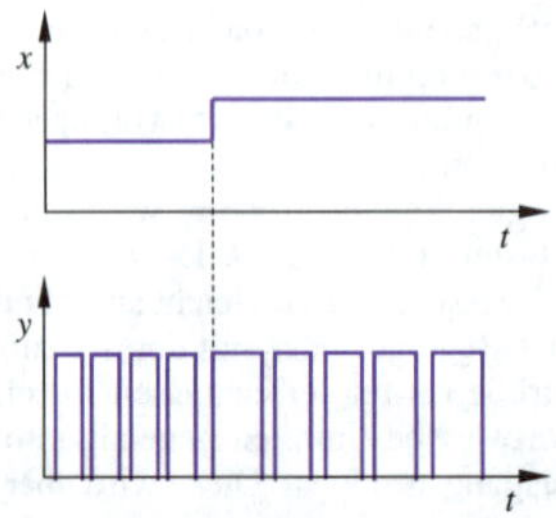

PID-Verhalten

Im Gegensatz zu stetigen Reglern kann die Stellgröße nur zwei verschiedene Werte annehmen.
Das Beispiel zeigt die Regelung einer Strecke erster Ordnung mit Totzeit, gekennzeichnet durch die Zeitkonstante T_S und die Totzeit T_t.
Überschreitet die Regelgröße x den Wert w, so bleibt die Stellgröße y infolge der Hysterese des Reglers ($2x_0$) noch bis zum Punkt $A\,(w+x_0)$ eingeschaltet. Die Regelgröße steigt jedoch zunächst noch weiter an und fällt erst nach Ablauf der Totzeit T_t entsprechend der Zeitkonstanten T ab. Die Stellgröße wird beim Unterschreiten des Wertes $w-x_0$ erneut eingeschaltet, so dass die Regelgröße im eingeschwungenen Zustand dauernd mit der Periodendauer T und der Amplitude x_0 um den Sollwert w pendelt. Der Mittelwert dieser Pendelung weicht vom Sollwert w um die P-Abweichung x_{PA} ab.
Für $X_h = 2w \cdot$ (100% Leistungsüberschuß) gilt angenähert:

$$T \approx 4T_t \qquad e \approx \frac{T_t}{T_S} X_h \qquad x_{PA} = \left(\frac{1}{2} - \frac{w + x_0}{X_h}\right) e$$

Nachteilig bei Zweipunkt-Reglern ohne Rückführung ist die Dauerschwingung des Istwertes um den Sollwert. Das Hinzufügen einer passend ausgelegten Rückführung bewirkt bei Strecken mit größeren Verzugszeiten (z. B. Öfen) ein stetigähnliches Verhalten. Die Folge ist eine höhere Schaltfrequenz, eine kleinere Regelabweichung und ein Zeitverhalten wie bei stetigen Reglern. Der Mittelwert der pulsbreitenmodulierten Ausgangsgröße zeigt angenähert denselben zeitlichen Verlauf wie bei einem Regler mit stetiger Ausgangsgröße.
Eine verzögert nachgebende Rückführung (das rückgeführte Signal nimmt auch bei bleibender Regelabweichung zu) hat PD-Verhalten des Reglers zur Folge. Eine nachgebende Rückführung (das rückgeführte Signal nimmt auch bei bleibender Regelabweichung mit der Zeit ab) bewirkt PI-Verhalten des Reglers.

Benennung und Einteilung von Reglern nach DIN 19225: 1981-12

Regler können wie folgt benannt werden:

– allgemein als Regler, z. B. wenn der Regler nur von den übrigen Geräten des Regelkreises unterschieden werden soll oder bei theoretischen Betrachtungen;
– nach den Aufgaben der Regler:
  • nach der Art der Regelgröße, z. B. Temperaturregler, Drehzahlregler, Spannungsregler,
  • nach einer speziellen Regelaufgabe, z. B. Gleichlaufregler, Grenzwertregler oder auch Gleichlauf-Drehzahlregler,
  • nach dem geregelten Objekt, z. B. Heizungsregler,
  • entsprechend der Führungsgröße, z. B. Folgeregler, Zeitplanregler, Festwertregler,
– nach den Eigenschaften der Regler, z. B. PI-Regler, stetiger Regler, Einzweckregler
– nach der Signalform der Reglereingangs- und Reglerausgangsgrößen. Häufig vorkommende Signalformen zeigt die folgende Abbildung.

14.6 Regler

Reglereingangsgrößen **Reglerausgangsgrößen**

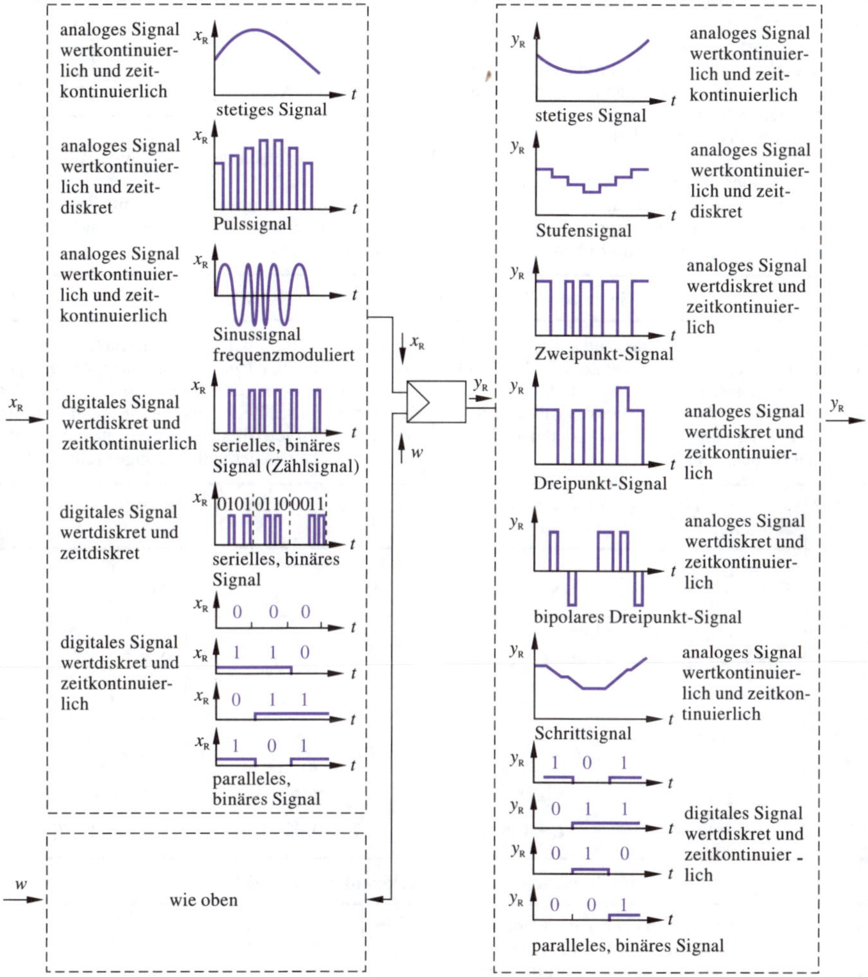

Ein **analoges Signal** wird durch den Signalparameter unmittelbar bewertet.

Ein **digitales Signal** ist ein Signal mit einer endlichen Zahl von Wertebereichen des Signalparameters. Dabei ist jedem Wertebereich als Ganzem eine bestimmte Information zugeordnet.

14

14.7 Ermittlung der Regler-Kennwerte (Einstellregeln)

Einstellregeln nach Ziegler und Nicols

Bei diesem Verfahren, das keine Regelstreckendaten voraussetzt, ist wie folgt vorzugehen:

- Der Regler wird zunächst als reiner P-Regler betrieben ($T_v = 0$, $T_n = \infty$).
- Der Proportionalbeiwert K_{PR} wird langsam soweit erhöht, bis die Regelgröße x gerade Dauerschwingungen mit konstanter Amplitude ausführt (Stabilitätsgrenze). Der hierfür am Regler eingestellte Proportionalbeiwert wird als $K_{PR\,k}$ bezeichnet.
- Aus der Dauerschwingung der Regelgröße wird nun die kritische Periodendauer T_k ermittelt.
- Die Werte für die Reglerparameter sind entsprechend der folgenden Tabelle zu berechnen.

Regler	Proportionalbeiwert K_{PR}	Nachstellzeit T_n	Vorhaltzeit T_v
P	$0{,}5 \cdot K_{PR\,k}$	–	–
PI	$0{,}45 \cdot K_{PR\,k}$	$0{,}85 \cdot T_k$	–
PD	$0{,}8 \cdot K_{PR\,k}$	–	$0{,}12 \cdot T_k$
PID	$0{,}6 \cdot K_{PR\,k}$	$0{,}5 \cdot T_k$	$0{,}12 \cdot T_k$

- Der Regler ist nach den errechneten Werten einzustellen.

Dieses Optimierungsverfahren ist nur anwendbar, wenn das Betreiben des Regelkreises an der Stabilitätsgrenze zulässig ist.

Einstellregeln nach Chien, Hrones und Reswik

Hierzu müssen der Übertragungsbeiwert K_S, die Ausgleichszeit T_g und die Verzugszeit T_u der Strecke bekannt sein. Diese können z. B. mittels Sprungantwort ermittelt werden. Bei Strecken mit Totzeit ist anstelle der Verzugszeit T_u die Ersatztotzeit aus $T_u + T_t$ zu berücksichtigen.

Bei der Ermittlung der Reglerparameter nach der folgenden Tabelle ist zu unterscheiden, ob ein aperiodischer Regelverlauf oder ein Einschwingen der Regelgröße mit 20% Überschwingen und ob ein optimales Störverhalten oder ein optimales Führungsverhalten (Folgeregelung) angestrebt wird.

Regler	aperiodischer Regelverlauf		Regelverlauf mit 20% Überschwingen	
	Störung	Führung	Störung	Führung
P	$K_{PR} \approx \frac{0{,}3}{K_S} \frac{T_g}{T_u}$	$K_{PR} \approx \frac{0{,}3}{K_S} \frac{T_g}{T_u}$	$K_{PR} \approx \frac{0{,}7}{K_S} \frac{T_g}{T_u}$	$K_{PR} \approx \frac{0{,}7}{K_S} \frac{T_g}{T_u}$
PI	$K_{PR} \approx \frac{0{,}6}{K_S} \frac{T_g}{T_u}$ $T_n \approx 4 \cdot T_u$	$K_{PR} \approx \frac{0{,}35}{K_S} \frac{T_g}{T_u}$ $T_n \approx 1{,}2 \cdot T_g$	$K_{PR} \approx \frac{0{,}7}{K_S} \frac{T_g}{T_u}$ $T_n \approx 2{,}3 \cdot T_u$	$K_{PR} \approx \frac{0{,}6}{K_S} \frac{T_g}{T_u}$ $T_n \approx T_g$
PID	$K_{PR} \approx \frac{0{,}95}{K_S} \frac{T_g}{T_u}$ $T_n \approx 2{,}4 \cdot T_u$ $T_v \approx 0{,}42 \cdot T_u$	$K_{PR} \approx \frac{0{,}6}{K_S} \frac{T_g}{T_u}$ $T_n \approx T_g$ $T_v \approx 0{,}5 \cdot T_u$	$K_{PR} \approx \frac{1{,}2}{K_S} \frac{T_g}{T_u}$ $T_n \approx 2 \cdot T_u$ $T_v \approx 0{,}42 \cdot T_u$	$K_{PR} \approx \frac{0{,}95}{K_S} \frac{T_g}{T_u}$ $T_n \approx 1{,}35 \cdot T_g$ $T_v \approx 0{,}47 \cdot T_u$

14

Reglereinstellung für Strecken ohne Ausgleich

Für Strecken ohne Ausgleich können die Werte für die Integrierzeit T_I, die Verzugszeit T_u und den Integrierbeiwert K_I mittels einer Sprungantwort der Strecke ermittelt werden. Anhand der folgenden Tabelle werden die Einstellwerte für den Regler ermittelt.

$$T_I = \frac{1}{K_I} \cdot \frac{x_h}{y_h}$$

Der Proportionalbereich x_p, abgekürzt P-Bereich, gibt den Bereich der Regelgröße an, innerhalb dessen ein proportionaler Zusammenhang zwischen Regelabweichung und Stellgrößenänderung besteht.

Regler	K_{PR}	T_n	T_v	x_p
P	$0{,}5 \frac{1}{K_I \cdot T_u}$			$2 \cdot \frac{T_u}{T_I} \cdot 100\%$
PD	$0{,}5 \frac{1}{K_I \cdot T_u}$		$0{,}5 \cdot T_u$	$2 \cdot \frac{T_u}{T_I} \cdot 100\%$
PI	$0{,}42 \frac{1}{K_I \cdot T_u}$	$5{,}8 \cdot T_u$		$2{,}4 \cdot \frac{T_u}{T_I} \cdot 100\%$
PID	$0{,}4 \frac{1}{K_I \cdot T_u}$	$3{,}2 \cdot T_u$	$0{,}8 \cdot T_u$	$2{,}5 \cdot \frac{T_u}{T_I} \cdot 100\%$

15 Arbeits- und Umweltschutz

15.1 Übersicht: Belastungen am Arbeitsplatz/Arbeitsschutz und Umweltschutz

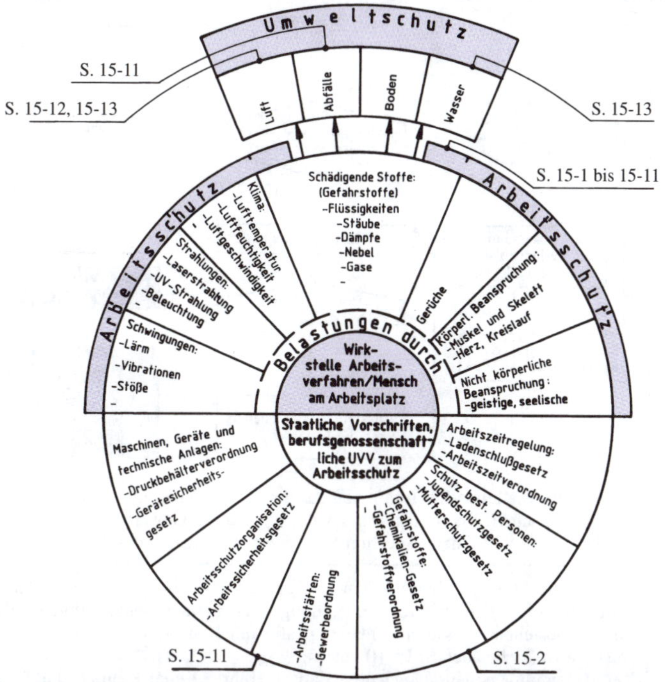

15.2 Gefahrstoffe am Arbeitsplatz

15.2.1 Grundbegriffe und Abkürzungen

MAK[1]	**Maximale Arbeitsplatzkonzentration.** Gibt die höchstzulässige Konzentration eines Arbeitsstoffes als Gas, Dampf oder Schwebstoff in der Luft am Arbeitsplatz an. Nach dem gegenwärtigen Kenntnisstand wird dadurch die Gesundheit der Beschäftigten im Allgemeinen nicht beeinträchtigt. Die MAK-Werteliste wird jährlich von der Senatskommission der Deutschen Forschungsgemeinschaft neu aufgelegt und in der TRGS 900 veröffentlicht	BAT	**Biologischer Arbeitsstoff-Toleranzwert.** Dieser gibt den Grenzwert für die Konzentration von Schadstoffen im menschlichen Körper (Blut, Urin etc.) an
		TRGS	**Technische Regeln für Gefahrstoffe.** Diese werden vom Ausschuss für Gefahrstoffe herausgegeben und geben Hinweise für einen Gefahren mindernden Umgang mit Gefahrstoffen
TRK[1]	**Technische Richtkonzentration.** Gilt für Stoffe, die Krebs erregend sind und für die deshalb keine unschädlichen Konzentrationen angegeben werden können. Dieser Wert gibt die Konzentration eines Stoffes am Arbeitsplatz an, die derzeitig nach dem Stand der Technik erreicht werden kann	UVV	**Unfallverhütungsvorschriften.** Diese werden von den Berufsgenossenschaften erarbeitet und stellen verbindliches Recht nach der Reichsversicherungsordnung dar
		GefStoffV	**Gefahrstoffverordnung**

[1] Bei Erreichen der Auslöseschwelle (ALS), einer bestimmten Konzentration (ALS < MAK od. TRK) oder bei unmittelbarem Hautkontakt sind zusätzliche Schutzmaßnahmen erforderlich.

15.2 Gefahrstoffe am Arbeitsplatz

15.2.2 Pflichten zum Schutz vor Gefahrstoffen am Arbeitsplatz GefStoffV (1994)

Ermittlungspflicht § 16 GefStoffV

Der Arbeitgeber muss vor dem Einsatz eines Stoffes, einer Zubereitung oder eines Erzeugnisses in seinem Betrieb ermitteln, ob es sich um einen Gefahrstoff handelt.

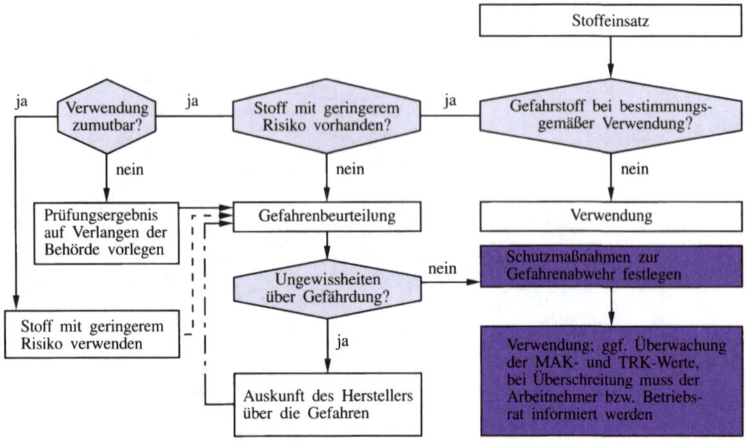

Führen die erhaltenen Informationen aus der Kennzeichnungs- und Auskunftspflicht nicht zum gewünschten Ergebnis, so muss das zuständige Gewerbeaufsichtsamt eingeschaltet werden. Nach § 21 ChemG verfügt es über ein weitergehendes Auskunftsrecht.

Kennzeichnungspflicht § 23 GefStoffV

⇐ 15-10 15-11

Gefährliche Stoffe, Zubereitungen und Erzeugnisse sind verpackungs- und kennzeichnungspflichtig auch bei ihrer Verwendung. Weil bei der Kennzeichnungspflicht dadurch Lücken bestehen, dass nicht unbedingt alle Inhaltsstoffe erfasst werden, trifft folgende Aussage zu (siehe auch S. 15-10 unten):
Kennzeichnung bedeutet in jedem Fall „Gefahr“. Keine Kennzeichnung schließt eine Gefahr nicht in jedem Falle aus!

Sicherheitsdatenblatt und Auskunftspflicht § 14 GefStoffV

Das Sicherheitsdatenblatt gibt detaillierte Auskunft über die Gefahren, die von einem Produkt für Mensch und Umwelt ausgehen. Dem Verwender muss das Sicherheitsdatenblatt über die/den gefährliche/n Zubereitung/Stoff spätestens bei der ersten Lieferung zugeleitet werden. Auch muss es auf Verlangen des berufsmäßigen Verwenders geliefert werden. Ergeben sich innerhalb von 12 Monaten Änderungen im Sicherheitsdatenblatt, so muss es dem Verwender unaufgefordert erneut zugestellt werden

Rangfolge der Schutzmaßnahmen § 19 GefStoffV

Werden beim Umgang mit Gefahrstoffen Schutzmaßnahmen erforderlich, so ist den sicherheitstechnischen Maßnahmen stets der Vorzug vor persönlicher Schutzausrüstung zu geben

1. Verhindern, dass Gefahrstoffe frei werden: Abkapselung des fraglichen Arbeitsprozesses.
2. Gefahrstoffe an der Entstehungsstelle absaugen.
3. Geeignete Lüftungsmaßnahmen vorsehen.
4. Persönliche Schutzausrüstung zur Verfügung stellen

Betriebsanweisung § 20 GefStoffV

Es muss für den betreffenden Arbeitsplatz eine schriftliche arbeitsbereich- und stoffbezogene Betriebsanweisung erstellt werden, in der die beim Umgang mit dem Gefahrstoff auftretenden Gefahren für Mensch und Umwelt sowie die erforderlichen Schutzmaßnahmen und Verhaltensregeln festgelegt werden. Außerdem muss auf die sachgerechte Entsorgung entstehender gefährlicher Abfälle hingewiesen werden. Einmal jährlich muss hierüber eine mündliche arbeitsplatzbezogene Unterweisung erfolgen

15.2 Gefahrstoffe am Arbeitsplatz

15.2.3 Aufnahmewege und Schutzmaßnahmen

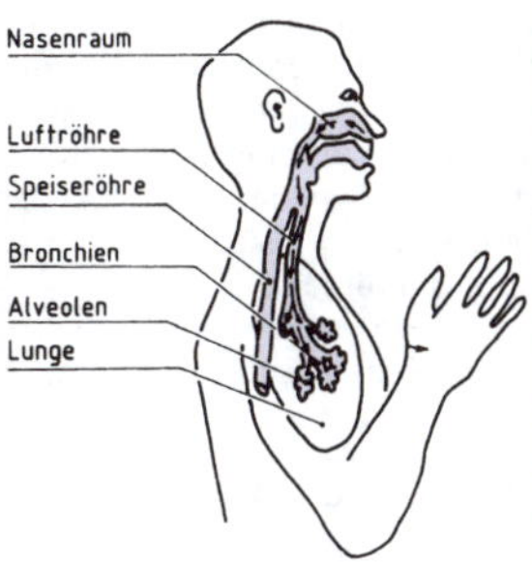

Aufnahmewege	Schutzmaßnahmen
Eindringen: Gase, Dämpfe, Stäube	Augenschutz, Ohrenschutz
Einatmen: Gase Dämpfe, Stäube, Aerosole	Absaugung am Entstehungsort, wirksame Arbeitsplatzbelüftung, Atemschutz mit geeignetem Filtereinsatz, siehe Spalte 14 u. 15 Seite 15-6 bis 15-9
Verschlucken: Stäube, Flüssigkeiten	nicht essen, trinken und rauchen am Arbeitsplatz
Hautresorption: (Aufnahme über die Haut) Stäube, Flüssigkeiten	geeignete Schutzhandschuhe und/oder Arbeitsschutzkleidung oder ggf. Vollschutzanzug tragen

⇒ 15-6 15-9

15.2.4 Quellen typischer Gefahrstoffe

Quelle	Gefahrstoff[1),2)]	Erläuterungen; Gesundheitsgefahren
Kleinkondensatoren	polychlorierte Biphenyle[2)] (PCB)	manche dieser Bauteile sind PCB-haltig und sind besonders zu entsorgen; die Bezeichnungen MP, MKP und MPK weisen auf PCB-Freiheit hin; PCB führt zu Leberschäden und wirkt Krebs erzeugend
Entladungslampen	Quecksilber[1)] (Hg)	um eine möglichst Strom sparende Lichtausbeute zu erzielen; eingeatmete Hg-Dämpfe führen zur Vergiftung (Darm- u. Nierenstörung)
Mikrochip-Produktion	Arsenwasserstoff[1)], arsenige Säure[2)]	ist Krebs erzeugend und führt bei Einatmung kleiner Mengen zu lebensbedrohlichen Nieren- und Leberschäden
Mikrochip- u. Elektronik-Produktion	Lösungsmittel (S. 15-4)[1),2)]	Belastungen in Reinräumen kann (nach US-amerikanischen Forschungsergebnissen) zu Gehirntumorerkrankung führen
Halbleiterproduktionsverfahren	Chlor[1)]gas und Chlorwasserstoff[1)]	werden in Plasma-Ätzanlagen und Sputtleranlagen emittiert; das Gas reizt stark die Augen und Atemwege, hohe Konzentrationen führen zu starken Verätzungen der Schleimhäute sowie Kehlkopfkrampf mit Todesfolgen
Isolationswerkstoff	Polyvinylchlorid[1)] (PVC)	die Stäube können krankhafte Bindegewebsbildung bewirken (Staublungenerkrankung durch schädliche Wirkung im Alveolarraum)
Löten (Flussmittel- und Lotbestandteile)	Kolophonium	Flussmittel- u. Lötfettbestandteil; kann zu Fließschnupfen, Kopfschmerzen, asthmatischen Beschwerden und Allergien führen. Beim Zerfall von Kolophonium (Harz) entsteht das Allergen Formaldehyd[1)]
	Hydrazin[2)]	Flussmittelbestandteil zur Bindung des Sauerstoffes; Krebs erregend
	Fluoride[1)], Fluorwasserstoff[1)]	Flussmittelbestandteile; Gefährdung der Augen u. Schleimhäute, Bronchialkatarrh, Verätzungen
	Cadmium[2)]oxidrauch	Bestandteil von Cd-haltigen Hartloten; Krebs erregend

1) **MAK-Wert** siehe S. 15-6 bis 15-9 2) **TRK-Wert** siehe S. 15-6 bis 15-9

15.2.4 Quellen typischer Gefahrstoffe (Forts.)

Quelle	Gefahrstoff[1),2)]	Erläuterungen; Gesundheitsgefahren
Lösungsmittel (Gemisch verschiedener Einzelstoffe) zum Reinigen und Entfetten		haben bereits bei Raumtemperatur einen hohen Dampfdruck (siehe Spalte 11 S. 15-6ff), also ein großes Bestreben zu verdunsten, deshalb werden diese hauptsächlich über die Lunge aufgenommen. Bei körperlicher Arbeit werden täglich bis zu 20 m^3 Luft eingeatmet. Hohe Dosen in kurzer Zeit führen zu akuten Vergiftungen, kleine Dosen über längere Zeit aufgenommen, können zu den bekannten chronischen Schädigungen oder Sensibilisierungen führen
	Aceton[1)]	reizt Schleimhäute, kann zu Leber- und Nierenschäden sowie chronischen Kopfschmerzen führen
	Benzol[2)]	Krebs erzeugend, reichert sich im Gehirn an, schädigt Blutbildbildungszentren
	n-Butanol[1)]	Augen- und Schleimhautreizungen treten bereits unterhalb des MAK-Wertes auf; führt zu Kopfschmerzen, Schwindel und Schläfrigkeit
	2-Butanon[1)]	Fruchtschädigung noch ungeklärt; kann die Haut schädigen
	n-Butylacetat[1)]	verursacht Reizung der Schleimhäute; führt zu Magenschmerzen, Übelkeit, Erbrechen, Schwindelgefühl und Ohnmacht
	Cyclohexan[1)]	wirkt akut narkotisch und chronisch degenerierend auf das periphere Nervensystem; Gefahr der Hautexembildung
	Dichlormethan[1)]	auch Methylenchlorid genannt; krebsverdächtig, Fruchtschädigung noch ungeklärt, verursacht Kopfschmerz, Schwindel, Schläfrigkeit und Appetitlosigkeit
	Ethanol[1)]	Fruchtschädigung ungeklärt; führt zu lokalen Schleimhautschäden und wirkt auf das Zentralnervensystem
	Ethylacetat[1)]	führt zu Schleimhautreizungen und Zahnfleischentzündungen
	Ethylbenzol[1)]	wirkt stark reizend auf Augen und obere Atemwege; dringt leicht durch die Haut; wirkt auf das Zentralnervensystem
	Ethylglycol[1)]	wirkt reizend auf Schleimhäute der Augen und des Atemtrakts
	n-Hexan[1)]	Konzentrationen über 0,5% führen nach 10 min zu Schwindelerscheinungen; wird im Fettgewebe gespeichert und wirkt chronisch degenerierend auf das periphere Nervensystem
	Isopropylacetat[1)]	Dämpfe wirken etwas betäubend und verursachen leichte Reizungen der Augen und Atmungsorgane
	Methanol[1)]	auch Bestandteil von Nitroverdünnern; durchdringt leicht die Haut, Fruchtschädigungspotential noch ungeklärt, verursacht Appetitlosigkeit, Schleimhautreizungen, Kopfschmerzen, Sehstörungen, Leberschwellungen und Leibesschmerzen
	Tetrachlormethan[1)]	auch Tetrachlorkohlenstoff genannt; krebsverdächtig, Fruchtschädigung bei Einhaltung des MAK-Wertes ausgeschlossen; gefährlicher Leberschädiger, allg. Lösungsmittelschädigungen

[1)] **MAK-Wert** siehe S. 15-6 bis 15-9 [2)] **TRK-Wert** siehe S. 15-6 bis 15-9

15.2.4 Quellen typischer Gefahrstoffe (Forts.)

Quelle	Gefahrstoff[1),2)]	Erläuterungen; Gesundheitsgefahren
Lösungsmittel (Forts.)	Toluol[1)]	Fruchtschädigung ist wahrscheinlich; führt zu Kopfschmerzen, Müdigkeit, Übelkeit und Schlafstörungen; seltener treten permanente Schäden des zentralen, peripheren und vegetativen Nervensystems auf
	Xylol[1)]	Fruchtschädigung ungeklärt; Dämpfe schädigen besonders das Zentralnervensystem; längeres Einatmen niedriger Konzentrationen erzeugt Kopfschmerzen und Schwindel
Lösungsmittel- und Dispersions-Klebstoffe	Acrylnitril[2)]	Krebs erzeugend, dringt leicht durch die Haut; führt nach Berührung mit der Haut zu Übelkeit, Kopfschmerzen, Schwindel und Krämpfen
	1,3-Butadien[2)]	Wirkstoffbestandteil; Krebs erzeugend, wirkt nur in hohen Konzentrationen narkotisch sowie reizend auf Augen und Augenschleimhäute
	Vinylacetat[1)]	Filmbildnerbestandteil; wenig toxisch, kann zu Hautentzündungen führen
	Vinylchlorid[2)]	Filmbildnerbestandteil; Krebs erzeugend; führt nach Zersetzung durch saure Gase und Nebel zu Reizerscheinungen an Augen, Nase und Rachen
	Vinylidenchlorid[1)]	(1,1-Dichlorethen) Filmbildnerbestandteil; führt zu Hirnnervenstörungen, durch Verunreinigungen von Chlor- und Dichloracetylen
	Styrol[1)]	Harzbindemittelbestandteil; Fruchtschädigung bei Einhaltung des MAK-Wertes ausgeschlossen; Giftwirkungen wie bei Toluol und Xylol
Reaktionsklebstoffe	Formaldehyd[1)]	Geruchsschwelle liegt bei 0,05–1,0 ml/m^3; 0,01–1,5 ml/m^3 führen zu Augenreizungen; krebsverdächtig und kann allergische Erscheinungen auslösen
	Phenol[1)]	Harzbindemittelbestandteil; dringt leicht durch die Haut; schädigt das Zentralnervensystem, Leber und Nieren; kleine Mengen in der Luft verfärben den Urin grünlich-braun
Schmelzklebstoff	Styrol[1)] 1,3-Butadien[2)] Vinylacetat[1)]	siehe oben Harzbindemittelbestandteil siehe oben Wirkstoffbestandteil siehe oben Filmbildnerbestandteil

Gefahrenreduzierung:

1. Die konkret beim Arbeitsverfahren auftretenden Gefahrstoffe/Gefahren anhand der gesetzlichen Herstellerkennzeichnungspflicht für die verwendeten Produkte ermitteln und beachten. Erläuterungen zu den dabei verwendeten Symbolen siehe Seite 15-10 f).
2. Das Sicherheitsdatenblatt über das verwendete Produkt vom Hersteller bzw. Lieferanten anfordern und die darin detailliert aufgeführten Angaben zu konkreten Schutzmaßnahmen, Lagerung und Handhabung beachten.
3. Den Arbeitsplatz gut belüften und entstehende Gefahrstoffe möglichst nah am Entstehungsort absaugen und durch geeignetes Filtermaterial absorbieren. Anhand der physikalischen Eigenschaften des Stoffes Dichte, rel. Gasdichte, Siedepunkt und Dampfdruck (siehe Spalte 5, 6, 10 u. 11 Seite 15-6 ff) muss die geeignete Absaugung (Rand- oder/und Absaugung von oben) ermittelt werden.
4. Grundsätzlich geschlossene Arbeitskleidung tragen und am Arbeitsplatz nicht essen, trinken oder rauchen.

⟹ 15-6

1) **MAK-Wert** siehe S. 15-6 bis 15-9   2) **TRK-Wert** siehe S. 15-6 bis 15-9

15.2 Gefahrstoffe am Arbeitsplatz

15.2.5 MAK- und TRK-Werte (Auswahl) DFG (1996)

Spalte: 1	2	3	4	5	6	7	8	9	10	11	12	13	14	15
Stoff	Chemische bzw. Brutto-Formel	MAK/TRK ml/m³	MAK/TRK mg/m³	Dichte kg/dm³ [1)] g/dm³ [2)]	rel. Gasdichte	Flammpunkt °C	Zündtemp. °C	Festpunkt °C 1013 mbar	Siedepunkt °C 1013 mbar	Gefahrensymbol/ Dampfdruck bei 20 °C	WGK	Gefährlichkeit	Atem-Filter Gas	Atem-Filter Par.
Aceton	C_3H_6O	500	1200	0,79	2,01	<–20	540	–95,35	56,2	F/240	0	–	AX	–
Acrylnitril	$\mathbf{C_3H_3N}$	**3**	**7**	0,806	1,83	–5	480	–83,55	77,3	F, T/124	3	**IIIA2, H**	A	–
Ammoniak	NH_3	20	14	0,77[2)]	0,60	–	630	–77,74	–33,35	T/–	2	C	K	–
Anilin	C_6H_7N	2	8	1,02	3,22	76	630	–5,98	184,40	T/0,8	2	IIIB, D, H	A	(P3)
Antimontrioxid	$\mathbf{Sb_2O_3}$	–	**0,5 E**	5,2/5,7	–	–	–	656	1550 sub	–/–	–	**IIIA2**	–	P3
Arsenverbindungen	–	–	**0,1**	–	–	–	–	–	–	T/–	3	**IIIA1**	–	P3
Asbesthaltiger Feinstaub	–	–	–	–	–	–	–	–	–	a/–	–	**IIIA1**	–	P2
Benzol	$\mathbf{C_6H_6}$	**5**	**16**	0,88	2,70	–11	555	5,53	80,10	F, T/101	3	**IIIA1**, H	A	–
Blei	Pb	–	0,1 E	11,35	–	–	–	327,50	1740	–/–	–	B	–	P2
Bleitetraethyl	$C_8H_{20}Pb$	–	0,05	1,65	11,2	80	–	–136,8	200 Zers	T/–	3	H, D	A	(P3)
Buchenholzstaub	–	–	**2(5) E**	–	–	–	–	–	–	–/–	–	**IIIA1**	–	P3
1,3-Butadien	$\mathbf{C_4H_6}$	15	34	0,62[2)]	1,92	–85	415	–108,97	–4,41	F, T/2,4	1	**IIIA2**	AX	–
Butan	C_4H_{10}	1000	2350	2,71[2)]	2,11	–60	365	–138,35	0,50	F/2,1	0	–	AX	–
n-Butanol	$C_6H_{10}O$	100	300	0,8	2,56	24…35	340…390	–89,3…–114,7	117,7…99,5	Xn/4…40	1	D, C	A	–
2-Butanon	C_6H_8O	200	590	0,81	2,49	–1	505	–86,9	79,57	F/105	1	H, C	A	–
n-Butylacetat	$C_6H_{12}O_2$	200	950	0,88	4,01	22…27	370	–76,3	Zers	–/–	1	–	A	–
Cadmium + Cd-Verb.	–	–	–	–	–	–	–	–	–	T/–	3	**IIIA2**	–	P3
Calciumoxid	CaO	–	5 E	3,40	–	–	–	2614	3570	–/–	1	–	–	P2
Carbonylchlorid (Phosgen)	$COCl_2$	0,02	0,08	1,38[2)]	3,50	–	–	–127,8	7,56	T/–	–	C	B	(P3)
Chlor	Cl_2	0,5	1,5	3,21[2)]	2,49	–	–	–101,0	–34,10	T/6,7	2	C	B	(P3)
1-Chlor-2,3-epoxypropan	$\mathbf{C_3H_5ClO}$	**3**	**12**	1,18	3,20	28	385	–25,6	116,56	T/16	3	**IIIA2, H**	A	(P3)
Chlorwasserstoff (Salzsäure)	HCl	5	7	1,64[2)]	1,27	–	–	–114,2	–85,05	C/–	1	C	E	(P2)
Chrom-IV-Verbindungen	–	–	**0,1 (0,05) E**	–	–	–	–	–	–	–/–	–	**IIIA2, S**	–	P3
Cobalt-Verbindungen	–	–	**0,5 E**	–	–	–	–	–	–	–/–	–	**IIIA2, S**	–	P3

15.2.5 MAK- und TRK-Werte (Auswahl) DFG (1996) (Forts.)

Spalte: 1	2	3	4	5	6	7	8	9	10	11	12	13	14	15
Stoff	Chemische bzw. Brutto-Formel	MAK/TRK ml/m^3	MAK/TRK mg/m^3	Dichte kg/dm^3 1) g/dm^3 2)	rel. Gasdichte	Flammpunkt °C	Zündtemp. °C	Festpunkt °C 1013 mbar	Siedepunkt °C 1013 mbar	Gefahrensymbol/ Dampfdruck bei 20 °C	WGK	Gefährlichkeit	Atem-Filter Gas	Atem-Filter Par.
Cyanacrylsäuremethylester	$C_5H_5NO_2$	2	8	1,28	3,84	–	–	liq	–	–/–	–	–	B	–
Cyclohexan	C_6H_{12}	200	700	0,78	2,91	>112	–	6,55	80,74	F/104	1	–	A	–
Dibenzoylperoxid	$C_{14}H_{10}O_4$	–	5 E	1,32	–	–	80	110	–	E, Xi/–	–	–	–	P2
1,1-Dichlorethan	$C_2H_4Cl_2$	100	400	1,18	3,42	–10	660	–97,6	57,25	F, Xn/240	–	D	AX	–
1,2-Dichlorethan	$\mathbf{C_2H_4Cl_2}$	**5**	**20**	1,25	3,42	13	440	–35,75	82,9	F, Xn/87	–	**IIIA2**	A	–
Dichlormethan	CH_2Cl_2	100	350	1,33	2,93	13	605	–93,7	40,67	Xn/475	2	IIIB, D	AX	–
Diethylether	$C_4H_{10}O$	400	1200	0,71	2,56	<–20	180	–116,4	34,6	F/587	1	D	AX	–
Diisocyanat-toluol (2,4-; 2,6-)	$C_9H_6N_2O_2$	0,01	0,07	1,22	6,02	127	–	14…22	120…250	T/–	2	S	B	(P3)
1,4-Dioxan	$C_4H_8O_2$	20	72	1,03	3,04	11	375	11,8	101,32	F, Xn/41	2	IIIB, D, H	A	–
Diphenylmethan-4,4′-diisocyanat	$C_{15}H_{10}N_2O_2$	0,005	0,05	1,21	8,64	212	7500	39,5	–	Xn/–	–	S, III B	B	(P2)
Eichenholzstaub	–	–	**2 E**	–	–	–	–	–	–	–/–	–	**IIIA1**	–	P3
Ethanol	C_2H_6O	1000	1900	0,79	1,59	12	425	–114,2	78,33	F/59	0	C	A	–
2-Ethoxyethylacetat	$C_6H_{12}O_3$	5	27	0,98	4,57	52	380	61,7	156,4	Xn/1,6	1	H, B	A	–
Ethylacetat	$C_4H_8O_2$	400	1400	0,90	3,04	–4	460	–82,4	171,5	F/97	1	C	A	–
Ethylbenzol	C_8H_{10}	100	440	0,87	3,67	15…23	430	–94,98	136,2	F, Xn/9,3	1	H, D	A	–
Ethylglykol (2-Ethoxyethanol)	$C_4H_{10}O_2$	5	19	0,93	3,11	40	235	–70	135,6	Xi/5	–	H, B	A	–
Ethylacrylat	$C_5H_8O_2$	5	20	0,94	3,46	9	350	–71,2	99,8	F, Xi/38	2	D, S	A	–
Fluor	F_2	0,1	0,2	1,69 2)	1,31	–	–	–219,61	–188,13	T/–	–	–	B	–
Fluoride	–	–	2,5 E	–	–	–	–	–	–	–/–	–	–	–	–
Fluorwasserstoff (Flusssäure)	HF	3	2	0,90 2)	0,69	–	–	–83,57	19,54	T, C/1	1	–	E	(P2)
Formaldehyd	HCHO	0,5	0,6	–	1,04	60	300	–92	–21	T/–	2	IIIB, S, C	B	(P3)
n-Hexan	C_6H_{14}	50	180	0,66	2,98	<–20	240	–95,3	68,7	–/160	1	C	A	–
Hydrazin	$\mathbf{N_2H_4}$	**0,1**	**0,13**	1,01	1,11	52	270	1,54	113,5	T/13	3	**IIIA2, H, S**	K	–
Isopropylacetat	$C_5H_{10}O_4$	200	840	0,87	3,53	4	460	–73,4	88,4	F/61	1	–	A	–
Kampfer	$C_{10}H_{16}O$	2	13	0,99	5,26	66	–	178,8	209 sub	–/–	–	–	A	–
Kohlenstoffdioxid	CO_2	5000	9000	1,98 2)	1,53	–	–	–	–	–/–	0	–	–	–
Kohlenstoffmonoxid	CO	30	33	1,25 2)	0,97	–	605	–199	–191,5	F, T/–	0	B	CO	–

Erklärung der Kurzzeichen, Fußnoten und Spalten siehe S. 15-9.

15.2 Gefahrstoffe am Arbeitsplatz

15.2.5 MAK- und TRK-Werte (Auswahl) DFG (1996) (Forts.)

Spalte: 1	2	3	4	5	6	7	8	9	10	11	12	13	14	15
Stoff	Chemische bzw. Brutto-Formel	MAK/TRK ml/m³	MAK/TRK mg/m³	Dichte kg/dm³ 1) g/dm³ 2)	rel. Gasdichte	Flammpunkt °C	Zündtemp. °C	Festpunkt °C 1013 mbar	Siedepunkt °C 1013 mbar	Gefahrensymbol/ Dampfdruck bei 20 °C	WGK	Gefährlichkeit	Atem-Filter Gas	Atem-Filter Par.
Maleinsäureanhydrid	$C_4H_2O_3$	0,1	0,4	1,48	3,39	103	380	52,85	202 sub	Xi/–	1	S, C	A	P2
Methylalkohol (Methanol)	CH_4O	200	260	0,79[2)]	1,11	11	455	–182,5	–161,49	F, T/128	–	H, C	AX	–
Naphthalin	$C_{10}H_8$	–	–	1,18	4,43	80	540	80,29	217	–/0,04	2	IIIB	A	–
2-Naphthylamin	$\mathbf{C_{10}H_9N}$	–	–	1,22	4,95	157	–	112	306,1	T/–	–	**IIIA1, H**	–	P3
Natriumhypochlorit	NaClO	–	–	–	–	–	–	–	–	C/–	–		(B)	P2
Natriumnitrit	$NaNO_2$	–	–	2,17(0)	–	–	–	280 ± 5	>320 Zers	O, T/–	2	–	–	P3
Nickel + Verb.	–	–	**0,5 E**	–	–	–	–	–	–	–	–	**IIIA1, S**	–	P3
Nikotin	$C_{10}H_{14}N_2$	0,07	0,5	1,01	5,60	95	240	–79	–	T/–	–	H	A	(P3)
Ozon	O_3	–	–	2,14[2)]	1,66	–	–	–192,7	–111,9	–/–	–	IIIB	B	–
Pentachlorphenol	$\mathbf{C_6HCl_5O}$	–	–	1,98	9,20	–	–	191	312 Zers	T/–	3	**IIIA2, H**	A	P3
Phenol	C_6H_6O	5	19	1,07	3,25	82	595	40,85	181,75	T/–	2	H	A	–
Phthalsäureanhydrid	$C_8H_4O_3$	–	1 E	1,53	5,12	152	580	131,6	284,5 sub	Xi/–	–	S, D	A	(P2)
Polyvinylchlorid (PVC)		–	5 A	1,38	–	–	–	–	–	–/–	–	–	–	P2
Polychlor. Biphenyle (PCB)	–	**0,05**	**0,5**	≥1,38	≥8,9	≥176	–	≤–19	≥325	T/–	3	**IIIB, H, B**	(A)	P2
Pyrolyseprodukte	–	–	–	–	–	–	–	–	–	–/–	–	**IIIA1**	–	–
Quecksilber-Verbindungen	–	–	0,01 E	–	–	–	–	–	–	–/–	–	H, S	Hg	P3
Salpetersäure	HNO_3	2	5	1,51	2,18	–	–	–41,59	83 Zers	O, C/–	2	–	E	(P2)
Schwefeldioxid	SO_2	2	5	–	2,26	–	–	–75,52	–10,08	T/21	1	–	E	–
Schwefelsäure	H_2SO_4	–	1 E	1,84	–	–	–	10,38	279,6	C/–	1	–	–	P2
Stickstoffdioxid	NO_2	5	9	1,45	1,59	–	–	–11,25	21,15	T/–	–	–	–	–
Styrol	C_8H_8	20	85	0,91	3,60	32	490	–30,63	145,14	Xi/6	2	CH[3)]	A	–
Terpentinöl	–	100	560	0,86	–	33…35	>220	<–40	150…177	Xn	–	S	A	–
Tetrachlorethen	C_2Cl_4	50	345	1,62	5,73	–	–	–22,4	121,2	Xn/19	3	IIIB, C	A	–
Tetrachlormethan	CCl_4	10	65	1,59	5,31	–	>982	–22,99	76,54	T/120	3	IIIB, H, D	A	–
Toluol	C_7H_8	50	190	0,86	3,18	6	535	–94,99	110,62	F, Xn/29	2	C	A	–
1,1,1-Trichlorethan	$C_2H_3Cl_3$	200	1080	1,34	4,61	–	537	–32,6	73,7	Xn/133	3	C	A	–
1,1,2-Trichlorethan	$C_2H_3Cl_3$	10	55	1,44	4,61	–	460	–36,7	113,65	Xn/25	–	IIIB, H	A	–

Erklärung der Kennzeichen, Fußnoten und Spalten siehe S. 15-9

Spalte: 1 Stoff	2 Chemische bzw. Brutto-Formel	3 MAK/TRK ml/m³	4 MAK/TRK mg/m³	5 Dichte kg/dm³ [1)] g/dm³ [2)]	6 rel. Gasdichte	7 Flammpunkt °C	8 Zündtemp. °C	9 Festpunkt °C 1013 mbar	10 Siedepunkt °C 1013 mbar	11 Gefahrensymbol/ Dampfdruck bei 20 °C	12 WGK	13 Gefährlichkeit	14 Atem-Filter Gas	15 Atem-Filter Par.
Trichlorethen	**C_2HCl_3**	–	–	1,46	4,54	–	410	–86,8	86,7	T/77	3	**IIIA1**	A	–
Trichlorfluormethan	CCl_3F	1000	5600	1,49	4,75	–	–	–110,5	23,77	–/889	2	C	–	–
Vinylacetat	$C_4H_6O_2$	10	35	0,93	2,97	–8	385	–93,2	72,8	F/120	2	III B; D	A	–
Vinylchlorid	**C_2H_3Cl**	**2**	**5**	0,91[2)]	2,16	–78	415	–153,7	–13,7	F, T/1, 2	2	**IIIA1, H**[3)]	AX	–
Vinylidenchlorid (1,1-Dichlorethen)	$C_2H_2Cl_2$	2	8	1,21	3,35	–10	530	–122,1	31,6	F, Xn/667	–	IIIB, C	AX	–
Wasserstoffperoxid	H_2O_2	1	1,4	1,44	1,17	–	560	–0,43	150,2	0, C/2	0	–	NO	–
Xylol	C_8H_{10}	100	440	0,87	3,67	25…30	–	313…47	141+3	Xn/7…9	2	D	A	–
Zinkchromat	**$ZnCrO_4$**	–	–	3,40	–	–	–	–	–	T	–	**IIIA1**	–	P3
Zinn-Verbindungen org.	–	–	0,1 E	–	–	–	–	–	–	–/–	2	H	–	–

Erklärungen:

Spalte 3 u. 4: TRK-Werte gelten für **Krebs erzeugende Stoffe** und sind **fett** gekennzeichnet
A = gemessen als alveolengängiger Anteil
E = gemessen als einatembarer Anteil

Spalte 6: Das Verhältnis der Dichte eines gasförmigen Stoffes zur Dichte trockener Luft

Spalte 7, 8, 9 und 10: Die angegebenen Werte beziehen sich auf Normalbedingungen bei 1013 mbar
Zers = Zersetzung
sub = sublimiert (unmittelbarer Übergang in den Gaszustand)
liq = flüssig

Spalte 11: a) Bedeutung der Kennbuchstaben für das Gefahrensymbol gemäß Gefahrstoffverordnung siehe S. 15-10 und 15-11
b) Nach dem Querstrich wird der Dampfdruck in mbar bei 20 °C angegeben. Er zeigt, wie groß das Bestreben einer Flüssigkeit ist, in den gasförmigen Zustand überzugehen, d. h. zu verdunsten.

Spalte 12: WGK=Wassergefährdungsklasse:
0 = im allg. kein gefährdender Stoff
1 = schwach gefährdender Stoff
2 = Wasser gefährdender Stoff
3 = stark gefährdender Stoff

Spalte 13: Gefährlichkeit gemäß Gefahrstoffverordnung
a) Krebsgruppen:
IIIA1 = wirken beim Menschen Krebs erregend
IIIA2 = wirken im Tierversuch Krebs erregend, dieselbe Wirkung wird beim Menschen angenommen
IIIB = begründeter Verdacht auf Krebs erzeugende Wirkung beim Menschen
b) Fruchtschädigungsgruppen (Leibesfrucht):
A = Risiko der Fruchtschädigung ist sicher nachgewiesen
B = Risiko der Fruchtschädigung ist wahrscheinlich
C = Risiko der Fruchtschädigung braucht bei Einhaltung des MAK-Wertes nicht befürchtet werden
D = Fruchtschädigung nicht ausgeschlossen

c) Sonstige Schädigungskenzeichen:
H = Hautresorption, diese Stoffe vermögen leicht die Haut zu durchdringen
S = Allergische Erscheinungen können nach Sensibilisierung ausgelöst werden, auch bei Einhaltung des MAK-Wertes

Spalte 14, 15: Gas- u. Partikelfilter entfernen jeweils bestimmte Schadstoffe und dürfen angewendet werden, wenn die Umgebungsatmosphäre mindestens 17 Vol.-% Sauerstoff enthält.
Gasfiltertypen[4)]/Kennfarbe: DIN 3181-1: 1980-5
A/braun: für organische Gase und Dämpfe
B/grau: für anorganische Gase und Dämpfe
E/gelb: für Schwefeldioxid u. Hydrogenchlorid
AX/braun: für org. Verbindungen mit Gefahrsymbol T, T+, Xi und Xn und Siedepunkt <65 °C

Partikelfilterklassen[5)]: DIN 3181-1: 1980-5
P1: gegen feste inerte P., Rückhaltevermögen >80%
P2: feste u. flüssige (Xn/Xi)-P., Rückhalteverm. >94%
P3: feste u. flüssige (T/T+)-Partikel, Rückhalteverm. >99,95%

1) Feste und flüssige Stoffe werden in kg/dm³ angegeben. 2) Gasförmige Stoffe werden in g/dm³ angegeben.
3) Nach Angaben der amerikanischen TLV-Liste. 4) Beim Einsatz von Gasfiltern dürfen keine schädlichen Partikel vorhanden sein.
5) Beim Einsatz von Partikelfiltern dürfen keine schädlichen Gase vorhanden sein.

⇐ 15-10 15-11

15.3 Sicherheitskennzeichen

15.3.1 Hinweisschilder zur Arbeitssicherheit **VGB 125:** 1989-4 **und DIN 4844:** 1985-10

Rettungszeichen: weißes Bildzeichen auf grünem Grund

Richtungsangabe für Rettungsweg	Erste Hilfe	Rettungsweg nach links	Augenspüleinrichtung	Not-Dusche	Krankentrage	Notausgang

Gebotszeichen: weißes Bildzeichen auf blauem Grund

Augenschutz tragen	Schutzhelm tragen	Gehörschutz tragen	Atemschutz tragen	Schutzhandschuhe tragen	Schutzschuhe tragen

Warnzeichen: schwarzes Bildzeichen auf orangefarbenem Grund

Warnung vor …

feuergefährlichen	explosionsgefährlichen	giftigen Stoffen	ätzenden Stoffen	Flurförderfahrzeugen	Laserstrahlen	elektrischer Spannung

Verbotszeichen: schwarzes Bildzeichen auf weißem Grund + rotfarbene Kennung

Feuer, offenes Licht u. Rauchen verboten	Zutritt f. Unbefugte verboten	Für Flurförderfahrzeuge verboten	Für Fußgänger verboten	Mit Wasser löschen verboten	Rauchen verboten	Kein Trinkwasser	Nichts abstellen oder lagern

15.3.2 Kennzeichnungen und Symbole für Gefahrstoffe **GefStoffV:** 1993-10

Hauptgefahren, die von einem Stoff oder einer Zubereitung (kurz: Stoff) ausgehen, werden durch ein oder mehrere **Gefahrensymbole** inklusiv der dazugehörigen **Gefahrenbezeichnung** gekennzeichnet. Durch zusätzliche standardisierte Sätze, die sogenannten R-Sätze, erfolgen noch differenziertere **Gefahrenhinweise**, die über weitere gefährliche Eigenschaften Auskunft geben. Möglichkeiten zur Vermeidung bzw. Verminderung der Gefahren, soweit sie nicht selbstverständlich sind und/oder sich aus den Gefahrenhinweisen ergeben, können aus den gegebenen **Sicherheitsratschlägen**, den sogenannten S-Sätzen, entnommen werden.
Aber: Werden bestimmte Anteile von Stoffbeimischungen unterschritten, z. B. 0,1% für das Krebs erregende Benzol in Lösungsmitteln (bzw. 1% bei als mindergiftig, ätzend oder reizend eingestuften Stoffen), so braucht dies nach den gesetzlichen Grundlagen (GefStoffV) nicht angezeigt werden.

15

Beispiel zur Kennzeichnung eines Stoffes:

Name des Stoffes:	Trichlorethen
Gefahrensymbol und -bezeichnung:	 Mindergiftig
Gefahrenhinweise: (R-Sätze)	Gesundheitsschädlich beim Einatmen u. Verschlucken
Sicherheitsratschläge (S-Sätze)	Darf nicht in die Hände von Kindern gelangen Berührung mit den Augen vermeiden
Hersteller:	Name, Anschrift

Kennzeichnung von asbesthaltigen Erzeugnissen und Zubereitungen:

weiß auf schwarzem Grund

schwarz auf rotem Grund

15.3 Sicherheitskennzeichen

Gefahrensymbol u. -bezeichnung; -kennbuchstabe	Erläuterungen	Gefahrensymbol u. -bezeichnung; -kennbuchstabe	Erläuterungen
 Explosionsgefährlich; E	Stoffe in festem oder flüssigem Zustand, die durch Erwärmung oder einer nicht außergewöhnlichen Beanspruchung z. B. durch Schlag zur Explosion gebracht werden.	 Sehr giftig; T+ oder giftig; T	Stoffe, die durch Einatmen (inhalativ), Verschlucken (oral) oder Aufnahme durch die Haut (dermal) erhebliche Gesundheitsschäden oder den Tod verursachen können. T+: wenn LD_{50}[1] oral ≤ 25 mg/kg oder LD_{50} dermal ≤ 50 mg/kg oder LC_{50}[2] inhalativ $\leq 0{,}5$ mg/ l/4 h. T: wenn $25 < LD_{50}$ oral ≤ 200 mg/kg oder $50 < LD_{50}$ dermal ≤ 400 mg/kg oder $0{,}5 < LC_{50}$ inhal. ≤ 2 mg/l/4 h
 Brandförd.; O	Stoffe, die bei Berührung mit anderen, insbes. entzündlichen Stoffen so reagieren, dass Wärme in großer Menge frei wird.		
 Leicht entzündlich; F oder hoch entzündlich; F+	Stoffe, die sich bei gewöhnlichen Temperaturen erhitzen und entzünden können oder in festem Zustand durch kurzzeitige Einwirkung einer Zündquelle entzündet werden. (F+: Flammpunkt <0 °C, Siedepunkt max. 35°C; F: Flammpunkt <21 °C und >0 °C)	 Mindergiftig (häufig als gesundheitsschädlich bez.); Xn	Stoffe, die durch Einatmen (inhalativ), Verschlucken (oral) oder Aufnahme durch die Haut (dermal) Gesundheitsschäden geringeren Ausmaßes verursachen können. Xn: wenn $200 < LD_{50}$[1] oral ≤ 2000 mg/kg oder $2 < LC_{50}$[2] inhalativ ≤ 20 mg/l/4 h usw.
 Ätzend; C	Stoffe, die durch Berührung die Haut zerstören. (Schwere Verätzung: die Haut von Versuchstieren ist in ihrer gesamten Dicke in weniger als 3 min zerstört.)	 Reizend; Xi	Sind Stoffe, die ohne ätzend zu sein, nach ein- oder mehrmaliger Berührung mit der Haut Entzündungen verursachen können.

15.4 Umweltschutz

Übersicht: Umweltrelevante Betriebsbereiche

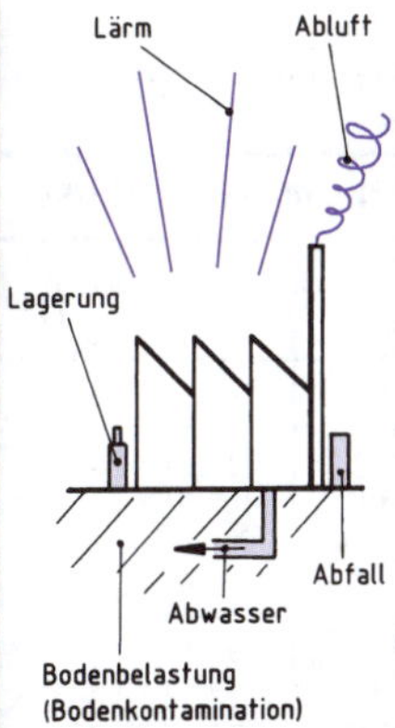

Umweltrelevante Betriebsbereiche	Umweltrelevante Aspekte z. B.	Rechtliche Grundlagen[3) 4)]
Abluft	Schadstoffe aus Arbeitsplatzabsaugung	Bundesimmissionsschutzgesetz (BImSchG) + Verordnungen dazu (BImSchV)
Abwasser	Reinigen von Leiterplatten	Wasserhaushaltsgesetz (WHG), Abwasserabgabengesetz (AbwAG)
Abfall	PCB-haltige Kondensatoren	Abfallgesetz (AbfG), Abfall- und Reststoffüberwachungs-Verordnung
Bodenbelastung	Dioxine aus Isolationswerkstoff	Abfallgesetz (AbfG) u. a.
Lagerung	Lösungsmittel	Gewerbeordnung (GewO), Bundesimmissionsschutzgesetz (BImSchG)
Lärm	v. Maschinen- u. Arb.-Platzabsaugung	Bundesimmissionsschutzgesetz (BImSchG) + Verordnungen
Transport	gefährliche Abfälle	Gesetz über Beförderung gefährlicher Güter + Verordnungen

1) Letale (zum Tode führende) Dosis bei 50% der Versuchstiere.
2) Letale (zum Tode führende) Konzentration bei 50% der Versuchstiere.
3) Außer den bundesrechtlichen Grundlagen müssen die landesrechtlichen beachtet werden.
4) Bei Neuanlagen erfolgt nach dem Gesetz (UVPG) eine Umweltverträglichkeitsprüfung.

15.4 Umweltschutz

15.4.1 Luftbelastungen

Treibhauseffekt **Umweltbundesamt (1988/89)**

Dieser entsteht dadurch, dass die kurzwellige Sonnenstrahlung weitgehend ungehindert durch die Atmosphäre dringen kann und die Erdoberfläche aufheizt. Dagegen liegt die von der Erde abgestrahlte Energie im längerwelligen infraroten Spektralbereich und wird von bestimmten Stoffen (Wasserdampf, Ozon, Kohlenstoffdioxid, u. a.) absorbiert (aufgenommen) und teilweise wieder zur Erde zurückgesandt.

Stoffe, die den Treibhauseffekt verstärken	CO_2	CH_4	N_2O	O_3	CF_2Cl_2
Prozentualer Anteil am Gesamttreibhauseffekt	50	15	5	10	20
Konzentration in ppb (in der Erdatmosphärenschicht bis etwa 12 km Höhe)	346 000	1700	310	10–20	0,32
Konzentrationsanstieg in % pro Jahr (Schätzung)	0,3	1	0,2	–	5
Treibhauswirkung, relativer Effekt pro Molekül	1	20	200	2000	10 000

CO_2 = Kohlenstoffdioxid, CH_4 = Methan, N_2O = Distickstoffoxid, O_3 = Ozon, CF_2Cl_2 = Fluorchlorkohlenwasserstoffe, Treibhauswirkungspotential von CO_2 = 1.
Beim Vergleich mit Kohlenstoffdioxid wird deutlich, dass die anderen Gase trotz ihrer wesentlich geringeren Konzentration dennoch erheblichen Einfluss auf den Treibhauseffekt haben aufgrund ihrer wesentlich stärkeren Treibhauswirkung.

Ausdünnung der Ozonschicht in der Stratosphäre **WMO Report (1992)**

Insbesondere die Chlorkonzentration in der antarktischen Stratosphäre führten zu dem Ozonloch über der Antarktis und insgesamt zu einer Ausdünnung der Ozonschicht. Bereits eine 1%ige Ozonabnahme lässt rund 2% mehr Ultraviolett-B-Strahlung zur Erdoberfläche durchdringen. Die Auswirkungen sind erheblich: zusätzliche Krebsfälle, Schwächung des menschlichen Immunsystems, Zunahme bestimmter Augenerkrankungen u. a.

Ozonabbauende Stoffe	HGK in mg/m^3	Z in %	OSP	Ozonabbauende Stoffe	HGK in mg/m^3	Z in %	OSP
Trichlorfluormethan (R11)	0,28	4	1,0	Halon 1211 (CF_2BrCl)	0,002	12	10,5
Dichlordifluormethan (R12)	0,48	4	0,96	Halon 1301 (CF_3Br)	0,002	15	10,4
Dichlorfluormethan (R22)	0,12	7	0,17	Methylchloroform	0,158	4	0,75
Trifluortrichlorethan (R113)	0,06	10,0	0,56	Methylbromid	0,015	15	5,4
Tetrachlormethan	0,15	1,5	1,25				

HGK = Hintergrundkonzentration, **Z** = jährliche Zunahme, **OSP** = relatives Ozonschädigungspotential, bezogen auf Trichlorfluormethan (Schädigungspotential von R11 = 1)

Sonstige Schadstoffe in der Luft **Umweltbundesamt (1988/89)**

Schadstoff im Schwebstaub	K.-bereich in ng/m^3 l. Gebiet	s. Gebiet	HGK ng/m^3	Schadstoff im Schwebstaub	K.-bereich in ng/m^3 l. Gebiet	s. Gebiet	HGK ng/m^3
Arsen, As	1–5	3–30	–	Quecksilber, Hg (part.)	0,05–3	0,2–2	–
Beryllium, B	–	0,01–2	–	Antimon, Sb	0,5–2	2–30	–
Blei, Pb	20–60	200–1000	–	Selen, Se	0,5–3	1–10	–
Cadmium, Cd	0,2–2	2–20	–	Vanadium, V	1–10	10–50	–
Chrom, Cr	1–5	5–30	–	Zink, Zn	50–100	100–1000	–
Kobalt, Co	0,2–1	0,5–5	–	Benzo(a)pyren, BaP	0,5–3	2–20	–
Kupfer, Cu	1–10	20–150	–	Dibenzo(ah)anthracen, DB(ah)A	–	1–15	–
Mangan, Mn	10–50	20–100	–	Benzopaphtothiophen, BNT	0,5–3	1–15	–
Nickel, Ni	1–10	5–20	–	Benzo(a)anthraden, BaA	0,5–3	2–40	–

K. = Konzentrations-, **l.** = ländliches, **s.** = städtisches, **HGK** = Hintergrundkonzentration

15.4 Umweltschutz

Sonstige Schadstoffe in der Luft (Forts.) Umweltbundesamt (1988/89)

Schadstoff	K.-bereich in µg/m³ l. Gebiet	K.-bereich in µg/m³ s. Gebiet	HGK ng/m³
Schwefeldioxid, SO_2[1])	10–80	60–80	–
Stickstoffoxid, NO_2[1])	0–20	40–50	–
Schwebstaub[1])	10–20	50–90	–
Ozon, O_3[1])		40–80	–
Schwefelwasserstoff	0,05–1	0,1–5	–
Dimethylsulfid, $(Ch_3)_2S$	0,005–0,1	0,02–0,2	–
Schwefelkohlenstoff	0,1–1	0,1–1	–
Kohlenstoffoxisulfid	0,5–3	0,5–3	1300
Methan, CH_4	1200	bis 3000	–
Ethan, C_2H_6	1–5	3–5	–
n-Pentan, n-C_5H_{12}	1–3	5–50	–
n-Octan, n-C_6H_{18}	0,2–1	2–10	–
Cyclo-Hexan, cyclo-C_8H_{12}	0,1–1	1–10	–
Ethen, C_2H_4	0,5–5	5–30	–
Buten, C_4H_8	1–2	1–10	–
Ethin, C_2H_2	0,2–3	5–30	–
Isopren	1–10	–	–
Benzol, C_6H_6	1–5	5–30	–
Toluol, $C_6H_5CH_3$	0,5–2	5–50	–
Xylole, $C_6H_4(CH_3)_2$	0,1–1	5–50	–

Schadstoff	K.-bereich in µg/m³ l. Gebiet	K.-bereich in µg/m³ s. Gebiet	HGK ng/m³
Methanol, CH_3OH	–	10–20	–
Ethanol, C_2H_5OH	–	10–50	–
Formaldehyd, HCHO	0,5–2	10–20	500
Acetaldehyd, CH_3CHO	1–2	0,5–15	–
Aceton, CH_3COCH_3	0,1–1	10–50	–
Methylchlorid, CH_3Cl	1–2	1–2	–
Dichlormethan, CH_2Cl_2	0,2–0,5	1–5	–
Chloroform, $CHCl_3$	0,2–0,5	0,5–3	100
Tetrachlorkohlenstoff	0,5–1	1–3	850
1,1,1-Trichlorethan	1–3	5–10	760
Vinylchlorid, CH_2CHCl	0,1	0,1–1	–
Trichlorethen, C_2HCl_3	0,2–1	2–15	90
Perchlorethen, C_2Cl_4	0,5–2	2–15	660
Dichlorbenzol, $C_6H_4Cl_2$	–	1–10	–
Difluordichlormethan (R12)	1–2	1–5	1670
Trichlorfluormethan (R11)	1–2	1–4	1300
Ammoniak, NH_3	2–20	–	–
Salpetersäure, HNO_3	0,05–1	0,1–20	–
Wasserstoffperoxid, H_2O_2	0,1–3	0,1–0,5	–

K. = Konzentrations-, **l.** = ländliches, **s.** = städtisches, **HGK** = Hintergrundkonzentration nach dem WMO-Report; diese Werte werden in sehr entlegenen, emittentenfernen Regionen wie Südpol oder Pazifischer Ozean gemessen.
In der Luft kommt eine große Anzahl von Luft verunreinigenden Stoffen vor, für die keine regelmäßigen und flächendeckenden Messungen durchgeführt werden. Die angeführte Tabelle gibt Auskunft über einige Substanzklassen von Schadstoffen, wovon wenige typische Vertreter ausgewählt wurden.

15.4.2 Schadstoffe im Wasser

Die Schwermetalle und Schwermetallverbindungen finden weitverbreitete Anwendung. Deshalb gelangen diese an den Verarbeitungsstätten in relativ hohen Konzentrationen in die Umwelt und über verschiedene Wege (Abluft, Abwasser, Schlämme) auch in die Nordsee. Da die Schwermetalle nicht biologisch abbaubar sind, werden sowohl das maritime Ökosystem als auch alle direkten (z. B. Fischesser) und indirekten (z. B. Makroökosystem) Nutznießer dauerhaft belastet.

Geschätzte Schwermetalleinträge (nach Quality Status of the North Sea, London, 1987)
(ohne Einträge aus Ostsee, Ärmelkanal und Atlantik)

Schwermetall	Gesamteintrag pro Jahr in t	Eintragsquellen und Einträge in %				
		Atmosphäre	Baggergut	Direkt-Einleitung	Flüsse	Industrie-abfälle
Blei, Pb	11 000	67	18	2	9	2
Cadmium, Cd	335	71	6	6	16	–
Quecksilber, Hg	75	40	23	7	28	–

Hauptanwendungen: Antikorrosionsmittel (Cd, Pb); Batterien (Cd, Pb, Hg); Kraftstoffe (Pb); Biozide (Hg, Cu, Zn); Legierungen (Cd, Pb, Cu, Zn) u. a.

[1]) Für diese Stoffe werden die Werte routinemäßig und flächendeckend erfasst.

16 Datenschutz

16.1 Grundbegriffe des Datenschutzrechtes

Datenschutz	Im sog. Volkszählungs-Urteil vom 15.12.1983 hat das BVerfG Leitlinien zum Datenschutz aufgestellt. Danach ist unter Datenschutz der Schutz des Einzelnen gegen unbegrenzte Erhebung, Speicherung, Verwendung und Weitergabe von persönlichen Daten zu verstehen. Dieser Gedanke ist im allgemeinen Persönlichkeitsrecht des Art. 2 Abs. 1 i.V. mit Art. 1 Abs. 1 GG verankert. Dieses Recht beinhaltet, dass die einzelne Person selbst über die Preisgabe und Verwendung der eigenen persönlichen Daten bestimmen kann
Grenzen des Persönlichkeitsrechtes	Die Einschränkungen des Persönlichkeitsrechtes bei der Veröffentlichung der persönlichen Daten sind dort zu finden, wo das Allgemeininteresse höher anzusetzen ist als das Recht auf informationelle Selbstbestimmung. Solche Ausnahmen bedürfen einer verfassungsmäßigen und den Grundsatz der Verhältnismäßigkeit beachtenden gesetzlichen Grundlage
Informationelle Selbstbestimmung	Soll dem Einzelnen ermöglichen, sich seine Privatsphäre zu erhalten, und verhindern, daß er deshalb in zunehmende Abhängigkeit von Stellen in Staat und Wirtschaft gerät, weil diese immer mehr von ihm wissen
Grenzen der informationellen Selbstbestimmung	Einschränkungen des Rechts auf informationelle Selbstbestimmung sind nur auf Grund eines Gesetzes zulässig. Das Gesetz muss: – im überwiegenden Allgemeininteresse erforderlich sein, – die Voraussetzungen für die Einschränkungen des Grundrechts und deren Umfang für den Bürger erkennbar regeln, also dem Gebot der Normenklarheit entsprechen, – den Grundsatz der Verhältnismäßigkeit beachten
Personenbezogene Daten	Einzelangaben über persönliche oder sachliche Verhältnisse einer bestimmten oder bestimmbaren Person (betroffene Person)
Datei	Eine automatisierte Datei ist eine Sammlung personenbezogener Daten, die durch automatisierte Verfahren nach bestimmten Merkmalen ausgewertet werden kann. Eine nicht-automatisierte Datei ist jede sonstige Sammlung personenbezogener Daten, die gleichartig aufgebaut ist und nach bestimmten Merkmalen geordnet, umgeordnet und ausgewertet werden kann
Erheben	Beschaffen von Daten über den Betroffenen

Akte	Jede sonstige (nicht in Dateiform vorliegende) Unterlage, die amtlichen, dienstlichen oder geschäftsmäßigen Zwecken dient; dazu gehören auch Bild- und Tonträger, aber nicht: Vorentwürfe und Notizen, die nicht Bestandteil eines Vorganges werden sollen
Verarbeiten	Speichern, Verändern, Übermitteln, Sperren und Löschen von Daten
Nutzen	Verwenden von Daten, soweit nicht Verarbeiten vorliegt
Speichern	Erfassen, Aufnehmen oder Aufbewahren von Daten auf einem Datenträger zum Zweck ihrer weiteren Verarbeitung oder Nutzung
Verändern	Inhaltliches Umgestalten gespeicherter Daten
Übermitteln	Bekanntgeben gespeicherter oder durch Datenverarbeitung gewonnener Daten an einen Dritten (Empfänger) in der Weise, dass – Daten durch die speichernde Stelle an den Empfänger weitergegeben werden oder – der Empfänger bei der speichernden Stelle Daten einsieht oder abruft
Sperren	Kennzeichnen gespeicherter Daten, um ihre weitere Verarbeitung und Nutzung einzuschränken
Löschen	Unkenntlichmachen gespeicherter Daten
Speichernde Stelle	Jede Person oder Stelle, die Daten für sich selbst speichert oder durch andere im Auftrag speichern läßt
Hinweis	Soweit nicht ausdrücklich anders geregelt, gelten alle Begriffe sowohl für automatisierte als auch für nicht automatisierte Verarbeitung und Nutzung von Daten. Auch der Umgang mit Daten in Akten ist nach dem Gesetz „Datenverarbeitung“, also nicht nur informationstechnische Daten
Geltungsbereich des BDSG	Das Bundesdatenschutzgesetz (BDSG) gilt uneingeschränkt für öffentliche Stellen des Bundes und für nicht öffentliche Stellen. Es gilt nur eingeschränkt für öffentliche Stellen der Bundesländer. Das BDSG ist auch bei Erhebung personenbezogener Daten zu beachten. Es ist auch anzuwenden bei der Erstellung von Büchern, Listen, Bildarchiven, Filmen und Tonaufzeichnungen. Eine Verarbeitung personenbezogener Daten zu persönlich-privaten Zwecken unterliegt nicht dem BDSG

16.2 Anwendungsbereich des BDSG

Welche Stellen haben das BDSG anzuwenden?

Öffentliche Stellen des Bundes	– Behörden – Organe der Rechtspflege – andere öffentlich-rechtlich organisierte Einrichtungen im Bundesbereich (z. B. Körperschaften, Anstalten und Stiftungen des öffentlichen Rechts unter der Aufsicht des Bundes) – Vereinigungen öffentlicher Stellen
Öffentliche Stellen der Länder	– Behörden der Länder – Organe der Rechtspflege – öffentlich-rechtlich organisierte Einrichtungen im Landes- und Kommunalbereich – Vereinigungen öffentlicher Stellen eines Landes Die einzelnen Bundesländer haben für ihren Bereich Landesdatenschutzgesetze erlassen. Bei der Erhebung, Verarbeitung und Nutzung personenbezogener Daten durch öffentliche Stellen der Länder gilt in erster Linie das jeweilige Landesdatenschutzgesetz. Das BDSG gilt in den Ländern nur dann, wenn der Datenschutz nicht durch ein Landesdatenschutzgesetz geregelt ist und dieses den gleichen Regelungsumfang hat oder wenn diese Stellen Bundesrecht ausführen oder als Organe der Rechtspflege tätig werden (ausgenommen sind Verwaltungsangelegenheiten)
Nicht öffentliche Stellen	– natürliche Personen – juristische Personen des Privatrechts – Personenvereinigungen des Privatrechts – **nicht aber**, wenn sie Aufgaben der öffentlichen Verwaltung wahrnehmen (also als „beliehene Unternehmer" tätig werden) Nicht öffentliche Stellen unterliegen dem BDSG nur, wenn – personenbezogene Daten in oder aus Dateien verarbeitet oder verwendet und – die Daten geschäftsmäßig oder für berufliche oder gewerbliche Zwecke verarbeitet oder genutzt werden Eine Verarbeitung personenbezogener Daten zu persönlich-privaten Zwecken unterliegt nicht dem BDSG
Ergänzende Datenschutzbestimmungen	Das BDSG stellt allgemeine datenschutzrechtliche Regelungen auf. Weitergehende spezielle Regelungen, die als bereichsspezifische Regelungen dem Datenschutzgesetz vorgehen, finden sich in: – Sozialgesetzbuch – Straßenverkehrsgesetz – Bundeszentralregistergesetz – Melderechtsrahmengesetz – Ausländergesetz – Bundesverfassungsschutzgesetz – Gesetz über den Militär. Abschirmdienst – Gesetz über den Bundesnachrichtendienst Vorzuziehen sind auch die gesetzlichen Spezialregelungen über: – die ärztliche Schweigepflicht – das Post- u. Fernmeldegeheimnis – das Personalaktengeheimnis – das Statistikgeheimnis – das Adoptionsgeheimnis

Allgemeine Grundsätze für die Verarbeitung und Nutzung personenbezogener Daten

Erlaubnisvorbehalt	Bei der Verarbeitung oder Nutzung gilt als allgemeiner Grundsatz, dass die Nutzung oder Verarbeitung grundsätzlich verboten ist, es sei denn – sie ist durch das BDSG oder eine andere Rechtsvorschrift ausdrücklich erlaubt oder – der Betroffene hat dazu ausdrücklich seine Einwilligung erklärt **Wichtig:** Ist die Verarbeitung oder Nutzung von personenbezogenen Daten durch ein Gesetz oder eine Rechtsvorschrift ausdrücklich erlaubt, ist dazu die ausdrückliche Einwilligung des Betroffenen nicht notwendig
Einwilligung des Betroffenen	Die Einwilligung bedarf der Schriftform (d. h. der eigenhändigen Unterschrift des Betroffenen), soweit nicht wegen besonderer Umstände eine andere Form angemessen ist. Der Betroffene ist vorher über die Tragweite seiner Einwilligung aufzuklären (z. B. über den Zweck der Speicherung und einer vorgesehenen Übermittlung der Daten an andere). Er ist auf Verlangen auch darüber zu informieren, was geschieht, wenn er nicht einwilligt (z. B. daß eine Geldbuße droht oder Ansprüche verlorengehen können)
Rechtlich einwandfreie Erhebung	Voraussetzung für eine rechtmäßige Verarbeitung oder Nutzung personenbezogener Daten ist eine rechtlich einwandfreie Erhebung

16.3 Zusätzliche Regelungen und Grundsätze

Erhebung der Daten durch öffentliche Stellen

Welche Daten?	Es dürfen nur Daten erhoben werden, die für die Aufgabenerfüllung erforderlich sind
Ort der Erhebung	Daten sind grundsätzlich beim Betroffenen zu erheben. Dabei ist ihm mitzuteilen, zu welchem Zweck die Daten erhoben werden
Aufklärungspflicht	Ist der Betroffene zur Auskunft verpflichtet (z. B. bei amtlichen Statistiken), muss ihm mitgeteilt werden, nach welchen Rechtsvorschriften er Auskunft geben muss. Der Betroffene ist auch aufzuklären, wenn er seine Ansprüche (z.B. auf Nichterhebung) nicht durchsetzen kann. Dem Betroffenen muß auch mitgeteilt werden, wenn die Auskunft freiwillig geleistet werden kann

Ausnahmen bei der Erhebung durch öffentliche Stellen

Ohne Mitwirkung des Betroffenen	Daten dürfen nur erhoben werden, wenn: – eine Rechtsvorschrift dies vorsieht oder zwingend voraussetzt (z. B. Einholung eines Strafregisterauszuges nach dem Bundeszentralregistergesetz) oder – die zu erfüllende Verwaltungsaufgabe ihrer Art nach eine Erhebung bei anderen Personen oder Stellen erforderlich macht (z. B. auch zur Abwehr erheblicher Gefahren durch die Polizei) und keine Beeinträchtigung überwiegender schutzwürdiger Interessen des Betroffenen zu erwarten ist oder – die Erhebung beim Betroffenen einen unverhältnismäßig hohen Aufwand zur Folge hätte (z. B. weil er schwer zu finden ist) und nicht angenommen werden kann, dass seine überwiegenden schutzwürdigen Interessen dadurch beeinträchtigt werden

Zusätzliche Regeln für öffentliche Stellen für die Speicherung, Veränderung und Nutzung der Daten

Zweckbindung Daten dürfen nur zweckgebunden gespeichert werden	Die Speicherung, Veränderung und Nutzung personenbezogener Daten durch öffentliche Stellen ist zulässig, wenn – dies zur Aufgabenerfüllung der Stelle notwendig ist, die die Daten speichert und – wenn die Speicherung für die Zwecke erfolgt, für die die Daten erhoben worden sind

Ausnahmen von der Zweckverbindung

Mögliche Abweichungen	Die Verarbeitung und Nutzung personenbezogener Daten für einen anderen Zweck ist dann zulässig, wenn – eine Rechtsvorschrift dies vorsieht oder zwingend voraussetzt, – der Betroffene eingewilligt hat, es offensichtlich im Interesse des Betroffenen liegt, – Angaben des Betroffenen überprüft werden müssen, weil es begründete Zweifel an ihrer Richtigkeit gibt, – die Daten aus Veröffentlichungen entnommen wurden oder veröffentlicht werden dürfen (aber nicht, wenn das entgegenstehende schutzwürdige Interesse des Betroffenen offensichtlich überwiegt) oder – wenn die Daten notwendig sind – zur Abwehr von Gefahr – zur Verfolgung von Straftaten – zur Abwehr einer schwer wiegenden Beeinträchtigung der Rechte eines anderen – zur Durchführung wissenschaftlicher Forschung (nach näher bestimmten Voraussetzungen)

Strikte Zweckbindung

Zweckbindung ist immer gegeben	Eine strikte Zweckbindung besteht für Daten, wenn sie ausschließlich gespeichert werden für – die Datenschutzkontrolle – die Datensicherung – zur Sicherung eines ordnungsgemäßen Betriebes einer Datenverarbeitungsanlage

Keine Zweckentfremdung der Daten

Keine Zweckentfremdung	Folgende Verwendung der Daten gilt nicht als Zweckentfremdung: – Rechnungsprüfung – Wahrnehmung von Aufsichts- und Kontrollbefugnissen – Ausbildungs- und Prüfungszwecke der speichernden Stelle, aber nur, soweit nicht überwiegende schutzwürdige Interessen der Betroffenen entgegenstehen (z.B. bei persönlichen Angaben)

16.3 Zusätzliche Regelungen und Grundsätze

Übermittlung der Daten (öffentliche Stellen)

Unterschiede der Übermittlung	Das Gesetz unterscheidet bei der Übermittlung durch eine öffentliche Stelle folgende Fälle: – Übermittlung an eine andere öffentliche Stelle – Übermittlung an eine nicht öffentliche Stelle – Übermittlung an eine Stelle außerhalb von Deutschland
Übermittlung an eine öffentliche Stelle	Das Übermitteln von Daten an eine öffentliche Stelle ist zulässig, wenn – es für die Aufgabenerfüllung der übermittelnden Stelle oder des Empfängers erforderlich ist und – der Verwendungszweck beim Empfänger gleich ist oder eine zulässige Zweckänderung vorliegt
Übermittlung an eine nicht-öffentliche Stelle	Werden Daten zur Erfüllung der eigenen Aufgaben an eine nicht öffentliche Stelle übermittelt, so gelten dieselben Regelungen wie bei einer Übermittlung an eine öffentliche Stelle.
Interessenabwägung	Die Übermittlung an eine nicht öffentliche Stelle ist außerdem zulässig, wenn der Empfänger ein berechtigtes Interesse an der Kenntnis der Daten glaubhaft dargelegt hat und der Betroffene keine schutzwürdigen Interessen am Ausschluß der Übermittlung hat. Der Betroffene muß in diesen Fällen informiert werden, außer wenn er von der Übermittlung schon auf anderem Wege weiß oder die öffentliche Sicherheit einer Unterrichtung im Wege steht.
Zweckbindung beim Empfänger	Für den Empfänger gilt eine strenge Zweckbindung. Die übermittelnde Stelle muß ihn darauf ausdrücklich hinweisen. Eine Verwendung für andere Zwecke ist nur mit Zustimmung der übermittelnden Stelle erlaubt; sie kann erteilt werden, wenn die Daten auch für diesen anderen Zweck übermittelt werden dürften
Übermittlung ins Ausland	Es gelten die gleichen Grundsätze wie für die Übermittlung an nicht öffentliche Stellen. Besonderheiten können sich aus speziellen gesetzlichen Vorschriften und aus internationalen Vereinbarungen ergeben. Auch ausländische Empfänger müssen auf die Zweckbindung hingewiesen werden. Bei dieser Übermittlung darf nicht gegen inländische Gesetze verstoßen werden. Als ausländische Empfänger gelten auch internationale oder supranationale Organisationen (z. B. auch Länder der EU), die im Inland eine Vertretung haben, die die Daten empfangen soll

Regelungen für die Erhebung, Verarbeitung und Nutzung durch nicht öffentliche Stellen

Erheben von Daten	Die Daten müssen nach Treu und Glauben und auf rechtmäßige Weise erhoben werden. Das bedeutet: – unter freiwilliger Mitwirkung des Betroffenen – ohne Heimlichkeit und Täuschung – keine Nötigung – die Umstände der Erhebung dürfen den Betroffenen nicht mehr als vermeidbar belasten

Speichern, Verändern und Übermitteln der Daten

Maßgebend ist der Vertrag und dessen Zweck	Im Rahmen der Zweckbestimmung eines Vertragsverhältnisses (oder eines vertragsähnlichen Vertrauensverhältnisses) mit dem Betroffenen (etwa zwischen Bank und Bankkunden, Arzt und Patienten, Versicherung und Versicherten; entsprechend eingeschränkt auch schon vor Vertragsabschluß und nach Erledigung) oder soweit dies zur Wahrnehmung berechtigter Interessen der speichernden Stelle erforderlich ist und kein Grund zu der Annahme besteht, dass ein überwiegendes Interesse des Betroffenen entsteht, oder wenn die Daten aus allgemein zugänglichen Quellen (Telefonbüchern, Adressbüchern, Zeitschriften usw.) entnommen werden können oder die speichernde Stelle sie veröffentlichen dürfte, aber nicht wenn ein entgegenstehendes Interesse des Betroffenen offensichtlich überwiegt, oder unter bestimmten Voraussetzungen für Zwecke der wissenschaftlichen Forschung

Zulässige Übermittlung

Berechtigtes Interesse des Empfängers	Die Übermittlung von personenbezogenen Daten innerhalb nicht öffentlicher Stellen ist dann zulässig, wenn kein berechtigtes, schutzwürdiges Interesse von Seiten des Betroffenen entgegensteht und – wenn der Empfänger ein berechtigtes Interesse an den Daten glaubhaft darlegen kann,
Markt- oder Meinungsforschung	– wenn listenmäßig zusammengefasste Daten für Zwecke der Werbung oder der Markt- oder Meinungsforschung übermittelt werden sollen. Hier sind sensible Daten grundsätzlich ausgenommen. In diesen Fällen hat der Betroffene ein Widerspruchsrecht und einen Anspruch auf Sperrung

16.4 Rechte betroffener Personen

Überblick	Eine betroffene Person hat – ein Recht auf Auskunft – Rechte auf Einsicht in die Datenregister und auf Benachrichtigung – Rechte auf Berichtigung, Sperrung oder Löschung – ein Recht auf Anrufung des Bundesbeauftragten für den Datenschutz und anderer Kontrollinstitutionen – ein Recht auf Schadenersatz

Recht auf Auskunft

Wer hat ein Auskunftsrecht	Jeder, unabhängig von Alter, Wohnsitz und Nationalität, hat das Recht auf Auskunft über die zu seiner Person gespeicherten Daten
Umfang der Auskunft	– Über die zu einer betroffenen Person gespeicherten Daten, einschließlich der Angabe, woher sie stammen und an welche dritten Stellen sie übermittelt worden sind. – Über den Zweck der Speicherung (d. h. die betreffende Verwaltungsaufgabe oder den speziellen Geschäftszweck) und – Über Personen und Stellen, an die regelmäßig übermittelt wird (gilt nur bei automatisierter Verarbeitung durch nicht öffentliche Stellen)
Wie man Auskunft erhält	Es empfiehlt sich, die Auskunft schriftlich anzufordern. Zur Legitimation genügt es in der Regel, die Kopie eines Personaldokumentes beizulegen. Einschreiben ist nicht erforderlich. Bei persönlicher Vorsprache wird eine sofortige Erledigung oft nicht möglich sein. Wenn die betroffene Person anruft, kann sie meist nicht sicher identifiziert werden. Deshalb gilt der Grundsatz: Keine telefonische Datenauskunft. Es ist möglichst genau im Anschreiben anzugeben, welche Auskunft bzw. worüber Auskunft gewünscht wird (z. B. „zum Wohngeld“, „Angaben in Zusammenhang mit einer Wehrdienstverweigerung“, „alle Informationen im Zusammenhang mit einem Mietvertrag“, „alles, was die Stadtverwaltung über <mich> gespeichert hat“). Beim Auskunftsverlangen hat man sich an die zu speichernde Stelle zu wenden. Wer als speichernde Stelle in Frage kommt, wird in diesem Kapitel unter der Überschrift „Recht auf Einsicht in die Dateienregister und auf Benachrichtigung“ angegeben. Ebenso kann der Datenschutzbeauftragte um Hilfe angerufen werden
Kosten einer Auskunft	Grundsätzlich braucht eine betroffene Person für die Auskunft nicht zu bezahlen. Es gelten aber folgende Ausnahmen: Schriftliche Auskünfte von Kreditauskunft-Unternehmen und ähnlichen Einrichtungen, die die betroffene Person wirtschaftlich gegenüber Dritten nutzen kann (etwa um die Bonität nachzuweisen). Das geforderte Entgelt darf nicht höher sein als die direkt entstandenen zurechenbaren Kosten. Wenn die gelieferten Daten unrichtig oder unzulässig sind, braucht man dafür nichts zu bezahlen. Bei einer mündlichen Auskunft oder einer Auskunft auf einem Blatt ohne Namensangabe entstehen der Person, die Auskunft erhält, keine Kosten, Die Auskunft gebende Stelle muß auf die Möglichkeit hinweisen, unter welchen Umständen die Auskunft unentgeltlich ist
Besonderheiten bei öffentlichen Stellen	Über personenbezogene Daten in Akten erhält man nur Auskunft, wenn – von der betroffenen Person Angaben gemacht werden, die das Auffinden der Daten ermöglichen, und – der Arbeitsaufwand in einem Verhältnis zum Informationsinteresse einer Person liegt, der zu vertreten ist. Aus diesem Grund ist es wesentlich darzulegen, warum die Auskunft wichtig ist. Eine Auskunft darüber, ob Daten an einen Nachrichtendienst (Bundesamt für Verfassungsschutz und Bundesnachrichtendienst) übermittelt wurden, ist nur mit dessen Zustimmung zugelassen
Besonderheiten bei nicht-öffentlichen Stellen	Auskunft über Daten, die nicht in einer Datei (z. B. in Akten und Heftern) gespeichert sind, kann man von Kreditauskunft-Unternehmen und anderen nicht öffentlichen Stellen verlangen, wenn diese Daten geschäftsmäßig auch zum Zweck der Übermittlung speichern. Diese Auskunft-Unternehmen müssen auch angeben, woher sie die Daten haben und wohin diese übermittelt worden sind, wenn von der betroffenen Person Zweifel an der Richtigkeit der Daten geltend gemacht werden

Keinen Anspruch auf Auskunft

Gegenüber nicht-öffentlichen Stellen	Die Auskunft kann in den Fällen abgelehnt werden, wenn auch keine Pflicht zur Benachrichtigung besteht

16.4 Rechte betroffener Personen

Keinen Anspruch auf Auskunft (Forts.)

Gegenüber öffentlichen Stellen	Öffentliche Stellen verweigern die Auskunft, wenn – die Gefahr besteht, dass sie ihre Aufgabe nicht ordnungsgemäß erfüllen können, z. B. wenn laufende polizeiliche Ermittlungen gefährdet würden, – es notwendig zum Schutz der öffentlichen Sicherheit und Ordnung ist, – die Daten oder die Tatsache, dass die Stelle sie speichert, geheim gehalten werden muss, und deswegen das Interesse des Betroffenen an der Auskunft zurücktreten muss. Die Auskunft darf aber nie pauschal abgelehnt werden, sondern nur nach sorgfältiger Abwägung im Einzelfall

Was tun bei Auskunftsverweigerung

Grundsätzlicher Anspruch	Es besteht grundsätzlich ein Anspruch auf vollständige Auskunft, d. h. auf alle Angaben, über die nach dem Gesetz grundsätzlich eine Auskunftspflicht besteht
Pflicht zur Information über den Umfang der Auskunft	Macht eine auskunftspflichtige Stelle von einer Möglichkeit Gebrauch, die Auskunft ganz oder teilweise zu beschränken, muß diese Stelle auf die Unvollständigkeit der Auskunft ausdrücklich hinweisen, damit von der betroffenen Person eine Überprüfung des Sachverhaltes verlangt werden kann
Pflicht zur Information über den Grund der Einschränkung	Im allgemeinen ist die Auskunft erteilende Stelle auch dazu verpflichtet, den Grund oder die gesetzliche Grundlage der Einschränkung anzugeben. Eine solche Begründung ist nur dann entbehrlich, wenn dadurch die Aufgabe der Stelle gefährdet oder behindert würde (z. B. laufende polizeiliche Ermittlungen)
Hilfe für den Betroffenen	Bestehen Zweifel, ob korrekt Auskunft erteilt worden ist, kann sich der Betroffene an den Bundesbeauftragten für den Datenschutz oder an die sonst zuständige Datenschutzkontrollinstitution wenden. Der Vorgang wird daraufhin umfassend geprüft. Daneben besteht selbstverständlich auch die Möglichkeit einer gerichtlichen Klage

Rechte auf Einsicht in die Dateienregister und auf Benachrichtigung

Registereinsicht	Die Behörden und öffentliche Stellen des Bundes haben ihre automatisierten Dateien, in denen personenbezogene Daten gespeichert werden, dem Bundesbeauftragten für den Datenschutz zur Aufnahme in ein Register zu melden. Dieses Register kann von

Rechte auf Einsicht in die Dateienregister und auf Benachrichtigung (Forts.)

Registereinsicht (Forts.)	jedem eingesehen werden. Der Registerinhalt kann dem Einzelnen Anhaltspunkte darüber geben, bei welchen Stellen er sein Auskunftsrecht ausüben möchte. Aus dem Register kann nicht entnommen werden, ob überhaupt und, wenn ja, welche Daten über eine Person wo gespeichert sind. Zu jeder Datei enthält das Register folgende Angaben: 1. Bezeichnung und Art der Datei 2. Zweckbestimmung 3. Art der gespeicherten Daten 4. Betroffener Personenkreis 5. Art der regelmäßig zu übermittelnden Daten und deren Empfänger 6. Regelfristen für die Datenlöschung
Ausnahmen	Nicht in das Register beim Bundesbeauftragten für den Datenschutz werden aufgenommen: a) Dateien folgender Behörden: – Verfassungsschutzbehörden – Bundesnachrichtendienst – Militärischer Abschirmdienst – andere Behörden des Bundesministers der Verteidigung, soweit die Sicherheit des Bundes berührt wird b) Vorübergehend angelegte Dateien, die spätestens drei Monate nach ihrer Erstellung gelöscht werden

Keine öffentliche Einsicht in Dateien bei öffentlichen Stellen

Öffentliche Stelle	Der öffentlichen Einsicht nicht zugänglich sind Dateien bei: – der Staatsanwaltschaft – der Polizei – bestimmten Stellen der Finanzverwaltung Diese Dateien enthalten: – Art der gespeicherten Daten – Art der regelmäßig zu übermittelnden Daten und deren Empfänger

Registereinsicht im nicht öffentlichen Bereich

Dateienregister für den nicht öffentlichen Bereich	Im nicht öffentlichen Bereich gibt es nur für einen relativ kleinen Teil der Dateien ein öffentliches Dateienregister. Dieses Register ist für nicht öffentliche Stellen angelegt, die personenbezogene Daten geschäftsmäßig zum Zwecke der Übermittlung (auch in anonymisierter Form) speichern oder sie

16.4 Rechte betroffener Personen

Registereinsicht im nicht öffentlichen Bereich (Forts.)

Dateienregister für den nicht öffentlichen Bereich (Forts.)	im Auftrag als Dienstleistungsunternehmen verarbeiten oder nutzen. Hierunter fallen vor allem Kreditauskunft-Unternehmen, Markt- und Meinungsforschungsinstitute und Dienstleistungs-Rechenzentren. Solche Stellen haben der zuständigen Aufsichtsbehörde innerhalb eines Monats die Aufnahme, Änderungen und die Beendigung ihrer Tätigkeit zu melden und dabei folgende Angaben zur Aufnahme in das öffentliche Register mitzuteilen:
Inhalt des Registers	– Name der Firma und Stelle, – Inhaber, Vorstände, Geschäftsführer und sonstige Leiter und die mit der Leitung der Datenverarbeitung beauftragten Personen, – Geschäftszwecke der Stelle und der Datenverarbeitung, – Name des von der Stelle Beauftragten für den Datenschutz – allgemeine Beschreibung der Art der gespeicherten personenbezogenen Daten (nicht bei im Auftrag verarbeiteten oder genutzten Daten)

Die Benachrichtigung durch die nicht öffentliche Stelle

Pflicht zur Benachrichtigung	Jede nicht öffentliche Stelle ist verpflichtet, alle Betroffenen individuell darüber zu benachrichtigen, dass über sie personenbezogene Daten ohne deren Kenntnis verarbeitet werden.
Ausnahme	In bestimmten Fällen, die im BDSG genannt sind, unterbleibt die Benachrichtigung, weil eine überwiegende Geheimhaltungspflicht besteht oder weil die Datenverarbeitung nach Auffassung des Gesetzgebers für den Betroffenen weniger gravierend ist
Zeitpunkt der Benachrichtigung	Stellen, die personenbezogene Daten für eigene Zwecke verarbeiten, benachrichtigen die zuständigen Stellen zum Zeitpunkt der ersten Speicherung. Werden von solchen Stellen personenbezogene Daten zum Zwecke der Übermittlung gespeichert, sind die zuständigen Stellen zum Zeitpunkt der ersten Übermittlung zu informieren.
Inhalt der Benachrichtigung	– Angabe der speichernden Stelle mit Name/Firma und Anschrift – die Tatsache, dass erstmals Daten über die Person, die benachrichtigt wird, gespeichert oder übermittelt werden, und – die Art der Daten

Wann sind personenbezogene Daten zu berichtigen?

Grundsatz	Jede Stelle ist verpflichtet, unrichtige Daten zu berichtigen. Natürlich liegt es auch am Betroffenen daran hinzuweisen, wenn Daten unrichtig oder überholt sind. In den Akten werden unrichtige Daten nicht durch richtige ausgetauscht, sondern ein Berichtigungsvermerk beigefügt. Ebenso ist zu vermerken, wenn der Betroffene die Richtigkeit von Daten bestreitet

Wann sind personenbezogene Daten zu löschen?

Bei öffentlichen Stellen und gewerbsmäßigen Auskunfteien	Wenn – die Speicherung unzulässig ist, etwa weil schon die Erhebung unzulässig war, oder – es sich um Daten über gesundheitliche Verhältnisse, strafbare Handlungen, Ordnungswidrigkeiten sowie religiöse oder politische Anschauungen handelt und die speichernde Stelle deren Richtigkeit nicht beweisen kann, – für eigene Zwecke verarbeitete Daten für die Erfüllung des Speicherungszwecks nicht mehr erforderlich sind oder – geschäftsmäßig zum Zweck der Übermittlung verarbeitete Daten auf Grund einer am Ende des fünften Kalenderjahres nach der ersten Speicherung vorzunehmenden Prüfung nicht mehr erforderlich sind (z. B. bei Auskunfteien oder Adressverlagen). **Hinweis:** Eine Löschung ist nur für personenbezogene Daten vorgesehen, die in einer Datei erarbeitet werden, also nicht für solche Daten, die sich in Akten befinden

Wann sind personenbezogene Daten zu sperren?

Grundsatz	Personenbezogene Daten sind immer dann zu sperren, wenn einer fälligen Löschung besondere Gründe entgegenstehen. Solche Gründe können sein: – gesetzlich, satzungsmäßig oder vertraglich festgelegte Aufbewahrungsfristen, – schutzwürdige Interessen des Betroffenen, etwa weil ihm Beweismittel verlorengingen, oder – wenn ein unverhältnismäßig hoher Aufwand wegen der besonderen Art der Speicherung gegeben wäre. Personenbezogene Daten sind auch dann zu sperren, wenn der Betroffene die Richtigkeit bestreitet und sich weder die Richtigkeit noch die Unrichtigkeit feststellen lässt

16.4 Rechte betroffener Personen

Wann sind personenbezogene Daten zu sperren? (Forts.)

Öffentliche Stellen	In Akten müssen personenbezogene Daten dann gesperrt werden, wenn öffentliche Stellen im Einzelfall feststellen, dass sonst schutzwürdige Interessen des Betroffenen beeinträchtigt würden, und sie die Daten zur Aufgabenerfüllung nicht mehr benötigen
Übermittlung gesperrter Daten	Gesperrte Daten dürfen ohne die Einwilligung des Betroffenen nur übermittelt oder genutzt werden, wenn diese verwendet werden sollen für – wissenschaftliche Zwecke – die Behebung einer bestehenden Beweisnot oder – aus sonstigen unerläßlichen Gründen, die im überwiegenden Interesse der speichernden Stelle oder eines Dritten liegen

Recht auf Anrufung

Voraussetzung	Wer der Meinung ist, bei der Erhebung, Verarbeitung oder Nutzung seiner persönlichen Daten durch öffentliche oder nicht öffentliche Stellen in seinen Rechten verletzt worden zu sein, kann die zuständige Stelle anrufen
Zuständige Stelle im Bund	Bei Verletzung durch öffentliche Stellen des Bundes: Bundesbeauftragter für Datenschutz Auf Wunsch des Betroffenen bleibt sein Name auch gegenüber einer öffentlichen Stelle, über die er sich beschwert hat, ungenannt.
Zuständige Stelle im Land	Bei Verletzung durch öffentliche Stellen des Landes: Landesbeauftragter für Datenschutz
	Bei Verletzung durch eine nicht öffentliche Stelle: Zuständige Stelle des Landes, im Zweifel kann jeder Beauftragte des Landes oder der Beauftragte für Datenschutz des Bundes Auskunft geben

Recht auf Schadensersatz

Anspruch gegen eine öffentliche Stelle	Öffentliche Stellen haften nach dem Prinzip der Gefährdungshaftung. Das bedeutet, dass sie unabhängig von einem Verschulden haften bis zu einem Schaden in Höhe von 250.000,– DM. Bei einer schweren Verletzung des Persönlichkeitsrechtes ist dem Betroffenen auch der Schaden, der nicht Vermögensschaden ist, angemessen in Geld zu ersetzen (Schmerzensgeld)

16.5 Praxis des Datenschutzes

Recht auf Schadensersatz (Forts.)

Schadensersatzanspruch gegen eine nicht öffentliche Stelle	Das Gesetz hilft dem Geschädigten durch Beweislastumkehr. Ist es streitig, ob der Schaden Folge eines von der speichernden Stelle zu vertretenden Umstandes ist, so muss sie beweisen, dass das nicht der Fall ist. Kann sich die Stelle nicht entlasten, haftet sie
Bei öffentlichen Stellen	Das Gesetz verlangt, dass jede öffentliche Stelle für eine einwandfreie und übersichtliche Funktion des Datenschutzes selbst zu sorgen hat. Das geschieht durch: 1. eine Übersichtsdatei, die laufend zu aktualisieren ist. Inhalt der Datei: 1.1 Bezeichnung und Art der Datei 1.2 Zweckbestimmung 1.3 Art der gespeicherten Daten 1.4 Betroffener Personenkreis 1.5 Art der regelmäßig zu übermittelnden Daten und deren Empfänger 1.6 Regelfristen für die Datenlöschung 2. Verzeichnis der eingesetzten Datenverarbeitungsanlagen 3. Überwachung des Datenschutzes innerhalb der öffentlichen Stelle durch entsprechendes Personal (z. B. durch einen internen Datenschutzbeauftragten). Diese Stelle dient gleichzeitig als Ansprechpartner für Betroffene und als Kommunikationsstelle mit dem Bundesbeauftragten für den Datenschutz
Firmeninterner Datenschutzbeauftragter	Von einer gewissen Größe an hat jede nichtöffentliche Stelle einen Beauftragten für den Datenschutz zu berufen und ihn unmittelbar der Leitung zu unterstellen. Er muß die erforderliche Sachkunde und Zuverlässigkeit aufweisen und ist auf dem Gebiet des Datenschutzes zur Verschwiegenheit verpflichtet und weisungsfrei. Schwerpunkte seiner Arbeit sind u. a.: 1. Prüfung der Zuverlässigkeit des Umganges mit Daten, 2. Überwachung der ordnungsgemäßen Programmanwendung, 3. Unterrichtung von Mitarbeitern über die Anordnungen des Datenschutzes.
	Die nicht öffentliche Stelle hat eine Dateienübersicht und eine Übersicht der eingesetzten Datenverarbeitungsanlagen zur Verfügung zu stellen und ihn auch sonst bei der Erfüllung seiner Aufgaben zu unterstützen. In Zweifelsfällen kann sich der Beauftragte an die Aufsichtsbehörde wenden

16.5 Praxis des Datenschutzes

Technische und organisatorische Maßnahmen

Ziele	Der Einsatz von technischen und organisatorischen Maßnahmen hat das Ziel, die personenbezogenen Daten gegen Missbrauch, Fehler und Unglücksfälle zu schützen. Dazu muss erreicht werden, dass – Unbefugte keinen Zugang zu den Datenverarbeitungsanlagen erhalten, – Datenträger nicht unbefugt gelesen oder kopiert werden können, – die behördliche und innerbetriebliche Organisation so gestaltet wird, dass sie den besonderen Anforderungen des Datenschutzes gerecht wird
Automatisierte Abrufverfahren	Die Einrichtung eines automatisierten Abrufverfahrens für personenbezogene Daten ist nur zulässig, wenn es unter Berücksichtigung der schutzwürdigen Interessen der Betroffenen einerseits und der Aufgaben oder Geschäftszwecke der beteiligten Stellen andererseits angemessen ist. Damit die Zulässigkeit eines automatisierten Abrufverfahrens kontrolliert werden kann, müssen die beteiligten Stellen folgendes schriftlich festlegen: – Anlass und Zweck des Abrufverfahrens, – Art der zu übermittelnden Daten, – technische und organisatorische Maßnahmen im Sinne des BDSG

Straf- und Bußgeldvorschriften

Straftatbestand	Verstöße gegen die wichtigsten Vorschriften zur Zulässigkeit der Datenverarbeitung werden als Straftat verfolgt
Strafen	Freiheitsstrafe bis zu einem Jahr oder Geldstrafe
Weitere strafwürdige Handlungen	Das Erschleichen von personenbezogenen Daten durch unrichtige Angaben und die Zweckentfremdung sowie Fälle der Datenverknüpfung sind neuerdings unter Strafe gestellt
Bußgelder	Die Bußgeldvorschriften greifen im Wesentlichen ein, wenn nicht öffentliche Stellen ihren Meldepflichten, ihrer Pflicht zur Benachrichtigung eines Betroffenen oder ihrer Pflicht zur Bestellung eines Beauftragten für den Datenschutz nicht oder nicht ordnungsgemäß nachkommen

16.6 Kontrolle des Datenschutzes

Kontrolle auf Bundesebene

Kontrollinstanz	Der Bundesbauftragte für den Datenschutz wird vom Bundestag für eine Amtszeit von 5 Jahren gewählt. Er ist in der Ausübung seines Amtes unabhängig und nur dem Gesetz unterworfen
Aufgaben	1. Bearbeitung von Eingaben, 2. Kontrolle der Bundesstellen oder solcher, die für den Bund tätig sind, 3. Beratung der Bundesstellen, des Bundestages, der Bundestagsausschüsse, der Abgeordneten, der Bundesregierung, der Ministerien und der Personen und Stellen, die sich an ihn wenden
Befugnisse	Behörden und Bundesstellen haben – die Fragen des Bundesbeauftragten zu beantworten, – ihm Einsicht in alle Unterlagen und Akten zu gewähren, insbesondere in die gespeicherten Daten und Datenverarbeitungsprogramme, – ihm jederzeit Zutritt zu allen Diensträumen zu gewähren

Kontrolle in den Bundesländern

Kontrollinstanz für öffentliche Stellen	Für die Kontrolle in den Bundesländern sind die jeweiligen Länderbeauftragten für Datenschutz zuständig.
Befugnisse	Sie kontrollieren im Sinne eines entsprechenden Landesdatenschutzgesetzes und weiterer Gesetze die – Landesbehörden und alle sonstige öffentlichen Stellen (wie z. B. nicht rechtsfähige Anstalten, Krankenhausbetriebe, Eigenbetriebe und Gerichte), – landesunmittelbare Körperschaften, – Anstalten und Stiftungen des öffentlichen Rechts, – Gesellschaften und Personenvereinigungen des privaten Rechts, die Aufgaben der öffentlichen Verwaltung wahrnehmen

Kontrolle nicht öffentlicher Stellen

Instanz	Aufsichtsbehörden der Länder, die von den Landesregierungen zu bestimmen sind. Meist sind dies die Innenminister, Bezirksregierungen oder Regierungspräsidenten
Prüfungsumfang	Die Aufsichtsbehörde prüft die Ausführung des BDSG und anderer Vorschriften nur, soweit es um die Verarbeitung, Erhebung oder Nutzung personenbezogener Daten in oder aus Dateien geht und wenn Anhaltspunkte für einen Verstoß vorliegen. Bei gewerbsmäßiger Speicherung zum Zweck der Übermittlung werden die Behörden von sich aus prüfend tätig

16.7 Anschriften der Datenschutzbeauftragten des Bundes und der Länder

Bund	Der Bundesbeauftragte für den Datenschutz Riemenschneiderstraße 11 53131 Bonn	Tel.: 02 28/81 99 50 Fax: 02 28/8 19 95 50
Baden-Württemberg	Der Landesbeauftragte für den Datenschutz Marienstraße 12 70178 Stuttgart	Tel.: 07 11/2 31-36 91 Fax: 07 11/62 87 14
Bayern	Der Bayerische Landesbeauftragte für Datenschutz Wagmüllerstraße 18 80538 München	Tel.: 0 89/2 16 52-4 85 Fax: 0 89/29 64 89
Berlin	Berliner Datenschutzbeauftragter Pallasstraße 25/26 10781 Berlin	Tel.: 0 30/78 76 88 44 Fax: 0 30/2 16 99 27
Brandenburg	Der Landesbeauftragte für den Datenschutz Stahnsdorfer Damm 77, Haus 2 14532 Kleinmachnow	Tel.: 03 32 03/3 56-0 Fax: 03 32 03/3 56-49
Bremen	Landesbeauftragter für den Datenschutz Arndtstraße 1 27570 Bremerhaven	Tel.: 04 71/92 46 10 Fax: 04 71/9 24 61 28
Hamburg	Der Hamburgische Datenschutzbeauftragte Baumwall 7 20459 Hamburg	Tel.: 0 40/35 04 20 44 Fax: 0 40/35 04 23 72
Hessen	Der Hessische Datenschutzbeauftragte Uhlandstraße 4 65189 Wiesbaden	Tel.: 06 11/14 08-0 Fax: 06 11/37 85 79
Mecklenburg-Vorpommern	Landesbeauftragter für den Datenschutz Schloß Schwerin 19053 Schwerin	Tel.: 03 85/5 25 27 61 Fax: 03 85/5 25 27 58
Niedersachsen	Der Landesbeauftragte für Datenschutz Brühlstraße 9 30169 Hannover	Tel.: 05 11/1 20-45 52 Fax: 05 11/1 20-45 91
Nordrhein-Westfalen	Der Landesbeauftragte für Datenschutz Reichsstraße 43 40217 Düsseldorf	Tel.: 02 11/38 42 40 Fax: 02 11/3 84 24 10
Rheinland-Pfalz	Der Landesbeauftragte für den Datenschutz Deutschhausplatz 12 55116 Mainz	Tel.: 0 61 31/20 82 18 Fax: 0 61 31/20 84 97
Saarland	Der Landesbeauftragte für den Datenschutz Franz-Dobisch-Straße 12 66111 Saarbrücken	Tel.: 06 81/50 34 15 Fax: 06 81/49 86 29
Sachsen	Der Sächsische Datenschutzbeauftragte Devrientstraße 19 01067 Dresden	Tel.: 03 51/49 35-4 01 Fax: 03 51/49 35-4 90
Sachsen-Anhalt	Landesbeauftragter für den Datenschutz Berliner Chaussee 9 39114 Magdeburg	Tel.: 03 91/5 67 55 27 Fax: 03 91/8 18 03 33
Schleswig-Holstein	Der Landesbeauftragte für den Datenschutz Düsternbrooker Weg 82 24105 Kiel	Tel.: 04 31/9 88 12 00 Fax: 04 31/9 88 12 23
Thüringen	Der Landesbeauftragte für den Datenschutz Am Hügel 10 a 99084 Erfurt	Tel.: 03 61/59 02 60 Fax: 03 61/5 90 26 20

16.8 Anschriften der Aufsichtsbehörden für den nicht öffentlichen Bereich

Land	Oberste Aufsichtsbehörde	Regional zuständige Aufsichtsbehörden
Baden-Württemberg	Innenministerium Baden-Württemberg Dorotheenstraße 70173 Stuttgart	Innenministerium Baden Württemberg Dorotheenstraße 70173 Stuttgart
Bayern	Bayerisches Staatsministerium des Innern Odeonsplatz 3 80539 München	Regierung von Oberbayern Maximilianstraße 39 80538 München Regierung von Niederbayern Regierungsplatz 540 84028 Landshut Regierung der Oberpfalz Emmeransplatz 8/9 93047 Regensburg Regierung von Oberfranken Ludwigstraße 20 95444 Bayreuth Regierung von Mittelfranken Promenade 27 91522 Ansbach Regierung von Unterfranken Peterplatz 9 97070 Würzburg Regierung von Schwaben Fronhof 10 86152 Augsburg
Berlin	Senator für Inneres Fehrbelliner Platz 2 10707 Berlin	Senator für Inneres Fehrbelliner Platz 2 10707 Berlin
Brandenburg	Innenministerium des Landes Brandenb. Henning-von-Treskow-Str. 9–13 14467 Potsdam	
Bremen	Landesbeauftragter für den Datenschutz Arndtstraße 1 27570 Bremerhaven	Landesbeauftragter für den Datenschutz Arndtstraße 1 27570 Bremerhaven
Hamburg	Der Hamburgische Datenschutzbeauftragte Baumwall 7 20459 Hamburg	Der Hamburgische Datenschutzbeauftragte Baumwall 7 20459 Hamburg
Hessen	Hessischer Minister des Innern Friedrich-Ebert-Allee 12 65185 Wiesbaden	Regierungspräsident Darmstadt Luisenplatz 2 64283 Darmstadt Regierungspräsident Kassel Steinweg 6 34117 Kassel Regierungspräsident Gießen Landgraf-Philipp-Platz 1 35390 Gießen

16.8 Anschriften der Aufsichtsbehörden für den nicht öffentlichen Bereich

Land	Oberste Aufsichtsbehörde	Regional zuständige Aufsichtsbehörden
Mecklenburg-Vorpommern	Innenministerium des Landes Mecklenburg-Vorpommern Karl-Marx-Str. 1 19055 Schwerin	
Niedersachsen	Niedersächsischer Minister des Innern Lavesallee 6 30169 Hannover	Der Niedersächsische Datenschutz-beauftragte Brühlstraße 9 30169 Hannover
Nordrhein-Westfalen	Innenminister des Landes Nordrhein-Westfalen Haroldstraße 5 40213 Düsseldorf	Regierungspräsident Köln Zeughausstraße 4–8 50667 Köln Regierungspräsident Arnsberg Seibertzstraße 1 59821 Arnsberg
Rheinland-Pfalz	Ministerium des Innern Schillerplatz 3–5 55116 Mainz	Bezirksregierung Koblenz Stresemannstraße 3–5 56068 Koblenz Bezirksregierung Trier Mustorstraße 14 54290 Trier Bezirksregierung Rheinhessen-Pfalz Friedrich-Ebert-Straße 14 67433 Neustadt/Weinstraße
Saarland	Der Landesbeauftragte für den Datenschutz des Saarlandes Franz-Dobisch-Straße 12 66111 Saarbrücken	Der Landesbeauftragte für den Datenschutz des Saarlandes Franz-Dobisch-Straße 12 66111 Saarbrücken
Sachsen	Staatsministerium des Innern Archivstraße 1 01097 Dresden	
Sachsen-Anhalt	Ministerium des Innern des Landes Sachsen-Anhalt Halberstädter Straße 2 39112 Magdeburg	Bezirksregierung Dessau Bauhofstraße 27 06842 Dessau Bezirksregierung Halle Willi-Lohmann-Straße 7 06114 Halle Bezirksregierung Magdeburg Olvenstedter Straße 1–2 39108 Magdeburg
Schleswig-Holstein	Innenminister des Landes Schleswig-Holstein Düsternbrooker Weg 92 24105 Kiel	Innenminister des Landes Schleswig-Holstein Düsternbrooker Weg 92 24105 Kiel
Thüringen	Innenministerium des Landes Thüringen Schillerstraße 27 99096 Erfurt	

17 Schaltzeichen und Symbole

Schaltzeichen stellen in Zeichnungen bzw. Dokumentationen die funktionellen Zusammenhänge eines technischen Ablaufs oder die Anordnung einer technischen Anlage bzw. Einrichtung dar.
DIN 40 900 enthält vorwiegend nur Grundsymbole, Symbolelemente, Kennzeichen und Schaltzeichen. Die aufgeführten zusammengesetzten Schaltzeichen haben gleichzeitig Beispielcharakter; fehlt für ein bestimmtes Betriebsmittel ein Schaltzeichen, so kann durch Kombinieren von Grundsymbolen, Symbolelementen, Kennzeichen oder Schaltzeichen ein neues Schaltzeichen gebildet werden.
Das Verhältnis der Größen von Schaltzeichen zueinander darf verändert werden; die Proportionen eines Schaltzeichens sollen jedoch beibehalten werden. Die dargestellte Lage der Schaltzeichen ist nicht zwingend. Sofern die Bedeutung dadurch nicht verändert wird, dürfen die Schaltzeichen gedreht oder gespiegelt werden. Auch die gewählte Anordnung der Anschlusslinien ist, soweit nicht anderes vermerkt ist, nur eine von mehreren Möglichkeiten. Den Schaltzeichen wurde ein Raster mit dem Modul M=2,5 mm zugrunde gelegt; dieser Modul ist jedoch für die Anwendung nicht verbindlich. Die Anschlusslinien eines Schaltzeichens liegen auf Rasterlinien und enden an Kreuzungspunkten von Rasterlinien. Zwischen benachbarten Anschlusslinien ist ein Abstand von mindestens 2 M vorzusehen.

Die Normen der Reihe DIN 40 900 sind wie folgt gegliedert:

1: 1988-3	Allgemeines
2: 1988-3	Symbolelemente und Kennzeichen für Schaltzeichen
3: 1988-3	Schaltzeichen für Leiter und Verbinder
4: 1988-3	Schaltzeichen für passive Bauelemente
5: 1988-3	Schaltzeichen für Röhren und Halbleiter
6: 1988-3	Schaltz. für die Erzeugung und Umwandlung elektrischer Energie
7: 1988-3	Schaltzeichen für Schalt- und Schutzeinrichtungen
8: 1988-3	Schaltzeichen für Meß-, Melde- und Signaleinrichtungen
9: 1988-3	Schaltzeichen für Vermittlungs- und Endeinrichtungen
10: 1988-3	Schaltzeichen zur Übertragungstechnik
11: 1988-3	Schaltzeichen für Netze und Elektroinstallation
12: 1992-9	Binäre Elemente, IEC 617-2: 1991
EN 60 617: 1994-1	Grafische Symbole für Schaltungsunterlagen Teil 13: Analoge Elemente (IEC 617-13: 1993)

17.1 Symbolelemente und Kennzeichen für Schaltzeichen

Schaltzeichen	Erklärung
	Konturen und Umhüllungen
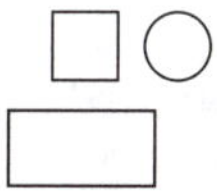	Betriebsmittel, Gerät, Funktionseinheit
	Hülle, Gehäuse, Röhrenkolben
—·—·—	Begrenzungslinie, Trennlinie
	Abschirmung (Darstellung in beliebiger Form zulässig)

Schaltz.	Erklärung
	Arten von Strömen und Spannungen
—	Gleichstrom, -spannung
⎓	desgl., wenn vorhergehendes Kennz. zur Verwechslung führt
∼	Wechselstrom, -spannung
∼ 50 Hz	Wechselstrom, 50 Hz
	Gleichgerichteter Strom mit Wechselstromanteil
	Darstellung versch. Frequenzbereiche:
∼	– niedrige Frequenzen, z. B. Stromversorgung
≈	– mittlere Frequenzen, z. B. Tonfrequenz
≋	– hohe Frequenzen, z. B. Ultraschall

Schaltz.	Erklärung
	Veränderbarkeiten
	Veränderbarkeit, – nicht inhärent – nicht inhärent, nicht linear – inhärent – inhärent, nicht linear
	Einstellbarkeit
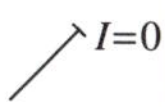	desgl. nur im stromlosen Zustand zulässig
	stufige Funktion, z. B. fünfstufig
	stetige Funktion, z. B. stetige Einstellbarkeit
	Regelung oder automat. Steuerung

17

17.1 Symbolelemente und Kennzeichen für Schaltzeichen

Schaltz.	Erklärung
	Richtung von Kraft und Bewegung
	Geradlinig, in Pfeilrichtung wirkend
	Geradlinig, in beide Richtungen wirkend
	Drehung in Pfeilrichtung
	Drehung in beide Richtungen
	desgl. in beiden Richtungen begrenzt
	Periodische Bewegung
	Wirkungsrichtung
	Übertragung, Energiefluss-, Signalfluss
	– in einer Richtung (Simplex)
	– in beide Richtungen gleichzeitig (vollduplex)
	– in beide Richtungen, nicht gleichzeitig (halbduplex)
	Senden
	Empfangen
	Energiefluss
	– von der Sammelschiene weg
	– zur Sammelschiene hin
	– in beide Richtungen
	Abhängigkeit von einer charakterist. Größe
	Wirkung, wenn die charakterist. Größe
>	– höher
<	– niedriger als der eingestellte Wert ist
≶	– höher oder niedriger als ein oberer oder niedrigerer eingestellter Wert ist
= 0	– den Wert Null hat
≈ 0	– annähernd Null ist

Schaltz.	Erklärung
	Arten von Wirkungen oder Abhängigkeiten
	thermische Wirkung
	elektromagnet. Wirkung
	magnetostriktive Wirkung
	Magnetfeld-Wirkung oder -Abhängigkeit
	Verzögerung
	Strahlungen
	Pfeile zum Schaltzeichen zeigend kennzeichnen Reaktion des Gegenstandes auf einfallende Strahlung, Pfeile vom Schaltzeichen wegzeigend kennzeichnen, dass der Gegenstand Strahlung abgibt
	Strahlung, nicht ionisierend:
	– elektromagnetisch
	– kohärent
	Strahlung ionisierend
	Impulsformen
	positiver Impuls
	negativer Impuls
	Wechselstrom-Impuls
	positive Schrittfunktion
	negative Schrittfunktion
	Sägezahn
	Mechan. Stellteile
	Wirkverbindung allg.
	desgl., wenn aus Platzgründen obige Form nicht anwendbar ist
	desgl. mit Angabe der Richtung von Kraft oder Bewegung (Pfeil ist im Vordergrund zu denken)
Form 1, Form 2	Verzögerte Wirkung in Bewegungsrichtung vom Bogen zum Mittelpunkt (Fallschirmwirkung)

Schaltz.	Erklärung
	Selbsttätiger Rückgang in Richtung des Dreiecks
	Raste; nicht selbsttätiger Rückgang
	Antriebsarten
	Handantrieb, allgemein
	Betätigung durch Ziehen
	Betätigung durch Drehen
	Betätigung durch Drücken
	Betätigung durch Annähern
	Betätigung durch Berühren
	Notschalter
	Betätigung durch Schlüssel
	Betätigung durch Rolle, Fühler
	Kraftantrieb, allgemein
	Betätigung durch elektromagnet. Überstromschutz
	Betätigung durch thermischen Antrieb
	Erde, Masse, Äquipotenzial
	Erde, allgemein
	Erde, fremdspannungsarm
	Schutzerde
	Masse, Gehäuse wahlweise
	Äquipotenzial
	Elemente für ideale Stromkreise
	Ideale Stromquelle
	Ideale Spannungsquelle

17

17.2 Schaltzeichen für Leiter, Verbinder und Sicherungen

Schaltz.	Erklärung
	Anschlüsse und Leiterverbindungen
	Verbindung von Leitern
	Anschluss, z. B. Klemme (Der Kreis darf auch ausgefüllt werden)
Form 1 Form 2	Abzweig von Leitern
Form 1 Form 2	Doppelabzweig von Leitern
	Leiter Leiter, Gruppe von Leitern, Leitung, Kabel, Stromweg, Übertragungsweg (z. B. für Mikrowellen) einpolige Darstellg.
Form 1 Form 2 (3)	Beispiel: 3 Leiter Anm.: Oberhalb der Linie können Stromart, Netzart, Frequenz und Spannung, unterhalb der Linie Anzahl, Querschnitt und Material wie folgt dargestellt werden.
3N~50Hz 400V 3 × 120 + 1 × 50	Dreiphasen-Vierleitersystem mit drei Außenleitern u. einem Neutralleiter, 50 Hz, 400 V, Außenl. 120 mm^2 Neutrall. 50 mm^2
	Leiter, bewegbar
	Leiter, geschirmt
	Leiter, verdrillt dargest. zwei Leiter
	Leiter in einem Kabel, dargestellt drei Leiter
	Die zwei durch Pfeilspitzen gekennzeichneten Leiter sind in einem Kabel
	Leiter, koaxial
	Koaxiale Leitung mit Anschlussstellen Anm.: die tangentiale Linie wird nur auf der koaxialen Seite gezeichnet
	Leiter, koaxial geschirmt
	Leiter, Leitungen in Netzwerken
	Leiter im Erdreich Erdkabel
	Leiter im Gewässer Seekabel
	Leiter oberirdisch Freileitung
	Kabelkanal, Trasse Elektro-Installationsrohr
4	z. B. Trasse mit vier Kabelkanälen
	Einstiegsschacht in einer Trasse
	Erdkabel mit Verbindungsstelle
	Abschottung in einem gas- oder ölisolierten Kabel
	Fernmeldeleitung mit Wechselstrom-Fernspeisung
	Fernmeldeleitung mit Gleichstrom-Fernspeisung
	Kennzeichen für besondere Leiter in der Gebäudeinstallation
	Neutralleiter (N) Mittelleiter (M)
	Schutzleiter (PE)
	Neutralleiter mit Schutzleiterfunktion, PEN
	Bsp.: drei Leiter, ein Neutralleiter, ein Schutzleiter
	Sicherungen
	Sicherung, allgem.
	Sicherung mit Kennzeichnung des netzseitigen Anschlusses
	Überspannungsableiter
	Überspannungsabl.
	desgl. in einer Gasentladungsröhre
	Funkenstrecke
	Dosen
	Abzweigdose allgem.
	Stichdose
	Durchschleifdose
	Steckdosen
3 Form 1 Form 2	Mehrfachsteckdose z. B. Dreifachsteckdose
	Schutzkontaktsteckdose
	Fernmeldesteckdose, allgemein Unterscheidung verschiedener Steckdosen z. B. durch folgende Bezeichn.: TP = Telefon M = Mikrofon, 🕨 = Lautsprecher FM = UKW-Rundfunk TV = Fernsehen TX = Telex
bevorz. Form / andere Form	**Verbinder**
	Buchse, Pol einer Steckdose
	Stecker, Pol eines Steckers
	Buchse und Stecker Steckverbindung
	Steckverbindung vielpolig (3polig)
3	einpolige Darstellg.
	Stecker und Buchse koaxial

17

17.3 Schaltzeichen für Kontakte und Relais

Schaltz.	Erklärung
	Kontakte mit mehreren Schaltstellungen
Form 1 Form 2	Schließer Schalter, Schaltfunktion allgem.
	Öffner
	Wechsler mit Unterbrechung
Form 1 Form 2	Wechsler ohne Unterbrechung, Folgeumschaltglied
	Zwillingsschließer
	Zwillingsöffner
	Zweiwegeschließer mit Mittelstellung „Aus"
	Wischkontakte mit Kontaktgabe
	– bei Betätigung – bei Rückfall – bei Betätigung und Rückfall
	Voreilende und nacheilende Kontakte relativ zu anderen Kontakten eines Kontaktsatzes
	Schließer – voreilend – nacheilend
	Öffner – nacheilend – voreilend
	Kontakte mit gewollter Verz.
Form 1 Form 2	Schließer, schließt verz. bei Betätigung
	Öffner, schließt verzögert bei Rückfall

Schaltz.	Erklärung
	Handbetätigte Schalter
	Handbetätigter Schalter, allgem.
	Druckschalter (nicht rastend), Taster
	Druckschalter rastend
	Drehschalter (rastend)
	Zugschalter (nicht rastend)
	Mehrstellungsschalter (Beispiele)
	Mehrstellungsschalter mit vier Schaltstellungen, einpolig
	wahlw. Darstellung für Schalter mit wenigen Schaltstellungen
	Mehrstellungsschalter mit vier Schaltstellungen. Die Stellung 2 kann nicht angeschlossen werden
1 2 3	Beispiel mit Schaltstellungsdiagramm
	Betätigungsrichtung und -bereich können durch Pfeil angezeigt werden. Die Betätigungsrichtung kann:
1 2 3 4	– nur von Stellung 1 nach 4 und zurück gedreht werden
1 2 3 4	– im Uhrzeigersinn ohne Begrenzung, gegen den Uhrzeigersinn nur zw. den Stellungen 3 u. 1 gedreht werden

Schaltz.	Erklärung
	Elektromechanische Antriebe
Form 1 Form 2	Elektromechan. Antrieb allgem., Relaisspule
Form 1 Form 2	Antrieb mit zwei getrennten Wicklungen; zusammenhängende Darstellung
Form 1 Form 2	Antrieb mit zwei getrennten Wicklungen; aufgelöste Darstellung
	Antrieb: – mit Rückfallverzögerung
	– mit Ansprechverzögerung
	– mit Ansprech- u. Rückfallverzögerung
	– eines schnell schaltenden Relais
	– gegen Wechselstrom unempfindlich
	– eines Resonanzrelais
	Polarisierte Relais Punkt kennz. positiven Anschluß der Spule und die zugehörige Kontaktstellg.
	– selbsttätig rückstellend, arbeitet nur bei angegebener Stromr.
	– mit neutraler Mittelstellung, selbsttätig rückstellend, arbeitet bei beiden Stromrichtungen
	– bistabil

17

17.4 Schaltzeichen für Akkumulatoren und passive Bauelemente

Schaltz.	Erklärung
	Akkumulatoren, Primärzellen
	allgemein die kürzere Linie (Minuspol) darf auch breiter gez. werden
	Batterie von Primärelementen, Akkumulatorenbatterie
	desgl. wahlweise Darstellung
	Widerstände
	Widerstand allgem. Dämpfungsglied allgemein
	Widerstand mit festen Anzapfungen
	Shunt, Nebenschlusswiderstand (Strom- und Spannungsanschl. getrennt)
	Widerstand, veränderbar, allgemein
	Widerstand mit Schleifkontakt
	desgl. mit „Aus“-Stellung
	Widerstand mit Schleifkontakt, Potenziometer
	Widerstand, einstellbar, mit Schleifkontakt
U	Widerstand spannungsabhängig, Varistor
	Kondensatoren
	Kondens. allgem.
+	Kondensator, gepolt, z. B. Elektrolytkondensator
	Durchführungskondensator
+ θ	Kondensator, gepolt, bei dem der Temperaturbeiwert ausgenutzt wird

Schaltz.	Erklärung
	Kondensator, veränderbar
	Kondensator, einstellbar
	Differenzial-Kondensator, veränderbar
	Induktivitäten
	Induktivität, Spule, Drossel, Wicklung
	Induktivität mit festen Anzapfungen
	Induktivität stufig veränderbar
	Induktivität mit Magnetkern
	Induktivität mit Luftspalt im Magnetkern
	Induktivität mit Magnetkern, stufig veränderbar
	Variometer
	Koaxiale Drossel mit Magnetkern
	Ferrit-Perle auf einem Leiter
	Piezoelektrische Kristalle, Elektret
	Piezoelektrischer Kristall mit zwei Elektroden
	desgl. mit drei Elektroden
	Elektret
	Verzögerungsleitungen
	Magnetostriktive Verzögerungsleitung mit drei Wicklungen
50 µs	Magnetostriktive Verzögerungsleitung mit einem Eingang und einem Ausgang

Schaltz.	Erklärung
	Koaxiale Verzögerungsleitung
	Festkörper-Verzögerungsleitung mit piezoelektrischen Wandlern
	Blocksymbole für Verzögerungsleitungen u. -elemente
	Verzögerungsleitung, -element, -glied, allgemein
50µs 100µs	Magnetostriktive Verzögerungsl. mit einem Eingang und zwei Ausgängen
	Koaxiale Verzögerungsleitung
I	Verzögerungsleitung als Leitungsnachbildung
	Magnetkerne
	Magnetkern
oder	Fluss-Strom-Richtungskennzeichen Das Schaltz. stellt eine Wicklung dar, wenn eine waagerechte Linie das Schaltz. eines Kerns senkrecht kreuzt
	Magnetkern mit einer Wicklung
Fluss Strom oder Strom Fluss	Das vorhergehende Schaltz. darf als Spiegel aufgefasst werden, der die Richtungsabhängigkeit von Fluss und Strom beschreibt
	Magnetkern mit fünf Wicklungen
N=m	Magnetkern, eine Wicklung mit m Windungen

17

17.5 Schaltzeichen für binäre Elemente

Aufbau der Symbole

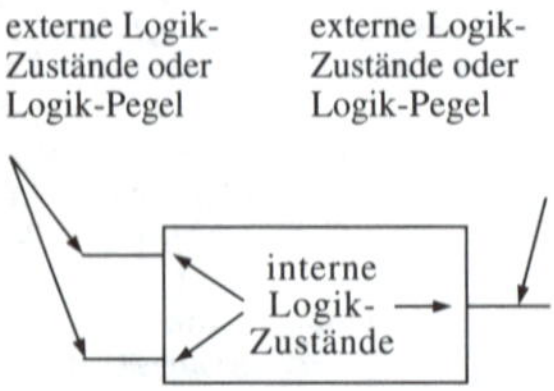

Ein Logik-Pegel bezeichnet die physikalische Eigenschaft, die einen Logik-Zustand einer binären Variablen darstellt. Die Logik-Zustände werden mit den Ziffern 0 („0-Zustand") und 1 („1-Zustand") gekennzeichnet.
Eine binäre Variable kann beliebigen physikalischen Größen gleichgesetzt werden, für die zwei getrennte Wertebereiche definiert werden können. Diese Wertebereiche werden hier Logik-Pegel genannt und mit H (High) und L (Low) bezeichnet.

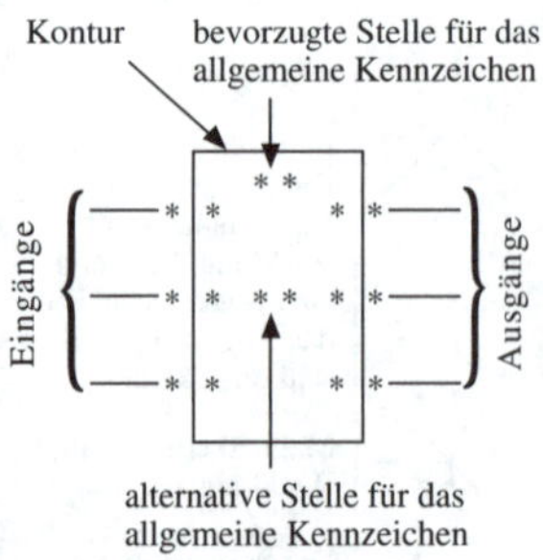

Das einzelne Zeichen * bezeichnet mögliche Lagen für Kennzeichen, die sich auf Ein- und Ausgänge beziehen.

Symbol	Erklärung
	Konturen (Seitenverhältnis beliebig)
	Element-Kontur, als Quadrat dargestellt
	Element-Kontur, als Rechteck dargestellt
	Steuerblock-Kontur
	Ausgangsblock-Kontur

Kombination von Konturen

Um Platz zu sparen, können bei der Darstellung einer Gruppe zusammengehöriger Elemente die einzelnen Konturen aneinandergefügt oder ineinandergeschachtelt werden.

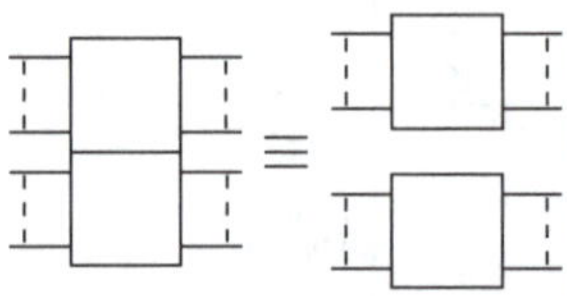

Zwischen den Elementen mit gemeinsamer Konturenlinie in Richtung des Signalflusses gibt es keine Logik-Verbindung.

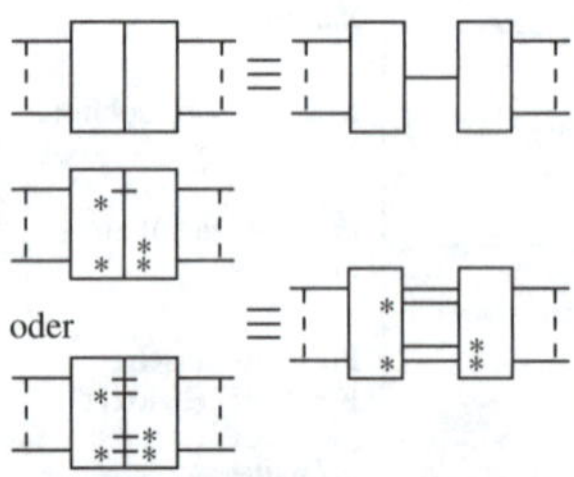

Zwischen den Elementen, deren gemeinsame Konturenlinie senkrecht zur Richtung des Signalflusses verläuft, gibt es mindestens eine Logik-Verbindung.

Gemeinsame Eingänge oder Ausgänge einer Anordnung von zusammengehörenden Elementen können in einem **Steuerblock** zusammengefasst werden. Solche Ein- und Ausgänge sind, wenn nötig, zu kennzeichnen.
Sofern nicht anders angegeben, ist das dem Steuerblock am nächsten gelegene Element das niedrigstwertige.

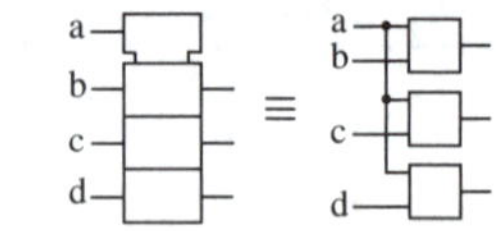

Ein am Steuerblock ohne Kennzahl dargestellter Eingang beeinflusst alle Elemente der Anordnung.
Ist ein am Steuerblock dargestellter Eingang ein steuernder Eingang im Sinne der Abhängigkeitsnotation, so ist er als Eingang nur mit jenen Elementen der Anordnung verbunden, in denen seine Kennzahl erscheint.
Ein gemeinsamer, von allen Elementen der Anordnung abhängiger Ausgang kann als **Ausgangsblock** dargestellt werden. Die Funktion des Ausgangsblocks muß in jedem Fall angegeben werden.
Der Ausgangsblock wird, gegenüber dem Steuerblock, am Ende der Anordnung dargestellt.
Zusätzliche Eingänge des Ausgangsblocks müssen explizit dargestellt werden.

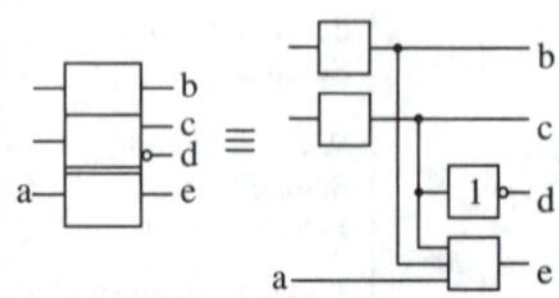

Ein Ausgangsblock darf auch innerhalb eines Steuerblocks dargestellt werden.
Sind mehrere Ausgangsblöcke einer Anordnung darzustellen, so braucht die Doppellinie nur einmal gezeichnet zu werden.

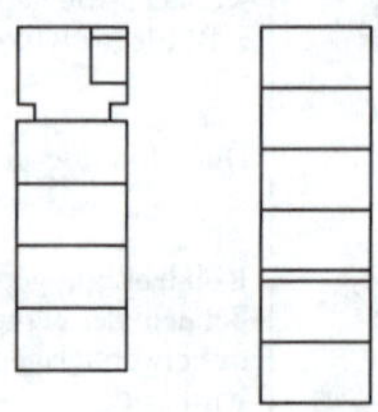

17.5 Schaltzeichen für binäre Elemente

Bei einer Anordnung von Elementen mit gleichen Kennzeichen genügt es, die Symbole innerhalb der Kontur nur im ersten Element anzugeben. Voraussetzung ist, dass keine Unklarheit entsteht.
Dies gilt auch für eine Anordnung von gleichen, unterteilten Elementen.

Gruppe von Elementen mit gleichen Funktionszeichen

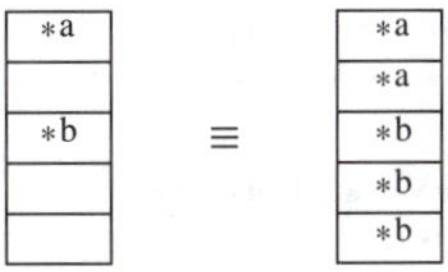

Zwei aufeinanderfolgende Gruppen von Elementen

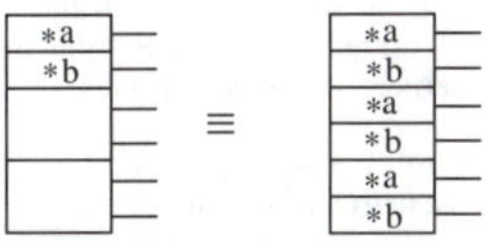

Zwei gemischte Gruppen von Elementen

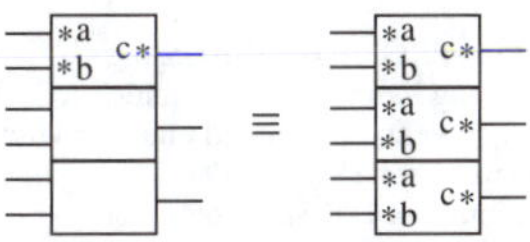

Gruppe von Elementen mit gleichen Kennzeichen an den Ein- und Ausgängen

Ist bei einer vereinfacht dargestellten Anordnung gleicher Elemente zum Darstellen der Funktion ein Anschluss in zwei oder mehr Linien aufgeteilt, die außerhalb der Kontur miteinander verbunden sind, genügt es, diese Linien am ersten Element aufgeteilt, an den übrigen Elementen nichtaufgeteilt zu zeigen.

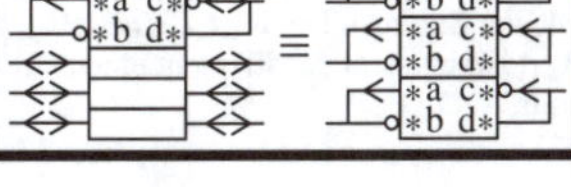

Symbol	Erklärung
Kennzeichen an Ein- und Ausgängen oder Verbindungen	
	Negation
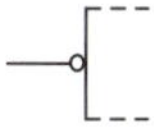	an einem Eingang
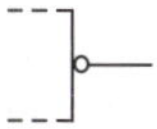	an einem Ausgang Die Anschlusslinie kann auch durch den Kreis führen
	Polaritäts-Indikator (Logik-Polarität) Der interne 1-Zustand korrespondiert mit dem L-Pegel an der Anschlusslinie
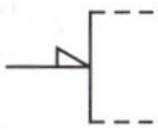	an einem Eingang
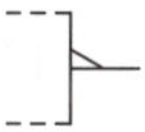	an einem Ausgang
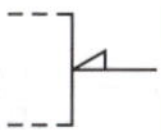	an einem Eingang bei Signalflussrichtung von rechts nach links
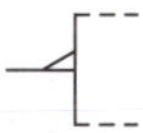	an einem Ausgang bei Signalflussrichtung von rechts nach links
	Dynamischer Eingang Der äußere Logik-Zustandswechsel bewirkt einen internen (flüchtigen) 1-Zustand. Zu allen anderen Zeiten ist der interne Logik-Zustand 0.
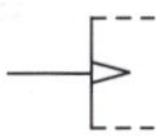	Wirkung bei äußerem Zustandswechsel von 0 nach 1
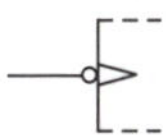	Wirkung bei äußerem Zustandswechsel von 1 nach 0
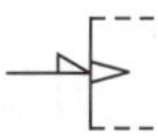	Dyn. Eingang mit Polaritätsindikator, Wirkung bei äußerem Übergang vom H- zum L-Pegel

Symbol	Erklärung
	Interne Verbindungen zur Kennzeichnung der logischen Beziehungen zwischen internen Elementen
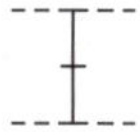	Der interne Zustand des Eingangs vom rechten Element korrespondiert mit dem internen Zustand des Ausgangs vom linken Element.
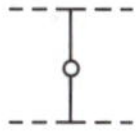	Interne Verbindung mit Negation
	Interne Verbindung mit dynamischer Wirkung
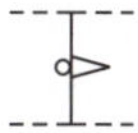	Interne Verbindung mit Negation und dynamischer Wirkung
	Interner (virtueller) Eingang befindet sich immer im internen 1-Zustand, sofern er nicht durch eine Abhängigkeitsbeziehung mit überschreibender oder modifizierender Wirkung gesteuert wird.
	Interner (virtueller) Ausgang Die Wirkung des Ausgangs auf den mit ihm verbundenen internen Eingang muß durch Abhängigkeitsnotation angegeben sein
Kennzeichen innerhalb der Kontur	
	Ausgänge
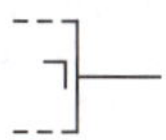	Retardierter Ausgang Die Ausgangs-Zustandsänderung tritt erst ein, wenn das die Änderung verursachende Eingangssignal zum anfänglichen Logik-Zustand zurückkehrt.

17.5 Schaltzeichen für binäre Elemente

Symbol	Erklärung
!	Vergleichsausgang eines Assoziativspeichers; internes 1-Signal zeigt bei einem Vergleich Übereinstimmung an
◇	Offener Ausgang, z. B offener Kollektor Zur Erzeugung eines definierten Logikpegels im hochohmigen Zustand ist eine externe Beschaltung, z. B. mit einem Widerstand erforderlich.
◇ (mit Strich oben)	Offener Ausgang, H-Typ Erzeugt im nicht hochohmigen Zustand einen relativ niederohmigen H-Pegel
◇ (mit Strich unten)	Offener Ausgang, L-Typ Erzeugt im nicht hochohmigen Zustand einen relativ niederohmigen L-Pegel
◇ (mit Strich oben und Mittelstrich)	Passiver Pulldown-Ausgang Im Gegensatz zum offenen H-Typ-Ausgang ist keine zus. Beschaltung erforderl.
◇ (mit Mittelstrich und Strich unten)	Passiver Pullup-Ausgang Im Gegensatz zum offenen L-Typ-Ausgang ist keine zus. Beschaltung erforderl.
▽	Tri-state-Ausgang Der Ausgang kann einen dritten externen hochohmigen Zustand annehmen, der keine Logik-Aussage enthält
▷	Ausgang mit besonderer Verstärkung, Treiber-Ausgang Das in Signalflussrichtung zeigende Symbol betont die Verstärkerfunktion
E	Erweiterungsausgang zum Verbinden mit dem Erweiterungsausgang eines anderen Elements
* { m_1, m_2, …, m_k	Multibit-Ausgang, allgemein Die im Symbol gruppierten Ausgänge – in steigender oder fallender Reihenfolge ihres Gewichts angeordnet – stellen eine Zahl dar, die gleich der Summe der Gewichte der Ausgänge ist, die im internen 1-Zustand sind. $m_1 \ldots m_k$ müssen durch die dezimalen Äquivalente oder durch Exponenten der Zweierpotenzen der aktuellen Ausgangsgewichte ersetzt werden.
[⋮]	Zusammenfassung von Anschlusslinien Für die Herstellung eines einzelnen Logik-Ausgangs sind zwei oder mehr Anschlüsse erforderlich
CT*	INHALTS-Ausgang Der Stern muß durch eine geeignete Angabe des Inhalts (z. B. eines Zählers) ersetzt werden, der zu einem internen 1-Zustand des Ausgangs führt
	Ausgänge von Zahlenkomparatoren
>	GRÖSSER-ALS-Ausgang Jeder Stern muß durch eine Operandenbezeichnung ersetzt werden, z. B. P oder Q
<	KLEINER-ALS-Ausgang Es gelten die Anmerkungen wie zuvor
=	GLEICHHEITS-Ausgang Es gelten die Anmerkungen wie zuvor
	Ausgänge von arithmetischen Elementen
BG	BORROW-GENERATE-Ausgang Der Ausgang befindet sich im internen 1-Zustand, wenn Subtrahend und Minuend denselben Wert haben und der BI-Eingang sich im internen 1-Zustand befindet
BO	BORROW-OUT-Ausgang (RIPPLE-BORROW-Ausgang) Der interne 1-Zustand des Ausgangs kennzeichnet das Erzeugen eines Borgers bei einer Subtraktion
BP	BORROW-PROPAGATE-Ausgang Der Ausgang befindet sich im internen 1-Zustand, wenn Subtrahend und Minuend denselben Wert haben und der BI-Eingang sich im internen 1-Zustand befindet
CG	CARRY-GENERATE-Ausgang Der Ausgang befindet sich im internen 1-Zustand, wenn die Summe der Summanden so groß ist, daß unabhängig vom Zustand des CI-Eingangs ein Übertrag zustande kommt
CO	CARRY-OUT-Ausgang (RIPPLE-CARRY-Ausg.) Der interne 1-Zustand des Ausgangs kennzeichnet das Erzeugen eines Übertrags bei einer Addition
CP	CARRY-PROPAGATE-Ausgang Der Ausgang befindet sich im internen 1-Zustand, wenn der CI-Eingang sich im internen 1-Zustand befindet und die Summe der Summanden um 1 kleiner als der Wert ist, bei dem das Element einen Übertrag erzeugt

17.5 Schaltzeichen für binäre Elemente

Symbol	Erklärung
⎍	**Eingänge** Eingang mit zwei Schwellwerten Eingang mit Hysterese
▷	Eingang mit besonderer Verstärkung (Empfindlichkeit). Das Dreieck muß in Richtung des Signalflusses zeigen
E	Erweiterungseingang kann mit dem Ausgang E eines Erweiterungselements verbunden werden
EN	Freigabe-Eingang (Enable input) Bei internem 1-Zustand des Eingangs haben alle Ausgänge den normal definierten internen Logik-Zustand. Bei internem 0-Zustand sind alle Ausgänge im externen hochohmigen Zustand
m_1, m_2, …, m_k } *	Bit Gruppierung für Multibit-Eingang, allgemein Die im Symbol gruppierten Eingänge bilden eine Zahl, die gleich ist der Summe der Eingänge mit internem 1-Zustand (Bit-Gruppierung wie beim Multibit-Ausgang)
]	Zusammenfassung von Anschlusslinien Für die Herstellung eines einzelnen Logik-Eingangs sind zwei oder mehr Anschlüsse erforderlich
+m	Zähleingang, aufwärts Der Zählerstand wird einmal um m erhöht, wenn der Eingang den internen 1-Zustand annimmt
−m	Zähleingang, abwärts Der Zählerstand wird einmal um m erniedrigt, wenn der Eingang den internen 1-Zustand annimmt
→m	Schiebeeingang von links nach rechts oder von oben nach unten (abhängig von der Lage des Schaltzeichens). Nimmt der Eingang den internen 1-Zustand an, wird die im Element enthaltene Information einmal um m Stellen verschoben
←m	Schiebeeingang von rechts nach links oder von unten nach oben (abhängig von der Lage des Schaltzeichens). Nimmt der Eingang den internen 1-Zustand an, wird die im Element enthaltene Information einmal um m Stellen verschoben
D	D-Eingang Der interne Logik-Zustand des D-Eingangs wird in Abhängigkeit von einem übergeordneten Eingang (z.B. C-Eingang) gespeichert
J	J-Eingang Setzeingang = S-Eingang mit zusätzlicher Eigenschaft (s. K-Eingang)
K	K-Eingang Rücksetz-Eingang = R-Eingang mit zusätzlicher Eigenschaft des Zustandswechsels bei gleichzeitigem 1-Zustand an den Eingängen J und K
R	R-Eingang Nimmt dieser Eingang den internen 1-Zustand an, wird im Element ein 0 gespeichert
S	S-Eingang Nimmt dieser Eingang den internen 0-Zustand an, wird im Element eine 0 gespeichert
T	T-Eingang Nimmt dieser Eingang den internen 1-Zustand an, wechselt der interne Ausgangszustand in den komplementären Zustand
CT=m	INHALTS-Eingang m muss durch Angabe des Inhalts (z. B. eines Zählers) ersetzt werden, der sich einstellt, wenn sich der Eingang im internen 1-Zustand befindet
"1"	FIXED-MODE-Eingang Der Eingang muss sich im internen 1-Zustand befinden, wenn das Element die mit dem Symbol dargestellte Funktion ausführen soll
✕	Nicht-logische Verbindung Kennzeichnung einer Verbindung ohne Logikinformation (z. B. Referenzspannungsanschluss)
Pm	Operanden-Eingang Der Eingang stellt ein Bit eines Operanden dar, auf dem eine oder mehrere mathem. Operationen angewendet werden. m muss durch das Gewicht in dezimaler Form oder durch den Exponenten der Zweierpotenz ersetzt werden. Bevorzugte Operandenbuchstaben sind P und Q

17.5 Schaltzeichen für binäre Elemente

Symbol	Erklärung
	Kombinatorische Elemente Das Funktionskennzeichen des Elements zeigt an, wieviele Eingänge sich im internen 1-Zustand befinden müssen, damit der Ausgang den internen 1-Zustand annimmt
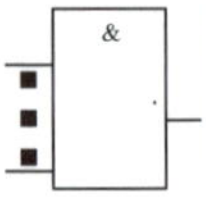	UND-Element Der Ausgang befindet sich nur dann im 1-Zustand, wenn sich alle Eingänge im 1-Zustand befinden
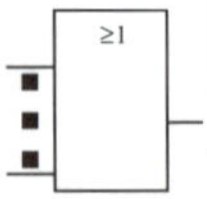	ODER-Element Der Ausgang befindet sich im 1-Zustand, wenn sich mindestens ein Eingang im 1-Zustand befindet
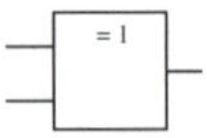	Exklusiv-ODER-Element (Antivalenz) Der Ausgang befindet sich nur dann im 1-Zustand, wenn sich nur einer der beiden Eingänge im 1-Zustand befindet
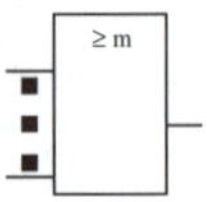	Schwellwert-Element Der Ausgang befindet sich nur dann im 1-Zustand, wenn sich m Eingänge im 1-Zustand befinden
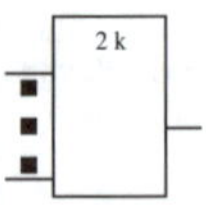	GERADE-Element Paritäts-Element (EVEN-Element) Der Ausgang befindet sich nur dann im 1-Zustand, wenn sich eine gerade Anzahl von Eingängen im 1-Zustand befindet
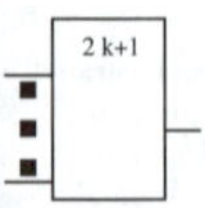	UNGERADE-Element Imparitäts-Element (ODD-Element) Der Ausgang befindet sich nur dann im 1-Zustand, wenn sich eine ungerade Anzahl von Eingängen im 1-Zustand befindet
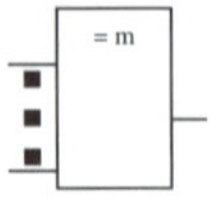	(m aus n)-Element Der Ausgang befindet sich nur dann im 1-Zustand, wenn sich m Eingänge im 1-Zustand befinden
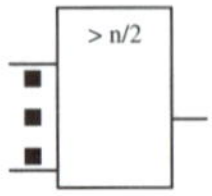	Majoritäts-Element Der Ausgang befindet sich nur dann im 1-Zustand, wenn sich die Mehrzahl der Eingänge im 1-Zustand befindet
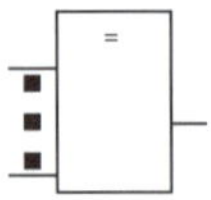	Äquivalenz-Element Der Ausgang befindet sich nur dann im 1-Zustand, wenn sich alle Eingänge im selben Zustand befinden
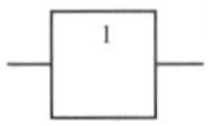	Buffer ohne besondere Verstärkung am Ausgang Der Ausgang hat den gleichen Zustand wie der Eingang
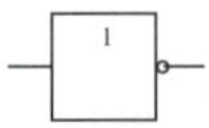	NICHT-Element Inverter Der Ausgang befindet sich im externen 0-Zustand, wenn sich der Eingang im externen 1-Zustand befindet
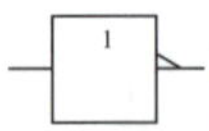	Inverter (bei Anwendung der Logik-Polarität) Der Ausgang hat nur dann L-Pegel, wenn der Eingang auf H-Pegel liegt
	Beispiele für kombinatorische Elemente
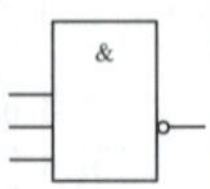	NAND-Element UND-Element mit negiertem Ausgang
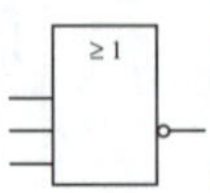	NOR-Element ODER-Element mit negiertem Ausgang
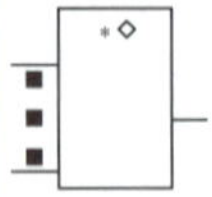	**Wired-Verknüpfung** Direkte Verbindung von besonderen Ausgängen mehrerer Elemente, um eine UND- oder eine ODER-Funktion zu realisieren
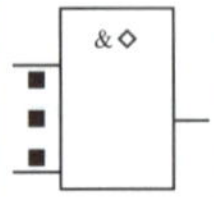	z. B. Phantom-UND-Verknüpfung (wahlweise Darstellung) 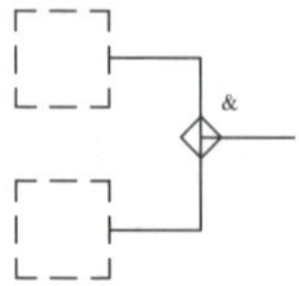
	Arithmetische Elemente
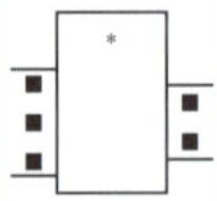	Das ∗-Zeichen muß durch das Funktionskennzeichen entsprechend der mathematischen Funktion ersetzt werden
Σ	Addierer, allgemein
P – Q	Subtrahierer, Allg.
CPG	Übertragungseinheit, allgemein für parallele Übertragsbildung
Π	Multiplizierer, allg.
COMP	Zahlenkomparator, allgemein
ALU	Arithmetisch-Logische Einheit, allgemein Die Wirkungsweise kann durch zusätzliche Angaben angegeben werden

Beispiele:

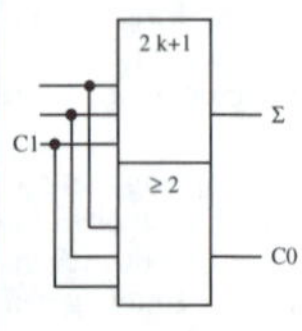

Ein-Bit Volladdierer, allgemein

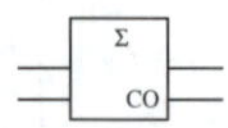

Halb-Addierer allgemein

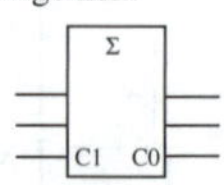

Ein-Bit Volladd. allgemein

17

17.5 Schaltzeichen für binäre Elemente

Symbol	Erklärung	Symbol	Erklärung	Symbol	Erklärung
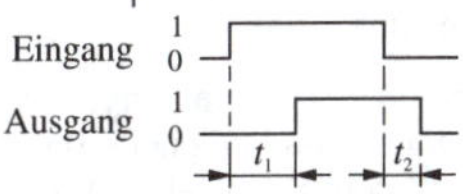	**Digitale Verzögerungselemente**		innerhalb oder außerhalb der Kontur angegeben werden	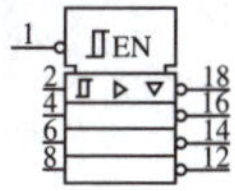	Bus-Treiber mit Schwellwert-Eingängen u. 3-state-Ausgängen, vierfach
		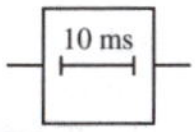	Verzögerungselement 10 ms	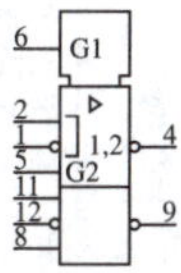	Leitungsempfänger, zweifach
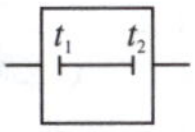	Die Änderung des internen Eingangszustandes von 0 nach 1 bewirkt eine um t_1 verzögerte Änderung des internen Ausgangszustandes von 0 nach 1. Die Änderung des internen Ausgangszustandes von 1 nach 0 erfolgt um t_2 verzögert gegenüber der Änderung des Eingangszustandes von 1 nach 0.	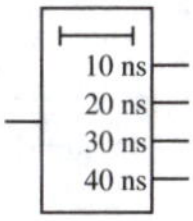	Verzögerungselement mit Stufen von 10 ns	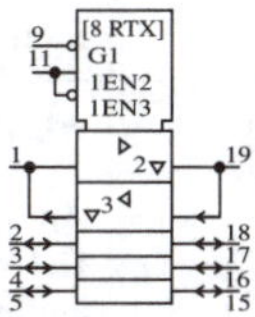	Bus-Treiber, bidirektional, 4 bit parallel
	t_1 und t_2 können durch die tatsächlichen Verzögerungszeiten ersetzt werden. Diese können		**Leistungselemente** Treiber und Empfänger, bidirektionale Schalter		
		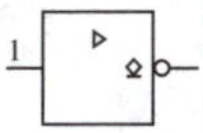	Treiber mit invertierendem offenen Kollektor-Ausgang vom L-Typ	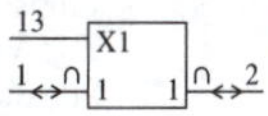	Bidirektionaler Schalter (Pfeilspitzen und/oder die Symbole sind wahlweise)
		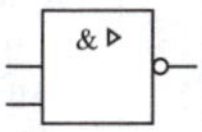	NAND-Leistungselement		

Die Abhängigkeitsnotation

Steuernde Eingänge mit gleichen Buchstaben und gleicher Kennziffer stehen in einer ODER-Beziehung zueinander.
Folgende Abhängigkeitsarten sind festgelegt:
- UND-, ODER- und NEGATIONS-Abhängigkeiten geben Boole'sche Beziehungen zwischen Eingängen und/oder Ausgängen an.
- VERBINDUNGS-Abhängigkeit gibt an, daß ein Ausgang seinen Logik-Zustand einem oder mehreren anderen Eingängen und/oder Ausgängen aufzwingt.
- STEUER-Abhängigkeit kennzeichnet einen Zeitsteuer- oder Takteingang und gibt an, welche Eingänge durch ihn gesteuert werden.
- SETZ- und RÜCKSETZ-Abhängigkeiten werden verwendet, um die internen Logik-Zustände in bistabilen Elementen für den Fall R=S=1 anzugeben.
- FREIGABE-Abhängigkeit gibt an, welche Eingänge und/oder Ausgänge durch einen Freigabe-Eingang gesteuert werden (z. B. welche Ausgänge den hochohmigen Zustand annehmen).
- MODUS-Abhängigkeit kennzeichnet einen Eingang, der den Betriebsmodus eines Elements auswählt, und gibt die Eingänge und/oder Ausgänge an, die von diesem Modus abhängen.
- ADRESSEN-Abhängigkeit kennzeichnet die Adresseneingänge eines Speichers.

Damit bei komplexen Funktionen nicht die entsprechenden Elemente und Verbindungen einzeln dargestellt werden müssen, können die Beziehungen zwischen Eingängen, Ausgängen oder Ein- und Ausgängen mit der Abhängigkeitsnotation angegeben werden. Hierbei wird zwischen „steuern" und „gesteuert" unterschieden:

- Eingänge, die andere Eingänge und Ausgänge steuern, werden mit einem Buchstaben entsprechend der Tabelle und einer nachfolgenden Kennziffer gekennzeichnet.
- Eingänge oder Ausgänge, die durch den steuernden Eingang gesteuert werden, erhalten die gleiche Kennziffer. Ist ein zusätzliches Kennzeichen erforderlich, so ist die Kennziffer voranzustellen.

Haben mehrere Eingänge einen steuernden Einfluss, so müssen die Kennziffern eines jeden steuernden Eingangs in der Kennzeichnung des gesteuerten Ein- oder Ausgangs angegeben werden. Die von links nach rechts gelesene Reihenfolge der durch Kommata getrennten Kennziffern entspricht der Rangfolge ihrer Wirkungen.

Zwei steuernde Eingänge mit unterschiedlichen Buchstaben dürfen nicht dieselbe Kennziffer tragen, ausgenommen der Buchstabe A.

17.5 Schaltzeichen für binäre Elemente

Buchstabe(n)	Abhängigkeitsart	Wirkung auf gesteuerten Eingang oder Ausgang, wenn sich der steuernde Eingang in folgendem Logik-Zustand befindet: 1-Zustand	0-Zustand
A	Adressen	erlaubt Aktion	verhindert Aktion
		Mit den Adresseingängen lässt sich eine Gruppe (Wort) zusammengehöriger Speicherzellen (Bits) auswählen. Ein- und Ausgänge von Speichern, die von einem Am-Eingang gesteuert werden, werden mit dem Buchstaben A gekennzeichnet. Dieser Buchstabe unterliegt bezüglich der Kennziffer den Regeln der Abhängigkeitsnotation.	
C	Steuerung	löst Aktion der normal definierten Wirkung eines sequenziellen Elements aus	die durch den Cm-Eingang oder Cm-Ausgang gesteuerten Eingänge eines sequenziellen Elements haben keine Wirkung
EN	Freigabe	erlaubt Aktion Anmerkung: Die Wirkung dieses Eingangs auf die von ihm gesteuerten Ausgänge ist die gleiche wie die eines EN-Eingangs. Die Wirkung dieses Eingangs auf die von ihm gesteuerten Eingänge ist die gleiche wie die eines M-Eingangs.	– verhindert Aktion gesteuerter Eingänge, – bewirkt den externen hochohmigen Zustand an offenen und 3-state-Ausgängen; der interne Logik-Zustand der 3-state-Ausgänge wird nicht beeinflusst, – bewirkt hochohmige L-Pegel an passiven Pulldown-Ausgängen und hochohmigen H-Pegel an passiven Pullup-Ausgängen, – bewirkt den 0-Zustand an anderen Ausgängen
G	UND	erlaubt Aktion des normal definierten Logik-Zustands	bewirkt den 0-Zustand
M	Modus	erlaubt Aktion (Modus ausgewählt)	verhindert Aktion (Modus nicht ausgewählt)
N	Negation	negiert den normal definierten Logik-Zustand	erlaubt Aktion des normal definierten Logik-Zustands
R	Rücksetz	gesteuerter Ausgang eines bistabilen Elements reagiert wie bei S=0, R=1	keine Wirkung
S	Setz	gesteuerter Ausgang eines bistabilen Elements reagiert wie bei S=1, R=0	keine Wirkung
V	ODER	bewirkt 1-Zustand	erlaubt Aktion des normal definierten Logik-Zustands
X	Transmission	Weg durchgeschaltet	kein Weg durchgeschaltet
Z	Verbindungen	bewirkt 1-Zustand, sofern dieser nicht durch zusätzliche Abhängigkeitsnotation verändert wird	bewirkt 0-Zustand, sofern dieser nicht durch zusätzliche Abhängigkeitsnotation verändert wird

Anmerkung: Die Abhängigkeitsnotation definiert im allgemeinen Beziehungen zwischen internen Logik-Zuständen

17.5 Schaltzeichen für binäre Elemente

Beispiele zur Abhängigkeitsnotation

Addressen-Abhängigkeit

Am-Eingang

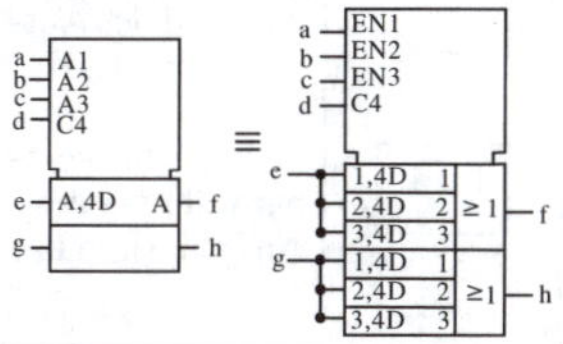

Die Kennzahlen von steuernden Am-Eingängen entsprechen den Adressen der durch diese Eingänge ausgewählten Wörter

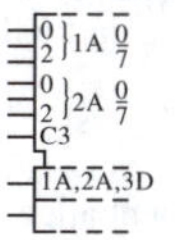

Ein Wort von 8 wird ausgewählt, wenn es zugleich von beiden Sätzen der Am-Eingänge ausgewählt wird

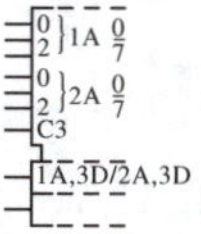

Ein Wort von 8 wird ausgewählt, wenn es entweder von einem oder von beiden Sätzen der Am-Eingänge ausgewählt wird

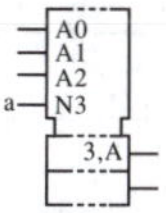

Für a=1 sind die internen Logik-Zustände der einzelnen Speicherelement-Ausgänge das Ergebnis der ODER-Verknüpfung der komplementären Zustände der entsprechenden Bits der ausgewählten Wörter

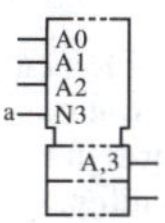

Für a=1 sind die internen Logik-Zustände der einzelnen Speicherelement-Ausgänge das Komplement des Ergebnisses der ODER-Verknüpfung der entsprechenden Bits der ausgewählten Wörter

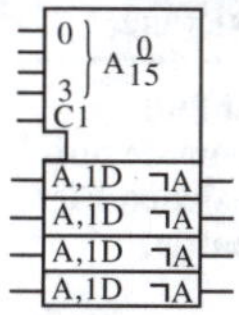

Speicherfeld mit 16 Wörtern zu je 4 Bits. Jedes Bit ist durch ein zweizustandsgesteuertes D-Flipflop realisiert

Steuer-Abhängigkeit

Cm-Eingang

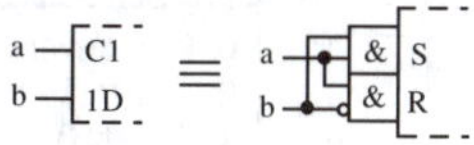

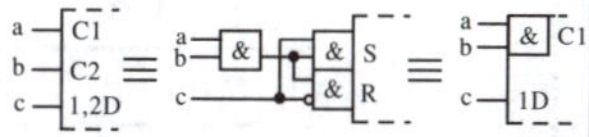

Freigabe-Abhängigkeit

ENm-Eingang

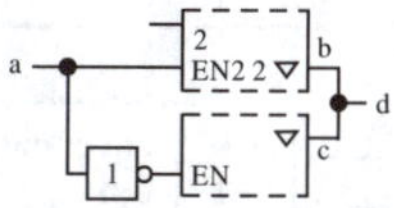

bei a=0 ist d=c; bei a=1 ist d=b.

UND-Abhängigkeit

Gm-Eingang

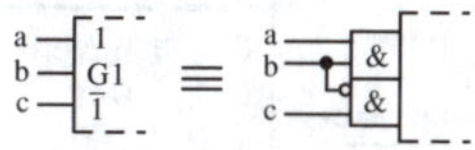

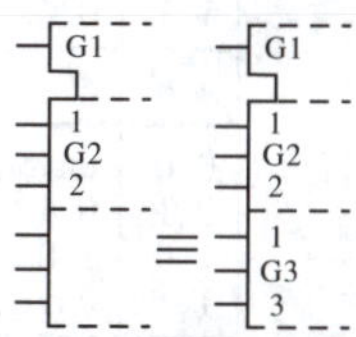

Gm-Ausgang

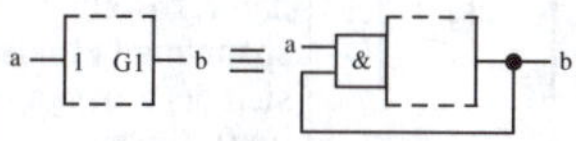

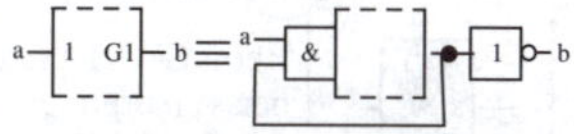

Modus-Abhängigkeit

Mm-Eingang

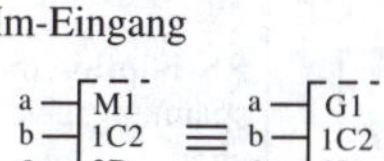

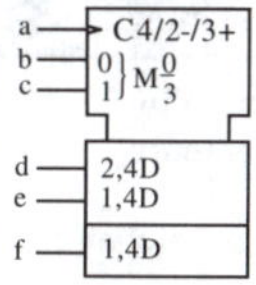

Modus 0 (b=0, c=0) Eingänge haben keine Wirkung

Modus 1 (b=1, c=0) Paralleles Laden über Eingänge e und f

Modus 2 (b=0, c=1) Vorwärtsschieben und serielles Laden über den Eingang d

Modus 3 (b=1, c=1) Vorwärtszählen um eine Stelle bei jedem Taktimpuls

Negations-Abhängigkeit

Nm-Eingang

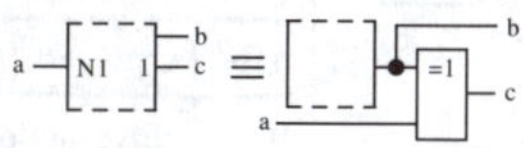

bei a=0 ist c=b
bei a=1 ist c=$\overline{b}$

ODER-Abhängigkeit

Vm-Eingang

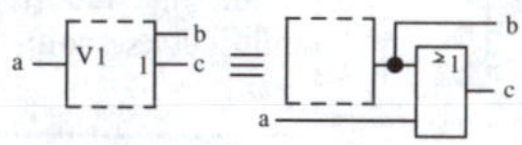

Vm-Ausgang

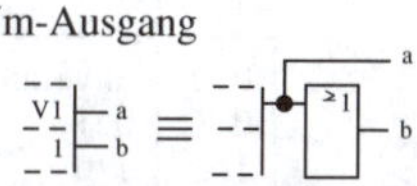

Verbindungs-Abhängigkeit

Zm-Eingang

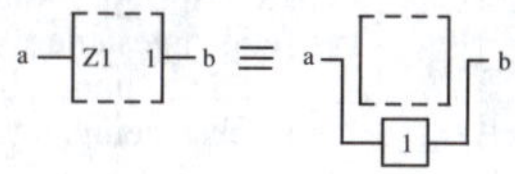

Zm-Ausgang

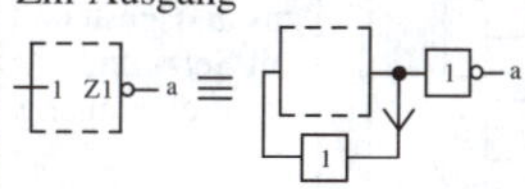

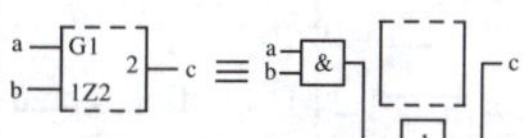

17.5 Schaltzeichen für binäre Elemente

Symbol	Erklärung	Symbol	Erklärung	Symbol	Erklärung

Bistabile Elemente

Kennzeichen für:

einzustandsgesteuertes Flipflop

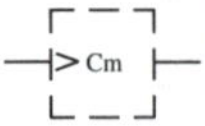

einflankengesteuertes Flipflop

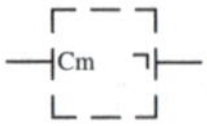

zweizustandsgesteuertes Flipflop

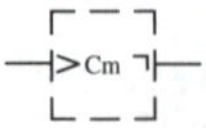

zweiflankengesteuertes Flipflop

RS-Flipflop

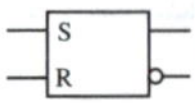

Externe Logik-Zust.

a b	c d
0 0	unverändert
0 1	0 1
1 0	1 0
1 1	unbestimmt

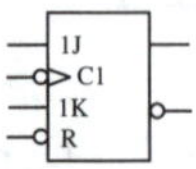

JK-Flipflop, einflankengesteuert mit Rücksetzeingang

a b	c d
0 0	unverändert
0 1	0 1
1 0	1 0
1 1	Zustandswechsel

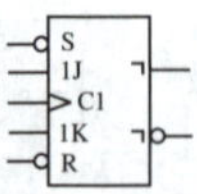

JK-Flipflop, zweiflankengesteuert mit Setz- und Rücksetzeingang

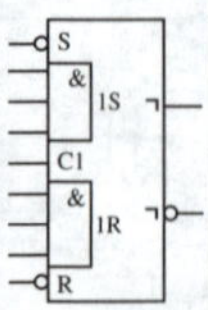

JK-Flipflop, zweizustandsgesteuert mit Setz- und Rücksetzeingang

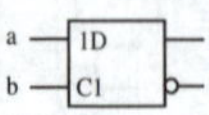

D-Flipflop, einzustandsgesteuert

Bistabile Elemente mit speziellen Eigenschaften

Externe Logik-Zust.

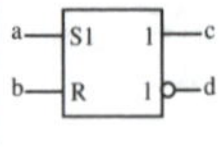

a b	c d
0 0	unverändert
0 1	0 1
1 0	1 0
1 1	1 0

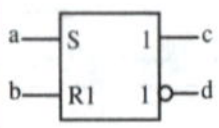

a b	c d
0 0	unverändert
0 1	0 1
1 0	1 0
1 1	0 1

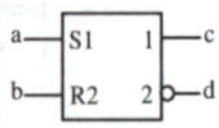

a b	c d
0 0	unverändert
0 1	0 1
1 0	1 0
1 1	1 1

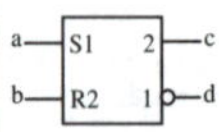

a b	c d
0 0	unverändert
0 1	0 1
1 0	1 0
1 1	0 0

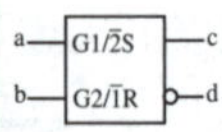

a b	c d
0 0	unverändert
0 1	0 1
1 0	1 0
1 1	unverändert

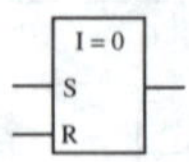

Beim Einschalten der Versorgungsspannung befindet sich der Ausgang im 0-Zustand

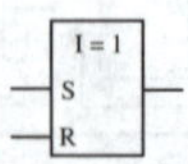

Beim Einschalten der Versorgungsspannung befindet sich der Ausgang im 1-Zustand

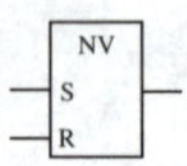

RS-Flipflop nullspannungsgesichert

Monostabile Elemente

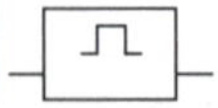

nachtriggerbar während des Ausgangsimpulses

nicht nachtriggerbar während des Ausgangsimpulses

Astabile Elemente

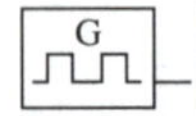

Taktgenerator allgemein (das Symbol ⎍⎍ darf entfallen)

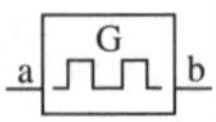

Gesteuertes astabiles Element allgemein

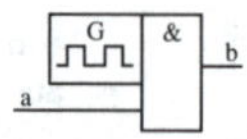

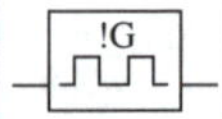

Astabiles Element, das synchron gestartet werden kann

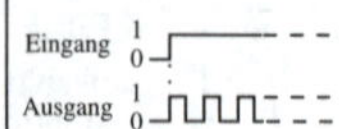

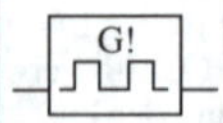

Astabiles Element, das nach Beendigung des letzten Impulses stoppt

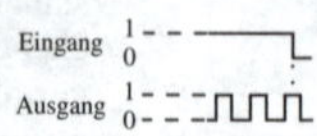

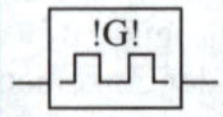

Astabiles Element, das synchron gestartet wird und nach Beendigung des vollständigen letzten Impulses stoppt

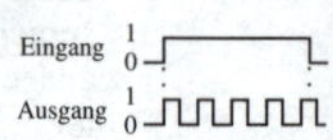

17

17.5 Schaltzeichen für binäre Elemente

Symbol	Erklärung	Symbol	Erklärung	Symbol	Erklärung
	Zähler		**Schieberegister**		**Multiplexer**
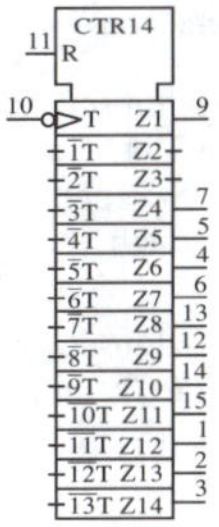	Binärer Asynchronzähler, 14stufig. Soll der asynchrone Zählvorgang nicht dargestellt werden, so ist das nachfolgende Symbol zu verwenden	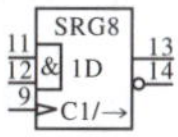	8 bit, mit seriellem Eingang und komplementären seriellen Ausgängen	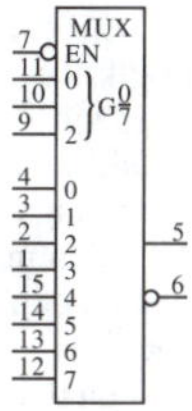	Multiplexer 1 aus 8 (z. B. SN 74151)
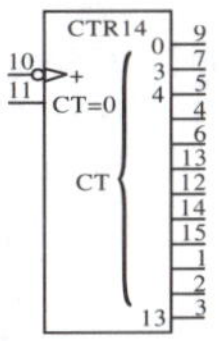	Binärzähler, 14stufig. Wenn der asynchrone Zählvorgang dargestellt werden soll, muss das vorhergehende Symbol verwendet werden	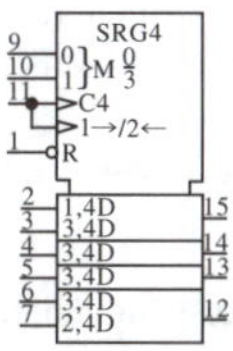	4 bit, bidirektional; mit paralleler Eingabe (Pin 3 bis 6), seriellem Eingang schieben links (Pin 7), seriellem Eingang schieben rechts (Pin 2) und paralleler Ausgabe (Pin 12 bis 15)	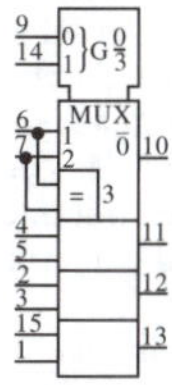	Multiplexer vierfach (z. B. MC 14519) Das nachfolgende Symbol stellt dasselbe Element auf andere Weise dar
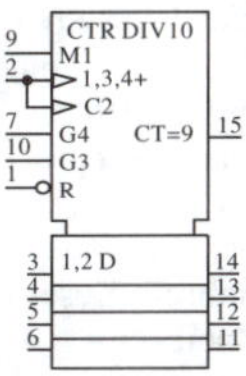	Zähler, dekadisch, synchron, mit parallelem Laden	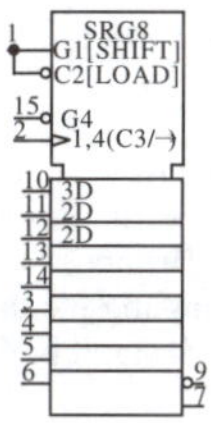	8 bit, mit paralleler Eingabe (Pin 3 bis 6 und 11 bis 14), serieller Eingabe (Pin 10) und komplementären seriellen Ausgängen	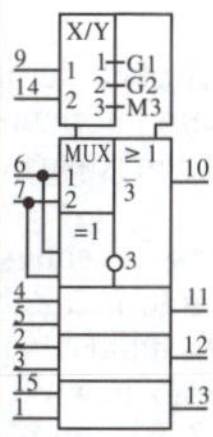	Exklusiv-NOR vierfach (z. B. MC 14519) Das Symbol stellt dasselbe Element wie zuvor auf andere Weise dar
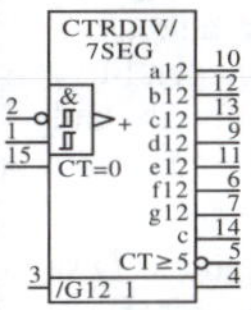	Dekadischer Zähler/Teiler mit decodierten Ausgängen für eine 7-Segment-Anzeige 	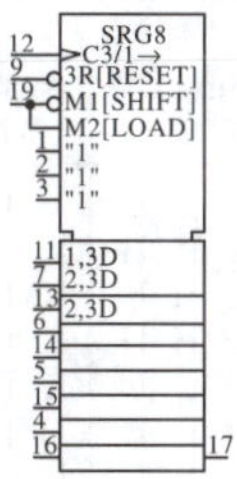	8 bit, universell; es sind nur die Funktionen Rücksetzen, Schieben nach rechts sowie paralleles und serielles Laden dargestellt	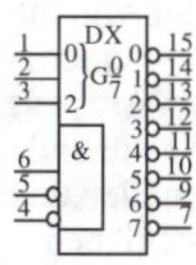	**Demultiplexer** Demultiplexer 1 aus 8 (z. B. SN 74LS138)
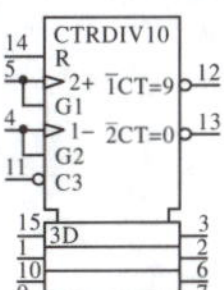	Zweirichtungszähler, dekadisch, synchron	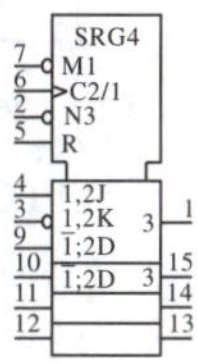	4 bit, mit paralleler Eingabe und Ausgabe. Ersetzt man 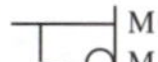 durch 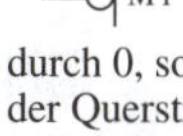 und $\overline{1}$ durch 0, so kann der Querstrich vermieden werden	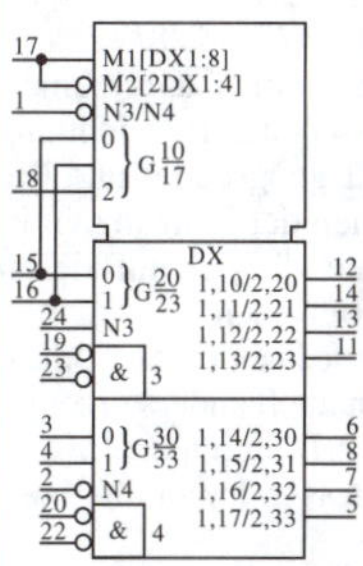	Demultiplexer/Decodierer, universal, zweifach (z. B. F100170)
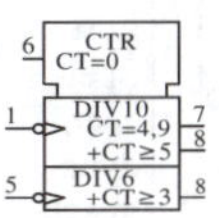	Zwei Zähler; einer teilt durch 5 und 10, der andere durch 6				
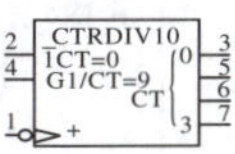	Zähler, dekadisch Löscheingang (Pin 2), Eingang zum Setzen auf 9 (Pin 4)				

17

17.5 Schaltzeichen für binäre Elemente

Erklärung	Symbol	Erklärung	Symbol	Erklärung

Codierer, Code-Umsetzer

Abhängig vom Eingangscode ergibt der interne Logik-Zustand der Eingänge eine interne Zahl. Diese interne Zahl wird entsprechend dem Ausgangscode übersetzt und hat den internen Logik-Zustand an den Ausgängen zur Folge.
Die Beziehung zwischen den internen Logik-Zuständen an den Eingängen und der internen Zahl wird angegeben durch:
- Zahlen an den Eingängen, wobei die Summe der Zahlen an den Eingängen mit internem 1-Zustand die interne Zahl ergibt;
- Ersetzen von X durch ein entsprechendes Kennzeichen des Eingangscodes und Bezeichnen der Eingänge mit Zeichen, die sich auf diesen Code beziehen.

Die Beziehung zwischen der internen Zahl und dem internen Logik-Zustand an den Ausgängen erfolgt durch:
- Bezeichnen jedes Ausgangs mit denjenigen internen Zahlen, die den 1-Zustand des jeweiligen Ausgangs bewirken. Diese internen Zahlen müssen durch Schrägstriche getrennt werden. Erzeugt eine fortlaufende Reihe von internen Zahlen den internen 1-Zustand an einem Ausgang, so darf auch die erste und letzte Zahl, verbunden durch drei Punkte, geschrieben werden, z. B. 4 … 9 = 4/5/6/7/8/9.
- Ersetzen von Y durch eine entsprechende Bezeichnung des Ausgangscodes und Bezeichnen der Ausgänge mit Zeichen, die sich auf diesen Code beziehen.

Die interne Zahl eines Codierers kann auch anders erzeugt werden, z. B. durch einen Zähler, dessen Inhalt die interne Zahl ist.

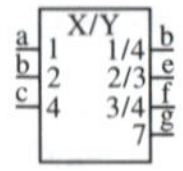

Ausgang f befindet sich im 1-Zustand bei

a=1, b=1, c=0
oder
a=0, b=0, c=1

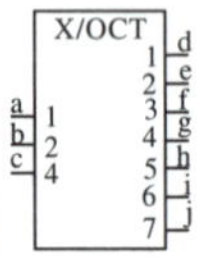

Ausgang h befindet sich im 1-Zustand bei

a=1, b=0, c=1

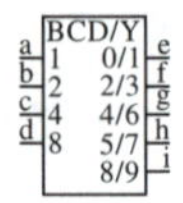

Ausgang h befindet sich im 1-Zustand bei

a=1, b=0, c=1, d=0
oder
a=1, b=1, c=1, d=0

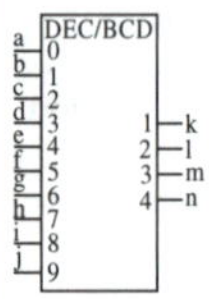

Die Ausgänge k und m befinden sich im 1-Zustand, wenn der Eingang f sich im 1-Zustand befindet

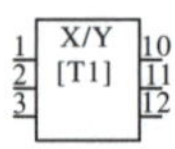

„T1“ bezieht sich auf eine Tabelle (oder Boolesche Gleichungen)

T1

Eing. 1	2	3	Ausg. 10	11	12
L	L	L	1	L	L
L	L	H	L	L	L
L	H	L	L	H	L
L	H	H	L	L	L
H	L	L	L	L	L
H	L	H	L	L	L
H	H	L	L	L	H
H	H	H	L	L	L

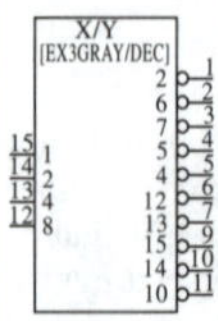

Code-Umsetzer von Exzeß-3-Gray-Code auf 1-aus-10-Code

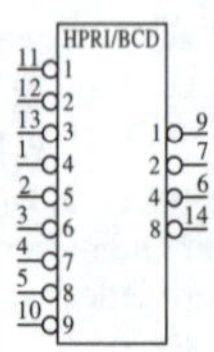

Code-Umsetzer von 1-aus-9 auf BCD-Code mit Priorität des jeweils höchsten Wertes

Signalpegel-Umsetzer

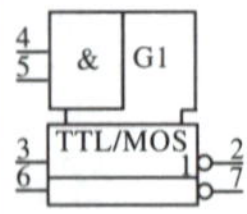

Pegelumsetzer von TTL- auf MOS-Pegel, zweifach

Pegelumsetzer von ECL- auf TTL-Pegel

Speicher

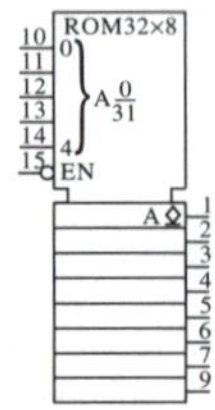

Nur-Lese-Speicher 32 × 8 bit

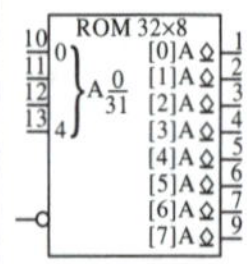

Nur-Lese-Speicher 32 × 8 bit vereinfachte Darstellung

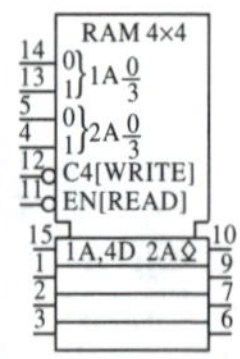

Schreib-Lese-Speicher 4 × 4 bit mit getrennten Eingängen für Schreib- und Leseadressen

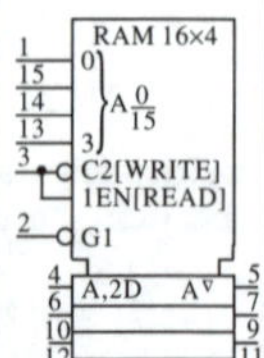

Schreib-Lese-Speicher 16 × 4 bit

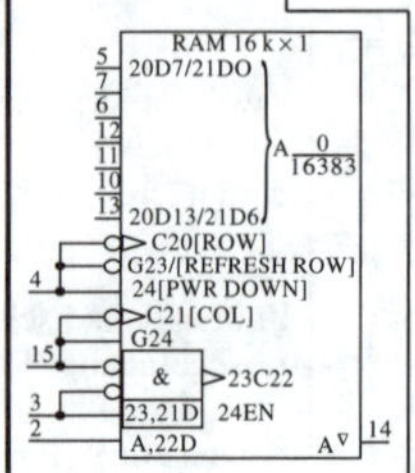

Schreib-Lese-Speicher, dynamisch, 16384 × 1 bit

17

17.6 Schaltzeichen für Halbleiterbauelemente

Symbol	Erklärung
	Symbolelemente
	Halbleiterzone mit einem ohmschen Anschluß (senkrechte Linie stellt die Halbleiterzone dar)
	Halbleiterzone mit mehreren, z. B. zwei ohmschen Anschlüssen (wahlweise Darstellungen)
	Leitender Kanal für Elemente vom
	– Verarmungstyp
	– Anreicherungstyp
	Gleichrichtender Übergang
	– bevorzugte Darstellung
	– andere Form
	Sperrschicht, die mit einem elektr. Feld eine Halbleiterzone beeinflusst
	– P-Gebiet beeinflusst N-Zone
	– N-Gebiet beeinflusst P-Zone
	Kennzeichnung der Substratart bei einem Isolierschicht-Feldeffekt-Transistor (IGFET)
	– N-leitender Kanal auf P-Substrat
	– P-leitender Kanal auf N-Substrat
	Isoliertes Gate
	P-Emitter auf einer N-Zone
	N-Emitter auf einer P-Zone
	Kollektor auf einer Halbleiterzone entgegengesetzten Leitertyps
	Übergang zw. Zonen versch. Leitertyps (schräge Linie ist kein Anschluss)
	Eigenleitende Zone zwischen Gebieten
	– verschiedenen Leitertyps
	– gleichen Leitertyps
	Eigenleitende Zone zwischen Kollektor und Gebiet
	– anderen Leitertyps
	– gleichen Leitertyps
	Kennzeichen für bes. Funktion oder Eigenschaft
	Schottky-Effekt
	Tunnel-Effekt
	Durchbruch-Effekt in einer Richtung
	Durchbruch-Effekt in beiden Richtungen
	Rückwärts-Effekt
	Dioden
	Halbleiterdiode, allgemein
	Leuchtdiode
	Z-Diode, Esaky-Diode
	Breakdown-Diode (gegeneinandergeschalt. Z-Dioden)
	Tunneldiode
	Kapazitätsdiode
	Diode mit Ausnutzung der Temperaturabhängigkeit
	Backward-Diode Unitunneldiode
	Zweirichtungs-Diode, Diac
	Thyristoren
	Thyristordiode rückw. sperrend
	Thyristordiode rückw. leitend
	Zweirichtungs-Thyristordiode
	Thyristortriode, rückw. sperrend Tyristor allgemein (Art des Gates nicht angegeben)
	Thyristortriode, rückw. sperrend,
	– Anode gesteuert
	– Katode gest.
	Abschalt-Thyristortriode
	– allgemein
	– Anode gesteuert
	– Katode gest.
	Thyristortetrode, rückw. sperrend
	Thyristortriode, bidirektional Triac
	Thyristortriode rückw. leitend
	– allgemein
	– Anode gesteuert
	– Katode gest.
	Lichtempfindliche Elemente
	Fotowiderstand
	Fotodiode
	Fotoelement, Fotozelle
	Fototransistor, NPN-Typ dargest.
	Optokoppler, dargestellt mit Leuchtdiode und Fototransistor

17

17.6 Schaltzeichen für Halbleiterbauelemente

Symbol	Erklärung	Symbol	Erklärung	Symbol	Erklärung
	Transistoren		PNIN-Transistor mit Anschluß zur eigenleitenden Zone		Isolierschicht-Feldeffekt-Transistor (IGFET), Anreicherungstyp
	PNP-Transistor				
	NPN-Transistor (Kollektor mit Gehäuse verbunden)		Sperrschicht-Feldeffekt-Transistor (JFET) mit N-Kanal (Tor und Quelle müssen in einer Linie dargestellt werden)		– ein Gate, N-Kanal
					– ein Gate, P-Kanal
	NPN-Transistor mit zwei Basisanschlüssen			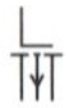	– ein Gate, P-Kanal, mit herausgeführtem Substratanschluss
	Unijunction-Transistor mit		desgl. mit P-Kanal		
	– Basis vom P-Typ		Isolierschicht-Feldeffekt-Transistor (IGFET), Verarmungstyp		– ein Gate, N-Kanal, Substrat intern m. Source verbunden
	– Basis vom N-Typ				
	PNIP-Transistor mit Anschluß zur eigenleitenden Zone		– ein Gate, P-Kanal		IGFET, Verarmungstyp, N-Kanal mit zwei Gates und herausgeführtem Substratanschluss
			– ein Gate, N-Kanal		

17.7 Schaltzeichen für analoge Informationsverarbeitung

Allgemeine Regeln

Beispiel:

Element, in welchem $u = -f(2x, -y, z)$

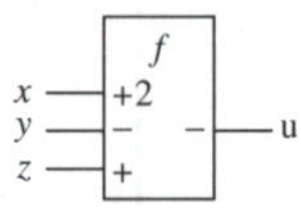

„f" kennzeichnet die Funktion des analogen Elementes; es kann durch ein Zeichen oder ein grafisches Symbol ersetzt werden.
Die Kennzeichnung „–" für Invertierung und „+" für Nichtinvertierung werden innerhalb des Schaltzeichens unmittelbar neben den betreffenden Eingängen und Ausgängen angegeben.
Direkt anschließend an die Vorzeichenangabe der Eingänge folgt die Angabe der Bewertungsfaktoren. Ist der Bewertungsfaktor +1 oder –1, so kann die Ziffer 1 entfallen.
Direkt anschließend an die Vorzeichenangabe der Ausgänge folgt die Angabe der Verstärkungsfaktoren. Ist der Verstärkungsfaktor 1, so kann die Ziffer 1 entfallen. Ist die Verstärkung sehr hoch und die Kenntnis des genauen Verstärkungsfaktors unbedeutend, so kann das Zeichen „∞" als Verstärkungsfaktor verwendet werden.
Gibt es für die ganze Schaltung nur einen Verstärkungsfaktor oder einen gemeinsamen Faktor für das Produkt aus Bewertungs- und Verstärkungsfaktoren, so kann der absolute Wert dieses Faktors im Funktionskennzeichen angegeben werden.

Signal- und Funktionskennzeichen

Symbol	Erklärung
#	Kennzeichen digitaler Signale („m#" kennzeichnet m aufeinanderfolgende Bits)
∩	Kennz. analoger Signale
Σ	Summierend
∫	Integrierend
$\frac{d}{dt}$	Differenzierend
log	Logarithmierend
F	Frequenzkompensation
I	Analoger Anfangswert bei einer Integration
	Der Wert 1 der binären Variablen
C	– bewirkt die Integration
H	– bewirkt das Halten des letzten Wertes
R	– setzt den Ausgang zur. auf 0
S	– setzt den Ausgang auf den Anfangswert
U	Versorgungsspannung, wenn bes. Anforderungen bestehen; Wert oder Polarität können folgen

17

17.7 Schaltzeichen für analoge Informationsverarbeitung

Symbol	Erklärung

Verstärker

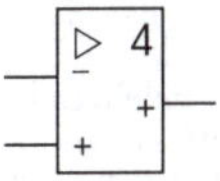

Differenzverstärker mit sehr hoher Verstärkung

Operationsverstärker

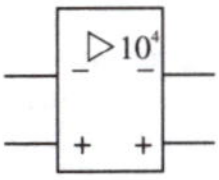

Differenzverstärker mit komplementären Ausgängen und einem Verstärkungsfaktor 10 000

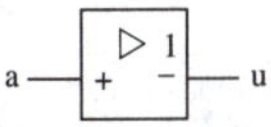

Invertierender Verstärker, Inverter mit einem Verstärkungsfaktor von 1

$$u = -1 \cdot a$$

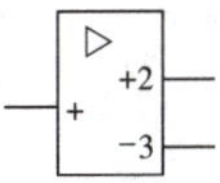

Verstärker mit zwei Ausgängen. Nichtinvertierender Ausgang mit Verstärkungsfaktor von 2, invertierender Ausgang mit Verstärkungsfaktor von 3

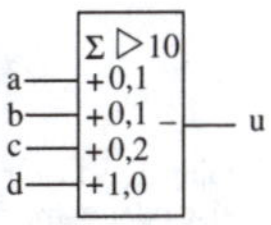

Summierender Verstärker, Summierer

$$u = -10\,(0{,}1\,a + 0{,}1\,b + 0{,}2\,c + 1{,}0\,d) = -(a + b + 2c + 10d)$$

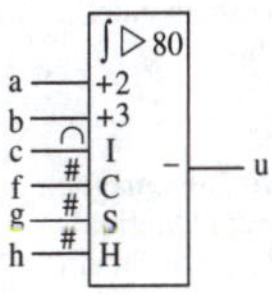

Integrierender Verstärker, Integrierer

Wenn f = 1, g = 0 und h = 0, dann ist

$$u = -80 \left[c_{(t=0)} + \int_0^t (2a + 3b)\,dt \right]$$

Anmerkung:
Die Signalkennzeichen # und ∩ können entfallen, wenn dadurch keine Unklarheiten entstehen können

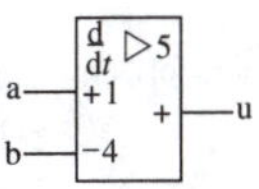

Differenzierender Verstärker, Differenzierer

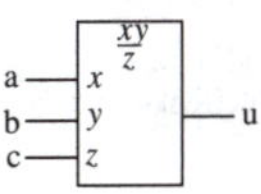

Multiplizierer-Dividierer

$$u = \frac{a \cdot b}{c}$$

Koordinatenwandler

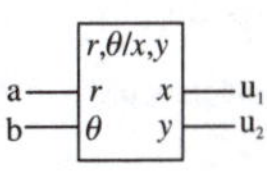

Wandlung von Polarkoordinaten in kartesische Koordinaten

$$u_1 = a \cdot \cos b$$
$$u_2 = a \cdot \sin b$$

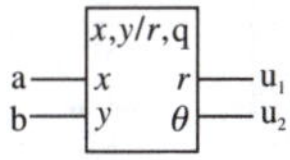

Wandlung von kartesischen Koordinaten in Polarkoordinaten

$$u_1 = \sqrt{a^2 + b^2}\,, \quad u_2 = \arctan \frac{b}{a}$$

Koeffizientenpotenziometer

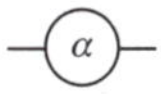

Der Wert des Koeffizienten kann neben dem Schaltzeichen angegeben werden

Umsetzer

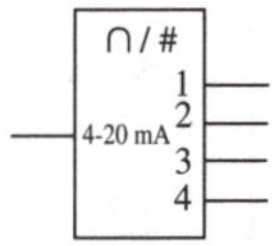

Analog-Digital-Umsetzer
Umwandlung eines Signals im Bereich von 4–20 mA am Eingang in einen gewichteten 4-Bit-Code am Ausgang

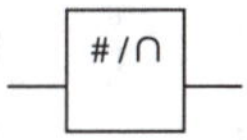

Digital-Analog-Umsetzer
Umsetzung eines digitalen Signals in ein Analogsignal

Analogschalter

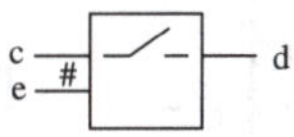

Schließer, allgemein, Durchschaltung zwischen c und d in beiden Richtungen, wenn die binäre Variable am Eingang e den Wert 1 hat

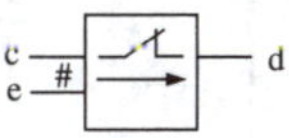

Das Analogsignal wird nur in Pfeilrichtung übertragen, solange die binäre Variable den Wert 0 hat

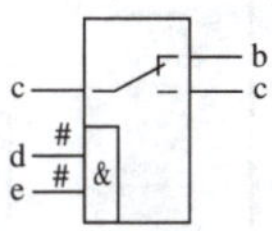

Wechsler
Der Schalter wird umgeschaltet, wenn die zwei binären Variablen gleichzeitig (UND) den Wert 1 haben

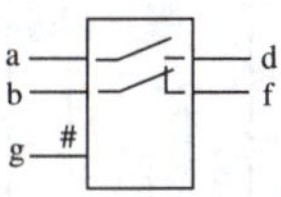

Schließer und Öffner werden durch die gleiche binäre Variable gesteuert

Komparator, Vergleicher, Grenzsignalglied

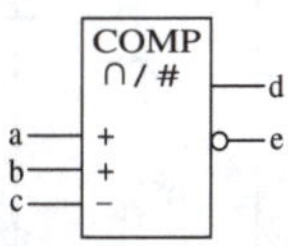

Unter dem Funktionskennzeichen kann der Wert der Hysterese (H) angegeben werden

$d = 1$ für $a + b + (-c) > 0$
$d = 0$ für $a + b + (-c) + H < 0$
$e = \overline{d}$

17

17.8 Schaltzeichen für Elektronenröhren

Symbol	Erklärung
	Symbolelemente
	Röhrenkolben, gasgefüllt
	Röhrenkolben mit externem Schirm
	Röhrenkolben mit leitendem Belag a. d. Innenseite, Katodenstrahlröhre
	Heiße Katode, indirekt geheizt bevorz. Form
	desgleichen andere Form
	Heiße Katode, direkt geheizt, Heizer einer indirekt geheizten heißen Katode, bevorz. Form
	desgleichen andere Form
	Fotoelektrische Katode
	Kalte Katode Katode, ionenbeheizt
	Elektrode, die als Anode und/oder als kalte Katode dient
	Anode, Kollektor für Mikrowellenröhren
	Leuchtanode
	Gitter
	Ionen-Diffusions-Sperre
	Ablenkelektroden bevorzugte Form
	desgleichen andere Form
	Wehnelt-Zylinder
	Fokussierelektrode m. Öffnung Strahlformungs-Elektrode
	Strahlteilende Elektrode, intern mit Fokussierel. verbunden
	Fokussierelektrode, zylindrisch; Elektronische Linse
	desgleichen mit Gitter
	Mehrfachelektrode
	Quantisierelektrode, Quantelungsgitter
	Ablenkelektrode, radial
	Gitter mit Sekundäremission
	Anode mit Sekundäremission Dynode Prallanode
	Fotoemissionselektrode
	Speicherelektrode
	desgleichen mit Fotoemission
	desgleichen mit Sekundäremission in Richtung der Pfeilspitze
	Speicherelektrode mit innerem Fotoeffekt
	Symbolelemente für Mikrowellenröhren
	Elektronenstrahlerzeuger dargest. mit Kolben
	Reflektor
	Sohle, nicht emittierend, für offene Verz.-leitg.
	Sohle, nicht emittierend, für offene Verzögerungsleitung
	Sohle, emittierend (Elektronenfluss in Richtung Pfeilspitze)
	Verzögerungsleitung, offen (Energiefluss in Richtung der Pfeilspitze)
	desgl. mit einzelner Elektrode zur elektrostat. Fokussierung
	Verzögerungsleitung, geschlossen, mit Kolben
	Hohlraum-Resonator innerhalb einer Röhre
	Hohlraum-Resonator, teilweise oder ganz außerhalb einer Röhre
	Permanentmagnet, der ein Querfeld erzeugt, z. B. in einer Kreuzfeldröhre
	Elektromagnet, der ein Querfeld erzeugt, z. B. in einem Magnetron
	Quadrupol
	Quadrupol mit Schleifenkoppler
	Verzögerungsleitungs-Koppler
	Wendelkoppler

17.8 Schaltzeichen für Elektronenröhren

Symbol	Erklärung
	Symbolelemente für weitere Röhrenarten
	Röntgenanode
	Trigger Zündelektrode
	Flüssigkatode mit Kolben
	desgleichen isoliert
	Beispiele für El.-Röhren
	Triode, Katode direkt geheizt
	Thyratron, Triode, gasgefüllt, Katode direkt geheizt
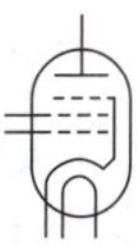	Pentode, interne Verbindung zwischen Bremsgitter und Katode
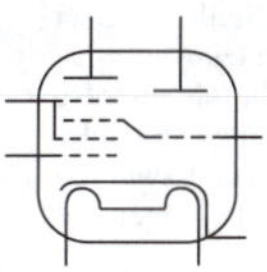	Hexode/Triode Katode indirekt geheizt
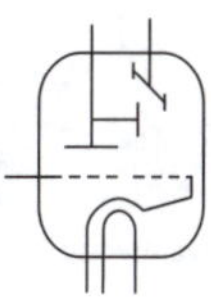	Abstimm-anzeigeröhre Magisches Auge Katode indirekt geheizt
	Beispiel für Katodenstrahlröhren
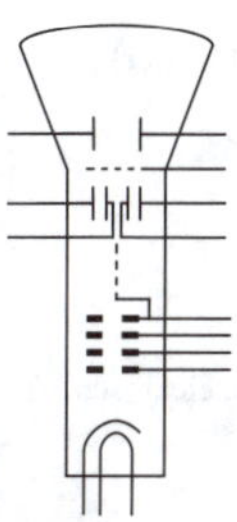	Doppel-Katodenstrahlröhre mit – geteiltem Strahl – elektrostatischer Ablenkung – indirekt geheizter Katode

Symbol	Erklärung
	Beispiele für weitere Röhrenarten
	Kaltkatoden-Röhre, gasgefüllt, z. B. Spannungsstabilisator
	desgleichen symmetrisch, z. B. Glimmlampe
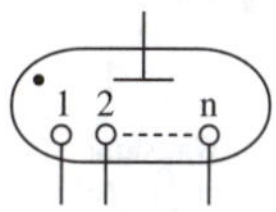	Anzeigeröhre, gasgefüllt
	Röntgenröhre, Katode direkt geheizt
	Photoelektrische Röhre
	Detektoren für ionisierende Strahlung
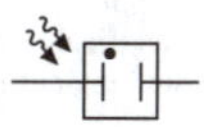	Ionisationskammer, allg.
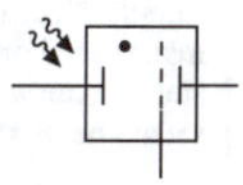	Ionisationskammer mit Gitter
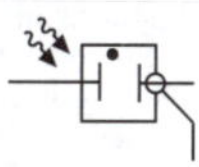	Ionisationskammer mit Schutzring
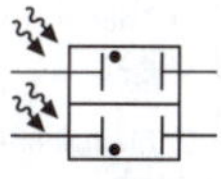	Ionisationskammer, kompensiert
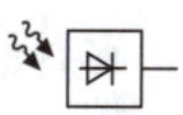	Halbleiterdetektor
	Szintillationsdetektor
	Tscherenkow-Detektor
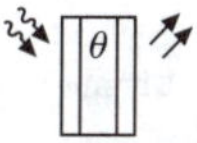	Thermolumineszenz-detektor

Symbol	Erklärung
	Faraday-sches Gefäß
	Zählrohr
	Zählrohr mit Schutzring
	Beispiele für Mikrowellenröhren
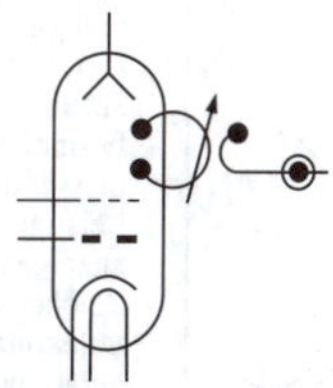	Reflexklystron mit – indirekt geheizter Katode – Fokussierelektrode – Gitter – abstimmbarem inneren Hohlraumresonator – Reflektor – Schleifenkoppler zum koaxialen Ausgang
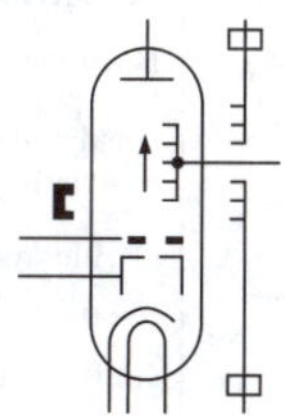	Wanderfeldröhre mit – indirekt geheizter Katode – Wehnelt-Zylinder – Fokussierelektrode – Verzögerungsleitung mit Gleichstromverbindung – Kollektor – Permanentmagnet zur Fokussierung – Verzögerungsleitungskopplern zu Rechteckhohlleitern

17.9 Schaltzeichen für Mess-, Melde- und Signaleinrichtungen

Schaltz.	Erklärung
	Allgemeine Schaltzeichen für Messgeräte
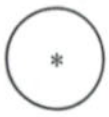	Messgerät anzeigend, allgemein
	Messgerät aufzeichnend, allgemein
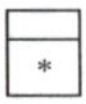	Messgerät integrierend, allgemein Elektrizitätszähler, allgemein Der Stern muß durch eine der folgenden Angaben ersetzt werden:
	– Zeichen für die Einheit der zu messenden Größe und ggfs. deren Vorsätze, z. B. Spannungsmessgerät anzeigend
	– Formelzeichen für die zu messende Größe, z. B. Leistungsfaktormessgerät anzeigend
	– Zeichen der Chemie, z. B. Solekonzentrationsmessgerät, dargest. für NaCl
	– Kennzeichen, z. B. Synchronoskop
	Zusätzlich zum Zeichen für die Einheit darf das Zeichen für die Größe angegeben werden, z. B. Blindstrommessgerät anzeigend
	Beispiele für anzeigende Messgeräte
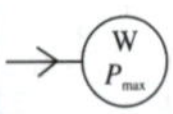	Höchstbelastungsanzeiger, Lastspitzenanzeiger, fernbetätigt (dargestellt für Wirkleistung)
	Oszilloskop
	Galvanometer
	Differenzialspannungsmessgerät, anzeigend
	Beispiele für aufzeichnende Messgeräte
	Wirkleistungsschreiber
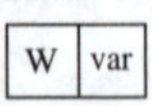	Wirk- und Blindleistungsschreiber
	Kurvenschreiber

Schaltz.	Erklärung
	Beispiele für integrierende Messgeräte
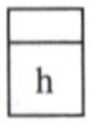	Betriebsstundenzähler
	Wattstundenzähler, zählt den Energiefluss nur in einer Richtung
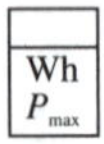	Wattstundenzähler mit Maximumanzeiger
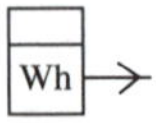	Wattstundenzähler m. Übertragungseinr.
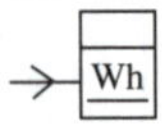	Wattstundenzähler mit Drucker, fernbetätigt
	Zählereinrichtungen
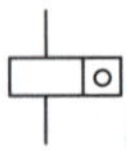	Impulszähler, elektrisch betätigt
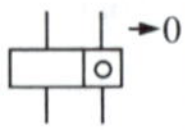	Impulszähler mit elektrischer Rückstellung auf Null
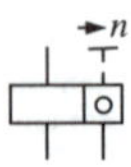	Impulszähler mit manueller Voreinstellung auf n (Rücksetzen bei $n = 0$)
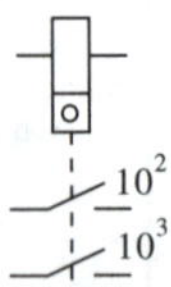	Impulsz. mit Vielfach-Kontaktgeber. Die zugeordneten Kontakte schließen jeweils bei 10^2 und 10^3 der erfassten Impulse
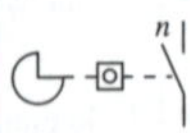	Zähleinrichtung durch Nocke betätigt. Der Kontakt wird bei jeder n-ten Betätigung geschlossen
	Elektrische Uhren
	Uhr, allgemein Nebenuhr
	Hauptuhr
	Uhr mit Schalter

Schaltz.	Erklärung
	Leuchtmelder und Signaleinrichtungen
	Lampe, Leuchtmelder allgemein Neben dem Schaltz. dürfen Farbe und Lampenart angegeben werden: BU blau WH weiß GN grün YE gelb RD rot ARC Lichtbogen EL Lumineszenz FL Fluoreszenz Hg Quecksilber I Iod IN Glühfaden IR Infrarot LED Leuchtdiode Na Natriumdampf Ne Neon UV Ultraviolett Xe Xenon
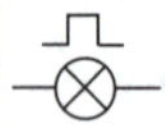	Leuchtmelder, blinkend
	Sichtmelder, elektromechanisch Schauzeichen Fallklappe
	Mehrfachzeigermelder, Stellungsanzeiger, elektromechanisch, mit einer Ruhestellung (Störstellung) und zwei Arbeitsstellungen
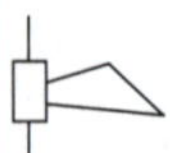	Horn Hupe
	Wecker Klingel
	desgl. wahlweise
	Gong Einschlagwecker
	Sirene
	Schnarre Summer
	desgl. wahlweise
	Pfeife, elektrisch betätigt

17

17.9 Schaltzeichen für Mess-, Melde- und Signaleinrichtungen

Schaltz.	Erklärung
	Fernmesseinrichtungen
	Fernmessempfänger Telemetriesender
	Fernmesssender Telemetrieempfänger
	Thermoelemente
	Thermoelement (Form 1) mit Angabe der Polarität
	Thermoelement (Form 2) mit Kennzeichnung des negativen Pols durch breite Linie
	Thermoelement mit nicht isoliertem Heizelement
	desgl. vereinfachte Darstellung
	Thermoelement mit isoliertem Heizelement
	desgl. vereinfachte Darstellung
	Sonstige Messgeber und Messgeräte
	Drehmelder allgemein Die Funktionserläuterung erfolgt durch Buchstaben anstelle des Sterns. Erster Buchstabe: C Steuerung R Zerlegung in Komponenten (Resolver) T Drehwinkel Folgende Buchstaben: B Verdrehbare Ständerwicklung D Differenzial R Empfänger T Transformator X Geber, Sender innerer Kreis = Läufer, äußerer Kreis = Ständer
	Drehwinkelgeber
	Kreisel
	Winkelstellungsgeber Druckgeber (Gleichstromtyp)
	Winkelstellungsanzeiger Druckanzeiger (Gleichstromtyp)
	Winkelstellungsgeber, Druckgeber (Induktionstyp)
	Winkelstellungsanzeiger Druckanzeiger (Induktionstyp)
	Ruhestromschleife als Brandfühler
	Kennzeichen für Gefahrenmeldeeinrichtungen (nur national genormt)
	Hilferuf (z. B. an Polizei)
	Brandmeldung (mit abgedecktem Druckknopf dargestellt)
	Laufwerk Ablaufwerk
	Hilferuf mit Sperrung
	Brandmeldung mit Sperrung
	Laufwerk mit Sperrung
	Anzeigevorrichtung
	Bimetallprinzip
	Schmelzlotprinzip
	Differenzialprinzip
	Polizeimelder
	desgl. mit Sperrung und Fernsprecher
	Brand-Druckknopf-Nebenmelder
	Brandmelder
	Brandmelder, selbsttätig
	Brandmelder mit Laufwerk und elektron. Auslösg.
	Brandmelder, Polizeimelder; Laufwerk und Polizeimelder mit Sperrung
	Brandmeldeanlage, Hauptstelle (Zentrale) mit vier Schleifen in Sicherheitsschaltung und Sirenenanlage für zwei Schleifen
	Temperaturmelder
	Temperaturmelder, selbsttätig, Bimetallprinzip
	Rauchmelder, selbsttätig, lichtabhängiges Prinzip
	Erschütterungsmelder Tresorpendel
	Passierschloss für Schaltwege in Sicherheitsanlagen
	Messwerke (nur national genormt)
	Messwerk mit einem Spannungspfad
	Messwerk mit einem Strompfad
	Messwerk zur Produktbildung

17.10 Schaltzeichen für Vermittlungs- und Endeinrichtungen

Symbol	Erklärung	Symbol	Erklärung	Symbol	Erklärung

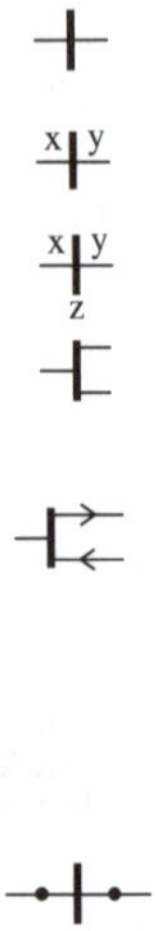

Koppelstufe
- allgemein
- mit x Eingängen und y Ausgängen
- mit z Koppelvielfachen
- mit einer Gruppe von Eingängen und zwei Gruppen von Ausg.
- zum Verbinden einer Gruppe doppelt gerichteter Leitungen mit zwei Gruppen einfach gerichteter Leitungen, die in entgegenges. Richtg. betrieben werden
- eines Koppelfeldes, Markierstufe allgem. (Punkt kennzeichnet ein Koppelfeld)

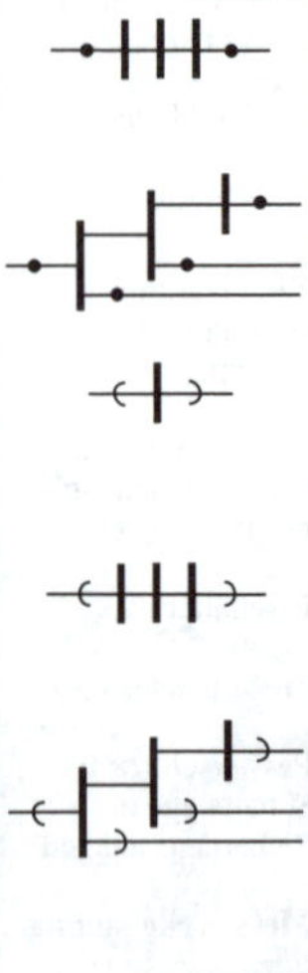

Koppelfeld mit 3 Koppelstufen

gemischtes Koppelfeld

Wahlstufe allgemein, mit einer Koppelst.

Wahlstufe mit 3 Koppelstufen

Wahlstufe gemischt, bestehend aus einer, zwei u. drei Koppelst.

Vermittlungseinrichtungen

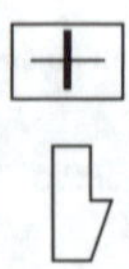

Automatische Wähleinrichtung

Handvermittlung

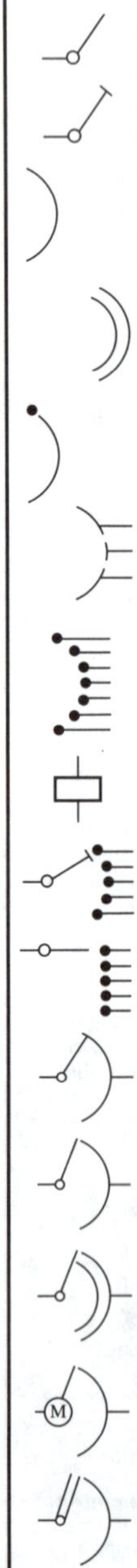

Wählerelemente

Schaltarm, nicht überbrückend

Schaltarm, überbrückend

Kontaktsegment, Kontaktbank eines Wählers mit einem Einstellvorgang

Kontaktbank eines Wählers mit 2 unterschiedichen Einstellvorgängen

Kontaktsegment mit einer bes. Stellung, z. B. Nullstellung

Kontaktbank mit Gruppen von Ausgängen; desgl. wahlweise

Kontaktebene mit Darst. der einzelnen Ausgänge

Betätigungsspule eines Wählers

Kontaktebene mit überbrückendem Schaltarm

Wählerdekade mit nicht überbrückendem Schaltarm

Wähler mit einem Einstellvorgang, ohne Nullstellung

desgl. mit Nullstellung

Wähler mit zwei unterschiedlichen Einstellvorgängen, mit Nullstellung

Motorwähler mit Nullstellung

Wähler für Vierdraht-Durchschaltung, mit Nullstellung

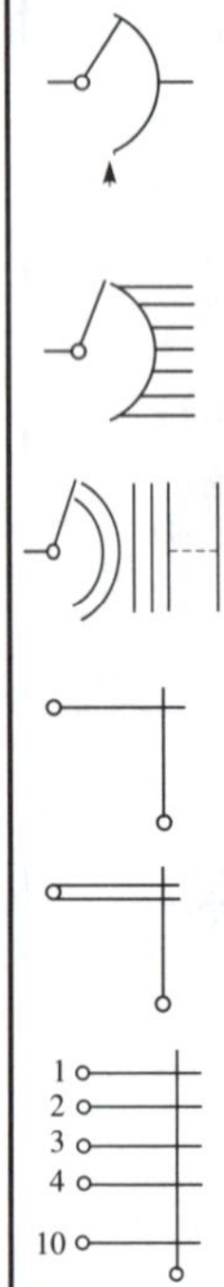

Wähler mit einem Einstellvorgang ohne Nullstellung; Steuerung der Einstellung durch eine Markierung

Wähler mit einem Einstellvorgang, mit Nullstellung

Wähler mit zwei unterschiedlichen Einstellvorgängen, dargestellt mit Ausgangsebenen

Koordinatenschalter, allgemein

Koordinatenschalter für Vierdraht-Durchschaltung

Koppelreihe eines Koordinatenschalters

Fernsprecher

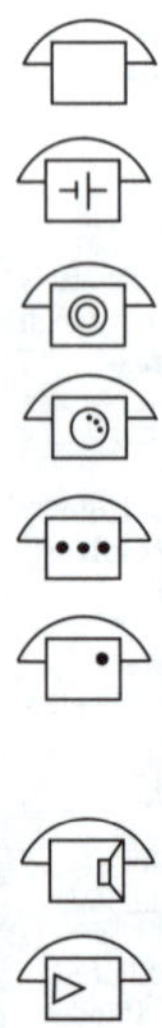

- allgemein
- für Ortsbatteriebetrieb
- für Zentralbatterie-Betrieb
- mit Nummernschalter
- mit Tastwahlblock
- mit Schalter oder Taste für Funktionen, die nicht der Nummern- oder Leitungswahl dienen
- mit Lautsprecher
- mit Verstärker

17.10 Schaltzeichen für Vermittlungs- und Endeinrichtungen

Symbol	Erklärung
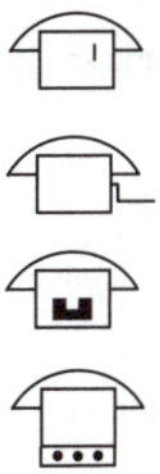	Münzfernsprecher
	Fernsprecher mit Kurbelinduktor
	Fernsprecher ohne Speisung
	Fernsprecher für zwei oder mehr Amtsleitungen oder Nebenstellenanlagen
	Telegrafen-Sende- und Empfangsgeräte
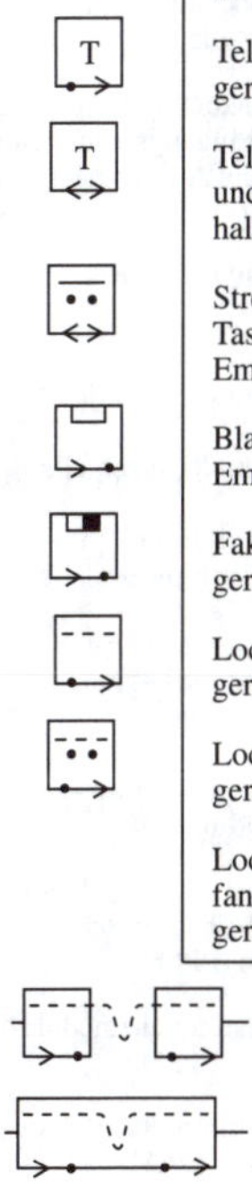	Telegrafen-Sendegerät
	Telegrafen-Sende- und Empfangsgerät, halbduplex
	Streifenschreiber mit Tastatur als Sende- u. Empfangsgerät
	Blattschreiber als Empfangsgerät
	Faksimile-Empfangsgerät
	Lochstreifen-Sendegerät
	Lochstreifen-Sendegerät mit Tastatur
	Lochstreifen-Empfangs- und Sendegerät
	getrennt
	kombiniert mit kontinuierl. Streifenzuführung
	Telegrafie-Umsetzer
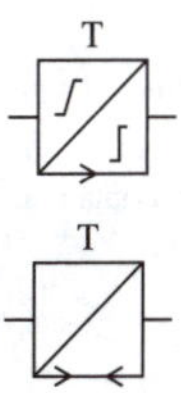	T.-Umsetzer, entzerrend
	T.-Umsetzer, vollduplex
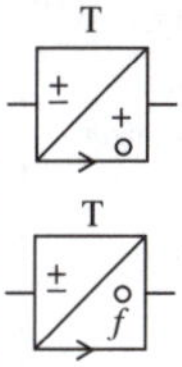	T.-Umsetzer, Doppelstrom/Einfachstrom, simplex
	T.-Umsetzer, Doppelstrom/Wechselstrom, simplex
	Kennzeichen
	Magnetischer Typ
	Tauchspulen- oder Bändchentyp
	Elektromagnetischer Typ
	Stereo
	Platte
	Band, Film
	Zylinder, Walze, Trommel
	Aufnehmen oder Wiedergeben; Pfeilspitze zeigt in Energieflussrichtung
	Aufnehmen und Wiedergeben
	Löschen
	Wandler
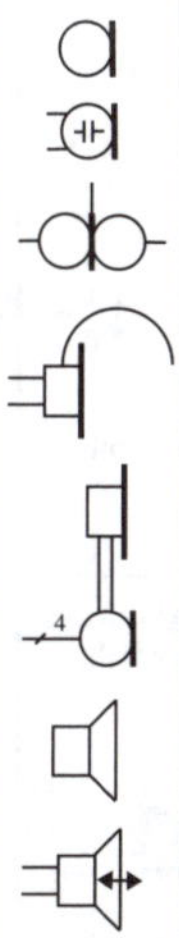	Mikrofon, allgem.
	Kondensatormikrofon, Elektretm.
	Gegentaktmikrofon
	Kopfhörer, einseitig
	Handapparat
	Lautsprecher, allgemein
	Lautsprecher/Mikrofon
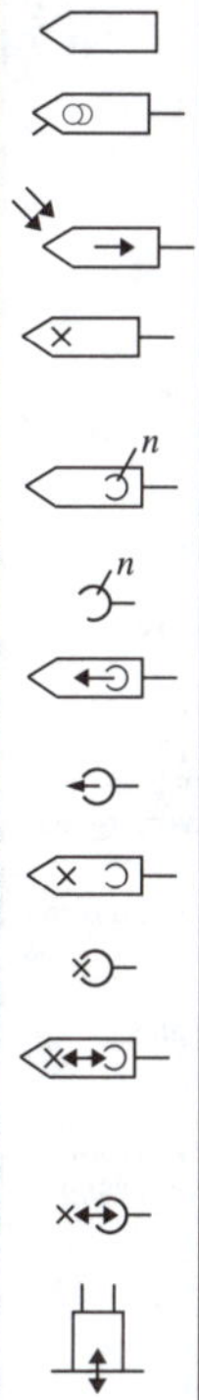	Wandlerkopf, allgem.
	Tonabnehmer, stereofon
	Wiedergabekopf, lichtempfindlich, monofon
	Löschkopf
	Magnetkopf für *n* Spuren
	desgl. vereinfachte Form
	Aufnahmekopf, magnetisch, monofon
	desgl. vereinfachte Form
	Löschkopf, magn.
	desgl. vereinfachte Form
	Magnetkopf für Aufnahme, Wiedergabe, Löschen, monofon
	desgl. vereinfachte Form
	Hydrofone Ultraschall-Sender/-Empfänger
	Aufzeichnungs- und Wiedergabegerät
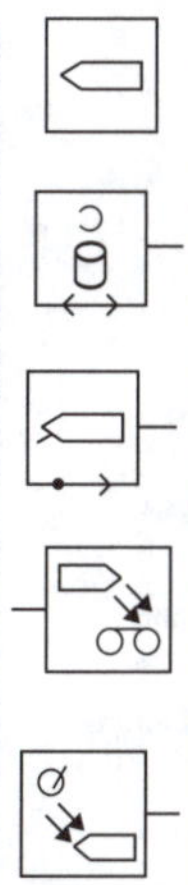	Aufzeichnungsgerät, allgemein
	z. B. Aufzeichnungs-/Wiedergabegerät mit Magnettrommelspeicher
	Wiedergabegerät mit Tonabnehmer Plattenspieler
	Aufzeichnungsgerät, in dem moduliertes Licht auf Film gespeichert wird
	Wiedergabegerät mit Lichtabtastung Compact-Disk-Gerät

17

17.11 Schaltzeichen für Übertragungseinrichtungen

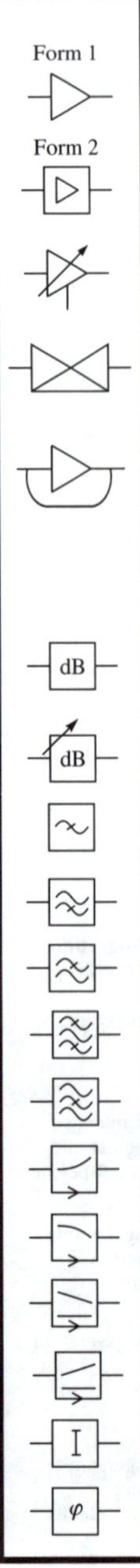

Symbol	Erklärung
	Verstärker
Form 1	Verstärker, allgemein mit Ein- u. Ausgang
Form 2	
	Verstärker mit von außen einstellbarer Verstärkung
	Negativleitungs-verstärker (NLT-Verstärker)
	Verstärker mit Umgehung (Bypass) für Signalisierung und/oder Stromversorgung
	Vierpole und andere Netzwerke
	Dämpfungsglied, allgemein
	Dämpfungsglied mit veränderbarer Dämpfung
	Filter, allgemein
	Hochpass
	Tiefpass
	Bandpass
	Bandsperre
	Vorverzerrer Preemphase
	Nachentzerrer Deemphase
	Dynamikpresser
	Dynamikdehner
	Künstliche Leitung
	Phasenschieber

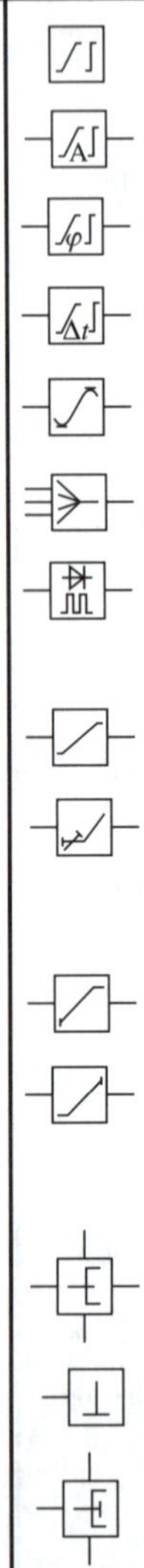

Symbol	Erklärung
	Entzerrer, allgemein
	Amplituden-Entzerrer, z. B. Equalizer
	Phasen-Entzerrer
	Laufzeitentzerrer
	Amplituden-Regelglied, nicht verzerrend
	Mischer
	Zerhacker, elektronisch
	Begrenzer
	Begrenzer, allgemein
	Eingangswerte zwischen Null und dem einstellbaren Schwellwert werden unterdrückt
	Begrenzer der positiven Amplituden
	Begrenzer der negativen Amplituden
	Gabeln und Gabelübertrager
	Gabel Entkoppler
	Leitungsnachbildung Nachbildung
	Gabel mit Nachbildung

Gabel mit Nachbildung. Abh. vom Steuersignal wird eine Vierdrahtleitung mit einer Zweidraht- oder Vierdrahtleitung verbunden

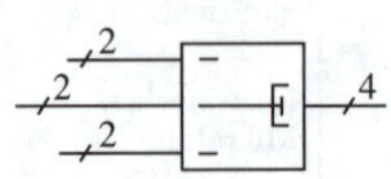

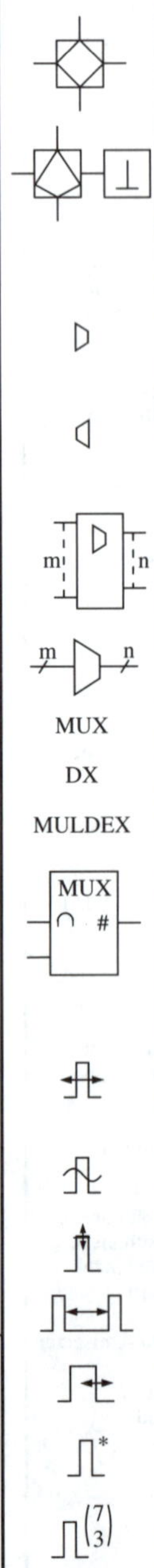

Symbol	Erklärung
	Gabelübertrager
	Gabelübertrager, unsymmetrisch, mit Nachbildung
	Konzentratoren Multiplexer
	Konzentration von links nach rechts, allgemein
	Expansion von links nach rechts, allgemein
	Konzentrator mit m Eingangsleitungen und n Ausgangsleitungen
	wahlweise Darst.
MUX	Multiplexer, allg.
DX	Demultiplexer, allg.
MULDEX	Multiplexer/ Demultiplexer, allg.
	Multiplexer mit Analog-/Digital-Umsetzung
	Arten der Pulsmodulation
	Pulslagenmodulation Pulsphasenmodulation (PPM)
	Pulsfrequenzmodulation (PFM)
	Pulsamplitudenmodulation (PAM)
	Pulsabstandsmodulation
	Pulsdauermodulation (PDM)
	Pulscodemodulation (PCM)
	z. B. 3-aus-7-Code

17

17.11 Schaltzeichen für Übertragungseinrichtungen

Symbol	Erklärung
	Modulatoren, Demodulatoren, Diskriminatoren
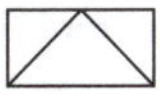	Modulator, allg. Demodulator, allg. Diskriminator, allg.

Erläuterung:

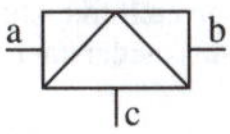

a: modulierender oder modulierter Signaleingang
b: modulierender oder modulierter Signalausgang
c: Eingang der Trägerwelle

Symbol	Erklärung
	Modulator mit Zweiseitenbandausgang
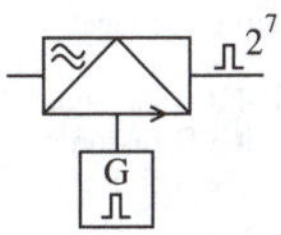	Pulscodemodulator, Ausgang: 7-Bit-Binärcode
	Einseitenband-Demodulator mit unterdrücktem Träger
	Frequenzpläne
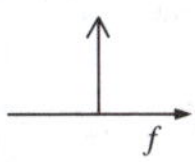	Träger, allgemein
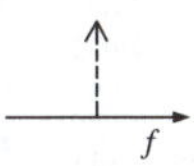	Träger, unterdrückt
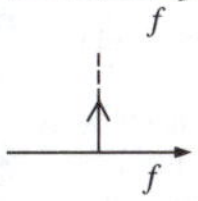	Träger, vermindert
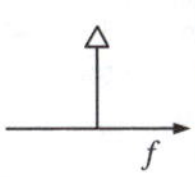	Pilot, allgemein In FDM-Übertragungssystemen darf die Ordnungszahl der Gruppe (Primär-, Sekundär-, Tertiär- oder Quartärgruppe) durch die entspr. Anz. Schrägstriche angegeben werden.
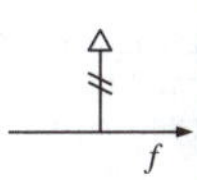	z. B. Sekundärgruppenpilot

Symbol	Erklärung
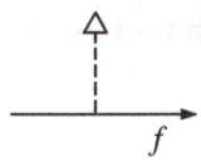	Pilot, unterdrückt
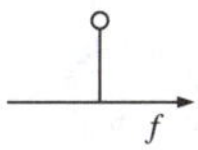	Zusätzliche Messfrequenz allg.
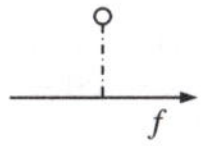	desgl., wird nur bei Bedarf gesendet oder gemessen
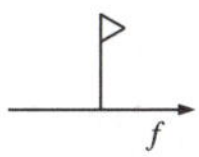	Signalfrequenz
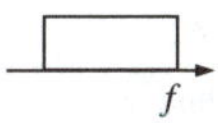	Frequenzband, allgemein
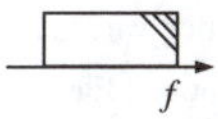	Tertiärgruppe
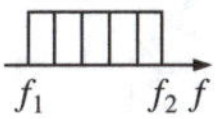	Frequenzband, unterteilt in fünf Kanäle
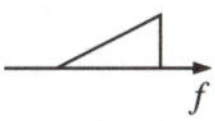	Frequenzband in Regellage
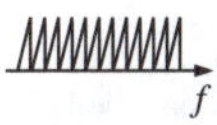	Gruppe von 12 Kanälen in Regellage
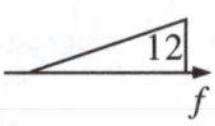	desgleichen vereinfachte Form
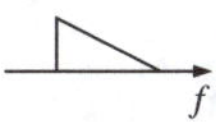	Frequenzband in Kehrlage
	Frequenzband aus gemischten Kanälen, einige in Regellage, andere in Kehrlage
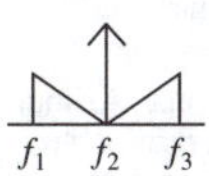	Amplitudenmodulation, Zweiseitenbandübertragung
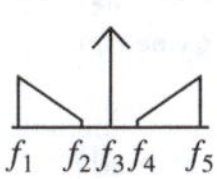	desgl., die tiefen Modulationsfrequenzen werden nicht gesendet
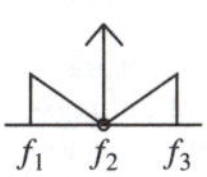	desgl., Modulationsfrequenzen bis nahe Null werden nicht gesendet.
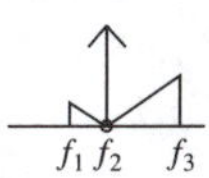	desgl., Restseitenbandübertragung

Symbol	Erklärung
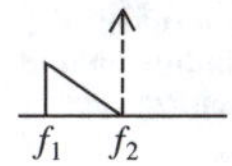	Einseitenband, unterdrückter Träger
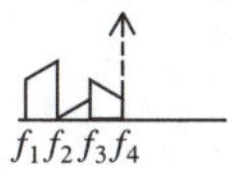	desgl. mit verschlüsseltem Seitenband
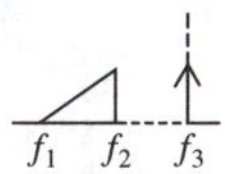	Einseitenband, verminderter Träger
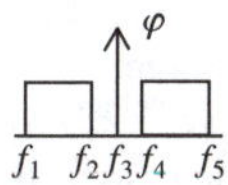	Phasenmodulation, Zweiseitenbandübertragung (f statt φ bei Frequenzmodul.)
	Lichtwellenleitertechnik
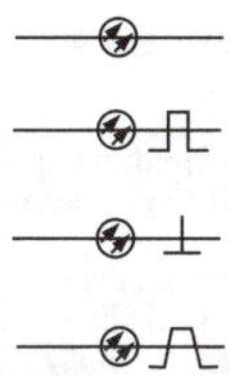	Lichtwellenleiter (LWL): – allgemein – für Mehrmoden-Stufenprofil – für Einmoden-Stufenprofil – für Gradientenprofil
	Verbindung von LWL, fest
	Stecker und Buchse für LWL
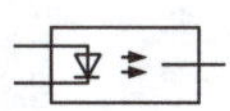	Optischer Sender, Lichtsender
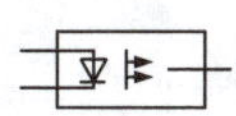	desgl. für kohärentes Licht, mit Laserdiode
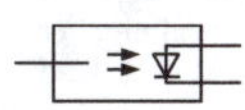	Optischer Empfänger, Lichtempfänger
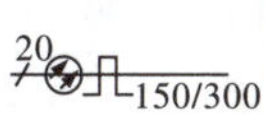	LWL-Kabel mit 20 Fasern, jede Faser mit 150 µm Kerndurchmesser und 300 µm Manteldurchmesser
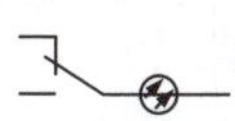	Wechsler für LWL

17

17.11 Schaltzeichen für Übertragungseinrichtungen

Symbol	Erklärung
	Leitungen, Verbindungen und Kennzeichen
	Verwendungszweck:
F	Fernsprechen,
T	Telegrafie und Datenübertragung,
V	Bildübertragung (Fernsehen)
S	Tonübertragung (Fernseh- u. Tonrundfunk)
F	z. B. Fernsprechleitung
V+S+F	z. B. Funkstrecke, auf der Fernsehen und Fernsprechen übertragen werden
	Leiter, bespult
	Verbindungen mit Verstärkung
	Zweidrahtverb. Verstärkung in einer Richtung
	desgl. mit Verstärkung in beiden Richtungen
Form 1 Form 2	Vierdrahtverb. Verstärkung in beiden Richtungen
f_1 ... f_2 f_3 ... f_4	Vierdraht-Verstärkerkreis in einer Zweidrahtverbindung. Verstärkung in beide Richtungen, frequenzabhängig
Form 1 (4, 4) Form 2	Vierdrahtverbindung, Verstärkung in beide Richtungen, Echounterdrückung

Symbol	Erklärung
	Antennen und Funkstellen Kennzeichen
	Polarisation, linear Pfeil rechtwinklig zum Schaltz. der Antenne = horizontale Polarisation, Pfeil parallel zum Schaltz. der Antenne = vertikale Polarisation
	Polarisation, zirkular
	Strahlungsrichtung:
	– Azimut fest
	– Azimut variabel
	– Elevation fest
	– Elevation variabel
	– Azimut und Elevation fest
	Peilantenne, Funkfeuer, Funkhake
	Antennen
	Antenne, allgemein
	Antenne, Polarisation zirkular
	Antenne, Azimut variabel
	Antenne, Polarisation horizontal, Azimut fest, Richtantenne
	Antenne, Elevation variabel
	Peilantenne
H	Richtantenne, Azimut fest, Polarisation vertikal, horizontales Strahlungsdiagramm
($1 s^{-1}$ 0°...57°...0°) 4 min^{-1}	Radarantenne, rotierend mit 4 U/min und periodischer Änderung der Strahlungsrichtung in Elevatorrichtung von 0° bis 57° bis 0° pro Sekunde
TURNSTILE	Turnstile-Antenne

Symbol	Erklärung
	Besondere Antennen und Antennenteile
	Rahmenantenne
	Rhombusantenne dargestellt mit Abschlusswiderstand
	Gegengewicht
	Ferritantenne (Schaltz. für Antenne darf ggf. fehlen)
	Dipolantenne
	Falt-, Schleifendipolantenne
	Faltdipolantenne mit 3 Direktoren und einem Reflektor
	Symmetrieglied
	Faltdipolantenne mit Symmetrieglied und Speisung über Koaxialleitung
	Schlitzantenne mit Rechteck-Hohlleiterzuleitung
	Hornstrahler Trichterstrahler
	Käseschachtel-Reflektor mit Erregung über Hornstrahler mit Rechteck-Hohlleiterzuleitung
	Parabolantenne mit Rechteck-Hohlleiterzuleitung
	Hornreflektorantenne mit Rund-Hohlleiterzuleitung

17.11 Schaltzeichen für Übertragungseinrichtungen

Symbol	Erklärung
	Verzweigungs-elemente
	T-Verzweigung; Art der Kopplung, Leistungsteilerverhältnisse, Reflexionsverhältnisse usw. dürfen wie folgt dargestellt werden:
E	T-Verzweigung E-Vektor in der Verzweigungsebene
0,6 / 0,4	Leistungsteiler Teilungsverhältnis 6:4
	4-Tor-Verzweigung Form 1
	Form 2
E / H	z. B. Form 1: Hohlleiter-Gabelschaltung (magisches T)
E / H	desgl. vereinfachte Form
20 dB / 40 dB	z. B. Form 2: Richtungskoppler 1. Wert: Koppeldämpfung; 2. Wert: Richtungsdämpfung
π/2	Hohlleiter-Gabelschaltung
λ/4, λ/4, λ/4, 3λ/4	Ringgabel Ringverzweigung
	Richtungs-Ringgabel dreiarmig Zirkulator, dreiarmig
	Richtungs-Ringgabel vierarmig mit umkehrbarer Umlaufrichtung (Punkte kennz. Stromeintritt in die Spule und zugehörigen Energiefluss in der Gabel)

Symbol	Erklärung
E 45°	Feldpolarisations-Dreher für 45° (Pfeil zeigt in Richtung des el. Feldes)
	Mikrowellenschalter zwei Stellungen (90° Rastwinkel)
	desgl. drei Stellungen (120° Rastwinkel)
	desgl. vier Stellungen (45° Rastwinkel)
	Kopplungen und Sonden
	Kopplung (Einspeisung), allgemein
	z. B. Kopplung an einem Hohlraumresonator
	Kopplung an einem Rechteck-Hohlleiter
	Lochkopplung, allgemein Fensterkoppler, allgemein
	Lochkopplung an eine Leitungs-Verbindungsstelle
E	Lochkopplung in der E-Ebene
	Schleifenkopplung Kopplung induktiv
	Sonde Kopplung kapazitiv
	Sonde, verschiebbar an einen Wellenleiter angekoppelt
	Maser und Laser
	Maser, allgemein Kennzeichnung des Übergangs von einer Energiezone auf eine niedrigere
	Maser als Verstärker

Symbol	Erklärung
	Laser (optischer Maser), allgemein
G $Cr^{3+}Al_2O_3$	Rubinlaser als Generator
	Kennzeichnung der Anregung durch Licht
G Xe $Cr^{3+}Al_2O_3$	Rubinlaser als Generator mit Xenonlampe als Pumplichtquelle
	Signalgeneratoren
G 500Hz	Sinusgenerator, 500 Hz
G 500 Hz	Sägezahngenerator, 500 Hz
G	Pulsgenerator
G f	Sinusgenerator, Frequenz veränderbar
G kT	Rauschgenerator *k* Boltzmann-Konstante *T* absolute Temperatur
	Umformer, Umsetzer
f_1 / f_2	Frequenzumsetzer, Umsetzung von f_1 nach f_2
f_1 / nf	Frequenzvervielfacher
f / $\frac{f}{n}$	Frequenzteiler
	Pulsinverter
2^5 / 2^7	Codeumsetzer, 5-Bit-Binärcode in 7-Bit-Binärcode
2^5	Umsetzer, analoge Uhrzeit in 5-Bit-Binärcode
	Pulsregenerator

17

17.11 Schaltzeichen für Übertragungseinrichtungen

Symbol	Erklärung
	Funkstellen
	Funkstelle, allgemein
	Funkstelle für gleichzeitiges Senden und Empfangen über dieselbe Antenne
	Funkpeil-Empfangsstelle, Funkpeiler
	Funkpeil-Sendestelle, Funkbake
	Funkstelle für abwechselndes Senden und Empfangen über dieselbe Antenne, tragbar
	Funkleitstelle
	Funkstelle für abwechselndes Senden und Empfangen über dieselbe Antenne, fahrbar
	Relaisstelle, passiv, allgemein
	Weltraumfunkstelle, allgemein
	Weltraumfunkstelle aktiv, Fernmeldesatellit
	Weltraumfunkstelle passiv Weltraumrelaisstelle, passiv
	Erdfunkstelle mit Parabolantenne zur Bahnverfolgung einer Weltraumfunkstelle
	Erdfunkstelle für Verbindungen über eine Weltraumfunkstelle
	Übertragungswege
	Rechteck-Hohlleiter
TE_{01}	desgl. mit Ausbreitung im TE_{01}-Modus

Symbol	Erklärung
	Rund-Hohlleiter
	Steg-Hohlleiter
	Koaxial-Hohlleiter
	Streifenleiter, unsymmetrisch
	desgl. symmetrisch
	Hohlleiter in festem Dielektrikum (Goubau-Leitung)
	Rechteck-Hohlleiter, gasgefüllt
	Hohlleiter, verdrillt; Drillstück
*	Modenunterdrückung allgemein Stern wird durch Angabe des unterdrückten Modus ersetzt
	Flanschverbindung zweier Hohlleiter, symmetrisch
	desgl. asymmetrisch
	Hohlleiter-Drehkupplung, symm.
	Leiterelemente
	Unstetigkeit, allgemein
	Unstetigkeit, veränderbar Leitungsanpassung
	Unstetigkeit, veränderbar, mit verschiebbaren Abstimmschrauben Anpassungsglied
E H	E-H-Abstimmglied E-H-Tuner
	Abstimmglied mit 3 Stichleitungen
Y	Unstetigkeit, parallel zum Übertragungsweg
Z	Unstetigkeit, seriell im Übertragungsweg

Symbol	Erklärung
	Unstetigkeit, kapazitiv, parallel zum Übertragungsweg
	Unstetigkeit, Parallelresonanz, seriell im Übertragungsweg
	Leitungsabschluss, unstetig
	Hohlleiterübergang, allgemein Wellentyp-Wandler
	Übergang von Rund-Hohlleiter auf Rechteck-Hohlleiter
	desgl. stetig
	Hohlraumresonator, allgemein Leitungs-Resonanzkreis, allgemein
	Richtungsleitung
φ	Phasenschieber, richtungsempfindlich (wahlweise φ oder B); der längere Pfeil gibt die Ausbreitungsrichtung an
π	Gyrator
	Leitungskurzschluss (Punkt darf weggelassen werden)
	desgl. verschiebbar
	Leitungsabschluss, angepasst (bevorzugte Form)
	desgl. andere Form
	Bandpass, durch Gasentladung schaltbar
*	Moden-Filter Der Stern ist durch Angabe des unterdrückten Modus zu ersetzen

18 Anhang

18.1 Verzeichnis der behandelten Normen und Vorschriften

18.1 Verzeichnis der behandelten Normen und Vorschriften

Sonstige — Seite

Sonstige — Seite

18.2 Stichwortverzeichnis

18

18.2 Stichwortverzeichnis

B

18

18.2 Stichwortverzeichnis

C

D

18

18.2 Stichwortverzeichnis

E

18

18.2 Stichwortverzeichnis

F

G

18

18.2 Stichwortverzeichnis

H

I

18

J

K

18

18.2 Stichwortverzeichnis

L

18

18.2 Stichwortverzeichnis

M

18

18

18.2 Stichwortverzeichnis

P

18

Q

R

S

18.2 Stichwortverzeichnis

18.2 Stichwortverzeichnis

T

18

18.2 Stichwortverzeichnis

18.2 Stichwortverzeichnis

W

X

Y

Z

18.2 Stichwortverzeichnis

Kapitelübersicht. Ausführliches Inhaltsverzeichnis Seite IX bis XVIII